EUROPA LEHRMITTEL

Bibliothek des technischen Wissens

Technische Mechanik

Statik – Dynamik – Festigkeit

von Horst Herr

6. Auflage

81 Lektionen mit **247 Musteraufgaben** (Lehrbeispielen)
367 Übungsaufgaben mit vollständigem Lösungsweg im Anhang
373 Vertiefungsaufgaben mit Ergebnissen im Anhang

VERLAG EUROPA-LEHRMITTEL · Nourney, Vollmer GmbH & Co.
Düsselberger Straße 23 · 42781 Haan-Gruiten

Europa-Nr.: 5021X

Autor:

Horst Herr, VDI, Dipl.-Ing., Fachoberlehrer
65779 Kelkheim/Taunus

Lektorat:

Armin Steinmüller, Dipl.-Ing., Verlagslektor
42781 Haan-Gruiten

Durchsicht:

Dipl.-Lehrer Werner Hoppe, Oberstudienrat, Halle/Saale

Umschlaggestaltung:

M. M. Kappenstein, Frankfurt/Main / repro acht, Köln

Bildbearbeitung:

Michael M. Kappenstein, Frankfurt/Main
Martina Schantz, Kelkheim/Taunus
Petra Gladis-Toribio, Kelkheim/Taunus

6. Auflage 2002
Druck 5 4 3 2 1
Alle Drucke derselben Auflage sind parallel einsetzbar, da bis auf die Behebung von Druckfehlern untereinander unverändert.

Das vorliegende Buch wurde auf der **Grundlage der neuen amtlichen Rechtschreibregeln** erstellt.

Diesem Buch wurden die neuesten DIN-Normen zugrunde gelegt. Es wird jedoch darauf hingewiesen, dass nur die DIN-Normen selbst verbindlich sind. Diese können in den öffentlichen DIN-Normen-Auslegestellen eingesehen oder durch die Beuth Verlag GmbH, Burggrafenstraße 6, 10787 Berlin, bezogen werden.
Bitte beachten Sie die Auflistung der angesprochenen Normen auf Seite 509.

ISBN 3-8085-5026-0

http://www.europa-lehrmittel.de
Gesamtherstellung: Offizin Andersen Nexö Leipzig
ein Betrieb der INTERDRUCK Graphischer Großbetrieb GmbH

Vorwort zur 1. bis 3. Auflage

Man teile jede einzelne der Schwierigkeiten, die man lösen will, in so viele Teile wie möglich, und so müsste es möglich sein, sie zu lösen.
Descartes

Wer Maschinen und Anlagen konstruiert, baut oder betreibt, benötigt Kenntnisse aus der Technischen Mechanik. Innerhalb dieser Ingenieurwissenschaft, kurz mit TM bezeichnet, unterscheidet man die Teilgebiete Statik, Dynamik und Festigkeitslehre. Als Grundlagenfächer sind sie die Basis für das Verständnis des Maschinen- und Anlagenbaues und des Bauwesens. Die Technische Mechanik, ein auf die Lösung technischer Probleme angewandtes Teilgebiet der Physik, gilt in ihrer Handhabung als besonders schwierig. Für viele Studenten ist sie neben der Mathematik das größte Hindernis für einen erfolgreichen Abschluss der Studien. Ziel dieses Buches ist es, dem Lernenden zu helfen, die unumgänglichen Schwierigkeiten zu bewältigen, indem er begreift, dass die vielen Einzelheiten durch einige wenige Prinzipien geordnet werden, deren wiederholte Anwendung vom Leichten zum Schweren fortschreitend ihn befähigen, selbständig Aufgaben zu lösen.

Umfang, Auswahl und Darbietung der Lerninhalte orientieren sich an den Lehrplänen der Zweijährigen Fachschulen **(Technikerschulen)**, Fachrichtung Maschinenbau der Kultusministerien der Bundesländer. Da es sich um das Grundlagenwissen der Technischen Mechanik handelt, ist dieses Lehrbuch auch im Unterricht der **Technischen Gymnasien**, der **Fachoberschulen Technik** und für die **berufliche Fortbildung** einsetzbar. Den Studenten der Fachhochschulen oder Technischen Universitäten erleichtert das Durcharbeiten dieses Buches das Verständnis ihrer Vorlesungen. Für sie und alle anderen, die im **Selbststudium** alte Kenntnisse erneuern oder neue erwerben wollen, sind die Lektionen nach einem einheitlichen, auf der folgenden Seite beschriebenen Schema aufgebaut.

Der Beruf des Technikers verlangt es, in einer technischen Aufgabe das physikalische Problem zu erkennen und diesem eine mathematische Form zu geben, mit der gerechnet werden kann. Die Aufteilung des gesamten Stoffes in kurze, überschaubare Lektionen ermöglicht es, jeweils ein Problem in den Vordergrund zu stellen. Wo es sich anbietet, werden dabei Beispiele aus der Praxis des Maschinenbaues herangezogen. Eine Zeichnung stellt das Problem dar, und aus den erkennbaren Zusammenhängen werden dann Berechnungsgleichungen und Grundlagenformeln entwickelt. Entsprechend der Zielsetzung dieses Buches wird auf die Methoden der höheren Mathematik verzichtet. Die ausgewählten Aufgaben variieren die Problemlösungsmöglichkeiten und führen zur Festigung der erworbenen Fertigkeiten und Kenntnisse.

Formelzeichen und Berechnungsgleichungen entsprechen den in der Literatur üblichen und stimmen mit denjenigen der einschlägigen DIN-Normen überein.

Verfasser und Verlag wären den Lesern dieses Unterrichtswerkes dankbar, wenn sie etwaige Fehler nennen und Erfahrungen bei der Arbeit mit dem Buch mitteilen würden.

Sommer 1992

Vorwort zur 4. Auflage

An der bewährten Methode I, M, Ü, V wurde nichts geändert. Es wurden aber alle Lektionen überarbeitet, dem neuesten Stand der Normung angepasst und teilweise erheblich erweitert. Hauptzielrichtung ist nach wie vor die Zweijährige Fachschule **(Technikerschule)**. Mit dieser völligen Neubearbeitung kommen jedoch Verlag und Autor der immer deutlicher werdenden Tendenz entgegen, das Buch auch in der Ingenieurausbildung im **Fachhochschulbereich** einzusetzen.

Neu aufgenommene Lektionen: Verknüpfung von Physik und Technik,
Die Regeln von Guldin,
Reibungsbremsen und Reibungskupplungen,
Schiefe Biegung.

Sommer 1996 — Der Autor

Vorwort zur 5. und 6. Auflage

Die Berücksichtigung der aktuellen Normung machte es erforderlich, in Lektion 74 das Omega-Verfahren durch das **Kappa-Verfahren** zu ersetzen. Bedingt durch die neuen Normen (E-Normen) mussten auch die **Werkstoffbezeichnungen** aktualisiert werden. Bitte beachten Sie hierzu Seite 510!

Neben Fehlerkorrekturen in sehr geringem Umfang wurde auf die neue deutsche Rechtschreibung umgestellt.

Sommer 2002 — Der Autor

Zur Arbeit mit diesem Buch

Soll es **unterrichtsbegleitend** verwendet werden, so findet der Lernende hier die im Unterricht erläuterten Erkenntnisse und Zusammenhänge und die daraus resultierenden Formeln in den thematisch ausgerichteten Lektionen. Während die Übungsaufgaben mit dem **Lösungsanhang** je nach Kenntnisstand der häuslichen Nacharbeit dienen, wählt der Dozent aus den Vertiefungsaufgaben diejenigen aus, die seinen Intentionen entsprechen.

Beim **Selbststudium** ist es möglich, einige Lektionen, die nicht weiterführend sind, auszulassen. Sinnvoll aber ist es, jede Lektion, deren Inhalt man sich aneignen will, vollständig und in der gegebenen Reihenfolge durchzuarbeiten.

Die **Informationen (I)** befinden sich naturgemäß am Beginn der Lektionen, nur in wenigen Fällen sind sie innerhalb der Lektion aufgeteilt. Die Erläuterungen der physikalisch-technischen Zusammenhänge führen in der Regel zu einer oder mehreren Formeln oder Konstruktionsverfahren.

Deren Anwendung erfolgt exemplarisch in **Musteraufgaben (M)**, die gegebenenfalls noch spezielle Kenntnisse vermitteln.

Die darauf folgenden **Übungsaufgaben (Ü)** dienen der Wiederholung und Vertiefung sowie der Überprüfung des Gelernten durch den Studierenden.

Deshalb befinden sich **am Schluss des Buches ausführliche Lösungsgänge**. Diese Buchseiten sind mit einem **roten Randdruck** gekennzeichnet.

Möchte der Lernende sein Wissen weiter vertiefen oder sich auf Prüfungen vorbereiten, löst er zweckmäßig die **Vertiefungsaufgaben (V)**.

Am Schluss des Buches befinden sich die Ergebnisse dieser Vertiefungsaufgaben. Diese Buchseiten sind mit einem **schwarzen Randdruck** gekennzeichnet.

Der pädagogische Zweck dieses Schemas I, M, Ü, V innerhalb jeder Lektion besteht darin, dass der Lernende in mehreren Stufen, d. h. mit einem zunehmenden Grad an Selbständigkeit, zum Lehrziel geführt wird. Deshalb musste nach meinem pädagogischen Verständnis auch auf die Lösungsgänge der Vertiefungsaufgaben zwingend verzichtet werden.

Die **Kombination aus Unterricht und Selbststudium**, z. B. in Abendkursen, findet in der Methodik dieses Lehrbuches eine Unterstützung durch die Verlagerung von Unterrichtssequenzen in die Hausarbeit.

Mein besonderer Dank gilt dem Lektor, Herrn Dipl.-Ing. Armin Steinmüller, für die konstruktive Zusammenarbeit. Ich bedanke mich auch bei den Zeichnerinnen Frau Martina Schantz und Frau Petra Toribio und dem Zeichner Herrn Michael M. Kappenstein, die sich durch viel Kreativität auszeichneten. Dank gebührt auch meinen Töchtern Katja und Christina für den geduldigen und gewissenhaften Einsatz bei der Reinschrift und die Hilfe bei den Korrekturarbeiten. Ich bedanke mich auch beim Springer-Verlag für die Überlassung der Bilder 408/2 und 409/1–6 aus dem Buch „Praktische Spannungsoptik" der Herren Professoren Dr. phil. Ludwig Föppl und Dr. Ing. Ernst Mönch. Letztendlich bedanke ich mich bei einem geschätzten Kollegen aus Halle an der Saale, Herrn Oberstudienrat Werner Hoppe, für die nochmalige Durchsicht des Skripts.

Kelkheim im Taunus, Sommer 2000 — Horst Herr

Inhaltsverzeichnis

Statik

Grundlagen der Statik

Lektion 1 Die Verknüpfung von Physik und Technik

1.1 Die Bedeutung der klassischen Physik für die Technik

Während sich die **moderne Physik** mit der Erforschung kleinster Strukturen, z. B. dem Atomkern sowie größter Strukturen, z. B. der Ausdehnung des Weltalls befasst, ist das Betätigungsfeld der **klassischen Physik** im Bereich der uns üblicherweise berührenden Vorgänge und Techniken angesiedelt. Man kann somit sagen:

Die Gesetze der klassischen Physik bilden eine Grundlage der Maschinen- und Anlagentechnik sowie der Bautechnik und allgemeinen Elektrotechnik.

Die im Bereich der klassischen Physik erforschten Gesetzmäßigkeiten sind auf viele andere Wissenschaften übertragbar und dort anwendbar. So ergibt sich z. B. ein hoher Nutzungsgrad in den **Ingenieurwissenschaften,** d. h. z. B. in der gesamten Maschinen- und Anlagentechnik.

1.1.1 Zweige und Entwicklungszeiträume der klassischen Physik

Zweig	Entwicklungszeitraum
Mechanik der festen Körper	seit Altertum, 16. Jahrhundert
Mechanik der Flüssigkeiten und Gase (Fluidmechanik)	seit Altertum, 17. Jahrhundert
Optik	seit Altertum, 17. Jahrhundert
Akustik	seit Altertum, 18. Jahrhundert
Schwingungs- und Wellenlehre	19. und 20. Jahrhundert
Wärmelehre (Thermodynamik)	19. und 20. Jahrhundert
Elektrizitätslehre	19. und 20. Jahrhundert

Es ist zu erkennen, dass sich die Physik in einer Art „Hauptströmung der Wissenschaft" von Periode zu Periode weiterentwickelt hat, wodurch den Ingenieurwissenschaften die wissenschaftliche Basis zugewachsen ist.
Dadurch, dass also mit Hilfe **physikalischer Gesetze** die meisten **technischen Problemlösungen** erfolgen, und zwar mit Berechnungsgleichungen, die oftmals auf spezielle technische Aufgabenstellungen zugeschnitten sind, verwendet man in diesem Sinne häufig den Begriff

Technische Physik .

1.2 Die Bedeutung der „Mechanik der festen Körper" für technische Problemlösungen

Aus obiger Tabelle ist zu ersehen, daß die **Mechanik der festen Körper** das wohl älteste **Teilgebiet der Physik** darstellt. Insbesondere in der Maschinen- und Anlagentechnik sowie in der Bautechnik spielt dieses eine wichtige Rolle und wird deshalb in aller Regel bei den technischen Studien als gesondertes Fach gelehrt. Dabei ist immer das Augenmerk auf technische Problemlösungen gerichtet, wodurch sich im Sinne der technischen Physik der Begriff

Technische Mechanik

herausgebildet hat. **Die Technische Mechanik ist somit ein Teil der Technischen Physik.**

Die von der Technischen Mechanik bereitgestellten Regeln und Gesetze ermöglichen es dem Techniker, verbindliche Aussagen über die **erforderlichen Abmessungen** von Bauteilen der von ihm konstruierten Maschinen, Apparate, Anlagen oder Bauwerke zu machen.

In enger Verbindung mit diesen Überlegungen steht auch immer die Auswahl der „richtigen" Werkstoffe.

1.2.1 Die Teilgebiete der Technischen Mechanik

Möchte man erschöpfende Aussagen über die erforderlichen **Bauteilabmessungen** sowie die Ursache und Form von **Bewegungsabläufen** dieser Bauteile, d. h. der festen Körper, machen, stellt man in vielen Fällen sehr schnell fest, dass dies infolge vieler Einflussparameter keine leichte Aufgabe ist. Um trotzdem zu Problemlösungen zu kommen, oder wenn es in einer konkreten Aufgabe um Aussagen über Teilprobleme geht, ist es angebracht, nur einige Einflussparameter oder diese zeitlich hintereinander zu betrachten. In diesem Zusammenhang sei an eine von dem französischen Physiker René **Descartes (1596 bis 1650)** formulierte Arbeitsregel erinnert, die der Verfasser dieses Buches als Motto vor das Vorwort gesetzt hat und die wie folgt lautet:

> Man teile jede einzelne der Schwierigkeiten, die man bewältigen will, in so viele Teile wie möglich, und so müsste es möglich sein, sie zu lösen.

Entsprechend dieser Regel haben sich im Laufe der Zeit **Teilgebiete der Technischen Mechanik** entwickelt, die verschiedene Einflussparameter, so z. B. die auf einen Körper wirkende **Kraft** oder die **Verformung** des Körpers, die durch diese Kraft hervorgerufen wird, ein- bzw. ausschließen. Man unterscheidet folgendermaßen:

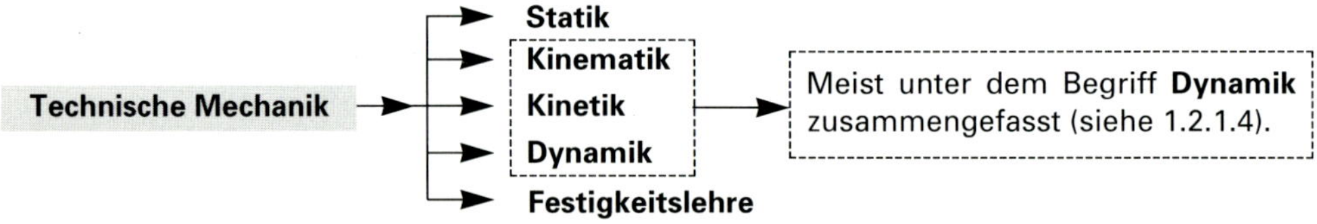

1.2.1.1 Statik

Bild 1 zeigt die schematische Darstellung eines Scherenkranes. Es ist zu erkennen, dass die **Gewichtskraft** F_G (Last) in den Stäben a und b Kräfte verursacht, die die Stäbe als **Zugkraft** (F_a) bzw. als **Druckkraft** (F_b) beanspruchen. Wenn es ausschließlich darum geht, diese Kräfte zu ermitteln, ist es entsprechend dieser Aufgabenstellung völlig uninteressant, z. B. Aussagen über den beim Heben zurückgelegten Weg zu machen. Diese Betrachtung des Körpers, ohne Berücksichtigung der Bewegung, ist die Betrachtungsweise der **Statik,** d. h.: Der Körper wird in seinem Ruhezustand betrachtet. Somit gilt:

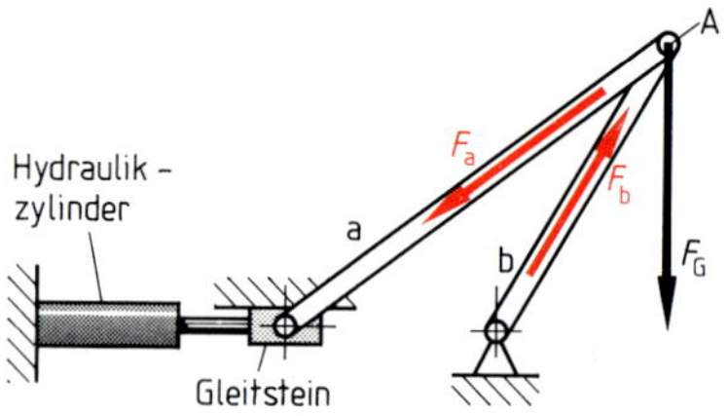

1

> **Statik** ist die Lehre vom Gleichgewicht der an einem **ruhenden Körper** angreifenden Kräfte.

Wie dieses **Gleichgewicht der Kräfte** zu verstehen ist, wird auch im Bild 2 sehr deutlich, denn wenn sich der abgebildete Wandarm in Ruhe befindet, muss zwischen Last, Halte- und Stützkraft dieser **Gleichgewichtszustand** existieren. Bild 2 zeigt auch:

> In der Statik werden die durch die Kräfte hervorgerufenen **Verformungen** nicht berücksichtigt.

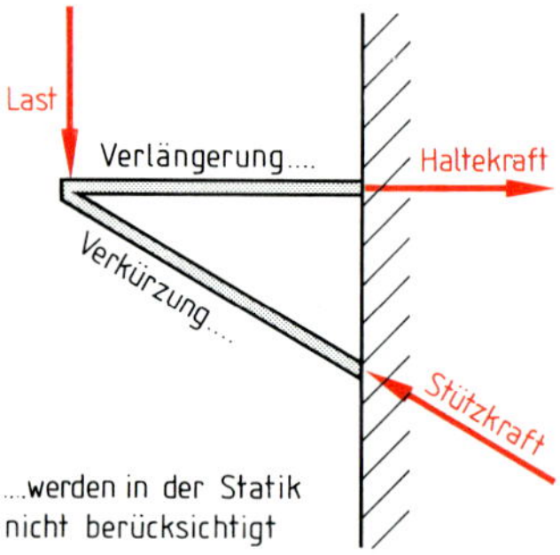

2

Die im Horizontalstab auftretende Verlängerung und die im Schrägstab auftretende Verkürzung sind Gegenstand der **Festigkeitslehre** und werden bei der statischen Berechnung nicht berücksichtigt. Zusammenfassend kann man also sagen:

In der **Statik** wird ein ruhender Körper **(Bewegungszustand Null)** und zugleich starrer Körper **(keine Deformationen)** betrachtet, bei dem alle an ihm angreifenden Kräfte im Gleichgewicht sind.

Insgesamt ist das Problemfeld der Statik so groß, dass es – obwohl Teil der **Technischen Physik** – vom Techniker außerhalb derselben behandelt wird, und zwar – wie bereits gesagt – in der **Technischen Mechanik,** die deshalb entweder in die Technische Physik integriert oder meist eigenständiges Lehrfach ist. Der große Umfang dieses Teilgebietes der Technischen Mechanik wird auch durch die Tatsache zum Ausdruck gebracht, dass sich ein Beruf, nämlich **Statiker,** herausgebildet hat.

1.2.1.2 Kinematik

Betrachtet man im Beispiel des Scherenkranes (Bild 1, Seite 2) den Punkt A, dann ist leicht zu erkennen, dass dieser unter dem Einfluss der vom Hydraulikzylinder erzeugten Kraft eine kreisförmige Bahn beschreibt. Betrachtet man nur die Bewegungsbahn eines Körpers oder eines Körperpunktes, z. B. auch die im Bild 1 abgebildete Bahn eines Punktes auf dem halben Radius eines auf einer Geraden abrollenden Kreises – dies ist eine **Zykloide** –, ohne die diese Bewegung verursachenden Kräfte zu berücksichtigen, dann ist dies die Betrachtungsweise der **Kinematik.** Somit gilt:

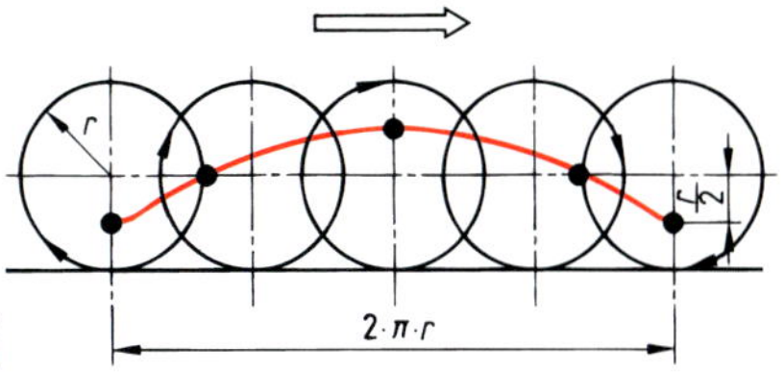

1

Kinematik ist die Lehre von den geometrischen Bewegungsverhältnissen fester Körper und Mechanismen und lässt die die Bewegung verursachenden Kräfte unberücksichtigt.

In diesem Zusammenhang erscheint der **Kinematograph** erwähnenswert. Dies ist ein Apparat zur Aufnahme und Wiedergabe von Bewegungsabläufen und wurde von Th. A. **Edison (1847 bis 1931)** erfunden.
Auf dieses **Filmvorführgerät** ist das Wort **Kino** zurückzuführen.

1.2.1.3 Kinetik

Im Gegensatz zur Statik geht die **Kinetik** von den Bewegungen der Körper aus, und im Gegensatz zur Kinematik ist es in der Kinetik so, dass auch die die Bewegung verursachenden Kräfte mit in die Betrachtungen einbezogen werden. Somit:

Kinetik ist die Lehre von den Bewegungen der Körper oder Körpersysteme unter dem Einfluss der auf den Körper oder das Körpersystem wirkenden Kräfte.

1.2.1.4 Dynamik

Ebenso wie die Kinetik führt auch die **Dynamik** den Ablauf von Bewegungsvorgängen auf Kräfte zurück, die auf den Körper wirken. Außerdem werden noch die Beziehungen zwischen den **Beschleunigungen** *a* und den sie verursachenden **Kräften** *F* untersucht. Ein Beispiel hierfür zeigt das im Bild 2 abgebildete Auto in der Beschleunigungsphase. Eingehende Betrachtungen über derlei Probleme erfolgen in Lektion 37. Aus der vorangehenden Beschreibung ergibt sich, dass die **Kinetik ein Teilgebiet der Dynamik** ist. Es gilt somit:

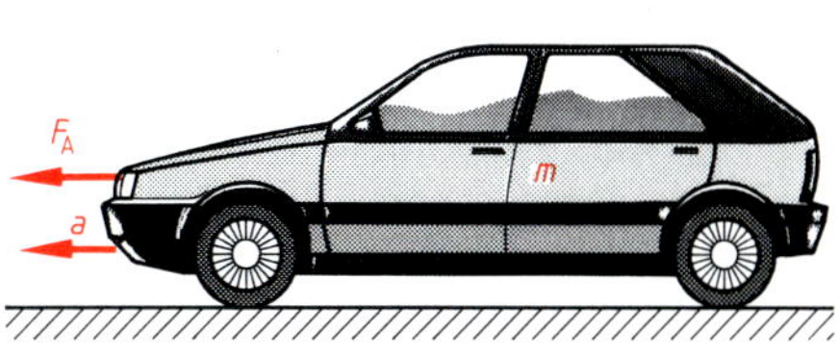

2

Dynamik ist das Teilgebiet der Technischen Mechanik, das die Bewegungsvorgänge von Körpern auf den Einfluss von Kräften zurückführt und die Beziehungen zwischen den Beschleunigungen und den sie verursachenden Kräften aufstellt.

Es wurde bereits darauf hingewiesen, dass kinematische, kinetische und dynamische Vorgänge meist unter dem Begriff Dynamik zusammengefasst werden. Dies hat seinen Grund darin, dass beim Lösen von technischen Aufgaben in der Regel bei bewegten Körpern sowohl die Bewegungsverhältnisse als auch alle Kräfte, die die Bewegung verursachen, von Interesse sind. Es gilt somit:

Innerhalb der Technischen Mechanik versteht man unter **Dynamik** in der Regel alle kinematischen, kinetischen und dynamischen Vorgänge.

1.2.1.5 Festigkeitslehre

Die Bauteile von Maschinen und technischen Gerätschaften werden durch **statische Kräfte** und/oder **dynamische Kräfte** von außen belastet. Dabei verformen sich die Bauteile, und bei zu großen Belastungen werden sie zerstört. Um eine Zerstörung oder eine zu große Verformung zu verhindern, müssen die Bauteilabmessungen – die Dimensionen – entsprechend gewählt werden.

Mit den Gesetzen der **Festigkeitslehre** erfolgt die Dimensionierung der Bauteile, und zwar dergestalt, dass sie durch die an ihnen angreifenden Kräfte nicht unzulässig stark verformt bzw. zerstört werden.

Das bisher Gesagte lässt den Schluss zu, dass man die **Technische Mechanik** in drei Teilgebiete unterteilen kann. In der Nomenklatur der Ingenieurwissenschaften ist es üblich, diese Unterteilung wie folgt vorzunehmen:

Technische Mechanik I → **Statik**

Technische Mechanik II → **Festigkeitslehre**

Technische Mechanik III → **Dynamik** → (Kinematik und Kinetik eingeschlossen)

An einem Beispiel sollen diese in diesem Buch behandelten Teilgebiete der **Technischen Mechanik** voneinander abgegrenzt werden: Eine von zwei Lagern gehaltene Welle trägt ein umlaufendes Maschinenteil (Bild 1). Dies könnte ein Turbinenlaufrad, ein Schwungrad oder eine Riemenscheibe sein. Die Gesetze der **Dynamik** befassen sich in diesem Beispiel mit den Größen der Drehbewegung. Größen wie Drehzahl, Umfangsgeschwindigkeit, Beschleunigung, Antriebsleistung etc. sind in diesen Gesetzen miteinander verknüpft.
Sowohl in diesem Bewegungszustand als auch im Ruhezustand wirken Kräfte auf die Welle. So übt z. B. das Gewicht des Bauteils auf die Welle eine Kraft aus. Dies führt zur Durchbiegung der Welle (Bild 2), die hier stark übertrieben dargestellt ist. Mit den Gesetzen der **Festigkeitslehre** ist es möglich, die Welle in ihren Abmessungen so zu berechnen (zu dimensionieren), dass sie nicht bricht und dass ihre Funktionsfähigkeit trotz der Durchbie-

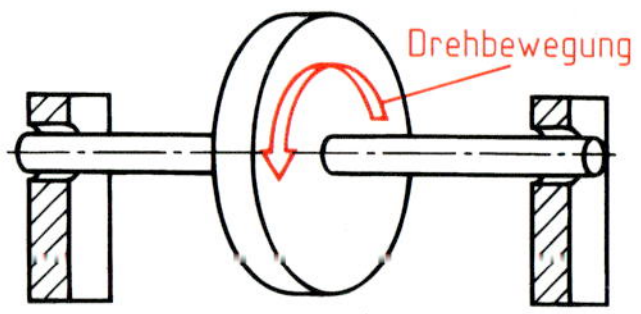

1

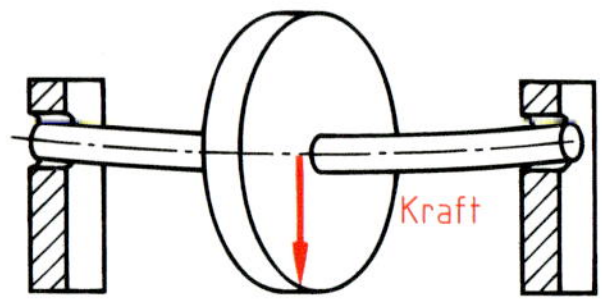

2

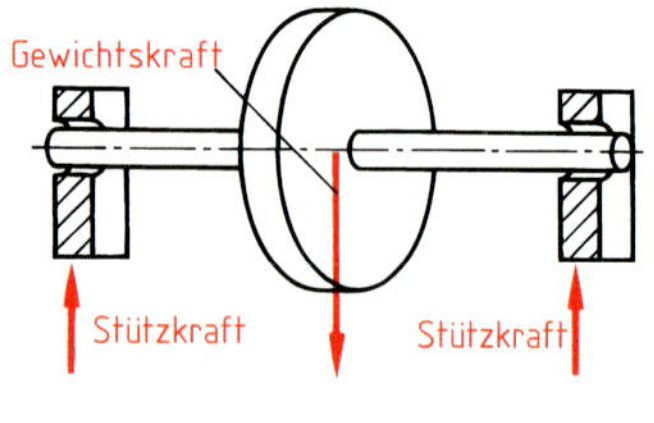

3

gund gesichert ist. im Gegensatz zur Dynamik wird in der **Statik** angenommen, dass sich die Bauteile der Konstruktion nicht bewegen. Im Gegensatz zur Festigkeitslehre geht man in der Statik auch davon aus, dass sich das Bauteil unter dem Einfluss von Kräften nicht deformiert. Beide Annahmen stellen einen **idealisierten Fall** dar. Dies zeigt Bild 3, Seite 4. Der angenommene **Bewegungszustand Null** kann nur dann gegeben sein, wenn sich alle am Körper angreifenden Kräfte gegenseitig aufheben. Dies bedeutet im gezeigten Beispiel, dass sich die Gewichtskraft des Bauteils mit den Stützkräften der Lager im Gleichgewicht befindet. Man spricht dann vom **Kräftegleichgewicht.**

1.3 Die Berechnungsmethoden der Statik

In der Statik wird also Kräftegleichgewicht und Starre der Bauteile vorausgesetzt. Das Kräftegleichgewicht besteht zwischen den am Bauteil angreifenden und somit bekannten **Belastungskräften** und den von diesen hervorgerufenen **Stützkräften.** Dies wird nochmals im Bild 1 veranschaulicht. Die Belastungskräfte (Achslasten) des abgebildeten Fahrzeuges rufen in den Brückenlagern die Stützkräfte hervor. Dadurch entsteht Kräftegleichgewicht in diesem **statischen System.**

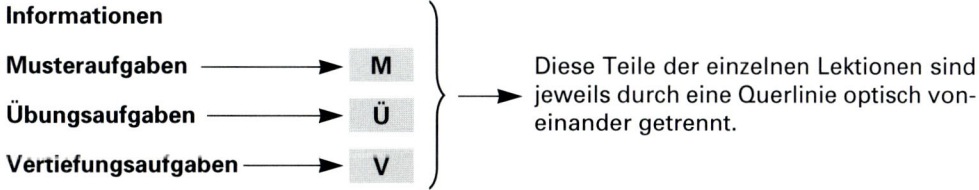

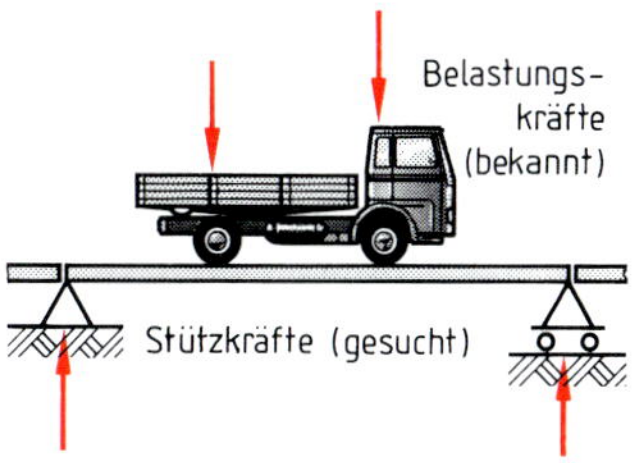

1

Mit den **Berechnungsmethoden der Statik** ermittelt man die Stützkräfte, die den Körper zusammen mit den Belastungskräften im Gleichgewicht halten.

Es gibt zwei verschiedene Arten von Berechnungsmethoden, mit denen sich aus den Belastungskräften die Stützkräfte ermitteln lassen:

- Die **rechnerischen** (analytischen) **Berechnungsmethoden** der Statik erreichen eine große Genauigkeit. Diese ist jedoch in vielen Fällen nicht erforderlich, denn die Abweichungen der Belastungskräfte betragen manchmal $\pm 10\%$ und mehr.
- Die **zeichnerischen** (grafischen) **Berechnungsmethoden** der Statik sind übersichtlicher als die rechnerischen und ermöglichen somit, Fehler leichter zu erkennen.

In der Praxis werden beide Verfahren meist parallel angewandt. Dabei übernimmt ein Verfahren die **Kontrollfunktion.** Sind die Belastungen bekannt und die Stützkräfte mit Hilfe der genannten Methoden ermittelt, lassen sich die Abmessungen der Bauteile mit den Gesetzen der Festigkeitslehre ermitteln. Man spricht dann vom **Dimensionieren der Bauteile.**

Die mit den Berechnungsmethoden der Statik ermittelten Ergebnisse sind Voraussetzung für die anschließende Festigkeitsberechnung.

Wichtiger Hinweis: Bitte lesen Sie **unbedingt** vor der Bearbeitung der nun folgenden Übungsaufgaben zur Lektion 1 nochmals die Seite 2 des Vorwortes „Zur Arbeit mit diesem Buch". Beachten Sie, dass nur in wenigen Fällen auf Muster- und Vertiefungsaufgaben – etwa wie in Lektion 1 – verzichtet wird. In der Regel ist jede Lektion wie folgt gegliedert und zu bearbeiten:

Informationen

Musteraufgaben → **M**

Übungsaufgaben → **Ü**

Vertiefungsaufgaben → **V**

→ Diese Teile der einzelnen Lektionen sind jeweils durch eine Querlinie optisch voneinander getrennt.

Ü 1. Welcher Bereich der klassischen Physik liefert vor allem die in der Technischen Mechanik angewendeten physikalischen Gesetze?

Ü 2. In welche Bereiche wird die Technische Mechanik üblicherweise gegliedert?

Ü 3. Von welchen beiden Grundannahmen wird bei statischen Berechnungen ausgegangen?

Ü 4. Unterscheiden Sie die Bereiche Kinematik und Kinetik.

Ü 5. In der Technischen Mechanik ist es üblich, die mit den Bewegungsvorgängen zusammenhängenden Bereiche zusammenzufassen. Warum und wie geschieht dies?

Ü 6. Wie ist die statische Berechnung mit der Festigkeitsberechnung gekoppelt?

Ü 7. Wie unterscheidet sich die statische Berechnung von der Festigkeitsberechnung?

Ü 8. Was wird mit dem Dimensionieren der Bauteile erreicht?

Ü 9. Wie unterscheidet man die Berechnungsmethoden der Statik, und welche Vorteile kann man ihnen zuordnen?

Ü 10. Welcher Vorteil ergibt sich, wenn parallel zueinander mit zwei verschiedenen Berechnungsmethoden gearbeitet wird?

Ü 11. Nennen Sie einige Beispiele aus der Technik, bei denen sich die Belastungskräfte mit den Stützkräften das Gleichgewicht halten.

Ü 12. Was wird unter einem **statischen System** verstanden?

Lektion 2

Kraft und Kraftmoment

2.1 Basisgrößen und abgeleitete Größen

Mit dem „Gesetz über die Einheiten im Meßwesen", kurz **Einheitengesetz,** hat sich die Bundesrepublik Deutschland dem **Internationalen Einheitensystem SI** (Système International d'Unités) angeschlossen. Man unterscheidet in diesem System die **Basisgrößen** von den **abgeleiteten Größen.**

Alle abgeleiteten Größen lassen sich auf sieben Basisgrößen zurückführen.

Basisgröße	Basiseinheit	Kurzzeichen
Länge	Meter	m
Masse	Kilogramm	kg
Zeit	Sekunde	s
Elektrische Stromstärke	Ampere	A
Thermodynamische Temperatur	Kelvin	K
Lichtstärke	Candela	cd
Stoffmenge	Mol	mol

Nebenstehende Tabelle enthält die Basisgrößen mit den zugehörigen **Basiseinheiten** und die Einheitenkurzzeichen.
Von wesentlicher Bedeutung für die Technische Mechanik sind die Basisgrößen Länge, Masse und Zeit. Hierauf lassen sich die abgeleiteten Größen der TM alle zurückführen.

2.2 Die physikalischen Größen der Statik

Innerhalb der Statik kommt den physikalischen Größen **Kraft** und **Kraftmoment** eine besondere Bedeutung zu. Beide Größen sind abgeleitete Größen.

2.2.1 Kraft und Kraftmoment als physikalische Größen

Im internationalen Einheitensystem ist die Kraft eine abgeleitete Größe aus **Masse** und **Beschleunigung,** wobei die Beschleunigung selbst wieder eine abgeleitete Größe aus **Geschwindigkeit** und **Zeit** ist, und sich die Geschwindigkeit aus **Weg** und Zeit ableitet. Diese Verknüpfung vieler physikalischer Größen wird im Teilgebiet Dynamik eingehend besprochen. In der Statik genügt es zunächst, mit dem **Kraftbegriff** umgehen zu können und zu wissen, dass die Krafteinheit mit dem **dynamischen Grundgesetz (zweites Newtonsches Axiom)** erklärt werden kann (s. Lektion 37). Dieses lautet:

Wird einer Masse m die Beschleunigung a zuteil, dann ist hierzu eine Kraft F erforderlich, die gleich dem Produkt aus der Masse m und der Beschleunigung a ist.

Dieses Gesetz lässt sich auf die **Trägheit,** mit der sich eine Masse ihrer Bewegungsänderung widersetzt, zurückführen, und man spricht in diesem Zusammenhang von der

Massenträgheitskraft $F = m \cdot a$ [7–1]

m = Masse
a = Beschleunigung

2.2.1.1 Die Krafteinheit

Die **Einheit der Beschleunigung** wird ebenfalls im Teilgebiet Dynamik erklärt. Da aber an dieser Stelle bereits damit gerechnet werden muss, wird sie mitgeteilt. Sie lautet $\frac{\mathrm{m}}{\mathrm{s}^2}$. Damit ergibt sich nach Gleichung 7–1 für die

Krafteinheit $[F] = [m] \cdot [a] = \mathrm{kg} \cdot \frac{\mathrm{m}}{\mathrm{s}^2} = \frac{\mathbf{kgm}}{\mathbf{s^2}}$ [7–2]

Gleichung 7–2 zeigt, dass man die Krafteinheit auf Basiseinheiten zurückführen kann. Zu Ehren des großen englischen Naturforschers Sir Isaac **Newton (1643 bis 1727)** wird sie in Newton, Kurzzeichen N, angegeben. **Definition der Kraft** im Einheitengesetz:

Die abgeleitete Einheit der Kraft ist das Newton (Einheitenzeichen: N). 1 Newton ist gleich der Kraft, die einem Körper mit der Masse 1 kg die Beschleunigung $1\,\frac{m}{s^2}$ erteilt.

Krafteinheit $1\ \text{Newton} = 1\ \text{N} = 1\ \frac{\text{kgm}}{\text{s}^2}$ 8–1

In der Statik sind auch die folgenden dezimalen Vielfachen des Newton gebräuchlich:

Dekanewton	1 daN = 10 N
Kilonewton	1 kN = 1 000 N
Meganewton	1 MN = 1 000 000 N

2.2.1.2 Die Gewichtskraft und die alte Krafteinheit

Eine besondere Form der Kraft stellt die **Gewichtskraft** F_G dar. Sie entspricht der Anziehungskraft der Erde (auf dem Mond des Mondes etc.) und ist somit zum Erdmittelpunkt hin gerichtet. Bedeutung für die Technische Mechanik hat die Gewichtskraft, weil mit ihr jeder Körper seine Unterlage belastet (Bild 1) oder auf einer stark geneigten Unterlage durch ihre Wirkung ins Rutschen kommen kann. Da beim Fallen eines Körpers (siehe Lektion 34) dieser mit der

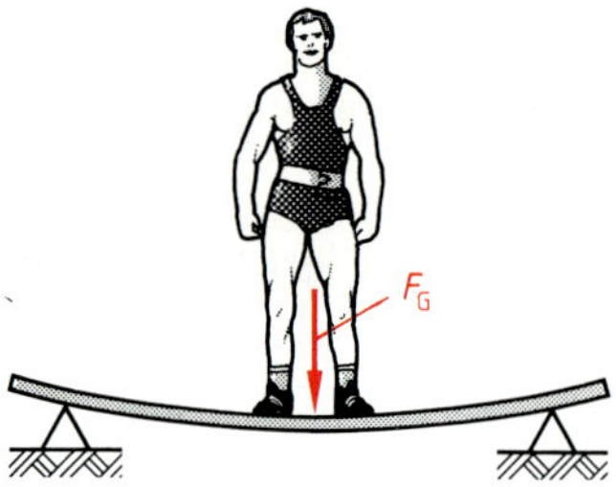

1

Fallbeschleunigung $g = 9{,}81\,\frac{\text{m}}{\text{s}^2}$ 8–2

beschleunigt wird, ergibt sich aus der allgemeingültigen „Kraftgleichung" 7–1 für die

Gewichtskraft $F_G = m \cdot g$ 8–3

F_G	m	g
N	kg	$\frac{\text{m}}{\text{s}^2}$

Es soll noch an dieser Stelle erwähnt werden, dass die **Fallbeschleunigung** im speziellen Fall der Verhältnisse auf der Erde auch als **Erdbeschleunigung** bezeichnet wird und dass $g = 9{,}81\,\frac{\text{m}}{\text{s}^2}$ ein Mittelwert ist. Näheres hierüber erfahren Sie im Teilgebiet Dynamik, und zwar dort in Lektion 34.

Vor der Einführung der SI-Einheiten (im Jahr 1978) wurde die **Krafteinheit Kilopond** (kp) verwendet. Wegen der Erforderlichkeit, dass ein Techniker bei Konfrontation mit älteren Berechnungsunterlagen in die neuen Maßeinheiten umrechnen muss, soll hier auch die Definition der alten Krafteinheit wiedergegeben werden:

Ein Kilopond ist die Kraft, die einer Masse von 1 kg die Beschleunigung $g = 9{,}80665\,\frac{\text{m}}{\text{s}^2}$ $\left(\approx 9{,}81\,\frac{\text{m}}{\text{s}^2}\right)$ erteilt. $\longrightarrow$ $\mathbf{1\ kp} = 1\ \text{kg} \cdot 9{,}80665\ \frac{\text{m}}{\text{s}^2} \approx 9{,}81\ \frac{\text{kgm}}{\text{s}^2} \approx \mathbf{9{,}81\ N}$ 8–4

2.2.1.3 Das Kraftmoment

Bild 2 zeigt einen drehbar gelagerten Körper, z. B. ein Rad. Am Umfang dieses Drehkörpers greift im Abstand r vom Drehpunkt eine Kraft F an. Der Abstand r ist in diesem Fall dem Radius des Rades entsprechend. Damit ist die Stelle des Kraftangriffes eindeutig festgelegt.

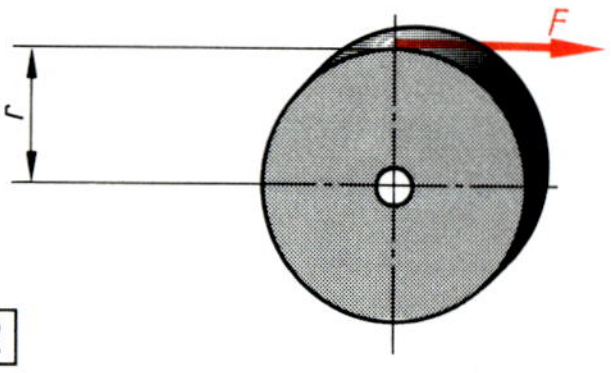

2

Nach DIN 1304 bezeichnet man das Produkt aus Kraft F multipliziert mit dem senkrechten Abstand r zum Drehpunkt als **Kraftmoment** M.

Kraftmoment (Drehmoment) $M = F \cdot r$ 8–5

M	F	r
N · m = Nm	N	m

Innerhalb der Statik spricht man auch vom **statischen Moment** oder kurz vom **Moment**. Ist ein Körper drehbar angeordnet, wie z. B. ein Zahnrad, eine Kurbel oder eine Motorwelle, bezeichnet man das Kraftmoment als **Drehmoment** M_d. Wird hingegen ein Bauteil von einem Moment auf Biegung beansprucht, dann heißt es **Biegemoment** M_b, und bei Torsionsbeanspruchung wird es als **Torsionsmoment** M_t oder T bezeichnet. Auf diese Begriffe wird in den zugehörigen Lektionen an anderer Stelle eingegangen. Zur Begriffsfestlegung wird aber nochmals zusammengefasst:

Kraftmoment M **(statisches Moment)** →
- → **Drehmoment** M_d → Drehung
- → **Biegemoment** M_b → Biegung
- → **Torsionsmoment** M_t → Torsion

Die **Einheit des Kraftmomentes** N · m = Nm wird als **Newtonmeter** ausgesprochen, und auch hier sind dezimale Teile oder Vielfache üblich, z. B. **1 Nm = 100 Ncm.**

M 1. Bild 1 zeigt einen Träger mit der Länge $l = 150$ cm. An seinem freien Ende ist eine Masse $m = 25$ kg aufgehängt.

a) Berechnen Sie die Gewichtskraft in N.
b) Berechnen Sie das erzeugte Moment in Nm.
c) Wie könnte man das Moment bezeichnen?

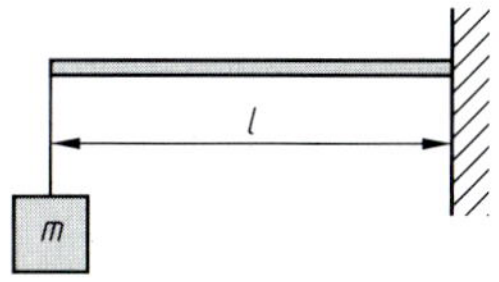

1

Lösung: a) $\boldsymbol{F_G} = m \cdot g = 25 \text{ kg} \cdot 9{,}81 \ \frac{\text{m}}{\text{s}^2} = 245{,}25 \ \frac{\text{kgm}}{\text{s}^2} = \mathbf{245{,}25\ N}$

b) $\boldsymbol{M} = F \cdot l = 245{,}25 \text{ N} \cdot 150 \text{ cm} = 36787{,}5 \text{ Ncm} = \mathbf{367{,}875\ Nm}$

c) Das Bauteil (Träger) wird auf Biegung beansprucht. Somit bezeichnet man das wirkende Moment als **Biegemoment** M_b.

2.2.2 Die Wirkungen der Kraft auf einen Körper

Viele physikalische Größen sind unmittelbar erfassbar oder messbar. Dies gilt z. B. für die Länge, Zeit, Masse, und Temperatur, nicht aber für die Kraft. Von der Kraft lassen sich nur deren Wirkungen wahrnehmen, und die Entstehung des **Kraftbegriffes** kann leicht mit dem menschlichen Muskelgefühl in Zusammenhang gebracht werden.

Eine uns täglich begegnende **Kraftwirkung** ist die **Deformation** von Körpern unter dem Einfluss von Kräften, so wie es etwa das im Bild 2 dargestellte Beispiel zeigt.

Als zweite Kraftwirkung ist die **Beschleunigung** von Körpern unter dem Einfluss von Kräften zu nennen. So vergrößert z. B. ein Auto (Bild 3) unter dem Einfluss der **Antriebskraft** seine Geschwindigkeit, während die **Bremskraft** die Geschwindigkeit verkleinert.

Bild 4 zeigt, wie die **Schubkraft** eines Strahltriebwerkes auf die Bewegung eines Flugzeuges Einfluss nimmt.

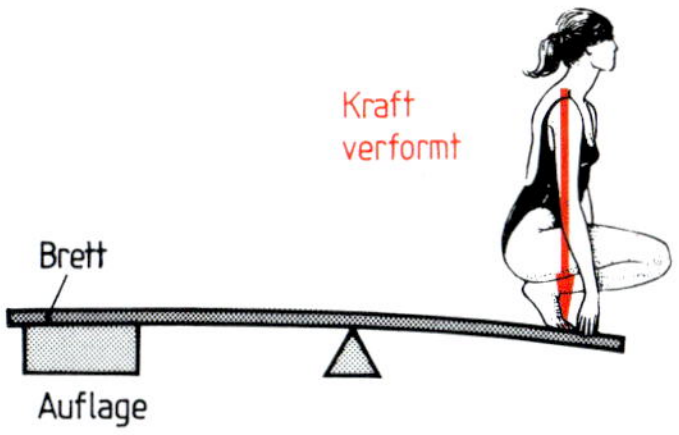

2

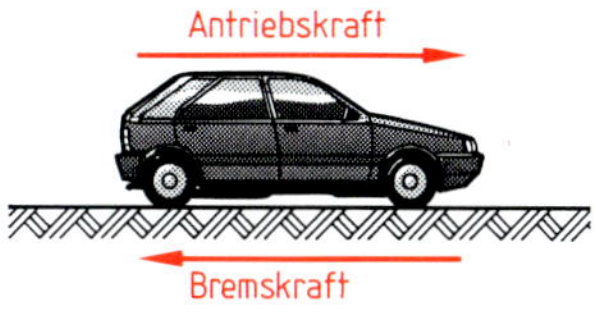

3

4

Kräfte sind die Ursachen von Verformungen, d. h. von Deformationen der Körper und von Änderungen des Bewegungszustandes, d. h. von Beschleunigungen oder Verzögerungen.

STATIK

Die Bilder 1 und 2 zeigen nochmals den Kraftangriff am Umfang eines Rades, jedoch in einer grundsätzlich unterschiedlichen Anordnung. Während im Bild 1 die Kraft ein **Drehmoment** M_d erzeugt, wodurch eine Drehung realisiert wird, ist es im Bild 2 so, dass die Kraft genau in Richtung des Radmittelpunktes wirkt. Das Rad bleibt hierbei in Ruhe, es wird lediglich die das Rad aufnehmende Achse auf Biegung beansprucht, da die Kraft nun ein **Biegemoment** M_b erzeugt, d. h., sie versucht nun, die Achse zu verbiegen.

Kommt man nochmals auf Bild 1 zurück, stellt sich aber nun vor, dass die Achse blockiert, d. h. an ihrer Drehung gehindert wird, dann wird die Kraft eine Torsion (Verdrehung) der Achse bewirken. Es wirkt also ein **Torsionsmoment** M_t. Diese Beispiele sollen nochmals die Größen M_d, M_b und M_t verdeutlichen. Außerdem zeigen sie:

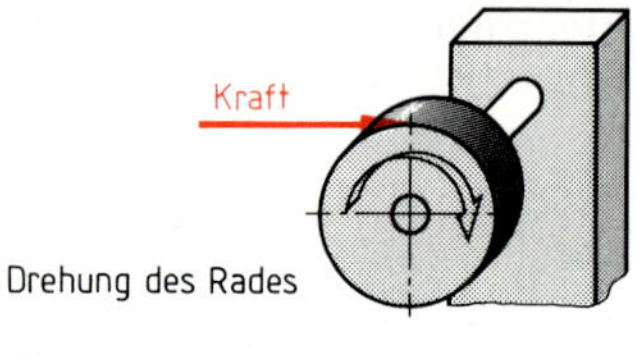

1

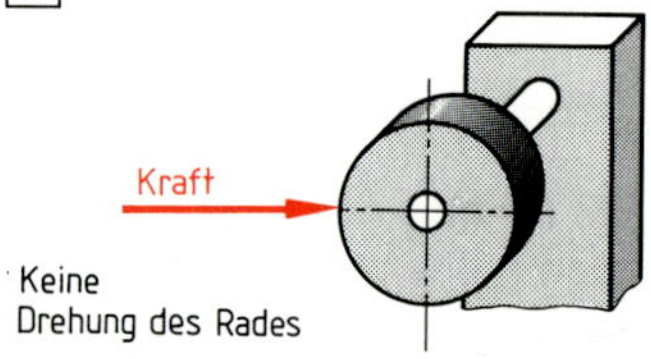

2

Die Wirkung einer Kraft hängt ganz wesentlich von der **Lage der Kraft** ab.

2.2.3 Die Kraft als Vektor und die Kraftmerkmale

Es gibt zwei Arten physikalischer Größen: **Skalare** (z. B. Zeit, Volumen, Temperatur u. a.) sind **ungerichtete Größen, Vektoren** (z. B. Geschwindigkeit, Weg, Beschleunigung u. a.) sind **gerichtete Größen.** Auch die Kraft ist eine gerichtete Größe und kann demzufolge zeichnerisch als Pfeil, dem **Kraftpfeil,** dargestellt werden.

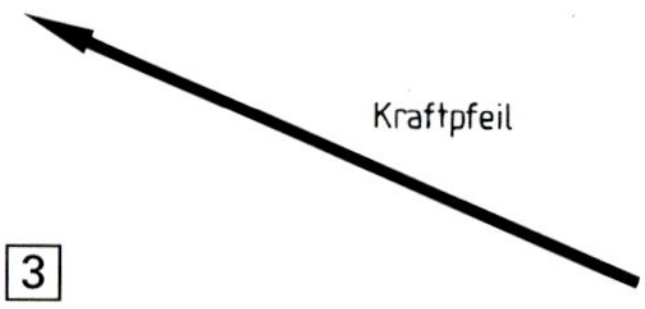

3

Kräfte sind Vektoren. Sie werden zeichnerisch durch Pfeile dargestellt.

Einen solchen Kraftpfeil zeigt Bild 3, und ein ebensolcher ist im Bild 4 in einem Koordinatensystem dargestellt. Alle Angaben für die eindeutige Festlegung der **Merkmale einer Kraft** sind ablesbar:

- Die **Größe** (der Betrag) ist über die Länge des Pfeiles in Verbindung mit dem **Kräftemaßstab KM** messbar.
- Die **Richtung** ist identisch mit der Lage ihrer **Wirkungslinie**. Sie ist durch den Winkel α zur Bezugsebene festgelegt.
- Als **Angriffspunkt** der Kraft wird der Ort des Körpers bezeichnet, an dem die Kraft angreift (Punkt A).

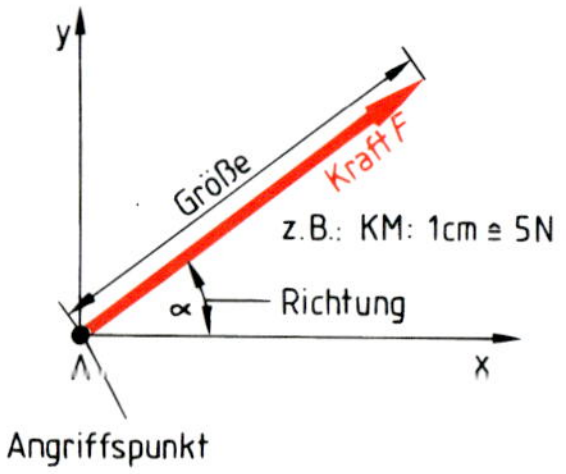

4

Eine Kraft ist durch ihre Merkmale Größe, Richtung und Angriffspunkt eindeutig festgelegt.

2.2.3.1 Der Erweiterungssatz

Bild 5 zeigt schematisiert einen Körper, an dem zwei gleich große Kräfte F_1 auf derselben Wirkungslinie WL in entgegengesetzter Richtung angreifen. Es ist unmittelbar einleuchtend, dass sie sich in ihrer Wirkung aufheben, d. h. dass **Kräftegleichgewicht** vorhanden ist.

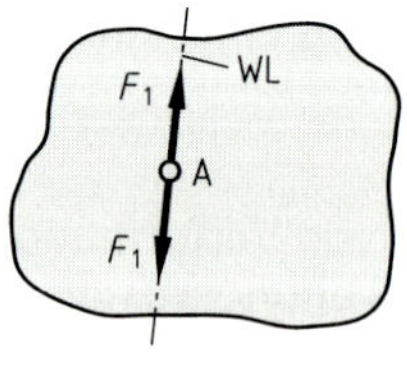

5

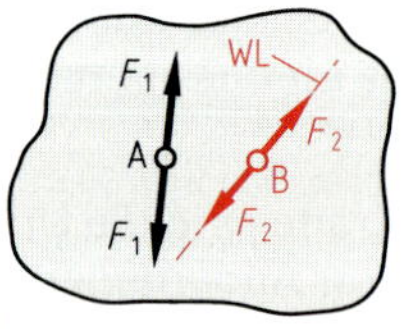

6

Fügt man zwei weitere gleich große und entgegengesetzt gerichtete Kräfte F_2 hinzu (Bild 6, Seite 10), so ändert sich an diesem Kräftegleichgewicht nichts, denn die Kräfte F_2 heben sich in ihrer Wirkung, da sie ebenfalls auf derselben Wirkungslinie WL liegen, auch auf. Dieses Kräftegleichgewicht bleibt auch dann erhalten, wenn man z. B. die Kräfte F_1 aus dem System herausnimmt. Diesen Sachverhalt beschreibt der

Erweiterungssatz

Bei einem Kräftesystem dürfen Kräfte hinzugefügt oder weggenommen werden, wenn sie gleich groß und entgegengesetzt gerichtet sind und auf derselben Wirkungslinie liegen, d. h. wenn sie sich das Gleichgewicht halten.

2.2.3.2. Der Längsverschiebungssatz

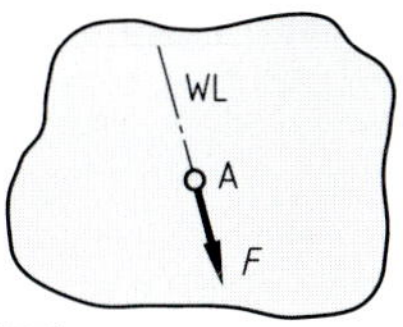

1

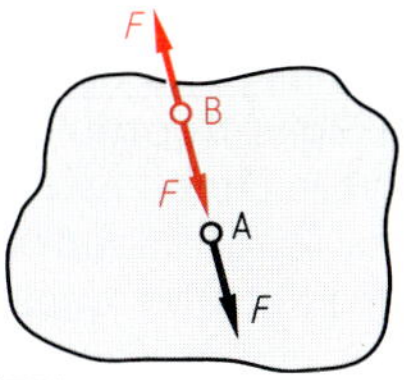

2

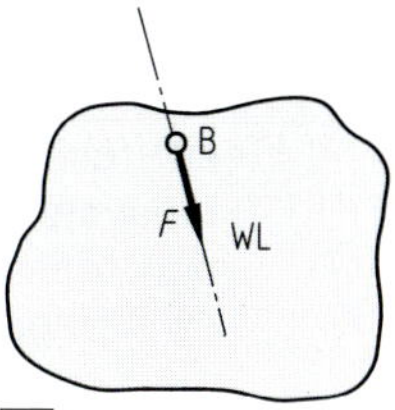

3

Unter dem Einfluss der Kraft F bewegt sich im Bild 1 der Körper nach rechts bzw. unten, denn es existiert kein Kräftegleichgewicht. Fügt man im Bild 2 auf derselben Wirkungslinie die beiden (rot dargestellten) entgegengesetzt gerichteten gleich großen Kräfte hinzu, führt dies nach dem Erweiterungssatz nicht dazu, dass sich die Kraftwirkung verändert. Dies ist auch nicht der Fall, wenn man im Bild 2 die nach oben gerichtete rot dargestellte Kraft F und die nach unten gerichtete schwarz dargestellte Kraft F aus dem System herausnimmt, denn nach dem Erweiterungssatz halten sich auch diese beiden Kräfte das Gleichgewicht. Durch diese Maßnahme ist aber die Situation des Bildes 3 entstanden, und nach dem bisher Gesagten ist die Wirkung auf den Körper in den Bildern 1, 2 und 3 die gleiche. Vergleicht man nun die Bilder 1 und 3, dann ist zu erkennen, dass die Kraft F auf ihrer Wirkungslinie WL (vom Punkt A zum Punkt B) verschoben werden kann, ohne dass sich die Wirkung der Kraft auf den Körper verändert. Dies besagt der

Längsverschiebungssatz

Eine Kraft darf auf ihrer Wirkungslinie verschoben werden, denn dadurch ändert sich nicht die Wirkung auf den Körper, an dem die Kraft angreift.

Diesen wichtigen Lehrsatz der Statik macht das im Bild 4 dargestellte Beispiel nochmals deutlich: Die Wirkung der Kraft F auf den Container ist die gleiche wie die der Kraft F'. Vorausgesetzt wird aber, dass beide Kräfte auf derselben Wirkungslinie liegen, gleich groß sind und in die gleiche Richtung wirken.

4

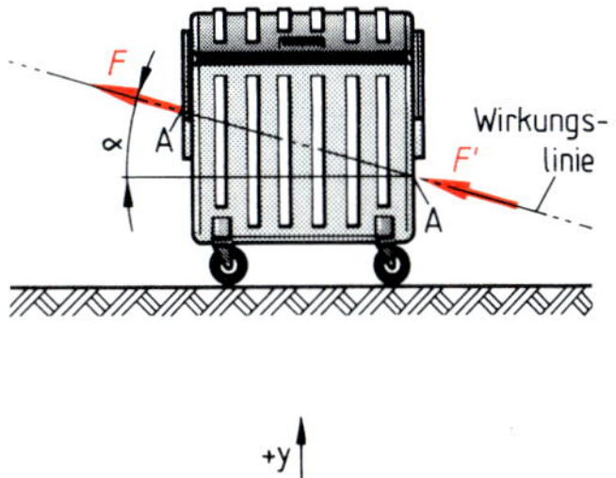

2.2.3.3 Die Richtung der Kraft im rechtwinkligen Koordinatensystem

Bei sehr vielen Aufgaben der Statik ist es erforderlich, im Aufgabentext die Richtung der Kraft anzugeben oder als Teil der Aufgabenlösung zu erfragen. Als Hilfsmittel für die Angabe der Kraftrichtung eignet sich sehr gut das **rechtwinklige Koordinatensystem** (Bild 5).
Es ist damit möglich, die Richtung der Kraft eindeutig, z. B. bezogen auf die positive x-Achse (+x) festzulegen. Für die Kraft F_4 ist z. B.

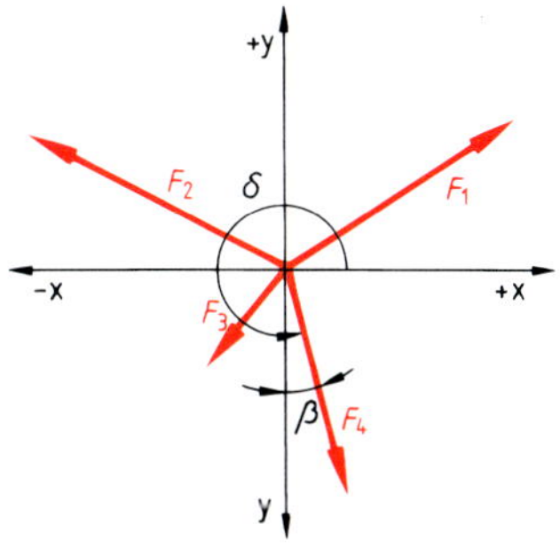

5

die Richtung durch den Winkel δ eindeutig festgelegt. Günstiger wäre es allerdings, den Winkel β anzugeben, wodurch ebenfalls die Richtung von F_4 eindeutig festgelegt ist. Dieser Winkel ergibt sich im gezeigten Beispiel, indem von δ der Winkel 270° abgezogen wird.

M 2. Eine Kraft von 30 kN ist in waagerechter Richtung von rechts nach links zeigend darzustellen. Kräftemaßstab KM: 1 cm ≙ 10 kN.

Lösung: 1 cm ≙ 10 kN, d. h. 30 kN ≙ 3 cm. Die Pfeillänge beträgt somit 3 cm, hat aber nur in Verbindung mit dem KM eine Aussagekraft (Bild 1).

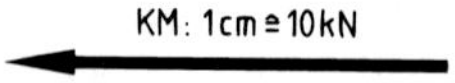

1

M 3. Eine Kraft von 5 N soll so in ein rechtwinkliges Koordinatensystem gezeichnet werden, dass der Angriffspunkt im Nullpunkt liegt und dass die Kraft unter einem Winkel von 45° in den 1. Quadranten zeigt.

Lösung:

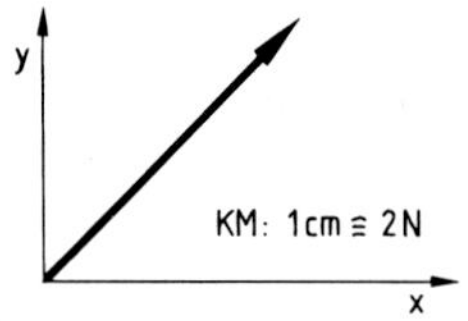

2

M 4. Am Umfang eines Rades mit dem Durchmesser d = 1 m wirkt senkrecht zum Radius eine Kraft F = 10 kN. Wie groß ist das Drehmoment in Nm?

Lösung: $M_d = F \cdot r$

M_d = 10 kN · 0,5 m

M_d = 10 000 N · 0,5 m

$\boldsymbol{M_d}$ **= 5000 Nm**

Ü 13. Führen Sie die Krafteinheit N (Newton) auf Basiseinheiten zurück.

Ü 14. Welche Gewichtskraft hat eine Masse von 3,5 t (1 t = 1 Tonne = 1000 kg)?

Ü 15. Welche Kriterien liegen den Formelzeichen M_d, M_b und M_t zugrunde?

Ü 16. Welche Wirkungen auf einen Körper hat eine Kraft?

Ü 17. Ergänzen Sie Bild 3 so, dass am Körper Kräftegleichgewicht entsteht.

Ü 18. Welche Aussage macht der Längsverschiebungssatz? Wenden Sie diesen für die Kraft F_4 im Bild 3 an.

Ü 19. Zeichnen Sie eine Kraft von 90 kN in vertikaler Richtung von unten nach oben zeigend. KM: 1 cm ≙ 12,5 kN.

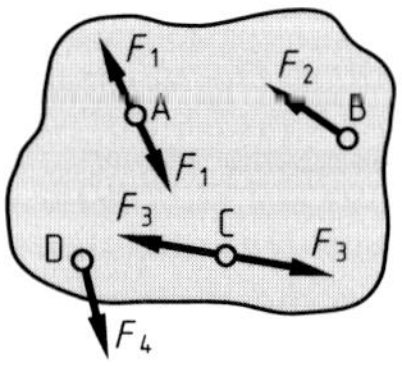

3

Ü 20. Beschreiben Sie die physikalische Größe Kraftmoment.

Ü 21. Im Bild 4, Seite 11, soll der Längsverschiebungssatz bei Wirkung der Kraft F dadurch angewendet werden, dass als Kraftübertragungsmittel eine Kette zur Anwendung kommt.

Ü 22. Die Kraft ist ein Vektor. Was versteht man unter einem Vektor, und welche Merkmale hat ein solcher und damit auch die Kraft?

Ü 23. Nennen Sie einige typische Teile technischer Geräte, die man als Kraftübertragungsmittel bezeichnen kann.

Ü 24. Welche Bedeutung hat die Bezeichnung KM: 1 cm ≙ 12 daN?

Ü25. Zeichnen Sie eine Kraft $F = 9{,}2$ N mit KM: 1 cm ≙ 3 N und mit einem Winkel $\alpha = 40°$ gegen die Vertikale nach rechts unten zeigend.

Ü26. Zeichnen Sie eine Kraft $F = 5350$ N mit KM: 1 cm ≙ 1000 N und mit einem Winkel $\alpha = 25°$ gegen die Horizontale nach links oben zeigend.

V1. Was versteht man unter dem dynamischen Grundgesetz, wie wird es noch genannt, und welche Bedeutung kommt ihm in Verbindung mit der Krafteinheit zu?

V2. Rechnen Sie die in Übungsaufgabe Ü14. errechnete Gewichtskraft in kp um.

V3. Was versteht man unter einem statischen Moment?

V4. Welchen Einfluss hat die Lage einer Kraft auf deren Wirkung auf einen Körper?

V5. Was versteht man unter dem Erweiterungssatz?

V6. Welche Angabe gehört unbedingt zu einer durch einen Kraftpfeil dargestellten Kraft?

V7. An welchen Gegenständen des täglichen Gebrauchs wird die Wirkung
a) durch ein Drehmoment,
b) durch ein Biegemoment sichtbar?

V8. Nach welchem Kriterium wird Ihrer Meinung nach der Kräftemaßstab festgelegt?

V9. Nehmen Sie zwei Kräfte ihrer Wahl aus dem System des Bildes 1 heraus, und fügen Sie zwei andere Kräfte hinzu, ohne das Kräftegleichgewicht zu verändern!

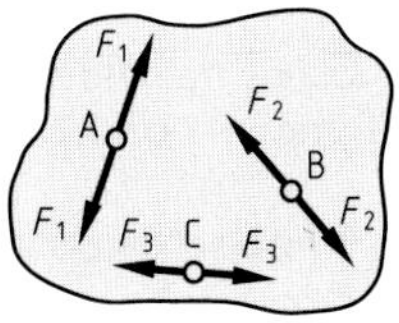

1

V10. Es ist ein KM: 1 cm ≙ 250 N vorgeschrieben. Welche Länge hat dann der Kraftpfeil einer Kraft $F = 1371$ N?

V11. Zeichnen Sie eine Kraft $F = 1350$ N mit dem Winkel $\alpha = 28°$ gegen die Horizontale, und zwar nach rechts oben ansteigend. KM: 1 cm ≙ 200 N.

V12. Nennen Sie einige typische Teile von technischen Geräten, die man von ihrer Konstruktion und von ihrem Verwendungszweck her gesehen als Kraftangriffspunkt bezeichnen kann.

V13. Erläutern Sie das Zustandekommen der Einheit Nm für das Kraftmonent.

V14. Ein Kraftmoment wird in einer Rechnung mit dem Formelzeichen M_t bezeichnet.
a) Wie heißt ein solches Kraftmoment, und was bewirkt es?
b) Welches andere Formelzeichen lässt die DIN 1304 „Formelzeichen" noch zu?
c) Nennen Sie Maschinenteile oder Teile technischer Gerätschaften, die zwecks Aufnahme solcher Kraftmomente konstruiert sind.

STATIK

Lektion 3

Die Freiheitsgrade eines Körpers

Verschiebt man mit Hilfe einer Kraft einen Körper, nimmt man Einfluss auf seine Lage, d. h. auf den Ort, an dem sich der Körper befindet. Dieser Sachverhalt wird im Teilgebiet Dynamik (Lektionen 30 bis 34) eingehend betrachtet. Dort lernen Sie, dass jede Bewegung auf

Translation ⟶ **geradlinige Bewegung** und

Rotation ⟶ **Drehbewegung** beruht.

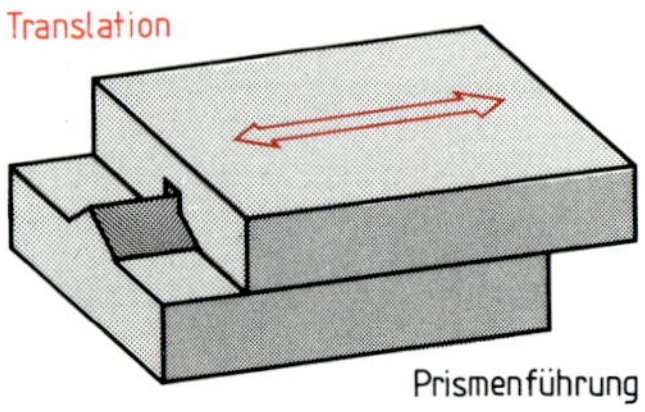

1

Voraussetzung für eine solche Bewegung ist allerdings, dass es für den Körper Bewegungsmöglichkeiten gibt. Bei der im Bild 1 dargestellten Prismenführung gibt es z. B. nur eine **Bewegungsmöglichkeit,** die Hin- und Herbewegung, also eine **Translationsbewegung.** Das gleiche gilt für das im Bild 2 dargestellte Stirnrad, welches eine **Rotationsbewegung** ausführt, verursacht durch ein **Drehmoment.**

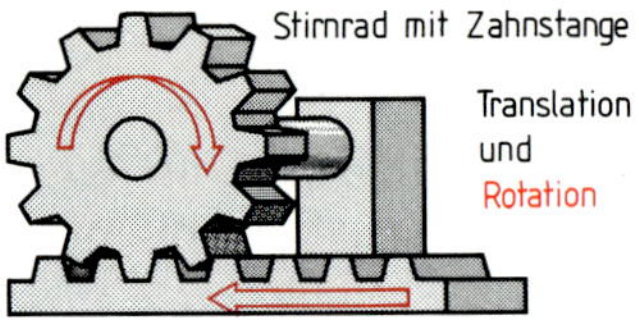

2

Jede Bewegungsmöglichkeit eines Körpers wird als **Freiheitsgrad** bezeichnet.

Ein Körper hat demzufolge ebensoviele Freiheitsgrade wie Bewegungsmöglichkeiten; in den Bildern 1 und 2 liegt jeweils also nur ein Freiheitsgrad vor.

3.1 Freiheitsgrade eines Körpers in der Ebene

Wenn man voraussetzt, dass der im Bild 3 dargestellte Körper die Ebene x–y (gerasterte Fläche) stets genau berührt, dann hat der Körper nur die Bewegungsmöglichkeiten T_1 und T_2 (Translationen) sowie R (Rotation). Man kann sich also jede beliebige Bewegung in der Ebene aus den Einzelbewegungen T_1, T_2 und R, die in verschiedenen Zeiten oder gleichzeitig ablaufen können (siehe Lektion 34), zusammengesetzt denken. Bewegungsmöglichkeiten bestehen also in x- und y-Richtung und um die z-Achse.

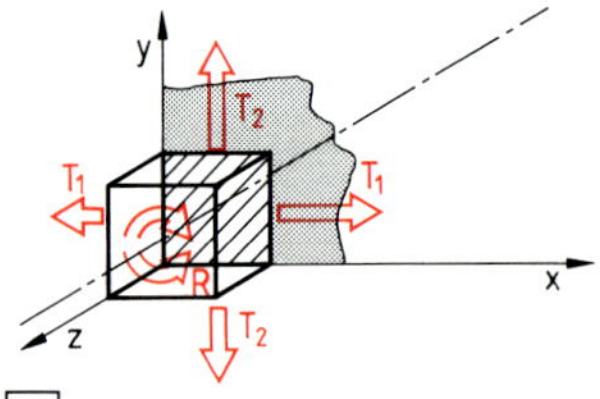

3

In der Ebene hat ein Körper drei Freiheitsgrade.

3.2 Freiheitsgrade eines Körpers im Raum

Jede beliebige Bewegung eines Körpers im Raum kann man sich aus den Einzelbewegungen T_1, T_2, T_3 und R_1, R_2, R_3 (Bild 4) zusammengesetzt denken. Somit:

Im Raum hat ein Körper sechs Freiheitsgrade.

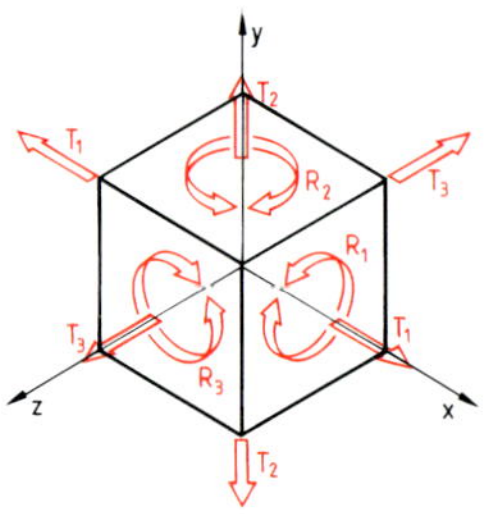

4

Ü 27. Wie kann die Lage eines Körpers verändert werden? Was wird vorausgesetzt?

Ü 28. Wieviele Freiheitsgrade hat der Planschlitten einer Spitzendrehmaschine, bezogen auf das Drehmaschinenbett?

Ü 29. Nennen Sie die maximale Anzahl von Einzelbewegungen, auf die sich eine beliebige Bewegung zurückführen lässt. Wieviele Freiheitsgrade können demzufolge vorliegen?

Lektion 4

Das Freimachen von Bauteilen

4.1 Das Wechselwirkungsgesetz

Viele Erfahrungen des täglichen und beruflichen Lebens zeigen, dass beim Wirken einer Kraft auf einen Körper von diesem eine gleich große Kraft in entgegengesetzter Richtung auf den Körper zurückwirkt.

Beim Stehen auf dem Fußboden oder beim Sitzen auf einem Stuhl wirkt das Körpergewicht, also die **Gewichtskraft** F_G auf eine Unterlage. Von dieser wirkt aber, gewissermaßen als Reaktion, eine gleich große **Gegenkraft** auf den Körper zurück. Dieser Sachverhalt ist im **dritten Newton'schen Axiom** formuliert und wird auch als **Wechselwirkungsgesetz** bezeichnet, da zwischen der wirkenden Kraft **(Aktionskraft)** und der zurückwirkenden Kraft **(Reaktionskraft** oder **Gegenkraft)** eine Wechselwirkung besteht. Dies ist am Beispiel eines Pkw-Vorderrades (Bild 1) gezeigt. Es ist zu erkennen:

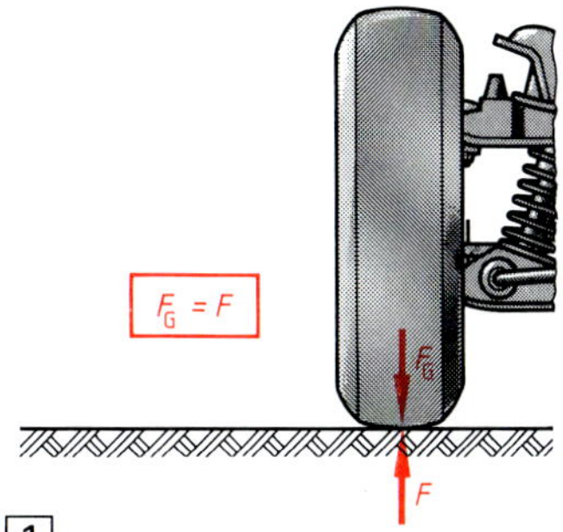

1

Wirkung = Gegenwirkung
Kraft = Gegenkraft
Aktion = Reaktion
Aktionskraft = Reaktionskraft

Kraft und Gegenkraft wirken an verschiedenen Körpern.

Das dritte Newtonsche Axiom wird auch als **Prinzip von actio und reactio** bezeichnet. Es ist ein grundlegendes Prinzip der Statik und soll deshalb an einem weiteren Beispiel (Bild 2) erläutert werden.

Dieses Bild zeigt einen Läufer beim Tiefstart. Er wirkt mit einer Kraft F auf den Boden der Laufbahn, und der Fußboden wirkt mit der gleich großen Kraft $-F$ auf den Läufer zurück. Dabei ist $-F$ eine **Reibungskraft** (siehe Lektionen 25 bis 32), die z. B. auf einer Eisfläche nicht entstehen könnte. Der Vorgang des Bildes 2 ließe sich dann nur mit Hilfe von Spikes realisieren. Das **Wechselwirkungsgesetz** lautet also:

2

Wirkt von einem Körper eine Kraft F auf einen zweiten Körper, dann wirkt gleichzeitig eine gleich große, aber entgegengesetzte Kraft vom zweiten Körper auf den ersten Körper zurück.

4.2 Freimachen

Das Wechselwirkungsgsetz ist auf alle sich berührenden Körper – bei technischen Gerätschaften und Maschinen spricht man von **Bauteilen** – anwendbar, und es ist bereits bekannt, dass der Techniker die wirkenden Kräfte als **Belastungskräfte** und die Reaktionskräfte als **Stützkräfte** bezeichnet. Dies wurde bereits im Bild 1, Seite 5 gezeigt, und dieses Beispiel einer belasteten Brücke ist nochmals im Bild 3 dargestellt. Ausgehend von den bekannten Belastungskräften werden mit Hilfe der **Gesetze der Statik** die Stützkräfte ermittelt, so wie dies bereits im Punkt 1.3 beschrieben wurde.

Am Beispiel der Brücke ist zu erkennen:

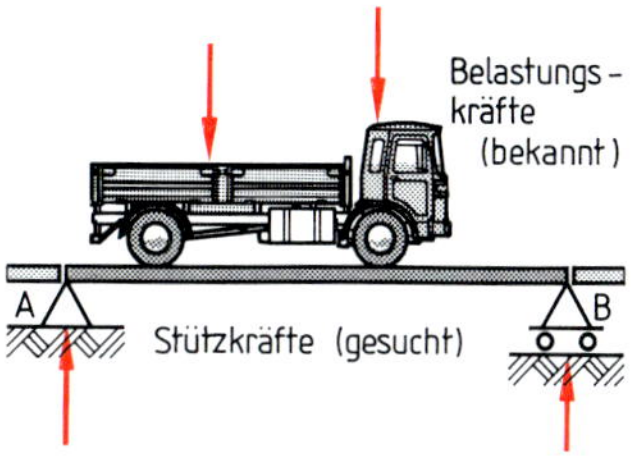

3

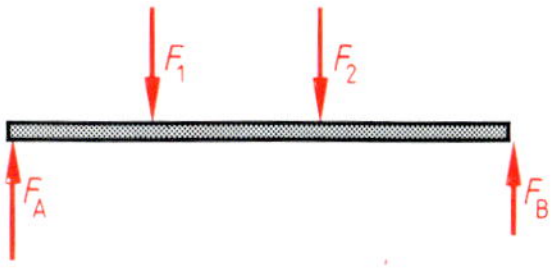

4

Sowohl die Aktionskräfte (Belastungskräfte) als auch die Reaktionskräfte (Stützkräfte) greifen am Bauteil an und belasten dieses.

STATIK

Um eine Aussage über die Bauteilabmessungen machen zu können, müssen alle auf das Bauteil wirkenden Kräfte, also neben den Aktionskräften auch die Reaktionskräfte, bekannt sein.

Für die Berechnung des Bauteiles ist es also **nicht** erforderlich, die Stützen – z. B. die Brückenlager A und B – in die Rechnung einzubeziehen, sondern es genügt, wenn die von den Stützen auf das Bauteil ausgehenden Kräfte – z. B. F_A und F_B im Bild 4, Seite 15 – an das Bauteil gezeichnet werden.

Bild 4, Seite 15 zeigt die von den Stützen (Lagern) freigemachte Brücke.

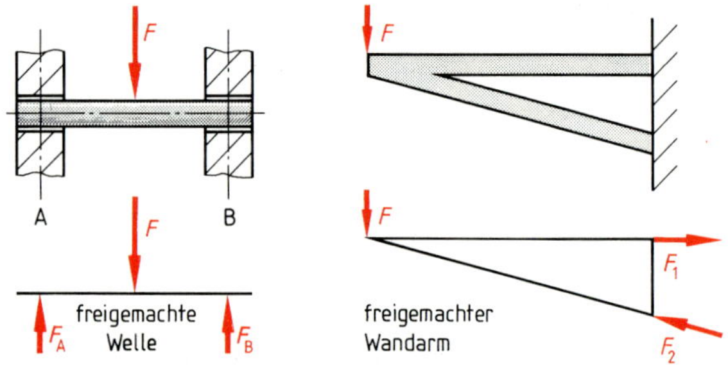

1

Will man sich also über **alle** Kräfte (Aktions- **und** Reaktionskräfte), die am Körper angreifen, Gewissheit verschaffen, ersetzt man alle Lager, Stützen, Einspannungen usw. – von wo aus die Reaktionskräfte auf den Körper wirken – durch diese Reaktionskräfte.

Bild 1 zeigt dieses Verfahren an zwei weiteren Beispielen, und zwar einer in zwei Lagern gelagerten Welle und eines in einer Wand befestigten Kragarmes. Man nennt dieses Verfahren das **Freimachen der Bauteile,** und man kann es folgendermaßen beschreiben:

Freimachen bedeutet, dass man alle das Bauteil tragenden Teile, wie Lager, Stützen, Einspannungen etc. durch die von diesen Teilen auf das Bauteil wirkenden Reaktionskräfte ersetzt.

Das zu untersuchende Bauteil wird also von den Verbindungen mit anderen Bauteilen freigemacht. Dies gelingt am sichersten, wenn man hierzu mehrere Schritte verwendet, etwa so wie es der belastete Hebel im Bild 2 zeigt und wobei die **Reihenfolge der Schritte beliebig** ist.

Schritt 1: Hebel wird vom Lager freigemacht.
Schritt 2: Hebel wird von der Kette freigemacht.
Schritt 3: Zusammenfassung der Schritte 1 und 2, d. h. der Hebel ist vollkommen freigemacht. Es sind
F_G ⟶ Aktionskraft,
F_K, F_L ⟶ Reaktionskräfte.

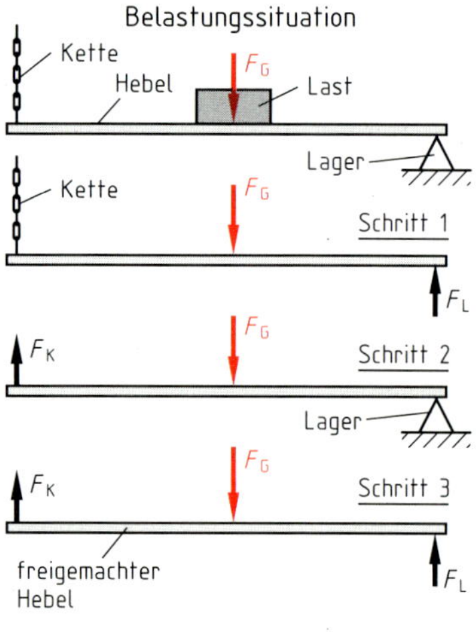

2

Es ist zu erkennen, dass Reaktionskräfte nur an den Stellen des freizumachenden Bauteils angreifen können, wo dieses mit anderen Bauteilen in Verbindung steht. Dabei gilt als vereinbart:

Beim Freimachen wird der Angriffspunkt, die (ungefähre) Richtung der Wirkungslinie WL und der Richtungssinn (z. B. nach oben oder unten) der Reaktionskräfte ermittelt.

Dies ist meist durch einfache Überlegungen möglich. Im Punkt 4.2.1 sind die wichtigsten Regeln hierzu zusammengefasst. Weiterhin gilt als vereinbart:

Beim Freimachen wird **nicht** die Größe (Betrag) der Kraft ermittelt.

4.2.1 Regeln für das Freimachen von Bauteilen

Form des Bauteils und **Regel für das Freimachen:**	Kraftübertragung in Wirkrichtung der Kraft möglich:	Kraftübertragung ist so nicht möglich:
Ebene Flächen Ebene Flächen können nur senkrechte Reaktionskräfte erzeugen, d.h. es können nur senkrecht zu ihnen gerichtete Kräfte übertragen werden.	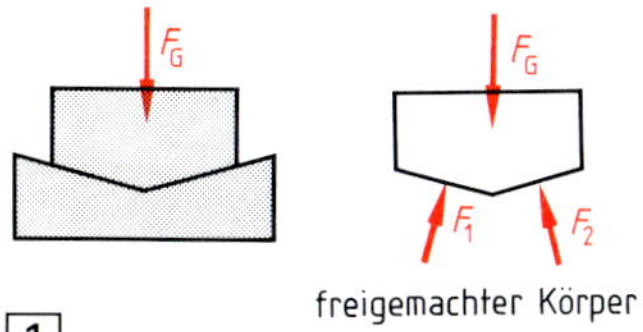 1	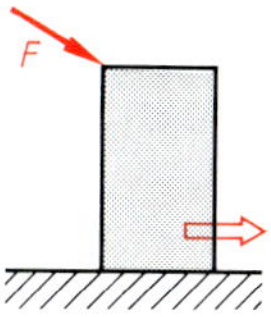 Bei Überwindung der Reibungskraft rutscht der Körper. 2
Gewölbte Flächen Gewölbte Flächen erzeugen im Berührungspunkt mit anderen Körpern senkrechte Reaktionskräfte. Diese wirken in Richtung des Krümmungsradius (Radialkräfte).	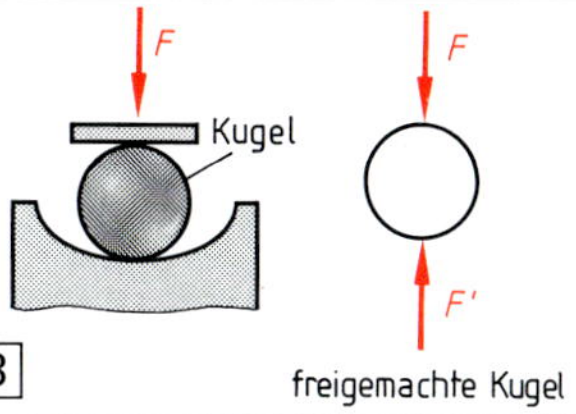 3	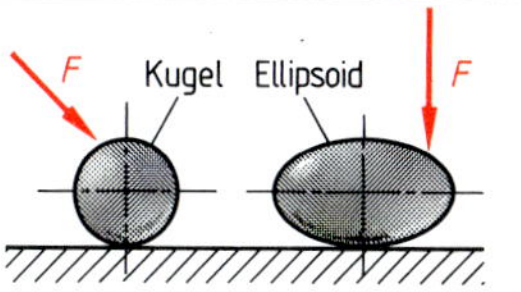 Kugel und Ellipsoid bewegen sich. 4
Ketten und Seile Ketten und Seile können Kräfte nur in Spannrichtung übertragen. Die übertragenen Kräfte können nur Zugkräfte sein.	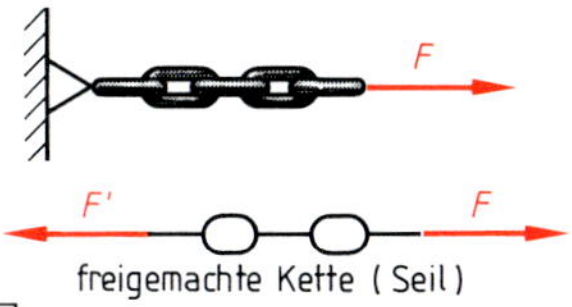 5	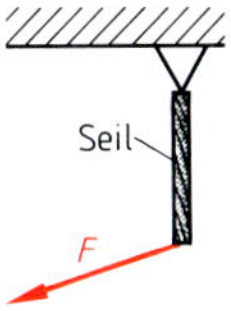 Seile bzw. Ketten werden in Kraftrichtung ausgelenkt. 6
Zweigelenkstäbe (Pendelstützen) Zweigelenkstäbe (Pendelstützen) nehmen nur Zug- oder Druckkräfte in Richtung der Verbindungslinie der beiden Gelenkpunkte auf.	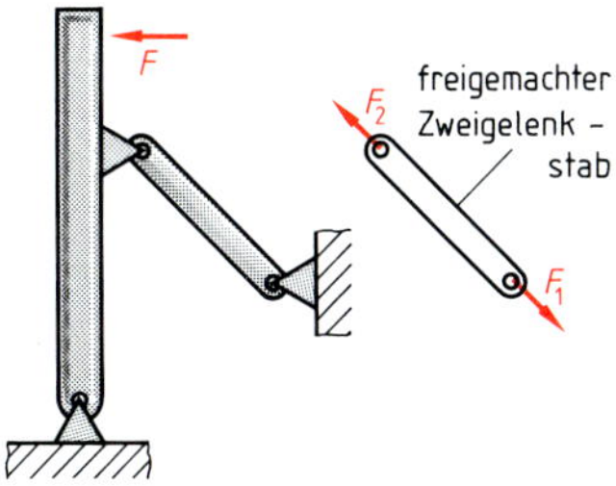 7	Der Pendelstab bewegt sich so lange, bis die 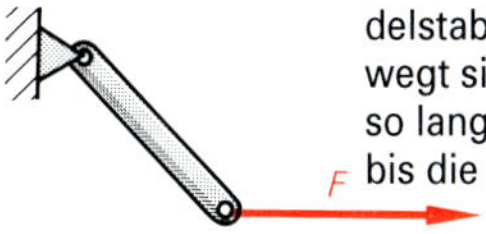 Wirkungslinie der Kraft *F* durch beide Gelenkpunkte geht. 8

Loslager und Festlager (siehe auch Lektion 61)

Bild 9 zeigt eine belastete Brücke. **Horizontal- oder Schrägkräfte** entstehen z.B. beim Anfahren. Damit sich die Brücke in waagerechter Richtung frei ausdehnen kann (z.B. auch bei Erwärmung) muss auf einer Seite ein **Loslager** sein. Dieses ist horizontal verschiebbar. Auf der anderen Seite lagert die Brücke auf einem **Festlager**. Dieses verhindert die Bewegung der gesamten Brücke in waagerechter Richtung. Aus der Konstruktion beider Lager (unbeweglich und in waagerechter Richtung beweglich) ergibt sich entsprechend Bild 10:

Loslager nehmen nur Kräfte in senkrechter Richtung zum Lager auf. Festlager können Kräfte in jeder beliebigen Richtung aufnehmen.

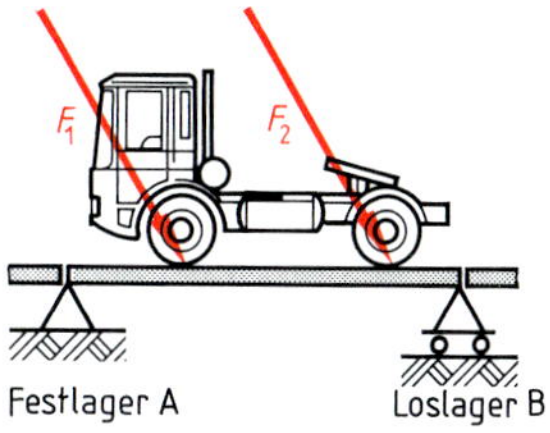

9

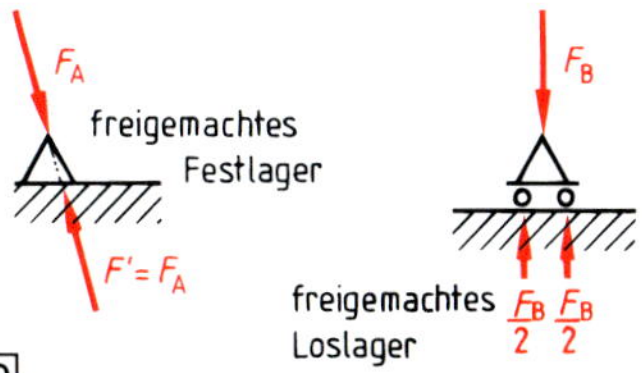

10

Der Komplex der **Lagerung,** d. h. auch **Loslager** und **Festlager,** wird ausführlich im Teilgebiet Festigkeitslehre erörtert. Dort wird z. B. auch besprochen, dass bei der **Lagerung von Wellen** ebenfalls Los- und Festlager verwendet werden.
Die Bilder 9 und 10, Seite 17 zeigen auch nochmals die Regel, dass beim Freimachen manchmal nur die **ungefähre Richtung der Wirkungslinie** ermittelt wird. Natürlich kann man dies auch genau tun, dazu sind aber zunächst noch die weiteren Informationen der nächsten Lektionen erforderlich.

M 5.

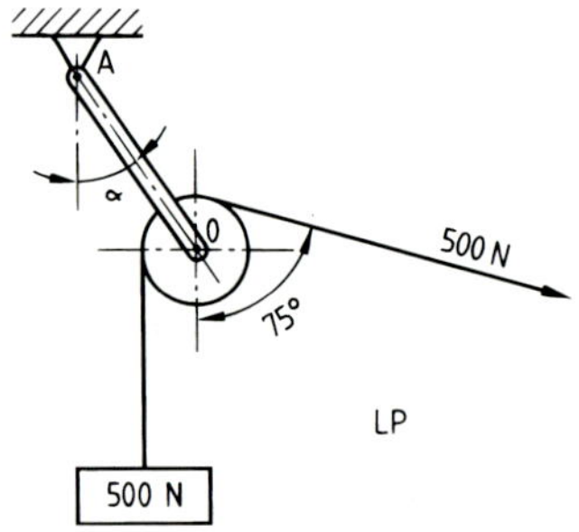

1

Die Seilrolle ist freizumachen.

Lösung:

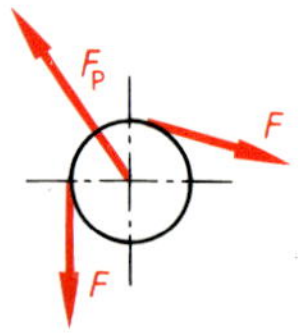

2

Pendelstangen können nur Kräfte in ihrer gegebenen Richtung aufnehmen. Die Pendelstangenkraft F_p, also die Reaktionskraft der Seilkräfte F, muss hier eine Zugkraft sein.

M 6.

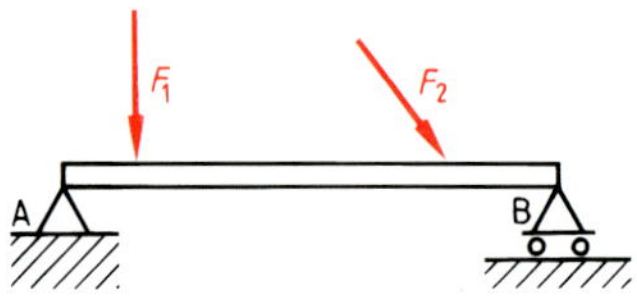

3

Der auf zwei Lagern gelagerte Träger ist freizumachen.

Lösung:

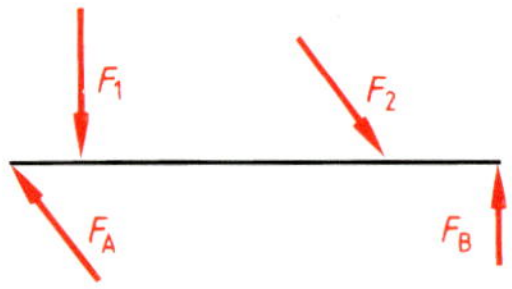

4

Loslager B: Senkrechte Reaktionskraft F_B.

Festlager A: Schräge Reaktionskraft F_A.

M 7.

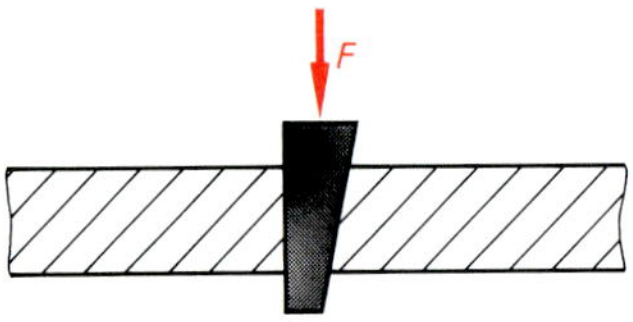

5

Der Keil ist freizumachen.

Lösung:

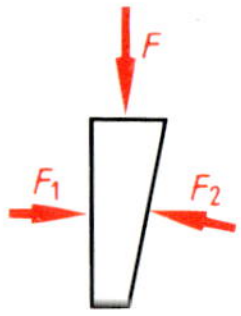

6

Ebene Flächen können nur senkrecht zu ihnen gerichtete Reaktionskräfte erzeugen. Die Reaktionskräfte F_1 und F_2 stehen somit senkrecht auf den Keilflächen.

M 8.

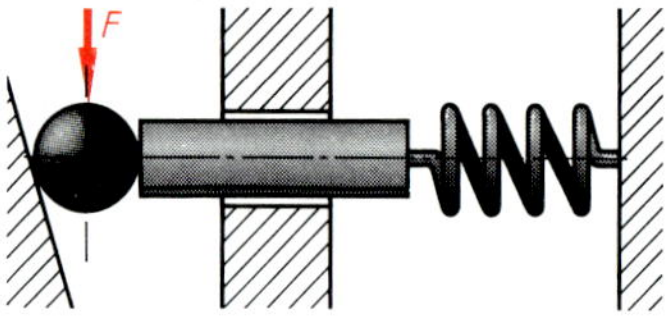

7

Kugel und Schieber sind freizumachen.

Lösung:

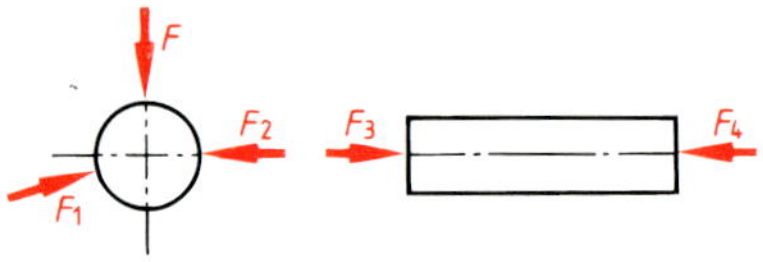

8

Im Berührungspunkt erzeugen gewölbte Flächen stets radial gerichtete Reaktionskräfte.

M 9. Eine Kette überträgt eine Kraft. Machen Sie die Kette frei.

Lösung:

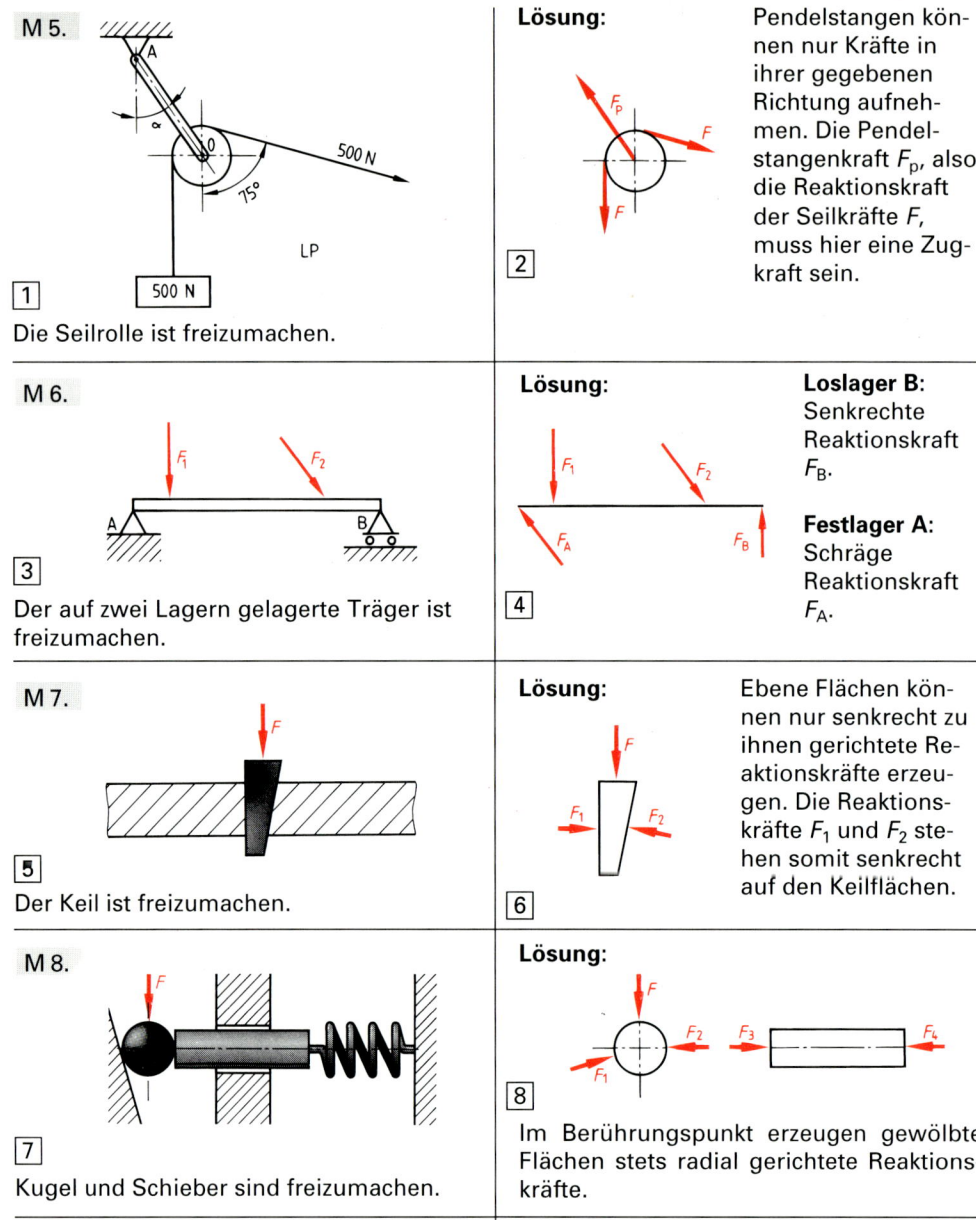

9

Ü 30. a) Was versteht man unter dem „Freimachen“ der Bauteile?
b) Warum müssen Bauteile zunächst freigemacht werden?

Ü 31. Nennen Sie Beispiele, bei denen das Wechselwirkungsgesetz deutlich wird.

Ü 32.

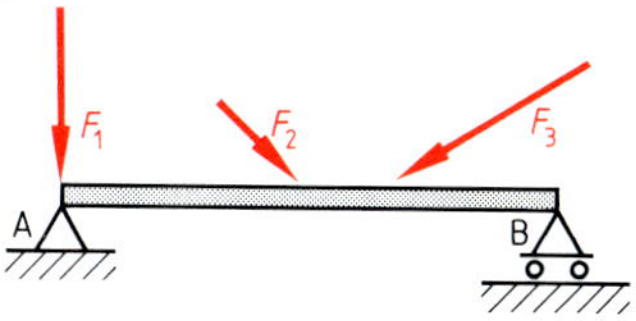

1

Der Träger ist freizumachen.

Ü 33.

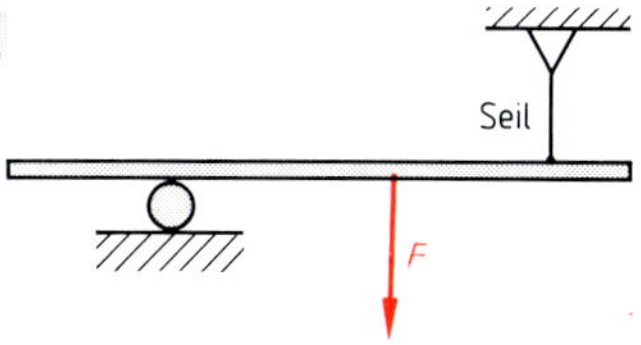

2

Seil, Träger und Rolle sind freizumachen.

Ü 34.

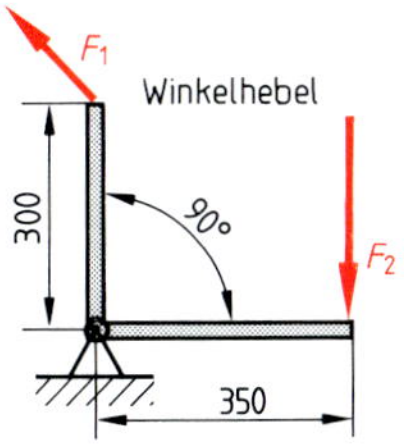

3

Der Winkelhebel ist freizumachen.

Ü 35.

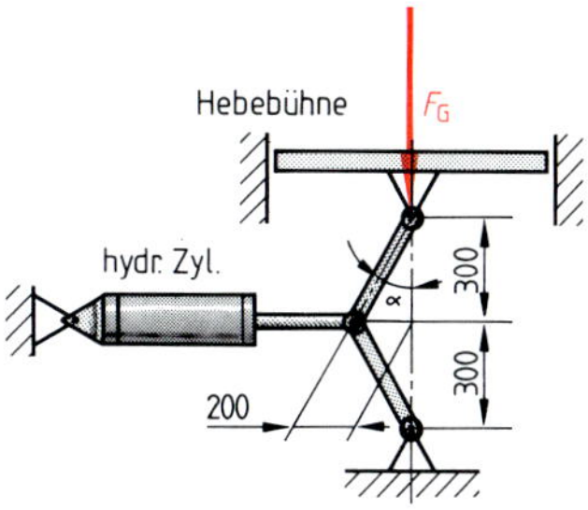

4

Hebebühne, Hydraulikzylinder und untere Pendelstange sind freizumachen.

V 15. a) Wie wird das Wechselwirkungsgesetz noch genannt?
b) Welche körperliche Voraussetzung muss gegeben sein, damit das Wechselwirkungsgesetz wirksam werden kann?

V 16. Welche Merkmale der Reaktionskräfte werden beim Freimachen ermittelt?

V 17. An welchen Stellen wird das freizumachende Bauteil freigemacht?

V 18.

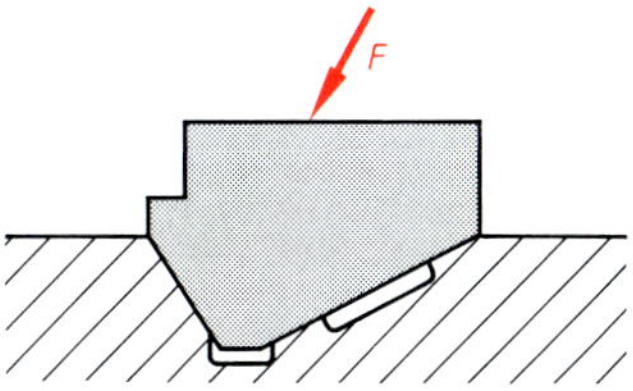

5

Der Schlitten ist freizumachen.

V 19.

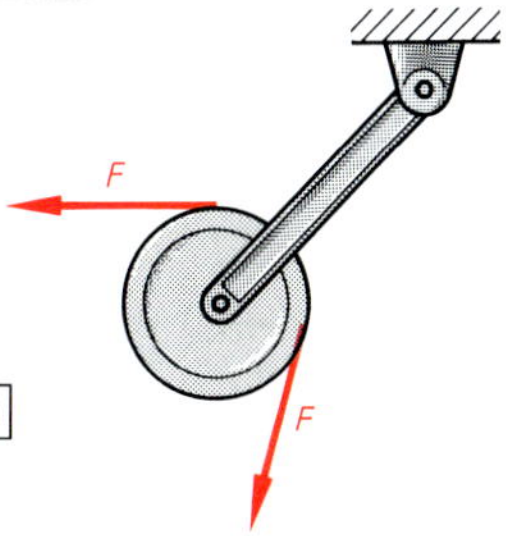

6

Pendelstange und Seilrolle sind freizumachen.

V 20.

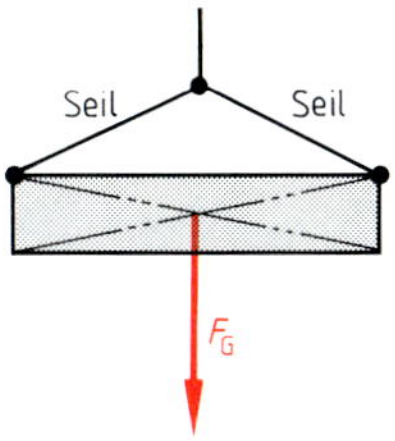

7

Die an den Seilen hängende Last ist freizumachen.

V 21.

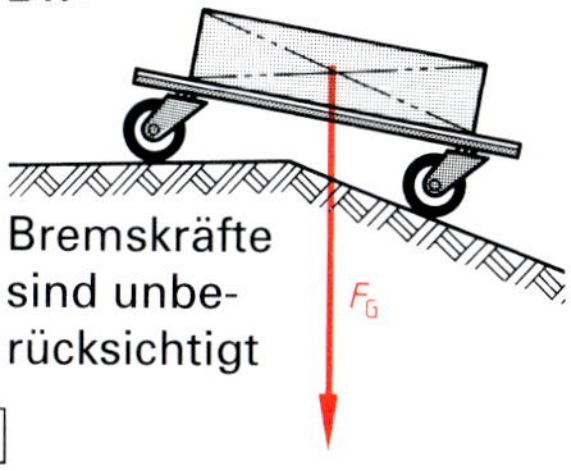

8

Der Wagen ist freizumachen.

STATIK

V 22.

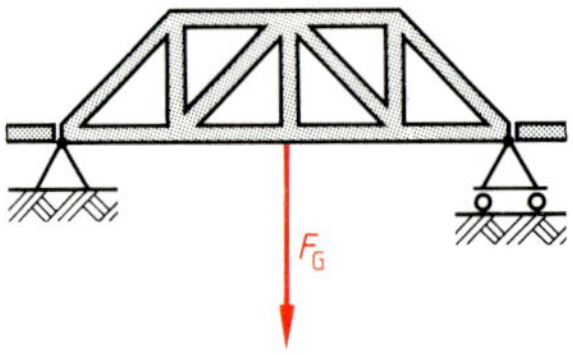

1

Der Fachwerkträger ist freizumachen.

V 23.

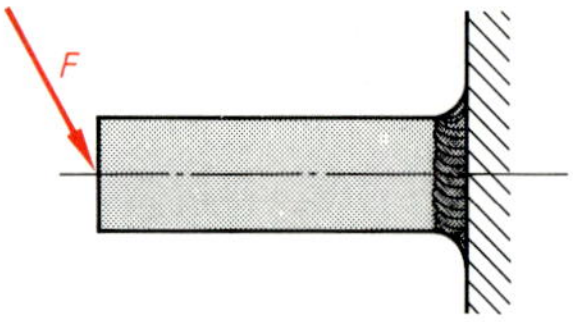

2

Der angeschweißte Träger ist freizumachen.

V 24.

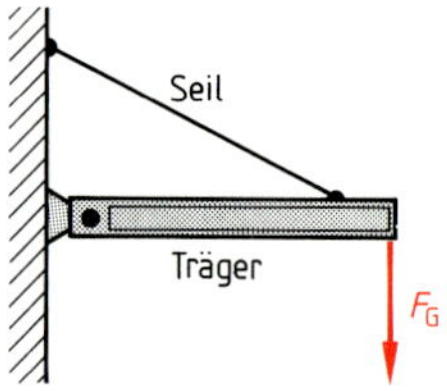

3

Der Träger ist freizumachen.

V 25.

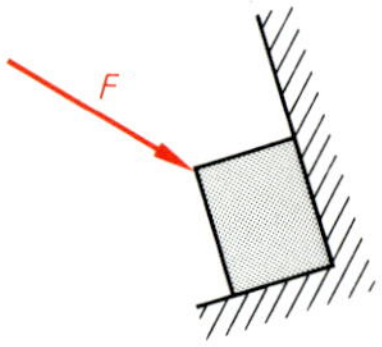

4

Der in der Raumecke stehende Körper ist freizumachen.

V 26.

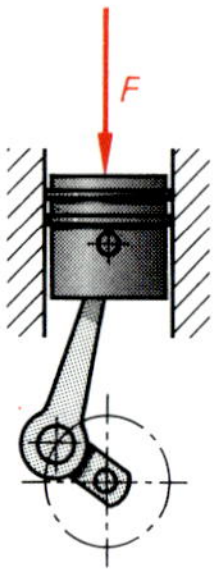

5

Der Kolben ist freizumachen.

V 27.

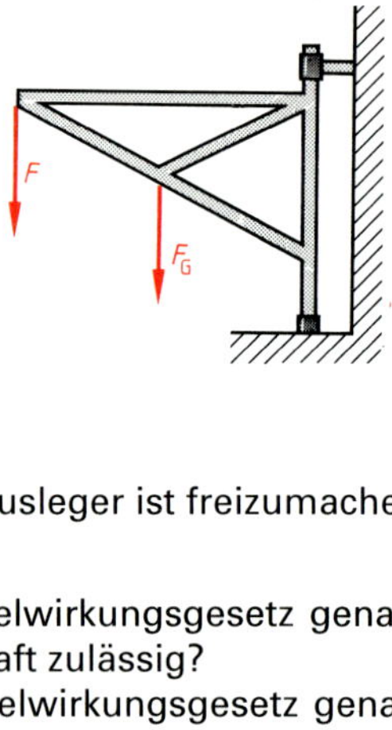

6

Der Kranausleger ist freizumachen.

V 28. a) Welche im Zusammenhang mit dem Wechselwirkungsgesetz genannten Bezeichnungen sind auch für eine Belastungskraft zulässig?

b) Welche im Zusammenhang mit dem Wechselwirkungsgesetz genannten Bezeichnungen sind auch für eine Stützkraft zulässig?

V 29. Welcher Vorteil ergibt sich, wenn das Freimachen in mehreren Schritten erfolgt?

STATIK

Das zentrale Kräftesystem

Lektion 5 Kräfte auf derselben Wirkungslinie

5.1 Die zwei Hauptaufgaben der Statik

5.1.1 Die erste Hauptaufgabe der Statik

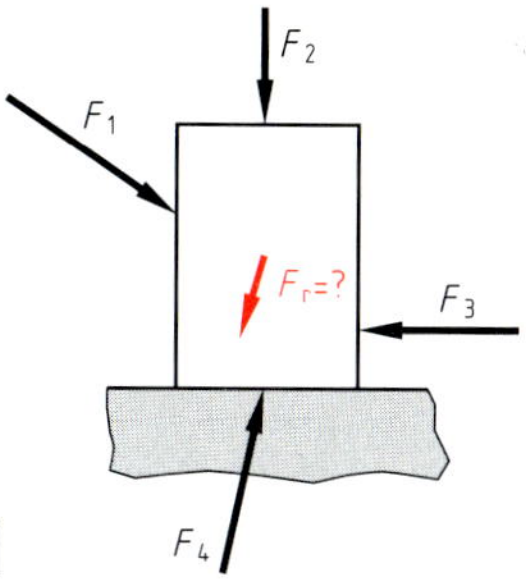

1

Bild 1 zeigt ein Kräftesystem, in dem z. B. vier Kräfte auf einen Körper wirken. Im dargestellten Fall ist F_4 die Reaktionskraft, die infolge der Aktionskräfte F_1, F_2, F_3 von der Körperauflage auf den Körper zurückwirkt. Insgesamt haben alle auf den Körper wirkenden Einzelkräfte eine Gesamtwirkung auf den Körper. Man kann sich leicht vorstellen, dass diese Gesamtwirkung (siehe auch 5.1.2) auch von einer einzelnen Kraft ausgehen könnte. Diese Kraft würde dann sozusagen die Einzelkräfte ersetzen, und sie wird deshalb auch häufig als **Ersatzkraft** bezeichnet. Diese ergibt sich aus der **vektoriellen Summe der Einzelkräfte** und heißt dann **resultierende Kraft,** kurz die **Resultierende** F_r. Aus Bild 1 wird deutlich, dass es mit der Resultierenden sehr viel besser möglich ist, die Gesamtwirkung der Einzelkräfte auf den Körper zu beurteilen. Man bezeichnet deshalb die Resultierende auch als **Gesamtkraft.**

1. Hauptaufgabe der Statik ⟶ Ermittlung der Resultierenden F_r (resultierende Kraft) aus allen am Körper angreifenden Einzelkräften.

Die Resultierende (resultierende Kraft, Ersatzkraft, Gesamtkraft) ergibt sich aus dem Summenvektor aller am Körper angreifenden Einzelkräfte.

5.1.2 Die zweite Hauptaufgabe der Statik

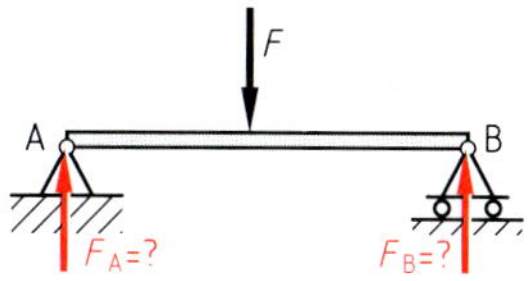

2

Bei dem im Bild 1 dargestellten Fall handelt es sich nicht um ein **statisches System,** sondern um ein **dynamisches System,** denn es herrscht kein Kräftegleichgewicht. Vielmehr bewegt sich das Körpersystem nach links unten, worauf aus der Größe und Richtung von F_r geschlossen werden kann. Bereits beim Freimachen der Bauteile (Lektion 4) wurde **Kräftegleichgewicht** für die statischen Systeme vorausgesetzt. Dies ist die Voraussetzung zur Ermittlung der Reaktionskräfte, so wie dies der Träger auf zwei Stützen (Bild 2) zeigt, und dies ist die

2. Hauptaufgabe der Statik ⟶ Ermittlung der unbekannten Reaktionskräfte (Stützkräfte) aus den Aktionskräften (Belastungskräften).

5.2 Die zwei Kräftesysteme der Statik

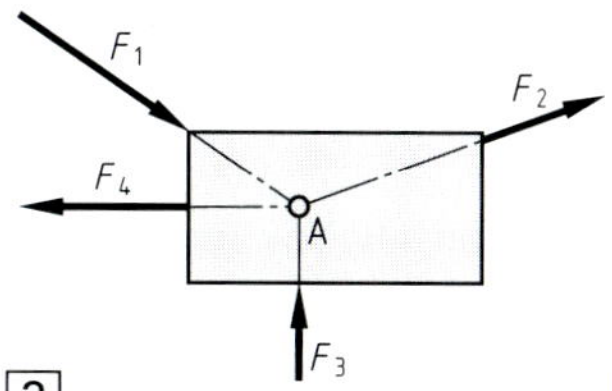

3

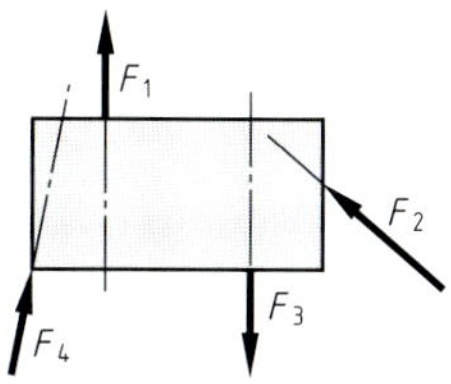

4

Die Kraftsysteme in den Bildern 3 und 4 unterscheiden sich dadurch, dass einmal alle Wirkungslinien einen gemeinsamen Schnittpunkt A haben (Bild 3), zum anderen (Bild 4) ist dies nicht der Fall. Im ersten Fall spricht man von einem **zentralen Kräftesystem,** und man bezeichnet den gemeinsamen Schnittpunkt A aller Wirkungslinien als **Zentralpunkt.** Im zweiten Fall, wenn sich also die Wirkungslinien aller am Körper angreifenden Einzelkräfte nicht schneiden, wird ein solches Kräftesystem als ein **allgemeines Kräftesystem** bezeichnet.

In der Statik unterscheidet man das zentrale Kräftesystem vom allgemeinen Kräftesystem.

Die Lektionen 5 bis 10 befassen sich mit dem zentralen Kräftesystem, während das allgemeine Kräftesystem ab Lektion 11 besprochen wird.

5.3 Sonderfall des zentralen Kräftesystems: gemeinsame Wirkungslinie

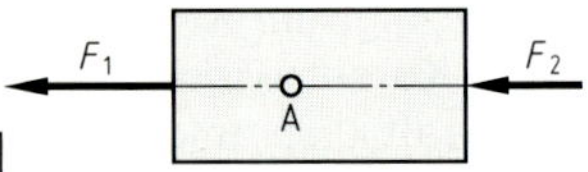

1

Das in Bild 1 dargestellte Kräftesystem zeigt den Fall der gemeinsamen Wirkungslinie aller Einzelkräfte. Dies ist ein Sonderfall des zentralen Kräftesystems, denn die Wirkungslinie wird durch alle gemeinsamen Punkte auf derselben gebildet. Der Punkt A kann somit als Schnittpunkt aller Wirkungslinien aufgefasst werden, d. h. als Zentralpunkt.

Bild 2 zeigt einen solchen Fall von **Kräften auf derselben Wirkungslinie.** In diesem Beispiel stellen die Kräfte F_1 und F_2 solche Kräfte dar, die der Bewegungsrichtung eines an einem Berg hinauffahrenden Lastzuges entgegengerichtet sind. Diese Kräfte entstehen insbesondere durch die **Reibung** (siehe Lektion 25) zwischen den Rädern und der Straße sowie dem **Hangabtrieb** (siehe Lektion 26). Die Kraft F_a ist die **Antriebskraft.**

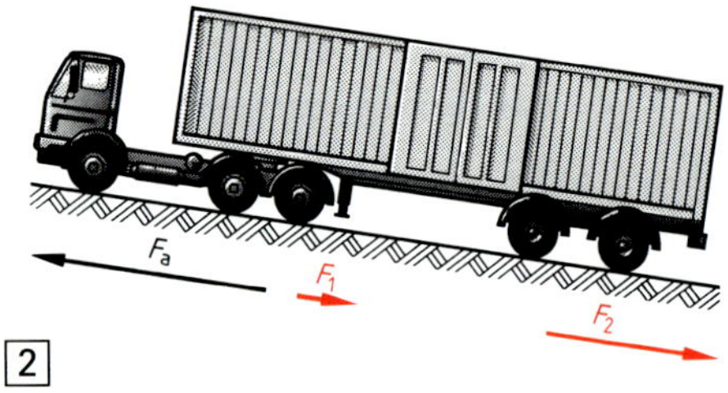

2

5.3.1 Zeichnerische Ermittlung der Resultierenden

Aus dem im Bild 2 dargestellten Beispiel ist zu erkennen, dass alle Kräfte, die auf derselben Wirkungslinie in die gleiche Richtung zeigen, durch Addition zu einer Kraft zusammengefasst werden können, d. h. z. B. $\boldsymbol{F_1} + \boldsymbol{F_2}$. Wirkt eine Kraft in die entgegengesetzte Richtung, z. B. F_a, dann muss diese subtrahiert werden. Diese Überlegungen zeigen:

Greifen an einem Körper mehrere Kräfte auf derselben Wirkungslinie an, dann lassen sich diese algebraisch zur Resultierenden F_r zusammenfassen.

Für die **zeichnerische (graphische) Ermittlung der Resultierenden** bedeutet dies, dass alle Kräfte, d. h. die Kraftpfeile, nach Größe und Richtung aneinandergereiht werden müssen. Dies soll an einem Beispiel für 4 Kräfte (Bild 3) nachvollzogen werden. Es wird dabei zwischen dem **Lageplan** LP (Bild 3) und dem **Kräfteplan** KP (Bild 4) unterschieden. Der Lageplan zeigt die Lage der Kräfte bzw. deren Wirkungslinien bezogen auf den Körper. Dieser LP kann unmaßstäblich sein, er ist lediglich eine **Situationsskizze.** Im Kräfteplan werden die Kräfte in derselben Richtung maßstäblich hintereinander gezeichnet (Bild 4), wobei der **Sinn der Kraft,** d. h. nach der einen oder der anderen Seite gerichtet, berücksichtigt werden muss. Bei dieser zeichnerischen Lösung ist es zweckmäßig, Einzelkräfte und Resultierende parallel nebeneinander zu zeichnen. Dies ändert nichts an der Tatsache, dass in Wirklichkeit alle Kräfte auf derselben Wirkungslinie liegen, es wird dadurch aber Einfluss auf die Eindeutigkeit der Lösung genommen. Es ist zu erkennen:

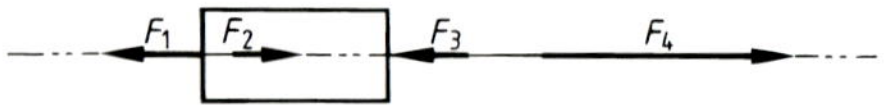

LP (unmaßstäblich)

3

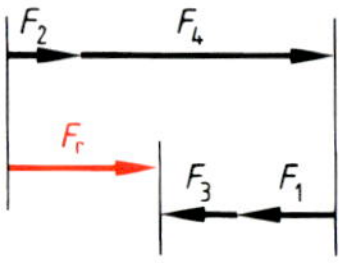

KP (maßstäblich)

4

Größe, Richtung und Sinn der Kraft ergeben sich aus der maßstäblichen Längendifferenz beim Hintereinanderzeichnen aller Einzelkräfte.

Die Wirkungslinie der Resultierenden ist natürlich identisch mit der gemeinsamen Wirkungslinie aller Einzelkräfte. Mit Hilfe des **Längsverschiebungssatzes** ergibt sich schließlich, dass der **Angriffspunkt der Resultierenden** irgendwo auf dieser gemeinsamen Wirkungslinie liegen kann.

5.3.2 Rechnerische Ermittlung der Resultierenden

Dadurch, dass die **Resultierende aus der algebraischen Summe aller Einzelkräfte** errechnet werden kann, ergibt sich die Notwendigkeit, dass man jeder Kraft – entsprechend ihrem Sinn – ein Vorzeichen zuordnet. Den nach einer Seite gerichteten Kräften teilt man somit das Vorzeichen Plus (+) und den nach der gegenüberliegenden Seite gerichteten das Vorzeichen Minus (–) zu.

z. B.:

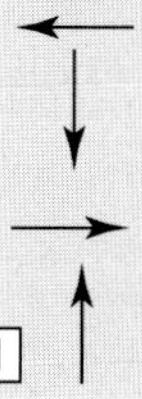

Nach links oder unten gerichtete Kräfte: minus (–)

Nach rechts oder oben gerichtete Kräfte: plus (+)

1

Der **Sinn einer Kraft** gibt an, nach welcher Seite die Kraft auf ihrer Wirkungslinie gerichtet ist.

Da die gemeinsame Wirkungslinie beliebig – z. B. schräg – gerichtet sein kann, gibt es **keine feste Vorzeichenregel,** d. h., dass die Vorzeichenwahl bei jeder Aufgabe neu getroffen werden muss. Bei Horizontal- bzw. Vertikalkräften wird meist nach Bild 1 verfahren. Durch die Ermittlung der algebraischen Summe ergibt sich als **Größe für die**

Resultierende $F_r = \Sigma F = F_1 + F_2 + \ldots + F_n$ [23–1] in N

Da **Kräftegleichgewicht** immer dann gegeben ist, wenn die **Resultierende** aller am Körper angreifenden Kräfte **Null** ist, gilt der Satz:

Greifen an einem Körper mehrere Kräfte auf derselben Wirkungslinie an, dann herrscht Kräftegleichgewicht, wenn die Summe aller Einzelkräfte Null ist.

Kräftegleichgewicht $F_r = \Sigma F = 0$ [23–2]

M 10. In einem Punkt greifen auf waagerechter Wirkungslinie folgende Kräfte an:

$F_1 = +100$ kN
$F_2 = +\ 50$ kN
$F_3 = -300$ kN
$F_4 = +200$ kN
$F_5 = -\ 80$ kN
$F_6 = +450$ kN

\+ bedeutet nach rechts gerichtet.

a) Es ist ein Lageplan zu zeichnen.
b) Die Resultierende ist rechnerisch zu ermitteln.

Lösung:

a)

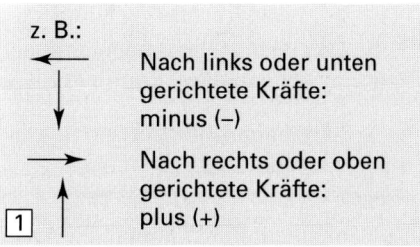

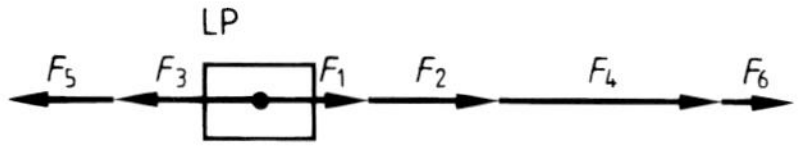

2

b) $F_r = \Sigma F = F_1 + F_2 + F_3 + F_4 + F_5 + F_6$
$F_r = 100\text{ kN} + 50\text{ kN} - 300\text{ kN} + 200\text{ kN} - 80\text{ kN} + 450\text{ kN}$
$\mathbf{F_r = +420 kN}$ **(→)**

Das Vorzeichen + im Ergebnis bedeutet, dass F_r nach rechts gerichtet ist.

Anmerkung:

In der Statik hat es bei der Berechnung von Kräften eine weite Verbreitung gefunden, dass hinter das Ergebnis ein kleiner Richtungspfeil (in Klammern) gesetzt wird.

Diese zweckmäßige Maßnahme ist aber nicht verbindlich vorgeschrieben.

M 11. In einem Punkt greifen die Kräfte
$F_1 = +10$ N
$F_2 = -50$ N
$F_3 = +60$ N
$F_4 = -10$ N
$F_5 = -25$ N
auf waagerechter Wirkungslinie an.

Das Vorzeichen + bedeutet nach rechts gerichtet. Ermitteln Sie die Resultierende
a) zeichnerisch (KP) und
b) rechnerisch.

Lösung:
a)

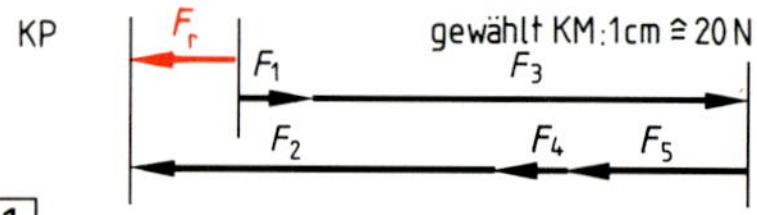

1

b) $F_r = \Sigma F = F_1 + F_2 + F_3 + F_4 + F_5$
$F_r = 10\text{ N} - 50\text{ N} + 60\text{ N} - 10\text{ N} - 25\text{ N}$
$\boldsymbol{F_r = -15\text{ N}}$ (←)

Ü 36. In einem Punkt greifen die folgenden Kräfte auf waagerechter Wirkungslinie an:
$F_1 = +300$ daN
$F_2 = +350$ daN
$F_3 = -250$ daN
$F_4 = -\ \ 50$ daN
$F_5 = +\ \ 50$ daN
+ ≙ nach rechts gerichtet. Es ist ein LP zu zeichnen, und F_r ist rechnerisch zu ermitteln.

Ü 37. a) Was ist eine Resultierende, und wie wird sie noch genannt?
b) Wie unterscheidet sich der Lageplan LP vom Kräfteplan KP?

Ü 38. Welche Aussage macht Bild 2, welches als Gleichung verstanden werden soll?

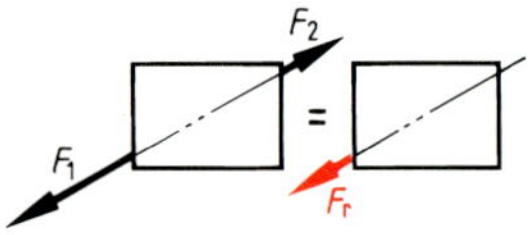

2

Ü 39. Auf einer WL, die unter dem Winkel $\alpha = 30°$ gegen die Horizontale geneigt ist, greifen die folgenden Kräfte an:
$F_1 = -500$ N
$F_2 = -100$ N
$F_3 = +\ \ 50$ N
$F_4 = +150$ N
$F_5 = +100$ N
$F_6 = +\ \ 50$ N
+ ≙ nach rechts unten gerichtet. Es ist ein Lageplan zu zeichnen. Die Resultierende ist mit einem Kräfteplan sowie rechnerisch zu ermitteln. Wählen Sie für den KP selbst einen günstigen Kräftemaßstab.

Ü 40. Eine hydraulische Hebebühne ist mit einem 19,5 kN schweren Transporter belastet. Das Eigengewicht der Hebebühne beträgt 16,5 kN, und im Transporter befindet sich eine Graugussplatte mit einem Gewicht von 5 kN.
a) Die Hebebühne ist freizumachen.
b) Welche senkrechte Kraft wird vom Hydraulikstempel aufgenommen?
c) Formulieren Sie, wann Kräftegleichgewicht gegeben ist.

V 30.

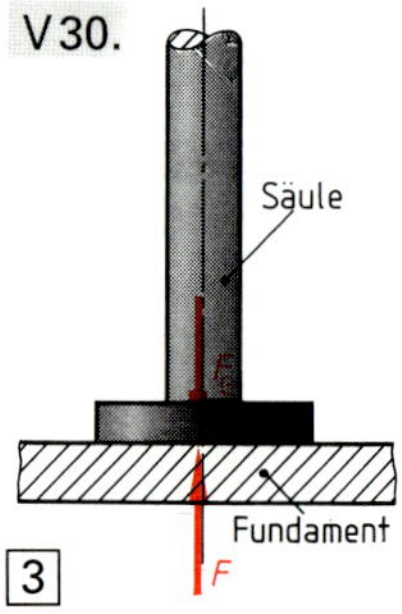

3

Eine Säule mit dem Gewicht F_G steht auf einem Fundament (Bild 3). Nach dem Wechselwirkungsgesetz besteht die nach oben gerichtete Reaktionskraft F. Welche Grundaussage der Statik wird dadurch bestätigt?

V 31. Ein Aufzug wiegt $F_{GA} = 8450$ N. In ihm wird ein Lösemitteltank mit dem Gewicht $F_{GT} = 4250$ N befördert. Das Gewicht des Fahrstuhlführers beträgt $F_{GF} = 820$ N. Welche senkrechte Kraft ist vom Zugseil aufzunehmen?
Lösen Sie die Aufgabe grafisch und analytisch.

Lektion 6

Zusammensetzen von zwei Kräften, deren Wirkungslinien sich schneiden

6.1 Anwendung des Längsverschiebungssatzes

In Lektion 5 haben wir den Sonderfall des zentralen Kräftesystems kennengelernt, und zwar, dass alle Einzelkräfte auf derselben Wirkungslinie angreifen.
Bild 1 zeigt nochmals den allgemeinen Fall am Beispiel von vier Kräften. Die Wirkungslinien aller Einzelkräfte schneiden sich im Zentralpunkt A. Da jede Kraft – entsprechend dem **Längsverschiebungssatz** – auf ihrer Wirkungslinie verschoben werden kann, ohne dass sich die Wirkung auf den Körper verändert, ist es auch möglich, alle am Körper angreifenden Kräfte mit ihrem Anfangspunkt in den Zentralpunkt A zu verschieben. Dies zeigt Bild 2. Noch besser ist nun erkennbar:

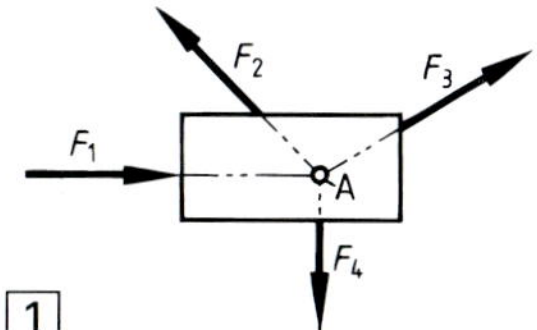

1

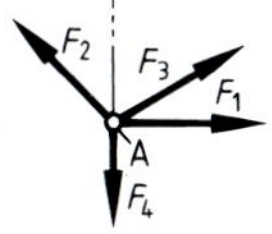

2

Ein zentrales Kräftesystem ist dann gegeben, wenn sich die Wirkungslinien aller am Körper angreifenden Einzelkräfte in einem Punkt, dem Zentralpunkt, schneiden.

6.2 Der Parallelogrammsatz

Der einfachste allgemeine Fall eines zentralen Kräftesystems liegt dann vor, wenn sich die Wirkungslinien von **zwei** Kräften in einem Punkt schneiden. Bild 3 zeigt einen solchen Fall. In der Draufsicht ist dargestellt, wie z. B. zwei Autos einen festgefahrenen Wohnwagen abschleppen.
Die Wirkungslinien der Kräfte F_1 und F_2 schneiden sich im Punkt A, und es ist auch – zunächst rein gefühlsmäßig – die ungefähre Richtung von F_r zu erkennen. Da aber F_1 und F_2 eine andere Richtung haben als F_r, ist die Wirkung dieser Einzelkräfte geringer als auf ihrer eigenen Wirkungslinie, d. h. aber auch:

Die Resultierende F_r kann nicht durch eine algebraische Kräfteaddition ermittelt werden.

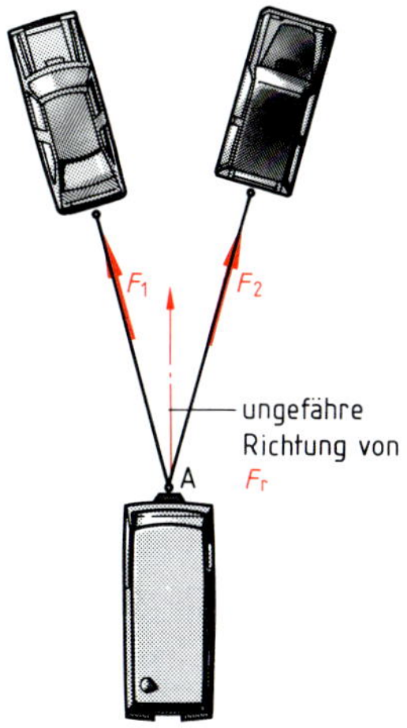

3

Dies ist nur im Sonderfall der gemeinsamen Wirkungslinie aller Einzelkräfte möglich, ansonsten ist – wie bereits gesagt – **vektoriell zu addieren,** was auch als eine **geometrische Addition** bezeichnet wird. Es gilt:

Vektoren (z. B. die Kräfte F_1 und F_2) werden **vektoriell** (geometrisch) **addiert,** indem sie **in beliebiger Reihenfolge** in ihrer gegebenen Größe und Richtung aneinandergesetzt werden. Der **Summenvektor** (z. B. die resultierende Kraft F_r) entspricht in Größe und Richtung der Strecke zwischen dem Anfangspunkt des ersten Vektors und dem Endpunkt des letzten Vektors.

Im speziellen Fall der vektoriellen Addition zweier Kräfte entsteht so eine Konstruktion, die man als ein **Kräftedreieck** bezeichnet. Die Bilder 4 und 5 zeigen solche Kräftedreiecke. Daraus ist auch die **beliebige Reihenfolge der Einzelkräfte** ersichtlich.

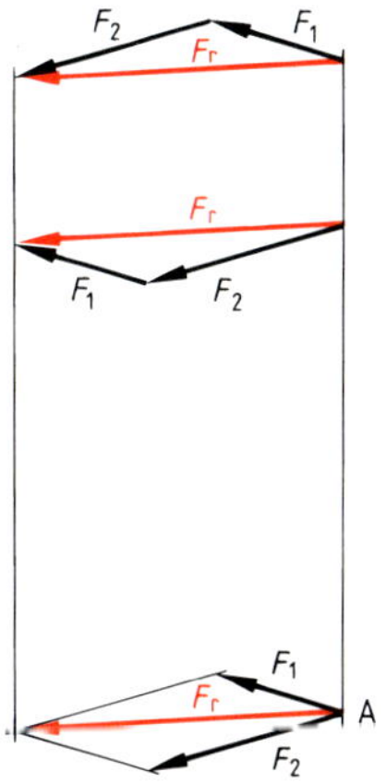

4 5 6

Zwei Kräfte, die in einem gemeinsamen Punkt angreifen und nicht auf derselben Wirkungslinie liegen, werden vektoriell (geometrisch) addiert.

Aus diesem Sachverhalt, d.h. aus den Bildern 4 und 5, Seite 25, ergibt sich (durch das Zusammensetzen dieser beiden Kräftedreiecke), dass die Resultierende F_r auch mit Hilfe einer Parallelogrammkonstruktion, dem **Kräfteparallelogramm,** ermittelt werden kann. Dies zeigt Bild 6, Seite 25. Man kann also sagen: Mit Hilfe des Kräfteparallelogramms werden zwei Kräfte, deren Wirkungslinien durch denselben Punkt gehen, zu einer resultierenden Kraft F_r zusammengesetzt. F_r hat die gleiche Wirkung wie die beiden Einzelkräfte, und die Wirkungslinie von F_r geht ebenfalls durch den Zentralpunkt A. Diesen Sachverhalt bezeichnet man als den

Parallelogrammsatz

Greifen zwei Kräfte F_1 und F_2 in unterschiedlicher Richtung im gleichen Punkt an, dann ergibt sich die Resultierende F_r als die Diagonale des aus den beiden Einzelkräften gebildeten Parallelogramms.

Es wird nochmals erwähnt, dass auch der **Anfangspunkt der Resultierenden** identisch mit dem **Schnittpunkt der beiden Einzelkräfte** ist.
Bei der Konstruktion des Kräfteparallelogramms zeichnet man die beiden Einzelkräfte, vom Zentralpunkt A ausgehend, im gewählten KM nach Größe und Richtung. Hilfslinien, die parallel zu den Einzelkräften verlaufen und jeweils durch den Endpunkt der anderen Einzelkraft gehen, schließen das Kräfteparallelogramm. Die durch den Zentralpunkt A gehende Diagonale des Kräfteparallelogramms entspricht der Resultierenden F_r nach Größe und Richtung. Angriffspunkt derselben ist ebenfalls der Zentralpunkt A.
Bild 1 zeigt ein weiteres Beispiel, und aus Bild 2 ist zu ersehen, wie mit Hilfe des Kräfteparallelogramms die Resultierende F_r aus den Einzelkräften F_1 und F_2 zusammengesetzt wurde. Daraus ist zu ersehen, dass der Zentralpunkt A nicht im Körper liegen muss.
Somit:

1

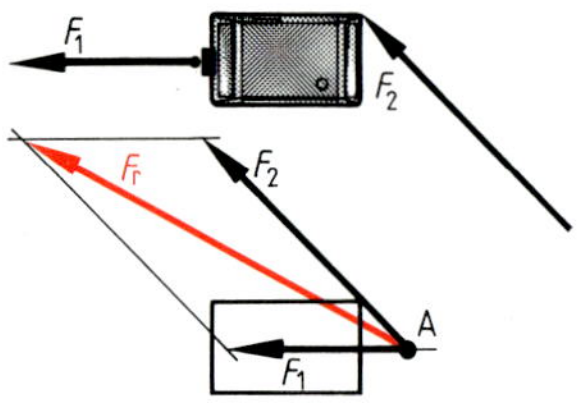

2

Der gemeinsame Angriffspunkt der Einzelkräfte (Zentralpunkt A) ist auch Angriffspunkt der Resultierenden. Er kann außerhalb des Körpers liegen.

M12. Ein Schiff wird von zwei Schleppern gezogen. Beide Schlepper ziehen mit einer Kraft von je 180 kN unter einem Winkel von 15° zur Fahrtrichtung (Bild 3). Wie groß ist die resultierende Kraft aus F_1 und F_2?

3

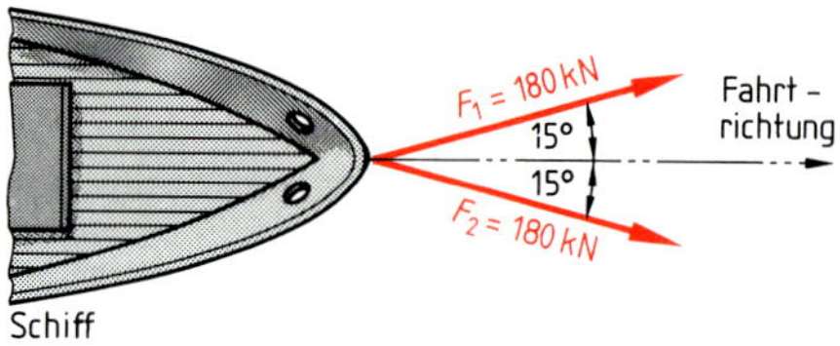

Lösung:

Die Lösung kann mit Hilfe zweier verschiedener Kräftedreiecke oder mit einem Kräfteparallelogramm erfolgen. Bild 4 zeigt die Lösung mit einem Kräftedreieck. Bei einem KM: 1 cm ≙ 80 kN ergibt sich
$\boldsymbol{F_r}$ **= 350 kN** (→)

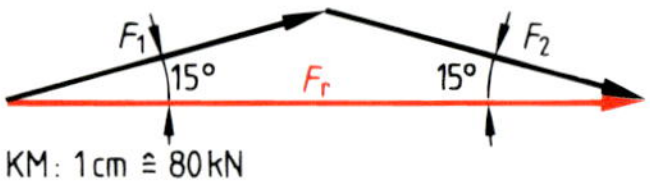

4

M13. Die beiden Kräfte F_1 = 16 N und F_2 = 24 N wirken unter einem Winkel von 75° 40′ zueinander. Emitteln Sie die Resultierende
a) zeichnerisch mit Hilfe eines Kräfteparallelogrammes,
b) rechnerisch mit Hilfe einer trigonometrischen Rechnung.

Lösung: a) KM: 1 cm ≙ 8 N

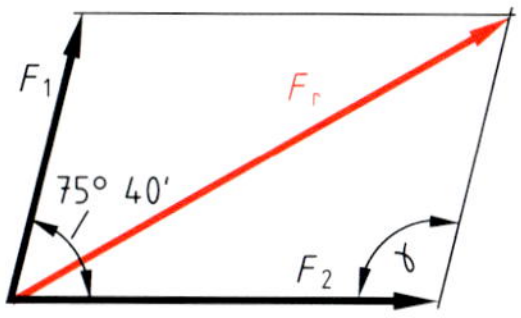

1

$F_r \approx$ **32 N**

b) Der Kosinussatz liefert mit:
$\gamma = 180° - 75° 40' = 104° 20'$ Folgendes:

$$F_r = \sqrt{F_1^2 + F_2^2 - 2 \cdot F_1 \cdot F_2 \cdot \cos\gamma}$$

$$F_r = \sqrt{(16\,\text{N})^2 + (24\,\text{N})^2 - 2 \cdot 16\,\text{N} \cdot 24\,\text{N} \cdot \cos 104°20'}$$

$$F_r = \sqrt{256\,\text{N}^2 + 576\,\text{N}^2 - 768\,\text{N}^2 \cdot (-0{,}2476)}$$

$$F_r = \sqrt{256\,\text{N}^2 + 576\,\text{N}^2 + 190{,}16\,\text{N}^2}$$

F_r **= 31,97 N**

M14. Ein mit 5 kN belastetes Seil wird über eine Seilrolle geführt, so dass das freie Seilende gegen die Senkrechte unter einem Winkel von 75° von der Seilrolle abläuft. Die Seilrolle (Bild 2) hängt an der Pendelstange 0A (Zweigelenkstab).
a) Die Seilrolle und die Pendelstange sind freizumachen.
b) Welche Zugkraft muss von der Pendelstange aufgenommen werden? Zeichnen Sie das Kräfteparallelogramm und die beiden möglichen Kräftedreiecke.
c) Wie groß ist der Winkel α?

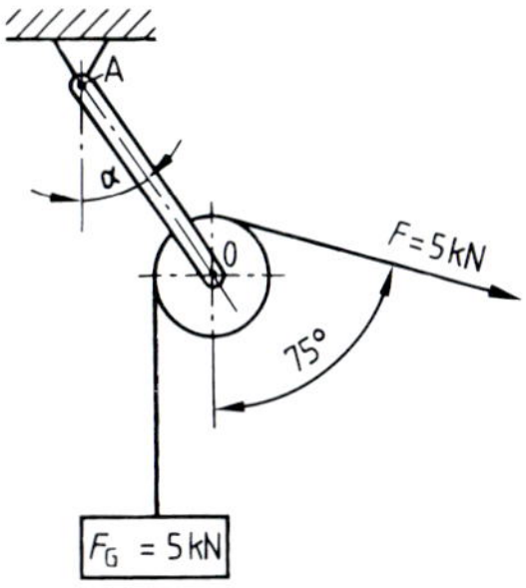

2

Lösung:
a) (Bilder 3 und 4)

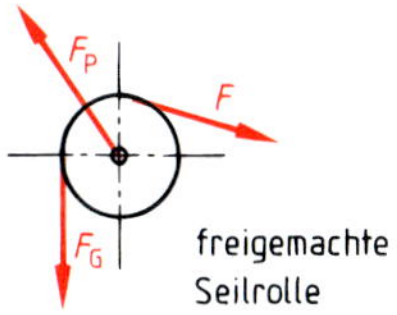

3

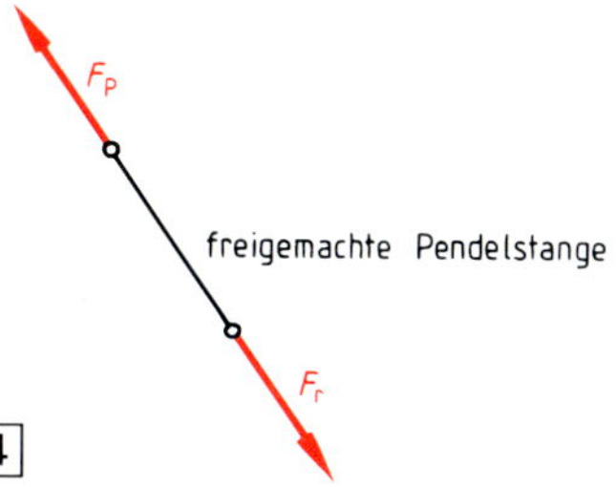

4

b) Durch Verschiebung von F und F_G in den gemeinsamen Schnittpunkt ihrer Wirkungslinien, d. h. in den Zentralpunkt, ergibt sich das Kräfteparallelogramm wie folgt:

KM: 1 cm ≙ 5 kN

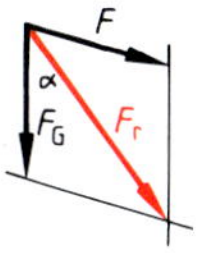

5

F_r **= 8 kN**

Die beiden möglichen Käftedreiecke ergeben sich wie folgt:

KM: 1 cm ≙ 5 kN

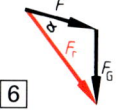

6

F_r **= 8 kN**

c) Da F_r die Einzelkräfte F und F_G ersetzt und deshalb die gleiche Wirkung wie die Einzelkräfte auf den Körper hat, wird sich die Pendelstange in Richtung von F_r einstellen. Da sich das System in Ruhe befindet, muß F_p genauso groß sein wie F_r, aber entgegengesetzt gerichtet. Somit: $\mathbf{F_p} = -F_r =$ **8 kN** (↖)

Aus Symmetriegründen ($F = F_G$) ist die Richtung von F_R : $\alpha = \frac{75°}{2} =$ **37,5°**

STATIK

Ü 41. Lösen Sie die Musteraufgabe M 12., Seite 26, mit Hilfe eines Kräfteparallelogrammes.

Ü 42. Durch besondere Umstände muss beim beschriebenen Transport in Musteraufgabe M 12., Seite 26, die Kraft F_1 auf 120 kN reduziert werden. Welchen Winkel (Richtung) und welche Größe muss dann F_2 haben, wenn die Fahrtrichtung eingehalten werden soll, und zwar bei gleicher Bewegungsintensität, d. h. bei gleich großer resultierender Kraft?
Die Lösung soll zeichnerisch erfolgen, d. h. mit dem Kräftedreieck.

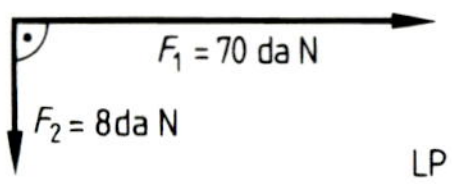

1

Ü 43. Die beiden Kräfte im Bild 1 greifen im rechten Winkel zueinander im gleichen Punkt an. Gesucht ist F_r auf analytischem Weg, und zwar
a) mit dem Satz des Pythagoras,
b) trigonometrisch.

Ü 44. Wann wird aus einem Kräfteparallelogramm
a) ein Kräfterechteck,
b) ein Kräftequadrat?

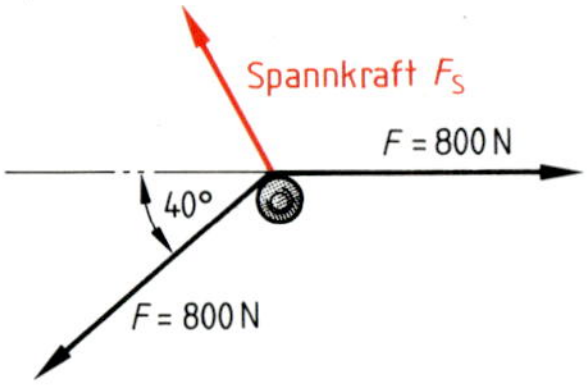

2

Ü 45. An einer Isolatorstütze wird ein elektrisches Kabel um 40° abgewinkelt (Bild 2). Die Zugkraft im Seil beträgt in beide Richtungen 800 N. Wie groß muss die Spannkraft F_S sein?

V 32. Im Bild 3 sind $F_1 = 3{,}1$ kN; $\alpha = 24°$; $F_2 = 1{,}5$ kN. Bestimmen Sie den Winkel β, den die Pendelstange, bezogen auf die Senkrechte, einnimmt.

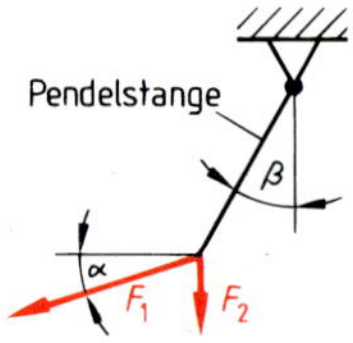

3

V 33. Für die Daten der Übungsaufgabe Ü 42. ist F_2 nach Größe und Richtung analytisch, d. h. trigonometrisch, zu bestimmen ($F_r = 350$ kN).

V 34. Im Bild 4 sind $F_1 = 300$ N; $\alpha = 30°$; $F_2 = 350$ N. In welche Richtung zeigt F_r, bezogen auf die horizontale Wirkungslinie von F_2? Wie groß ist F_r? Die Aufgabe ist mittels Kräftedreieck **und** Kräfteparallelogramm zu lösen.

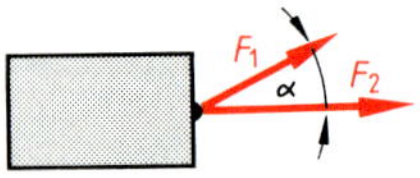

4

V 35. Zwei Kräfte $F_1 = 90$ N und $F_2 = 115$ N stehen senkrecht aufeinander und greifen im selben Punkt an. Bestimmen Sie grafisch und rechnerisch
a) die Größe von F_r,
b) den Winkel α zwischen F_r und F_2.

V 36. Zwei Kräfte $F_1 = 2{,}8$ kN und $F_2 = 1{,}8$ kN greifen im selben Punkt an und schließen den Winkel $\alpha = 46{,}5°$ ein. Ermitteln Sie grafisch und analytisch die Größe von F_r.

Lektion 7 Zerlegung einer Kraft in zwei Kräfte

Ebenso wie man zwei Kräfte zu einer Kraft zusammensetzen kann, ist es umgekehrt möglich, eine Kraft in zwei Einzelkräfte, die dann **Kraftkomponenten** genannt werden, zu zerlegen. Bild 1 zeigt eine nach Größe und Richtung gegebene Kraft F, und es ist zu erkennen, dass diese in unendlich viele Paare von Kraftkomponenten, z. B. F_1 und F_2 oder F_1' und F_2' zerlegt werden können. Die Aufgabe, eine Kraft in zwei Komponenten zu zerlegen, ist also ohne einschränkende bzw. spezielle Bedingungen nicht eindeutig lösbar. Eine **eindeutige Lösung** ist nur in den beiden folgenden Fällen möglich:

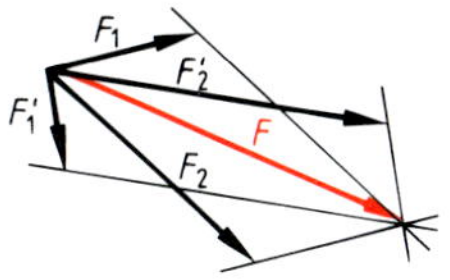

1

7.1 Die Richtungen beider Komponenten sind bekannt

Die Aufgabenstellung geht aus Bild 2 hervor. Gegeben ist die zu zerlegende Kraft F, und als zusätzliche Angabe sind die Richtungen der gesuchten Komponenten, d. h. die **Wirkungslinien** WL, bekannt. Dabei wird in der Statik wie folgt verfahren:

Die Wirkungslinien einer Kraft werden mit dem eingeklammerten Formelzeichen dieser Kraft, z. B. (F_1) oder (F_2) gekennzeichnet.

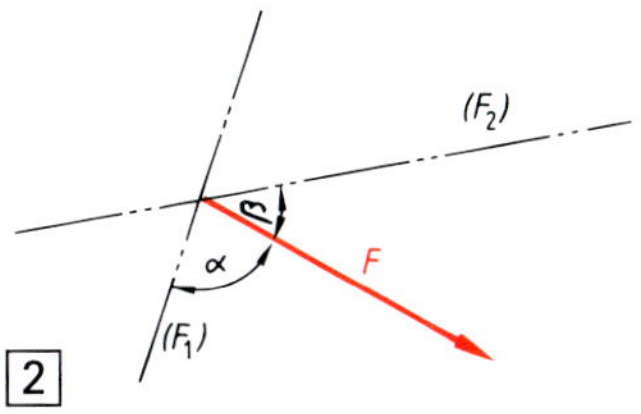

2

Die Zerlegung von F in F_1 und F_2 erfolgt, indem parallele Hilfslinien zu den gegebenen Wirkungslinien durch die Pfeilspitze von F gezeichnet werden. Die Seiten des so entstandenen **Kräfteparallelogramms** (Bild 3) entsprechen den gesuchten Kraftkomponenten $F1$ und $F2$. Daraus lässt sich die bereits erwähnte Umkehrung der Zusammensetzung zweier Einzelkräfte (Teilkräfte) zu einer Resultierenden erkennen. Man kann sagen:

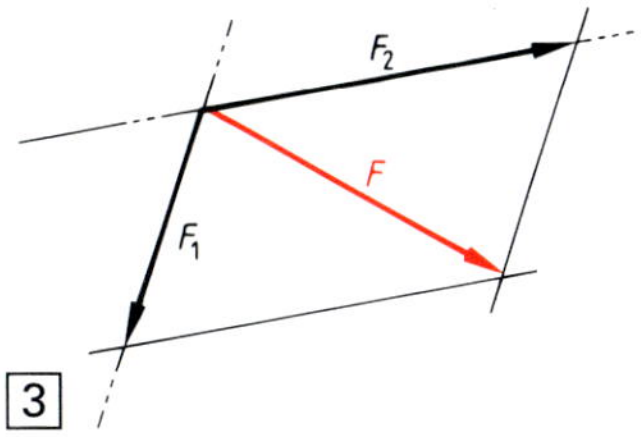

3

Unter **Kraftkomponenten** versteht man die durch die Zerlegung einer Kraft entstandenen Teilkräfte dieser Kraft.

Bei der Kraftzerlegung sind ebenso wie bei der Zusammensetzung von Einzelkräften die **Gesetze der Vektorrechnung** zu beachten. Dies bedeutet, dass die **Kraftkomponenten** die **Seiten des Kräfteparallelogramms** sind.

7.1.1 Horizontal- und Vertikalkomponente

Ein **Sonderfall von zwei bekannten Wirkungslinien** liegt vor, wenn eine Komponente horizontal (in x-Richtung) und die andere Komponente vertikal (in y-Richtung) gerichtet ist. Gemäß Bild 4 spricht man dann von der **Horizontalkomponente** F_x und der **Vertikalkomponente** F_y. Mit Hilfe der Winkelfunktionen (Sinus und Cosinus) und den Bezeichnungen des Bildes 4 lassen sich die Horizontalkomponente und die Vertikalkomponente analytisch ermitteln. Es ist

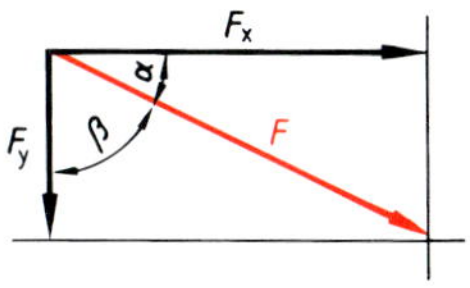

4

$\sin\beta = \dfrac{F_x}{F}$, $\cos\alpha = \dfrac{F_x}{F}$, $\sin\alpha = \dfrac{F_y}{F}$, $\cos\beta = \dfrac{F_y}{F}$. Somit ergibt sich

Horizontalkomponente	$F_x = F \cdot \cos\alpha = F \cdot \sin\beta$	29–1	in N, kN
Vertikalkomponente	$F_y = F \cdot \sin\alpha = F \cdot \cos\beta$	29–2	in N, kN

Die Formelzeichen der Gleichungen 29–1 und 29–2 gelten nur in Verbindung mit Bild 4. Bei speziellen Aufgaben sind sie entsprechend zu wählen. Dies zeigt M 15.:

M 15. Eine Kraft wirkt unter einem Winkel $\alpha = 26{,}5°$ gegen die Horizontale nach rechts oben. Ermitteln Sie ihre Horizontal- und ihre Vertikalkomponente bei $F = 65$ N
a) mit einem Kräfteparallelogramm,
b) mit einem Kräftedreieck,
c) trigonometrisch.

Lösung: a)

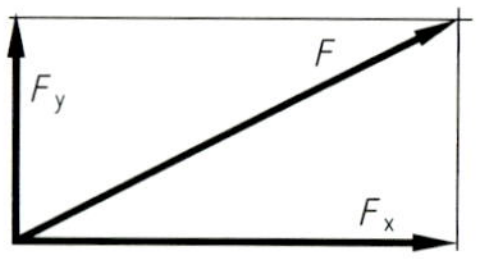

1

KM: 1 cm ≙ 20 N

b)

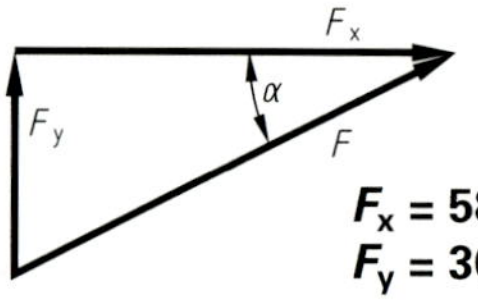

2

$\boldsymbol{F_x = 58}$ **N**
$\boldsymbol{F_y = 30}$ **N**

c) $\cos\alpha = \dfrac{F_x}{F}$

$F_x = F \cdot \cos\alpha = 65\ \text{N} \cdot \cos 26{,}5°$
$F_x = 65\ \text{N} \cdot 0{,}89493$
$\boldsymbol{F_x = 58{,}17}$ **N**

$\sin\alpha = \dfrac{F_y}{F}$

$F_y = F \cdot \sin\alpha = 65\ \text{N} \cdot \sin 26{,}5°$
$F_y = 65\ \text{N} \cdot 0{,}4462$
$\boldsymbol{F_y = 29{,}00}$ **N**

7.2 Größe und Richtung einer Kraftkomponente sind bekannt

Eindeutigkeit liegt bei der Zerlegung einer Kraft auch dann vor, wenn eine Komponente nach Größe **und** Richtung bekannt ist, z. B. im Bild 3 die Komponente F_1. Wie sich dann mit Hilfe einer Parallelogrammkonstruktion (oder auch mit einem Kräftedreieck) eindeutig die zweite Komponente F_2 ergibt, zeigt ebenfalls Bild 3. Auch hier ist zu erkennen:

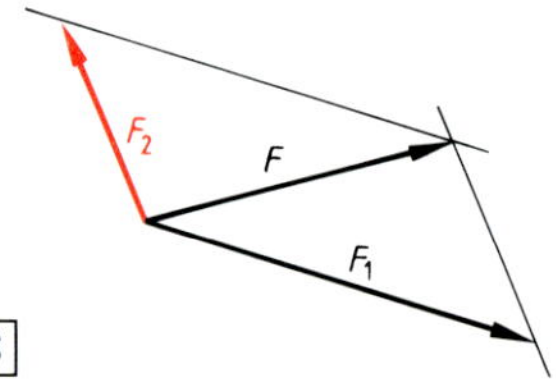

3

Die zu zerlegende Kraft F ist die Diagonale im Kräfteparallelogramm, während die Komponenten die Parallelogrammseiten **(Seitenkräfte)** sind.

7.3 Das Übertragen der Kraftrichtungen vom LP in den KP

Bild 4 zeigt einen Kasten mit dem Gewicht F_G. Dieser ist an zwei Ketten aufgehängt, und durch F_G entstehen in den Ketten Zugkräfte. Will man deren Größe ermitteln, so ist F_G in zwei Kräfte zu zerlegen, deren Richtungen identisch mit den Kettenrichtungen sind. Allgemein gilt:

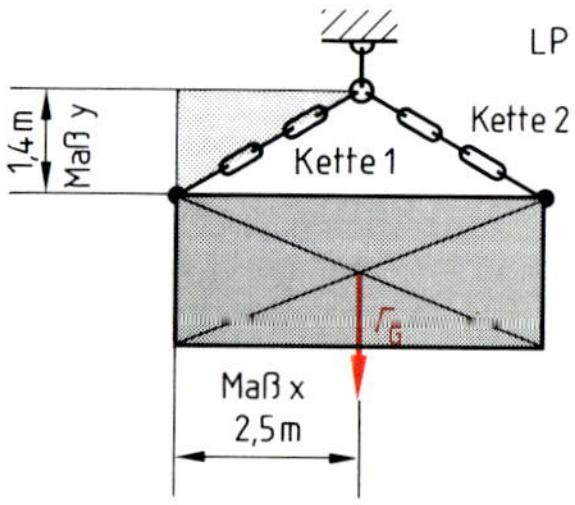

4

Die Richtung einer Kraft ist identisch mit der Richtung des Kraftübertragungselementes.

Im Bild 5 ist zu ersehen, wie aus dem LP (Bild 4) die Richtung einer bestimmten Kettenkraft (z. B. der Kette 1) in den KP übertragen wird. Die **Neigung** von (F_1) ergibt sich aus den Bemaßungen im LP. Dabei kommt es aber weniger auf die tatsächlichen Maße, sondern vielmehr auf das **Verhältnis bestimmter Maße** an (gerastertes Dreieck).

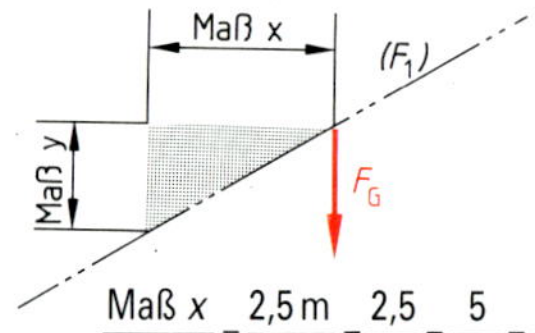

5

$$\frac{\text{Maß } x}{\text{Maß } y} = \frac{2{,}5\ \text{m}}{1{,}4\ \text{m}} = \frac{2{,}5}{1{,}4} = \frac{5}{2{,}8} = \frac{25}{14} = \ldots$$

Bild 6 zeigt schließlich das Kräfteparallelogramm, d. h. den Kräfteplan KP. Die Richtung der Kraft F_1 ist dabei identisch mit der Richtung der Kette 1, d. h. mit der Richtung des Kraftübertragungselementes. Die gerasterten Dreiecke in den Bildern 5 und 6 sind somit ähnlich.

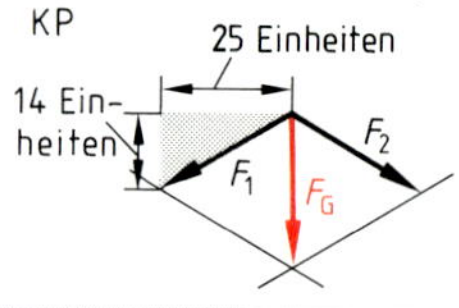

6

M16. Bei einem Formkasten (Bild 1) mit dem Gewicht F_G = 210 kN denke man sich diese Gewichtskraft im Punkt S, also unsymmetrisch (nicht in Kastenmitte) angreifend. Der Kasten hängt an einer gespreizten Kette mit den unterschiedlich geneigten Teilen 1 und 2. Welche Spannkräfte F_{K1} und F_{K2} treten in den Kettenteilen 1 und 2 auf? Lösen Sie die Aufgabe
a) zeichnerisch, b) rechnerisch.

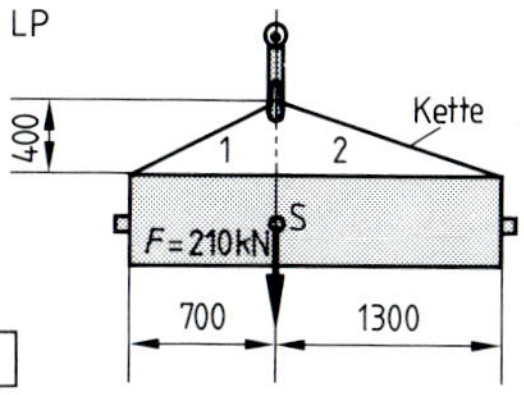

1

Lösung:

a) **zeichnerisch:** Die Richtungen der beiden Spannkräfte (Kettenrichtungen) sind durch die Bemaßung im LP (Bild 1) bekannt. Im KP (Bild 2) ist nochmals dargestellt, wie die Kraftrichtungen vom LP in den KP übertragen werden. Außerdem sind die für die Berechnung erforderlichen Winkel eingetragen.

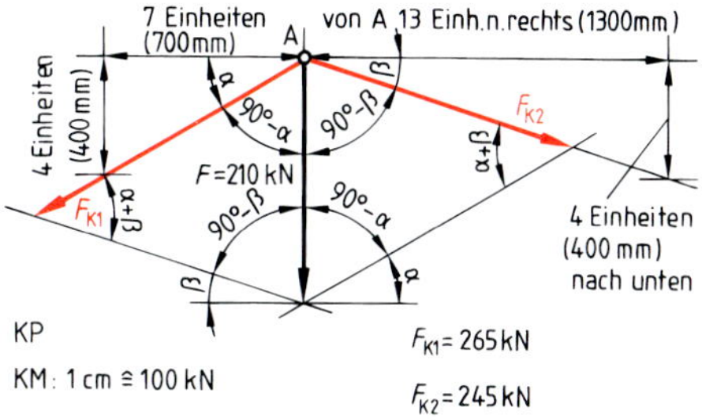

2

b) **rechnerisch:** Die Winkel α und β werden mit dem Tangens berechnet:

$$\tan\alpha = \frac{400\text{ mm}}{700\text{ mm}} = 0{,}57143 \rightarrow \boldsymbol{\alpha = 29°45'};\ \tan\beta = \frac{400\text{ mm}}{1300\text{ mm}} = 0{,}3077 \rightarrow \boldsymbol{\beta = 17°5'}$$

Das Kräfteparallelogramm ist nicht rechtwinklig. Mit den dort eingeführten Bezeichnungen ergibt sich nach dem Sinussatz:

$$\frac{\sin(90° - \alpha)}{F_{K2}} = \frac{\sin(\alpha + \beta)}{F} \qquad \begin{aligned} 90° - \alpha &= 90° - 29°45' = 60°15' \\ \alpha + \beta &= 29°45' + 17°5' = 46°50' \end{aligned}$$

$$\boldsymbol{F_{K2}} = F \cdot \frac{\sin(90° - \alpha)}{\sin(\alpha + \beta)} = 210\text{ kN} \cdot \frac{\sin 60°15'}{\sin 46°50'} = 210\text{ kN} \cdot \frac{0{,}8682}{0{,}7294} = \mathbf{249{,}96\ kN}$$

$$\frac{\sin(90° - \beta)}{F_{K1}} = \frac{\sin(\alpha + \beta)}{F} \qquad 90° - \beta = 90° - 17°5' = 72°55'$$

$$\boldsymbol{F_{K1}} = F \cdot \frac{\sin(90° - \beta)}{\sin(\alpha + \beta)} = 210\text{ kN} \cdot \frac{\sin 72°55'}{\sin 46°50'} = 210\text{ kN} \cdot \frac{0{,}9559}{0{,}7294} = \mathbf{275{,}21\ N}$$

Die Differenzen zwischen zeichnerischer und rechnerischer Lösung lassen sich mit Zeichenungenauigkeiten begründen. Diese sind zwar durch die Wahl eines günstigen KM, durch geeignetes Zeichenwerkzeug und Sorgfalt gering zu halten, nicht aber ganz vermeidbar.

M17. Der Hydraulikzylinder einer Hebevorrichtung (Bild 3) übt eine Kraft von F = 500 N aus. Berechnen Sie die Kräfte in den beiden Zweigelenkstäben.

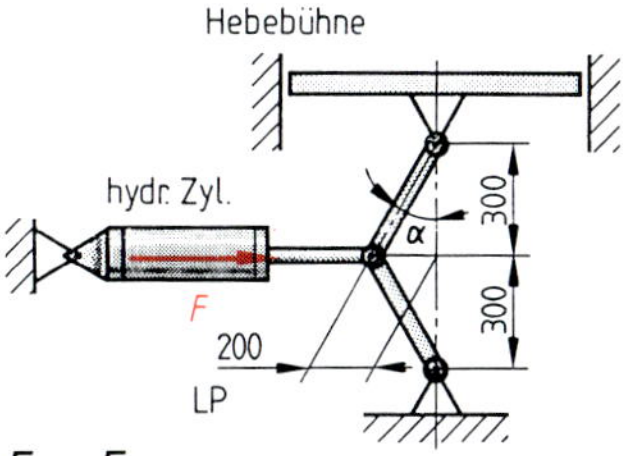

3

Lösung:
Aus Symmetriegründen (Bild 4) ist $F_1 = F_2$. Aus Bild 3 ergibt sich:

$$\tan\alpha = \frac{200\text{ mm}}{300\text{ mm}}$$

$$\tan\alpha = 0{,}666$$

$$\boldsymbol{\alpha = 33°41'}$$

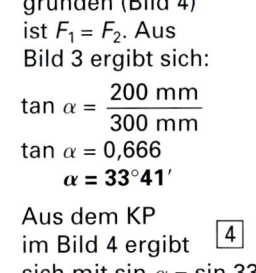

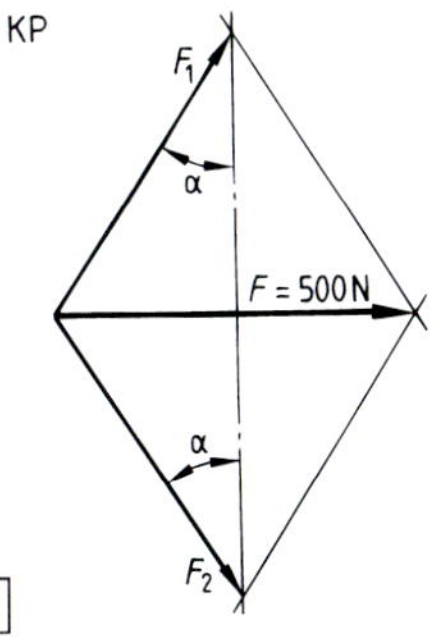

4

Aus dem KP im Bild 4 ergibt sich mit $\sin\alpha = \sin 33°41' = 0{,}5546$:

$$\sin\alpha = \frac{\frac{F}{2}}{F_1} = \frac{\frac{F}{2}}{F_2} \rightarrow \boldsymbol{F_1 = F_2} = \frac{F}{2 \cdot \sin\alpha} = \frac{500\text{ N}}{2 \cdot 0{,}5546} = \mathbf{450{,}76\ N}$$

Ü 46. In welchen Fällen lässt sich eine Kraft eindeutig in zwei Komponenten zerlegen?

Ü 47. Bestimmen Sie zeichnerisch mit den Angaben des Bildes 1 die Komponenten F_1 und F_2.

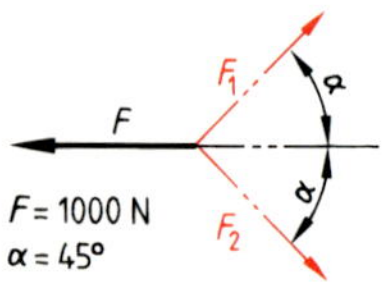

1

Ü 48. Bestimmen Sie rechnerisch F_1 und F_2, wenn bei F = 1000 N der Winkel α im Bild 1 auf 81° vergrößert wird.

Ü 49. Bild 2 zeigt ein Schienenfahrzeug in Draufsicht. Es wird mit zwei Seilwinden gezogen und setzt der Bewegung einen Widerstand von 50 kN entgegen. Wie groß sind die Seilkräfte am Anfang und am Ende der Bewegung? Die Aufgabe ist zeichnerisch zu lösen.

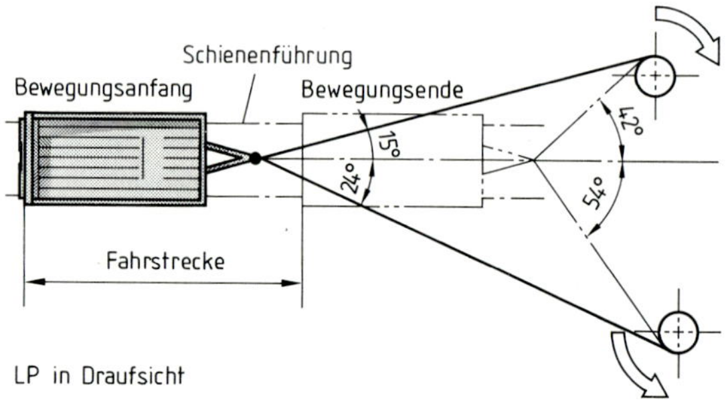

2

Ü 50. Bestimmen Sie mit den Daten der Übungsaufgabe Ü 48. die Horizontalkomponente und die Vertikalkomponente von F_1.

Ü 51. Die Kniehebelpresse (Bild 3) wird mittels Hydraulikzylinder mit einer Kraft F = 300 N betrieben. Ermitteln Sie zeichnerisch

a) die Kraft in den Druckstäben D,

b) die Stempelkraft F'.

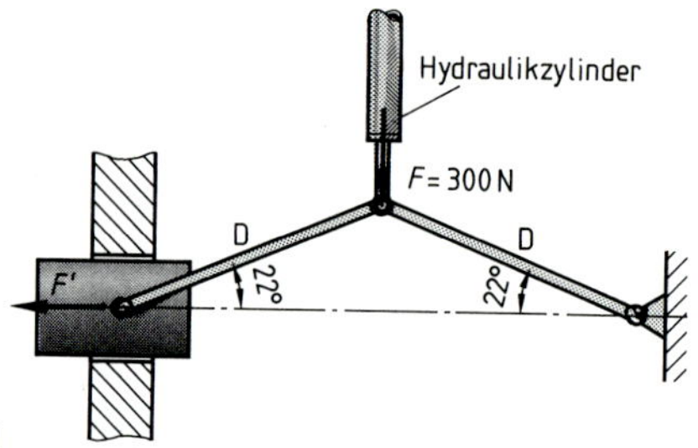

3

Ü 52. Die Verkehrsampel (Bild 4) ist über der Mitte einer Straßenkreuzung mit Hilfe eines Seiles, welches an zwei 28 m voneinander entfernten Punkten befestigt ist, aufgehängt. Das Seil hat einen Durchhang von 1,1 m. Die Ampel ist genau in der Mitte des Seiles aufgehängt und hat ein Gewicht von 680 N. Die auftretende Zugkraft im Seil ist zeichnerisch und rechnerisch zu bestimmen.

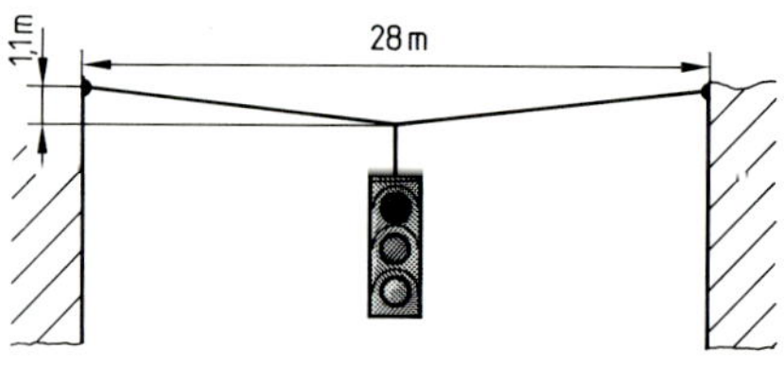

4

Ü 53. Bild 5 zeigt die Aufhängung einer Seilscheibe an den beiden Stäben a und b. An der Seilscheibe hängt eine Masse m = 100 kg, von einem Seil getragen. Berechnen Sie bei Vernachlässigung von Rollen-, Seil- und Stabgewicht die Stabkräfte F_a und F_b.

Ü 54. Sie haben eine Kraft F trigonometrisch in F_x und F_y zerlegt. Mit welchem rechnerischen Verfahren können Sie die Richtigkeit Ihrer Ergebnisse kontrollieren?

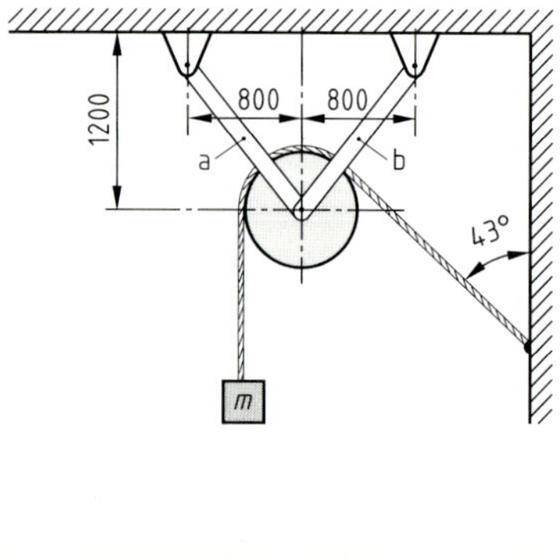

5

Ü 55. An einer Pendelstange (Zweigelenkstab) mit der Neigung $\alpha = 45°$ hängt eine Zylinderwalze mit dem Gewicht $F_G = 2{,}5$ kN (Bild 1). Es ist $a_1 = 200$ mm, $a_2 = 220$ mm. Ermitteln Sie zeichnerisch und rechnerisch
a) die Anpresskraft auf die zweite Walze,
b) die Zugkraft im Zweigelenkstab.

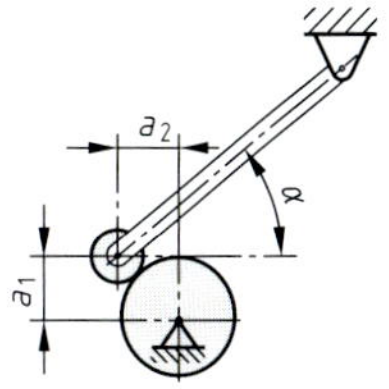

1

V 37. Wie unterscheiden sich die Horizontalkomponenten und die Vertikalkomponenten der Kräfte F_1 und F_2 in Übungsaufgabe Ü 48., Seite 32?

V 38. Im Bild 2 ist $\alpha = 30°$, $F = 1500$ N, $F_1 = 1800$ N. F_2 ist in Größe und Richtung ($\sphericalangle\beta$) gesucht, und zwar zeichnerisch.

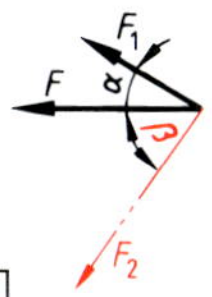

2

V 39. Im Bild 3 ist $F = 1800$ N, $\alpha = 40°$. Ermitteln Sie rechnerisch die Größe der Komponenten F_1 und F_2.

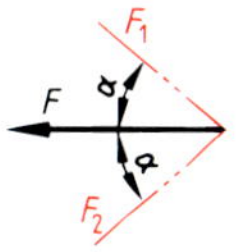

3

V 40. Eine Hängebrücke ist auf der einen Seite in einem Felsen, auf der anderen Seite an einem 13 m hohen Gittermast (Bild 4) verankert.
Die Horizontalkraft $F = 2400$ kN wird auf diesen Gittermast und ein Rückhalteseil übertragen. Berechnen Sie
a) Zugkraft im Rückhalteseil,
b) Druckkraft im Gittermast.

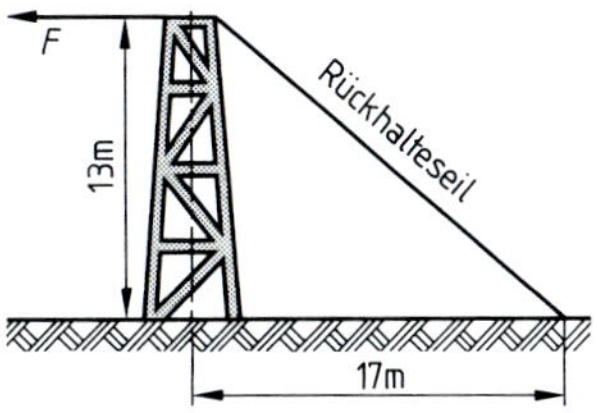

4

V 41. Ein Drehkran (Bild 5) ist für eine maximale Last $F = 40$ kN ausgelegt. Ermitteln Sie bei dieser Belastung die Kräfte in den Stäben 1, 2, 3, 4 (F_1, F_2, F_3 und F_4) mit Hilfe der zeichnerischen Methode.
Hinweis:
Ermitteln Sie zuerst aus F die Kräfte F_1 und F_2, dann aus F_2 die Kräfte F_3 und F_4.

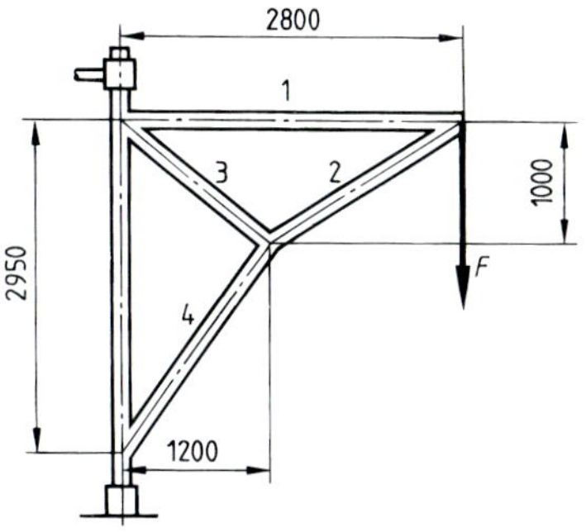

5

V 42. F_1 und α sind gegeben. Geben Sie eine Gleichung für die Berechnung von F_2 an. (Bild 6).

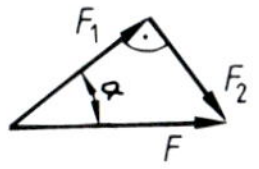

6

V 43. Ergänzen Sie mit F_r zu einem Kräftedreieck. Begründen Sie die Pfeilrichtung von F_r (Bild 7).

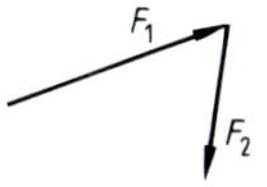

7

V 44. Bestimmen Sie für die Stäbe a und b des im Bild 8 dargestellen Auslegers die Kräfte F_a und F_b
a) zeichnerisch,
b) rechnerisch.

V 45. Beim Freimachen der Bauteile (Lektion 4) wurden Regeln genannt, die Aussagen über die Richtung der Reaktionskräfte gestatten. Nennen Sie diese Regeln.

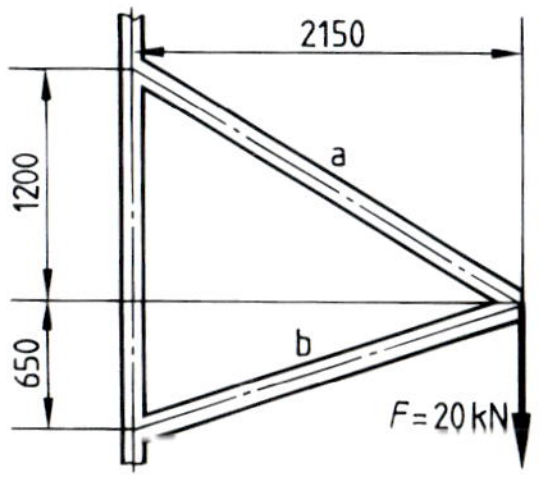

8

V46. Der im Bild 1 dargestellte Anpressmechanismus ist unter dem Winkel $\alpha = 19°$ im Eingriff. Ermitteln Sie unter Berücksichtigung der Regeln in V45., Seite 33
a) die Anpresskraft gegen die Wand,
b) Die Kraft im Zweigelenkstab, dessen Gewicht vernachlässigt wird.

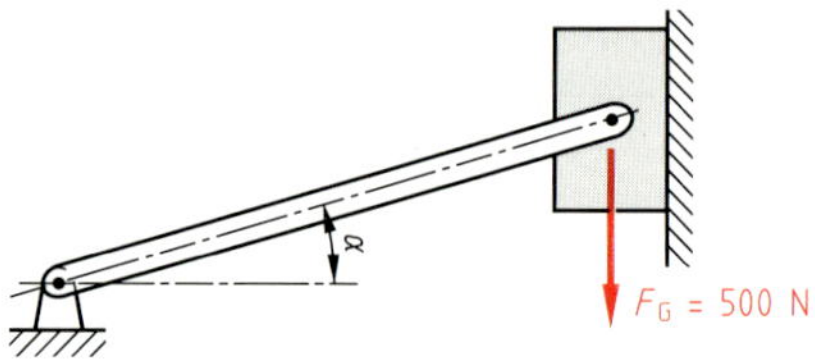

1

V47. Ein mit einem Hydraulikzylinder verstellbarer Scherenkran (Bild 2) ist mit F_G = 500 kN belastet. Ermitteln Sie
a) die Kräfte in den Stäben a und b,
b) die horizontale Kolbenkraft des Hydraulikzylinders,
c) die vom Gleitstein senkrecht nach oben auf die Führungsbahn wirkende Kraft.

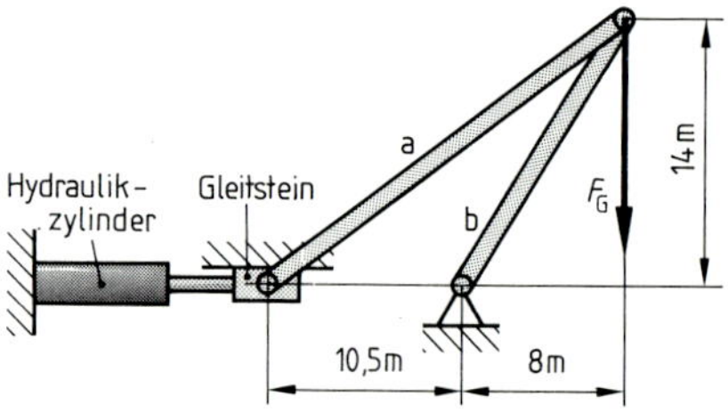

2

V48. Gegen eine frei aufgehängte Prallplatte (Bild 3), die ein Gewicht F_G = 400N hat, wird ein Wasserstrahl gespritzt. Das Aufhängeseil der Prallplatte wird dabei um den Winkel $\alpha = 32°$ ausgelenkt. Ermtteln Sie zeichnersch und rechnerisch
a) die vom Wasserstrahl ausgeübte Kraft F_{Strahl},
b) die vom Halteseil aufgenommene Zugkraft F_{Seil}.

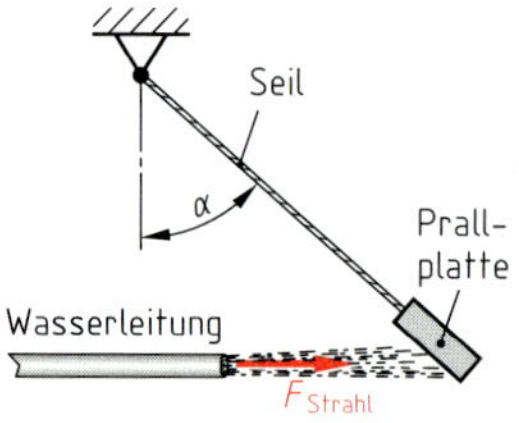

3

V49. Ein Treibriemen wird entsprechend Bild 4 gespannt. Das Spanngewicht beträgt F_G = 2 400 N. Wie groß ist die Riemenspannkraft bei symmetrischer Auslenkung mit dem Winkel $\alpha = 52°$.

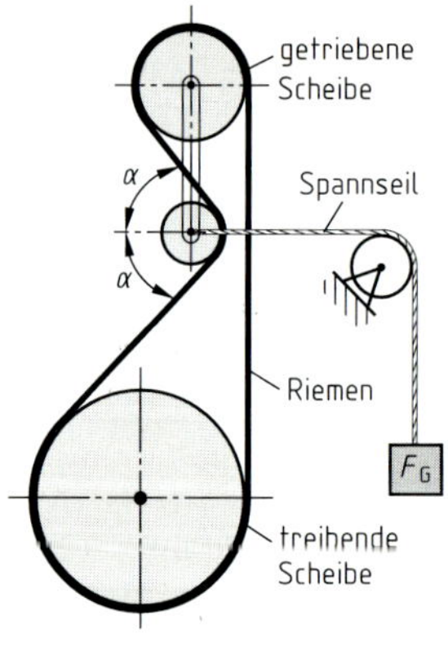

4

V50. Zwischen zwei senkrechten Wänden mit dem Abstand a = 1000 mm sind drei Betonwalzen mit den Durchmessern d_1 = 600 mm, d_2 = 800 mm und d_3 = 400 mm entsprechend Bild 5 eingelagert. Die Walzen haben ein Gewicht F_{G1} = 500 kN, F_{G2} = 800 kN und F_{G3} = 250 kN.
a) Machen Sie die drei Walzen frei.
b) Ermitteln Sie zeichnerisch Größe und Richtung der Anpresskräfte in den Punkten I und II. Gehen Sie dabei davon aus, dass die Gewichtskräfte jeweils in den Walzenmittelpunkten angreifen (Reibung vernachlässigen).

Anmerkung:
Die Kräfte F_{III} bis F_{VI} werden in Vertiefungsaufgabe V67., Seite 45 ermittelt.

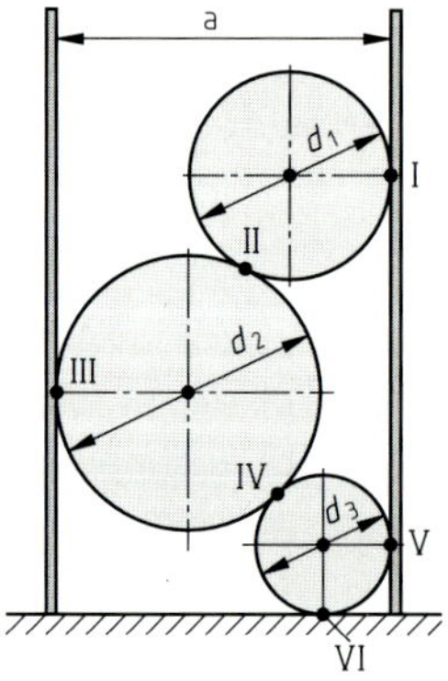

5

V51. Eine Kraft F sei nach Größe und Richtung eindeutig festgelegt, und Sie erhalten ohne weitere Angaben den Auftrag, diese Kraft zu zerlegen. Wie ist in diesem Fall Ihre Reaktion?

V52. Lösen Sie die Übungsaufgabe Ü53., Seite 32, zeichnerisch, d. h. maßstäblich.

Lektion 8

Zusammensetzen von mehr als zwei in einem Punkt angreifenden Kräften

8.1 Lösung der Aufgabe mit mehreren Kräfteparallelogrammen

Im allgemeinen Fall des zentralen Kräftesystems greifen mehr als zwei Kräfte in einem Punkt, dem Zentralpunkt A, in verschiedenen Richtungen an, bzw. gehen die Wirkungslinien dieser Kräfte durch den gemeinsamen Zentralpunkt. Im Bild 1 ist dies mit vier Kräften dargestellt. Da jeweils zwei Kräfte mit einem Kräfteparallelogramm zusammengefasst werden können, kann man die **Resultierende** F_r dadurch ermitteln, dass man mehrere Kräfteparallelogramme zeichnet und somit die Einzelkräfte in mehreren Schritten bis hin zur Resultierenden zusammenfasst. Man kann also sagen:

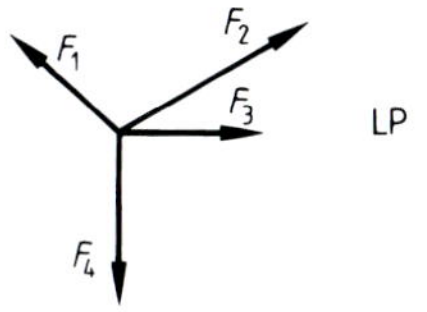

1

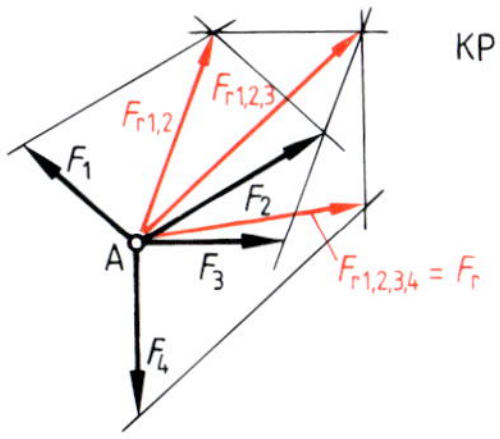

2

> Greifen mehr als zwei Kräfte in einem Punkt in verschiedenen Richtungen an (bzw. gehen ihre WL durch diesen Punkt), so erhält man durch mehrmaliges Zeichnen von Kräfteparallelogrammen die Resultierende F_r.

Am Beispiel der vier Käfte (Bild 1) zeigt dieses Verfahren das Bild 2. Hierbei ist die **Reihenfolge der Zusammenfassung beliebig.** Im Bild 2 wurde zunächst aus F_1 und F_2 die **Zwischenresultierende** $F_{r1,2}$, dann aus $F_{r1,2}$ und F_3 die Zwischenresultierende $F_{r1,2,3}$ und dann aus $F_{r1,2,3}$ und F_4 die Resultierende $F_{r1,2,3,4}$. Bei noch weiteren Einzelkräften wird dieses Verfahren entsprechend weitergeführt. In dem im Bild 2 dargestellten Fall ist $F_{r1,2,3,4}$ die **Gesamtresultierende.** Diese ersetzt alle Einzelkräfte und wird, wie bisher, kurz als **Resultierende** F_r bezeichnet. Bei diesem Verfahren sind stets **(n-1) Lösungsschritte** erforderlich, wenn man mit n die Anzahl der Einzelkräfte bezeichnet.

8.2 Lösung mittels Krafteck

Bei dem im Punkt 8.1 beschriebenen Verfahren besteht, abgesehen von der großen Aufwendigkeit, die Gefahr, dass sich Zeichenungenauigkeiten addieren. Deshalb ermittelt man besser die Resultierende F_r **durch mehrmalige Anwendung von Kräftedreiecken,** entsprechend Bild 3. Dabei wird aus F_1 und F_2 wieder $F_{r1,2}$, aus $F_{r1,2}$ und F_3 wird $F_{r1,2,3}$ usw. Aus dieser Konstruktion ist zu ersehen, dass bei der Ermittlung von F_r die Zwischenresultierenden nicht erforderlich sind. Daraus ergibt sich die folgende Regel:

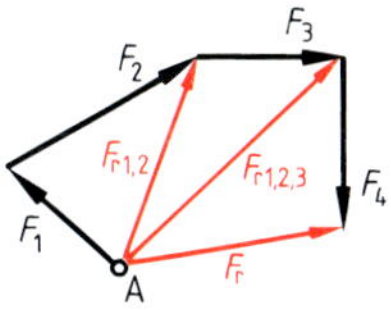

3

> Zur Ermittlung der Resultierenden werden alle Kräfte, deren Wirkungslinien durch denselben Punkt gehen, nach Größe und Richtung „aneinandergereiht". Die Resultierende zeigt dann vom Anfangspunkt der ersten Kraft zum Endpunkt der letzten Kraft.

Aus den Bildern 4 und 5 ist zu ersehen, dass dabei die **Reihenfolge der Einzelkräfte beliebig** ist. Die beschriebene Lösung heißt **Kräftepolygon** (Kräftevieleck) oder kurz **Krafteck.** Die **Lösung mittels Krafteck** ist wegen der Einfachheit der Lösung mittels Kräfteparallelogramm vorzuziehen

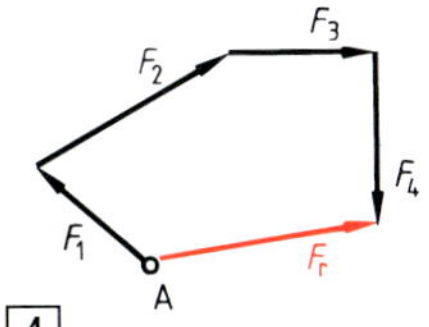

4

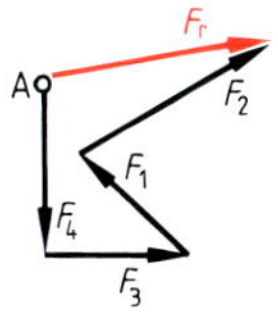

5

M 18. Entsprechend LP (Bild 1) ist
$F_1 = 300$ N, $\alpha = 50°$ $F_4 = 300$ N
$F_2 = 350$ N, $\beta = 40°$ $F_5 = 200$ N
$F_3 = 450$ N, $\gamma = 30°$
Bestimmen Sie die Resultierende F_r
a) mit Hilfe der mehrmaligen Zeichnung von Kräfteparallelogrammen,
b) mit Hilfe der mehrmaligen Zeichnung von Kräftedreiecken,
c) mit Hilfe eines Kraftteckes (Kräftepolygon).

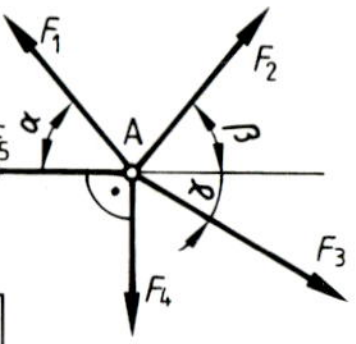

1

Lösung:

a) Mehrmalige Zeichnung von Kräfteparallelogrammen (Bild 2):

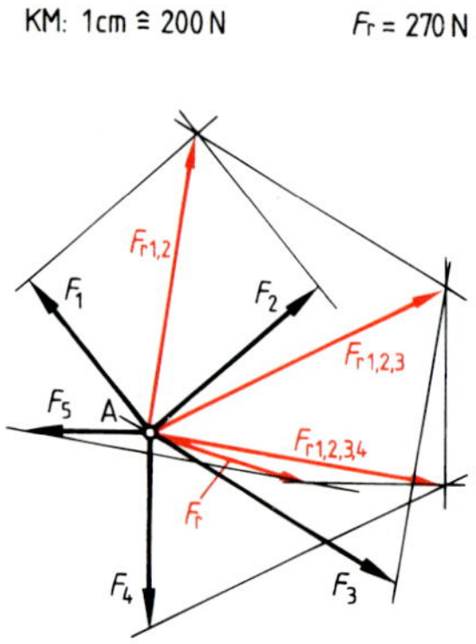

2

Die Aufgabenlösungen zeigen die **Vorteile der Krafttecklösung:** unaufwendig, dadurch wirtschaftlich und äußerst übersichtlich.

b) Mehrmalige Zeichnung von Kräftedreiecken (Bild 3):

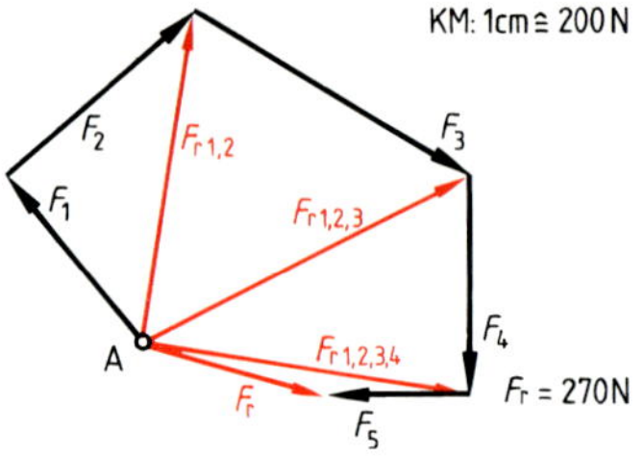

3

c) Krafteck (Bild 4)

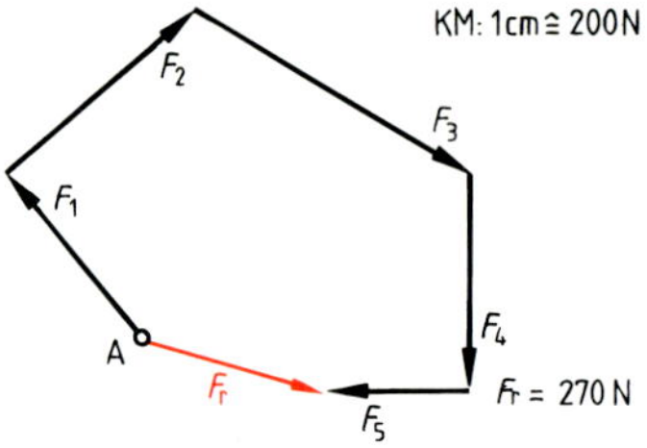

4

Ü 56. Im LP (Bild 5) ist: $F_1 = 3000$ N
$F_2 = 4000$ N, $\alpha = 30°$
$F_3 = 5000$ N, $\beta = 20°$
$F_4 = 2500$ N
$F_5 = 7500$ N, $\gamma = 45°$
$F_6 = 4500$ N, $\delta = 45°$
Ermitteln Sie F_r mit Hilfe der Krafteckkonstruktion.
KM: 1 cm ≙ 1000 N.

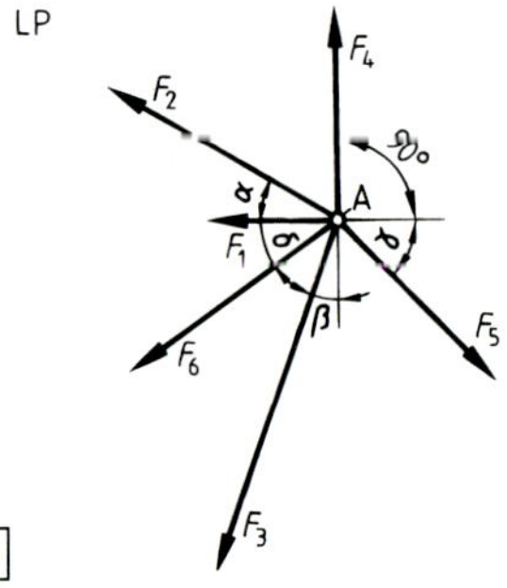

5

Ü 57. Wieviele Kräfteparallelogramme hätten bei der Lösung der Übungsaufgabe Ü 56. gezeichnet werden müssen, bei Erzielung derselben durch mehrmaliges Zeichnen von Kräfteparallelogrammen?

Ü 58. Bild 6 zeigt einen Hochspannungsmast (Punkt A) in Draufsicht. Alle sechs dort abgehenden Stromkabel bewirken je eine Zugkraft von 2000 N. Welche waagerechte Abspannkraft stellt im Punkt A Kräftegleichgewicht her?

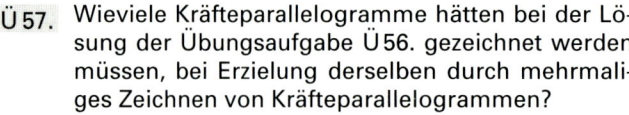

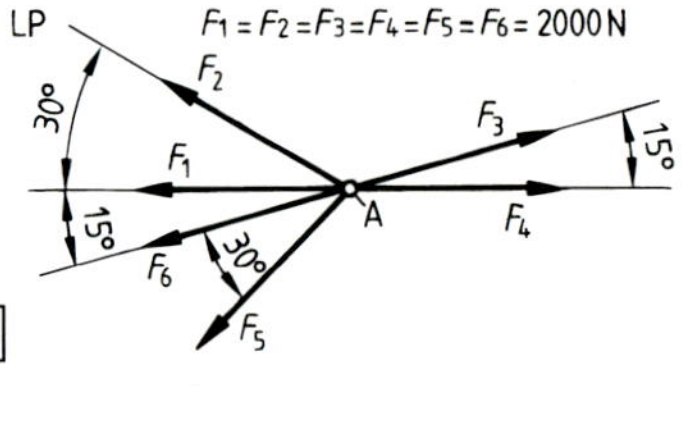

6

Ü 59. Bild 1 zeigt den druckfesten Anschluss dreier zusammenlaufender Stäbe. Eine solche Zimmermannskonstruktion wird in der Bautechnik als **Versatz** bezeichnet. Ermitteln Sie die auf den Versatz im Zentralpunkt wirkende Gesamtkraft F_r, d. h. die Resultierende, wenn die folgenden Einzelkräfte gegeben sind:

F_1 = 15 kN, F_2 = 10 kN, F_3 = 5 kN

Wählen Sie KM: 1 cm ≙ 5 kN

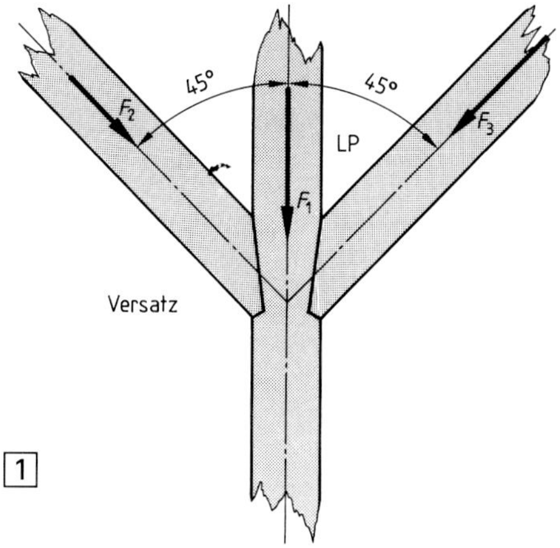

1

Ü 60. Die Farbwalze einer Druckereimaschine wird gemäß Bild 2 durch die Federkräfte F_1 = 550 N, F_2 = 1 180 N und F_3 = 700 N in ihrem Anpressdruck variiert. Ermitteln Sie eine vierte Kraft, die wirken müsste, um die Walze im Kräftegleichgewicht zu halten, und zwar nach Größe und Richtung.

Ü 61. In Übungsaufgabe Ü 60. sollen die Kräfte F_1, F_2 und F_3 durch je eine Horizontalkraft und eine Vertikalkraft im Gleichgewicht gehalten werden. Wie groß müssen F_x und F_y sein?

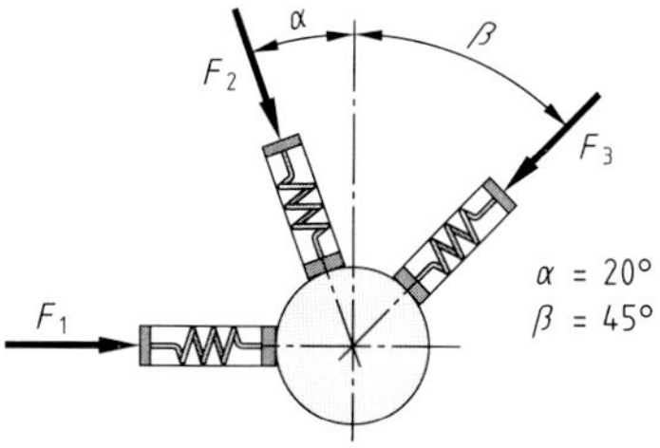

2

V 53. In einem Punkt greifen gemäß Bild 3 vier Kräfte an. Es ist F_1 = 200 N

F_2 = 200 N

F_3 = 400 N

F_4 = 200 N

a) Ermitteln Sie die Resultierende F_r, indem sie mehrere Kräfteparallelogramme zeichnen.

b) Ermitteln Sie F_r mit einem Krafteck.

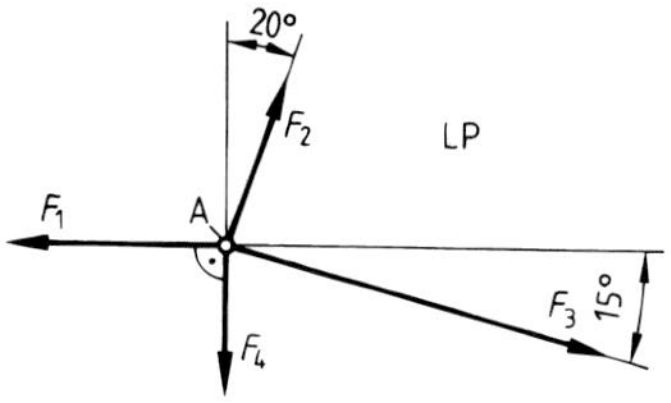

3

V 54. Eine Welle wird entsprechend Bild 4 durch die Zahnradkräfte F_1=2700N, F_2 = 4300 N und F_3 = 1900 N belastet. Die für das Gewicht einzusetzende Kraft wird mit F_G = 1600 N angenommen. Ermitteln Sie F_r mit Hilfe der Krafteckkonstruktion.

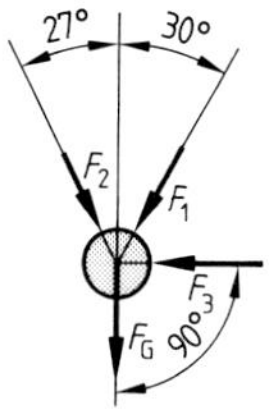

4

V 55. Bild 5 zeigt einen Versatz, der aus vier Stäben besteht. Es ist

F_1 = 6000 N, F_2 = 2000 N,

F_3 = 2000 N, F_4 = 1200 N.

Ermitteln Sie Größe und Richtung der Resultiertenden F_r, und zerlegen Sie F_r in ihre Horizontal- und Vertikalkomponente.

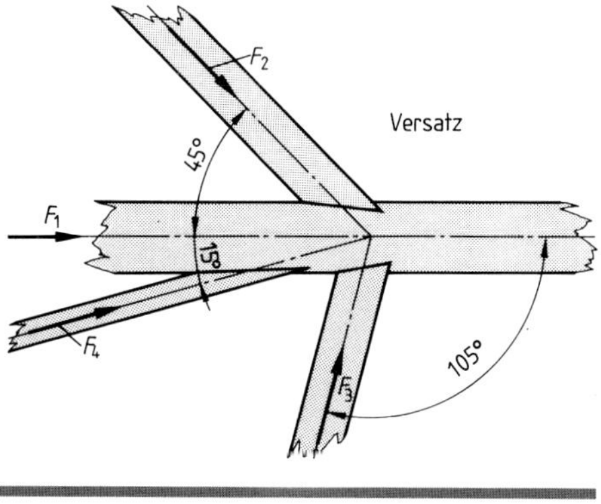

5

Lektion 9

Die erste Gleichgewichtsbedingung der Statik

9.1 Das geschlossene Krafteck bei Kräftegleichgewicht

Mit Hilfe des Kraftecks kann die Resultierende F_r aller an einem Punkt angreifenden Kräfte ermittelt werden, und eine gleich große der Resultierenden entgegengerichtete Kraft stellt an einem Körper Kräftegleichgewicht her. Man kann also sagen:

An einem Körper herrscht Kräftegleichgewicht, wenn der Resultierenden eine gleich große Kraft entgegenwirkt.

Wenn man diese der Resultierenden entgegengerichtete Kraft von vornherein als eine auf den Körper wirkende Kraft annehmen würde, müsste sich zwangsläufig für $F_r = 0$ ergeben. Dies bedeutet, dass sich beim Lösen einer Aufgabe mit solcherart angeordneten Kräften das **Krafteck** schließt, d. h. der Endpunkt der letzten Kraft würde im Krafteck mit dem Anfangspunkt der ersten Kraft zusammenfallen.
Eine solche Aufgabenstellung zeigt der LP im Bild 1 mit $F_1 = F_3$ und $F_2 = F_4$. Der dazugehörige KP (Bild 2) zeigt:

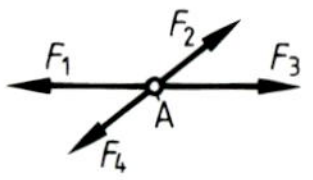

1

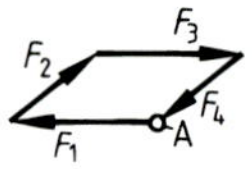

2 geschlossenes Krafteck

Bei Kräftegleichgewicht, d. h. $F_r = 0$, entsteht ein **geschlossenes Krafteck,** d. h. ein Krafteck mit „umlaufender Pfeilrichtung".

Kräftegleichgewicht $F_r = 0$ 38–1 ⟶ **geschlossenes Krafteck**

9.2 Rechnerische Ermittlung der Resultierenden aus den Horizontal- und Vertikalkomponenten

Jede Kraft kann bekanntlich in ihre **Horizontalkomponente** F_x und ihre **Vertikalkomponente** F_y zerlegt werden. Dies zeigt nochmals Bild 3.
Wirken mehrere Kräfte auf einen Körper, wie z. B. im Bild 4, kann natürlich jede dieser Kräfte in ihre Horizontal- und Vertikalkomponente zerlegt werden. Bild 5 zeigt die

3

Summe aller Horizontalkomponenten $\Sigma F_x = F_{1x} + F_{2x} + \ldots$

mit der

Summe aller Vertikalkomponenten $\Sigma F_y = F_{1y} + F_{2y} + \ldots$

im rechten Winkel zusammengesetzt. Die Hypotenuse in diesem rechtwinkligen Dreieck entspricht der Resultierenden F_r, dies sieht man beim Vergleich mit Bild 4. Mit Hilfe des Lehrsatzes von Pythagoras und der Tangensfunktion ergibt sich mit den folgenden Gleichungen die Größe von F_r und die Richtung von F_r. Es ist also F_r auch rechnerisch (analytisch) ermittelbar:

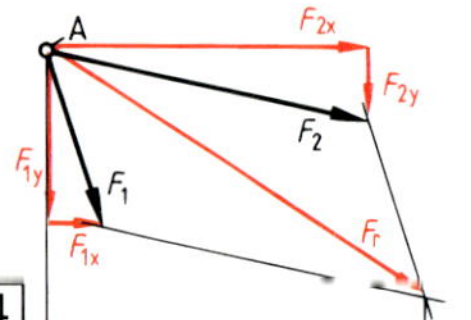

4

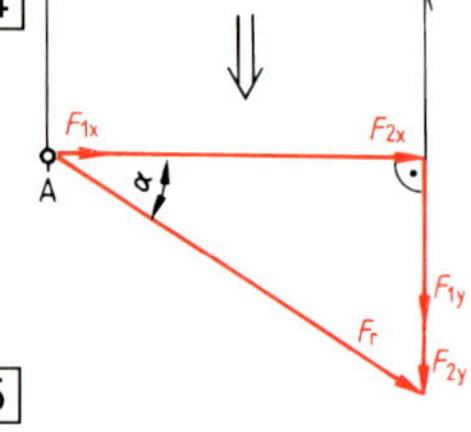

5

Größe von F_r $F_r = \sqrt{(\Sigma F_x)^2 + (\Sigma F_y)^2}$ 38–2 in N, kN

Richtung von F_r $\tan \alpha = \frac{\Sigma F_y}{\Sigma F_x}$ 38–3

Da nach Gleichung 38–1 **Kräftegleichgewicht nur bei $F_r = 0$** gegeben ist, kann in Verbindung mit Gleichung 38–2 auf eine **wichtige Gleichgewichtsbedingung der Statik** geschlossen werden. Man nennt diese Gleichgewichtsbedingung die

Erste Gleichgewichtsbedingung der Statik → An einem Körper herrscht Kräftegleichgewicht bei $\Sigma F_x = 0$ **und** $\Sigma F_y = 0$.

Aus dieser Formulierung ist zu schließen, dass es mindestens noch eine **zweite Gleichgewichtsbedingung der Statik** geben muss. Diese werden Sie in Lektion 13 kennen lernen.

M19. Bei der Kräfteanordnung im Bild 1 ist
a) zeichnerisch,
b) rechnerisch
zu beweisen, dass $F_r = 0$ ist, und zwar unter der Voraussetzung $F_1 = F_3$ und $F_2 = F_4$.

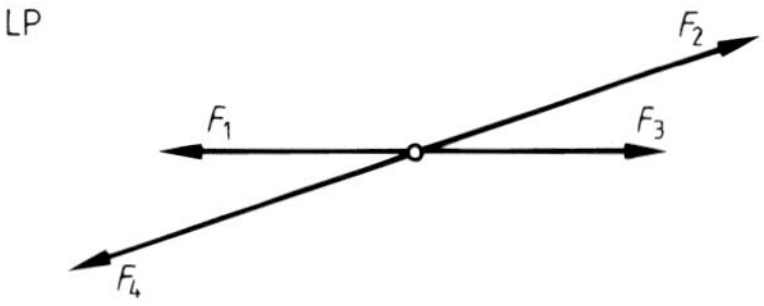

1

Lösung:

a) **Zeichnerische Lösung** mit Hilfe des Krafteckes (Bild 2): Da sich das Krafteck schließt (umlaufende Pfeilrichtung), herrscht Kräftegleichgewicht, d. h. $\boldsymbol{F_r = 0}$.

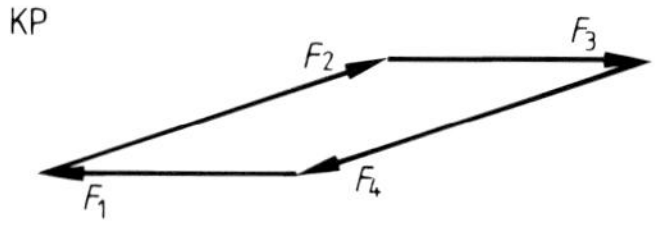

2

b) **Rechnerische Lösung:**

$$F_r = \sqrt{(\Sigma F_x)^2 + (\Sigma F_y)^2} = \sqrt{(F_{1x} + F_{2x} + F_{3x} + F_{4x})^2 + (F_{1y} + F_{2y} + F_{3y} + F_{4y})^2}$$

Es ist:
$$\left.\begin{array}{l} F_{1x} + F_{3x} = 0 \\ F_{2x} + F_{4x} = 0 \\ F_{1y} = F_{3y} = 0 \\ F_{2y} + F_{4y} = 0 \end{array}\right\} \rightarrow \left.\begin{array}{l} \Sigma F_x = 0 \\ \Sigma F_y = 0 \end{array}\right\} \rightarrow \boldsymbol{F_r = 0}$$

M20. Musteraufgabe M 18., Seite 36 ist analytisch zu lösen, d. h. F_r ist rechnerisch nach Größe und Richtung zu bestimmen.

Lösung: **Vorzeichenwahl:** nach oben und rechts gerichtet +
nach unten und links gerichtet −

$$F_r = \sqrt{(\Sigma F_x)^2 + (\Sigma F_y)^2}$$
$$F_r = \sqrt{(F_{1x} + F_{2x} + F_{3x} + F_{4x} + F_{5x})^2 + (F_{1y} + F_{2y} + F_{3y} + F_{4y} + F_{5y})^2}$$

$\boldsymbol{F_{1x}} = -F_1 \cdot \cos\alpha = -300\ \text{N} \cdot \cos 50° = -300\ \text{N} \cdot 0{,}6428 = \boldsymbol{-192{,}84\ \text{N}}\ (\leftarrow)$

$\boldsymbol{F_{2x}} = +F_2 \cdot \cos\beta = +350\ \text{N} \cdot \cos 40° = +350\ \text{N} \cdot 0{,}766 = \boldsymbol{+268{,}1\ \text{N}}\ (\rightarrow)$

$\boldsymbol{F_{3x}} = +F_3 \cdot \cos\gamma = +450\ \text{N} \cdot \cos 30° = +450\ \text{N} \cdot 0{,}866 = \boldsymbol{+389{,}7\ \text{N}}\ (\rightarrow)$

$\boldsymbol{F_{4x} = 0}$

$\boldsymbol{F_{5x}} = -F_5 = \boldsymbol{-200\ \text{N}}\ (\leftarrow)$

$\boldsymbol{F_{1y}} = +F_1 \cdot \sin\alpha = +300\ \text{N} \cdot \sin 50° = +300\ \text{N} \cdot 0{,}766 = \boldsymbol{+229{,}8\ \text{N}}\ (\uparrow)$

$\boldsymbol{F_{2y}} = +F_2 \cdot \sin\beta = +350\ \text{N} \cdot \sin 40° = +350\ \text{N} \cdot 0{,}6428 = \boldsymbol{+224{,}98\ \text{N}}\ (\uparrow)$

$\boldsymbol{F_{3y}} = -F_3 \cdot \sin\gamma = -450\ \text{N} \cdot \sin 30° = -450\ \text{N} \cdot 0{,}5 = \boldsymbol{-225\ \text{N}}\ (\downarrow)$

$\boldsymbol{F_{4y}} = -F_4 = \boldsymbol{-300\ \text{N}}\ (\downarrow)$

$\boldsymbol{F_{5y} = 0}$

$$F_r = \sqrt{\begin{array}{l}(-192{,}84\ \text{N} + 268{,}1\ \text{N} + 389{,}7\ \text{N} + 0 - 200\ \text{N})^2 \\ + (229{,}8\ \text{N} + 224{,}98\ \text{N} - 225\ \text{N} - 300\ \text{N} + 0)^2\end{array}}$$

$$F_r = \sqrt{(264{,}96\ \text{N})^2 + (-70{,}22\ \text{N})^2} = \sqrt{70203{,}8\ \text{N}^2 + 4930{,}85\ \text{N}^2}$$

$$F_r = \sqrt{75134{,}65\ \text{N}^2}$$

$$\boldsymbol{F_r = 274{,}107\ \text{N}}$$

Bild 1 zeigt nochmals den Zusammenhang zwischen

$\Sigma F_y = -70{,}22$ N, $\Sigma F_x = 264{,}96$ N und F_r. Somit:

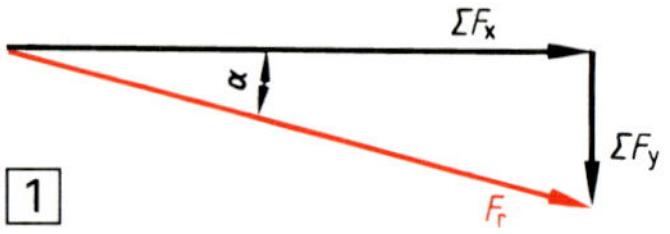

1

$$\tan\alpha = \frac{\Sigma F_y}{\Sigma F_x} = \frac{-70{,}22\text{ N}}{264{,}96\text{ N}} = -0{,}265 \longrightarrow \boldsymbol{\alpha = 14{,}84°}$$

Ü 62. Wie lautet die erste Gleichgewichtsbedingung der Statik?

Ü 63. Eine Kraft $F = 850$ N unter dem Winkel $\alpha = 45°$ gegen die Horizontale nach rechts oben zeigend ist rechnerisch und zeichnerisch in ihre Horizontal- und Vertikalkomponente zu zerlegen. Wählen Sie bei der zeichnerischen Lösung KM: 1 cm ≙ 200 N.

Ü 64. Im Punkt A (Bild 2) wirken die Kräfte $F_1 = 80$ N, $F_2 = 200$ N, $F_3 = 120$ N. Berechnen Sie die horizontale und vertikale Kraft, die im Punkt A zusätzlich wirken müssen, damit Kräftegleichgewicht hergestellt wird.

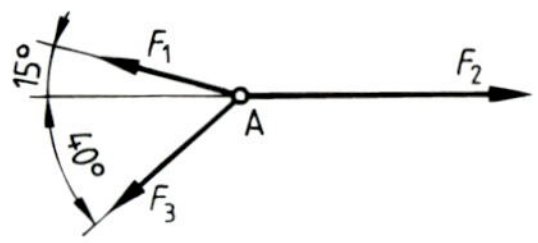

2

Ü 65. Im Bild 3 wirken im Zentralpunkt A die Kräfte $F_1 = 30$ N, $F_2 = 15$ N, $F_3 = 15$ N, $F_4 = 30$ N. Diese Kräfte sind in ihren Richtungen variabel, in ihrer Größe aber konstant, und auch der gemeinsame Angriffspunkt bleibt erhalten.

a) In welchen Fällen herrscht im Punkt A Kräftegleichgewicht?

b) Zeichnen Sie für diese Fälle das Krafteck.

c) Welche Besonderheit kennzeichnet die im Punkt b) gezeichneten Kraftecke?

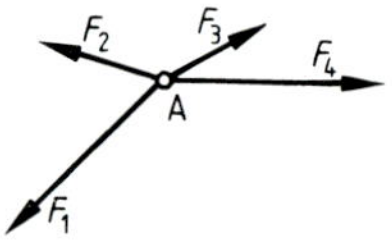

3

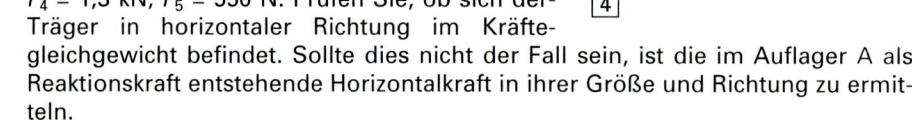

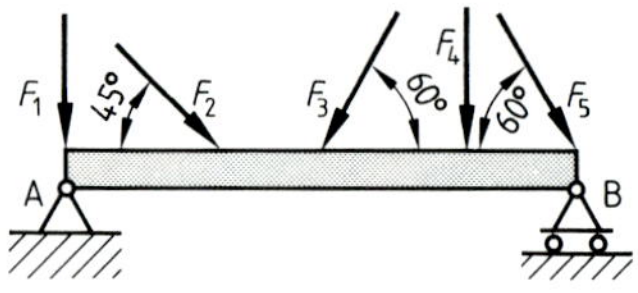

4

Ü 66. Auf einen Träger auf zwei Stützen (Bild 4) wirken die Einzellasten $F_1 = 1{,}5$ kN, $F_2 = 700$ N, $F_3 = 950$ N, $F_4 = 1{,}3$ kN, $F_5 = 550$ N. Prüfen Sie, ob sich der Träger in horizontaler Richtung im Kräftegleichgewicht befindet. Sollte dies nicht der Fall sein, ist die im Auflager A als Reaktionskraft entstehende Horizontalkraft in ihrer Größe und Richtung zu ermitteln.

Ü 67. Welche Konsequenz ergibt sich, wenn bei Aufgabe Ü 66. $\Sigma F_y = 0$ vorausgesetzt wird?

Ü 68. Aufgabe Ü 56., Seite 36 ist analytisch zu lösen.

V 56. Eine Kraft von $F = 75$ N ist unter einem Winkel von $\alpha = 15°$ zur Vertikalen geneigt und zeigt nach links oben. Zerlegen Sie diese Kraft

a) grafisch,

b) analytisch in ihre Horizontalkomponente F_x und ihre Vertikalkomponente F_y.

V 57. Bestimmen Sie analytisch für Vertiefungsaufgabe V 53., Seite 37 Größe und Richtung der resultierenden Kraft F_r.

V 58. Bestimmen Sie analytisch für Vertiefungsaufgabe V 54., Seite 37 Größe und Richtung der resultierenden Kraft F_r.

V 59. Bestimmen Sie analytisch für Vertiefungsaufgabe V 55., Seite 37 Größe und Richtung der resultierenden Kraft F_r.

V60. a) Ermitteln Sie die Horizontal- und Vertikalkomponente von F_r in Vertiefungsaufgabe V59., Seite 40.

b) Welche der im Punkt a) ermittelten Kraftkomponente beansprucht den Versatz auf Biegung, d. h. welche Komponente erzeugt ein Biegemoment?

c) Welche der im Punkt a) ermittelten Kraftkomponente wirkt als Druckkraft auf den Versatz?

V61. Was ist an einer „umlaufenden Pfeilrichtung" eines Kraftecks zu erkennen?

V62. Am Knotenblech einer Stahlkonstruktion (Bild 1) sind zwei Druckstäbe mit F_1 = 18 kN, F_2 = 22 kN und zwei Zugstäbe mit F_3 = 20 kN, F_4 = 26 kN angeschweißt. Bestimmen Sie Größe und Richtung von F_r

a) zeichnerisch,

b) rechnerisch.

Durch welche weitere Kraft wird an diesem Knotenblech die erste statische Gleichgewichtsbedingung erfüllt?

1

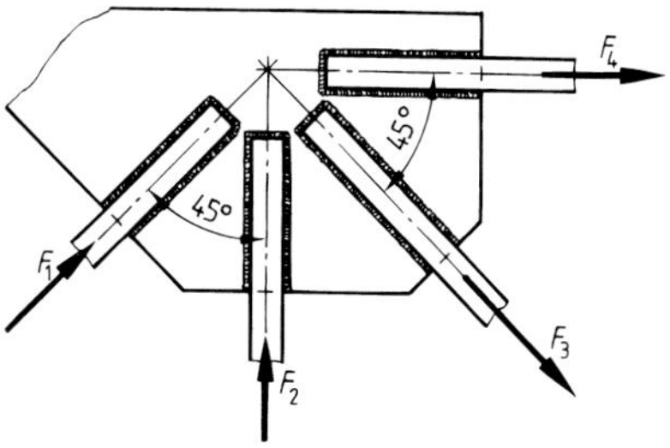

V63. Lösen Sie die Übungsaufgabe Ü60., Seite 37 auf analytischem Weg.

V64. Bild 2 zeigt die Draufsicht einer Karussell-Drehmaschine. Infolge des unsymmetrischen Werkstückes und durch die erforderlichen Spannzeuge entstehen beim Betrieb die Fliehkräfte

F_1 = 0,8 kN, α = 25,5°

F_2 = 1,0 kN, β = 27°

F_3 = 0,5 kN

F_4 = 1,1 kN, γ = 42°.

Um die dadurch hervorgerufene Belastung des Hauptlagers zu kompensieren, wird ein zusätzliches Gewicht auf die Planscheibe gespannt.

2

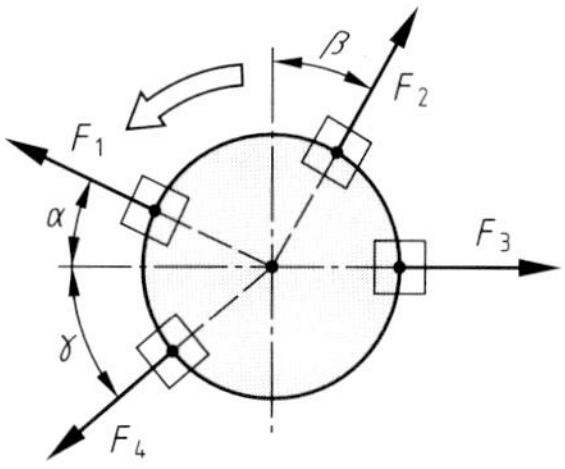

a) Wie groß muss die von diesem Gewicht erzeugte Fliehkraft F_5 sein?

b) Welchen Winkel α nimmt die Wirkungslinie von F_5 bezogen auf die Wirkungslinie von F_3 ein?

Die Aufgabe ist zeichnerisch und rechnerisch zu lösen.

STATIK

Lektion 10

Bestimmung unbekannter Kräfte im zentralen Kräftesystem

10.1 Das Kräftegleichgewicht im Zentralpunkt

Grundlage der folgenden Betrachtungen ist die in Lektion 5 erläuterte

2. Hauptaufgabe der Statik → Ermittlung der unbekannten Reaktionskräfte (Stützkräfte) aus den Aktionskräften (Belastungskräfte)

Beim Lösen dieser 2. Hauptaufgabe der Statik wird immer **Kräftegleichgewicht** vorausgesetzt, und auch Lektion 9 gründet auf dieser Annahme. Dort wurden bereits Aufgabenkomplexe behandelt, die es zum Ziel hatten, Kräfte zu ermitteln, die im Zentralpunkt Kräftegleichgewicht herstellen. Für solche Aufgaben sollen in Lektion 10 systematische Lösungsverfahren erarbeitet werden. Es handelt sich also um folgende

Aufgabenstellung → Mehrere nach Größe und Richtung bekannte Kräfte greifen im Zentralpunkt A an, und eine oder mehrere andere Kräfte, die das Kräftegleichgewicht herstellen, werden nach Größe und Richtung gesucht.

Das Lösen solcher Aufgaben kann zeichnerisch (grafisch) oder rechnerisch (analytisch) erfolgen:

10.1.1 Zeichnerische Ermittlung unbekannter Kräfte

Eine konkrete Aufgabenstellung soll das Lösungsverfahren, aber auch die Grenzen, solche Aufgaben lösen zu können, verdeutlichen. Entsprechend Bild 1 ist
$F_1 = 50$ N, $\alpha = 30°$; $F_2 = 70$ N, $\beta = 45°$; $F_3 = 100$ N, $\gamma = 38°$
Gesucht sind zwei Kräfte, die im Zentralpunkt A Kräftegleichgewicht herstellen, und zwar eine senkrechte Kraft F_4 und eine waagerechte Kraft F_5. Dies zeigen auch die bereits eingezeichneten Wirkungslinien dieser Kräfte. Die Formelzeichen sind – wie in Lektion 7 vereinbart – mit runden Klammern eingeklammert.
Bei der zeichnerischen Lösung einer solchen Aufgabe wird davon ausgegangen, dass bei Kräftegleichgewicht im zentralen Kräftesystem ein **geschlossenes Krafteck** vorliegen, d. h., dass $\boldsymbol{F_r = 0}$ sein muss.
Demzufolge zeichnet man die gegebenen Kräfte in beliebiger Reihenfolge maßstäblich aneinander und versucht, mit den Kräften, deren Wirkungslinien vorgegeben sind, das Krafteck zu schließen. Dies zeigt Bild 2, wobei ein KM: 1 cm ≙ 40 N gewählt wurde. Es ist somit die folgende Regel zu erkennen:

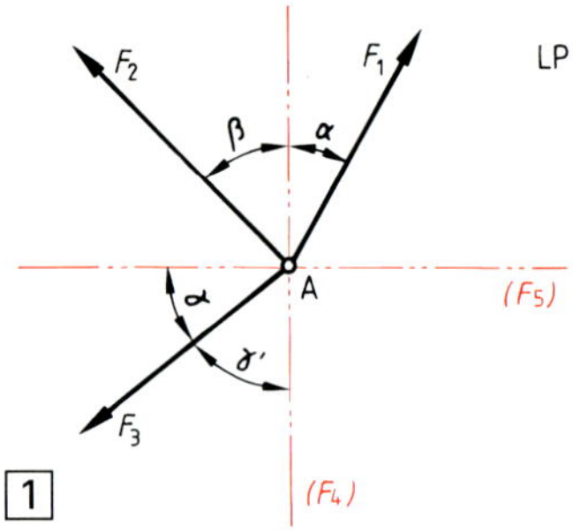

1

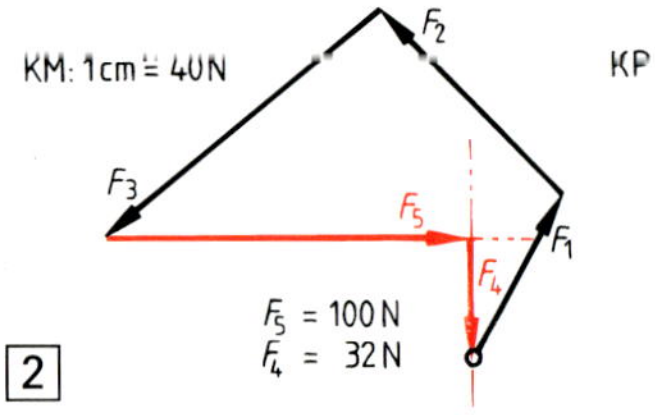

2

Sind in einem zentralen Kräftesystem mehrere Kräfte nach Größe und Richtung bekannt, dann ist es durch die Vorgabe von zwei weiteren Wirkungslinien möglich, zwei Kräfte zu ermitteln, die das Gleichgewicht herstellen.

Soll nur eine Kraft das Gleichgewicht herstellen, dann ist dies die Kraft, die das Krafteck schließt (Bild 3).

3
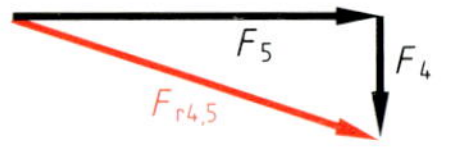

Sind mehr als zwei das Gleichgewicht herstellende Kräfte gesucht, ist keine eindeutige Lösung möglich.

STATIK

10.1.2 Rechnerische Ermittlung unbekannter Kräfte

Grundlage für die analytische Behandlung von Aufgaben, in denen Kräfte gesucht werden, die das Kräftegleichgewicht herstellen, ist die erste **Gleichgewichtsbedingung der Statik.** Diese nennt die **Bedingungen für**

Kräftegleichgewicht $F_r = 0$ | 43–1 | = | 38–1 | ⟶ $\Sigma F_x = 0$ **und** $\Sigma F_y = 0$

Es stehen somit zwei **Lösungsgleichungen zur Verfügung,** und damit ist auch die mathematische Begründung für die bereits im Punkt 10.1.1 erkannte Regel gegeben. Es gilt:

Es können maximal zwei Kräfte ermittelt werden, die im Zentralpunkt A das Gleichgewicht zu mehreren gegebenen anderen Kräften herstellen.

Zur weiteren Erläuterung der analytischen Lösung wird die im Bild 1, Seite 42 beschriebene Aufgabe herangezogen. Mit den Bezeichnungen dieses Bildes ergibt sich bei der Vorzeichenwahl **+ nach rechts und oben** folgendes:

$\boldsymbol{\Sigma F_x = 0} \longrightarrow F_{1x} - F_{2x} - F_{3x} + F_{4x} + F_{5x} = 0$. Mit $F_{4x} = 0$ und $F_{5x} = F_5$

$\longrightarrow$ **I.** $\boldsymbol{F_{1x} - F_{2x} - F_{3x} + F_5 = 0}$

$\boldsymbol{\Sigma F_y = 0} \longrightarrow F_{1y} + F_{2y} - F_{3y} - F_{4y} - F_{5y} = 0$. Mit $F_{4y} = F_4$ und $F_{5y} = 0$

$\longrightarrow$ **II.** $\boldsymbol{F_{1y} + F_{2y} - F_{3y} - F_4 = 0}$

Setzt man die aus der Aufgabenstellung bekannten Zahlenwerte in die Gleichungen I. und II. ein, so ergibt sich der weitere Rechengang wie folgt:

I. $F_1 \cdot \sin\alpha - F_2 \cdot \sin\beta - F_3 \cdot \sin\gamma' + F_5 = 0$

$F_5 = -F_1 \cdot \sin\alpha + F_2 \cdot \sin\beta + F_3 \cdot \sin\gamma' = -50\ \text{N} \cdot \sin 30° + 70\ \text{N} \cdot \sin 45° + 100\ \text{N} \cdot \sin 52°$

$F_5 = -50\ \text{N} \cdot 0{,}5 + 70\ \text{N} \cdot 0{,}707 + 100\ \text{N} \cdot 0{,}788 = -25\ \text{N} + 49{,}49\ \text{N} + 78{,}8\ \text{N}$

$\boldsymbol{F_5 = +103{,}29\ \text{N}}$ (→)

II. $F_1 \cdot \cos\alpha + F_2 \cdot \cos\beta - F_3 \cdot \cos\gamma' - F_4 = 0$

$F_4 = F_1 \cdot \cos\alpha + F_2 \cdot \cos\beta - F_3 \cdot \cos\gamma' = 50\ \text{N} \cdot \cos 30° + 70\ \text{N} \cdot \cos 45° - 100\ \text{N} \cdot \cos 52°$

$F_4 = 50\ \text{N} \cdot 0{,}866 + 70\ \text{N} \cdot 0{,}707 - 100\ \text{N} \cdot 0{,}616 = 43{,}3\ \text{N} + 49{,}49\ \text{N} - 61{,}6\ \text{N}$

$\boldsymbol{F_4 = +31{,}19\ \text{N}}$ (↓)

10.1.2.1 Die Vorzeichenregel

Die Handhabung der Vorzeichenregel erfolgt gemäß Punkt 5.3.2.

Dies bedeutet z. B.: + ≙ nach rechts und oben und dann – ≙ nach links und unten. Es wird nochmals betont, dass dies keine feste Regel ist. Dies ergibt sich auch daraus, dass die in der Aufgabe beteiligten Kräfte nicht unbedingt horizontal und vertikal verlaufen müssen. Dies heißt:

Die Wahl der Vorzeichen erfolgt bei jeder Aufgabe neu. Wählt man nach der einen Seite das +, dann ist gleichzeitig nach der anderen Seite, d. h. für den entgegengesetzten Sinn, das – festgelegt.

Dadurch, dass bei der obigen Aufgabe eine zeichnerische Lösung vorausgegangen ist, konnten die Vorzeichen – nachdem eine entsprechende Wahl getroffen war – entsprechend dem zeichnerischen Ergebnis in die Rechnung eingesetzt werden. Wird jedoch ausschließlich gerechnet, dann ist man gezwungen, zunächst + oder – als Vorzeichen anzunehmen. Ob die Wahl richtig war, zeigt dann das im Ergebnis erhaltene Vorzeichen. Hätte man also z. B. für die Kraft F_4 das positive Vorzeichen gewählt – was ja in Verbindung mit der Vorzeichenwahl nicht den Tatsachen entspricht – hätte man im rechnerischen Ergebnis von F_4 das negative Vorzeichen erhalten. Es gilt somit:

Ist das rechnerische Ergebnis positiv, ist der angenommene Sinn im rechnerischen Ansatz richtig, d. h. entsprechend Vorzeichenwahl. Ist das Ergebnis negativ, war die Annahme falsch, d. h. die gesuchte Kraft wirkt in die entgegengesetzte Richtung wie ursprünglich angenommen.

M 21. Auf eine in einem Prisma liegende Rolle (Bild 1) wirken die Horizontalkraft $F_1 = 300$ N und die Schrägkraft $F_2 = 420$ N unter einem Winkel von 45° zueinander. Ermitteln Sie die vom Prisma auf die Rolle wirkenden Stützkräfte

a) zeichnerisch mit KM: 1 cm ≙ 200 N,

b) analytisch.

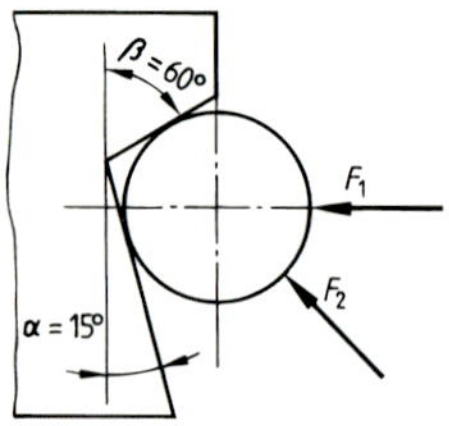

1

Lösung: a) zeichnerisch

Die Rolle wird zunächst freigemacht (Bild 2). Sind im KP (Bild 3) die gegebenen Kräfte „aneinandergereiht", so ist über die Wirkungslinien (F_{S1}) und (F_{S2}) der Punkt A zu erreichen, d. h. das Krafteck wird geschlossen. Es ergibt sich

$\boldsymbol{F_{S1} = 460}$ **N;** $\boldsymbol{F_{S2} = 380}$ **N.**

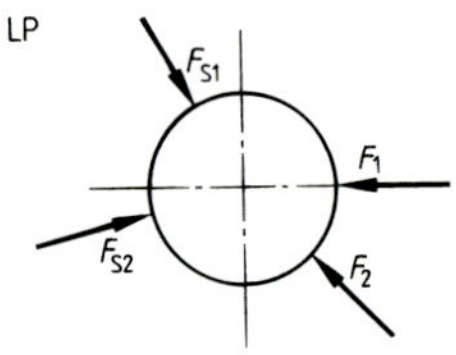

2

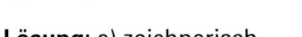

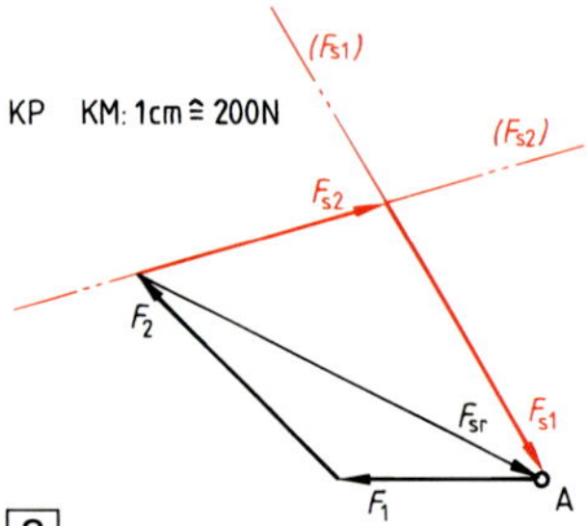

3

Aus der Konstruktion des KP (Bild 3) ist zu ersehen, dass auch die resultierende Stützkraft F_{Sr} das Gleichgewicht herstellt. Dies bedeutet, dass auch zuerst die resultierende Stützkraft ermittelt werden kann, die dann in die Kräfte F_{S1} und F_{S2} zerlegt wird. F_{Sr} ist genauso groß wie die Resultierende von F_1 und F_2, dieser aber entgegengerichtet, d. h., sie hat den entgegengesetzten Sinn.

b) analytisch: Vorzeichenwahl ➛ + ≙ nach oben bzw. rechts

$\boldsymbol{\Sigma F_x = 0}$ liefert: $-F_{1x} - F_{2x} + F_{S1x} + F_{S2x} = 0$. Mit $F_{1x} = F_1$ ➛ $-F_1 - F_{2x} + F_{S1x} + F_{S2x} = 0$

Somit wird **Gleichung I:** $\boldsymbol{-F_1 - F_2 \cdot \sin 45° + F_{S1} \cdot \sin 30° + F_{S2} \cdot \cos 15° = 0}$

$\boldsymbol{\Sigma F_y = 0}$ liefert: $F_{1y} + F_{2y} - F_{S1y} + F_{S2y} = 0$. Mit $F_{1y} = 0$ ➛ $F_{2y} - F_{S1y} + F_{S2y} = 0$

Somit wird **Gleichung II:** $\boldsymbol{F_2 \cdot \cos 45° - F_{S1} \cdot \cos 30° + F_{S2} \cdot \sin 15° = 0}$

Aus Gleichung I: $F_{S1} = \dfrac{F_1 + F_2 \cdot \sin 45° - F_{S2} \cdot \cos 15°}{\sin 30°}$

Aus Gleichung II: $F_{S1} = \dfrac{F_2 \cdot \cos 45° + F_{S2} \cdot \sin 15°}{\cos 30°}$

➛ Die rechten Seiten dieser beiden Gleichungen können gleichgesetzt werden. Damit ergibt sich:

$$\frac{F_1 + F_2 \cdot \sin 45° - F_{S2} \cdot \cos 15°}{\sin 30°} = \frac{F_2 \cdot \cos 45° + F_{S2} \cdot \sin 15°}{\cos 30°}$$

$$\frac{F_1}{0{,}5} + \frac{F_2 \cdot 0{,}707}{0{,}5} - \frac{F_{S2} \cdot 0{,}966}{0{,}5} = \frac{F_2 \cdot 0{,}707}{0{,}866} + \frac{F_{S2} \cdot 0{,}259}{0{,}866}$$

$$\frac{F_1}{0{,}5} + \frac{F_2 \cdot 0{,}707}{0{,}5} - \frac{F_2 \cdot 0{,}707}{0{,}866} = \frac{F_{S2} \cdot 0{,}966}{0{,}5} + \frac{F_{S2} \cdot 0{,}259}{0{,}866}$$

$\sin 30° = 0{,}5$
$\cos 30° = 0{,}866$
$\sin 45° = 0{,}707$
$\cos 15° = 0{,}966$
$\cos 45° = 0{,}707$
$\sin 15° = 0{,}259$

$$2 \cdot F_1 + 1{,}414 \cdot F_2 - 0{,}816 \cdot F_2 = F_{S2} \cdot (1{,}932 + 0{,}299) = F_{S2} \cdot 2{,}231$$

$$F_{S2} = \frac{2 \cdot F_1 + 0{,}598 \cdot F_2}{2{,}231} = \frac{2 \cdot 300 \text{ N} + 0{,}598 \cdot 420 \text{ N}}{2{,}231} = \frac{600 \text{ N} + 251{,}16 \text{ N}}{2{,}231} = \frac{851{,}16 \text{ N}}{2{,}231}$$

$\boldsymbol{F_{S2} = 381{,}52}$ **N** F_{S2} wird nun in Gleichung I eingesetzt. Man erhält somit:

$-F_1 - F_2 \cdot \sin 45° + F_{S1} \cdot \sin 30° + F_{S2} \cdot \cos 15° = 0$

$$F_{S1} = \frac{F_1 + F_2 \cdot \sin 45° - F_{S2} \cdot \cos 15°}{\sin 30°} = \frac{300 \text{ N} + 420 \text{ N} \cdot 0{,}707 - 381{,}52 \text{ N} \cdot 0{,}966}{0{,}5}$$

$\boldsymbol{F_{S1} = 456{,}78}$ **N**

STATIK

Ü 69. Im Bild 1 ist $F_1 = 15$ kN, $\alpha = 30°$
$F_2 = 7$ kN, $\beta = 10°$
$F_3 = 48$ kN, $\gamma = 28°$
$F_5 = 20$ kN, $\varepsilon = 30°$
Gesucht sind zeichnerisch F_4 und F_6 bei $\delta = 25°$ und $\eta = 25°$.

Ü 70. Übungsaufgabe Ü 69. ist rechnerisch zu lösen.

Ü 71. Für die im Bild 2 dargestellte Riemenspannvorrichtung ist bei einem Eigengewicht der Spannrolle von $F_G = 20$ N und einer Riemenspannkraft bei Stillstand $F_R = 70$ N zeichnerisch zu ermitteln:
a) Druckkraft in der Feder F_F,
b) Kraft F_P in der Pendelstange P.
Abmessungen: $d_1 = 300$ mm, $d_2 = 180$ mm
$l_1 = 600$ mm, $l_2 = 400$ mm,
$l_3 = 140$ mm

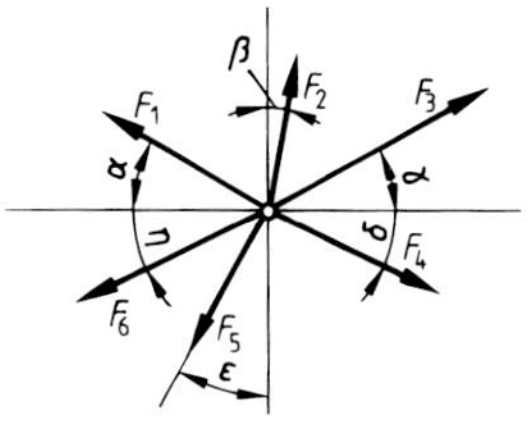

1

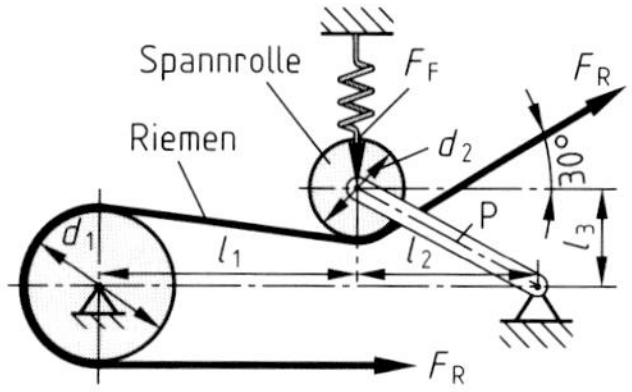

2

V 65. An einem Knotenblech (Bild 3) wirken die Kräfte $F_1 = 18$ kN,
$F_3 = 20$ kN.
Bestimmen Sie die Stabkräfte F_2 und F_4
a) zeichnerisch,
b) rechnerisch.
Dabei wird das Gleichgewicht der vier Kräfte F_1, F_2, F_3 und F_4 vorausgesetzt.

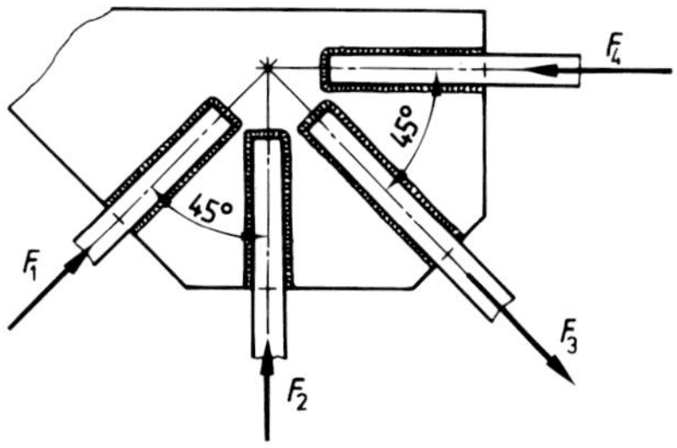

3

V 66. In der Anordnung des Bildes 4 ist
$F_Z = 12{,}5$ kN,
$F_G = 4{,}5$ kN.
Bestimmen Sie zeichnerisch und rechnerisch die Kräfte in den beiden Pendelstäben (Zweigelenkstäben) o und u.

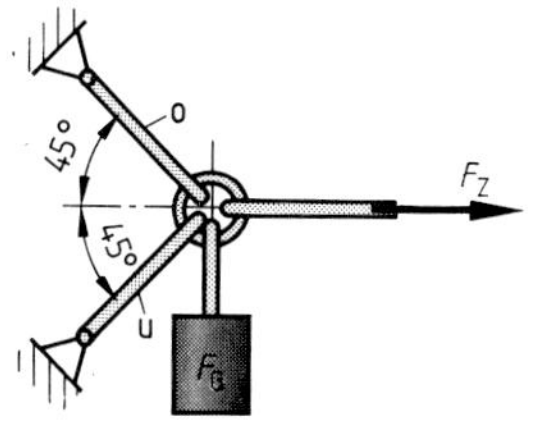

4

V 67. In Vertiefungsaufgabe V 50., Seite 34 konnten die Kräfte F_{III} bis F_{VI}, da noch die Kenntnisse dieser Lektion 10 fehlten, nicht ermittelt werden. Dies soll jetzt nachgeholt werden. Ermitteln Sie also zeichnerisch die Kräfte F_{III}, F_{IV}, F_V und F_{VI} in der Vertiefungsaufgabe V 50., Seite 34.

V 68. Im Zentralpunkt A des Bildes 5 greifen die Kräfte $F_1 = 500$ N
$F_2 = 700$ N
$F_3 = 400$ N
$F_4 = 600$ N an.
Ermitteln Sie rechnerisch eine Horizontalkraft und eine Vertikalkraft, die zusammen mit den gegebenen Kräften F_1 bis F_4 im Zentralpunkt A das Kräftegleichgewicht herstellen.

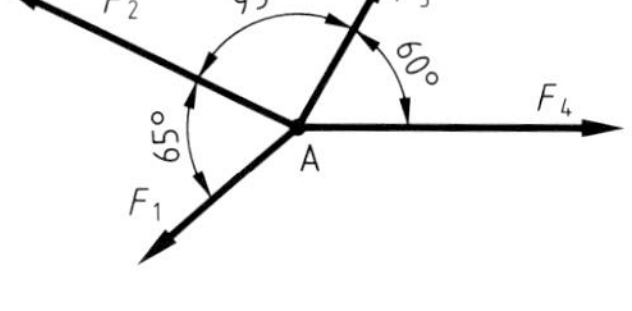

5

Das allgemeine Kräftesystem

Lektion 11

Zeichnerische Ermittlung der Resultierenden im allgemeinen Kräftesystem

11.1 Definition des allgemeinen Kräftesystems

Im Punkt 5.2 wurde bereits deutlich zwischen dem zentralen und dem allgemeinen Kräftesystem unterschieden. Dennoch soll hier nochmals der Unterschied dargestellt werden. Bild 1 zeigt ein **zentrales Kräftesystem**. Es gilt:

Ein zentrales Kräftesystem ist dann gegeben, wenn sich die Wirkungslinien aller Kräfte, die am Körper angreifen, in einem Punkt, dem Zentralpunkt A, schneiden.

In sehr vielen Fällen ist ein **gemeinsamer Schnittpunkt** der angreifenden Kräfte **nicht gegeben.** Bild 2 zeigt einen solchen Fall. Dort können z. B. die Wirkungslinien von F_1 und F_2 zum Schnitt gebracht werden (Schnittpunkt 1), die Wirkungslinien von F_3 und F_4 gehen jedoch nicht durch diesen Schnittpunkt hindurch. Es liegt kein zentrales, sondern ein **allgemeines Kräftesystem** vor.

Ein allgemeines Kräftesystem ist dann gegeben, wenn die Wirkungslinien der am Körper angreifenden Kräfte keinen gemeinsamen Schnittpunkt haben.

Ebenso wie im zentralen Kräftesystem erzielen auch im allgemeinen Kräftesystem alle wirkenden Einzelkräfte zusammen die Wirkung, die derjenigen einer **resultierenden Kraft** entspricht. Eine solche ersetzt also auch hier alle am Körper angreifenden Einzelkräfte. Es gilt somit auch im allgemeinen Kräftesystem:

Resultierende F_r = Ersatzkraft F_r

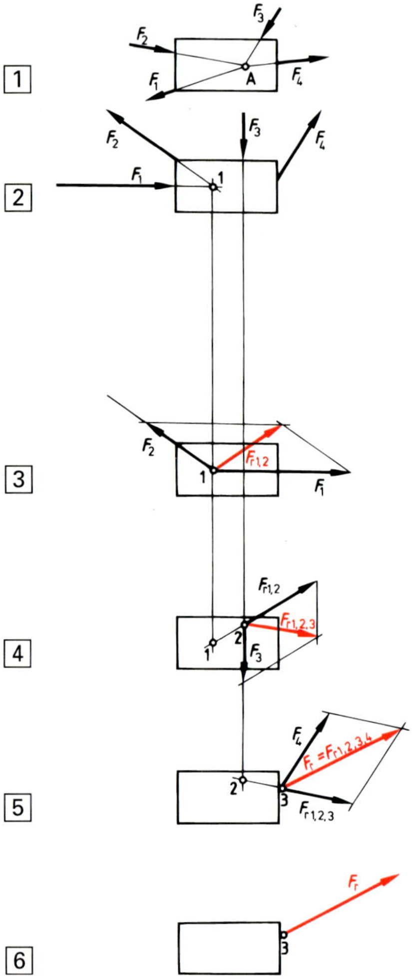

Beim Festlegen der Resultierenden unterscheidet man die folgenden Möglichkeiten:

- **Zeichnerische Ermittlung der Resultierenden** ⟶ Lektion 11 und Lektion 12
- **Rechnerische Ermittlung der Resultierenden** ⟶ Lektion 14

11.2 Wiederholte Konstruktion des Kräfteparallelogramms

Eine Methode zur Ermittlung der Resultierenden ist – ebenso wie beim zentralen Kräftesystem – die mehrmalige Konstruktion von **Kräfteparallelogrammen.** Ohne dass sich die Wirkung der Kräfte F_1 und F_2 auf den Körper verändert, werden im Bild 3 diese Kräfte – gemäß dem **Längsverschiebungssatz** – mit ihren Anfangspunkten in den bereits im Bild 2 dargestellten gemeinsamen Schnittpunkt 1 ihrer Wirkungslinien verschoben. Somit kann die Resultierende $F_{r1,2}$ ermittelt werden, und diese ersetzt dann die Kräfte F_1 und F_2.

Nun wird mit Hilfe des gleichen Verfahrens die vorher konstruierte Zwischenresultierende $F_{r1,2}$ mit der Kraft F_3 zur Zwischenresultierenden $F_{r1,2,3}$ zusammengesetzt, die ihrerseits die Kräfte F_1, F_2 und F_3 ersetzt (Bild 4, Seite 46). Schließlich bildet die Zwischenresultierende $F_{r1,2,3}$ mit der Kraft F_4 die Gesamtresultierende F_r (Bild 5, Seite 46). Diese ersetzt alle Einzelkräfte, hier die Kräfte F_1, F_2, F_3 und F_4. Ebenso wie beim zentralen Kräftesystem gilt:

Liegt die Resultierende F_r außerhalb des Körpers, so lässt sie sich, falls deren WL den Körper schneidet, bis zu einem reelen Angriffspunkt an den Körper verschieben.

Diesen Sachverhalt zeigt Bild 6, Seite 46. Die Wirkung der Einzelkräfte im Bild 2, Seite 46 ist die gleiche wie die Wirkung der Resultierenden F_r im Bild 6, Seite 46. Bei diesem Verfahren sind stets **(n–1) Lösungsschritte** erforderlich, wenn man mit n die Anzahl der Einzelkräfte bezeichnet. Dies bedeutet z. B., dass bei vier Einzelkräften drei Kräfteparallelogramme gezeichnet werden müssen. Deshalb sollte dieses Verfahren – wegen des großen Zeichenaufwandes und wegen der dabei entstehenden Ungenauigkeiten – nur bei wenig Einzelkräften angewendet werden.

11.3 Verwendung von Zwischenresultierenden

Man hätte auch die Resultierende F_r, wie im Bild 1 dargestellt, nach Größe und Richtung mit einem **Krafteck** bestimmen können. Dies bedeutet aber eine Loslösung vom Lageplan (Bild 2, Seite 46), d. h., dass die Lage von F_r im LP nicht bekannt ist und dass F_r lediglich im Kräfteplan KP (Bild 1) nach Größe und Richtung ermittelt wurde. Wie bei jeder Kraft gilt aber auch hier, nach den Regeln von Lektion 2:

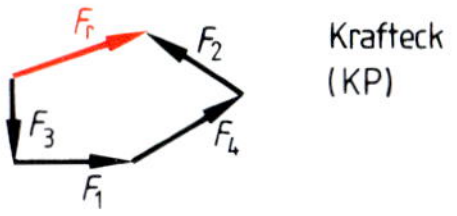

1

Zur vollständigen Bestimmung der Resultierenden ist außer ihrer Größe und Richtung auch die Lage ihrer Wirkungslinie WL zu bestimmen.

Um auch die Lage der Wirkungslinie von F_r im LP zu ermitteln, zeichnet man in den KP (Krafteck) die Zwischenresultierenden ein, so wie dies Bild 2 zeigt. Entsprechend der in **beliebiger Reihenfolge** aneinandergereihten Einzelkräfte sind dies $F_{r3,1}$ und $F_{r3,1,4}$. Bringt man nun im LP die Wirkungslinien der Kräfte F_1 und F_3 zum Schnitt, erhält man den Punkt 1. Dieser ist aber auch ein Punkt auf der Wirkungslinie von $F_{r3,1}$. Durch **Parallelverschiebung** von $F_{r3,1}$ **aus dem KP in den** Punkt 1 im **LP** hat man die Lage von $F_{r3,1}$ in den LP übertragen. Anschließend bringt man im LP die WL ($F_{r3,1}$) mit der WL (F_4) zum Schnitt und erhält so den Punkt 2. Durch diesen Schnittpunkt 2 muss auch die WL ($F_{r3,1,4}$) gehen. Deshalb wird $F_{r\,3,1,4}$ ebenfalls aus dem KP parallel in den Punkt 2 im LP verschoben. Schließlich wird noch im LP die WL ($F_{r3,1,4}$) mit der WL (F_2) zum Schnitt gebracht, und man erhält den Schnittpunkt 3. Durch diesen geht die Wirkungslinie von F_r. Deshalb wird diese ebenfalls aus dem KP in den LP parallel verschoben, und zwar durch den Punkt 3 im LP. Am Beispiel des Bildes 2 wird ersichtlich:

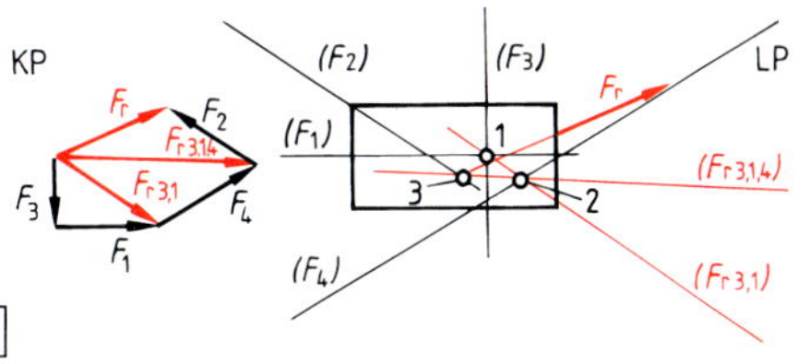

2

Bei der Ermittlung der Resultierenden mit Zwischenresultierenden ist eine ständige Korrespondenz von KP und LP erforderlich.

Anmerkung: Die Verfahren der Punkte 11.2 (Kräfteparallelogramme) und 11.3 (Zwischenresultierende) lassen sich nicht ohne weiteres anwenden, wenn alle **Einzelkräfte parallel** verlaufen. Das Lösungsverfahren hierfür wird in **Lektion 12** besprochen.

STATIK

M22. Bestimmen Sie durch das mehrmalige Zeichnen von Kräfteparallelogrammen F_r in Größe und Richtung. Die Angriffspunkte sind aus dem LP (Bild 1) zu übertragen. **KM: 1 cm ≙ 200 N.**
$F_1 = 100$ N, $F_2 = 150$ N, $F_3 = 200$ N,
$F_4 = 100$ N, $F_5 = 150$ N.
Lösung: (In Reihenfolge I, II, III, IV)

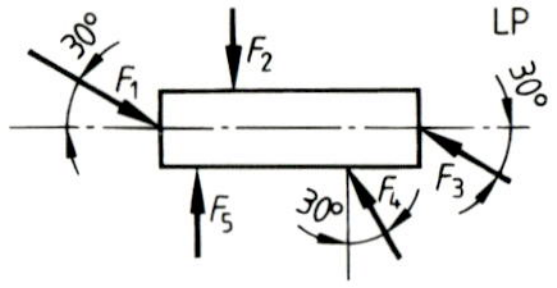

1

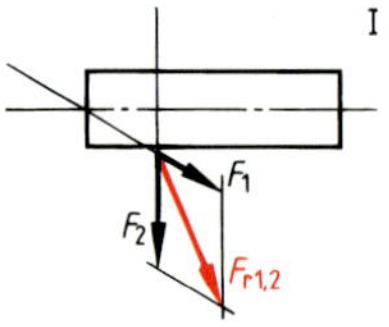

2

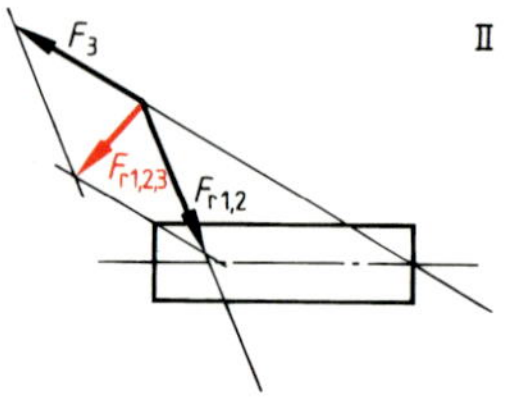

3

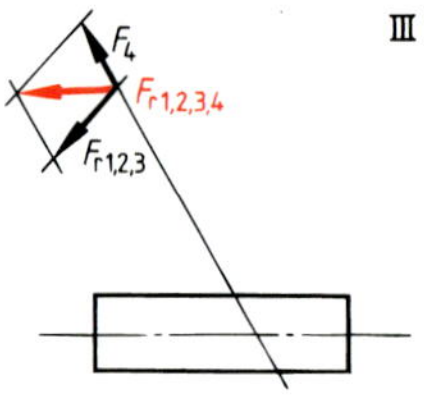

4

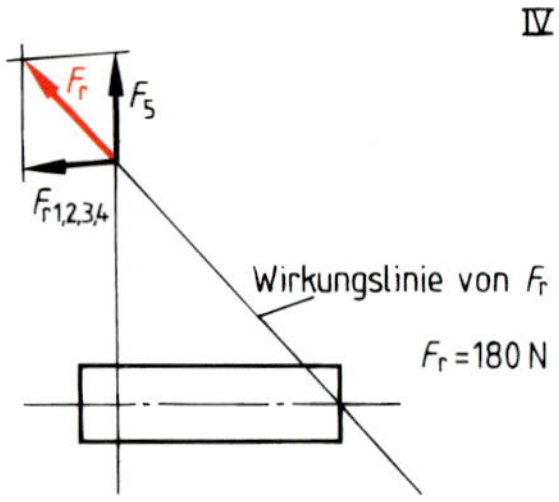

5

M 23. Bestimmen Sie mit den Angaben von Musteraufgabe M 22. und mit Hilfe des Kraftecks mit Zwischenresultierenden die Gesamtresultierende F_r.

Lösung:

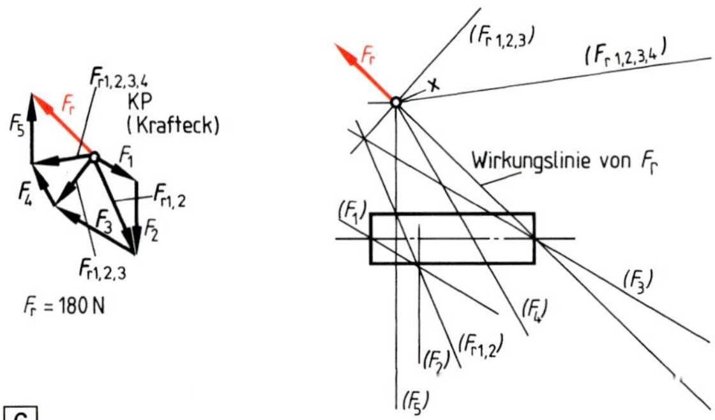

6

Anmerkung:
Dass sich die Wirkungslinien von F_4 und von $Fr_{1,2,3}$ sowie von F_5 und $F_{r1,2,3,4}$ im Punkt x schneiden, ist ein Zufall.

Ü 72. An einer Staumauer (Bild 7) wirken die Kräfte

F_W = Wasserkraft = 60 kN
F_E = Druckkraft des Erdreiches = 40 kN
F_M = Mauergewicht = 80 kN
F_F = Fundamentgewicht = 60 kN

Die Resultierende ist mit Hilfe eines Kraftecks und den Zwischenresultierenden zu ermitteln. Die Angriffspunkte der Kräfte und die Abmessungen der Mauer sind aus Bild 7 herauszumessen. Achten Sie auf die Wahl eines günstigen Kräftemaßstabes KM.

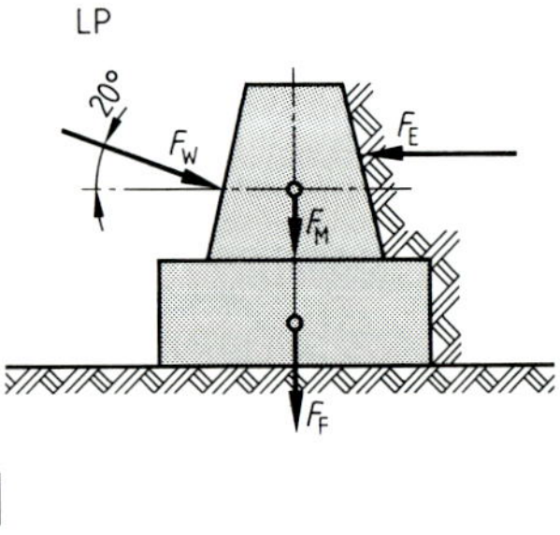

7

Ü 73. Auf Seite 47 wurde die Aussage gemacht, dass bei Parallelverlauf der Einzelkräfte (Bild 1 zeigt einen solchen Fall) die Resultierende F_r nicht ohne weiteres mit der Konstruktion von Kräfteparallelogrammen bzw. mit der Krafteckkonstruktion mit Zwischenresultierenden ermittelt werden kann. Versuchen Sie dennoch, eine Lösung für den im Bild 1 dargestellten Fall herbeizuführen, und zwar mit Hilfe des **Erweiterungssatzes.**

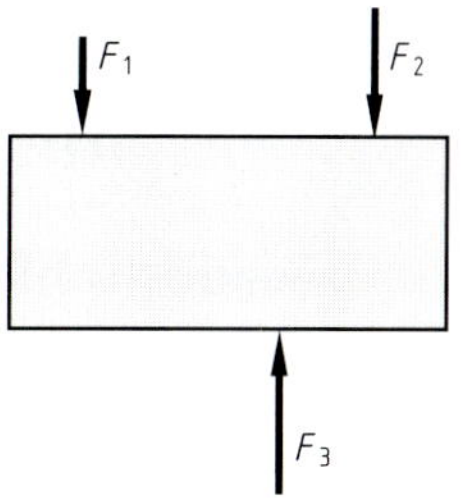

1

Ü 74. An einem Winkelhebel wirken gemäß Bild 2 die Kräfte F_1 = 500 N, F_2 = 400 N, F_3 = 200 N und F_4 = 500 N. Die auf den Hebel wirkende resultierende Kraft ist zeichnerisch zu bestimmen, und zwar

a) durch Konstruktion von Parallelogrammen,
b) mit Hilfe des Kraftteckes und den zugehörigen Zwischenresultierenden.

Maße des Hebels und Angriffspunkte der Kräfte sind Bild 2 zu entnehmen.

Welche Wirkung hat F_r und haben damit auch alle Einzelkräfte auf den Hebel, wenn dieser im Punkt G drehbar gelagert ist?

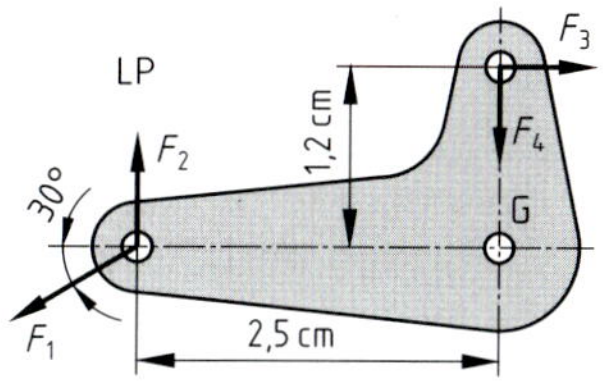

2

V 69. Auf eine Welle wirken gemäß Bild 3 die Kräfte F_1 = 3,5 kN, F_2 = 1,8 kN und F_3 = 4,1 kN. Der Winkel α beträgt 40°. Ermitteln Sie Größe und Lage der Resultierenden

a) mit Parallelogrammkonstruktionen,
b) mit Krafteck und Zwischenresultierenden.

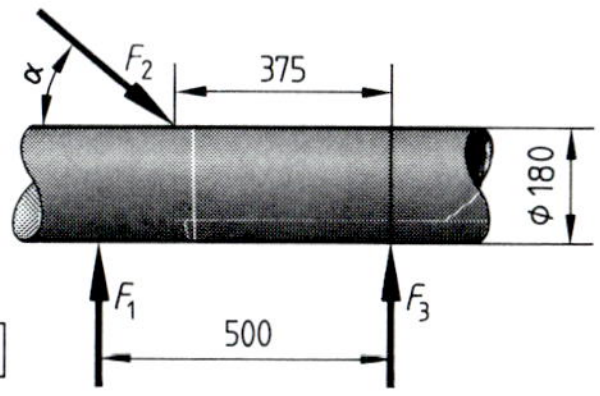

3

V 70. Eine Brücke (Bild 4) kann mit Hilfe eines Hydraulikzylinders (F = 40 kN) angehoben werden. Die Kräfte F_{G1} = 20 kN und F_{G2} = 45 kN sind mit F zur Resultierenden F_r zusammenzusetzen.

a) Mehrmalige Parallelogrammkonstruktionen,
b) Kraftecklösung.

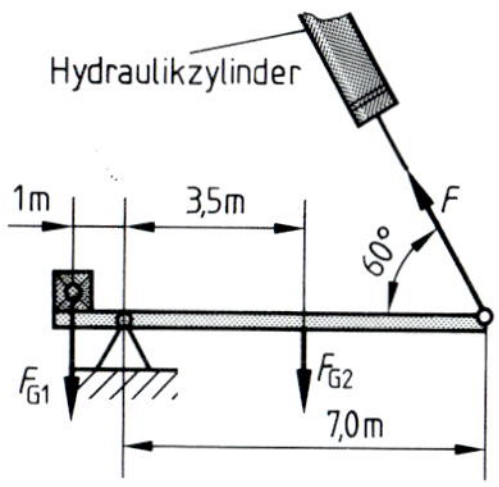

4

V 71. Welcher wesentliche Unterschied besteht zwischen der Kraftecklösung im zentralen Kräftesystem und der Kraftecklösung im allgemeinen Kräftesystem?

V 72. Auf die im Bild 5 dargestellte Fachwerkkonstruktion wirken die Kräfte F_1 = 35 kN,
F_2 = 60 kN,
F_3 = 75 kN.

Ermitteln Sie mit Hilfe der Kraftecklösung die resultierende F_r, und zwar nach Größe, Richtung und Lage ihrer Wirkungslinie.

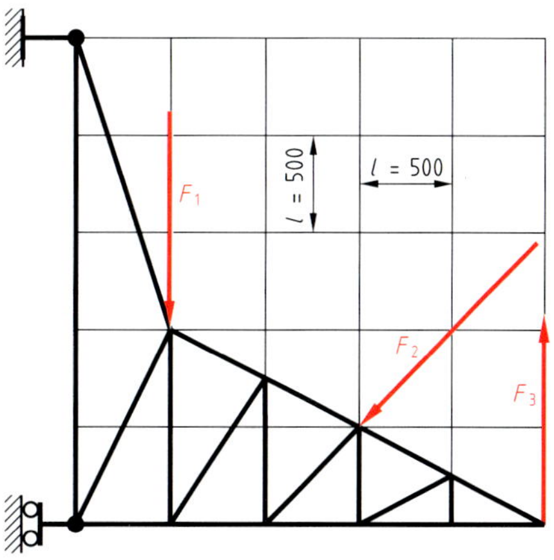

5

Lektion 12

Zeichnerische Ermittlung der Resultierenden mit dem Seileckverfahren

12.1 Erforderlichkeit eines universellen Lösungsverfahrens zur zeichnerischen Ermittlung der Resultierenden im allgemeinen Kräftesystem

Die beiden in Lektion 11 besprochenen Lösungsverfahren zur Ermittlung der Resultierenden im allgemeinen Kräftesystem sind sehr aufwendig und werden deshalb meist auch nicht angewendet. Darüber hinaus versagen sie gänzlich, **wenn sich die Wirkungslinien der Kräfte auf der Zeichenebene nicht schneiden,** d. h. auch bei **parallelen Kräften**. Auch die **Anwendung des Erweiterungssatzes** (Übungsaufgabe Ü73.) ist für die Praxis viel zu aufwendig. Die technischen Aufgaben werden deshalb – **bei grafischer Lösung** – mit einem universellen Verfahren gelöst, d. h. mit einem Verfahren, welches unabhängig vom gegebenen Fall angewendet werden kann. Dieses Verfahren heißt **Seileckkonstruktion** bzw.

Seileckverfahren ⟶ Dieses Verfahren führt auch bei sehr vielen Kräften, selbst wenn sich deren Wirkungslinien nicht oder nur außerhalb der Zeichenebene schneiden, zu einer übersichtlichen grafischen Lösung.

12.2 Zusammensetzen von zwei Kräften mit der Seileckkonstruktion

Zunächst soll das **Seileckverfahren** am Beispiel von zwei Kräften (Bild 1) erklärt werden. Aufgabenstellung ist also, das gegebene allgemeine Kräftesystem zu reduzieren, d. h. seine **Resultierende F_r nach Größe, Lage und Sinn zu bestimmen.**

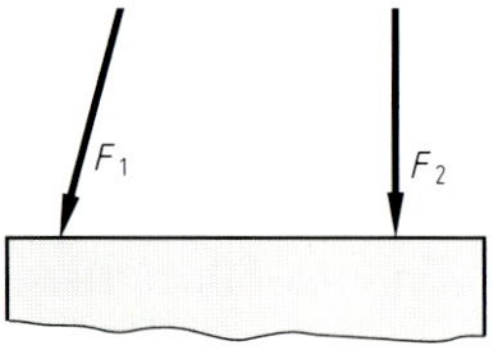

1

12.2.1 Lösungsverfahren

Man zerlegt zunächst die Kraft F_1 in zwei beliebige Komponenten S_0 und S_1, wobei die Richtung von S_1 ungefähr horizontal sein sollte (Bild 2).

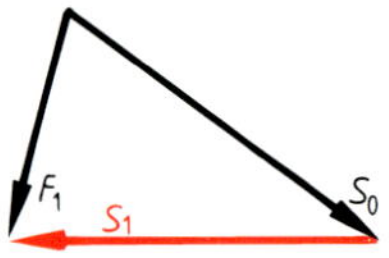

2

Ebenso zerlegt man F_2 in zwei Komponenten $-S_1$ und S_2 (Bild 3). Dabei ist lediglich darauf zu achten, dass S_1 und $-S_1$ die gleiche Größe und Richtung haben, aber – entsprechend ihrem unterschiedlichen Vorzeichen – entgegengesetzt gerichtet sind.

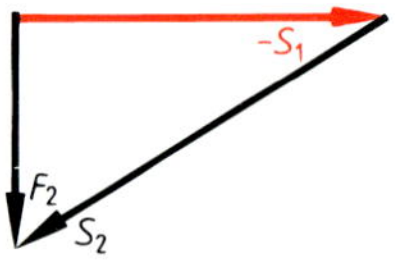

3

Setzt man nun die beiden Kräftedreiecke (Bilder 2 und 3) so zusammen, dass sich die beiden Komponenten S_1 und $-S_1$ decken (Bild 4) und sich deshalb wegen ihrer gleichen Größe, aber entgegengesetzten Richtung aufheben, so erhält man den Kräfteplan KP mit der Resultierenden $F_{r1,2}$.

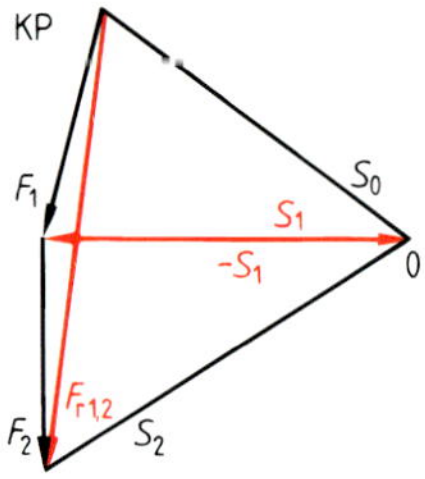

4

Die Lage dieser Resultierenden im LP (Bild 5) erhält man durch Parallelverschiebung der Komponenten S_0 und S_2 vom KP (Bild 4) in den LP (Bild 5). $F_{r1,2}$ geht im Bild 5 (LP) durch den Schnittpunkt von S_0 und S_2.

12.2.2 Konstruktionsbegründung

Aus dem KP (Bild 4) ist zu ersehen, dass $F_{r1,2}$ sowohl aus F_1 und F_2 als auch aus S_0 und S_2 zusammengesetzt werden kann. Die Schnittpunkte von F_1 und F_2 **und** von S_0 und S_2 müssen also im LP (Bild 5) auf der Wirkungslinie von $F_{r1,2}$ liegen.

Der Vorteil ist zu erkennen: Während der Schnittpunkt von F_1 und F_2 beinahe oder auch gänzlich „unerreichbar" ist, ist der Schnittpunkt von S_0 und S_2 gut „erreichbar".

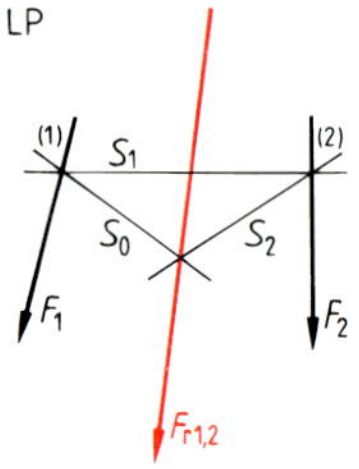

5

12.2.3 Begriffe

Beim Seileckverfahren sind die folgenden Begriffe (vergleichen Sie die Bilder 4 und 5, Seite 50) üblich, und zwar unabhängig von der Anzahl der zusammenzusetzenden Einzelkräfte:

	KP ⟶	**Poleck**
Bezeichnung 0	im KP ⟶	**Pol**
S_0, S_1, S_2, ...	im KP ⟶	**Polstrahlen**
S_0, S_1, S_2, ...	im LP ⟶	**Seilstrahlen**

Man kann sich leicht vorstellen, dass die Resultierende $F_{r1,2}$ in den Punkten (1) und (2) des Bildes 5, Seite 50 ein in diesen Punkten befestigtes loses Seil entsprechend dem Linienzug S_0–S_2 spannt. Diese Vorstellung erklärt die Begriffe Seileckverfahren, Seileckkonstruktion und Seilstrahlen. Somit:

Der Linienzug, der aus den Seilstrahlen im LP gebildet wird, heißt **Seileck.**

12.3 Zusammensetzen von mehr als zwei Kräften mit der Seileckkonstruktion

Natürlich können auch mehr als zwei Kräfte, deren Schnittpunkte ihrer Wirkungslinien nicht erreichbar sind, auf denselben Körper wirken. Dabei können diese Kräfte auch parallel zueinander gerichtet sein. Bild 1 zeigt z. B. einen Fall, bei dem zwei Kräfte (F_2 und F_3) parallel zueinander verlaufen. An diesem Beispiel erarbeiten wir – auf der Grundlage des Punktes 12.2 – **die Lösungsschritte bei der Seileckkonstruktion**:

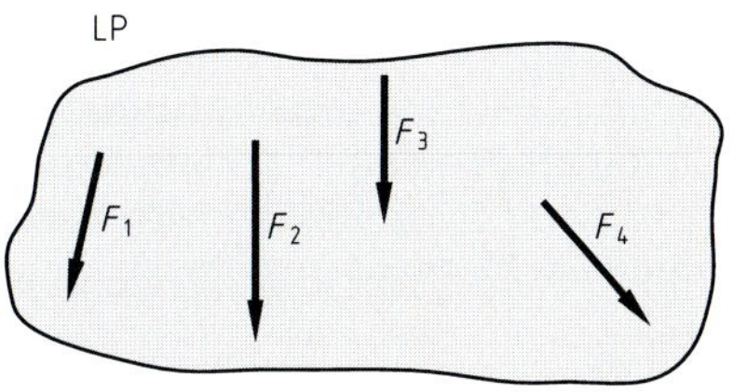

1

12.3.1 Lösungsschritte

1. Mit den Daten der Aufgabe (LP) wird der KP (Krafteck) gezeichnet (Bild 2). Zwischen dem Anfangspunkt der ersten und dem Endpunkt der letzten Kraft liegt F_r.
2. Man wählt frei einen Pol 0 und zeichnet die Polstrahlen in den KP (ebenfalls Bild 2). Bezeichnung derselben: 0, 1, 2, 3, ...
3. Man verschiebt die Polstrahlen parallel vom KP (Bild 2) in den LP (Bild 3), d. h. man zeichnet im LP die Seilstrahlen. Seilstrahl 0 schneidet dabei die Wirkungslinie von F_1 an einer beliebigen Stelle. Dann wird S_1 parallel aus dem KP durch diesen Schnittpunkt verschoben und schneidet F_2 usw.
4. Man bringt den ersten Seilstrahl (hier 0) mit dem letzten Seilstrahl (hier 4) im LP zum Schnitt. Durch den Schnittpunkt dieser beiden Seilstrahlen geht die Wirkungslinie von F_r (Bild 3).
5. Man verschiebt F_r aus dem KP (Bild 2) parallel durch den Schnittpunkt der beiden äußeren Seilstrahlen (hier 0 und 4) im LP (Bild 3).

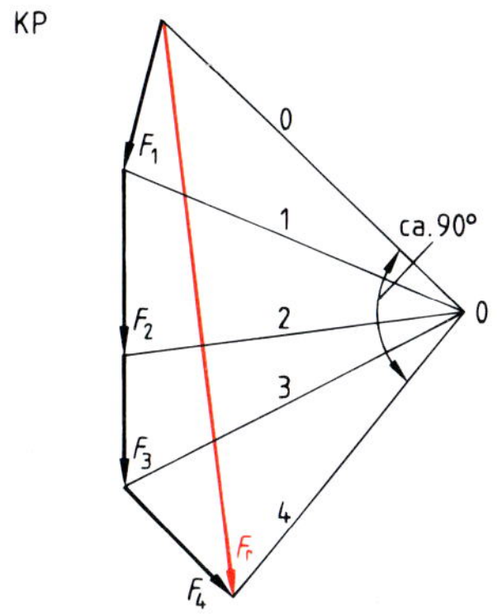

2

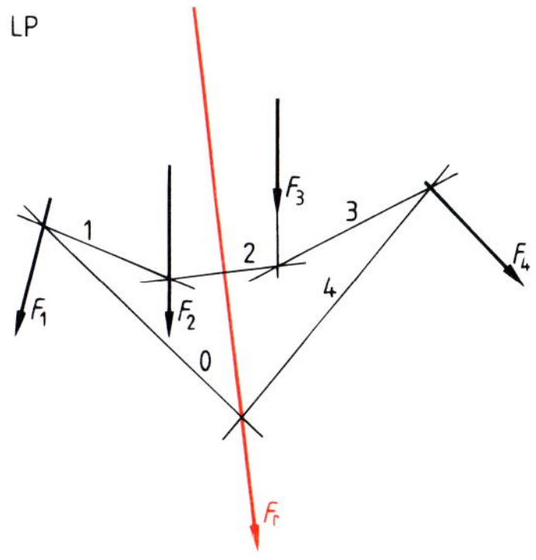

3

Hinweis: Es hat sich als günstig erwiesen, den Winkel zwischen den beiden äußeren Polstrahlen im Poleck (Bild 2, Seite 51) mit ca. 90° zu wählen. Ansonsten wird der Pol 0 ohne weitere Einschränkungen frei gewählt. **An den Seil- und Polstrahlen werden die Kraftpfeile nicht gezeichnet.**

12.3.2 Konstruktionsbegründung

Die Bilder 2, Seite 51 und 1 auf dieser Seite zeigen, dass z. B. die Kraft F_1 im KP aus den beiden Polstrahlen 0 und 1 zusammengesetzt werden kann. Demzufolge muss der Schnittpunkt von 0 und 1 im LP (Bild 3, Seite 51) auf der Wirkungslinie der Kraft F_1 liegen, wobei dieser Punkt jeder Punkt auf der Wirkungslinie von F_1 sein kann. Dies ist die Begründung dafür, dass der Schnittpunkt von 0 und 1 frei auf der WL von F_1 gewählt werden darf. Ebenso wird F_2 im KP aus den Polstrahlen 1 und 2 gebildet. Also schneiden sich im LP die Seilstrahlen 1 und 2 auf der WL von F_2. Dieser Schnittpunkt kann aber nicht mehr frei gewählt werden, da die Lage von Seilstrahl 1 bereits durch den ersten Konstruktionsschritt festliegt. Analog wird nun für alle Kräfte weiterverfahren. Letztendlich wird F_r im KP von 0 und 4 gebildet. Durch den Schnittpunkt von 0 und 4 im LP muss also die Wirkungslinie von F_r gehen.

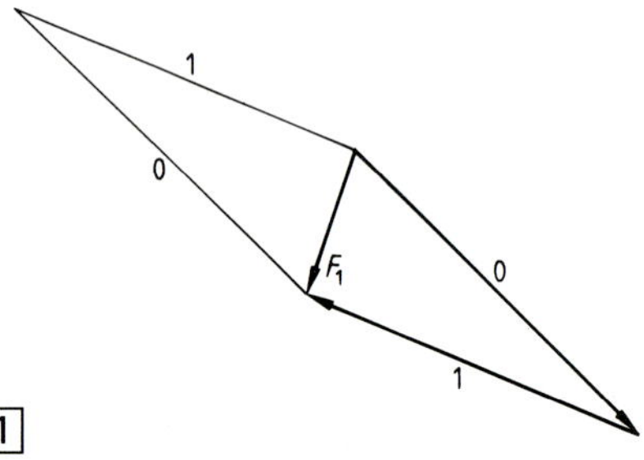

1

Die WL von F_r geht durch den Schnittpunkt des ersten und letzten Seilstrahles im LP.

Beim Betrachten des Bildes 3, Seite 51 kann man sich gut vorstellen, dass ein Seil unter der Einwirkung der Einzelkräfte die Figur im Lageplan (Seileck) einnimmt.

M24. Auf einen Körper wirken die Kräfte $F_1 = 130$ N, $F_2 = 210$ N, $F_3 = 180$ N, $F_4 = 250$ N. Ermitteln Sie F_r mit dem Seileckverfahren. Die Angriffspunkte der Kräfte sind aus Bild 2 herauszumessen.

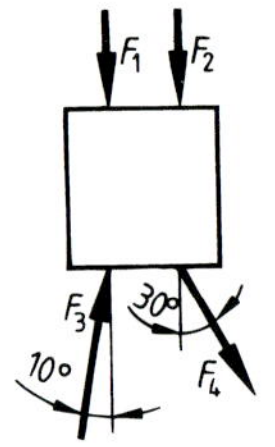

2

Lösung:

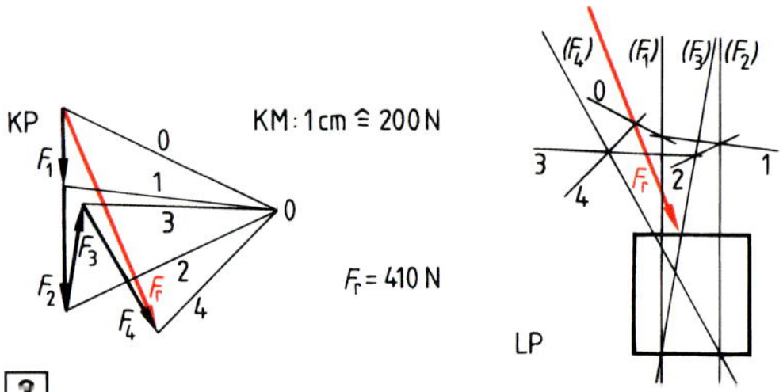

3

M25. Auf eine Brücke (Bild 4) wirken die Kräfte $F_1 = 2$ kN; $F_2 = 0{,}9$ kN; $F_3 = 5$ kN; $F_4 = 1{,}7$ kN. Ermitteln Sie die Größe von F_r und die Lage ihrer Wirkungslinie mit Hilfe der Seileckkonstruktion.
Wählen Sie KM: 1 cm ≙ 2 kN.

Drei Hinweise zum Seileckverfahren:

1. Es genügt, im LP die Wirkungslinien der Einzelkräfte zu zeichnen.
2. Die Genauigkeit der zeichnerisch ermittelten Ergebnisse ist stark von der Größe der Zeichnung abhängig. Leider kann aber dieser Tatsache in

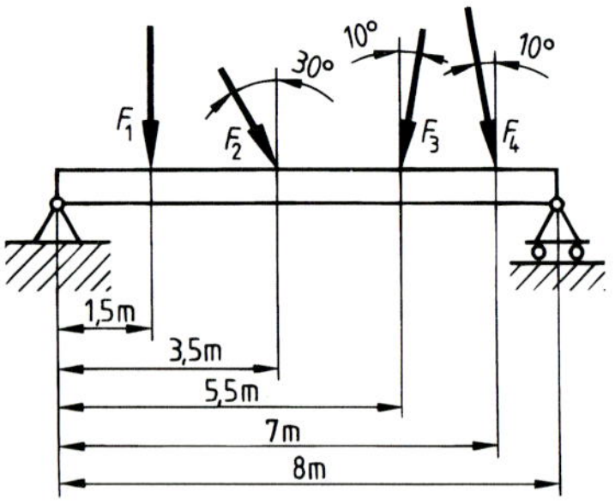

4

einem Lehrbuch oftmals nicht genügend Rechnung getragen werden. Der Verfasser empfiehlt, bei den eigenen Lösungen den KM mindestens zu verdoppeln, hier also KM: 1 cm ≙ 1 kN zu wählen.

3. Zur Vermeidung der Polstrahlbündelung im Pol 0 zeichnet man zweckmäßigerweise einen kleinen Radius (Bild 1) mit Mittelpunkt im Pol und lässt bereits dort die auf den Pol gerichteten Polstrahlen enden.

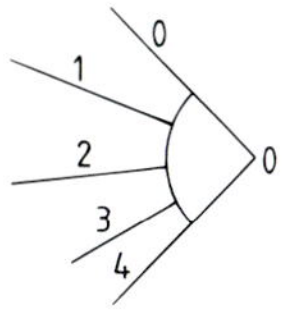

1

Lösung:

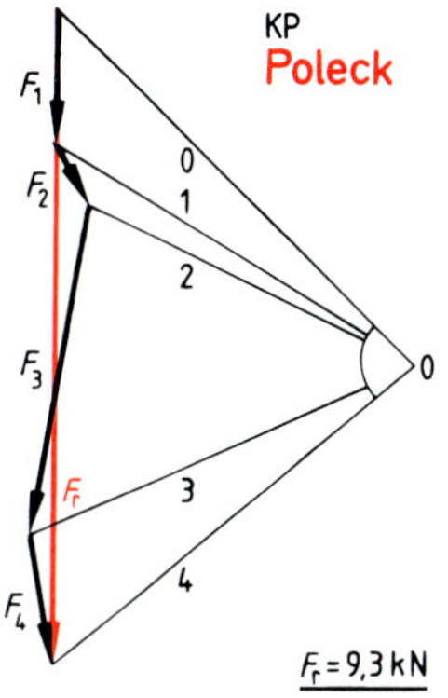

2

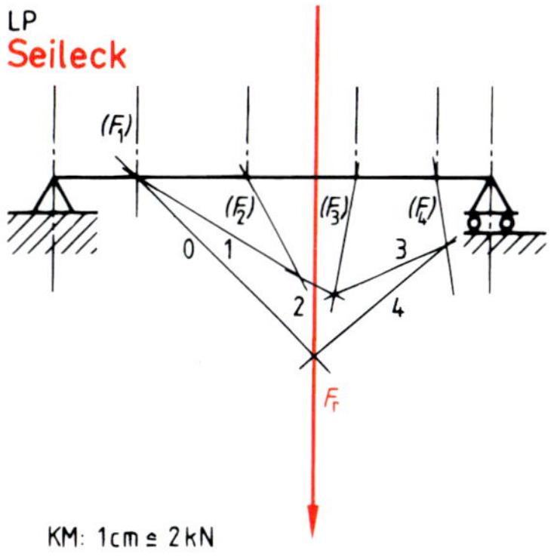

3

M 26. An dem im Bild 4 dargestellten Hebel greifen die Kräfte F_1 = 200 N, F_2 = 350 N, F_3 = 450 N an. Wie groß muss der Abstand des Lagers von der Wirkungslinie der Kraft F_1 sein (Maß l), damit sich der Hebel nicht dreht?

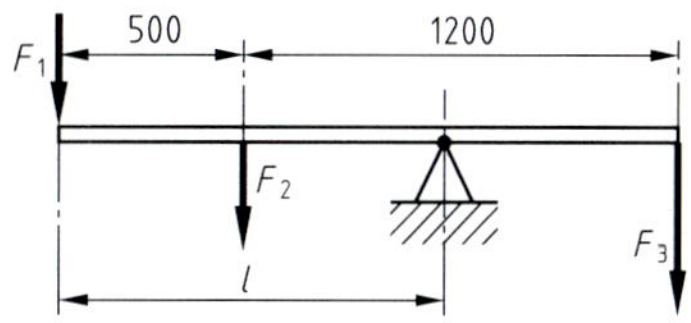

4

Lösung:
Der Hebel dreht sich dann nicht, wenn die WL von F_r durch den Lagerdrehpunkt geht. Mit Hilfe des gewählten KM und LM ergibt sich für

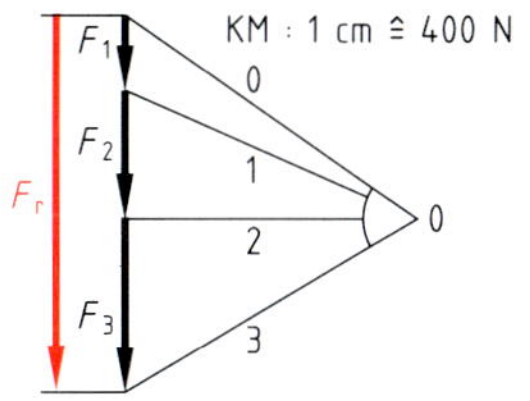

5

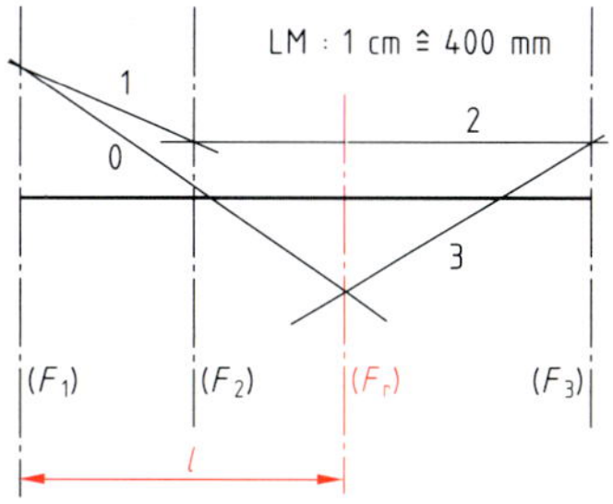

6

$\boldsymbol{F_r}$ **= 1000 N** $\boldsymbol{l}$ **= 940 mm**

Da (F_r) durch das Lager geht, ist das Drehmoment M_d = 0.

Ü 75. An einer Traverse (Bild 7) hängen fünf Einzellasten F_{G1} = 3 kN; F_{G2} = 2,5 kN; F_{G3} = 4 kN; F_{G4} = 1 kN; F_{G5} = 2 kN. Die Einhängemöglichkeiten für die Lasten haben einen gegenseitigen Abstand von 0,25 m. Ermitteln Sie die Resultierende und die Lage ihrer Wirkungslinie.

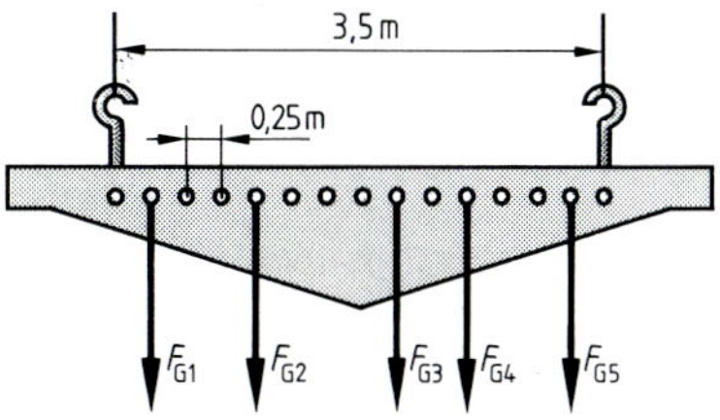

7

Ü76. Versuchen Sie, die beiden parallelen Kräfte F_1 und F_2 (Bild 1) ohne Zuhilfenahme der Seileckkonstruktion zusammenzusetzen.

Ü77. Ein Maschinenfundament (Bild 2) wird durch die vier Kräfte
$F_1 = 300$ kN
$F_2 = 200$ kN
$F_3 = 400$ kN
$F_4 = 600$ kN belastet. Außerdem wirken die drei Gewichte
$F_{G1} = 600$ kN
$F_{G2} = 500$ kN
$F_{G3} = 100$ kN.
Die resultierende Kraft F_r ist mittels Seileckverfahren zu ermitteln. Die Lage der Einzelkräfte ist dabei aus Bild 2 herauszumessen.

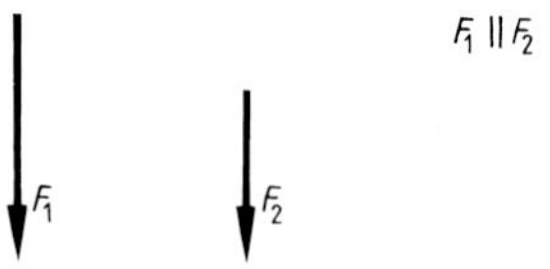

1

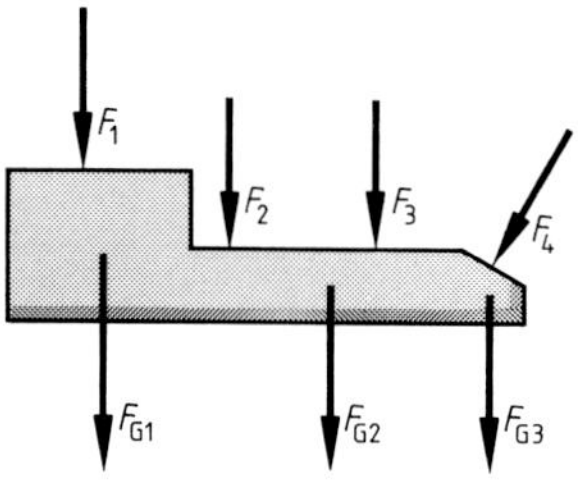

2

V73. Ein Träger (Bild 3) ist auf den Lagern A und B abgestützt. Es wirken die parallelen Kräfte
$F_1 = 300$ N, $F_2 = 100$ N,
$F_3 = 150$ N, $F_4 = 400$ N,
$F_5 = 250$ N, $F_6 = 100$ N.
Ermitteln Sie F_r mit Hilfe der Seileckkonstruktion.

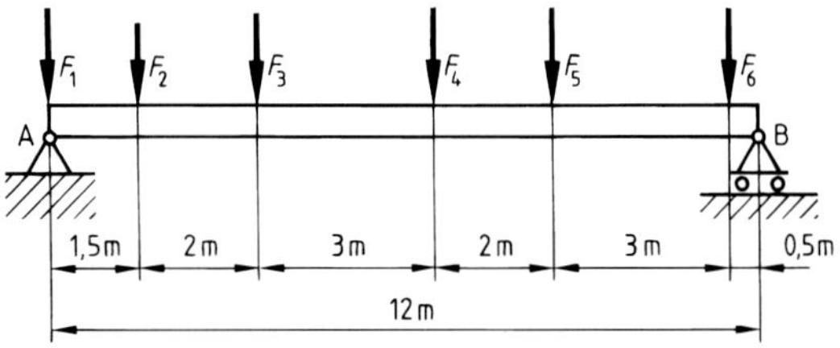

3

V74. Für die in Bild 4 an einem Körper angreifenden Kräfte ist mittels Kraft- und Seileck Größe und Lage der Resultierenden zu ermitteln. Es ist
$F_1 = F_2 = 300$ N
$F_3 = F_4 = F_5 = 400$ N.

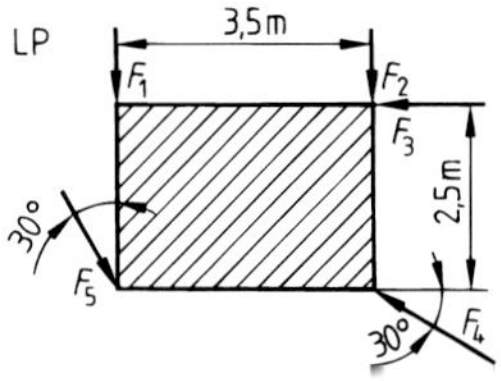

4

V75. Musteraufgabe M22., Seite 48 ist mit Hilfe der Seileckkonstruktion zu lösen.

V76. Übungsaufgabe Ü72., Seite 48 ist mit Hilfe der Seileckkonstruktion zu lösen.

V77. Vertiefungsaufgabe V70., Seite 49 ist mit Hilfe der Seileckkonstruktion zu lösen.

V78. Eine Rangierlok (Bild 5) wird auf einer Drehscheibe gedreht. Wie groß ist das Maß r auszuführen, damit die Resultierende durch die Mitte des Drehzapfens geht? Die Radlasten betragen $F_1 = F_5 = 100$ kN, $F_2 = F_4 = 120$ kN, $F_3 = 150$ kN.
Warum ist es Ihrer Meinung nach sinnvoll, die WL der Resultierenden durch die Mitte des Drehzapfens gehen zu lassen?

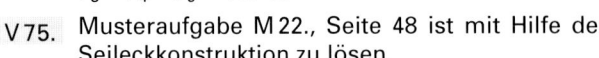

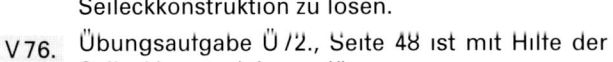

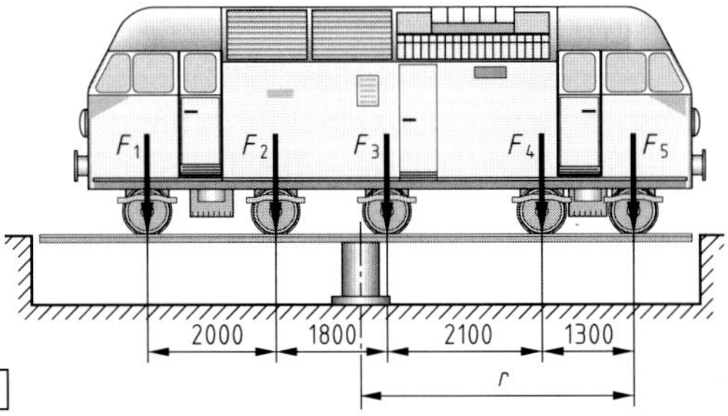

5

Drehung von Körpern

Lektion 13 Kräfte als Ursache einer Drehbewegung

13.1 Das Kraftmoment der Resultierenden

Bereits in Lektion 2 wurde das **Kraftmoment** definiert, und es wurde dort erkannt, dass ein solches die Drehung eines Körpers verursacht. Es genügt also nicht nur ein Kraftangriff, sondern es kommt entscheidend darauf an, dass die Kraft einen bestimmten Abstand zu einem „Drehpunkt" hat. Dies gilt auch für die resultierende Kraft F_r, die beim Angriff mehrerer Einzelkräfte an einen Körper diese Einzelkräfte in ihrer Wirkung ersetzt.
Um dies zu verdeutlichen, wurde in Bild 1 die Übungsaufgabe Ü 74., Seite 49 nochmals mit Hilfe des Seileckverfahrens gelöst. Analog des Punktes 2.2.2 gilt:

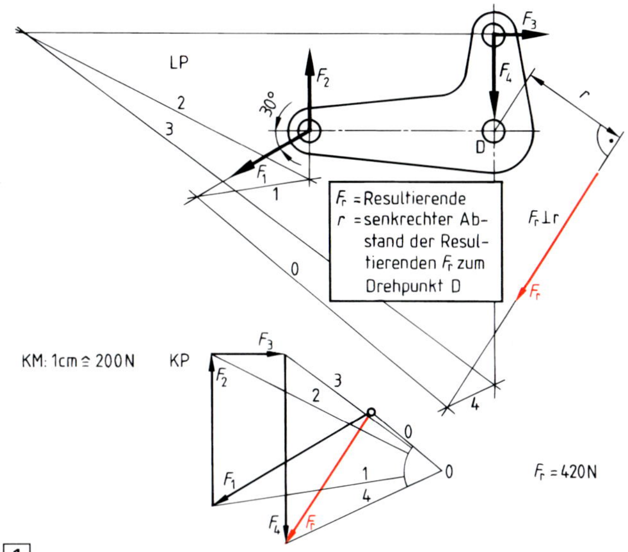

1

Geht die Wirkungslinie der Resultierenden F_r nicht durch den Drehpunkt eines Drehkörpers, dann erzeugt sie ein **Kraftmoment.**

Kraftmoment (Drehmoment) $M_d = F_r \cdot r$ [55–1] = [8–5]

M_d	F_r	r
Nm	N	m

13.2 Drehrichtung und wirksamer Hebelarm

13.2.1 Drehsinn und Vorzeichen des Drehmomentes

Der Hebel im Bild 1 dreht sich unter dem Einfluss von F_r im **Uhrzeigersinn.** In diesem Fall spricht man in der Technik vom **Rechtsdrehsinn,** die Drehrichtung entgegen dem Uhrzeigersinn wird dagegen als **Linksdrehsinn** bezeichnet. Entsprechend diesem **Sinn des Drehmomentes** – man spricht auch kurz vom **Drehsinn** – hat man für Drehmomente die folgende **Vorzeichenregel** (siehe auch Bild 2) festgelegt:

positives Drehmoment → Linksdrehsinn, d. h.: entgegen dem Uhrzeigersinn. →

negatives Drehmoment → Rechtsdrehsinn, d. h.: im Uhrzeigersinn. →

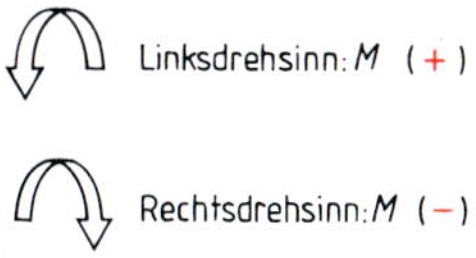

2

Die Beachtung dieser Vorzeichenregel ist besonders dann wichtig, wenn an einem Körper Drehmomente mit unterschiedlichem Drehsinn angreifen. Dies zeigt das Folgende:

13.2.2 Das resultierende Drehmoment

Ein Drehkörper, z. B. ein Rad, ist entsprechend Bild 1 im Punkt D drehbar gelagert. In den Punkten 1, 2 und 3 greifen die Kräfte F_1, F_2 und F_3 in den Abständen zum Drehpunkt (Radien) r_1, r_2, und r_3 an. Es ist zu erkennen, dass $F_1 \cdot r_1$ und $F_3 \cdot r_3$ rechtsgerichtete Drehmomente sind und dass $F_2 \cdot r_2$ ein linksgerichtetes Drehmoment ist. Unter Beachtung der Vorzeichenregel (Punkt 13.2.1) kann man mit einer algebraischen Summe das **Gesamtdrehmoment** berechnen. Dieses heißt auch

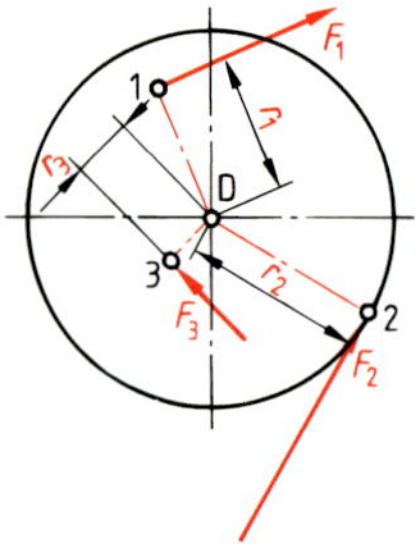

resultierendes Drehmoment $M_{dr} = \Sigma M_d$ | 56–1 | in Nm

1

Wirken mehrere Drehmomente in derselben Ebene und auf den gleichen Drehpunkt bezogen gleichzeitig auf einen Körper, dann können diese durch eine algebraische Summe zu einem **Gesamtdrehmoment,** auch **resultierendes Drehmoment** genannt, zusammengefasst werden.

M 27. Welches Drehmoment in kNm tritt am Hebel des Bildes 1, Seite 55 auf, wenn mit Hilfe des Zeichnungsmaßstabes r = 48 cm ermittelt wird?

Lösung:

$M_d = -F_r \cdot r = -420\ \text{N} \cdot 48\ \text{cm} = -20\,160\ \text{Ncm} = -201{,}6\ \text{Nm}$

$\boldsymbol{M_d = -0{,}2016\ \text{kNm}}$

M 28. Die an dem im Bild 1 abgebildeten Rad angreifenden Kräfte haben die Größe F_1 = 200 N, F_2 = 350 N, F_3 = 120 N und greifen rechtwinklig zu den Radien r_1 = 580 mm, r_2 = 725 mm und r_3 = 210 mm an.
Wie groß ist das resultierende Drehmoment M_{dr}?

Lösung:

$M_{dr} = \Sigma M_d = -F_1 \cdot r_1 + F_2 \cdot r_2 - F_3 \cdot r_3$

$M_{dr} = -200\ \text{N} \cdot 0{,}58\ \text{m} + 350\ \text{N} \cdot 0{,}725\ \text{m} - 120\ \text{N} \cdot 0{,}21\ \text{m}$

$M_{dr} = -116\ \text{Nm} + 253{,}75\ \text{Nm} - 25{,}2\ \text{Nm}$

$\boldsymbol{M_{dr} = +112{,}55\ \text{Nm}}$ (+, d. h. Linksdrehsinn)

13.2.3 Erzeugung von Drehmomenten durch Schrägkräfte

Es wurde bereits gesagt, dass zur Berechnung des Drehmomentes der **senkrechte Abstand** der Wirkungslinie der angreifenden Kraft mit dieser Kraft multipliziert werden muss. Dies ist so auch in den Musteraufgaben M 27. und M 28. geübt worden. Im Gegensatz zu einem solchen zum Hebelarm rechtwinkligen Kraftangriff wirkt aber oftmals in der Praxis die Kraft schräg auf den Hebelarm. Dies ist z. B. bei einer Drehmomentübertragung durch Zahnräder der Fall. Man bezeichnet dann eine solche Kraft als **Schrägkraft** (Bild 2). In diesem Bild ist zu erkennen, dass das Drehmoment auf zweierlei Art und Weise berechnet werden kann, nämlich

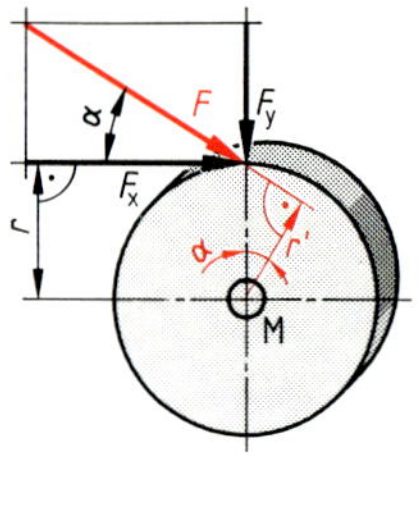

2

1. $\boldsymbol{M_d = F \cdot r'}$ oder 2. $\boldsymbol{M_d = F_x \cdot r}$.

Bei der Möglichkeit 2. wurde die wirkende Kraft F in die Komponenten F_x und F_y zerlegt, und man erkennt, dass F_y kein Drehmoment erzeugen kann, da die WL von F_y durch den Drehpunkt M geht. F_y heißt deshalb auch **drehmomentenlose Kraftkomponente.** Meist wird bei der Berechnung des Drehmomentes von der Möglichkeit 2. Gebrauch gemacht.

Regel:

Das Drehmoment entspricht dem Produkt aus der Kraftkomponente, die senkrecht zum Radius gerichtet ist und dem Radius, d. h.: $\boldsymbol{F \perp r}$.

Nur die Kraftkomponente, die senkrecht zum Hebelarm gerichtet ist, erzeugt also ein Drehmoment. Sie wird deshalb auch als die **Momentenkomponente** bezeichnet.

M29. Gemäß Bild 2, Seite 56 gilt: $M_d = F \cdot r'$ und $M_d = F_x \cdot r$. Beweisen Sie die Gleichheit.

Lösung: Setzt man die rechten Seiten beider Gleichungen gleich, dann erhält man:

$F \cdot r' = F_x \cdot r$ Es ist $r' = r \cdot \cos \alpha$ und $F_x = F \cdot \cos \alpha$. Somit:

$F \cdot r \cdot \cos \alpha = F \cdot \cos \alpha \cdot r$

$\boldsymbol{F \cdot r = F \cdot r}$

M30. Gemäß Bild 2, Seite 56 soll sein: $F = 480$ N, $r = 80$ mm, $\alpha = 28°$. Berechnen Sie M_d in Nm.

Lösung: $M_d = F_x \cdot r = F \cdot \cos \alpha \cdot r = 480 \text{ N} \cdot \cos 28° \cdot 80 \text{ mm} = 480 \text{ N} \cdot 0{,}88295 \cdot 0{,}08 \text{ m}$

$\boldsymbol{M_d = 33{,}905}$ **Nm**

13.3 Die zweite Gleichgewichtsbedingung der Statik

Der im Bild 1 abgebildete Hebel ist im Punkt D drehbar gelagert, und es greifen die Kräfte F_1 und F_2 an. Unter der Voraussetzung, dass $F_1 = -F_2$ ist, ist die

erste Gleichgewichtsbedingung der Statik

$\boldsymbol{\Sigma F_x = 0}$ **und** $\boldsymbol{\Sigma F_y = 0}$

entsprechend Lektion 9 erfüllt.

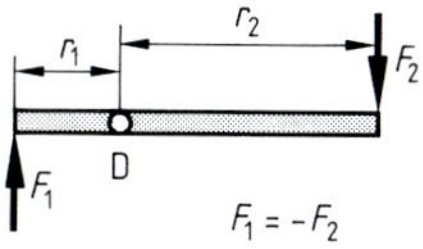

1

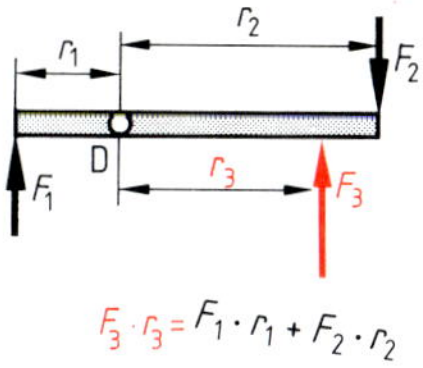

2

Da aber zwei gleichgerichtete Drehmomente (negativer Drehsinn) auf den Körper wirken, bewegt sich dieser, indem er sich im Uhrzeigersinn um den Drehpunkt D dreht. Diese Drehbewegung tritt ein, obwohl die erste statische Gleichgewichtsbedingung erfüllt ist. Es handelt sich also um einen dynamischen und nicht um einen statischen Sachverhalt.

Diese Drehbewegung würde nicht auftreten, wenn den wirkenden Drehmomenten $-F_1 \cdot r_1$ und $-F_2 \cdot r_2$ ein entgegengesetztes, insgesamt gleich großes Drehmoment entgegenwirken würde. Dieser Sachverhalt ist im Bild 2 dargestellt. Die Summe aller angreifenden Drehmomente ist dann Null. Damit ist auch das resultierende Drehmoment Null, es herrscht **Momentengleichgewicht**. Diese **Gleichgewichtsbedingung** der Statik nennt man die

Zweite Gleichgewichtsbedingung der Statik ⟶ An einem Körper herrscht Momentengleichgewicht, wenn $\Sigma M_d = M_{dr} = 0$ ist.

In Verbindung mit Lektion 9 erkennt man nun:

Ein Körper befindet sich in einem statischen Zustand, d. h. in Ruhe, wenn die erste statische Gleichgewichtsbedingung $\boldsymbol{\Sigma F_x = 0}$ und $\boldsymbol{\Sigma F_y = 0}$ sowie die zweite statische Gleichgewichtsbedingung $\boldsymbol{\Sigma M_d = 0}$ erfüllt sind.

Sind diese Bedingungen nicht erfüllt, bewegt sich der Körper, d. h., dass ein **dynamischer Zustand** vorliegt. Mit Formeln ausgedrückt ergibt sich also – wie folgt – ein

statischer Zustand $\Sigma F_x = 0$ **und** $\Sigma F_y = 0$ **und** $\Sigma M_d = 0$ 57–1

M 31. Im Bild 1 ist $F_1 = 100$ N, $F_2 = 50$ N, $r_1 = 300$ mm, $r_2 = 130$ mm, $r_3 = 160$ mm. Es wird ein statischer Zustand vorausgesetzt. Berechnen Sie für diesen Fall
a) die Größe von F_3 bei $\alpha = 32°$,
b) die Reaktionskräfte im Drehpunkt D in x- und y-Richtung .

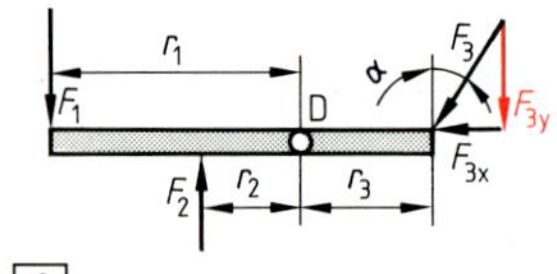

1

Lösung:

a) $\Sigma \boldsymbol{M_d = 0} \longrightarrow F_1 \cdot r_1 - F_2 \cdot r_2 - F_{3y} \cdot r_3 = 0$. Mit $F_{3y} = F_3 \cdot \cos\alpha$ ergibt sich:

$$F_1 \cdot r_1 - F_2 \cdot r_2 - F_3 \cdot \cos\alpha \cdot r_3 = 0 \longrightarrow F_3 = \frac{F_1 \cdot r_1 - F_2 \cdot r_2}{r_3 \cdot \cos\alpha}\ ; \quad \cos\alpha = \cos 32° = 0{,}848$$

$$\boldsymbol{F_3} = \frac{100\text{ N} \cdot 0{,}3\text{ m} - 50\text{ N} \cdot 0{,}13\text{ m}}{0{,}16\text{ m} \cdot 0{,}848} = \frac{23{,}5\text{ Nm}}{0{,}16\text{ m} \cdot 0{,}848} = \mathbf{173{,}2\ N}$$

b) $\Sigma \boldsymbol{F_x = 0} \longrightarrow F_{Dx} = -F_{3x} = -F_3 \cdot \sin\alpha = -173{,}2\text{ N} \cdot \sin 32° = -173{,}2\text{ N} \cdot 0{,}5299$

$\boldsymbol{F_{Dx} = -91{,}78\ N}$ (→)

$\Sigma \boldsymbol{F_y = 0} \longrightarrow -F_1 + F_2 + F_{Dy} - F_{3y} = 0$

$F_{Dy} = F_1 - F_2 + F_{3y} = F_1 - F_2 + F_3 \cdot \cos 32°$

$F_{Dy} = 100\text{ N} - 50\text{ N} + 173{,}2\text{ N} \cdot 0{,}848 = 100\text{ N} - 50\text{ N} + 146{,}87\text{ N}$

$\boldsymbol{F_{Dy} = 196{,}87\ N}$ (↑)

13.4 Kräftepaar und Parallelverschiebungssatz

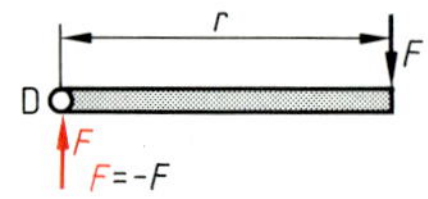

2 Kräftepaar

An einem Hebel (Bild 2) wirkt die Kraft F nach unten. Dadurch, dass infolge $\Sigma F_y = 0$ im fest gelagerten Drehpunkt D die gleich große Reaktionskraft F nach oben wirkt, tritt Drehbewegung ein. Wäre diese Reaktionskraft des Lagers nicht vorhanden, würde sich der Hebel unter dem Einfluss von F ohne Drehbewegung nach unten bewegen. Es ist zu erkennen, dass die beiden parallelen gleich großen, entgegengesetzt gerichteten Kräfte mit dem Abstand r ein Drehmoment M_d bilden. Es gilt die folgende Definition:

Zwei gleich große entgegengesetzt gerichtete Kräfte, die nicht auf derselben Wirkungslinie liegen, nennt man ein **Kräftepaar.**

Durch ein Kräftepaar wird beim Angriff desselben an einen Körper ein Drehmoment erzeugt.

Vom Kräftepaar erzeugtes Drehmoment $M_d = F \cdot r$ 58–1

M_d	F	r
Nm	N	m

r = Kräfteabstand

M 32. In den Hebelanordnungen der Bilder 3, 4 und 5 wirkt jeweils ein Kräftepaar auf den Hebel. In den drei Anordnungen werden jeweils gleich große Kräfte F und auch gleicher Abstand r vorausgesetzt.
Berechnen Sie mit Variablen für die drei Anordnungen
a) (Bild 3), b) (Bild 4), c) (Bild 5)
die Größe des Drehmoments, und zwar jedes Mal durch die Kraft F und den Abstand r ausgedrückt. Welche Konsequenz ergibt sich aus den drei Berechnungsergebnissen?

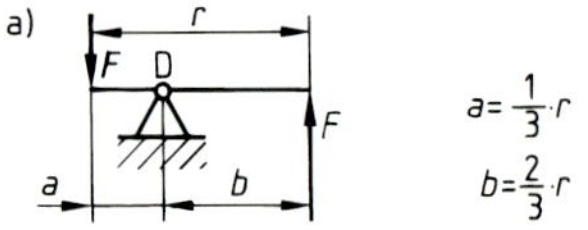

3

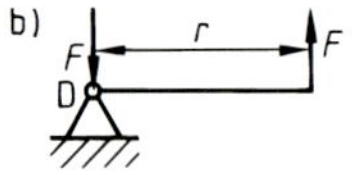

4

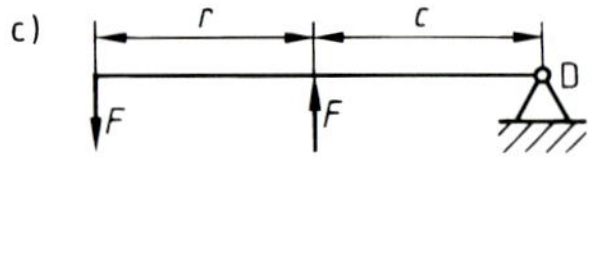

5

Lösung:

a) $M_d = F \cdot a + F \cdot b = F \cdot \frac{1}{3} r + F \cdot \frac{2}{3} r = F \cdot \left(\frac{1}{3} r + \frac{2}{3} r\right)$
$\boldsymbol{M_d = F \cdot r}$

b) $\boldsymbol{M_d = F \cdot r}$ (die Kraft, deren WL durch den Drehpunkt geht, kann kein Drehmoment verursachen)

c) $M_d = F \cdot (r + c) - F \cdot c = F \cdot r + F \cdot c - F \cdot c$
$\boldsymbol{M_d = F \cdot r}$

In den drei Anordnungen ergibt sich jedes Mal das gleiche Ergebnis. Daraus folgt:

Ein durch ein Kräftepaar erzeugtes Drehmoment ist nur von der Größe der beiden gleich großen, aber entgegengesetzt gerichteten Kräfte und deren Abstand *r*, abhängig. Es ist nicht von der Lage des Kräftepaares, bezogen auf den Drehpunkt des Körpers, abhängig.

Aus den Erkenntnissen der Musteraufgabe M 32. ergibt sich folgender Lehrsatz:

Ein Kräftepaar kann, bezogen auf den Drehpunkt eines Körpers, beliebig verschoben werden, ohne dass dies die Größe des vom Kräftepaar erzeugten Drehmomentes beeinflusst.

Im Bild 1 greift an einem beliebigen Punkt A eines Körpers eine Kraft F an. Durch das Hinzufügen zweier gleich großer, aber entgegengesetzt wirkender Kräfte F in einem anderen Punkt A′ des Körpers ändert sich nach dem Erweiterungssatz (Lektion 2) nichts an der Wirkung auf den Körper (Bild 2). Im Bild 3 wird die ursprüngliche Kraft F parallel vom Punkt A in den Punkt A′ verschoben, und es ist zu erkennen, dass bei insgesamt gleicher Wirkung wie im Bild 2 die beiden anderen Kräfte ein Kräftepaar bilden, und dieses erzeugt das Moment $M = F \cdot a$. Folglich kann das Kräftepaar auch durch ein entsprechendes Moment (Bild 4) ersetzt werden. Aus dieser Erkenntnis folgt der

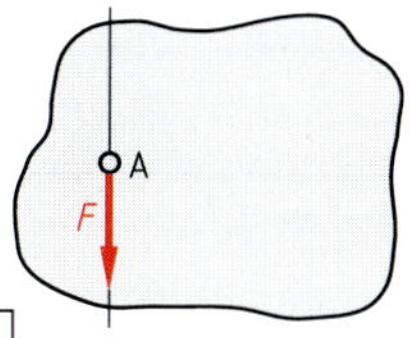

1

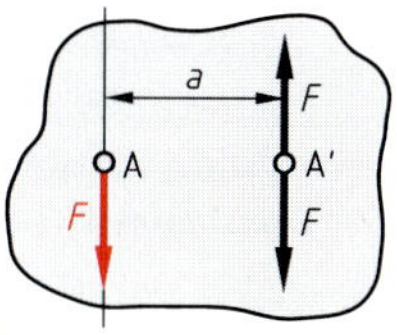

2

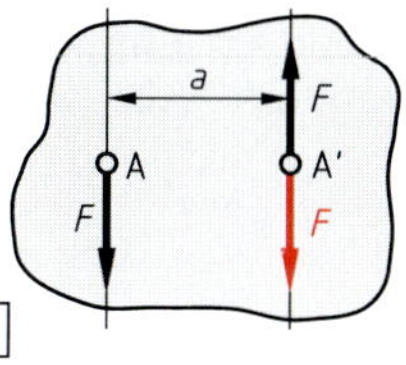

3

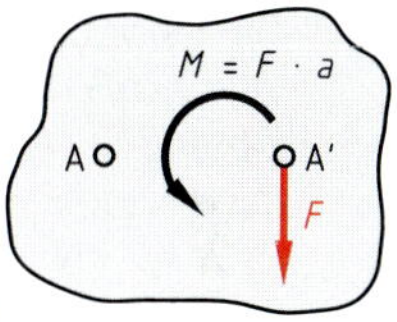

4

Parallelverschiebungssatz

Man kann eine Kraft F auf eine parallele Wirkungslinie mit dem Abstand a verschieben, wenn man ein Kraftmoment der Größe $F \cdot a$ entgegenwirken lässt.

Ü 78. Welche Kraftkomponente ist in Bezug auf den Hebelarm bei der Berechnung eines Kraftmomentes einzusetzen?

Ü 79. In der Hebelanordnung Bild 5 wird Momentengleichgewicht vorausgesetzt. Berechnen Sie den Hebelarm x.

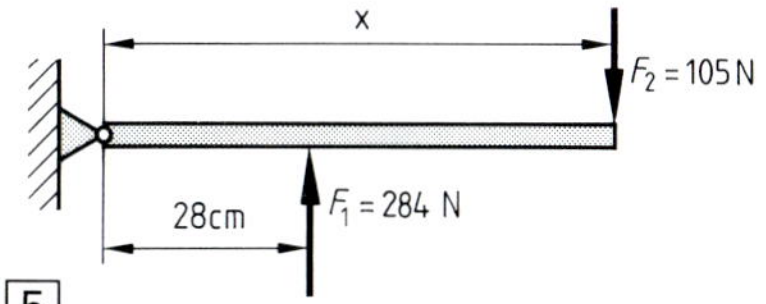

5

Ü 80. a) Welche Kraft F_3 muss wirken, damit sich der Hebel im Bild 6 in Ruhe befindet?

b) Welche Kraft wirkt im Drehpunkt D?

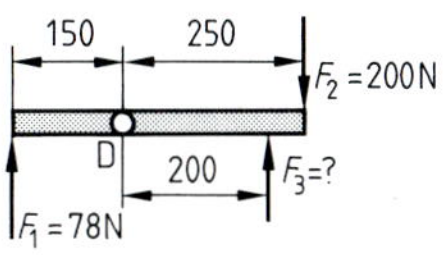

6

Ü81. a) Welche Kraft F_1 muss wirken, damit sich der Winkelhebel im Bild 1 im Gleichgewicht befindet?
b) Welches Moment muss zusätzlich wirken, wenn die Kraft F_2 um 80 mm parallel in Richtung Drehpunkt verschoben wird?

Ü82. In der Hebelanordnung (Bild 2) wird Momentengleichgewicht vorausgesetzt. Wie groß muss bei dieser Annahme die Kraft F_1 sein?

Ü83. Wie lautet die Vorzeichenregel für Drehmomente?

Ü84. Berechnen Sie das resultierende Drehmoment, wenn in der Anordnung des Bildes 2 die Kraft F_1 = 415 kN ist.

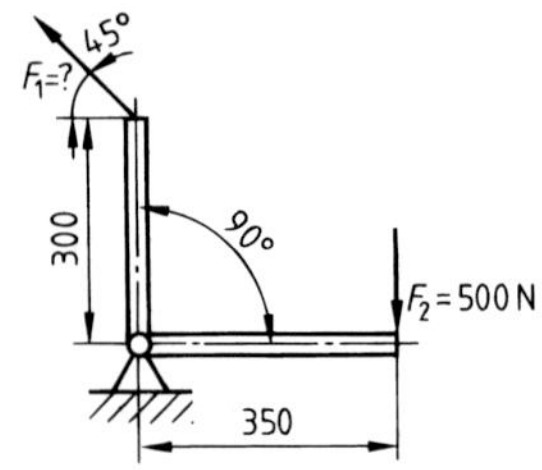

1

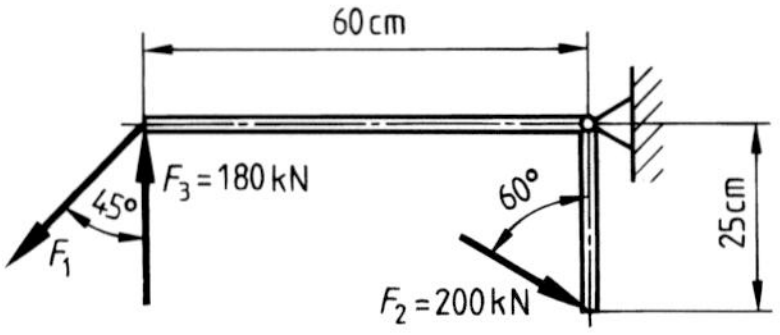

2

V79. Welche Aussage können Sie über die Lage eines Kräftepaares bezogen auf den Drehpunkt einer Hebelanordnung machen?

V80. In einer Waage befindet sich der im Bild 3 dargestellte Hebel. Wie groß sind die in den Lagern A und B auftretenden Kräfte?

V81. Was versteht man unter einer drehmomentenlosen Kraftkomponente?

V82. Ein Hebel (Bild 4) wird durch eine Kette gehalten. Wie groß ist die Kettenkraft F_K bei den folgenden Daten?
F_1 = 3,5 kN
F_2 = 4,2 kN
F_G = 8,3 kN
α = 32°; β = 28°

V83. Ein Stromabnehmer für eine elektrisch betriebene Bahn (Bild 5) besteht aus einem zweiseitigen abgeknickten Hebel. Welche Zugkraft F_Z ist bei den gegebenen Maßen, Kräften und Gewichten erforderlich?
F_F = 90 N
F_{G1} = 50 N
F_{G2} = 120 N
F_{G3} = 30 N

V84. Die Kräfte eines Kräftepaares sind 680 N groß, und es wird mit diesem Kräftepaar ein Drehmoment von 417 Nm erzeugt. Wie weit ist der Abstand zwischen den beiden Kräften, d. h. wie groß sind die Hebelarme der Einzelkräfte?

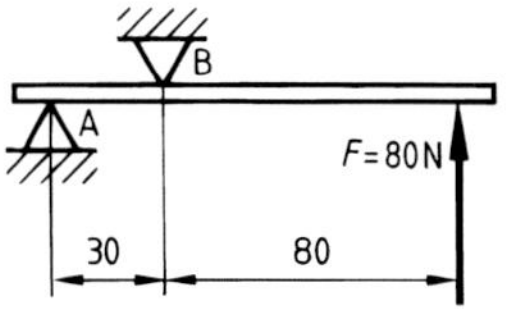

3

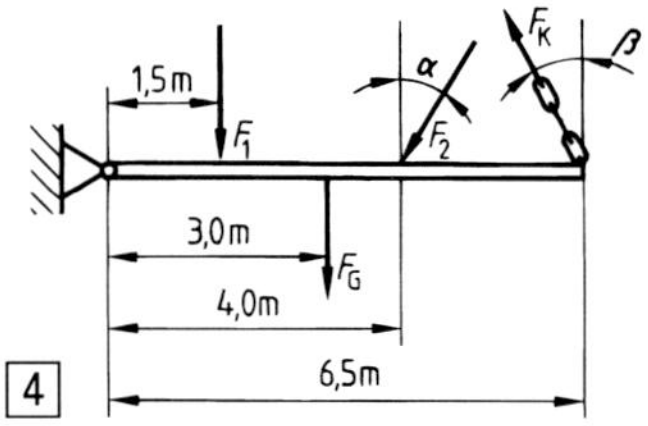

4

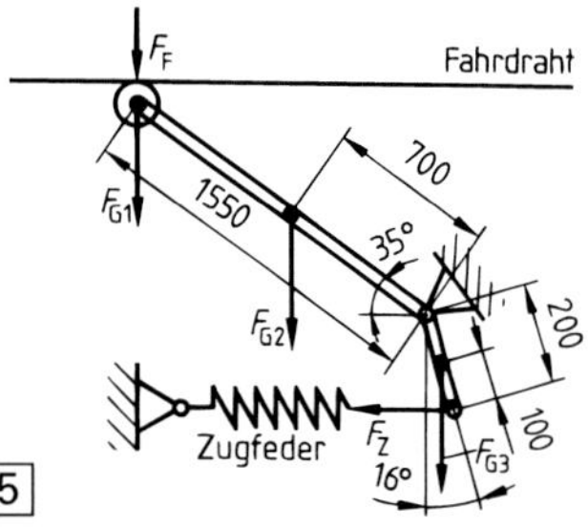

5

Lektion 14

Rechnerische Ermittlung der Resultierenden im allgemeinen Kräftesystem

14.1 Der Momentensatz

Im Punkt 13.2.2 ist dargestellt, dass das **resultierende Drehmoment** M_{dr} die gleiche Wirkung auf einen Körper hat wie die Summe aller Einzelmomente. Man kann auch sagen, dass die Drehwirkung der Resultierenden F_r um einen Bezugspunkt – z. B. den Drehpunkt D im Bild 1 – gleich der gemeinsamen Drehwirkung aller Einzelkräfte um denselben Bezugspunkt ist. Das heißt:

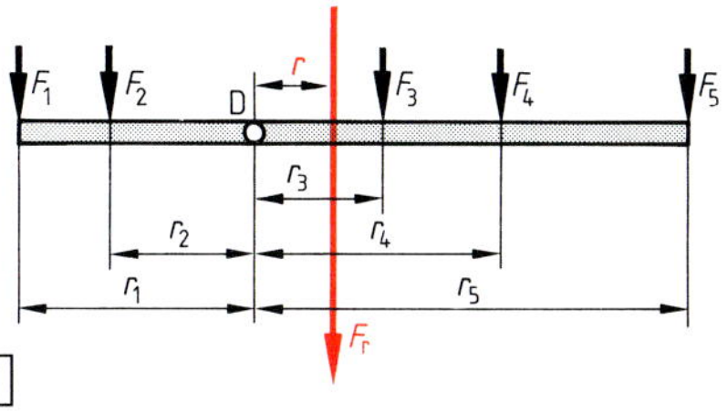

1

Das statische Moment der Resultierenden F_r ist ebenso groß wie die Summe der statischen Momente der Einzelkräfte F_i.

Diesen Sachverhalt bezeichnet man in der Statik als den **Momentensatz.** Dieser erlaubt es, das resultierende Drehmoment zu berechnen. Die Gleichung 56–1 kann somit erweitert werden. Mit den Bezeichnungen des Bildes 1 ergibt sich

resultierendes Drehmoment (Momentensatz)

$$M_{dr} = F_r \cdot r = \Sigma\, M_d = \Sigma\,(F_i \cdot r_i) = F_1 \cdot r_1 + F_2 \cdot r_2 + \ldots + F_n \cdot r_n \qquad \boxed{61\text{–}1}$$

Es wird noch angemerkt, daß die **Momente entsprechend der Vorzeichenregel** (Punkt 13.2.1) einzusetzen sind.

14.2 Bestimmung der Resultierenden mit Hilfe des Momentensatzes

An dieser Stelle wird an die Ausführungen auf Seite 46 erinnert:

- **Zeichnerische Ermittlung der Resultierenden** ⟶ Lektion 11 und Lektion 12
- **Rechnerische Ermittlung der Resultierenden** ⟶ Lektion 14

Des Weiteren wird daran erinnert, dass zur **eindeutigen Bestimmung einer Kraft,** und damit auch einer resultierenden Kraft, gemäß Lektion 2 deren **Größe, Richtung** und **Angriffspunkt,** d. h. auch deren **Lage** ermittelt werden muss. Dabei ist es auch bei einem allgemeinen Kräftesystem so, dass Größe und Richtung von F_r entsprechend Lektion 9 ermittelt werden können. Somit:

Größe von Fr

$$F_r = \sqrt{(\Sigma\, F_x)^2 + (\Sigma\, F_y)^2} \qquad \boxed{61\text{–}2} = \boxed{38\text{–}2} \quad \text{in N, kN}$$

Richtung von Fr (s. Bild 5, Seite 38)

$$\tan\alpha = \frac{\Sigma\, F_y}{\Sigma\, F_x} \qquad \boxed{61\text{–}3} = \boxed{38\text{–}3}$$

(bezogen auf die Waagerechte)

bezogen auf die Senkrechte:

$$\tan\alpha = \frac{\Sigma\, F_x}{\Sigma\, F_y} \qquad \boxed{61\text{–}4}$$

Um die Resultierende eindeutig festzulegen, muss noch deren **Lage** ermittelt werden. Dies ist mit dem Momentensatz möglich, was mit Hilfe des Bildes 1 verdeutlicht werden soll. Nach Gleichung 61–1 ergibt sich für den im Bild 1 dargestellten Fall:

$$F_r \cdot r = \Sigma\, M_d = F_1 \cdot r_1 + F_2 \cdot r_2 - F_3 \cdot r_3 - F_4 \cdot r_4 - F_5 \cdot r_5$$

$$r = \frac{\Sigma\, M_d}{F_r} = \frac{F_1 \cdot r_1 + F_2 \cdot r_2 - F_3 \cdot r_3 - F_4 \cdot r_4 - F_5 \cdot r_5}{F_r}$$

Allgemein gilt somit für die **Lage von F_r**

$$r = \frac{\Sigma\, M_d}{F_r} \qquad \boxed{61\text{–}5} \quad \text{in mm, m}$$

M 33. a) Bestimmen Sie zeichnerisch (Seileckverfahren) und rechnerisch (Momentensatz) Größe und Lage der Resultierenden in der Anordnung des Bildes 1.
b) Welche Kraft muss im Drehpunkt D aufgenommen werden? Wie ist diese Kraft gerichtet? $F_1 = 300$ N, $F_2 = 130$ N, $F_3 = 400$ N, $F_4 = 320$ N, $F_5 = 100$ N.
c) Machen Sie den Hebel frei.

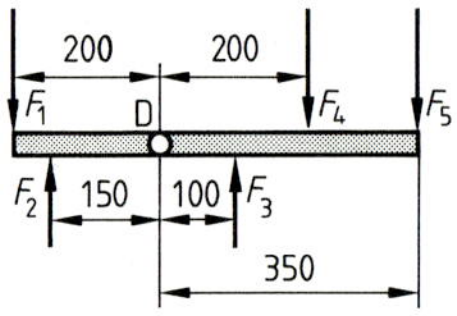

1

Lösung: a)
zeichnerisch

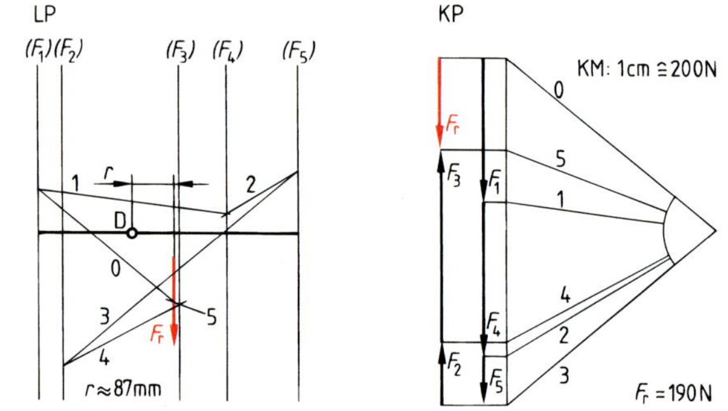

2

rechnerisch $F_r = \Sigma F_y = F_1 + F_4 + F_5 - F_2 - F_3$ (+ nach unten gerichtet)

$F_r = 300\text{ N} + 320\text{ N} + 100\text{ N} - 130\text{ N} - 400\text{ N}$

$\boldsymbol{F_r = 190\text{ N}}$ (↓) Nach dem Momentensatz ergibt sich:

$$r = \frac{\Sigma M_d}{F_r} = \frac{F_1 \cdot r_1 + F_3 \cdot r_3 - F_2 \cdot r_2 - F_4 \cdot r_4 - F_5 \cdot r_5}{F_r}$$

$$r = \frac{300\text{ N} \cdot 200\text{ mm} + 400\text{ N} \cdot 100\text{ mm} - 130\text{ N} \cdot 150\text{ mm} - 320\text{ N} \cdot 200\text{ mm} - 100\text{ N} \cdot 350\text{ mm}}{190\text{ N}}$$

$$\boldsymbol{r} = \frac{-18\,500\text{ Nmm}}{190\text{ N}} = |-97{,}37\text{ mm}| = \mathbf{97{,}37\text{ mm}}$$

Anmerkung 1: Da die Resultierende nach unten gerichtet ist und da $\Sigma M_d = -18\,500$ Nmm, d. h. negativ (rechter Drehsinn) ist, muss das Maß $r = 97{,}37$ mm rechts vom Drehpunkt liegen (wie im LP des Bildes 2).

Anmerkung 2: Durch das rechnerisch ermittelte Ergebnis wird noch einmal die Zeichenungenauigkeit ($r \approx 87$ mm ermittelt) augenfällig.

b) $\boldsymbol{F_D = -F_r = 190\text{ N}}$ (↑)

c)

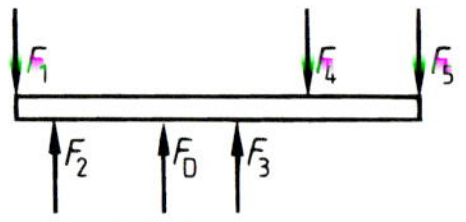

3 freigemachter Hebel

Ü 85. In der Hebelanordnung des Bildes 4 ist

$F_1 = F_2 = F_3 = 100$ N.

a) Berechnen Sie mit Hilfe des Momentensatzes die Größe und Lage der Resultierenden F_r.
b) Wie groß muss F_3 sein, damit das resultierende Drehmoment $M_{dr} = 0$ wird?

Ü 86. Lösen Sie die Übungsaufgabe Ü 85. mit Hilfe des Seileckverfahrens.

Ü 87. Vertiefungsaufgabe V 70., Seite 49 ist mit Hilfe der Gleichungen 61–2 bis 61–5, d. h. mit Hilfe des Momentensatzes zu lösen.

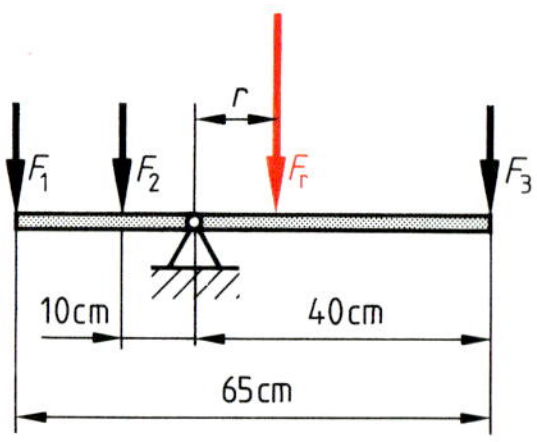

4

Ü 88. Die Belastung einer Welle (Bild 1) erfolgt durch die drei senkrechten Kräfte an den Zahnrädern und der Riemenscheibe
$F_1 = 700$ N, $F_2 = 900$ N, $F_3 = 1200$ N.
Ermitteln Sie bei den Abständen
$r_1 = 200$ mm, $r_2 = 600$ mm, $r_3 = 250$ mm
a) Betrag und Sinn der Resultierenden,
b) den Abstand der Resultierenden von der Mitte des Lagers A mit Hilfe des Momentensatzes.

1

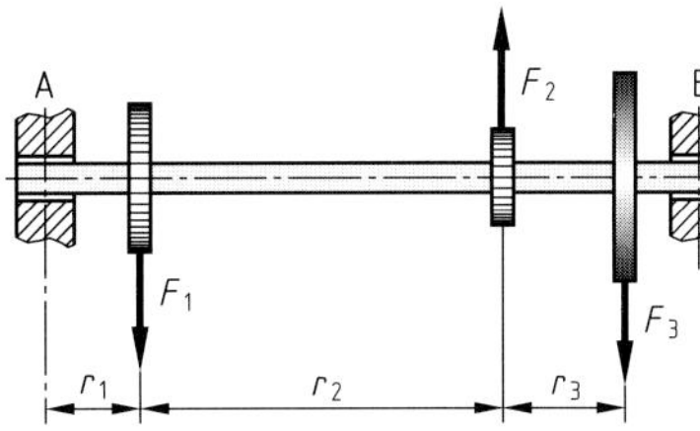

V 85. Welche Aussage macht der Momentensatz?

V 86. Übungsaufgabe Ü 74., Seite 49 ist mit Hilfe des Momentensatzes zu lösen.

V 87. Bestimmen Sie mit Hilfe des Momentensatzes Größe und Lage von F_r in der Anordnung des Bildes 2.
Es ist $\alpha = \beta = \gamma = \delta = 30°$
$F_1 = 150$ N, $F_2 = 250$ N,
$F_3 = 350$ N, $F_4 = 450$ N.

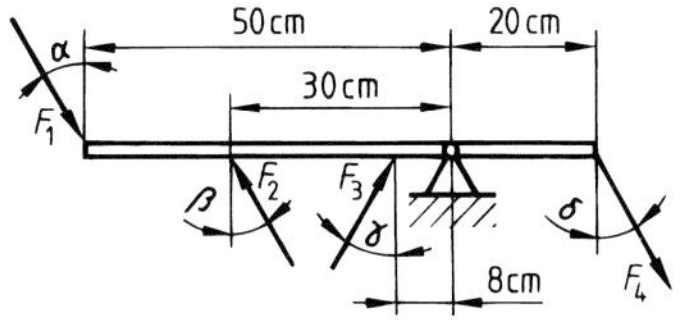

2

V 88. Bei dem in Bild 3 abgebildeten Hebel ist $F_1 = 80$ N, $F_2 = 60$ N, $\alpha = 30°$. Die Kräfte F_1, F_2 und die Federkraft F_F halten den Hebel in einem gleichgewichtigen Zustand. Berechnen Sie

a) die Federkraft F_F,

b) Größe und Lage der Resultierenden aus F_1, F_2 und F_F mit Hilfe des Momentensatzes.

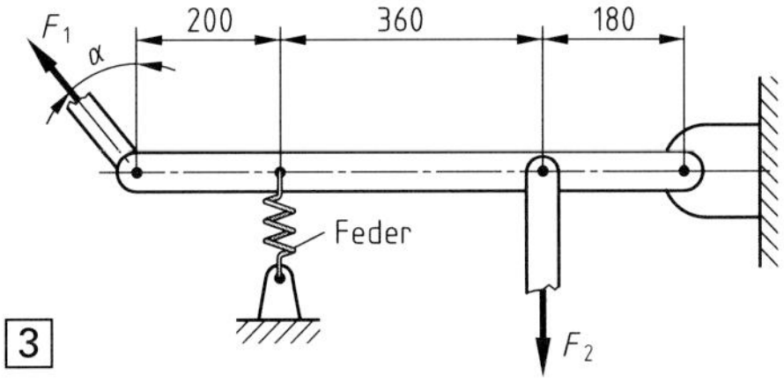

3

V 89. Für die Daten der Übungsaufgabe Ü 84., Seite 60 ist zu berechnen
a) Größe der Resultierenden aus F_1, F_2, F_3,
b) Lage der Resultierenden mit Hilfe des Momentensatzes, und zwar auf den Mittelpunkt des Lagers bezogen,
c) Größe und Richtung der Lagerkraft.

STATIK

Lektion 15

Bestimmung der Auflagerkräfte beim Träger auf zwei Stützen

In der Maschinen- und Anlagentechnik sowie in der Bautechnik gehören die **Träger** zu den wichtigsten Konstruktionselementen.

Träger werden immer auf Biegung beansprucht.

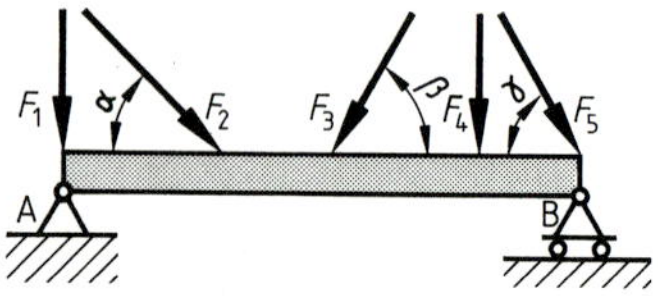

1

Es gibt viele verschiedene **Trägerarten,** die im Abschnitt Festigkeitslehre, und zwar innerhalb der **Biegelehre** (s. Lektion 61) behandelt werden. Bauformen, Trägerlagerungen und Trägerbelastungen werden dort ausführlich besprochen. Bild 1 zeigt eine sehr häufig vorkommende Trägerform. Es ist zu erkennen, dass der Träger an zwei Stellen (A und B) gelagert ist. Diese Lager werden auch als Stützen bezeichnet, und deshalb spricht man auch von einem **Stützträger** oder im speziellen Fall des Bildes 1 vom **Träger auf zwei Stützen.** Ein solches Trägersystem wurde bereits in Lektion 1 (Bild 1, Seite 5) vorgestellt. Dort wurde auch zwischen den **Belastungskräften** (Lasten) und den **Stützkräften** unterschieden. Letztere bezeichnet man auch als **Auflagerkräfte** oder als **Auflagerreaktionen** (Reaktionskräfte).

15.1 Rechnerische Bestimmung der Auflagerkräfte

Im speziellen Fall des Bildes 1 wird der Träger durch Einzelkräfte (Punktlasten) belastet. Diese Trägerbelastung wird bei allen Aufgaben dieser Lektion vorausgesetzt, und sie gestattet, die verschiedenen Verfahren zur Bestimmung der Auflagerkräfte zu erklären. Andere Trägerbelastungen werden innerhalb der Biegelehre (Lektionen 61 bis 68) besprochen.
Bild 1 zeigt auch, dass die Lagerstellen wie **Drehpunkte** aufgefasst werden können. Außerdem wird daran erinnert, daß **Loslager** nur senkrecht auf sie wirkende Kräfte und **Festlager** Kräfte aus allen Richtungen aufnehmen können (s. Lektion 4). Da sich Träger grundsätzlich im **Kräftegleichgewicht** und im **Momentengleichgewicht** befinden müssen, gilt:

Die Auflagerkräfte (Auflagerreaktionen) werden mit Hilfe der ersten **und** zweiten Gleichgewichtsbedingung der Statik ermittelt.

Da zwei Drehpunkte (Lager A und B) vorhanden sind, ergibt sich für das geforderte

Gleichgewicht $\Sigma F_x = 0$ $\Sigma F_y = 0$ $\Sigma M_{d(A)} = 0$ $\Sigma M_{d(B)} = 0$ **64–1**

Da vier Lösungsgleichungen zur Verfügung stehen, andererseits aber nur drei unbekannte Lagerreaktionen ermittelt werden müssen – im Bild 1 sind dies F_{Ax}, F_{Ay} und F_{By} ($F_{Bx} = 0$) –, kann eine dieser vier Lösungsgleichungen zur Kontrollberechnung herangezogen werden. Das **Verfahren zur rechnerischen Bestimmung der Auflagerkräfte** soll nun mit Hilfe zweier Musteraufgaben, d. h. an konkreten Fällen, geübt werden.

M34. In der im Bild 1 dargestellten Situation soll sein: $F_1 = 5$ kN; $F_2 = 4$ kN; $F_3 = 7$ kN; $F_4 = 8{,}5$ kN; $F_5 = 7{,}5$ kN; $\alpha = 45°$; $\beta = 60°$; $\gamma = 60°$. Bestimmen Sie für die in Bild 2 eingezeichneten Hebelarme die Auflagerreaktionen in den Lagern A und B.

Lösung:

Festlager können Kräfte in alle Richtungen aufnehmen. Die Reaktionskraft im Festlager kann in ihre Horizontalkomponente F_{Ax} und

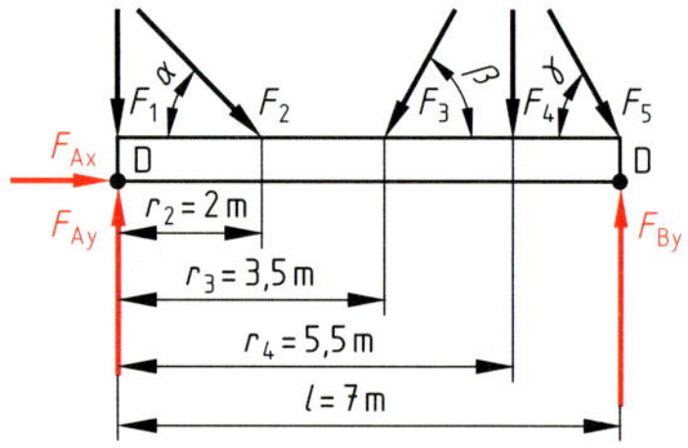

2

ihre Vertikalkomponente F_{Ay} zerlegt werden. Loslager nehmen nur Kräfte auf, die senkrecht zu diesen gerichtet sind. Somit ist im Lager B auch nur die senkrechte Reaktionskraft F_{By} zu berechnen. Bild 2, Seite 64 zeigt den Träger in freigemachtem Zustand. Die Angriffspunkte ergeben sich aus den Hebelarmen r_2 = 2 m; r_3 = 3,5 m; r_5 = 5,5 m und l = 7 m.

$\boldsymbol{\Sigma F_x = 0} \longrightarrow F_{Ax} + F_2 \cdot \cos 45° - F_3 \cdot \cos 60° + F_5 \cdot \cos 60° = 0$ (+ ≙ nach rechts gerichtet)

$$F_{Ax} = -F_2 \cdot \cos 45° + F_3 \cdot \cos 60° - F_5 \cdot \cos 60°$$

$$F_{Ax} = -4\ \text{kN} \cdot 0{,}707 + 7\ \text{kN} \cdot 0{,}5 - 7{,}5\ \text{kN} \cdot 0{,}5 = -2{,}828\ \text{kN} + 3{,}5\ \text{kN} - 3{,}75\ \text{kN}$$

$$\boldsymbol{F_{Ax} = -3{,}078\ \text{kN}}\ (\leftarrow)$$

Es wurde bereits gesagt, dass die Stellen, an denen der Träger auf den Lagern A und B aufliegt, quasi als Drehpunkte D aufgefasst werden können. Dies ist zulässig, denn der Träger liegt dort lediglich auf und kann somit um die Lagerpunkte (s. Bild 2, Seite 64) gedreht werden. Legt man z. B. den Drehpunkt in das Lager A, dann lässt sich F_{By} mit Hilfe der Gleichgewichtsbedingung $\Sigma M_{d(A)} = 0$ berechnen. Da auf den Drehpunkt A bezogen wird, sagt man: die Summe aller Drehmomente um den Punkt A ist Null. In Form einer Gleichung schreibt man also:

$\boldsymbol{\Sigma M_{d(A)} = 0} \longrightarrow F_{By} \cdot l - F_{2y} \cdot r_2 - F_{3y} \cdot r_3 - F_4 \cdot r_4 - F_{5y} \cdot l = 0$ (bezogen auf Lager A hat F_1 keinen Hebelarm). Somit:

$$F_{By} = \frac{F_{2y} \cdot r_2 + F_{3y} \cdot r_3 + F_4 \cdot r_4 + F_{5y} \cdot l}{l}$$

$$F_{By} = \frac{F_2 \cdot \sin 45° \cdot r_2 + F_3 \cdot \sin 60° \cdot r_3 + F_4 \cdot r_4 + F_5 \cdot \sin 60° \cdot l}{l}$$

$$F_{By} = \frac{4\ \text{kN} \cdot 0{,}707 \cdot 2\ \text{m} + 7\ \text{kN} \cdot 0{,}866 \cdot 3{,}5\ \text{m} + 8{,}5\ \text{kN} \cdot 5{,}5\ \text{m} + 7{,}5\ \text{kN} \cdot 0{,}866 \cdot 7\ \text{m}}{7\ \text{m}}$$

$$F_{By} = \frac{5{,}656\ \text{kNm} + 21{,}217\ \text{kNm} + 46{,}75\ \text{kNm} + 45{,}465\ \text{kNm}}{7\ \text{m}} = \frac{119{,}088\ \text{kNm}}{7\ \text{m}}$$

$\boldsymbol{F_{By} = 17{,}013\text{kN}}\ (\uparrow)$

Legt man nun den Drehpunkt in das Lager B, so errechnet sich F_{Ay} mit

$\boldsymbol{\Sigma M_{d(B)} = 0} \longrightarrow -F_{Ay} \cdot l + F_1 \cdot l + F_{2y} \cdot (l - r_2) + F_{3y} \cdot (l - r_3) + F_4 \cdot (l - r_4) = 0$

$$F_{Ay} = \frac{F_1 \cdot l + F_{2y} \cdot (l - r_2) + F_{3y} \cdot (l - r_3) + F_4 \cdot (l - r_4)}{l} \qquad F_{2y} = F_2 \cdot \sin 45°;\ F_{3y} = F_3 \cdot \sin 60°$$

$$F_{Ay} = \frac{5\ \text{kN} \cdot 7\ \text{m} + 4\ \text{kN} \cdot 0{,}707 \cdot 5\ \text{m} + 7\ \text{kN} \cdot 0{,}866 \cdot 3{,}5\ \text{m} + 8{,}5\ \text{kN} \cdot 1{,}5\ \text{m}}{7\ \text{m}}$$

$$\boldsymbol{F_{Ay}} = \frac{35\ \text{kNm} + 14{,}14\ \text{kNm} + 21{,}217\ \text{kNm} + 12{,}75\ \text{kNm}}{7\ \text{m}} = \frac{83{,}107\ \text{kNm}}{7\ \text{m}} = \boldsymbol{11{,}872\ \text{kN}}\ (\uparrow)$$

$\boldsymbol{\Sigma F_y = 0} \longrightarrow$ **Kontrollrechnung.** Es muss sein:

$$F_{Ay} + F_{By} = F_1 + F_{2y} + F_{3y} + F_4 + F_{5y}$$

$$11{,}872\ \text{kN} + 17{,}013\ \text{kN} = 5\ \text{kN} + 4\ \text{kN} \cdot 0{,}707 + 7\ \text{kN} \cdot 0{,}866 + 8{,}5\ \text{kN} + 7{,}5\ \text{kN} \cdot 0{,}866$$

$$28{,}885\ \text{kN} = 5\ \text{kN} + 2{,}828\ \text{kN} + 6{,}062\ \text{kN} + 8{,}5\ \text{kN} + 6{,}495\ \text{kN}$$

$$\boldsymbol{28{,}885\ \text{kN} = 28{,}885\ \text{kN}}$$

Bereits erwähnt, aber nochmals dringend vom Verfasser empfohlen:

Bei der Ermittlung der Auflagerreaktionen werden stets die Rechnungen $\Sigma M_{d(A)} = 0$, $\Sigma M_{d(B)} = 0$, $\Sigma F_x = 0$ und $\Sigma F_y = 0$ durchgeführt. Es dient z. B. dabei $\Sigma F_y = 0$ der **Kontrollrechnung.**

Anmerkungen:

1. Liegt bei einer Aufgabe keine *x*-Komponente vor, dann entfällt die Rechnung $\Sigma F_x = 0$. Dies ist dann der Fall, wenn ausschließlich vertikale Belastungskräfte gegeben sind.
2. Als **Kontrollrechnung** kann natürlich auch $\Sigma M_{d(A)} = 0$ oder $\Sigma M_{d(B)} = 0$ dienen. Dies ist dann der Fall, wenn vorher eine der Reaktionskräfte F_A oder F_B mit der Beziehung $\Sigma F_y = 0$ ermittelt worden ist.
3. **Kontrollrechnungen** lassen Fehler sicher erkennen!

M35. Im Bild 1 ist ein oft vorkommender Belastungsfall bei einem Träger auf zwei Stützen dargestellt: **Stützträger mit einer Einzellast.**

Ermitteln Sie Berechnungsformeln für die Lagerreaktionen F_A und F_B.

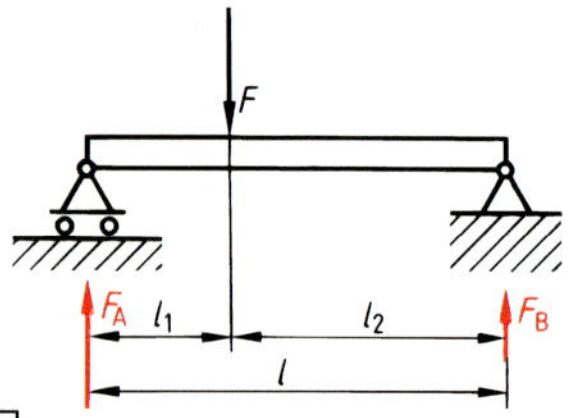

1

Lösung:

$\Sigma M_{d(B)} = 0$ liefert: $\qquad \Sigma M_{d(A)} = 0$ liefert:

$F_A \cdot l = F \cdot l_2 \qquad F_B \cdot l = F \cdot l_1$

$$F_A = F \cdot \frac{l_2}{l} \qquad \boxed{66\text{–}1} \qquad F_B = F \cdot \frac{l_1}{l} \qquad \boxed{66\text{–}2}$$

Beim Stützträger mit einer Einzellast ergeben sich die beiden Lagerreaktionen F_A und F_B jeweils aus dem Produkt der Einzellast F mit dem Quotienten aus gegenüberliegendem Hebelarm l_1 bzw. l_2 und Gesamtlänge l.

Kontrollrechnung: $\Sigma F_y = 0 \longrightarrow F = F_A + F_B$ Somit:

$$\boldsymbol{F} = F \cdot \frac{l_2}{l} + F \cdot \frac{l_1}{l} = F \cdot \left(\frac{l_2}{l} + \frac{l_1}{l}\right) = F \cdot \frac{l_1 + l_2}{l} = F \cdot \frac{l}{l} = \boldsymbol{F}$$

15.2 Zeichnerische Bestimmung der Auflagerkräfte

Ebenso wie bei der rechnerischen Bestimmung der Auflagerreaktionen wird auch hier ein Stützträger mit einem Festlager und einem Loslager (Bild 2) zugrunde gelegt. Es handelt sich also immer um ein **statisch bestimmtes System.**

Das zeichnerische Verfahren zur Ermittlung der Auflagerreaktionen heißt

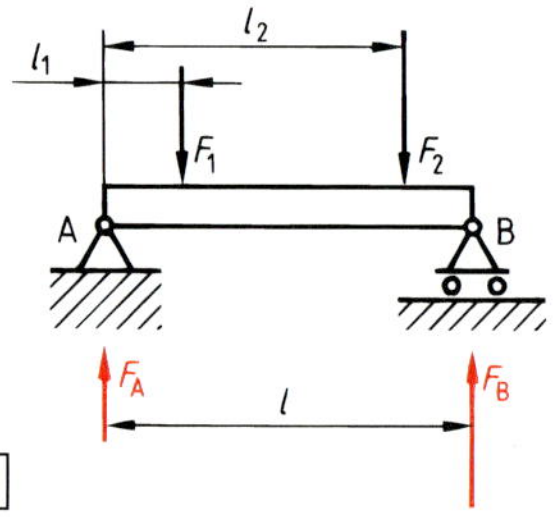

2

Schlusslinienverfahren.

Dieses wird am Beispiel eines Trägers auf zwei Stützen, bei dem zwei Kräfte F_1 und F_2 wirken (Bild 2) erklärt.

Zunächst werden gemäß Bild 3 mittels Pol- und Seileck Größe und Lage von F_r ermittelt. Verlängert man im LP den Seilstrahl 0 bis zur Wirkungslinie von F_A, und den Seilstrahl 2 bis zur Wirkungslinie von F_B so erhält man die Punkte a und b. Die geradlinige Verbindung dieser Punkte (gestrichelte Linie) nennt man **Schlusslinie *S*.** Wenn man diese parallel vom LP durch den Pol im KP verschiebt, teilt sie dort F_r in die Auflagerkräfte F_A und F_B. Diesen Sachverhalt erklärt die

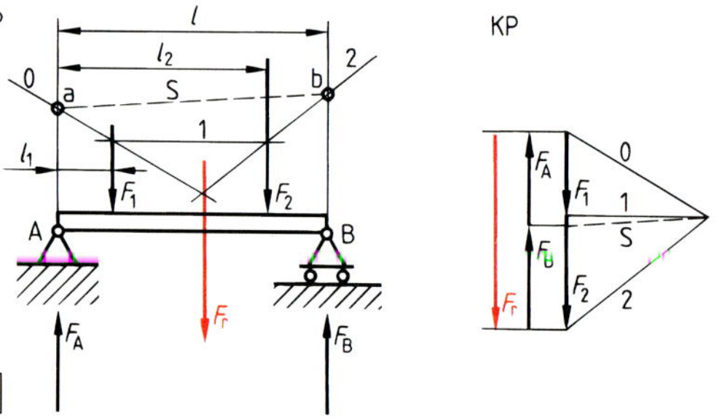

3

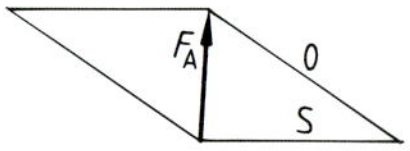

4

Konstruktionsbegründung:

Die Schlusslinie S und der Seilstrahl 0 schneiden sich im LP auf der Wirkungslinie von F_A, d. h. F_A muss „zwischen“ S und 0 liegen. Sehen Wir uns den KP an, wird diese Behauptung bestätigt: F_a ist aus 0 und S zusammengesetzt.

Dies ist nochmals mit Hilfe eines Kräfteparallelogramms (Bild 4) dargestellt. Dabei muss man die Polstrahlen als Kräfte auffassen. Ebenso sind S und 2 die Teilkräfte von F_B.

Das Folgende fasst nochmals zusammen.

Lösungsschritte zum Schlusslinienverfahren
(1.) Den LP des freigemachten Körpers mit den Wirkungslinien aller Kräfte, auch der Lagereaktionen, zeichnen.
(2.) Krafteck (KP) mit Polstrahlen zeichnen und F_r ermitteln.
(3.) Seileck im LP zeichnen. Bei senkrechten parallelen Kräften kann der Anfangspunkt der Seileckkonstruktion beliebig gewählt werden. Treten jedoch schräge Belastungskräfte auf, muss der Anfangspunkt der Seileckkonstruktion in das Festlager gelegt werden (s. M36.), denn dies ist der einzige bekannte Punkt der Wirkungslinie dieser Lagerreaktion. Dieser Punkt ist gleichzeitig der erste Punkt der Schlusslinie (a). Der zweite Punkt der Schlusslinie (b) ergibt sich im Schnittpunkt des letzten Seilstrahles mit der Wirkungslinie der Reaktionskraft des Loslagers.
(4.) Punkte (a) und (b) geradlinig verbinden. Es ergibt sich die Schlusslinie *S*.
(5.) Schlusslinie *S* parallel durch den Pol in den KP verschieben. Die senkrechte Komponente der Kraft, die ebenso groß wie F_r, aber F_r entgegengerichtet ist, wird durch *S* in die beiden senkrechten Lagerreaktionen geteilt.
(6.) Die waagerechte Lagerreaktion des Festlagers ist $-\Sigma F_x$.

M36. Musteraufgabe M34., Seite 64 ist zeichnerisch mit Hilfe des Schlusslinienverfahrens zu lösen. Gehen Sie dabei möglichst bewusst nach den in obiger Tabelle aufgezeigten Lösungsschritten zum Schlusslinienverfahren vor.

Lösung: Die Lösung dieser Musteraufgabe zeigt den allgemeinen Fall, d. h., dass auch schräge Belastungskräfte auftreten. Deshalb ist unbedingt Punkt 3 der obigen Lösungsschritte zu beachten.

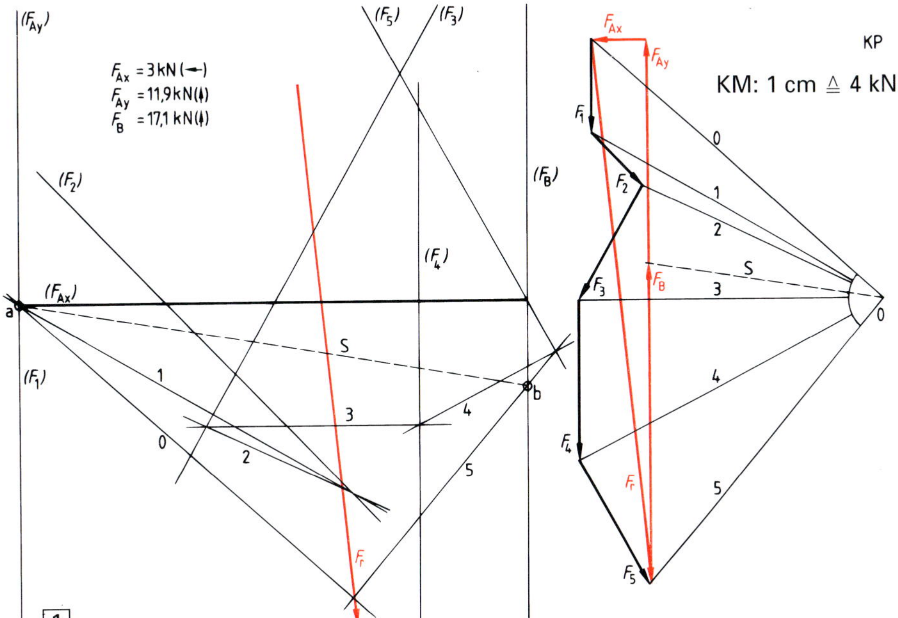

1

Wie erwartet, treten gegenüber der rechnerischen Lösung geringe Abweichungen in den Ergebnissen auf.

Ü89. Bild 2, Seite 66 zeigt einen Träger auf zwei Stützen. Es ist F_1 = 16 kN, F_2 = 22 kN, l = 5 m, l_1 = 1 m, l_2 = 4 m. Berechnen Sie F_A und F_B analytisch.

Ü 90. Ermitteln Sie für die Trägeranordnung im Bild 1 die Auflagerreaktionen
a) analytisch,
b) grafisch.
$F_1 = 60$ N, $F_2 = 90$ N, $F_3 = 60$ N.

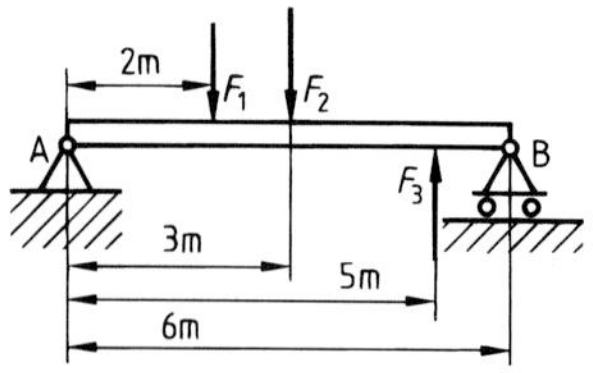

1

Ü 91. Ermitteln Sie für den Träger auf zwei Stützen (Bild 2) die Auflagerkräfte
a) grafisch,
b) analytisch. Es ist
$F_1 = 120$ N, $F_2 = 60$ N, $F_3 = 80$ N.

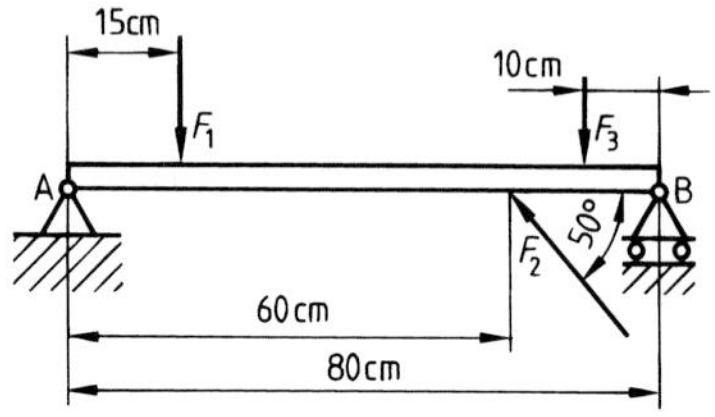

2

Ü 92. Welchen Vorteil bieten die vier Lösungsgleichungen 64–1 bei nur drei Auflagerunbekannten?

Ü 93. Der im Bild 3 abgebildete Träger hat gegenüber der Senkrechten eine Neigung von $\alpha = 70°$. Die Belastungskräfte betragen $F_1 = 5$ kN, $F_2 = 2$ kN, $F_3 = 4$ kN, und die Hebelarme haben die Größe $l_1 = 1{,}2$ m; $l_2 = 2{,}6$ m; $l_3 = 4{,}6$ m und $l = 6$ m. Das Loslager B ist ebenso wie der Träger geneigt. Analytisch sind F_A und F_B zu ermitteln sowie F_A in Horizontal- und Vertikalkomponente zu zerlegen.

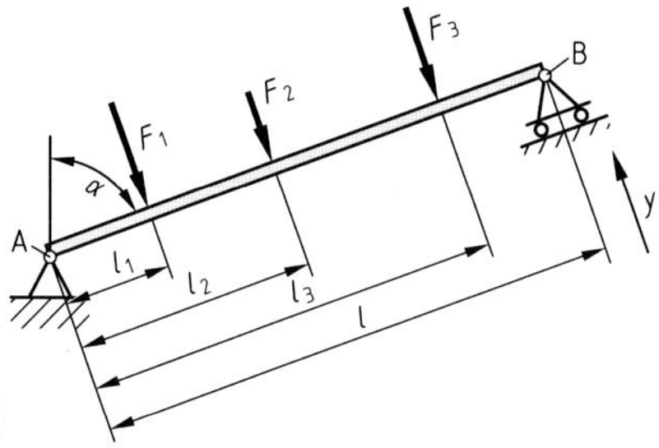

3

V 90. Welche Beanspruchung liegt bei einem Bauelement vor, welches als Träger bezeichnet wird?

V 91. Warum muss bei der grafischen Ermittlung der Auflagerkräfte eines Stützträgers, der durch Schrägkräfte belastet wird, der erste Punkt der Seileckkonstruktion genau im Drehpunkt des Festlagers liegen?

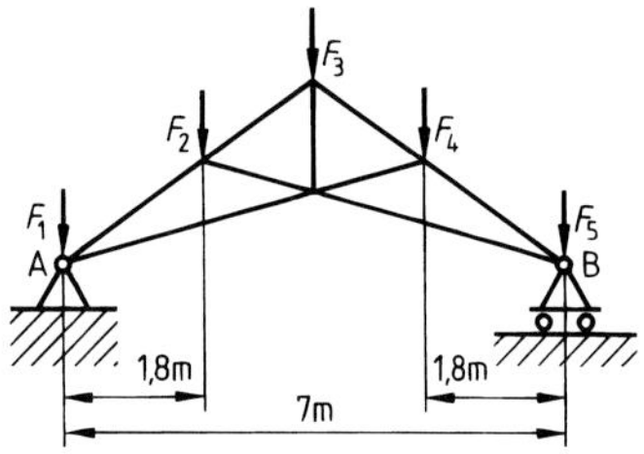

4

V 92. Ermitteln Sie für den symmetrischen Fachwerkträger (Bild 4) die Reaktionskräfte in den Lagern A und B
a) zeichnerisch,
b) rechnerisch. Es ist
$F_1 = F_2 = 3$ kN, $F_3 = F_4 = F_5 = 4$ kN.

V 93. Ermitteln Sie für den Stützträger (Bild 5) die Auflagerkräfte in den Lagern A und B
a) zeichnerisch
b) rechnerisch.

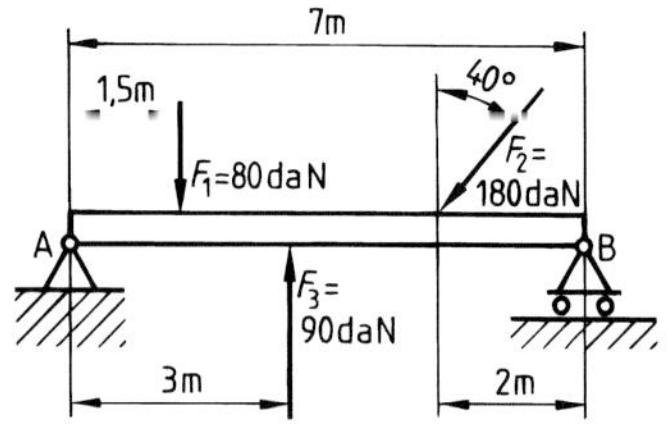

5

V 94. Die Vorgelegewelle einer Werkzeugmaschine (Bild 6) wird durch die Zahnräder mit den Kräften $F_1 = 0{,}8$ kN; $F_2 = 1{,}2$ kN und $F_3 = 4{,}5$ kN belastet. Berechnen Sie die Lagerreaktionen F_A und F_B bei $l_1 = 200$ mm, $l_2 = 300$ mm, $l_3 = 250$ mm und $l = 950$ mm.

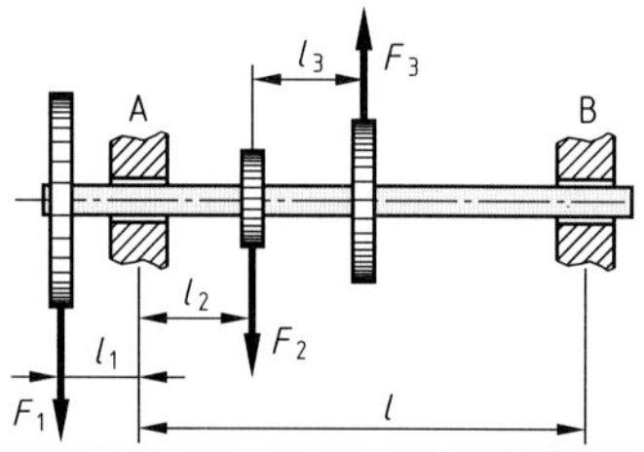

6

Der Schwerpunkt

Lektion 16

Bestimmung von Schwerpunkten mittels Momentensatz

16.1 Der Schwerpunkt als Massenmittelpunkt

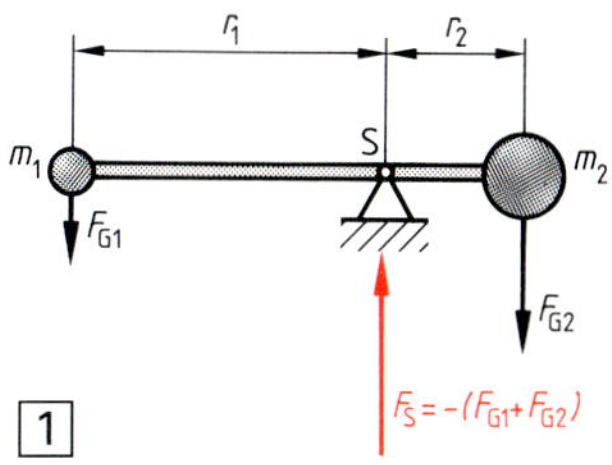

1

Im Bild 1 sind die Massen m_1 und m_2 durch eine in einem Drehpunkt (S) unterstützten Stange verbunden. Nimmt man einmal diese Verbindungsstange zwischen den beiden Massen als gewichtslos an, dann befindet sich das Hebelsystem mit den Gewichten F_{G1} und F_{G2} der beiden Massen m_1 und m_2 im Gleichgewicht, wenn gilt:

$\Sigma M_{d(S)} = 0 \longrightarrow \boldsymbol{F_{G1} \cdot r_1 = F_{G2} \cdot r_2}$ 69–1

Die senkrechte Reaktionskraft F_S im Lager ergibt sich aus

$\Sigma F_y = 0 \longrightarrow \boldsymbol{F_S = -(F_{G1} + F_{G2})}$. 69–2

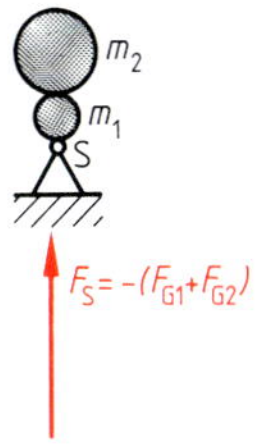

2

Die gleich große Reaktionskraft F_S würde im Punkt S auch dann entstehen, wenn sich die Massen m_1 und m_2 mit ihren Gewichten F_{G1} und F_{G2} in diesem Punkt S befinden würden, so wie dies im Bild 2 dargestellt ist.
Dies bedeutet, dass man sich alle Teilmassen eines Systems im Punkt S vereint denken kann, ohne die Wirkung der Massen auf das System zu verändern. Diesen Punkt mit einer ganz bestimmten Lage in einem Körpersystem bezeichnet man als

Massenmittelpunkt oder **Schwerpunkt.**

In einem statischen System kann man sich demzufolge die Gewichtskraft jedes an diesem System beteiligten Körpers im Schwerpunkt des Systems angreifend denken. Daraus folgt:

> Das gesamte Gewicht aller im System befindlichen Körper (Teilkörper) kann man sich im Systemschwerpunkt angreifend denken.

Bei **unregelmäßig geformten Körpern** wird der Schwerpunkt im Versuch ermittelt. Diese Versuche beruhen auf Gleichung 69–1, die zum Ausdruck bringt, dass die Summe aller Drehmomente – bezogen auf alle geraden Linien, die durch den Schwerpunkt hindurchgehen – Null ist. Solche Linien (Bild 3) nennt man **Schwerlinien.**

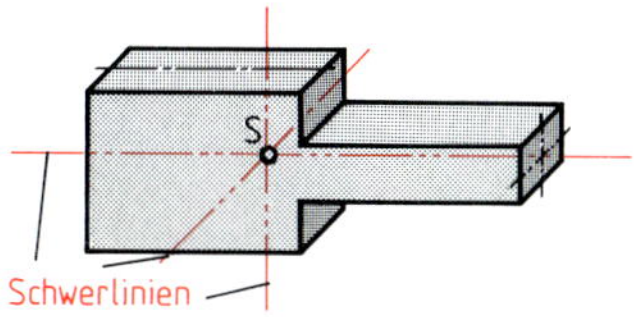

3

> Alle geraden Linien, die man sich durch den Schwerpunkt hindurchgelegt denkt, heißen Schwerlinien. Auf diese Linien bezogen, ist das Drehmoment des Körpers gleich Null.

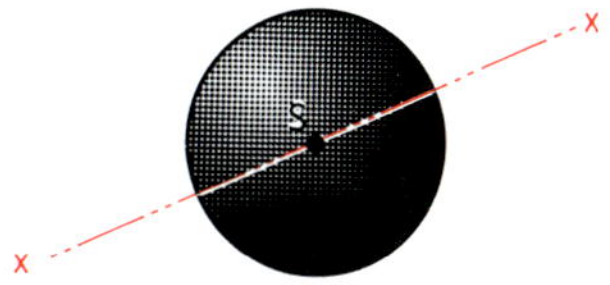

4

Am einfachsten wird dieser Merksatz am Beispiel einer Kugel (Bild 4) einleuchten. Dort ist der Mittelpunkt gleichzeitig der Schwerpunkt, denn bezogen auf alle Linien, die man sich durch den Kugelmittelpunkt hindurchgelegt denkt, ist das Drehbestreben der Kugel gleich Null.
Dieses Verhalten gilt nicht nur für gerade Linien, die durch den Schwerpunkt hindurchgelegt werden, sondern auch für Ebenen. Solche durch den Schwerpunkt hindurchgelegte Ebenen bezeichnet man als **Schwereebenen.** Bei **geometrisch einfachen statischen Systemen** kann der Schwerpunkt mit Hilfe des **Momentensatzes** oder mit dem **Seileckverfahren** ermittelt werden. Somit:

- **Bestimmung des Schwerpunktes mittels Momenetensatz** ⟶ Lektion 16
- **Bestimmung des Schwerpunktes mittels Seileckverfahren** ⟶ Lektion 17

16.2 Linienschwerpunkte

Geometrisch ist eine **Linie** bzw. eine Strecke als ein **eindimensionales Gebilde** definiert. Somit hat eine Linie kein Volumen und damit auch kein Gewicht bzw. keine Schwere. Rein physikalisch betrachtet, kann somit eine Linie auch keinen Schwerpunkt haben. Dennoch ist es üblich, vom **Schwerpunkt einer Linie** bzw. vom **Linienschwerpunkt** zu sprechen.
Dies hat aber erst dann einen physikalischen Sinn, wenn man **linienförmige Körper,** z. B. Seile, Drähte, dünne Stäbe, Leicht- oder Stahlbauprofile, wie etwa einen relativ langen T-Stahl, betrachtet. Solche Körper haben eine gleichmäßig verteilte Masse und damit auch ein Gewicht bzw. auch einen Schwerpunkt, man spricht aber trotzdem idealisiert von einer Linie.

In der Theorie der Technischen Mechanik ordnet man auch Linien (Strecken) einen Schwerpunkt zu.

16.2.1 Gerade Linie (Strecke)

Bild 1 zeigt eine gerade Linie bzw. einen relativ langen Stab, z. B. ein 30 cm langes Lineal. Wird ein solches Gebilde in der Mitte unterstützt, befindet es sich im Momentengleichgewicht. Daraus ist zu schließen:

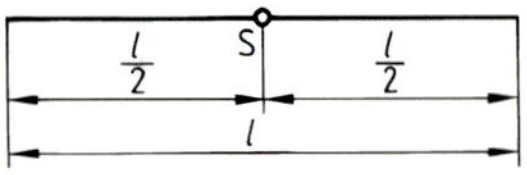

1

Der Schwerpunkt einer geraden Linie (gerader Stab) liegt in ihrer geometrischen Mitte.

16.2.2 Gerader Linienzug

Bild 2 zeigt drei gerade Linien mit den Längen l_1, l_2, und l_3 zu einem **Linienzug** aneinandergesetzt. Jede dieser Teillängen hat entsprechend 16.2.1 in der Mitte ihren Schwerpunkt (S_1, S_2 und S_3). Aufgabenstellung ist es nun, den **Gesamtschwerpunkt,** d. h. den Schwerpunkt des Linienzuges, mit den Koordinaten x und y zu ermitteln.
Da die Einzellängen massebehaftet sind, haben sie auch ein Gewicht, welches diesen Einzellängen proportional ist. Diese Gewichte betragen F_{G1}, F_{G2} und F_{G3} und bilden in ihrer Summe das Gesamtgewicht bzw. das resultierende Gewicht F_G des Linienzuges. Bezogen auf x- und y-Achse erzeugen diese Gewichte, jeweils in ihrem Schwerpunkt angreifend, ein statisches Moment, so dass der Momentensatz zur Anwendung kommen kann. Dieser lautet z. B.

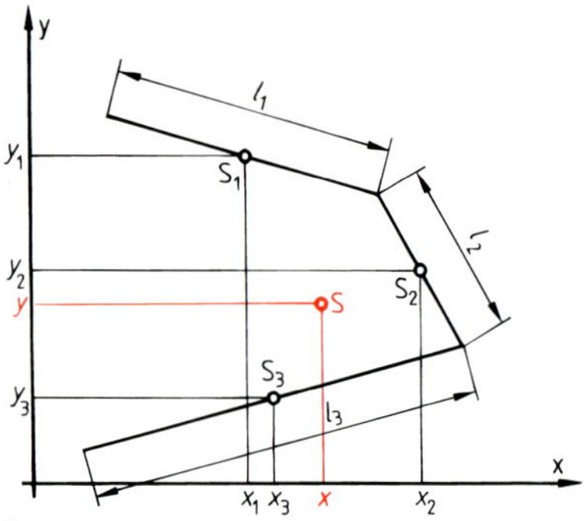

2

bezogen auf die y-Achse:

$$F_G \cdot x = F_{G1} \cdot x_1 + F_{G2} \cdot x_2 + F_{G3} \cdot x_3$$

$$m \cdot g \cdot x = m_1 \cdot g \cdot x_1 + m_2 \cdot g \cdot x_2 + m_3 \cdot g \cdot x_3$$

$$V \cdot \rho \cdot g \cdot x = V_1 \cdot \rho \cdot g \cdot x_1 + V_2 \cdot \rho \cdot g \cdot x_2 + V_3 \cdot \rho \cdot g \cdot x_3$$

$$A \cdot (l_1 + l_2 + l_3) \cdot \rho \cdot g \cdot x = A \cdot l_1 \cdot \rho \cdot g \cdot x_1 + A \cdot l_2 \cdot \rho \cdot g \cdot x_2 + A \cdot l_3 \cdot \rho \cdot g \cdot x_3 \quad | : (A \cdot \rho \cdot g)$$

$$\mathbf{(l_1 + l_2 + l_3) \cdot x = l_1 \cdot x_1 + l_2 \cdot x_2 + l_3 \cdot x_3} \qquad \boxed{70\text{–}1}$$

Diese Ableitung zeigt, dass man bei einem Linienzug aus Stäben mit homogener Dichte ρ und überall gleichem Querschnitt A bei der Anwendung des Momentensatzes zur Berechnung des Gesamtschwerpunktes statt der Gewichte der Teillängen F_{G1}, F_{G2}, F_{G3} ... auch deren Teillängen l_1, l_2, l_3 ... einsetzen kann. Dies gilt auch für das Gesamtgewicht F_G, welches proportional der Gesamtlänge $l = \Sigma\, l_i$ ist. Das zu 70–1 analoge Ergebnis

bezogen auf die x-Achse: $$\mathbf{(l_1 + l_2 + l_3) \cdot y = l_1 \cdot y_1 + l_2 \cdot y_2 + l_3 \cdot y_3} \qquad \boxed{70\text{–}2}$$

Die Gleichungen 70–1 und 70–2 kann man für beliebig viele Teillängen erweitern. Stellt man sie anschließend noch entsprechend um, erhält man für die

x-Komponente des Gesamtschwerpunktes $$x = \frac{l_1 \cdot x_1 + l_2 \cdot x_2 + l_3 \cdot x_3 + \ldots}{l_1 + l_2 + l_3 + \ldots}$$ 71–1

y-Komponente des Gesamtschwerpunktes $$y = \frac{l_1 \cdot y_1 + l_2 \cdot y_2 + l_3 \cdot y_3 + \ldots}{l_1 + l_2 + l_3 + \ldots}$$ 71–2

Durch x- und y-Komponente ist der Gesamtschwerpunkt in einem Koordinatensystem – wie in Bild 2, Seite 70 – eindeutig festgelegt.

Das Produkt Länge mal Abstand (z. B. $l_1 \cdot x_1$ oder $l_3 \cdot y_3$) wird als **Linienmoment** bezeichnet.

Aus der Ableitung von Gleichung 70–1 ist zu erkennen:

Bei der Berechnung des Gesamtschwerpunktes eines Linienzuges kann im Momentensatz statt mit Kraftmomenten ($F \cdot x$) auch mit Linienmomenten ($l \cdot x$) gerechnet werden.

Dies setzt allerdings voraus, dass der linienförmige Körper überall aus dem gleichen Werkstoff mit homogener Dichte ρ besteht und dass auch sein Querschnitt A konstant ist.

M37. Eine Linie hat eine Länge von $l = 6$m, und ihr Schwerpunktabstand beträgt, bezogen auf einen Drehpunkt $x = 3$ m.
a) Wie groß ist das Linienmoment?
b) Definieren Sie die Einheit des Linienmomentes.

Lösung: a) $\boldsymbol{M_l} = l \cdot x = 6\ \text{m} \cdot 3\ \text{m} = \mathbf{18\ m^2}$

b) Die Definition der Einheit des Linienmomentes ergibt sich aus a):

Die Einheit des Linienmomentes ist der Quadratmeter m^2.

M38. Bild 1 zeigt einen aus Profilstahl ⊏ 200 zusammengeschweißten Stahlrahmen, bestehend aus den Teillängen l_1 bis l_4. Der Schwerpunkt des Rahmens ist durch die Maße x und y festgelegt.
a) Wie groß ist das Maß y?
b) Das Maß x ist zu berechnen.

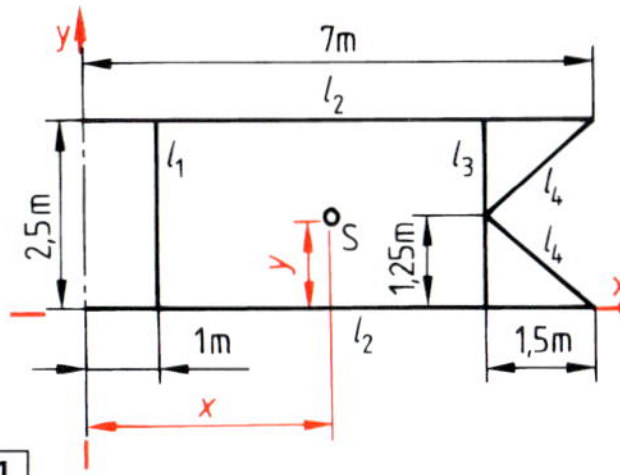

1

Lösung:

a) Die horizontale Mittelachse des Rahmens ist eine Symmetrieachse. Es ist zu erkennen, dass – bezogen auf diese – Momentengleichgewicht herrscht. Daraus kann unmittelbar geschlossen werden: $y = 1{,}25$ m. Allgemein gilt:

Die Symmetrieachse eines Körpers ist immer eine Schwerlinie. Bezogen auf diese herrscht Momentengleichgewicht.

b) $x \cdot l_{ges} = l_1 \cdot x_1 + 2 \cdot l_2 \cdot x_2 + l_3 \cdot x_3 + 2 \cdot l_4 \cdot x_4$; $l_{ges} = l_1 + 2 \cdot l_2 + l_3 + 2 \cdot l_4$

$$l_4 = \sqrt{(1{,}25\ \text{m})^2 + (1{,}5\ \text{m})^2} = 1{,}953\ \text{m}$$

$$x = \frac{l_1 \cdot x_1 + 2 \cdot l_2 \cdot x_2 + l_3 \cdot x_3 + 2 \cdot l_4 \cdot x_4}{l_1 + 2 \cdot l_2 + l_3 + 2 \cdot l_4}$$

$$x = \frac{2{,}5\ \text{m} \cdot 1\ \text{m} + 2 \cdot 7\ \text{m} \cdot 3{,}5\ \text{m} + 2{,}5\ \text{m} \cdot 5{,}5\ \text{m} + 2 \cdot 1{,}953\ \text{m} \cdot 6{,}25\ \text{m}}{2{,}5\ \text{m} + 2 \cdot 7\ \text{m} + 2{,}5\ \text{m} + 2 \cdot 1{,}953\ \text{m}}$$

$$\boldsymbol{x} = \frac{2{,}5\ \text{m}^2 + 49\ \text{m}^2 + 13{,}75\ \text{m}^2 + 24{,}413\ \text{m}^2}{22{,}906\ \text{m}} = \frac{89{,}663\ \text{m}^2}{22{,}906\ \text{m}} = \mathbf{3{,}914\ m}$$

16.2.3 Gekrümmte Linie

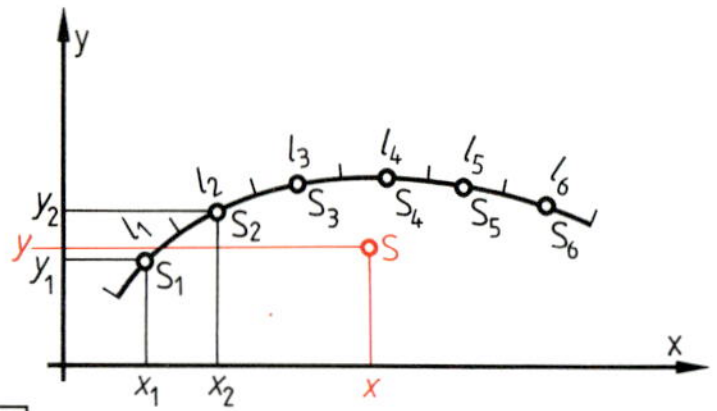

1

In der Technik kommen sehr oft gekrümmte linienförmige Körper zum Einsatz. Beispiele: Rohrbogen, Heizwendel, gebogene Eisenbahnschienen, durchhängende Seile, Teile von Metallkonstruktionen, z. B. Brücken. Bild 1 zeigt eine solche gekrümmte Linie, und zwar in ein senkrechtes Koordinatensystem eingezeichnet. Eine genaue Methode zur Ermittlung des Schwerpunktes S liefert die Integralrechnung. Zerlegt man jedoch die gekrümmte Linie in viele kleine Teillängen (l_1, l_2 ...), erhält man mit Hilfe des Momentensatzes ein in den meisten Fällen ausreichendes **Näherungsverfahren,** da nun jede Teillänge angenähert als eine Gerade aufgefasst werden kann. Mit der Gesamtlänge $l = l_1 + l_2 + \ldots + l_6 + \ldots$ und l_1, $l_2 \ldots l_6 \ldots$ = Teillängen, lässt sich der Momentensatz in Analogie zu 16.2.2 wie folgt schreiben:

$$l \cdot x = l_1 \cdot x_1 + l_2 \cdot x_2 + \ldots + l_6 \cdot x_6 + \ldots$$

$$l \cdot y = l_1 \cdot y_1 + l_2 \cdot y_2 + \ldots + l_6 \cdot y_6 + \ldots$$ Somit:

x-Komponente des Gesamtschwerpunktes

$$x = \frac{l_1 \cdot x_1 + l_2 \cdot x_2 + \ldots + l_6 \cdot x_6 + \ldots}{l} \qquad \boxed{72\text{–}1}$$

y-Komponente des Gesamtschwerpunktes

$$y = \frac{l_1 \cdot y_1 + l_2 \cdot y_2 + \ldots + l_6 \cdot y_6 + \ldots}{l} \qquad \boxed{72\text{–}2}$$

16.3 Flächenschwerpunkte

Vorausgeschickt sei, dass die Bestimmung des Flächenschwerpunktes, z. B. zur Berechnung **von Flächenmomenten 2. Grades (Flächenträgheitsmomente),** in der Festigkeitslehre im Zusammenhang mit der Biegung (Lektionen 61 bis 68) erforderlich ist. Insbesondere spielen dort die aus Einzelflächen **zusammengesetzten Flächen** eine große Rolle.

Rein geometrisch ist eine Fläche als zweidimensionales Gebilde definiert. Damit hat sie, ebenso wie eine Linie, kein Volumen und damit auch kein Gewicht. Die Bezeichnung **Flächenschwerpunkt** ist erst dann sinnvoll, wenn unter einer Fläche eine dünne Scheibe, z. B. eine Blechplatte, verstanden wird.

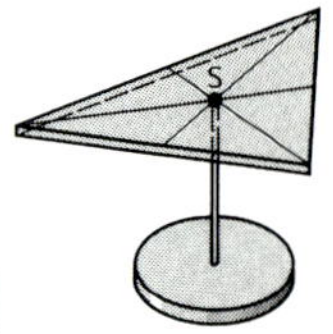

2

Eine solche hat eine bestimmte Masse und damit auch ein Gewicht bzw. einen Schwerpunkt. Die Bilder 2 und 3 zeigen solch **plattenförmige Gebilde,** die im Zusammenhang mit der Schwerpunktbestimmung kurz als Flächen bezeichnet werden.

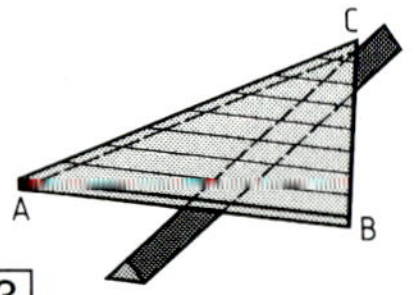

3

Aus diesen Bildern ist auch der gleichgewichtige Zustand zu erkennen, wenn eine Abstützung entlang einer **Schwerlinie** erfolgt. Bild 2 zeigt nochmals den Schwerpunkt als den Schnittpunkt mehrerer Schwerlinien.

In der Theorie der Technischen Mechanik ordnet man auch Flächen einen Schwerpunkt zu.

16.3.1 Schwerpunktlage von Einzelflächen

Bei **symmetrischen Flächen** (z. B.Quadrat, Rechteck, Kreis, Kreisring) fällt der Schwerpunkt mit dem **geometrischen Mittelpunkt** (Schnittpunt der Symmetrieachsen) zusammen. Die Schwerpunktlage anderer **geometrisch einfacher Flächen** kann **technischen Handbüchern** bzw. einem **Formellexikon** entnommen werden.

Kreis

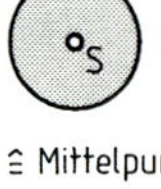

4 S ≙ Mittelpunkt

Halbkreis

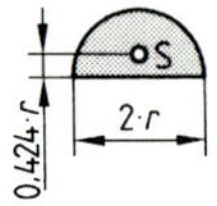

5

Dreieck

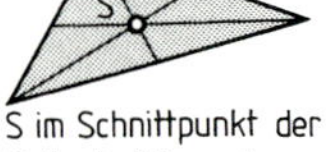

6 S im Schnittpunkt der Seitenhalbierenden

Rechteck

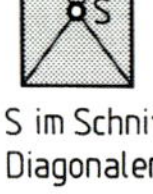

7 S im Schnittpunkt der Diagonalen

Auch die auf dieses Buch abgestimmte **Formel- und Tabellensammlung Technische Mechanik** enthält viele für die technische Praxis zugeschnittene Formeln zur Schwerpunktbestimmung.
Deshalb beschränkt sich dieses Unterrichtswerk auf die Beispiele der Seite 72 (Bilder 4 bis 7).

16.3.2 Schwerpunktlage von zusammengesetzten Flächen

Bild 1 zeigt eine aus den Einzelflächen A_1, A_2 und A_3 zusammengesetzte Fläche. Ebenso wie der Linienzug im Bild 2, Seite 70 ist diese zusammengesetzte Fläche in ein senkrechtes Koordinatensystem eingezeichnet.
Setzt man auch hier Homogenität, d. h. homogene Dichte ρ und konstante Flächendicke voraus, dann ergibt sich analog der Betrachtungen bei der Herleitung der Formel 70–1 bzw. 71–1 und 71–2 durch Anwendung des Momentensatzes mit
A_{ges} = Gesamtfläche = $A_1 + A_2 + A_3 + \ldots$

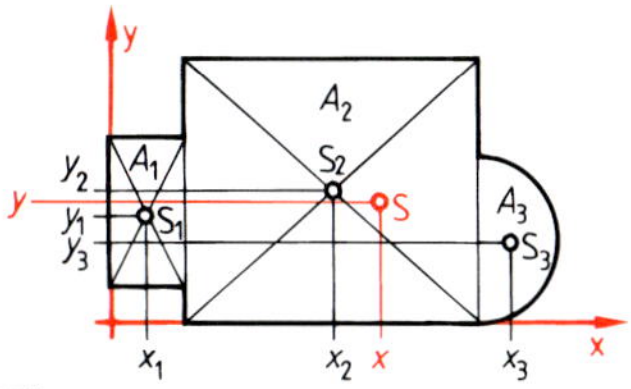

1

bezogen auf die *y*-Achse: $A_{ges} \cdot x = A_1 \cdot x_1 + A_2 \cdot x_2 + A_3 \cdot x_3 + \ldots$ [73–1]

bezogen auf die *x*-Achse: $A_{ges} \cdot y = A_1 \cdot y_1 + A_2 \cdot y_2 + A_3 \cdot y_3 + \ldots$ [73–2] Somit:

***x*-Komponente des Gesamtschwerpunktes**

$$x = \frac{A_1 \cdot x_1 + A_2 \cdot x_2 + A_3 \cdot x_3 + \ldots}{A_{ges}}$$ [73–3]

***y*-Komponente des Gesamtschwerpunktes**

$$y = \frac{A_1 \cdot y_1 + A_2 \cdot y_2 + A_3 \cdot y_3 + \ldots}{A_{ges}}$$ [73–4]

Das Produkt Fläche mal Abstand (z. B. $A_1 \cdot x_1$ oder $A_3 \cdot y_3$) wird als **Flächenmoment** oder als **statisches Moment einer Fläche** bezeichnet.

Die folgende Zusammenstellung ordnet nochmals die

Lösungsschritte bei der rechnerischen Bestimmung des Flächenschwerpunktes:

1. Zerlegen der Gesamtfläche in Teilflächen mit bekannter Schwerpunktlage.
2. Gesamtfläche auf ein senkrechtes Koordinatensystem beziehen. Dabei Flächenkanten möglichst auf die Koordinatenachsen legen.
3. Gesamtschwerpunkt mit seinen ungefähren Koordinaten *x* und *y* einzeichnen.
4. Teilschwerpunktabstände sowie Teilflächen und Gesamtfläche berechnen.
5. Bezogen auf die beiden Koordinatenachsen den Momentensatz aufstellen.
6. Den Momentensatz nach der *x*- und *y*-Komponente des Gesamtschwerpunktes umstellen, Zahlen einsetzen und *x* bzw. *y* ausrechnen.

M 39. Bild 2 zeigt in Draufsicht ein Blech mit konstanter Dicke und einer Bohrung mit dem Durchmesser 25 mm. Für die angegebenen Maße ist

a) das Maß *y* zu ermitteln,

b) das Maß *x* mit Hilfe des Momentensatzes zu berechnen.

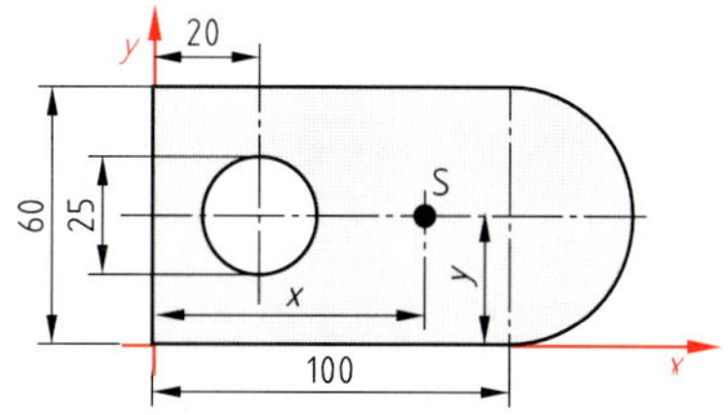

2

Lösung: a) Da der Schwerpunkt auf der horizontalen Symmetrieachse liegt und da diese auch Schwerlinie ist, ergibt sich das Maß

$$\boldsymbol{y} = \frac{60\text{ mm}}{2} = \mathbf{30\ mm}$$

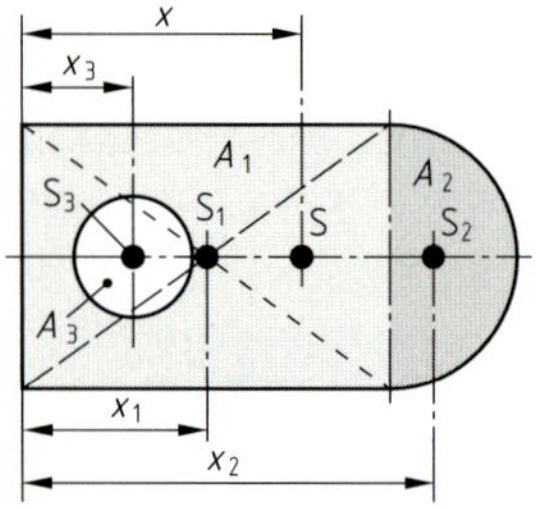

1

b) Bild 1 zeigt die zweckmäßige Aufteilung in die Teilflächen
A_1 = Rechteckfläche mit Schwerpunkt S_1,
A_2 = Halbkreisfläche mit Schwerpunkt S_2,
A_3 = Kreisfläche mit Schwerpunkt S_3. Es ist

$$\boldsymbol{A_1} = l \cdot b = 100\text{ mm} \cdot 60\text{ mm} = \mathbf{6000\ mm^2}$$

$$\boldsymbol{A_2} = \frac{1}{2} \cdot \frac{\pi}{4} \cdot d_2^2 = \frac{\pi}{8} \cdot (60\text{ mm})^2 = \mathbf{1413{,}72\ mm^2}$$

$$\boldsymbol{A_3} = \frac{\pi}{4} \cdot d_3^2 = \frac{\pi}{4} \cdot (25\text{ mm})^2 = \mathbf{490{,}87\ mm^2}$$

$\boldsymbol{x_1} = \mathbf{50\ mm};\ \boldsymbol{x_2} = 100\text{ mm} + 0{,}424 \cdot r_2 = 100\text{ mm} + 0{,}424 \cdot 30\text{ mm} = \mathbf{112{,}72\ mm};$
$\boldsymbol{x_3} = \mathbf{20\ mm}$

Bei der nun folgenden Anwendung des Momentensatzes ist zu beachten, dass die Fläche A_3 nicht vorhanden, d. h. herausgebohrt ist. Deshalb muss diese, sowie deren Flächenmoment, in Abzug gebracht werden:

$$(A_1 + A_2 - A_3) \cdot x = A_1 \cdot x_1 + A_2 \cdot x_2 - A_3 \cdot x_3 \longrightarrow x = \frac{A_1 \cdot x_1 + A_2 \cdot x_2 - A_3 \cdot x_3}{A_1 + A_2 - A_3}$$

$$\boldsymbol{x} = \frac{6000\text{ mm}^2 \cdot 50\text{ mm} + 1413{,}72\text{ mm}^2 \cdot 112{,}72\text{ mm} - 490{,}87\text{ mm}^2 \cdot 20\text{ mm}}{6000\text{ mm}^2 + 1413{,}72\text{ mm}^2 - 490{,}87\text{ mm}^2} = \mathbf{64{,}94\ mm}$$

M 40. Bild 2 zeigt ein NE-Profil nach DIN 1771. Die Maße x und y für den Gesamtschwerpunkt sind zu berechnen.

Lösung:

Man denkt sich die Gesamtfläche in die beiden Einzelflächen A_1 und A_2 (siehe senkrechte Maßhilfslinie in der Abbildung) zerlegt. Die verhältnismäßig kleinen Radien können idealisierend vernachlässigt werden. Es ist:

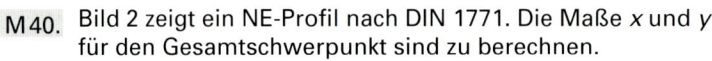

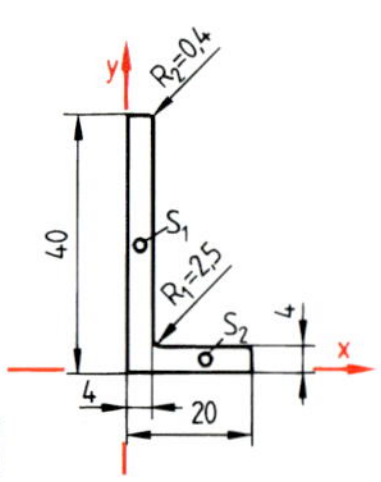

2

$\boldsymbol{x_1} = \mathbf{2\ mm},\ \boldsymbol{y_1} = \mathbf{20\ mm},\ \boldsymbol{x_2} = \mathbf{12\ mm},\ \boldsymbol{y_2} = \mathbf{2\ mm}$
$\boldsymbol{A_1} = 40\text{ mm} \cdot 4\text{mm} = \mathbf{160\ mm^2},\ \boldsymbol{A_2} = 16\text{ mm} \cdot 4\text{ mm} = \mathbf{64\ mm^2}$
Nach dem Momentensatz ist $x \cdot (A_1 + A_2) = x_1 \cdot A_1 + x_2 \cdot A_2$. Somit:

$$x = \frac{x_1 \cdot A_1 + x_2 \cdot A_2}{A_1 + A_2} = \frac{2\text{ mm} \cdot 160\text{ mm}^2 + 12\text{ mm} \cdot 64\text{ mm}^2}{160\text{ mm}^2 + 64\text{ mm}^2} = \frac{320\text{ mm}^3 + 768\text{ mm}^3}{224\text{ mm}^2}$$

$\boldsymbol{x} = \mathbf{4{,}857\ mm}$

Des Weiteren ist nach dem Momentensatz: $y \cdot (A_1 + A_2) = y_1 \cdot A_1 + y_2 \cdot A_2$. Somit:

$$y = \frac{y_1 \cdot A_1 + y_2 \cdot A_2}{A_1 + A_2} = \frac{20\text{ mm} \cdot 160\text{ mm}^2 + 2\text{ mm} \cdot 64\text{ mm}^2}{160\text{ mm}^2 + 64\text{ mm}^2} = \frac{3200\text{ mm}^3 + 128\text{ mm}^3}{224\text{ mm}^2}$$

$$\boldsymbol{y} = \frac{3328\text{ mm}^3}{224\text{ mm}^2} = \mathbf{14{,}857\ mm}$$

Aus den errechneten Schwerpunktkoordinaten ist zu erkennen:

Flächenschwerpunkte können außerhalb der Fläche liegen.

Dies gilt jedoch nicht nur für Flächenschwerpunkte. Es gilt auch: Linienschwerpunkte können außerhalb der Linie und Körperschwerpunkte (s. 16.4) können außerhalb des Körpers liegen.

16.4 Körperschwerpunkte

Körper sind immer massebehaftet. Somit ist es auch physikalisch richtig, vom **Schwerpunkt eines Körpers** zu sprechen. Da ein Körper drei Ausdehnungen (Dimensionen) hat, ist der Körperschwerpunkt außer durch die Komponenten x und y durch eine **dritte Komponente** z festzulegen.
Setzt man wieder Homogenität, d. h. **konstante Dichte** ρ im gesamten Körper voraus, dann kann man im Momentensatz die durch die Teilgewichte bzw. das Gesamtgewicht erzeugten Kraftmomente durch **Volumenmomente** ersetzen. Bei dieser Anwendung des Momentensatzes ist es erforderlich, die Schwerpunktlage der Teilkörper – aus denen der Gesamtkörper zusammengesetzt ist – zu kennen. Diesen Sachverhalt schaut man in einem **technischen Handbuch,** einem **Formellexikon** oder in der auf dieses Buch abgestimmten **Formel- und Tabellensammlung Technische Mechanik** nach. Einige Beispiele zeigen die Bilder 1 bis 3:

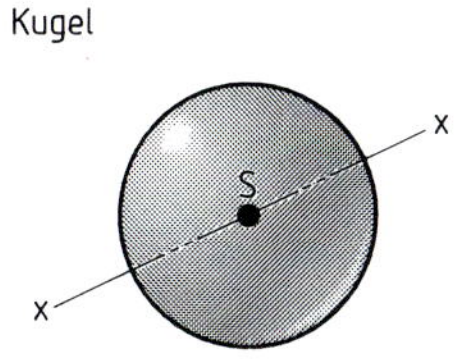

1

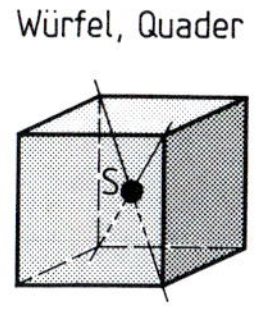

2

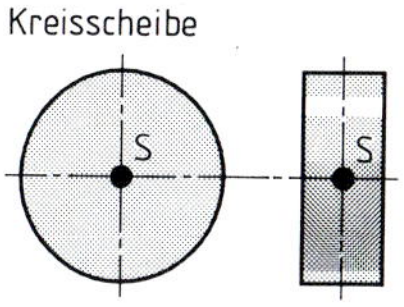

3

Unter einem **Volumenmoment** (auch **statisches Moment eines Volumens**) versteht man das Produkt eines Volumens und seines Schwerpunkabstandes zu einem Drehpunkt bzw. einer Bezugsachse. Beispiele: $V_1 \cdot x_1$ oder $V_3 \cdot y_3$.

Mit dem Momentensatz ergibt sich:

***x*-Komponente des Gesamtschwerpunktes** $$x = \frac{V_1 \cdot x_1 + V_2 \cdot x_2 + V_3 \cdot x_3 + \ldots}{V_1 + V_2 + V_3 + \ldots}$$ 75–1

***y*-Komponente des Gesamtschwerpunktes** $$y = \frac{V_1 \cdot y_1 + V_2 \cdot y_2 + V_3 \cdot y_3 + \ldots}{V_1 + V_2 + V_3 + \ldots}$$ 75–2

***z*-Komponente des Gesamtschwerpunktes** $$z = \frac{V_1 \cdot z_1 + V_2 \cdot z_2 + V_3 \cdot z_3 + \ldots}{V_1 + V_2 + V_3 + \ldots}$$ 75–3

M41. Bild 4 zeigt einen aus mehreren Einzelkörpern (Prismen) zusammengesetzten Körper in Vorderansicht und Draufsicht. Die Schwerpunktlage (Koordinaten x, y und z) ist mit Hilfe des Momentensatzes zu berechnen.

Lösung:
Aus Bild 4 ist zu ersehen, wie die Achsen des räumlichen Koordinatensystems zweckmäßig zu legen sind: Möglichst Koordinatenachsen an die Körperkanten heranlegen. Dann kann für den Abstand des Schwerpunktes des Einzelkörpers jeweils das entsprechende Körpermaß eingesetzt werden.
Die obere und mit einer Ausfräsung von 15 mm × 15 mm versehene quadratische Platte

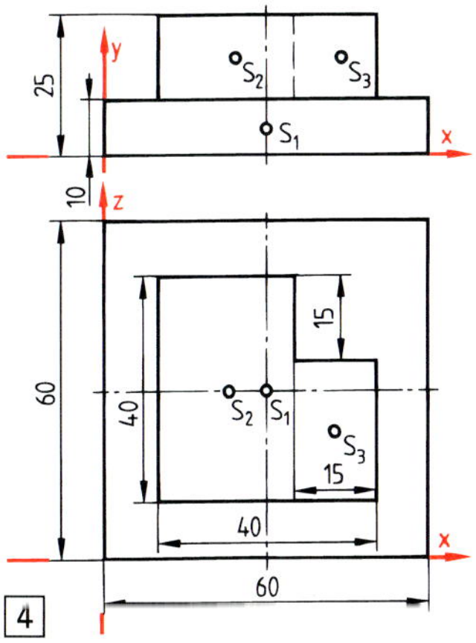

4

wird zweckmäßig in zwei rechteckige Platten aufgeteilt. Damit besteht der Körper aus drei Rechteckprismen, und die Einzelschwerpunkte befinden sich jeweils in Raummitte der Prismen. Bei der Anwendung des Momentensatzes ist mit den folgenden Abständen und Volumina zu rechnen:

x_1 = 30 mm = **3 cm**	y_1 = 5 mm = **0,5 cm**	z_1 = 30 mm = **3 cm**
x_2 = 22,5 mm = **2,25 cm**	y_2 = 17,5 mm = **1,75 cm**	z_2 = 30 mm = **3 cm**
x_3 = 42,5 mm = **4,25 cm**	y_3 = 17,5 mm = **1,75 cm**	z_3 = 22,5 mm = **2,25 cm**
V_1 = 6 cm · 6 cm · 1 cm	V_2 = 4 cm · 2,5 cm · 1,5 cm	V_3 = 1,5 cm · 1,5 cm · 2,5 cm
$\boldsymbol{V_1 = 36\ \text{cm}^3}$	$\boldsymbol{V_2 = 15\ \text{cm}^3}$	$\boldsymbol{V_3 = 5{,}625\ \text{cm}^3}$

Momentensatz: $(V_1 + V_2 + V_3) \cdot x = V_1 \cdot x_1 + V_2 \cdot x_2 + V_3 \cdot x_3$. Somit:

$$x = \frac{V_1 \cdot x_1 + V_2 \cdot x_2 + V_3 \cdot x_3}{V_1 + V_2 + V_3}$$

$$\boldsymbol{x} = \frac{36\ \text{cm}^3 \cdot 3\ \text{cm} + 15\ \text{cm}^3 \cdot 2{,}25\ \text{cm} + 5{,}625\ \text{cm}^3 \cdot 4{,}25\ \text{cm}}{36\ \text{cm}^3 + 15\ \text{cm}^3 + 5{,}625\ \text{cm}^3} = \mathbf{29{,}26\ mm}$$

Die Berechnung der Komponenten y und z erfolgt entsprechend:

$$\boldsymbol{y} = \frac{V_1 \cdot y_1 + V_2 \cdot y_2 + V_3 \cdot y_3}{V_1 + V_2 + V_3} = \mathbf{9{,}55\ mm} \qquad z = \frac{V_1 \cdot z_1 + V_2 \cdot z_2 + V_3 \cdot z_3}{V_1 + V_2 + V_3} = \mathbf{29{,}26\ mm}$$

Ü 94. Bild 1 zeigt ein Stanzteil aus Blech. Um Biegemomente vom Schnittstempel fernzuhalten, ist es erforderlich, diesen im **Linienschwerpunkt** S_l der Schnittlinie (Umfang) anzubringen. Berechnen Sie die Lage des Linienschwerpunktes, d. h. das Maß x_l. Für eine halbkreisförmige Linie ist der Abstand ihres Linienschwerpunktes: $x = \frac{2 \cdot r}{\pi}$ (s. Bild 1).

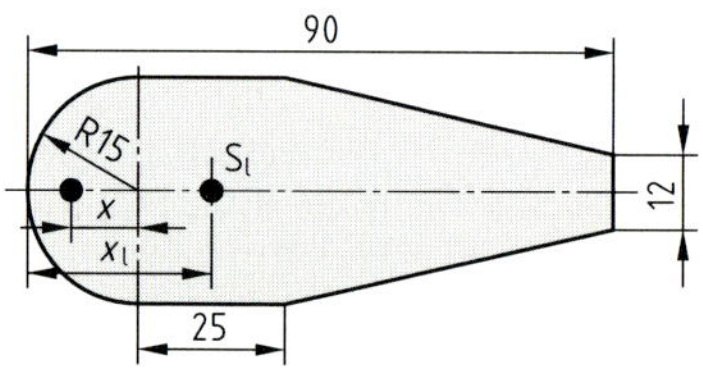

1

Ü 95. Berechnen Sie für das im Bild 1 abgebildete Blech den Abstand des **Flächenschwerpunktes** von der linken Blechbegrenzung. Vergleichen Sie Ihr Ergebnis mit dem Ergebnis von Ü 94.

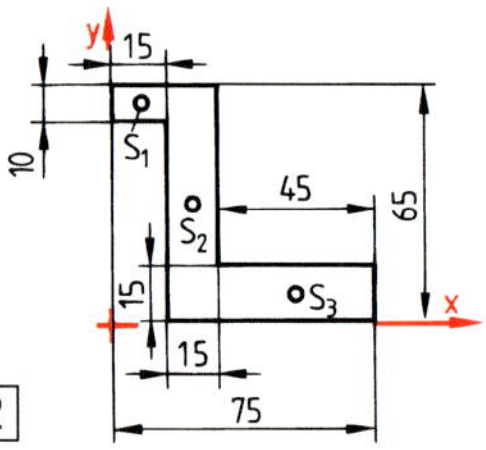

2

Ü 96. Bild 2 zeigt ein als unsymmetrisches Z-Profil ausgebildetes Blech. Die Maßhilfslinien und die eingezeichneten Einzelschwerpunkte zeigen eine mögliche Unterteilung der Gesamtfläche in drei Rechteckflächen.

a) Welche anderen Unterteilungsmöglichkeiten wären machbar?

b) Berechnen Sie die beiden Schwerpunktkoordinaten x und y.

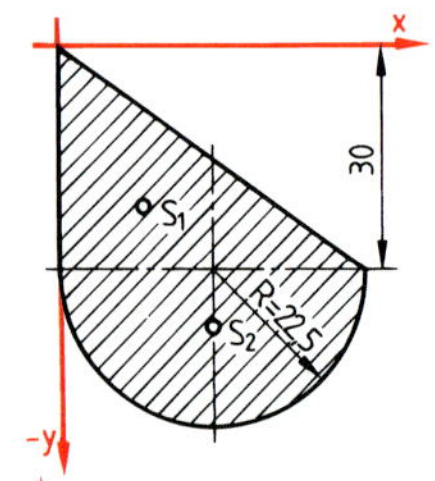

3

Ü 97. Berechnen Sie die beiden Schwerpunktkoordinaten x und y der im Bild 3 abgebildeten Fläche.

Ü 98. Berechnen Sie die Koordinaten des Linienschwerpunktes (Umfang) x und y der im Bild 3 abgebildeten Fläche.

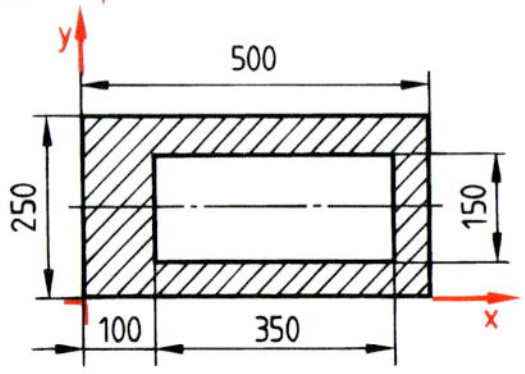

4

Ü 99. Bild 4 zeigt den Säulenquerschnitt einer Tischbohrmaschine. Berechnen Sie mit Hilfe des Momentensatzes die Lage des Flächenschwerpunktes.

Ü100. Bild 1 zeigt in einer schematischen Darstellung den Querschnitt einer Verbindung aus Profilstählen, und zwar ⊏ 280 nach DIN 1026
L 90 × 9 nach DIN EN 10056.

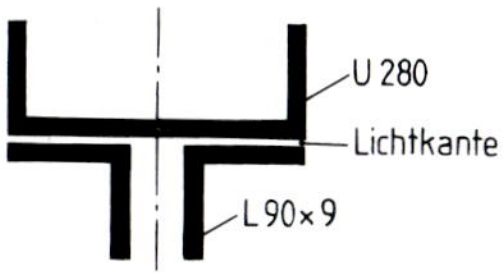

1

Anmerkung 1:
Bei solchen Abbildungen ist es erforderlich, die Profile voneinander unterscheiden zu können, und deshalb üblich, diese in einem kleinen Abstand voneinander zu zeichnen. In der DIN ISO 5261 wird dieser Abstand als **Lichtkante** bezeichnet; in Wirklichkeit sitzen aber die Profile press aneinander. Nach der gleichen Norm sind die Schnittflächen von Blechen und Profilen zu schwärzen. Auf die Darstellung der Profilradien kann verzichtet werden.

Anmerkung 2:
Die Querschnitte von Profilstählen sind in den entsprechenden DIN-Normen abgebildet und bemaßt. Dies gilt auch für die x- und y-Komponente des Flächenschwerpunktes. Verbindliche Unterlage ist das momentan gültige DIN-Blatt. Als Arbeitsunterlagen dienen jedoch auch technische Handbücher oder die auf dieses Lehrbuch abgestimmte **Formel- und Tabellensammlung Technische Mechanik.**

Berechnen Sie mit Hilfe einer solchen **Stahlbautabelle** die Lage des Flächenschwerpunktes des aus den Einzelprofilen zusammengesetzten Profilträgerquerschnittes in Bild 1.

Ü101. Berechnen Sie die Schwerpunktlage des im Bild 2 dargestellten abgesetzten Zylinders mit homogener Dichte ρ.

Ü102. Berechnen Sie für den im Bild 2 dargestellten abgesetzten Zylinder die Lage des Gesamtschwerpunktes, und zwar unter der Annahme, dass die beiden Einzelzylinder zusammengeklebt sind.
Zylinder mit Durchmesser 30 mm: Stahl mit der Dichte $\rho = 7{,}85$ kg/dm³.
Zylinder mit Durchmesser 20 mm: Al-Legierung mit der Dichte $\rho = 2{,}7$ kg/dm³.

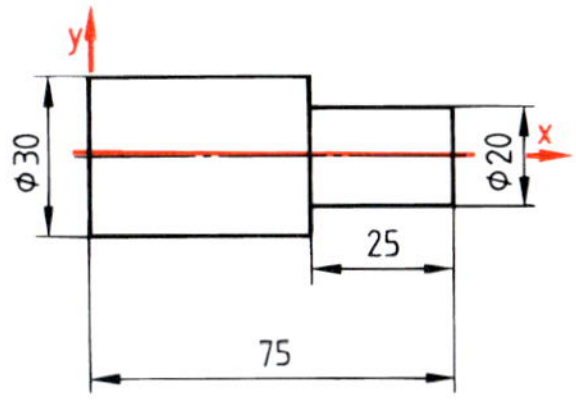

2

V 95. Was versteht man unter einem linienförmigen Körper? Nennen Sie Beispiele!

V 96. Erklären Sie die Begriffe Massenmittelpunkt und Schwerpunkt.

V 97. Was muss bei der Berechnung des Schwerpunktes inhomogener Körper beachtet werden?

V 98. Bild 3 zeigt ein aus gleichen Winkelprofilen (1 bis 5) zusammengesetztes Fachwerk. Errechnen Sie die Koordinaten des Linienschwerpunktes S (x und y).

V 99. Berechnen Sie den Flächenschwerpunkt, d. h. die Koordinaten x und y, des im Bild 3 abgebildeten Tragwerkes unter der Annahme, dass dieses aus einer gleich dicken Stahlplatte in der abgebildeten Grundform, d. h. aus einem rechtwinkligen Dreieck mit den Katheten 3,0 m und 1,4 m besteht.

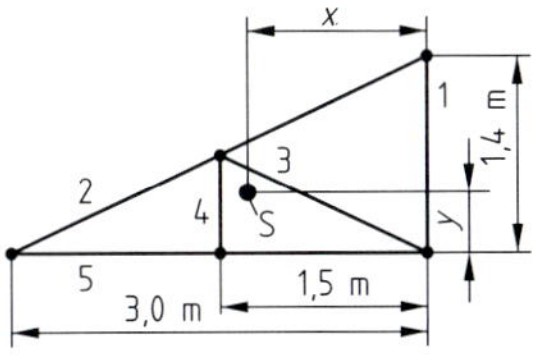

3

V 100. Bild 4 zeigt eine Exzenterwelle. Berechnen Sie deren Schwerpunktkoordinaten x und y.

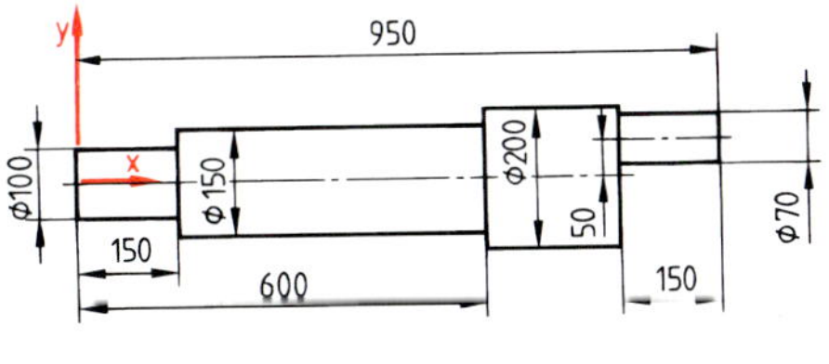

4

V 101. Welche Aussage können Sie über die Lage des Schwerpunktes einer symmetrischen Fläche machen?

V 102. Der Fahrgestellrahmen eines Diesel-Spezialwagens für den Transport von Beton-Fertigteilen ist aus Profilstählen [120 nach DIN 1026 gemäß Bild 1 zusammengeschweißt. Berechnen Sie die Linienschwerpunktkoordinaten *x* und *y*.

1

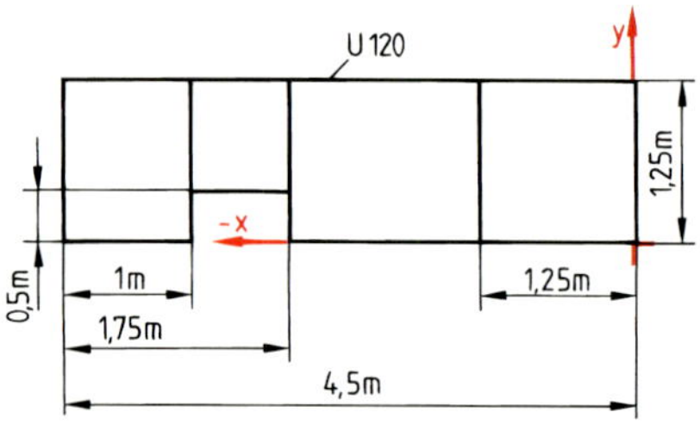

V 103. Berechnen Sie für die im Bild 2 dargestellte Fläche die Schwerpunktkoordinaten *x* und *y*.

V 104. In welche Richtungen würde sich bei dem in Bild 2 abgebildeten plattenförmigen Körper der Schwerpunkt verschieben, wenn der Rechteckteil 15 mm × 5 mm aus Werkstoff mit größerer Dichte bestehen würde als der übrige plattenförmige Körper?

2

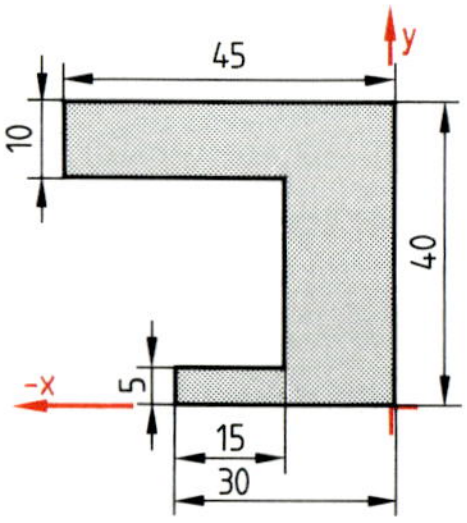

V 105. Berechnen Sie für die im Bild 3 abgebildete Fläche die Lage ihres Schwerpunktes.

V 106. In welche Richtung verschiebt sich bei der im Bild 3 abgebildeten Fläche der Schwerpunkt, wenn die Bohrung nicht ausgeführt wird?

3

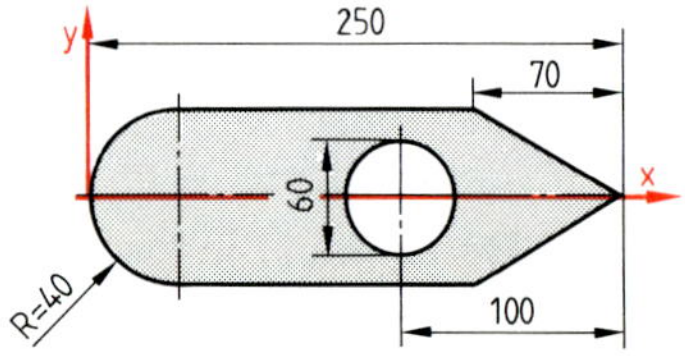

V 107. Bild 4 zeigt einen Blechträgerquerschnitt. Er ist aus einer Stahlplatte 200 mm × 10 mm und zwei Winkelstählen L 50 × 5 DIN EN 10056 hergestellt. Wie weit ist der Schwerpunkt von der unteren Kante entfernt?

4

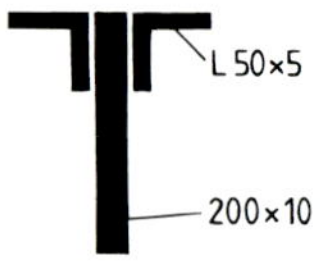

V 108. Wie weit ist der Schwerpunkt von der unteren Kante des Blechträgerquerschnittes im Bild 4 entfernt, wenn die Platte 200 mm × 10 mm aus Kupfer besteht? Es ist: $\rho_{Stahl} = 7{,}85\ kg/dm^3$ und $\rho_{Cu} = 8{,}9\ kg/dm^3$.

Weitere Übungsmöglichkeiten bezüglich der Ermittlung von Flächenschwerpunkten ergeben sich innerhalb des Gebietes der Festigkeitslehre, und zwar bei der Berechnung von Biegespannungen (Lektionen 61 bis 68).

Lektion 17

Bestimmung von Schwerpunkten mittels Seileckkonstruktion

17.1 Zeichnerische Bestimmung von Linienschwerpunkten

Bei stabförmigen Körpern sind – entsprechend Lektion 16 – die Längen der Stäbe den Stabgewichten proportional, und zwar unter der Voraussetzung der Homogenität (A und ρ sind konstante Größen). Dies bedeutet:

In einer Seileckkonstruktion kann statt der Gewichtskräfte der Stäbe die Stablänge zugrunde gelegt werden.

Statt einer Gesamtkraftlage (Lage der Resultierenden) kann so die „Lage der Gesamtlänge", d. h. die **Schwerpunktlage eines Linienzuges** ermittelt werden. Dazu ist es lediglich erforderlich, dass mit einem **Längenmaßstab LM** gearbeitet wird und dass als Angriffspunkte die Schwerpunkte der einzelnen Längen angenommen werden.

Bild 1 zeigt einen Linienzug, bestehend aus den Einzellängen l_1, l_2 und l_3. Die Gesamtlänge des Linienzuges l ist dem Gesamtgewicht proportional und entspricht demzufolge der Größe der Resultierenden.

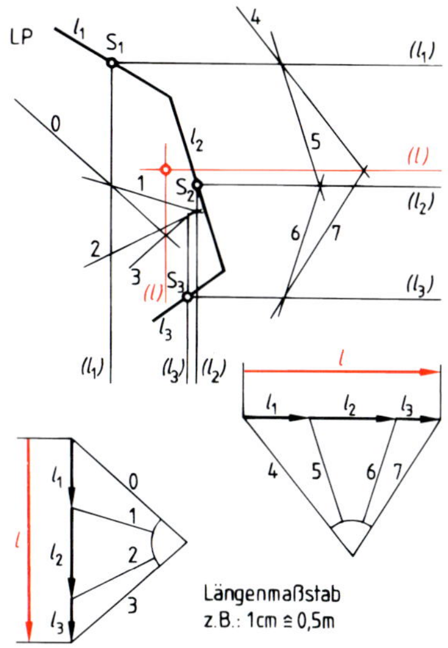

1

Da der Schnittpunkt von zwei Schwerlinien die Lage des Schwerpunktes eindeutig bestimmt, ermittelt man die Lage der Resultierenden im LP für die waagerechte **und** die senkrechte Richtung (Bild 1). Dies bedeutet, dass für jede dieser beiden Richtungen ein Poleck zu zeichnen ist. Somit:

Der Schnittpunkt der beiden Wirkungslinien von l (Schwerlinien) im „doppelten" Seileck ist mit dem Gesamtschwerpunkt S des Linienzuges identisch.

M 42. Für die im Bild 2 abgebildete Rohrkonstruktion ist mittels Seileckverfahren der Schwerpunkt zu ermitteln.

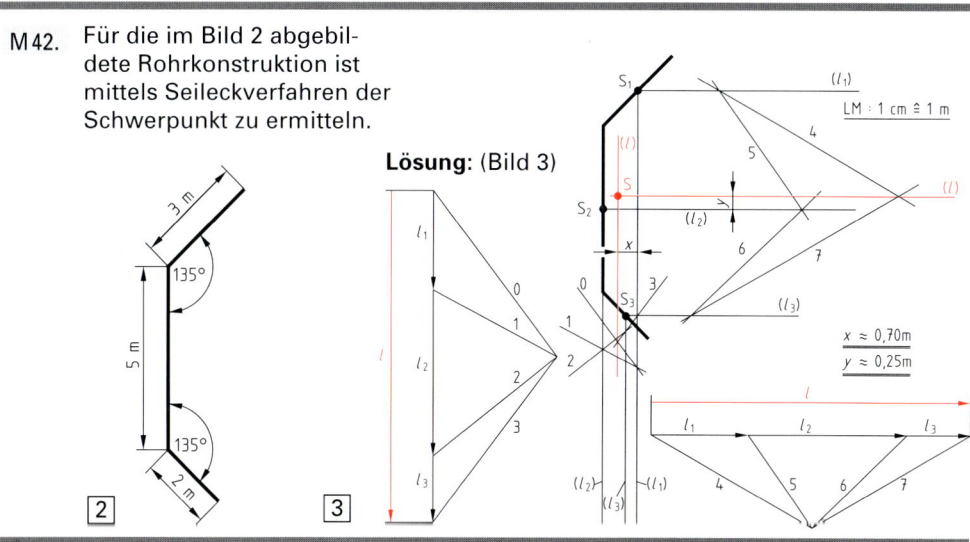

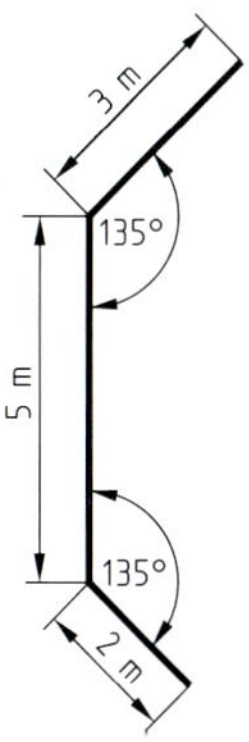

2

Lösung: (Bild 3)

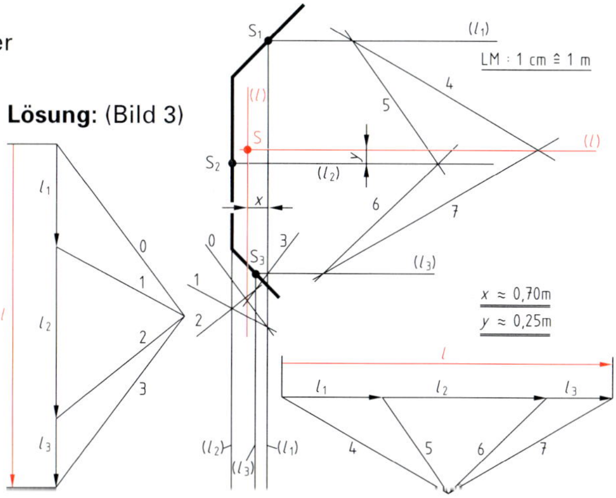

3

17.2 Zeichnerische Bestimmung von Flächenschwerpunkten

Da bei flachen Körpern – entsprechend Lektion 16 – die Größe der Fläche, z. B. eines Bleches, dem Gewicht des Körpers proportional ist, gilt auch hier unter der Voraussetzung von Homogenität (ρ und Dicke konstant) das für die zeichnerische Bestimmung von Linienschwerpunkten Gesagte (17.1) gleichermaßen. Dies bedeutet:

In einer Seileckkonstruktion kann statt der Gewichtskräfte der flachen Körperteile deren Flächengröße zugrunde gelegt werden.

Die Größe der Teilflächen und der Gesamtfläche kann also jeweils bei der Anwendung der Seileckkonstruktion wie eine Kraft behandelt werden. Der „Angriffspunkt der Fläche" ist dabei der Schwerpunkt derselben. Auch hier muss maßstäblich, d. h. mit einem **Flächenmaßstab FM** gearbeitet werden.

M43. Übungsaufgabe Ü 97., Seite 76 ist mit Hilfe des Seileckverfahrens zu lösen.
Vergleichen Sie die Ergebnisse der analytischen und der grafischen Lösung.

Lösung:
Bild 1 zeigt die Lösung mit dem Seileckverfahren.
Die Teilflächen sind maßstäblich mit dem Flächenmaßstab FM: 1 cm ≙ 400 mm² zum Ansatz gebracht. Sie betragen:

$$A_1 = \frac{30\ \text{mm} \cdot 45\ \text{mm}}{2} = \mathbf{675\ mm^2}$$

$$A_2 = \frac{\pi \cdot (45\ \text{mm})^2}{4 \cdot 2} = \mathbf{795{,}22\ mm^2}$$

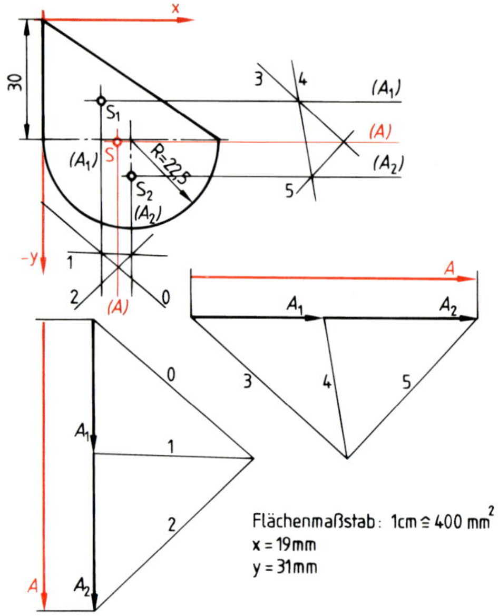

1

Ü103. Musteraufgabe M 42., Seite 79 ist mit Hilfe des Momentensatzes zu überprüfen.

Ü104. Übungsaufgabe Ü 96., Seite 76 ist mit Hilfe der Seileckkonstruktion zu lösen.

Ü105. Übungsaufgabe Ü 99., Seite 76 ist mit Hilfe der Seileckkonstruktion zu lösen.

V 109. Vertiefungsaufgabe V 103., Seite 78 ist mit Hilfe der Seileckkonstruktion zu lösen.

V 110. Übungsaufgabe Ü 100., Seite 77 ist mit Hilfe der Seileckkonstruktion zu lösen.

V 111. Vertiefungsaufgabe V 107., Seite 78 ist mit Hilfe der Seileckkonstruktion zu lösen.

V 112. Bild 2 zeigt einen Blechträgerquerschnitt aus Blechen 180 mm × 8 mm und 220 mm × 8 mm sowie den beiden gleichschenkligen L-Stählen L 90 × 9. Mit dem Seileckverfahren und dem Momentensatz ist die Schwerpunktlage zu bestimmen.

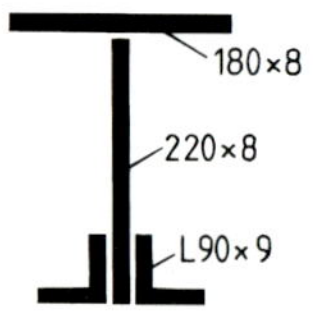

2

Lektion 18

Gleichgewicht und Kippen

18.1 Die Gleichgewichtsarten

Hinsichtlich der Lage eines festen Körpers unterscheidet man die **Gleichgewichtsarten** sicher oder **stabil,** unsicher oder **labil** und unbestimmt oder **indifferent**. Als Kriterium für diese Gleichgewichtsarten dient die Bewegungsrichtung des Körperschwerpunktes S in der Senkrechten bei Bewegung des Körpers. Die folgende Tabelle erklärt den Zusammenhang am Beispiel einer Kugel, die auf verschieden gekrümmten Unterlagen lagert und dann nach der Seite bewegt wird:

Gleichgewichtsart	Ausgangslage der Kugel	Bei horizontaler Auslenkung bewegt sich der Schwerpunkt S...
labil →	1 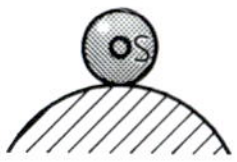 →	...nach unten
indifferent →	2 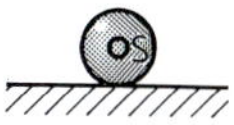 →	...in gleichbleibender Höhe
stabil →	3 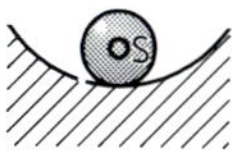 →	...nach oben

In der Statik wird grundsätzlich eine stabile Gleichgewichtslage der festen Körper vorausgesetzt.

18.2 Die Standfestigkeit der Körper

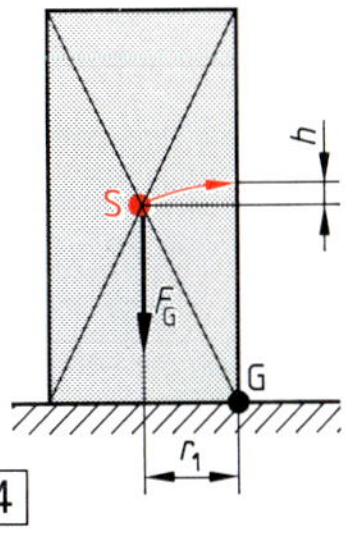

4

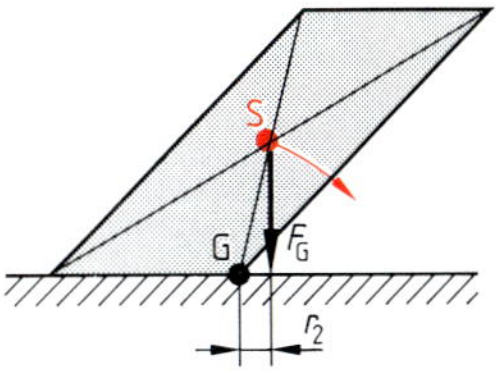

5

Eine stabile Gleichgewichtslage führt dazu, dass die betrachteten Körper, wie Häuser, Türme oder Maschinen, sicher und fest auf ihrer **Standfläche** stehen. Die Bilder 4 und 5 zeigen in der Seitenansicht Körper mit einer unterschiedlichen Standfestigkeit, und es ist daraus ersichtlich, dass sich in der stabilen Gleichgewichtslage (Bild 4) beim Kippen um den Punkt bzw. die Kante G **(Kippkante)** der Schwerpunkt S nach oben bewegt. Dagegen bewegt sich in der labilen Gleichgewichtslage (Bild 5) beim Kippen um G der Schwerpunkt nach unten. Des weiteren zeigen die Bilder 4 und 5 (wenn nur F_G wirkt):

Standfestigkeit ist dann gegeben, wenn ein Körper Kippkanten hat **und** das Lot des Schwerpunktes die Standfläche innerhalb der Kippkanten trifft.

Man kann auch sagen:
stabile Gleichgewichtslage ⟶ Gewichtskraft F_G bewirkt ein **Standmoment** $M_S = F_G \cdot r_1$
labile Gleichgewichtslage ⟶ Gewichtskraft F_G bewirkt ein **Kippmoment** $M_K = F_G \cdot r_2$

18.3 Kippsicherheit

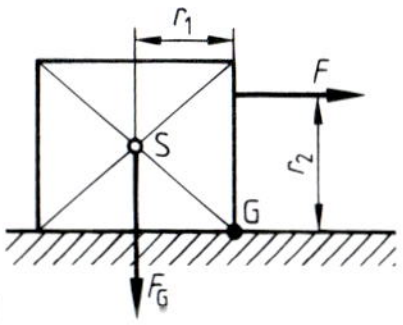

6

An dem im Bild 6 dargestellten Körper greifen zwei Kräfte, die Gewichtskraft F_G und eine weitere Kraft F, an. Man erkennt daraus, dass die Standfestigkeit beim Wirken weiterer Kräfte nicht alleine von der Gewichtskraft beeinflusst wird. Denn bezieht man die Wirkung dieser Kräfte auf die Kippkante G, dann lässt

STATIK

sich zwischen dem **Standmoment** und dem **Kippmoment** wie folgt unterscheiden:

Standmoment $M_S = F_G \cdot r_1$ 82–1 in Nm

Kippmoment $M_K = F \cdot r_2$ 82–2 in Nm

Beim Wirken von jeweils nur einem Standmoment bzw. Kippmoment erkennt man:

Ist $M_S > M_K$, dann steht der Körper stabil. Ist $M_S < M_K$, dann kippt der Körper über die Kippkante um.

Der Quotient Standmoment M_S geteilt durch Kippmoment M_K wird als **Kippsicherheit** ν_K bezeichnet. Beim Wirken mehrerer Standmomente bzw. Kippmomente gilt für die

Kippsicherheit $\nu_K = \frac{\Sigma M_S}{\Sigma M_K}$ 82–3

Da in der stabilen Gleichgewichtslage $\Sigma M_S > \Sigma M_K$ sein muss, gilt:

Stabiles Gleichgewicht ist dann gegeben, wenn die Kippsicherheit $\nu_K > 1$ ist.

M44. An dem im Bild 1 dargestellten prismatischen Körper greifen die Kräfte F_1, F_2 und F_G an. Ermitteln Sie mit Hilfe der Seileckkonstruktion Größe und Lage der Resultierenden F_r dieser am Körper angreifenden Kräfte. Größe, Richtung und Angriffspunkt der Einzelkräfte sind aus Bild 1 herauszumessen.
Versuchen Sie, nach dem Lösen der Aufgabe eine allgemeine Aussage über die Standfestigkeit eines Körpers zu machen.

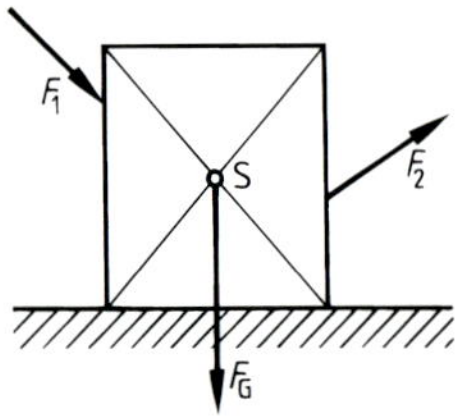

1

Lösung:
Bild 2 zeigt die zeichnerische Lösung mit Hilfe des Polecks (KP) und des Seilecks (LP). Es ist zu erkennen, dass die WL von F_r die Standfläche innerhalb der Kippkanten durchdringt. Sie erzeugt also ein Standmoment, und dies bedeutet, dass der Körper stabil steht. Da die Resultierende F_r dieselbe Wirkung auf den Körper wie die Einzelkräfte hat, kann allgemein gültig gesagt werden:

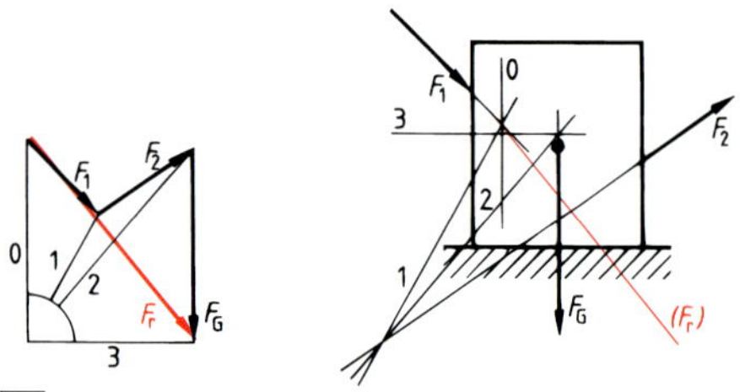

2

Trifft die Wirkungslinie der Resultierenden aller am Körper angreifenden Belastungskräfte, einschließlich der Gewichtskraft, die Standfläche eines Körpers innerhalb der Kippkanten, herrscht stabiles Gleichgewicht ($\nu_K > 1$).

M45. Ein vollkommen mit Flüssigkeit gefüllter Tank (Bild 3) mit der Breite b = 1,2 m und der Höhe h = 4 m soll durch die Seilkraft F umgezogen werden. Wie groß muss F bei F_G = 32,5 kN und α = 28° sein?

Lösung: $F_G \cdot \frac{b}{2} = F_x \cdot h = F \cdot \cos\alpha \cdot h$

$$F = \frac{F_G \cdot b}{2 \cdot \cos\alpha \cdot h} = \frac{F_G \cdot b}{2 \cdot \cos 28° \cdot h} = \frac{32{,}5\ \text{kN} \cdot 1{,}2\text{m}}{2 \cdot 0{,}88295 \cdot 4\ \text{m}}$$

$\boldsymbol{F = 5{,}52\ \textbf{kN}}$

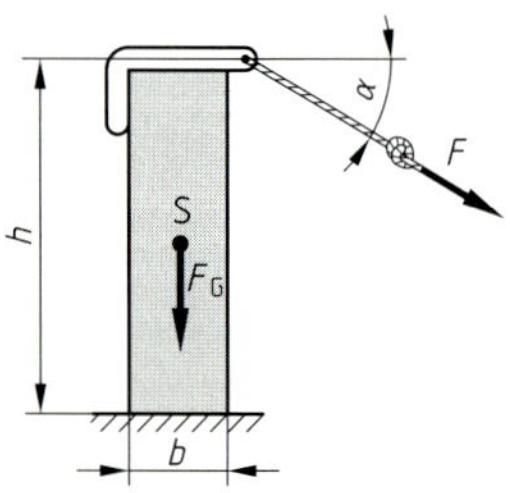

3

M 46. Bild 1 zeigt einen Gabelstapler, der mit F_{G1} belastet wird. Das Eigengewicht (im Schwerpunkt S_G angreifend) beträgt F_{G2} = 9,5 kN, und die Gewichtskraft des Fahrers kann mit F_{G3} = 0,75 kN angesetzt werden. Wie groß darf F_{G1} höchstens bei einer Kippsicherheit ν_K = 2,5 werden? Es ist l_1 = 0,8 m; l_2 = 1,9 m; l_3 = 1,6 m.

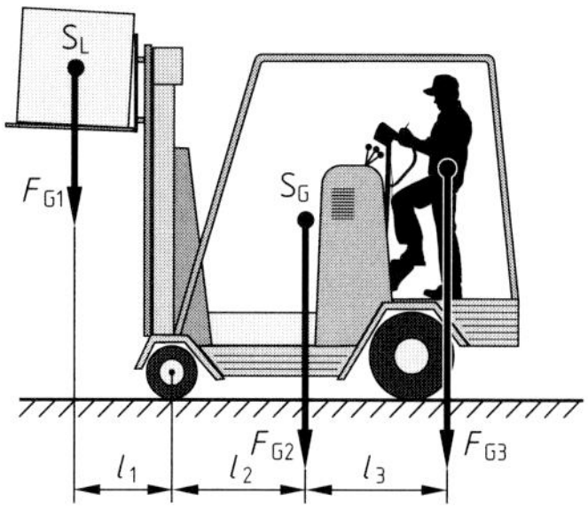

1

Lösung:

$$\nu_K = 2{,}5 = \frac{\Sigma M_S}{\Sigma M_K} = \frac{F_{G2} \cdot l_2 + F_{G3} \cdot (l_2 + l_3)}{F_{G1} \cdot l_1}$$

$$F_{G1} = \frac{F_{G2} \cdot l_2 + F_{G3} \cdot (l_2 + l_3)}{2{,}5 \cdot l_1} = \frac{9{,}5\ \text{kN} \cdot 1{,}9\ \text{m} + 0{,}75\ \text{kN} \cdot (1{,}9\ \text{m} + 1{,}6\ \text{m})}{2{,}5 \cdot 0{,}8\ \text{m}}$$

$$\boldsymbol{F_{G1}} = \frac{18{,}05\ \text{kNm} + 2{,}625\ \text{kNm}}{2{,}5 \cdot 0{,}8\ \text{m}} = \mathbf{10{,}33\ kN}$$

Ü106. Bild 2 zeigt einen genuteten prismatischen Körper auf einer Unterlage liegend, und zwar teilweise über die Kippkante hinausragend.

a) Wie groß ist die Kippsicherheit, wenn die Kraft F nicht wirkt?

b) Welche Kraft F muss wirken, damit das Kippmoment gerade so groß wie das Standmoment ist?

Anmerkung:
Die Gewichtskraft errechnet sich gemäß Formel 8–3 zu $F_G = m \cdot g = V \cdot \rho \cdot g$.
Dabei ist V = Körpervolumen,
ρ = Dichte des Körperwerkstoffes,
g = Fallbeschleunigung = $9{,}81\,\frac{\text{m}}{\text{s}^2}$.

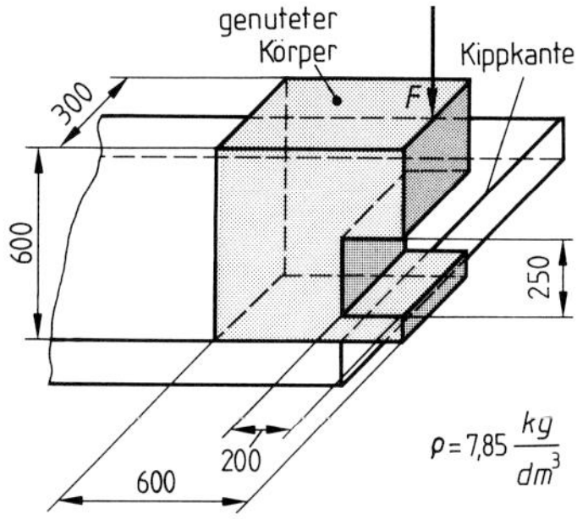

2

Ü107. Wie groß ist das Kippmoment des im Bild 3 dargestellten Körpers, bei einem Gewicht des prismatischen Körpers F_G = 20 N?

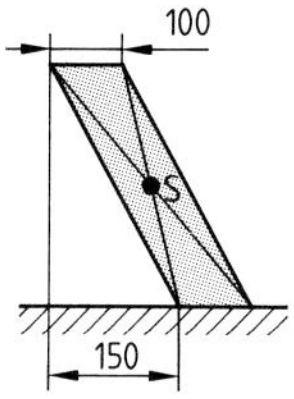

3

Ü108. Wie groß ist die Kippsicherheit eines Körpers mit Kippkanten

a) bei labilem Gleichgewicht,

b) bei indifferentem Gleichgewicht,

c) bei stabilem Gleichgewicht?

Ü109. Bild 4 zeigt einen Drehkran in der Seitenansicht. Er trägt die Last F = 60 kN, und jeweils in den Schwerpunkten greifen die Gewichtskräfte F_{G1}, F_{G2} und F_{G3} an.

Berechnen Sie die Kippsicherheit ν_K.

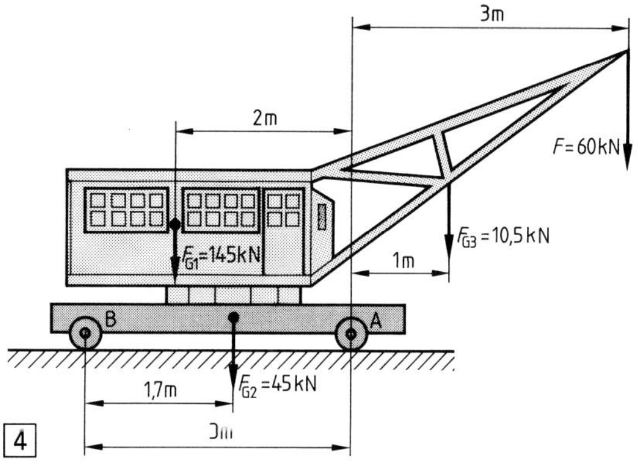

4

STATIK

Ü110. Wann wird bei dem im Bild 4, Seite 83 abgebildeten Drehkran, bei den gleichen Gewichten und Kräften, die Kippsicherheit ν_K kleiner?

Ü111. Eine Zugmaschine (Bild 1) fährt an einer schiefen (geneigten) Ebene mit dem Neigungswinkel α hinauf. Es ist $l_1 = 0{,}9$ m; $l_2 = 0{,}45$ m; $l_3 = 0{,}75$ m. Das Gewicht der Zugmaschine beträgt $F_G = 20$ kN. Die Zugkraft ist $F_Z = 8$ kN. Bei welchem Grenzwinkel α kippt die Zugmaschine nach hinten über?

1

V113. Wodurch ist das stabile Gleichgewicht eines Körpers gekennzeichnet?

V114. Welchen Wert unterschreitet die Kippsicherheit ν_K, wenn die Resultierende aller an einem Körper mit Kippkanten angreifenden Kräfte mit ihrer WL die Standfläche außerhalb der Kippkanten passiert?

V115. Ein zylindrischer Körper mit dem Durchmesser 50 cm und der Höhe 90 cm wird auf einer schiefen (geneigten) Ebene abgestellt. Bei welchem Neigungswinkel der schiefen Ebene zur Horizontalen kippt der Körper um?

V116. Das Tor zu einem Lagerplatz ist an einem gemauerten Pfeiler mit dem Gewicht $F_{GP} = 30$ kN befestigt. Das Tor wiegt $F_{GT} = 3{,}5$ kN. Berechnen Sie die Sicherheit gegen Kippen ν_K, wenn die Verbindung zwischen Pfeiler und Fundament unberücksichtigt bleibt (Bild 2).

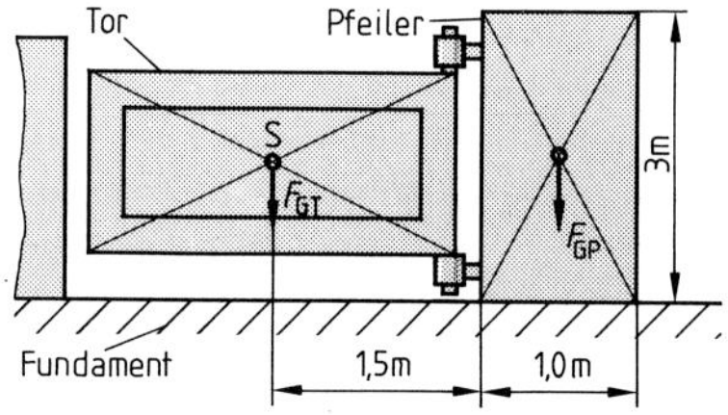

2

V117. Eine Kiste mit Schwerpunkt in Raummitte und einem Gewicht $F_G = 2{,}5$ kN hat die Abmessungen 350 mm × 600 mm × 1000 mm. Die Kiste liegt auf ihrer kleinsten Fläche 350 mm × 600 mm auf und soll mit Hilfe einer waagerechten Kraft, die an der Kistenoberkante angreift, gekippt werden. Wie groß muss diese Kraft sein

a) beim Kippen über die 350 mm lange Kante,
b) beim Kippen über die 600 mm lange Kante?

V118. Wie groß ist bei dem im Bild 3 abgebildeten Schornstein die Kippsicherheit ν_K, wenn er bei einem Eigengewicht von $F_G = 1500$ kN auf einer Standfläche mit dem Durchmesser $d = 3{,}5$ m steht und wenn die Windkraft $F_W = 120$ kN ist. Die Schornsteinhöhe beträgt $h = 32$ m, und der Angriffspunkt der Windkraft ist $x = 0{,}4 \cdot h$ von der Standfläche entfernt.

V119. Informieren Sie sich in einem Lexikon über den „schiefen Turm zu Pisa". Welche statischen Bedingungen müssen bei dem in naher Zukunft befürchteten Umkippen dieses Bauwerkes gegeben sein?

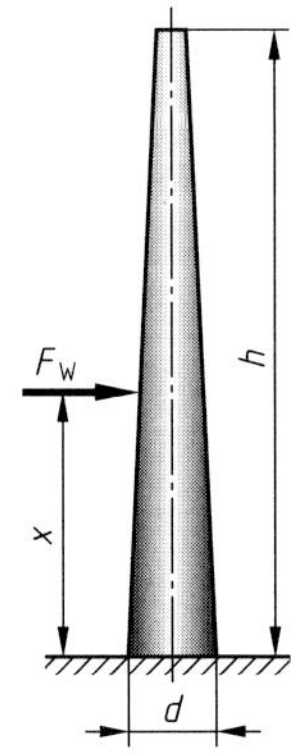

3

STATIK

Lektion 19

Die Regeln von Guldin

Eine weitere Anwendung der Schwerpunktlehre ist die Berechnung des **Rauminhaltes** und der **Oberfläche** von **Rotationskörpern.** Die entsprechenden Berechnungsgleichungen sind erstmals von dem griechischen Mathematiker **Pappus** (3. Jh. n. Chr.) formuliert worden. Über eintausend Jahre gerieten sie jedoch in Vergessenheit. Unabhängig von dieser mathematischen Leistung im Altertum wurden diese Formeln von dem Schweizer Mathematiker und Jesuitenpater Paul **Guldin (1577 bis 1643**) entwickelt und formuliert.

19.1 Volumenberechnung

Es wurde bereits gesagt, dass die Regeln für Rotationskörper gelten, so z. B. für einen Hohlzylinder (Bild 1). Auch eine um die Grundlinie gedrehte Halbkreisscheibe (Bild 2) erzeugt einen solchen Rotationskörper, nämlich eine Kugel. Einen Kreiskegel kann man sich aus einem um die Kathete gedrehten rechtwinkligen Dreieck erzeugt denken, und eine außerhalb der Rotationsachse liegende Kreisscheibe erzeugt einen Torus bei Drehung der Kreisscheibe um diese Rotationsachse.
Ein solcher Torus ist ein zu einem Kreisring gewickelter Zylinder (z. B. aufgepumpter Fahrradschlauch). Aus den Beispielen ist zu erkennen:

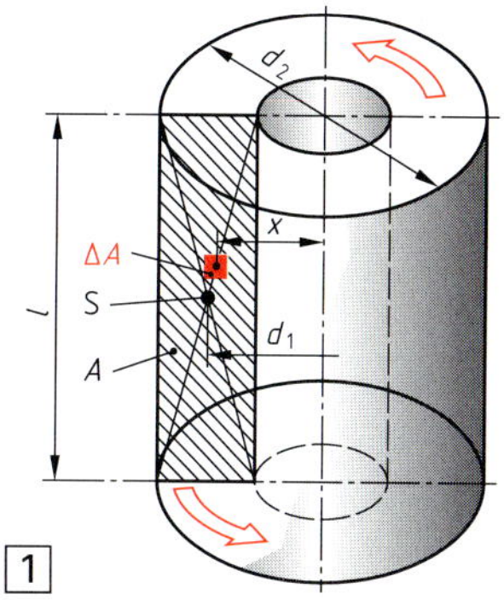

1

Rotiert eine Fläche um eine Achse, dann beschreibt sie einen Rotationskörper.

Die Beispiele zeigen auch, dass die Rotationsachse die den Rotationskörper erzeugende Fläche nicht schneiden darf. Bild 1 zeigt, dass bei der Rotation der Fläche A um die Rotationsachse (Mittelachse des Hohlzylinders) jedes Flächenelement ΔA ein kleines Ringvolumen ΔV erzeugt, und zwar: $\mathbf{\Delta V = 2 \cdot \pi \cdot x \cdot \Delta A}$

Das Gesamtvolumen des Rotationskörpers ergibt sich aus der Summe aller Teilvolumen. Somit: $\mathbf{V = \Sigma\, \Delta V = \Sigma\, 2 \cdot \pi \cdot x \cdot \Delta A.}$

Mit den Konstanten vor dem Σ-Zeichen: $\mathbf{V = 2 \cdot \pi \cdot \Sigma\, \Delta A \cdot x}$ ①

Der Ausdruck $\Sigma\, \Delta A \cdot x$ ist die Summe aller Einzel-Flächenmomente, gebildet aus dem Produkt der kleinen Einzelflächen und ihrem jeweiligen Abstand zur Rotationsachse. Nach dem Momentensatz ist aber diese Summe der Einzel-Flächenmomente gleich dem resultierenden Flächenmoment $A \cdot \frac{d_1}{2}$. Es ist also $\mathbf{\Sigma\, \Delta A \cdot x = A \cdot \frac{d_1}{2}}$. ②

Beim Einsetzen von ② in ① ergibt sich $\mathbf{V = 2 \cdot \pi \cdot A \cdot \frac{d_1}{2}}$. Somit erhält man für das

Volumen des Rotationskörpers $V = A \cdot \pi \cdot d_1$ 85–1

A = Profilfläche in m² $\pi \cdot d_1$ = Schwerpunktsweg bei einer Umdrehung in m

Der Rauminhalt (Volumen) eines Rotationskörpers errechnet sich aus dem Produkt der Profilfläche und ihrem Schwerpunktweg bei einer Umdrehung um die Rotationsachse.

M47. Durch die Rotation einer Halbkreisscheibe (Bild 2) um ihre Grundlinie wird das Kugelvolumen beschrieben. Entwickeln Sie aus dieser Überlegung die Volumengleichung der Kugel.

Lösung: $V = A \cdot d_1 \cdot \pi = \frac{1}{2} \cdot \frac{\pi}{4} \cdot d^2 \cdot 2 \cdot \frac{4 \cdot r}{3 \cdot \pi} \cdot \pi$

$$\mathbf{V} = \frac{1}{2} \cdot \frac{\pi}{4} \cdot d^2 \cdot 2 \cdot \frac{4 \cdot d}{2 \cdot 3 \cdot \pi} \cdot \pi = \mathbf{\frac{\pi}{6} \cdot d^3}$$

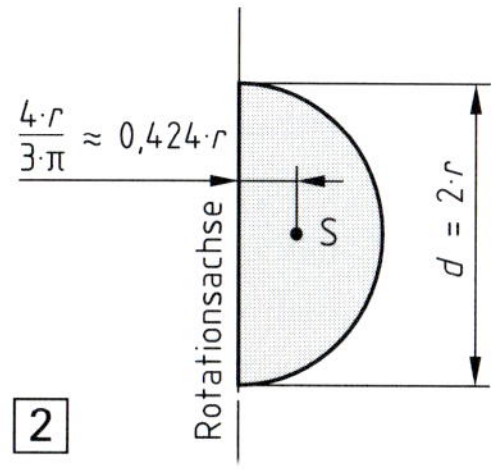

2

19.2 **Oberflächenberechnung** (Mantelberechnung)

Bild 1 zeigt die Rotation einer gegenüber der Rotationsachse geneigten Geraden l um die Rotationsachse. Der dabei beschriebene Rotationskörper ist ein Kegelstumpf, und die Gerade l ist eine Mantellinie desselben. Bei einer Umdrehung dieser Mantellinie um die Rotationsachse beschreibt diese die **Mantelfläche.** Die kleine Teillänge Δl erzeugt bei diesem Vorgang eine Ringfläche

$$\boldsymbol{\Delta A = 2 \cdot \pi \cdot x \cdot \Delta l.}$$

Die gesamte Mantelfläche des Rotationskörpers ergibt sich aus der Summe aller Teilflächen ΔA. Somit:

$$\boldsymbol{A = \Sigma \Delta A = \Sigma 2 \cdot \pi \cdot x \cdot \Delta l.}$$

Mit den Konstanten vor das Summenzeichen geschrieben ergibt sich

$$\boldsymbol{A = 2 \cdot \pi \cdot \Sigma \Delta l \cdot x.} \quad ①$$

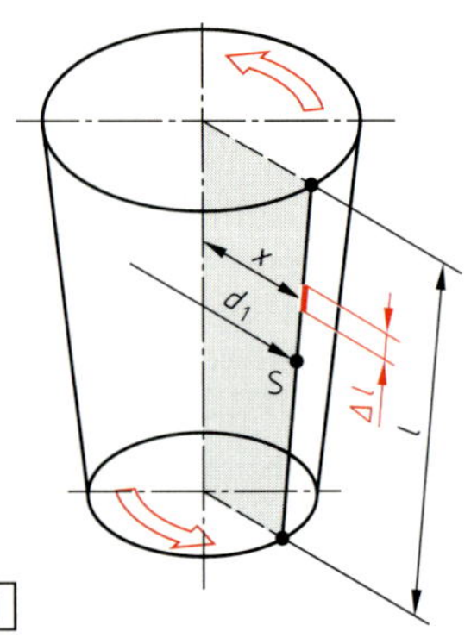

1

Der Ausdruck $\Sigma \Delta l \cdot x$ ist die Summe aller Einzel-Linienmomente, gebildet aus dem Produkt der kleinen Teillängen und ihrem jeweiligen Abstand zur Rotationsachse. Nach dem Momentensatz ist aber diese Summe der Einzel-Linienmomente gleich dem resultierenden Linienmoment $l \cdot \frac{d_1}{2}$. Es ist also

$$\boldsymbol{\Sigma \Delta l \cdot x = l \cdot \frac{d_1}{2}} \quad ②$$

Beim Einsetzen von ② in ① ergibt sich

$$\boldsymbol{A = 2 \cdot \pi \cdot l \cdot \frac{d_1}{2}}.$$ Somit erhält man für die

Mantelfläche eines Rotationskörpers $A = l \cdot \pi \cdot d_1$ 86–1

l = Mantellinienlänge in m $\pi \cdot d_1$ = Schwerpunktweg bei einer Umdrehung in m

Die Mantelfläche eines Rotationskörpers errechnet sich aus dem Produkt der Länge der Mantellinie (Profillinie) und ihrem Schwerpunktweg bei einer Umdrehung um die Rotationsachse.

M 48. Durch die Rotation einer Halbkreislinie (Bild 2) um ihre Grundlinie wird die Oberfläche einer Kugel beschrieben. Entwickeln Sie aus dieser Überlegung die Gleichung zur Berechnung der Kugeloberfläche.

Lösung:

$$A = l \cdot \pi \cdot d_1 = l \cdot \pi \cdot 2 \cdot x = l \cdot \pi \cdot 2 \cdot \frac{2 \cdot r}{\pi}$$

$$\boldsymbol{A} = \frac{d \cdot \pi}{2} \cdot \pi \cdot 2 \cdot \frac{2 \cdot d}{2 \cdot \pi} = \boldsymbol{\pi \cdot d^2}$$

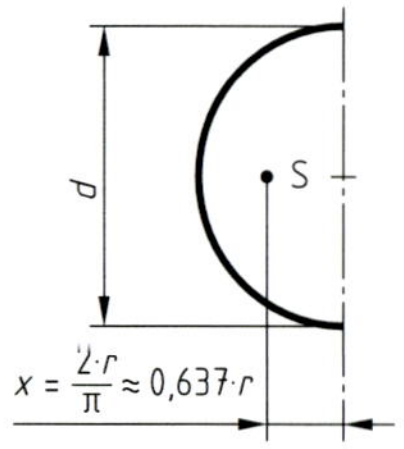

2

Ü 112. Ein Kegelstumpf (Bild 3) hat die Abmessungen D = 100 cm, d = 60 cm und h = 120 cm. Berechnen Sie mit Hilfe der Guldin'schen Regeln
a) die Mantelfläche in m² b) das Volumen in m³.
Überprüfen Sie Ihre Ergebnisse mit Hilfe der in der Geometrie angegebenen Formeln.

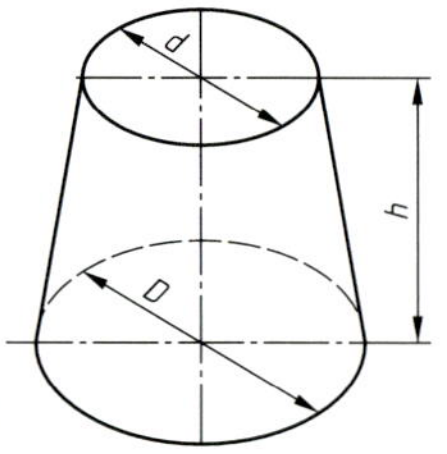

3

Ü 113. Welche Bedingung muss bei der Guldin'schen Regel zur Berechnung des Körpervolumens hinsichtlich der Lage der erzeugenden Fläche bezogen auf die Rotationsachse erfüllt sein?

Ü 114. Die in Bild 4 abgebildete Buchse hat die Maße D = 200 mm, d = 140 mm, d_i = 120 mm, h = 90 mm, h_1 = 70 mm. Wie groß ist ihr Volumen?

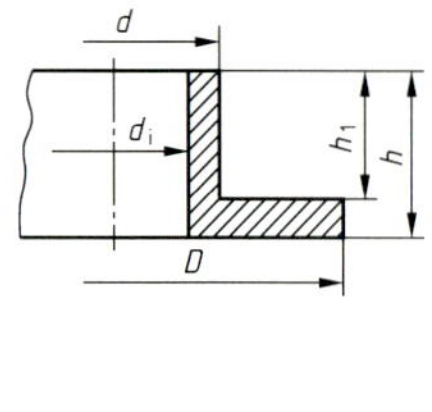

4

Ü115. Das im Bild 1 dargestellte Schüttrohr ist aus Stahlblech mit einer Dicke von 2 mm hergestellt. Die angegebenen Durchmesser sind mittlere Durchmesser, d. h. sie beziehen sich auf die neutrale Blechfaser. Berechnen Sie

a) die Mantelfläche mit Hilfe der Guldin'schen Regel in m^2,

b) die Masse des verarbeiteten Stahlbleches bei einer Dichte $\rho = 7{,}85 \frac{kg}{dm^3}$.

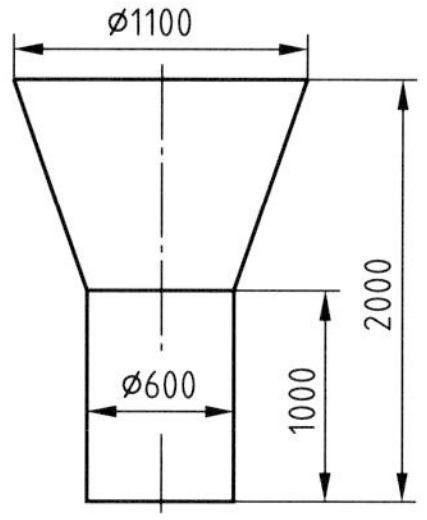

1

Ü116. Berechnen Sie mit Hilfe der Guldin'schen Volumenregel das Volumen eines Körpers mit den Außenmaßen und der Form der in Bild 1 abgebildeten Figur.

V120. Bild 2 zeigt den Schnitt durch eine Gummidichtung mit dem Innendurchmesser $d_i = 500$ mm. Die Abmessungen ihres Querschnittes sind mit denen in Übungsaufgabe Ü97., Seite 76 identisch. Berechnen Sie

a) das Volumen dieser Dichtung,

b) die Masse der Dichtung bei $\rho = 1{,}4 \frac{kg}{dm^3}$.

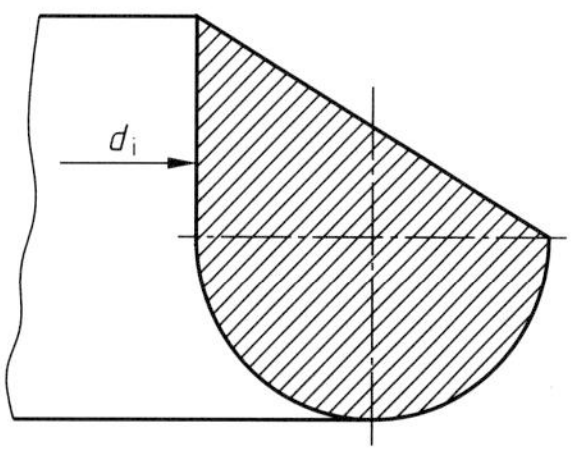

2

V121. Wie groß ist die Oberfläche der in Bild 2 abgebildeten Gummidichtung?

V122. Die im Bild 3 dargestellte Wellenaufnahme ist aus Grauguss mit der Dichte $\rho = 7{,}25 \frac{kg}{dm^3}$ hergestellt. Zu berechnen ist

a) das Volumen,

b) das Gewicht der Wellenaufnahme.

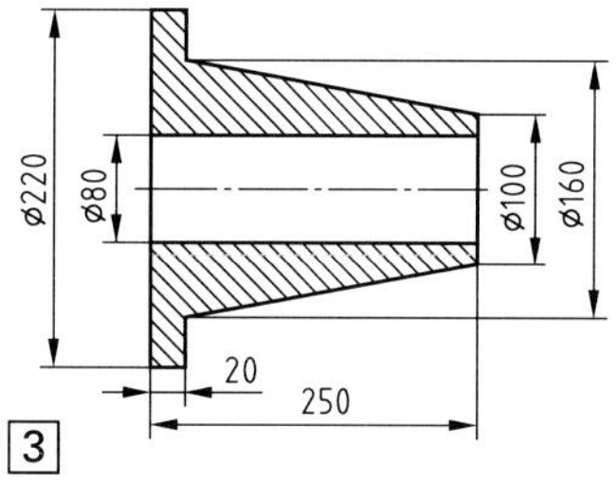

3

V123. Berechnen Sie mit Hilfe der Guldin'schen Regel die äußere Mantelfläche in cm^2 der in Bild 3 dargestellten Wellenaufnahme.

V124. Entwickeln Sie für einen Kegel mit Hilfe der beiden Guldin'schen Regeln

a) eine Gleichung zur Berechnung der Mantelfläche,

b) eine Gleichung zur Berechnung des Kegelvolumens.

Überprüfen Sie Ihre Ergebnisse mit Hilfe der in der Geometrie angegebenen Formeln.

V125. Bild 4 zeigt den Blechträgerquerschnitt von Übungsaufgabe Ü100., Seite 77 und Bild 5 denselben von Vertiefungsaufgabe V107., Seite 78. Beide werden zu einem Ring gewickelt, und zwar mit dem Innendurchmesser $d_i = 4000$ mm.
Berechnen Sie mit Hilfe der Guldinschen Regel zur Volumenberechnung

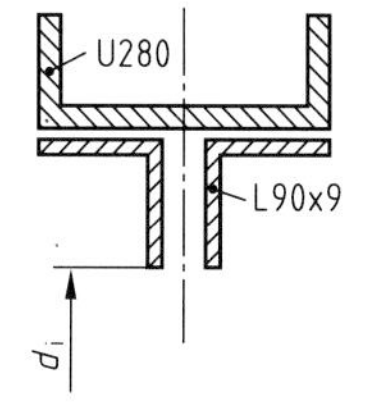

4

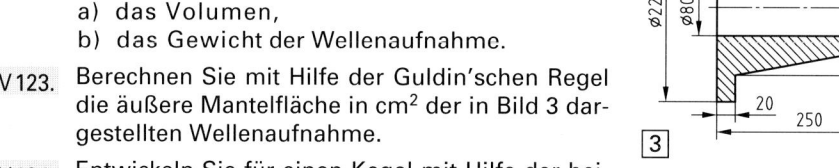

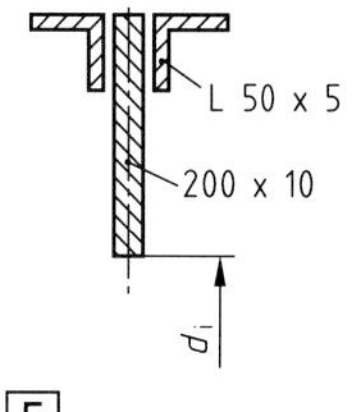

5

a) das Volumen des im Bild 4 dargestellten Ringes,

b) das Volumen des im Bild 5 dargestellten Ringes.

V126. Das in Übungsaufgabe Ü94., Seite 76 (Bild 1) abgebildete Blech, für welches in Übungsaufgabe Ü95., Seite 76 die Lage des Flächenschwerpunktes berechnet wurde, wird mit einem Radius von 2000 mm über die 12 mm lange Kante, und bezogen auf diese Kante, zu einem kreisförmigen Ring gewickelt. Wie groß ist V?

STATIK

Fachwerke

Lektion 20

Das statisch bestimmte ebene Fachwerk

20.1 Fachwerkdefinition

Bei der Überbrückung großer Spannweiten mit den fertigungstechnisch einfacheren **Vollwandträgern** ergeben sich meist sehr werkstoffintensive Lösungen mit relativ hohen Eigengewichten. Deswegen wird es oft erforderlich, das **Tragwerk** als **Fachwerkträger** (Bild 1) auszubilden.

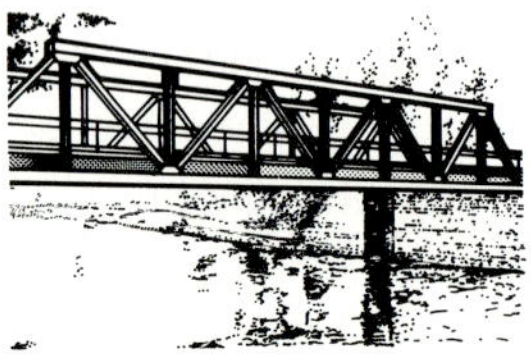

1

In vielen Fällen sind die Fachwerkstäbe in mehreren parallelen Ebenen angeordnet, und man spricht dann bei jeder dieser Ebenen von einem **ebenen Fachwerk.** Die Berechnungen in diesem Buch beziehen sich ausschließlich auf solch ebene Fachwerke. Ein Beispiel hierfür ist im Bild 2 schematisch dargestellt. Es ist ersichtlich:

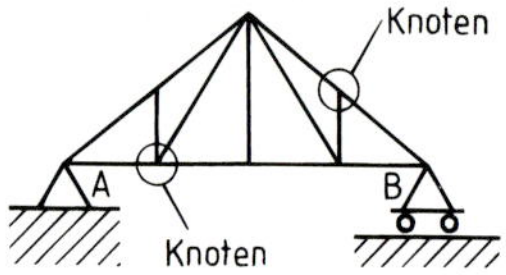

2

Ein Fachwerk ist ein Tragwerk. Dieses besteht aus einem System mehrerer Profilstäbe oder Rohre, deren Endpunkte im **Knoten** mittels Nietung, Schweißung und neuerdings bei Verwendung von Leichtmetallen mittels Klebung miteinander verbunden sind.

Die genannten Verbindungsarten bringen es mit sich, dass **in den Knoten eine gewisse Steifigkeit,** d. h. Unbeweglichkeit, der Stäbe entsteht. Bild 3 zeigt einen möglichen **Stabanschluss** durch Schweißung an einem hierfür erforderlichen **Knotenblech.**

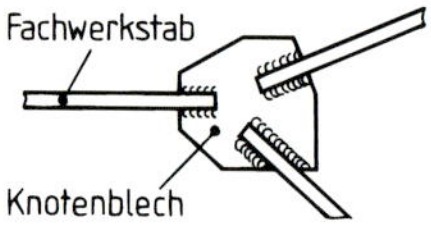

3

20.2 Das ideale Fachwerk

Bei der Berechnung von Fachwerkkonstruktionen ist es üblich, die Knotensteifigkeit nicht zu berücksichtigen, da dies zu sehr verwickelten Berechnungssystemen führen würde, die außerdem eine vollständige Erfassung der Gegebenheiten nicht abdecken könnten. Es wird also von einem idealisierten Zustand ausgegangen, der die Knotensteifigkeit nicht berücksichtigt, und man spricht dann vom **idealen Fachwerk.** Durch Messung der auftretenden Spannungen, d. h. der tatsächlichen Spannungsverhältnisse (siehe Festigkeitslehre, Lektion 81), kann auch nachgewiesen werden, dass man unter diesen Berechnungsvoraussetzungen zu Ergebnissen kommt, die „auf der sicheren Seite" liegen. Folgende Zusammenstellung zeigt die

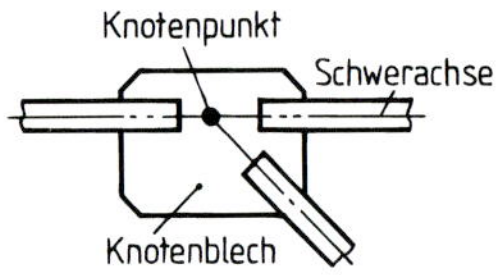

4

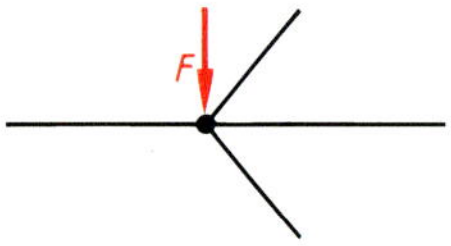

5 Knotenpunkt = Gelenkpunkt

Kennzeichen des idealen Fachwerkes

1. Die Schwerachsen der Fachwerkstäbe schneiden sich genau in einem Punkt. Dies ist der **Knotenpunkt** (Bild 4).
2. Die von außen angreifenden Kräfte werden anteilmäßig auf die einzelnen Knoten verteilt. d. h. der Kraftangriff erfolgt immer im Knotenpunkt (Bild 5).
3. Die Stäbe sind im Knoten durch reibungsfreie Gelenke miteinander verbunden (Bild 5). Es erfolgt demzufolge **keine Momentenübertragung.**

Aus Punkt 3 der vorseitigen Zusammenstellung folgt:

Die Stäbe des idealen Fachwerkes werden immer auf **Zug oder Druck,** niemals aber auf Biegung beansprucht.

20.3 Bedingung des statisch bestimmten Fachwerkes

In jedem Knotenpunkt greifen außer den **äußeren Kräften** die **Stabkräfte** an (Bild 1). Da ein Fachwerkknoten keine Momente übertragen kann, bestehen **für jeden** dieser **Knoten** die beiden Gleichgewichtsbedingungen $\Sigma F_x = 0$ und $\Sigma F_y = 0$. Bei einer Anzahl k von Knoten führt dies für alle Knoten zu

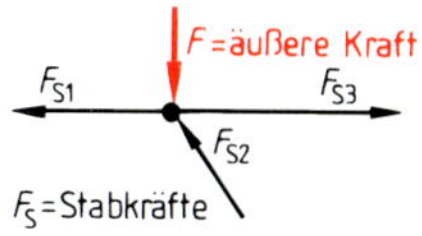

1

2 k Lösungsgleichungen . ①

Aus der Mathematik ist bekannt, dass ein Gleichungssystem nur dann lösbar ist, wenn die Anzahl der Unbekannten mit der Anzahl der voneinander unabhängigen Lösungsgleichungen übereinstimmt. Setzt man eine **statisch bestimmte Lagerung** (ein Festlager und ein Loslager) voraus, dann sind als unbekannte Größen eine Lagerkraft in x-Richtung und zwei Lagerkräfte in y-Richtung, also **drei unbekannte Lagerreaktionen,** vorhanden. Außerdem wirken im gesamten Fachwerk noch ***s* unbekannte Stabkräfte.** Im gesamten Fachwerk – einschließlich der Lager – hat man demzufolge

s + 3 unbekannte Kräfte . ②

Da die Anzahl der Lösungsgleichungen ① mit der Anzahl der unbekannten Kräfte ② übereinstimmen muss, gilt für das Fachwerk im Gleichgewichtsfall: $\mathbf{2k = s + 3}$. Somit gilt für die

Bedingung des statisch bestimmten Fachwerkes $s = 2k - 3$ 89–1

k = Anzahl der Knotenpunkte
s = Anzahl der Fachwerkstäbe

Gleichung 89–1 kann man sich anschaulich an dem im Bild 2 dargestellten **starren Dreiecksverband** klarmachen. Dieser enthält drei Knotenpunkte und drei Stäbe. Somit

$$s = 2k - 3$$
$$3 = 2 \cdot 3 - 3 = 6 - 3$$
$$\mathbf{3 = 3}, \text{ d. h. statisch bestimmt}$$

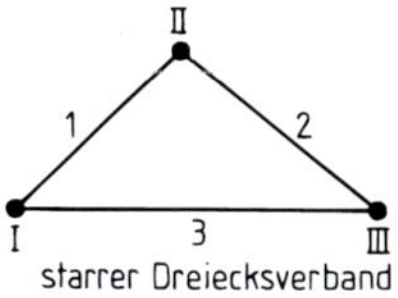

2

Durch Hinzufügen jeweils zweier Stäbe erhält man stets einen neuen Knoten (Bild 3), und es ist auch jeweils die Bedingung $s = 2k - 3$ erfüllt. In Bild 3 ist

$$s = 2k - 3$$
$$s = 2 \cdot 4 - 3 = 8 - 3$$
$$\mathbf{s = 5}$$

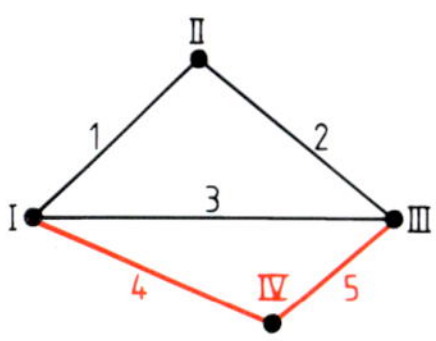

3

Es ist zu erkennen:

Durch die Bedingung $s = 2k - 3$ wird s mit k so aufeinander abgestimmt, dass bei einer bestimmten Anzahl k Knoten bzw. s Fachwerkstäben das Fachwerk gerade eine stabile, d. h. unbewegliche (starre) Figur ist.

20.4 Fachwerkformen

Beim **Parallelfachwerk** (Bild 4) verlaufen **Ober-** und **Untergurtstab** parallel zueinander. Senkrechte Stäbe werden als Vertikalstäbe oder als **Pfosten,** Schrägstäbe als **Diagonalstäbe** bezeichnet.

Bei der Berechnung von Fachwerken ist es üblich, die Stäbe mit arabischen und die Knoten mit römischen Zahlen zu bezeichnen.

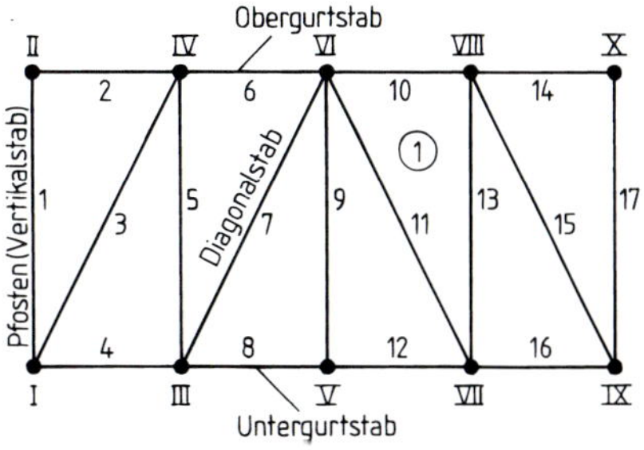

4

Bereits bei früheren Gelegenheiten haben Sie **spezielle Fachwerkformen** und auch Knotenpunktkonstruktionen kennen gelernt, so z. B. in V55., Seite 37; V62., Seite 41; V72., Seite 49; V92., Seite 68; V98., Seite 77 oder Ü109., Seite 83.

Bei dem im Bild 1 dargestellten Fachwerk handelt es sich ebenfalls um ein Parallelfachwerk, da Ober- und Untergurt parallel zueinander verlaufen. Bild 2 dagegen zeigt ein **Trapezfachwerk,** während man das im Bild 3 dargestellte Fachwerk als **Dreiecksfachwerk** bezeichnet. Aus den Beispielen in den oben genannten Aufgaben und den Abbildungen mit den Nummern ① bis ④ ist zu erkennen:

Die gewählte Fachwerkform ergibt sich aus dem Verwendungszweck.

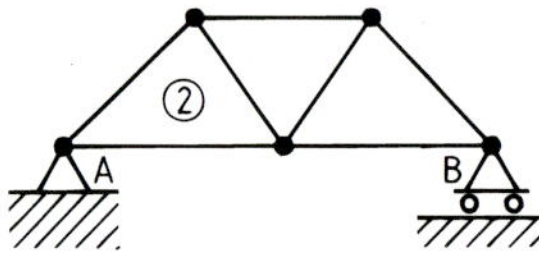

1

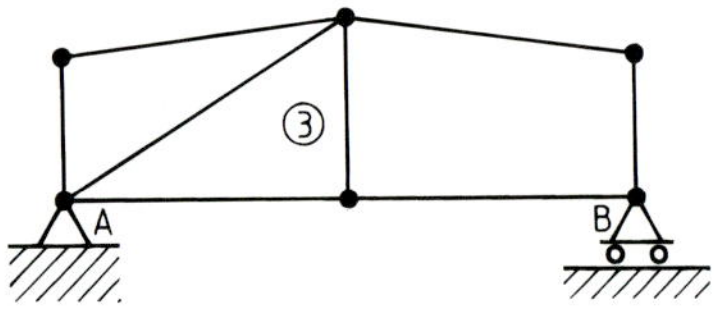

2

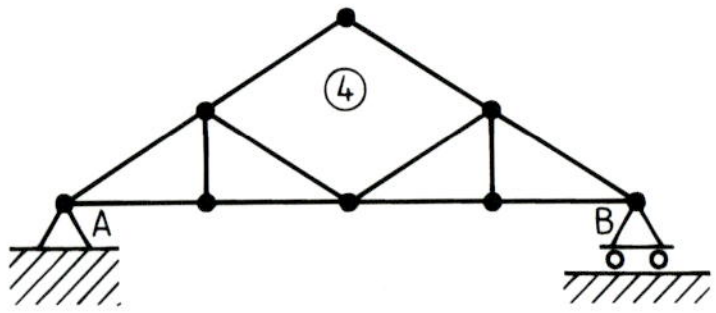

3

M49. Die auf den Seiten 89 und 90 dargestellten Fachwerkträger sind mit den Zahlen ①, ②, ③ und ④ gekennzeichnet. Untersuchen Sie, ob diese Fachwerke statisch bestimmt oder unbestimmt sind. Bei statischer Unbestimmtheit ist das Fachwerk bis zur statischen Bestimmtheit zu ergänzen.

Lösung:

Fachwerk ① : $k = 10$, $s = 17$ ⟶ $s = 2k - 3$

$\mathbf{17} = 2 \cdot 10 - 3 = 20 - 3 = \mathbf{17}$ ➤ statisch bestimmt

Fachwerk ② : $k = 5$, $s = 7$ ⟶ $s = 2k - 3$

$\mathbf{7} = 2 \cdot 5 - 3 = 10 - 3 = \mathbf{7}$ ➤ statisch bestimmt

Fachwerk ③ : $k = 6$, $s = 8$ ⟶ $s = 2k - 3$

$8 \neq 2 \cdot 6 - 3 = 12 - 3$

$\mathbf{8 \neq 9}$ ➤ statisch unbestimmt

Bild 4 zeigt das statisch bestimmte Fachwerk. Durch das Einfügen eines Diagonalstabes ist $s = 9$.

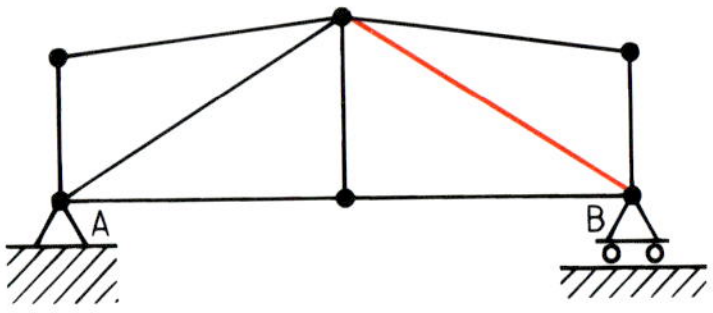

4

Fachwerk ④ : $k = 8$, $s = 12$. Somit:

$s = 2k - 3$

$12 \neq 2 \cdot 8 - 3$

$\mathbf{12 \neq 13}$ ➤ statisch unbestimmt

Bild 5 zeigt das statisch bestimmte Fachwerk. Durch das Einfügen eines Pfostens ist $s = 13$.

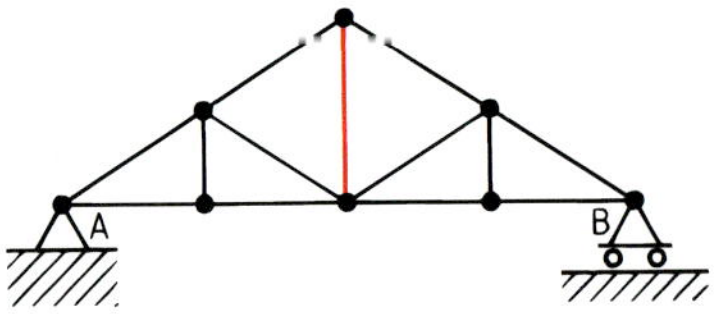

5

Ü117. Nennen Sie die Kennzeichen des idealen Fachwerkes.

Ü118. Nennen Sie die Bedingung für das statisch bestimmte Fachwerk.

V127. Überprüfen Sie die statische Bestimmtheit bei dem im Bild 6 abgebildeten Fachwerk.

V128. Unterscheiden Sie die Begriffe Knotenblech und Knotenpunkt.

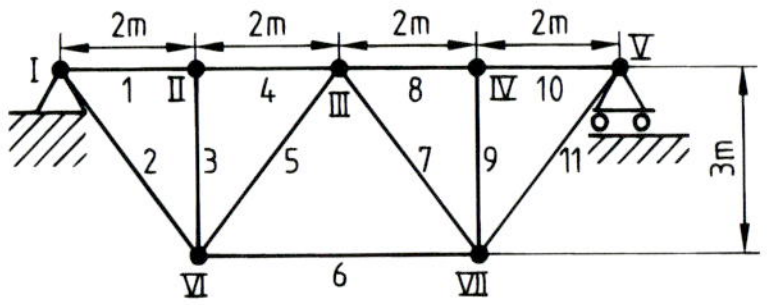

6

Lektion 21

Zeichnerische Stabkraftermittlung mittels Krafteck

Gemäß 20.3 wirken in jedem statisch bestimmten Fachwerk $s + 3$ unbekannte Kräfte.

Dies sind bekanntlich die Stabkräfte und die drei Reaktionskräfte in den Lagern. Aus dieser Überlegung folgen unmittelbar die

Lösungsschritte zur Berechnung eines Fachwerksystems:

1. Überprüfung auf statische Bestimmtheit
2. Bestimmung der Auflagerkräfte F_A und $F_{B\,(x+y)}$
3. Bestimmumg der Stabkräfte

(Schritte 1–3) ⟶ **Statik**

4. Dimensionierung der Fachwerkstäbe und der Auflager ⟶ **Festigkeitslehre**

Die am Knotenpunkt angreifende äußere Kraft muss mit den **Stabkräften** im Gleichgewicht stehen. Wirkt an einem Knoten keine äußere Kraft, so muss das Kräftegleichgewicht alleine durch die Stabkräfte hergestellt werden.
Die Auflagerkräfte (Reaktionen) wirken wie die äußeren Kräfte auf das Fachwerk und werden demzufolge auch wie die äußeren Kräfte behandelt, d. h., dass das Fachwerk zunächst freizumachen ist, und zwar entsprechend Lösungsschritt ②. Somit:

Sind alle äußeren Kräfte, einschließlich der Auflagerkräfte, bekannt, können die Stabkräfte ermittelt werden.

Es gibt einige verschiedene Verfahren zur Ermittlung der Stabkräfte. Für alle Verfahren gelten die oben beschriebenen Lösungsschritte. Diese Lektion 21 (Stabkraftermittlung mittels Krafteck) kann als Vorübung zur Lektion 22 (Cremonaplan) angesehen und soll mit der folgenden Musteraufgabe verdeutlicht werden:

M50. Für das im Bild 1 dargestellte Fachwerk sind mittels Krafteck die Stabkräfte zu ermitteln. Es ist $F_1' = 200$ kN, $F_2' = 400$ kN.

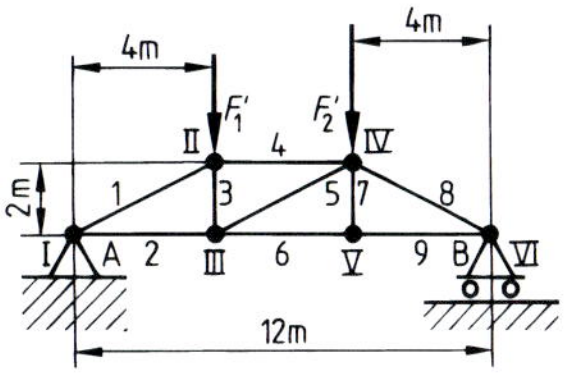

1

① **Lösungsschritt:** statische Bestimmtheit überprüfen

$s = 2k - 3$

$\mathbf{9} = 2 \cdot 6 - 3 = 12 - 3 = \mathbf{9}$ ⟶ statisch bestimmt

② **Lösungsschritt:** Bestimmung der Auflagekräfte F_A und F_B

$\Sigma M_{d\,(A)} = 0 \longrightarrow F_B \cdot 12\text{ m} - F_1' \cdot 4\text{ m} - F_2' \cdot 8\text{ m} = 0$

$$F_B = \frac{F_1' \cdot 4\text{ m} + F_2' \cdot 8\text{ m}}{12\text{ m}} = \frac{200\text{ kN} \cdot 4\text{ m} + 400\text{ kN} \cdot 8\text{ m}}{12\text{ m}} = \frac{4000\text{ kNm}}{12\text{ m}}$$

$\mathbf{F_B = 333{,}33\text{ kN}}$

$\Sigma M_{d\,(B)} = 0 \longrightarrow F_1' \cdot 8\text{ m} + F_2' \cdot 4\text{ m} - F_A \cdot 12\text{ m} = 0$

$$F_A = \frac{F_1' \cdot 8\text{ m} + F_2' \cdot 4\text{ m}}{12\text{ m}} = \frac{200\text{ kN} \cdot 8\text{ m} + 400\text{ kN} \cdot 4\text{ m}}{12\text{ m}}$$

$$\mathbf{F_A} = \frac{1600\text{ kNm} + 1600\text{ kNm}}{12\text{ m}} = \frac{3200\text{ kNm}}{12\text{ m}} = \mathbf{266{,}67\text{ kN}}$$

Probe mit $\Sigma F_y = 0 \longrightarrow F_A + F_B = F_1' + F_2'$

267,67 kN + 333,33 kN = 200 kN + 400 kN

600 kN = 600 kN

③ **Lösungsschritt:**

Wie bereits gesagt, können zur Bestimmung der Stabkräfte verschiedene zeichnerische, aber auch rechnerische Verfahren angewendet werden. In dieser Lektion 21 soll die **zeichnerische Stabkraftermittlung mittels Krafteck** geübt werden.
Da sich in jedem Knoten die Wirkungslinien mehrerer Kräfte (Stabkräfte und gegebenenfalls Belastungskräfte, d. h. äußere Kräfte) schneiden, kann **jeder Knotenpunkt als Angriffspunkt in einem zentralen Kräftesystem** angesehen werden. Zur Ermittlung sämtlicher Stabkräfte eines Fachwerkes betrachtet man **in geeigneter Reihenfolge** jeden einzelnen Knotenpunkt für sich. Es ist zu beachten:

> Bei der Stabkraftermittlung mittels Krafteck beginnt man mit einem Knoten, der nicht mit mehr als zwei unbekannten Stabkräften und einer von außen wirkenden Kraft belastet wird.

Nach diesem Grundsatz kann eine bekannte Kraft in zwei Komponenten, die Stabkräfte, zerlegt werden. Dies ist in diesem Beispiel u. a. im Knoten I möglich.

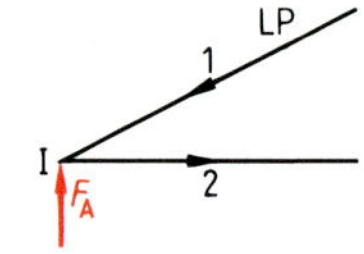

1

Knotenpunkt I: (Krafteck F_A, F_1, F_2)

Bild 1 zeigt den LP. Daraus geht hervor, dass die äußere Kraft F_A in die Stabkräfte F_1 und F_2 zu zerlegen ist. Dies geschieht im Krafteck (Bild 2).
Überträgt man die Pfeilrichtungen der im Krafteck ermittelten Stabkräfte F_1 und F_2 in den LP (Bild 1), dann ist zu ersehen, dass der Stab 1 auf den Knoten I drückt, während der Stab 2 am Knoten I zieht. Stab 1 ist also ein **Druckstab,** und Stab 2 ist ein **Zugstab.** Es gilt demzufolge folgende Regel:

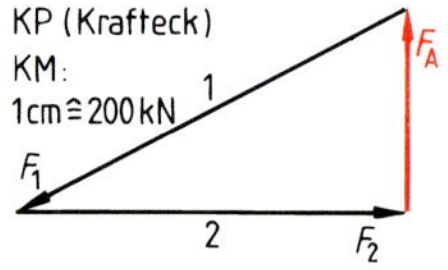

2

> Ist eine Stabkraft auf den Knotenpunkt hingerichtet, dann ist dieser Stab ein Druckstab.
> Ist eine Stabkraft vom Knoten weggerichtet, dann ist dieser Stab ein Zugstab.

Vorzeichen der Stabkräfte

Zugstab:	+
Druckstab:	–

92–1

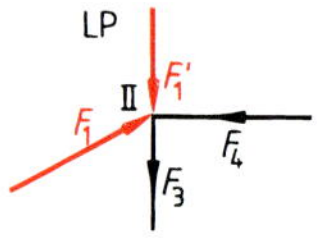

3

Mit dem gewählten Kräftemaßstab ergibt sich somit:
Stab 1: F_1 = –600 kN (Druckstab)
Stab 2: F_2 = +530 kN (Zugstab)

Knotenpunkt II:
Im Knotenpunkt II lassen sich nun die Stabkräfte F_3 und F_4 ermitteln, da die Kräfte F_1 und F_1' bekannt sind. Die Betrachtung des Knotenpunktes III hätte jetzt noch nicht zum Ziel geführt, da dort momentan erst eine Kraft (F_2) bekannt ist und noch drei Kräfte (F_3, F_5, F_6) unbekannt sind.
Bei der Ermittlung von F_3 und F_4 (Bilder 3 und 4) ist zu beachten, dass das Krafteck (Bild 4) eine umlaufende Pfeilrichtung haben muss, denn nur so ist Kräftegleichgewicht gewährleistet. Stabkraft F_1 muss, ebenso wie auf den Knoten I, auch auf den Knoten II hinwirken, da es sich ja um eine Druckkraft handelt. Deswegen ist F_1 bei der Betrachtung des Knotenpunktes II im umgekehrten Sinn wie bei der Betrachtung des Knotenpunkts I zu zeichnen. Nur so lässt sich mit F_1', F_3 und F_4 eine umlaufende Pfeilrichtung im Krafteck erreichen. Überträgt man nun wieder die Pfeilrichtungen aus dem KP (Bild4) in den LP (Bild 3), erhält man die folgenden weiteren Ergebnisse:

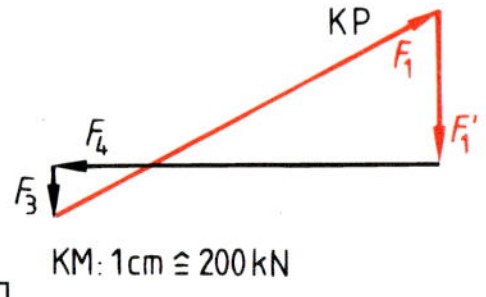

4

Stab 3: F_3 = + 70 kN (Zugstab)
Stab 4: F_4 = –550 kN (Druckstab)

Knotenpunkt III:

Nach den gleichen Regeln wie bei der Behandlung von Knotenpunkt II werden mit Hilfe des KP (Bild 1) und des LP (Bild 2) die Kräfte F_5 und F_6 ermittelt. Diese betragen: **Stab 5: F_5 = –170 kN** (Druckstab) **Stab 6: F_6 = +680 kN** (Zugstab)

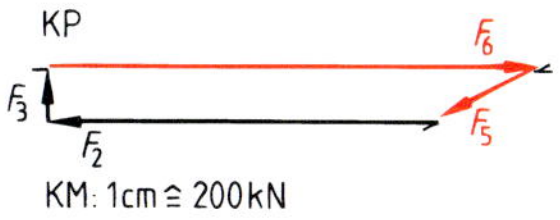

1

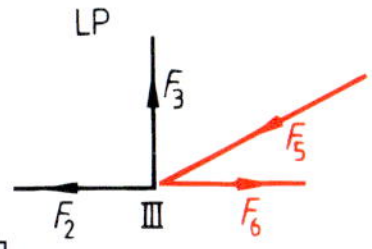

2

Knotenpunkt IV:

Aus dem KP (Bild 3) für den Knotenpunkt IV ist zu ersehen, dass sich das Krafteck mit den Kräften F_5, F_4, F_2' und F_8 schließt. Dies bedeutet, daß $F_7 = 0$ ist, und man bezeichnet einen solchen Stab, in dem keine Kraft wirkt, als **Nullstab.** Dass dies so ist, geht auch aus der Betrachtung von **Knotenpunkt V** hervor. Wäre nämlich $F_7 \neq 0$, so könnte sich im Knotenpunkt V das Krafteck nicht schließen (zwei Horizontalkräfte F_6 und F_9 und eine Vertikalkraft F_7). Da aber trotzdem im Knotenpunkt V Kräftegleichgewicht besteht, muss $F_6 = F_9$ sein. F_6 war aber schon ermittelt. Somit:

Stab 9: F_9 = +680 kN (Zugstab). Aus den Bildern 3 und 4 ergibt sich weiterhin:

Stab 7: F_7 = 0 (Nullstab) **Stab 8: F_8 = –780 kN** (Druckstab)

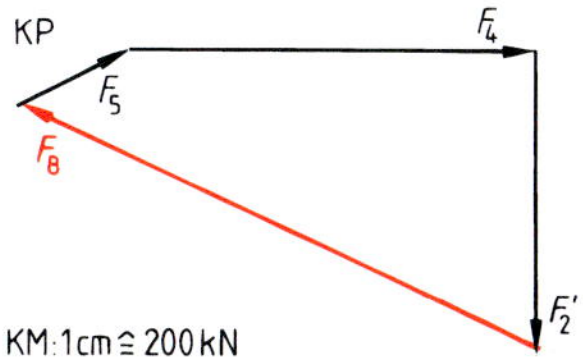

3

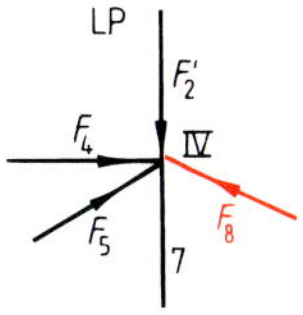

4

Knotenpunkt VI:

Die Stabkräfte sind bereits alle ermittelt, und die nochmalige Ermittlung von F_8 und F_9 – unter Einbeziehung der Lagerkraft F_B – dient der **Probe.**

Die Bilder 3 und 4 liefern:

Stab 8: F_8 = –770 kN (Druckstab)

(Die kleine Differenz zu dem im Knotenpunkt IV ermittelten Ergebnis ist auf Zeichenungenauigkeiten zurückzuführen).

Stab 9: F_9 = +680 kN (Zugstab)

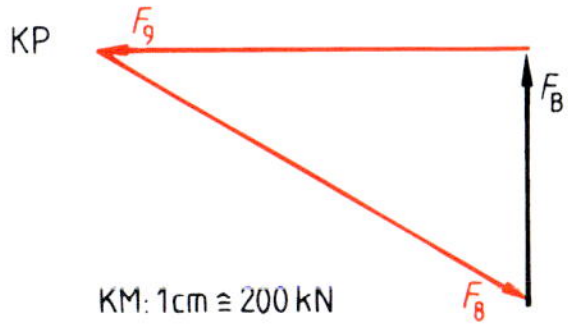

5

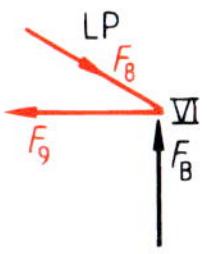

6

(4.) **Lösungsschritt:** Dimensionierung (Festlegung der Querschnitte) der Zug- bzw. Druckstäbe ⟶ **Aufgabe der Festigkeitslehre.**

Ü119. Bild 7 zeigt einen als Fachwerkkonstruktion ausgebildeten Wandarm. Dieser ist mit F_G = 12 kN belastet. Ermitteln Sie
a) die Lagerreaktionen F_A und F_B,
b) mittels Krafteck die Stabkräfte der Stäbe 1 bis 5.

Ü120. a) Was ist ein Nullstab?
b) Wie lautet die Vorzeichenregel für die Stabkräfte?

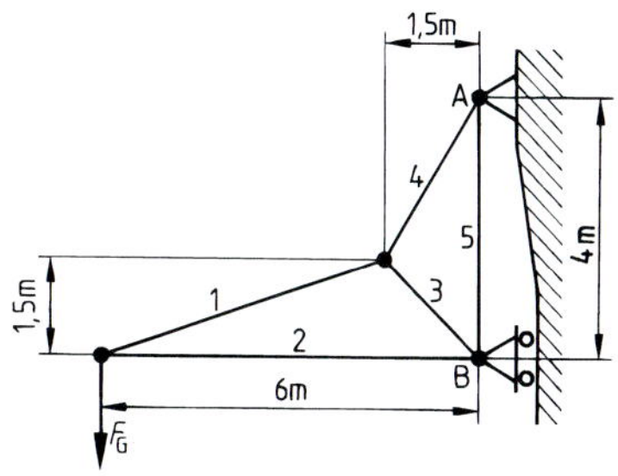

7

V129. An der Fachwerkkonstruktion in Vertiefungsaufgabe V 127., Seite 90 greifen senkrecht von oben nach unten wirkend im Knotenpunkt VI die Kraft F_1' = 60 kN und im Knotenpunkt VII die Kraft F_2' = 80 kN an. Ermitteln Sie
a) die Lagerreaktionen F_A und F_B,
b) die Stabkräfte der Stäbe 1 bis 11 mittels Krafteck.

Lektion 22

Zeichnerische Stabkraftermittlung mittels Cremonaplan

Beim **Cremonaplan,** nach Luigi **Cremona (1830 bis 1903)** handelt es sich um eine systematische Aneinanderreihung von Einzelkraftecken. Diese sind in einem bestimmten System so aneinandergereiht, dass alle Stabkräfte in diesem gemeinsamen Krafteck nur einmal erscheinen. Zu jedem Cremonaplan gehört der Lageplan (Systembild) des gesamten Fachwerkträgers. Für die Ermittlung der Stabkräfte ergeben sich somit die folgenden

Lösungsschritte für das Zeichnen des Cremonaplanes (Vergleichen Sie hierzu M51.):

1. Bestimmung der Auflagerreaktionen (freimachen).
2. Zeichnen des Kraftteckes **aller** äußeren Kräfte einschließlich der Auflagerreaktionen. Dabei werden die Kräfte in der Reihenfolge aneinandergereiht, wie sie beim Umschreiten des Fachwerkträgers in einer bestimmten Reihenfolge, z. B. im Uhrzeigersinn, angetroffen werden. Man nennt dies den **Umfahrungssinn** oder auch den **Kraftfolgesinn.**
3. Zur Bestimmung der Stabkräfte geht man von einem Knotenpunkt aus, an welchem nur zwei unbekannte Stabkräfte vorkommen und zeichnet für diesen Knotenpunkt das Krafteck an das Krafteck aller äußeren Kräfte. Dies geschieht nun anschließend an dieses Krafteck für jeden folgenden Knotenpunkt, wobei aber stets die Bedingung gilt, dass nur zwei unbekannte Stabkräfte vorhanden sein dürfen.
4. Jeder Knotenpunkt ist beim Zeichnen seines Kraftteckes so zu umfahren, wie dies beim Zeichnen des Kraftteckes für die äußeren Kräfte geschehen ist (Umfahrungssinn).
5. Die Kraftpfeile werden vom KP in den LP (Systembild) übertragen. Damit erhält man die Aussage, ob es sich um einen Zugstab (+) oder um einen Druckstab (–) handelt.

M51. Bild 1 zeigt den Fachwerkträger aus Musteraufgabe M50., Seite 91. Diese ist gemäß der obigen Lösungsschritte (1.) bis (5.) mit Hilfe eines Cremonaplanes zu lösen.

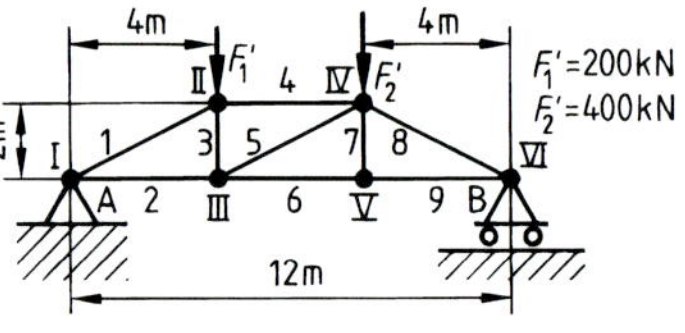

1

(1.) **Lösungsschritt:** F_A **= 266,67 kN**
F_B **= 333,33 kN**

(2.) **bis** (5.) **Lösungsschritt**

Beginnend Mit der Kraft F_1', fortlaufend im Uhrzeigersinn (also F_2', F_B, F_A) wird das Krafteck der äußeren Kräfte (im Bild 2 rot) gezeichnet. Es hätte aber auch mit einer anderen Kraft und auch entgegengesetzt dem Uhrzeigersinn, also mit umgekehrtem Umfahrungssinn, begonnen werden können (z. B. F_2', F_1', F_A, F_B).

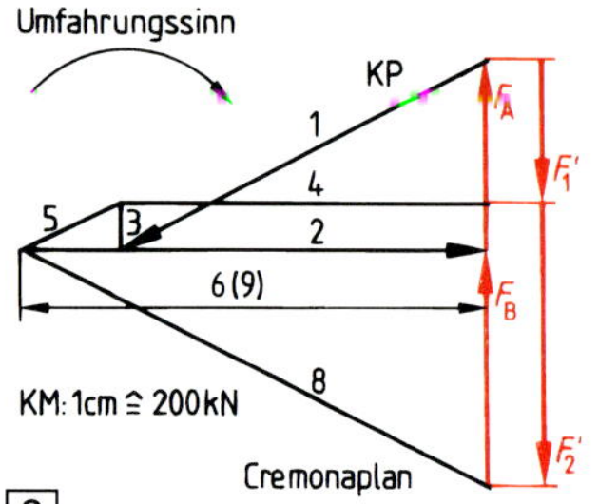

2

Der **Cremonaplan** entsteht nun, indem man an einen Knoten mit nur zwei unbekannten Stabkräften das Krafteck für diesen Knoten an das Krafteck der äußeren Kräfte zeichnet.

Hier wurde am Knotenpunkt I mit der Kraft F_A und den Wirkungslinien 1 und 2 begonnen. Dies ist ausnahmsweise durch Pfeile angedeutet.

Im Normalfall enthält der Cremonaplan **keine Kraftpfeile,** mit

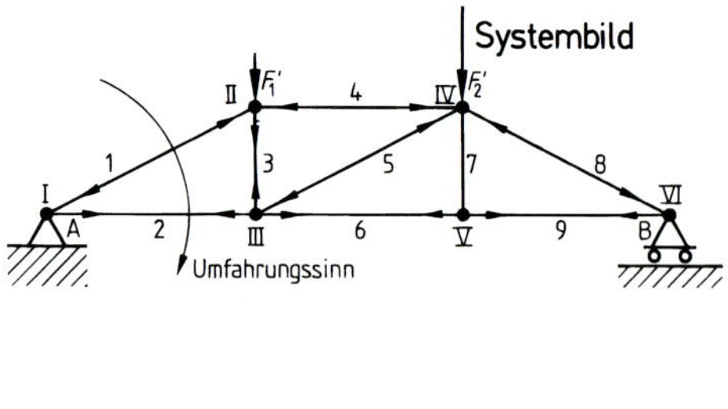

3

Ausnahme der äußeren Kräfte. Dann geht es weiter mit 1, F_1', 4, 3 usw. Es ist unbedingt darauf zu achten, dass bei jedem Knoten so begonnen wird, dass die beiden unbekannten Stabkräfte das Krafteck schließen. Die sich im Cremonaplan ergebenden Stabkraftpfeile werden im Systembild (Bild 3, Seite 94) eingezeichnet und geben dort Auskunft darüber, ob es sich um einen Zugstab (+) oder um einen Druckstab (–) handelt.

Stab	Stabkraft in kN
1	–600
2	+530
3	+ 70
4	–530
5	–170
6	+680
7	0
8	–750
9	+680

Die Größe der Stabkräfte wird aus dem Cremonaplan, das Vorzeichen der Stabkräfte aus dem Systembild entnommen.

Es ist zweckmäßig, die Stabkräfte zusammenfassend in einer Tabelle, wie oben stehend, aufzuschreiben.

Ü 121. Ermitteln Sie für das im Bild 1 dargestellte Fachwerk die Stabkräfte mit Hilfe eines Cremonaplanes.

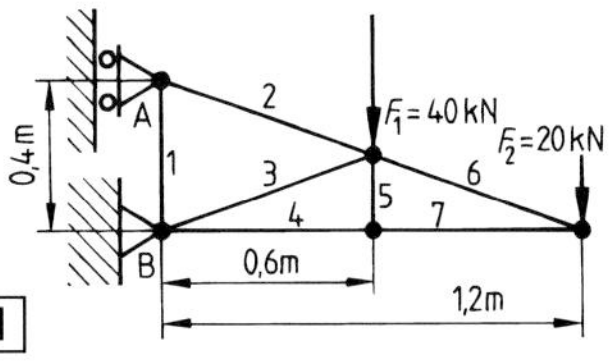

1

Ü 122. Obwohl die Stabkräfte in einer Fachwerkkonstruktion oftmals in ihrer Größe sehr voneinander abweichen, und obwohl Zug- und Druckstäbe vorkommen, ist es so, dass die Stäbe in der Regel mit gleichem Querschnitt ausgeführt werden. Wie ist dies zu erklären?

Ü 123. Im Bild 2 betragen die Kräfte $F_1 = F_2 = F_3 = F_4 = F_5 = 20$ kN. Ermitteln Sie die Stabkräfte mit einem Cremonaplan.

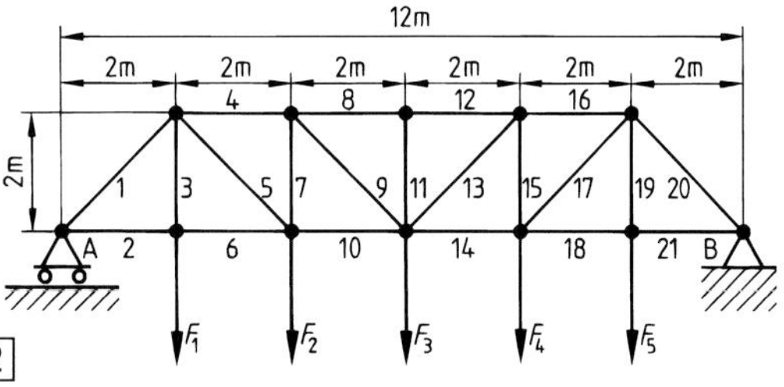

2

V 130. Übungsaufgabe Ü 119., Seite 93 ist mit Hilfe eines Cremonaplanes zu lösen.

V 131. An dem in Bild 3 dargestellten Fachwerk wirken $F_1 = F_2 = F_3 = 20$ kN. Die horizontalen und vertikalen Knotenpunktabstände sind jeweils 1 m.

a) Überprüfen Sie die statische Bestimmtheit.
b) Ermitteln Sie F_A und F_B.
c) Mit einem Cremonaplan sind die Stabkräfte festzustellen.

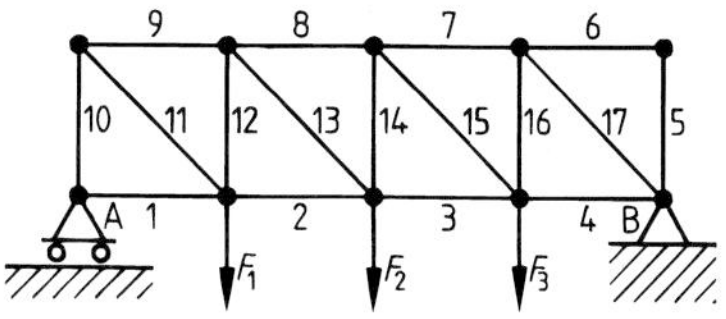

3

V 132. In Bild 4 ist $F_1 = 300$ daN, $F_2 = 200$ daN, $F_3 = 300$ daN.

Ermitteln Sie mit einem Cremonaplan die Stabkräfte.

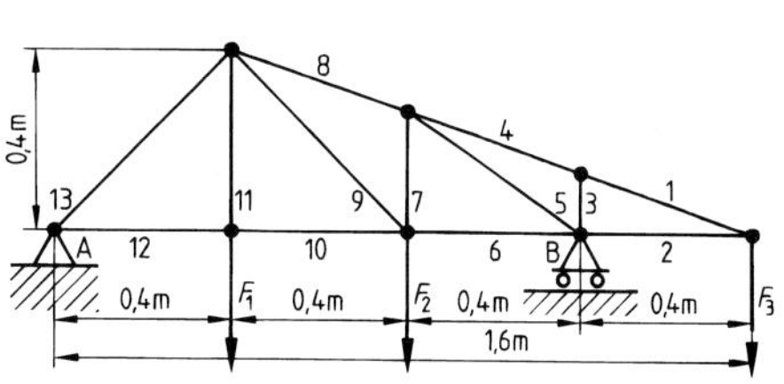

4

V 133. In den Knotenpunkten a, b und c des im Bild 5 abgebildeten Fachwerkes wirken infolge der Streckenlast q die Kräfte $F_a = 0{,}5$ kN; $F_b = 1{,}0$ kN; $F_c = 0{,}5$ kN. Wie groß sind die Stabkräfte (Cremonaplan)?

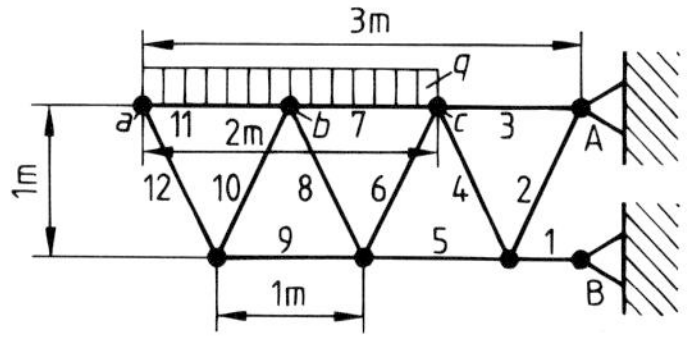

5

Lektion 23

Zeichnerische Stabkraftermittlung mittels Culmann'schem Schnittverfahren

Das **Culmann'sche Schnittverfahren** dient der zeichnerischen Stabkraftermittlung einzelner Fachwerkstäbe. Dieses Verfahren wird auch als **Vier-Kräfte-Verfahren** bezeichnet. Es ist aber nicht nur auf Fachwerke beschränkt, man kann hiermit vielmehr jeden Körper betrachten, wenn vier Kräfte unter bestimmten Bedingungen auf ihn wirken. Es gilt nämlich:

Vier Kräfte stehen bei Ihrem Wirken auf einen Körper im Gleichgewicht, wenn die Resultierenden je zweier Kräfte sich gegenseitig aufheben, d. h. die beiden Resultierenden müssen gleich groß, entgegengesetzt gerichtet sein und auf einer gemeinsamen Wirkungslinie am Körper angreifen.

Bild 1 zeigt einen Körper, der sich unter dem Einfluss von vier Kräften im Gleichgewicht befindet. Bringt man bei diesen vier Kräften, deren Wirkungslinien (1), (2), (3) und *(F)* bekannt sind, je zwei Wirkungslinien zum Schnitt, so müssen, **bei vorausgesetztem Kräftegleichgewicht,** die beiden Resultierenden der jeweils zum Schnitt gebrachten Kräfte eine Wirkungslinie haben, die auf der Verbindungslinie der beiden Schnittpunkte a und b liegt. Diese Verbindungslinie nennt man die **Culmann'sche Gerade h**, und zwar nach Prof. Carl **Culmann** (Zürich: **1821 bis 1881**). Oder anders ausgedrückt: Ist von vier Kräften eine Kraft ihrer Größe und Richtung nach bekannt, so bringt man sie mit der Wirkungslinie einer der drei anderen Kräfte zum Schnitt, z. B. (*F*) mit (1), ermittelt den Schnittpunkt der beiden anderen Wirkungslinien, hier (2) und (3) und verbindet dann die beiden Schnittpunkte a und b. Da Kräftegleichgewicht vorausgesetzt wird, muss die Verbindungslinie h (Culmann'sche Gerade) die Wirkungslinie der Resultierenden der jeweils zum Schnitt gebrachten Kräfte sein. Demzufolge lassen sich mit Hilfe der Culmann'schen Geraden die Kraftecke F, F_1, h und F_2, F_3, h zeichnen (Bild 2).

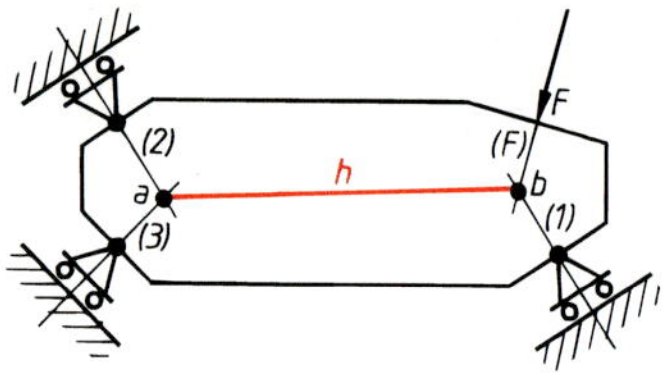

1

Die beiden Resultierenden $F_{rF_1,F}$ und F_{rF_2,F_3} sind im Bild 2 nochmals unter die Krafteckkonstruktion gezeichnet. Man sieht, dass diese Resultierenden gleich groß, aber entgegengesetzt gerichtet sind. Damit ist nachgewiesen, dass Kräftegleichgewicht besteht. Aus Bild 2 ist auch zu ersehen, dass aus einer Kraft (hier *F*) drei Kräfte (hier F_1, F_2, F_3) ermittelt werden können, was den Namen **Vier-Kräfte-Verfahren** erklärt.

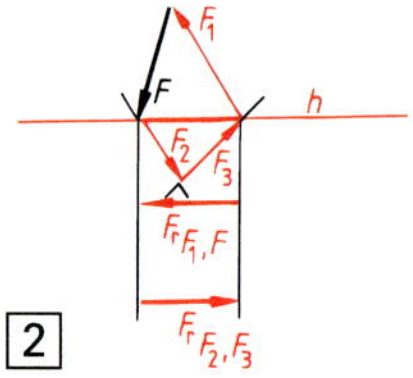

2

Mit Hilfe des Schnittverfahrens nach Culman lassen sich aus einer Kraft maximal drei Kräfte ermitteln. Vorausgesetzt wird, dass sich die Wirkungslinien aller Einzelkräfte schneiden.

Wendet man diese Erkenntnis auf Fachwerke an, so gilt:

Mit Hilfe des Culmann'schen Schnittverfahrens lassen sich maximal drei Stabkräfte ermitteln.

M 52. Bild 3 zeigt eine symmetrisch belastete Fachwerkkonstruktion. Ermitteln Sie mit Hilfe des Culmann'schen Schnittverfahrens die Kräfte in den Fachwerkstäben 2, 6 und 9. Es wirken die Kräfte
$F_1 = F_2 = F_3 = 5$ kN.

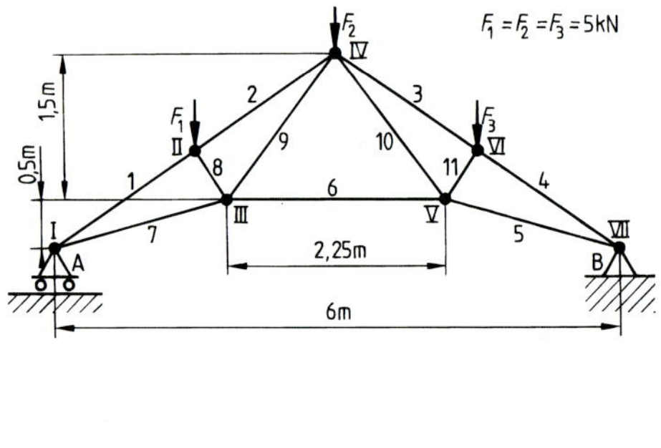

3

Es wird wieder entsprechend der in Lektion 21 angegebenen Lösungsschritte verfahren.

(1.) **Lösungsschritt:** $s = 2k - 3$ ➤ $\mathbf{11} = 2 \cdot 7 - 3 = 14 - 3 = \mathbf{11}$ ➤ statisch bestimmt

(2.) **Lösungsschritt:** Aus Symmetriegründen ist $\boldsymbol{F_A = F_B} = \frac{\Sigma F}{2} = \frac{3 \cdot 5\text{ kN}}{2} = \mathbf{7{,}5\ kN}$

(3.) **Lösungsschritt:** Ermittlung der Stabkräfte.

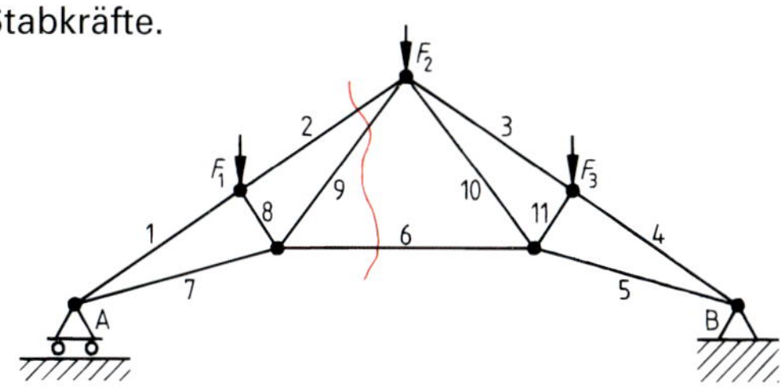

1

Man denke sich das Fachwerk zunächst entlang der roten Linie (Bild 1) in zwei Teile geschnitten **(Culmannscher Schnitt).** In den weiteren Überlegungen spielt nur noch einer der beiden Trägerteile, z. B. der linke, eine Rolle. Bild 2 zeigt diesen linken **Trägerteil im freigemachten gleichgewichtigen Zustand.** Man sieht:

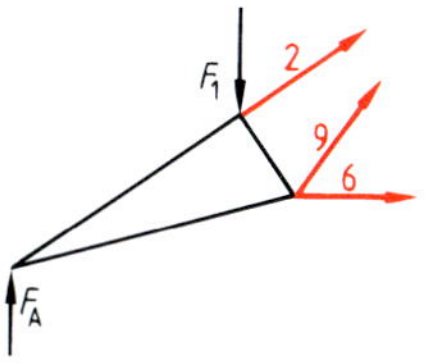

2

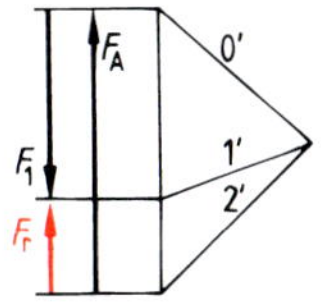

3 $F_r = 2{,}5$ kN

> Alle äußeren Kräfte, einschließlich der Lagerreaktionen, bewirken am betrachteten Fachwerkteil Kräftegleichgewicht.

Wenn man weiterhin F_A und F_1 zu einer Resultierenden F_r zusammenfasst – dies geschieht z. B. mit dem Seileckverfahren (Bilder 3 und 4) – hat man es noch mit vier Kräften zu tun, es lässt sich nun das Culmann'sche Schnittverfahren anwenden. Dies zeigt Bild 4: Nachdem Größe und Lage von F_r mittels **Seileckkonstruktion** ermittelt wurden, bringt man die Wirkungslinie von F_r und 6 (Punkt a) und von 2 und 9 (Punkt b) zum Schnitt. Die Verbindungslinie von a nach b ist die Culmann'sche Gerade h.

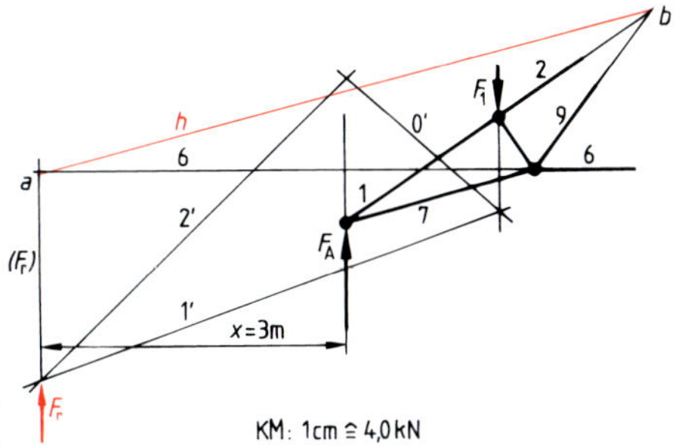

4

Bild 5 zeigt, wie mit Hilfe der Culmann'schen Geraden h die Stabkräfte ermittelt werden (zuerst Krafteck F_r, 6, h zeichnen).

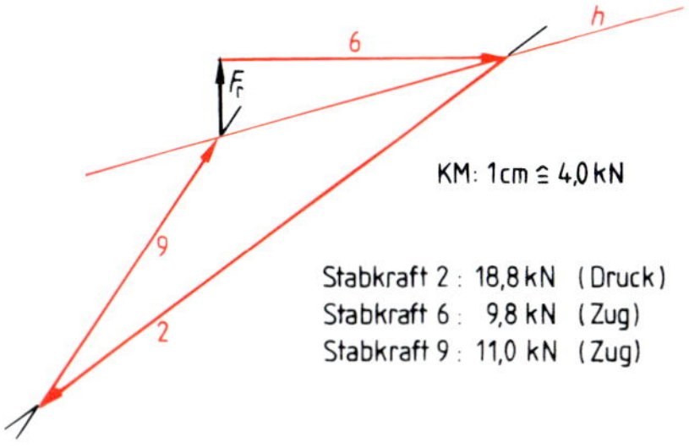

5

Man hätte die Größe und Lage von F_r auch mit dem **Momentensatz** ermitteln können: $F_r \cdot x = F_1 \cdot 1{,}5\text{ m}$ ➤ $\mathbf{x} = \frac{F_1}{F_r} \cdot 1{,}5\text{ m} = \frac{5\text{ kN}}{2{,}5\text{ kN}} \cdot 1{,}5\text{ m} = \mathbf{3\ m}$

Ü124. Ermitteln Sie in der Übungsaufgabe Ü 123., Seite 95 mit Hilfe des Culmann'schen Schnittverfahrens die Kräfte in den Stäben 12, 13 und 14.

V 134. Ermitteln Sie mit Hilfe des Culmann'schen Schnittverfahrens die Stabkräfte 2, 3 und 4 aus Übungsaufgabe Ü 121., Seite 95.

V 135. Ermitteln Sie mit Hilfe des Culmann'schen Schnittverfahrens die Stabkräfte 4, 5 und 6 aus Vertiefungsaufgabe V 132., Seite 95.

STATIK

Lektion 24

Rechnerische Stabkraftermittlung mittels Ritter'schem Schnittverfahren

Ebenso wie das Schnittverfahren nach Culmann dient das **Ritter'sche Schnittverfahren,** nach GDA. **Ritter (1847 bis 1900,** Prof. a. d. TH Aachen) der **Bestimmung einzelner Stabkräfte.** Dies genügt in vielen Fällen, und es wäre dann unsinnig, den Cremonaplan des ganzen Fachwerkes zu zeichnen. Das Ritter'sche Schnittverfahren, kurz: **Ritter'scher Schnitt,** ist auch sehr gut geeignet, einen Cremonaplan zu überprüfen. Wichtig für die Praxis des Technikers:

Treten beim Zeichnen eines Cremonaplanes für ein statisch bestimmtes Fachwerk an einem Knotenpunkt drei unbekannte Stabkräfte auf, so können mittels Ritter'schem Schnitt dort die Stabkräfte ermittelt werden. Anschließend wird der Cremonaplan weitergeführt.

Als wichtige Arbeitsregel ist unbedingt zu beachten:

Beim Ritter'schen Schnittverfahren dürfen höchstens drei Stäbe geschnitten werden, da zur Ermittlung der Stabkräfte auch nur drei Gleichungen, nämlich $\Sigma F_x = 0$, $\Sigma F_y = 0$ und $\Sigma M_d = 0$ zur Verfügung stehen.

Auch der Ritter'sche Schnitt teilt den Fachwerkträger gedanklich in zwei Teile (Bild 1). Betrachtet man z. B. alle an dem linken Fachwerkteil wirkenden Kräfte, also die Stabkräfte, und die äußeren Kräfte einschließlich der Auflagerreaktion, dann müssen

ΣF_x, ΣF_y und ΣM_d jeweils Null sein.

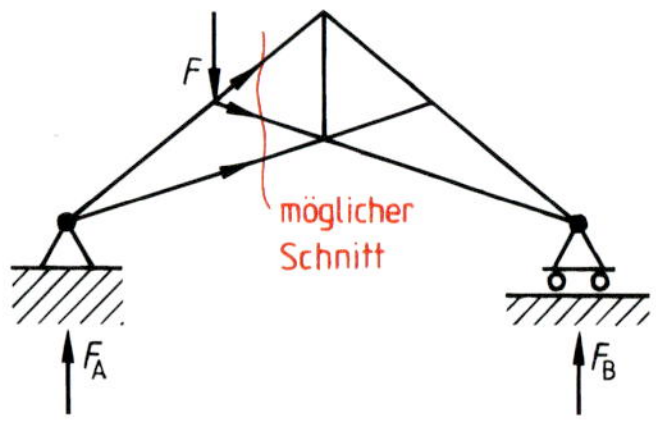

1

Dies heißt: Das Fachwerkträgerstück befindet sich in Ruhe, wenn die **erste und zweite statische Gleichgewichtsbedingung erfüllt** sind. Und nun eine weitere wichtige Arbeitsregel:

Die Kräfte der geschnitten gedachten Stäbe werden zunächst in die Rechnung als Zugkräfte eingesetzt (s. Kraftpfeile, Bild 1). Ergibt die Rechnung einen positiven Wert für die Stabkraft, war die Annahme richtig; ist das Ergebnis negativ, handelt es sich um einen Druckstab.

Der Ritter'sche Schnitt wird nun an einem konkreten Beispiel (M 53.) geübt:

M 53. Bild 2 zeigt einen Dreieckverband. Die Kraft im Stab U ist mit einem Ritter'schen Schnitt zu ermitteln.

① Lösungsschritt:

s = 2*k* – 3

9 = 2 · 6 – 3 = 12 – 3 = **9.** Der Verband ist statisch bestimmt.

② Lösungsschritt:

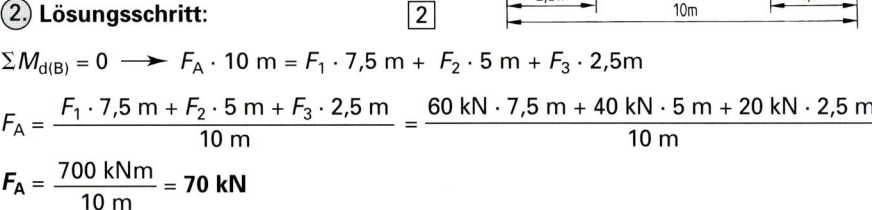

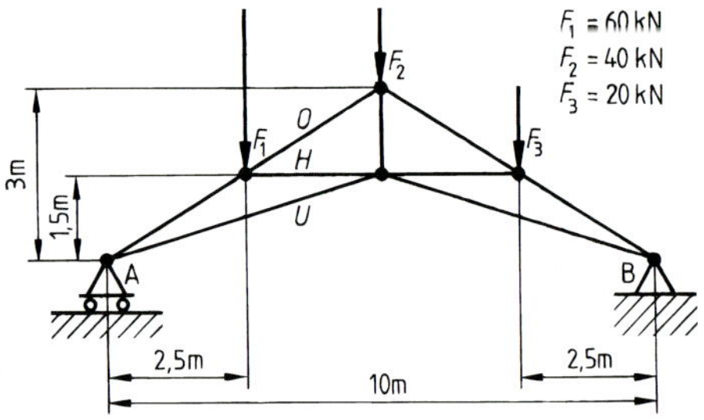

2

$$\Sigma M_{d(B)} = 0 \longrightarrow F_A \cdot 10\text{ m} = F_1 \cdot 7{,}5\text{ m} + F_2 \cdot 5\text{ m} + F_3 \cdot 2{,}5\text{m}$$

$$F_A = \frac{F_1 \cdot 7{,}5\text{ m} + F_2 \cdot 5\text{ m} + F_3 \cdot 2{,}5\text{ m}}{10\text{ m}} = \frac{60\text{ kN} \cdot 7{,}5\text{ m} + 40\text{ kN} \cdot 5\text{ m} + 20\text{ kN} \cdot 2{,}5\text{ m}}{10\text{ m}}$$

$$\boldsymbol{F_A} = \frac{700\text{ kNm}}{10\text{ m}} = \mathbf{70\ kN}$$

$\Sigma M_{d(A)} = 0 \longrightarrow F_B \cdot 10\text{ m} = F_1 \cdot 2{,}5\text{ m} + F_2 \cdot 5\text{ m} + F_3 \cdot 7{,}5\text{m}$. Somit:

$$F_B = \frac{F_1 \cdot 2{,}5\text{ m} + F_2 \cdot 5\text{ m} + F_3 \cdot 7{,}5\text{ m}}{10\text{ m}} = \frac{60\text{ kN} \cdot 2{,}5\text{ m} + 40\text{ kN} \cdot 5\text{ m} + 20\text{ kN} \cdot 7{,}5\text{ m}}{10\text{ m}}$$

$$\boldsymbol{F_B} = \frac{500\text{ kNm}}{10\text{ m}} = \mathbf{50\ kN}$$

Probe mit $\Sigma F_Y = 0 : F_1 + F_2 + F_3 = F_A + F_B \longrightarrow$ **120 kN = 120 kN**

(3) **Lösungsschritt:** Stabkraftermittlung

Man denkt sich nun den Träger durch O, H und U geschnitten (Bild 1). Auf den dargestellten Trägerteil wirken insgesamt fünf Kräfte. Dies sind die Stabkräfte F_O, F_H und F_U sowie die Kräfte F_1 und F_A. Diese Kräfte stellen am abgeschnitten gedachten Trägerteil Kräftegleichgewicht her, d. h. es ist $\Sigma F_x = 0$, $\Sigma F_y = 0$ und $\Sigma M_d = 0$. Die Stabkräfte werden vereinbarungsgemäß zunächst als Zugkräfte in die Rechnung eingesetzt.

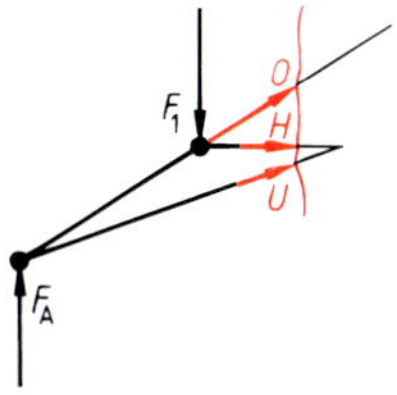

1

Nun wählt man einen günstigen **Systemdrehpunkt** (Bild 2). Dazu bietet sich der Schnittpunkt von O und H an, denn damit erzeugen die Kräfte F_O, F_1 und F_H kein Moment am betrachteten Trägerteil, da die Wirkungslinien dieser Kräfte durch den gewählten Drehpunkt gehen. Das gestellte Problem reduziert sich somit auf die folgende Rechnung:

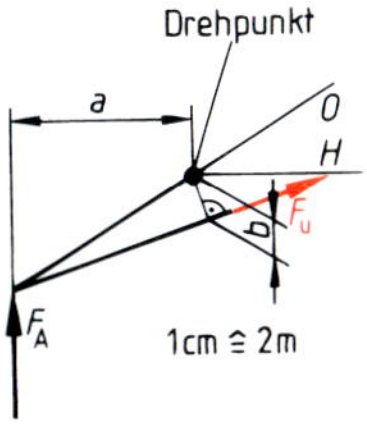

2

$F_A \cdot a = F_U \cdot b;\ b = 0{,}7$ m (ausgemessen bzw. besser trigonometrisch berechnet)

$$\boldsymbol{F_U} = F_A \cdot \frac{a}{b} = 70\text{ kN} \cdot \frac{2{,}5\text{ m}}{0{,}7\text{ m}} = \mathbf{250\ kN}$$

M54. Ermitteln Sie mit Hilfe eines Ritter'schen Schnitts die Stabkräfte der Stäbe 2 und 6 aus Musteraufgabe M52., Seite 96.

Lösung:

Bei der Berechnung der Stabkraft 2 legt man zweckmäßig den Drehpunkt in den Schnittpunkt der Stäbe 6 und 9. Die Abstände (Hebelarme) werden aus der Zeichnung herausgemessen oder aber (genauer) trigonometrisch berechnet. Somit ergibt sich:

$F_A \cdot 1{,}875\text{ m} - F_1 \cdot 0{,}375\text{ m} + \text{Stabkraft } 2 \cdot 0{,}65\text{ m} = 0.$

$$\text{Stabkraft } 2 = \frac{F_1 \cdot 0{,}375\text{ m} - F_A \cdot 1{,}875\text{ m}}{0{,}65\text{ m}} = \frac{5\text{ kN} \cdot 0{,}375\text{ m} - 7{,}5\text{ kN} \cdot 1{,}875\text{ m}}{0{,}65\text{ m}}$$

$$\textbf{Stabkraft 2} = \frac{-12{,}188\text{ kNm}}{0{,}65\text{ m}} = \mathbf{-18{,}75\ kN}\ \text{(Druckstab)}$$

Bei der Berechnung der Stabkraft 6 wird der Drehpunkt zweckmäßig in den Angriffspunkt der Kraft F_2 gelegt. Bezogen auf diesen Punkt erzeugen nämlich die Stäbe 2 und 9 kein Moment, und es ergibt sich die folgende Rechnung:

$F_A \cdot 3\text{ m} - F_1 \cdot 1{,}5\text{ m} - \text{Stabkraft } 6 \cdot 1{,}5\text{ m} = 0.$

$$\text{Stabkraft } 6 = \frac{F_A \cdot 3\text{ m} - F_1 \cdot 1{,}5\text{ m}}{1{,}5\text{ m}} = \frac{7{,}5\text{ kN} \cdot 3\text{ m} - 5\text{ kN} \cdot 1{,}5\text{ m}}{1{,}5\text{ m}}$$

$$\textbf{Stabkraft 6} = \frac{22{,}5\text{ kNm} - 7{,}5\text{ kNm}}{1{,}5\text{ m}} = \frac{15\text{ kNm}}{1{,}5\text{ m}} = \mathbf{10\ kN}\ \text{(Zugstab)}$$

Ü 125. Begründen Sie, warum bei einem Ritter'schen Schnitt nur durch maximal drei Stäbe geschnitten werden darf.

Ü 126. In Musteraufgabe M 53., Seiten 98 und 99 wurde bei der Berechnung der linke Trägerteil betrachtet. Warum war dies günstiger als die Betrachtung des rechten Fachwerkträgerteiles?

Ü 127. Bild 1 zeigt ein Parallelfachwerk. Ermitteln Sie mit Hilfe eines Ritterschen Schnitts die Stabkraft im Diagonalstab D_1.

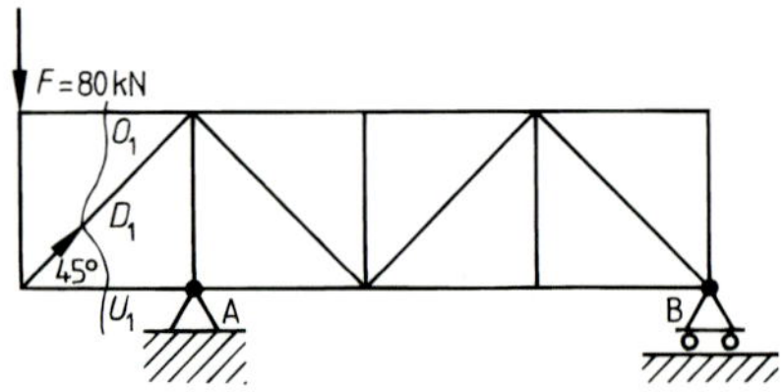

1

Ü 128. Bestimmen Sie im Fachwerk Bild 2 mit Hilfe eines Ritter'schen Schnitts die Kräfte in den Stäben O, D und U.

Ü 129. Nach welchem Kriterium wird bei der rechnerischen Stabkraftermittlung mit Hilfe des Ritterschen Schnittverfahrens ein günstiger Systemdrehpunkt gewählt?

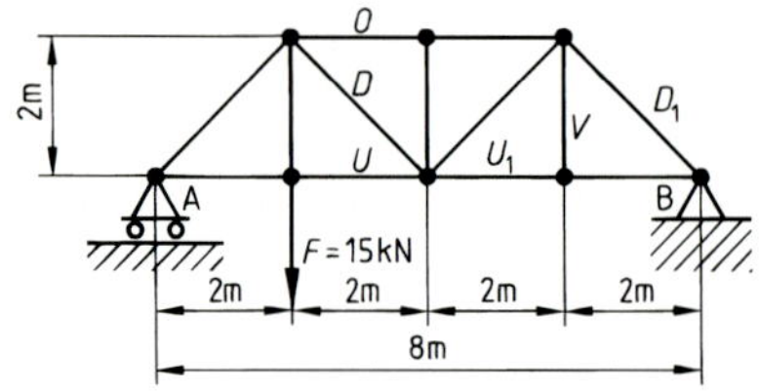

2

Ü 130. Bestimmen Sie für den im Bild 3 abgebildeten Fachwerkträger mit Hilfe des Ritter'schen Schnittverfahrens die Stabkräfte in den Stäben U_1, D_1 und O_2. Es ist:

$F_1 = F_2 = F_3 = F_4 = F_5 = 10$ kN.

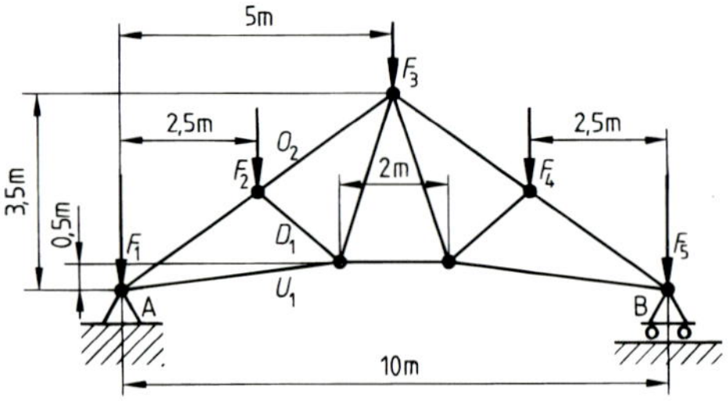

3

V 136. Bestimmen Sie mit Hilfe eines Ritter'schen Schnitts die Kräfte in den Stäben U_1, V und D_1 aus Übungsaufgabe U 128. auf dieser Seite.

V 137. Bestimmen Sie mit Hilfe eines Ritter'schen Schnitts die Kräfte in den Stäben 2, 3 und 4 aus Übungsaufgabe Ü 121., Seite 95.

V 138. Bestimmen Sie mit Hilfe eines Ritter'schen Schnitts die Kräfte in den Stäben 12, 13 und 14 aus Übungsaufgabe Ü 123., Seite 95.

V 139. Bild 4 zeigt ein **Portalfachwerk**, d. h. ein Fachwerk, welches z. B. ein Durchfahren von Fahrzeugen zulässt bzw. als Hallenkonstruktion Verwendung finden kann. Es wirken die Kräfte

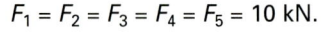

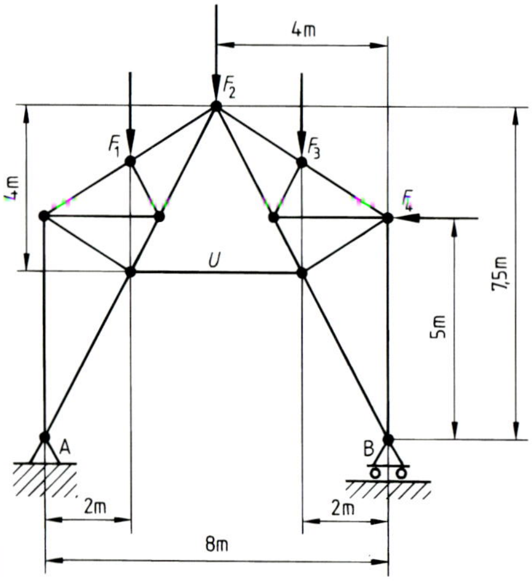

4

$F_1 = 60$ kN, $F_2 = 40$ kN, $F_3 = 80$ kN, $F_4 = 100$ kN.

Bestimmen Sie mit Hilfe eines Ritter'schen Schnitts die Stabkraft F_U.

Reibung

Lektion 25 Die Reibungskräfte

25.1 Äußere und innere Reibung

In der Physik wird zwischen den **festen Körpern** und den **Fluiden,** d. h. den Flüssigkeiten, Gasen und Dämpfen unterschieden. Unabhängig von dieser Zustandsform der Körper ist feststellbar, dass Kräfte zwischen sich berührenden Körpern auftreten, sobald versucht wird, diese gegeneinander zu verschieben, und man bezeichnet diese **Reaktionskräfte** als die **Reibungskräfte.**

Es ist aber auch feststellbar, dass diese Reibungskräfte bei der Reibung an den Außenflächen von Festkörpern von anderen physikalischen Größen abhängig sind, als dies bei der **Fluidreibung** der Fall ist. Dem Thema dieses Buches entsprechend wird in den folgenden Ausführungen nur auf die Reibungserscheinungen an den Außenflächen von Festkörpern eingegegangen, die als **äußere Reibung** bezeichnet werden. Im Gegensatz dazu spricht man von der **inneren Reibung,** wenn sich bei Fluiden (Flüssigkeiten, Gase, Dämpfe) einzelne Fluidteilchen gegeneinander – durch die Wirkung von Kräften – verschieben. Die innere Reibung ist mit der **Zähigkeit,** die auch **Viskosität** genannt wird, des Fluides zu begründen. Dieser Sachverhalt ist jedoch Gegenstand des physikalischen Teilgebietes **„Mechanik der Flüssigkeiten und Gase",** d. h. der **Fluidmechanik.** Man unterscheidet somit:

äußere Reibung ⟶ Reibung zwischen den Außenflächen von Festkörpern,

innere Reibung ⟶ Fluidreibung, d. h. Reibung zwischen den Fluidteilchen.

25.2 Haft- und Gleitreibung

Wenn ein Körper durch eine an ihm wirkende Kraft auf seiner Unterlage fortbewegt werden soll, tritt eine **Reaktionskraft** als Widerstand auf, die der beabsichtigten Bewegung entgegengerichtet ist. Die für dieses Phänomen verantwortlichen Kräfte werden – wie bereits gesagt – als Reibungskräfte bezeichnet, und sie treten überall in unserer Umwelt auf. Die Größe von Reibungskräften hängt von einigen noch zu erläuternden Umständen ab. Dies erkennt man, wenn man einmal darüber nachdenkt, welcher Unterschied sich einstellt, wenn sich eine Straße in trockenem, nassem oder gar verschneitem Zustand befindet. Bleibt man beim Beispiel Straße, unterscheidet aber zwischen den Fahrzeugen Auto und Pferdeschlitten, dann erkennt man, dass Reibungskräfte erwünscht oder unerwünscht sein können.

Zwischen den Berührungsflächen zweier Körper treten Reibungskräfte auf, die erwünscht oder unerwünscht sein können. Sie sind der Verschieberichtung immer entgegengerichtet.

Bezogen auf den Bewegungszustand eines Körpers unterteilt man die äußere Reibung in die **Reibung der Ruhe** bzw. **Haftreibung** und die **Reibung der Bewegung** bzw. **Gleitreibung.** Dies soll am Beispiel eines Reitstockes (Bild 1) verdeutlicht werden. Beim Arbeiten muss ein solcher sehr häufig auf dem Drehmaschinenbett verschoben werden. Dabei ist feststellbar, dass die Kraft vor dem Bewegungsbeginn, d. h. die Anschiebekraft, größer ist als die nach dem Beginn der Bewegung erforderliche Kraft zum Weiterschieben des Reitstockes.

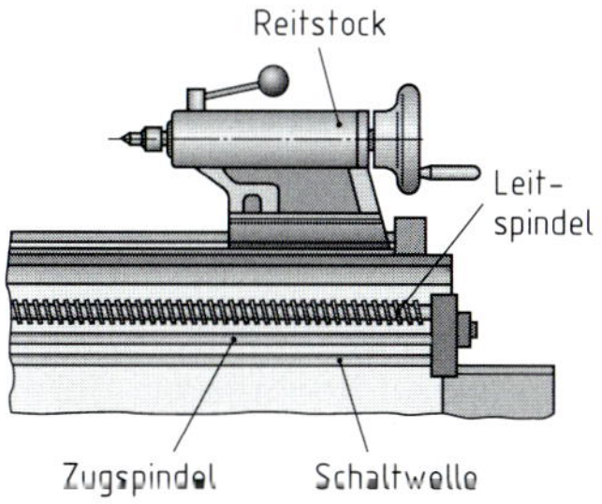

1

Da die beiden Körper vor Bewegungsbeginn aneinander haften und nach Bewegungsbeginn gegeneinander gleiten, werden die jeweiligen, aufgrund der wirkenden äußeren Kraft auftretenden Reaktionskräfte als Haftreibungskraft F_{R0} bzw. als Gleitreibungskraft F_R bezeichnet.
Man unterscheidet somit:

Haftreibungskraft ⟶ F_{R0} ⟶ Reibungskraft im Ruhezustand,

Gleitreibungskraft ⟶ F_R ⟶ Reibungskraft im Bewegungszustand.

Anmerkung: Alle Formelzeichen, die sich auf die Haftreibung beziehen, erhalten den „Index Null".

25.3 Das Reibungsgesetz nach Coulomb

Aus Bild 1 ist zu ersehen, wie mit Hilfe einer Umlenkrolle die Kraft F an einem Körper wirksam wird und dass die Reibungskraft F_R bzw. F_{R0} – als Reaktionskraft zu F – der Kraft F entgegengerichtet ist. Es ist zu erkennen, dass nun die Summe der horizontal am Körper wirkenden Kräfte Null ist. Somit ist also

$$F_R = -F \quad \text{bzw.} \quad F_{R0} = -F$$

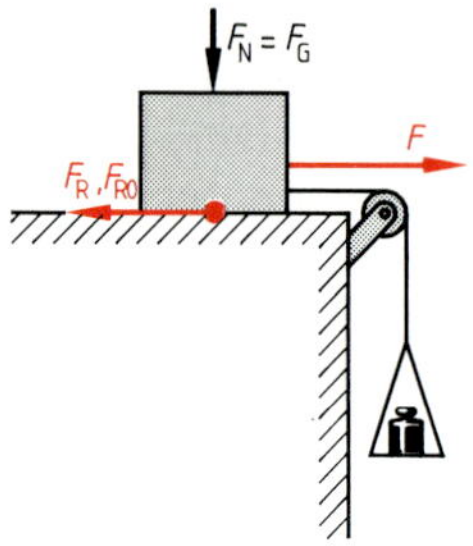

1

Mit einer Versuchsanordnung wie in Bild 1 lassen sich also Haftreibungskraft F_{R0} bzw. Gleitreibungskraft F_R ermitteln, es ist jedoch in der Praxis so, dass für einen solchen Versuch meist ein Kraftmessgerät, also ein **Dynamometer**, verwendet wird. Dies zeigt Bild 2. Man bezeichnet die von einem Körper senkrecht auf seine Unterlage wirkende Kraft als **Normalkraft** F_N. In der Regel ist dies die Gewichtskraft F_G, es können aber noch zusätzliche Kräfte zu dieser Normalkraft beitragen.

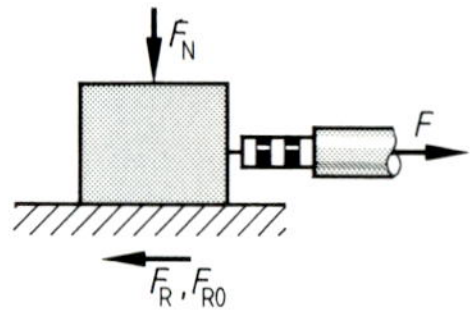

2

Normalkraft ⟶ F_N ⟶ senkrechte Anpresskraft des Körpers auf seine Unterlage.

Mit einer wie im Bild 2 dargestellten Versuchsanordnung stellte der französische Physiker und Ingenieur Charles **Coulomb (1736 bis 1806)** fest, dass zwischen dieser Normalkraft und der auftretenden Reibungskraft eine direkte Proportionalität gegeben ist. Somit:

Die Reibungskraft ist der vom Körper auf seine Unterlage wirkenden Normalkraft direkt proportional.

Bringt man dieses **Coulomb'sche Reibungsgesetz** in eine mathematische Form, dann ist

$$F_R \sim F_N \quad \text{bzw.} \quad F_{R0} \sim F_N$$

25.3.1 Die Reibungszahl

Es wurde bereits erwähnt, dass die Größe der Reibungskraft von mehreren Einflussgrößen – außer der Normalkraft F_N – abhängt. Diese Einflussgrößen sind in einem Proportionalitätsfaktor zusammengefasst, der nach DIN 1304 **Reibungszahl** heißt. Da auch der Umstand, ob sich ein Körper in Ruhe befindet oder ob er sich bewegt, die Größe der Reibungskraft beeinflusst, unterscheidet man

Haftreibungszahl: μ_0 und **Gleitreibungszahl:** μ

Mit diesen Proportionalitätsfaktoren ergibt sich nach dem **Coulomb'schen Reibungsgesetz** für die

Haftreibungskraft $F_{R0} = \mu_0 \cdot F_N$ [103–1] in N

Gleitreibungskraft $F_R = \mu \cdot F_N$ [103–2] in N

25.3.1.1 Die Einflussparameter der Reibungszahl

Die Bilder 1 und 2 zeigen den jeweils gleichen prismatischen Versuchskörper, z. B. einen Ziegelstein oder einen Holzklotz. Die beiden Versuchsanordnungen unterscheiden sich jedoch dadurch, dass der Versuchskörper im Bild 1 mit einer anderen (größeren) Seitenfläche seine Unterlage berührt als im Bild 2.

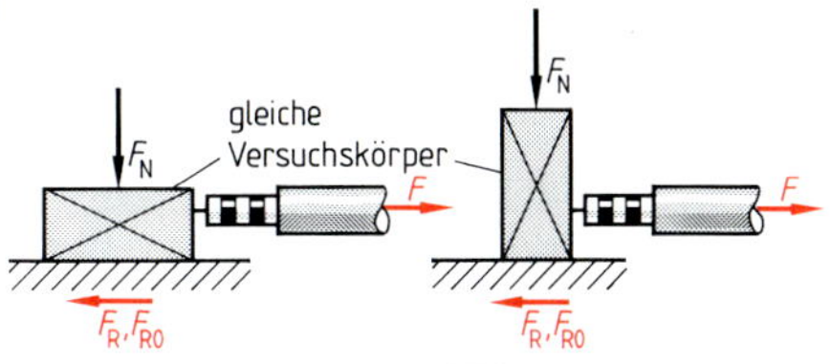

1 2

Erstaunlicherweise stellt man bei der Versuchsauswertung fest, dass die zur Überwindung der Reibungskraft F_R bzw. F_{R0} erforderliche Kraft F in beiden Fällen die gleiche Größe hat, obwohl die Berührungsflächen der Körper eine stark unterschiedliche Größe haben. Der Versuch ergibt also:

Die Größe der Haftreibungskraft und der Gleitreibungskraft hängt nur von der Größe der Normalkraft F_N und der Reibungszahl μ_0 bzw. μ ab. **Haftreibungskraft und Gleitreibungskraft sind von der Größe der Reibungsfläche unabhängig.**

Dass die Größe der Reibungskraft von der Größe der Berührungsfläche unabhängig ist, sagt jedoch nichts über die spezifisch unterschiedliche **mechanische Belastung** der verschieden großen Flächen aus. Dieses Problem ist jedoch Gegenstand der **Festigkeitslehre,** und zwar unter dem Stichwort **Flächenpressung.** Auch die **thermische Belastung** ist bei der kleineren Berührungsfläche größer als dies bei der großen Fläche der Fall ist. Dieser Sachverhalt ist mit den Gesetzen der **Wärmelehre,** dort unter dem Stichwort **Wärmetransport,** zu beherrschen.

Zur Ermittlung der Einflussparameter der Reibungszahl wird der in den Bildern 1 und 2 dargestellte Versuch bei unverändertem Gewicht des Versuchskörpers, d. h. bei konstanter Normalkraft F_N, wie folgt variiert:

a) Holzklotz auf Holzbrett
b) Metallklotz auf Holzbrett
→ **Erkenntnis 1** → Die zwischen zwei Körpern auftretende Reibungskraft ist von der **Werkstoffpaarung** abhängig.

c) Holzklotz auf gehobeltem Holz
d) Holzklotz auf geschliffenem Holz
→ **Erkenntnis 2** → Die zwischen zwei Körpern auftretende Reibungskraft ist von der **Oberflächenbeschaffenheit** der Körper abhängig.

Die Reibungszahlen können nur im Versuch ermittelt werden. Die folgende Tabelle führt einige wichtige **Durchschnittswerte** auf:

Werkstoff	**Zustand**	**Haftreibungszahl μ_0**	**Gleitreibungszahl μ**
Grauguss-Grauguss	geschmiert	0,16	0,12
Stahl-Stahl	trocken	0,15	0,1
Stahl-Grauguss	geschmiert	0,1	0,05
Stahl-Leder	trocken	0,6	0,3
Holz-Metall	geschmiert	0,1	0,06
Stahl-Eis	trocken	0,027	0,014

Umfangreichere Tabellen über Reibungszahlen findet man in einschlägigen technischen Handbüchern bzw. in Formelsammlungen. In der Tabelle auf Seite 103 ist bereits auf den Zustand trocken oder geschmiert hingewiesen worden. Im Maschinenbau unterscheidet man je nach Schmierung zwischen **Trockenreibung, Mischreibung** und **Flüssigkeitsreibung.** Bei der Mischreibung trennt ein Schmierfilm die beiden Körper nur teilweise, bei der Flüssigkeitsreibung trennt der Schmierfilm die beiden Körper vollkommen voneinander. Flüssigkeitsreibung tritt jedoch erst bei Gleitgeschwindigkeiten von etwa 2m/s bis 3 m/s ein, und zwar je nach Ausführung und Belastung der Gleitflächen. Man spricht in diesem Fall von **hydrodynamischer Schmierung,** die mit den Strömungsgesetzen der **Mechanik der Flüssigkeiten und Gase,** insbesondere der **Gleichung von Bernoulli** erklärbar ist. Innerhalb der Werkstoffkunde befasst sich das Teilgebiet der **Tribologie** mit den Möglichkeiten der Verringerung der Reibung und des Werkstoffverschleißes.
Weitere wichtige Einflussgrößen der Reibungszahlen sind z. B. noch Gleitgeschwindigkeit, Temperatur und Luftfeuchtigkeit, und es soll nochmals betont werden, dass die Reibungszahlen vor allem durch die Verwendung von **Schmierstoffen** (siehe Werkstoffkunde) beeinflusst werden können. Die Reibungszahl wird auch als **Reibungskoeffizient** und manchmal als **Reibungsziffer** bezeichnet.

M55. Der Schlitten einer Waagerechtstoßmaschine hat ein Gewicht $F_G = 3728$ N. Er bewegt sich auf den ebenen Flächen des Maschinenbettes. Dieses besteht aus Grauguss, und die Schmierung ist durch eine Zentralschmierung sichergestellt. Es ist $\mu_0 = 0{,}16$ und $\mu = 0{,}1$.
Zu berechnen ist a) die Haftreibungskraft,
b) die Gleitreibungskraft.

Lösung: a) $F_{R0} = \mu_0 \cdot F_N = 0{,}16 \cdot 3728$ N
$\mathbf{F_{R0} = 596{,}48\ N}$

b) $F_R = \mu \cdot F_N = 0{,}1 \cdot 3728$ N
$\mathbf{F_R = 372{,}8\ N}$

M56. Bild 1 zeigt die Führung einer Werkzeugmaschine, die durch die Schrägkraft $F = 3728$ N unter dem Winkel $\alpha = 22°$ belastet ist. Der Reibungskoeffizient beträgt $\mu = 0{,}11$. Berechnen Sie
a) die Normalkräfte auf den beiden Flächen H und V,
b) die Reibungskräfte an den beiden Flächen H und V,
c) die gesamte Verschiebekraft des Schlittens auf dem Bett.

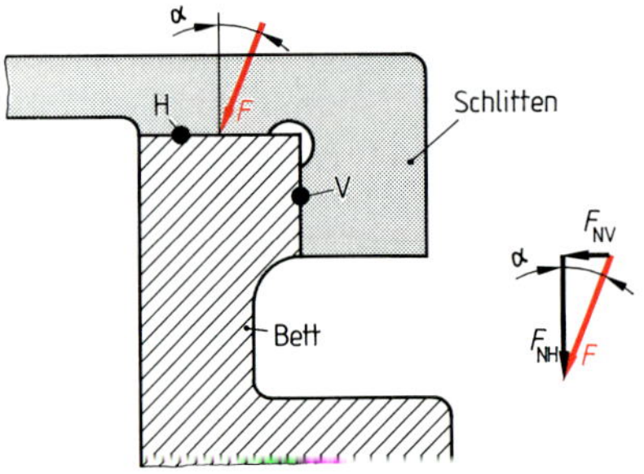

1

Lösung: a) $\mathbf{F_{NH}} = F \cdot \cos\alpha = 3728\ \text{N} \cdot \cos 22° = 3728\ \text{N} \cdot 0{,}9272 = \mathbf{3456{,}6\ N}$
$\mathbf{F_{NV}} = F \cdot \sin\alpha = 3728\ \text{N} \cdot \sin 22° = 3728\ \text{N} \cdot 0{,}3746 = \mathbf{1396{,}5\ N}$
b) $\mathbf{F_{RH}} = \mu \cdot F_{NH} = 0{,}11 \cdot 3456{,}6\ \text{N} = \mathbf{380{,}226\ N}$
$\mathbf{F_{RV}} = \mu \cdot F_{NV} = 0{,}11 \cdot 1396{,}5\ \text{N} = \mathbf{153{,}615\ N}$
c) $\mathbf{F_V} = -(F_{RH} + F_{RV}) = -(380{,}226\ \text{N} + 153{,}615\ \text{N}) = \mathbf{-533{,}841\ N}$

Ü131. Technische Oberflächen sind je nach Herstellungsverfahren mehr oder weniger rau. Berühren sich zwei solcher Flächen, so greifen die Spitzen der einen Fläche in die Riefen der anderen Fläche und es entsteht ein **Mikro-Formschluss** (Bild 2).

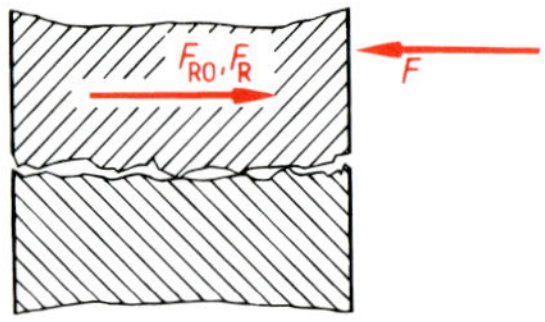

2

Werden nun die beiden Flächen gegeneinander bewegt, so ist die Verschiebekraft $F = -F_{R0}$ aufzubringen. Ist erst die Haftreibungskraft überwunden, dann ist zur Weiterbewegung nur noch die Kraft $F = -F_R$ erforderlich. Versuchen Sie anhand des Bildes 2, Seite 104, eine Erklärung dafür zu finden, warum $F_{R0} > F_R$ ist. Beachten Sie, dass die Abbildung den Sachverhalt sehr vergrößert darstellt.

Ü 132. Welche Verschiebekraft F_V wird benötigt, um den im Bild 1 dargestellten Körper aus der Ruhelage zu bewegen? Welche Kraft ist erforderlich, um eine gleichförmige Bewegung aufrechtzuerhalten?
Es ist $\mu_0 = 0{,}1$ und $\mu = 0{,}03$.

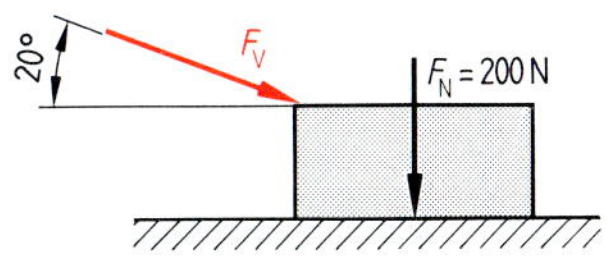

1

Ü 133. Zwei Stahlplatten werden mit einer Schraube zusammengepresst (Bild 2). Die zu übertragende Kraft beträgt $F = 12{,}5$ kN, und μ_0 zwischen den Platten wird mit 0,45 angesetzt. Mit welcher Kraft F_S muss die Schraube die beiden Platten zusammenpressen, wenn eine fünffache Sicherheit gegen Verschieben gefordert ist?

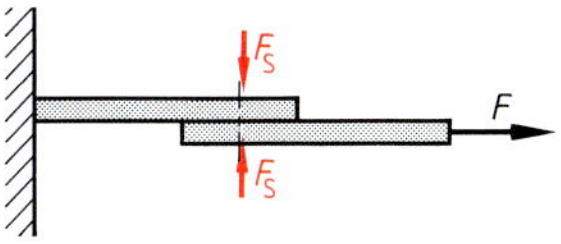

2

V 140. Wie ist die Reibungskraft – bezogen auf die Richtung der Bewegung – gerichtet?

V 141. a) Was versteht man unter hydrodynamischer Schmierung?
b) Schlagen Sie in einem technischen Lexikon den Begriff Tribologie nach.

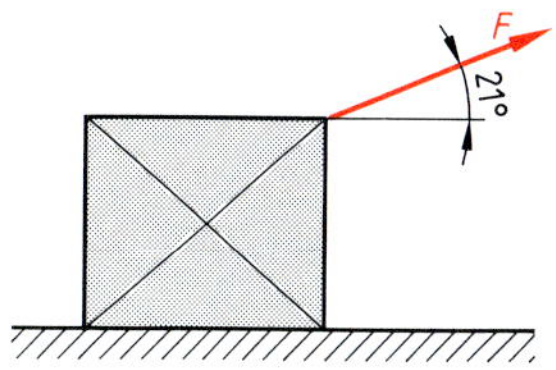

3

V 142. Eine Kiste (Bild 3) hat ein Gewicht von $F_G = 3000$ N. Wie groß muss die wirkende Kraft F sein, damit die Kiste in horizontaler Richtung verschoben werden kann? Es ist $\mu_0 = 0{,}2$.

V 143. In einem Verdichter wirkt auf den Kolbenboden eine Kraft $F = 1000$ N. Wie groß ist die Reibungskraft zwischen Kolben und Zylinderwand, wenn der Winkel der Pleuelstange (Bild 4) $\alpha = 10°$ beträgt und wenn mit einem Reibungskoeffizienten $\mu = 0{,}08$ gerechnet werden kann?

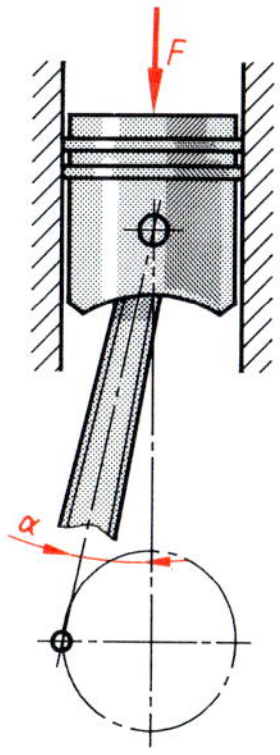

4

V 144. Wie groß ist das erzeugte Bremsmoment bei der im Bild 5 dargestellten einfachen Backenbremse, wenn $F = 450$ N ist und wenn mit $\mu = 0{,}2$ gerechnet werden kann?

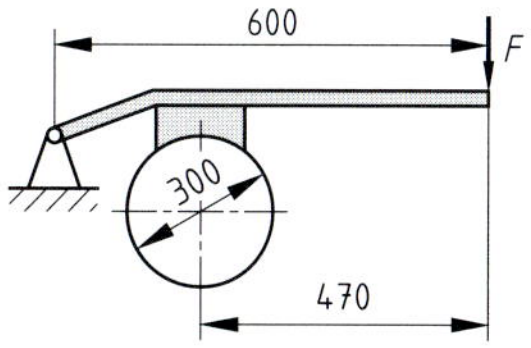

5

STATIK

Lektion 26

Reibung auf der schiefen Ebene

26.1 Bestimmung der Reibungszahlen

Bild 1 zeigt eine in ihrem **Neigungswinkel** α beliebig verstellbare schiefe (geneigte) Ebene. Aus Lektion 25 ist zu schließen, daß ein Abwärtsgleiten des Prüfkörpers vom Neigungswinkel α und von der vorhandenen Reibungszahl μ_0 abhängig ist. Gleitet der Körper, dann ist dieser Vorgang von α und μ abhängig.
Es ist zu erkennen:

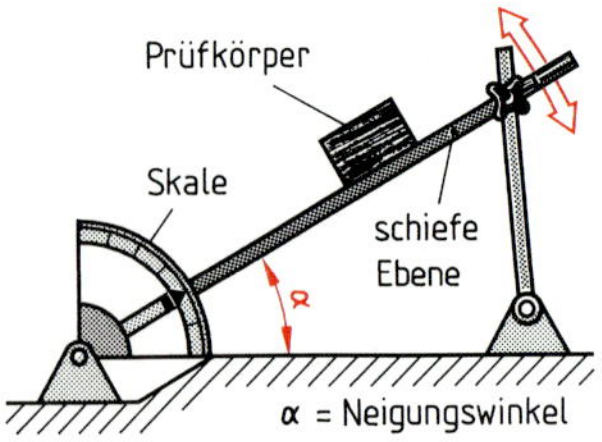

1

Die Reibungszahlen μ_0 bzw. μ stehen in einem funktionellen Zusammenhang zu einem speziellen Neigungswinkel α der schiefen Ebene.

Wird beim Anheben der schiefen Ebene eine bestimmte Winkelgröße überschritten, beginnt der Prüfkörper zu gleiten, d. h., dass in diesem Moment die Haftreibung überwunden wird. Dieser ganz spezielle Neigungswinkel α wird als

Haftreibungswinkel ρ_0 (sprich: Rho-Null) bezeichnet.

Verkleinert man nun den Winkel α so lange, bis der Körper mit gleichbleibender Geschwindigkeit abwärts gleitet, so wird gerade die Gleitreibung überwunden, und man spricht dann sinngemäß vom

Gleitreibungswinkel ρ.

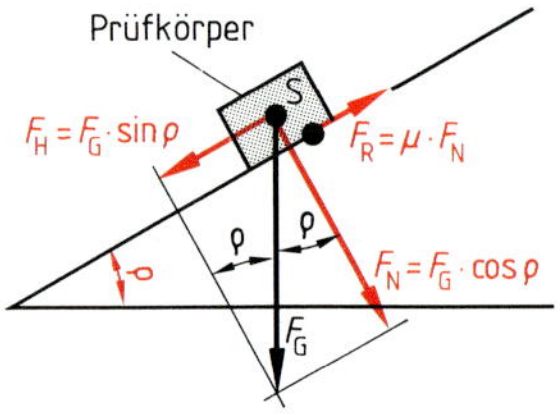

2

Dieser ist im Bild 2 dargestellt. Die Gewichtskraft F_G des Prüfkörpers ist – entsprechend Lektion 7 – zerlegt:

Hangabtriebskraft: $F_H = F_G \cdot \sin\rho$ ($F_H \parallel$ zur schiefen Ebene)
Normalkraft: $F_N = F_G \cdot \cos\rho$ ($F_N \perp$ zur schiefen Ebene)

Für den angenommenen Fall der Abwärtsbewegung mit konstanter Geschwindigkeit muss Kräftegleichgewicht zwischen der Hangabtriebskraft F_H und der Gleitreibungskraft F_R gegeben sein.

Es ist also $F_H = F_R$

$\mathbf{F_G \cdot \sin\rho} = \mu \cdot F_N = \boldsymbol{\mu} \cdot \mathbf{F_G \cdot \cos\rho}$. Nach μ umgestellt:

$$\mu = \frac{F_G \cdot \sin\rho}{F_G \cdot \cos\rho} = \frac{\sin\rho}{\cos\rho}. \text{ Mit } \frac{\sin\rho}{\cos\rho} = \tan\rho \text{ ist die}$$

Gleitreibungszahl $\mu = \tan\rho$ 106–1 und sinngemäß gilt für die

Haftreibungszahl $\mu_0 = \tan\rho_0$ 106–2

Die Reibungszahlen (μ_0 und μ) sind identisch mit dem Tangens der Reibungswinkel (ρ und ρ_0)

M57. Bei der Bestimmung der Haftreibungszahl eines Gleitlagerwerkstoffes aus einem Sonderstahl wird auf der schiefen Ebene ein Haftreibungswinkel $\rho_0 = 9°\,20'$ ermittelt. Wie groß ist die Haftreibungszahl?
Lösung: $\boldsymbol{\mu_0} = \tan\rho_0 = \tan 9°\,20' = \mathbf{0{,}1644}$

26.2 Selbsthemmung

26.2.1 Selbsthemmungskriterien

Liegen zwei Körper, deren Berührungsflächen geneigt sind, aufeinander, ohne dass sie gegeneinander verrutschen, dann sagt man, dass **Selbsthemmung** vorliegt. Bei der schiefen Ebene ist dies solange der Fall, wie der Neigungswinkel α der schiefen Ebene kleiner ist als der Haftreibungswinkel ρ_0. Aus dieser Überlegung ergibt sich die

Bedingung für Selbsthemmung $\tan\alpha \leq \tan\rho_0 = \mu_0$ 107–1

Treten allerdings (unkontrollierbare) Einflüsse, wie z. B. Schwingungen oder Erschütterungen auf, die die Haftreibung aufheben und wodurch der Körper durch die wirkende Hangabtriebskraft in Bewegung gerät, wird Gleichung 107–1 (sozusagen schlagartig) ihre Gültigkeit verlieren, und es gilt dann die

Erweiterte Bedingung für Selbsthemmung $\tan\alpha \leq \tan\rho = \mu$ 107–2

Man kann somit sagen:

Mit Sicherheit wird Gleiten nur dann ausgeschlossen, wenn der Neigungswinkel α der schiefen Ebene kleiner als der Gleitreibungswinkel ρ ist.

Die Frage der Selbsthemmung ist bei der Berührung von Bauteilen – z. B. bei Winden, Flaschenzügen, schiefen Ebenen, d. h. auch bei Gewindespindeln – sehr oft von entscheidender Wichtigkeit. Gemäß der Gleichungen 107–1 und 107–2 muss bei einer Aussage über die Selbsthemmung immer die Frage einhergehen, ob sich die berührenden Körper gegeneinander in absoluter Ruhe befinden oder ob die Haftreibung durch Schwingungen oder sonstige (unkontrollierbare) Einflüsse aufgehoben werden kann.

26.2.2 Reibungsdreieck und Reibungskegel

Bild 1 zeigt nochmals die Zerlegung der Gewichtskraft F_G eines auf einer schiefen Ebene liegenden Körpers in die Hangabtriebskraft F_H und die Normalkraft F_N, und zwar für den Fall $\alpha = \rho_0$. Gemäß Wechselwirkungsgesetz (s. 4.1) entstehen als Gegenwirkung zu diesen Kräften – also aus der schiefen Ebene heraus auf den Körper zurück – die **Reaktionskräfte F_{R0} und $-F_N$.**

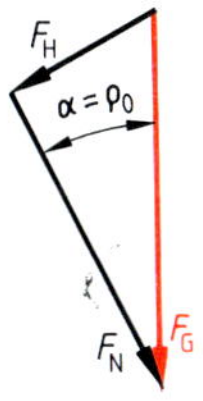

1

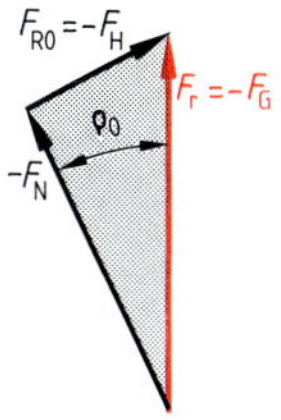

2

Diese Reaktionskräfte sind im Bild 2 zu einer Resultierenden $F_r = -F_G$ zusammengesetzt. Dieses Kräftedreieck wird als **Reibungsdreieck** bezeichnet, und es ist infolge von $F_r = -F_G$ zu erkennen, dass sich Aktions- und Reaktionskräfte aufheben und demzufolge ein statischer Zustand, d. h. keine Gleitung, gegeben ist.

Das Kräftedreieck, welches sich durch das Zusammensetzen der rechtwinklig zueinander gerichteten Reaktionskräfte F_{R0} und $-F_N$ bzw. F_R und $-F_N$ ergibt, heißt **Reibungsdreieck.**

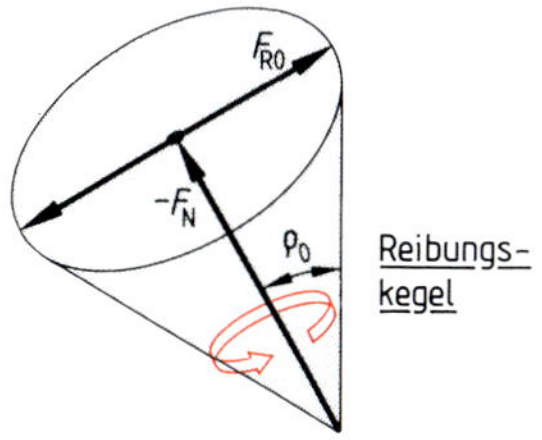

3

In Abhängigkeit davon, ob F_{R0} mit $-F_N$ oder F_R mit $-F_N$ zusammengesetzt wird, bezeichnet man das Reibungsdreieck als **Haftreibungsdreieck** oder **Gleitreibungsdreieck.**

Lässt man ein solches Reibungsdreieck einmal um die Wirkungslinie von $-F_N$ rotieren (Bild 3), dann erhält man den sog. **Reibungskegel,** und in Analogie zum Reibungsdreieck gibt es einen **Haftreibungskegel** und einen **Gleitreibungskegel.**

Die Bilder 1 und 2 zeigen einen Radfahrer in zwei verschiedenen Fahrsituationen, und aus Bild 2 ist zu ersehen, wie die auf die Fahrbahn wirkende Kraft F_r durch das Zusammensetzen der Gewichtskraft F_G und der **Zentrifugalkraft** F_Z entsteht. Infolge dieser Kraft F_r entstehen die von der Fahrbahn auf das Fahrrad wirkenden Reaktionskräfte F_{R0} und $-F_N$. Zeichnet man nun für beide Fahrsituationen den Reibungskegel, dann ist zu erkennen, dass die wirkende Resultierende F_r, einmal mit ihrer Wirkungslinie innerhalb des Reibungskegels liegt (Bild 2) und einmal außerhalb (Bild 1). Außerdem ist zu erkennen, dass im Bild 1 die Komponente $F_x > F_{R0}$ ist, was dazu führt, dass der Fahrer im Bild 1 nach rechts gleitet, d. h. stürzt, während der Fahrer im Bild 2 nicht gleitet.

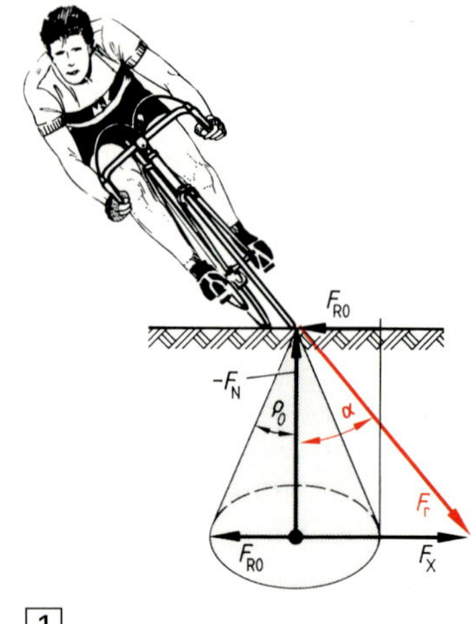

1

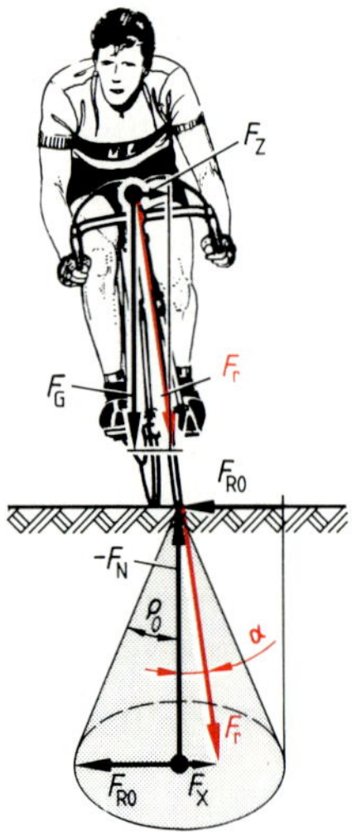

2

Aus diesem Beispiel ist zu ersehen:

Geht die Resultierende aller am Körper angreifenden Kräfte durch den Reibungskegel, dann befindet sich der Körper bezüglich seiner Unterlage in Ruhe.

M58. Bestimmen Sie μ_0 und μ, wenn im Versuch festgestellt wird, dass der Prüfkörper bei einem Winkel $\rho_0 = 19°\ 30'$ zu rutschen beginnt und dass bei dem anschließend verkleinerten Winkel $\rho = 15°$ der Prüfkörper mit konstanter Geschwindigkeit abwärts gleitet.

Lösung: $\mu_0 = \tan \rho_0 = \tan 19°\ 30'$ $\quad$ $\mu = \tan \rho = \tan 15°$

$\boldsymbol{\mu_0 = 0{,}354}$ $\quad$ $\boldsymbol{\mu = 0{,}268}$

M59. Ein Werkstück aus Stahl liegt auf einer schiefen Ebene aus Grauguss. Der Winkel der schiefen Ebene beträgt 10° 15′. Liegt auch im geschmierten Zustand Selbsthemmung vor?

Lösung: Aus der Tabelle Seite 103 ergibt sich für diese Werkstoffpaarung $\mu_0 = 0{,}1$. Also ist $\mu_0 = \tan \rho_0 = 0{,}1 \longrightarrow \boldsymbol{\rho_0 = 5°\ 43' < \alpha}$, d. h. keine **Selbsthemmung,** d. h., dass das Werkstück gleitet.

M60. An dem im Bild 3 abgebildeten Körper greifen außer der Gewichtskraft F_G die beiden Kräfte $F_1 = 400$ N und $F_2 = 800$ N an.

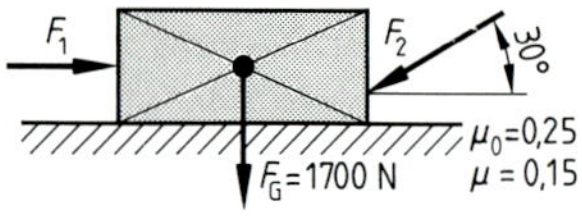

3

a) Bestimmen Sie F_N und F_{R0}.
b) Bestimmen Sie ρ_0 auf zwei verschiedenen Wegen.
c) Bestimmen Sie ρ und F_R.
d) Zeichnen Sie den Gleitreibungskegel und in diesem die Resultierende F_r.
e) Liegt Selbsthemmung vor?

Lösung: a) $F_N = F_G + F_2 \cdot \sin 30° = 1700\text{ N} + 800\text{ N} \cdot 0{,}5$

$\boldsymbol{F_N = 2100\text{ N}}$

$F_{R0} = \mu_0 \cdot F_N = 0{,}25 \cdot 2100\text{ N}$

$\boldsymbol{F_{R0} = 525\text{ N}}$

b) $\mu_0 = \tan \rho_0 = 0{,}25 \longrightarrow \boldsymbol{\rho_0 = 14° 2'}$

$$\tan \rho_0 = \frac{F_{R0}}{F_N} = \frac{525\ \text{N}}{2100\ \text{N}} = 0{,}25 \rightarrow \boldsymbol{\rho_0 = 14° 2'}$$

Die Reibungszahl kann auch aus dem Quotienten von Reibungskraft und Normalkraft berechnet werden.

c) $\mu = \tan \rho = 0{,}15 \longrightarrow \boldsymbol{\rho = 8° 32'}$ $F_R = \mu \cdot F_N = 0{,}15 \cdot 2100\ \text{N}$

$\boldsymbol{F_R = 315\ \text{N}}$

d)

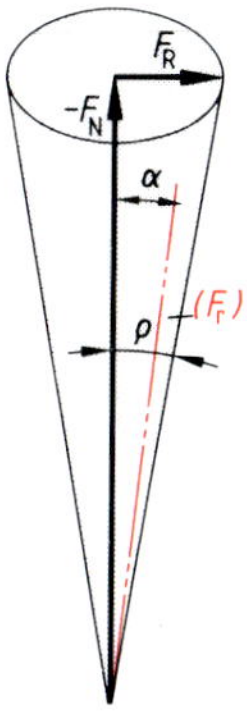

1

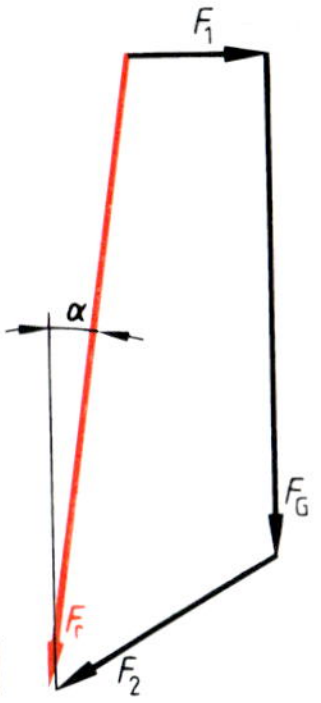

2

e) Aus Bild 1 ist zu ersehen, dass die Wirkungslinie der Resultierenden aller äußeren Kräfte im Reibungskegel liegt, d. h., dass die erweiterte Bedingung für Selbsthemmung $\tan \alpha < \tan \rho$ und d. h. auch $\alpha < \rho$ erfüllt ist. Gemäß Bild 2 lässt sich α wie folgt rechnerisch ermitteln:

$$\tan \alpha = \frac{\Sigma F_x}{\Sigma F_y} = \frac{F_1 - F_2 \cdot \cos 30°}{-F_G - F_2 \cdot \sin 30°}$$

$\tan \alpha = 0{,}139 \rightarrow \boldsymbol{\alpha = 7° 55'}$

26.3 Wirkkräfte auf der schiefen Ebene

Unter den Wirkkräften auf der schiefen Ebene werden die zur Fortbewegung des Körpers auf der schiefen Ebene bzw. die zum Halten des Körpers auf der schiefen Ebene erforderlichen Kräfte verstanden. Um diese Kräfte berechnen zu können, muss auf der schiefen Ebene zwischen Auf- und Abwärtsbewegung unterschieden werden, denn bei einer Aufwärtsbewegung ist die Reibungskraft wie die Hangabtriebskraft gerichtet, während dies bei der Abwärtsbewegung genau umgekehrt ist.

26.3.1 Kraft parallel zur schiefen Ebene

26.3.1.1 Aufwärtsbewegung

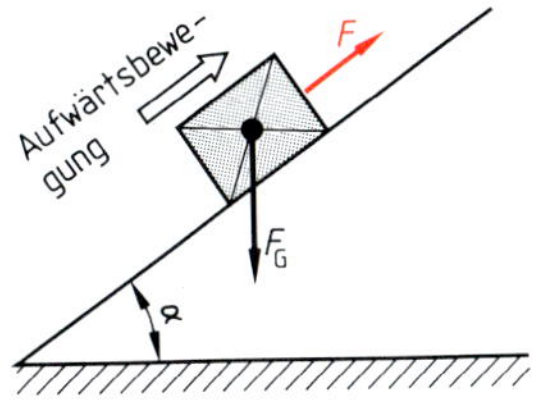

3

Gegeben ist eine schiefe Ebene mit dem Neigungswinkel α. Ein Körper mit dem Gewicht F_G soll nach oben gezogen werden. Dies zeigt Bild 3, und es soll nun untersucht werden, welche Kraft F erforderlich ist, um die Haftreibungskraft F_{R0} bzw. die Gleitreibungskraft F_R zu überwinden.

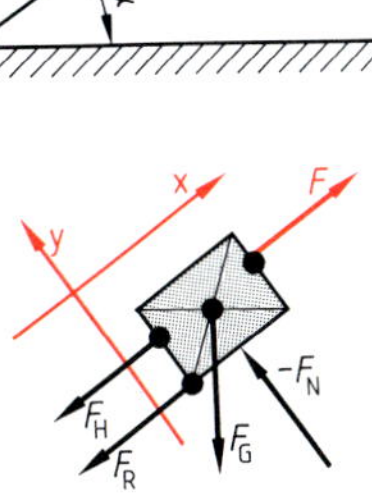

4

Bei der Lösung des Problems geht man davon aus, dass am freigemachten Körper (Bild 4) Kräftegleichgewicht herrscht, d. h. es muss $\Sigma F_x = 0$ und $\Sigma F_y = 0$ sein. Dabei erweist es sich als zweckmäßig, das Achsenkreuz des Koordinatensystems so zu legen, dass die x-Achse parallel zur schiefen Ebene gerichtet ist. In diesem Fall entfällt für F_N die x-Komponente, und für F bzw. für F_{R0} und für F_R entfällt die y-Komponente. Bezogen auf die Gleitreibungskraft liefert $\boldsymbol{\Sigma F_x = 0}$ die folgende Ableitung:

$$F - F_R - F_H = 0$$
$$F - \mu \cdot F_N - F_G \cdot \sin \alpha = 0$$
$$F - \mu \cdot F_G \cdot \cos \alpha - F_G \cdot \sin \alpha = 0$$
$$F = \mu \cdot F_G \cdot \cos \alpha + F_G \cdot \sin \alpha.$$ Somit:

Zugkraft (Überwindung der Gleitreibung) als Funktion von F_G, α, μ

$$F = F_G \cdot (\sin \alpha + \mu \cdot \cos \alpha)$$ 109–1 $\rightarrow F = f(F_G, \alpha, \mu)$

Wenn keine Reibungskraft zwischen der schiefen Ebene und dem Körper auftreten würde **(reibungsloser Zustand)**, dann wäre die erforderliche Zugkraft F ebenso groß wie die Hangabtriebskraft F_H, d. h., es wäre lediglich der Neigungswinkel α der schiefen Ebene zu überwinden. Das Kräftedreieck für diesen Fall zeigt das Bild 1.

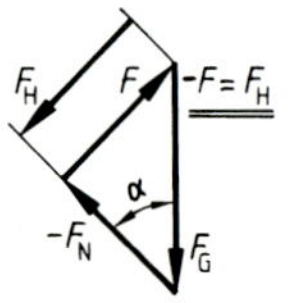

1

Da aber in der Realität außer dem Neigunswinkel α noch der Gleitreibungswinkel ρ zu überwinden ist, muss die Zugkraft F um den Betrag der Gleitreibungskraft F_R größer sein. Dies bedeutet, dass für die Größe der Zugkraft die Summe von F_H und F_R anzusetzen ist. Das diesem Fall zugehörige Kräftedreieck zeigt Bild 2.

Wendet man nun für das nicht rechtwinklige Krafteck aus F, F_G und F' den Sinussatz an, dann ergibt sich:

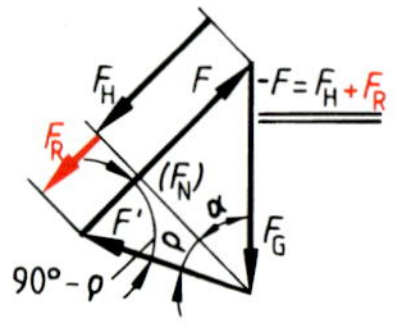

2

$$\frac{\sin(\alpha + \rho)}{F} = \frac{\sin(90° - \rho)}{F_G}$$, und da $\sin(90° - \rho) = \cos\rho$ ist, erhält man:

$$\frac{\sin(\alpha + \rho)}{F} = \frac{\cos\rho}{F_G}$$. Diese Gleichung wird nun nach F umgestellt, und man erhält die

Zugkraft
(Überwindung der Gleitreibung)
als Funktion von F_G, α, ρ

$$F = F_G \cdot \frac{\sin(\alpha + \rho)}{\cos\rho}$$ 110–1 ⟶ $F = f(F_G, \alpha, \rho)$

Analog der Gleichungen 109–1 und 110–1 gilt sinngemäß für die

Zugkraft
(Überwindung der Haftreibung)

$$F = F_G \cdot (\sin\alpha + \mu_0 \cdot \cos\alpha)$$ 110–2

$$F = F_G \cdot \frac{\sin(\alpha + \rho_0)}{\cos\rho_0}$$ 110–3

26.3.1.2 Abwärtsbewegung

Bei einem sehr großen Neigungswinkel α (Bild 3) ist unter der Voraussetzung, dass der Körper mit konstanter Geschwindigkeit abwärts gleiten soll, eine zusätzliche **Haltekraft** F erforderlich.

Um diese Haltekraft zu ermitteln, zeichnet man wieder den freigemachten Körper (Bild 4). Im Falle des vorausgesetzten Kräftegleichgewichtes muss wieder gelten: $\Sigma F_x = 0$ und $\Sigma F_y = 0$.

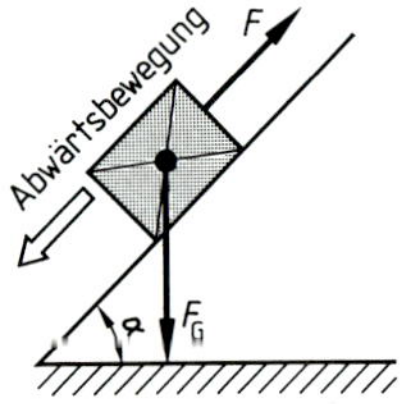

3

$\boldsymbol{\Sigma F_x = 0}$ liefert:

$$F + F_R - F_H = 0$$
$$F + F_R - F_G \cdot \sin\alpha = 0$$
$$F + \mu \cdot F_N - F_G \cdot \sin\alpha = 0$$
$$F + \mu \cdot F_G \cdot \cos\alpha - F_G \cdot \sin\alpha = 0$$

Nach F umgestellt: $F = F_G \cdot \sin\alpha - \mu \cdot F_G \cdot \cos\alpha$

Klammert man noch F_G aus, dann erhält man für die

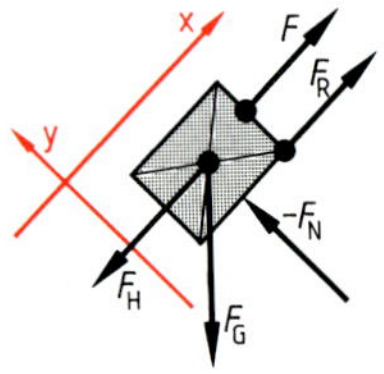

4

Haltekraft bei Abwärtsbewegung
(Gleitung) als Funktion
von F_G, α und μ

$$F = F_G \cdot (\sin\alpha - \mu \cdot \cos\alpha)$$ 110–4

Waren bei Aufwärtsbewegung der Neigungswinkel α und zusätzlich der Gleitreibungswinkel ρ zu überwinden, ist es bei der Abwärtsbewegung so, dass der Gleitreibungswinkel ρ vom Neigungswinkel α abgezogen werden muss. Man kann auch sagen, dass man von der Hangabtriebskraft F_H die Reibungskraft F_R abziehen muss, um die Haltekraft F zu erhalten. Aus diesen Überlegungen ergibt sich das im Bild 1 dargestellte Krafteck. Wendet man für dieses Krafteck den Sinussatz an, so erhält man:

$$\frac{F}{\sin(\alpha - \rho)} = \frac{F_G}{\sin(90° + \rho)}$$ und da $\sin\,(90° + \rho) = \cos \rho$ ist,

erhält man – indem noch nach F umgestellt wird – eine mathematische Beziehung für die

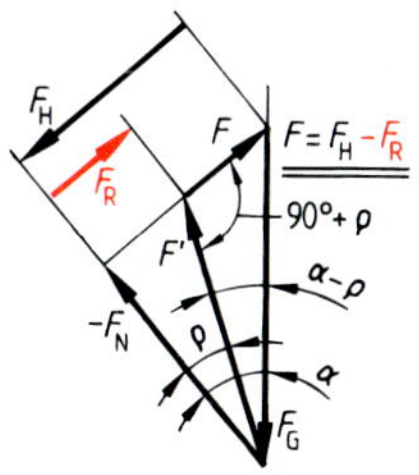

1

Haltekraft bei Abwärtsbewegung
(Gleitung) als Funktion von F_G, α, ρ

$$F = F_G \cdot \frac{\sin(\alpha - \rho)}{\cos \rho}$$ 111–1

Befindet sich der Körper in Ruhe und ist demzufolge mit der Haltekraft nur zu verhindern, dass die Haftreibung überwunden wird, so ist für diesen Fall die Haltekraft F kleiner, da $F_{R0} > F_R$ ist. Zur Berechnung dieser Haltekraft F wird wieder μ durch μ_0 und ρ durch ρ_0 ersetzt. Somit erhält man analog zu den Gleichungen 110–4 und 111–1 für die

Haltekraft bei Haftung

$$F = F_G \cdot (\sin \alpha - \mu_0 \cdot \cos \alpha)$$ 111–2

$$F = F_G \cdot \frac{\sin(\alpha - \rho_0)}{\cos \rho_0}$$ 111–3

26.3.2 Kraft parallel zur Grundfläche der schiefen Ebene

26.3.2.1 Aufwärtsbewegung

In der Maschinentechnik kommt es häufig vor, dass eine Kraft F parallel zur Grundfläche der schiefen Ebene auf einen dort gelagerten Körper wirkt. Dies ist z. B. beim Keil und bei Schrauben (s. Lektion 29) der Fall und ist im Bild 2 vereinfacht dargestellt.

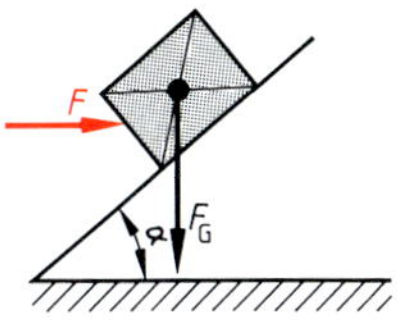

2

Auch hier soll eine Funktion für die wirkende Kraft F in Abhängigkeit der Gewichtskraft F_G und des Neigungswinkels α der schiefen Ebene aufgestellt werden. Dazu wird der Körper wieder – gemäß Bild 3 – freigemacht. Das Krafteck (Bild 4) zeigt die Zusammensetzung von F_R und $-F_N$ zu einer Resultierenden F'. Außer dieser wirken noch die Kräfte F und F_G auf den Körper. Des Weiteren zeigt Bild 4 die Lage des Neigungswinkels α und die Lage des Gleitreibungswinkels ρ.

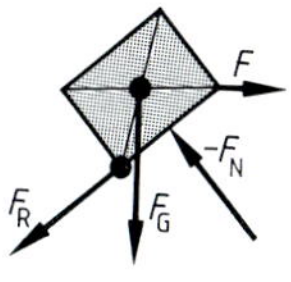

3

Da Kräftegleichgewicht vorausgesetzt wird, muss sich das Kräftedreieck aus F', F und F_G schließen. Dies ist ein rechtwinkliges Dreieck, und es gelten demzufolge einfache trigonometrische Beziehungen. Es ist:

$\tan(\alpha + \rho) = \dfrac{F}{F_G}$, und man erhält daraus für die

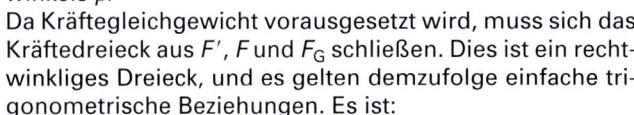

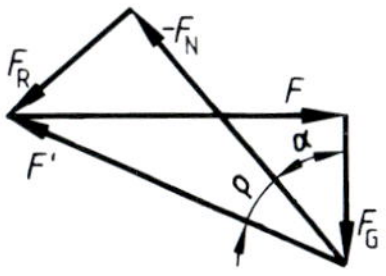

4

Kraft zur Überwindung der Gleitreibung
als Funktion von F_G, α und ρ

$$F = F_G \cdot \tan(\alpha + \rho)$$ 111–4

Bei der Berechnung zur Überwindung der Haftreibungskraft F_{R0} ist analog 111–4 die

Kraft zur Überwindung der Haftreibung
als Funktion von F_G, α und ρ_0

$$F = F_G \cdot \tan(\alpha + \rho_0)$$ 111–5

26.3.2.2 Abwärtsbewegung

Bei der Abwärtsbewegung wirkt die Gleitreibungskraft F_R entgegen der schiefen Ebene nach oben. Setzt man wieder F_R und $-F_N$ zu F' und dann F' mit F zu F_G zusammen, erhält man das Krafteck gemäß Bild 1. In Analogie dazu könnte man auch bezüglich der Haftreibungskraft F_{R0} ein Krafteck zeichnen.
Wendet man wieder die Tangensfunktion an, dann ergibt sich die

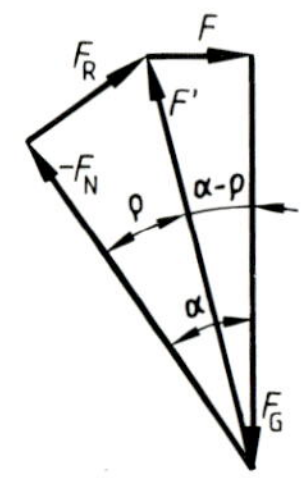

1

Haltekraft bei Abwärtsbewegung (Gleitung) $F = F_G \cdot \tan(\alpha - \rho)$ 112–1

Haltekraft bei Haftung $F = F_G \cdot \tan(\alpha - \rho_0)$ 112–2

M61. Eine Kiste mit dem Gewicht $F_G = 1800$ N wird an einer schiefen Ebene mit dem Neigungswinkel $\alpha = 15°$ hinaufgeschoben. Die Schubkraft wirkt parallel zur schiefen Ebene, und es muss mit $\mu_0 = 0{,}12$ gerechnet werden.

a) Wie groß muss die Schubkraft F bei Überwindung der Haftreibung sein?
b) Liegt Selbsthemmung vor? Wenn nicht, ist die Haltekraft zu berechnen.

Lösung:

a) $F = F_G \cdot (\sin\alpha + \mu_0 \cdot \cos\alpha) \longrightarrow$ (Gleichung 110–2) $\sin\alpha = \sin 15° = 0{,}2588$
$\cos\alpha = \cos 15° = 0{,}9659$

$F = 1800\text{ N} \cdot (0{,}2588 + 0{,}12 \cdot 0{,}9659) = 1800\text{ N} \cdot 0{,}37471$

$\boldsymbol{F = 674{,}48\text{ N}}$

b) $\tan\rho_0 = \mu_0 = 0{,}12 \longrightarrow \rho_0 = 6°\,51' < \alpha$, d. h. **keine Selbsthemmung**

Um ein Abwärtsgleiten zu verhindern, ist folgende Haltekraft erforderlich:
$F = F_G \cdot (\sin\alpha - \mu_0 \cdot \cos\alpha) = 1800\text{ N} \cdot (0{,}2588 - 0{,}12 \cdot 0{,}9659) = 1800\text{ N} \cdot 0{,}142892$

$\boldsymbol{F = 257{,}21\text{ N}}$

Es hätte auch wie folgt gerechnet werden können:

$$F = F_G \cdot \frac{\sin(\alpha - \rho_0)}{\cos\rho_0} \longrightarrow \text{(Gleichung 111–3)}$$

$$F = 1800\text{ N} \cdot \frac{\sin(15° - 6°\,51')}{\cos 6°\,51'} = 1800\text{ N} \cdot \frac{0{,}141765}{0{,}992862}$$

$\boldsymbol{F = 257{,}01\text{ N}}$ Die kleine Rechendifferenz ist auf Rundungen zurückzuführen.

M62. Gemäß Bild 2 wird ein Container mit dem Gewicht $F_G = 22$ kN an einer schiefen Ebene mit dem Neigungswinkel $\alpha = 12°$ von einer Kraft F, die zur schiefen Ebene unter dem Winkel $\beta = 15°$ geneigt ist, hinaufgezogen. Wie groß ist die Kraft bei Überwindung der Haftreibung und wenn $\mu_0 = 0{,}36$ ist?

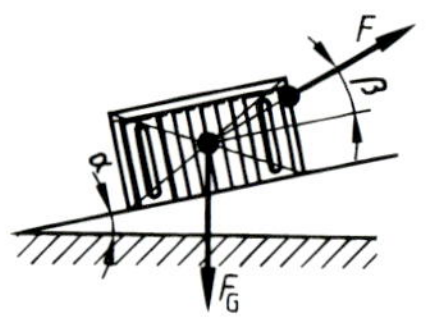

2

Lösung:
Das Problem wird vereinfacht, wenn angenommen wird, dass die Wirkungslinie von F durch den Containerschwerpunkt geht und wenn das Koordinatensystem – bezogen auf den freigemachten Körper – so gelegt wird, dass die x-Achse – wie in Bild 3 – in Richtung der schiefen Ebene zeigt.

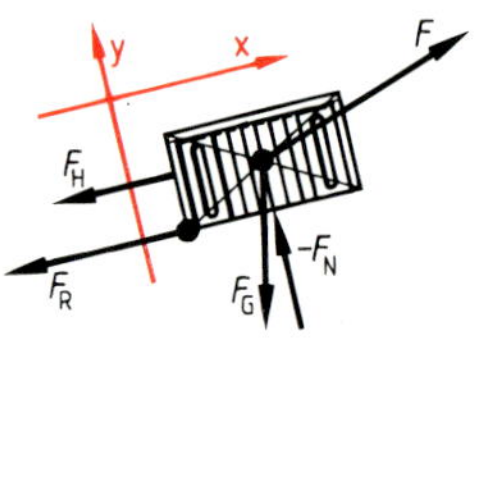

3

$\Sigma \boldsymbol{F_x = 0}$ liefert: $F \cdot \cos\beta - F_R - F_H = 0$

$$F \cdot \cos\beta - \mu_0 \cdot F_N - F_G \cdot \sin\alpha = 0$$
$$F \cdot \cos\beta - \mu_0 \cdot (F_G \cdot \cos\alpha - F \cdot \sin\beta) - F_G \cdot \sin\alpha = 0$$
$$F \cdot \cos\beta - \mu_0 \cdot F_G \cdot \cos\alpha + \mu_0 \cdot F \cdot \sin\beta - F_G \cdot \sin\alpha = 0$$
$$F \cdot (\cos\beta + \mu_0 \cdot \sin\beta) = F_G \cdot (\sin\alpha + \mu_0 \cdot \cos\alpha)$$
$$F = F_G \cdot \frac{\sin\alpha + \mu_0 \cdot \cos\alpha}{\cos\beta + \mu_0 \cdot \sin\beta}$$

$\sin\alpha = \sin\ 12° = 0{,}2079$
$\cos\alpha = \cos\ 12° = 0{,}9781$
$\sin\beta = \sin\ 15° = 0{,}2588$
$\cos\beta = \cos\ 15° = 0{,}9659$

$$F = 22\ \text{kN} \cdot \frac{0{,}2079 + 0{,}36 \cdot 0{,}9781}{0{,}9659 + 0{,}36 \cdot 0{,}2588} = 22\ \text{kN} \cdot \frac{0{,}56}{1{,}059}$$

$\boldsymbol{F = 11{,}63}$ **kN**

M63. Eine Aluminiumleiter ist auf waagerechtem Boden stehend gemäß Bild 1 gegen eine senkrechte Wand gelehnt.
Wie groß ist der Grenzwinkel α zwischen Leiter und Boden (Beginn des Rutschens), wenn die Haftreibungszahl an den beiden Berührungsstellen der Leiter $\mu_0 = 0{,}21$ ist?

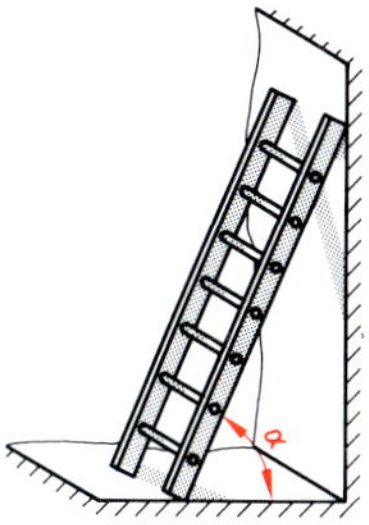

Lösung:
Bild 2 zeigt die Leiter mit Schwerpunkt S sowie ihren oberen und unteren Endpunkt o und u. In o und u sind die jeweiligen Reibungsdreiecke gezeichnet, und bei Kräftegleichgewicht müssen die beiden Resultierenden F_{ro} und F_{ru} mit der Gewichtskraft F_G der Leiter im Gleichgewicht stehen. Dieses zeigt das Kräftedreieck im Bild 3.
Aus der Geometrie desselben ist auch zu ersehen:

$$\boldsymbol{\alpha = 90° - 2 \cdot \rho_0}$$

$\mu_0 = \tan\rho_0 = 0{,}21$ ergibt
$\rho_0 = 11{,}885°$

$\alpha = 90° - 2 \cdot 11{,}86°$
$\alpha = 90° - 23{,}72°$
$\boldsymbol{\alpha = 66{,}28°}$

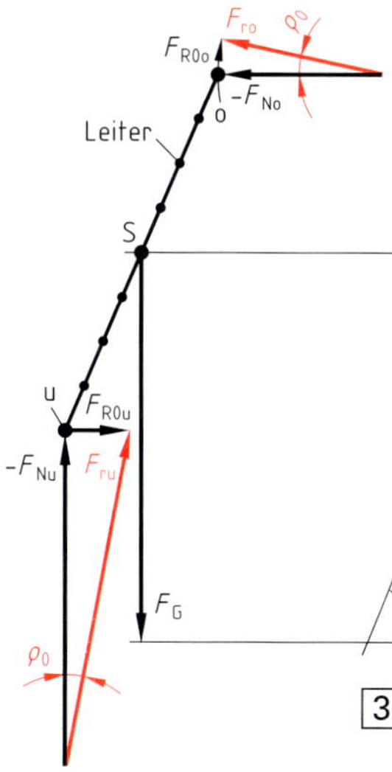

2

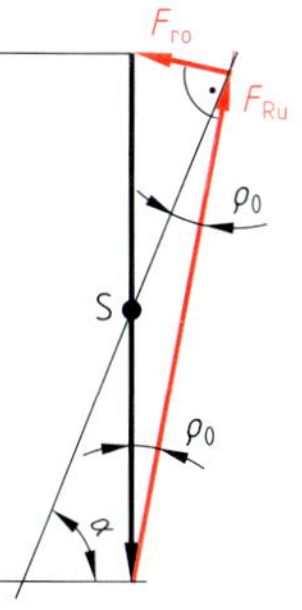

3

Ü134. Beim Stapellauf eines Schiffes hat die Ablaufrutsche ein Gefälle von 1 : 20, d. h. 1 m senkrechtes Gefälle auf einer waagerechten Strecke von 20 m. Das Gewicht des Schiffes beträgt $F_G = 78000$ kN. Welche Reibungszahl μ ist nötig, wenn das Schiff mit konstanter Geschwindigkeit abwärts gleiten soll?

Ü135. An einer eigens für den Zweck von Containerverladungen konstruierten verstellbaren schiefen Ebene wird festgestellt, dass bei einem Neigungswinkel $\alpha = 15{,}5°$ ein Container mit dem Gewicht $F_G = 1500$ N gleichförmig, d. h. mit konstanter Geschwindigkeit, abwärts gleitet.

Es ist also $\alpha = \rho = 15{,}5°$.

a) Wie groß ist die Reibungszahl μ?
b) Wie groß muss eine Kraft F parallel zur schiefen Ebene sein, wenn der Container bei einem Neigungswinkel $\alpha = 30°$ nach oben gezogen wird?
c) Wie groß muss die Kraft F sein, wenn sie parallel zur Grundfläche der schiefen Ebene wirkt?

Ü 136. Ein Körper wird gemäß Bild 1 durch eine Kraft F an einer schiefen Ebene hinaufgeschoben. Es ist: $F_G = 900$ N, $\alpha = 35°$, $\beta = 15°$. Wie groß muss F sein, um den Körper bei $\mu_0 = 0{,}11$ in Bewegung zu setzen?
Zeichnen Sie für diesen Fall den Reibungskegel und in diesen die Resultierende der äußeren Kräfte.

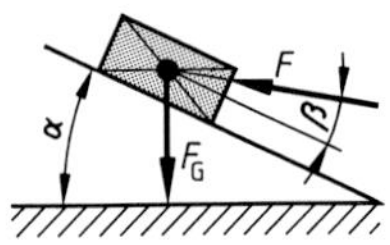

1

V 145. Welche Aussage macht der Reibungskegel bezüglich der Erhaltung des Ruhezustandes eines Körpers?

V 146. Eine Masse mit dem Gewicht $F_G = 4415$ N wird an einer schiefen Ebene hinuntergezogen. Es ist $\mu = 0{,}7$. Welche Zugkraft F ist erforderlich im Fall
a) F parallel zur schiefen Ebene (Bild 2),
b) F parallel zur Grundfläche der schiefen Ebene (Bild 3)?

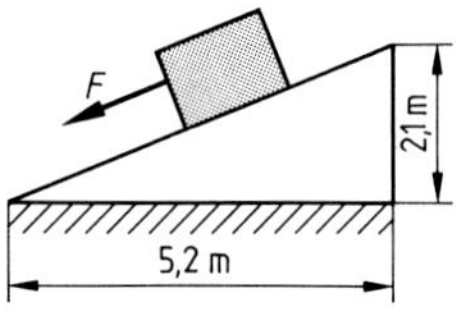

2

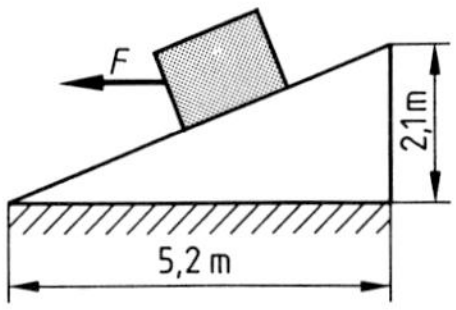

3

V 147. Welche Kraft F_3 ist in der Anordnung des Bildes 4 nötig, damit bei

$\mu_0 = 0{,}28$,
$F_G = 5$ kN,
$F_1 = 300$ N,
$F_2 = 500$ N,

die Haftreibungskraft F_{R0} überwunden wird?

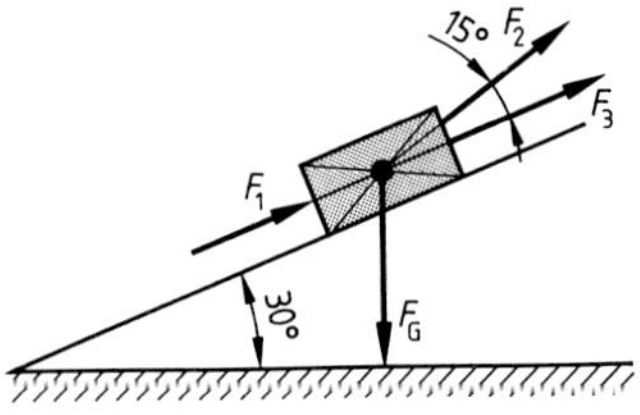

4

Lektion 27

Reibung an Geradführungen

In den nun folgenden Lektionen 27 bis 29 sollen die **Reibungsgesetze an konkreten Maschinenteilen** angewendet werden. Einen großen Anwendungsbereich stellen dabei die **Führungen,** insbesondere die **Geradführungen** dar.

Unter einer Führung versteht man das Teil einer Maschine, das einem beweglichen Teil die Bahn und/oder die Lage bei seiner Bewegung infolge seiner besonderen Form vorschreibt.

Geradführungen bewirken gerade Bewegungsbahnen. Die wichtigsten Arten unterscheiden sich wie folgt:

27.1 Flachführungen

Bei Flachführungen reiben zwei ebene Flächen aneinander. Demzufolge kann das Coulomb'sche Reibungsgesetz uneingeschränkt angewendet werden.

Haftreibungskraft	$F_{Ro} = \mu_o \cdot F_N$	115–1 = 103–1		μ, μ_o	F_N, F_{Ro}, F_R
Gleitreibungskraft	$F_R = \mu \cdot F_N$	115–2 = 103–2		1	N

M64. Die auf den Kolben (Bild 1) wirkende Kraft F = 150 kN wird über die Kolbenstange auf den Kreuzkopf übertragen.

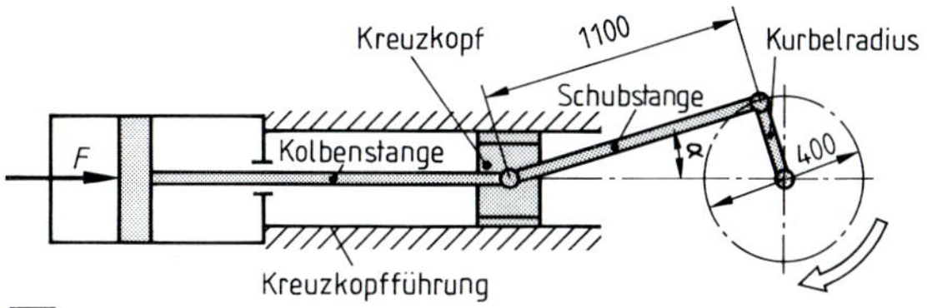

1

a) Machen Sie den Kreuzkopf frei.

b) Ermitteln Sie die Schubstangenkraft F_S und die zwischen Kreuzkopf und Kreuzkopfführung wirkende Normalkraft F_N, wenn Schubstange und Kurbelradius einen rechten Winkel zueinander bilden.

c) Wie groß ist die Reibungskraft F_R bei $\mu = 0{,}03$?

Lösung:

a) Bild 2 zeigt den freigemachten Kreuzkopf.

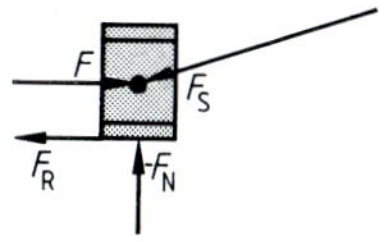

2

b) **zeichnerisch:**
Zunächst wird der Winkel α mit Hilfe der Gestängemaße berechnet. Die Kräfte werden mit dem Krafteck (Bild 3) ermittelt.

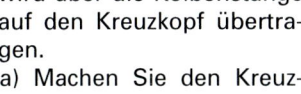

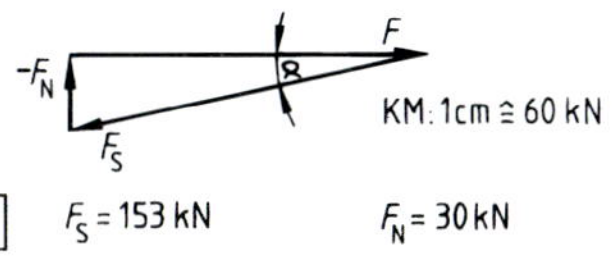

3

$$\tan \alpha = \frac{200 \text{ mm}}{1100 \text{ mm}} = 0{,}1818 \longrightarrow \boldsymbol{\alpha = 10° \, 18'}$$

rechnerisch:

$$\tan \alpha = \frac{F_N}{F} \longrightarrow \boldsymbol{F_N} = F \cdot \tan \alpha = 150 \text{ kN} \cdot 0{,}1818 = \mathbf{27{,}27\ kN}$$

$$\cos \alpha = \frac{F}{F_S} \longrightarrow \boldsymbol{F_S} = \frac{F}{\cos \alpha} = \frac{150 \text{ kN}}{\cos 10° \, 18'} = \frac{150 \text{ kN}}{0{,}9839} = \mathbf{152{,}45\ kN}$$

c) $\boldsymbol{F_R} = \mu \cdot F_N = 0{,}03 \cdot 27{,}27 \text{ kN} = 0{,}8181 \text{ kN} = \mathbf{818{,}1\ N}$

27.2 Prismenführungen

Flachführungen sind immer dann günstig, wenn die zu übertragenden Kräfte senkrecht zur Fläche wirken. Sind jedoch Kräfte aus zwei Richtungen bzw. Schrägkräfte aufzunehmen, werden im Maschinenbau gerne die **Prismenführungen** eingesetzt. Dies sind Geradführungen in Dach- bzw. V-Form.

Mit den Prismenführungen ist es möglich, Kräfte in zwei Richtungen zu übertragen.

Man unterscheidet die beiden folgenden Ausführungsformen:

27.2.1 Unsymmetrische Prismenführung

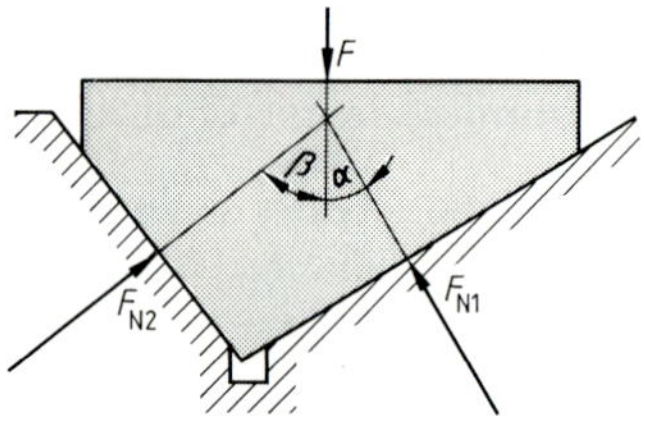

1

Diese Art von Führung (Bild 1) wird z. B. für den Hauptschlitten bei Drehmaschinen verwendet, und zwar meistens in Kombination mit einer Flachführung. Macht man die Führung frei, so ist zu erkennen, dass zwei Normalkräfte F_{N1} und F_{N2} wirksam sind (Bild 1). Dies bedeutet, daß auch zwei Reibungskräfte F_{R1} und F_{R2} an der Prismenführung wirken. Addiert man diese beiden Reibungskräfte, so erhält man – wie folgt – die insgesamt wirkende Reibungskraft an der Führung:

$$F_R = F_{R1} + F_{R2} = \mu \cdot F_{N1} + \mu \cdot F_{N2}.$$ Somit:

Gesamtreibungskraft bei Gleitung

$$F_R = \mu \cdot (F_{N1} + F_{N2}) \qquad \boxed{116\text{–}1}$$

μ	F_R, F_{N1}, F_{N2}
1	N

M65. Bei der im Bild 1 dargestellten unsymmetrischen Prismenführung sind $F = 7500$ N; $\alpha = 31°$, $\beta = 52°$.

a) Wie ist bei diesem konkreten Fall die Reibungskraft gerichtet?

b) Zeichnen Sie das Kräftedreieck aus F, F_{N1} und F_{N2}.

c) Berechnen Sie die Geamtreibungskraft bei Gleitung, wenn mit $\mu = 0{,}1$ gerechnet werden kann.

Lösung:

a) Die Reibungskraft ist senkrecht zur Zeichenebene des Bildes 1 entgegen der Bewegung des geführten Prismas gerichtet.

b) Bild 2 zeigt das Krafteck mit KM: 1 cm ≙ 2000 N.

c) $F_R = \mu \cdot (F_{N1} + F_{N2})$

Nach dem Sinussatz ist $\dfrac{F}{\sin 97°} = \dfrac{F_{N1}}{\sin 52°}$

$$\boldsymbol{F_{N1}} = F \cdot \frac{\sin 52°}{\sin 97°} = 7500\ \text{N} \cdot \frac{0{,}788}{0{,}9925} = \mathbf{5954{,}66\ N}$$

Weiter ist $\dfrac{F}{\sin 97°} = \dfrac{F_{N2}}{\sin 31°}$. Somit:

$$\boldsymbol{F_{N2}} = F \cdot \frac{\sin 31°}{\sin 97°} = 7500\ \text{N} \cdot \frac{0{,}515}{0{,}9925} = \mathbf{3891{,}69\ N}$$

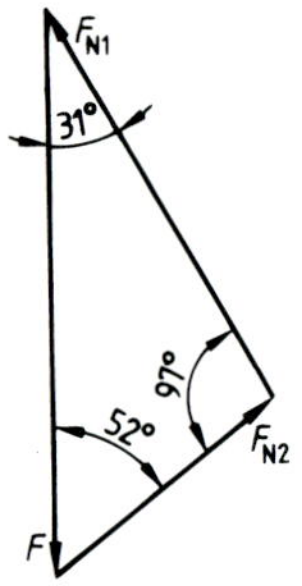

2

$$\boldsymbol{F_R} = 0{,}1 \cdot (5954{,}66\ \text{N} + 3891{,}69\ \text{N}) = 0{,}1 \cdot 9846{,}35\ \text{N} = \mathbf{984{,}635\ N}$$

27.2.2 Symmetrische Prismenführung

Bild 3 zeigt eine symmetrische Prismenführung. Infolge der Symmetrie ist $F_{N1} = F_{N2} = F_N$. Dies zeigt das Krafteck im Bild 4. Danach ist

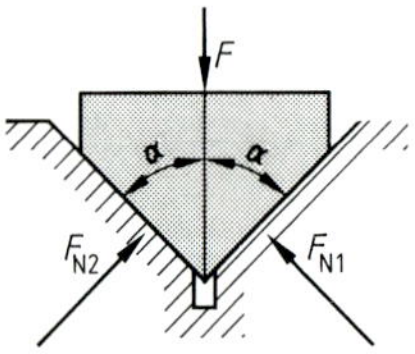

3

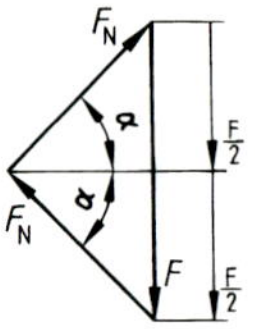

4

$$\sin \alpha = \frac{F/2}{F_N} = \frac{F}{2 \cdot F_N} \longrightarrow F_N = \frac{F}{2 \cdot \sin \alpha}$$ · Mit $F_R = F_{R1} + F_{R2} = \mu \cdot F_N + \mu \cdot F_N = 2 \cdot \mu \cdot F_N$

wird $F_R = 2 \cdot \mu \cdot \dfrac{F}{2 \cdot \sin \alpha}$. Somit:

Gesamtreibungskraft bei Gleitung

$$F_R = F \cdot \frac{\mu}{\sin \alpha} \qquad \boxed{116\text{–}2}$$

F = Einpresskraft in N
α = halber Prismenwinkel

Es ist üblich, den Quotienten aus μ und sin α als **Keilreibungszahl** μ' zu bezeichnen. Somit:

Keilreibungszahl $\mu' = \dfrac{\mu}{\sin \alpha}$ 117–1 μ = Reibungszahl, α = halber Prismenwinkel

Da bei kleinen α-Werten der Sinus des Winkels α auch klein ist, ergibt sich hieraus, dass bei kleiner werdendem Prismenwinkel α die Reibungskraft F_R größer wird. Man erkennt somit:

Je flacher eine Prismenführung ist, d. h. je größer der Winkel α ist, desto kleiner ist die Gesamtreibungskraft F_R.

M66. Eine Notbremseinrichtung ist in Form einer symmetrischen Prismenführung ausgeführt. Um die Bremswirkung möglichst groß zu machen, wählt der Konstrukteur den halben Prismenwinkel $\alpha = 10°$. Wie groß ist die Gesamtreibungskraft F_R, d. h. die Bremskraft, wenn der prismenförmige Bremskörper durch einen Elektromagneten mit der Kraft $F = 3$ kN bei $\mu = 0{,}72$ in die V-Nut gedrückt wird?

Lösung: $\boldsymbol{F_R} = F \cdot \dfrac{\mu}{\sin \alpha} = 3\text{ kN} \cdot \dfrac{0{,}72}{\sin 10°} = 3\text{ kN} \cdot 4{,}1463 = \mathbf{12{,}44\ kN}$

27.3 Zylinderführungen

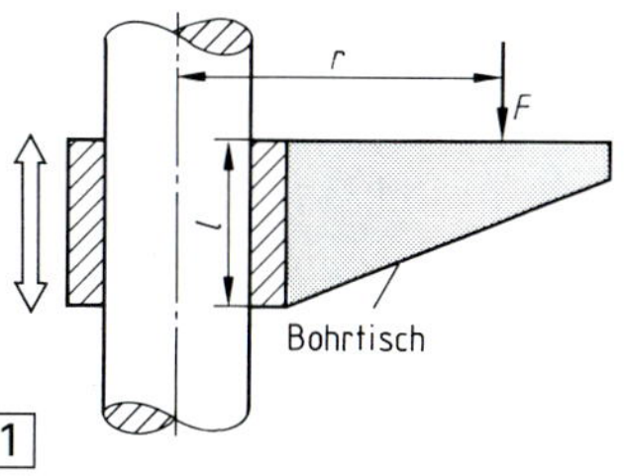

1

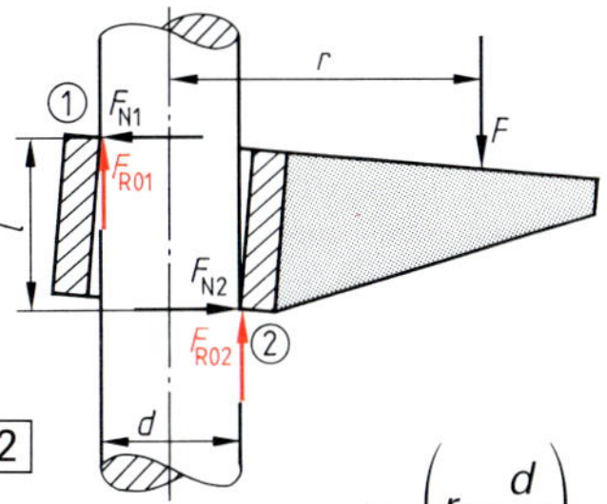

2

Die Bohrtischführung (Höhenverstellung) einer Tischbohrmaschine ist in der Regel als Zylinderführung (Bild 1) ausgeführt. Es ist klar, dass bei zu geringer Führungslänge l oder bei einem zu großen Spiel in der Führung diese unter der Wirkung der Kraft F verkanten würde, und es würden dabei große Reibungskräfte entstehen. Eine Bewegung würde nicht mehr möglich sein, wenn $F_{R0} \geq F$ wäre.

Um die Verhältnisse zu verdeutlichen, wird der Bohrtisch in verkantetem Zustand, stark übertrieben, im Bild 2 betrachtet. Durch das Wirken der Kraft F wird am Bohrtisch das Drehmoment $\boldsymbol{M_d = F \cdot r}$ erzeugt. Dadurch entstehen als Reaktionskräfte an den Stellen ① und ② die Normalkräfte F_{N1} und F_{N2}, ein **Kräftepaar.** Da die Summe aller wirkenden Momente Null ist, kann man, bezogen auf den Punkt ② schreiben: $\boldsymbol{\Sigma M_{d\,②} = 0}$. Somit:

$F \cdot \left(r - \dfrac{d}{2}\right) - F_{N1} \cdot l + F_{R01} \cdot d = 0$. Und da $F_{R01} = \mu_o \cdot F_{N1}$ ist:

$$F \cdot \left(r - \frac{d}{2}\right) - F_{N1} \cdot l + \mu_o \cdot F_{N1} \cdot d = 0 \rightarrow F \cdot \left(r - \frac{d}{2}\right) - F_{N1} \cdot (l - \mu_o \cdot d) = 0 \rightarrow F_{N1} = \frac{F \cdot \left(r - \frac{d}{2}\right)}{l - \mu_o \cdot d}$$

Wie bereits festgestellt, klemmt die Zylinderführung, wenn gilt $F_{Ro1} + F_{Ro2} \geq F$. Und da $F_{N1} = F_{N2}$, lautet demzufolge die **Klemmbedingung:**

$$F \leq 2 \cdot \mu_o \cdot F_{N1} = 2 \cdot \mu_o \cdot \frac{F \cdot \left(r - \frac{d}{2}\right)}{l - \mu_o \cdot d} \rightarrow F \cdot (l - \mu_o \cdot d) \leq 2 \cdot \mu_o \cdot F \cdot \left(r - \frac{d}{2}\right) \rightarrow l - \mu_o \cdot d \leq 2 \cdot \mu_o \cdot \left(r - \frac{d}{2}\right)$$

Klemmbedingung einer Zylinderführung $l \leq 2 \cdot \mu_o \cdot r$ 117–2

l, r	μ_o
m, mm	1

Eine Zylinderführung klemmt bei $l \leq 2 \cdot \mu_o \cdot r$. Die Länge l der Zylinderführung hängt demnach nur von der Ausladung r und von der Haftreibungszahl μ_o, nicht aber vom Führungsdurchmesser d und der Größe der Kraft F ab.

Fertigungstechnisch lässt sich eine Zylinderführung einfach herstellen. Deshalb haben Säulenführungen überwiegend einen kreisförmigen Querschnitt (Zylinder), in Einzelfällen werden aber auch Säulenführungen mit nicht kreisförmigem Querschnitt eingesetzt.

Für **Säulenführungen mit nicht kreisförmigem Querschnitt** (z. B. Schraubzwinge) hat die Klemmbedingung $l \leq 2 \cdot \mu_o \cdot r$ ebenfalls Gültigkeit.

M 67. Bei einer Tischbohrmaschine beträgt die Ausladung $r = 800$ mm, und es wird mit $\mu_o = 0{,}1$ gerechnet. Welche Länge l muss die Zylinderführung mindestens haben, wenn sie nicht selbsthemmend sein soll?

Lösung: Es muß sein: $l \geq 2 \cdot \mu_o \cdot r = 2 \cdot 0{,}1 \cdot 800$ mm

$l \geq 160$ mm

Um wirklich sicherzugehen, würde ein Konstrukteur wählen: ***l* = 200 mm**. Dabei müßte jedoch sichergestellt sein, dass mit diesem Maß alle übrigen Forderungen, insbesondere aus der Festigkeitslehre erfüllt sind.

Ü 137. Mit einer Greifzange, schematisiert im Bild 1 dargestellt, wird ein Schmelztiegel durch einen Laufkran transportiert. Das Gewicht des Schmelztiegels beträgt $F_G = 25$ kN.

a) Wie groß sind die in den Punkten a und b wirkenden Kettenkräfte?

b) Wie groß sind die auf den Schmelztiegel wirkenden Normalkräfte F_N?

c) Wie groß sind die auf beiden Seiten des Tiegels wirkenden Reibungskräfte, wenn mit $\mu_o = 0{,}5$ gerechnet werden kann.

d) Genügen die im Punkt c) errechneten Reibungskräfte für einen sicheren Transport?

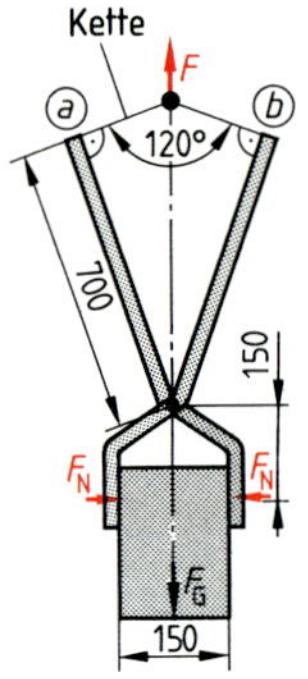

1

Ü 138. Nennen Sie mindestens je zwei Beispiele von Zylinderführungen, für die die Bedingung $l < 2 \cdot \mu_o \cdot r$ bzw. $l > 2 \cdot \mu_o \cdot r$ erfüllt sein muss.

Ü 139. Eine symmetrische Prismenführung (Bild 2) einer Werkzeugmaschine wird mit einer senkrechten Kraft $F = 7500$ N belastet. Der Öffnungswinkel der Führung beträgt 115°. Berechnen Sie die Gleitreibungskraft F_R, wenn mit $\mu = 0{,}06$ gerechnet werden kann.

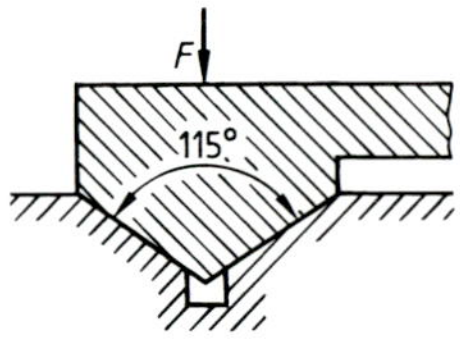

2

V 148. Bei der im Bild 3 dargestellten unsymmetrischen Prismenführung tritt eine Belastung von $F = 450$ N auf. Wie groß ist die Gleitreibungskraft F_R, wenn mit $\mu = 0{,}1$ gerechnet werden kann?

V 149. Was versteht man unter der Keilreibungszahl und welche Aussagekraft hat sie bezüglich der Gängigkeit einer Prismenführung?

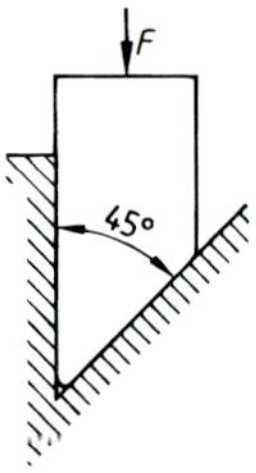

3

V 150. Die Schlittenführung einer Werkzeugmaschine (Bild 4) besteht aus einer Flachführung und einer symmetrischen Prismenführung ($\alpha = 45°$). Die senkrechte Kraft $F = 1250$ N verteilt sich zu gleichen Teilen auf Flach- und Prismenführung. Berechnen Sie

a) Gleitreibungskraft der Flachführung,

b) Gleitreibungskraft der Prismenführung,

c) Gesamtreibungskraft.

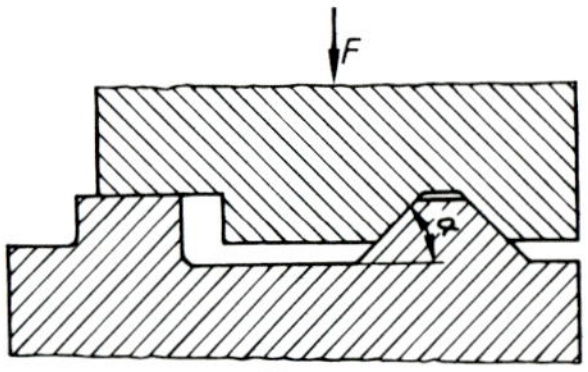

4

V 151. Welche Konsequenz ergibt sich aus den Ergebnissen von V 150., bezogen auf die Länge der Prismenführung?

V 152. Bei der gezeichneten Zylinderführung (Bild 5) soll sichergestellt sein, dass der Tisch bei $\mu_o = 0{,}1$ unter dem Einfluss seines Eigengewichtes und der Kraft F festklemmt. An welcher Stelle (Maß r) müsste demnach der Schwerpunkt liegen und die Kraft F angreifen?

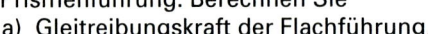

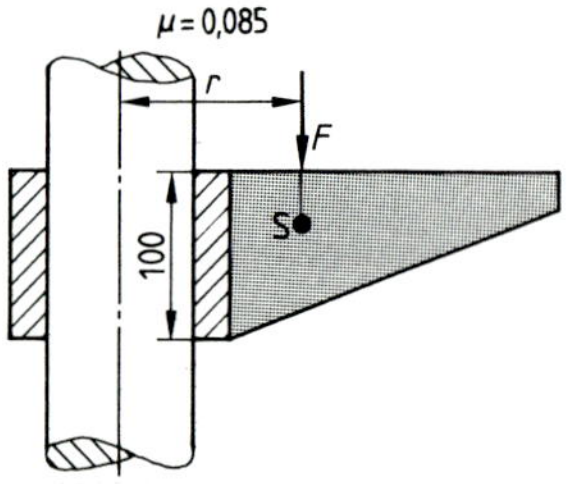

5

Lektion 28 Reibung in Gleitlagern

Lager dienen sehr oft der Aufnahme sich drehender Teile, z. B. **Achsen** oder **Wellen.** Das im Lager sitzende Teil einer Achse oder Welle bezeichnet man als **Zapfen.** Beim **Gleitlager** läuft der Zapfen, wenn man einmal vom Schmiermittel absieht, direkt auf der Lagerfläche. Je nach Art der zu übertragenden Kräfte unterscheidet man bei den Gleitlagern zwischen

Querlager ⟶ **radiale Lagerkräfte** ⟶ der Zapfen heißt **Tragzapfen** und

Längslager ⟶ **axiale Lagerkräfte** ⟶ der Zapfen heißt **Spurzapfen.**

Sehr häufig treten radiale **und** axiale Lagerkräfte gleichzeitig auf. Dies erfordert dann eine entsprechende Lagerkonstruktion. In Lektion 25 wurde zwischen **Trockenreibung, Mischreibung** und **Flüssigkeitsreibung** unterschieden. Je nach Werkstoffpaarung und Oberflächenbeschaffenheit betragen die

Reibungszahlen in Gleitlagern
- für Trockenreibung ⟶ $\mu \geq 0{,}3$
- für Mischreibung ⟶ $\mu = 0{,}005 \ldots 0{,}1$
- für Flüssigkeitsreibung ⟶ $\mu = 0{,}001 \ldots 0{,}005$

28.1 Tragzapfen (Querlager)

Bild 1 zeigt einen Tragzapfen in Vorderansicht (Zapfen und halbes Lager) und Seitenansicht im Schnitt. Lediglich die senkrecht auf das Lager übertragene Radialkraft F_{Nr} bewirkt die Größe der Lagerreibungskraft. In Analogie zur Gleichung 103–2 ergibt sich für die

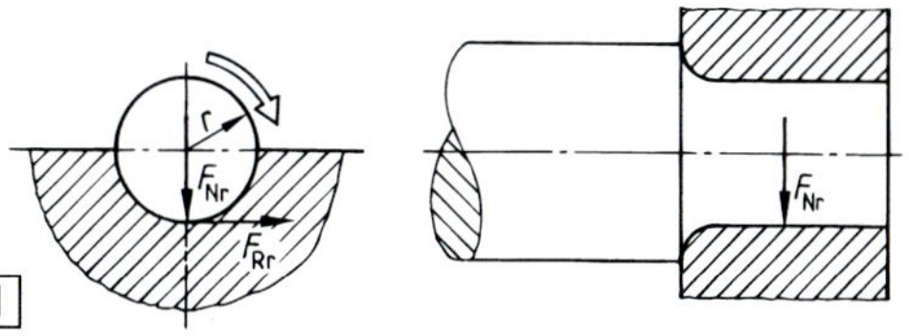

1

Lagerreibungskraft eines Querlagers $F_{Rr} = \mu \cdot F_{Nr}$ 119–1 in N

Da die Lagerreibungskraft F_{Rr} am Umfang des Zapfens wirkt, ist zur Überwindung derselben **beim Lauf** ein Moment, das **Reibungsmoment,** aufzubringen. Es ist:

Reibungsmoment eines Querlagers $M_{dRr} = F_{Rr} \cdot r = \mu \cdot F_{Nr} \cdot r$ 119–2 in Nm

Anlauf-Reibungsmoment $M_{dRro} = \mu_o \cdot F_{Nr} \cdot r$ 119–3 in Nm

28.2 Spurzapfen (Längslager)

Konstruktiv günstig werden beim Längslager entweder der Zapfen oder das Lager selbst im Zentrum, d. h. in der Nähe der Mittelachse, freigedreht, so dass sich eine kreisringförmige Anlauffläche ergibt. Solche Lager werden als **Ringspurlager** bezeichnet. Diese gewährleisten einen definierten Lauf bei der Fähigkeit, in der Mitte Verunreinigungen etc. aufnehmen zu können.

Die Gleitfläche, in der Draufsicht des Bildes 2 als Kreisringfläche zu erkennen, wird durch den Außenradius r_a und den Innenradius r_i begrenzt. Die Reibungskraft verteilt sich in etwa gleichmäßig über die gesamte Gleitfläche. Vereinfacht denkt man sich diese an einem **mittleren Radius** r_m angreifend. Dieser beträgt

$$r_m = \frac{r_a + r_i}{2}.$$

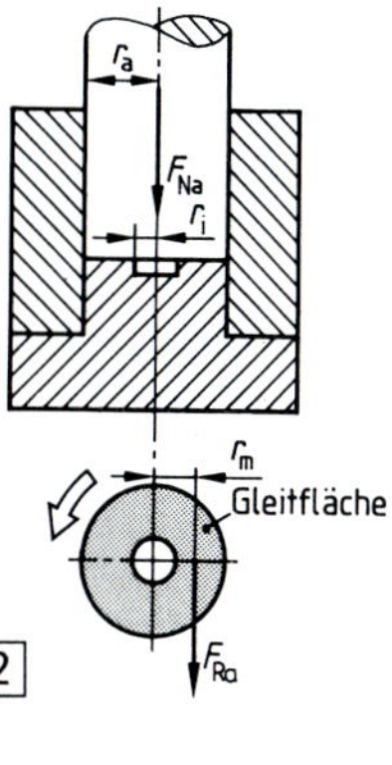

2

Mit der senkrecht auf die Lagerfläche wirkenden axialen Normalkraft F_{Na} wird die

Lagerreibungskraft eines Längslagers $F_{Ra} = \mu \cdot F_{Na}$ 119–4 in N.

Auch hier ist zur Überwindung der Lagerreibungskraft ein Drehmoment erforderlich. Mit Hilfe der Draufsicht in Bild 2 erkennt man, dass sich dieses aus dem Produkt der Lagerreibungskraft F_{Ra} und dem mittleren Radius r_m errechnen lässt. Demzufolge:

Reibungsmoment eines Längslagers

$$M_{dRa} = F_{Ra} \cdot r_m = \mu \cdot F_{Na} \cdot \frac{r_a + r_i}{2} \qquad \boxed{120\text{–}1} \quad \text{in Nm}$$

Anlauf-Reibungsmoment

$$M_{dRao} = \mu_0 \cdot F_{Na} \cdot \frac{r_a + r_i}{2} \qquad \boxed{120\text{–}2} \quad \text{in Nm}$$

M 68. Bild 1 zeigt ein Lager, an dem eine Axialkraft F_{Na} **und** eine Radialkraft F_{Nr} gleichzeitig wirken. Es ist: F_{Nr} = 8,5 kN und F_{Na} = 10 kN. F_{Na} wird von einer Kreisringfläche mit d_a = 70 mm und d_i = 40 mm aufgenommen. Wie groß ist das gesamte Lagerreibungsmoment?

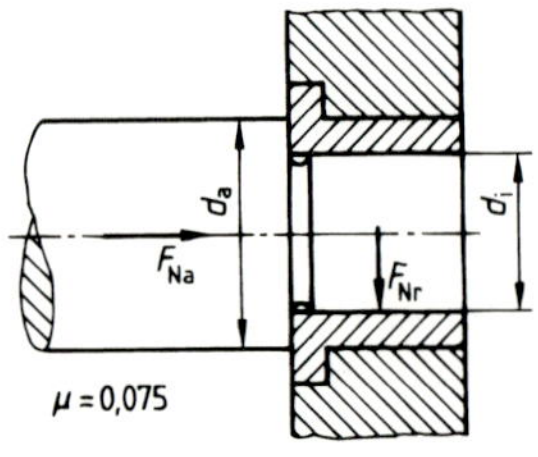

1

Lösung:

$$M_{dRges} = M_{dRr} + M_{dRa} = \mu \cdot F_{Nr} \cdot r + \mu \cdot F_{Na} \cdot r_m$$

$$M_{dRges} = \mu \cdot \left(F_{Nr} \cdot \frac{d_i}{2} + F_{Na} \cdot \frac{r_a + r_i}{2}\right) = 0{,}075 \cdot \left(8{,}5\ \text{kN} \cdot \frac{0{,}04\ \text{m}}{2} + 10\ \text{kN} \cdot \frac{0{,}035\ \text{m} + 0{,}02\ \text{m}}{2}\right)$$

$$\boldsymbol{M_{dRges}} = 0{,}075 \cdot (0{,}17\ \text{kNm} + 0{,}275\ \text{kNm}) = 0{,}075 \cdot 0{,}445\ \text{kNm} = 0{,}0334\ \text{kNm} = \mathbf{33{,}4\ Nm}$$

Ü 140. Ein Querlager wird mit einer Kraft F_{Nr} = 4900 N belastet. Der Durchmesser des Zapfens beträgt d = 60 mm. Berechnen Sie das Reibungsmoment, wenn bei Flüssigkeitsreibung mit μ = 0,003 gerechnet werden kann.

Ü 141. Ein **Vollflächenspurlager** für untergeordnete Zwecke wird bei einer äußerst geringen Drehzahl und Einschaltdauer ohne Schmierung betrieben. Es kann mit μ = 0,5 gerechnet werden. Wie groß ist bei einem Lagerdurchmesser d = 100 mm und einer Axialkraft F_{Na} = 40 kN das Reibungsmoment?

V 153. Die Welle eines Wasserrades (Bild 2) wird durch zwei senkrecht aufeinander stehende Kräfte belastet. Es ist: Wasserkraft F_W = 35 kN, Gewichtskraft F_G = 80 kN.
Berechnen Sie bei μ = 0,05
a) die resultierende Kraft,
b) die Lagerreibungskraft in den Lagern A und B,
c) das Reibungsmoment.
Beide Lager werden als Querlager berechnet.

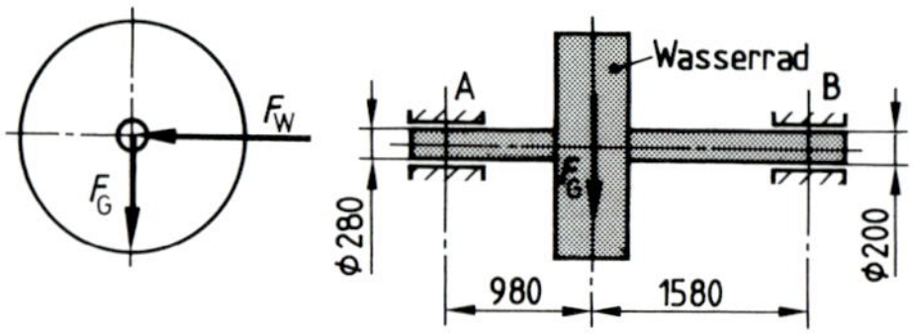

2

V 154. Ein Ringspurzapfen (Bild 3) ist mit F = 18 kN belastet. Berechnen Sie das Reibungsmoment bei μ = 0,04.

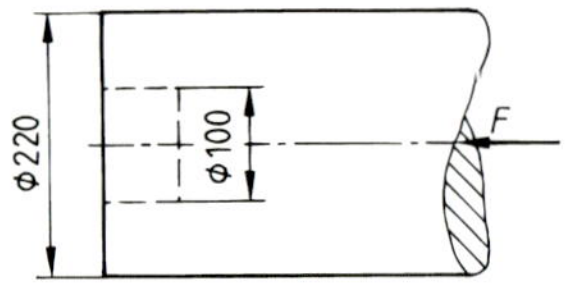

3

V 155. Das Lager einer Dampfturbine (Bild 4) ist als Trag- und Spurzapfenlager ausgebildet. Es ist μ = 0,08. Berechnen Sie das Gesamtreibungsmoment bei F_{Nr} = 60 kN und F_{Na} = 28 kN.

V 156. Das im Bild 4 abgebildete Lager wird auch als **Labyrinthlager** bezeichnet. Versuchen Sie mit Hilfe entsprechender Literatur eine Aussage über den Grund dieser besonderen Lagerbauform zu machen. Was ist beim Bau eines solchen Lagers im Hinblick auf seine Montage zu beachten?

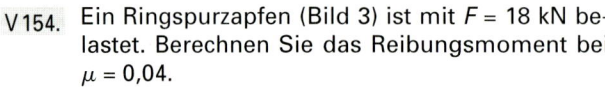

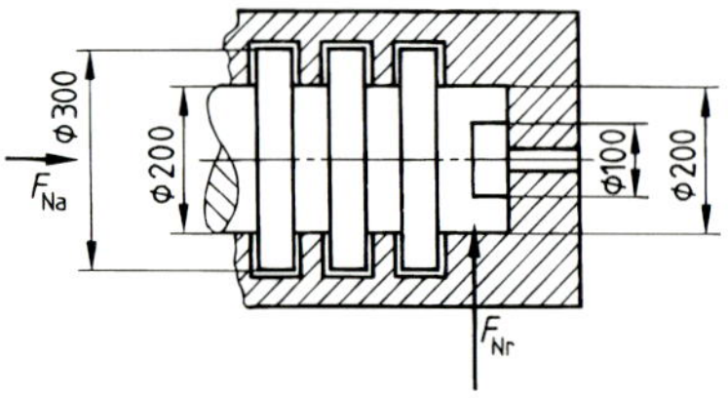

4

Lektion 29

Gewindereibung

Die **Gewindereibung** ist ein **Sonderfall der Reibung auf der schiefen Ebene** (siehe Lektion 26). Dies wird aus Bild 1 deutlich:

> Die Abwicklung einer Schraubenlinie stellt eine **schiefe** (geneigte) **Ebene** dar.

In diesem speziellen Fall einer schiefen Ebene spricht man jedoch nicht vom Neigungswinkel, sondern vom **Steigungswinkel** α des Gewindes.

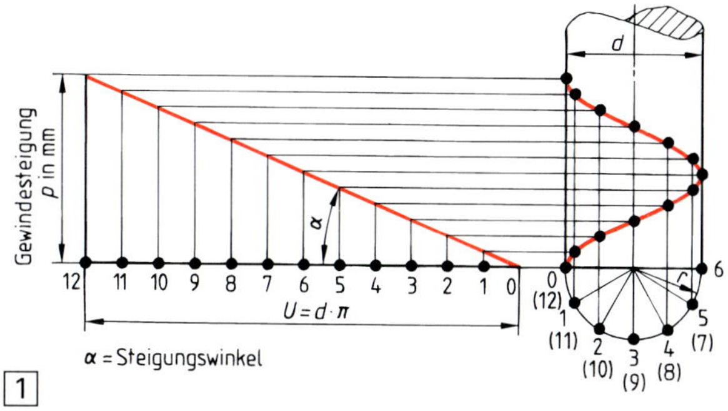

1

> Unter einem Gewinde versteht man eine profilierte Einkerbung, die entlang einer um einen Zylinder gewundenen Linie, der **Schraubenlinie,** verläuft.

Die in der Technik üblichen **Gewindeprofile** sind genormt, am häufigsten werden das Spitzgewinde und das Trapezgewinde verwendet. Näheres hierüber lehrt das Fach Maschinenelemente. Gewinde werden jedoch nicht nur nach der Form ihres Profils, sondern auch nach ihrem Verwendungszweck unterschieden, und zwar in

Bewegungsgewinde ⟶ **Bewegungsschrauben,** z. B. Transportspindeln und

Befestigungsgewinde ⟶ **Befestigungsschrauben,** z. B. Maschinenschraube.

Des Weiteren wird noch zwischen **Innengewinde** und **Außengewinde** sowie zwischen **Rechtsgewinde** und **Linksgewinde** unterschieden.

29.1 Bewegungsgewinde

29.1.1 Schraube mit Flachgewinde

Das **Flachgewinde** war früher das übliche Bewegungsgewinde. Heute zählt es nicht mehr zu den genormten Gewinden, es eignet sich aber gut als Überleitung von der schiefen Ebene zu den genormten Schraubenprofilen.

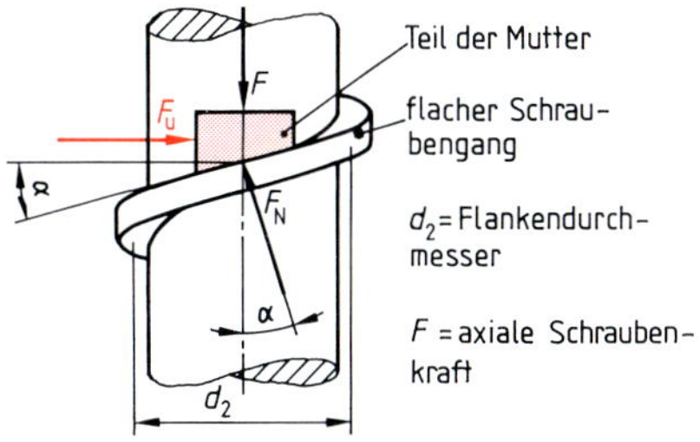

2

Bild 2 zeigt einen Flachgewindegang, auf dem eine Schraubenmutter – symbolisch ist nur ein Teil derselben dargestellt – durch eine Kraft F_u bewegt wird. Diese Kraft wird durch ein **Drehmoment,** welches z. B. mit einem Schraubenschlüssel auf die Mutter bzw. auf die Schraube übertragen wird, erzeugt. Bild 3 zeigt dies in der Draufsicht. Mit den Bezeichnungen des Bildes 3 ergibt sich für das

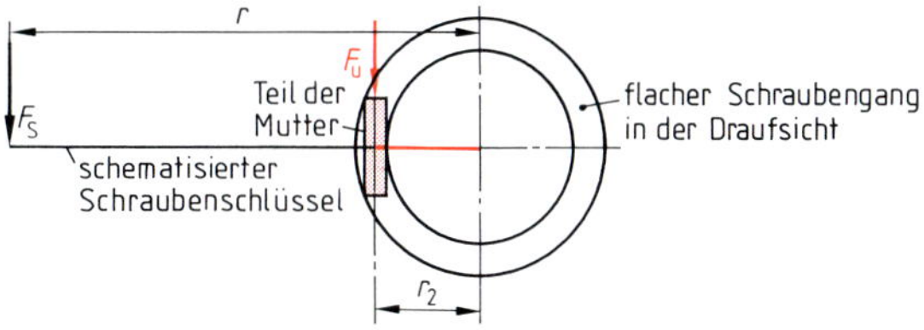

3

Schraubendrehmoment $$M_d = F_s \cdot r = F_u \cdot r_2 = F_u \cdot \frac{d_2}{2}$$ 121–1 in Nm

Dabei ist

F_s = Kraft am Ende des Schraubenschlüssels in N
F_u = **Umfangskraft** am Durchmesser d_2 in N
d_2 = **Flankendurchmesser** des Gewindes in m

Anmerkung 1: Der **Flankendurchmesser** d_2 ist eine Art mittlerer Durchmesser des Gewindeprofils. Bei Gewindeberechnungen ist er stets aus der entsprechenden Gewindetabelle der zuständigen DIN-Normen zu entnehmen.

Anmerkung 2: Die **Umfangskraft** F_u ist eine fiktive, d. h. angenommene Kraft, die am Ort des halben Flankendurchmessers das gleiche Drehmoment erzeugt wie die äußere Kraft F_s an ihrem Angriffspunkt.

Anmerkung 3: Aus den Bildern 2 und 3, Seite 121 ist zu ersehen:

Das Heben einer Last bzw. das Senken einer Last mit Hilfe eines Gewindes kann man sich als eine Aufwärts- bzw. Abwärtsbewegung auf der schiefen Ebene durch eine zur Grundseite der schiefen Ebene parallel gerichteten Kraft vorstellen.

Sinngemäß lassen sich somit die Gleichungen 111–4 und 112–1 anwenden:

Umfangskraft beim Heben einer Last $F_u = F \cdot \tan(\alpha + \rho)$ [122–1]

Umfangskraft beim Senken einer Last $F_u = F \cdot \tan(\alpha - \rho)$ [122–2]

F = axiale Schraubenkraft, z. B. die Gewichtskraft der Last.

Der Reibungswinkel ρ ergibt sich gemäß Gleichung 106–1 über die

Gleitreibungszahl $\mu = \tan \rho$ [122–3] = [106–1]

Gewindeabmessungen: entspr. der auf dieses Buch abgestimmten **Formel- und Tabellensammlung.**

Aus den Bildern 1 und 2, Seite 121 ergibt sich für den

Steigungswinkel $\tan \alpha = \dfrac{P}{d_2 \cdot \pi}$ [122–4]

P = Gewindesteigung in mm
d_2 = Flankendurchmesser in mm

Unter der Gewindesteigung P versteht man den Weg, um den sich die Schraubenmutter bei einer vollen Umdrehung auf dem Schraubenbolzen axial verschoben hat.

Somit ergibt sich aus dem Produkt von Umfangskraft F_u und Hebelarm r_2 für das

Gewindereibungsmoment $M_{RG} = F_u \cdot r_2 = F \cdot \tan(\alpha \pm \rho) \cdot \dfrac{d_2}{2}$ [122–5]

+: Heben
–: Senken

29.1.2 Schraube mit Spitz- oder Trapezgewinde

Da bei allen genormten Gewinden – Bild 1 zeigt den Schnitt durch einen Trapezgewindegang – die **Gewindeflanken** mehr oder weniger **geneigt** sind, ist entsprechend dem Reibungsgesetz von Coulomb mit der **Normalkomponente** F_N' der axialen Schraubenkraft F zu rechnen. Da $F_N' > F$ ist, ist bei dem genormten Gewinde die Reibungskraft größer als bei dem früher für Bewegungsschrauben üblichem Flachgewinde. Gemäß Bild 1 ergibt sich für die

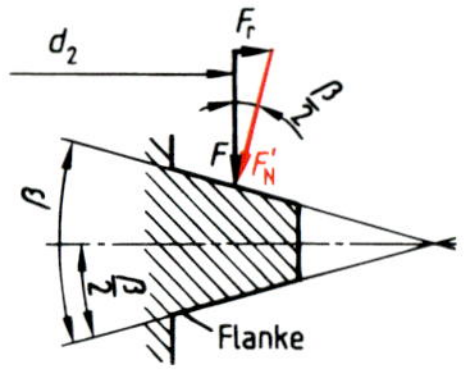

1

Normalkomponente $F_N' = \dfrac{F}{\cos \dfrac{\beta}{2}}$ [122–6] β = **Flankenwinkel.** Somit:

Reibungskraft $F_R = \mu \cdot F_N' = \mu \cdot \dfrac{F}{\cos \dfrac{\beta}{2}} = \dfrac{\mu}{\cos \dfrac{\beta}{2}} \cdot F$ [122–7]

Um die bei der Berechnung von Reibungskräften übliche Schreibweise beibehalten zu können, hat man den Quotienten $\dfrac{\mu}{\cos \beta/2}$ als **Gewindereibungszahl** μ' bezeichnet. Es ist also die

Gewindereibungszahl $\mu' = \dfrac{\mu}{\cos \beta/2}$ [122–8]. Somit erhält man für die

Reibungskraft $F_R = \mu' \cdot F$ [122–9]

Damit ist es nun möglich, auch bei Schrauben mit Spitz- oder Trapezgewinde die für das

Flachgewinde hergeleiteten einfachen Gleichungen sinngemäß zu verwenden. Konsequenterweise führt man dann die folgende Beziehung ein:

Gewindereibungszahl $\mu' = \tan \rho'$ 123–1 **ρ' = Gewindereibungswinkel**

Analog der Gleichungen 122–1, 122–2 und 122–5 ergibt sich mit diesen Überlegungen für

Umfangskraft $F_u = F \cdot \tan(\alpha \pm \rho')$ 123–2

Gewindereibungsmoment $M_{RG} = F \cdot \frac{d_2}{2} \cdot \tan(\alpha \pm \rho')$ 123–3

+: Heben
–: Senken

M 69. Ein mechanischer Waggonheber – schematisch im Bild 1 dargestellt – wird mit einem Trapezgewinde Tr 80 × 10 gemäß DIN 103 ausgerüstet (Gewindedurchmesser d = 80 mm, Steigung P = 10 mm). Die maximal zu hebende Last beträgt F = 120 kN. Es ist μ = 0,12, und die Hebellänge beträgt l = 1000 mm.

a) Liegt Selbsthemmung vor?
b) Mit welcher Kraft F_{SH} ist am Hebelende beim Heben zu drehen?
c) Mit welcher Kraft F_{SS} ist am Hebelende beim Senken zu drehen?
d) Wie groß ist das Gewindereibungsmoment beim Heben?
e) Wie groß ist das Gewindereibungsmoment beim Senken?

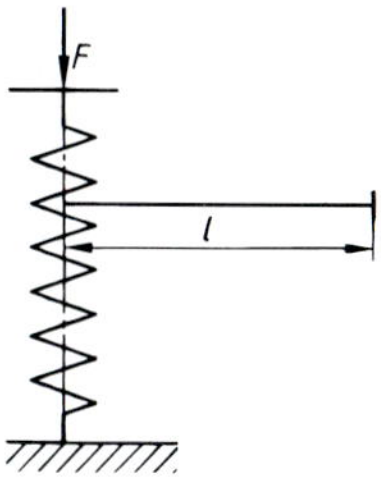

1

Lösung:

a) Selbsthemmung liegt gemäß Gleichung 107–2 bei $\rho' \geq \alpha$ vor. Es müssen also zwecks Aussage über die Selbsthemmung die Winkel ρ' und α miteinander verglichen werden. Mit dem Tabellenwert d_2 = 75 mm ergibt sich:

$$\tan \alpha = \frac{P}{\pi \cdot d_2} = \frac{10\text{ mm}}{\pi \cdot 75\text{ mm}} = 0{,}04244 \longrightarrow \boldsymbol{\alpha = 2{,}43^\circ}.$$ Des Weiteren ist mit $\beta = 30°$:

$$\mu' = \frac{\mu}{\cos \beta/2} = \frac{0{,}12}{\cos 15^\circ} = \frac{0{,}12}{0{,}9659} = 0{,}1242 = \tan \rho' \longrightarrow \boldsymbol{\rho' = 7{,}08^\circ}$$

Mit $\rho' > \alpha \longrightarrow$ **Selbsthemmung**

b) $F_{SH} \cdot l = F_{uH} \cdot \frac{d_2}{2}$ $\qquad F_{uH} = F \cdot \tan(\alpha + \rho') = 120\text{ kN} \cdot \tan(2{,}43^\circ + 7{,}08^\circ)$

$F_{SH} = F_{uH} \cdot \frac{d_2}{2 \cdot l}$ $\qquad \boldsymbol{F_{uH}} = 120\text{ kN} \cdot \tan 9{,}51^\circ = 120\text{ kN} \cdot 0{,}1675 = \mathbf{20{,}1\ kN}$

$$\boldsymbol{F_{SH}} = 20{,}1\text{ kN} \cdot \frac{75\text{ mm}}{2 \cdot 1000\text{ mm}} = 0{,}75375\text{ kN} = \mathbf{753{,}75\ N}$$

c) $F_{SS} \cdot l = F_{uS} \cdot \frac{d_2}{2}$ $\qquad F_{uS} = F \cdot \tan(\alpha - \rho') = 120\text{ kN} \cdot \tan(2{,}43^\circ - 7{,}08^\circ)$

$F_{SS} = F_{uS} \cdot \frac{d_2}{2 \cdot l}$ $\qquad \boldsymbol{F_{uS}} = 120\text{ kN} \cdot \tan(-4{,}65^\circ) = 120\text{ kN} \cdot (-0{,}0813) = \mathbf{-9{,}76\ kN}$

$$\boldsymbol{F_{SS}} = -9{,}76\text{ kN} \cdot \frac{75\text{ mm}}{2 \cdot 1000\text{ mm}} = -0{,}366\text{ kN} = \mathbf{-366\ N}$$

Das Minuszeichen besagt, dass F_{SS} nach „rückwärts" gerichtet sein muss. Dies war wegen der bereits nachgewiesenen Selbsthemmung nicht anders zu erwarten. F_{SS} ist die zum Senken am Hebel aufzuwendende Kraft.

d) $$\boldsymbol{M_{RGH}} = F_{uH} \cdot \frac{d_2}{2} = 20{,}1\text{ kN} \cdot \frac{75\text{ mm}}{2} = 753{,}75\text{ kNmm} = \mathbf{753{,}75\ Nm}$$

e) $$\boldsymbol{M_{RGS}} = F_{uS} \cdot \frac{d_2}{2} = -9{,}76\text{ kN} \cdot \frac{75\text{ mm}}{2} = -366\text{ kNmm} = \mathbf{-366\ Nm}$$

Es ist zu ersehen: Ebenso wie die Umfangskraft beim Senken ist auch das Gewindereibungsmoment beim Senken „rückwärts" aufzubringen.

STATIK

29.2 Befestigungsgewinde

Bild 1 zeigt eine typische **Schraubenverbindung**. Eine solche zählt zu den **lösbaren** und **reibschlüssigen** bzw. **kraftschlüssigen Verbindungen**, und die verwendeten Schrauben bezeichnet man entsprechend ihrem Verwendungszweck als **Befestigungsschrauben**. Im Gegensatz zum Heben und Senken bei den Bewegungsschrauben unterscheidet man bei den Befestigungsschrauben zwischen dem **Anziehen** und dem **Lösen** der Schraube bzw. der Mutter. Denkt man wieder an die Bewegung eines Körpers auf der schiefen Ebene, dann erkennt man die folgenden Analogien:

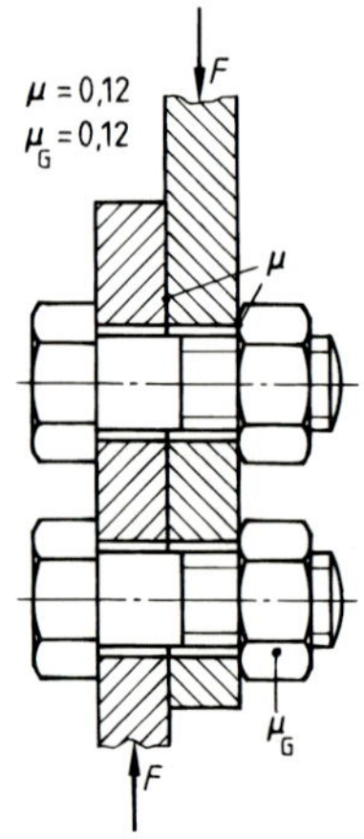

	Aufwärtsbewegung	Abwärtsbewegung
Bewegungsschraube	Heben	Senken
Befestigungsschraube	Anziehen	Lösen

1

Infolge dieser Analogien gelten bei den Befestigungsschrauben zur Berechnung von Umfangskraft und Gewindereibungsmoment die gleichen Formeln wie bei den Bewegungsschrauben. Bezüglich dieser für Schrauben sehr wichtigen Daten lässt sich somit wie folgt zusammenfassen:

Umfangskraft $F_u = F \cdot \tan(\alpha \pm \rho')$ 124–1 = 123–2 in N

Gewindereibungsmoment $M_{RG} = F \cdot \frac{d_2}{2} \cdot \tan(\alpha \pm \rho')$ 124–2 = 123–3 in Nm

Vorzeichen von ρ'
- ⊕ → Anziehen oder Heben
- ⊖ → Lösen oder Senken

Aus Bild 1 ist ersichtlich, dass sowohl beim Anziehen als auch beim Lösen einer Schraube zwischen Mutter und Mutterauflage bzw. zwischen Schraubenkopf und Schraubenkopfauflage, d. h. zwischen den Schraubenelementen und den durch diese zu befestigenden Teilen ebenfalls Reibungskräfte zu überwinden sind. Dies ist dadurch zu erklären, dass zwischen Mutter bzw. Schraubenkopf und deren Auflagefläche am Bauteil die axiale Schraubenkraft F_S als Normalkraft wirkt. Das dadurch beim Drehen von Mutter bzw. Schraube zu überwindende Reibungsmoment wird als das **Auflagereibungsmoment** bezeichnet. Da die Reibungskraft nach Coulomb mit der Gleichung $\boldsymbol{F_R = \mu \cdot F_N}$ berechnet wird, errechnet sich mit $F_N = F_S$ wie folgt das zu überwindende

Auflagereibungsmoment $M_{Ra} = F_S \cdot \mu \cdot r_a$ 124–3

F_S = axiale Schraubenkraft in N
r_a = fiktiver Radius in mm, m

Anmerkung: Der **Radius r_a** hängt von der Form der Mutter bzw. des Schraubenkopfes ab, und zwar wegen der unterschiedlich großen Auflagefläche z. B. einer Innensechskantschraube (Inbusschraube) oder einer Maschinenschraube. Angaben hierüber findet man in technischen Handbüchern oder in der Spezialliteratur für Maschinenelemente. So beträgt z. B. der

Radius für Maschinenschrauben $r_a = 0{,}7 \cdot \text{Gewindenenndurchmesser}$ 124–4

Beim Anziehen oder Lösen einer Befestigungsschraube müssen also das Gewindereibungsmoment **und** das Auflagereibungsmoment aufgebracht werden. Aus dieser Überlegung ergibt sich das gesamte

Anzugs- bzw. Lösemoment $M_{Rges} = M_{RG} + M_{Ra}$ 124–5

M70. Ein Prägewerkzeug wird gemäß Bild 1 zwecks Funktionsprüfung provisorisch in einer Handpresse mit zwei Maschinenschrauben M12 kraftschlüssig eingespannt. Die Prägekraft beträgt $F = 8$ kN. Berechnen Sie

a) die erforderliche axiale Schraubenkraft F_S, wenn mit einer 1,5-fachen Sicherheit gegen Rutschen gearbeitet werden soll,

b) das Gewindereibungsmoment,
c) das Auflagereibungsmoment zwischen Mutter und der Berührungsfläche,
d) das gesamte Anzugsmoment für die Mutter (μ und μ_G aus Bild 1, Seite 124).

Lösung:

a) Als Gesamtreibungskraft muss $F_R = 1{,}5 \cdot F$ erzeugt werden. Davon hat jede Schraube die Hälfte zwischen den beiden Platten zu bewirken. Somit:

$$\frac{F_R}{2} = \frac{1{,}5 \cdot F}{2} = \mu \cdot F_S \rightarrow \boldsymbol{F_S} = \frac{1{,}5 \cdot F}{2 \cdot \mu} = \frac{1{,}5 \cdot 8\ \text{kN}}{2 \cdot 0{,}12} = \mathbf{50\ kN}$$

b) $M_{RG} = F_S \cdot \frac{d_2}{2} \cdot \tan(\alpha + \rho')$; Gewindetabelle: $d_2 = 10{,}863$ mm; $\beta = 60°$; $P = 1{,}75$ mm.

$$\mu' = \tan \rho' = \frac{\mu_G}{\cos \frac{\beta}{2}} = \frac{0{,}12}{\cos 30°} = \frac{0{,}12}{0{,}866} = 0{,}1386 \rightarrow \boldsymbol{\rho' = 7{,}89°}$$

$$\tan \alpha = \frac{P}{\pi \cdot d_2} = \frac{1{,}75\ \text{mm}}{\pi \cdot 10{,}863\ \text{mm}} = 0{,}0513 \rightarrow \boldsymbol{\alpha = 2{,}94°}$$

$$M_{RG} = 50\ \text{kN} \cdot \frac{10{,}863\ \text{mm}}{2} \cdot \tan(2{,}94° + 7{,}89°) = 50\ \text{kN} \cdot \frac{10{,}863\ \text{mm}}{2} \cdot \tan 10{,}83°$$

$$\boldsymbol{M_{RG}} = 50\ \text{kN} \cdot \frac{10{,}863\ \text{mm}}{2} \cdot 0{,}1913 = 51{,}95\ \text{kNmm} = \mathbf{51{,}95\ Nm}$$

c) $M_{Ra} = F_S \cdot \mu \cdot r_a$ Sechskantmutter: $\boldsymbol{r_a} = 0{,}7 \cdot d = 0{,}7 \cdot 12$ mm = **8,4 mm**

$\boldsymbol{M_{Ra}} = 50$ kN $\cdot$ 0,12 $\cdot$ 8,4 mm = 50,4 kNmm = **50,4 Nm**

d) $\boldsymbol{M_{Rges}} = M_{RG} + M_{Ra}$ = 51,95 Nm + 50,4 Nm = **102,35 Nm**

Ü142. In einer Stellschraube mit dem metrischen ISO-Feingewinde M20×1 (Nenndurchmesser d = 20 mm, Steigung P = 1 mm) wirkt eine Kraft F = 5 kN in axialer Richtung. Berechnen Sie das Gewindereibungsmoment beim Anziehen, wenn für geschliffene Gewinde mit μ = 0,08 gerechnet werden kann.

Ü143. Rein festigkeitsmäßig wird bei einer Transportspindel ein Kernquerschnitt von 80 cm^2 benötigt.
a) Ermitteln Sie aus der Gewindetabelle das erforderliche eingängige Trapezgewinde.
b) Liegt bei μ = 0,08 Selbsthemmung vor?
c) Welches Gewindereibungsmoment ist beim Senken vorhanden, wenn die axiale Spindelkraft F = 800 kN beträgt?

Ü144. Wie unterscheidet sich Gewindereibung von Auflagereibung?

Ü145. Wie kann das Auflagereibungsmoment bei gegebener axialer Schraubenkraft beeinflusst werden?

V157. a) Übungsaufgabe Ü142. ist für ein metrisches ISO-Gewinde M20 bei sonst gleichen Werten durchzurechnen.
b) Wie groß ist für diesen Fall das Auflagereibungsmoment M_{Ra}, wenn für die Auflagefläche ebenfalls mit μ = 0,08 gerechnet wird, und zwar bei Verwendung einer Innensechskantschraube mit r_a = 0,5 · Gewindenenndurchmesser?

V158. Welche Handkraft ist bei Vertiefungsaufgabe V157. erforderlich, wenn ein Schraubenschlüssel mit einer wirksamen Hebellänge von 300 mm zur Verfügung steht?

Lektion 30

Seilreibung

Im Bild 1 ist ein einfacher **Riementrieb** dargestellt. Die Übertragung des Drehmomentes erfolgt durch das Wirken der Reibungskraft F_R zwischen den Riemenscheiben und dem Treibriemen. Stets dann, wenn ein Seil (Schnur), ein Band oder auch ein Riemen um einen Zylinder gespannt ist und so auf diesen Zylinder eine Kraft übertragen wird, spricht man von **Seilreibung,** und aus Bild 1 ist zu ersehen:

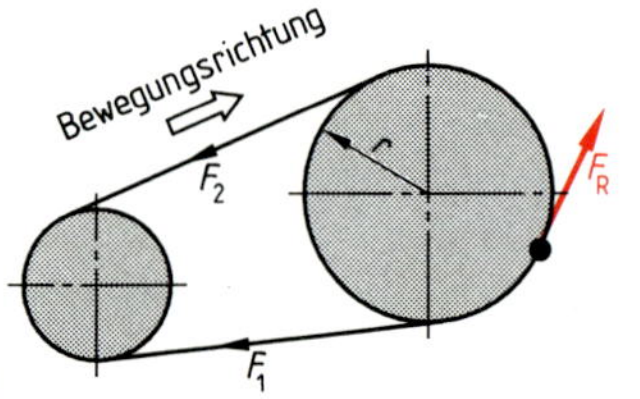

1

> Die Seilreibungskraft tritt tangential am Zylinder auf und bewirkt die Übertragung eines Drehmomentes.

2

Als weiteres Beispiel der Seilreibung betrachten wir einen **Poller** (Bild 2). Hierunter versteht man einen kurzen Stahlzylinder, der üblicherweise an der Anlegestelle von Schiffen befestigt ist. Legt man ein Seil mit einigen Windungen um einen solchen Poller, so ist es mit dieser Anordnung **einer** Person möglich, sehr große Zugkräfte – vom anlegenden Schiff erzeugt – zu halten. Sowohl in Bild 1 als auch in Bild 2 herrscht Kräftegleichgewicht, und zwar ist

$$F_1 = F_2 + F_R$$

Das Beispiel des Pollers zeigt, dass die **übertragbare Seilkraft** F_1 von der Anzahl der um den Poller gelegten Windungen abhängt. Dabei ist F_2 die **Haltekraft**. Man kann also sagen:

> Die übertragbare Seilkraft ist umso größer, je größer der Seilumschlingungswinkel um den Zylinder ist.

Eine Versuchsanordnung wie im Bild 3 soll dies verdeutlichen. Um die jeweils gleiche Scheibe ist ein Seil mit verschieden großem **Umschlingungswinkel** α gelegt. Unter der Voraussetzung, dass F_2 die Haltekraft ist und somit im Falle eines Rutschens eine Bewegung des Riemens in die Richtung von F_1 erfolgt, kann – da F_R immer der Gleitrichtung entgegengerichtet ist – auch vorausgesetzt werden, dass F_R in die gleiche Richtung wie F_2 wirkt. Somit gilt auch hier

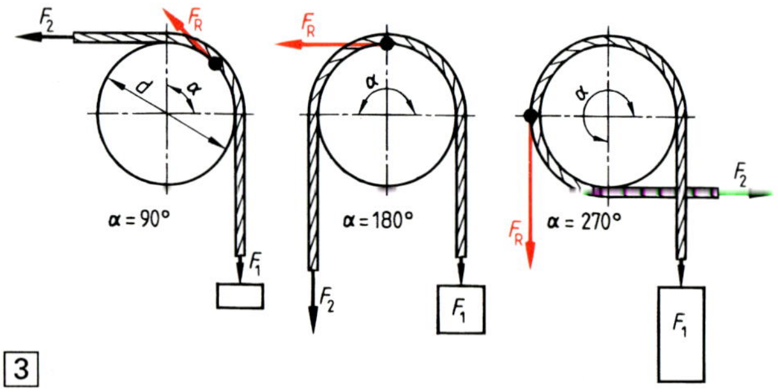

3

$$F_1 = F_2 + F_R \text{ , d. h. } F_1 > F_2.$$

Dabei wird festgestellt, dass die zu haltende Kraft F_1 von der Haltekraft F_2 und vom Umschlingungswinkel α abhängt. Da die übertragbare Kraft auch von der Materialpaarung, d. h. von der Reibungszahl μ abhängt, muss sein

übertragbare Seilkraft $\quad F_1 = f\ (F_2, \mu, \alpha) \quad$ 126–1

Aus diesem gedanklichen Ansatz hat der deutsche Physiker und Ingenieur **J. Eytelwein** eine Gleichung entwickelt, die **Eytelwein'sche Gleichung** genannt wird. Der von ihr beschriebene Sachverhalt ist das **Seilreibungsgesetz.** Danach berechnet sich die

übertragbare Seilkraft $F_1 = F_2 \cdot e^{\mu\alpha}$ 127–1

F_1, F_2	e, μ, α
N	1

Es sind: e = Basis des natürlichen Logarithmus = 2,718 … (Euler'sche Zahl)
μ = Reibungskoeffizient zwischen Seil und Zylinder (Scheibe)
α = Umschlingungswinkel im Bogenmaß

Im Hebezeugbau ist es z. B. üblich, mit Tabellen zu arbeiten, die **$e^{\mu\alpha}$-Werte** enthalten. Man kann diese Werte aber auch sehr leicht mit einem Rechner ermitteln.

Mit $F_1 = F_2 + F_R$ ergibt sich $F_R = F_1 - F_2 = F_2 \cdot e^{\mu\alpha} - F_2$. Also errechnet sich die

Seilreibungskraft $F_R = F_2 \cdot (e^{\mu\alpha} - 1)$ 127–2

Aus Gleichung 127–1 ergibt sich für $F_2 = \dfrac{F_1}{e^{\mu\alpha}}$. Setzt man dies in Gleichung 127–2 ein, dann ergibt sich eine weitere Gleichung für die Berechnung der

Seilreibungskraft $F_R = F_1 \cdot \dfrac{e^{\mu\alpha} - 1}{e^{\mu\alpha}}$ 127–3

Multipliziert man noch die Seilreibungskraft F_R mit dem Zylinder- bzw. Scheibenradius $r = \dfrac{d}{2}$, dann erhält man eine Berechnungsgleichung für das

Seilreibungsmoment $M_R = F_R \cdot \dfrac{d}{2}$ 127–4

M_R	F_R	d
Nm	N	m

M71. Gemäß Bild 1 ist um einen Zylinder ein Seil geschlungen. Die Anzahl der Seilwindungen beträgt $n = 2{,}25$, und die Reibungszahl ist $\mu = 0{,}35$.

a) Welche Kraft wird vom Seil in die Verankerung A übertragen, wenn sich der Zylinder in die angegebene Richtung dreht und wenn $F_G = 2$ kN ist?

b) Wie groß ist das Seilreibungsmoment M_R bei einem Zylinderdurchmesser $d = 500$ mm?

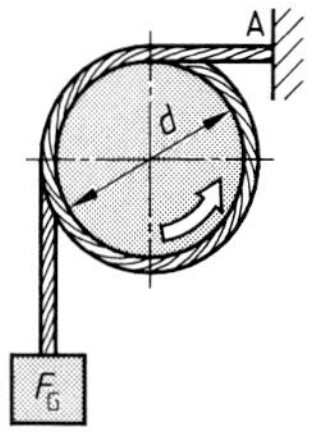

1

Lösung:

a) Bezogen auf die obigen Gleichungen ist Ankerkraft = F_1
Gewichtskraft $F_G = F_2 = 2$ kN

Somit:
$F_1 = F_2 \cdot e^{\mu\alpha}$ Bei $\mu = 0{,}35$ und $\alpha = 2{,}25 \cdot 2\,\pi$ rad = 14,1372 rad ergibt sich für $\mathbf{e^{\mu\alpha}} = 2{,}718^{0{,}35 \cdot 14{,}1372} = 2{,}718^{4{,}948} = \mathbf{140{,}82}$

$F_1 = 2\text{ kN} \cdot 140{,}82$
$\mathbf{F_1 = 281{,}64}$ **kN**

b) $M_R = F_R \cdot \dfrac{d}{2} = (F_1 - F_2) \cdot \dfrac{d}{2} = (281{,}64\text{ kN} - 2\text{ kN}) \cdot \dfrac{0{,}5\text{ m}}{2} = 279{,}64\text{ kN} \cdot 0{,}25\text{ m}$

$\mathbf{M_R = 69{,}91}$ **Nm**

Ü146. In der Anordnung der Musteraufgabe M 71., Seite 127 soll nun die Scheibe stillstehen, und es ist $\mu = 0{,}45$ und die Last $F_G = 15{,}8$ kN.

Wie viele volle Windungen muss das Seil um die Scheibe gelegt sein, wenn die Ankerkraft höchstens 100 N sein soll?

Ü147. Bild 1 zeigt eine einfache **Bandbremse** (s. Lektion 31) mit dem Bremsscheibendurchmesser $d = 250$ mm. Es wirkt die Kraft $F = 200$ N, der Reibungskoeffizient beträgt $\mu = 0{,}3$, und die Länge des Bremshebels ist $l = 600$ mm. Zu berechnen sind

a) die Seilkraft F_2,

b) die Seilreibungskraft F_R,

c) das Bremsmoment M_R.

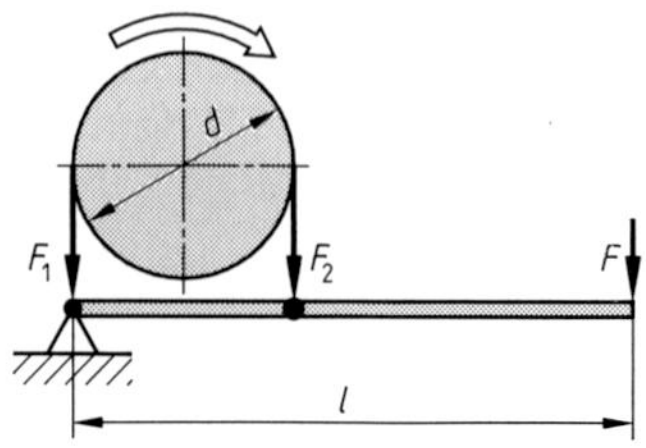

1

V159. Ein Gewicht $F_G = 981$ N wird mit einem Lederriemen ($\mu = 0{,}26$), der über eine sich drehende Scheibe gelegt ist, angehoben (Bild 2). Welche Kraft F_2 ist dabei aufzuwenden?

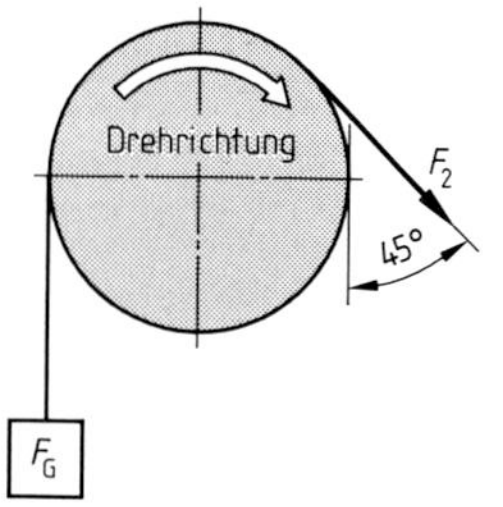

2

V160. Die im Bild 3 schematisch dargestellte **Spillanlage** funktioniert dergestalt, dass ein Seil um eine von einem Motor angetriebene und sich andauernd drehende Trommel gelegt wird. Soll die Kraft F_2 erzeugt werden, so ist mit der Handkraft F_1 zu ziehen. Dadurch spannt sich das vorher lose um die Trommel gelegte Seil, und nach Gleichung 127–1 wird die Kraft F_2 erzeugt.

Im speziellen Fall beträgt die Windungszahl 4.

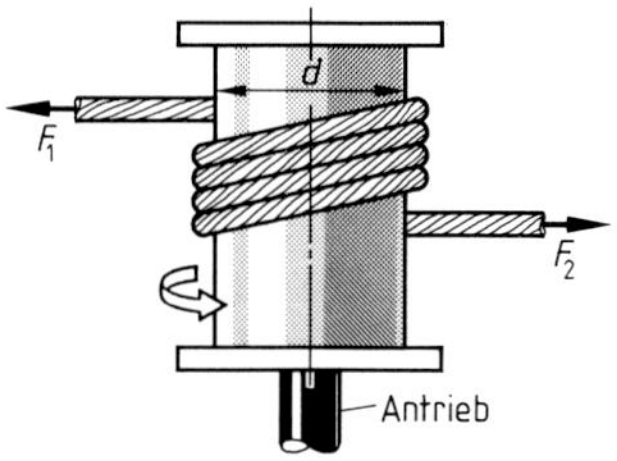

3

a) Wie groß ist die erzeugte Zugkraft F_2 bei einer Handkraft $F_1 = 250$ N und dem Reibungskoeffizienten $\mu = 0{,}25$?

b) Welches Drehmoment wird bei einem Trommeldurchmesser $d = 600$ mm erzeugt?

Lektion 31

Reibungsbremsen und Reibungskupplungen

31.1 Reibungsbremsen

Reibungsbremsen werden in mehreren völlig unterschiedlichen Bauarten hergestellt und in Abhängigkeit des Verwendungszweckes eingesetzt. Insbesondere unterscheidet man wie folgt:

Backenbremse ⟶ **Außenbackenbremse** (Klotzbremse), **Innenbackenbremse** (Trommelbremse).

Bandbremse ⟶ **Einfache Bandbremse, Summenbandbremse, Differentialbandbremse.**

Scheibenbremse ⟶ Verwendung vor allem in der Kfz-Technik.

Die Bremswirkung der Reibungsbremsen beruht auf Reibungskräften zwischen festen Körpern und den speziellen Hebelverhältnissen in der Bremse.

31.1.1 Backenbremsen

Bei den Außenbackenbremsen wird zwischen der **einfachen Backenbremse** und der **Doppelbackenbremse** (siehe Musteraufgabe M73., Seite 130) unterschieden. Die Bilder 1 bis 3 zeigen einfache Backenbremsen mit unterschiedlicher Lage des Hebellagers. Wie aus den folgenden Ableitungen zu ersehen ist, hängt die erforderliche **Betätigungskraft** F sehr von dieser Lage des Hebellagers ab:

überhöhtes Hebellager D	unterzogenes Hebellager D	tangentiales Hebellager D
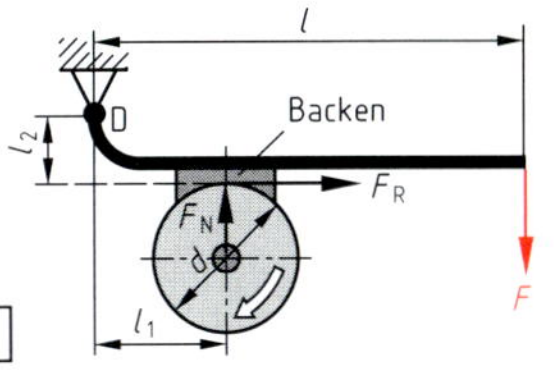 1	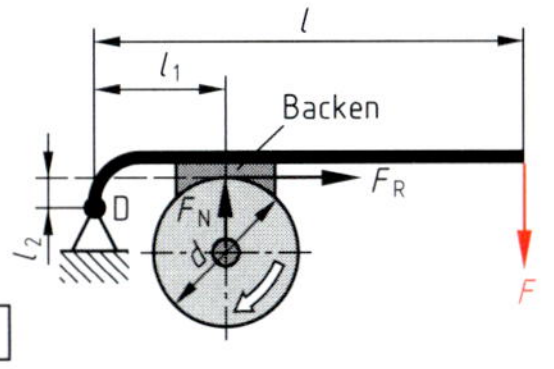 2	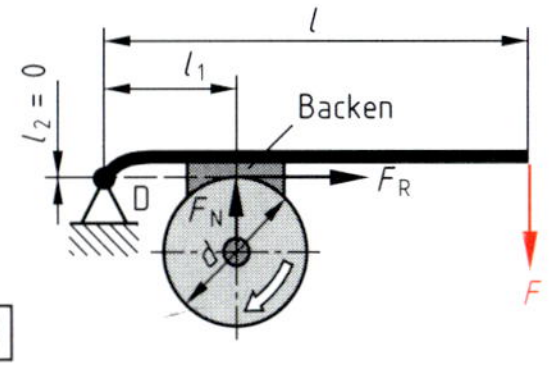 3
F_R bei Rechtslauf am Backen $\boldsymbol{\Sigma M_{d\,(D)} = 0}$ liefert mit $\boldsymbol{F_R = \mu \cdot F_N}$: $F_N \cdot l_1 + \mu \cdot F_N \cdot l_2 - F \cdot l = 0$	F_R bei Rechtslauf am Backen $\boldsymbol{\Sigma M_{d\,(D)} = 0}$ liefert mit $\boldsymbol{F_R = \mu \cdot F_N}$: $F_N \cdot l_1 - \mu \cdot F_N \cdot l_2 - F \cdot l = 0$	F_R bei Rechtslauf am Backen $\boldsymbol{\Sigma M_{d\,(D)} = 0}$ liefert mit $\boldsymbol{F_R = \mu \cdot F_N}$: $F_N \cdot l_1 - F \cdot l = 0$
Hebelkraft $F = F_N \cdot \frac{l_1 \pm \mu \cdot l_2}{l}$ 129–1 ⊕ bei Rechtslauf ⊖ bei Linkslauf	**Hebelkraft** $F = F_N \cdot \frac{l_1 \mp \mu \cdot l_2}{l}$ 129–2 ⊖ bei Rechtslauf ⊕ bei Linkslauf	**Hebelkraft** $F = F_N \cdot \frac{l_1}{l}$ 129–3
Selbsthemmung tritt **bei Linkslauf** ein mit $l_1 - \mu \cdot l_2 = 0$, **Selbsthemmungskriterium:** $l_1 \leq \mu \cdot l_2$ 129–4	**Selbsthemmung** tritt **bei Rechtslauf** ein mit $l_1 - \mu \cdot l_2 = 0$, **Selbsthemmungskriterium:** $l_1 \leq \mu \cdot l_2$ 129–5	unabhängig von Rechts- oder Linkslauf, d. h.: **keine Selbsthemmung**

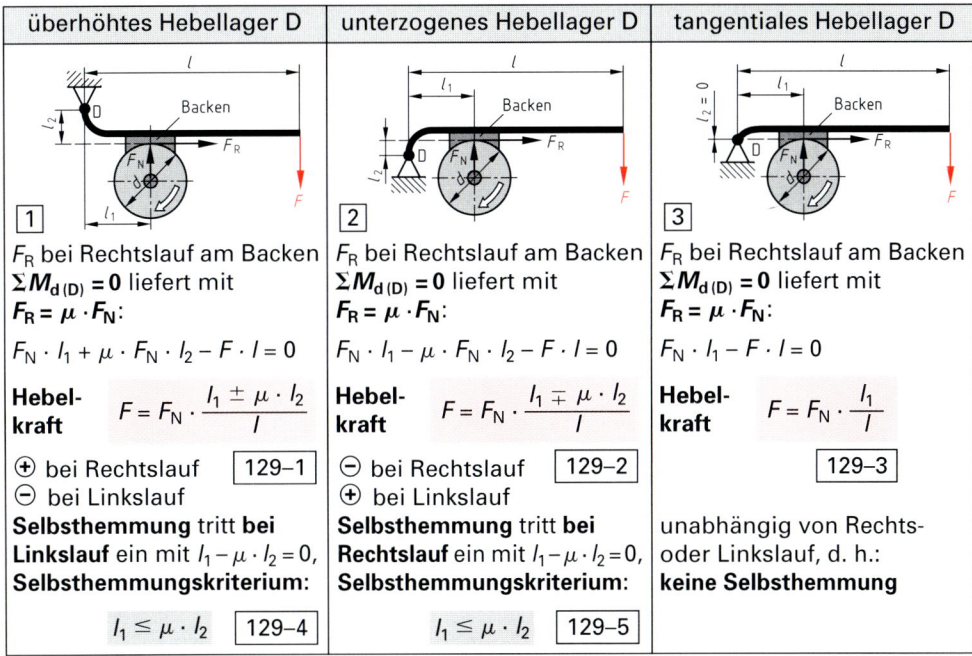

Bremsmoment der Außenbackenbremse

$$M_{Br} = F_R \cdot \frac{d}{2} = \mu \cdot F_N \cdot \frac{d}{2} \qquad \text{129–6}$$

M72. An einer einfachen Backenbremse mit überhöhtem Hebellager D gemäß Bild 1 mit den Abmessungen $d = 300$ mm, $l = 600$ mm, $l_1 = 250$ mm, $l_2 = 100$ mm wirkt eine Betätigungskraft $F = 580$ N.
Berechnen Sie bei einem Reibungskoeffizienten $\mu = 0{,}3$
a) die Normalkraft F_N bei Rechtslauf und Linkslauf,
b) das Bremsmoment M_{Br} bei Rechtslauf und Linkslauf.

STATIK

Lösung:

a) $$\boldsymbol{F_{NR}} = \frac{F \cdot l}{l_1 + \mu \cdot l_2} = \frac{580\ \text{N} \cdot 600\ \text{mm}}{250\ \text{mm} + 0{,}3 \cdot 100\ \text{mm}} = \frac{580\ \text{N} \cdot 600\ \text{mm}}{280\ \text{mm}} = \mathbf{1242{,}86\ N}$$

$$\boldsymbol{F_{NL}} = \frac{F \cdot l}{l_1 - \mu \cdot l_2} = \frac{580\ \text{N} \cdot 600\ \text{mm}}{250\ \text{mm} - 0{,}3 \cdot 100\ \text{mm}} = \frac{580\ \text{N} \cdot 600\ \text{mm}}{220\ \text{mm}} = \mathbf{1581{,}82\ N}$$

b) $$\boldsymbol{M_{BrR}} = \mu \cdot F_{NR} \cdot \frac{d}{2} = 0{,}3 \cdot 1242{,}86\ \text{N} \cdot \frac{0{,}3\ \text{m}}{2} = \mathbf{55{,}93\ Nm}$$

$$\boldsymbol{M_{BrL}} = \mu \cdot F_{NL} \cdot \frac{d}{2} = 0{,}3 \cdot 1581{,}82\ \text{N} \cdot \frac{0{,}3\ \text{m}}{2} = \mathbf{71{,}18\ Nm}$$

M73. Bild 1 zeigt eine **Doppel-Außenbackenbremse** mit den Abmessungen $d = 450$ mm, $l_1 = 180$ mm, $l_2 = 280$ mm, $l_3 = 225$ mm, $l = 380$ mm, $b = 90$ mm, $h_1 = 225$ mm, $h_2 = 620$ mm. Berechnen Sie
a) die Reaktionskraft F_1,
b) die Reaktionskraft F_N,
c) das Bremsmoment M_{Br} bei $\mu = 0{,}3$, wenn $F = 600$ N ist.

Begründen Sie, warum in dieser Konstruktion das Bremsmoment von der Drehrichtung der Bremsscheibe unabhängig ist.

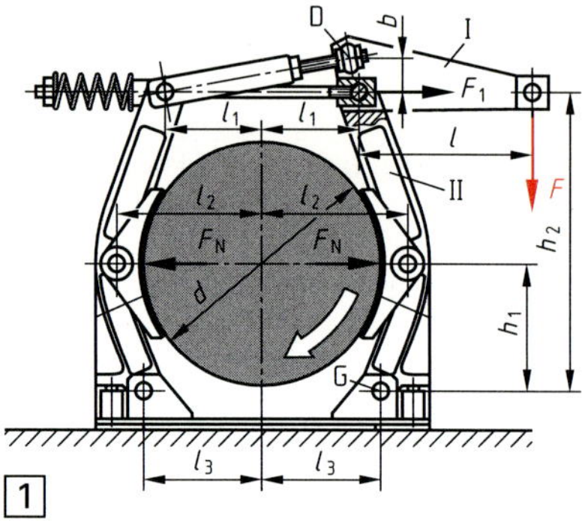

1

Lösung:

a) $\Sigma M_{d(D)} = 0 \rightarrow F_1 \cdot b = F \cdot l \rightarrow \boldsymbol{F_1} = F \cdot \dfrac{l}{b} = 600\ \text{N} \cdot \dfrac{380\ \text{mm}}{90\ \text{mm}} = \mathbf{2533{,}3\ N}\ (\rightarrow)$

b) $\Sigma M_{d(G)} = 0 \rightarrow -F_1 \cdot h_2 = F_N \cdot h_1 \rightarrow \boldsymbol{F_N} = \left| -F_1 \cdot \dfrac{h_2}{h_1} \right| = 2533{,}3\ \text{N} \cdot \dfrac{620\ \text{mm}}{225\ \text{mm}} = \mathbf{6980{,}65\ N}$

c) Bedingt durch die Konstruktion wirken an **beiden** Bremshebeln die Kräfte F_1 und F_N. Somit ergibt sich

$$\boldsymbol{M_{Br}} = 2 \cdot \mu \cdot F_N \cdot \frac{d}{2} = \mu \cdot F_N \cdot d = 0{,}3 \cdot 6980{,}65\ \text{N} \cdot 0{,}45\ \text{m} = \mathbf{942{,}39\ Nm}$$

Aus den Abmessungen $d = 2 \cdot l_3 = 2 \cdot 225$ mm $= 450$ mm ist zu ersehen, dass es sich um tangential angeordnete Hebellager G handelt. Dies bedeutet, dass das Bremsmoment von der Drehrichtung der Bremsscheibe unabhägig ist.

M74. In Bild 2 ist eine **Innenbackenbremse** dargestellt. Entwickeln Sie mit den in Bild 2 eingetragenen Bezeichnungen
a) eine Gleichung zur Berechnung der Normalkraft F_N,
b) eine Gleichung zur Berechnung des Bremsmomentes M_{Br}.

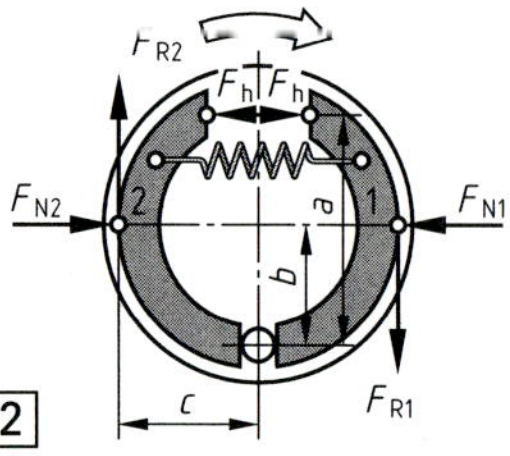

2

Lösung:

a) $F_h \cdot a = F_{N1} \cdot b \rightarrow \boldsymbol{F_{N1} = F_{N2} = F_h \cdot \dfrac{a}{b}}$

b) $\boldsymbol{M_{Br}} = 2 \cdot \mu \cdot F_N \cdot c = \boldsymbol{2 \cdot \mu \cdot F_h \cdot \dfrac{a}{b} \cdot c}$

31.1.2 Bandbremsen

31.1.2.1 Einfache Bandbremse

Bei Bandbremsen wird die Reibungskraft durch **Seilreibung** (s. Lektion 30) erzeugt. Bild 3 zeigt eine **einfache Bandbremse,** bei der das Bremsband mit einem Ende im Hebellager, mit dem anderen Ende am Hebel befestigt ist. Des Weiteren zeigt Bild 3 die **Kräfte** F_1, F_2 und F_R bei Rechts-

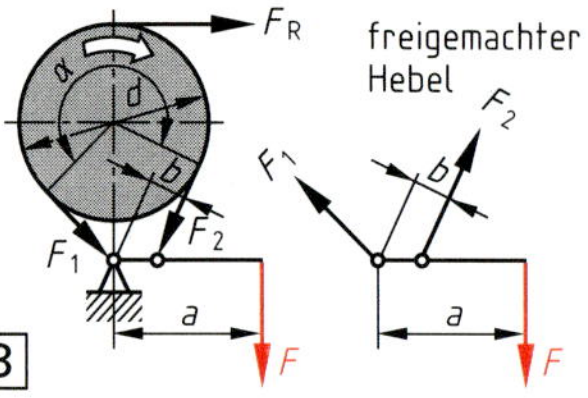

3

lauf **auf das Bremsband wirkend.** Nach Gleichung 127–1 ist $\boldsymbol{F_1 = F_2 \cdot e^{\mu\alpha}}$, und setzt man am Bremsband die $\boldsymbol{\Sigma F = 0}$ voraus, ergibt sich für die

Reibungskraft $$F_R = F_1 - F_2 = F_2 \cdot e^{\mu\alpha} - F_2 = F_2 \cdot (e^{\mu\alpha} - 1) = F_1 \cdot \frac{e^{\mu\alpha} - 1)}{e^{\mu\alpha}}$$ 131–1

Betrachtet man den Bremshebel im freigemachten Zustand (Bild 3, Seite 130) und sezt man die $\boldsymbol{\Sigma M_d = 0}$ voraus, dann ergibt sich

$F \cdot a = F_2 \cdot b \rightarrow F_2 = F \cdot \frac{a}{b}$. In Gleichung 131–1 eingesetzt:

Reibungskraft $$F_R = F \cdot \frac{a}{b} \cdot (e^{\mu\alpha} - 1)$$ 131–2 in N

Multipliziert man nun noch die Reibungskraft mit dem halben Bremsscheibendurchmesser d, dann ergibt sich mit den Gleichungen 131–1 und 131–2 für das

Bremsmoment $$M_{Br} = F_R \cdot \frac{d}{2} = F_2 \cdot (e^{\mu\alpha} - 1) \cdot \frac{d}{2} = F \cdot \frac{a}{b} \cdot (e^{\mu\alpha} - 1) \cdot \frac{d}{2}$$ 131–3

Die Gleichungen 131–1 bis 131–3 gelten nur für Rechtslauf, denn bei Linkslauf ergibt sich ein Wechsel für die Angriffspunkte von F_1 und F_2 am Hebel. Dadurch wird die Bremswirkung bei gleicher Betätigungskraft F kleiner, was die folgende Konsequenz für den Einsatz der Bremse hat:

Die einfache Bandbremse wird nur bei stets demselben Drehsinn eingesetzt.

31.1.2.2 Die Summenbandbremse

Bei der **Summenbandbremse** ist das Bremsband mit beiden Enden am Bremshebel befestigt. Bild 1 zeigt eine solche Bremse bei Verwendung eines einseitigen Bremshebels. Die Kräfte F_1 und F_2 erzeugen am Bremshebel ein Kraftmoment im gleichen Drehsinn, was der im Bild 1 freigemachte Hebel erkennen lässt.
Gleichungen für die Berechnung von **Reibungskraft** und **Bremsmoment** werden in der Musteraufgabe M75., Seite 132 entwickelt.

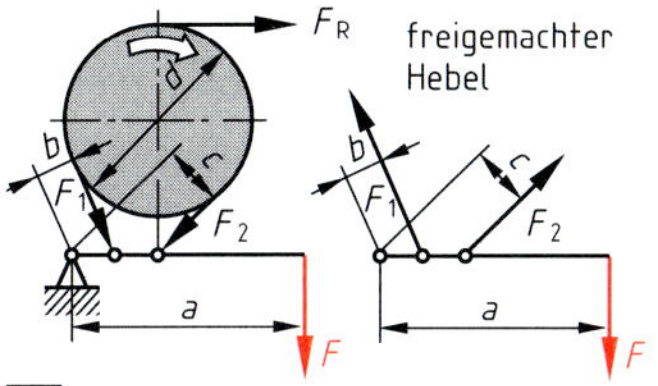

1

31.1.2.3 Die Differentialbandbremse

Bei der **Differentialbandbremse** ist das Bremsband mit beiden Enden an einem zweiarmigen Bremshebel befestigt. Dies zeigt Bild 2, und der freigemachte Bremshebel lässt erkennen, dass die Bandkräfte F_1 und F_2 am Bremshebel Kraftmomente in entgegengesetztem Drehsinn erzeugen. Gleichungen für die Berechnung von **Reibungskraft** und **Bremsmoment** werden in der Musteraufgabe M76., Seite 132 entwickelt.

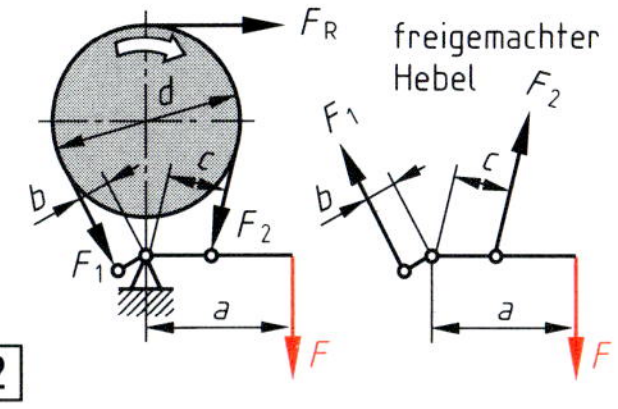

2

31.1.3 Scheibenbremsen

Bild 3 zeigt in schematischer Darstellung die Wirkungsweise einer **Scheibenbremse:** Eine Hilfsvorrichtung drückt die rotierende Scheibe mit der Normalkraft F_N gegen eine feststehende Scheibe. Dadurch wird die Reibungskraft F_R erzeugt, die ihrerseits Ursache für das dabei entstehende Bremsmoment M_{Br} ist. Nach Coulomb ist die

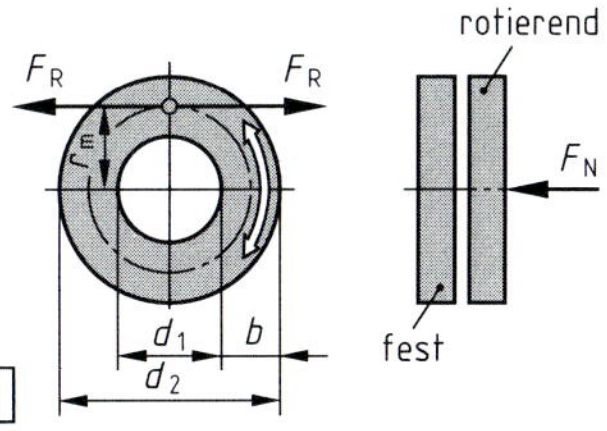

3

Reibungskraft $$F_R = \mu \cdot F_N$$ 131–4 in N. Daraus ergibt sich das

Bremsmoment $$M_{Br} = F_R \cdot r_m = \mu \cdot F_N \cdot \frac{d_1 + d_2}{2}$$ 131–5 in Nm r_m = mittlerer Radius

STATIK

M75. Entwickeln Sie mit Hilfe des Bildes 1, Seite 131 für die **Summenbandbremse** Gleichungen a) zur Berechnung der Reibungskraft F_R,
b) zur Berechnung des Bremsmomentes M_{Br}.

Lösung:

a) $\boldsymbol{F_R = F_1 - F_2 = F_2 \cdot (e^{\mu\alpha} - 1) = F_1 \cdot \frac{e^{\mu\alpha} - 1}{e^{\mu\alpha}}}$ (entsprechend Gleichung 131–1)

Am freigemachten Hebel ergibt sich: $\boldsymbol{F \cdot a - F_1 \cdot b - F_2 \cdot c = 0}$. Stellt man noch Gleichung 131–1 nach F_1 und F_2 um und setzt dies in die Hebelbeziehung ein, so ergibt sich:

$$F \cdot a - F_R \cdot \frac{e^{\mu\alpha}}{e^{\mu\alpha} - 1} \cdot b - \frac{F_R}{e^{\mu\alpha} - 1} \cdot c = 0 \rightarrow F \cdot a - \frac{F_R}{e^{\mu\alpha} - 1} \cdot (e^{\mu\alpha} \cdot b + c) = 0. \text{ Somit:}$$

$$\boldsymbol{F_R = F \cdot a \cdot \frac{e^{\mu\alpha} - 1}{e^{\mu\alpha} \cdot b + c}}$$

b) $\boldsymbol{M_{Br} = F_R \cdot \frac{d}{2} = F \cdot a \cdot \frac{d}{2} \cdot \frac{e^{\mu\alpha} - 1}{e^{\mu\alpha} \cdot b + c}}$

M76. Entwickeln Sie mit Hilfe des Bildes 2, Seite 131 für die **Differentialbandbremse** Gleichungen a) zur Berechnung der Reibungskraft F_R,
b) zur Berechnung des Bremsmomentes M_{Br}.

Lösung:

a) Auch hier gilt Gleichung 131–1. Am freigemachten Hebel ergibt sich nun die Momentenbeziehung $\boldsymbol{F \cdot a + F_1 \cdot b - F_2 \cdot c = 0}$. Entsprechend M75. ergibt sich:

$$F \cdot a + F_R \cdot \frac{e^{\mu\alpha}}{e^{\mu\alpha} - 1} \cdot b - \frac{F_R}{e^{\mu\alpha} - 1} \cdot c = 0 \rightarrow F \cdot a + \frac{F_R}{e^{\mu\alpha} - 1} \cdot (e^{\mu\alpha} \cdot b - c) = 0. \text{ Somit:}$$

$$\boldsymbol{F_R} = -F \cdot a \cdot \frac{e^{\mu\alpha} - 1}{e^{\mu\alpha} \cdot b - c} = \boldsymbol{F \cdot a - \frac{1 - e^{\mu\alpha}}{c - e^{\mu\alpha} \cdot b}}$$

b) $\boldsymbol{M_{Br} = F_R \cdot \frac{d}{2} = F \cdot a \cdot \frac{d}{2} \cdot \frac{1 - e^{\mu\alpha}}{c - e^{\mu\alpha} \cdot b}}$

M77. Bei einer Scheibenbremse gemäß Bild 3, Seite 131 ist μ = 0,32; d_1 = 300 mm; d_2 = 100 mm und F_N = 800 N. Berechnen Sie das Bremsmoment.

Lösung:

$$\boldsymbol{M_{Br}} = \mu \cdot F_N \cdot \frac{d_1 + d_2}{2} = 0{,}32 \cdot 800\ \text{N} \cdot \frac{0{,}3\ \text{m} + 0{,}1\ \text{m}}{2} = 0{,}32 \cdot 800\ \text{N} \cdot 0{,}2\ \text{m} = \boldsymbol{51{,}2\ \text{Nm}}$$

31.2 Reibungskupplungen

Kupplungen dienen der Momentenübertragung. Sie zählen zu den lösbaren Verbindungen, und man unterscheidet **nichtschaltbare Kupplungen** und **schaltbare Kupplungen.** Bei den Letzteren kann durch geeignete Betätigungsglieder die treibende Welle von der getriebenen Welle getrennt, d. h. ausgekuppelt werden.

Die **Reibungskupplungen** gehören zu den schaltbaren Kupplungen, und als Betätigungsglied wird oft ein in die Kupplung eingebauter Elektromagnet verwendet. Bild 1 zeigt eine solche **Elektromagnet-Kupplung;** der Magnet ist mit ① gekennzeichnet. Hierbei handelt es sich um eine **Einflächenkupplung,** da nur eine Kupplungsscheibe ② (Lamelle) in die Kupplung eingebaut ist. Es ist zu erkennen, dass der „reibungstechnische Aufbau" dem einer Scheibenbremse (Bild 3, Seite 131) entspricht. Bei Über-

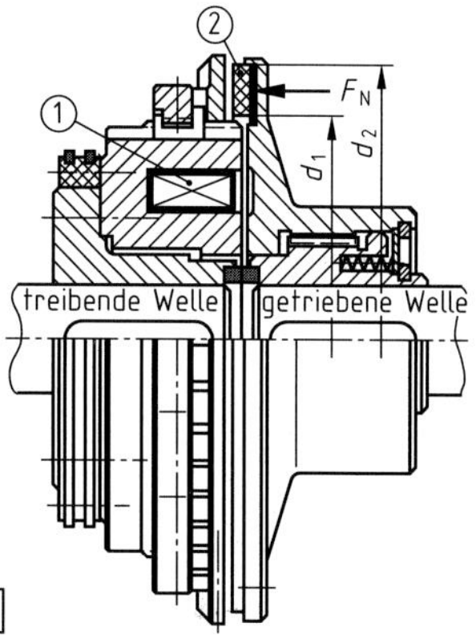

1

tragung größerer Drehmomente werden **Mehrflächenkupplungen** verwendet, die auch als **Lamellenkupplungen** bezeichnet werden. Diese besitzen mehrere Lamellen. Entsprechend der Gleichungen 131–4 und 131–5 ergibt sich sinngemäß:

Reibungskraft $F_R = \mu \cdot F_N$ 133–1 in N

Kupplungsmoment $M_{dK} = F_R \cdot r_m = \mu \cdot z \cdot F_N \cdot \frac{d_1 + d_2}{2}$ 133–2 in Nm

z = Anzahl der Lamellen

Sehr oft findet die Schaltung einer Kupplung auch mechanisch statt, so z. B. bei den Kfz-Kupplungen. Eine konstruktive Möglichkeit einer solchen **mechanischen Kupplung** zeigt Bild 1: Durch ein Schaltelement ① wird ein Winkelhebel ② betätigt. Dieser drückt die Tellerscheiben ③ axial gegen einen elastischen **Keilreibring** ④, der radial nach außen gedrückt wird, wodurch an der äußeren **zylindrischen Reibfläche** ein Kraft- bzw. **Reibschluss** entsteht, womit die Übertragung des Drehmomentes vom treibenden Kupplungsteil auf den getriebenen Kupplungsteil erfolgt.

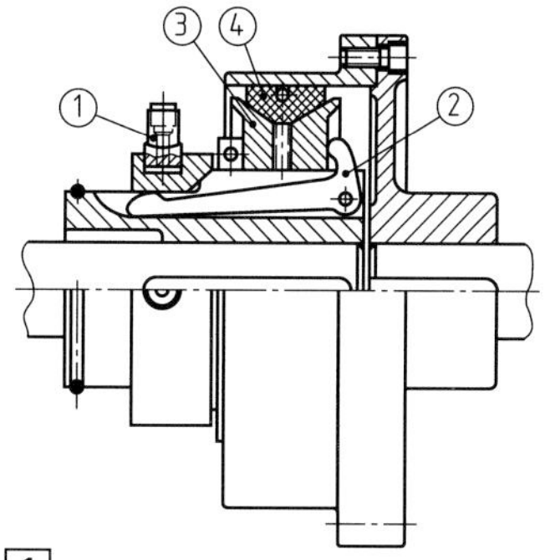

1

Weit verbreitet ist auch eine Bauform, bei der die Reibflächen der beiden Kupplungshälften konisch ineinandergreifen. Solche Kupplungen werden als **Konus-** oder **Kegelkupplung** bezeichnet. Bei der Berechnung der Reibungskraft bzw. dem übertragbaren Kupplungsmoment ist in Analogie zur **Prismenführung** zu verfahren (siehe Lektion 27).

Ü148. Interpretieren Sie anhand der Gleichung 131–3 die Abhängigkeit des Bremsmomentes bei einer einfachen Bandbremse.

Ü149. Eine einfache Backenbremse mit unterzogenem Hebellager D (Bild 2, Seite 129) hat die Hebelarme l = 800 mm, l_1 = 300 mm, und es ist μ = 0,3. Berechnen Sie l_2, wenn die Bremse bei Rechtslauf selbsthemmend sein soll.

Ü150. Bei einer Innenbackenbremse (Bild 2, Seite 130) wird ein Bremsmoment von M_{Br} = 40 Nm erzeugt. Wie groß ist der Durchmesser der Bremstrommel, wenn μ = 0,3; F_H = 200 N, a = 320 mm; b = 170 mm ist?

Ü151. Bei einer Summenbandbremse ist a = 600 mm, b = 50 mm, c = 100 mm. Wie groß ist das Bremsmoment bei μ = 0,35; α = 270° und d = 500 mm? Handkraft F = 150 N.

V161. Mit den Werten der Übungsaufgabe Ü151. ist eine Differentialbandbremse zu berechnen.

V162. Eine einfache Backenbremse ist mit tangentialem Hebellager (Bild 3, Seite 129) ausgeführt. Bei einer Reibungszahl μ = 0,38 beträgt das Bremsmoment M_{Br} = 50 Nm. Die Hebellänge ist l = 600 mm, und der Bremsscheibendurchmesser beträgt d = 420 mm. Wie groß ist bei l_1 = 100 mm die erforderliche Betätigungskraft?

V163. Machen Sie den Hebel I in Musteraufgabe M73., Seite 130 frei.

V164. Eine Lamellenkupplung soll ein Drehmoment M_d = 110 Nm übertragen. Es ist μ = 0,32; F_N = 95 N; d_1 = 280 mm; d_2 = 360 mm. Wie viele Lamellen z sind bei einer 1,5fachen Sicherheit gegen Rutschen erforderlich?

Lektion 32 **Rollreibung**

32.1 Der Rollwiderstand

In Lektion 25 wurde das Phänomen der Reibungskraft damit erklärt, dass technische Oberflächen mehr oder wenige rau sind und dass deswegen beim gegenseitigen Berühren solcher Flächen ein **Mikroformschluss** entsteht, der beim Verschieben der Flächen gegeneinander die Reibungskräfte F_R hervorruft. Man spricht dann bekanntlich von der **Gleitreibung,** und dies ist in Bild 1 dargestellt.

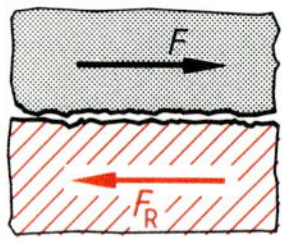

1

Ist nun eine der beiden Flächen bzw. sind beide Flächen gekrümmt, können diese – wie im Bild 2 – aufeinander abrollen. Dabei greifen die Unebenheiten, die in den Bildern 1 und 2 stark vergrößert dargestellt sind, ebenfalls ineinander, der dabei entstehende Widerstand ist aber wesentlich kleiner als bei der Gleitreibung, und man spricht vom **Rollwiderstand** bzw. der **Rollreibungskraft** F_{RR}. Ein solcher Abrollvorgang ist z. B. auch beim Ineinandergreifen von zwei Zahnrädern gegeben. Im Bild 3 ist ein solcher Abrollvorgang einem Gleitvorgang gegenübergestellt, und man erkennt:

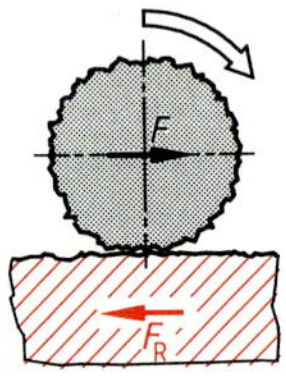

2

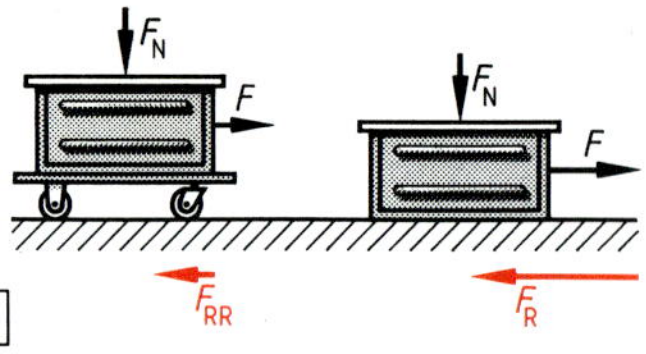

3

> Bei gleicher Normalkraft F_N ist die durch die Fortbewegung eines Körpers entstehende Rollreibungskraft F_{RR} kleiner als die Gleitreibungskraft F_R.

Deshalb werden in der Technik, dort wo es sinnvoll ist, anstelle von Gleitführungen **Rollkörper** eingesetzt, z. B. in Form von **Kugellagern** (Bild 4) oder **Rollenlagern** (Bild 5), die in vielen Varianten zur Verfügung stehen.

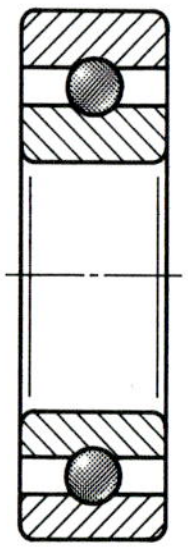

4

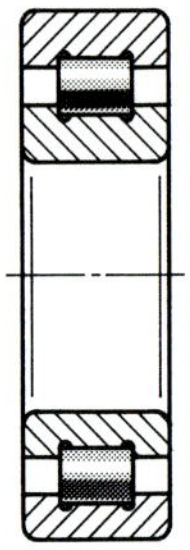

5

Ebenso wie bei der Haft- und Gleitreibung soll nun eine Aussage über die Berechnung der Rollreibungskraft F_{RR} gemacht werden. Zu diesem Zweck zeigt Bild 6 einen Rollkörper auf einer ebenen Unterlage. Unter dem Einfluss der **Rollkraft** *F* kann ein Rollvorgang nur dann einsetzen, wenn die tangentiale **Haftreibungskraft** F_{R0} wirksam ist. Anderenfalls würde ja der Rollkörper auf seiner Unterlage gleiten. In Wirklichkeit verformt sich jedoch der Rollkörper bzw. seine Unterlage. Das hängt davon ab, welcher Körper härter ist. Bild 7 zeigt den Fall, dass die vorher ebene Unterlage infolge von F_N durch den Rollkörper verformt wurde. Der Rollkörper verformt sich in der Regel – bei entsprechender Eigenhärte – gering, d. h. vernachlässigbar.

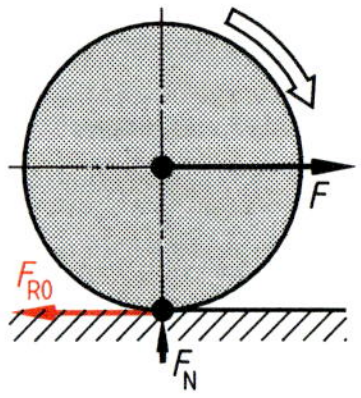

6

Im Falle der Bewegung des Rollkörpers in Richtung der Rollkraft *F* kippt dieser ständig um den (sich horizontal fortbewegenden) Kippunkt K. Für diesen Vorgang ist die Rollkraft *F* erforderlich. Setzt man nun die Summe aller Drehmomente um den Kippunkt K gleich Null, dann ergibt sich unter der Annahme $r \approx y$ (denn in Wirklichkeit ist die Verformung sehr klein und dadurch *y* annähernd *r*) mit dem **Hebelarm der Rollreibung** *f*:

$$\Sigma M_K = 0 \rightarrow F \cdot r - F_N \cdot f = 0 \rightarrow F = F_N \cdot \frac{f}{r}$$

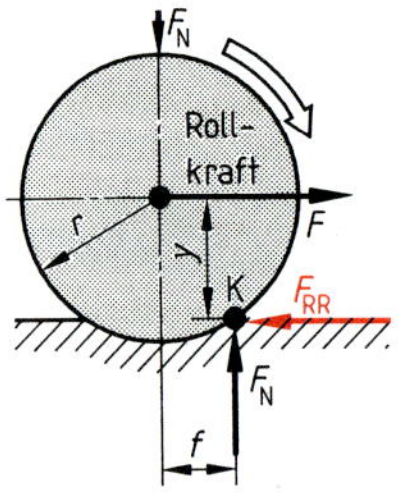

7

Da auch $\Sigma F_x = 0$ sein muss, ist der Betrag der **Rollreibungskraft** F_{RR} gleich dem Betrag der Rollkraft F. Somit gilt für die

Rollreibungskraft $$F_{RR} = \frac{f}{r} \cdot F_N \quad \boxed{135–1} \quad \text{in N}$$

F_N = Normalkraft in N
f = **Hebelarm der Rollreibung** in cm
r = Radius des Rollkörpers in cm

Gleichung 135–1 zeigt:

Die Rollreibungskraft ist der wirkenden Normalkraft F_N und dem Hebelarm der Rollreibung f proportional, jedoch dem Radius r des Rollkörpers umgekehrt proportional.

Das heißt, dass die Rollreibungskraft mit zunehmendem Rollen- oder Radradius kleiner wird, und dies erklärt, warum das Fahren auf einem Fahrrad mit großen Reifen weniger Kraft erfordert als wenn die Reifen kleiner wären.
Der **Hebelarm der Rollreibung *f* hängt** von der Härte des Rollkörpers, von der Härte seiner Unterlage und **auch von der Rollgeschwindigkeit ab.** Die folgende Tabelle zeigt einige Durchschnittswerte für den

Hebelarm der Rollreibung *f*:

Werkstoff des Rollkörpers	Werkstoff der Rollbahn	Hebelarm *f* der Rollreibung in cm
GG	St	0,05
St	St	0,05
GG	GG	0,05
Holz	Holz	0,5
St gehärtet	St gehärtet	0,0005...0,001

Als Beispiel für die Abhängigkeit des Wertes f von der Rollgeschwindigkeit seien Eisenbahnräder aufgeführt. Durch Messungen wurde festgestellt, dass, z. B. bei einer Fahrgeschwindigkeit von 40 km/h der Wert $f = 0{,}028$ cm und bei einer Fahrgeschwindigkeit von 90 km/h der Wert $f = 0{,}048$ cm ist (Werte nach **Sauthoff**).

Es soll noch angemerkt werden, daß der Quotient $\frac{f}{r}$ oftmals zusammengefasst wird.

Man bezeichnet diesen Quotienten als

Reibungszahl der Rollreibung $$\mu_r = \frac{f}{r} \quad \boxed{135–2}$$

μ_r	f, r
1	cm

Damit kann die Gleichung für die Berechnung der Rollreibungskraft in Analogie zur Haft- und Gleitreibungskraft geschrieben werden. Es ist also die

Rollreibungskraft $$F_{RR} = \mu_R \cdot F_N \quad \boxed{135–3}$$

32.2 Der Fahrwiderstand

Bei der Bewegung eines Fahrzeuges wirken dieser Bewegung außer der Rollreibungskraft F_{RR}, d. h. der Reaktionskraft, die vom Fahruntergrund auf das Rad (bzw. die Rolle) zurückwirkt, die in den Radlagern entstehenden Reibungskräfte entgegen. Die Summe aller Widerstandskräfte, den **Luftwiderstand** ausgeschlossen, bezeichnet man als den **Fahrwiderstand** bzw. die **Fahrwiderstandskraft** F_F.

Unter dem Fahrwiderstand versteht man den Gesamtwiderstand aus Rollreibungskraft und Lagerreibungskraft.

Fahrwiderstandskraft $F_F = F_{RR} + F_{RL}$ 136–1 F_{RR} = Rollreibungskraft
F_{RL} = Lagerreibungskraft

In der Praxis ist es so, dass die zur Berechnung von F_F erforderlichen Werte, insbesondere die Lagerreibungskoeffizienten μ und die Hebelarme der Rollreibung *f*, oftmals nur sehr ungenau, d. h. von den tatsächlichen Gegebenheiten sehr abweichend, zur Verfügung stehen. Deshalb ermittelt man im Versuch einen Zahlenwert, der als Proportionalitätsfaktor zur Normalkraft – außer dem Luftwiderstand – alle anderen Widerstände, d. h. den Fahrwiderstand, erfasst. Dieser Proportionalitätsfaktor wird als **Fahrwiderstandszahl** μ_F bezeichnet. Als Beispiele werden die folgenden Zahlenwerte angegeben:

Schienenfahrzeuge ⟶ $\mu_F \approx 0{,}0015$ bis 0,0030
Kfz auf der Straße (Asphalt) ⟶ $\mu_F \approx 0{,}015$ bis 0,03

Sodann errechnet man die

Fahrwiderstandskraft $F_F = \mu_F \cdot F_N$ 136–2 in Analogie zu F_R, F_{R0} und F_{RR}.

32.2.1 Die Rollbedingung

Es ist leicht einzusehen, dass bei $\mu_0 < \mu_F$ die Räder auf der Fahrbahn durchrutschen, d. h. gleiten. Oder anders ausgedrückt:

Ein Rollvorgang kann nur dann stattfinden, wenn die Haftreibungskraft F_{R0} zwischen Rad und Fahrbahn größer ist als die Fahrwiderstandskraft F_F.

Als **Rollbedingung** ergibt sich somit

$$F_{R0} \geq F_F$$
$$\mu_0 \cdot F_N \geq \mu_F \cdot F_N, \text{ d. h.}$$

Rollbedingung $\mu_0 \geq \mu_F$

Bei **geneigter Fahrbahn** ist die **Hangabtriebskraft** F_H zu berücksichtigen. Diese ist bei Abwärtsbewegung von der Fahrwiderstandskraft abzuziehen und bei der Aufwärtsbewegung zur Fahrwiderstandskraft zu addieren. Der **Luftwiderstand** (siehe **Mechanik der Flüssigkeiten und Gase**) ist grundsätzlich zur Fahrwiderstandskraft zu addieren, denn er wirkt der Bewegung – wie die Reibungskraft – entgegen.

M78. Auf einer schiefen Ebene liegt ein Zylinder mit dem Durchmesser *d* = 40 mm. Wie groß ist der Neigungswinkel α der schiefen Ebene, bei dem der Zylinder anfängt zu rollen, wenn der Hebelarm der Rollreibung *f* = 0,125 cm beträgt?

Lösung:
Aus Lektion 18 ist bekannt, daß der Zylinder dann anfängt zu rollen, wenn die Wirkungslinie von F_G durch den Kippunkt K (Bild 1) geht. Dieser Fall kennzeichnet das indifferente Gleichgewicht.

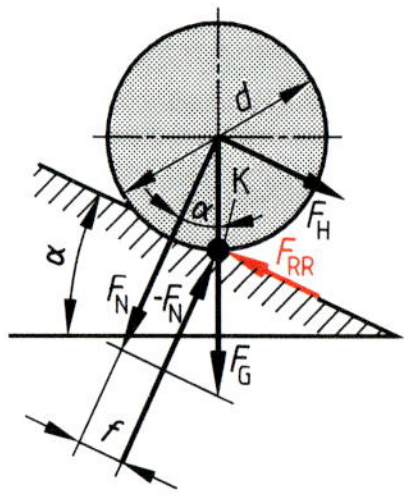

1

Aus $\Sigma M_{(K)} = 0$ folgt:

$$F_H \cdot r = F_N \cdot f \rightarrow F_G \cdot \sin\alpha \cdot r = F_G \cdot \cos\alpha \cdot f$$
$$\sin\alpha \cdot r = \cos\alpha \cdot f$$

$$\frac{\sin\alpha}{\cos\alpha} = \frac{f}{r}. \text{ Mit } \frac{\sin\alpha}{\cos\alpha} = \tan\alpha \text{ erhält man}$$

$$\tan \alpha = \frac{f}{r} = \frac{0{,}125 \text{ cm}}{2 \text{ cm}} = 0{,}0625 \longrightarrow \alpha = 3{,}58^\circ$$

$$\boldsymbol{\alpha = 3^\circ\, 35'}$$

M79. Ein Versuchspult hat ein Gewicht F_G = 1800 N. Jede der vier Laufrollen nimmt ein Viertel dieses Gewichts auf. Der Rollendurchmesser beträgt d = 80 mm.

a) Wie groß ist die Reibungszahl der Rollreibung bei f = 2,5 mm?

b) Wie groß ist für jede Rolle die Rollreibungskraft?

Lösung: a) $\boldsymbol{\mu_R} = \frac{f}{r} = \frac{2{,}5 \text{ mm}}{40 \text{ mm}} = \mathbf{0{,}0625}$

b) $\boldsymbol{F_{RR}} = \mu_R \cdot F_N = \mu_R \cdot \frac{F_G}{4} = 0{,}0625 \cdot \frac{1800 \text{ N}}{4} = \mathbf{28{,}125\ N}$

M80. Ein Kfz fährt auf einer Asphaltstraße (μ_F = 0,02). Das Gewicht des Kfz beträgt F_G = 7850 N, und in einem Strömungskanal wurde bei einer Geschwindigkeit von 100 km/h ein Luftwiderstand F_W = 2,35 kN gemessen. Wie groß ist bei 100 km/h die erforderliche Antriebskraft in Fahrtrichtung?

Lösung:

$F_A = F_F + F_W = \mu_F \cdot F_N + F_W = 0{,}02 \cdot 7850 \text{ N} + 2350 \text{ N} = 157 \text{ N} + 2350 \text{ N}$

$\boldsymbol{F_A} = \mathbf{2507\ N}$

Ü152. In einem Versuch ergibt sich, dass eine Stahlkugel mit dem Durchmesser von 10 mm auf einer schiefen Ebene mit dem Neigungswinkel $\alpha = 36'$ rollt. Wie groß ist der Hebelarm der Rollreibung f?

Ü153. Eine Rolle mit dem Durchmesser von 25 mm überträgt eine Normalkraft F_N = 4,3 kN. Die Rolle und deren Führungsbahn sind gehärtet, und es ist f = 0,001 cm.

Welche Kraft ist erforderlich, um die Rolle in waagerechter Richtung zu rollen?

Ü154. Ein Schwertransporter mit dem Gewicht F_G = 490,5 kN fährt auf einer waagerechten Straße. Der Durchmesser der Räder beträgt d = 980 mm. Berechnen Sie

a) die Zugkraft bei einer Fahrwiderstandszahl μ_F = 0,03,
b) das erforderliche Antriebsmoment an den Rädern.

V165. Eine frisch asphaltierte Straße wird mit einer Walze, deren Durchmesser d = 1,4 m beträgt, geglättet. Die Walze wird von einer Zugmaschine, die eine Zugkraft von F = 5 kN entwickelt, gezogen. Wie groß ist der Hebelarm der Rollreibung f bei Vernachlässigung der Zapfenreibung und bei einem Gewicht der Walze von F_G = 50 kN?

V166. Bei der Fortbewegung eines Fahrzeuges mit dem Gewicht F_G = 52 kN wird eine Zugkraft F_Z = 3200 N gemessen. Wie groß ist die Fahrwiderstandszahl μ_F?

Dynamik

Kinematik der geradlinigen Bewegung

Lektion 33 Gleichförmige geradlinige Bewegung

33.1 Bewegungskriterien und Geschwindigkeit

In der Kinematik ordnet man die verschiedenen Bewegungsmöglichkeiten nach zeitlichen und räumlichen Kriterien:

Die **zeitlichen Kriterien** sind die Kriterien des **Bewegungszustandes.**

Beispiele: gleichförmige Bewegung → Die Geschwindigkeit ist konstant.
ungleichförmige Bewegung → Der Körper ändert seine Geschwindigkeit.

Die **räumlichen Kriterien** sind die Kriterien bezüglich der Form der **Bewegungsbahn.**

Beispiele: geradlinige Bewegung → Richtung bleibt konstant.
krummlinige Bewegung → Richtung ändert sich ständig.
Spezialfall: Bewegung auf kreisförmiger Bahn.

Die zeitlichen und räumlichen Kriterien können in beliebiger Kombination in Erscheinung treten, so z. B. die gleichförmig geradlinige Bewegung, als einfachste Bewegungsmöglichkeit.

Bei einer **gleichförmig geradlinigen Bewegung** bewegt sich ein Körper mit konstanter Geschwindigkeit auf einer geradlinigen Bahn.

Dies bedeutet, dass der Körper in beliebig großen, aber gleichen **Zeitintervallen** Δt stets gleich große **Weglängen** Δs zurücklegt. Die dabei vorhandene konstante **Geschwindigkeit** v ist als Quotient aus einem **Wegintervall** Δs und einem **Zeitintervall** Δt definiert. Somit:

Unter der **Geschwindigkeit** v wird der Quotient aus der vom Körper zurückgelegten Wegstrecke Δs und der dafür benötigten Zeitspanne Δt verstanden.

Geschwindigkeit $$v = \frac{\Delta s}{\Delta t} \qquad \boxed{138–1} \longrightarrow [v] = \frac{[\Delta s]}{[\Delta t]} = \frac{\mathbf{m}}{\mathbf{s}}$$ Es ist zu ersehen:

Die abgeleitete Einheit der Geschwindigkeit ist das Meter durch die Sekunde.

Natürlich sind auch alle anderen Quotienten aus gesetzlichen Wegeinheiten und gesetzlichen Zeiteinheiten abgeleitete Größen der Geschwindigkeit. Im täglichen Gebrauch und in der Technik sind außer m/s vor allem noch m/min und km/h gebräuchlich.

Üblicherweise werden voneinander unabhängige Größen, z. B. Weg und Zeit, zum Veranschaulichen in ein rechtwinkliges Koordinatensystem eingetragen und durch einen Linienzug verbunden. Eine solche Darstellung heißt **Diagramm,** und Bild 1 zeigt eine solche diagrammatische Darstellung von Weg und Zeit bei einer gleichförmigen Bewegung.

Es ist gemäß Definition:

$$v = \frac{\Delta s_1}{\Delta t_1} = \frac{\Delta s_2}{\Delta t_2} = \frac{\Delta s_3}{\Delta t_3} = \ldots$$

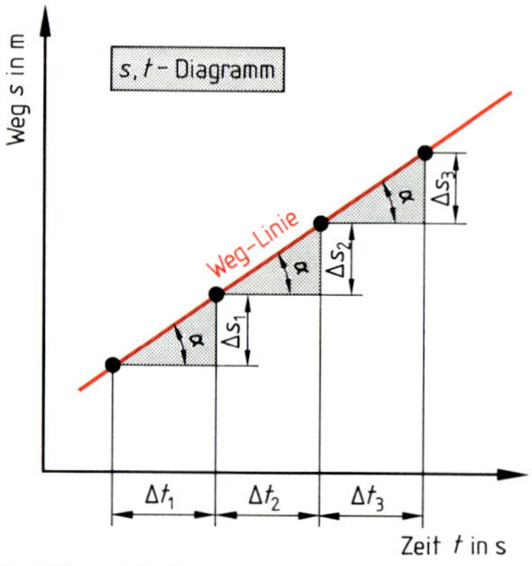

1

Das Diagramm heißt **Weg, Zeit-Diagramm**
oder kurz ***s, t*-Diagramm**. Die Diagramm-Linie heißt **Weg-Linie.**

Anmerkung: Weil i. d. R. auf der senkrechten Koordinatenachse der Funktionswert steht, wird sie zuerst genannt.

Außer im **Weg, Zeit-Diagramm** (*s, t*-Diagramm) können Bewegungen im **Geschwindigkeits, Zeit-Diagramm** (*v, t*-Diagramm) und im **Beschleunigungs, Zeit-Diagramm** (*a, t*-Diagramm) dargestellt werden. Letzteres hat aber bei gleichförmigen Bewegungen keine Bedeutung. Diese grafischen Darstellungen vermitteln einen optischen Eindruck der Bewegung und sind deshalb auch bei der Herleitung von Bewegungsgleichungen sehr nützlich, wie dies z. B. die noch folgende Gleichung 139–2 zeigt.
Man kann sich jede Bewegung zum Zeitpunkt $t = 0$ und am Wegpunkt $s = 0$ beginnend vorstellen. Für diesen Fall, bei dem der Ursprungspunkt eines Koordinatensystems auf den Bewegungsbeginn verlegt ist, sind die beiden folgenden Diagramme gezeichnet:

***s, t*-Diagramm** für $v =$ konst.
(Weg, Zeit-Diagramm)

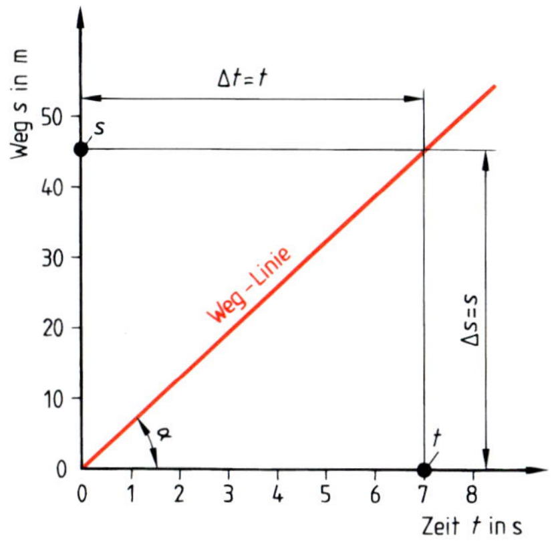

1

***v, t*-Diagramm** für $v =$ konst.
(Geschwindigkeits, Zeit-Diagramm)

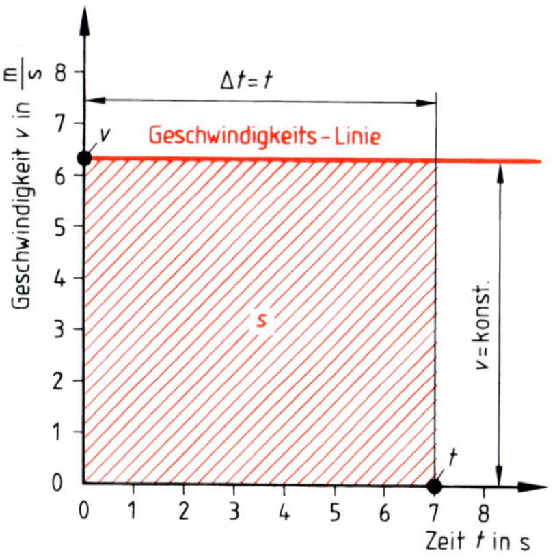

2

Es ist $\Delta t = t$ und $\Delta s = s$. Somit:

Geschwindigkeit $v = \frac{s}{t}$ 139–1 in $\frac{m}{s}$ ➤ **Weg** $s = v \cdot t$ 139–2 in m

Zeit $t = \frac{s}{v}$ 139–3 in s

Entsprechend der Definition für die Geschwindigkeit erkennt man aus Bild 1:

Der zurückgelegte Weg nimmt bei gleichförmiger Bewegung mit fortlaufender Zeit pro Zeitintervall Δt um jeweils die gleiche Strecke Δs zu.

Aus Bild 2 erkennt man im Zusammenhang mit Gleichung 139–2:

Die Fläche unter der Geschwindigkeits-Linie ist ein Maß für den vom Körper zurückgelegten Weg *s*.

M81. Welche Aussage können Sie über den Winkel α im *s, t*-Diagramm in Abhängigkeit von der Geschwindigkeit *v* machen, wenn die Weg- und die Zeitachse im gleichen Maßstab geteilt sind?

Lösung:

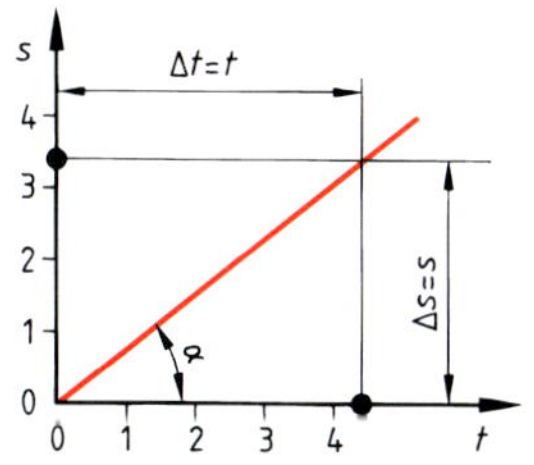

3

Aus Bild 1 bzw. Bild 3 ist zu ersehen:

$$\tan \alpha = \frac{s}{t} = v$$

Bei gleicher Teilung der Weg- und Zeit-Achse entspricht die Geschwindigkeit *v* dem Tangens des Neigungswinkels α der Weglinie.

M82. Ein Körper wird bei konstanter Geschwindigkeit in 10 s 100 m fortbewegt. Wie groß ist seine Geschwindigkeit a) in m/s, b) in km/h?

Lösung: a) $v = \frac{s}{t} = \frac{100\ \text{m}}{10\ \text{s}}$ b) $10\ \frac{\text{m}}{\text{s}} = 10\ \frac{\text{m}}{\text{s}} \cdot 3600\ \frac{\text{s}}{\text{h}} = 36\,000\ \frac{\text{m}}{\text{h}} = \frac{36\,000\ \frac{\text{m}}{\text{h}}}{1000\ \frac{\text{m}}{\text{km}}}$

$\boldsymbol{v = 10\ \frac{\text{m}}{\text{s}}}$ $\qquad \boldsymbol{10\ \frac{\text{m}}{\text{s}} = 36\ \frac{\text{km}}{\text{h}}}$ Lösung b) zeigt:

Bei der Umrechnung von m/s in km/h wird mit der Zahl 3,6 multipliziert. Umgekehrt, beim Umrechnen von km/h in m/s, wird durch die Zahl 3,6 dividiert.

Anmerkung:

Ebenfalls aus Lösung b) ist zu ersehen, dass beim Umrechnen von einer Einheit in eine andere Einheit die Anwendung mehrerer überschaubarer Lösungsschritte die Gefahr der Fehlerentstehung mindert.

M83. Der Fräsweg an einem Werkstück beträgt l = 1120 mm. Für Anlauf a und Überlauf $ü$ werden je 50 mm gerechnet. Die Fräszeit beträgt 3,75 min. Berechnen Sie

a) den vom Fräsmaschinentisch bei einem Arbeitsgang zurückgelegten Weg,

b) die Vorschubgeschwindigkeit des Fräsmaschinentisches in mm/min.

Lösung: a) $\boldsymbol{s} = l + a + ü = 1120\ \text{mm} + 50\ \text{mm} + 50\ \text{mm} = \mathbf{1220\ mm}$

b) $\boldsymbol{v} = \frac{s}{t} = \frac{1220\ \text{mm}}{3{,}75\ \text{min}} = \mathbf{325{,}33\ \frac{mm}{min}}$

M84. Die zulässige Höchstgeschwindigkeit beträgt im Ortsverkehr 50 km/h.

a) Welche kürzeste Fahrzeit ist für eine Strecke von 1250 m gestattet?

b) Zeichnen Sie den Bewegungsvorgang im *s, t*-Diagramm und im *v, t*-Diagramm.

Lösung: a) $v = \frac{s}{t} \longrightarrow t = \frac{s}{v} = \frac{1{,}25\ \text{km}}{50\ \frac{\text{km}}{\text{h}}} = 0{,}025\ \text{h} = 0{,}025\ \text{h} \cdot 3600\ \frac{s}{h}$

$\boldsymbol{t = 90\ \text{s}}$

b)

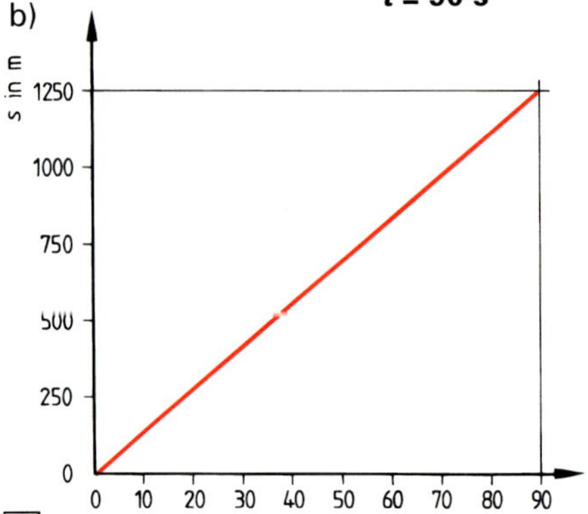

1

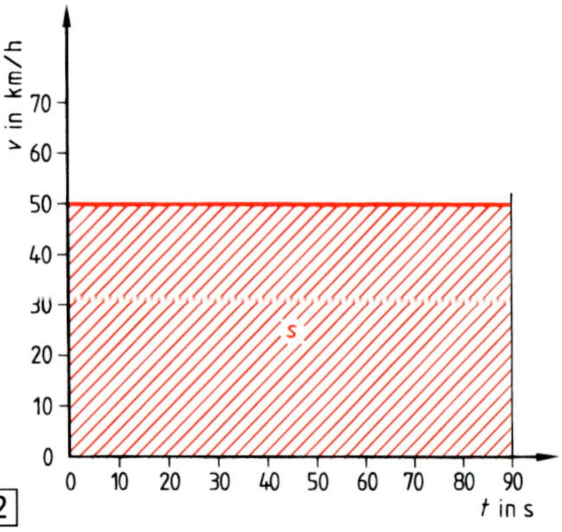

2

M85. In der Schiffahrt wird die Entfernung in Seemeilen (1 sm = 1,852 km) und die Geschwindigkeit in **Knoten** kn angegeben. Es ist

$$1\ \text{kn} = 1\ \frac{\text{sm}}{\text{h}}$$

Ein Luftkissenschiff erreicht v = 48 kn. Wieviele km/h sind dies?

Lösung:

$\boldsymbol{v} = 48\ \text{kn} = 48\ \text{kn} \cdot 1{,}852\ \frac{\frac{\text{km}}{\text{h}}}{\text{kn}} = \mathbf{88{,}9\ \frac{km}{h}}$

33.2 Momentan- und Durchschnittsgeschwindigkeit

Bei der bisherigen Definition der Geschwindigkeit wurde von der gleichförmigen Bewegung ausgegangen.
Dies ist zwar die einfachste Art aller vorstellbaren Bewegungen, dennoch ist sie in der Technik und der Natur nur in sehr seltenen Fällen anzutreffen.
Bild 1 zeigt z. B. das v, t-Diagramm einer S-Bahn zwischen zwei Stationen. Es ist zu erkennen, daß während der gesamten Fahrzeit $\Delta t = t_3 - t_0$ beinahe zu jeder Zeit eine andere tatsächliche Geschwindigkeit vorgelegen hat. Dies bedeutet, dass eine **ungleichförmige Bewegung** gegeben ist. Die in einem bestimmten Zeitmoment vorliegende tatsächliche Geschwindigkeit wird auch als **Momentangeschwindigkeit** bezeichnet, während der Quotient aus tatsächlich zurückgelegtem Weg Δs und der dafür erforderlichen Zeitspanne Δt **Durchschnittsgeschwindigkeit** bzw. **mittlere Geschwindigkeit** v_m heißt.

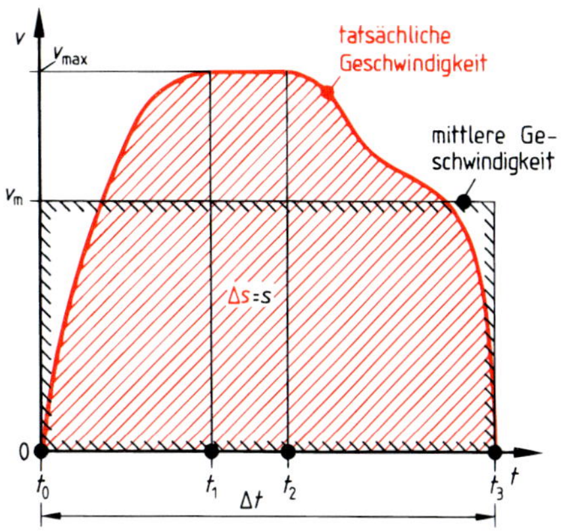

1

Grundsätzlich gilt gemäß Bild 1:

Die Fläche unterhalb der Geschwindigkeitslinie entspricht dem zurückgelegten Weg.

Dies bedeutet Flächengleichheit in Bild 1, d. h.: ⟶ Fläche Δs = Fläche s

Durchschnittsgeschwindigkeit = mittlere Geschwindigkeit $v_m = \dfrac{\Delta s}{\Delta t}$ 141–1 in $\dfrac{\text{m}}{\text{s}}$

In praktischen Rechnungen setzt man dabei $\Delta s = s$ = zurückgelegter Weg,
$\Delta t = t$ = dafür benötigte Zeit.

M86. Ein Schnellzug fährt um 16.30 h ab und kommt um 23.10 h am Zielbahnhof an. Welche Durchschnittsgeschwindigkeit wird bei einer 578 km langen Strecke erreicht?

Lösung: $v_m = \dfrac{s}{t}$ $\quad t = 6\text{ h }40\text{ min} = 6\dfrac{2}{3}\text{ h} = \dfrac{20}{3}\text{ h}$

$$\boldsymbol{v_m} = \frac{578\text{ km}}{\frac{20}{3}\text{ h}} = \frac{578\text{ km}\cdot 3}{20\text{ h}} = \mathbf{86{,}7\ \frac{km}{h}}$$

M87. Ein Motorradfahrer hat eine Momentangeschwindigkeit von 80 km/h und befindet sich 7 m hinter einem Lkw, der 8 m lang ist und eine Geschwindigkeit von 55 km/h hat.

a) Skizzieren Sie – nachdem Sie sich die weiteren Aufgabenpunkte durchgelesen haben – den Vorgang in der Draufsicht.

b) Wie lange dauert der Überholvorgang bis zu einem Vorsprung des Motorradfahrers von 60 m?

c) Welche Strecke hat der Motorradfahrer zum Überholen benötigt?

d) Welche Strecke hat der Lkw in dieser Zeit zurückgelegt?

e) Zeichnen Sie die **beiden** Bewegungsvorgänge (Motorrad und Lkw) in **einem** s, t-Diagramm.

Lösung:

a)

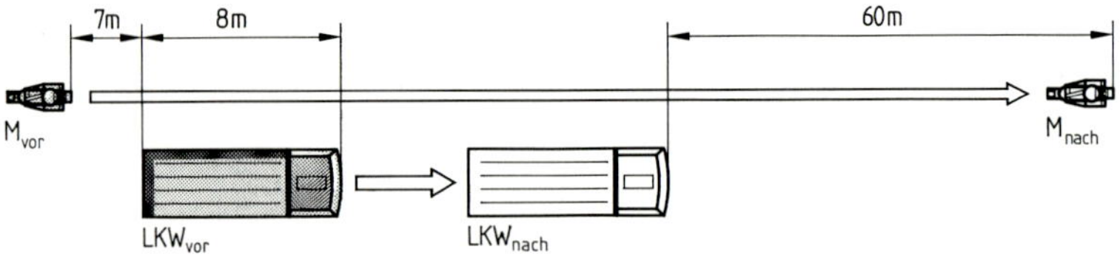

1

b) Für die Rechnung ist die Geschwindigkeitsdifferenz Δv der beiden Fahrzeuge von Bedeutung. Nach der Empfehlung von Descartes (Teilung in Einzelprobleme) weicht man hier zweckmäßigerweise von der Realität ab und greift zu einem **Denkmodell.** Dieses geht von der Annahme aus, dass der Lkw steht und sich das Motorrad mit der Geschwindigkeitsdifferenz Δv am Lkw vorbeibewegt. Es ist

$$\Delta v = \frac{s}{t} \qquad \boldsymbol{\Delta v} = v_M - v_{Lkw} = 80\,\frac{\text{km}}{\text{h}} - 55\,\frac{\text{km}}{\text{h}} = \mathbf{25\,\frac{km}{h}}$$

Der zum Überholen vom Motorrad zurückgelegte Weg:
$\boldsymbol{s} = 7\text{ m} + 8\text{ m} + 60\text{ m} = 75\text{ m} = \mathbf{0{,}075\ km}$

$$t = \frac{s}{\Delta v} = \frac{0{,}075\text{ km}}{25\,\frac{\text{km}}{\text{h}}} = 0{,}003\text{ h} = 0{,}003 \cdot 3600\text{ s}$$

$\boldsymbol{t} = \mathbf{10{,}8\ s}$

Dies ist die Zeit für den Überholvorgang, und damit können nun die in dieser Zeit zurückgelegten Wege s_M und s_{Lkw} berechnet werden:

c) $v_M = \dfrac{s_M}{t} \longrightarrow s_M = v_M \cdot t = 80\,\dfrac{\text{km}}{\text{h}} \cdot 0{,}003\text{ h} = 0{,}24\text{ km}$

$\boldsymbol{s_M} = \mathbf{240\ m}$

d) $v_{Lkw} = \dfrac{s_{Lkw}}{t} \longrightarrow s_{Lkw} = v_{Lkw} \cdot t = 55\,\dfrac{\text{km}}{\text{h}} \cdot 0{,}003\text{ h} = 0{,}165\text{ km}$

$\boldsymbol{s_{Lkw}} = \mathbf{165\ m}$

e)

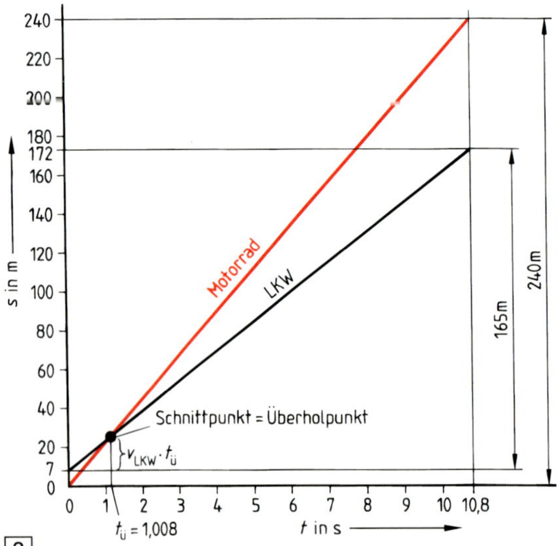

2

Am Überholpunkt gilt:

$7\text{ m} + v_{Lkw} \cdot t_ü = v_M \cdot t_ü$

Nach $t_ü$ umgestellt:

$$t_ü = \frac{-7\text{ m}}{v_{Lkw} - v_M} = \frac{-0{,}007\text{ km}}{-25\,\frac{\text{km}}{\text{h}}}$$

$t_ü = 0{,}00028\text{ h}$

$\boldsymbol{t_ü} = \mathbf{1{,}008\ s}$

Diese Zeit entspricht dem zeichnerischen Ergebnis im *s, t*-Diagramm (Bild 2).

Ü155. Welchen Vorteil bietet die zeichnerische Darstellung von Bewegungsvorgängen?

Ü156. In welchem Diagramm ist der zurückgelegte Weg als Fläche abgebildet?

Ü157. Die Strömungsgeschwindigkeit einer Flüssigkeit durch eine Rohrleitung beträgt 1,5 m/s. Welche Zeit ist für das Durchströmen einer 100 m langen Leitung erforderlich?

Ü158. Ein Radarimpuls Erde–Mond und zurück hat eine Laufzeit von $t = 2{,}56$ s. Die Ausbreitungsgeschwindigkeit dieser elektromagnetischen Wellen ist $c \approx 300\,000$ km/s. Wie groß ist die Entfernung Erde–Mond?

Ü159. Die Entfernung von Hamburg nach New York beträgt in der Luftlinie 6200 km. In New York startet ein Flugzeug ① mit 900 km/h, und zur gleichen Zeit startet ein Flugzeug ② in Hamburg mit 1100 km/h. Berechnen Sie

a) die Flugzeiten beider Flugzeuge,

b) den Treffpunkt der Flugzeuge.

c) Stellen Sie die beiden Bewegungsvorgänge jeweils in **einem** *s, t*-Diagramm und *v, t*-Diagramm dar.

V167. Wie ist die Geschwindigkeit bei einer gleichförmigen Bewegung definiert?

V168. Erklären Sie, warum bei der Umrechnung von m/s in km/h mit dem Faktor 3,6 multipliziert werden muss.

V169. Auf einem Schrägaufzug mit einem Steigungswinkel $\alpha = 55°$ zur Horizontalen wird eine vertikale Höhendifferenz von $h = 18$ m überwunden. Wie groß ist die Geschwindigkeit des Aufzuges in m/s – in Richtung der Schräge –, wenn der Vorgang der Förderung in $t = 0{,}4$ min abläuft?

V170. Die Länge des Nürburgringes ist 22,8 km. In welcher Zeit durchfährt ein Rennfahrer diese Strecke bei einer Durchschnittsgeschwindigkeit von 142 km/h?

V171. Die Schallgeschwindigkeit in der Luft beträgt ca. 333 m/s. Welche Entfernung hat ein Gewitter, wenn der Donner 6 s nach dem Blitz zu hören ist?

V172. Geben Sie die ungefähre Schallgeschwindigkeit in der Luft in km/h an.

V173. Auf einem Förderband für Kohle liegen pro Meter Bandlänge 36 kg Kohle. Welche Bandgeschwindigkeit in m/min ist erforderlich, wenn in der Stunde eine Kohlenmasse von 100 Tonnen befördert werden soll?

V174. Ein Laufkran hat eine Fahrgeschwindigkeit von $v = 0{,}75$ m/s.

a) Wie groß ist die Fahrgeschwindigkeit in km/h?

b) Welche Zeit in min ist für das Durchfahren einer 90 m langen Werkhalle erforderlich?

c) Zeichnen Sie das *v, t*- und das *s, t*-Diagramm.

Lektion 34

Ungleichförmige geradlinige Bewegung

34.1 Merkmale einer ungleichförmigen Bewegung

Der **Bewegungszustand** einer **ungleichförmigen Bewegung** wurde bereits in Lektion 33 kurz besprochen: **Zeitlich ändert der Körper seine Geschwindigkeit.** Dieser Sachverhalt ist auch bereits in Bild 1, Seite 141, dargestellt, und in diesem Zusammenhang wurden auch die Begriffe **Durchschnittsgeschwindigkeit** und **Momentangeschwindigkeit** erklärt. Bei Geschwindigkeitsänderungen kann die Geschwindigkeit zunehmen, oder sie nimmt ab. Je nach gegebenem Fall bezeichnet man

eine **Geschwindigkeitszunahme** pro Zeitintervall als **Beschleunigung**,

eine **Geschwindigkeitsabnahme** pro Zeitintervall als **Negative Beschleunigung** (Verzögerung).

Bei ungleichförmigen Bewegungen ändert sich die Geschwindigkeit des Körpers während des Bewegungszeitraumes, der Körper wird beschleunigt oder verzögert.

34.1.1 Definition der Beschleunigung

Der **Formelbuchstabe** der Beschleunigung ist das kleine ***a***. Aus dem bereits Gesagten ergibt sich:

Unter der Beschleunigung (oder Verzögerung) a versteht man den Quotienten aus der Geschwindigkeitsdifferenz Δv und dem zugehörigen Zeitintervall Δt.

Beschleunigung $a = \frac{\Delta v}{\Delta t}$ 144–1 $\longrightarrow$ $[a] = \frac{[\Delta v]}{[\Delta t]} = \frac{\frac{\text{m}}{\text{s}}}{\text{s}} = \frac{\frac{\text{m}}{\text{s}}}{\frac{\text{s}}{1}} = \frac{\text{m}}{\text{s}} \cdot \frac{1}{\text{s}} = \mathbf{\frac{m}{s^2}}$

Im Einheitengesetz ist festgelegt:

Die abgeleitete Einheit der Beschleunigung ist das Meter durch Sekundenquadrat.

34.2 Die ungleichmäßig beschleunigte geradlinige Bewegung

Im Bild 1, Seite 141, ist im v, t-Diagramm ein Bewegungsvorgang dargestellt, bei dem sich die Geschwindigkeit in verschiedenen Zeitintervallen verschieden stark ändert. So ändert sich dort z. B. im Zeitintervall $\Delta t = t_1 - t_0$ die Geschwindigkeit um den Betrag $\Delta v = v_{max}$, und es liegt hier eine **ungleichmäßig beschleunigte Bewegung** vor. Analog der mittleren Geschwindigkeit spricht man in einem solchen Fall von der **mittleren Beschleunigung** bzw. der **Durchschnittsbeschleunigung** a_m.

M88. In einer Motorsport-Zeitschrift ist zu lesen, dass ein bestimmter Pkw von 0 km/h auf 100 km/h in der Zeit $t = 9{,}1$ s beschleunigt. Wie groß ist die mittlere Beschleunigung a_m?

Lösung: $a_m = \frac{\Delta v}{\Delta t}$ $\Delta v = 100\,\frac{\text{km}}{\text{h}} = \frac{100}{3{,}6}\,\frac{\text{m}}{\text{s}} = 27{,}7\bar{7}\,\frac{\text{m}}{\text{s}}$

$$a_m = \frac{27{,}7\bar{7}\,\frac{\text{m}}{\text{s}}}{9{,}1\text{ s}}$$

$$\mathbf{a_m = 3{,}0525\,\frac{m}{s^2}}$$

Anmerkung: Die im Aufgabentext angegebenen Daten werden üblicherweise als Beschleunigung bezeichnet. Dies ist – wie Sie sehen – physikalisch falsch!

DYNAMIK

34.3 Die gleichmäßig beschleunigte geradlinige Bewegung

34.3.1 Beschleunigung aus dem Ruhezustand

In vielen Fällen in Technik und Natur liegt in verschiedenen Zeitintervallen die gleiche Geschwindigkeitsänderung, d. h. eine **konstante Beschleunigung** vor. Entsprechend Bild 1, welches eine Beschleunigung aus dem Ruhezustand zeigt, ist dann

$$a = \frac{\Delta v_1}{\Delta t_1} = \frac{\Delta v_2}{\Delta t_2} = \ldots = \text{konst.}$$

und man bezeichnet eine solche Bewegung als **gleichmäßig beschleunigte Bewegung.**

Im Gegensatz zur ungleichmäßigen Beschleunigung nimmt also bei einer gleichmäßig beschleunigten Bewegung die Geschwindigkeit in gleichen Zeitabschnitten um den gleichen Betrag zu, und es gilt demzufolge:

Bei einer gleichmäßig beschleunigten Bewegung ist die Beschleunigung zeitlich konstant.

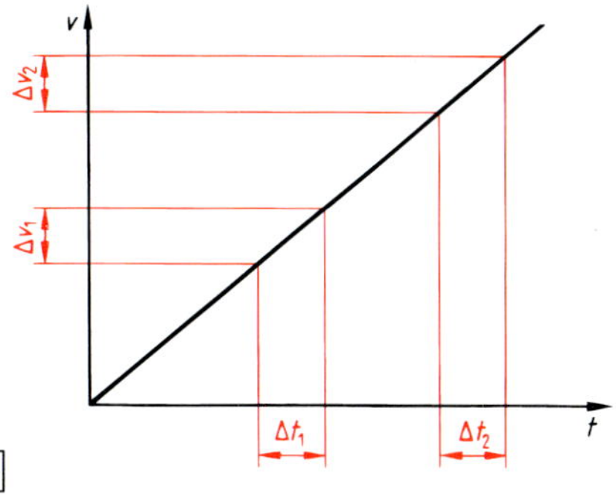

1

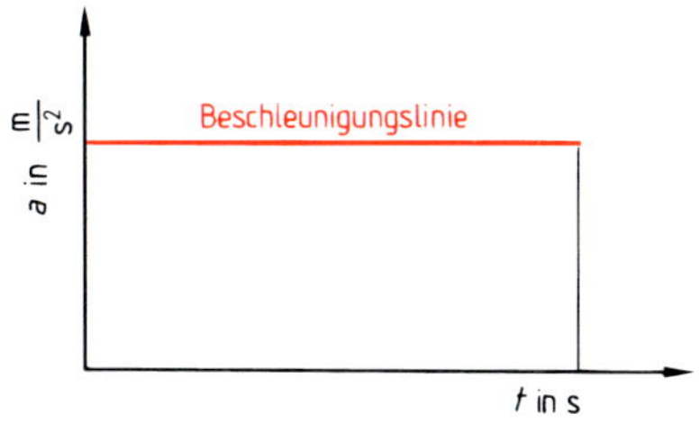

2

Diesen Sachverhalt kann man in einem **Beschleunigungs, Zeit-Diagramm** (Bild 2) darstellen, welches in Kurzform als das ***a, t*-Diagramm** bezeichnet wird. In diesem bildet sich die **Beschleunigungslinie** als eine Horizontale ab.

Bild 3 zeigt nochmals das ***v, t*-Diagramm** einer gleichmäßig beschleunigten Bewegung aus der Ruhe. Es ist:

v_0 = Geschwindigkeit zur Zeit $t = 0$
v_t = Geschwindigkeit zur Zeit $t = \Delta t$
t_0 = Zeit des Bewegungsbeginnes = 0
t = Δt = Zeit des Bewegungsendes

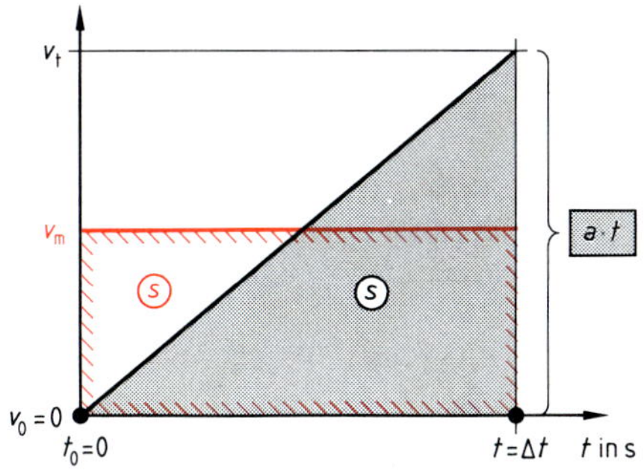

3

Mit diesen Daten ist

$$a = \frac{\Delta v}{\Delta t} = \frac{v_t - v_0}{t - t_0} = \frac{v_t - 0}{t - 0} = \frac{v_t}{t}$$

Damit ergibt sich für die

Endgeschwindigkeit $v_t = a \cdot t$ 145–1

v_t	a	t
$\frac{m}{s}$	$\frac{m}{s^2}$	s

Bild 3 zeigt, dass sich die zurückgelegte Strecke bei einer gleichmäßig beschleunigten Bewegung im *v, t*-Diagramm als Dreieck abbildet. Dieses Dreieck kann in ein flächengleiches Rechteck (rot-schraffiert) zerlegt werden, und dabei ist die Höhe dieses Rechteckes die **mittlere Geschwindigkeit** v_m. Der Weg *s* kann somit sehr einfach, d. h. mit unaufwendigen geometrischen Mitteln, wie folgt berechnet werden, und zwar mit Hilfe der

Dreieckfläche ⟶ $s = \frac{v_t \cdot t}{2}$ oder der

Rechteckfläche ⟶ $s = v_m \cdot t = \frac{v_t}{2} \cdot t = \frac{v_t \cdot t}{2}$

DYNAMIK

Setzt man in diese Gleichungen $v_t = a \cdot t$ ein, so erhält man für den zurückgelegten Weg:

$s = \frac{v_t}{2} \cdot t = \frac{a \cdot t \cdot t}{2} = \frac{a}{2} \cdot t^2$. Somit:

zurückgelegter Weg $s = \frac{v_t \cdot t}{2}$ 146–1 oder $s = \frac{a}{2} \cdot t^2$ 146–2 in m

M89. In der Zeit $t = 5$ s beschleunigt ein Körper mit $a = 4 \frac{\text{m}}{\text{s}^2}$. Zeichnen Sie für diesen Bewegunsvorgang

a) das *s, t*-Diagramm,
b) das *v, t*-Diagramm,
c) das *a, t*-Diagramm.

Lösung:

a) Die für das ***s, t*-Diagramm** (Bild 1) erforderlichen Werte werden berechnet und in eine **Wertetabelle** eingetragen $\left(\frac{a}{2} = 2 \text{ m/s}^2\right)$:

Zeit in s	Weg $s = \frac{a}{2} \cdot t^2$ in m
0	0
1	2
2	8
3	18
4	32
5	50

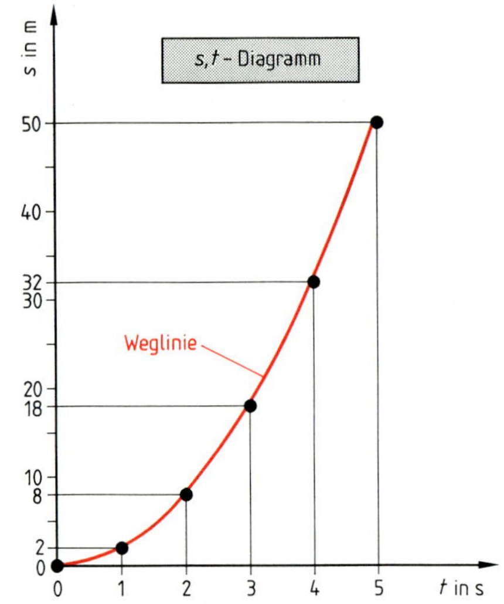

1

Aus Bild 1 ist ersichtlich:

Die Weglinie im *s, t*-Diagramm einer gleichmäßig beschleunigten Bewegung ist eine Parabel.

b) Da die Geschwindigkeit linear von Null auf die Endgeschwindigkeit v_t ansteigt, braucht für das Zeichnen des ***v, t* Diagram mes** (Bild 2) nur v_t berechnet zu werden. Es ist:

$v_t = a \cdot t = 4 \frac{\text{m}}{\text{s}^2} \cdot 5 \text{ s}$

$\mathbf{v_t = 20 \frac{m}{s}}$

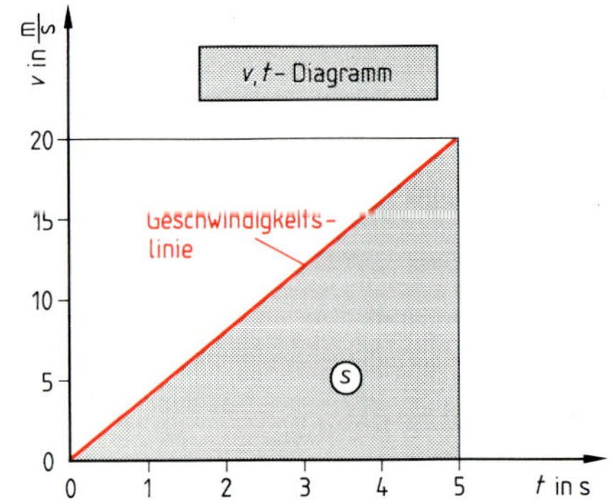

2

c) Bild 3 zeigt das ***a, t*-Diagramm** mit dem konstanten Beschleunigungswert

$\mathbf{a = 4 \frac{m}{s^2}}$ (siehe Aufgabentext)

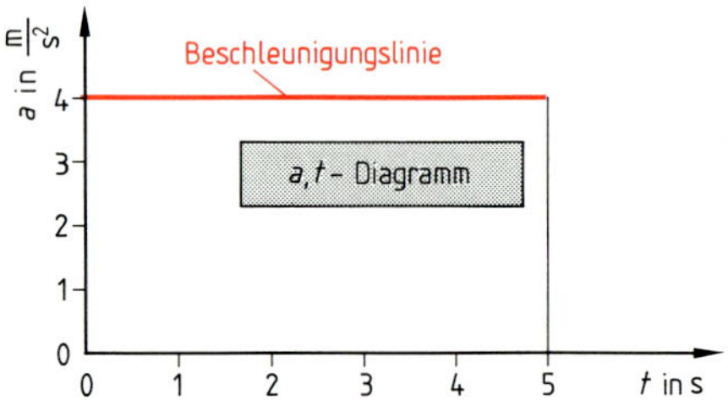

3

34.3.2 Gleichmäßige Beschleunigung bei vorhandener Anfangsgeschwindigkeit

Das im Bild 1 dargestellte ***v, t*-Diagramm** zeigt, wie ein Körper mit der

Anfangsgeschwindigkeit v_0 in $\frac{m}{s}$

in der Zeitspanne Δt auf die

Endgeschwindigkeit v_t in $\frac{m}{s}$

gleichmäßig beschleunigt wird. Daraus ist zu erkennen:

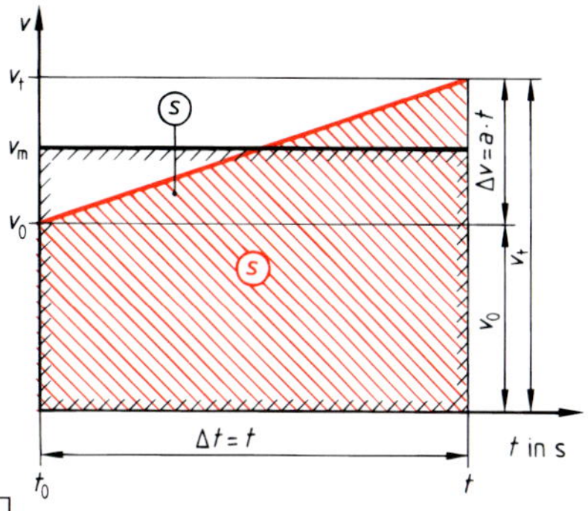

1

End-geschwindigkeit $v_t = v_0 + a \cdot t$ 147–1

Die **Geschwindigkeitszunahme** ergibt sich also – analog der Beschleunigung aus der Ruhe – zu

$\Delta v = a \cdot t$ 147–2

Auch hier ist es mit relativ einfachen geometrischen Überlegungen möglich, Gleichungen für den in der **Zeitspanne** Δt zurückgelegten **Weg** s zu ermitteln, und zwar aus der **Trapezfläche**:

Weg $s = \frac{v_0 + v_t}{2} \cdot t = v_m \cdot t$ 147–3 in m oder aus der

Rechteckfläche $v_0 \cdot t$ und der **Dreieckfläche** $\frac{t \cdot (a \cdot t)}{2} = \frac{a}{2} \cdot t^2$. Somit auch:

Weg $s = v_0 \cdot t + \frac{a}{2} \cdot t^2$ 147–4 in m.

M90. Ermitteln Sie mit Hilfe der Rechteckfläche $v_t \cdot t$ und der Dreieckfläche $\frac{a}{2} \cdot t^2$ des Bildes 1 eine Gleichung für den in der Zeit t zurückgelegten Weg.

Lösung: $s = v_t \cdot t - \frac{a}{2} \cdot t^2$ 147–5

M91. Ein Personenzug hat eine Geschwindigkeit v_0 = 40 km/h. Nun beschleunigt er gleichmäßig in der Zeit t = 20 s mit a = 0,3 m/s². Berechnen Sie

a) die Endgeschwindigkeit v_t des Zuges,
b) die Strecke s, auf welcher der Zug beschleunigt wurde.

Lösung:

a) $v_t = v_0 + a \cdot t = 40\,\frac{km}{h} + 0{,}3\,\frac{m}{s^2} \cdot 20\,s = 40\,\frac{km}{h} + 6\,\frac{m}{s} = 40\,\frac{km}{h} + 6 \cdot 3{,}6\,\frac{km}{h} = 40\,\frac{km}{h} + 21{,}6\,\frac{km}{h}$

$\mathbf{v_t = 61{,}6\,\frac{km}{h}}$

b) $s = v_m \cdot t = \frac{v_0 + v_t}{2} \cdot t \qquad v_0 = \frac{40}{3{,}6}\,\frac{m}{s} = 11{,}11\,\frac{m}{s};\quad v_t = \frac{61{,}6}{3{,}6}\,\frac{m}{s} = 17{,}11\,\frac{m}{s}$

$s = \frac{11{,}11\,\frac{m}{s} + 17{,}11\,\frac{m}{s}}{2} \cdot 20\,s = 14{,}11\,\frac{m}{s} \cdot 20\,s$

$\mathbf{s = 282{,}2\,m}$

Rechnet man mit Gleichung 147–4, dann ergibt sich:

$\mathbf{s} = v_0 \cdot t + \frac{a}{2} \cdot t^2 = 11{,}11\,\frac{m}{s} \cdot 20\,s + \frac{0{,}3}{2}\,\frac{m}{s^2} \cdot (20\,s)^2 = 222{,}2\,m + 60\,m = \mathbf{282{,}2\,m}$

DYNAMIK

34.4 Verzögerte Bewegungen

Es wurde bereits gesagt, dass eine **Geschwindigkeitsabnahme** pro Zeitintervall als **Verzögerung** bezeichnet wird. Analog der beschleunigten Bewegung unterscheidet man die **ungleichmäßig verzögerte Bewegung** von der **gleichmäßig verzögerten Bewegung.** In jedem Fall ist es bei einer Verzögerung so, dass die Anfangsgeschwindigkeit v_0 größer als die Endgeschwindigkeit v_t ist, und v_t ist Null, wenn die Bewegung mit einem Stillstand des Körpers endet. Die folgenden Möglichkeiten sind somit bei $v_0 > v_t$ denkbar:

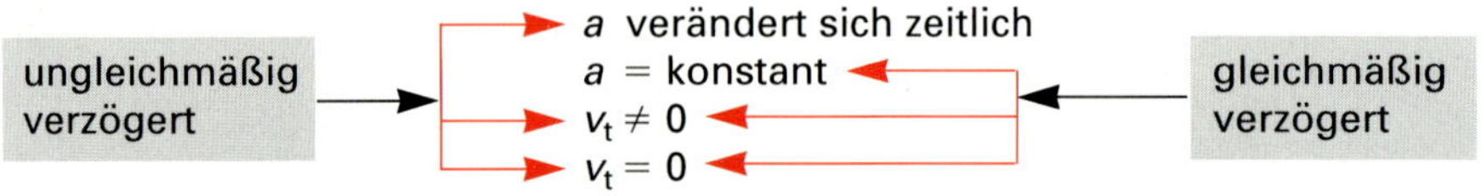

34.4.1 Die gleichmäßig verzögerte Bewegung

Diese Art der Bewegung kommt in Technik und Natur sehr häufig vor. Dabei ist es durchaus üblich, die **Verzögerung** auch als **negative Beschleunigung** zu bezeichnen, denn die Verzögerung ist zwar in die entgegengesetzte Richtung gerichtet, aber analog der Beschleunigung definiert. Es ist also

Verzögerung $a = \dfrac{\Delta v}{\Delta t} = \dfrac{v_0 - v_t}{t}$ 148–1

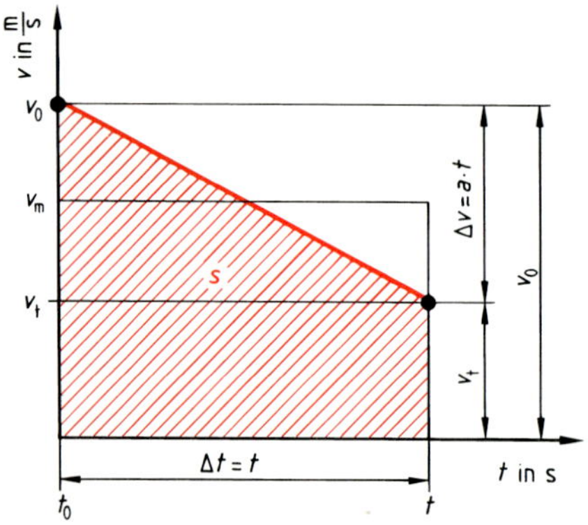

1

Bild 1 zeigt eine solche gleichmäßig verzögerte Bewegung, bei der $v_t \neq 0$ ist, im *v, t*-Diagramm. Bei gleicher Handhabung der geometrischen Gegebenheiten, wie bei der Beschleunigung, ergeben sich in Verbindung mit Bild 1 die folgenden Gleichungen für

Endgeschwindigkeit $v_t = v_0 - a \cdot t$ 148–2

v_t, v_0	a	t
$\frac{m}{s}$	$\frac{m}{s^2}$	s

Weg $s = v_0 \cdot t - \dfrac{a}{2} \cdot t^2$ 148–3 oder $s = v_t \cdot t + \dfrac{a}{2} \cdot t^2$ 148–4 oder $s = v_m \cdot t = \dfrac{v_0 + v_t}{2} \cdot t$ 148–5

Endet der Bewegungsablauf mit dem **Stillstand,** dann ist in die Gleichungen 148–1, 148–2, 148–4 und 148–5 für $\boldsymbol{v_t = 0}$ einzusetzen. Das entsprechende *v, t*-Diagramm ist in Bild 2 dargestellt.

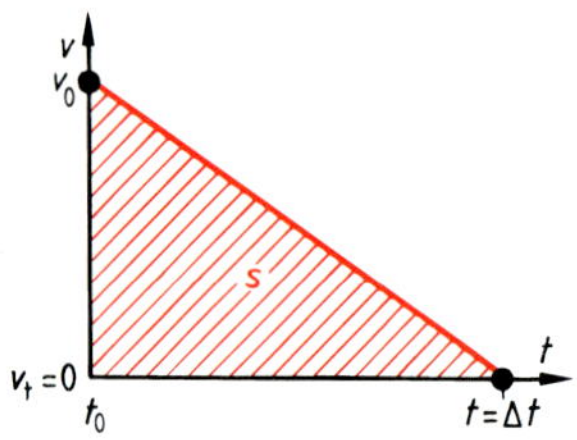

2

M92. Ein Schnellzug verzögert gleichmäßig mit $a = 0{,}6\ \text{m/s}^2$ von $v_0 = 110$ km/h auf $v_t = 0$, d. h. bis zum Stillstand.

a) Welche Zeit ist dafür erforderlich?

b) Welche Strecke hat der Schnellzug dabei zurückgelegt?

c) Zeichnen Sie das *s, t*-Diagramm, das *v, t*-Diagramm und das *a, t*-Diagramm.

Anmerkung: Der angegebene Verzögerungswert ist von den Fahrgästen gut zu ertragen. Bei Stadtbahnen liegt er i. d. R. doppelt so hoch.

DYNAMIK

Lösung:

a) $a = \dfrac{\Delta v}{\Delta t} \longrightarrow \Delta t = \dfrac{\Delta v}{a}$ $\qquad \Delta v = v_0 - v_t = 110\,\dfrac{\text{km}}{\text{h}} - 0 = \dfrac{110}{3{,}6}\,\dfrac{\text{m}}{\text{s}} = 30{,}55\,\dfrac{\text{m}}{\text{s}}$

$$\boldsymbol{\Delta t} = \frac{30{,}55\,\dfrac{\text{m}}{\text{s}}}{0{,}6\,\dfrac{\text{m}}{\text{s}^2}} = \mathbf{50{,}92\ s}$$

b) $s = v_m \cdot t = \dfrac{30{,}55}{2}\,\dfrac{\text{m}}{\text{s}} \cdot 50{,}92\ \text{s}$ $\quad$ oder $\quad$ $s = \dfrac{a}{2} \cdot t^2 = \dfrac{0{,}6\,\dfrac{\text{m}}{\text{s}^2}}{2} \cdot (50{,}92\ \text{s})^2$

$\boldsymbol{s = 777{,}8\ m}$ $\qquad$ $\boldsymbol{s = 777{,}85\ m}$

Die kleine Differenz zwischen den beiden Ergebnissen ist auf Rundungen in der Rechnung zurückzuführen.

c) Bei der Konstruktion des *s, t*-Diagrammes ist darauf zu achten, dass der Körper am Anfang der Verzögerung pro Zeitintervall große Wege zurücklegt und dass gegen Ende diese Wege pro Zeitintervall – in quadratischer Abhängigkeit von der Zeit – immer kleiner werden. Es ergibt sich somit eine Parabel mit umgekehrter Krümmung wie bei der gleichmäßigen Beschleunigung, und es wird deshalb zweckmäßig immer der Weg ausgerechnet, der noch zurückzulegen ist. Dies kann wie folgt geschehen:

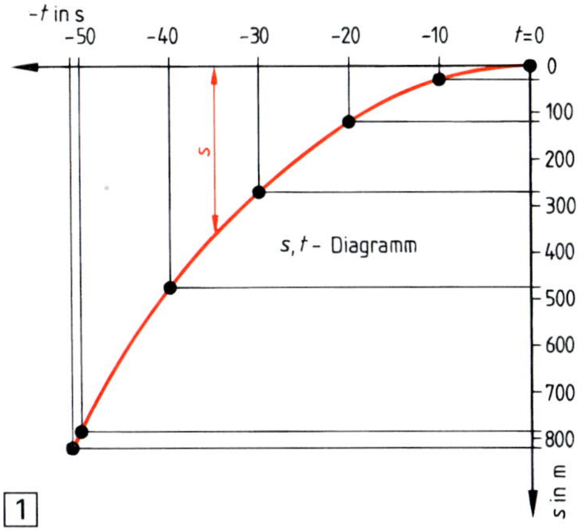

1

t in s	$\boldsymbol{s = \dfrac{a}{2} \cdot (-t)^2}$ **in m**
– 50,92	777,85
– 50	750
– 40	480
– 30	270
– 20	120
– 10	30
0	0

DYNAMIK

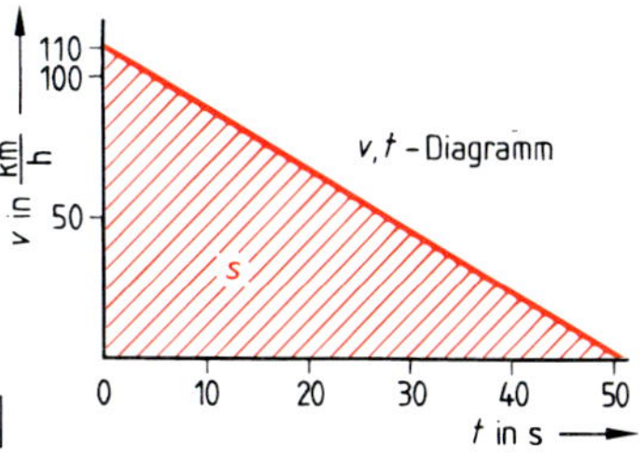

2

Anmerkung:

In vielen praktischen Aufgabenstellungen ist es so, daß sowohl Beschleunigungen (+*a*) als auch Verzögerungen (–*a*) vorkommen. Eine Möglichkeit der Darstellung im *a, t*-Diagramm zeigt Bild 3.

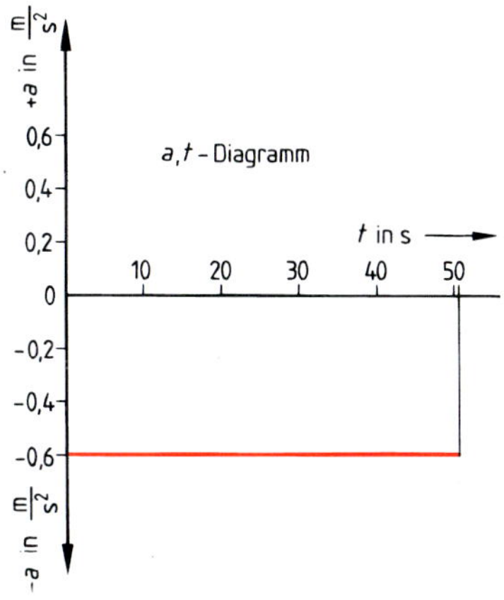

3

34.5 Freier Fall und senkrechter Wurf nach oben

Bereits in Lektion 2 sind im Zusammenhang mit den Erläuterungen zur Gewichtskraft die Begriffe **Fallbeschleunigung** und **Erdbeschleunigung** kurz angesprochen worden, und es wurde auch bereits gesagt, dass Galilei mit Hilfe der am schiefen Turm von Pisa ausgeführten Versuche diese **Fallgesetze** formuliert hat. Galilei stellte fest, dass ein frei fallender Körper seine „Geschwindigkeit konstant vergrößert". Dies ist allerdings in der Umgebung von Luft nur bei relativ kleinen Geschwindigkeiten und relativ kompakten Massen annähernd der Fall, während diese Naturerscheinung bei einem im Vakuum frei fallenden Körper grundsätzlich auftritt. Galilei definierte auch bereits die Beschleunigung, die am frei fallenden Körper festgestellt werden kann, und er nannte sie **Erdbeschleunigung**. Hierfür benutzen wir heute meistens das Wort Fallbeschleunigung, Formelbuchstabe ***g***. Wegen der konstanten Geschwindigkeitsvergrößerung handelt es sich beim freien Fall um eine **gleichmäßig beschleunigte Bewegung**.

Somit kann man sagen:

Beim **freien Fall im Vakuum** wird der fallende Körper mit der Erdbeschleunigung in Richtung Erdmittelpunkt beschleunigt.

Man kann auch sagen: Der freie Fall ist ein Spezialfall der gleichmäßig beschleunigten Bewegung, und deshalb sind für den freien Fall auch die Gesetze dieser Bewegungsart anwendbar. Die folgende Übersicht zeigt den allgemeinen Fall und den Spezialfall der gleichmäßig beschleunigten Bewegung (freier Fall) mit der Anfangsgeschwindigkeit $v_0 = 0$:

Gleichmäßig beschleunigte Bewegung

s, h	a, g	t	v_t
m	$\frac{\text{m}}{\text{s}^2}$	s	$\frac{\text{m}}{\text{s}}$

allgemein: s, a, t

Weg → $s = \frac{a}{2} \cdot t^2$

$s = \frac{v_t \cdot t}{2}$ mit $v_t = a \cdot t$

Freier Fall: h, g, t

Fallhöhe → $h = \frac{g}{2} \cdot t^2$ 150–1

$h = \frac{v_t \cdot t}{2}$ 150–2 mit $v_t = g \cdot t$ 150–3

Bild 1 zeigt einen **senkrechten Wurf nach oben**. Hierbei wird der Körper von der Anfangsgeschwindigkeit v_0 auf die Endgeschwindigkeit $v_t = 0$ mit der Erdbeschleunigung g verzögert. Es handelt sich also um eine **gleichmäßig verzögerte Bewegung** mit der Endgeschwindigkeit $v_t = 0$. Nach deren Ablauf beginnt ein freier Fall.

Der freie Fall ist die dem senkrechten Wurf nach oben entgegengerichtete Bewegungsart.

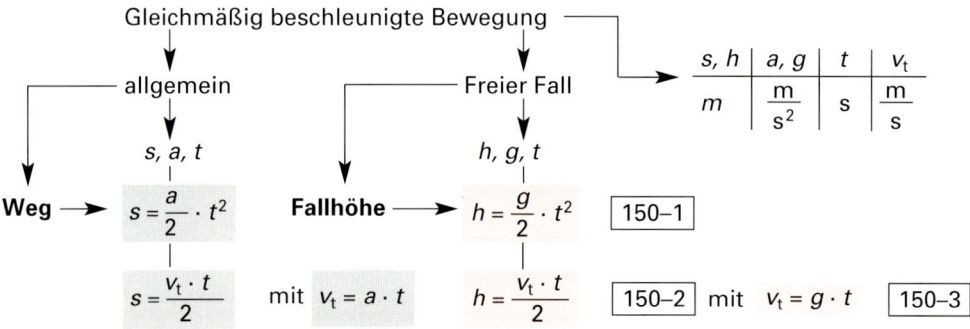

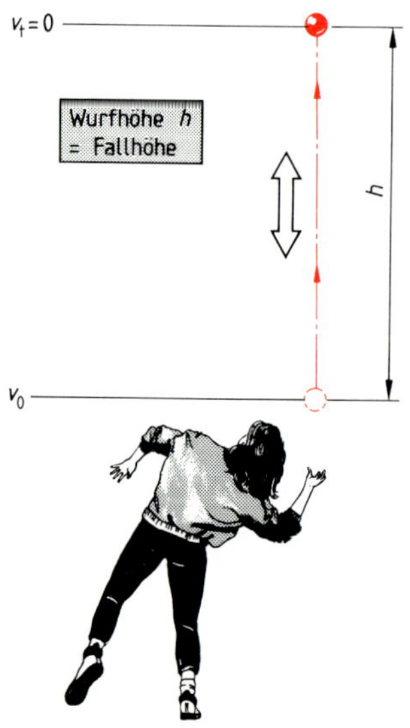

1

34.5.1 Die Fallbeschleunigung

Die **Fallbeschleunigung** ist eine Naturvariable, die vom Standort auf der Erde abhängt. Nach dem **Gravitationsgesetz** nimmt sie bei größer werdendem Abstand zum Erdmittelpunkt ab. Sie nimmt auch ab, wenn man sich von einem Erdpol in Richtung Äquator begibt, und zwar nicht nur wegen des größer werdenden Abstands zum Erdmittelpunkt, sondern auch wegen der Zu-

nahme der auf den Körper durch die Erddrehung wirkenden Fliehkraft. So ist am Nord- und am Südpol $g \approx 9{,}83\ \frac{\text{m}}{\text{s}^2}$, am Äquator ist $g \approx 9{,}78\ \frac{\text{m}}{\text{s}^2}$.
Als ungefährer Mittelwert wurde die **Normalfallbeschleunigung** (Normerdbeschleunigung) festgelegt. Es ist

Normalfallbeschleunigung $g_n = 9{,}80665\ \frac{\text{m}}{\text{s}^2}$

Himmelskörper	Fallbeschleunigung in m/s^2
Sonne	275
Mond	1,62
Merkur	3,6
Venus	8,3
Erde	9,81
Mars	3,6
Jupiter	24
Saturn	10
Uranus	8
Neptun	11
Pluto	0,2 (?)

In der Technik wird meist mit $g = 9{,}81\ \text{m/s}^2$, in Überschlagsrechnungen oft mit $g = 10\ \text{m/s}^2$ gerechnet. Die Fallbeschleunigung wird auch als **Erdbeschleunigung** (nach DIN 1304) oder **Gravitationsbeschleunigung** bezeichnet. Es soll noch angemerkt werden, dass sich die Werte der Fallbeschleunigung auf den verschiedenen Himmelskörpern sehr unterscheiden. Dies zeigt obenstehende Tabelle für Sonne, Mond und die bisher bekannten Planeten unseres Sonnensystems.

M93. Beim freien Fall gelten die Gleichungen $v_t = g \cdot t$ und $h = \frac{g}{2} \cdot t^2$ (150–3 und 150–1).

a) Ermitteln Sie mit Hilfe dieser beiden **Fallgesetze** eine weitere Gleichung für die Endgeschwindigkeit v_t, jedoch in Abhängigkeit von g und h, d. h. $v_t = f(g, h)$.

b) Setzen Sie diese speziell für den freien Fall gefundene Gleichung in eine allgemein gültige Gleichung für die gleichmäßig beschleunigte geradlinige Bewegung aus dem Ruhezustand, d. h. $v_0 = 0$, um.

Lösung:

a) Bekannte Gleichung I : $v_t = g \cdot t$

Bekannte Gleichung II: $h = \frac{g}{2} \cdot t^2 \rightarrow t = \sqrt{\frac{2 \cdot h}{g}}$ ➤ in Gleichung I eingesetzt

erhält man : $v_t = g \cdot \sqrt{\frac{2 \cdot h}{g}} = \sqrt{g^2 \cdot \frac{2 \cdot h}{g}}$. Somit:

Endgeschwindigkeit beim freien Fall $v_t = \sqrt{2 \cdot g \cdot h}$ 151–1

v_t	g	h
$\frac{\text{m}}{\text{s}}$	$\frac{\text{m}}{\text{s}^2}$	m

b) Da es sich beim freien Fall um einen speziellen Fall der gleichmäßig beschleunigten Bewegung handelt ($g \triangleq a$ und $h \triangleq s$), gilt allgemein für die

Endgeschwindigkeit bei einer gleichmäßig beschleunigten Bewegung aus dem Ruhezustand $v_t = \sqrt{2 \cdot a \cdot s}$ 151–2

v_t	a	s
$\frac{\text{m}}{\text{s}}$	$\frac{\text{m}}{\text{s}^2}$	m

M94. Bei der Montage einer Flussbrücke werden mit Hilfe einer Großramme Pfeiler in das Flussbett getrieben. Das Schlaggewicht der Ramme wird in regelmäßiger Folge durch das Zünden eines Kraftstoff-Luft-Gemisches angehoben. Die Abhebegeschwindigkeit (Anfangsgeschwindigkeit v_0) des Gewichtes beträgt 10 m/s.
a) Welche Höhe erreicht es?
b) Wie groß ist die Endgeschwindigkeit beim anschließenden freien Fall?

Lösung:

a) Es handelt sich – physikalisch gesehen – um einen senkrechten Wurf nach oben, d. h. um eine gleichmäßig verzögerte Bewegung mit der Verzögerung $g = 9{,}81\ \text{m/s}^2$. Für eine solche gilt:

DYNAMIK

$$v_t = \sqrt{2 \cdot a \cdot s} \longrightarrow s = \frac{v^2}{2 \cdot a} \quad \text{und für den freien Fall:} \quad h = \frac{v^2}{2 \cdot g} \qquad \boxed{152\text{–}1}$$

$$\boldsymbol{h} = \frac{v^2}{2 \cdot g} = \frac{\left(10 \, \dfrac{\text{m}}{\text{s}}\right)^2}{2 \cdot 9{,}81 \, \dfrac{\text{m}}{\text{s}^2}} = \mathbf{5{,}097 \; m}$$

b) $$\boldsymbol{v_t} = \sqrt{2 \cdot g \cdot h} = \sqrt{2 \cdot 9{,}81 \, \frac{\text{m}}{\text{s}^2} \cdot 5{,}097 \text{ m}} = \mathbf{10 \, \frac{m}{s}}$$

34.6 Weitere Formeln zur gleichmäßig beschleunigten (verzögerten) Bewegung

In Musteraufgabe M93., Seite 151 wurde an einem konkreten Fall gezeigt, wie man ein **Rechengesetz** aus bereits bekannten Gesetzen **deduktiv ermitteln** kann. Das Vorgehen richtet sich dabei nach der Problemstellung, d. h. nach der gesuchten Größe und setzt voraus, dass einige grundlegende Berechnungsformeln – z. B. durch eine Versuchsreihe ermittelt – bekannt sind. In **technischen Handbüchern** oder in **Formellexika** sind jedoch die wichtigsten Formeln „gebrauchsfertig" wiedergegeben. Eine kleine Auswahl einiger wichtger Formeln – bezüglich der **gleichmäßig beschleunigten Bewegung** – finden Sie auch in den beiden folgenden Tabellen, und zwar bei jeweils **gegebenen Größen** die Formel für die **gesuchte Größe:**

34.6.1 Gleichmäßige Beschleunigung mit $v_0 = 0$ und gleichmäßige Verzögerung mit $v_t = 0$

Zu beachten: In der folgenden Tabelle ist $v = v_t$ bei Beschleunigung aus der Ruhe
und $v = v_0$ bei Verzögerung zum Stillstand.

gegebene Größen	**gesuchte Größen**	$\boldsymbol{t \triangleq \Delta t}$
v, t	$a = \dfrac{\Delta v}{\Delta t}$	$s = \dfrac{v \cdot t}{2}$
v, a	$t = \dfrac{v}{a}$	$s = \dfrac{v^2}{2 \cdot a}$
s, t	$v = \dfrac{2 \cdot s}{t}$	$a = \dfrac{2 \cdot s}{t^2}$
v, s	$a = \dfrac{v^2}{2 \cdot s}$	$t = \dfrac{2 \cdot s}{v}$
a, t	$v = a \cdot t$	$s = \dfrac{a}{2} \cdot t^2$
a, s	$v = \sqrt{2 \cdot a \cdot s}$	$t = \sqrt{\dfrac{2 \cdot s}{a}}$

34.6.2 Gleichmäßige Beschleunigung mit $v_0 \neq 0$ und gleichmäßige Verzögerung mit $v_t \neq 0$

gegebene Größen	**gesuchte Größen**	$\boldsymbol{t \triangleq \Delta t}$
v_0, v_t, t	$a = \dfrac{\Delta v}{t} = \dfrac{v_t - v_0}{t}$ oder $\dfrac{v_0 - v_t}{t}$	$s = \dfrac{v_0 + v_t}{2} \cdot t$
v_0, v_t, a	$s = \dfrac{v_t^2 - v_0^2}{2 \cdot a}$ oder $\dfrac{v_0^2 - v_t^2}{2 \cdot a}$	$t = \dfrac{v_t - v_0}{a}$ oder $\dfrac{v_0 - v_t}{a}$
v_0, a, t	$v_t = v_a + a \cdot t$ oder $v_0 - a \cdot t$	$s = v_0 \cdot t + \dfrac{a}{2} \cdot t^2$ oder $v_0 \cdot t - \dfrac{a}{2} \cdot t^2$
v_0, s, t	$a = \dfrac{2}{t} \cdot \left(\dfrac{s}{t} - v_0\right)$ oder $\dfrac{2}{t} \cdot \left(v_0 - \dfrac{s}{t}\right)$	$v_t = \dfrac{2 \cdot s}{t} - v_0$

Ü160. Ein Auto beschleunigt in 11,5 s aus dem Stillstand auf 100 km/h. Wie groß ist die Beschleunigung?

Ü161. Auf einer schrägen Gleitbahn für die Beschickung eines Schmelzofens wird das Schmelzmaterial mit $a = 1{,}8\ \text{m/s}^2$ auf einer Strecke $s = 2{,}6$ m beschleunigt.

a) Wie groß ist die Gleitzeit?
b) Wie groß ist die Endgeschwindigkeit v_t?

Ü162. Welche Geschwindigkeit in km/h hat ein Auto, wenn es in 10 s mit $a = 1{,}5\ \text{m/s}^2$ aus dem Stillstand beschleunigt? Welchen Weg hat es dabei nach 5 s und nach 10 s zurückgelegt?

Zeichnen Sie das *s, t*-Diagramm und das *v, t*-Diagramm.

Ü163. Ein und derselbe Zug wird einmal von 100 km/h, das andere Mal von 50 km/h zum Stillstand verzögert. Die Verzögerung beträgt jeweils $1{,}5\ \text{m/s}^2$. Berechnen Sie für die beiden Fälle die Größe des Bremsweges. Welche Feststellung machen Sie dabei?

Ü164. Berechnen Sie die Fallhöhe, aus der ein Auto herabstürzen müsste, damit die Fallgeschwindigkeit genauso groß ist wie die Fahrgeschwindigkeit des Autos von 100 km/h.

Welche Schlussfolgerung ziehen Sie hieraus?

Ü165. Ein Auto beschleunigt gleichmäßig (idealisiert) von 0 km/h auf 36 km/h mit $a = 1{,}85\ \text{m/s}^2$. Dann fährt es 10 s mit konstanter Geschwindigkeit, um schließlich wieder mit $a = 3{,}2\ \text{m/s}^2$ zum Stillstand abgebremst zu werden.

Berechnen Sie a) Beschleunigungszeit,
b) Beschleunigungsweg,
c) Weg der gleichförmigen Bewegung,
d) Bremsweg.
Zeichnen Sie e) das *s, t*-Diagramm,
f) das *v, t*-Diagramm.

Ü166. Vom Bewegungsvorgang eines Körpers ist bekannt: $v_0 = 45$ km/h, $a = 0{,}3\ \text{m/s}^2$, $s = 200$ m. Für diesen Beschleunigungsvorgang sind v_t und t gesucht.

V175. Wie ist die Beschleunigung definiert?

V176. Für welche Verhältnisse gelten exakt die Gesetze des freien Falles?

V177. Ein Werkstück fällt bei der Maschinenbeschickung 0,3 m frei herab. Berechnen Sie

a) die Fallzeit,
b) die Endgeschwindigkeit.

V178. Wie groß ist die Fallhöhe, wenn der Aufschlag eines Gegenstandes nach 8 s erfolgt? (Schallgeschwindigkeit vernachlässigen).

V179. Welche Bewegung führt ein Körper beim senkrechten Wurf nach oben aus?

V180. Eine Straßenbahn wird von 20 km/h mit $a = 0{,}6\ \text{m/s}^2$ auf 40 km/h beschleunigt. Welche Zeit ist für diesen Vorgang erforderlich?

V181. Ein Werkstück wird aus einer Maschine mit $v_0 = 3$ m/s ausgestoßen und auf einer Strecke von $s = 2$ m auf $v_t = 0$ abgebremst. Berechnen Sie die Verzögerungszeit.

V182. Die Geschwindigkeit eines Autos wird mit einer Beschleunigung $a = 2{,}5\ \text{m/s}^2$ von 40 km/h auf 100 km/h erhöht.

a) Welche Zeit ist dafür erforderlich?
b) Wie groß ist der während der Beschleunigung zurückgelegte Weg *s*?
c) Zeichnen Sie das *v, t*-Diagramm, wenn das Auto vor der Beschleunigung 10 s mit konstanter Geschwindigkeit gefahren ist.
d) Wie groß ist der Gesamtweg?

DYNAMIK

V183. Zwischen zwei Straßenbahnhaltestellen liegt der Weg $s = 1200$ m. Die Straßenbahn wird zunächst auf einer Strecke von 80 m von $v_0 = 0$ auf $v_t = 40$ km/h beschleunigt. Dann erfolgt gleichförmige Fahrt, bis der Zug auf einer Strecke von 40 m gleichmäßig bis zum Stillstand abgebremst wird.

Berechnen Sie
a) Anfahrzeit,
b) Beschleunigung,
c) Verzögerung,
d) Bremszeit,
e) die Zeit der gleichförmigen Fahrt.

Zeichnen Sie
f) das *v, t*-Diagramm,
g) das *a, t*-Diagramm.

V184. Ein Fallschirmspringer fällt 500 m, ohne den Fallschirm zu öffnen. Wie groß wäre die Fallgeschwindigkeit bei Vernachlässigung des Luftwiderstandes beim Öffnen des Fallschirmes?

V185. In einem Versuchsturm – schematisch in Bild 1 dargestellt – wird von einer Rampe ein Versuchskörper mit einer Abwurfgeschwindigkeit v_0 nach oben geworfen. Die Abwurfhöhe beträgt $h_a = 35$ m. Sofort nach dem Abwurf wird die Rampe zurückgezogen, so dass der Körper nach dem Erreichen des obersten Punktes – diesen nennt man auch den **Kulminationspunkt** – frei über die Fallhöhe h_0 fallen kann. Berechnen Sie bei einer gesamten Bewegungszeit, d. h. der Zeit vom Abwurf bis zum Aufschlag, $t = 4{,}5$ s

a) die Fallzeit t_2,
b) die Steigzeit t_1,
c) die Abwurfgeschwindigkeit v_0,
d) die Fallhöhe h_0,
e) die Auftreffgeschwindigkeit v_t.

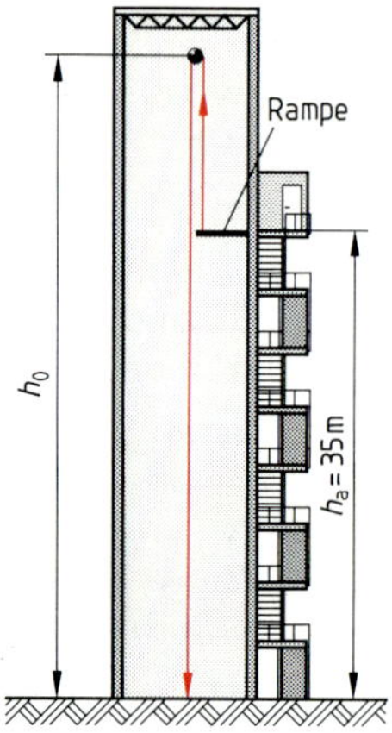

1

V186. Vom Bewegungsvorgang eines Körpers ist bekannt: $v_0 = 40$ km/h, $v_t = 160$ km/h, $a = 2{,}9$ m/s^2.

Berechnen Sie unter der Voraussetzung einer gleichmäßigen Beschleunigung

a) den Beschleunigungsweg *s*,
b) die Beschleunigungszeit *t*.

DYNAMIK

Überlagerung verschiedener Bewegungen

Lektion 35 Zusammensetzen von Geschwindigkeiten

35.1 Vektoren und Skalare

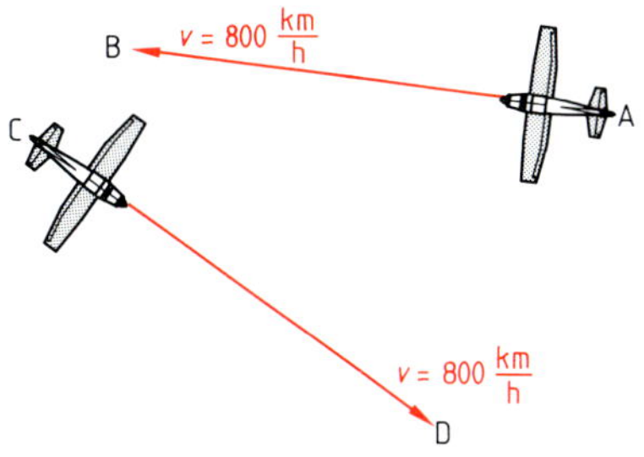

1

Bild 1 zeigt zwei Flugzeuge, die sich beide mit der gleichen Geschwindigkeit fortbewegen. Dieser Sachverhalt wird jeweils durch einen Pfeil, der **Geschwindigkeitspfeil** genannt wird, zum Ausdruck gebracht. Obwohl vom Betrag her gesehen die gleiche Geschwindigkeit vorliegt, geschieht in dem dargestellten Fall physikalisch zweierlei, denn es liegen unterschiedliche Ortsveränderungen ($\overline{AB}$ bzw. $\overline{CD}$) vor. Es ist also leicht einzusehen, dass – im Gegensatz zum alltäglichen Sprachgebrauch – die **Geschwindigkeit** noch exakter definiert werden muss, und zwar muss außer dem **Betrag** – z. B. 800 km/h – noch die **Richtung** der Bewegung angegeben werden. Das Gleiche gilt z. B. auch für eine Kraft (s. 2.2.3) oder eine **Beschleunigung,** was leicht nachzuvollziehen ist. Solche physikalischen Größen werden als **gerichtete Größen** oder **Vektoren** bezeichnet.

Unter einem **Vektor** versteht man eine gerichtete physikalische Größe.

Die **vektoriellen Größen** stellen eine Gruppe der physikalischen Größen dar; es gibt jedoch noch eine zweite Gruppe physikalischer Größen, nämlich die **ungerichteten Größen,** die als **Skalare** bezeichnet werden. Hierzu gehören z. B. Temperatur, Zeit und Arbeit.

Unter einem **Skalar** versteht man eine ungerichtete physikalische Größe.

Man unterscheidet in der Physik also die **Skalare** (skalare Größen), die durch die Angabe eines Betrages (Zahlenwert und Einheit) vollständig bestimmt sind, von den **Vektoren** (vektorielle Größen), zu deren vollständigen Bestimmung außer dem Betrag noch die Angabe einer Richtung gehört. Wichtig ist zu wissen:

Für Vektoren gelten teilweise andere Rechengesetze als dies bei Skalaren der Fall ist.

Diese Rechengesetze werden innerhalb der Mathematik in der **Vektorrechnung** zusammengefasst. Die Addition und Subtraktion von Vektoren erfolgt mit Hilfe trigonometrischer Funktionen. Einfacher kann dies aber grafisch, d. h. mit einer Zeichnung – z. B. einem **Kräfteparallelogramm** – erfolgen. Die vektorielle Addition soll im folgenden Punkt zunächst an Beispielen gezeigt werden:

35.2 Das Überlagerungsprinzip bei geradlinigen Bewegungen

Die bisherigen kinematischen Betrachtungen befassten sich mit **Einzelbewegungen.** In vielen technischen Anwendungsfällen sind jedoch Bewegungen aus mehreren Einzelbewegungen zusammengesetzt, und man spricht dann von **zusammengesetzten Bewegungen.**

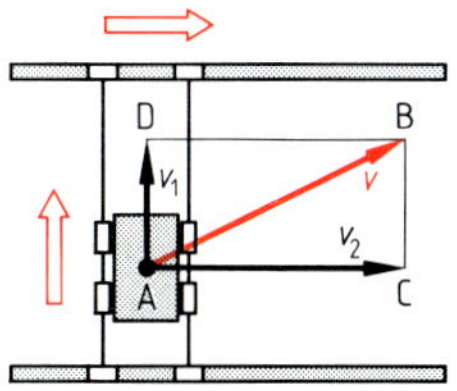

2

Beispiel 1: Laufkran mit Laufkatze (Bild 2)

Die Draufsicht zeigt, dass die Bewegungsrichtungen, entsprechend der beiden Freiheitsgrade von Laufkatze und Kranwagen, senkrecht zueinander verlaufen. Beim Trans-

DYNAMIK

port der Last vom Punkt A zum Punkt B kann dies so geschehen, dass nacheinander die Wege $\overline{AD}$ (Laufkatze mit der Geschwindigkeit v_1) und $\overline{AC}$ (Kranwagen mit der Geschwindigkeit v_2) zurückgelegt werden. Diese beiden Wege können aber auch gleichzeitig zurückgelegt werden. In diesem Fall bewegt sich die Last längs der Geraden $\overline{AB}$. Dies ist dann eine aus zwei Einzelbewegungen zusammengesetzte Bewegung und aus Erfahrung wissen wir, dass

$$v \neq v_1 + v_2 \quad \text{ist.}$$

Die tatsächliche Geschwindigkeit v entspricht dann der Größe und Richtung des Geschwindigkeitspfeiles, wie er sich als Diagonale im Parallelogramm des Bildes 2, Seite 155, abbildet. Dies kann durch Weg- und Zeitmessung mit anschließender Berechnung der Geschwindigkeit im Experiment nachgewiesen werden.

Beispiel 2: Vorwärtsbewegung auf einer fahrenden Rolltreppe (Bild 1)

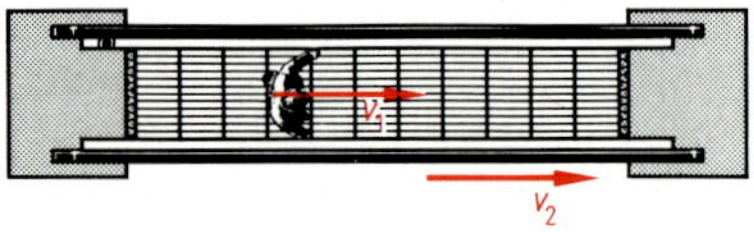

1

Es lässt sich leicht erkennen: $v = v_1 + v_2$ ⟶ siehe Punkt 35.4

Beispiel 3: Flugzeug mit Seitenwind (Bild 2)

Ein Flugzeug hat eine bestimmte Eigengeschwindigkeit. Trifft zusätzlich noch ein Seitenwind auf das Flugzeug, dann führt dieses die dargestellte Bewegung in Bezug auf die Erde aus, und die tatsächliche Geschwindigkeit v entspricht dann der Größe und Richtung der Diagonalen im Parallelogramm des Bildes 2.

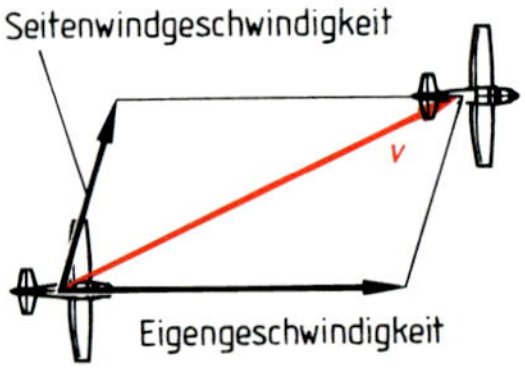

2

Beispiel 4: Herstellung eines Drehteiles (Bild 3)

Auf einer Kopierdrehmaschine bewegt sich der Drehmeißel vom Punkt A über die Punkte B, C, D, E, F zum Punkt G. Um diese Bewegung auszuführen, erzeugt der Bettschlitten den Längsvorschub f_l und der Planschlitten den Quervorschub f_q. Zwei geradlinige Einzelbewegungen werden also zu einer Gesamtbewegung zusammengesetzt. Eine solche wird auch als **resultierende Bewegung** bezeichnet. Die vier Beispiele zeigen:

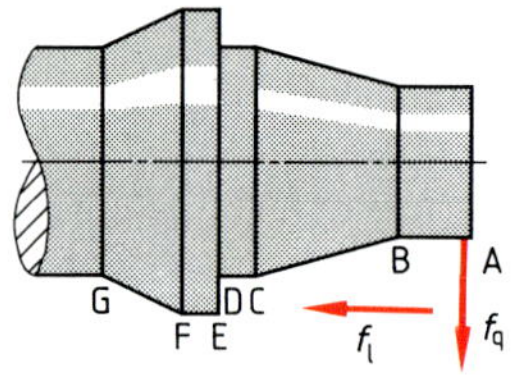

3

Durch die Überlagerung verschiedener Einzelbewegungen entsteht eine zusammengesetzte Bewegung. Diese heißt auch **resultierende Bewegung.**

35.3 Das Überlagerungsprinzip bei kreisförmigen Bewegungen

Beispiel 5: Ermittlung der resultierenden Bewegung aus drei kreisförmigen Bewegungen

Bild 4 zeigt die schematische Draufsicht der Rührelemente einer Mischanlage. In dieser bewegt sich der Hebelarm a mit der Drehzahl n_1 um den Punkt 1, der Hebelarm b mit der Drehzahl n_2 um den Punkt 2 und der Hebelarm c mit der Drehzahl n_3 um den Punkt 3. Auf den Begriff der **Drehzahl** wird noch an einer späteren Stelle dieses Buches eingegangen, meist versteht man in der Maschinentechnik darun-

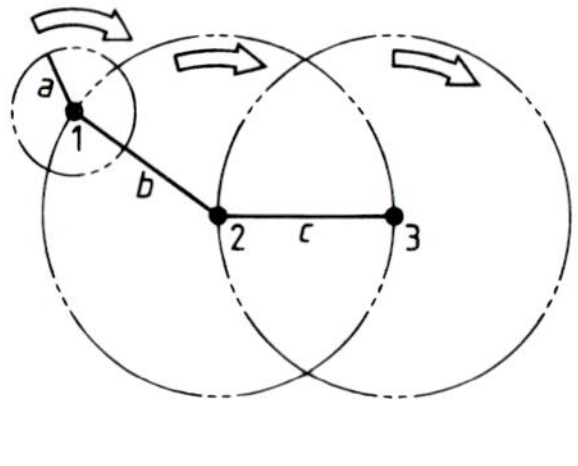

4

ter die **Anzahl der Umdrehungen pro Minute.** Bei einer stufenlosen Verstellung der drei Drehzahlen könnte man unendlich viele verschiedene resultierende Bewegungen erzeugen. Die Bilder 1, 2 und 3 zeigen die Bewegungsbahnen des Punktes 1 bei verschiedenen Drehzahlen n_2 und n_3:

n_2 = 1 Umdrehung/min
n_3 = 0,925 Umdr./min

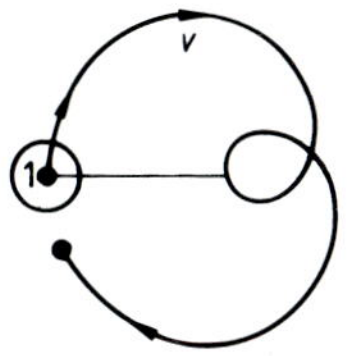

1

n_2 = 2 Umdrehungen/min
n_3 = 0,925 Umdr./min

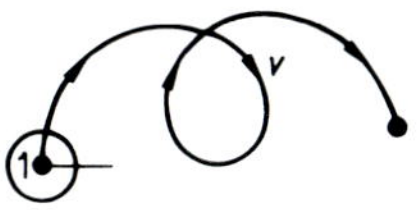

2

n_2 = 2 Umdrehungen/min
n_3 = 0,925 Umdr./min, aber in entgegengesetzter Drehrichtung wie in Bild 2.

3

Das Beispiel zeigt, dass auch **kreisförmige Bewegungen** zu einer resultierenden Bewegung zusammengesetzt werden können. Die bei dieser Bewegungskombination entstehende Bewegungsbahn heißt **Trochoide.** Auch die **Zykloide** und die **Evolvente,** aus denen Zahnflankenformen bei Zahnrädern konstruiert werden, entstehen durch die Addition verschiedener kreisförmiger und geradliniger Einzelbewegungen (siehe Musteraufgabe M 98., Seite 159).

Grundsätzlich gilt:

Verschiedene Bewegungen können unabhängig von der Form der Bewegungsbahn zu einer resultierenden Bewegung zusammengesetzt werden.

35.4 Die vektorielle Addition von Geschwindigkeiten

Aus den fünf behandelten Beispielen ist zu ersehen, dass gerichtete Größen (Vektoren) addiert werden können. Man spricht dann von einer **vektorellen Addition,** welche jedoch nur im Falle gleichgerichteter Vektoren (Beispiel 2) einer arithmetischen Summe entspricht. Allgemein, d. h. aber auch für den speziellen Fall, gilt:

Vektoren werden addiert, indem man sie in beliebiger Reihenfolge aneinanderreiht. Der **Summenvektor** entspricht in Größe und Richtung der Strecke zwischen dem Anfangspunkt des ersten und dem Endpunkt des letzten Vektors.

Diese Regel soll durch die Beispiele 1 (Laufkran) und 3 (Flugzeug mit Seitenwind) belegt werden, und zwar durch die Überführung der dort zu erkennenden **Geschwindigkeitsparallelogramme** in **Geschwindigkeitsdreiecke**:

Beispiel	**Geschwindigkeitsparallelogramm**	**mögliche Geschwindigkeitsdreiecke**	
1: Laufkran mit Laufkatze (Bild 2, Seite 155)	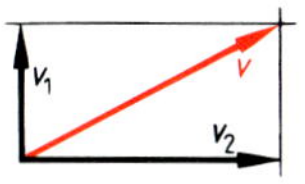 4	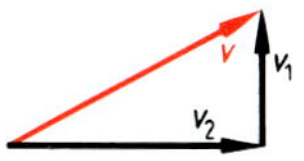 5	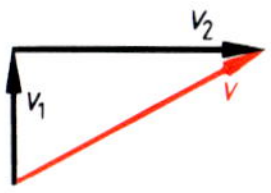 6
3: Flugzeug mit Seitenwind (Bild 2, Seite 156)	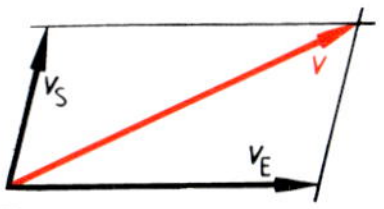 7	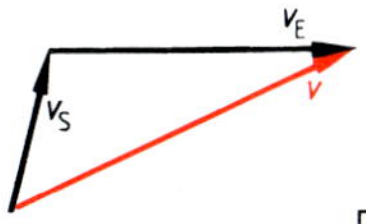 8	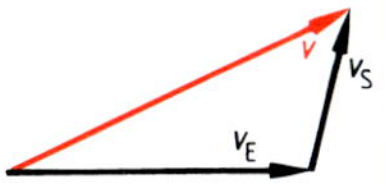 9

Beispiel 2, d. h. die Vorwärtsbewegung auf einer fahrenden Rolltreppe (Bild 1, Seite 156), zeigt:

Vektoren auf der gleichen **Wirkungslinie** können arithmetisch zusammengefasst werden.

Die möglichen Geschwindigkeitsdreiecke zeigen, dass die Reihenfolge der Aneinanderreihung der **Einzelvektoren** keinen Einfluss auf den **Summenvektor** hat. Diese Regel hat auch bei mehr als zwei Einzelvektoren Gültigkeit, was aus der Statik in Bezug auf Kräfte hinreichend bekannt ist. Bei der zeichnerischen Lösung ist noch darauf zu achten, dass die Vektoren maßstäblich dargestellt werden. Dies geschieht z. B. bei einem **Kraftpfeil** durch einen **Kräftemaßstab** (KM) und bei einem **Geschwindigkeitspfeil** durch einen **Geschwindigkeitsmaßstab** (GM).

Beispiele: KM: 1 cm ≙ 5 kN oder GM: 1 cm ≙ $10 \frac{m}{s}$

M 95. Zeichnen Sie eine horizontal von links nach rechts gerichtete Kraft $F = 170$ N bei einem gewählten Kräftemaßstab KM: 1 cm ≙ 20 N.

Lösung:

1

M 96. Ein Laufkran (Beispiel 1, Seite 155) hat eine Fahrgeschwindigkeit von $v_K = 0{,}6$ m/s. Die Laufkatze, die sich auf dem Laufkran und rechtwinklig zu diesem bewegt, hat eine Fahrgeschwindigkeit von $v_L = 0{,}35$ m/s.

a) Setzen Sie grafisch mit dem GM: 1 cm ≙ 0,2 m/s die beiden Einzelgeschwindigkeiten zu der resultierenden Geschwindigkeit v zusammen.

b) Berechnen Sie die Größe von v und die Richtung von v bezogen auf die Horizontale.

Lösung:

a) **Geschwindigkeitsparallelogramm** **Geschwindigkeitsdreieck:**

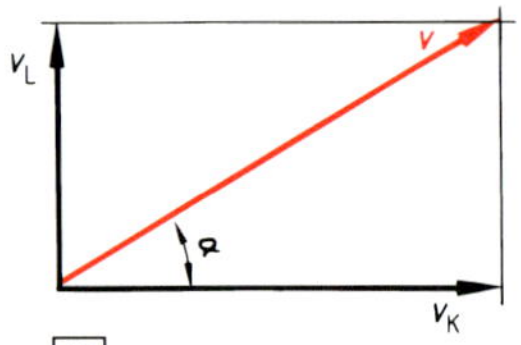

2

GM: 1 cm ≙ $0{,}2 \frac{m}{s}$

$\boldsymbol{v = 0{,}7 \frac{m}{s}}$

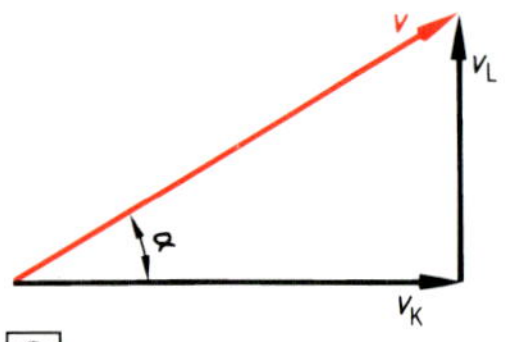

3

b) $v = \sqrt{v_K^2 + v_L^2} = \sqrt{\left(0{,}35 \frac{m}{s}\right)^2 + \left(0{,}6 \frac{m}{s}\right)^2} = \sqrt{0{,}1225 \frac{m^2}{s^2} + 0{,}36 \frac{m^2}{s^2}}$

$v = \sqrt{0{,}4825 \frac{m^2}{s^2}}$

$\boldsymbol{v = 0{,}695 \frac{m}{s}}$

$\tan \alpha = \frac{v_L}{v_K} = \frac{0{,}35 \frac{m}{s}}{0{,}6 \frac{m}{s}} = 0{,}583\overline{3} \longrightarrow \boldsymbol{\alpha = 30° \, 15'}$

M 97. Eine Rolltreppe hat eine Fahrgeschwindigkeit $v_R = 0{,}9$ m/s, und auf ihr geht ein Fahrer mit $v_F = 1{,}6$ m/s in Fahrtrichtung. Wie groß ist die tatsächliche Geschwindigkeit des Fahrers?

Lösung: $v = v_R + v_F = 0{,}9 \frac{m}{s} + 1{,}6 \frac{m}{s} = \boldsymbol{2{,}5 \frac{m}{s}}$

DYNAMIK

M98. Ein Rad mit dem Durchmesser 4 cm rollt einmal über diesen Durchmesser in die im Bild 1 angegebene Richtung. Die Bewegungsbahn des Punktes P nennt man eine **Zykloide,** und man spricht in diesem Zusammenhang auch von einer **Rollkurve.** Zeichnen Sie diese Rollkurve, d. h. die Bewegung des Punktes P, wenn der Kreis einmal über die Gerade abrollt.

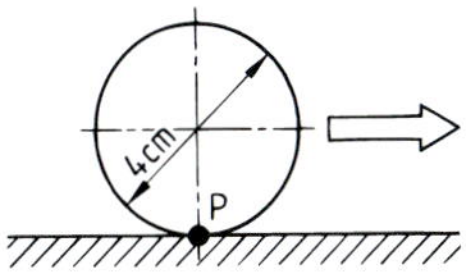

1

Lösung:

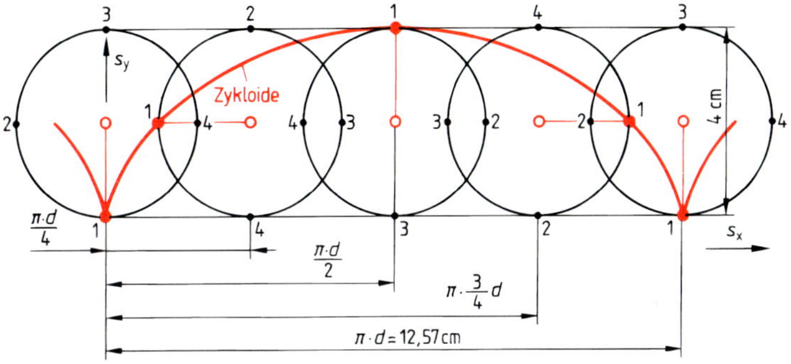

2

35.5 Führungs-, Relativ- und Absolutgeschwindigkeit

Die Wahrnehmung eines Bewegungsvorganges durch einen Betrachter hängt ganz wesentlich vom Standort des Betrachters ab. Zieht man das Beispiel eines Laufkranes heran (Beispiel 1, Seite 155), dann sieht ein in einer gewissen Entfernung stehender Betrachter die Bewegung des Körpers bezogen auf das Gebäude, d. h. relativ zum Gebäude, in dem sich der Laufkran bewegt. In diesem Fall nimmt der Betrachter die Gesamtbewegung des Laufkranes wahr.

Würde der Betrachter aber auf dem Laufkran mitfahren und die Bewegung der Laufkatze auf den Laufkran beziehen, dann hätte er den Eindruck, als würde sich nur die Laufkatze bewegen, denn er bezieht ja die Laufkatze auf den Laufkran. In diesem Fall bezeichnet man die Fahrgeschwindigkeit des Kranes (v_2 im Beispiel 1, Seite 155) als die **Führungsgeschwindigkeit,** die Geschwindigkeit der Laufkatze (v_1 im Beispiel 1, Seite 155), da diese auf den Kran bezogen wird, als die **Relativgeschwindigkeit.** Es soll an dieser Stelle erwähnt werden, dass „relativ" ein lateinisches Wort ist und soviel bedeutet wie „bezogen auf". Im Beispiel des Laufkranes war die vektorielle Summe von Krangeschwindigkeit und Katzengeschwindigkeit die **resultierende Geschwindigkeit.** Diese wird auch als **Absolutgeschwindigkeit** bezeichnet. Es ist zu erkennen:

Die vektorielle Summe von Führungs- und Relativgeschwindigkeit ergibt die Absolutgeschwindigkeit.

M99. Auf einer sich drehenden kreisförmigen Scheibe bewegt sich ein Körper vom äußeren Kreisumfang radial in Richtung Kreismittelpunkt M. Stellen Sie für diese Bewegungssituation jeweils durch einen Geschwindigkeitspfeil die Führungsgeschwindigkeit v_F, die Relativgeschwindigkeit v_R und die Absolutgeschwindigkeit v des sich bewegenden Körpers dar.

Lösung:

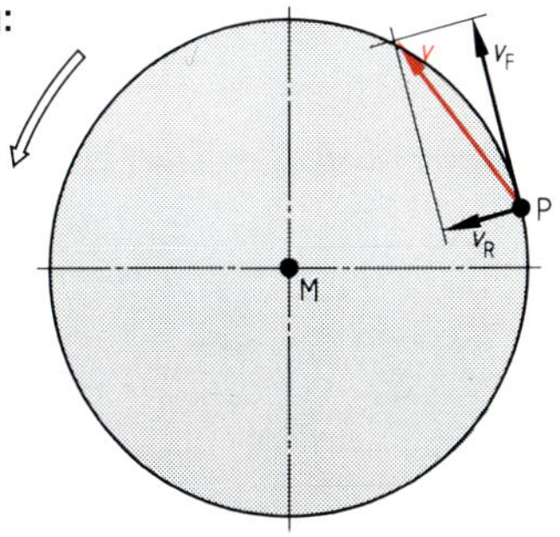

3

Die im Punkt 35.5 angesprochene Problematik wird in der modernen Physik mit dem **Relativitätsprinzip** beschrieben. Nach diesem ist es unmöglich, durch mechanische Experimente zu entscheiden, ob sich ein **Bezugssystem** (z. B. die Erde, unser **Sonensystem** oder gar unser ganzes **Milchstraßensystem**) in „absoluter Ruhe" befindet.

Ü 167. Im Beispiel 4, Seite 156 (Herstellung eines Drehteiles) sind im Drehbereich zwischen den Punkten B und C die Begriffe Führungs-, Relativ- und Absolutgeschwindigkeit zuzuordnen.

Ü 168. Im selben Beispiel 4, Seite 156 verläuft der Längsvorschub f_l mit $v_l = 135$ mm/min und der Quervorschub f_q mit $v_q = 30$ mm/min.

a) Wie groß ist die Absolutgeschwindigkeit v des Drehmeißels?

b) Wie groß ist der halbe Kegelwinkel?

Ü 169. Ein Flugzeug fliegt exakt über einem **Meridian** (Längengrad) vom Äquator in Richtung Nordpol.

a) Was ist dabei Führungs- und was Relativgeschwindigkeit?

b) Wie sieht die Bewegungsbahn in etwa bei Betrachtung vom Mond aus?

Ü 170. Welche Geschwindigkeit ist in Musteraufgabe M98., Seite 159 als Führungsgeschwindigkeit, als Relativgeschwindigkeit und als absolute Geschwindigkeit zu bezeichnen?

V 187. Ein Schiff fährt mit einer Geschwindigkeit von 18 kn nach Osten. Gleichzeitig erteilt ihm eine Strömung eine Geschwindigkeit von 2,5 m/s nach Südosten. Ermitteln Sie grafisch und rechnerisch die Geschwindigkeit des Schiffes über Grund.

V 188. Lösen Sie die Musteraufgabe M99., Seite 159 unter der Annahme, dass der Anfangspunkt der Bewegung auf dem halben Radius liegt und die Radialgeschwindigkeit v_R konstant bleibt.

Anmerkung: Zur Lösung dieser Aufgabe müssen Sie wissen, dass die Umfangsgeschwindigkeit auf halbem Radius nur halb so groß ist wie diejenige auf der Kreisperipherie. Eine Erklärung dieses Sachverhaltes folgt bei den kreisförmigen Bewegungen.

V 189. Legen Sie in Musteraufgabe M98., Seite 159 den Punkt P auf den halben Radius des Kreises, d. h. $\frac{r}{2} = 1$ cm, und zeichnen Sie dann die absolute Bewegungsbahn des Punktes P. Wenn Sie diese Aufgabe richtig lösen, ist das Ergebnis eine **verkürzte Zykloide.**

V 190. Schlagen Sie in einem technisch-naturwissenschaftlichen Lexikon die folgenden Begriffe nach:

a) verlängerte (geschlungene) Zykloide,

b) Kreisevolvente.

DYNAMIK

Lektion 36

Freie Bewegungsbahnen

36.1 Der Grundsatz der Unabhängigkeit

Ein weiteres wichtiges Prinzip der Mechanik ist der bereits von Galilei erkannte und formulierte **Grundsatz der Unabhängigkeit**. Dieser besagt, dass es für den sich aus der Bewegung eines Körpers ergebenden **Ortsunterschied des Körpers** völlg gleichgültig ist, ob die beteiligten Einzelbewegungen gleichzeitig oder in verschiedenen Zeiten ablaufen. Eine Bestätigung dieses Prinzips ist experimentell sehr einfach zu erhalten, z. B. mit einer Apparatur, die wie der Laufkran mit Laufkatze (Bild 2, Seite 155) funktioniert. In verschiedenen Fahrsituationen – siehe Bild 1 – ist es möglich, einen Körper vom Ort A zum Ort B zu befördern. In den beiden ersten Fahrsituationen laufen die Einzelbewegungen unabhängig und zeitlich hintereinander ab, wobei zwischen den Einzelbewegungen auch ein Zeitraum liegen kann, und in der 3. Fahrsituation laufen beide Einzelbewegugen gleichzeitig ab.

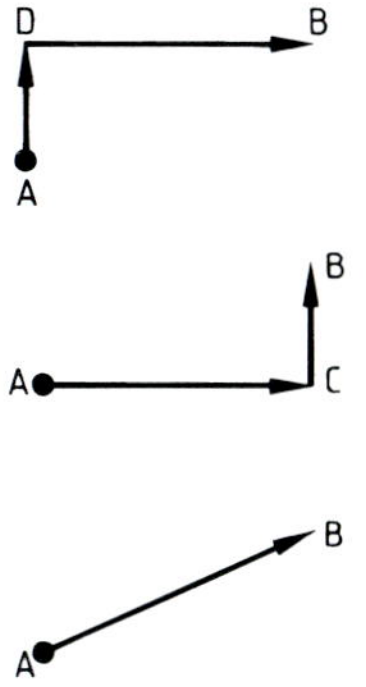

1

1. Fahrsituation erst Katze, dann Kran.

2. Fahrsituation erst Kran, dann Katze.

3. Fahrsituation Kran und Katze fahren gleichzeitig.

Der Grundsatz der Unabhängigkeit besagt, dass ein Körper – unabhängig davon, ob mehrere Einzelbewegungen gleichzeitig oder zeitlich unabhängig voneinander ausgeführt werden – immer an den gleichen Ort gelangt.

Zieht man nochmals das Beispiel „Laufkran mit Laufkatze" (Bild 1) heran, dann erkennt man auch:

Für jede der Einzelbewegungen ist die gleiche Zeit erforderlich, die für den gleichzeitigen Ablauf aller Einzelbewegungen bei gleichen Einzelgeschwindigkeiten erforderlich ist.

Dies heißt für das obige Beispiel $t_{\overline{AD}} = t_{\overline{DB}} = t_{\overline{AC}} = t_{\overline{CB}} = t_{\overline{AB}}$. Diese Zeit errechnet sich jeweils aus dem Quotienten des Weges und der Geschwindigkeit. Dies bedeutet aber, dass z. B. $t_{\overline{AD}} + t_{\overline{DB}} = 2 \cdot t_{\overline{AB}}$ ist, und daraus leitet sich die Erkenntnis ab:

Die kürzeste Zeit zur Realisierung der Ortsveränderung eines Körpers ergibt sich, wenn alle Einzelbewegungen gleichzeitig ablaufen.

Mit dem Grundsatz der Unabhängigkeit ist es dadurch, dass man die Einzelbewegungen für bestimmte Zeitabschnitte, z. B. 1 s, hintereinander ablaufen lässt, möglich, einzelne Bahnpunkte zu bestimmen, die der Körper nach diesem Zeitabschnitt erreicht hat. Verbindet man alle Bahnpunkte, dann ergibt sich die **Bewegungsbahn,** wie dies z. B. in den Bildern 1 bis 3 auf Seite 157 zu sehen ist. Die dort abgebildeten Bewegungsbahnen sind **erzwungene Bewegungsbahnen,** da sie durch maschinelle Vorrichtungen, d. h. durch eine begrenzte Zahl von Freiheitsgraden, in ihre Form „gezwungen" werden. Aber auch **freie Bewegungsbahnen,** wie z. B. **Wurfbahnen** von Körpern, lassen sich mit dem Grundsatz der Unabhängigkeit einfach ermitteln, so z. B.:

36.2 Der schiefe Wurf

Wird ein Körper, z. B. ein Stein oder ein Geschoss unter einem bestimmten Winkel zur Waagerechten, dem **Abwurfwinkel** α abgeworfen oder abgeschossen (Bild 2), spricht man von einem **schiefen Wurf.**

2

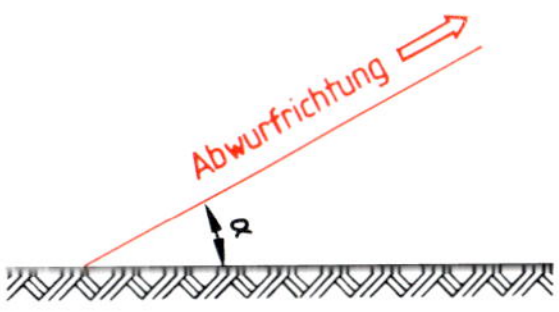

Dieser setzt sich aus zwei Einzelbewegungen zusammen, nämlich aus einer gleichförmigen Bewegung in Abwurfrichtung mit der Abwurfgeschwindigkeit v_0 und einer gleichmäßig beschleunigten Bewegung in Richtung Erdmittelpunkt. Dies bedeutet:

Die absolute Bewegung beim schrägen Wurf, d. h. der zurückgelegte Weg des Körpers, ergibt sich aus der vektoriellen Addition des Weges einer gleichförmigen Bewegung in Abwurfrichtung und des Weges einer gleichmäßig beschleunigten Bewegung in Richtung Erdmittelpunkt (freier Fall).

Es ist gemäß Bild 1:

$s = v_0 \cdot t$ in m (Weg in Abwurfrichtung α)

$h = \frac{g}{2} \cdot t^2$ in m (Weg in Richtung Erdmittelpunkt)

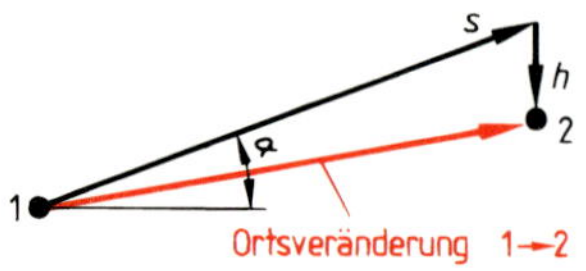

1

Dabei ist v_0 = Abwurfgeschwindigkeit in $\frac{m}{s}$ und t = Bewegungszeit in s.

Zu erwähnen ist noch, dass der beschriebene Sachverhalt exakt nur im Vakuum gegeben ist.

M 100. Ein Körper wird unter dem Winkel $\alpha = 30°$ gegen die Horizontale schräg nach oben geworfen. Die Abwurfgeschwindigkeit beträgt $v_0 = 40$ m/s. Zeichnen Sie die Wurfbahn mit Hilfe des Grundsatzes der Unabhängigkeit und ohne Berücksichtigung der Luftreibung.

Lösung:

Die absolute Bewegung, d. h. die tatsächliche Ortsveränderung, setzt sich aus einer gleichförmigen Bewegung mit $v_0 = 40$ m/s, d. h. mit $s = v_0 \cdot t = 40$ m (pro Sekunde) und einem freien Fall, d. h. einer gleichmäßig beschleunigten Bewegung, deren Wege nach der Gleichung $h = \frac{g}{2} \cdot t^2$ berechnet werden können, zusammen. Oder anders ausgedrückt: Ohne Berücksichtigung der Erdanziehungskraft und des Luftwiderstandes würde der Körper pro Sekunde 40 m in Richtung des Abwurfwinkels α (Bild 2, Seite 161) zurücklegen. Dieser Bewegung überlagert sich jedoch der freie Fall, d. h., dass **zwei Bewegungen gleichzeitig** ablaufen. Die Fallwege werden nun berechnet und in eine Wertetabelle eingetragen. Dabei wird näherungsweise mit $g = 10$ m/s^2 gerechnet. Anschließend wird die Bahnkurve maßstäblich gezeichnet (Bild 2):

Zeit t in s	**Fallweg $h = \frac{g}{2} \cdot t^2$ in m**
1	5
2	20
3	45
4	80
5	125

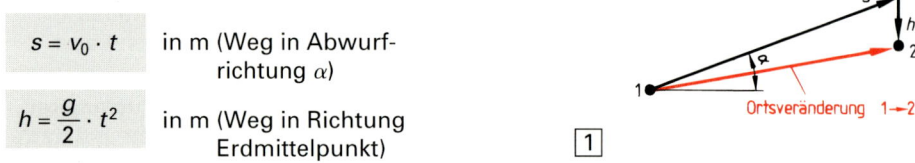

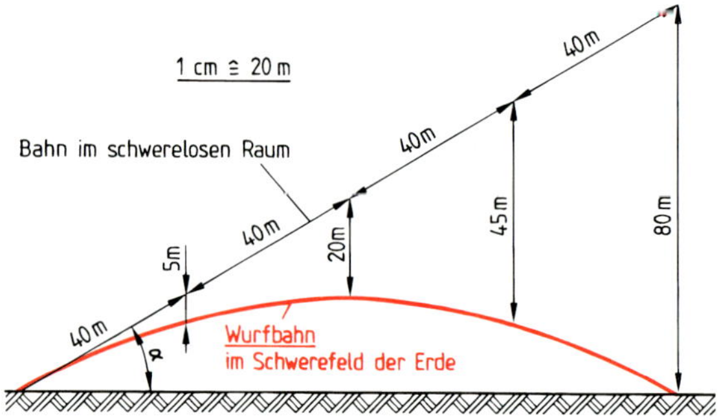

2

Anmerkung 1: Vergleicht man einmal im Bild 2 die Bahn im schwerelosen Raum mit der tatsächlichen Wurfbahn, erhält man in etwa ein Gefühl für die „Erdgebundenheit" der Menschen durch das Schwerefeld der Erde.

Anmerkung 2: Bei der Wurfbahn handelt es sich um eine Parabel, die als **Wurfparabel** bezeichnet wird. Mit Berücksichtigung der Luftreibung ergibt sich daraus eine **ballistische Kurve** (siehe Lektion 37).

36.2.1 Zerlegen eines Vektors in seine Komponenten

Ebenso wie man zwei Vektoren zu einem Summenvektor zusammensetzen kann, ist es umgekehrt möglich, einen Vektor in zwei einzelne Vektoren zu zerlegen, die dann als **Vektorkomponenten** bezeichnet werden (s. Lektion 7). Wie dies möglich ist, zeigt Bild 1. Daraus ist aber auch zu ersehen, dass jeder Vektor in eine beliebige Anzahl Paare von Vektorkomponenten zerlegt werden kann, d. h., es liegt keine Eindeutigkeit vor. Bild 2 hingegen zeigt, dass eine eindeutige Zerlegung eines Vektors in Vektorkomponenten immer dann möglich ist, wenn die Richtungen der Vektorkomponenten bekannt sind. Im Bild 2 sind dies die horizontale und die vertikale Richtung, und die Vektorkomponenten heißen deshalb (entsprechend Lektion 7) **Horizontalkomponente** oder **x-Komponente** bzw. **Vertikalkomponente** oder **y-Komponente.**

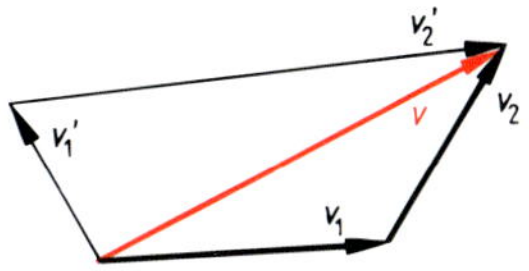

1

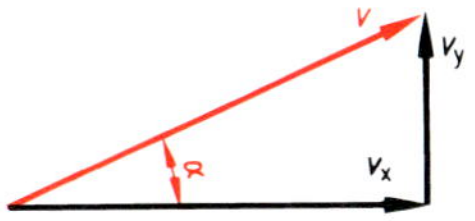

2

Ein Vektor ist stets dann eindeutig in seine Komponenten zerlegbar, wenn die Richtungen beider Komponenten bekannt sind.

Mit den Regeln der Trigonometrie ergibt sich in Verbindung mit Bild 2 für die

Horizontalkomponente (x-Komponente) $v_x = v \cdot \cos\alpha$ **163–1** in $\frac{m}{s}$

Vertikalkomponente (y-Komponente) $v_y = v \cdot \sin\alpha$ **163–2** in $\frac{m}{s}$

M 101. Ermitteln Sie unter Berücksichtigung des Punktes 36.2.1 eine Gleichung für die Berechnung der Wurfweite x_W. Hierunter versteht man die horizontale Entfernung zwischen Abwurf- und Aufschlagpunkt.
Des Weiteren ist die Frage zu beantworten, unter welchem Abwurfwinkel α die größte Wurfweite erreicht wird.

Lösung:

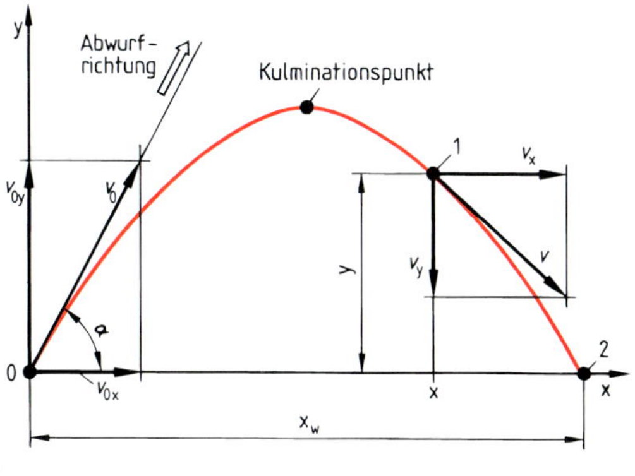

3

Bei der Berechnung der **Wurfweite** ist es zweckmäßig, die Wurfbahn zunächst in ein rechtwinkliges Koordinatensystem (Bild 3) zu zeichnen. Dieses Bild zeigt die Zerlegung der Abwurfgeschwindigkeit v_0, die im Abwurfpunkt 0 ja noch der Absolutgeschwindigkeit entspricht und die Zerlegung der Absolutgeschwindigkeit in einem beliebigen Punkt 1 in ihre Horizontalkomponente (v_{0x} bzw. v_x) und ihre Vertikalkomponente (v_{0y} bzw. v_y). Es wird nun so verfahren, dass die beiden Einzelbewegungen des schiefen Wurfes jeweils in ihre x- und y-Komponente zerlegt werden.

Zerlegung der gleichförmigen Abwurfgeschwindigkeit v_0 in ihre x- und y-Komponente:

$v_{0x} = v_0 \cdot \cos \alpha$ $\quad v_{0y} = v_0 \cdot \sin \alpha$

Zerlegung der Fallgeschwindigkeit v_f in ihre x- und y-Komponente:

$v_{fx} = 0$ $\quad v_{fy} = -g \cdot t$ ⟶ Das Minuszeichen zeigt an, dass v_{fy} entgegen v_{0y} gerichtet ist.

Der freie Fall verläuft ausschließlich in y-Richtung.

Durch das Zusammensetzen dieser Geschwindigkeitskomponenten erhält man die Geschwindigkeiten in x- und y-Richtung. Es ist

$v_x = v_{0x} + v_{fx} = v_0 \cdot \cos \alpha + 0$. Somit:

Geschwindigkeit in x-Richtung $\quad v_x = v_0 \cdot \cos \alpha$ $\quad$ 164–1 $\quad$ in $\frac{\text{m}}{\text{s}}$

$v_y = v_{0y} + v_{fy} = v_0 \cdot \sin \alpha - g \cdot t$. Somit:

Geschwindigkeit in y-Richtung $\quad v_y = v_0 \cdot \sin \alpha - g \cdot t$ $\quad$ 164–2 $\quad$ in $\frac{\text{m}}{\text{s}}$

Berücksichtigt man, dass sich die Absolutbewegung aus einer gleichförmigen und einer gleichmäßig beschleunigten Bewegung zusammensetzt, dann ergibt sich für die seit dem Abwurf zurückgelegten Wege in x- und y-Richtung das Folgende:

Weg in x-Richtung $\quad x = v_0 \cdot \cos \alpha \cdot t$ $\quad$ 164–3 $\quad$ in m

Weg in y-Richtung $\quad y = v_0 \cdot \sin \alpha \cdot t - \frac{g}{2} \cdot t^2$ $\quad$ 164–4 $\quad$ in m

Die **Wurfzeit** t_w erhält man, indem man in Gleichung 164–4 den Weg in y-Richtung Null setzt, d. h. y = 0, denn am Ende der Bewegung (Punkt 2 in Bild 3, Seite 163) ist die gleiche Höhe wie im Punkt 0, nämlich y = 0, wieder erreicht.

Mit $y = v_0 \cdot \sin \alpha \cdot t - \frac{g}{2} \cdot t^2 = 0$ ergibt sich für die

Wurfzeit $\quad t_w = \frac{2 \cdot v_0 \cdot \sin \alpha}{g}$ $\quad$ 164–5

t	v_0	g
s	$\frac{\text{m}}{\text{s}}$	$\frac{\text{m}}{\text{s}^2}$

Man erhält schließlich die **Wurfweite** x_w, wenn man die Wurfzeit t_w in die Gleichung für den Weg in x-Richtung (164–3) einsetzt:

$$x_w = v_0 \cdot \cos \alpha \cdot t_w = v_0 \cdot \cos \alpha \cdot \frac{2 \cdot v_0 \cdot \sin \alpha}{g}$$

Mit $2 \cdot \sin \alpha \cdot \cos \alpha = \sin 2\alpha$ (siehe Trigonometrie) erhält man für die

Wurfweite $\quad x_w = \frac{v_0^2 \cdot \sin 2\alpha}{g}$ $\quad$ 164–6 $\quad$ in m

Aus Gleichung 164–6 ist zu erkennen, dass die Wurfweite x_w dann ihren größten Wert hat, wenn $\sin 2\alpha$ den Größtwert hat. Dies ist bei $\alpha = 45°$, d. h. bei $2\alpha = 90°$ der Fall, denn $\sin 90° = 1$. Daraus folgt:

Beim schrägen Wurf wird die größte Wurfweite x_w bei einem Abwurfwinkel $\alpha = 45°$ erreicht.

DYNAMIK

36.3 Der waagerechte Wurf

Beim **waagerechten Wurf** liegt ein spezieller Fall des schrägen Wurfes, nämlich der mit dem Abwurfwinkel $\alpha = 0°$ vor. Aus diesem Grund wird an dieser Stelle lediglich mit einer Musteraufgabe auf den waagerechten Wurf eingegangen:

M 102. Ein Körper wird in 200 m Höhe mit $v_0 = 20$ m/s horizontal abgeworfen.

a) Ermitteln Sie eine Gleichung für die Wurfbahn, und zwar $s_y = f(s_x)$, d. h. Weg in y-Richtung in Abhängigkeit des Weges in x-Richtung.

b) Berechnen Sie die horizontale Entfernung s_x des Aufschlagpunktes von der Abwurfstelle.

c) Berechnen Sie die Zeit t vom Abwurf bis zum Aufschlag.

d) Zeichnen Sie die Wurfbahn maßstäblich.

Lösung:

a) Die absolute Bewegung setzt sich aus zwei Einzelbewegungen zusammen. Dies sind

α) eine gleichförmige horizontale Bewegung mit $v_0 = v_x = 20$ m/s, d. h. $s_x = v_0 \cdot t$,

β) eine gleichmäßig beschleunigte senkrechte Bewegung (freier Fall) mit $s_y = \frac{g}{2} \cdot t^2$.

Die Bewegung α liefert: $s_x = v_0 \cdot t \longrightarrow t = \frac{s_x}{v_0}$. Setzt man diese Beziehung in die Gleichung für s_y ein, so erhält man:

$$s_y = \frac{g}{2} \cdot t^2 = \frac{g}{2} \cdot \left(\frac{s_x}{v_0}\right)^2, \text{ d. h. } s_y = f(s_x):$$

senkrechter Weg $$s_y = \frac{g}{2} \cdot \frac{s_x^2}{v_0^2} \qquad \boxed{165\text{–}1} \qquad \text{in m}$$

b) Bis zum Aufschlag muss der Weg $s_y = 200$ m zurückgelegt worden sein. Somit:

$$s_y = \frac{g}{2} \cdot \frac{s_x^2}{v_0^2} = 200\text{ m} \longrightarrow s_x = \sqrt{\frac{200\text{ m} \cdot 2 \cdot v_0^2}{g}}$$

$$s_x = \sqrt{\frac{200\text{ m} \cdot 2 \cdot \left(20\,\frac{\text{m}}{\text{s}}\right)^2}{9{,}81\,\frac{\text{m}}{\text{s}^2}}} = \sqrt{16\,309{,}9\text{ m}^2}$$

$$\mathbf{s_x = 127{,}71\text{ m}}$$

c) $$s_x = v_0 \cdot t \longrightarrow t = \frac{s_x}{v_0} = \frac{127{,}71\text{ m}}{20\,\frac{\text{m}}{\text{s}}}$$

$$\mathbf{t = 6{,}3855\text{ s}}$$

Probe: $s_y = \frac{g}{2} \cdot t^2$

$$s_y = \frac{9{,}81}{2}\,\frac{\text{m}}{\text{s}^2} \cdot (6{,}3855\text{ s})^2$$

$$\mathbf{s_y = 200\text{ m}}$$

d) Einige Bahnpunkte (Bild 1) werden nun nach Gleichung 165–1 berechnet:

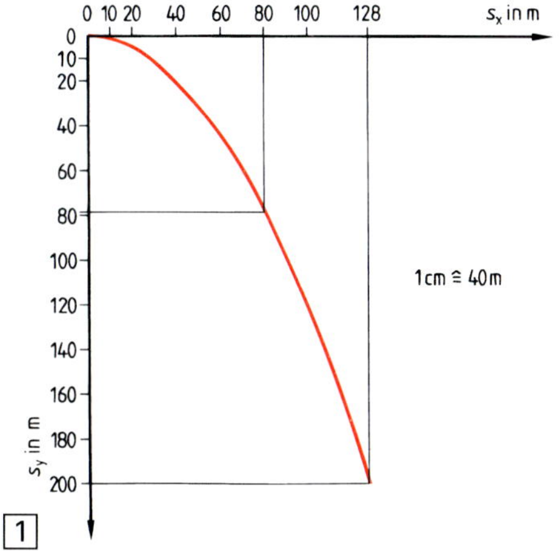

1

s_x in m	10	20	40	80	100	127,71
s_y in m	1,226	4,905	19,62	78,48	122,6	200

DYNAMIK

Ü 171. Was versteht man unter dem Grundsatz der Unabhängigkeit?

Ü 172. Nach welchem Gesichtspunkt erfolgt die Zusammensetzung mehrerer Einzelgeschwindigkeiten zur Absolutgeschwindigkeit?

Ü 173. Ein Flugzeug hat eine Eigengeschwindigkeit v_E = 600 km/h. Senkrecht zur Flugrichtung wird eine Windgeschwindigkeit v_W = 80 km/h gemessen. Zeichnen Sie das Parallelogramm der Geschwindigkeiten, und berechnen Sie die tatsächliche Fluggeschwindigkeit.

Ü 174. Berechnen Sie mit den Werten der Musteraufgabe M100., Seite 162 für t = 3 s die Geschwindigkeitskomponenten v_x und v_y sowie die absolute Geschwindigkeit v

a) bei $\alpha = 30°$,
b) bei $\alpha = 45°$.

Ü 175. Aus welchen Einzelbewegungen setzen sich die folgenden Absolutbewegungen zusammen?

a) Senkrechter Wurf nach unten,
b) Waagerechter Wurf,
c) Schräger Wurf.

Ü 176. Ein Rettungshubschrauber fliegt mit v = 80 km/h in horizontaler Richtung. Er hat eine Flughöhe von 45 m und soll einen Lebensmittelvorrat abwerfen. In wieviel m horizontaler Entfernung (s_x) muss der Lebensmittelsack abgeworfen werden? Luftwiderstand vernachlässigen!

DYNAMIK

V 191. Der Kreuzschlitten eines Bohrwerkes wird in seiner Längsrichtung mit einer Geschwindigkeit v_x = 1,8 m/min gefahren. In Querrichtung beträgt die Geschwindigkeit v_y = 1,2 m/min.

Ermitteln Sie zeichnerisch und rechnerisch die Absolutgeschwindigkeit.

V 192. Beim schiefen Wurf gilt: $v_y = v_0 \cdot \sin\alpha - g \cdot t$.

Ermitteln Sie mit Hilfe dieser Gleichung eine Gleichung für die Steigzeit t_h, d. h. die Zeit bis zum Erreichen der maximalen Höhe, dem sog. **Kulminationspunkt.**

V 193. Berechnen Sie für einen schiefen Wurf mit v_0 = 40 m/s und $\alpha = 30°$

a) die Steigzeit t_h,
b) die Wurfzeit t_W,
c) die Wurfweite x_W.

Welche Feststellung machen Sie beim Vergleich von a) und b)?

V 194. Ein Körper wird im Punkt 1 (Bild 1) mit v_0 unter dem Winkel α schräg nach oben geworfen. Zur gleichen Zeit, in der dieser Körper den Punkt 1 verlässt, setzt sich im Punkt 2 ein zweiter Körper durch einen freien Fall in Bewegung.

Treffen sich die beiden Körper?

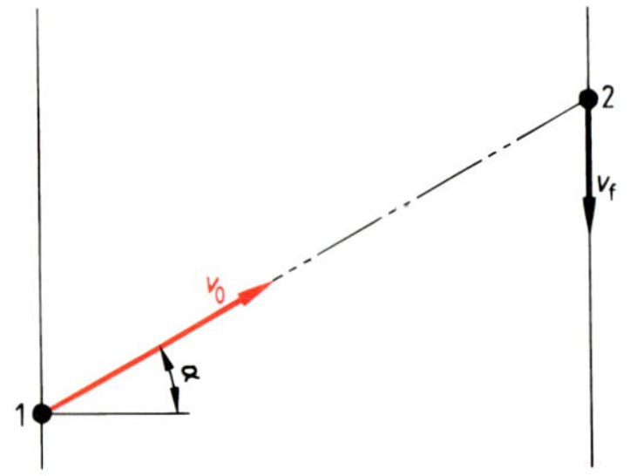

1

V 195. Mit welcher Horizontalgeschwindigkeit v_x muß ein Körper horizontal abgeworfen werden, damit der Aufschlagpunkt s_y = 10 m unter, und s_x = 50 m neben dem Abwurfpunkt liegt?

Kraft und Masse

Lektion 37 Trägheit der Körper

Die **Wirkungen der Kraft auf einen Körper** wurden bereits in Lektion 2 besprochen. Anhand von Beispielen wurde dort erkannt:

Kräfte sind die Ursachen von Verformungen, d. h. von Deformationen der Körper und von Änderungen des Bewegungszustandes, d. h. von Beschleunigungen oder Verzögerungen.

Da die **Technische Mechanik** als Anwendung des physikalischen Teilgebietes Mechanik in der Technik, d. h. als technische Hilfswissenschaft zu verstehen ist, werden die beiden Kraftwirkungen sinnvoll dort betrachtet, wo auch die praktischen technischen Anwendungsfälle liegen:

Kraft als Ursache von Verformungen

Festigkeitslehre

Auf diesen Sachverhalt gehen die Lektionen 56 bis 70 ein. Bild 1 zeigt ein Beispiel, und zwar eine Feder in unbelastetem Zustand ① und in einem durch eine Kraft *F* verformten Zustand ②.

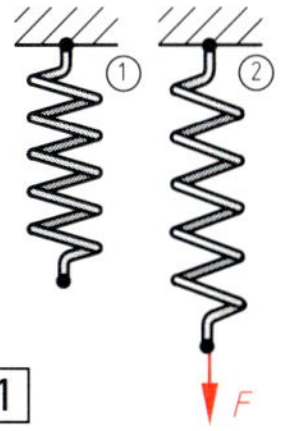

1

Kraft als Ursache von Beschleunigungen

Dynamik

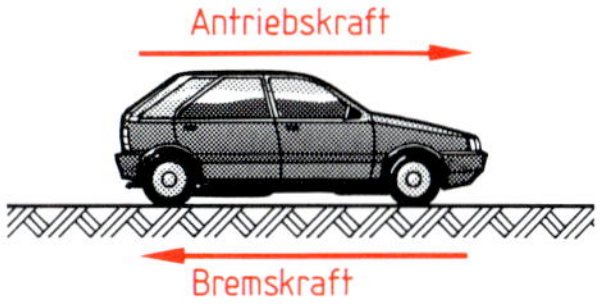

2

Aus dem im Bild 2 abgebildeten Beispiel ist die beschleunigende bzw. verzögernde Wirkung einer Kraft zu erkennen.

Diese Lektion 37 sowie die folgenden Lektionen 38 und 39 gehen auf die **Kraft als Ursache der Änderung eines Bewegungszustandes** ein und machen auch Aussagen bezüglich des **gesetzmäßigen Zusammenhangs zwischen Kraft und Masse.** Ziel ist es also, mit einem physikalischen Gesetz eine eindeutige Aussage über die folgende Erfahrungstatsache zu machen:

Je größer eine Masse, d. h. je größer die Stoffmenge ist, desto größer muß die Kraft sein, die eine bestimmte Änderung des Bewegungszustandes herbeiführt.

Beispiel: Schwingen einer großen bzw. einer kleinen Glocke.

37.1 Das erste Newton'sche Axiom

Bereits in der griechischen Mathematik hat man unter einem **Axiom** einen unmittelbar einleuchtenden Grundsatz verstanden. Es handelt sich also um ein **Erfahrungsgesetz**.

3

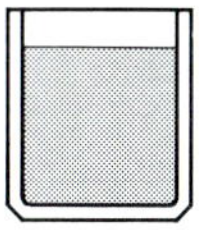

4

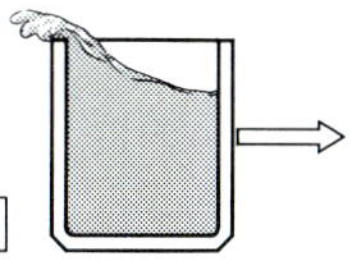

Bezüglich der Wirkungen der Kräfte hat **Newton (1643 bis 1727)** ein Axiomensystem – bestehend aus drei Axiomen – aufgestellt. Das **erste Newton'sche Axiom** wird auch **Trägheitsgesetz** oder **Beharrungsgesetz** genannt. Dieses Grundprinzip der Mechanik soll mit Hilfe eines Versuches verdeutlicht werden: Bild 3 zeigt ein mit Wasser gefülltes Gefäß im Zustand der Ruhe. Wird das Gefäß ruckartig zur Seite bewegt (Bild 4), so schwappt das Wasser auf der der Bewegungsrichtung gegenüberliegenden Seite über den Gefäßrand. Das Wasser widersetzt sich der Bewegung, es „versucht", im Zustand der Ruhe zu beharren. Dieses träge, beharrende Verhalten einer in Bewegung versetzten Masse erklärt die Bezeichnungen **Trägheitsgesetz** oder **Beharrungsgesetz.** In diesem Zusammenhang spricht man auch von der **trägen Masse.**

Diese **Massenträgheit** zeigen nicht nur ruhende Massen, sondern auch solche, die sich gleichförmig bewegen. Würden z. B. auf den mit einer bestimmten Geschwindigkeit fahrenden Pkw (Bild 2, Seite 167) weder Antriebs- noch Beschleunigungskraft wirken, dann würde sich die Geschwindigkeit auch nicht verändern. Diese Gesetzmäßigkeit der Massenträgheit wurde bereits von **Galilei (1564 bis 1642)** erkannt und von Newton formuliert. Das erste Newton'sche Axiom lautet somit:

Der Zustand der Ruhe oder der gleichförmigen Bewegung wird von einem Körper so lange beibehalten, wie keine Kraft auf ihn wirkt.

Am Beispiel des schiefen Wurfes (Lektion 36) soll das Trägheitsgesetz nochmals erläutert werden: Ein schräg geworfener Körper würde sich ohne die Wirkung der Erdanziehungskraft geradlinig in Abwurfrichtung bewegen. Dies zeigt Bild 1. Die wirkende Erdanziehungskraft hat jedoch zur Folge, dass sich die gerade Wurfbahn zur Wurfparabel krümmt (Bild 2). Durch den außerdem noch wirkenden Luftwiderstand wird aus der Wurfparabel die tatsächliche Wurfbahn, die man als **ballistische Kurve** (Bild 3) bezeichnet.

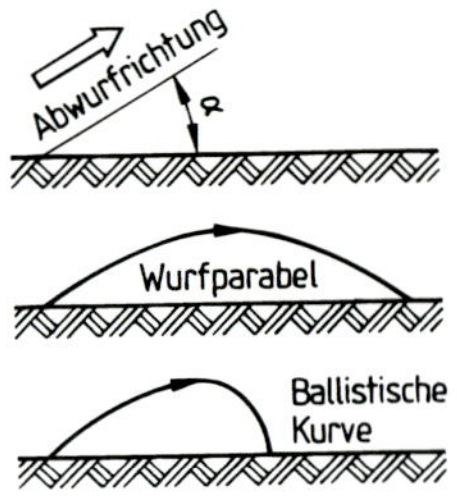

1 2 3

37.2 Das zweite Newton'sche Axiom

Ebenfalls auf die Massenträgheit ist es zurückzuführen, dass man beim Beschleunigen eines Autos in den Sitz gepresst, während man beim Verzögern, d. h. beim Bremsen vom Sitz abgehoben wird. Der naturgesetzmäßige Zusammenhang zwischen der **Beschleunigung** *a*, der beschleunigten **Masse** *m* und der durch die Beschleunigung auf die Masse wirkenden **Kraft** *F* wird durch das **zweite Newton'sche Axiom** beschrieben. Dieses wird auch als **Newton'sches Grundgesetz** oder **Dynamisches Grundgesetz** bezeichnet. Mit einer Versuchsanordnung gemäß Bild 4 ist es möglich, den bestehenden Zusammenhang $F = f(m, a)$ nachzuvollziehen: Ein Wagen mit veränderbarer Masse *m* wird durch verschieden große Kräfte *F* beschleunigt. Dabei wird die für eine bestimmte Wegstrecke *s* – z. B. 1 m – benötigte Zeit gemessen, wodurch die Beschleunigung *a* errechnet werden kann. Ein **Versuchsporotokoll** könnte dann wie folgt aussehen:

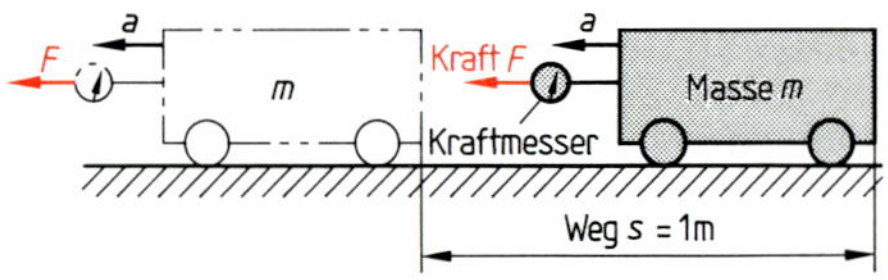

4

F in N	*m* in kg	*t* in s	*s* in m ($s = \frac{a}{2} \cdot t^2$) ⟶	$a = \frac{2 \cdot s}{t^2}$ in $\frac{m}{s^2}$
1,0	1,0	1,4	1,0	1,0
0,5	0,5	1,4	1,0	1,0
1,0	2,0	2,0	1,0	0,5
I	II			III

Multipliziert man die Spalten II und III, dann ergibt sich als Ergebnis die Spalte I und damit das zweite Newton'sche Axiom (Newton'sches Grundgesetz), mit der üblichen Bezeichnung

Dynamisches Grundgesetz

Wird einer Masse *m* die Beschleunigung *a* zuteil, dann ist eine Kraft *F* erforderlich, die gleich dem Produkt aus der Masse *m* und der Beschleunigung *a* ist.

Die der Beschleunigungskraft entgegengerichtete Kraft heißt **Massenträgheitskraft**.

Massenträgheitskraft $F = m \cdot a$ 169–1

F	m	a
N	kg	$\frac{\text{m}}{\text{s}^2}$

Bereits in Lektion 2 wurde die **Einheit der Kraft** angegeben. Es ist also bekannt:

Die Einheit der Kraft ist das Newton mit dem Einheitenzeichen N.

M 103. Ein Pkw mit der Masse m = 2000 kg hat eine Fahrgeschwindigkeit v = 72 km/h. Er wird auf einer Strecke s = 120 m gleichmäßig verzögert, und zwar bis zum Stillstand. Berechnen Sie die Bremskraft F_{Br}, wenn Fahr- und Luftwiderstand unberücksichtigt bleiben.

Lösung: $F_{Br} = m \cdot a = m \cdot \frac{v^2}{2 \cdot s} = 2000\ \text{kg} \cdot \frac{\left(\frac{72}{3{,}6}\ \frac{\text{m}}{\text{s}}\right)^2}{2 \cdot 120\ \text{m}} = 2000\ \text{kg} \cdot 1{,}66\bar{6}\ \frac{\text{m}}{\text{s}^2}$

$\boldsymbol{F_{Br} = 3333{,}3\ \text{N}}$

37.2.1 Die Krafteinheit

Obwohl bereits mit der Krafteinheit gerechnet wurde (werden musste), soll in Verbindung mit dem Grundgesetz der Mechanik nochmals darauf eingegangen werden. Dazu das Folgende:
Es ist bereits bekannt, dass es zur Messung einer physikalischen Größe einer Maßeinheit bedarf. Für den speziellen Fall einer Kraftmessung bedeutet dies, dass eine **Krafteinheit** definiert werden muss. Dies ist gut mit Hilfe des Grundgesetzes der Mechanik möglich, und im Einheitengesetz ist die Krafteinheit folgendermaßen definiert:

Die abgeleitete Einheit der Kraft ist das Newton (Einheitenzeichen: N). 1 Newton ist gleich der Kraft, die einem Körper mit der Masse 1 kg die Beschleunigung 1 m/s² erteilt.

Damit (siehe auch Lektion 2) lässt sich die SI-Krafteinheit Newton auf Basiseinheiten zurückführen, und zwar wie folgt

$$[\boldsymbol{F}] = [m] \cdot [a] = 1\ \text{kg} \cdot 1\ \frac{\text{m}}{\text{s}^2} = \mathbf{1\ \frac{kgm}{s^2}}$$

$$1\ \text{Newton} = 1\ \text{N} = 1\ \frac{\text{kgm}}{\text{s}^2}$$

Auf die früher übliche, jedoch heute nicht mehr zulässige **Krafteinheit Kilopond** (Einheitenzeichen: kp) wurde bereits in Lektion 2 hingewiesen.

37.2.2 Die Gewichtskraft

Aus den Betrachtungen beim freien Fall ist bekannt, dass im Schwerefeld der Erde – und natürlich auch im Schwerefeld anderer Himmelskörper – die **Gewichtskraft** F_G auf den Körper wirkt. Unter dem Einfluss dieser Gewichtskraft wird die Körpermasse beim freien Fall mit der **Erdbeschleunigung** g (siehe Lektion 34) in Richtung Erdmittelpunkt beschleunigt, und in diesem Zusammenhang spricht man dann von der **schweren Masse**.
Wendet man nun das Grundgesetz der Mechanik (2. Newton'sches Axiom) an, dann ist zu erkennen, dass bei einem frei fallenden Körper zwischen seiner Gewichtskraft F_G, seiner Masse m und der Erdbeschleunigung g ein Zusammenhang besteht, denn vergleicht man die Beschleunigungskraft mit der Gewichtskraft, dann gilt:

$$\boldsymbol{F} \triangleq F_G$$
$$\boldsymbol{a} \triangleq g$$

Somit ergibt sich in Analogie zur Beschleunigungskraft die

Gewichtskraft (Schwerkraft) $F_G = m \cdot g$ 170–1

F_G	m	g
N	kg	$\frac{m}{s^2}$

Unter der Gewichtskraft bzw. der Schwerkraft F_G wird die Kraft verstanden, mit der ein Körper von der Erde angezogen wird.

Aus Gleichung 170–1 ergibt sich für die

Masse $m = \frac{F_G}{g}$ 170–2

m	F_G	g
kg	$N = \frac{kgm}{s^2}$	$\frac{m}{s^2}$

Eine weitere wichtige physikalische Größe ist die

Dichte $\rho = \frac{m}{V}$ 170–3

ρ	m	V
$\frac{kg}{m^3}$	kg	m^3

Unter der **Dichte** versteht man die auf das **Volumen bezogene Masse.**

M104. Eine aus einer Legierung hergestellte Kugel hat einen Durchmesser von $d = 10$ cm. Das Gewicht der Kugel beträgt $F_G = 28$ N. Wie groß ist die Dichte ρ der Legierung?

Lösung:

$$\rho = \frac{m}{V} = \frac{\frac{F_G}{g}}{V} = \frac{F_G}{g \cdot V} = \frac{F_G}{g \cdot \frac{\pi}{6} \cdot d^3} = \frac{6 \cdot F_G}{g \cdot \pi \cdot d^3} = \frac{6 \cdot 28\ \text{N}}{9{,}81\ \text{m/s}^2 \cdot \pi \cdot (0{,}1\ \text{m})^3}$$

$$\boldsymbol{\rho = 5451{,}2\ \frac{kg}{m^3} = 5{,}4512\ \frac{kg}{dm^3}}$$

Das auf Seite 167 angesprochene **Newton'sche Axiomensystem** besteht – wie gesagt – aus drei Axiomen. Während sich die beiden ersten Axiomen auf die **Trägheit der Massen** beziehen, sagt das dritte Newton'sche Axiom etwas über die **Wechselwirkung zwischen den Massen** aus. Es ist das in Lektion 4 besprochene **Wechselwirkungsgesetz**.

Ü177. Wie erklären Sie sich die Wirkung von Rüttelsieben, z. B. Sandsieben (das Siebgut befindet sich dabei in ruckartig hin- und herbewegten Sieben)?

Ü178. Eine Maschine mit der Masse $m = 250$ kg wird im Rahmen einer Reparaturarbeit in einem Aufzug nach unten und später wieder nach oben befördert. Die kurzzeitige Beschleunigung beträgt jeweils $a = 2{,}5\ \frac{m}{s^2}$. Berechnen Sie die Belastung des Aufzugbodens während der Beschleunigungsphase a) nach unten, b) nach oben.

Ü179. An einem Laufkran hängt an einer Kette eine Masse von $m = 500$ kg (Bild 1). Der Kran beschleunigt in der angegebenen Richtung in 2 Sekunden von 0 auf 300 m/min. Berechnen Sie

a) die Massenträgheitskraft F,
b) die Gewichtskraft F_G,
c) den Neigungswinkel α der Lastkette bezogen auf die Senkrechte,
d) die Größe der resultierenden Kraft F_r, mit der die Last während der Beschleunigung auf die Kette wirkt.

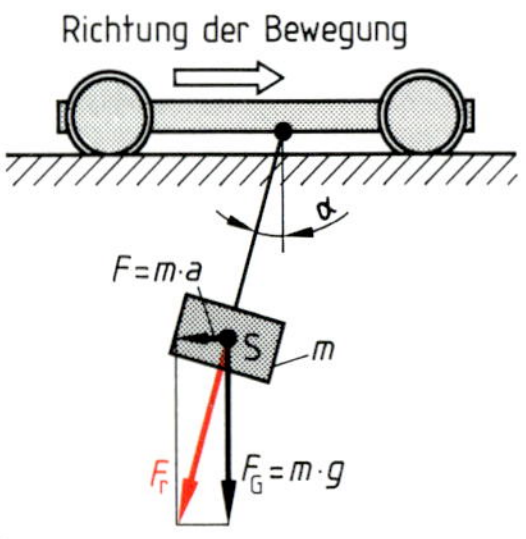

1

Ü 180. Das Wechselwirkungsgesetz (3. Newton'sches Axiom) in einer etwas anderen Formulierung:

Kräfte treten immer paarweise auf. Sie sind gleich groß, aber entgegengesetzt gerichtet.

Versuchen Sie Beispiele hierfür zu finden, die dies belegen.

V 196. Wie ist es zu erklären, dass sich Raumfahrzeuge, die sich außerhalb der Anziehungskräfte von Himmelskörpern (Gravitationskräfte) befinden, geradlinig fortbewegen? Welche Antriebskraft ist für eine solche Bewegung erforderlich, wenn man einmal annimmt, dass sich das betrachtete Raumfahrzeug durch das praktisch luftleere Weltall bewegt?

V 197. Um die Belastbarkeit von Menschen durch Beschleunigungskräfte zu testen, wurden auf verfestigten amerikanischen Salzseen diesbezüglich Versuche mit Hilfe von Raketenschlitten durchgeführt. Welche Schubkraft ist erforderlich, um einen Raketenschlitten mit der Masse $m = 280$ kg mit der dreifachen Erdbeschleunigung horizontal zu beschleunigen?

V 198. Auf dem Tisch einer Hobelmaschine mit der Masse $m_1 = 100$ kg ist ein Werkstück mit der Masse $m_2 = 60$ kg befestigt. Dieses System bewegt sich mit $v = 34$ m/min und wird auf einem Weg $s = 60$ mm bis zum Stillstand gleichmäßig abgebremst. Wie groß ist die dazu erforderliche Kraft?

V 199. Wie unterscheidet sich die Beschleunigungskraft von der Massenträgheitskraft?

V 200. Berechnen Sie die Gewichtskraft F_G eines Körpers mit der Masse $m = 10$ kg am Ort der normalen Fallbeschleunigung g_n.

V 201. Zwei Körper wirken mit Kräften aufeinander ein. Wie verhalten sich diese Kräfte, und durch welche Gesetzmäßigkeit wird dieses Verhalten beschrieben?

Lektion 38

Das Prinzip von d'Alembert

38.1 Erweitertes dynamisches Grundgesetz

Das Grundgesetz der Dynamik (Lektion 37) besagt, dass der Beschleunigungskraft F (Aktionskraft) die Massenträgheitskraft $m \cdot a$ (Reaktionskraft) entgegenwirkt. Diesen Sachverhalt zeigt nochmals Bild 1. Da beide Kräfte gleich groß sind und beide auf der gleichen Wirkungslinie liegen, herrscht in jedem Augenblick **Kräftegleichgewicht.** Somit ist

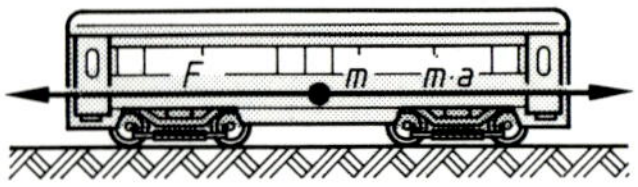

1

$$F - m \cdot a = 0$$

In Wirklichkeit wirken aber auf einen bewegten Körper noch weitere Kräfte, z. B. der **Luftwiderstand** und die **Reibungskräfte.** Diese Kräfte müssen bei einer Aussage über den Bewegungsablauf ebenfalls berücksichtigt werden, da andernfalls die Ergebnisse stark verfälscht sein können. Dabei ist in der Praxis der Luftwiderstand meist nur bei hohen Geschwindigkeiten oder bei sehr großen Angriffsflächen von Bedeutung.

Das erweiterte dynamische Grundgesetz berücksichtigt neben der Beschleunigungskraft und der Massenträgheitskraft auch alle anderen an einem Körper angreifenden Kräfte, und zwar in und entgegen der Bewegungsrichtung.

Bild 2 zeigt diese Betrachtungsweise unter Einbeziehung der Reibungskraft F_R. Nach dem Wechselwirkungsgesetz muss die Aktionskraft gleich der Summe der Reaktionskräfte sein, d. h.

$$F' = m \cdot a + F_R \quad \text{bzw.}$$

$$F' - m \cdot a - F_R = 0 \quad .$$

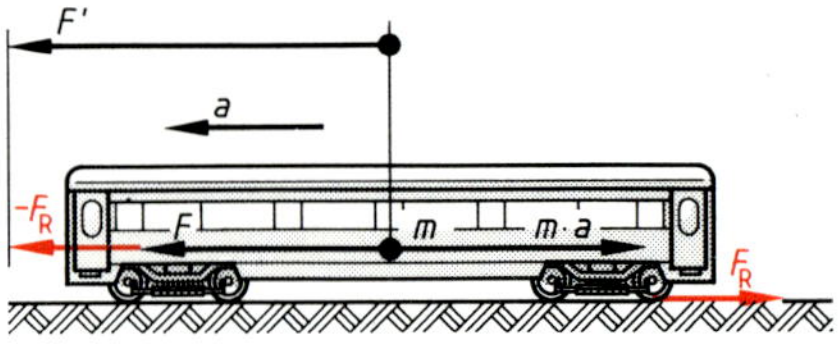

2

Die Annahme dieses Kräftegleichgewichtes wird als **Prinzip von d'Alembert,** nach dem französischen Physiker Jean **d'Alembert (1717 bis 1783)** bezeichnet. Somit:

Alle auf einen bewegten Körper wirkenden Kräfte in und entgegen der Bewegungsrichtung, einschließlich der Massenträgheitskraft $m \cdot a$, haben zusammengenommen den Wert Null.

Damit wird eine Aufgabe der Dynamik in eine Aufgabe der Statik überführt.

38.1.1 Bewegung auf horizontaler Bahn

Da die Reibungskraft der Bewegung grundsätzlich entgegengerichtet ist, ergeben sich die beiden folgenden Fälle:

beschleunigte Masse

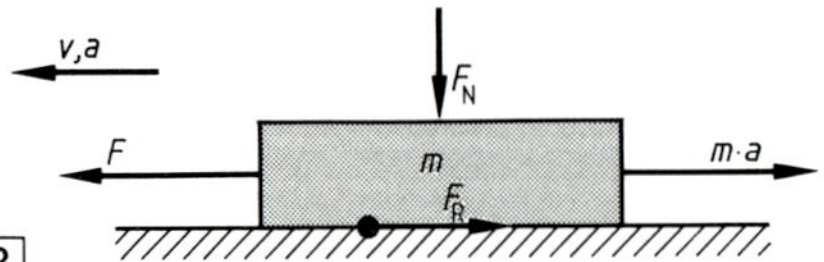

3

Aus $\Sigma F = 0$ ergibt sich:

$$F_R + m \cdot a - F = 0$$

F = Beschleunigungskraft

verzögerte Masse

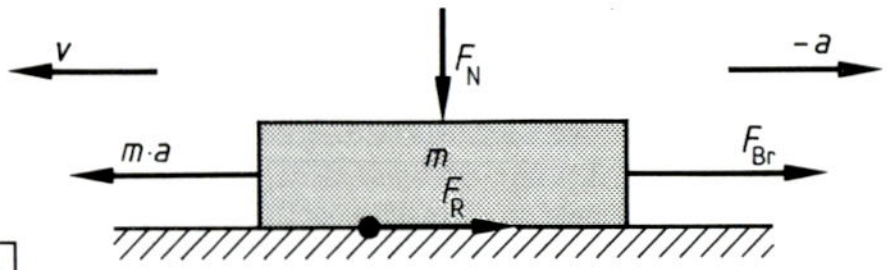

4

Aus $\Sigma F = 0$ ergibt sich:

$$F_R + F_{Br} - m \cdot a = 0$$

F_{Br} = Bremskraft

DYNAMIK

Bei der Wirkung weiterer Kräfte (in oder entgegen der Bewegungsrichtung) sind diese entsprechend zu berücksichtigen. So ist z. B. der Luftwiderstand – ebenso wie die Reibungskräfte – grundsätzlich der Bewegung des Körpers entgegengerichtet.

38.1.2 Bewegung auf vertikaler Bahn

Bild 1 zeigt die schematisierte Darstellung eines Aufzuges. In einem solchen **vertikalen Bewegungssystem** ist zusätzlich die **Gewichtskraft F_G zu berücksichtigen.**

Nach d'Alembert ist hier die Summe aller vertikalen Kräfte Null zu setzen, d. h.:

$$m \cdot a + F_G + F_R - F = 0$$

Damit erhält man für die

Seilzugkraft $F = m \cdot a + F_G + F_R$ 173–1

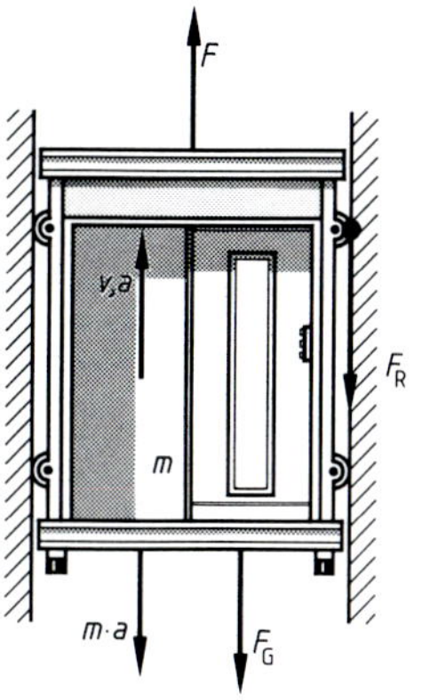

1

M 105. Zeichnen Sie für den im Bild 1 dargestellten Aufzug – mit den Kräften in bzw. entgegen der Bewegungsrichtung – ein Krafteck (unmaßstäblich), und geben Sie die Gleichung für die Berechnung der Seilzugkraft *F* bei den folgenden Fahrsituationen an:

a) Bewegung nach oben gleichförmig,
b) Bewegung nach oben verzögernd,
c) Bewegung nach unten beschleunigend,
d) Bewegung nach unten verzögernd.

Lösung:

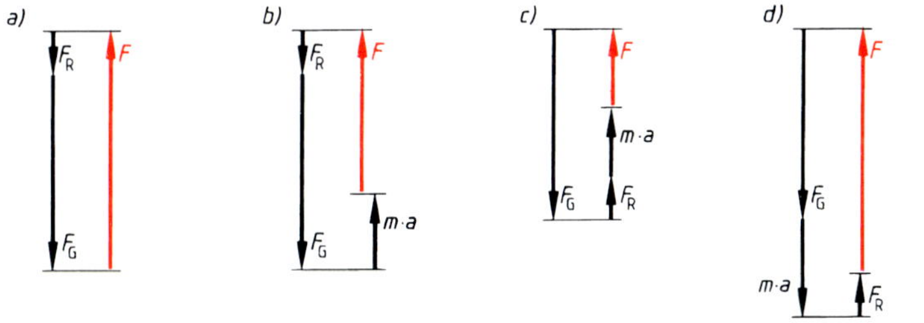

2

$F = F_G + F_R$ $\quad$ $F = F_G + F_R - m \cdot a$ $\quad$ $F = F_G - F_R - m \cdot a$ $\quad$ $F = F_G + m \cdot a - F_R$

M 106. Berechnen Sie die Antriebskraft für ein Kfz

a) ohne Berücksichtigung des Fahrwiderstandes,
b) mit Berücksichtigung des Fahrwiderstandes bei μ_F = 0,02, wenn dieses eine Masse m = 1800 kg hat und auf horizontaler Straße von 0 auf eine Geschwindigkeit v = 108 km/h beschleunigt wird. Beschleunigungszeit: 20 s.

Lösung:

a) $F = m \cdot a$

$F = 1800 \text{ kg} \cdot 1{,}5 \text{ m/s}^2 = 2700 \text{ kgm/s}^2$

$\boldsymbol{F = 2700 \text{ N}}$

$$\boldsymbol{a} = \frac{\Delta v}{\Delta t} = \frac{\dfrac{108}{3{,}6}\dfrac{\text{m}}{\text{s}}}{20 \text{ s}} = \frac{30 \dfrac{\text{m}}{\text{s}}}{20 \text{ s}} = \boldsymbol{1{,}5 \frac{\text{m}}{\text{s}^2}}$$

DYNAMIK

b) Bild 1 zeigt die am Kfz wirkenden Kräfte. Somit ist:

$F = m \cdot a + F_F$

$F = m \cdot a + \mu_F \cdot F_N$

$F = m \cdot a + \mu_F \cdot F_G$

$F = m \cdot a + \mu_F \cdot m \cdot g$

$F = m \cdot (a + \mu_F \cdot g)$

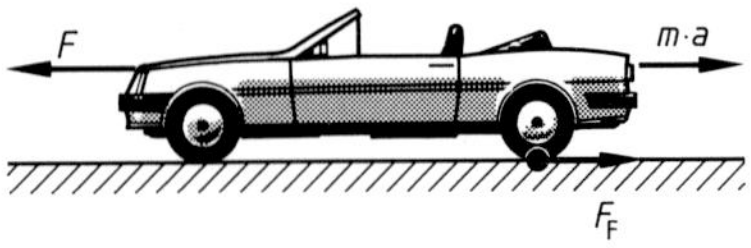

1

$$F = 1800\ \text{kg} \cdot \left(1{,}5\ \frac{\text{m}}{\text{s}^2} + 0{,}02 \cdot 9{,}81\ \frac{\text{m}}{\text{s}^2}\right) = 1800\ \text{kg} \cdot 1{,}6962\ \frac{\text{m}}{\text{s}^2} = 3053{,}16\ \frac{\text{kgm}}{\text{s}^2}$$

$\boldsymbol{F = 3053{,}16\ \text{N}}$

M 107. Das gleiche Kfz wie in M106., Seite 173 soll in 20 s von 108 km/h bis zum Stillstand abgebremst werden. Welche Bremskraft muss an den Rädern wirken?

Lösung:

Bild 2 zeigt, dass die Fahrwiderstandskraft beim Bremsen in die gleiche Richtung wie die Bremskraft wirkt. Somit:

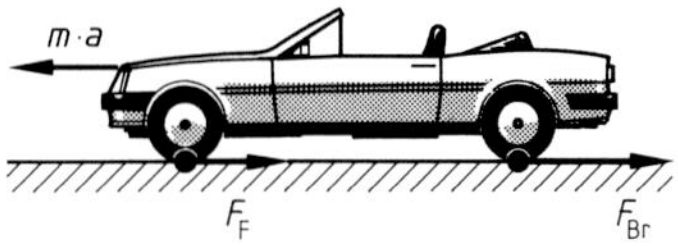

2

$F_{Br} + F_F = m \cdot a$

$F_{Br} = m \cdot a - F_F = m \cdot a - \mu_F \cdot m \cdot g = m \cdot (a - \mu_F \cdot g)$

$$\boldsymbol{F_{Br}} = 1800\ \text{kg} \cdot \left(1{,}5\ \frac{\text{m}}{\text{s}^2} - 0{,}02 \cdot 9{,}81\ \frac{\text{m}}{\text{s}^2}\right) = 1800\ \text{kg} \cdot 1{,}3038\ \frac{\text{m}}{\text{s}^2} = \mathbf{2346{,}84\ N}$$

DYNAMIK

M 108. Beim Stillstand eines Förderkorbes hängt am Lastseil eine Last $F_G = 29\,430$ N. Der Förderkorb wird auf einer Strecke von $s = 1{,}0$ m auf eine Fördergeschwindigkeit $v = 90$ m/min nach oben beschleunigt.

a) Zeichnen Sie einen Lageplan, und berechnen Sie die erforderliche Seilzugkraft während der Beschleunigung (ohne Reibung).

b) Berechnen Sie die Seilzugkraft, wenn mit $a = 2$ m/s² abgebremst wird.

Lösung:

a) Bild 3 zeigt den Lageplan. Danach ist:

$F_S = m \cdot a + F_G$

$$\boldsymbol{m} = \frac{F_G}{g} = \frac{29\,430\ \frac{\text{kgm}}{\text{s}^2}}{9{,}81\ \text{m/s}^2} = \mathbf{3000\ kg}$$

$$\boldsymbol{a} = \frac{v^2}{2 \cdot s} = \frac{\left(\frac{90}{60}\ \frac{\text{m}}{\text{s}}\right)^2}{2 \cdot 1\ \text{m}} = \mathbf{1{,}125\ \frac{m}{s^2}}$$

$$F_S = 3000\ \text{kg} \cdot 1{,}125\ \frac{\text{m}}{\text{s}^2} + 29\,430\ \text{N} = 3375\ \text{N} + 29\,430\ \text{N}$$

$\boldsymbol{F_S = 32\,805\ \text{N}}$

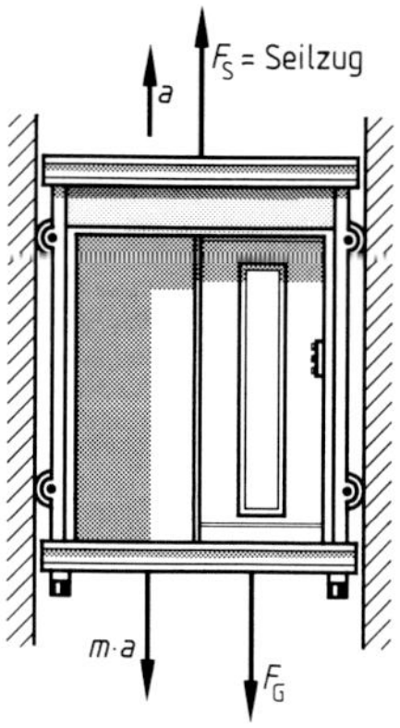

3

b) Die Massenträgheitskraft wirkt bei Verzögerung in Fahrtrichtung, also nach oben. Somit:

$$F_S + m \cdot a = F_G \rightarrow F_S = F_G - m \cdot a = 29\,430\ \text{N} - 3000\ \text{kg} \cdot 2\ \frac{\text{m}}{\text{s}^2} = 29\,430\ \text{N} - 6000\ \text{N}$$

$\boldsymbol{F_S = 23\,430\ \text{N}}$

Ü181. Welche Schubkraft ist erforderlich, um eine Rakete mit der Masse $m = 280$ kg mit der dreifachen Erdbeschleunigung (ohne Berücksichtigung des Luftwiderstandes) senkrecht nach oben zu beschleunigen?

Ü182. Zeichnen Sie für Aufgabe Ü181. einen Lageplan, wenn der Luftwiderstand F_W berücksichtigt werden soll. Schreiben Sie für diesen Fall die Gleichgewichtsbedingung nach d'Alembert auf.

Ü183. Ein festgefahrenes Auto mit dem Gewicht $F_G = 14715$ N wird von einem Schlepper mit $a = 0{,}5$ m/s² abgeschleppt. Welche Zugkraft tritt im Abschleppseil auf, wenn zwischen den Rädern und dem Untergrund mit einer Fahrwiderstandszahl $\mu_F = 0{,}25$ gerechnet werden muss?

V202. Was versteht man unter dem Prinzip von d'Alembert?

V203. Ein Personenzug hat ein Gewicht $F_G = 1324{,}35$ kN. An den Antriebsrädern des Triebwagens wird eine Zugkraft $F_Z = 125{,}57$ kN aufgebracht. Als Fahrwiderstandsziffer ist $\mu_F = 0{,}005$ einzusetzen. Berechnen Sie

a) die Beschleunigung des Zuges,

b) die Beschleunigungsstrecke, wenn von 0 km/h auf 72 km/h beschleunigt wird.

V204. Wie groß ist die Beschleunigungszeit, wenn ein Kran eine Masse $m = 1500$ kg senkrecht von 0 m/s auf 0,5 m/s beschleunigt und wenn der Kran dabei eine Hubkraft von $F_H = 20$ kN aufbringt? Wie groß ist die Beschleunigungsstrecke s?

V205. Der Zug einer Untergrundbahn hat eine Masse $m = 100\,000$ kg und verzögert beim Bremsen mit $a = 2{,}5$ m/s².

a) Welche Bremskraft F_{Br} muss zwischen den Rädern und den Schienen wirksam werden, wenn mit $\mu_F = 0{,}01$ gerechnet werden muss?

b) Unter welchem Winkel müsste ein Fahrgast seinen Körper – bezogen auf die Senkrechte – schräg nach hinten neigen, um frei im Wagen stehen zu können? (Vergleichen Sie hierzu auch Übungsaufgabe Ü179., Seite 170).

DYNAMIK

38.1.3 Bewegung auf der schiefen Ebene

In Lektion 26 wurden die Kräfte auf der **schiefen Ebene** besprochen. Die Zerlegung von F_G in F_H und F_N zeigt nochmals Bild 1, und in Abhängigkeit vom **Neigungswinkel** α der schiefen Ebene sind die

Hangabtriebskraft $F_H = F_G \cdot \sin\alpha$ (175–1)

Normalkraft $F_N = F_G \cdot \cos\alpha$ (175–2)

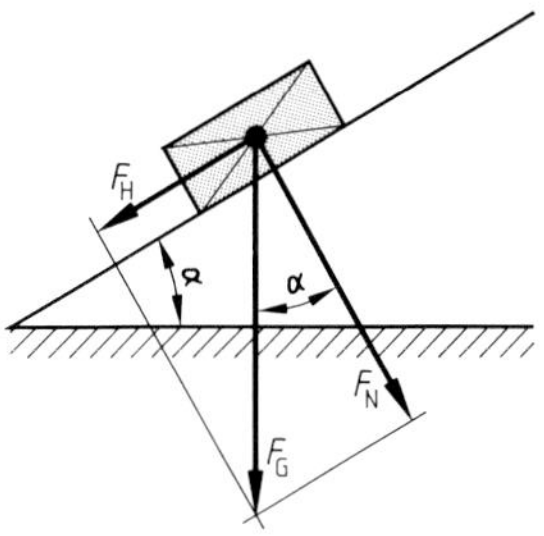

1

Als zusätzliche Kraft in Bewegungsrichtung (bzw. entgegengesetzt dazu) auf der schiefen Ebene tritt nun also noch die Hangabtriebskraft auf. Somit:

Wird das Prinzip von d'Alembert auf die Verhältnisse an der schiefen Ebene angewendet, so ist die Hangabtriebskraft F_H zu berücksichtigen.

38.1.3.1 Die Steigung der schiefen Ebene

Gemäß Bild 2 versteht man an der schiefen Ebene unter der

Steigung $S = \dfrac{h}{b} = \tan\alpha$ (175–3)

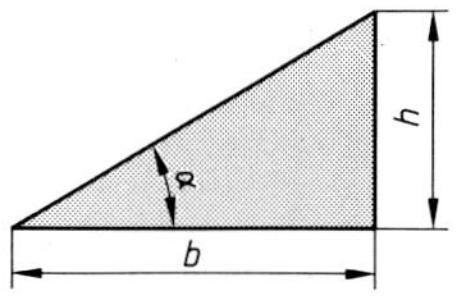

2

Unter der Steigung einer schiefen Ebene versteht man den Quotienten aus senkrechtem Höhenunterschied und der dabei horizontal zurückgelegten Wegstrecke.

Als Formelbuchstabe wird S verwendet, und multipliziert man den errechneten Quotienten mit der Zahl 100, dann erhält man die **Steigung in Prozent** (%).

M 109. Eine Straße steigt auf $b = 100$ m horizontaler Entfernung um $h = 5$ m senkrecht an. Berechnen Sie

a) die Steigung,
b) die Steigung in %,
c) den Steigungswinkel α.

Lösung: a) $\boldsymbol{S} = \frac{h}{b} = \frac{5\text{ m}}{100\text{ m}} = \mathbf{0{,}05}$ b) $\boldsymbol{S_{\%}} = S \cdot 100 = 0{,}05 \cdot 100 = \mathbf{5\,\%}$

c) $\tan\alpha = 0{,}05 \longrightarrow \boldsymbol{\alpha = 2{,}86°}$

38.1.3.2 Kräfte bei beschleunigter Aufwärtsbewegung auf der schiefen Ebene

Bei einer Beschleunigung nach oben wirken der Zugkraft F die Kräfte F_H, F_R und $m \cdot a$ entgegen (Bild 1). Es besteht also das folgende Kräftegleichgewicht:

$$F = F_H + F_R + m \cdot a$$

Somit ergibt sich für die

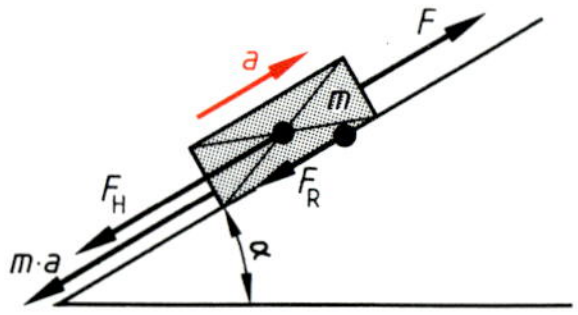

1

erforderliche Zugkraft (Beschleunigungskraft) $F = F_G \cdot \sin\alpha + \mu \cdot F_G \cdot \cos\alpha + m \cdot a$ 176–1

38.1.3.3 Kräfte bei beschleunigter Abwärtsbewegung auf der schiefen Ebene

Diesen Fall zeigt Bild 2. Der Beschleunigungskraft F und der Hangabtriebskraft F_H wirken die Massenträgheitskraft $m \cdot a$ und die Reibungskraft F_R entgegen.

Somit stehen im Gleichgewicht:

$$F + F_H = F_R + m \cdot a$$
$$F = F_R + m \cdot a - F_H$$

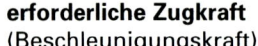

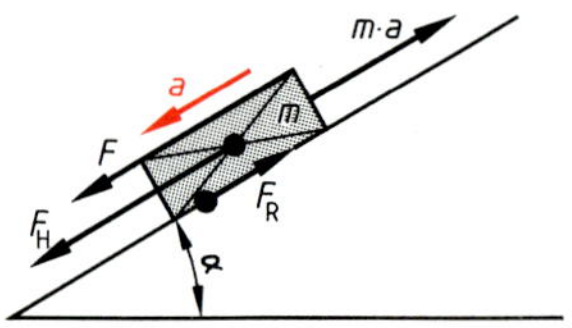

2

Daraus ergibt sich für die

erforderliche Zugkraft (Beschleunigungskraft) $F = \mu \cdot F_G \cdot \cos\alpha + m \cdot a - F_G \cdot \sin\alpha$ 176–2

Soll bei gegebener Zugkraft die Beschleunigung errechnet werden, dann ist wie folgt vorzugehen:

$$m \cdot a = F + F_H - F_R$$

$$a = \frac{F + F_H - F_R}{m} = \frac{F}{m} + \frac{F_G \cdot \sin\alpha - \mu \cdot F_G \cdot \cos\alpha}{m} = \frac{F}{m} + \frac{F_G}{m} \cdot (\sin\alpha - \mu \cdot \cos\alpha).$$

Mit $\frac{F_G}{m} = g$ erhält man schließlich für die

Beschleunigung $a = \frac{F}{m} + g \cdot (\sin\alpha - \mu \cdot \cos\alpha)$ 176–3

DYNAMIK

M110. Ein Schienenfahrzeug fährt auf einer Strecke mit einer Steigung von 5 %. Die Geschwindigkeit beträgt $v = 36$ km/h, und das Fahrzeug hat eine Masse $m = 6000$ kg. Die Fahrwiderstandsziffer beträgt $\mu_F = 0{,}01$ und die maximale Bremskraft $F_{Br} = 9810$ N.

a) Wie groß ist die Bremsstrecke bei Aufwärtsbewegung?
b) Wie groß ist die Bremsstrecke bei Abwärtsbewegung?

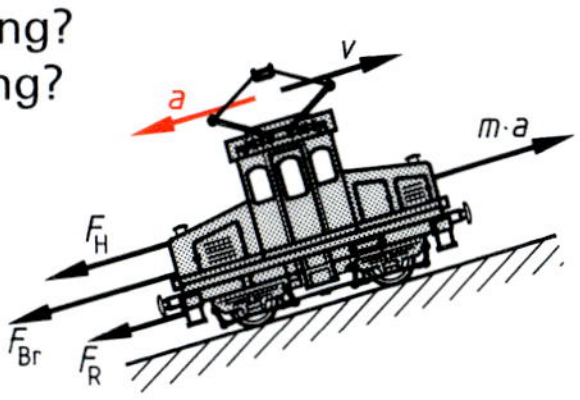

Lösung:

a) Entsprechend Lageplan (Bild 1) ist

$$F_H + F_R + F_{Br} = m \cdot a \qquad \boxed{1}$$

$$a = \frac{F_H + F_R + F_{Br}}{m} = \frac{F_G \cdot \sin\alpha + \mu_F \cdot F_G \cdot \cos\alpha + F_{Br}}{m}$$

$$\tan\alpha = 0{,}05 \longrightarrow \alpha = 2{,}86° \longrightarrow \sin\alpha \approx 0{,}05;\ \cos\alpha \approx 1{,}0$$

$$a = g \cdot \sin\alpha + g \cdot \mu_F \cdot \cos\alpha + \frac{F_{Br}}{m} = g \cdot (\sin\alpha + \mu_F \cdot \cos\alpha) + \frac{F_{Br}}{m}$$

$$\boldsymbol{a} = 9{,}81\,\frac{\text{m}}{\text{s}^2} \cdot (0{,}05 + 0{,}01 \cdot 1{,}0) + \frac{9810\,\frac{\text{kgm}}{\text{s}^2}}{6000\text{ kg}} = 0{,}5886\,\frac{\text{m}}{\text{s}^2} + 1{,}635\,\frac{\text{m}}{\text{s}^2} = \mathbf{2{,}2236\,\frac{m}{s^2}}$$

$$\boldsymbol{s} = \frac{v^2}{2 \cdot a} = \frac{\left(\frac{36}{3{,}6}\,\frac{\text{m}}{\text{s}}\right)^2}{2 \cdot 2{,}2236\,\frac{\text{m}}{\text{s}^2}} = \frac{100\,\frac{\text{m}^2}{\text{s}^2}}{4{,}4472\,\frac{\text{m}}{\text{s}^2}} = \mathbf{22{,}486\ m}$$

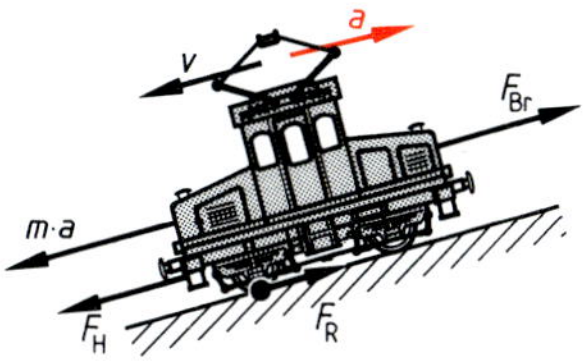

b) Entsprechend Lageplan (Bild 2) ist

$$F_H + m \cdot a = F_R + F_{Br} \qquad \boxed{2}$$

$$a = \frac{F_R + F_{Br} - F_H}{m} = \frac{\mu_F \cdot F_G \cdot \cos\alpha + F_{Br} - F_G \cdot \sin\alpha}{m}$$

$$a = g \cdot \mu_F \cdot \cos\alpha + \frac{F_{Br}}{m} - g \cdot \sin\alpha = g \cdot (\mu_F \cdot \cos\alpha - \sin\alpha) + \frac{F_{Br}}{m}$$

$$\boldsymbol{a} = 9{,}81\,\frac{\text{m}}{\text{s}^2} \cdot (0{,}01 \cdot 1{,}0 - 0{,}05) + \frac{9810\,\frac{\text{kgm}}{\text{s}^2}}{6000\text{ kg}} = -0{,}3924\,\frac{\text{m}}{\text{s}^2} + 1{,}635\,\frac{\text{m}}{\text{s}^2} = \mathbf{1{,}2426\,\frac{m}{s^2}}$$

$$\boldsymbol{s} = \frac{v^2}{2 \cdot a} = \frac{100\,\frac{\text{m}^2}{\text{s}^2}}{2 \cdot 1{,}2426\,\frac{\text{m}}{\text{s}^2}} = \mathbf{40{,}238\ m}$$

Erkenntnis aus a) und b):

> Bremswege werden auch durch geringe Steigungen bzw. Neigungen stark beeinflusst.

M111. Wie groß ist beim gleichen Schienenfahrzeug wie in Musteraufgabe M110. die Zugkraft bei der Aufwärtsfahrt, wenn diese gleichförmig erfolgt?

Lösung:
Bei der gleichförmigen Bewegung treten keine Massenträgheitskräfte auf. Somit hat die Zugkraft nur die Hangabtriebskraft F_H und die Reibungskraft F_R zu überwinden.

$$F_Z = F_H + F_R = F_G \cdot \sin\alpha + \mu \cdot F_G \cdot \cos\alpha = F_G \cdot (\sin\alpha + \mu \cdot \cos\alpha)$$
$$F_Z = m \cdot g \cdot (\sin\alpha + \mu \cdot \cos\alpha)$$

$$\boldsymbol{F_Z} = 6000\text{ kg} \cdot 9{,}81\,\frac{\text{m}}{\text{s}^2} \cdot (0{,}05 + 0{,}01 \cdot 1{,}0) = 6000\text{ kg} \cdot 9{,}81\,\frac{\text{m}}{\text{s}^2} \cdot 0{,}06 = \mathbf{3531{,}6\ N}$$

Ü 184. Der Stapellauf eines Schiffes erfolgt über eine Ablaufbahn mit 10% Gefälle. Die Gleitreibungszahl beträgt $\mu = 0{,}04$. Berechnen Sie die Beschleunigung, wenn das Schiff eine Masse $m = 10^6$ kg hat.

Ü 185. Ein Auto beschleunigt abwärts bei einem Gefälle von 5% innerhalb von 25 s von 100 km/h auf 120 km/h. Berechnen Sie die erforderliche Antriebskraft, wenn das Auto eine Masse $m = 900$ kg hat und wenn mit $\mu_F = 0{,}01$ gerechnet werden kann. Der Luftwiderstand beträgt im Mittel bei dieser Geschwindigkeit 10 N/dm^2 frontaler Angriffsfläche. Diese beträgt 300 dm^2.

V 206. Welche Schubkraft ist bei dem Raketenschlitten in V197., Seite 171 erforderlich, wenn die Beschleunigung auf der schiefen Ebene erfolgt, und zwar mit einer Steigung von 10% bei $\mu_F = 0{,}02$ und bei Vernachlässigung des Luftwiderstandes?

V 207. Was versteht man unter Steigung auf der schiefen Ebene? Wie wird eine solche berechnet?

V 208. Eine Lokomotive zieht einen Zug mit der Masse $m = 500\,000$ kg vom Stillstand auf einer Steigung von 3% mit einer Zugkraft $F_Z = 392{,}4$ kN an. Die Fahrwiderstandsziffer beträgt $\mu_F = 0{,}006$. Berechnen Sie die Beschleunigung und die Zeit, in der die Geschwindigkeit $v = 40$ km/h erreicht wird.

V 209. Eine Bergbahn überwindet auf einer Fahrstrecke von $s = 900$ m einen Höhenunterschied von 400 m. Sie beschleunigt bei einer Masse $m = 5000$ kg mit $a = 0{,}75$ m/s^2 auf eine Geschwindigkeit $v = 10$ km/h. Berechnen Sie

a) den Neigungswinkel der Strecke,
b) die erforderliche Zugkraft bei der genannten Beschleunigung, wenn mit $\mu_F = 0{,}1$ gerechnet wird,
c) die Zugkraft bei gleichförmiger Fahrt nach oben,
d) die Bremskraft bei gleichförmiger Fahrt nach unten,
e) die Bremskraft beim Abbremsen vor der Talstation, wenn von $v = 10$ km/h auf Null abgebremst wird und wenn die Bremsstrecke 70 m beträgt.

Lektion 39

Kurzzeitig wirkende Kräfte

39.1 Die Bewegungsgröße (Impuls)

Bild 1 zeigt zwei unterschiedlich große Massen m_1 und m_2, die sich mit unterschiedlich großen Geschwindigkeiten v_1 und v_2 bewegen. Im speziellen Fall ist

$m_1 < m_2$ und $v_1 > v_2$.

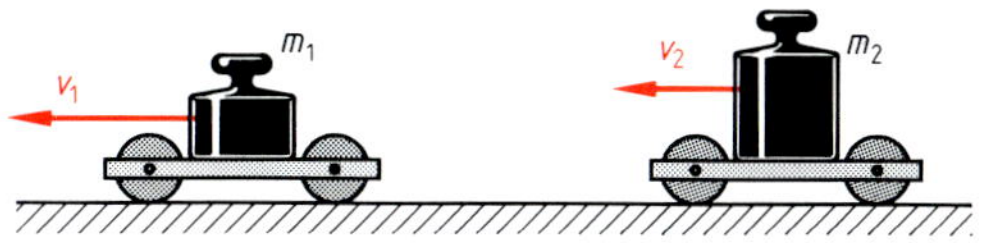

1

An diesem Beispiel ist leicht einzusehen, dass die **Bewegungsintensität** eines bewegten Körpers sowohl von der Masse m des Körpers als auch von der Größe seiner Geschwindigkeit v abhängig ist.
Als Maß für diese Bewegungsintensität wird in der Physik neben der **Bewegungsenergie** (siehe Lektion 40) das Produkt aus Masse m und Geschwindigkeit v verwendet, welches man als **Bewegungsgröße** oder als **Impuls** bezeichnet.
Als Formelbuchstabe wird nach DIN 1304 das kleine $\boldsymbol{p}$ verwendet.

Unter der **Bewegungsgröße** bzw. dem **Impuls** eines bewegten Körpers versteht man das Produkt seiner Masse m und seiner Geschwindigkeit v.

Bewegungsgröße (Impuls) $p = m \cdot v$ 179–1

$$[\boldsymbol{p}] = [m] \cdot [v] = \text{kg} \cdot \frac{\text{m}}{\text{s}} = \frac{\textbf{kgm}}{\textbf{s}}$$

Die Einheit der Bewegungsgröße, d. h. des Impulses ist das Kilogrammeter pro Sekunde.

39.1.1 Die Impulsänderung eines Körpers

Aus Gleichung 179–1 lässt sich ableiten, dass eine **Impulsänderung** eines Körpers durch Änderung der Körpermasse m bzw. durch Änderung der Körpergeschwindigkeit v vorgenommen werden kann. Auch ist denkbar, dass sich gleichzeitig oder auch in einem zeitlichen Versatz Masse **und** Geschwindigkeit ändern.
Sieht man einmal von wenigen Beispielen, bei denen sich die Masse des bewegten Körpers ändert, ab, wie dies z. B. durch Verbrennung des Treibstoffes eines Flugzeuges oder einer Rakete (Bild 2) der Fall ist, dann ist es in der Regel so, dass die Impulsänderung einer sich bewegenden und konstanten Masse durch die Änderung ihrer Geschwindigkeit, d. h. durch Beschleunigung oder Verzögerung, hervorgerufen wird. Dies kann jedoch – wie bekannt – nur durch die Wirkung einer Kraft (Bild 3) erfolgen. Durch die Wirkung der Kraft F ist $v_t > v_0$ geworden, und durch die Anwendung des dynamischen Grundgesetzes bzw. auch der Definition der Beschleunigung ergibt sich nun das Folgende:

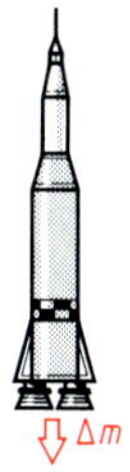

2

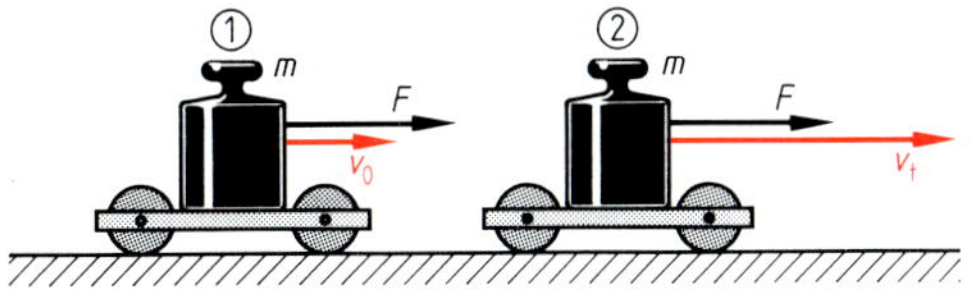

3

$$F = m \cdot a = m \, \frac{\Delta v}{\Delta t} = m \, \frac{v_t - v_0}{\Delta t} = \frac{m \cdot v_t - m \cdot v_0}{\Delta t} = \frac{\Delta p}{\Delta t}$$

Damit ist es gelungen – in Abhängigkeit der in der Zeitspanne Δt wirkenden Kraft F – eine Aussage zu machen über die

Impulsänderung eines Körpers $\Delta p = F \cdot \Delta t$ [180–1] in $\frac{\text{kgm}}{\text{s}}$

Nach DIN 1304 wird das Produkt $F \cdot \Delta t$ als **Kraftstoß** mit dem Formelzeichen $\boldsymbol{I}$ bezeichnet. Früher war hierfür die Bezeichnung **Antrieb** üblich. Der **Antriebssatz** lautet:

Der Kraftstoß entspricht der Änderung des Impulses eines bewegten Körpers.

Kraftstoß (Antriebssatz) $I = F \cdot \Delta t = m \cdot v_t - m \cdot v_0$ [180–2] in N · s = Ns

---

M112. An einem Eisenbahnzug mit der Masse $m = 960\,000$ kg wirkt die Zugkraft $F_Z = 120$ kN. Die Fahrwiderstandskraft infolge Reibung und Luftwiderstand beträgt $F_F = 47{,}1$ kN.

Berechnen Sie

a) die (resultierende) auf den Zug wirkende Antriebskraft F_r,

b) die Geschwindigkeit v_t des Zuges nach $t = 5$ min bei Beschleunigung aus dem Stillstand auf horizontaler Strecke.

Lösung:

a) Wird – gemäß Bild 1 – von der Zugkraft die entgegengesetzt gerichtete Fahrwiderstandskraft abgezogen, bleibt die zur Verfügung stehende Beschleunigungskraft F_r als resultierende, den Impuls ändernde Kraft. Es ist demzufolge:

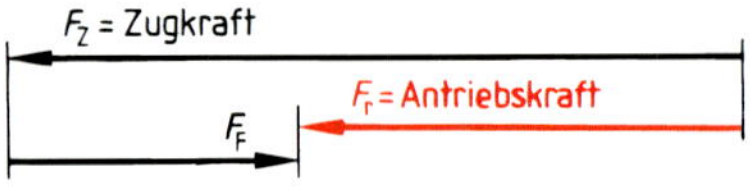

1

$\boldsymbol{F_r} = F_Z - F_F = 120\text{ kN} - 47{,}1\text{ kN} = \mathbf{72{,}9\ kN}$

b) Nach Gleichung 180–2 ist dann mit $t \triangleq \Delta t$

$F_r \cdot t = m \cdot v_t - m \cdot v_0$ und mit $v_0 = 0$:

$$F_r \cdot t = m \cdot v_t \longrightarrow v_t = \frac{F_r \cdot t}{m} = \frac{72\,900\ \frac{\text{kgm}}{\text{s}^2} \cdot (5 \cdot 60)\text{ s}}{960\,000\text{ kg}} = 22{,}78125\ \frac{\text{m}}{\text{s}}$$

$$\boldsymbol{v_t = 82{,}0125\ \frac{km}{h}}$$

Probe: $F_r = m \cdot a = m \cdot \frac{\Delta v}{\Delta t} = 960\,000\text{ kg} \cdot \frac{22{,}78125\ \frac{\text{m}}{\text{s}}}{5 \cdot 60\text{ s}} = \mathbf{72\,900\ N}$

39.1.2 Die Impulserhaltung

Soll also der Impuls eines Körpers durch Kräfte, die von außen auf den Körper wirken, geändert werden, dann muss die Summe all dieser Kräfte ungleich Null sein. Wäre also in Musteraufgabe M112. $F_F = F_Z$ gewesen, dann hätte sich F_r zu Null ergeben, und eine Impulsänderung wäre nicht möglich gewesen; es hätte eine **Impulserhaltung** vorgelegen. Somit lautet der **Impulserhaltungssatz:**

Ist die Summe aller äußeren am Körper angreifenden Kräfte Null, dann ändert sich der Impuls des Körpers nicht.

Der Impulserhaltungssatz wird häufig auch als **Impulssatz** bezeichnet. Es gilt also bei

Impulserhaltung $\Delta p = 0 = m \cdot v_0 = m \cdot v_t$ [180–3]

39.2 Der Stoß

Unter einem **Stoß** versteht man die kurzzeitige Krafteinwirkung eines Körpers auf einen anderen Körper, so wie dies in der Darstellung des Bildes 1 unmittelbar bevorsteht. Dort ist zu erkennen, dass sich zwei Körper – z. B. zwei Stahlkugeln – mit den Massen m_1 und m_2, die an Fäden aufgehängt sind, mit verschieden großen Geschwindigkeiten hintereinanderher bewegen. Es ist dabei $v_2 > v_1$, d. h., dass die Kugel 2 im Moment des Anpralles (des Stoßes) ihre Geschwindigkeit verkleinert und die Kugel 1 dabei ihre Geschwindigkeit vergrößern wird.

Während dieses Vorganges hat die Kugel 2 mit der Massenträgheitskraft $F_2 = m_2 \cdot a_2$ auf die Kugel 1 gewirkt, und da **Kraft = Gegenkraft** ist, muss von der Kugel 1 die gleich große Kraft $F_1 = m_1 \cdot a_1$ zurückgewirkt haben. Dabei ist:

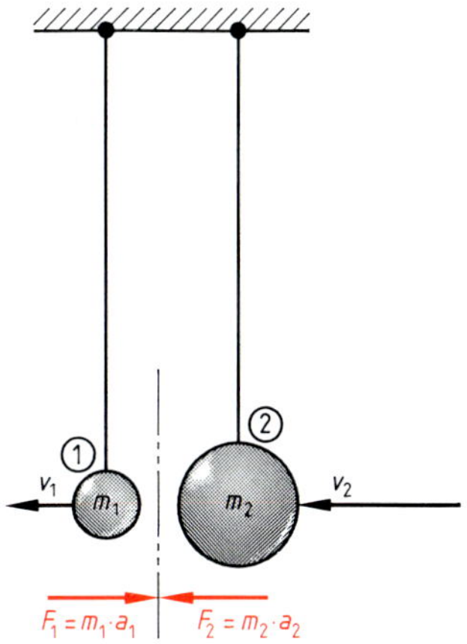

1

a_1 = Beschleunigung der Masse m_1
a_2 = Verzögerung der Masse m_2
} ⟶ in der Wirkzeit Δt der Kräfte F_1 und F_2.

Es ist somit: $F_1 = - F_2$

$$m_1 \cdot a_1 = - m_2 \cdot a_2 \longrightarrow m_1 \cdot \frac{\Delta v_1}{\Delta t} = - m_2 \cdot \frac{\Delta v_2}{\Delta t}$$

$$m_1 \cdot \Delta v_1 = - m_2 \cdot \Delta v_2 \longrightarrow \frac{\Delta v_1}{\Delta v_2} = - \frac{m_2}{m_1}$$, d. h.:

Die Geschwindigkeitsänderungen beim Stoß zweier Massen sind entgegengesetzt gerichtet und verhalten sich umgekehrt proportional zu den Massen.

Beim Stoß sind also mindestens zwei Massen beteiligt, und die beteiligten Massen stellen ein **Massensystem** bzw. ein **Körpersystem** dar. Bild 1 zeigt nun, dass beim Stoß die Summe aller auf das Körpersystem wirkenden Kräfte Null ist, und dies kann nur bedeuten, dass der Impulserhaltungssatz angewendet werden kann, d. h.:

Beim Stoß ändert sich der Gesamtimpuls, d. h. die Summe aller Einzelimpulse in einem System von bewegten Körpern, nicht.

Bild 2 zeigt zwei Massen m_1 und m_2, die sich mit $v_1 > v_2$ auf der genau gleichen Bahn bewegen, so dass es zum Stoß kommen muss. In dieser Bewegungsphase, also vor dem Stoß der beiden Körper, ist der

Gesamtimpuls vor dem Stoß $m_1 \cdot v_1 + m_2 \cdot v_2$

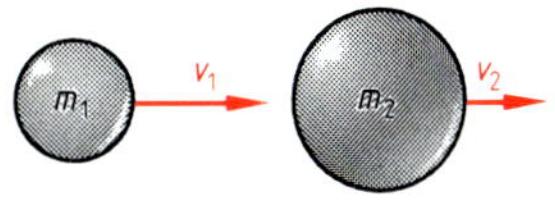

2

Während des Stoßes, d. h. während der kurzzeitigen Krafteinwirkung von m_1 auf m_2 (und natürlich umgekehrt), deformieren sich beide Körper. Dabei wird die Masse m_1 verzögert und die Masse m_2 beschleunigt. Dieser Vorgang dauert so lange, bis sich beide Massen kurzzeitig **mit der gleichen Geschwindigkeit** v bewegen. Dies zeigt Bild 3. In dieser kurzen Zeitspanne ist der

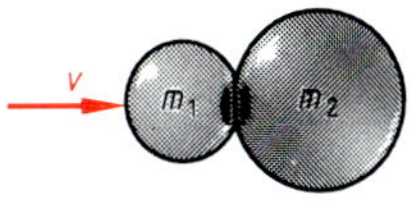

3

Gesamtimpuls beim Stoß $m_1 \cdot v + m_2 \cdot v$

Da während des Stoßes an der Stoßstelle nur Aktions- und Reaktionskräfte wirken, also kein Krafteinfluss von außen erfolgt, ist die Summe aller äußeren Kräfte, d. h. $F_r = 0$.

DYNAMIK

Somit kann der Impulserhaltungssatz zur Anwendung kommen, das heißt aber:
Gesamtimpuls vor dem Stoß = Gesamtimpuls beim Stoß. Somit:

$$m_1 \cdot v_1 + m_2 \cdot v_2 = m_1 \cdot v + m_2 \cdot v$$

$$m_1 \cdot v_1 + m_2 \cdot v_2 = v \cdot (m_1 + m_2).$$

Damit ergibt sich für die

Geschwindigkeit beider Massen beim Stoß $$v = \frac{m_1 \cdot v_1 + m_2 \cdot v_2}{m_1 + m_2}$$ 182–1 in $\frac{\text{m}}{\text{s}}$

39.2.1 Der unelastische Stoß

Beim Stoß muss zwischen Körpern mit elastischem und Körpern mit unelastischem (plastischem) Verhalten unterschieden werden. Bleibt also der während des Stoßvorgangs eingetretene Verformungszustand (Bild 1) erhalten, dann ist der Tatbestand eines unelastischen (plastischen) Stoßes erfüllt.

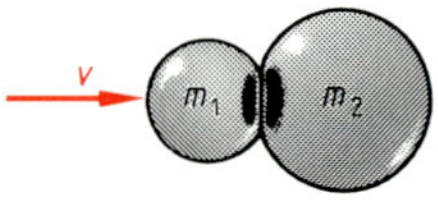

1

Man spricht von einem unelastischen (plastischen) Stoß, wenn sich mindestens einer der beiden Körper vollkommen plastisch, d. h. bleibend verformt hat.

Diese plastische Verformung bewirkt, dass sich beide Körper nach dem Stoß mit der gleichen Geschwindigkeit, entsprechend Gleichung 182–1, weiterbewegen. Somit:

Geschwindigkeit beider Massen nach dem unelastischen Stoß $$v = \frac{m_1 \cdot v_1 + m_2 \cdot v_2}{m_1 + m_2}$$ 182–2 in $\frac{\text{m}}{\text{s}}$

M113. Ein Körper mit der Masse m_1 = 10 kg bewegt sich mit v_1 = 10 m/s auf einen Körper mit der Masse m_2 = 100 kg, der sich in Ruhe befindet, zu. Wie groß ist die gemeinsame Endgeschwindigkeit v, wenn sich die Masse m_1 vollkommen plastisch verhält?

Lösung: $$\boldsymbol{v} = \frac{m_1 \cdot v_1 + m_2 \cdot v_2}{m_1 + m_2} = \frac{10\ \text{kg} \cdot 10\ \frac{\text{m}}{\text{s}} + 100\ \text{kg} \cdot 0}{10\ \text{kg} + 100\ \text{kg}} = \mathbf{0{,}909\ \frac{m}{s}}$$

39.2.2 Der elastische Stoß

Beim elastischen Stoß unterscheidet man den **ersten Teil des Stoßes** vom **zweiten Teil des Stoßes.** Beim ersten Teil des Stoßes nähern sich die Schwerpunkte der Körper vom Zeitpunkt der ersten Berührung (Bild 2), bei gleichzeitiger elastischer Verformung, weiter an. Dieser Vorgang ist im Bild 3 abgeschlossen, und aus den unterschiedlichen Geschwindigkeiten v_1 und v_2 ergibt sich die

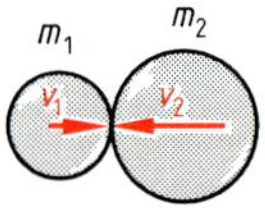

2

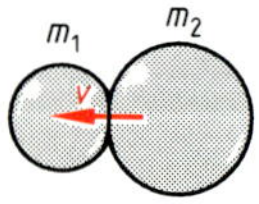

3

Geschwindigkeit beider Massen nach der ersten Stoßhälfte $$v = \frac{m_1 \cdot v_1 + m_2 \cdot v_2}{m_1 + m_2}$$ 182–3 in $\frac{\text{m}}{\text{s}}$

In der zweiten Hälfte des Stoßes erfolgt eine elastische Rückverformung. Diese ist im Bild 4 gerade abgeschlossen, und die beiden Massen m_1 und m_2 bewegen sich, ebenso wie im Bild 5, mit den Geschwindigkeiten am Ende des Stoßes v_{1e} und v_{2e} auseinander.

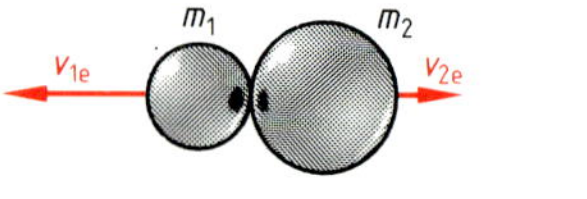

4

5

Beim elastischen Zusammengehen (1. Stoßabschnitt) ändert sich – bei konstantem Gesamtimpuls – der Impuls der einzelnen Körper, und beim elastischen Auseinandergehen (2. Stoßabschnitt) ist die Impulsänderung der einzelnen Körper nochmals die gleiche wie beim elastischen Zusammentreffen. Da aber (nach Gleichung 179–1) die Impulsänderung proportional der Geschwindigkeitsänderung ist, ist auch die Geschwindigkeitsänderung beider Körper im zweiten Teil des elastischen Stoßes die gleiche wie im ersten Teil. In Verbindung mit den Bildern 2, 3, 4 und 5 auf Seite 182 muss demzufolge sein:

$$v_{1e} - v = v - v_1 \quad \text{und} \quad v_{2e} - v = v - v_2$$

Es ist: v_1, v_2 = Geschwindigkeiten vor dem Stoß,
v_{1e}, v_{2e} = Geschwindigkeiten nach dem Stoß,
v = Geschwindigkeit beider Massen nach der ersten Hälfte des Stoßes.

Somit ergibt sich:

Endgeschwindigkeit von m_1 $v_{1e} = 2 \cdot v - v_1 \rightarrow$ $$v_{1e} = 2 \cdot \frac{m_1 \cdot v_1 + m_2 \cdot v_2}{m_1 + m_2} - v_1$$ 183–1

Endgeschwindigkeit von m_2 $v_{2e} = 2 \cdot v - v_2 \rightarrow$ $$v_{2e} = 2 \cdot \frac{m_1 \cdot v_1 + m_2 \cdot v_2}{m_1 + m_2} - v_2$$ 183–2

M114. Ein Körper mit der Masse $m_1 = 6$ kg bewegt sich mit $v_1 = 10$ m/s zentrisch auf einen Körper mit der Masse $m_2 = 18$ kg, der sich mit $v_2 = 2$ m/s in die gleiche Richtung wie der Körper mit der Masse m_1 bewegt, zu. Berechnen Sie:

a) Geschwindigkeit v beider Körper nach der ersten Hälfte des Stoßes,
b) die Eigengeschwindigkeiten beider Körper am Ende eines vollkommen elastischen Stoßes.

Lösung:

a) $$\boldsymbol{v} = \frac{m_1 \cdot v_1 + m_2 \cdot v_2}{m_1 + m_2} = \frac{6\ \text{kg} \cdot 10\ \frac{\text{m}}{\text{s}} + 18\ \text{kg} \cdot 2\ \frac{\text{m}}{\text{s}}}{6\ \text{kg} + 18\ \text{kg}} = \mathbf{4\ \frac{m}{s}}$$

b) $$v_{1e} = 2 \cdot v - v_1 = 2 \cdot 4\ \frac{\text{m}}{\text{s}} - 10\ \frac{\text{m}}{\text{s}} = 8\ \frac{\text{m}}{\text{s}} - 10\ \frac{\text{m}}{\text{s}}$$

$$\boldsymbol{v_{1e} = -2\ \frac{m}{s}}$$ Das Minuszeichen besagt, dass sich der Körper jetzt rückwärts bewegt.

$$v_{2e} = 2 \cdot v - v_2 = 2 \cdot 4\ \frac{\text{m}}{\text{s}} - 2\ \frac{\text{m}}{\text{s}} = 8\ \frac{\text{m}}{\text{s}} - 2\ \frac{\text{m}}{\text{s}}$$

$$\boldsymbol{v_{2e} = 6\ \frac{m}{s}}$$

Ü186. Zeichnen Sie die Massen (symbolisch als Kreise) von Musteraufgabe M114.

a) vor dem Stoß,
b) am Ende des ersten Stoßabschnittes,
c) am Ende des zweiten Stoßabschnittes,
d) kurze Zeit nach dem Ende des Stoßes, und zwar jeweils mit Geschwindigkeitspfeilen.

Ü187. Wie in Bild 1 abgebildet, prallt ein Wasserstrahl senkrecht gegen eine Platte. Das Wasser wird dabei umgelenkt. Das sekundlich auf die Platte prallende Wasservolumen, d. h. der **Volumenstrom,** ist $\dot{V} = 0{,}3\ \text{m}^3/\text{s}$, und die Wassergeschwindigkeit ist $v = 15$ m/s. Bestimmen Sie mit Hilfe des Antriebssatzes die Kraft F, mit der die Platte gehalten werden muss, und zwar bei $\rho_{\text{Wasser}} = 1\ \text{kg/dm}^3$.

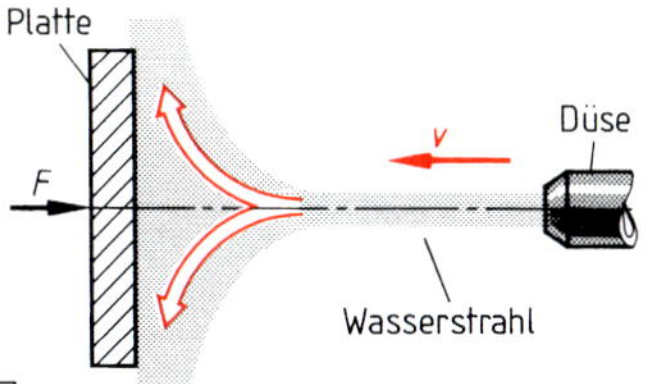

1

DYNAMIK

Ü188. Der Bär eines Schmiedefallhammers hat die Masse m_1 = 1800 kg und fällt 1,5 m frei herab. Die Gesamtmasse von Amboss und des sich infolge der Schmiedetemperatur vollkommen plastisch verhaltenden Schmiedestückes ist m_2 = 20 000 kg.

Berechnen Sie

a) die Endgeschwindigkeit des Bärs beim freien Fall,

b) die Geschwindigkeit v, mit der sich beide Massen nach dem Aufschlag kurzzeitig in ihrer Federlagerung bewegen.

Ü189. Aus einem Kanonenrohr mit der Länge 8,3 m entfernt sich ein Geschoss mit der Masse m = 42 kg und der Geschwindigkeit v = 680 m/s. Berechnen Sie

a) die Geschosslaufzeit im Rohr,

b) Die wirkende Kraft auf das Geschoss im Geschützrohr.

Ü190. a) Stellen Sie eine „Impulsbilanz" für das abgeschlossene System Boot/Person (Bild 1) auf, und zwar für den Zustand der Ruhe und für den Zustand, bei dem die Person mit der Geschwindigkeit v_1 geht.

1

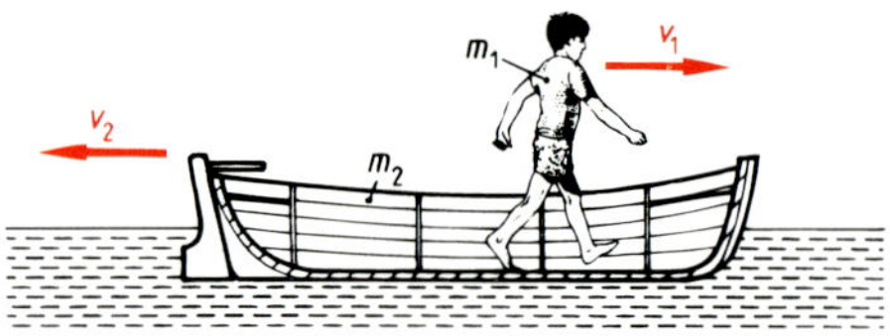

b) Ermitteln Sie eine Funktion für die Geschwindigkeit $v_2 = f(v_1, m_1, m_2)$.

c) Wie groß ist v_2 bei v_1 = 2 m/s, m_1 = 75 kg, m_2 = 500 kg?

V210. Zeichnen Sie die Körper aus Musteraufgabe M114., Seite 183., wenn ein vollkommen unelastischer (plastischer) Stoß vorausgesetzt wird

a) vor dem Stoß,

b) während des Stoßes,

c) nach dem Stoß jeweils mit Geschwindigkeitspfeilen.

V211. Auf einem Verschiebebahnhof wird ein Güterwagen mit der Masse m_1 = 12 000 kg und der Geschwindigkeit v_1 = 4 m/s gegen einen stillstehenden Wagen mit der Masse m_2 = 25 000 kg gestoßen.

2

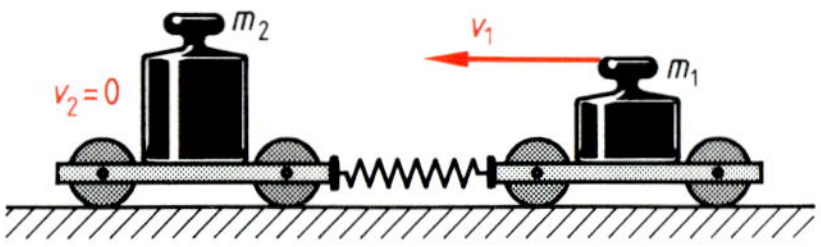

Dies ist symbolisch in Bild 2 dargestellt. Bestimmen Sie die Geschwindigkeiten beider Massen nach dem Stoß, wenn man davon ausgeht, dass der Stoß infolge der Elastizität der Pufferfedern vollkommen elastisch verläuft.

V212. Ein Auto mit der Masse m_1 = 800 kg fährt frontal mit einer Geschwindigkeit v = 80 km/h gegen einen Brückenpfeiler. Es verhält sich dabei vollkommen plastisch, was die vollkommene Zerstörung des Autos zur Folge hat. Der Brückenpfeiler hat die Masse von m_2 = 15 000 kg. Wie groß ist die hypothetische Geschwindigkeit, mit der sich **kurzzeitig** beide Massen bewegen?

V213. Aus einem Gewehr mit der Masse m_1 = 5 kg wird eine Kugel mit der Masse m_2 = 9 g mit v_2 = 850 m/s abgeschossen. Wie groß ist die Rücklaufgeschwindigkeit v_1 des Gewehres?

V214. Beim Schmieden eines Werkstückes wird ein 1000-g-Hammer verwendet. Die Hammergeschwindigkeit beim Auftreffen beträgt 5 m/s, und der Schmiedeweg (Maß der Deformation) beträgt 0,75 mm. Dies bedeutet, dass der Hammer auf einem Weg von 0,75 mm vollkommen abgebremst wird. Berechnen Sie mit Hilfe des Antriebssatzes die Hammerkraft, die auf das Schmiedestück wirkt.

V 215. Einer Rakete (Bild 2, Seite 179) entströmen durch die Düse heiße Gase mit der Geschwindigkeit w gegen die Flugrichtung. Die Treibstoffmenge, die dabei in der Zeit Δt verbrannt wird, hat den Betrag Δm. Ermitteln Sie eine Gleichung für die Beschleunigung a der Rakete mit der Masse m **(Raketengleichung).**

V 216. Eine Rakete hat eine Masse von m = 200 t. Bei einer Ausströmungsgeschwindigkeit der Gase von w = 270 m/s wird in der Sekunde Δm = 300 kg Raketentreibstoff verbrannt. Wie groß ist die Raketenbeschleunigung a?

39.2.3 Der halbelastische Stoß

Bei den bisherigen Betrachtungen über den Stoß wurde von vollkommen elastischen Körpern auf der einen Seite und vollkommen plastischen Körpern auf der anderen Seite ausgegangen. Dies sind jedoch idealisierte Grenzfälle, die in der Praxis nur angenähert vorkommen. In vielen Fällen ist es so, dass sich der deformierte Körper zum Teil zurückverformt, und man spricht dann vom **realen Stoß, wirklichen Stoß** oder auch vom **halbelastischen Stoß.** Bei den Verformungen beim Stoß ist es auch immer so, dass sich die Stoßkörper erwärmen, d. h., dass nur ein Teil der beim Stoß übertragenen Energie für die Verformung zur Verfügung steht und ein anderer Teil in Wärmeenergie umgewandelt wird.

Beim realen Stoß **(wirklicher Stoß)** wird immer ein Teil der übertragenen Energie in Wärmeenergie umgewandelt. Die Endgeschwindigkeiten der am Stoß beteiligten Körper liegen demzufolge zwischen denen des unelastischen und des elastischen Stoßes.

Auf diese Vorgänge wird in der Wärmelehre, aber auch in Lektion 40, dort unter dem Stichwort **Energieerhaltung beim Stoß,** eingegangen.

39.2.4 Der schiefe Stoß

Stoßen die beiden Massen schief und nicht – wie bisher vorausgesetzt – zentrisch gegeneinander, entsteht bei den beteiligten Körpern ein Dreheffekt, der als **Stoßspin** bezeichnet wird. Dabei wird ein Teil der übertragenen Energie in **Drehenergie** (siehe Lektionen 44 und 47) umgewandelt. Dieser Sachverhalt ist im Bild 1 vor dem Stoß und im Bild 2 nach dem Stoß verdeutlicht.

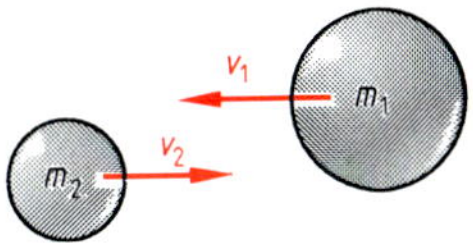

1

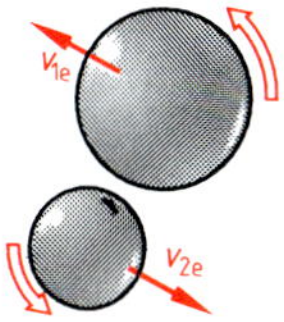

2

DYNAMIK

Arbeit, Leistung, Wirkungsgrad

Lektion 40 Arbeit und Energie

40.1 Die mechanische Arbeit

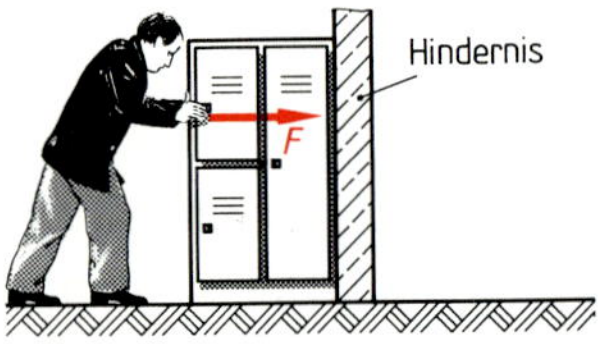

1

Die in Bild 1 dargestellte Tätigkeit – nämlich der Versuch, einen Schrank weiterzuschieben – ist mit einer körperlichen **Anstrengung** verbunden und ruft somit **Ermüdungserscheinungen** hervor. Auch wenn man voraussetzen kann, dass die beabsichtigte Wirkung der Kraft infolge eines Hindernisses – z. B. einer Wand – nicht eintreten kann, wird eine solche Tätigkeit im täglichen Leben als **Arbeit** bezeichnet. Unabhängig von der Größe der Kraft ist jedoch eine Wirkung derselben nicht messbar, eine Voraussetzung, die in der Physik aber unbedingt gegeben sein muss.

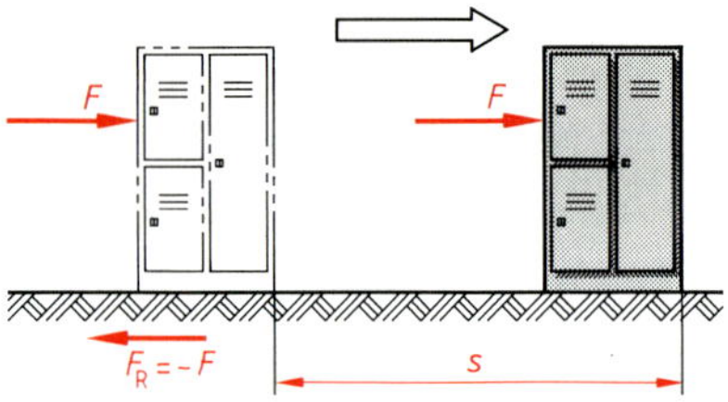

2

Anders ist dies bei dem im Bild 2 dargestellten Fall. Wird die Reibungskraft F_R überwunden, dann bewegt sich der Schrank, und der zurückgelegte Weg *s* ist dann die messbare Wirkung der Kraft *F*. Im Gegensatz zum erstgeschilderten Fall (Bild 1) ist nun ein physikalisch-technischer Sinn erkennbar, und man kann nun völlig berechtigt sagen: Es wurde eine Arbeit verrichtet. Somit:

Arbeit wird im Sinne der Physik stets dann verrichtet, wenn eine Kraft längs eines zurückgelegten Weges wirkt.

Auch viele andere Tätigkeiten des täglichen Lebens, die mit Anstrengung und damit verbundenen Ermüdungserscheinungen einhergehen, können im Sinne der Physik nicht als Arbeit bezeichnet werden. Dazu gehört z. B. das Halten einer Last (Bild 3) oder auch das Verrichten einer geistigen Arbeit, denn es lässt sich im physikalischen Sinn keine Wirkung messen. Es gilt die folgende Definition:

3

Arbeit ist das Produkt aus der wirkenden Kraft *F* und dem zurückgelegten Weg *s* des bewegten Körpers.

Als Einheitenzeichen wird nach DIN 1304 der Buchstabe *W* (ersatzweise *A*) verwendet, und wegen der Ansiedlung innerhalb der Mechanik spricht man (im Gegensatz z. B. zur **elektrischen Arbeit**) von der **mechanischen Arbeit**. Entsprechend obiger Definition gilt also:

Mechanische Arbeit $W = F \cdot s$ 186–1

$$[\boldsymbol{W}] = [F] \cdot [s] = \mathrm{N} \cdot \mathrm{m} = \mathbf{Nm}$$

Als abgeleitete Einheit der mechanischen Arbeit ergibt sich also das **Newtonmeter**. Gemäß Einheitengesetz gilt jedoch:

Die abgeleitete SI-Einheit für die mechanische Arbeit ist das Joule (Einheitenzeichen: J). 1 J ist gleich der Arbeit, die verrichtet wird, wenn der Angriffspunkt der Kraft *F* = 1 N in Richtung der Kraft um *s* = 1 m verschoben wird.

DYNAMIK

Da außerdem Gleichwertigkeit (Äquivalenz) zur Einheit der elektrischen Arbeit – dies ist die **Wattsekunde** Ws – (siehe Elektrotechnik) besteht, gilt:

$$1\ \text{J} = 1\ \text{Nm} = 1\ \text{Ws}$$ 187–1

In aller Regel ist es so, dass in der Mechanik das Einheitenzeichen Nm veerwendet wird. Damit erreicht man eine deutliche Abgrenzung zur Wärmelehre und zur Elektrotechnik.

40.1.1 Die zeichnerische Darstellung der mechanischen Arbeit

Gleichung 186–1 ($W = F \cdot s$) entspricht in ihrem Aufbau der Formel für die Berechnung einer Rechteckfläche ($A = l \cdot b$). Daraus kann – ebenso wie beim *v, t*-Diagramm (Lektion 33) – gefolgert werden, dass auch das Produkt $F \cdot s$ als Rechteckfläche abgebildet werden kann. In einem rechtwinkligen Koordinatensystem (Bild 1) bezeichnet man diese Darstellung als das

Kraft, Weg-Diagramm

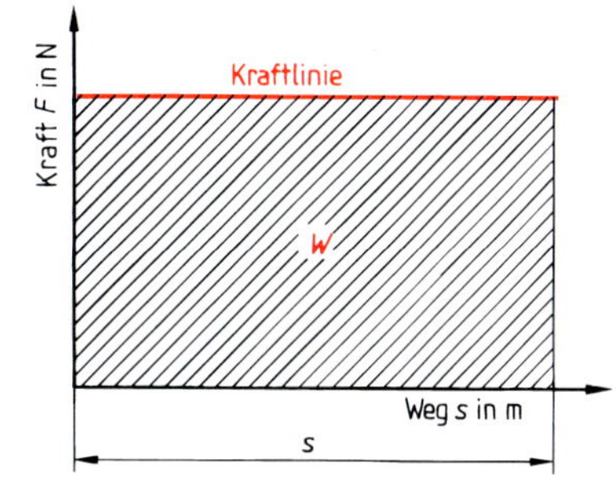

1

Im Kraft, Weg-Diagramm (*F, s*-Diagramm) entspricht die Fläche unterhalb der Kraftlinie der mechanischen Arbeit $F \cdot s$.

Ist die **Kraft entlang des Weges nicht konstant,** ergibt sich ein *F, s*-Diagramm, wie es z. B. in Bild 2 dargestellt ist. Es ist zu erkennen, dass sich die Gesamtarbeit W_{ges} aus der Summe aller Einzelarbeiten ermitteln lässt. Somit:

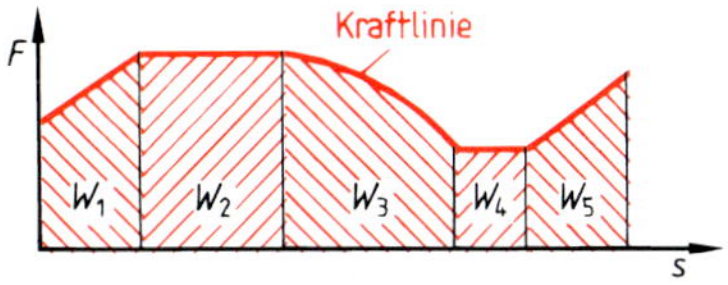

2

Gesamtarbeit $W_{ges} = \Sigma W = W_1 + W_2 + W_3 + \ldots$ 187–2 in Nm, J

40.1.2 Die Arbeitskomponente der Kraft

Jede Kraft lässt sich bekanntlich in mindestens zwei Komponenten zerlegen. Unter diesem Gesichtspunkt und angesichts der Tatsache, dass **Arbeit gleich Kraft mal Weg in Kraftrichtung** ist, soll die Anordnung im Bild 3 betrachtet werden. Es ist zu erkennen:

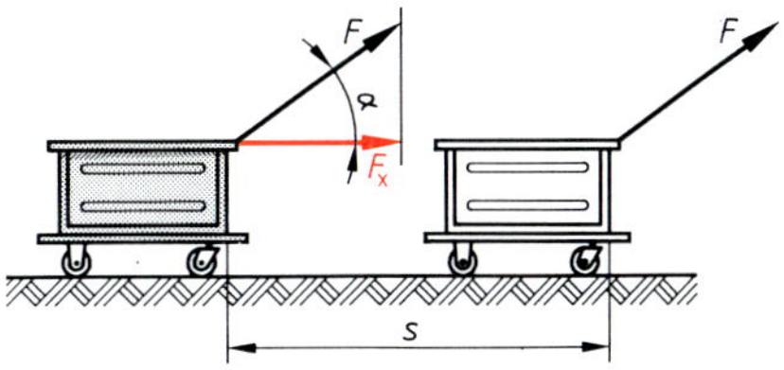

3

Bei der Berechnung der mechanischen Arbeit ist die **Kraftkomponente in Wegrichtung** einzusetzen. Diese wird als **Arbeitskomponente** bezeichnet.

Mit Hilfe der Kosinusfunktion ergibt sich für die

Arbeitskomponente $F_x = F \cdot \cos \alpha$ 187–3 und somit für die

Mechanische Arbeit $W = F \cdot \cos \alpha \cdot s$ 187–4

W	F	s
Nm, J	N	m

In diesem Zusammenhang sei nochmals daran erinnert, dass bei der Berechnung von Drehmomenten (Lektion 13) analog verfahren wurde. Dort ergeben sich die Begriffe **drehmomentenlose Komponente** und **Drehmomentenkomponente**.

Im folgenden Punkt soll nun nochmals ein **Vergleich zwischen den physikalischen Größen Drehmoment und Mechanische Arbeit** vorgenommen werden:

40.1.3 Der physikalische Unterschied zwischen mechanischer Arbeit und Drehmoment

Auch das Drehmoment wird – wie die mechanische Arbeit – in Nm gemessen, die physikalischen Größen Arbeit und Drehmoment sind jedoch völlig unterschiedlich definiert. Dies soll nochmals in der folgenden Gegenüberstellung verdeutlicht werden:

Drehmoment

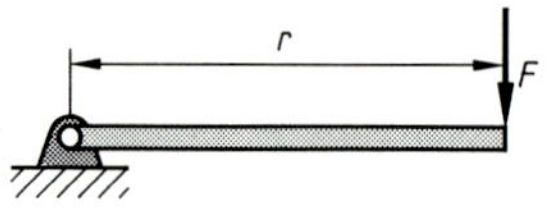

1

Es ist $M = F \cdot r$ mit $F \perp r$

$[M] = [F] \cdot [r] = \text{N} \cdot \text{m} = \textbf{Nm}$

Mechanische Arbeit

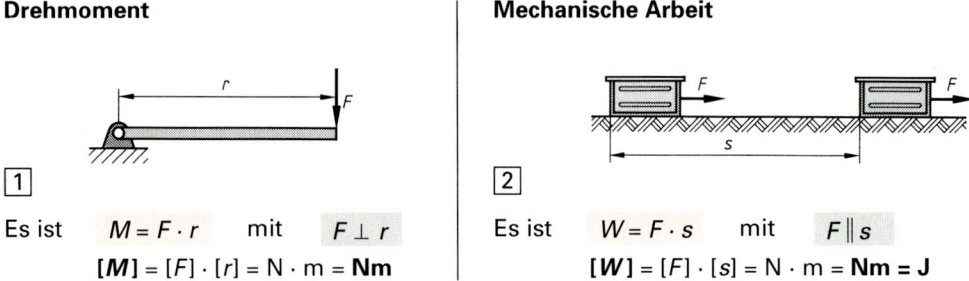

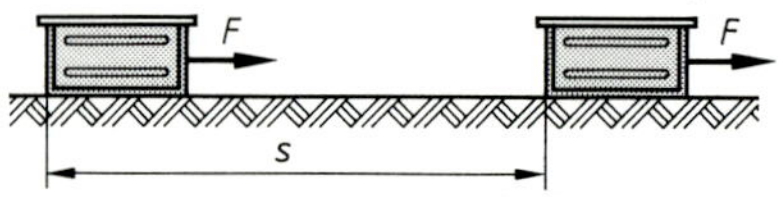

2

Es ist $W = F \cdot s$ mit $F \parallel s$

$[W] = [F] \cdot [s] = \text{N} \cdot \text{m} = \textbf{Nm = J}$

Obwohl mit der Verwendung von J als Einheit der mechanischen Arbeit eine gute Möglichkeit zur Vermeidung einer Verwechslung mit der Einheit Nm für das Drehmoment gegeben ist, wird in der Technischen Mechanik – wie bereits gesagt – meist mit der Arbeitseinheit Nm gearbeitet.

40.2 Energiearten und Energiespeicherung

Eine der heute am meisten diskutierten Fragen ist die Energiefrage, und das Wissen um die Existenz von verschiedenen Energiearten kann an dieser Stelle vorausgesetzt werden. So unterscheidet man z. B.

elektrische Energie, Atomenergie, chemische Energie, Wärmeenergie, mechanische Energie u. a.

Energie kann also **in verschiedenen Formen** auftreten und ist unter bestimmten Voraussetzungen **umwandelbar,** d. h., dass z. B. aus mechanischer Energie elektrische Energie erzeugt werden kann. Dieser Vorgang läuft bei der Erzeugung von elektrischem Strom z. B. in einem Speicher-Wasserkraftwerk ab. Die im Stausee gespeicherte Arbeitsfähigkeit des Wassers ist die Energie des Wassers und kann mit Hilfe einer Turbine in mechanische Energie, aus dieser dann nochmals mit Hilfe eines Generators in elektrische Energie umgewandelt werden.

Aus diesem Beispiel ist zu erkennen:

Unter **Energie** versteht man **gespeicherte Arbeitsfähigkeit,** d. h. Fähigkeit eines Systems, Arbeit zu verrichten.

Aus dieser Definition geht die **Gleichwertigkeit** (Äquivalenz) von **Arbeit und Energie** hervor, bzw. auch, dass Energieeinheit und Arbeitseinheit gleich sind. Üblicherweise sind die **Energieeinheiten** (siehe Gleichung 187–1) wie folgt zugeordnet:

Energieart	**Energieeinheit**	
Mechanische Energie	Nm oder J	1 kJ = 1000 J = 1000 Nm = 1000 Ws
Wärmeenergie	J bzw. kJ	
Elektrische Energie	Ws bzw. kWh	1 kWh = 3 600 000 Ws

Näheres über das Wesen der **Wärmeenergie** und der **elektrischen Energie** ist in den physikalischen Teilgebieten **Wärmelehre** und **Elektrizitätslehre** erläutert. Gemäß Gleichung 187–1 besteht grundsätzlich eine Gleichwertigkeit, die als **Energieäquivalenz** bezeichnet wird.

40.3 Die Gleichwertigkeit der mechanischen Arbeit und der mechanischen Energie

40.3.1 Hubarbeit und potentielle Energie

Bei dem bisher über die mechanische Arbeit Gesagten wurde für die Darstellung ein waagerechter Weg gewählt. Die Aussagen sind jedoch von allgemeiner Gültigkeit, d. h. unabhängig von der Richtung des zurückgelegten Weges. Wird z. B. ein Körper mit der Masse *m* um die Höhe *h* – gemäß Bild 1 – mit Hilfe einer Seilrolle angehoben, so ist diesem System eine mechanische Arbeit zuzuführen, die als **Hubarbeit** bezeichnet wird.
Wird der Körper aus der Position ① in die Position ② gehoben, dann wird die **Hubhöhe** *h* zurückgelegt, und es ergibt sich für die erforderliche

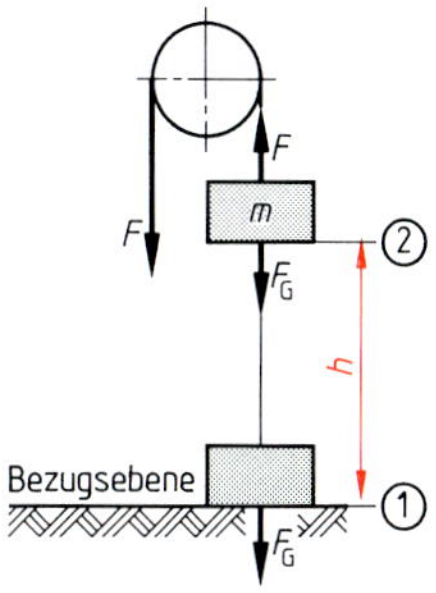

1

Hubarbeit $W_h = F \cdot h$ 189–1

W_h	F	h
Nm = J	N	m

Dabei nimmt die Energie des Körpers mit dem Gewicht F_G um den Betrag der zugeführten Hubarbeit zu, und es ist zu erkennen, dass der Körper in der Position ② – bezogen auf seine Lage gegenüber der Position ① (Bezugsebene) – eine Arbeitsfähigkeit gespeichert hat, die der zugeführten Hubarbeit entspricht. Diese Energie wird wegen der „Hochlage des Körpers" als **Energie der Lage** oder als **potentielle Energie** bezeichnet. Allgemein:

> Man bezeichnet die Energie einer Körpermasse bezogen auf eine bestimmte Bezugsebene als **Energie der Lage** bzw. als **potentielle Energie.**

Dies gilt z. B. auch für die Wassermasse *m* an der Oberfläche eines Stausees bezogen auf die höhenmäßige Anordnung der Turbine in Bild 2.

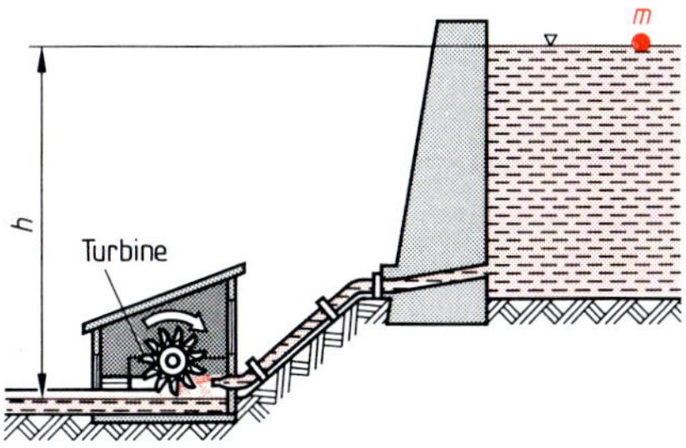

2

Aus Bild 1 ist zu ersehen: $F = F_G = m \cdot g$, und damit ergibt sich für die

Potentielle Energie $W_{pot} = F_G \cdot h = m \cdot g \cdot h$ 189–2

W_{pot}	F_G	m	g	h
Nm = J	N	kg	$\frac{m}{s^2}$	m

Bezogen auf die Ebene ① (Bild 1) ist also die potentielle Energie in Höhe der Ebene ② um den Betrag der zugeführten Hubarbeit größer geworden. Somit:

> Zugeführte Hubarbeit W_h = Zunahme der potentiellen Energie ΔW_{pot}.

40.3.1.1 Arbeit auf der schiefen Ebene und die goldene Regel der Mechanik

Eine schiefe (geneigte) Ebene ist in Bild 3 dargestellt, und dort wird mit Hilfe einer Seilrolle eine Last hinaufbefördert. Sieht man einmal von der zu überwindenden Reibungskraft ab, so ist zur Fortbewegung des Körpers mit der Masse *m* auf der schiefen Ebene ein Kraftaufwand *F* erforderlich, der ebenso groß ist wie die Hangabtriebskraft F_H. Bei Bewegung des Körpers auf dem Weg *s* der **schiefen Ebene** nach oben ist somit die dafür erforderliche

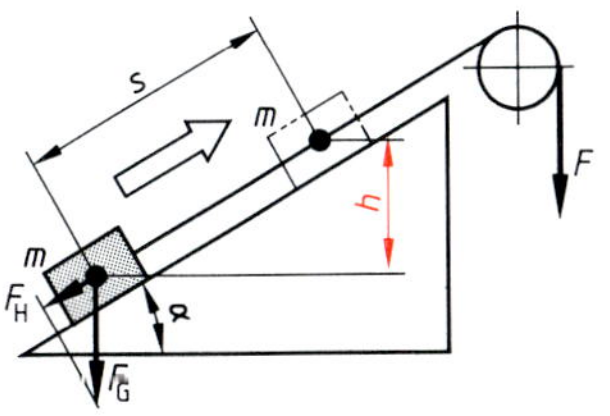

3

Arbeit auf der schiefen Ebene $W = F_H \cdot s = F_G \cdot \sin \alpha \cdot s$ [190–1] in Nm

Dabei wird der senkrechte Höhenunterschied ***h* = Hubhöhe** überwunden. Aus der Geometrie der schiefen Ebene ergibt sich

$$\sin \alpha = \frac{h}{s} \longrightarrow s = \frac{h}{\sin \alpha}.$$ In 190–1 eingesetzt:

$$W = F_G \cdot \sin \alpha \cdot \frac{h}{\sin \alpha}.$$ Somit:

Arbeit auf der schiefen Ebene $W = F_G \cdot h$ [190–2] in Nm

Die Erkenntnis $\boldsymbol{F_H \cdot s = F_G \cdot h}$ begründet die Verwendung der schiefen Ebene als **einfache Maschine.** Damit ist es möglich, mit einem verhältnismäßig kleinen Kraftaufwand F_H große Lasten F_G anzuheben. Allerdings ist ein im gleichen Verhältnis größerer Weg dazu erforderlich. Es ist

$$\frac{F_H}{F_G} = \frac{h}{s}$$

Allgemein wird dieser Sachverhalt ausgedrückt durch die

Goldene Regel der Mechanik ⟶ Was an Kraft weniger aufgewendet wird, muss, im gleichen Verhältnis mehr an Weg zurückgelegt werden.

Diese Gesetzmäßigkeit hat nicht nur für die schiefe Ebene, sondern für alle **Arbeitsmaschinen** Gültigkeit. So ist z. B. bei allen **Hebemaschinen,** wie etwa Kran oder Flaschenzug, gegeben, dass eine große Last F_G nur dann mit einer kleineren Kraft F gehoben werden kann, wenn der Arbeitsweg s im gleichen Verhältnis größer als der Hubweg h wird. Bild 1 zeigt einen **beliebig gestalteten Weg.** Auch hier gilt: Die Hubarbeit errechnet sich stets aus dem Produkt des Gewichtes des gehobenen Körpers und der senkrechten Hubhöhe. Somit:

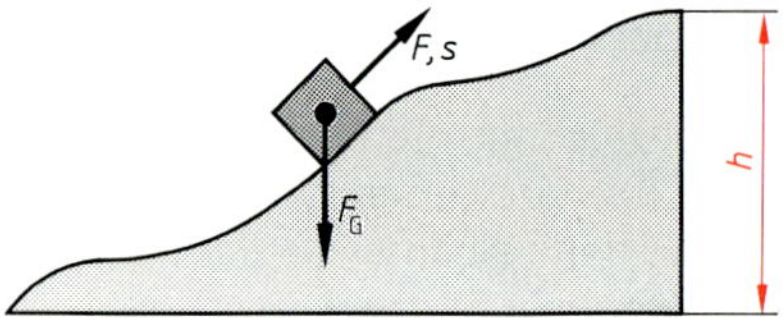

1

Hubarbeit $W_H = F_G \cdot h$ [190–3] in Nm

Die Hubarbeit ist unabhängig von der Gestalt des beim Hub zurückgelegten Weges.

M115. Ein Mann dreht eine Kurbel mit einem Kurbelradius $r = 0{,}5$ m (Bild 2) bei einer Handkraft $F_H = 250$ N 80mal herum.

a) Wie groß ist das auf die Kurbel übertragene Drehmoment?

b) Welche Arbeit hat der Mann verrichtet?

c) Zeichnen Sie das *F, s*-Diagramm.

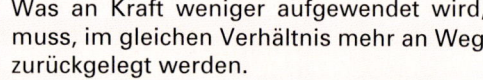

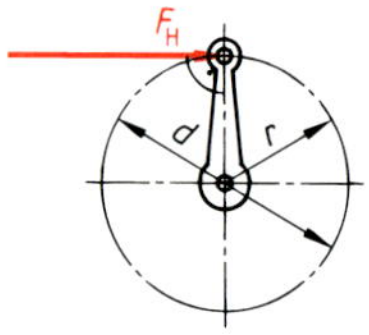

2

Lösung:

a) Bei der Annahme, dass die Handkraft stets im Winkel von 90° zum Kurbelradius angreift, ergibt sich

$\boldsymbol{M} = F_H \cdot r = 250\ \text{N} \cdot 0{,}5\ \text{m} = \mathbf{125\ Nm}$

b) $W = F_H \cdot s = F \cdot d \cdot \pi \cdot i = F \cdot 2 \cdot r \cdot \pi \cdot i$

$W = 250\ \text{N} \cdot 2 \cdot 0{,}5\ \text{m} \cdot \pi \cdot 80$

$\boldsymbol{W = 62\,831{,}85\ \text{Nm} = 62\,831{,}85\ \text{J}}$

$d = 2 \cdot$ Kurbelradius r

$\pi \cdot d =$ Kurbelkreisumfang

$i =$ Anzahl der Umdrehungen

DYNAMIK

c) Der bei 80 Kurbelumdrehungen zurückgelegte Weg beträgt:

$s = 2 \cdot r \cdot \pi \cdot i = 2 \cdot 0{,}5\ \text{m} \cdot \pi \cdot 80$

$\boldsymbol{s = 251{,}33\ \text{m}}$

Bei der konstanten Handkraft $F_H = 250$ N ergibt sich das in Bild 1 dargestellte F, s-Diagramm.

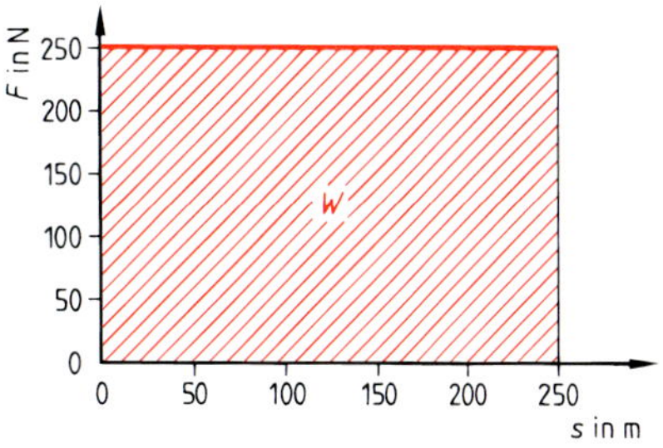

1

M116. Ein Arbeiter geht vom 1. Stock in den 3. Stock eines Fabrikgebäudes. Er hat eine Körpermasse von 75 kg, und er trägt eine Last von 250 N. Die Geschosshöhe beträgt 3,2 m. Wie groß ist die verrichtete Hubarbeit?

Lösung:

Nur der senkrecht zurückgelegte Weg (Höhenunterschied) ist für die Berechnung der Hubarbeit maßgebend. Somit:

$$W = F_G \cdot h = (F_{G1} + F_{G2}) \cdot h = (m_1 \cdot g + F_{G2}) \cdot h = \left(75\ \text{kg} \cdot 9{,}81\ \frac{\text{m}}{\text{s}^2} + 250\ \text{N}\right) \cdot 2 \cdot 3{,}2\ \text{m}$$

$$W = 985{,}75\ \text{N} \cdot 6{,}4\ \text{m}$$

$$\boldsymbol{W = 6308{,}8\ \text{Nm}}$$

M117. Gemäß Bild 2 wird eine Last mit dem Gewicht $F_G = 1000$ N mit einer Seilrolle angehoben. Die verrichtete Arbeit beträgt $W = 4800$ Nm. Mit welcher Kraft F muss gezogen werden, wenn der Scheibendurchmesser $d = 250$ mm ist und wenn – bedingt durch Seil- und Zapfenreibung – ein Reibmoment $M_R = 50$ Nm überwunden werden muß?

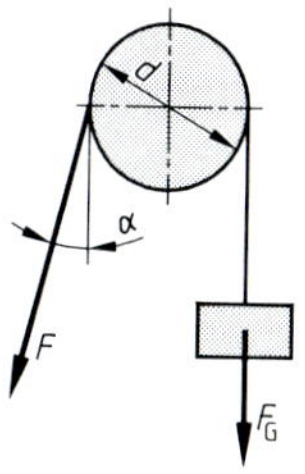

2

Lösung:

$$F = F_G + \frac{M_R}{r} = F_G + \frac{M_R}{\frac{d}{2}} = F_G + \frac{2 \cdot M_R}{d} = 1000\ \text{N} + \frac{2 \cdot 50\ \text{Nm}}{0{,}25\ \text{m}} = 1000\ \text{N} + 400\ \text{N}$$

$$\boldsymbol{F = 1400\ \text{N}}$$

M118. Bild 3 zeigt einen zweiseitigen ungleicharmigen Hebel. Mit der Kraft F_1 wird die Last F_2 gehoben. Beweisen Sie am Beispiel dieses Hebels die goldene Regel der Mechanik.

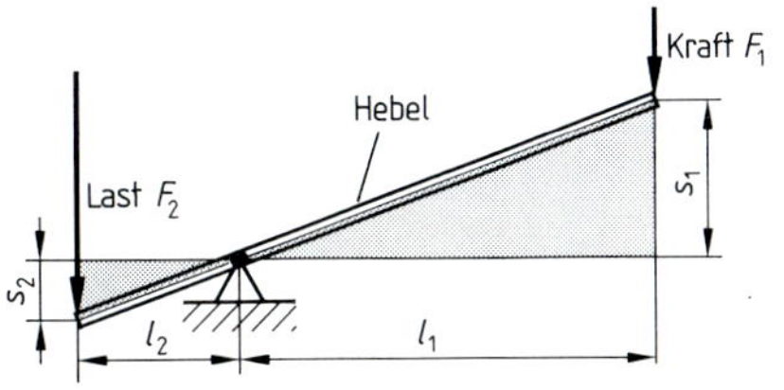

3

Lösung:

$W_1 = F_1 \cdot s_1$ = aufgewendete Arbeit
$W_2 = F_2 \cdot s_2$ = Hubarbeit

Die goldene Regel der Mechanik besagt: $W_1 = W_2 \longrightarrow F_1 \cdot s_1 = F_2 \cdot s_2$

Bedingt durch die Ähnlichkeit der beiden gerasterten Dreiecke im Bild 3 ergibt sich:

$$\frac{l_1}{l_2} = \frac{s_1}{s_2} \longrightarrow s_2 = s_1 \cdot \frac{l_2}{l_1}$$

Nach dem Hebelgesetz ist $F_2 = F_1 \cdot \dfrac{l_1}{l_2}$

Somit: $\boldsymbol{W_2} = F_2 \cdot s_2 = F_1 \cdot \dfrac{l_1}{l_2} \cdot s_1 \cdot \dfrac{l_2}{l_1} = F_1 \cdot s_1 = \boldsymbol{W_1}$ Dies war zu beweisen.

40.3.2 Beschleunigungsarbeit und kinetische Energie

Im Bild 1 ist die Beschleunigung eines Körpers mit der Masse m dargestellt. Die Geschwindigkeit vergrößert sich dabei von $v_0 = 0$ auf v_t. Dazu ist eine Arbeit – die **Beschleunigungsarbeit** – erforderlich.
Aus dem dynamischen Grundgesetz ist bekannt, dass zur Beschleunigung einer Masse m die

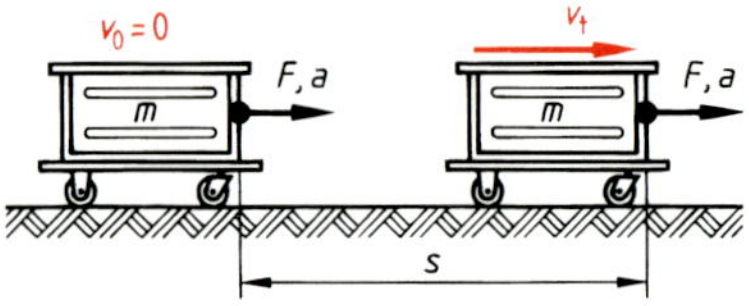

1

Beschleunigungskraft $F = m \cdot a$ 192–1 = 169–1 erforderlich ist.

Somit beträgt die zur Beschleunigung nötige Arbeit längs des Beschleunigungsweges s, also die

Beschleunigungsarbeit $W_a = m \cdot a \cdot s$ 192–2

W_a	m	a	s
Nm = J	kg	$\frac{\text{m}}{\text{s}^2}$	m

Bei gleichmäßig beschleunigter Bewegung ist $a = \frac{v^2}{2 \cdot s}$. Setzt man diesen Wert in die Gleichung 192–2 ein, so erhält man

$$W_a = m \cdot \frac{v^2}{2 \cdot s} \cdot s$$ und somit für die

Beschleunigungsarbeit $W_a = \frac{m}{2} \cdot v^2$ 192–3

W_a	m	$v = v_t$	v^2
Nm = J	kg	$\frac{\text{m}}{\text{s}}$	$\frac{\text{m}^2}{\text{s}^2}$

Analog der Hubarbeit bzw. der Zunahme an potentieller Energie gilt auch hier:

Die zugeführte Beschleunigungsarbeit entspricht der Zunahme der Bewegungsenergie.

Bezieht man sich also auf den Ruhezustand eines Körpers $v_0 = 0$, dann ergibt sich bei $v = v_t$ für die gespeicherte Arbeitsfähigkeit ein Energiebetrag, der als **Bewegungsenergie** oder als **kinetische Energie** bezeichnet wird, der der Beschleunigungsarbeit entspricht. Somit ist die

Kinetische Energie $W_{kin} = \frac{m}{2} \cdot v^2$ 192–4

W_{kin}	m	v	v^2
Nm = J	kg	$\frac{\text{m}}{\text{s}}$	$\frac{\text{m}^2}{\text{s}^2}$

Die kinetische Energie eines bewegten Körpers (Bewegungsenergie) errechnet sich aus dem Produkt der halben Körpermasse und dem Quadrat der Geschwindigkeit des Körpers.

Daraus folgt, dass sich bei Geschwindigkeitsänderung auch die kinetische Energie des bewegten Körpers ändern muss. Bei Geschwindigkeitsänderung Δv ist die

Änderung der kinetischen Energie

$$\Delta W_{kin} = \underbrace{\frac{m}{2} \cdot (v_1^2 - v_2^2)}_{v_1 > v_2} \text{ bzw. } \underbrace{\frac{m}{2} \cdot (v_2^2 - v_1^2)}_{v_2 > v_1}$$ 192–5

40.3.2.1 Umwandlung von potentieller Energie in kinetische Energie

Situation ① im Bild 2 zeigt eine Masse m mit der Geschwindigkeit $v_0 = 0$ in der Höhe h über der Situation ②.

Mit $v_0 = 0$ ist in der

Situation ①: $W_{kin\,①} = 0$ und $W_{pot\,①} = m \cdot g \cdot h$

2

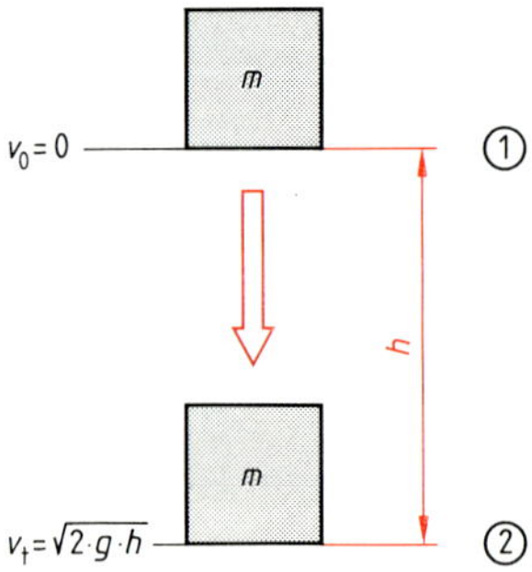

DYNAMIK

Wenn man davon ausgeht, dass der Masse beim anschließenden freien Fall aus der Lage ① in die Lage ② keine Energie zugeführt wird und dass sie auch keine Energie abgibt, dann muss sich die gesamte potentielle Energie (der Lage ①) in der Lage ② in kinetische Energie umgewandelt haben.
Am Ende des freien Falles (Lage ②) erreicht die Masse m nach den Fallgesetzen (und ohne Berücksichtigung der Luftreibung) die Endgeschwindigkeit $\boldsymbol{v_t = \sqrt{2 \cdot g \cdot h}}$. Somit ergibt sich in der

Situation ②: $\boldsymbol{W_{pot\,②} = 0}$ und $W_{kin\,②} = \frac{m}{2} \cdot v_t^2 = \frac{m}{2} \cdot \left(\sqrt{2 \cdot g \cdot h}\right)^2 = \frac{m}{2} \cdot 2 \cdot g \cdot h$

$$\boldsymbol{W_{kin\,②}} = \frac{m}{2} \cdot v_t^2 = m \cdot g \cdot h = \boldsymbol{W_{pot\,①}}$$

Am Beispiel des freien Falles eines Körpers und ohne Berücksichtigung der Luftreibung, d. h. im Vakuum, lässt sich also erkennen:

Potentielle Energie lässt sich in eine äquivalente (gleichwertige) kinetische Energie umwandeln.

M119. Welche Beschleunigungsarbeit muss verrichtet werden, damit ein Pkw mit der Masse m = 1050 kg in 8 s von 0 auf 100 km/h beschleunigt werden kann?

Lösung:

$W_a = m \cdot a \cdot s$

$$\boldsymbol{a} = \frac{\Delta v}{\Delta t} = \frac{\frac{100}{3{,}6}\,\frac{\text{m}}{\text{s}}}{8\ \text{s}} = \boldsymbol{3{,}472\ \frac{m}{s^2}}$$

$$\boldsymbol{s} = \frac{a}{2} \cdot t^2 = \frac{3{,}472\ \frac{\text{m}}{\text{s}^2}}{2} \cdot (8\ \text{s})^2 = \boldsymbol{111{,}1\ m}$$

$$\boldsymbol{W_a} = 1050\ \text{kg} \cdot 3{,}472\ \frac{\text{m}}{\text{s}^2} \cdot 111{,}1\ \text{m} = \boldsymbol{405\,026{,}16\ Nm}$$

M120. Ein Körper mit der Masse m = 50 kg fällt 6 m frei herab. Berechnen Sie die Endgeschwindigkeit v_t und die dadurch vorhandene kinetische Energie.

Lösung:

$$\boldsymbol{v_t} = \sqrt{2 \cdot g \cdot h} = \sqrt{2 \cdot 9{,}81\ \frac{\text{m}}{\text{s}^2} \cdot 6\ \text{m}} = \sqrt{117{,}72\ \frac{\text{m}^2}{\text{s}^2}} = \boldsymbol{10{,}85\ \frac{m}{s}}$$

$$\boldsymbol{W_{kin}} = \frac{m}{2} \cdot v_t^2 = \frac{50\ \text{kg}}{2} \cdot \left(10{,}85\ \frac{\text{m}}{\text{s}}\right)^2 = 2943{,}06\ \frac{\text{kgm}}{\text{s}^2} \cdot \text{m} = \boldsymbol{2943{,}06\ Nm}$$

40.4 Der Energieerhaltungssatz und Beispiele der Energieerhaltung

Am Beispiel der Umwandlung von potentieller Energie in kinetische Energie wurde die Aussage gemacht, dass eine Energieform in eine andere Form von Energie umgewandelt werden kann.
Dieses Beispiel zeigt weiter, dass sich bei einer Energieumwandlung der jeweils vorhandene Energie-Gesamtbetrag nicht ändert. Diese Gesetzmäßigkeit nennt man den **Energieerhaltungssatz.** Es gilt also:

Die Energie am Ende eines technischen Vorgangs ist genauso groß wie die Summe der Energie am Anfang und der während des technischen Vorgangs zu- und abgeführten Energien.

Energieerhaltungssatz $W_{Ende} = W_{Anfang} + W_{zu} - W_{ab}$ 193–1

40.4.1 Energieerhaltung bei der Umwandlung von mechanischer Energie in Wärmeenergie

Mit der Umwandlung von mechanischer Energie in Wärmeenergie und umgekehrt von Wärmeenergie in mechanische Energie befasst sich das physikalische Teilgebiet **Wärmelehre.**

DYNAMIK

Zieht man einmal als Beispiel für eine solche Energieumwandlung eine Dampflokomotive heran, dann ist es so, dass die von der Lokomotive auf einen Zug übertragene mechanische Arbeit in den beiden Dampfzylindern dadurch erzeugt wird, dass die durch den Dampfdruck auf die Kolbenflächen wirkende Kraft die Kolben um einen bestimmten Weg, den **Kolbenhub** verschiebt und die Kolben dadurch **Kolbenarbeit** verrichten. Stellt man nun die Frage nach der Erzeugung des Dampfdruckes, so ergibt sich dieser durch das Verdampfen von Wasser (siehe **Wärmelehre**), d. h. durch die Zuführung von **Wärmeenergie** aus dem Feuerungsraum in den Kessel. Daraus ist zu ersehen, dass Wärmeenergie in mechanische Energie umgewandelt werden kann; in diesem Beispiel wird also die Energieumwandlung nach dem folgenden Schema (Bild 1) vollzogen:

Wärmeenergie durch die Verbrennung des Brennstoffes → **Druckenergie** durch die Verdampfung des Wassers → **Mechanische Energie** durch die Bewegung der Kolben

1

Noch bis in das 19. Jahrhundert wurde die Wärme als ein gewichtsloser Stoff angesehen, obwohl man schon im alten Griechenland in der Lage war, mit Wasserdampf Kräfte zu erzeugen. Erst ab etwa 1600 entwickelten sich – unabhängig voneinander – die Wissensgebiete **Mechanik** und **Wärmelehre,** und es dauerte dann nochmals etwa 200 Jahre, bis man Wärme als eine Energie erkannte und sich so die beiden Wissensgebiete zur **Wärmemechanik,** der **Thermodynamik,** vereinigen konnten.

Insbesondere dem Bemühen des deutschen Arztes Robert **Mayer (1814 bis 1878)** und des englischen Physikers James Prescot **Joule (1818 bis 1889)** sind die ersten richtigen Aussagen über das

Verhältnis der Wärme, d. h. der Wärmeenergie zur mechanischen Arbeit

zuzuschreiben. Unabhängig voneinander arbeiteten sie mit einer ähnlichen Versuchseinrichtung wie sie im Bild 2 abgebildet ist. Durch ein frei fallendes Gewicht F_G wird über ein Zugseil und eine Seilscheibe ein völlig im Wasser befindlicher Rührer in Bewegung versetzt. Die

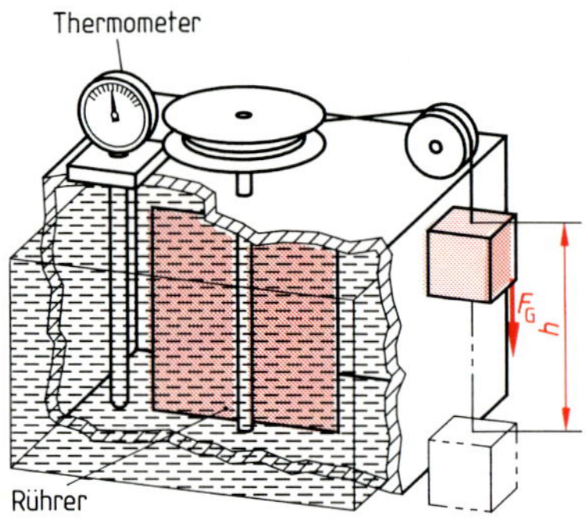

2

mechanische Arbeit $W = F_G \cdot h$ 194–1 = 189–1

wird dabei auf das Wasser übertragen, und mit dem Thermometer kann nachgewiesen werden, dass sich das Wasser dabei erwärmt. Nach dem

Grundgesetz der Wärmelehre $Q = m \cdot c \cdot \Delta\vartheta$ 194–2 → siehe Wärmelehre

mit Q = **Wärmeenergie** in J bzw. kJ
m = Masse des Wassers in g bzw. kg
c = spezifische Wärme des Wassers in $\frac{J}{g \cdot K}$ bzw. $\frac{kJ}{kg \cdot K}$
$\Delta\vartheta$ = Temperaturdifferenz in °C bzw. K des Wassers (K ≙ Kelvin)

und wegen der Gleichwertigkeit von mechanischer Arbeit und Wärmeenergie ergibt sich

$$W = Q$$

$$[F_G] \cdot [h] = [m] \cdot [c] \cdot [\Delta\vartheta]$$

$$N \cdot m = g \cdot \frac{J}{g \cdot K} \cdot K$$

$$\mathbf{Nm = J}$$

DYNAMIK

Bei Vernachlässigung der geringen **Reibungs- und Wärmestromverluste** ist somit der erste Teil von Gleichung 187–1 im Versuch nachgewiesen. Es ist also

$$1\ \text{Nm} = 1\ \text{J}$$

Mechanische Energie und Wärmeenergie sind einander äquivalent (gleichwertig).

M121. In der Versuchsanordnung gemäß Bild 2, Seite 194 wird ein Fallgewicht mit $F_G = 5000$ N über die Höhe $h = 10$ m fallen gelassen. Berechnen Sie die Temperaturerhöhung $\Delta\vartheta$, wenn die Wassermasse $m = 1$ kg und die spezifische Wärme (siehe Wärmelehre) $c = 4{,}19$ kJ/(kg · K) ist.

Lösung:

$$F_G \cdot h = m \cdot c \cdot \Delta\vartheta \longrightarrow \Delta\vartheta = \frac{F_G \cdot h}{m \cdot c} = \frac{5000\ \text{N} \cdot 10\ \text{m}}{1\ \text{kg} \cdot 4{,}19\ \frac{\text{kJ}}{\text{kg} \cdot \text{K}}} = \frac{50\,000\ \text{Nm}}{4190\ \frac{\text{Nm}}{\text{K}}}$$

$$\mathbf{\Delta\vartheta = 11{,}933\ K = 11{,}933\ °C}$$

40.4.2 Energieerhaltung beim wirklichen Stoß

Im Abschnitt 39.2.3 wurde erwähnt, dass beim **wirklichen Stoß,** d. h. beim **halbelastischen Stoß** ein Teil der beim Stoß übertragenen Energie in Wärmeenergie umgewandelt wird. Bild 1 zeigt in einem *F, s*-Diagramm die Verhältnisse bei einem solchen **elastischen Stoß.** Im 1. Stoßabschnitt werden die elastischen Stoßkörper unter dem Einfluss der Stoßkraft verformt. Dabei wird kinetische Energie in **Formänderungsarbeit** umgewandelt.

Nach dem Stoß erfolgt im 2. Stoßabschnitt die vollständige Trennung der Stoßkörper, und die Formänderungsarbeit wird wieder vollständig zur kinetischen Energie. Es hat dabei ein **verlustfreier Energieaustausch** stattgefunden, und es ist somit

$$W_1 = W_2$$

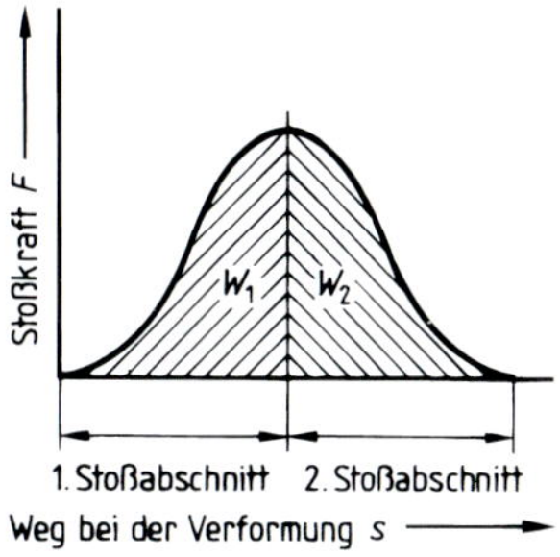

1

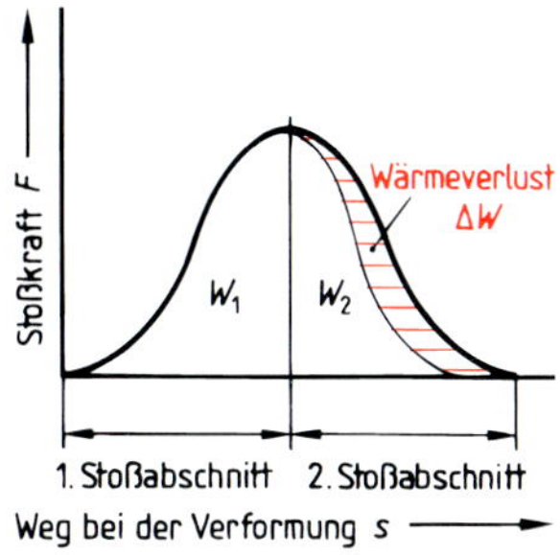

2

In der technischen Realität, also beim wirklichen, d. h. halbelastischen Stoß, wird ein Teil der Formänderungsarbeit W_1 (siehe Bild 2) durch Reibung im Werkstoff der Stoßkörper in Wärmeenergie $Q = \Delta W$ umgewandelt. Dieser Wärmeenergiebetrag ΔW wird durch **Wärmeleitung** und **Wärmestrahlung** (siehe **Wärmelehre**) aus dem Körpersystem entfernt. Diese „Energieverflüchtigung" bezeichnet man als **Energiedissipation** (siehe Wärmelehre). Der verflüchtigte Energiebetrag ΔW kann deshalb nicht mehr in kinetische Energie umgewandelt werden. Daraus folgt:

Die Endgeschwindigkeiten beim wirklichen Stoß sind kleiner als beim vollkommen elastischen Stoß.

Bild 2 zeigt in einem *F, s*-Diagramm den beschriebenen Wärmeenergieverlust (der im ersten und im zweiten Stoßabschnitt eintritt), und es ergibt sich daraus die folgende

Energiebilanz $W_1 = W_2 + \Delta W$

Es kann somit nur noch $W_2 < W_1$ in kinetische Energie zurückverwandelt werden. Da die Stoßzeiten sehr kurz und die Formänderungsarbeiten bzw. der Wärmeverlust oftmals sehr klein sind, und auch das Werkstoffverhalten eine sehr große Rolle spielt, ist man auf im Versuch ermittelte Zahlenwerte angewiesen, um die Endgeschwindigkeiten nach dem wirklichen Stoß berechnen zu können.
Ausgehend von den Gleichungen für den elastischen Stoß (Seite 183) – und in Verbindung mit der für die am Stoß beteiligten Werkstoffe im Versuch ermittelten **Stoßzahl** k – ergeben sich für die

Endgeschwindigkeiten nach dem wirklichen Stoß

$$v_{1e} = \frac{m_1 \cdot v_1 + m_2 \cdot v_2 - m_2 \cdot (v_1 - v_2) \cdot k}{m_1 + m_2} \qquad \boxed{196\text{–}1}$$

$$v_{2e} = \frac{m_1 \cdot v_1 + m_2 \cdot v_2 - m_1 \cdot (v_1 - v_2) \cdot k}{m_1 + m_2} \qquad \boxed{196\text{–}2}$$

Dabei wird der **Stoßspin** (Abschnitt 39.2.4), d. h. die erzeugte **Drehenergie** bei einem eventuell nicht ganz zentrischen Stoß nicht berücksichtigt. In der folgenden Tabelle sind einige Stoßzahlen wiedergegeben:

Stoßrealität	Stoßzahl k
unelastischer (plastischer) Stoß	0
elastischer Stoß	1
Stahl bei 20 °C	ca. 0,7
Kupfer bei 200 °C	ca. 0,3
Elfenbein bei 20 °C	ca. 0,9
Glas bei 20 °C	ca. 0,95

Die Stoßzahl (Stoßziffer) k ist von der Auftreffgeschwindigkeit abhängig, und die obigen Werte gelten für eine solche von $v \approx 3$ m/s. Bei freiem Fall im Vakuum gegen eine unendlich große Masse m_2 gilt für die

Stoßzahl

$$k = \sqrt{\frac{h_2}{h_1}} \qquad \boxed{196\text{–}3}$$

h_1 = Fallhöhe der Masse m_1
h_2 = Steighöhe der Masse m_1 nach dem Stoß

M122. Berechnen Sie die Endgeschwindigkeit v_{1e} des Stoßkörpers 1 in Musteraufgabe M114., Seite 183 mit der Annahme $k = 0{,}7$ (Stahl).

Lösung:

$$v_{1e} = \frac{m_1 \cdot v_1 + m_2 \cdot v_2 - m_2 \cdot (v_1 - v_2) \cdot k}{m_1 + m_2}$$

$$\mathbf{v_{1e}} = \frac{6\,\text{kg} \cdot 10\,\frac{\text{m}}{\text{s}} + 18\,\text{kg} \cdot 2\,\frac{\text{m}}{\text{s}} - 18\,\text{kg} \cdot \left(10\,\frac{\text{m}}{\text{s}} - 2\,\frac{\text{m}}{\text{s}}\right) \cdot 0{,}7}{6\,\text{kg} + 18\,\text{kg}} = \mathbf{-0{,}2\,\frac{m}{s}}$$

40.5 Weitere Formen der mechanischen Arbeit

40.5.1 Die Kolbenarbeit

Im Abschnitt 40.4.1 wurde kurz die **Kolbenarbeit** erwähnt. Am Beispiel einer Hubkolben-Brennkraftmaschine (siehe auch **Wärmelehre**) soll hier nochmals darauf eingegangen werden.
Bild 1 zeigt einen Zylinder in den beiden Kolbenstellungen ① und ②. Wenn das Kraftstoff-Luft-Gemisch gezündet wird, stellt sich in der Stellung ① der maximale Druck p_1 (Zünddruck) ein.

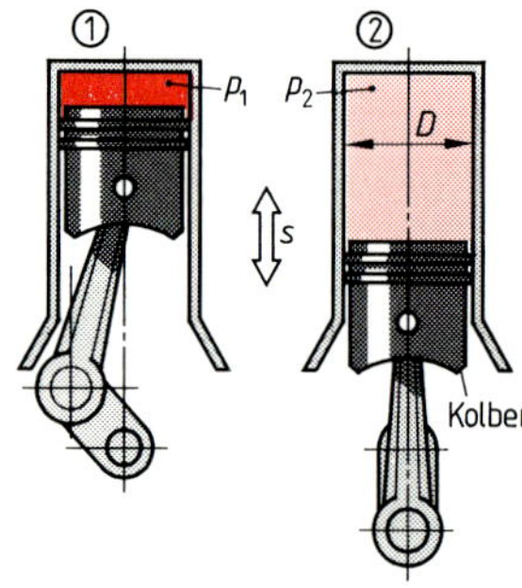

1

Dadurch wirkt auf den Kolben eine Druckkraft, die diesen nach unten drückt. Das verbrannte Gas dehnt sich dabei aus, und der Druck im Zylinder nimmt ab. Etwa in der untersten Kolbenstellung ② ist der Druck mit p_2 am kleinsten. Die Kurve des **Kreisprozesses** (siehe **Wärmelehre**), die die Abhängigkeit der Kolbenkraft bei einem Vor- und Rücklauf des Kolbens – dem **Arbeitshub** – zeigt, wird mit einem Messgerät aufgezeichnet, welches als **Indikator** bezeichnet wird und heißt **Indikatordiagramm.** Ein solches zeigt Bild 1, und weitere Zusammenhänge hierüber sind im Fachgebiet **Wärmelehre** bzw. auch in spezieller Literatur über Brennkraftmaschinen zu erfahren. Da es sich um ein ***F, s*-Diagramm** handelt, gilt:

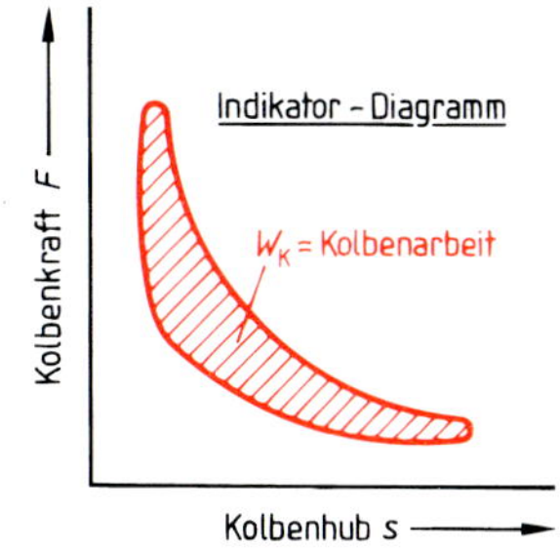

1

Die **Fläche innerhalb** der Indikatorlinie entspricht der **Kolbenarbeit** eines Arbeitshubes.

40.5.2 Die Federspannarbeit als Formänderungsarbeit

Im Abschnitt 40.4.2 wurde bereits die Formänderungsarbeit erwähnt. Dies ist eine Arbeit, die zur Verformung eines Körpers aufgewendet wird, so z. B. ungewollt beim Zusammenstoß zweier Fahrzeuge oder gewollt bei der Deformation einer Zug- oder Druckfeder (Bild 2). Der zuletzt genannte Sachverhalt wird ausführlich in Verbindung mit dem **Hooke'schen Gesetz** in Lektion 56 besprochen. Dort wird eine lineare **Federkennlinie** vorausgesetzt, doch kann diese auch progressiv oder degressiv sein. Dieses spezielle Federverhalten wird in den Bildern 3, 4 und 5 dargestellt:

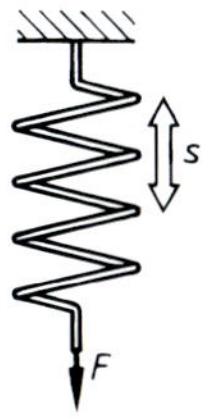

2

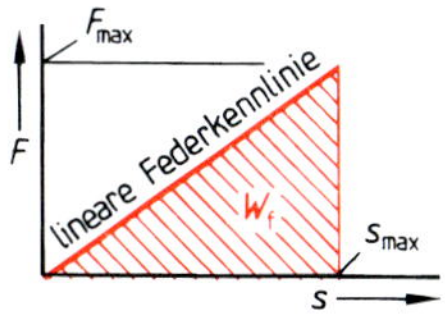

3

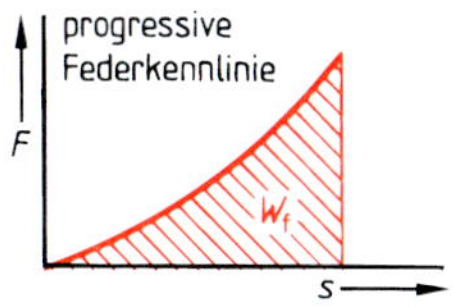

4

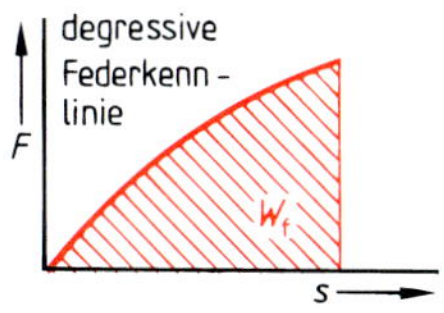

5

Die dabei aufgewendete Arbeit heißt **Federspannarbeit,** und bezogen auf das ***F, s*-Diagramm** gilt auch hier:

Die Federspannarbeit ist eine Formänderungsarbeit und entspricht im *F, s*-Diagramm der Fläche unter der Federkennlinie.

Unabhängig von der Form der Federkennlinie wird die größte Federspannkraft F_{max} bei der größten Federauslenkung s_{max} erreicht.

40.5.2.1 Federspannarbeit bei Verformung aus ungespanntem Zustand

Setzt man eine **lineare Federkennlinie** voraus, dann ergibt sich **gemäß Bild 3,** d. h. bei einer Verformung aus ungespanntem Zustand ($F_1 = 0$) für die

maximale Federspannarbeit $$W_f = \frac{F_{max}}{2} \cdot s_{max}$$ 197–1 in Nm

Für einen beliebigen Federweg ist die

Federspannarbeit $$W_f = \frac{F}{2} \cdot s$$ 197–2 in Nm

Im Vorgriff auf Lektion 56 wird im Zusammenhang mit der Federspannarbeit der Begriff der **Federsteifigkeit** bzw. der **Federkonstanten** *c* definiert:

Die Federsteifigkeit *c* gibt an, welche Kraft *F* in N für einen Federweg *s* in mm erforderlich ist.

Es ist somit $c = \frac{F}{s}$, und damit ist $F = c \cdot s$. Setzt man dies in Gleichung 197–2 ein, so ergibt sich

$$W_f = \frac{F}{2} \cdot s = \frac{c \cdot s}{2} \cdot s \text{ und somit}$$

Federspannarbeit $$W_f = \frac{c}{2} \cdot s^2$$ 198–1

W_f	c	s	s^2
Nm = J	$\frac{N}{m}$	m	m²

40.5.2.2 Federspannarbeit bei einer Feder mit Vorspannung

Bild 1 zeigt die Verhältnisse im *F, s*-Diagramm bei einer Feder mit linearer Federkennlinie und einer vorhandenen Anfangskraft F_1, d. h. einer **Vorspannkraft** und der Endkraft F_2 (F_{max}).

Da im *F, s*-Diagramm grundsätzlich die mechanische Arbeit als Fläche unterhalb der Kraftlinie abgebildet wird, ist in diesem Fall die Federspannarbeit entsprechend der im Bild 1 abgebildeten Trapezfläche.

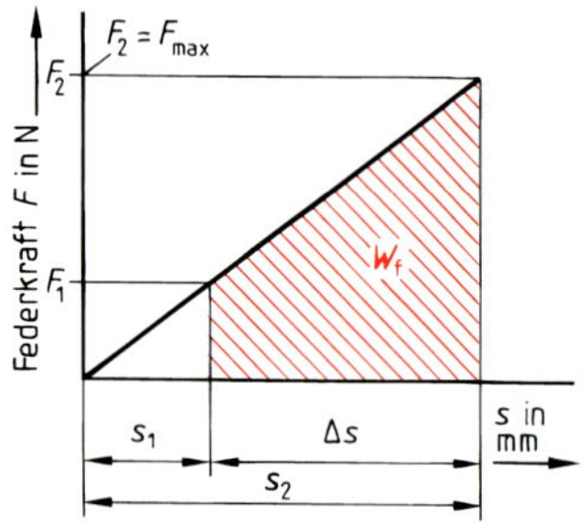

1

Somit ergibt sich für die

Federspannarbeit $$W_f = \frac{F_1 + F_2}{2} \cdot (s_2 - s_1)$$ 198–2

W_f	F_1, F_2	s_1, s_2
Nm = J	N	m

Führt man nun wieder die Federsteifigkeit (Federkonstante) *c* ein, dann ist $F_1 = c \cdot s_1$ und $F_2 = c \cdot s_2$. Dies in Gleichung 198–2 eingesetzt, ergibt

$$W_f = \frac{c \cdot s_1 + c \cdot s_2}{2} \cdot (s_2 - s_1) = \frac{c}{2} \cdot (s_1 + s_2) \cdot (s_2 - s_1)$$

und da $(s_1 + s_2) \cdot (s_2 - s_1) = s_2^2 - s_1^2$ ist, erhält man schließlich für die

Federspannarbeit $$W_f = \frac{c}{2} \cdot (s_2^2 - s_1^2)$$ 198–3

W_f	c	s_1, s_2
Nm = J	$\frac{N}{m}$	m

Es bleibt noch zu erwähnen, dass die beim Spannen der Feder zugeführte Federspannarbeit der Feder nach dem Spannen als gespeicherte Arbeit, d. h. als Energie innewohnt. Diese wird bei der Entspannung in kinetische Energie, d. h. in mechanische Energie umgewandelt. Beispiel: Uhr.

Sowohl beim Spannen als auch beim Entspannen wird natürlich ein kleiner Teil der mechanischen Energie in Wärmeenergie umgewandelt (siehe auch Abschnitt 42.2).

M123. Eine Blattfeder wird gemäß Bild 2 gebogen. Mit Hilfe eines Dynamometers wird die Federsteifigkeit mit

$$c = 3{,}4 \frac{N}{cm}$$

ermittelt, und die maximale Auslenkung ist $s_{max} = 6$ cm.

Berechnen Sie a) die Federspannarbeit W_f,
b) die maximale Federspannkraft F_{max},
Zeichnen Sie c) das *F, s*-Diagramm.

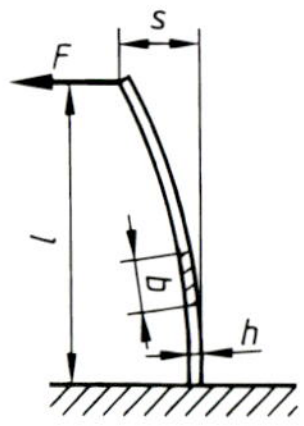

2

Lösung:

a) $W_f = \frac{c}{2} \cdot s^2 = \frac{1}{2} \cdot 3{,}4\,\frac{\text{N}}{\text{cm}} \cdot (6\text{ cm})^2$

$\boldsymbol{W_f} = 61{,}2\text{ Ncm} = \mathbf{0{,}612\ Nm}$

b) $F_{max} = c \cdot s_{max} = 3{,}4\text{ N/cm} \cdot 6{,}0\text{ cm}$

$\boldsymbol{F_{max}} = \mathbf{20{,}4\ N}$

c)

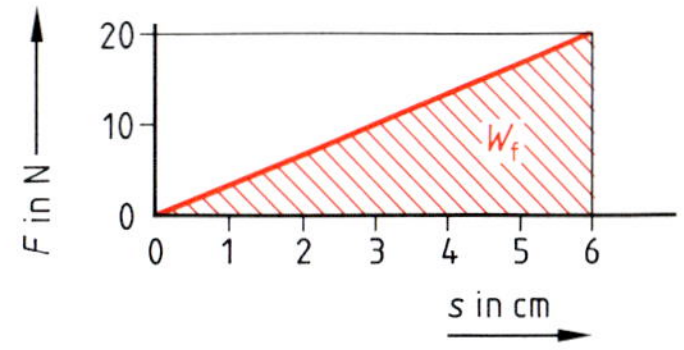

1

Ü191. Auf einem Hubwagen (Bild 2) wird eine Last transportiert. Es ist
$F_H = 450$ N,
$\alpha = 30°$,
$s = 1000$ m.

a) Wie groß ist die arbeitslose Kraftkomponente?
b) Wie groß ist die verrichtete Arbeit?

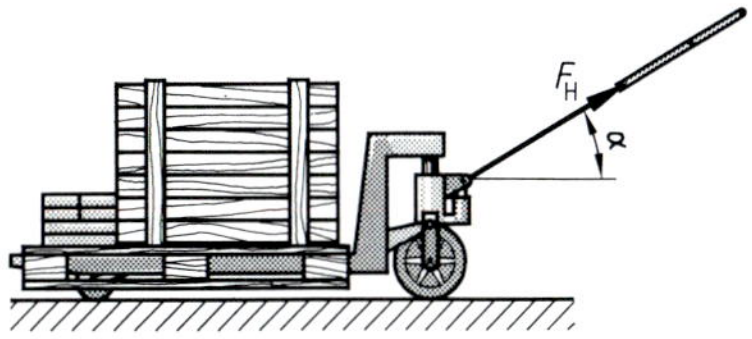

2

Ü192. Welche Energieeinheiten sind Ihnen bekannt?

Ü193. Was versteht man unter der goldenen Regel der Mechanik?

Ü194. Was versteht man unter dem Energieerhaltungssatz?

Ü195. Berechnen Sie die Endgeschwindigkeit des im Bild 3 abgebildeten Wagens mit der Masse $m = 5$ kg ohne Berücksichtigung der Reibung.

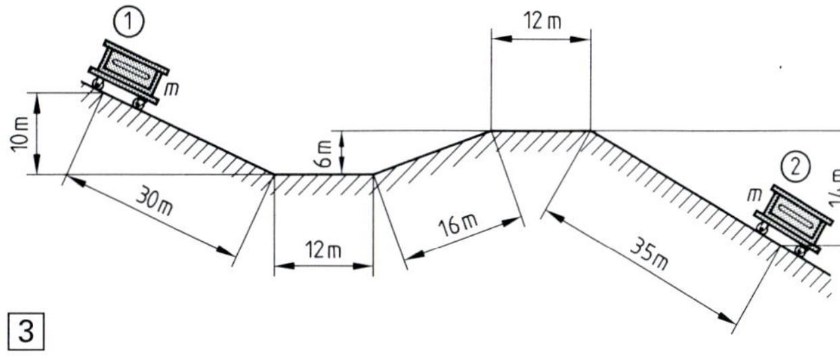

3

Ü196. Auf welchem Grundgedanken beruht der Rechenvorgang der Übungsaufgabe Ü195.?

Ü197. Wie groß ist die Endgeschwindigkeit des Wagens in Übungsaufgabe Ü195. – ebenfalls ohne Berücksichtigung der Reibung –, wenn über den gesamten Weg eine Antriebskraft von 100 N auf den Wagen wirkt?

Ü198. Welche Energie in J und kWh birgt ein Stausee mit einem Wasserinhalt von 80 000 m^3 bei einer mittleren Höhendifferenz von 360 m zum Kraftwerk?

V217. Welche kinetische Energie besitzt ein Güterzug mit der Masse $m = 500\,000$ kg, wenn er eine Geschwindigkeit $v = 50$ km/h hat?

V218. Welche Formen an mechanischer Energie sind Ihnen bekannt? Nennen Sie praktische Beispiele (Lösung am besten in tabellarischer Form).

V219. Welche Energie besitzt eine zylindrische Schraubenfeder mit einer Federsteifigkeit (Federkonstante) $c = 600$ N/mm, wenn sie um 100 mm zusammengedrückt ist?

V220. Welche Endgeschwindigkeit erhält ein Körper mit der Masse $m = 5$ g, wenn auf diesen die Federenergie von Vertiefungsaufgabe V219. wirkt?

Weitere Übungs- und Vertiefungsaufgaben zur mechanischen Arbeit und zur mechanischen Energie finden Sie im Anschluss und in Verbindung zu den Lektionen 41 und 42!

Lektion 41 Mechanische Leistung

41.1 Leistung als Funktion von Energie und Zeit

Bei der Berechnung der mechanischen Arbeit ist es völlig ohne Bedeutung, in welcher Zeit sie verrichtet wird. Ob man z. B. für das Anheben einer Last $F_G = 100$ kN auf eine Höhe $h = 2$ m eine Zeit von 3 min, 5 min oder etwa 10 min benötigt, wirkt sich auf den verrichteten Arbeitsbetrag nicht aus, er errechnet sich immer aus dem Produkt von wirkender Kraft und Weg in Kraftrichtung. Es ist also:

Mechanische Arbeit $W = F \cdot s$ [200–1] = [186–1] in Nm bzw. J

Wenn man jedoch von Leistung spricht, ist mit dem Arbeitsbegriff immer eine **Zeitangabe** verbunden, so z. B. bei sportlichen Leistungen oder bei der Leistung von Kraftfahrzeugen. Die Leistung ist stets dann groß, wenn eine mechanische Arbeit in einer kurzen Zeit verrichtet wird, die mechanische Arbeit wird also auf die Zeit bezogen. Somit:

> Die mechanische Leistung errechnet sich aus dem Quotienten der mechanischen Arbeit und der für die Verrichtung dieser mechanischen Arbeit erforderlichen Zeit.

Nach DIN 1304 wird für die mechanische Leistung der Formelbuchstabe P verwendet, und gemäß Definition gilt für die

Mechanische Leistung $P = \dfrac{W}{t}$ [200–2]

P	W	t
$\frac{\text{Nm}}{\text{s}}$, $\frac{\text{J}}{\text{s}}$	Nm, J	s

Aus **1 Nm = 1 J = 1 Ws** (Seite 187) ergibt sich für die Leistungseinheit:

$$\mathbf{1\,\frac{Nm}{s}} = 1\,\frac{J}{s} = 1\,\frac{Ws}{s} = 1\text{ W} = \mathbf{1\text{ Watt}} \qquad [200–3]$$

Nicht nur in der Mechanik, sondern grundsätzlich versteht man unter einer Leistung die auf die Zeit bezogene Energie, und man spricht in diesem Zusammenhang auch von einem **Energiestrom**. Bezieht man z. B. die Wärmeenergie, die durch einen Wärmeleiter fließt, auf die Zeit, dann heißt dieser Quotient **Wärmestrom** (siehe **Wärmelehre**) oder **Wärmeleistung**. In der Ausführungsverordnung zum Gesetz über die Einheiten im Messwesen ist nachzulesen (entsprechend 200–3):

> Die abgeleitete SI-Einheit der Leistung, des Energiestromes und des Wärmestromes ist das Watt. Einheitenzeichen: W.

> 1 Watt ist gleich der Leistung, bei der während der Zeit 1 s die Energie 1 J umgesetzt wird.

Die Leistung 1 W ist eine sehr kleine Leistung, d. h., dass die Größenordnung von Leistungen bei technischen Gerätschaften oft viel höher liegt. Meist wird deshalb mit dem Kilowatt gerechnet. Es ist

1 Kilowatt = 1000 Watt ⟶ 1 kW = 1000 W

Vor der Einführung der SI-Einheiten wurde – insbesondere in der Maschinentechnik – mit der Leistungseinheit **Pferdestärke** gerechnet. Einheitenzeichen: **PS**. Bezogen auf Umbauten oder Ergänzungen alter Anlagen muss dem Techniker auch heute noch bekannt sein:

$1\text{ kW} \approx 1{,}36\text{ PS}$ $1\text{ PS} \approx 0{,}736\text{ kW}$ [200–4]

Dieser Zusammenhang wird nochmals in Übungsaufgabe Ü199. (Seite 202) aufgegriffen.

DYNAMIK

In der bereits erwähnten Ausführungsverordnung über die Einheiten im Messwesen ist weiter zu lesen:

Abgeleitete Einheiten der Leistung, des Energiestromes und des Wärmestromes sind auch alle Quotienten, die aus einer gesetzlichen Einheit der Energie, Arbeit und Wärmemenge und einer gesetzlichen Zeiteinheit gebildet werden.

Es wurde bereits gesagt, dass die Größenordnung von Leistungen technischer Gerätschaften und Anlagen meist wesentlich über 1 Watt liegt. Um hierüber eine Vorstellung zu bekommen, zeigt die folgende Tabelle einige Beispiele:

Energieumsetzer	**mittlere Leistung in kW**
Menschliche Dauerleistung bei mehrstündiger Arbeit	0,1
Höchstleistung des Menschen, z. B. beim Sport	2,3
Pferd bei mehrstündiger Arbeit	0,7
Elektrischer Heizofen	1,0
Tauchsieder	0,5
Glühlampe	0,1
Kühlschrank*)	0,1
Pkw	50
Elektrische Lokomotive	2 500
Walchenseekraftwerk	124 000
Großkraftwerk	500 000

*) Kälteleistung bei 300 *l* Inhalt und einer Temperaturdifferenz zwischen innen und außen von 20 °C. Die Leistungsaufnahme (Motorleistung) ist etwa doppelt so groß.

41.2 Leistung als Funktion von Kraft und Geschwindigkeit

Setzt man $\boldsymbol{W = F \cdot s}$ in die Leistungsgleichung ein, so erhält man

$$P = \frac{W}{t} = \frac{F \cdot s}{t} \text{ und wegen } \frac{s}{t} = \text{Geschwindigkeit } v \text{ wird}$$

Mechanische Leistung $\quad P = F \cdot v \quad$ 201–1

P	F	v
W	N	$\frac{m}{s}$

$$\boldsymbol{[P]} = [F] \cdot [v] = \mathrm{N} \cdot \frac{\mathrm{m}}{\mathrm{s}} = \frac{\mathrm{Nm}}{\mathrm{s}} = \frac{\mathrm{Ws}}{\mathrm{s}} = \mathbf{W}$$

Mechanische Leistung P errechnet sich aus dem Produkt der wirkenden Kraft F und der dadurch erzeugten Geschwindigkeit v.

Anmerkung:

Bei der mechanischen Arbeit wurde zwischen den Begriffen Hubarbeit, Formänderungsarbeit, Beschleunigungsarbeit, Federspannarbeit usw. unterschieden. Obwohl physikalisch kein Unterschied zwischen den verrichteten Arbeiten besteht, ist eine solche Zuordnung zu bestimmten technischen Abläufen sinnvoll und üblich. Sinngemäß spricht man ebenso bei der Leistung von **Hubleistung** P_h, **Beschleunigungsleistung** P_a usw.

M124. Drücken Sie die Leistungseinheit Watt durch Basiseinheiten des SI-Systems aus.

Lösung: $\mathbf{1\,W} = 1\,\frac{\mathrm{Ws}}{\mathrm{s}} = 1\,\frac{\mathrm{Nm}}{\mathrm{s}} = 1\,\frac{\mathrm{kgm}}{\mathrm{s}^2}\,\frac{\mathrm{m}}{\mathrm{s}} = \mathbf{1\,\frac{kgm^2}{s^3}}$

M125. Im Kfz-Brief eines gebrauchten Autos ist die Leistung noch in PS angegeben. Wieviel kW entsprechen den angegebenen 72,5 PS?

Lösung: $\mathbf{72{,}5\ PS} = 72{,}5\ \text{PS} \cdot \frac{1}{1{,}36}\ \frac{\text{kW}}{\text{PS}} = \mathbf{53{,}31\ kW}$

M126. Ein Aufzug mit der Kabinenmasse m_1 = 1300 kg befördert in t = 6 s eine Last F_{G2} = 23 kN um 2,8 m senkrecht nach oben. Berechnen Sie die Hubleistung P_h in kW.

Lösung: $P_h = \frac{F \cdot s}{t}$; $\quad \boldsymbol{F} = m_1 \cdot g + F_{G2} = 1300\ \text{kg} \cdot 9{,}81\ \frac{\text{m}}{\text{s}^2} + 23\,000\ \text{N} = \mathbf{35\,753\ N}$

$$\boldsymbol{P_h} = \frac{35\,753\ \text{N} \cdot 2{,}8\ \text{m}}{6\ \text{s}} = 16\,685\ \frac{\text{Nm}}{\text{s}} = 16\,685\ \text{W} = \mathbf{16{,}685\ kW}$$

M127. Welche Zugkraft in N übt eine Zugmaschine bei einer Leistung von 175 kW und einer Geschwindigkeit von 40 km/h aus?

Lösung: $P = F \cdot v \longrightarrow F = \frac{P}{v} \qquad v = 40\ \frac{\text{km}}{\text{h}} = \frac{40}{3{,}6}\ \frac{\text{m}}{\text{s}} = 11{,}1\bar{1}\ \frac{\text{m}}{\text{s}}$

$$\boldsymbol{F} = \frac{175\,000\ \frac{\text{Nm}}{\text{s}}}{11{,}1\bar{1}\ \frac{\text{m}}{\text{s}}} = \mathbf{15\,750\ N}$$

Ü199. Bis zum Zeitalter der Maschinen wurde insbesondere das Pferd als Arbeitstier herangezogen, und deshalb wurde ja auch die Leistungseinheit **Pferdestärke** (PS) benutzt. Durch viele Versuche – Bild 1 zeigt einen solchen an einem Bergwerksschacht – wurde der Durchschnittswert

$$1\ \text{PS} = 75\ \frac{\text{kpm}}{\text{s}}$$

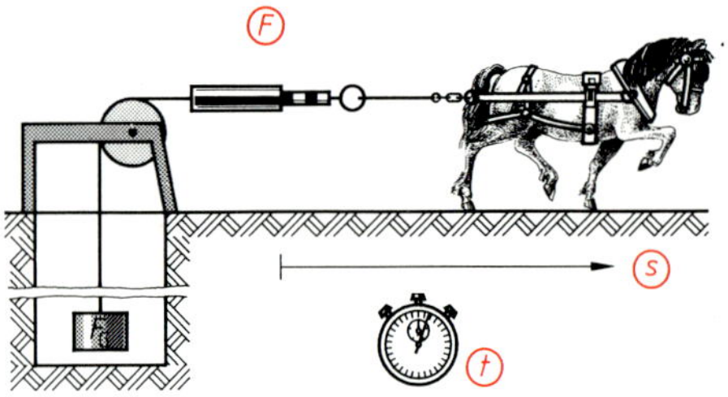

1

als mögliche Dauerleistung für ein Pferd ermittelt. Wieviele Watt sind dies? Vergleichen Sie mit Gleichung 200–4.

Ü200. Eine Wasserturbine hat einen Durchsatz (Volumenstrom: siehe **Mechanik der Flüssigkeiten und Gase**) von $\dot{V}$ = 0,3 m³/s. Der vom Wasser durchlaufene Höhenunterschied beträgt h = 5,5 m. Welche Leistung wird vom Wasser auf die Turbine übertragen?

Ü201. Bei einer Fahrgeschwindigkeit von 120 km/h wirkt auf einen Kfz-Rückspiegel, hervorgerufen durch den Luftwiderstand, eine Kraft von F = 50 N. Welche Leistung wird für die Überwindung dieses Luftwiderstandes benötigt?

V221. Begründen Sie im Zusammenhang mit Übungsaufgabe Ü201. die erreichbare Höchstgeschwindigkeit eines bestimmten Kraftfahrzeuges.

V222. Ein Güterwagen mit der Masse m = 13 800 kg stößt bei einer Geschwindigkeit von v = 1,8 m/s mit beiden Puffern gegen einen Prellbock. Die Pufferfedern haben eine Federkonstante (Federrate) von c = 3000 N/mm. Berechnen Sie

a) den Federweg in den Puffern, b) die Bremsleistung.

Weitere Übungs- und Vertiefungsaufgaben zur Leistung finden Sie im Anschluss und in Verbindung zur Lektion 42.

Lektion 42

Reibungsarbeit und Wirkungsgrad

42.1 Reibungsarbeit

Bild 1 zeigt die Fortbewegung eines Körpers. Dazu ist die Überwindung der Reibungskraft F_{R0} bzw. F_R entgegen der Bewegungsrichtung erforderlich. Aus Lektion 25 ist bekannt:

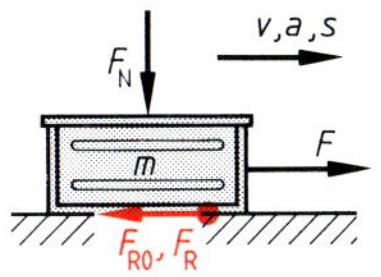

1

Haftreibungskraft	$F_{R0} = \mu_0 \cdot F_N$	203–1	=	103–1
Gleitreibungskraft	$F_R = \mu \cdot F_N$	203–2	=	103–2

Des Weiteren gilt – entsprechend Lektion 40 – für die

Mechanische Arbeit	$W = F \cdot s$	203–3	=	186–1

Sieht man einmal im Bild 1 von Beschleunigungskräften ab, dann ist $\boldsymbol{F = -F_{R0}}$ bzw. $\boldsymbol{F = -F_R}$, und beim Einsatz von Rollkörpern ist $\boldsymbol{F = -F_{RR}}$ (Seite 135). Wird der gesamte Fahrwiderstand als zu überwindende Kraft zugrundegelegt, dann ist $\boldsymbol{F = -F_F}$ (Seite 136). Aus den nochmals aufgeführten Sachverhalten ist zu erkennen:

> Wird ein Körper auf einer Unterlage fortbewegt, dann ist ein Aufwand an mechanischer Arbeit hierzu erforderlich.

Dem vorliegenden Fall entsprechend ergibt sich also für die

Reibungsarbeit	$W_R = \mu_0 \cdot F_N \cdot s$	203–4	→ **Haftreibungsarbeit**
	$W_R = \mu \cdot F_N \cdot s$	203–5	→ **Gleitreibungsarbeit**
	$W_R = \mu_R \cdot F_N \cdot s$	203–6	→ **Rollreibungsarbeit**
	$W_R = \mu_F \cdot F_N \cdot s$	203–7	→ **Fahrwiderstandsarbeit**

M128. Beim Verschieben eines Schrankes (Bild 1, Seite 186) ist mit einer Gleitreibungszahl $\mu = 0{,}45$ zu rechnen. Wie groß ist bei einem Schrankgewicht $F_G = 585$ N und einem Verschiebeweg $s = 3{,}75$ m die verrichtete Reibungsarbeit?

Lösung: $\boldsymbol{W_R} = \mu \cdot F_N \cdot s = \mu \cdot F_G \cdot s = 0{,}45 \cdot 585\ \text{N} \cdot 3{,}75\ \text{m} = \mathbf{987{,}188\ Nm}$

Ü202. Ein Schiffshebewerk (Bild 2) hebt auf einem Wagen mit der Masse $m_1 = 12\,000$ kg ein Schiff mit der Masse $m_2 = 35\,000$ kg bei einer Steigung von 15% um die Höhe $h = 8$ m senkrecht in die Höhe. Die Fahrwiderstandsziffer beträgt $\mu_F = 0{,}01$. Berechnen Sie

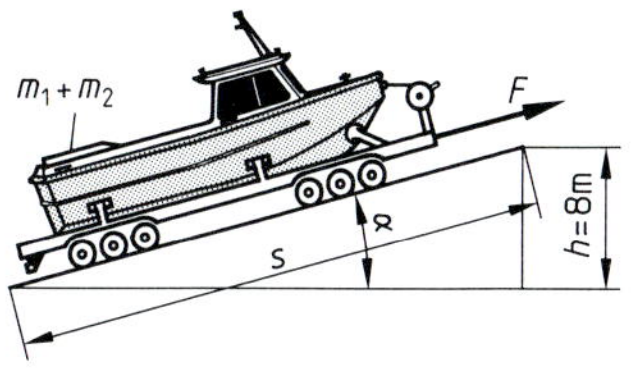

2

a) die Hubarbeit W_h,
b) die Reibungsarbeit W_R,
c) die Gesamtarbeit W.

Ü203. Ein Auto rollt 50 m an einer 10%igen Gefällstrecke hinunter. Es ist $\mu_F = 0{,}01$, und der Luftwiderstand soll nicht berücksichtigt werden. Automasse $m = 600$ kg.

a) Welche Endgeschwindigkeit erreicht das Auto am Ende der Gefällstrecke?
b) Welchen Weg legt das Auto auf einer anschließenden horizontalen Strecke noch zurück?

DYNAMIK

V 223. Welche Arbeit muss ein Traktor verrichten, wenn er auf ebener Straße bei $\mu_F = 0{,}05$ einen Wagen mit der Masse $m = 1000$ kg über eine Strecke $s = 3$ km mit gleichförmiger Geschwindigkeit zieht?

V 224. Ein Schienenfahrzeug mit dem Gewicht $F_G = 210$ kN wird auf einer 100 m langen Strecke von 0 auf 50 km/h beschleunigt. Die Steigung beträgt 2% und die Fahrwiderstandsziffer $\mu_F = 0{,}03$. Berechnen Sie
a) die Hubarbeit,
b) die Reibungsarbeit,
c) die Beschleunigungsarbeit,
d) die Gesamtarbeit.

V 225. Der Bär (fallende Masse) einer Ramme fällt über eine Höhe $h = 4$ m frei herab. Die Masse des Bärs beträgt $m = 500$ kg, und zwischen Bär und den Führungsbahnen tritt eine Reibungskraft $F_R = 400$ N auf. Berechnen Sie
a) W_{pot} des angehobenen Bärs,
b) die Reibungsarbeit W_R beim Fall,
c) die Auftreffgeschwindigkeit des Bärs.

DYNAMIK

42.2 Energieumwandlung bei der Reibung

42.2.1 Umwandlung von Reibungsarbeit in Wärmeenergie

Viele Erfahrungen zeigen, dass durch Reibung Wärme entsteht. So wird z. B. bei den Fertigungsverfahren wie Bohren, Sägen, Feilen, Drehen usw. die anfallende Reibungswärme mit Kühlmitteln „abtransportiert“. Bei jedem Bremsvorgang wird kinetische Energie in Reibungswärme umgewandelt. Raumfahrzeuge werden z. B. mit einem Hitzeschild aus Keramik ausgestattet, damit sie beim Eintauchen in die Erdatmosphäre nicht verglühen. Aus diesen Beispielen ist ersichtlich:

Bei allen Reibungsvorgängen wird mechanische Energie in Wärmeenergie umgewandelt.

Dies hat in aller Regel die Erwärmung der an der Reibung beteiligten Körper zur Folge, ein Sachverhalt, der in der **Wärmelehre** eingehend erörtert wird.
Reibungserscheinungen sind jedoch nicht nur **zwischen** festen Körpern, sondern auch **in** Flüssigkeiten und Gasen sowie **zwischen** festen Körpern und Flüssigkeiten bzw. festen Körpern und Gasen, z. B. Luft, feststellbar. In den zuletzt genannten Fällen spricht man von der **Fluidreibung** bzw. von der **Reibung an einem umgebenden Mittel,** und im speziellen Fall der Reibung zwischen festen Körpern und der den Körper umgebenden Luft wird der Reibungswiderstand als **Luftwiderstand** bezeichnet. Über diese Sachverhalte wird ausführlich im Fachgebiet **Mechanik der Flüssigkeiten und Gase (Fluidmechanik)** informiert.

42.2.2 Umwandlung von Reibungsarbeit in Schwingungsenergie

Reibt man mit angefeuchtetem Finger auf der Oberkante eines Weinglases, kann dieses dadurch zum Schwingen gebracht werden. Es entstehen dabei Geräusche. Ähnliche Beispiele sind in der Fertigungstechnik zu finden, man denke nur einmal an das manchmal beim Drehen entstehende unangenehme Pfeifgeräusch. Dieses wird durch das Schwingen von Werkzeug und Werkstück ausgelöst, und zwar durch die Reibung zwischen Werkzeug und Werkstück. Dieser Schwingungsvorgang erfordert Energie, und dieser Energiebetrag ist ein Teil der Reibungsarbeit, der in **Schwingungsenergie** umgesetzt wurde. Man erkennt:

Reibungsarbeit **kann** außer in Wärmeenergie auch in Schwingungsenergie umgewandelt werden.

Mit den geschilderten Sachverhalten befasst sich das physikalische Teilgebiet **„Schwingungs- und Wellenlehre“**.

Ü 204. Nennen Sie Beispiele dafür, dass Reibungsvorgänge stets mit der Umwandlung mechanischer Energie in Wärmeenergie verbunden sind.

Ü 205. Nennen Sie Beispiele dafür, dass Reibungsvorgänge auch mit der Umwandlung eines Teiles der Reibungsarbeit in Schwingungsenergie verbunden sein können.

42.3 Der mechanische Wirkungsgrad

Aus dem bisher Gelernten ist zu ersehen, dass bei allen technischen Vorgängen, die mit Bewegungen verbunden sind, eine Arbeit erforderlich ist, die als **Reibungsarbeit** über den gewünschten technischen Nutzen hinausgeht. Dabei wird vom Konstrukteur einer Maschine angestrebt, diese erforderliche **Mehrarbeit,** also den Betrag der Reibungsarbeit, möglichst gering zu halten, da es sich ja um einen Mehrbedarf an Energie handelt und dieser beim Betrieb einer Maschinenanlage Mehrkosten verursacht. Man kann also feststellen:

Die **Qualität einer Maschine** hängt vom prozentualen Anteil der Reibungsarbeit bezogen auf die Nutzarbeit ab.

Um bei Maschinen eine **Kenngröße** zu haben, die einen Qualitätsvergleich zu anderen Maschinen zulässt, hat man einen Begriff geschaffen, der als

Wirkungsgrad

bezeichnet wird. Gemäß DIN 1304 wird für dessen Bezeichnung der kleine griechische Buchstabe η (eta) verwendet.
Um diesen Begriff zu erklären, wird auf das Beispiel eines Kranes zurückgegriffen, so wie er schematisch im Bild 1 dargestellt ist. Die zum Heben der Last F_G erforderliche Arbeit ist eine Hubarbeit $\boldsymbol{W_h = F_G \cdot h}$. Diese entspricht dem vom Kran erbrachten Nutzen und heißt deshalb

Nutzarbeit W_n

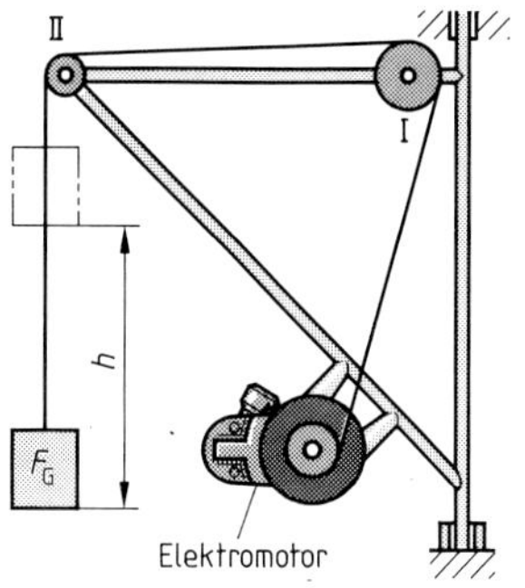

1

Dieser Arbeitsbetrag muss von einem Motor, z. B. einem Elektromotor, der den gesamten Hebemechanismus antreibt, aufgebracht werden. In diesem Fall wird also elektrische Energie in Hubarbeit umgewandelt. Da diese Energieumwandlung aber mit Reibungsverlusten verbunden ist – z. B. zwischen dem Seil und den Seilrollen I und II (Seilreibung) oder in den Lagern der Seilrollen (Zapfenreibung) – muss die vom Elektromotor

aufgewendete Arbeit W_a

um den Betrag der **Reibungsarbeit** W_R größer sein als die Nutzarbeit W_n. Es ergibt sich also die folgende

Energie- bzw. Arbeitsbilanz $W_a = W_n + W_R$, und damit ist immer $W_a > W_n$.

Unter dem mechanischen Wirkungsgrad η versteht man das Verhältnis von Nutzarbeit W_n zur aufgewendeten Arbeit W_a.

Da W_a stets größer ist als W_n, ist dieses Verhältnis eine Zahl, die immer kleiner als 1 ist. Es ist also:

Mechanischer Wirkungsgrad $\eta = \frac{W_n}{W_a} < 1$ 205–1 W_n und W_a in Nm, J, kJ.

Daraus ergibt sich, dass die **Qualität einer Maschine** um so besser ist, je näher die Kenn-größe des Wirkungsgrades am Wert 1 liegt, und es wurde auch schon begründet, warum der Techniker bei seiner konstruktiven Arbeit ein besonderes Augenmerk hierauf richten muss.

Begründet durch den **Energieerhaltungssatz** und durch den **1. Hauptsatz der Thermo-dynamik** (siehe **Wärmelehre**) ist bei jeder Maschine eine Energiezufuhr so lange erforder-lich, wie sie Arbeit verrichtet, und das Verhältnis wird auch stets $\eta < 1$ sein. Durch diese eindeutige Aussage der genannten physikalischen Sätze ist es heute für den Techniker eine Selbstverständlichkeit, dass er sich nicht um eine „ewig laufende Maschine", also um ein **Perpetuum mobile,** d. h. um eine Maschine bemüht, die ohne Energiezufuhr Arbeit leistet oder die mehr Arbeit produziert als Energie in sie hineinfließt. Aus dem Mittelalter sind sehr viele solcher Versuche bekannt, die aber natürlich immer fehlschlagen mussten, da ja sonst Energie „aus nichts" erzeugt worden wäre.

Bisher wurde immer nur vom mechanischen Wirkungsgrad gesprochen. Dieser macht eine Aussage über die Verluste durch Reibung. Bei Verlusten anderer Art wird aber ebenfalls üblicherweise das Verhältnis von **Nutzenergie** zur **aufgewendeten Energie** durch den Wir-kungsgrad zum Ausdruck gebracht. So spricht man z. B. in der **Elektrotechnik** vom **elek-trischen Wirkungsgrad** und in der **Wärmelehre** vom **thermischen Wirkungsgrad.** Grundsätzlich gilt:

> Unter dem Wirkungsgrad η versteht man das Verhältnis von Nutzenergie zur aufge-wendeten Energie.

Da die Nutzenergie in der gleichen Zeit von der technischen Gerätschaft abgegeben wird wie aufgewendete Energie in diese hineinfließt, kann man für den Wirkungsgrad auch schreiben:

$$\eta = \frac{\dfrac{W_n}{t}}{\dfrac{W_a}{t}} \quad \text{und mit } \frac{W}{t} = \text{Leistung } P \text{ erhält man für den}$$

Wirkungsgrad $\qquad \eta = \dfrac{P_n}{P_a}$ $\boxed{206\text{--}1}$ $\quad\begin{array}{l} P_n = \text{Nutzleistung in W, kW} \\ P_a = \text{aufgewendete Leistung in W, kW} \end{array}$

> Ebenso wie aus dem Verhältnis von Nutzenergie zur aufgewendeten Energie lässt sich der Wirkungsgrad auch aus dem Verhältnis von Nutzleistung zur aufgewendeten Lei-stung berechnen.

Oft wird auch der **Wirkungsgrad** in % angegeben. Beispiel: $\eta = 0{,}75 = 75\,\%$ bedeutet, dass die Nutzenergie bzw. die Nutzleistung 75 % der aufgewendeten Energie bzw. der aufge-wendeten Leistung beträgt, während 25 % der aufgewendeten Energie bzw. der aufge-wendeten Leistung „verloren" gegangen sind. Somit:

Wirkungsrad in % $\qquad \eta = \dfrac{W_n}{W_a} \cdot 100$ $\boxed{206\text{--}2}$ bzw. $\qquad \eta = \dfrac{P_n}{P_a} \cdot 100$ $\boxed{206\text{--}3}$

42.3.1 Der Gesamtwirkungsgrad einer Maschinenanlage

Setzt man einmal am Beispiel des Kranes (Bild 1, Seite 205) die eingespeiste elektrische Energie gleich 100 %, so werden durch Reibung sowohl im Elektromotor selbst als auch an den Seilrollen und im Seil andauernd Energiebeträge in Wärme- bzw. in Schwin-gungsenergie umgewandelt. Nimmt man z. B. einmal an, dass der Wirkungsgrad des Elek-tromotors $\eta_1 = 0{,}94$; der Wirkungsgrad der Seilrolle I $\eta_2 = 0{,}85$; der Wirkungsgrad der Seil-rolle II $\eta_3 = 0{,}82$ und der Wirkungsgrad des Seiles $\eta_4 = 0{,}76$ ist, dann ist die folgende **Dar-stellung des Gesamtwirkungsgrades** (Bild 1) möglich:

| 1 | 100 % → | Elektro-motor $\eta_1 = 0{,}94$ | $\begin{array}{c}100\,\% \cdot 0{,}94\\ = 94\,\%\end{array}$ → | Seilrolle I $\eta_2 = 0{,}85$ | $\begin{array}{c}94\,\% \cdot 0{,}85\\ = 79{,}9\,\%\end{array}$ → | Seilrolle II $\eta_3 = 0{,}82$ | $\begin{array}{c}79{,}9\,\% \cdot 0{,}82\\ = 65{,}52\,\%\end{array}$ → | Seil $\eta_4 = 0{,}76$ | $\begin{array}{c}65{,}52\,\% \cdot 0{,}76\\ = 49{,}8\,\%\end{array}$ |

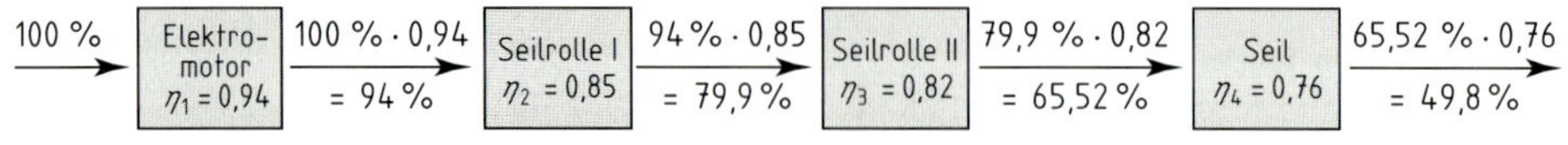

Von den eingespeisten 100% elektrischer Energie stehen also zur Verrichtung der Hubarbeit nur noch 49,8% zur Verfügung. Dieser Betrag wurde in Bild 1, Seite 206 durch die jeweilige Multiplikation der Einzelwirkungsgrade errechnet.

Somit gilt also:

Der Gesamtwirkungsgrad η_{ges} einer Maschine oder einer technischen Anlage errechnet sich aus dem Produkt aller Einzelwirkungsgrade.

Gesamtwirkungsgrad $\eta_{ges} = \eta_1 \cdot \eta_2 \cdot \eta_3 \cdot \ldots \cdot \eta_n$ 207–1

Mit Hilfe eines **Energieflussbildes** (Bild 1), welches nach dem Amerikaner H. R. **Sankey** auch **Sankey-Diagramm** genannt wird, kann der prozentuale Anteil des jeweils durch Reibung in Wärme- oder Schwingungsenergie umgewandelten Energiebetrages dargestellt werden.

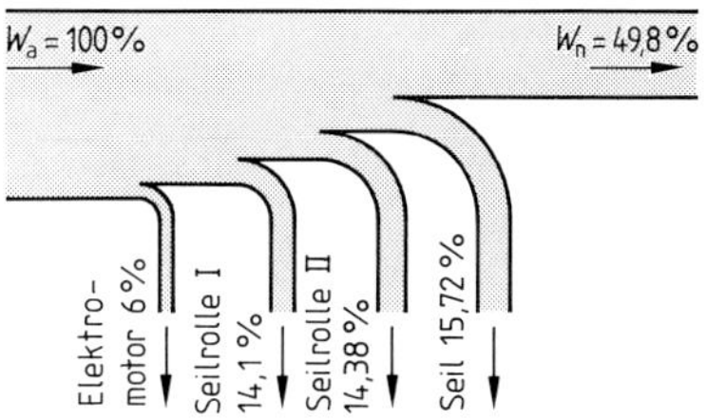

1

M129. Bei einem Schrägaufzug wird ein senkrechter Höhenunterschied von 13 m überwunden. Welche Antriebsleistung in kW ist erforderlich, wenn die Last F_G = 7,5 kN in 8 s bei einem Gesamtwirkungsgrad des Aufzuges η_{ges} = 0,72 über die volle Höhe gehoben wird?

Lösung:

$$\eta = 0{,}72 = \frac{P_n}{P_a} \qquad \boldsymbol{P_n} = \frac{W_n}{t} = \frac{F_G \cdot h}{t} = \frac{7500\ \text{N} \cdot 13\ \text{m}}{8\ \text{s}} = \mathbf{12\,187{,}5\ W}$$

$$\boldsymbol{P_a} = \frac{P_n}{0{,}72} = \frac{12\,187{,}5\ \text{W}}{0{,}72} = 16\,927{,}08\ \text{W} = \mathbf{16{,}93\ kW}$$

Entsprechend der Liste eines Elektromotorenherstellers wählt man die nächste in der Liste aufgeführte Größe, z. B.:

$\boldsymbol{P_{a\,gew}}$ **= 18,5 kW**

M130. Die Antriebsleistung der Räder eines Kraftfahrzeuges wird auf einem Leistungsprüfstand mit P_n = 44,8 kW festgestellt. Der Wirkungsgrad des Ausgleichgetriebes (Differential) einschließlich der Kardanwellenlagerung beträgt η_A = 78%, der Getriebewirkungsgrad einschließlich der Kupplung η_G = 76% und der Motorwirkungsgrad η_M = 24%. Beim Motorwirkungsgrad ist der **thermische Wirkungsgrad** (siehe **Wärmelehre**) mit berücksichtigt. Berechnen Sie

a) den Gesamtwirkungsgrad η_{ges},
b) die im Motor, d. h. in den Zylindern zu erzeugende Leistung P_a.

Lösung: a) $\eta_{ges} = \eta_A \cdot \eta_G \cdot \eta_M = 0{,}78 \cdot 0{,}76 \cdot 0{,}24 = 0{,}142272$

$\boldsymbol{\eta_{ges}}$ **= 14,23 %**

b) $$\eta_{ges} = \frac{P_n}{P_a} \longrightarrow \boldsymbol{P_a} = \frac{P_n}{\eta_{ges}} = \frac{44{,}8\ \text{kW}}{0{,}142272} = \mathbf{314{,}89\ kW}$$

42.4 Die Reibungsleistung

Mit $\eta = \frac{P_n}{P_a}$ ist es möglich, bei gegebenem oder errechnetem Wirkungsgrad den Leistungsanteil zu ermitteln, der für die Überwindung der Reibung benötigt wird. Mit der **Reibungsarbeit** W_R und der **Zeit** t bzw. mit der **Reibungskraft** F_R und der **Verschiebegeschwindigkeit** v ergibt sich für die

Reibungsleistung $P_R = \frac{W_R}{t}$ [208–1] bzw. $P_R = F_R \cdot v$ [208–2] in W, kW

M131. Wie groß ist die Reibungsleistung des Traktors in Vertiefungsaufgabe V223., Seite 204, wenn der Vorgang in t = 6,8 min abgeschlossen ist?

Lösung:

$$P_R = \frac{W_R}{t} = \frac{F_R \cdot s}{t} = \frac{\mu_F \cdot F_G \cdot s}{t} = \frac{\mu_F \cdot m \cdot g \cdot s}{t} = \frac{0{,}05 \cdot 1000\ \text{kg} \cdot 9{,}81\ \frac{\text{m}}{\text{s}^2} \cdot 3000\ \text{m}}{6{,}8 \cdot 60\ \text{s}}$$

$\boldsymbol{P_R}$ = 3606,62 W ≈ **3,6 kW**

Ü206. Eine Wasserpumpe fördert durch eine Rohrleitung in der Minute 2,5 m^3 Wasser in einen Wasserbehälter, der mit einem senkrechten Höhenunterschied von 30 m über der Pumpe liegt. Der Elektromotor des Pumpenantriebes gibt an die Pumpe eine Leistung von 22 kW ab. Berechnen Sie den Gesamtwirkungsgrad von Pumpe und Rohrleitung.

Ü207. Ein Lastzug mit einer Masse von insgesamt 18 000 kg fährt auf einer um 12% ansteigenden Strecke, welche eine Länge von 4,5 km hat. Er benötigt dafür 11,2 min. Gesucht ist bei μ_F = 0,015

a) Hubleistung P_h in kW, b) Reibleistung P_R in kW, c) Gesamtleistung P_{ges} in kW.

Ü208. Ein Kfz mit der Masse m = 1400 kg fährt mit v = 65 km/h an einer Steigung mit 12,5% hinauf. Welche Motorleistung ist erforderlich, wenn der Wirkungsgrad zwischen Motor und den Antriebsrädern η = 68% beträgt und wenn die Fahrwiderstandszahl μ_F = 0,025 ist?

V226. Auf einer Drehmaschine wird ein Drehteil mit einer Schnittgeschwindigkeit von 38 m/min bearbeitet. Bei einer wirkenden Schnittkraft von 6100 N gibt der Antriebsmotor eine Leistung von 5 kW an die Drehmaschine ab. Gesucht ist

a) die Schnittleistung, b) der Wirkungsgrad der Drehmaschine in %.

V227. Eine Maschine ist aus insgesamt drei Aggregaten zusammengesetzt. Die drei Einzelwirkungsgrade betragen η_1 = 0,7; η_2 = 0,9; η_3 = 0,65. Berechnen Sie den Gesamtwirkungsgrad in %.

V228. Ein Straßenbahn-Zugwagen (Zuggesamtmasse m = 10 000 kg) wird innerhalb von 10 s von 0 auf 36 km/h beschleunigt. Die Fahrwiderstandskraft wird mit F_F = 0,14 N/kg, d. h. mit 0,14 N pro kg Zugmasse angegeben. Der Antriebswirkungsgrad beträgt 0,76. Berechnen Sie

a) die aus dem Stromnetz aufzunehmende Leistung in der Beschleunigungsphase,
b) die aus dem Stromnetz aufzunehmende Leistung bei anschließender gleichförmiger Fahrt.

V229. Ein Verschiebeaggregat erzeugt zur Überwindung der Gleitreibungskraft bei einem Leistungsaufwand von 12 kW eine Verschiebekraft von 5 kN. Wie groß ist die Verschiebegeschwindigkeit?

Lektion 43

Wirkungsgrad wichtiger Maschinenelemente

43.1 Gerade Führungen

In Lektion 27 wurde die **Reibung an Geradeführungen** besprochen, und zwar in Form von Flach-, Prismen- und Zylinderführungen. Es wurde dort auch gesagt, dass mit Geradführungen **geradlinige Bewegungen** realisiert werden. Aus Lektion 42 ist außerdem bekannt:

Bei geradlinigen Bewegungen errechnet sich die **Reibungsarbeit** aus dem Produkt der Reibungskraft F_R und dem zurückgelegten Weg s in Kraftrichtung.

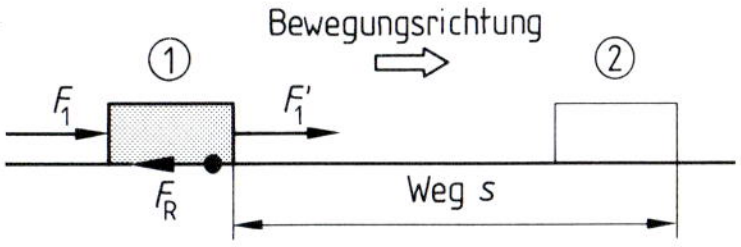

1

Aus Bild 1 ergibt sich, und zwar unabhängig davon, ob es sich um eine Flach-, Prismen- oder Zylinderführung handelt:

$\boldsymbol{F_1' = F_1 - F_R}$. Somit:

aufgewendete Arbeit $\boldsymbol{W_a = F_1 \cdot s}$

Nutzarbeit $W_n = F_1' \cdot s = (F_1 - F_R) \cdot s$. Bei Anwendung von Gleichung 205–1:

$\eta = \dfrac{W_n}{W_a} = \dfrac{(F_1 - F_R) \cdot s}{F_1 \cdot s}$. Man erhält somit für den

Wirkungsgrad von Geradführungen

$$\eta = \frac{F_1 - F_R}{F_1} = 1 - \frac{F_R}{F_1} < 1 \qquad \text{209–1}$$

Um Missverständnisse zu vermeiden, wird an dieser Stelle ausdrücklich darauf hingewiesen, dass der **Wirkungsgrad kein Kräfteverhältnis** ist, so wie dies Gleichung 209–1 ausdrückt. Der Wirkungsgrad ist immer – gemäß den Definitionen in Lektion 42 – ein Arbeits-, Energie- oder Leistungsverhältnis. Dies ist auch aus der Zeile vor Gleichung 209–1 zu ersehen: Der Weg s kürzt sich im Falle von Geradführungen lediglich aus der Gleichung für den Wirkungsgrad heraus, denn der Ort des Aufwandes (F_1) verschiebt sich beim Verrichten einer Arbeit um den gleichen Betrag wie der Ort des Nutzens (F_1'). Dies zeigt Bild 1.

Somit ergibt sich mit Gleichung 209–1, unter der Voraussetzung, dass F_1 (Aufwand) in Längsrichtung der Führung wirkt, was in der Seitenansicht (Bild 2) durch einen ◯ dargestellt ist, für den **Wirkungsgrad** der Ihnen bekannten Formen **der Geradführungen,** und zwar bei Anwendung der Gleichungen 115–2, 116–1 und 116–2 zur Berechnung der Reibungsarbeit das Folgende:

43.1.1 Flachführung (Bild 2, Vorderansicht und Seitenansicht)

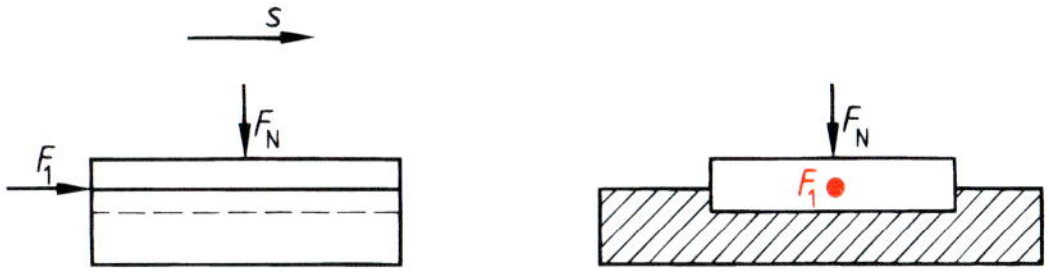

$\eta = 1 - \dfrac{F_R}{F_1} = 1 - \dfrac{\mu \cdot F_N}{F_1}$. Somit: 2

Wirkungsgrad

$$\eta = 1 - \mu \cdot \frac{F_N}{F_1} < 1 \qquad \text{209–2}$$

43.1.2 Symmetrische Prismenführung (Bild 3)

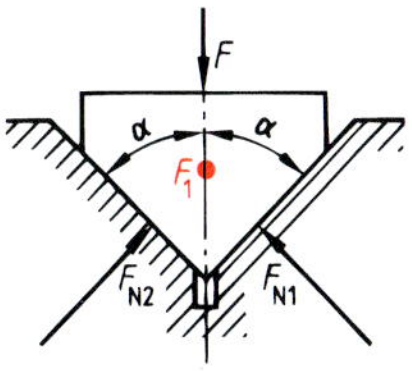

3

$F_R = F \cdot \dfrac{\mu}{\sin\alpha} \longrightarrow \boldsymbol{W_R = F \cdot \dfrac{\mu}{\sin\alpha} \cdot s}$

$\eta = 1 - \dfrac{F_R}{F_1} = 1 - \dfrac{F \cdot \dfrac{\mu}{\sin\alpha}}{F_1}$. Somit:

Wirkungsgrad

$$\eta = 1 - \frac{\mu}{\sin\alpha} \cdot \frac{F}{F_1} < 1 \qquad \text{209–3}$$

43.1.3 Unsymmetrische Prismenführung (Bild 4)

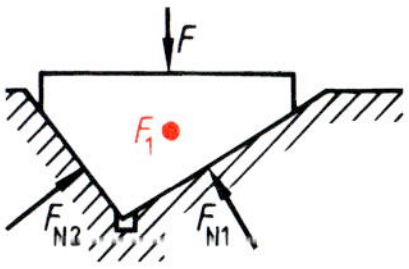

4

$F_R = \mu \cdot (F_{N1} + F_{N2}) \longrightarrow \boldsymbol{W_R = \mu \cdot (F_{N1} + F_{N2}) \cdot s}$

Mit $\eta = 1 - \frac{F_R}{F_1}$ ergibt sich bei diesem speziellen Fall einer Geradführung für den

Wirkungsgrad $$\eta = 1 - \mu \cdot \frac{F_{N1} + F_{N2}}{F_1} < 1 \quad \boxed{210\text{–}1}$$

43.1.4 Zylinderführung (Bild 1)

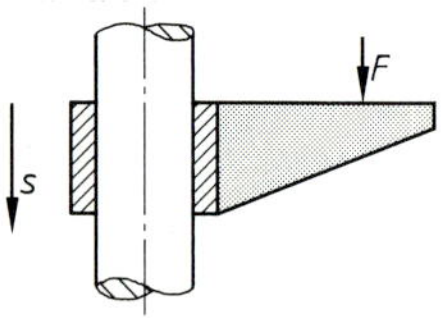

1

$$\eta = \frac{F \cdot s - F_R \cdot s}{F \cdot s} = \frac{F - F_R}{F}$$

Wirkungsgrad $$\eta = 1 - \frac{F_R}{F} < 1 \quad \boxed{210\text{–}2}$$

Oftmals sind gerade geführte Maschinenteile gegenüber anderen Maschinenteilen abzudichten. Dies ist z. B. bei einer Durchführung durch eine Gehäusewand der Fall, und auch dabei entstehen oftmals erhebliche „Reibungsverluste". In der folgenden Musteraufgabe wird der Wirkungsgrad in einem solchen Fall berechnet.

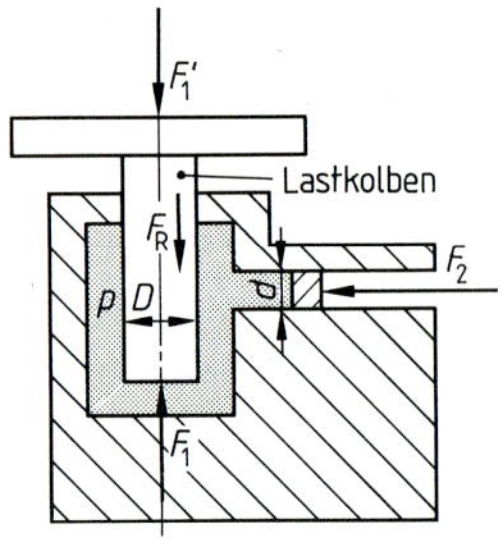

2

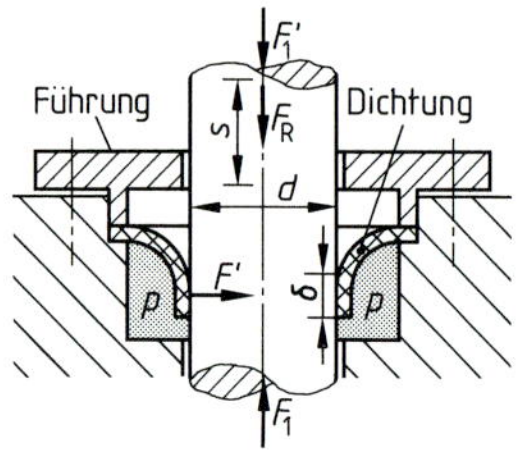

3

M132. Bild 2 zeigt das Schemabild einer hydraulischen Hebebühne. Der Pumpenkolben wirkt mit der Kraft F_2 über eine Druckflüssigkeit auf den Lastkolben. Dort wird die axiale Kraft F_1 wirksam. Da sich der Lastkolben nach oben bewegt, wirkt die Reibungskraft F_R zwischen Lastkolben und seiner Abdichtung nach unten. Die Kraft F_1 wird also um den Betrag der Reibungskraft F_R gemindert, und es kann demzufolge nur die Last F_1' gehoben werden. Es ist klar, dass bei Bewegung des Lastkolbens eine gute Führung derselben **und** eine gute Abdichtung zur Zylinderwand vorhanden sein müssen. Beides wird – wie in Bild 3 dargestellt –, oder ähnlich gelöst, und zwar unabhängig voneinander. Die Aufgabe der Abdichtung wird dabei von einer elastischen Dichtung (Leder, Gummi, heute meist spezielle Kunststoffe) übernommen. Meist werden standardisierte Dichtelemente verwendet. Geht man einmal von einem konstruktiven Aufbau der Dichtung gemäß Bild 3 aus, dann wird das elastische Dichtungsmaterial durch den um die Dichtung herum vorhandenen Druck p der Druckflüssigkeit, infolge der Elastizität des Dichtungsmaterials, gegen die Kolbenstange gedrückt, wodurch der Dichteffekt erreicht wird.

a) Ermitteln Sie mit Hilfe der Bezeichnungen des Bildes 3 eine Formel für die Berechnung des Wirkungsgrades der Abdichtung an der Kolbenstange.

b) Wie groß ist η in % bei $\delta = 10$ mm, $d = 50$ mm, $p = 1{,}5$ bar und $\mu = 0{,}17$?

Anmerkung: Zur Lösung der Aufgabe sind Kenntnisse aus der **Hydrostatik,** einem Teilgebiet der **Mechanik der Flüssigkeiten und Gase,** erforderlich. Es ist:

Hydraulischer Druck $$p = \frac{F}{A} \quad \text{in } \frac{\text{N}}{\text{m}^2}$$ A = gedrückte Fläche in m²
F = Kolbenkraft in N

Die Druckeinheit N/m² wird auch als Pascal (Pa) bezeichnet. Es ist

$$1 \text{ bar} = 10^5 \frac{\text{N}}{\text{m}^2} = 10^5 \text{ Pa}$$

Lösung: a) $\eta = \frac{F_1' \cdot s}{F_1 \cdot s} = \frac{F_1'}{F_1}$ $F_1' = F_1 - F_R = F_1 - \mu \cdot F'$; $F' = p \cdot A = p \cdot \underbrace{d \cdot \pi \cdot \delta}_{\text{Zylindermantelfläche}}$

$F_1' = F_1 - \mu \cdot p \cdot d \cdot \pi \cdot \delta$

$$\eta = \frac{F_1'}{F_1} = \frac{F_1 - \mu \cdot \pi \cdot p \cdot d \cdot \delta}{F_1} = 1 - \frac{\mu \cdot \pi \cdot p \cdot d \cdot \delta}{F_1} \qquad F_1 = p \cdot A_1 = p \cdot \frac{\pi \cdot d^2}{4}$$

$$\eta = 1 - \frac{\mu \cdot \pi \cdot p \cdot d \cdot \delta}{p \cdot (\pi \cdot d^2)/4} = 1 - \frac{4 \cdot \mu \cdot \pi \cdot p \cdot d \cdot \delta}{p \cdot \pi \cdot d^2}.$$

Kürzt man noch, dann ergibt sich für den

Wirkungsgrad einer axialen Zylindergleitdichtung

$$\eta = 1 - \frac{4 \cdot \mu \cdot \delta}{d} \quad \boxed{211\text{–}1}$$

δ = Höhe der Dichtungsanlage
d = Dichtungsdurchmesser

Der Wirkungsgrad einer axialen Zylindergleitdichtung ist also nur vom Reibungskoeffizienten μ, der Höhe der Dichtungsanlage δ und dem Dichtungsdurchmesser d, **nicht** aber **vom Druck** $\boldsymbol{p}$ **der Hydraulikflüssigkeit abhängig.**

b) $\boldsymbol{\eta} = 1 - \dfrac{4 \cdot \mu \cdot \delta}{d} = 1 - \dfrac{4 \cdot 0{,}17 \cdot 10\text{ mm}}{50\text{ mm}} = 1 - 0{,}136 = 0{,}864 = \mathbf{86{,}4\,\%}$

Ü 209. Bei welchem Verhältnis δ/d einer axialen Zylindergleitdichtung ist eine axiale Verschiebung des Kolbens nicht mehr möglich, d. h. wann tritt Selbsthemmung ein?

V 230. Eine symmetrische Prismenführung mit dem Öffnungswinkel $2\alpha = 80°$ wird bei $\mu = 0{,}08$ mit $F = 8500$ N senkrecht belastet. Berechnen Sie den Wirkungsgrad η, wenn eine Verschiebekraft $F_1 = 10$ kN in Längsrichtung der Führung wirkt.

43.2 Schraubenwirkungsgrad

In Lektion 29 wurden Aussagen über die **Gewindereibung** gemacht. Da der Wirkungsgrad allgemein von der Größe der Reibungskraft abhängt, kann gefolgert werden:

Der **Schraubenwirkungsgrad** ist von der Reibungskraft zwischen Mutter- und Bolzengewinde abhängig.

43.2.1 Flachgewinde

Bei den bisherigen Betrachtungen über den Wirkungsgrad lag die am Körper wirkende Kraft F_1 auf derselben Wirkungslinie wie die Reibungskraft F_R. Somit lag auf dieser Wirkungslinie auch die Kraft F_1', die für die Berechnung der Nutzarbeit W_n von Bedeutung ist. Bei Schrauben stehen jedoch die Umfangskraft F_u (s. Lektion 29) und die axiale Schraubenkraft F senkrecht aufeinander. Dies zeigt auch Bild 1.

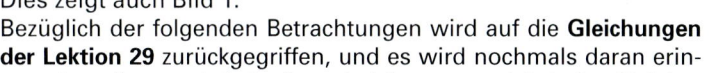

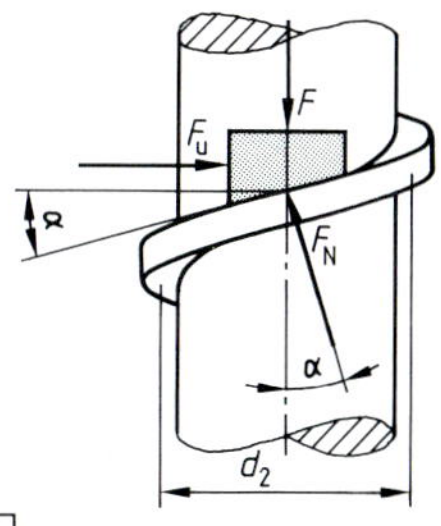

1

Bezüglich der folgenden Betrachtungen wird auf die **Gleichungen der Lektion 29** zurückgegriffen, und es wird nochmals daran erinnert, dass diese und die in dieser Lektion zu entwickelnden Gleichungen anzuwenden sind für

Heben und Anziehen ⟶ Umfangskraft berechnet sich zu $\boldsymbol{F_u = F \cdot \tan(\alpha + \rho)}$

Senken und Lösen ⟶ Umfangskraft berechnet sich zu $\boldsymbol{F_u = F \cdot \tan(\alpha - \rho)}$

Mit den Bezeichnungen des Bildes 1 ergibt sich **für eine Mutterumdrehung** (bzw. Schraubenumdrehung) beim Heben bzw. Anziehen für die

aufgewendete Arbeit beim Heben

$$W_a = F_u \cdot d_2 \cdot \pi \quad \boxed{211\text{–}2}$$

d_2 = Flankendurchmesser
F_u = Umfangskraft

Da sich **bei einer Umdrehung** der Mutter bzw. der Schraube diese um den Betrag der **Steigung** P in axialer Richtung fortbewegen, ergibt sich für die

Nutzarbeit beim Heben

$$W_n = F \cdot P \quad \boxed{211\text{–}3}$$

P = Steigung
F = axiale Schraubenkraft

Wendet man nun die Definitionsgleichung für den Wirkungsgrad η (Gleichung 205–1) an, dann ergibt sich für das Heben bzw. Anziehen:

$$\eta = \frac{W_n}{W_a} = \frac{F \cdot P}{F_u \cdot d_2 \cdot \pi} = \frac{F \cdot P}{F \cdot \tan(\alpha + \rho) \cdot d_2 \cdot \pi} = \frac{P}{\tan(\alpha + \rho) \cdot d_2 \cdot \pi}. \text{ Mit } \tan\alpha = \frac{P}{d_2 \cdot \pi}:$$

DYNAMIK

Wirkungsgrad eines Flachgewindes beim Heben bzw. Anziehen $\eta_H = \frac{\tan \alpha}{\tan (\alpha + \rho)}$ 212–1 α = Steigungswinkel, ρ = Reibungswinkel

Beim Heben bzw. Anziehen einer Schraube wird mit Hilfe eines Drehmomentes – entsprechend Lektion 29 – die axiale Schraubenkraft F erzeugt. Anders beim **Senken bzw. Lösen:** hier wird der umgekehrte Vorgang realisiert, d. h. eine axiale Schraubenkraft F erzeugt ein Drehmoment M_d. Im Zusammenhang mit Bild 1, Seite 211 bedeutet dies, dass die Kraft F als Aufwand und die Kraft F_u als Nutzen aufzufassen sind. Legt man dies zugrunde, dann errechnet sich für eine Mutter- bzw. Schraubenumdrehung die

aufgewendete Arbeit beim Senken $W_a = F \cdot P$ 212–2 sowie die

Nutzarbeit beim Senken $W_n = F_u \cdot d_2 \cdot \pi$ 212–3

Für das Senken bzw. Lösen ergibt sich mit den Überlegungen auf der Vorseite:

$$\eta_s = \frac{W_n}{W_a} = \frac{F_u \cdot d_2 \cdot \pi}{F \cdot P} = \frac{F \cdot \tan (\alpha - \rho) \cdot d_2 \cdot \pi}{F \cdot P} = \frac{\tan (\alpha - \rho) \cdot d_2 \cdot \pi}{P}. \text{ Mit } \tan \alpha = \frac{P}{d_2 \cdot \pi}:$$

Wirkungsgrad eines Flachgewindes beim Senken bzw. Lösen $\eta_s = \frac{\tan (\alpha - \rho)}{\tan \alpha}$ 212–4 α = Steigungswinkel, ρ = Reibungswinkel

43.2.2 Spitz- und Trapezgewinde

Aus Lektion 29 ist bekannt, dass bei den **genormten** Spitz- und Trapezgewinden mit der

Gewindereibungszahl $\mu' = \frac{\mu}{\cos \frac{\beta}{2}}$ 212–5

und dem **Gewindereibungswinkel** ρ' gerechnet wird. Es ist: $\mu' = \tan \rho'$ 212–6

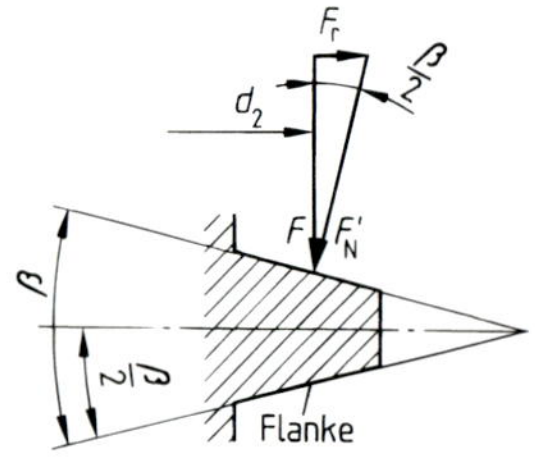

1

Bild 1 zeigt nochmals die durch den Flankenwinkel β hervorgerufenen Kraftverhältnisse am Trapez- bzw. Spitzgewindegang, und in Analogie zu den Gleichungen 212–1 und 212–4 ergibt sich mit ρ' für **Spitz- und Trapezgewinde** der

Schraubenwirkungsgrad beim Heben oder Anziehen $\eta_H = \frac{\tan \alpha}{\tan (\alpha + \rho')}$ 212–7

Schraubenwirkungsgrad beim Senken oder Lösen $\eta_s = \frac{\tan (\alpha - \rho')}{\tan \alpha}$ 212–8

α = Steigungswinkel, ρ' = Gewindereibungswinkel

Im Bild 2 ist ein zweigängiges Gewinde schematisch dargestellt. Solche **mehrgängigen Gewinde** sind immer dann erforderlich, wenn bei einer Schraubenumdrehung ein sehr großer axialer Spindelweg erzielt werden soll. Mehrgängige Gewinde werden folglich ausschließlich als Bewegungsgewinde benötigt. Die erforderliche **Gangzahl** i richtet sich dabei nach dem gewünschten axialen **Spindelhub.** In Verbindung mit Bild 2 erkennt man:

> Die **Gangzahl** i gibt die Anzahl der Gewindegänge an; der Abstand der Gewindegänge heißt **Teilung** T.

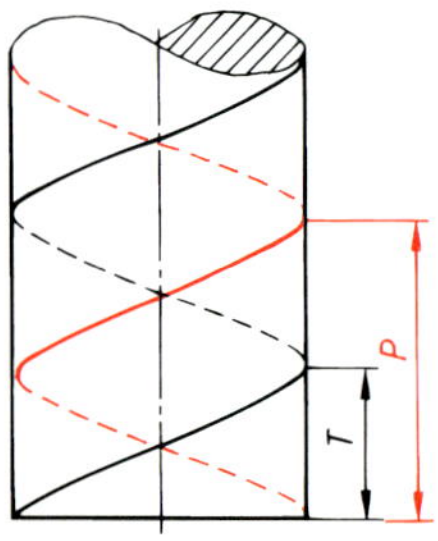

2

Die Gewindesteigung P eines mehrgängigen Gewindes ist also gegenüber der Steigung eines eingängigen Gewindes entsprechend der Gangzahl i vervielfacht. Aus Bild 2 ergibt sich für die

Gangzahl $i = \frac{P}{T}$ 212–9 P = Steigung, T = Teilung

Anmerkung: Gelegentlich wird auch die Steigung mit P_n und die Teilung mit P bezeichnet.

Beispiel: Tr 110 × 36 P 12 bedeutet, dass es sich um ein mehrgängiges Trapezgewinde mit dem Nenndurchmesser $d = 110$ mm bei einer Steigung $P = 36$ mm handelt. Es ist ein dreigängiges Gewinde, da ein Trapezgewinde mit einem Gang und 110 mm Nenndurchmesser gemäß Gewindetabelle eine Steigung von 12 mm hat. Dies kommt durch den Zusatz P 12 zum Ausdruck ⟶ 36 : 12 = **3 Gänge**

M133. Berechnen Sie η_H und η_s für den mechanischen Waggonheber aus Musteraufgabe M69., Seite 123.

Lösung: $$\eta_H = \frac{\tan \alpha}{\tan(\alpha + \rho')} = \frac{0{,}04244}{0{,}1677} = 0{,}253 = \mathbf{25{,}3\,\%}$$

Nur 25,3% der zugeführten Arbeit werden in Nutzarbeit umgewandelt. Eine Verbesserung von η_H ist mit der Verbesserung von μ zu erreichen.

$$\eta_s = \frac{\tan(\alpha - \rho')}{\tan \alpha} = \frac{-0{,}0815}{0{,}04244} = \mathbf{-1{,}92}$$

$\eta_s < 0$, da wegen $\alpha < \rho'$ Selbsthemmung vorliegt. Um eine Bewegung zu erreichen, muss außer der axialen Spindelkraft noch eine „abwärts" gerichtete Umfangskraft wirken.

M134. Um bei möglichst geringer Spindeldrehung einen möglichst großen axialen Spindelweg zu erhalten, soll die Gewindespindel für den mechanischen Waggonheber aus Musteraufgabe M69., Seite 123 (bzw. M133.) mit einem dreigängigen Trapezgewinde Tr 80 × 30 P 10 ausgerüstet werden. Berechnen Sie für diesen Fall die Schraubenwirkungsgrade η_H und η_s. Liegt Selbsthemmung vor?

Lösung: $$\eta_H = \frac{\tan \alpha}{\tan(\alpha + \rho')}; \quad \tan \alpha = \frac{P}{d_2 \cdot \pi} = \frac{30\text{ mm}}{75\text{ mm} \cdot \pi} = 0{,}1273 \rightarrow \boldsymbol{\alpha = 7{,}25°;\ \rho' = 7{,}08°}$$

$$\alpha + \rho' = 7{,}25° + 7{,}08° = 14{,}33° \rightarrow \mathbf{\tan(\alpha + \rho') = 0{,}2555}$$

$$\eta_H = \frac{0{,}1273}{0{,}2555} = 0{,}498 = \mathbf{49{,}8\,\%}$$ **keine Selbsthemmung, da $\alpha > \rho'$**

$$\eta_s = \frac{\tan(\alpha + \rho')}{\tan \alpha}; \quad \alpha - \rho' = 7{,}25° - 7{,}08° = 0{,}17° \rightarrow \mathbf{\tan(\alpha - \rho') = 0{,}00297}$$

$$\eta_s = \frac{0{,}00297}{0{,}1273} = 0{,}0233 = \mathbf{2{,}33\,\%}$$

Die Wirkungsgrade haben sich also gegenüber M133. wesentlich verbessert.

Ü210. Sie wissen bereits, dass das früher häufig verwendete Flachgewinde nicht mehr genormt ist. Stattdessen wird heute als Bewegungsgewinde das festigkeitsmäßig wesentlich günstigere und auch einfacher herzustellende Trapezgewinde verwendet. Versuchen Sie, mit einem Zahlenwert eine Aussage über die dabei in Kauf genommene Wirkungsgradverschlechterung zu machen.

Ü211. Eine unsymmetrische Prismenführung ist mit $F = 16$ kN belastet. Es ist $\mu = 0{,}12$ und $\alpha = 30°$, $\beta = 45°$ (s. Bild 1, Seite 116). Berechnen sie η bei einer axialen Verschiebekraft $F_1 = 20$ kN.

Ü212. Ein Ventil wird mit einer axialen Kraft in der Gewindespindel $F = 2{,}5$ kN bei einer axialen Geschwindigkeit von $v = 2{,}3$ m/min geschlossen. Berechnen Sie die erforderliche Motorleistung bei einem Spindelwirkungsgrad $\eta_H = 0{,}48$.

V231. Eine Pressenspindel Tr 70 × 20 P 10 erzeugt eine Druckkraft von $F = 120$ kN. Berechnen Sie a) den Wirkungsgrad η_H der Spindel beim Arbeiten bei $\mu = 0{,}11$;
b) die dabei am Flankendurchmesser d_2 erforderliche Umfangskraft F_u.

V232. Bei einer axialen Zylindergleitdichtung soll $\eta = 0{,}9$ bei $\mu = 0{,}15$ und einem Kolbendurchmesser $d = 100$ mm erreicht werden. Wie groß darf δ (Anlagehöhe der Dichtung) höchstens sein?

V233. Berechnen Sie für die Stellschraube aus Übungsaufgabe Ü142., Seite 125 η_H und η_s.

Kinematik und Dynamik der Drehbewegung

Lektion 44 **Drehleistung**

44.1 Rotationsbewegung

Im Zusammenhang mit den **Freiheitsgraden** eines Körpers (Lektion 3) und beim **Zusammensetzen von Geschwindigkeiten** (Lektion 35) wurde bereits zwischen **Translationsbewegung** und **Rotationsbewegung** unterschieden. Diese unterschiedlichen **Bewegungszustände** (Lektion 33) beruhen auf der unterschiedlichen Bewegung relativ zu einem **Bezugssystem** (Lektion 35). Streng genommen wird in der Physik bei der Definition von Translation und Rotation auf **Inertialsysteme** bezogen.

Inertialsysteme sind **Bezugssysteme,** die relativ zum Fixsternhimmel, d. h. bezogen auf diesen, ruhen oder sich relativ zum Fixsternhimmel geradlinig und gleichförmig fortbewegen.

Bei kurzzeitigen physikalischen Versuchen kann näherungsweise auch die Erde als Inertialsystem herangezogen werden, und bei technischen Betrachtungen ist es üblich, die Bewegungen auf kleinere Bezugssysteme zu beziehen. Dies sind dann meist räumlich begrenzte Gegenstände wie Gebäude oder Maschinenanlagen.

Eine **Translationsbewegung** ist dann gegeben, wenn ein starrer Körper bei der Bewegung seine Bewegungsbahn relativ zu einem Bezugssystem beibehält.

DYNAMIK

Als ein gutes Beispiel für eine Translationsbewegung kann die Prismenführung (Bild 1, Seite 14) herangezogen werden, während Bild 2, Seite 14 eine Rotationsbewegung zeigt. Im Allgemeinen ist es bei Rotationsbewegungen so, dass sich der starre Körper um eine feste Achse dreht. Diese Achse bezeichnet man als **Rotationsachse,** die sich im Bild 1 als Punkt M, dem **Drehmittelpunkt,** abbildet. Es ist zu erkennen:

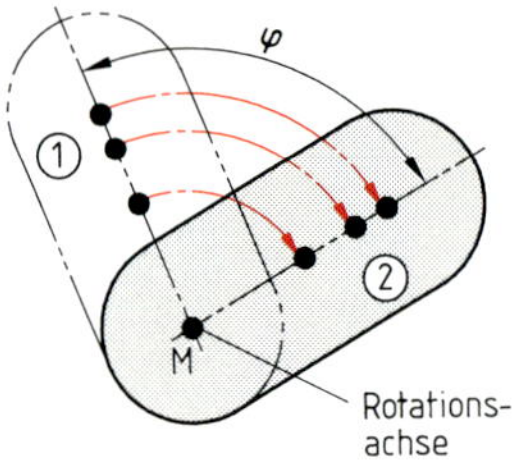

1

Eine Rotationsbewegung ist dann gegeben, wenn sich ein starrer Körper relativ zu einem Bezugssystem um einen festen Punkt dreht.

Ist dabei die Rotationsachse (Drehachse) feststehend, dann spricht man von einer **ebenen Rotationsbewegung** (Bild 1), während man eine Rotation um eine nicht feststehende Rotationsachse (Bild 2) als eine **räumliche Rotationsbewegung** bezeichnet. Die Drehbewegung der Rotationsachse wird dabei als **Präzessionsbewegung** oder kurz als **Präzession** bezeichnet. Eine solche führt z. B. – hervorgerufen durch Gravitationskräfte des Mondes und der Sonne – die Erdachse aus, und zwar um den Pol der **Ekliptik.** Dabei wird der **Präzessionskegel** in etwa 25 800 Jahren umschrieben. Bekanntlich trifft die Verlängerung der Erdachse den **Polarstern.** Dies kann aber wegen der Präzession der Erde nur für einen sehr eingeschränkten Zeitraum der Fall sein, wiederholt sich jedoch nach ca. 25 800 Jahren.

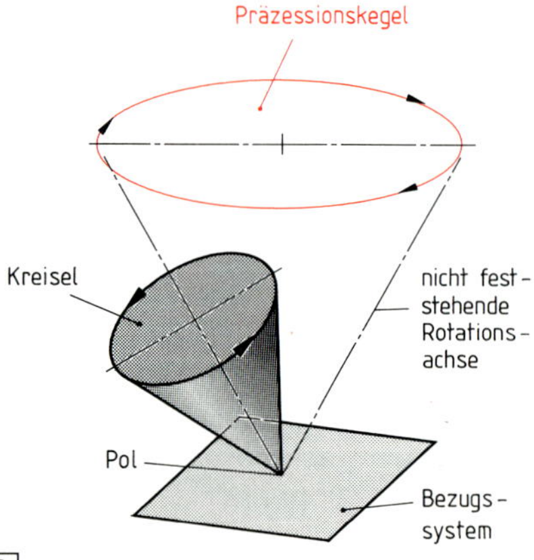

2

44.2 Drehzahl und Umfangsgeschwindigkeit

In diesem Buch, d. h. innerhalb der technischen Mechanik, werden nur ebene Rotationsbewegungen betrachtet. Eine solche wird z. B. von der Scheibe im Bild 1 ausgeführt. Die Bewegungsbahnen der einzelnen Massenpunkte (z. B. P_1 und P_2) sind dabei **konzentrische Kreise,** also Kreise mit einem gemeinsamen Mittelpunkt, dem **Drehmittelpunkt.** Es ist bereits bekannt, dass die Geschwindigkeit dieser Punkte von ihrem Abstand zum Drehmittelpunkt abhängt. Bezogen auf Bild 1 versteht man unter

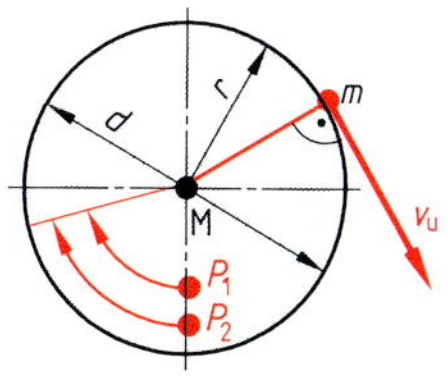

1

Kreisdurchmesser $d = 2 \cdot r$ [215–1] Dabei ist r = **Radius** des Kreises.

Kreisumfang $l_u = \pi \cdot d$ [215–2]

Aus der Geometrie ist bekannt: π = 3,1415... = **Kreiszahl** = **Ludolf'sche Zahl,** genannt nach **Ludolf van Ceulen.**

Die Abhängigkeit der Geschwindigkeit der materiellen Punkte ist dergestalt, dass sie mit zunehmendem Abstand zum Drehmittelpunkt größer wird, und demzufolge ist die **Kreisbahngeschwindigkeit** auf dem Kreisumfang am größten.

Die Kreisbahngeschwindigkeit am Kreisumfang heißt **Umfangsgeschwindigkeit** v_u.

Aus Bild 1 ist zu ersehen:

Der Vektor der **Umfangsgeschwindigkeit** ist stets senkrecht zum Radius, also **tangential gerichtet.**

Die **Größe der Umfangsgeschwindigkeit** ist aber nicht nur von der Lage des materiellen Punktes m zum Drehmittelpunkt abhängig, sondern es kommt auch noch sehr darauf an, ob sich das **Drehsystem** „schnell" oder „langsam" dreht. Eine Kenngröße hierfür ist die **Umdrehungsfrequenz** bzw. die **Drehzahl.**

Unter der Umdrehungsfrequenz bzw. der Drehzahl versteht man die Anzahl der Umdrehungen während eines Zeitabschnittes.

Als Formelbuchstabe ist nach DIN 1304 das kleine n vorgesehen. Es ist somit die Umfangsgeschwindigkeit eine Funktion von Radius r und Drehzahl n, also:

Umfangsgeschwindigkeit $v_u = f\,(r, n)$ [215–3]

Nach DIN 1304 ist der Bezugszeitraum – auf den die Anzahl der Umdrehungen i bezogen wird – die Sekunde, in vielen Fällen dient hierzu aber auch die Minute. In der technischen Anwendung wird deshalb sinnvoll meist wie folgt unterschieden, obwohl

Drehzahl = Umdrehungsfrequenz ist, zwischen

Umdrehungsfrequenz $n = \dfrac{i}{\Delta t}$ [215–4]

$$[n] = \frac{[i]}{[\Delta t]} = \frac{1}{\text{s}} = \text{s}^{-1} \longrightarrow$$ Anzahl der Umdrehungen pro Sekunde

und, um auch eine begriffliche Unterscheidungsmöglichkeit zu haben, für den Bezugszeitraum Δt = 1 min:

Drehzahl $n = \dfrac{i}{\Delta t}$ 216–1

$$[n] = \frac{[i]}{[\Delta t]} = \frac{1}{\text{min}} = \text{min}^{-1} \longrightarrow$$ Anzahl der Umdrehungen pro Minute

Der Weg s für eine Umdrehung entspricht dem Kreisumfang l_u, also $s = \pi \cdot d$. Da die Umdrehungsfrequenz auf den Zeitabschnitt $\boldsymbol{\Delta t = 1}$ **s** bezogen ist und da der Weg bei n Umdrehungen $\boldsymbol{s = \pi \cdot d \cdot n}$ beträgt, erhält man infolge

$$v = \frac{s}{\Delta t} = \frac{\pi \cdot d \cdot n}{1} \text{ in } \frac{\text{m}}{\text{s}}, \text{ d. h. für die}$$

Umfangsgeschwindigkeit $v_u = \pi \cdot d \cdot n$ 216–2

v_u	d	n
$\frac{\text{m}}{\text{s}}$	m	s^{-1}

Wie bereits gesagt, wird in der Maschinen- und Anlagentechnik der Bezugszeitraum Δt meist mit einer Minute zugrunde gelegt, und man bezeichnet dann meist die Anzahl der Umdrehungen in diesem Bezugszeitraum mit Drehzahl. In aller Regel wird auch in der Maschinen- und Anlagentechnik die Bemaßung in mm vorgenommen, d. h. aber, dass dann der **Durchmesser in mm** angegeben ist. Daraus ergibt sich:

Umfangsgeschwindigkeit $v_u = \pi \cdot d \cdot n$ 216–3

v_u	d	n
$\frac{\text{mm}}{\text{min}}$	mm	min^{-1}

Mit 1 m = 1000 mm und 1 min = 60 s wird bei der Annahme des Bezugszeitraumes $\Delta t = 1$ min:

Umfangsgeschwindigkeit in $\frac{\text{m}}{\text{min}}$ $v_u = \dfrac{\pi \cdot d \cdot n}{1000}$ 216–4

v_u	d	n
$\frac{\text{m}}{\text{min}}$	mm	min^{-1}

Umfangsgeschwindigkeit in $\frac{\text{m}}{\text{s}}$ $v_u = \dfrac{\pi \cdot d \cdot n}{1000 \cdot 60}$ 216–5

v_u	d	n
$\frac{\text{m}}{\text{s}}$	mm	min^{-1}

Insbesondere in der **Fertigungstechnik** wird zwischen 216–4 und 216–5 unterschieden, und zwar bei der Angabe der **Schnittgeschwindigkeit** v_c. Damit erreicht man vernünftige Größenordnungen in den Zahlenwerten, und es ist z. B. festgelegt für …

… v_c beim Drehen, Hobeln, Fräsen, Bohren in $\frac{\text{m}}{\text{min}}$,

… v_c beim Schleifen in $\frac{\text{m}}{\text{s}}$.

44.3 Berechnung der Drehleistung bei gleichförmiger Drehbewegung

Als Beispiel dient eine Riemenscheibe (Bild 1), die über einen Flachriemen angetrieben wird. Dieser überträgt eine Umfangskraft F_u, und somit überträgt er auch ein

Drehmoment $M = F_u \cdot \dfrac{d}{2}$ 216–6

Ist das Drehmoment bekannt, ergibt sich für die

Umfangskraft $F_u = \dfrac{2 \cdot M}{d}$ 216–7

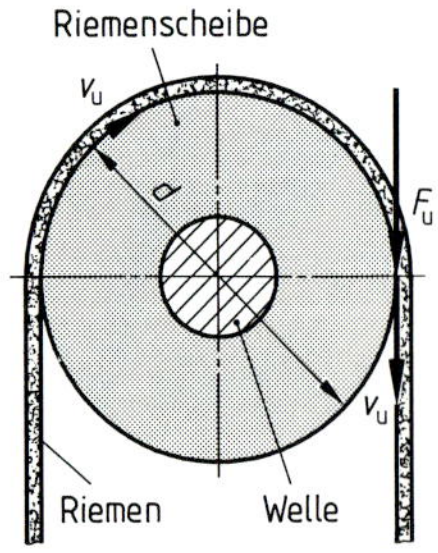

1

Dabei ist d der wirksame Scheibendurchmesser, d. h.: $d = 2 \cdot r$. Setzt man voraus, dass die Kraft- bzw. Drehmomentenübertragung ohne **Schlupf**, d. h. ohne Durchrutschen des Riemens erfolgt, und wendet man die Leistungsgleichung $\boldsymbol{P = F \cdot v}$ (201–1) an, dann leitet sich die Gleichung zur **Berechnung der Drehleistung** wie folgt ab:

Drehleistung $P = F_u \cdot v_u$ 217–1

P	F_u	v_u
$\frac{\text{Nm}}{\text{s}} = \text{W}$	N	$\frac{\text{m}}{\text{s}}$

. Somit:

$$P = \frac{2 \cdot M}{d} \cdot v_u = \frac{2 \cdot M}{2 \cdot r} \cdot v_u$$

Drehleistung $P = \frac{M \cdot v_u}{r}$ 217–2

P	M	v_u	r
$\frac{\text{Nm}}{\text{s}} = \text{W}$	Nm	$\frac{\text{m}}{\text{s}}$	m

44.3.1 Berechnung der Drehleistung aus Drehmoment und Drehzahl

Die Drehzahl und das Drehmoment sind meist gegeben oder einfach zu berechnen. Mit diesen beiden Größen ist es möglich, mit Hilfe einer **Zahlenwertgleichung,** die in der Praxis des Technikers sehr häufig angewendet wird, die Leistung P zu berechnen. Bei der Herleitung dieser Zahlenwertgleichung wird von der Leistungsgleichung

$P = \frac{2 \cdot M}{d} \cdot v_u$ (siehe oben) ausgegangen. Somit: $P = \frac{2 \cdot M}{d} \cdot \frac{\pi \cdot d \cdot n}{1000 \cdot 60}$. Im Ausdruck $\frac{\pi \cdot d \cdot n}{1000 \cdot 60}$ muss d in mm eingesetzt werden. Um für P die Einheit Watt zu erhalten und wenn im Ausdruck $\frac{2 \cdot M}{d}$ ebenfalls d in mm steht, muss M in Nmm eingesetzt werden. Dies zeigt nochmals die folgende Einheitengleichung:

$$\boldsymbol{[P]} = \frac{2 \cdot [M]}{[d]} \cdot [v_u] = \frac{\text{Nmm}}{\text{mm}} \cdot \frac{\text{m}}{\text{s}} = \frac{\text{Nm}}{\text{s}} = \frac{\text{Ws}}{\text{s}} = \textbf{W}$$

Setzt man aber in die Leistungsgleichung M in Nm ein, so muss mit 1000 multipliziert werden. Will man außerdem noch die Leistung in kW erhalten, dann muss noch durch 1000 geteilt werden. Somit ergibt sich für die Leistung:

$$P = \frac{2 \cdot M}{d} \cdot \frac{\pi \cdot d \cdot n}{60} \cdot \frac{1000}{1000} = \frac{\pi \cdot 2 \cdot M \cdot n}{1000 \cdot 60}$$

Mit $\frac{\pi \cdot 2}{1000 \cdot 60} \approx \frac{1}{9550}$ erhält man die bequem handhabbare

Zahlenwertgleichung für die Drehleistung $P = \frac{M \cdot n}{9550}$ 217–3

P	M	n
kW	Nm	min^{-1}

Oftmals sind auch Leistung und Drehzahl bekannt. Dann errechnet sich das

Drehmoment $M = 9550 \cdot \frac{P}{n}$ 217–4

M	P	n
Nm	kW	min^{-1}

Man erhält das Drehmoment M in Nm aus dem 9550fachen Wert des Quotienten aus Leistung P in kW und Drehzahl n in min^{-1}.

Bei dieser Zahlenwertgleichung muss darauf geachtet werden, dass in den Faktor 9550 bereits Einheiten eingerechnet sind!

M 135. Die Planscheibe einer Karusselldrehmaschine hat einen Durchmesser von $d = 5$ m. Das zu bearbeitende Werkstück hat einen Durchmesser $d_1 = 3{,}5$ m. Die **Schnittkraft** am Drehmeißel beträgt $F_c = 1060$ N. Berechnen Sie bei $n = 3\ \text{min}^{-1}$

a) die Umfangsgeschwindigkeit der Planscheibe in m/min,
b) das aufzubringende Drehmoment in Nm,
c) die Leistung am Drehmeißel, die als **Schnittleistung** bezeichnet wird.

Lösung:

a) $\boldsymbol{v_u} = \dfrac{\pi \cdot d \cdot n}{1000} = \dfrac{\pi \cdot 5000 \cdot 3}{1000} \dfrac{\text{m}}{\text{min}} = \mathbf{47{,}124\ \dfrac{m}{min}}$

b) $\boldsymbol{M} = F_c \cdot \dfrac{d_1}{2} = 1060\ \text{N} \cdot \dfrac{3{,}5\ \text{m}}{2} = \mathbf{1855\ Nm}$

c) $P_c = F_c \cdot v_c = F_c \cdot \dfrac{d_1 \cdot \pi \cdot n}{1000 \cdot 60} = 1060\ \text{N} \cdot \dfrac{3500 \cdot \pi \cdot 3}{1000 \cdot 60} \dfrac{\text{m}}{\text{s}} = 582{,}77 \dfrac{\text{Nm}}{\text{s}} = 582{,}77\ \text{W}$

$\boldsymbol{P_c} = \mathbf{0{,}583\ kW}$

M 136. Eine Welle überträgt bei $n = 105\ \text{min}^{-1}$ eine Leistung $P = 64$ kW. Berechnen Sie das in der Welle auftretende Drehmoment in Nm.

Lösung: $\boldsymbol{M} = 9550 \cdot \dfrac{P}{n} = 9550 \cdot \dfrac{64}{105}\ \text{Nm} = \mathbf{5820{,}95\ Nm}$

Ü 213. Um die Größe eines Drehmomentes an einer sich drehenden Welle zu messen, benutzt man ein **Bremsdynamometer**. Ein solches ist in einfacher Form im Bild 1 abgebildet, und man bezeichnet eine solche Vorrichtung als **Pronyscher Zaum.** Die Welle mit dem Durchmesser d wird bei der Messung mit einer Klemmvorrichtung, in der Art einer Backenbremse, soweit abgebremst, dass bei einer bestimmten Wellendrehzahl n das Gewicht F_G, welches an einem Hebel im Abstand l vom Wellenmittelpunkt angebracht ist, den Pronyschen Zaum gerade – zwischen dem Sicherheitsanschlag – im Gleichgewicht hält.

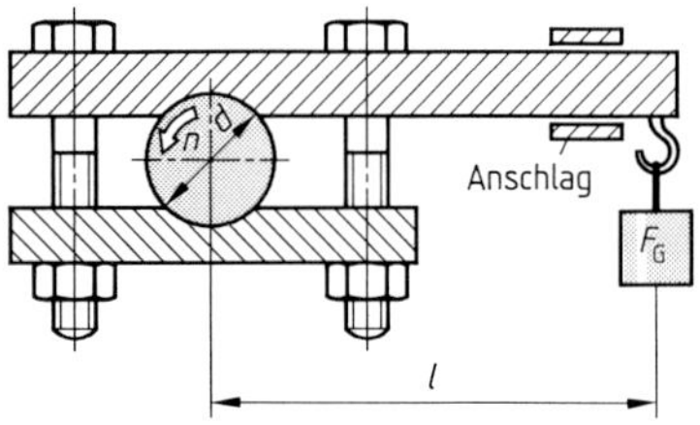

1

a) Ermitteln Sie eine Gleichung für die Bestimmung der Leistung einer Welle in Abhängigkeit von F_G, l und n, d. h.

$$\boldsymbol{P = f(F_G, l, n)} \text{ in kW.}$$

b) Wie groß ist die Leistung bei $F_G = 40$ N, $l = 75$ cm und $n = 250\ \text{min}^{-1}$?

Ü 214. Ein Elektromotor dreht mit $n = 1460\ \text{min}^{-1}$, und das gemessene Drehmoment beträgt $M = 20$ Nm. Welche Leistung gibt der Motor ab?

V 234. An der Arbeitsspindel einer Fräsmaschine wird ein Bremsdynamometer mit $F_G = 735$ N bei $l = 2{,}2$ m belastet. Die Drehzahl beträgt bei ausbalanciertem Hebel $n = 90\ \text{min}^{-1}$.

Bestimmen Sie

a) die Nutzleistung in kW,
b) den Wirkungsgrad η der Fräsmaschine, wenn die Leistung des Antriebsmotors $P_a = 22$ kW beträgt.

V 235. Die abgegebene Leistung einer Welle beträgt $P_n = 6$ kW. Berechnen Sie die Wellendrehzahl n, wenn ein Drehmoment $M = 40$ Nm gemessen wird.

DYNAMIK

Lektion 45 **Rotationskinematik**

45.1 Die Bewegungszustände der Rotation

Gemäß Lektion 1 wird unter **Kinematik** die Lehre von den geometrischen Bewegungsverhältnissen fester Körper und Mechanismen verstanden. Im speziellen Fall der Rotation spricht man von der

Rotationskinematik .

Ebenso wie bei der geradlinigen Bewegung (Translation) wird bei der Drehbewegung (Rotation) zwischen den folgenden **Bewegungszuständen** unterschieden:

gleichförmige Drehbewegung ; beschleunigte Drehbewegung

45.1.1 Die gleichförmige Drehbewegung

Bei einer gleichförmigen Drehbewegung rotiert der Körper mit einer konstanten Drehzahl.

45.1.1.1 Die Winkelgeschwindigkeit

Bild 1 zeigt eine gleichförmig rotierende Scheibe, z. B. ein Rad. Außer der radial gerichteten **Umfangsgeschwindigkeit** ist es bei der Rotation üblich, die Umfangsgeschwindigkeit am **Einheitskreis,** d. h. einem Kreis mit dem Radius $r = 1$, anzugeben. Diese kann auf den in der Zeiteinheit zurückgelegten bzw. überstrichenen **Drehwinkel** φ zurückgeführt werden, und man spricht in diesem Zusammenhang von der

Winkelgeschwindigkeit .

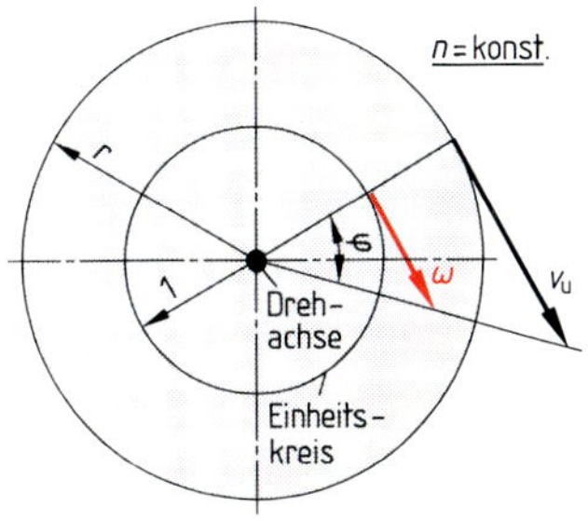

Im Gesetz über die Einheiten im Messwesen heißt es: 1

1 Radiant pro Sekunde ist gleich der **Winkelgeschwindigkeit** eines gleichförmig rotierenden Körpers, der sich während der Zeit 1 s um den Winkel 1 rad um die Drehachse dreht.

Als **Formelzeichen** wird gemäß DIN 1304 das kleine griechische ω verwendet, und entsprechend der Definition für die Winkelgeschwindigkeit lautet die Definitionsgleichung der

Winkelgeschwindigkeit $\omega = \dfrac{\Delta\varphi}{\Delta t}$ 219–1

ω	$\Delta\varphi$	Δt
$\dfrac{\text{rad}}{\text{s}}$	rad	s

In Kenntnis der Messung ebener Winkel ergibt sich für die

Einheit der Winkelgeschwindigkeit Radiant pro Sekunde $= \dfrac{\text{rad}}{\text{s}} = \dfrac{1}{\text{s}} = \text{s}^{-1}$

Wird der Drehwinkel φ durch die Länge des zugehörigen Bogens auf dem Einheitskreis (Bild 1) ausgedrückt, dann ist **für eine Umdrehung** $\varphi = 2\,\pi$ rad (Vollkreis) und

$$t = \frac{1}{n}.$$

Damit ergibt sich mit $\omega = \dfrac{\Delta\varphi}{\Delta t} = \dfrac{\varphi}{t} = \dfrac{2\pi}{\frac{1}{n}}$ für die

Winkelgeschwindigkeit $\omega = 2 \cdot \pi \cdot n$ 219–2

ω	n
$\dfrac{1}{\text{s}}$	$\text{s}^{-1} = \dfrac{1}{\text{s}}$

n = Umdrehungsfrequenz

DYNAMIK

Setzt man – wie meist üblich – die **Drehzahl n in min^{-1}** ein, dann ergibt sich aus Gleichung 219–2:

$\omega = \frac{2 \cdot \pi \cdot n}{60}$. Kürzt man noch mit 2, dann erhält man für die

Winkelgeschwindigkeit $$\omega = \frac{\pi \cdot n}{30}$$ 220–1

ω	n
$\frac{\text{rad}}{\text{s}} = \frac{1}{\text{s}}$	min^{-1}

45.1.1.2 Die Umfangsgeschwindigkeit als Funktion der Winkelgeschwindigkeit

Aus Bild 1, Seite 219, ergibt sich aus Gründen der geometrischen Ähnlichkeit:

$\frac{\omega}{1} = \frac{v_u}{r}$. Somit:

Umfangsgeschwindigkeit $$v_u = \omega \cdot r$$ 220–2

v_u	ω	r
$\frac{\text{m}}{\text{s}}$	$\frac{\text{rad}}{\text{s}} = \text{s}^{-1}$	m

Die Umfangsgeschwindigkeit v_u errechnet sich aus dem Produkt von Winkelgeschwindigkeit ω und dem Radius r des Drehkörpers.

M 137. Ein Rad mit dem Durchmesser d = 65 cm dreht mit n = 120 min^{-1}. Berechnen Sie a) die Winkelgeschwindigkeit ω, b) die Umfangsgeschwindigkeit v_u.

Lösung: a) $\boldsymbol{\omega} = \frac{\pi \cdot n}{30} = \frac{\pi \cdot 120}{30}\ \text{s}^{-1} = \mathbf{12{,}5664\ s^{-1}}$

b) $\boldsymbol{v_u} = \omega \cdot r = 12{,}5664\ \text{s}^{-1} \cdot \frac{0{,}65\ \text{m}}{2} = \mathbf{4{,}0841\ \frac{m}{s}}$

45.1.1.3 Die Drehleistung als Funktion der Winkelgeschwindigkeit

Es ist $P = F_u \cdot v_u = \frac{M}{r} \cdot v_u$, und mit $v_u = \omega \cdot r$ wird $P = \frac{M}{r} \cdot \omega \cdot r$. Somit:

Drehleistung $$P = M \cdot \omega$$ 220–3

P	M	ω
$\frac{\text{Nm}}{\text{s}} = \text{W}$	Nm	s^{-1}

Die Drehleistung P errechnet sich aus dem Produkt von Drehmoment M und Winkelgeschwindigkeit ω.

Mit $\omega = \frac{\pi \cdot n}{30}$ (**n in min^{-1}!**) errechnet sich die

Drehleistung $$P = M \cdot \frac{\pi \cdot n}{30}$$ 220–4

P	M	n
W	Nm	min^{-1}

45.1.1.4 Der Drehwinkel bei gleichförmiger Rotation

Aus der Definitionsgleichung für die Winkelgeschwindigkeit $\omega = \frac{\Delta\varphi}{\Delta t}$ ergibt sich bei der gleichförmigen Rotation

$\omega = \frac{\varphi}{t}$ und damit für den

Drehwinkel bei gleichförmiger Rotation $$\varphi = \omega \cdot t$$ 220–5

φ	ω	$t = \Delta t$
rad	$\frac{\text{rad}}{\text{s}} = \text{s}^{-1}$	s

Der Drehwinkel φ bei gleichförmiger Rotation errechnet sich aus dem Produkt von Winkelgeschwindigkeit ω und Zeit t (Zeitraum Δt) der Rotation.

DYNAMIK

M 138. Eine Welle überträgt bei $n = 3000\ \text{min}^{-1}$ eine Drehleistung von 55 kW. Berechnen Sie
a) das wirkende Drehmoment,
b) den Drehwinkel φ bei einer Laufzeit von $t = 5$ min.

Lösung: a) $P = M \cdot \omega = M \cdot \frac{\pi \cdot n}{30} \longrightarrow M = \frac{P \cdot 30}{\pi \cdot n} = \frac{55\,000 \cdot 30}{\pi \cdot 3000}\ \text{Nm}$

$\boldsymbol{M = 175{,}07\ \text{Nm}}$

b) $\varphi = \omega \cdot t = \frac{\pi \cdot n}{30}\ \text{s}^{-1} \cdot 5 \cdot 60\ \text{s} = \mathbf{94\,247{,}7796\ rad}$

Teilt man durch $2\ \pi$ rad, dann entspricht φ 15 000 Umdrehungen.

45.1.2 Die gleichmäßig beschleunigte oder verzögerte Drehbewegung

Wird bei einem Rotationskörper eine **Drehzahländerung** vorgenommen, werden alle Punkte des Körpers – den Drehmittelpunkt M ausgeschlossen – beschleunigt oder verzögert. Im Bild 1 wird ein solcher Punkt auf dem Umfang eines Drehkörpers betrachtet. Die Geschwindigkeit v_u und auch die Beschleunigung (bzw. die Verzögerung) sind tangential gerichtet, und man spricht deswegen von der **Tangentialbeschleunigung** a_t.

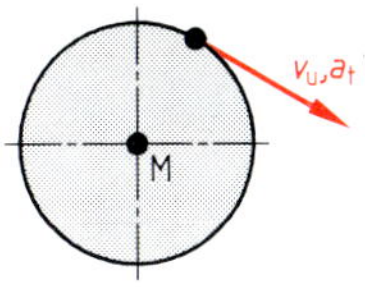

1

Unter der Tangentialbeschleunigung a_t des Punktes eines Drehkörpers versteht man die Beschleunigung dieses Punktes in Richtung der Umfangsgeschwindigkeit.

Diese Tangentialbeschleunigung ist in den meisten Fällen annähernd konstant, und in **Analogie zur Translation** gilt:

Bei konstanter Tangentialbeschleunigung handelt es sich um eine **gleichmäßig beschleunigte Drehbewegung** bzw. um eine **gleichmäßig verzögerte Drehbewegung.**

In diesen Fällen ändert sich sowohl die Drehzahl n als auch die Umfangsgeschwindigkeit v_u in gleichen Zeitabschnitten jeweils um den gleichen Betrag.
Analog der Definition für die Beschleunigung bei der Translation gilt auch für die

Tangentialbeschleunigung $a_t = \frac{\Delta v_u}{\Delta t}$ [221–1]

a_t	v_u	t
$\frac{\text{m}}{\text{s}^2}$	$\frac{\text{m}}{\text{s}}$	s

Bei einer **Beschleunigung aus dem Ruhezustand** ergibt sich somit für die

Umfangsgeschwindigkeit $v_u = a_t \cdot t$ [221–2] in $\frac{\text{m}}{\text{s}}$

45.1.2.1 Die Winkelbeschleunigung

Aus der Beziehung $\boldsymbol{v_u = \omega \cdot r}$ geht hervor, dass im gleichen Verhältnis wie die Umfangsgeschwindigkeit v_u zu- bzw. abnimmt, auch die Winkelgeschwindigkeit ω zu- bzw. abnimmt. Im Zusammenhang mit der Zu- bzw. Abnahme von ω spricht man von einer **Winkelbeschleunigung,** die nach DIN 1304 mit dem kleinen griechischen Buchstaben α bezeichnet und auch **Drehbeschleunigung** genannt wird.

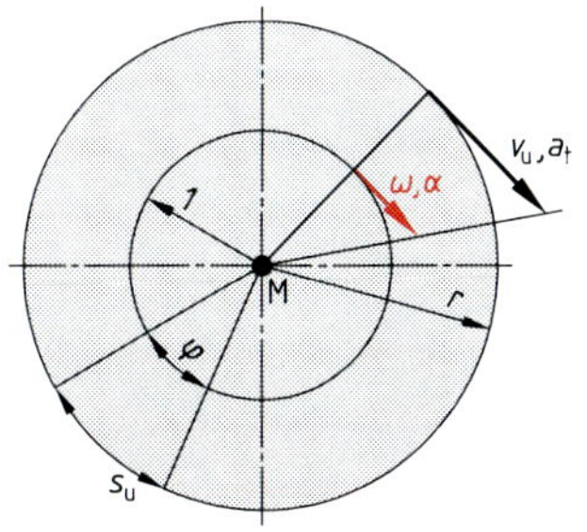

Unter der Winkelbeschleunigung versteht man die Größe der Tangentialbeschleunigung am Radius 1 (Einheitskreis).

2

DYNAMIK

In Verbindung mit Bild 2, Seite 221, ergibt sich für die

Winkelbeschleunigung $\alpha = \dfrac{a_t}{r}$ **222–1**

$$[\boldsymbol{\alpha}] = \frac{[a_t]}{[r]} = \frac{\frac{m}{s^2}}{m} = \frac{m}{s^2} \cdot \frac{1}{m} = \frac{1}{s^2} = \frac{\text{rad}}{s^2}$$

Die Ausführungsverordnung des Gesetzes über die Einheiten im Messwesen sagt über die **Einheit der Winkelbeschleunigung** folgendes:

> Die abgeleitete SI-Einheit der Winkelbeschleunigung α ist der Radiant durch Sekundenquadrat: rad/s^2.
> Ein Radiant durch Sekundenquadrat ist gleich der Winkelbeschleunigung α eines Drehkörpers, dessen Winkelgeschwindigkeit sich während des Zeitabschnittes 1 s gleichmäßig um 1 rad/s ändert.

DYNAMIK

Da $\boldsymbol{v_u = \omega \cdot r}$ ist, gilt in Verbindung mit $\boldsymbol{v_u = a_t \cdot t}$ (Gleichung 221–2):

$$\omega \cdot r = a_t \cdot t$$

Somit ist am Ende der Beschleunigungsphase aus dem Ruhezustand die

Winkelgeschwindigkeit $\omega = \dfrac{a_t}{r} \cdot t$ **222–2**

ω	a_t	r	$t \triangleq \Delta t$
$\frac{\text{rad}}{s} = s^{-1}$	$\frac{m}{s^2}$	m	s

bzw. mit $\alpha = \dfrac{a_t}{r}$:

Winkelgeschwindigkeit $\omega = \alpha \cdot t$ **222–3** $t \triangleq \Delta t$

Gleichung 222–3 ist bei der Beschleunigung aus dem Ruhezustand anwendbar. Ganz allgemein, d. h. bei Beschleunigung bzw. Verzögerung mit einer Anfangsgeschwindigkeit gilt für die

Änderung der Winkelgeschwindigkeit $\Delta\omega = \alpha \cdot \Delta t$ **222–4** in s^{-1}

45.2 Analogien zwischen Translation und Rotation

An einigen Stellen der Lektion 45 wurde bereits die Möglichkeit eines Analogieschlusses von der Translation zur Rotation erkannt. Die bisher erarbeiteten Rotationsgleichungen sollen deshalb einmal in der folgenden Tabelle den analogen Translationsgleichungen gegenübergestellt werden (in der Reihenfolge von Seite 219 bis an diese Stelle):

Translationsgröße	$t \triangleq \Delta t$	Einheit	**Rotationsgröße**	$t \triangleq \Delta t$	Einheit
Weg	Δs	m	Drehwinkel	$\Delta\varphi$	rad
Zeit	Δt	s	Zeit	Δt	s
Geschwindigkeit	$v = \frac{\Delta s}{\Delta t}$	$\frac{m}{s}$	Winkelgeschwindigkeit	$\omega = \frac{\Delta\varphi}{\Delta t}$	$\frac{\text{rad}}{s} = s^{-1}$
Beschleunigung	$a = \frac{\Delta v}{\Delta t}$	$\frac{m}{s^2}$	Winkelbeschleunigung	$\alpha = \frac{\Delta\omega}{\Delta t}$	$\frac{\text{rad}}{s^2} = s^{-2}$
Leistung	$P = F \cdot v$	W	Drehleistung	$P = M \cdot \omega$	W
Weg	$s = v \cdot t$	m	Drehwinkel	$\varphi = \omega \cdot t$	rad
Beschleunigung	$a = \frac{\Delta v}{\Delta t}$	$\frac{m}{s^2}$	Tangentialbeschleunigung	$a_t = \frac{\Delta v_u}{\Delta t}$	$\frac{m}{s^2}$
Geschwindigkeit	$v = a \cdot t$	$\frac{m}{s}$	Umfangsgeschwindigkeit	$v_u = a_t \cdot t$	$\frac{m}{s}$

Es ist zu erkennen:

Die Berechnungen bei der gleichförmigen und der gleichmäßig beschleunigten Drehbewegung erfolgen analog der gleichförmigen und gleichmäßig beschleunigten Translationsbewegung.

Auf weitere Herleitungen von Bewegungsgleichungen der Rotation wird deswegen in diesem Buch verzichtet. Bei Bedarf können diese entweder selbst hergeleitet werden, oder man sieht in einer **Formelsammlung** bzw. einem **Formellexikon** nach. Zu empfehlen ist auch die speziell auf dieses Buch abgestimmte **Formel- und Tabellensammlung Technische Mechanik.**

Auch bei der zeichnerischen Darstellung von Bewegungsvorgängen ist die Analogie zwischen Translation und Rotation ersichtlich. Dies zeigt die **Gegenüberstellung von *v, t*-Diagramm** (Translation) und ***ω, t*-Diagramm** (Rotation):

	Translation : ***v, t*-Diagramm**	Rotation : ***ω, t*-Diagramm**
Gleichförmige Bewegung	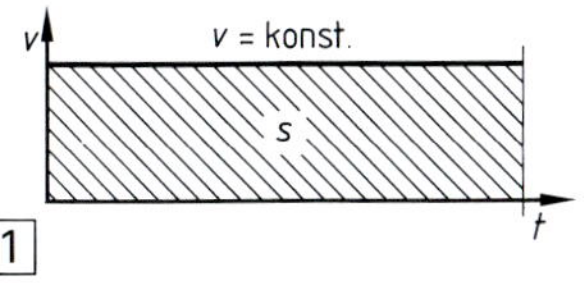 1	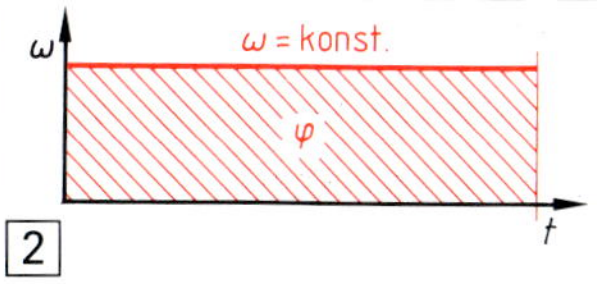 2
Gleichmäßige Beschleunigung aus dem Ruhezustand	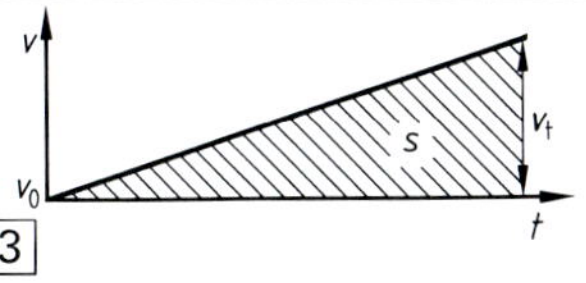 3	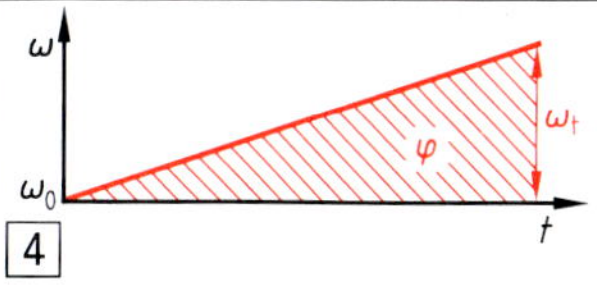 4
Gleichmäßige Verzögerung bis zum Ruhezustand	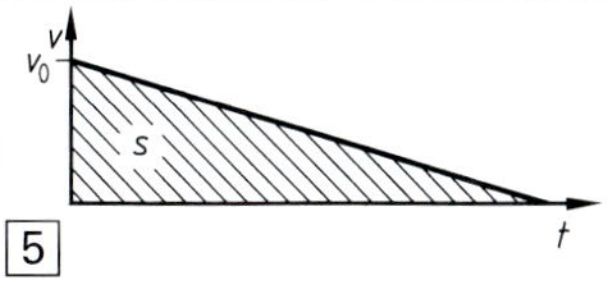 5	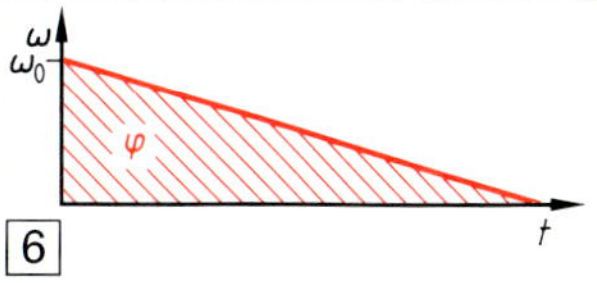 6
Gleichmäßige Beschleunigung mit $v_0 \neq 0$ bzw. $\omega_0 \neq 0$	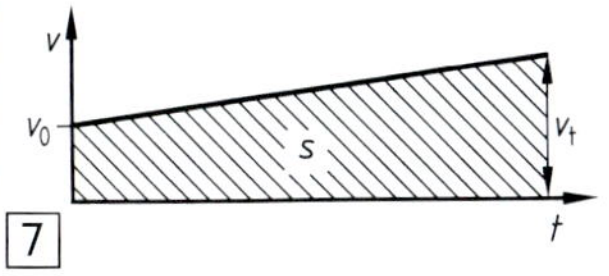 7	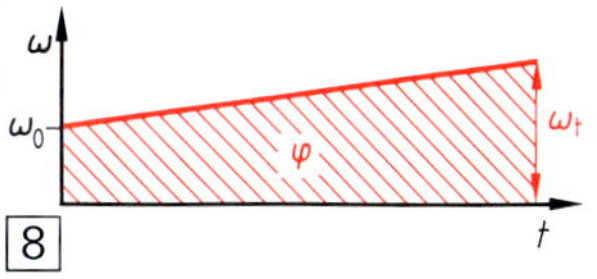 8
Gleichmäßige Verzögerung mit $v_t \neq 0$ bzw. $\omega_t \neq 0$	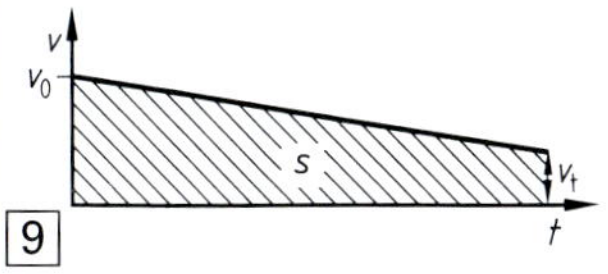 9	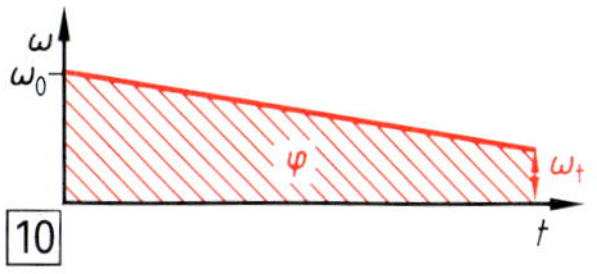 10

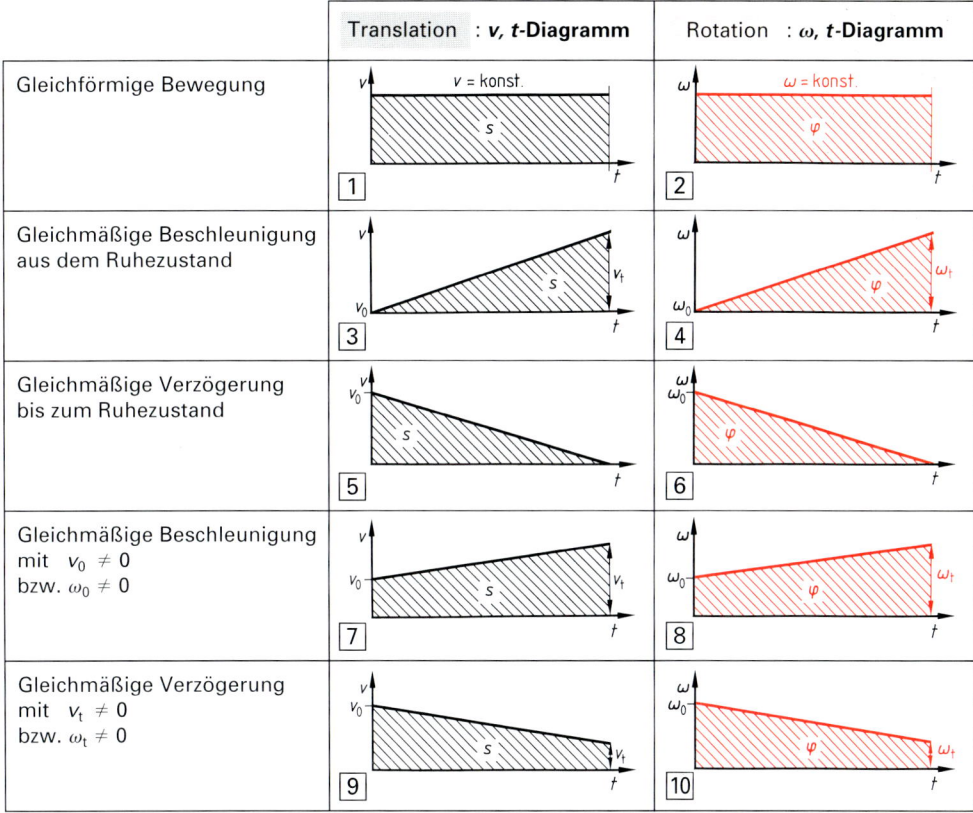

Dem Weg *s* in der Translation (abgebildet im *v, t*-Diagramm) entspricht also der Drehwinkel φ in der Rotation (abgebildet im ω, *t*-Diagramm). Mit Hilfe der bereits bei der Translation geübten **„geometrischen Methode"** ergeben sich aus den abgebildeten ω, *t*-Diagrammen (Bilder 2, 4, 6, 8, 10) die folgenden Funktionen für den

Drehwinkel bei ω = konstant $\varphi = \omega \cdot t$ [223–1] = [220–5] $t \triangleq \Delta t$

Drehwinkel bei $\omega_0 = 0$ $\varphi = \frac{\omega_t \cdot t}{2} = \frac{\alpha \cdot t}{2} \cdot t = \frac{\alpha}{2} \cdot t^2$ [223–2]

Drehwinkel bei $\omega_t = 0$ $\varphi = \frac{\omega_0 \cdot t}{2} - \frac{\alpha \cdot t}{2} \cdot t = \frac{\alpha}{2} \cdot t^2$ [223–3]

Drehwinkel bei $\omega_0 \neq 0$ $$\varphi = \frac{\omega_0 + \omega_t}{2} \cdot t = \omega_0 \cdot t + \frac{\alpha}{2} \cdot t^2$$ 224–1

Drehwinkel bei $\omega_t \neq 0$ $$\varphi = \frac{\omega_0 + \omega_t}{2} \cdot t = \omega_0 \cdot t - \frac{\alpha}{2} \cdot t^2$$ 224–2

M139. Die Planscheibe einer Karusselldrehmaschine hat einen Durchmesser von 4 m. Sie läuft gleichmäßig beschleunigt in 20 s aus dem Stillstand auf die Drehzahl $n = 120\ \text{min}^{-1}$ hoch. Berechnen Sie

a) die Umfangsgeschwindigkeit, wenn $n = 120\ \text{min}^{-1}$ erreicht ist,
b) die Winkelgeschwindigkeit bei dieser Drehzahl,
c) die Tangentialbeschleunigung,
d) die Winkelbeschleunigung,
e) den Umfangsweg (Weg eines Punktes auf dem Umfang) in der Hochlaufzeit,
f) die Anzahl der Umdrehungen während der Hochlaufzeit, und zeichnen Sie
g) das ω, t-Diagramm vom Stillstand bis zum Erreichen der Drehzahl $n = 120\ \text{min}^{-1}$
h) und in Analogie zum s, t-Diagramm das ***φ*, *t*-Diagramm,** d. h. das **Drehwinkel, Zeit-Diagramm.**

Lösung:

a) $$\boldsymbol{v_u} = \frac{\pi \cdot d \cdot n}{1000 \cdot 60} = \frac{\pi \cdot 4000 \cdot 120}{1000 \cdot 60}\ \frac{\text{m}}{\text{s}} = \mathbf{25{,}133\ \frac{m}{s}}$$

b) $$\boldsymbol{\omega} = \frac{\pi \cdot n}{30} = \frac{\pi \cdot 120}{30} = \mathbf{12{,}57\ \frac{rad}{s}} \quad \text{bzw. } \boldsymbol{\omega} = \frac{v_u}{r} = \frac{25{,}133\ \frac{\text{m}}{\text{s}}}{2\ \text{m}} = \mathbf{12{,}57\ s^{-1}}$$

c) $v_t = a \cdot t$ und mit $v_t = v_u$ wird $$\boldsymbol{a_t} = \frac{v_u}{t} = \frac{25{,}133\ \frac{\text{m}}{\text{s}}}{20\ \text{s}} = \mathbf{1{,}257\ \frac{m}{s^2}}$$

d) $$\boldsymbol{\alpha} = \frac{a_t}{r} = \frac{1{,}257\ \frac{\text{m}}{\text{s}^2}}{2\ \text{m}} = \mathbf{0{,}6285\ \frac{rad}{s^2}}.$$ Oder 2. Möglichkeit: $\boldsymbol{\alpha = \frac{\Delta\omega}{\Delta t}}$

e) In Analogie zur Translation ergeben sich die beiden folgenden Möglichkeiten einer Rechnung:

$$\boldsymbol{s_u} = \frac{a_t}{2} \cdot t^2 = \frac{1{,}257}{2}\ \frac{\text{m}}{\text{s}^2} \cdot (20\ \text{s})^2 = \mathbf{251{,}4\ m},$$ oder die 2. Möglichkeit:

$$\boldsymbol{s_u} = \frac{1}{2} \cdot v_u \cdot t = \frac{1}{2} \cdot 25{,}133\ \frac{\text{m}}{\text{s}} \cdot 20\ \text{s} = \mathbf{251{,}33\ m} \approx \mathbf{251{,}4\ m}$$

f) $\varphi = \frac{1}{2} \cdot \alpha \cdot t^2$ (Gleichung 223–2)

$$\varphi = \frac{1}{2} \cdot 0{,}6285\ \frac{\text{rad}}{\text{s}^2} \cdot (20\ \text{s})^2 = \mathbf{125{,}7\ rad} = \frac{125{,}7\ \text{rad}}{2\ \pi\ \text{rad}} \cdot 360^\circ = 20 \cdot 360^\circ$$

$\varphi \triangleq$ **20 Umdrehungen**

Probe: **Anzahl der Umdrehungen** $= \frac{s_u}{\pi \cdot d} = \frac{251{,}4\ \text{m}}{\pi \cdot 4\ \text{m}} = \mathbf{20}$

g)

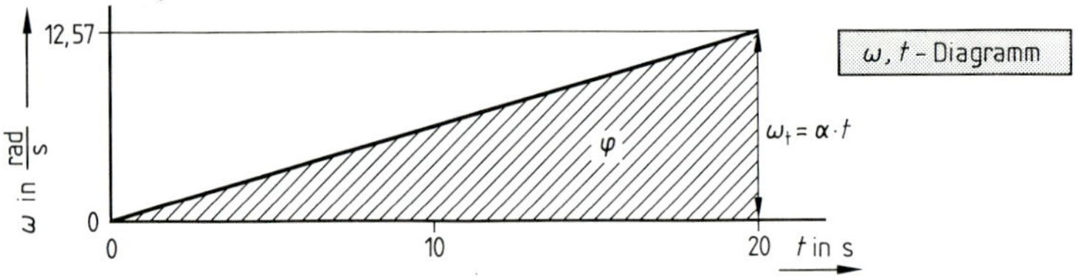

1

h) In **Analogie zum s, t-Diagramm** bei der gleichmäßig beschleunigten Translation, d. h. $s = \frac{a}{2} \cdot t^2$ wird bei der gleichmäßig beschleunigten Rotation, d. h. $\varphi = \frac{\alpha}{2} \cdot t^2$ (Gleichung 223–2) die Diagrammkurve für das **φ, t-Diagramm** ermittelt:

t in s	0	4	8	12	16	20
α in $\frac{\text{rad}}{\text{s}^2}$	0,6285	0,6285	0,6285	0,6285	0,6285	0,6285
$\varphi = \frac{\alpha}{2} \cdot t^2$ in rad	0	5,028	20,112	45,252	80,448	125,7

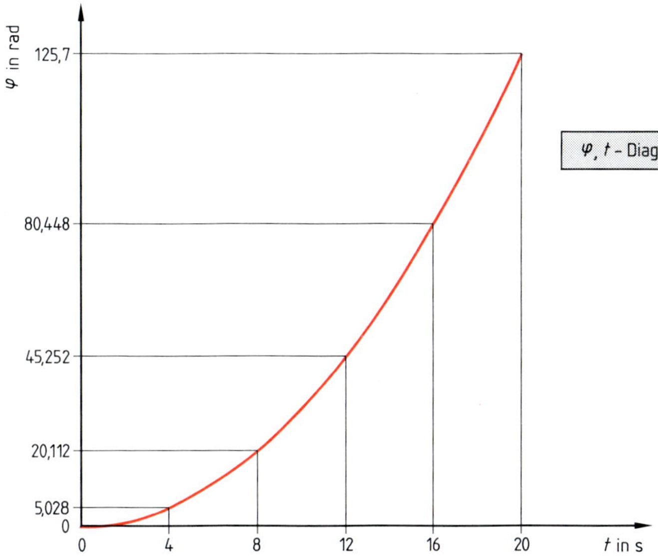

1

Bei einer gleichmäßig beschleunigten Rotationsbewegung bildet sich das φ, t-Diagramm durch die quadratische Abhängigkeit des Drehwinkels von der Zeit als Parabel ab.

Ü 215. Ein Schwungrad wird mit α = 2,2 rad/s^2 aus dem Ruhezustand beschleunigt. Berechnen Sie: a) die Drehzahl n nach 15 s, b) die Winkelgeschwindigkeit ω nach 10 Umläufen.

Ü 216. Ein Pkw beschleunigt schlupffrei mit 1,5 m/s^2. Raddurchmesser d = 650 mm.

Berechnen Sie a) die Winkelbeschleunigung der Räder,
b) die Winkelgeschwindigkeit der Räder nach 20 s,
c) die Umfangsgeschwindigkeit der Räder nach 20 s.

Wie groß ist die Fahrgeschwindigkeit des Pkw nach 20 s Beschleunigungszeit?

V 236. Berechnen Sie die Winkelgeschwindigkeit ω der Welle aus Musteraufgabe M 136., Seite 218 und die Umfangsgeschwindigkeit v_u bei einem Wellendurchmesser von d = 100 mm.

V 237. a) Wie groß ist die Winkelbeschleunigung α, wenn eine Welle in 3 s aus dem Stillstand auf eine Drehzahl n = 1000 min^{-1} hochläuft?
b) Welcher Drehwinkel φ wird dabei durchlaufen?
c) Wie groß ist die Tangentialbeschleunigung a_t, wenn die Welle einen Durchmesser d = 30 mm hat?

DYNAMIK

Lektion 46

Rotationsdynamik

Aus Lektion 1 ist bekannt:

Dynamik ist das Teilgebiet der Mechanik, das die Bewegungsvorgänge von Körpern auf den Einfluss von Kräften zurückführt und die Beziehungen zwischen den Beschleunigungen und den sie verursachenden Kräften aufstellt.

46.1 Die Fliehkraft

Treten im Zusammenhang mit der Rotation Kräfte auf, was grundsätzlich der Fall ist, spricht man – wenn dies bei der Problemlösung eine Rolle spielt – von der **Rotationsdynamik.**
Aus vorherigen Überlegungen ist bekannt, dass sich ein Körper stets dann geradlinig und gleichförmig fortbewegt, wenn keine Kräfte auf ihn wirken. Dies kann aber nur bedeuten:

Eine Rotationsbewegung ist nur durch das Wirken einer speziellen Kraft auf den Körper möglich.

Dies zeigt der im Bild 1 dargestellte Schleuderversuch. Die nach außen und damit auch in Richtung Mittelpunkt wirkende Kraft (actio = reactio) wird mit einem Dynamometer nachgewiesen.

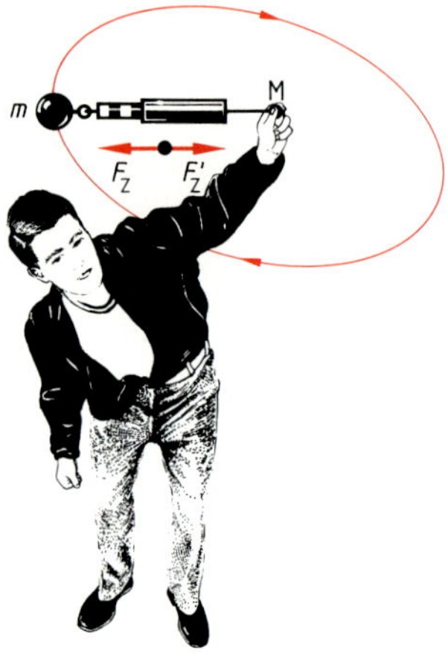

1

Bei der Rotation einer Masse wirken zwei radiale Kräfte, die gleich groß, aber entgegengesetzt gerichtet sind.

Aktionskraft ⟶ vom Drehmittelpunkt weggerichtet ⟶ **Zentrifugalkraft F_Z**

Reaktionskraft ⟶ auf den Drehmittelpunkt gerichtet ⟶ **Zentripetalkraft F_Z'**

Die Zentrifugalkraft wird auch als **Fliehkraft** bezeichnet. Beim Wegfall der radialen Zentripetalkraft, d. h. wenn keine Radialkraft mehr wirkt, ist es so, dass die Masse in tangentialer Richtung weiterfliegt. Dies kann z. B. beim Schleifen beobachtet werden. Im Bild 2 ist zu erkennen, dass die Schleiffunken sich radial von der Schleifscheibe entfernen.

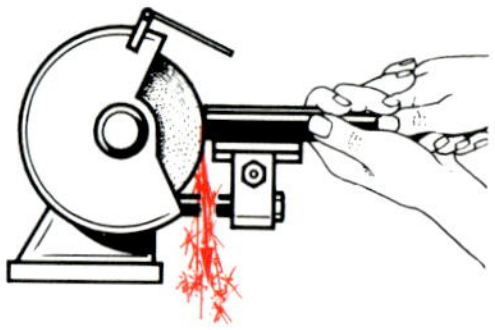
2

46.1.1 Berechnung der Fliehkraft

Bild 3 zeigt einen Körper mit der Masse m, der sich mit der Umfangsgeschwindigkeit v_u um den Drehmittelpunkt M auf einer kreisförmigen Bahn mit dem Radius r bewegt. Wie gesagt, ist eine solche Bewegung nur möglich, wenn die Masse zwangsweise mit Hilfe einer Führung oder der Verbindung mit einem Seil, einer Stange o. ä. zum Mittelpunkt auf dieser Bahn gehalten wird. Wäre dies nicht der Fall, würde sich der Körper infolge seiner Trägheit in Richtung von v_u, d. h. tangential fortbewegen. Er hätte dabei infolge der gleichförmigen Bewegung nach t Sekunden die Strecke

$\overline{AB} = v_u \cdot t$ zurückgelegt.

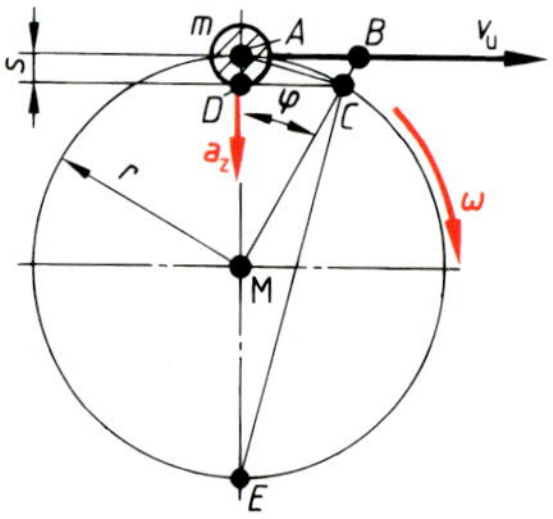

3

Bild 3, Seite 226 zeigt jedoch, dass sich die Masse nicht geradlinig, sondern auf einer Kreisbahn bewegt. Aus diesem Grund muss eine zum Drehmittelpunkt M gerichtete Beschleunigung auf diese Masse wirken. Diese Beschleunigung heißt

Zentripetalbeschleunigung a_Z .

Hat sich nun die Masse vom Punkt A zum Punkt C bewegt, so hat sie infolge dieser **gleichmäßigen Zentripetalbeschleunigung** (n wird als konstant vorausgesetzt) in Richtung Drehmittelpunkt den Weg

$$s = \frac{a_Z}{2} \cdot t^2$$ zurückgelegt.

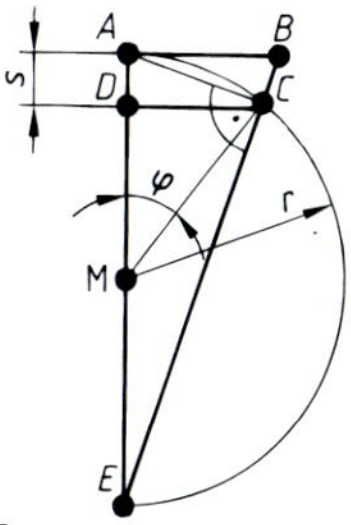

1

Bild 1 zeigt dies nochmals im Dreieck ACE (siehe auch Bild 3, Seite 226). Dies ist ein rechtwinkliges Dreieck, da es vom **Thaleskreis** (s. Geometrie) umschrieben wird. Außerdem besagt der **Höhensatz** (s. Geometrie), dass das Quadrat über der Dreieckshöhe beim rechtwinkligen Dreieck gleich dem Produkt aus den Hypotenusenabschnitten ist. Das heißt:

$$\overline{DC}^2 = \overline{AD} \cdot \overline{DE} \quad .$$

Bei einer sehr kurzen Zeit Δt, d. h. bei einem ganz kleinen Drehwinkel φ (z. B. $\varphi = 1°$), kann man aber angenähert $\overline{DC} = \overline{AB}$ setzen, und weiterhin ist ja, wie oben festgestellt:

$$\overline{AD} = s = \frac{a_Z}{2} \cdot t^2$$

Somit wird aus $\overline{DC}^2 = \overline{AD} \cdot \overline{DE}$: $\overline{AB}^2 = \frac{a_Z}{2} \cdot t^2 \cdot \overline{DE}$

Weiterhin wird mit $\overline{AB} = v_u \cdot t$ sowie mit $\overline{DE} = 2 \cdot r - s$:

$$(v_u \cdot t)^2 = \frac{a_Z}{2} \cdot t^2 \cdot (2 \cdot r - s) \quad .$$

Da bei einer sehr kleinen Zeitspanne Δt der zurückgelegte Weg s annähernd die Größe $s = 0$ hat, kann s in der Klammer vernachlässigt werden, und man erhält schließlich:

$$(v_u \cdot t)^2 = \frac{a_Z}{2} \cdot t^2 \cdot 2 \cdot r$$ und somit für die

Zentripetalbeschleunigung $$a_Z = \frac{{v_u}^2}{r}$$ 227–1

a_Z	v_u	r
$\frac{m}{s^2}$	$\frac{m}{s}$	m

Setzt man diese Beschleunigung in das dynamische Grundgesetz $\boldsymbol{F = m \cdot a}$ ein, erhält man für die

Zentripetalkraft $$F_Z' = m \cdot \frac{{v_u}^2}{r}$$ 227–2

F_Z'	m	v_u
$\frac{kgm}{s^2} = N$	kg	$\frac{m}{s}$

Es wurde bereits gesagt:

Die Zentripetalkraft F_Z' ist zum Drehmittelpunkt hin gerichtet, die Zentrifugalkraft F_Z (Fliehkraft) ist vom Drehmittelpunkt weg gerichtet.

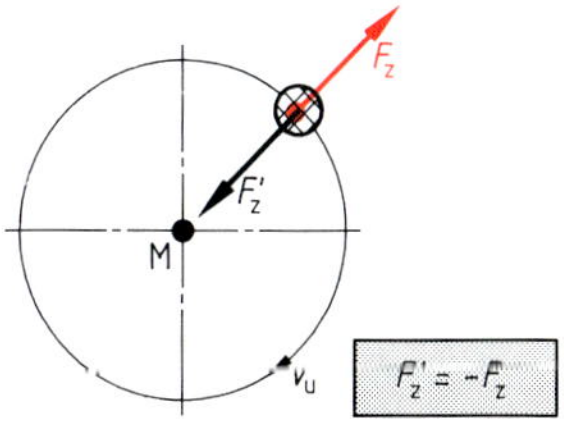

2

DYNAMIK

Dies zeigt nochmals Bild 2, Seite 227 und es ist zu erkennen:
Der Körper mit der Masse m wird durch das Kräftegleichgewicht $\boldsymbol{F_Z'} = -\boldsymbol{F_Z}$ auf der Kreisbahn gehalten. Bedingt durch dieses Kräftegleichgewicht gilt auch für die

Fliehkraft (Zentrifugalkraft) $F_Z = m \cdot \frac{v_u^2}{r}$ 228–1

F_Z	m	v_u	r
$\frac{\text{kgm}}{\text{s}^2} = \text{N}$	kg	$\frac{\text{m}}{\text{s}}$	m

Mit $\boldsymbol{v_u} = \boldsymbol{\omega} \cdot \boldsymbol{r}$ (Gleichung 220–2) wird $v_u^2 = \omega^2 \cdot r^2$ und somit $F_Z = m \cdot \frac{\omega^2 \cdot r^2}{r}$, d. h.:

Fliehkraft (Zentrifugalkraft) $F_Z = m \cdot r \cdot \omega^2$ 228–2

M 140. Ein Riesenrad hat einen Durchmesser von 12 m und dreht sich in der Minute 4 mal. Das Gewicht einer Kabine beträgt bei voller Besetzung $F_G = 3000$ N. Berechnen Sie

a) die Umfangsgeschwindigkeit in m/s für den Durchmesser 12 m,
b) die Winkelgeschwindigkeit,
c) die Kabinenfliehkraft, wenn der Kabinenschwerpunkt auf $d = 12$ m liegt,
d) die nach unten wirkende Kraft der Kabine, wenn sich diese durch den untersten Punkt des umfahrenen Kreises bewegt.

Lösung:

a) $\boldsymbol{v_u} = \frac{d \cdot \pi \cdot n}{60} = \frac{\pi \cdot 12 \text{ m} \cdot 4}{60 \text{ s}} = \mathbf{2{,}513 \frac{m}{s}}$

b) $\boldsymbol{\omega} = \frac{\pi \cdot n}{30} = \frac{\pi \cdot 4}{30} \frac{\text{rad}}{\text{s}} = \mathbf{0{,}4189 \frac{rad}{s}}$

c) $\boldsymbol{F_Z} = m \cdot r \cdot \omega^2 = \frac{F_G}{g} \cdot r \cdot \omega^2 = \frac{3000 \frac{\text{kgm}}{\text{s}^2}}{9{,}81 \frac{\text{m}}{\text{s}^2}} \cdot 6 \text{ m} \cdot (0{,}4189 \text{ s}^{-1})^2 = \mathbf{321{,}98 \ N}$

d) $\boldsymbol{F_r} = F_Z + F_G = 321{,}98 \text{ N} + 3000 \text{ N} = \mathbf{3321{,}98 \ N}$

Ü 217. Die Erde hat am Äquator einen Durchmesser von $d = 12\,756{,}8$ km, und sie rotiert in 23 h, 56 min und 4,1 s einmal um ihre Achse. Berechnen Sie

a) die Umfangsgeschwindigkeit in m/s und in km/h,
b) die Fliehkraft eines Menschen mit der Masse 80 kg, wenn dieser am Äquator steht.

Ü 218. Ein fester und homogener Körper mit der Masse $m = 10$ kg wird um eine horizontale Rotationsachse mit $n = 100 \text{ min}^{-1}$ auf einer Kreisbahn mit dem Durchmesser $d = 2$ m geschleudert. Berechnen Sie die Größe und Richtung der auf die Masse wirkenden resultierenden Gesamtkraft F_r in höchster und niedrigster Durchlauflage sowie in der Durchlauflage 90° vor und 90° nach dem obersten Bahnpunkt.

Ü 219. Der Rotor eines Hubschraubers (Bild 1) hat einen Durchmesser von 5 m. Die Achse des Rotors hat einen Durchmesser von 200 mm. Berechnen Sie

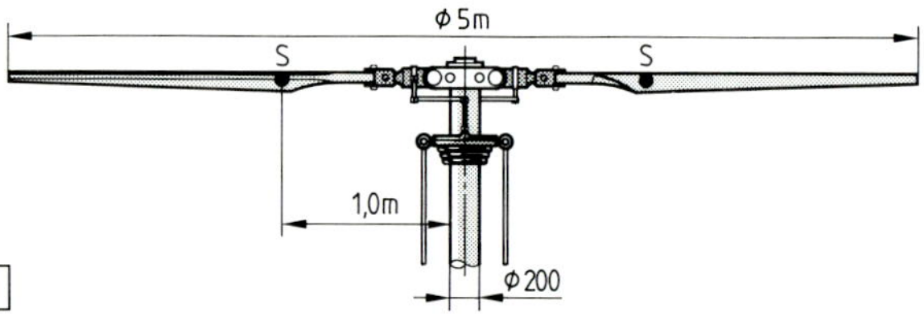

1

a) die Fliehkraft eines Rotorblattes, wenn der Schwerpunkt S desselben 1 m von der Einspannung in der Rotorachse entfernt liegt, die Drehzahl $n = 60 \text{ min}^{-1}$ ist und das Rotorblatt die Masse 50 kg hat,
b) die Winkelbeschleunigung α bei einer Hochlaufzeit $t = 3$ s.

V 238. Ein Körper mit der Masse $m = 30$ kg wird mit einer Drehzahl $n = 600$ min^{-1} und dem Radius $r = 3$ m um eine Achse gedreht. Berechnen Sie

a) die Umfangsgeschwindigkeit v_u des Körpers,
b) die auf den Körper wirkende Fliehkraft F_Z.

V 239. Ein Triebwagen durchfährt eine Kurve mit dem Krümmungsradius $r = 250$ m. Das Gleis ist genau horizontal verlegt, d. h., dass sich die beiden Schienen auf genau der gleichen Höhe befinden. Bei welcher Geschwindigkeit beginnt der Wagen zu kippen, wenn sein Schwerpunkt 1,3 m über der Oberkante der Schienen liegt und wenn Normalspurweite = 1435 mm (das ist der Abstand von Schiene zu Schiene) vorliegt?

V 240. Bild 1 zeigt die schematische Darstellung eines **Fliehkraftpendels,** wie es gelegentlich zur Steuerung von Maschinen eingesetzt wird. Zu bestimmen ist der Hub der Hülse X in vertikaler Richtung bei einer Drehzahlsteigerung von 100 auf 110 min^{-1}. Setzen Sie für das veränderliche Maß h:

h_1 = Höhe bei der Drehzahl n_1,
h_2 = Höhe bei der Drehzahl n_2.

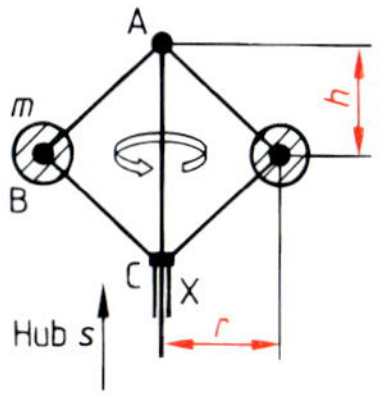

1

Begründen Sie in Ihrer Lösung, warum die Größe der Masse ohne Bedeutung ist, und beachten Sie, dass die Punkte A, B und C als Gelenke ausgebildet sind.

46.2 Coriolisbeschleunigung und Corioliskraft

Die Zentrifugalkraft ist nicht die einzige Kraft, die infolge der Rotation eines Körpersystems festgestellt werden kann. Dies zeigt der Vergleich der Bilder 2 und 3.

Bild 2 zeigt eine stillstehende Scheibe. Auf ihr bewegt sich ein Körper mit konstanter Geschwindigkeit v vom Drehmittelpunkt zum Punkt A, und er legt dabei in der Zeit t den Weg

$s = v \cdot t$ zurück.

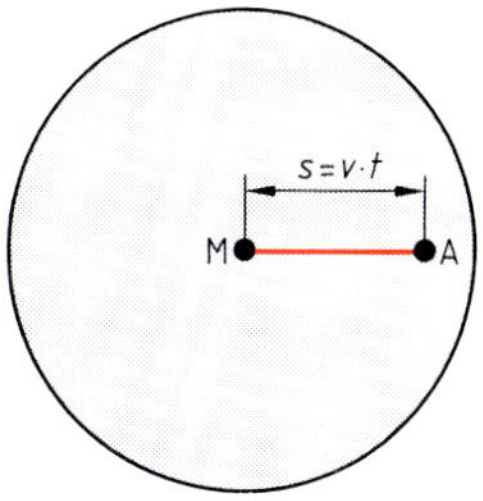

2

Bild 3 zeigt dieselbe Scheibe, die sich nun aber mit konstanter Winkelgeschwindigkeit ω dreht. Setzt man einmal voraus, dass der Körper, der sich vom Punkt M zum Punkt A bewegen soll, während dieser Bewegung keine Verbindung zum Rotationssystem hat, z. B. eine vom Punkt M in Richtung Punkt A abgeschossene Pistolenkugel, dann kann ein Auftreffen dieser Kugel in Punkt A keinesfalls erwartet werden. Dies ist dadurch zu begründen, dass sich nicht nur die Kugel mit konstanter Geschwindigkeit v geradlinig bewegt, sondern gleichzeitig dreht sich die Scheibe mit konstanter Winkelgeschwindigkeit ω um den Drehwinkel

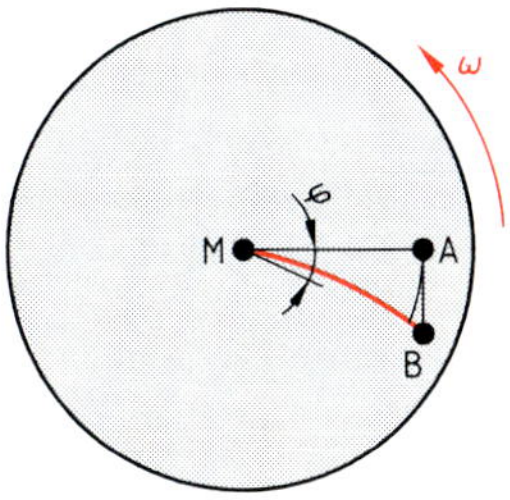

3

$\varphi = \omega \cdot t$ unter der Kugel hinweg.

Somit befindet sich die Kugel nach der Zeit t nicht über dem Punkt A, sondern über dem Punkt B. Setzt man einen relativ kleinen Drehwinkel φ (z. B. 1°) voraus, dann ist die Kugel also in der Zeit t bei linker Drehrichtung – wie im Bild 3 – um die Strecke

$\overline{AB} \approx s \cdot \varphi$ bezogen auf die Scheibe nach rechts ausgelenkt worden.

Schreibt man einmal diese Strecke als Funktion der Zeit t mit $s = v \cdot t$ und $\varphi = \omega \cdot t$ auf, dann ergibt sich:

$$\overline{AB} = v \cdot t \cdot \omega \cdot t = v \cdot \omega \cdot t^2 \longrightarrow \overline{AB} \sim t^2$$

DYNAMIK

Bezieht man diese Bewegung von A nach B auf die Scheibe, dann lässt sich infolge $\overline{AB} \sim t^2$ auf eine konstante Beschleunigung a des Körpers in Richtung A ⟶ B schließen, denn diese Beschleunigung a führt zu

$$\overline{AB} = \frac{a}{2} \cdot t^2 \quad .$$

Diesen Effekt entdeckte der französische Mathematiker G. G. **Coriolis (1792 bis 1843),** und man bezeichnet diese Beschleunigung in Richtung A ⟶ B als **Coriolisbeschleunigung.** Mit

$$\overline{AB} = v \cdot \omega \cdot t^2 = \frac{a}{2} \cdot t^2 \quad \text{wird die}$$

Coriolisbeschleunigung $$a_c = 2 \cdot \omega \cdot v \qquad \boxed{230\text{–}1}$$

$$[\boldsymbol{a_c}] = 2 \cdot [\omega] \cdot [v] = \frac{1}{\mathrm{s}} \cdot \frac{\mathrm{m}}{\mathrm{s}} = \frac{\mathbf{m}}{\mathbf{s^2}}$$

Die Coriolisbeschleunigung a_c wirkt auf einen Körper, der sich auf einem mit der Winkelgeschwindigkeit ω rotierenden System mit der Geschwindigkeit v bewegt.

Dabei ist $a_c \perp v$ **und** $a_c \perp \omega$ ⟶ **siehe Bild 1!**

Setzt man diese Beschleunigung in das dynamische Grundgesetz $\boldsymbol{F = m \cdot a}$ ein, erhält man mit $a = a_c = 2 \cdot \omega \cdot v$ die

Corioliskraft $$F_c = 2 \cdot m \cdot \omega \cdot v \qquad \boxed{230\text{–}2}$$

Die Corioliskraft tritt auch dann auf, wenn die Bewegungsbahn des Körpers nicht durch den Drehmittelpunkt geht, und sie ist immer existent, wenn der ω-Vektor nicht parallel zum v-Vektor gerichtet ist.

Bild 1 zeigt die Coriolisbeschleunigung a_c am Beispiel der Erd-Nordhalbkugel dargestellt. Da bei einer Bewegung auf der Erdoberfläche der Geschwindigkeitsvektor v grundsätzlich nicht parallel zum Winkelgeschwindigkeitsvektor ω verläuft, tritt bei jeder Bewegung auf der Erdoberfläche die Coriolisbeschleunigung a_c und damit eine Corioliskraft F_c auf.

Die Corioliskraft bewirkt auf der Nordhalbkugel der Erde, für alle nicht geführten Bewegungen, eine Abweichung nach rechts, auf der Südhalbkugel eine Abweichung nach links.

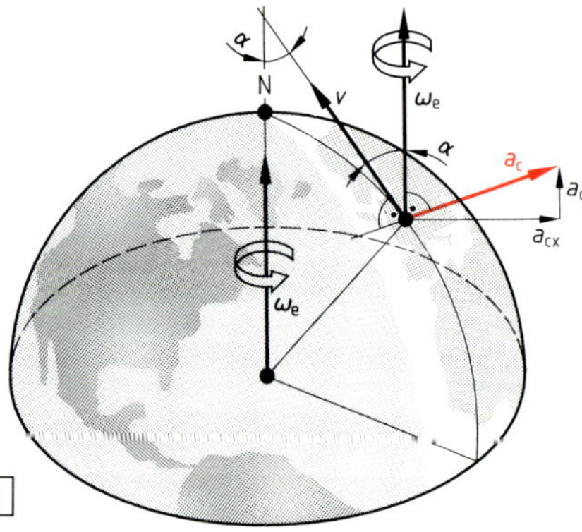

1

Dadurch ist es möglich, mit einem Pendel die Erddrehung nachzuweisen. Gemäß Bild 2, Seite 229, ist eine beabsichtigte Pendelschwingung vom Punkt M zum Punkt A nicht möglich; ein schwingendes Pendel wird in Richtung A ⟶ B ausgelenkt. Die Pendelbahn sieht dann etwa so aus, wie dies im Bild 2 dargestellt ist.

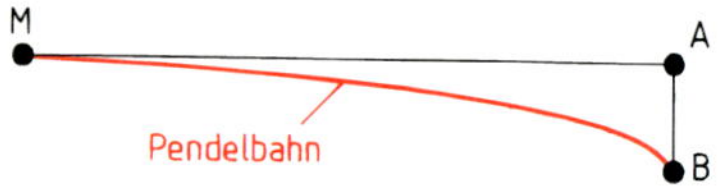

2

Aus einer solchen Pendelbahn kann auf die Winkelgeschwindigkeit ω_e geschlossen werden, mit der sich die Erde unter dem schwingenden Pendel wegdreht. Dieser Nachweis der Erddrehung wurde zuerst von dem französischen Physiker Jean **Foucault (1819 bis 1868)** mit einem 67 m langen Pendel im Pantheon zu Paris nachgewiesen, und man bezeichnet deshalb einen Pendel im Zusammenhang solcher Versuche als

Foucault-Pendel .

DYNAMIK

Aus Bild 1, Seite 230, ist zu ersehen, dass die Coriolisbeschleunigung a_c und damit die Corioliskraft F_c im Allgemeinen eine Horizontalkomponente (a_{cx} bzw. F_{cx}) und eine Vertikalkomponente (a_{cy} bzw. F_{cy}) hat. Dies gilt an jeder Stelle der Erde, mit Ausnahme der Pole und des Äquators. An den Polen wirkt die Corioliskraft nur horizontal, am Äquator nur radial, d. h. mit der Fliehkraft gleichgerichtet.

Bild 1 zeigt eine **Rosettenschleife** als die Spur eines schwingenden Pendels über einer rotierenden Scheibe. Die Corioliskraft ist auch von entscheidender Bedeutung für die **atmosphärischen Luftströmungen;** die Bahnen der Hoch- und Tiefdruckgebiete bilden sich auf der Nordhalbkugel als spiralförmige Rechtsdrehungen aus. Dies zeigt Bild 2. Auch **Wasserstrudel** drehen auf der Nordhalbkugel rechts herum. Dies kann man z. B. beim Ablassen des Wassers aus der Badewanne beobachten. Das Auswaschen der rechten Flussufer auf der Nordhalbkugel bzw. der linken Flussufer auf der Südhalbkugel ist ebenfalls eine Erscheinung, die durch das Wirken der Corioliskraft zustande kommt. Diese Kraftwirkung tritt also nicht nur bei festen Körpern, sondern auch bei flüssigen und gasförmigen Körpern (Fluiden) auf.

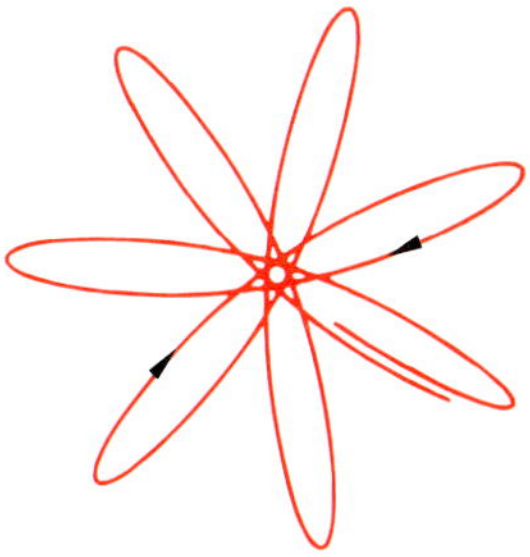

1

2

Ein für die Technik relevantes Beispiel ist die Tatsache, dass bei Drehbewegungen von Maschinenteilen mit großen Winkelgeschwindigkeiten ω und gleichzeitigen Bewegungen von Massen auf dem Rotationssystem mit großen Geschwindigkeiten v **erhebliche Beanspruchungen von Führungen und Lagern auftreten** können.

Steht v nicht senkrecht zur Drehachse, sondern bildet mit ω einen Winkel α **(siehe Bild 1, Seite 230),** dann ist die

Coriolisbeschleunigung $a_c = 2 \cdot v \cdot \omega \cdot \sin \alpha$ **231–1** in $\frac{\text{m}}{\text{s}^2}$

α = Winkel zwischen dem Geschwindigkeitsvektor v und dem Winkelgeschwindigkeitsvektor ω.

M 141. Eine rotierende Kugel dreht mit $n = 1000 \text{ min}^{-1}$. Sie hat einen Durchmesser $d = 1$ m, und auf ihrer Oberfläche bewegt sich eine Masse von 1 kg mit $v = 10$ m/s. Wie groß ist die Corioliskraft F_c, wenn der Winkel zwischen v und ω, d. h. $\alpha = 45°$ ist?

Lösung:

$$F_c = m \cdot a_c = m \cdot 2 \cdot v \cdot \omega \cdot \sin \alpha = m \cdot 2 \cdot v \cdot \frac{\pi \cdot n}{30} \cdot \sin \alpha; \qquad \sin \alpha = \sin 45° = 0{,}7071$$

$$\boldsymbol{F_c} = 1 \text{ kg} \cdot 2 \cdot 10 \,\frac{\text{m}}{\text{s}} \cdot \frac{\pi \cdot 1000}{30} \text{ s}^{-1} \cdot 0{,}7071 = \mathbf{1480{,}95 \text{ N}}$$

Ü 220. Auf einer in der Horizontalen rotierenden Scheibe bewegt sich eine Masse $m = 5$ kg radial vom Mittelpunkt nach außen. Die Scheibe dreht mit $n = 150 \text{ min}^{-1}$, und die Radialgeschwindigkeit ist $v = 12$ m/s. Berechnen Sie

a) die Corioliskraft F_c,

b) die Fliehkraft F_Z auf dem Radius $r = 1$ m,

c) die resultierende Kraft aus F_c und F_Z auf die Masse bei $r = 1$ m.

DYNAMIK

Lektion 47

Kinetische Energie rotierender Körper

47.1 Rotationsenergie als kinetische Energie

Wird ein **rotierender Körper** mit der Masse *m* **beschleunigt,** so vergrößert sich infolge der Geschwindigkeitsvergrößerung der Masseteilchen die kinetische Energie dieses Körpers. Wendet man den **Energiesatz** an, dann gilt auch hier, wenn man die Reibungsarbeit in den Lagern vernachlässigt:

> Die dem rotierenden Körper zugeführte mechanische Arbeit entspricht der Erhöhung der kinetischen Energie dieser rotierenden Masse.

Die Energie, d. h. die gespeicherte Arbeitsfähigkeit, die ein Körper infolge seiner Rotationsbewegung besitzt, wird als

Rotations- oder Drehenergie bezeichnet.

Die Bilder 1 und 2 zeigen Fliehkraftpendel, die durch eine Schraube an einer Gleithülse X (siehe auch Vertiefungsaufgabe V240., Seite 229) feststellbar sind. Im Bild 1 ist ein großer Radius r_1 (Abstand der Drehmasse zur Drehachse), im Bild 2 ist ein kleiner Radius r_2 eingestellt. Mit Hilfe einer Kurbel können die gleich großen Drehmassen *m,* die sich in unterschiedlichem Abstand zur Rotationsachse befinden, in Rotation versetzt werden. Beschleunigt man die Drehmasse aus der Ruhe auf eine bestimmte Drehzahl, dann stellt man fest, dass die dazu erforderliche Umfangskraft F_u am Kurbelradius r' in der Anordnung des Bildes 1 größer ist als in der Anordnung des Bildes 2. Da die Anordnungen der Bilder 1 und 2 – bis auf den Abstand der Drehmassen zur Rotationsachse – völlig identisch sind und da der Kurbelweg (bei einer Umdrehung $\pi \cdot 2 \cdot r'$) somit in den beiden Anordnungen die gleiche Größe hat, kann beim Vergleich der beiden Rotationsversuche festgestellt werden:

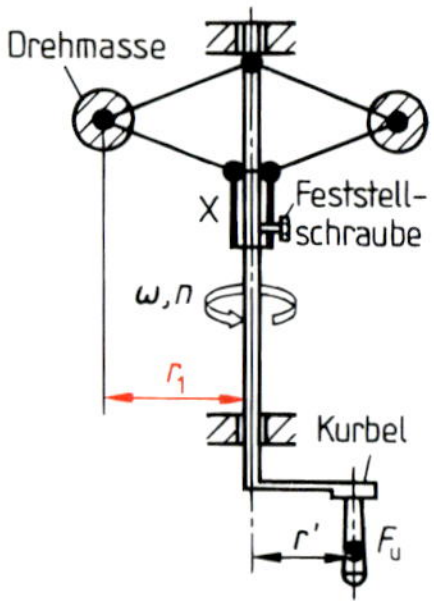

1

> Je größer der Abstand *r* des Schwerpunktes der Masse zur Drehachse des Rotationssystems ist, desto größer ist die für eine Drehbeschleunigung erforderliche mechanische Arbeit.

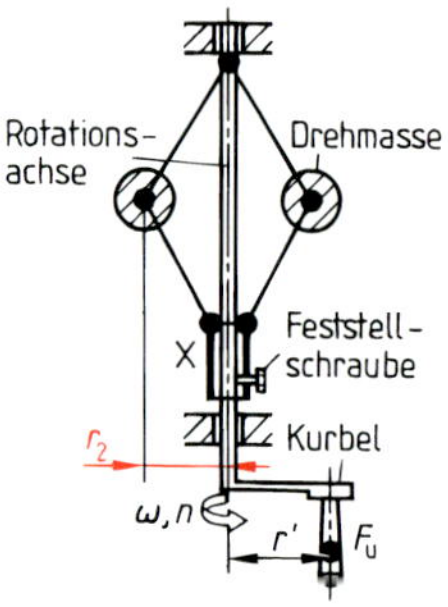

2

Man kann auch sagen, dass es – im Gegensatz zur Translation – bei der Rotation von Bedeutung für das Verhalten der **Massenträgheit** ist, an welcher Stelle sich die Masse im Rotationssystem befindet. Die das **Massenträgheitsverhalten bei der Rotation** bzw. den **Energiebetrag** kennzeichnende Größe ist das

Trägheitsmoment .

Diese mechanische Größe wird im Anschluss (Punkt 47.2) besprochen. Da die der rotierenden Masse zugeführte mechanische Arbeit der Zunahme ihrer Geschwindigkeitsenergie entspricht, kann man auch sagen:

> Je größer der Abstand *r* des Schwerpunktes der Masse zur Drehachse ist, desto größer ist die kinetische Energie der rotierenden Masse.

Dieser Effekt wird bei **Schwungmassen,** wie z. B. bei einem **Schwungrad** (Bild 3) ausgenutzt.

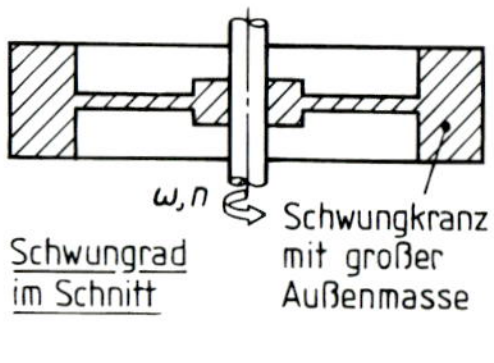

3

47.2 Das Trägheitsmoment

47.2.1 Das Trägheitsmoment einer Punktmasse

Bild 1 zeigt eine Punktmasse *m*, die um eine Rotationsachse mit dem Drehmittelpunkt M im Abstand *r* rotiert. Die Umfangsgeschwindigkeit v_u und damit die Winkelgeschwindigkeit ω sollen konstant sein, d. h.: es ist die Winkelbeschleunigung $\alpha = 0$. Die kinetische Rotationsenergie, d. h. die Drehenergie der rotierenden Masse *m*, beträgt dann gemäß Gleichung 192–4.

1

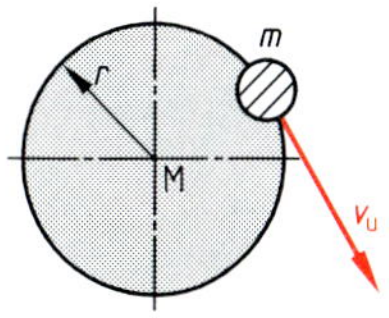

$$W_{rot} = \frac{m}{2} \cdot v_u^2 \quad \text{und mit } v_u^2 = \omega^2 \cdot r^2 \text{ wird die}$$

Drehenergie $$W_{rot} = m \cdot r^2 \cdot \frac{\omega^2}{2}$$ 233–1

W_{rot}	m	r	ω
Nm = J	kg	m	$\frac{\text{rad}}{\text{s}} = \text{s}^{-1}$

Es wurde bereits gesagt, dass das **Trägheitsmoment** die mechanische Größe ist, die eine Aussage über den Energiebetrag einer rotierenden Masse macht. Definitionsgemäß gilt:

Das Produkt einer Masse mit dem Quadrat ihres Abstandes zum Drehmittelpunkt heißt **Trägheitsmoment.**

In der DIN 1304 wird das Trägheitsmoment auch noch mit **Massenmoment 2. Grades** bezeichnet, und als Formelzeichen ist das große *J* festgelegt. Aus früherer Zeit ist auch noch der Begriff **Massenträgheitsmoment** geläufig und somit häufig in der Fachliteratur zu finden. Gemäß der obigen Ausführungen ist also das

Trägheitsmoment
einer punktförmigen
Masse *m* $$J = m \cdot r^2$$ 233–2

Dabei ist r = Abstand der punktförmigen Masse zum Drehmittelpunkt.

$$[J] = [m] \cdot [r^2] = \text{kg} \cdot \text{m}^2 = \textbf{kgm}^2$$

Die abgeleitete SI-Einheit des Trägheitsmomentes ist das kgm^2.

Somit ergibt sich aus den Gleichungen 233–1 und 233–2 für die

Drehenergie $$W_{rot} = \frac{J}{2} \cdot \omega^2$$ 233–3

W_{rot}	J	ω
Nm = J	kgm^2	$\frac{\text{rad}}{\text{s}} = \text{s}^{-1}$

Die kinetische Energie rotierender Massen ist gleich dem Produkt des halben Trägheitsmomentes und dem Quadrat der Winkelgeschwindigkeit.

Auch hier soll die **Analogie der Rotation zur Translation** gezeigt werden:

Translationsgröße ⟶ $W_{kin} = \frac{m}{2} \cdot v^2$ **Rotationsgröße** ⟶ $W_{rot} = \frac{J}{2} \cdot \omega^2$

M 142. Ein Körper mit der Masse m = 5 kg dreht sich mit n = 100 min^{-1} mit dem Abstand seines Schwerpunktes zum Drehmittelpunkt

a) r = 1 m, b) r = 2 m.

Berechnen Sie für diese beiden Fälle jeweils die Drehenergie. Welchen Schluss ziehen Sie aus Ihren Berechnungen?

Lösung:

a) $W_{rot} = \frac{J}{2} \cdot \omega^2 = \frac{m \cdot r^2}{2} \cdot \left(\frac{\pi \cdot n}{30}\right)^2 = \frac{5\ \text{kg} \cdot (1\ \text{m})^2}{2} \cdot \left(\frac{\pi \cdot 100}{30}\ \text{s}^{-1}\right)^2$

$\boldsymbol{W_{rot}} = 274{,}16\ \frac{\text{kgm}^2}{\text{s}^2} = \mathbf{274{,}16\ Nm}$

b) $W_{rot} = \frac{J}{2} \cdot \omega^2 = \frac{m \cdot r^2}{2} \cdot \left(\frac{\pi \cdot n}{30}\right)^2 = \frac{5\ \text{kg} \cdot (2\ \text{m})^2}{2} \cdot \left(\frac{\pi \cdot 100}{30}\ \text{s}^{-1}\right)^2$

$\boldsymbol{W_{rot}} = 1096{,}62\ \frac{\text{kgm}^2}{\text{s}^2} = \mathbf{1096{,}62\ Nm}$

Die Drehenergie einer rotierenden Masse ist dem quadratischen Abstand der Masse zu ihrem Drehmittelpunkt proportional.

DYNAMIK

47.2.2 Das Trägheitsmoment einfacher Drehkörper

Da die Masse eines realen Körpers aus sehr vielen Massenpunkten mit unterschiedlichen Abständen zum Drehmittelpunkt zusammengesetzt ist, ergibt sich mit den Erkenntnissen des Punktes 47.2.1 für die Summe vieler Massenpunkte **(realer Körper)**:

Das Trägheitsmoment rotierender Körper errechnet sich aus der Summe des Produktes aller am Körper beteiligten Masseteilchen mit dem Quadrat ihres Abstandes *r* zum Drehmittelpunkt des Rotationskörpers.

Somit:

Trägheitsmoment (Massenträgheitsmoment) $J = \Sigma(m \cdot r^2)$ 234–1 in kgm^2

Die genaue Berechnung von Massenträgheitsmomenten, d. h. die Ermittlung von Berechnungsformeln für das Trägheitsmoment konkreter Körper, ist nur mit Hilfe der Integralrechnung möglich. Dass auch die Gleichung 234–1 mit Hilfe einer **Näherungsmethode** zu einem recht genauen Ergebnis führt, soll an einem um den Drehpunkt D rotierenden stabförmigen Körper (z. B. einer Radspeiche) mit der Masse *m* (Bild 1) gezeigt werden. Der stabförmige Körper wird seiner Länge nach in z. B. vier gleiche Teile und damit seine Masse *m* in vier gleiche Teilmassen m_1, m_2, m_3 und m_4 aufgeteilt. Die Schwerpunktabstände dieser Teilmassen haben die Größen r_1, r_2, r_3 und r_4 (Radien). Gemäß Definitionsgleichung 234–1 ergibt sich folgendes:

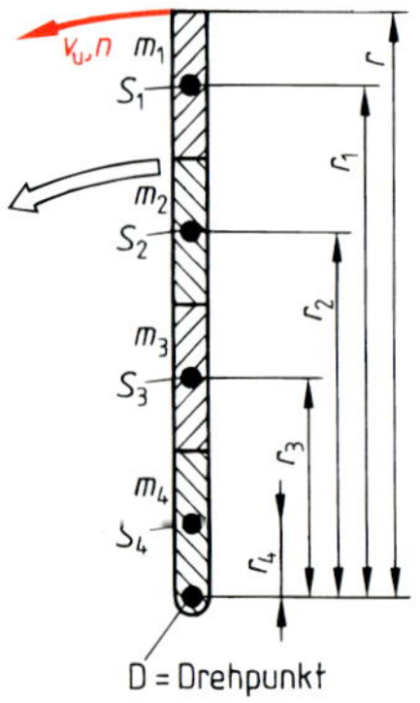

1

$J = \Sigma(m \cdot r^2) = m_1 \cdot r_1^2 + m_2 \cdot r_2^2 + m_3 \cdot r_3^2 + m_4 \cdot r_4^2$

Mit $m_1 = m_2 = m_3 = m_4 = \frac{1}{4}\ m$ und $r_1 = \frac{7}{8}\ r$, $r_2 = \frac{5}{8}\ r$, $r_3 = \frac{3}{8}\ r$, $r_4 = \frac{1}{8}\ r$ wird:

$$J = \frac{1}{4} \cdot m \cdot \left(\frac{7}{8}\ r\right)^2 + \frac{1}{4}\ m \cdot \left(\frac{5}{8}\ r\right)^2 + \frac{1}{4}\ m \cdot \left(\frac{3}{8}\ r\right)^2 + \frac{1}{4}\ m \cdot \left(\frac{1}{8}\ r\right)^2$$

$$J = \frac{1}{4} \cdot m \cdot r^2 \cdot \left(\frac{49}{64} + \frac{25}{64} + \frac{9}{64} + \frac{1}{64}\right) = \frac{1}{4} \cdot m \cdot r^2 \cdot \frac{84}{64} = \frac{21}{64} \cdot m \cdot r^2 = 0{,}328125 \cdot m \cdot r^2$$

$\boldsymbol{J \approx \frac{1}{3} \cdot m \cdot r^2}$. Die Integralrechnung liefert das genaue Ergebnis für das

Trägheitsmoment des rotierenden Stabes $J = \frac{m}{3} \cdot r^2$ 234–2

J	m	r
kgm²	kg	m

47.2.3 Trägheitsmomente weiterer technisch wichtiger Drehkörper

Da es in der Praxis des Technikers viel zu zeitraubend wäre, die benötigten Berechnungsformeln jedesmal für den konkreten Fall zu entwickeln, ist es üblich, mit Hilfe von **Formelsammlungen, Formellexika** oder **technischen Handbüchern** zu arbeiten. So auch im Zusammenhang mit Trägheitsmomenten, die für **technische Drehkörper** in den o. g. Quellen bzw. in der auf dieses Buch abgestimmten **Formel- und Tabellensammlung Technische Mechanik** zu finden sind. Deshalb hier nur die fünf wichtigsten Formeln zur Berechnung von Trägheitsmomenten:

Bezeichnung des Körpers	Abbildung des Körpers	Trägheitsmoment
Dünner Stab (Drehpunkt am Ende)	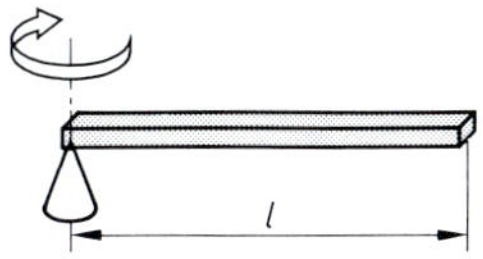 1	$J = \frac{m}{3} \cdot l^2$ 235–1 = 234–2
Dünner Stab (Drehpunkt in der Mitte)	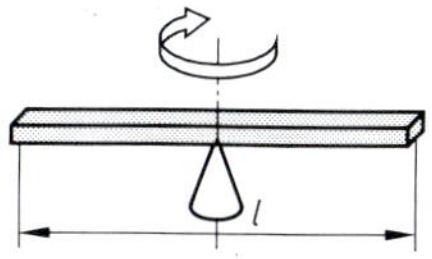 2	$J = \frac{m}{12} \cdot l^2$ 235–2
Kreiszylinder	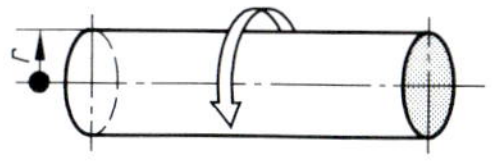 3	$J = \frac{m}{2} \cdot r^2$ 235–3
Hohlzylinder (dickwandig)	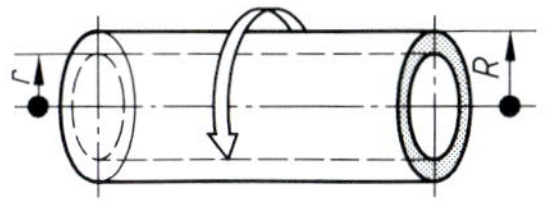	$J = \frac{m}{2} \cdot (R^2 + r^2)$ 235–4
Hohlzylinder (dünnwandig)	4 $r_m = \frac{R + r}{2}$ = mittlerer Radius	$J = m \cdot r_m^2$ 235–5

M143. Berechnen Sie die kinetische Energie (Drehenergie) des Schwungrades (Bild 5) mit den Maßen $D = 2$ m, $d = 1{,}8$ m sowie dem Kranzquerschnitt $A_K = 150$ cm² und dem Armquerschnitt $A_A = 50$ cm².

Zur Vereinfachung der Rechnung wird idealisiert, indem die Nabe vernachlässigt wird und die Arme bis zur Radmitte (Drehmittelpunkt) angenommen werden. Der Werkstoff ist Gusseisen mit $\rho = 7{,}4$ kg/dm³. Die Drehzahl ist 600 min⁻¹.

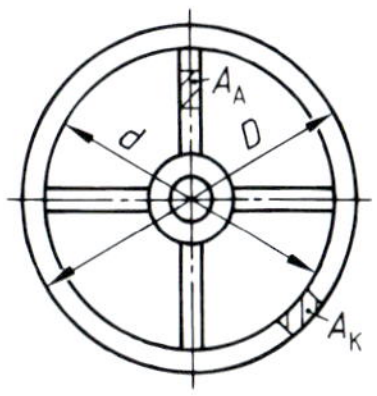

5

Lösung:

$$W_{rot} = J \cdot \frac{\omega^2}{2} \qquad \omega = \frac{\pi \cdot n}{30} = \frac{\pi \cdot 600}{30}\ \text{s}^{-1} = \mathbf{62{,}83\ s^{-1}}$$

$J = J_{Kranz} + 4 \cdot J_{Arm}$ Der Kranz ist als dünnwandig anzusehen. Somit:

$$J_{Kranz} = m \cdot r_m^2 = A_K \cdot 2 \cdot r_m \cdot \pi \cdot \rho \cdot r_m^2$$

$$\text{mit } r_m = \frac{D + d}{4} = \frac{20\ \text{dm} + 18\ \text{dm}}{4} = 9{,}5\ \text{dm:}$$

$$J_{Kranz} = A_K \cdot \rho \cdot r_m^3 \cdot 2 \cdot \pi = 1{,}5\ \text{dm}^2 \cdot 7{,}4\ \text{kg/dm}^3 \cdot (9{,}5\ \text{dm})^3 \cdot 2 \cdot \pi = 59\,796{,}2\ \text{kgdm}^2$$

$$\mathbf{J_{Kranz} = 597{,}96\ kgm^2}$$

$$J_{Arm} = \frac{m}{3} \cdot r^2 = A_A \cdot r \cdot \rho \cdot \frac{r^2}{3} \qquad \text{mit } r = \frac{D}{2} = \frac{18\text{ dm}}{2} = 9\text{ dm:}$$

$$J_{Arm} = \frac{1}{3} \cdot A_A \cdot \rho \cdot r^3 = \frac{1}{3} \cdot 0{,}5\text{ dm}^2 \cdot 7{,}4\,\frac{\text{kg}}{\text{dm}^3} \cdot (9\text{ dm})^3 = 899{,}1\text{ kgdm}^2$$

$$\boldsymbol{J_{Arm} = 8{,}991\text{ kgm}^2}$$

$$J = 597{,}96\text{ kgm}^2 + 4 \cdot 8{,}991\text{ kgm}^2 = 597{,}96\text{ kgm}^2 + 35{,}964\text{ kgm}^2$$

$$\boldsymbol{J = 633{,}924\text{ kgm}^2}$$

$$W_{rot} = J \cdot \frac{\omega^2}{2} = 633{,}924\text{ kgm}^2 \cdot \frac{(62{,}83\text{ s}^{-1})^2}{2} = 1\,251\,242\,\frac{\text{kgm}^2}{\text{s}^2}$$

$$\boldsymbol{W_{rot} = 1\,251\,242\text{ Nm}}$$

Diese Energie entspricht $1\,251\,242\text{ Ws} = \frac{1\,251\,242}{1000 \cdot 3600}$ kWh, d. h. auch

$$\boldsymbol{W_{rot} = 0{,}348\text{ kWh}}$$

Ü221. Für den Kreiszylinder (Kreisscheibe) gilt gemäß 235–3: $J = \frac{m}{2} \cdot r^2$. Beweisen Sie dies mit einer Näherungsrechnung, indem Sie die Kreisscheibe durch Kreise von gleichem radialen Abstand in drei Teile zerlegen.

V241. Ein Elektromotor dreht mit $n = 700\text{ min}^{-1}$. Auf dem Typenschild ist das Trägheitsmoment mit $J = 17{,}5\text{ kgm}^2$ angegeben. Welche elektrische Energie in kWh muss dem Motor bis zum Erreichen dieser Drehzahl (bei Vernachlässigung der Reibungsarbeit) zugeführt werden?

47.2.4 Trägheitsmoment zusammengesetzter Körper

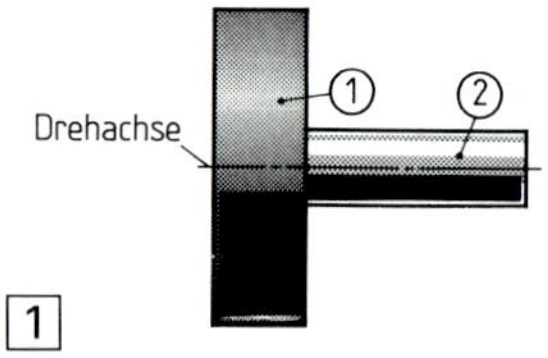

1

In Musteraufgabe M 143., Seite 235 wurde das Trägheitsmoment eines Körpers ermittelt, der aus mehreren Körperteilen besteht. Es wurde dabei nach dem folgenden Grundsatz verfahren:

> Das Gesamtträgheitsmoment eines aus Einzelkörpern zusammengesetzen Körpers errechnet sich aus der Summe der Trägheitsmomente aller Einzelkörper.

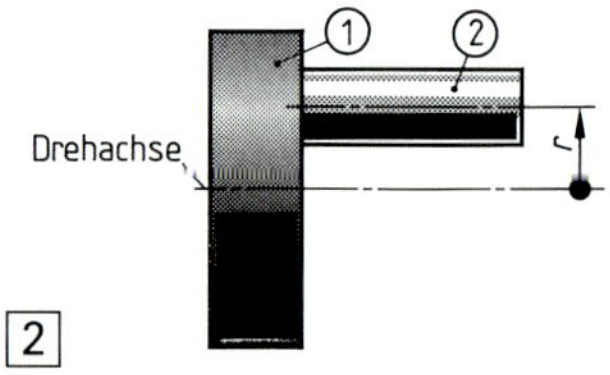

2

Bild 1 zeigt einen zusammengesetzten Rotationskörper. Er besteht aus zwei zylindrischen Körpern ① und ②, deren Schwerachse gleichzeitig Drehachse (Rotationsachse) ist. Im Bild 1 handelt es sich also um eine **konzentrische Anordnung,** während man im Bild 2 von einer **exzentrischen Anordnung** spricht, so wie dies z. B. bei einem Kurbelzapfen der Fall ist. Die Schwerachse des Kurbelzapfens deckt sich also nicht mit der Drehachse des Gesamtkörpers. Unabhängig von diesem Unterschied, den die Bilder 1 und 2 aufweisen, gilt gemäß dem o. g. Grundsatz für das

Gesamtträgheitsmoment $J = \Sigma J_i = J_1 + J_2 + \ldots$ **236–1**

Dennoch ist es so, dass das Gesamtträgheitsmoment in der Anordnung des Bildes 2 größer ist als in der Anordnung des Bildes 1, denn die Masse des Körpers ② befindet sich in einem größeren Abstand zur Drehachse. Man sagt auch: Die Masse ② ist um den Abstand r von der Drehachse „verschoben". Wie gesagt, beeinflusst diese Tatsache die Größe des Trägheitsmomentes des Körpers ② bezogen auf die Drehachse. Erfasst wird dieser Sachverhalt mit dem

Verschiebungssatz von Steiner.

Dazu die folgende Ableitung:

47.2.4.1 Der Verschiebungssatz von Steiner

Bild 1 zeigt eine Kreisscheibe mit dem Schwerpunkt S, die um den Drehpunkt D rotiert. Bezogen auf den Schwerpunkt S ist nach dem bisher Gesagten das Trägheitsmoment

$$\boldsymbol{J_S = \Sigma(\Delta m \cdot y^2)} \quad \text{(s. 234–1)}$$

Möchte man jedoch das Trägheitsmoment bezogen auf den Drehpunkt D ermitteln, dann muss nach der obigen Definitionsgleichung sein:

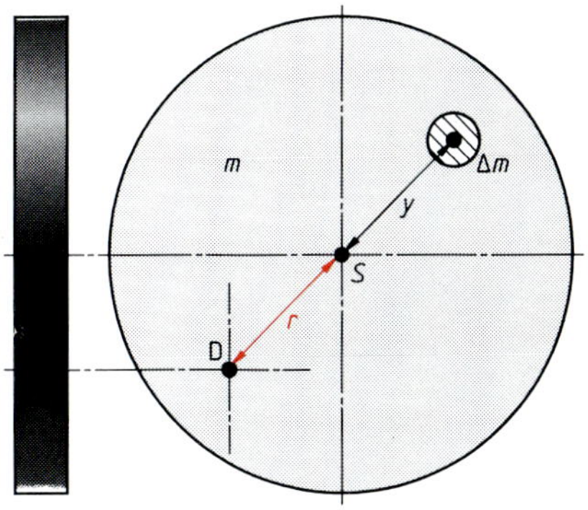

1

$$\boldsymbol{J_D = \Sigma \Delta m \cdot (y + r)^2} = \Sigma \Delta m \cdot (y^2 + 2\,ry + r^2) = \Sigma \Delta m \cdot y^2 + \Sigma \Delta m \cdot 2\,ry + \Sigma \Delta m \cdot r^2$$

Da r ein im Rotationssystem bekanntes Maß – also eine Konstante – ist, kann man nach den Regeln der Mathematik diese Konstante r und damit auch r^2 vor das Summenzeichen schreiben. Damit wird

$$J_D = \underbrace{\Sigma \Delta m \cdot y^2}_{J_S} + \underbrace{2\,r \cdot \Sigma \Delta m \cdot y}_{\text{Null}} + \underbrace{r^2 \cdot \Sigma \Delta m}_{r^2 \cdot m}$$

Null ⟶ da $\Sigma \Delta m \cdot y = 0$ ⟶

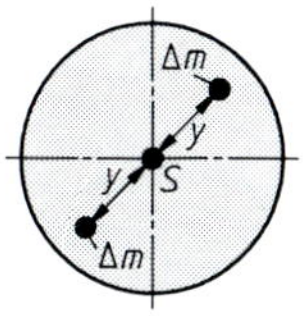

2

$\boldsymbol{\Delta m \cdot y}$ wird als **Massenmoment 1. Grades** bezeichnet, und aus Bild 2 ist zu ersehen, dass die Summe dieser Massenmomente, also $\Sigma \Delta m \cdot y$, Null ist, denn bezogen auf den Schwerpunkt S ist die Summe aller links drehenden Momente gleich der Summe aller rechts drehenden Momente.

Somit ergibt sich aus der obigen Ableitung für den Fall, dass der Schwerpunkt einer rotierenden Masse nicht auf der Rotationsachse liegt, für das

Trägheitsmoment $\quad J = J_S + m \cdot r^2 \quad$ 237–1

J, J_S	m	r
kgm^2	kg	m

dabei ist J: das auf die tatsächliche Rotationsache bezogene Trägheitsmoment.
J_S: das Trägheitsmoment des Körpers, bezogen auf die eigene Schwerachse. Deshalb wird J_S auch als **Eigenträgheitsmoment** bezeichnet.
m: Gesamtmasse des Körpers.
r: Abstand der Schwerachse des Körpers von der Rotationsachse. Man nennt diesen Abstand auch – nach **J. Steiner** – die **Steiner'sche Verschiebung.**

Gleichung 237–1 ist die mathematische Form des **Verschiebungssatzes von Steiner** (kurz: **Steiner'scher Satz**). In Worten lautet dieser:

> Das auf die Drehachse bezogene Trägheitsmoment J errechnet sich aus dem Eigenträgheitsmoment J_S plus dem Produkt aus Körpermasse m und dem quadratischen Abstand r zwischen Drehachse und Schwerachse, d. h. r^2.

Dabei ist Voraussetzung, dass Drehachse und Schwerachse parallel verlaufen. Aus Gleichung 237–1 folgt, dass das auf die Schwerachse bezogene Trägheitsmoment J_S stets das kleinste aller möglichen Trägheitsmomente ist, da für diesen Fall $r = 0$ ist und somit das **Steiner'sche Ergänzungsglied** $\boldsymbol{m \cdot r^2}$ entfällt.

M144. Für die im Bild 1 abgebildete Scheibe mit Kurbelzapfen ist, bezogen auf die Drehachse x – x, das Gesamtträgheitsmoment J zu berechnen.

Werkstoff: Stahl mit $\rho = 7{,}85\ \text{kg/dm}^3$

Maße: $D = 100$ mm, $d = 20$ mm, $l_1 = 20$ mm, $l_2 = 30$ mm, $r = 30$ mm

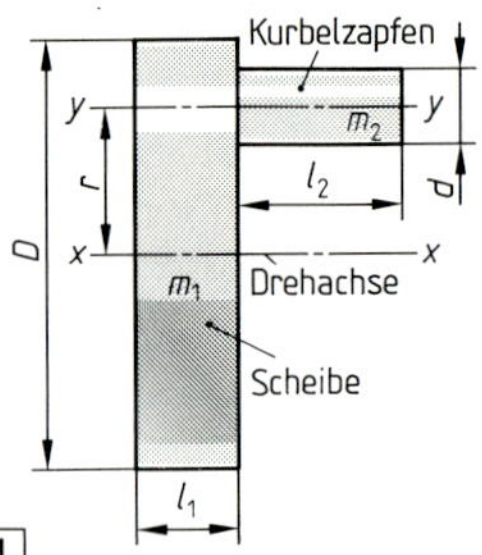

1

Lösung:

$J = J_{xS} + J_{xK}$ S ≙ Scheibe, K ≙ Kurbelzapfen

$$\boldsymbol{J_{xS}} = \frac{m_1}{2} \cdot \left(\frac{D}{2}\right)^2; \ \boldsymbol{J_{xK}} = \frac{m_2}{2} \cdot \left(\frac{d}{2}\right)^2 + m_2 \cdot r^2. \text{ Somit:}$$

$$J = \frac{m_1}{2} \cdot \left(\frac{D}{2}\right)^2 + \frac{m_2}{2} \cdot \left(\frac{d}{2}\right)^2 + m_2 \cdot r^2$$

$$\boldsymbol{m_1} = V_1 \cdot \rho = \frac{\pi \cdot D^2}{4} \cdot l_1 \cdot \rho = \frac{\pi}{4} \cdot (1\ \text{dm})^2 \cdot 0{,}2\ \text{dm} \cdot 7{,}85\ \frac{\text{kg}}{\text{dm}^3} = \mathbf{1{,}233\ kg}$$

$$\boldsymbol{m_2} = V_2 \cdot \rho = \frac{\pi \cdot d^2}{4} \cdot l_2 \cdot \rho = \frac{\pi}{4} \cdot (0{,}2\ \text{dm})^2 \cdot 0{,}3\ \text{dm} \cdot 7{,}85\ \frac{\text{kg}}{\text{dm}^3} = \mathbf{0{,}074\ kg}$$

$$J = \frac{1{,}233\ \text{kg}}{2} \cdot \left(\frac{0{,}1\ \text{m}}{2}\right)^2 + \frac{0{,}074\ \text{kg}}{2} \cdot \left(\frac{0{,}02\ \text{m}}{2}\right)^2 + 0{,}074\ \text{kg} \cdot (0{,}03\ \text{m})^2$$

$J = 0{,}00154\ \text{kgm}^2 + 0{,}0000037\ \text{kgm}^2 + 0{,}0000666\ \text{kgm}^2$

$\boldsymbol{J} = \mathbf{0{,}0016103\ kgm^2}$ = Gesamtträgheitsmoment bezogen auf die Drehachse

47.2.5 Reduzierte Masse

Bild 2 zeigt die in obiger Musteraufgabe M 144. berechnete Scheibe in Vorderansicht, und zwar durch einen Riemen angetrieben. Wenn nun das gesamte Körpersystem, d. h. Scheibe mit Kurbelzapfen und Riemen, beschleunigt wird, ist es von Vorteil, bei der Berechnung der gesamten Massenträgheitskraft mit einer

Ersatzmasse

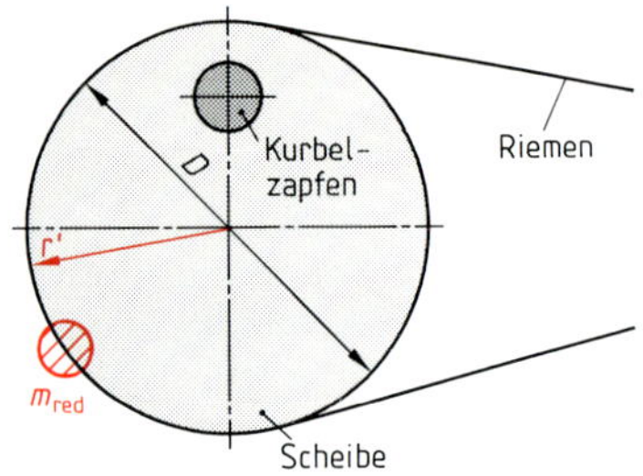

2

für Scheibe und Kurbelzapfen zu rechnen und diese Ersatzmasse – sozusagen gedanklich – an dem Ort anzuordnen, an dem der Riemen angreift. Dies bedeutet, dass die Ersatzmasse für Scheibe **und** Kurbelzapfen dann punktförmig am Scheibenumfang angeordnet sein sollte. Diese Anordnung zeigt Bild 2, und man bezeichnet eine solche Ersatzmasse auch als

reduzierte Masse m_{red} .

Die Masse von Scheibe **und** Kurbelzapfen wurde somit durch m_{red} auf dem Scheibenumfang ersetzt. In diesem Fall kann dann sehr einfach die Ersatzmasse m_{red} der Riemenmasse „zugeschlagen" werden, da sich m_{red} und Riemenmasse nun am gleichen Ort befinden. Dies hat den Vorteil, dass man jetzt die Summe dieser beiden Massen nur noch mit der Tangentialbeschleunigung a_t zu multiplizieren braucht (dynamisches Grundgesetz), um die Massenträgheitskraft des gesamten Systems (Scheibe mit Kurbelzapfen und Riemen) zu erhalten. Die dem Antrieb entgegengerichtete **Massenträgheitskraft** beträgt somit: $\boldsymbol{F = (m_{red} + m_{Riemen}) \cdot a_t}$. Gemäß der bisherigen Ausführungen kann man also sagen:

Unter der reduzierten Masse m_{red} eines Rotationskörpers versteht man eine in beliebigem Abstand r' vom Drehmittelpunkt (z. B. am äußeren Umfang) angeordnete punktförmige Masse mit dem gleichen Trägheitsmoment, wie es der Körper selbst besitzt.

Dieser Definition entsprechend muss also gelten:
$J = m_{red} \cdot (r')^2$. Somit ergibt sich für die

reduzierte Masse $$m_{red} = \frac{J}{(r')^2}$$ 239–1

m_{red}	J	r'
kg	kgm²	m

Dabei ist J = Massenträgheitsmoment des Körpers,
r' = beliebiger Radius, der sich meist aus Zweckmäßigkeitsgründen (z. B. Bild 2, Seite 238) für eine bestimmte Stelle aus der Aufgabenstellung ergibt.

47.2.6 Der Trägheitsradius

Eine weitere wichtige Rechengröße der Rotationsbewegung ist der **Trägheitsradius,** der nach DIN 1304 mit dem Formelbuchstaben i bezeichnet wird.

Unter dem Trägheitsradius i eines Körpers versteht man den Abstand einer punktförmigen Masse m von der Drehachse, mit dem sich für die punktförmige Masse ein gleich großes Trägheitsmoment errechnen lässt, wie es der Körper selbst hat.

Diese Definition soll am Beispiel einer zylindrischen Scheibe (Bild 1) erläutert werden. Es ist

$$J = \frac{m}{2} \cdot r^2 \text{ (Gleichung 235–3)}$$

und laut Definition $J = m \cdot i^2$, d. h. allgemein:

Trägheitsradius $$i = \sqrt{\frac{J}{m}}$$ 239–2 in m

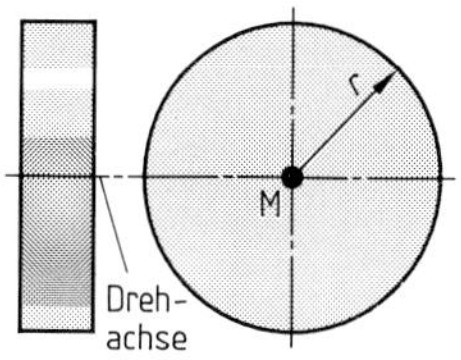

1

Somit ergibt sich im Speziellen für die Kreisscheibe:

$$i = \sqrt{\frac{J}{m}} = \sqrt{\frac{\frac{m}{2} \cdot r^2}{m}} = \sqrt{\frac{r^2}{2}}, \text{ d. h.:}$$

Trägheitsradius für die Kreisscheibe (Kreiszylinder) $$i = \frac{r}{\sqrt{2}}$$ 239–3

M145. Für die Kreisscheibe mit Kurbelzapfen in Musteraufgabe M144., Seite 238 ist zu berechnen

a) m_{red} bezogen auf den Durchmesser D,
b) Trägheitsradius i.

Lösung:

a) $$\boldsymbol{m_{red}} = \frac{J}{(r')^2} = \frac{J}{\left(\frac{D}{2}\right)^2} = \frac{J}{\frac{D^2}{4}} = \frac{4 \cdot J}{D^2} = \frac{4 \cdot 0{,}0016103 \text{ kgm}^2}{(0{,}1 \text{ m})^2} = \mathbf{0{,}64412 \text{ kg}}$$

Probe: $J = m_{red} \cdot (r')^2 = 0{,}64412 \text{ kg} \cdot (0{,}05 \text{ m})^2 = 0{,}0016103 \text{ kgm}^2$

b) $$i = \sqrt{\frac{J}{m}} \qquad m = m_1 + m_2 = 1{,}233 \text{ kg} + 0{,}074 \text{ kg} = 1{,}307 \text{ kg}$$

$$\boldsymbol{i} = \sqrt{\frac{0{,}0016103 \text{ kgm}^2}{1{,}307 \text{ kg}}} = \sqrt{0{,}001232058 \text{ m}^2} = 0{,}0351 \text{ m} = \mathbf{35{,}1 \text{ mm}}$$

Probe: Für eine punktförmige Masse gilt $J = m \cdot r^2 \triangleq m \cdot i^2$. Somit:
$\boldsymbol{J} = 1{,}307 \text{ kg} \cdot (0{,}0351 \text{ m})^2 = \mathbf{0{,}0016102 \text{ kgm}^2}$

DYNAMIK

47.3 Dynamisches Grundgesetz der Drehbewegung

Bild 1 zeigt eine Kreisscheibe (Kreiszylinder), die drehbeschleunigt wird, d. h., dass sich die Winkelgeschwindigkeit von $\boldsymbol{\omega_0}$ **auf** $\boldsymbol{\omega_t}$ bzw. die Drehzahl von $\boldsymbol{n_0}$ **auf** $\boldsymbol{n_t}$ vergrößert. Es ist also

$$\omega_0 < \omega_t \quad .$$

Dazu ist am Umfang der Scheibe mit der Masse m eine für eine bestimmte Zeit wirkende Kraft F erforderlich, bzw. muß ein Drehmoment

$$M = F \cdot r \quad \text{wirken.}$$

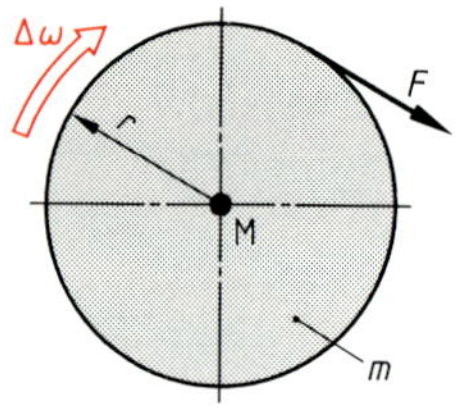

1

Wird nun die Scheibe durch eine Ersatzmasse m_{red} im Abstand r vom Drehmittelpunkt M ersetzt (Bild 2), dann ist für die Beschleunigung der Masse m_{red} von ω_0 auf ω_t im Abstand r die gleiche Kraft F erforderlich wie für die Scheibe mit der Masse m im Bild 1. Dies ist dadurch zu begründen, dass die Trägheitsmomente der Scheibe (Bild 1) und der Ersatzmasse m_{red} (Bild 2) gleich sind. Somit:

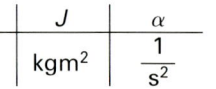

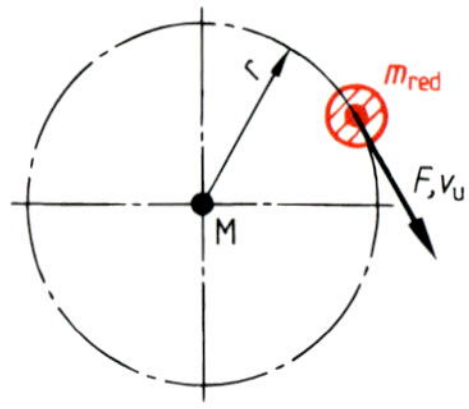

2

$$J_{Scheibe} = J_{m\ red}$$

Da die Kraft F mit der Umfangsgeschwindigkeit v_u gleichgerichtet ist, kann man für die Ersatzmasse m_{red} innerhalb der **Beschleunigungszeit** t den **Impulssatz** (Lektion 39) anwenden, und man erhält:

$$F \cdot t = m_{red} \cdot v_{ut} - m_{red} \cdot v_{u0} \quad . \quad t \triangleq \Delta t$$

Dabei ist v_{u0} = Umfangsgeschwindigkeit vor der Beschleunigung,
v_{ut} = Umfangsgeschwindigkeit nach der Beschleunigung.

Multipliziert man nun noch beide Seiten der Gleichung mit dem Radius r, dann ergibt sich:

$F \cdot r \cdot t = m_{red} \cdot r \cdot v_{ut} - m_{red} \cdot r \cdot v_{u0}$. Mit $\boldsymbol{v_u = r \cdot \omega}$ und mit

$\boldsymbol{M = F \cdot r}$ erhält man $\quad M \cdot t = m_{red} \cdot r^2 \cdot \omega_t - m_{red} \cdot r^2 \cdot \omega_0$

Da aber $\boldsymbol{m_{red} \cdot r^2}$ genauso groß ist wie das Trägheitsmoment $\boldsymbol{J}$ der Scheibe, ergibt sich

$$M \cdot t = J \cdot \omega_t - J \cdot \omega_0 = J \cdot (\omega_t - \omega_0) = J \cdot \Delta\omega \qquad \boxed{240\text{–}1}$$

Setzt man nun noch $\boldsymbol{\Delta\omega = \alpha \cdot t}$ (Gleichung 222–4), dann erhält man
$\boldsymbol{M \cdot t = J \cdot \alpha \cdot t}$ und damit eine Gesetzmäßigkeit der Rotation, die bezeichnet wird als

Dynamisches Grundgesetz der Drehbewegung

$$M = J \cdot \alpha \qquad \boxed{240\text{–}2}$$

M	J	α
Nm	kgm²	$\frac{1}{s^2}$

In Worten lautet somit das **dynamische Grundgesetz der Drehbewegung**:

Das für die Rotationsbeschleunigung erforderliche Drehmoment M errechnet sich aus dem Produkt des Trägheitsmomentes J des zu beschleunigenden Rotationskörpers und der Winkelbeschleunigung α.

DYNAMIK

Auch hier wird auf die **Analogie zwischen Translation und Rotation** hingewiesen:

Translationsgröße $F = m \cdot a$	Einheit	Rotationsgröße $M = J \cdot \alpha$	Einheit
Kraft F	N	Drehmoment M	Nm
Masse m	kg	Trägheitsmoment J	kgm^2
Beschleunigung a	$\frac{m}{s^2}$	Winkelbeschleunigung α	$\frac{1}{s^2}$

M146. Das Schwungrad in Musteraufgabe M 143., Seite 235 soll in $t = 8$ s von $n_0 = 100\ min^{-1}$ auf $n_t = 150\ min^{-1}$ beschleunigt werden. Berechnen Sie

a) das erforderliche Drehmoment,
b) die Drehleistung zu Beginn der Beschleunigung,
c) die Drehleistung am Ende der Beschleunigung.

Lösung:

a) $M = J \cdot \alpha = J \cdot \frac{\Delta\omega}{\Delta t}$ (siehe Gleichung 222–4)

$$\Delta\omega = \frac{\pi \cdot n_t}{30} - \frac{\pi \cdot n_0}{30} = \frac{\pi}{30} \cdot (n_t - n_0) = \frac{\pi}{30} \cdot (150 - 100) = \frac{\pi}{30} \cdot 50 = \mathbf{5{,}236\ s^{-1}}$$

$$\boldsymbol{M} = 633{,}924\ kgm^2 \cdot \frac{5{,}236\ s^{-1}}{8\ s} = \mathbf{414{,}9\ Nm}$$

b) Gemäß Gleichung 220–3 ist

$$\boldsymbol{P_0} = M \cdot \omega_0 = M \cdot \frac{\pi \cdot n_0}{30} = 414{,}9\ Nm \cdot \frac{\pi \cdot 100}{30}\ s^{-1} = 4344{,}8\ W = \mathbf{4{,}35\ kW}$$

c) $$\boldsymbol{P_t} = M \cdot \omega_t = M \cdot \frac{\pi \cdot n_t}{30} = 414{,}9\ Nm \cdot \frac{\pi \cdot 150}{30}\ s^{-1} = 6517{,}2\ W = \mathbf{6{,}52\ kW}$$

47.4 Dreharbeit in Abhängigkeit von Drehmoment und Drehwinkel

Bezogen auf Bild 1 ergibt sich für die **Dreharbeit**

$$W_{rot} = F_u \cdot s$$

Mit s = Drehweg = $2 \cdot \pi \cdot r \cdot z$: $\quad W_{rot} = F_u \cdot 2 \cdot \pi \cdot r \cdot z$

Mit z = Anzahl der Umdrehungen und $\boldsymbol{M = F_u \cdot r}$ sowie $\boldsymbol{\varphi = 2 \cdot \pi \cdot z}$ erhält man für die

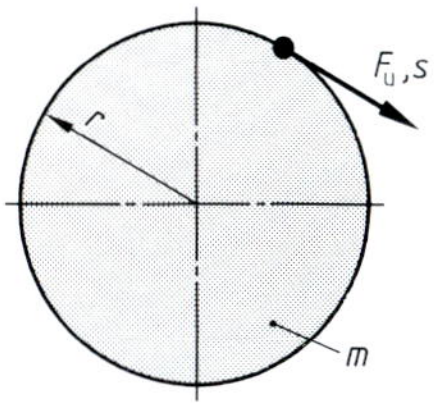

1

Dreharbeit $\quad W_{rot} = M \cdot \varphi \quad$ 241–1

W_{rot}	M	φ
Nm = J	Nm	rad

Die Dreharbeit (Rotationsarbeit) errechnet sich aus dem Produkt von Drehmoment und Drehwinkel.

Da sich ein Produkt im rechtwinkligen Koordinatensystem als Rechteckfläche abbilden lässt, ergibt sich gemäß Gleichung 241–1 das im Bild 2 dargestellte **Drehmoment, Drehwinkel-Diagramm,** kurz: ***M, φ*-Diagramm.**

Im M, φ-Diagramm entspricht die Fläche unter der M-Linie der Dreharbeit (Rotationsarbeit) W_{rot}.

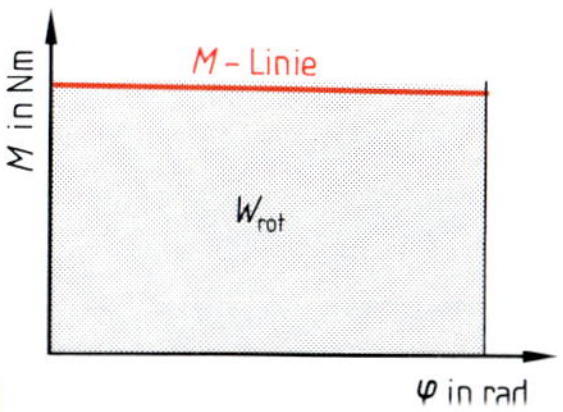

2

DYNAMIK

M147. Beim Anziehen einer Schraube steigt das Drehmoment annähernd linear von $M_1 = 40$ Nm auf $M_2 = 100$ Nm bei einem Drehwinkel von $\varphi = 325°$ an.

a) Zeichnen Sie das M, φ-Diagramm.
b) Berechnen Sie die beim Anziehen aufgebrachte Dreharbeit.

Lösung:

a)

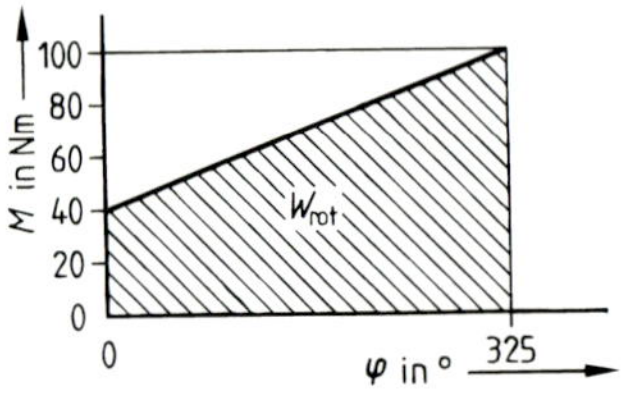

1

b) Aus Bild 1 ergibt sich

$$W_{rot} = \frac{M_1 + M_2}{2} \cdot \varphi$$

$$W_{rot} = \frac{40\text{ Nm} + 100\text{ Nm}}{2} \cdot 325° \cdot \frac{\pi}{180°}$$

$$\mathbf{W_{rot} = 397{,}06\ Nm}$$

DYNAMIK

47.5 Drehimpuls und Drehstoß

Es soll nun nochmals auf Gleichung 240–1 zurückgekommen werden. Diese lautet:

$$M \cdot t = J \cdot \omega_t - J \cdot \omega_0$$ 242–1 = 240–1. In Analogie zum

Kraftstoß (Gleichung 180–2) $F \cdot t = m \cdot v_t - m \cdot v_0$ bzw. zum

Impuls (Gleichung 179–1) $p = m \cdot v$ sind in der Rotation – gemäß DIN 1304 –

die folgenden Bezeichnungen üblich:

Drehstoß $H = M \cdot \Delta t$ 242–2

H	M	Δt
N · m · s	Nm	s

und

Drehimpuls $L = J \cdot \omega$ 242–3

L	J	ω
$\frac{\text{kgm}^2}{\text{s}}$	kgm^2	s^{-1}

Dabei ist
M = von außen auf den Drehkörper wirkendes Drehmoment,
Δt = Zeitspanne in der das Drehmoment wirkt,
J = Trägheitsmoment des Drehkörpers.

Aus Gleichung 242–1 ist zu ersehen:

Die Änderung des Drehimpulses eines Rotationskörpers ist gleich dem Drehstoß während der Wirkzeit des Momentes.

Auch hier ist die **Analogie zwischen Translation und Rotation** unverkennbar:

Translationsgröße	Einheit	**Rotationsgröße**	Einheit
Impuls $p = m \cdot v$	$\frac{\text{kgm}}{\text{s}}$	Drehimpuls $L = J \cdot \omega$	$\frac{\text{kgm}^2}{\text{s}}$
Kraftstoß $I = F \cdot \Delta t$	N · s	Drehstoß $H = M \cdot \Delta t$	N · m · s
Masse m	kg	Trägheitsmoment J	kgm^2
Geschwindigkeit v	$\frac{\text{m}}{\text{s}}$	Winkelgeschwindigkeit ω	s^{-1}

Es soll noch auf die folgenden Synonyme (Gleichwertigkeit der Begriffe) hingewiesen werden:

Drehstoß = Momentenstoß
Drehimpuls = Drall (auch nach DIN 1304).

47.5.1 Die Drehimpulserhaltung (Drallerhaltung)

Bild 1 zeigt das Schema eines senkrecht angeordneten Rotationssystems. In dieser Anordnung ist es möglich, mit Hilfe einer in senkrechter Richtung von außen verstellbaren Gleithülse die rotierende Masse in beliebigem Abstand r von der Drehachse anzuordnen. Da die Masse m als konstant anzusehen ist, gilt nach dem bisher Gesagten:

Das Trägheitsmoment eines Rotationssystems wird bei größer werdendem Radius (und konstanter Masse) größer.

Da auf das Rotationssystem des Bildes 1 **von außen kein Drehmoment** wirkt, ist

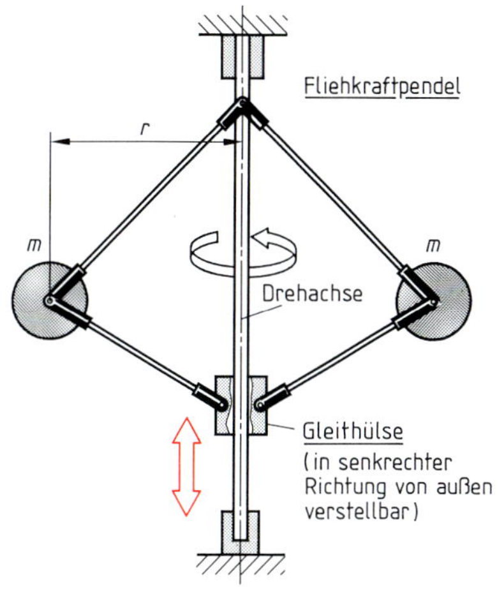

1

$M = 0$, und damit ist auch der Drehstoß $M \cdot t = 0$.

Ist aber der Drehstoß (Momentenstoß) $M \cdot t = 0$, so ergibt sich nach Gleichung 242–1:

$J_0 \cdot \omega_0 - J_t \cdot \omega_t = 0$ und damit die

Drehimpulserhaltung (Drallerhaltung)

$$J_0 \cdot \omega_0 = J_t \cdot \omega_t \qquad \boxed{243\text{–}1}$$

J_0, J_t	ω_0, ω_t
kgm^2	$\frac{\mathrm{rad}}{\mathrm{s}} = \mathrm{s}^{-1}$

Ist der Drehstoß (Momentenstoß) $M \cdot t = 0$, dann ist der Drehimpuls am Anfang der Drehbewegung ebenso groß wie am Ende, d. h. L = konstant.

Daraus folgt unmittelbar, und man beachte bei dieser Überlegung die Versuchsanordnung des Bildes 1:

Verkleinert sich bei einem rotierenden Körper das Trägheitsmoment, dann vergrößert sich, **ohne Energiezufuhr von außen,** die Winkelgeschwindigkeit und damit die Drehzahl.

Dies bedeutet konkret am Beispiel des Bildes 1: Wird die Gleithülse nach oben verschoben, dann verkleinert sich die Drehzahl, wird hingegen die Gleithülse nach unten geschoben, dann vergrößert sich die Drehzahl, und zwar ohne Energiezufuhr von außen.
Den gleichen Effekt erzielen z. B. Eiskunstläufer, die durch das möglichst nahe Heranziehen ihrer Gliedmaßen an ihre „Drehachse" eine enorme Drehzahlsteigerung in der **Pirouette** erzielen, ein Sachverhalt, der auch jederzeit auf einem Drehstuhl nachvollzogen werden kann.

M148. Ein Fliehkraftpendel gemäß Bild 1 dreht mit $n_1 = 500\ \mathrm{min}^{-1}$ und hat dabei ein Massenträgheitsmoment von $J_1 = 3\ \mathrm{kgm}^2$. Nach Trennung von einem Antrieb wird mit einer Verstellvorrichtung der „wirksame Radius" verkleinert. Dabei ändert sich das Massenträgheitsmoment auf $J_2 = 0{,}8\ \mathrm{kgm}^2$. Wie groß ist dann die Drehzahl n_2? Vergleichen Sie vor der Lösung nochmals die Bilder 1 und 2, Seite 232.

Lösung:

$$J_1 \cdot \omega_1 = J_2 \cdot \omega_2 \longrightarrow J_1 \cdot \frac{\pi \cdot n_1}{30} = J_2 \cdot \frac{\pi \cdot n_2}{30}$$

$$J_1 \cdot n_1 = J_2 \cdot n_2$$

$$\boldsymbol{n_2} = n_1 \cdot \frac{J_1}{J_2} = 500\ \text{min}^{-1} \cdot \frac{3\ \text{kgm}^2}{0{,}8\ \text{kgm}^2} = \mathbf{1875\ min^{-1}}$$

Ü 222. Ein Schwungrad (Bild 1) verrichtet an einer Exzenterpresse durch Energieabgabe mechanische Arbeit (Stanzkraft mal Stanzweg im Pressenwerkzeug). Die Schwungraddrehzahl verkleinert sich dabei von der Leerlaufdrehzahl n_0 = 110 min^{-1} auf die Drehzahl n_1. Umgekehrt wird die Drehzahl während der Energiezufuhr durch einen Elektromotor wieder von n_1 auf n_0 vergrößert. Das Schwungrad besteht aus GG mit der Dichte ρ = 7,25 kg/dm³. Berechnen Sie

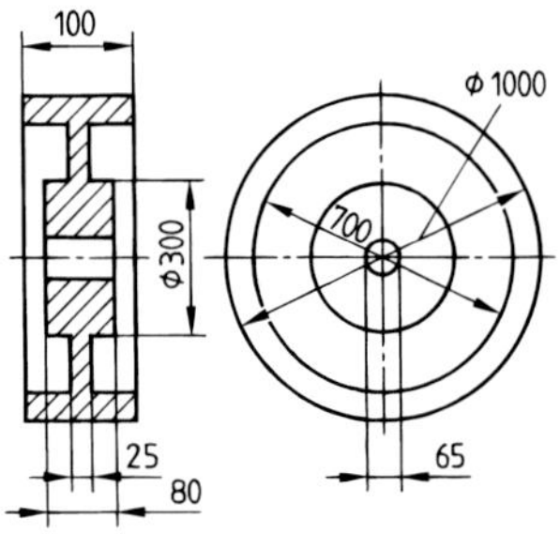

1

a) das Trägheitsmoment des Schwungrades. Bei der Berechnung der Trägheitsmomente der drei Hohlzylinder, aus denen sich das Schwungrad zusammensetzt, muss mit Gleichung 235–4 (dickwandiger Hohlzylinder) gearbeitet werden.
b) das Gesamtarbeitsvermögen W_{rot} des Schwungrades bei der Drehzahl n_0,
c) die Drehzahl n_1, wenn das Schwungrad die Energie für die Nutzarbeit W_n = 1200 Nm liefert,
d) die Beschleunigungszeit,
e) die Winkelbeschleunigung α, wenn der Elektromotor das Schwungrad im Drehwinkel φ = 1,5 rad von n_1 auf n_0 beschleunigt,
f) die für die Beschleunigung erforderliche Motorleistung,
g) die auf den Schwungraddurchmesser bezogene reduzierte Masse (Ersatzmasse) m_{red},
h) den Trägheitsradius *i*,
i) die Auslaufzeit des Schwungrades, wenn es bei n_0 vom Antrieb getrennt wird und in Lagern mit dem Durchmesser *D* = 150 mm gelagert ist (μ = 0,05).

V 242. Eine Kreisscheibe mit der Dichte ρ = 7,8 kg/dm³ (Stahlguss) hat einen Durchmesser von 500 mm und eine Dicke von 100 mm. Welche Beschleunigungsleistung ist erforderlich, wenn die Scheibe aus dem Zustand der Ruhe in *t* = 2 s auf die Drehzahl *n* = 300 min^{-1} gebracht wird? Welches Arbeitsvermögen (Rotationsenergie) besitzt dann die Scheibe?

V 243. Bild 2 zeigt eine Trommel mit angesetztem Exzenterzapfen. Werkstoff ist GG mit der Dichte ρ = 7,8 kg/dm³. Berechnen Sie

a) das Trägheitsmoment der Trommel mit angesetztem Exzenterzapfen,
b) die reduzierte Masse m_{red} bezogen auf den Durchmesser 400 mm,
c) die erforderliche Umfangskraft F_u am Durchmesser 400 mm, wenn dort mit a_t = 5 m/s² beschleunigt werden soll,
d) das für diesen Fall erforderliche Drehmoment,
e) den Trägheitsradius *i*.

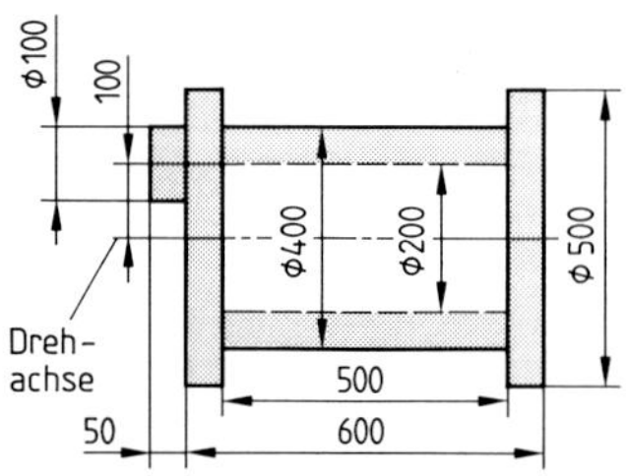

2

DYNAMIK

Übersetzungen

Lektion 48 Übersetzungsverhältnis beim Riementrieb

48.1 Einfacher Riementrieb

Beim **einfachen Riementrieb** (Bild 1) wird die **getriebene Scheibe** ② von der **treibenden Scheibe** ① mit Hilfe eines Treibriemens oder einer Kette (Kettentrieb) angetrieben. Aus Bild 1 sieht man:

treibende Scheibe: ungerade Indizes
getriebene Scheibe: gerade Indizes

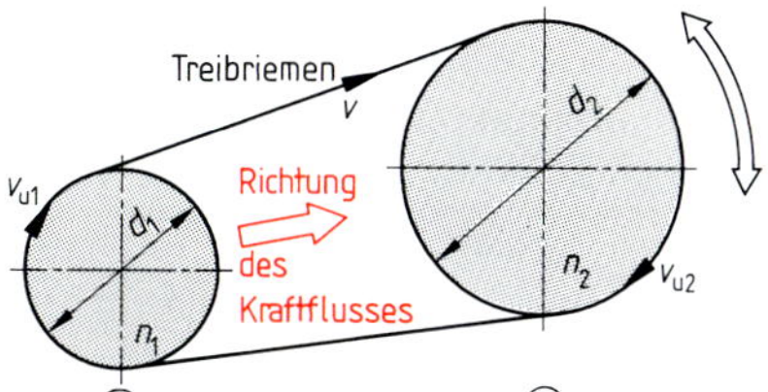

1

Erfolgt der Antrieb mit einem Flach- oder Keilriemen, dann muss mit einem **Schlupf** des Riemens – insbesondere in der Anlaufphase – gerechnet werden. Beim Anlauf mit Zahnriemen oder Ketten ist ein **schlupffreier Antrieb** gewährleistet, d. h., dass ein Durchrutschen nicht möglich ist. Setzt man einen solchen schlupffreien Antrieb voraus, dann ist beim **Kraftfluss von der treibenden Scheibe zur getriebenen Scheibe** sichergestellt, dass die Riemengeschwindigkeit v mit den Umfangsgeschwindigkeiten der Scheiben v_{u1} und v_{u2} identisch ist. Somit:

$\mathbf{v_{u1} = v_{u2}} \longrightarrow \frac{\pi \cdot d_1 \cdot n_1}{1000 \cdot 60} = \frac{\pi \cdot d_2 \cdot n_2}{1000 \cdot 60}$. Daraus ergibt sich sehr einfach die

Grundgleichung für den einfachen Riementrieb $d_1 \cdot n_1 = d_2 \cdot n_2$ 245–1 **Index 1 → treibende Scheibe**
Index 2 → getriebene Scheibe

Das Produkt aus Durchmesser d_1 und Drehzahl n_1 der treibenden Scheibe ist also gleich dem Produkt aus Durchmesser d_2 und Drehzahl n_2 der getriebenen Scheibe. Somit gilt auch:

$$\frac{n_1}{n_2} = \frac{d_2}{d_1} \qquad \text{245–2}$$

n in min^{-1}
d in mm

Beim einfachen Riementrieb verhalten sich die Drehzahlen der Riemenscheiben oder Kettenscheiben umgekehrt wie deren Durchmesser.

Daraus ergibt sich, dass die kleinere Scheibe stets die größere Drehzahl hat. Eine wichtige Rechengröße bei den Übersetzungen ist das

Übersetzungsverhältnis $i = \frac{n_1}{n_2}$ 245–3

n_1 = Drehzahl der treibenden Scheibe
n_2 = Drehzahl der getriebenen Scheibe

Das Verhältnis der Drehzahlen in Richtung des Kraftflusses heißt Übersetzungsverhältnis i.

Da $\frac{n_1}{n_2} = \frac{d_2}{d_1}$ (Gleichung 245–2) und da nach Gleichung 219–2 die Winkelgeschwindigkeiten ω den Drehzahlen n proportional sind, gelten auch die beiden folgenden Gleichungen:

Übersetzungsverhältnis $i = \frac{d_2}{d_1}$ 245–4 → Verhältnis der Durchmesser entgegen dem Kraftfluss.

Übersetzungsverhältnis $i = \frac{\omega_1}{\omega_2}$ 245–5 → Verhältnis der Winkelgeschwindigkeiten im Kraftfluss.

Beim Riementrieb verhalten sich die Drehzahlen wie die Winkelgeschwindigkeiten der Scheiben und umgekehrt wie die Scheibendurchmesser.

Zusammenfassend kann somit geschrieben werden:

Übersetzungsverhältnis beim einfachen Riementrieb

$$i = \frac{n_1}{n_2} = \frac{\omega_1}{\omega_2} = \frac{d_2}{d_1}$$ 246–1

treibende Scheibe: n_1, ω_1, d_1
getriebene Scheibe n_2, ω_2, d_2

M 149. Die Riemenscheibe auf der Arbeitsspindel einer Maschine hat einen Durchmesser von 200 mm, und ihre Drehzahl beträgt 652 min^{-1}. Der Durchmesser der Scheibe am Antriebsmotor beträgt 90 mm.

a) Wie groß ist die Umfangsgeschwindigkeit der Scheiben in m/min?
b) Wie groß ist die Motordrehzahl? c) Welches Übersetzungsverhältnis liegt vor?
d) Wie groß ist die Winkelgeschwindigkeit der treibenden Scheibe?

Lösung: Die Motorriemenscheibe ist die treibende Scheibe mit den Indizes 1, die Riemenscheibe auf der Arbeitsspindel ist die getriebene Scheibe mit den Indizes 2.

a) $$\boldsymbol{v_{u1} = v_{u2}} = \frac{\pi \cdot d_2 \cdot n_2}{1000} = \frac{\pi \cdot 200\ \text{mm} \cdot 652\ \text{min}^{-1}}{1000\ \dfrac{\text{mm}}{\text{m}}} = \mathbf{409{,}66\ \frac{m}{min}}$$

b) $$\frac{n_1}{n_2} = \frac{d_2}{d_1} \longrightarrow \boldsymbol{n_1} = n_2 \cdot \frac{d_2}{d_1} = 652\ \text{min}^{-1} \cdot \frac{200\ \text{mm}}{90\ \text{mm}} = \mathbf{1448{,}89\ min^{-1}}$$

c) $$\boldsymbol{i} = \frac{n_1}{n_2} = \frac{1448{,}89\ \text{min}^{-1}}{652\ \text{min}^{-1}} = \mathbf{2{,}22} \qquad \text{bzw. } \boldsymbol{i} = \frac{d_2}{d_1} = \frac{200\ \text{mm}}{90\ \text{mm}} = \mathbf{2{,}22}$$

Anmerkung: Es verhalten sich $n_1 : n_2 = 2{,}22 : 1$, d. h., dass in Kraftflussrichtung eine Drehzahlverkleinerung stattgefunden hat. In diesem Zusammenhang spricht man in der technischen Praxis auch von einer **Untersetzung.** Es ist folgende **Schreibweise für das Übersetzungsverhältnis** üblich:

Drehzahlverkleinerung ➤ z. B. $i = 2{,}22 = 2{,}22 : 1$ ➤ **Untersetzung**

Drehzahlvergrößerung ➤ z. B. $i = 0{,}45 = 1 : 2{,}22$ ➤ **Übersetzung**

d) $$\boldsymbol{\omega_1} = \frac{\pi \cdot n_1}{30} = \frac{\pi \cdot 1448{,}89\ \text{min}^{-1}}{30} = \mathbf{151{,}727\ s^{-1}}$$

Probe: $$v_{u1} = \omega_1 \cdot r_1 = 151{,}727\ \text{s}^{-1} \cdot 0{,}045\ \text{m} = 6{,}8277\ \frac{\text{m}}{\text{s}} = 6{,}8277\ \frac{\text{m}}{\text{s}} \cdot 60\ \frac{\text{s}}{\text{min}}$$

$$\boldsymbol{v_{u1}} = \mathbf{409{,}66\ \frac{m}{min}}$$

Ü 223. Was wird im Zusammenhang mit Übersetzungen als „in Kraftrichtung" bezeichnet?

Ü 224. Ein Treibriemen läuft mit einer Geschwindigkeit $v = 4{,}8$ m/s. Die Antriebsscheibe hat einen Durchmesser $d_1 = 320$ mm. Das Übersetzungsverhältnis ist 2,8 : 1. Berechnen Sie a) den Durchmesser der getriebenen Scheibe,
b) die Drehzahl der getriebenen Scheibe,
c) die Winkelgeschwindigkeit der treibenden Scheibe.

Ü 225. Was wird in der Antriebstechnik als „Schlupf" bezeichnet?

V 244. Antriebsdrehzahl $n_1 = 2860$ min^{-1}, Durchmesser der treibenden Scheibe $d_1 = 120$ mm, Durchmesser der getriebenen Scheibe $d_2 = 168$ mm. Gesucht sind

a) Drehzahl n_2, b) Übersetzungsverhältnis i, c) Winkelgeschwindigkeit ω_1.

V 245. Ein Motor für das Gebläse einer Trockenanlage hat eine Drehzahl $n_1 = 1450$ min^{-1}. Das Übersetzungsverhältnis beträgt $i = 1 : 1{,}6$. Wie groß muss der Durchmesser der Riemenscheibe auf der Motorwelle sein, wenn auf der angetriebenen Gebläsewelle eine Riemenscheibe mit dem Durchmesser $d_2 = 75$ mm angebracht ist?

48.2 Doppelter Riementrieb und Mehrfachriementrieb

Beim **doppelten Riementrieb** (Bild 1) erfolgt der Antrieb von einer Scheibe mit dem Durchmesser d_1 und der

Anfangsdrehzahl $n_1 = \boldsymbol{n_a}$

über die Scheibe mit dem Durchmesser d_2, die mit der Scheibe mit dem Durchmesser d_3 auf der gleichen Welle, der **Zwischenwelle,** sitzt, auf die Scheibe mit dem Durchmesser d_4 und der

Enddrehzahl $n_4 = \boldsymbol{n_e}$.

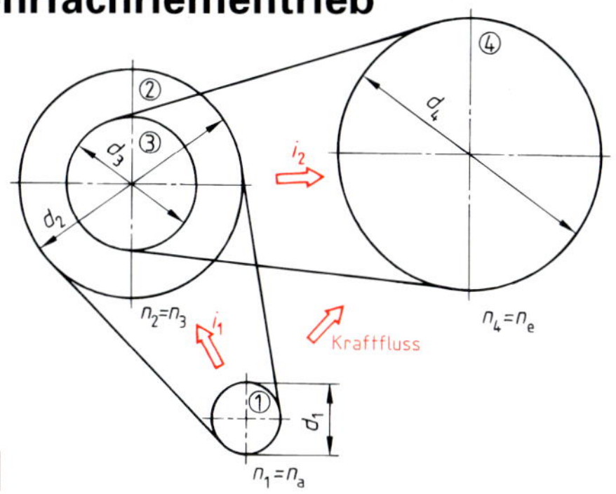

1

Die beiden Scheiben auf der Zwischenwelle haben die gleiche Drehzahl, d. h.: $\boldsymbol{n_2 = n_3}$.

Einzelübersetzungsverhältnisse $i_1 = \dfrac{n_1}{n_2}$; $i_2 = \dfrac{n_3}{n_4}$. Mit $n_2 = n_3$ wird $i_2 = \dfrac{n_2}{n_4}$.

Ausschlaggebend für die Übersetzung von Scheibe ① auf Scheibe ④, die **Gesamtübersetzung,** ist das

Gesamtübersetzungsverhältnis $i_{ges} = \dfrac{n_a}{n_e}$ 247–1 → Kraftfluss von n_a nach n_e

Multipliziert man die Einzelübersetzungsverhältnisse i_1 und i_2 miteinander, so erhält man:

$i_1 \cdot i_2 = \dfrac{n_1}{n_2} \cdot \dfrac{n_3}{n_4}$ und da $n_2 = n_3$, wird $\boldsymbol{i_1 \cdot i_2} = \dfrac{n_1}{n_2} \cdot \dfrac{n_2}{n_4} = \dfrac{n_1}{n_4} = \dfrac{n_a}{n_e} = \boldsymbol{i_{ges}}$

Entsprechendes gilt für den Dreifach-, Vierfach- ..., schlechthin für den **Mehrfachriementrieb:**

Beim Mehrfachriementrieb errechnet sich das Gesamtübersetzungsverhältnis als Produkt aller Einzelübersetzungsverhältnisse.

Gesamtübersetzungsverhältnis $i_{ges} = i_1 \cdot i_2 \cdot i_3 \ldots = \dfrac{n_a}{n_e}$ 247–2

$i_{ges} = \dfrac{\omega_a}{\omega_e}$ 247–3

Mit den Einzelübersetzungsverhältnissen als die Quotienten der Durchmesser erhält man:

$i_{ges} = i_1 \cdot i_2 \cdot i_3 \ldots = \dfrac{d_2}{d_1} \cdot \dfrac{d_4}{d_3} \cdot \dfrac{d_6}{d_5} \ldots = \dfrac{n_a}{n_e}$. Damit ergibt sich als

Grundgleichung für den Mehrfachriementrieb $n_a \cdot d_1 \cdot d_3 \cdot d_5 \ldots = n_e \cdot d_2 \cdot d_4 \cdot d_6 \ldots$ 247–4

M 150. $n_a = 1500\ \text{min}^{-1}$, $d_1 = 80$ mm, $d_2 = 200$ mm, $d_3 = 125$ mm, $d_4 = 280$ mm. Berechnen Sie i_{ges}, n_e und ω_a.

Lösung: $\boldsymbol{i_{ges}} = \dfrac{d_2 \cdot d_4}{d_1 \cdot d_3} = \dfrac{200\ \text{mm} \cdot 280\ \text{mm}}{80\ \text{mm} \cdot 125\ \text{mm}} = \mathbf{5{,}6 = 5{,}6 : 1}$

$i_{ges} = \dfrac{n_a}{n_e} \longrightarrow \boldsymbol{n_e} = \dfrac{n_a}{i_{ges}} = \dfrac{1500\ \text{min}^{-1}}{5{,}6} = \mathbf{267{,}86\ min^{-1}}$

$i_{ges} = \dfrac{\omega_a}{\omega_e} = 5{,}6 \rightarrow \boldsymbol{\omega_a} = i_{ges} \cdot \omega_e = i_{ges} \cdot \dfrac{\pi \cdot n_e}{30} = 5{,}6 \cdot \dfrac{\pi \cdot 267{,}86}{30}\ \text{s}^{-1} = \mathbf{157{,}08\ \dfrac{rad}{s}}$

Ü 226. $d_1 = 112$ mm, $d_2 = 560$ mm, $d_3 = 125$ mm, $n_a = 1120\ \text{min}^{-1}$, $i_{ges} = 6 : 1$. Berechnen Sie n_e und d_4.

V 246. $d_1 = 560$ mm, $d_2 = 125$ mm, $d_3 = 250$ mm, $n_a = 280\ \text{min}^{-1}$, $n_e = 1400\ \text{min}^{-1}$. Berechnen Sie i_{ges} und d_4.

Lektion 49

Übersetzungen beim Zahntrieb und in Getrieben

49.1 Einfacher Zahntrieb

Bild 1 zeigt einen **einfachen Zahntrieb.** Die Bezeichnungen haben folgende Bedeutung:

d_f = Fußkreisdurchmesser
d_a = Kopfkreisdurchmesser
d = Teilkreisdurchmesser
p = Teilung = Abstand der Zähne auf dem Teilkreisumfang
a = Achsabstand

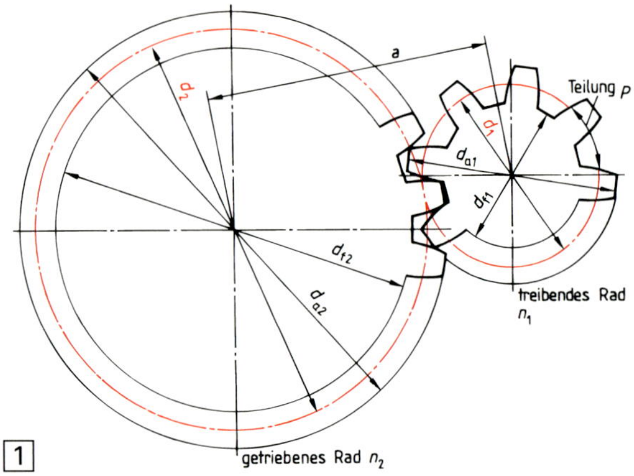

1

Die Anzahl der Zähne eines Zahnrades wird als **Zähnezahl** z bezeichnet. Beim Ineinandergreifen der Zahnräder ist durch diesen **Formschluss** sichergestellt, dass eine **schlupffreie Kraftübertragung** vorliegt. Dabei „berühren" sich die Teilkreise d_1 und d_2, die deswegen bei der Berechnung des Übersetzungsverhältnisses eine Rolle spielen. Aus Bild 1 ergibt sich für den

Teilkreisumfang $U = p \cdot z = \pi \cdot d$ 248–1

U, d	p	z
mm	mm	1

Stellt man Gleichung 248–1 nach dem Durchmesser d des Teilkreises um, so ergibt sich $d = \frac{p}{\pi} \cdot z$. Man bezeichnet den Quotienten $\frac{p}{\pi}$ als **Modul** m. Somit ergibt sich für den

Teilkreisdurchmesser $d = m \cdot z$ 248–2

d, m	z
mm	1

Dabei ist:

Modul $m = \frac{p}{\pi}$ 248–3 in mm.

Da sich die Teilkreise d_1 und d_2 berühren, können diese **entsprechend dem Riementrieb** für die Berechnung des Übersetzungsverhältnisses herangezogen werden. In Verbindung mit Gleichung 248–2 ergibt sich

$$i = \frac{d_2}{d_1} = \frac{m \cdot z_2}{m \cdot z_1} = \frac{z_2}{z_1} = \frac{n_1}{n_2} = \frac{\omega_1}{\omega_2}$$

Beim Zahntrieb werden die Zähne so konstruiert, dass sich die Teilkreise berühren. Damit verhalten sich die Drehzahlen umgekehrt wie die Zähnezahlen.

Übersetzungsverhältnis beim einfachen Zahntrieb $i = \frac{n_1}{n_2} = \frac{\omega_1}{\omega_2} = \frac{d_2}{d_1} = \frac{z_2}{z_1}$ 248–4

49.2 Doppelter und Mehrfachzahntrieb

In Bild 2 ist ein **doppelter Zahntrieb** in Seitenansicht abgebildet. Wie beim doppelten Riementrieb bzw. beim Mehrfachriementrieb wird das Gesamtübersetzungsverhältnis durch Multiplikation der Einzelübersetzungsverhältnisse berechnet. In Analogie zum Mehrfachriementrieb und in Verbindung mit Gleichung 248–2 ergeben sich die folgenden Gleichungen für das

Gesamtübersetzungsverhältnis beim Mehrfachzahntrieb

$i_{ges} = i_1 \cdot i_2 \cdot i_3 \ldots$ 248–5

$i_{ges} = \frac{n_a}{n_e}$ 248–6

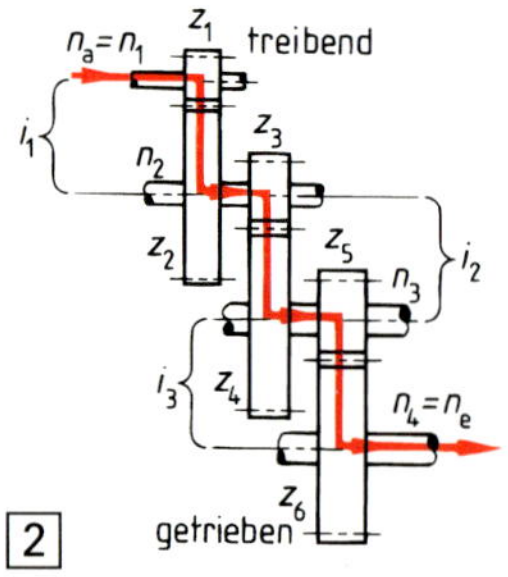

2

DYNAMIK

Gesamtübersetzungsverhältnis beim Mehrfachzahntrieb

$$i_{ges} = \frac{d_2 \cdot d_4 \cdot d_6 \ldots}{d_1 \cdot d_3 \cdot d_5 \ldots} \quad \boxed{249\text{–}1}$$. Mit $d = m \cdot z$:

$$i_{ges} = \frac{z_2 \cdot z_4 \cdot z_6 \ldots}{z_1 \cdot z_3 \cdot z_5 \ldots} \quad \boxed{249\text{–}2}$$

Aus den Gleichungen 249–1 und 249–2 sowie der Gleichung 248–6 ergeben sich die

Grundgleichungen für den Mehrfachzahntrieb

$$n_a \cdot d_1 \cdot d_3 \cdot d_5 \ldots = n_e \cdot d_2 \cdot d_4 \cdot d_6 \ldots \quad \boxed{249\text{–}3}$$

$$n_a \cdot z_1 \cdot z_3 \cdot z_5 \ldots = n_e \cdot z_2 \cdot z_4 \cdot z_6 \ldots \quad \boxed{249\text{–}4}$$

M 151. **Einfacher Zahntrieb:** $i = 4:3$, $z_1 = 90$, $d_2 = 120$ mm. Gesucht z_2 und Achsabstand a.

Lösung: $i = \frac{z_2}{z_1} = 4:3 \longrightarrow \boldsymbol{z_2} = z_1 \cdot i = 90 \text{ Zähne} \cdot \frac{4}{3} = \textbf{120 Zähne}$

$$a = \frac{d_1 + d_2}{2} = \frac{m \cdot z_1 + m \cdot z_2}{2} = \frac{m}{2} \cdot (z_1 + z_2)$$

$$d_2 = m \cdot z_2 \longrightarrow \boldsymbol{m} = \frac{d_2}{z_2} = \frac{120 \text{ mm}}{120} = \textbf{1 mm}$$

$$\boldsymbol{a} = \frac{1 \text{ mm}}{2} \cdot (90 + 120) = 0{,}5 \text{ mm} \cdot 210 = \textbf{105 mm}$$

M 152. **Doppelter Zahntrieb:** $z_1 = 50$, $z_2 = 80$, $z_3 = 40$, $z_4 = 120$, $n_a = 650 \text{ min}^{-1}$. Gesucht: i_{ges} und n_e.

Lösung: $\boldsymbol{i_{ges}} = \frac{z_2 \cdot z_4}{z_1 \cdot z_3} = \frac{80 \cdot 120}{50 \cdot 40} = 4{,}8 = \textbf{4,8 : 1}$

$$i_{ges} = \frac{n_a}{n_e} \longrightarrow \boldsymbol{n_e} = \frac{n_a}{i_{ges}} = \frac{650 \text{ min}^{-1}}{4{,}8} = \textbf{135,42 min}^{-1}$$

oder $n_a \cdot z_1 \cdot z_3 = n_e \cdot z_2 \cdot z_4$

$$\boldsymbol{n_e} = n_a \cdot \frac{z_1 \cdot z_3}{z_2 \cdot z_4} = 650 \text{ min}^{-1} \cdot \frac{50 \cdot 40}{80 \cdot 120} = \textbf{135,42 min}^{-1}$$

49.2.1 Die Bedeutung des Zwischenrades

Bild 1 zeigt die Teilkreise eines Zahntriebes mit **Zwischenrad.** Dieses überträgt das Drehmoment vom treibenden Zahnrad auf das getriebene Zahnrad. Aus dieser Anordnung ist auch ersichtlich, dass das treibende und das getriebene Zahnrad die gleiche Drehrichtung haben. Auch hier errechnet sich das Gesamtübersetzungsverhältnis aus dem Produkt aller Einzelübersetzungsverhältnisse. Führt man diese Multiplikation aus, dann ergibt sich

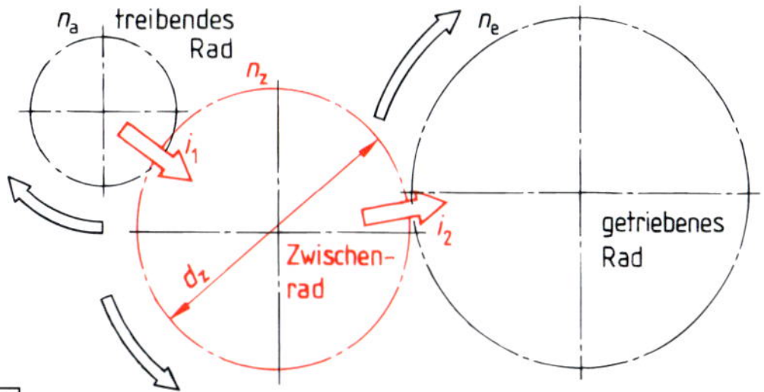

1

$$i_{ges} = i_1 \cdot i_2 = \frac{d_z}{d_1} \cdot \frac{d_2}{d_z} = \frac{d_2}{d_1}.$$ Somit:

Übersetzungsverhältnis bei einem Zahnradtrieb mit Zwischenrad

$$i = \frac{d_2}{d_1} = \frac{n_a}{n_e} \quad \boxed{249\text{–}5}$$

Das Übersetzungsverhältnis bei einem Zahnradtrieb mit Zwischenrad errechnet sich also wie das Übersetzungsverhältnis beim einfachen Zahntrieb. Das Zwischenrad hat somit keinen Einfluss auf das Übersetzungsverhältnis. Es gilt:

Das Zwischenrad ändert nur die Drehrichtung, nicht aber das Übersetzungsverhältnis.

DYNAMIK

Ü 227. **Doppelter Zahntrieb:** $z_1 = 36$, $z_2 = 54$, $z_3 = 48$, $n_a = 630\ \text{min}^{-1}$, $n_e = 280\ \text{min}^{-1}$
Gesucht: z_4, i_1, i_2, i_{ges}.

V 247. **Doppelter Zahntrieb:** $z_2 = 80$, $z_3 = 120$, $z_4 = 48$, $n_e = 675\ \text{min}^{-1}$, $i_{ges} = 1:6,25$
Gesucht: z_1, n_a, i_1, i_2.

49.3 Drehzahlen bei gestuften Schaltgetrieben

Beim Betrieb von Maschinen ist es oft erforderlich, aus einer Antriebsdrehzahl verschieden große Abtriebsdrehzahlen zu erzeugen. Dies wird mit Hilfe von **Getrieben** realisiert. Dabei unterscheidet man die **gestuften Schaltgetriebe** von den **stufenlos verstellbaren Getrieben.** Der Einsatz in der Antriebstechnik erfolgt gezielt, d. h. entsprechend der Zielsetzung bzw. dem Verwendungszweck. Grundsätzlich gilt:

Mit Getrieben ist die Änderung von Drehzahlen, Drehmomenten und Drehrichtungen möglich.

Bei den **gestuften Schaltgetrieben** erzielt man bei einer bestimmten Eingangsdrehzahl ganz bestimmte, d. h. feste Ausgangsdrehzahlen. Man unterscheidet dabei:

arithmetische Stufung → Diese wird heute kaum noch verwendet. Bei einer solchen Stufung sind die „Drehzahlabstände" gleich groß, z. B.: 50, 100, 150, 200, 250, ... min^{-1}.

geometrische Stufung → Schaltgetriebe sind heute fast ausschließlich **geometrisch gestuft.** Dies bedeutet, dass man die nächst höhere Drehzahl erhält, wenn man die davor liegende Drehzahl mit einem bestimmten Faktor, dem **Stufensprung** φ multipliziert. Angaben hierüber macht die DIN 323. Es ist:

Stufensprung $$\varphi = \sqrt[z-1]{\frac{n_{max}}{n_{min}}} \qquad \boxed{250–1}$$

z = Anzahl der Drehzahlen
n_{max} = größte Drehzahl
n_{min} = kleinste Drehzahl

Anzahl der Stufen $$n = z - 1 \qquad \boxed{250–2}$$

Für z. B. zehn Stufen hat die Reihe einen Stufensprung $\varphi = \sqrt[10]{10}$. Sie wird dann **Grundreihe** R 10 genannt. Man unterscheidet die **Grundreihen** R 5, R 10, R 20, R 40. Außerdem kennt man noch die **abgeleiteten Drehzahlreihen.**

M 153. Als kleinste Drehzahl ist $n_{min} = 100\ \text{min}^{-1}$ und als größte Drehzahl $n_{max} = 1600\ \text{min}^{-1}$ gefordert. Insgesamt soll das Schaltgetriebe $n = 4$ Stufen, d. h. $z = 5$ Drehzahlen haben. Berechnen Sie den Stufensprung φ, und schreiben sie die Drehzahlreihe auf.

Lösung: $\varphi = \sqrt[z-1]{\frac{n_{max}}{n_{min}}} = \sqrt[5-1]{\frac{1600\ \text{min}^{-1}}{100\ \text{min}^{-1}}} = \sqrt[4]{16} = \mathbf{2}$ Die Drehzahlreihe lautet somit:

$n_1 = 100\ \text{min}^{-1}$, $n_2 = 200\ \text{min}^{-1}$, $n_3 = 400\ \text{min}^{-1}$, $n_4 = 800\ \text{min}^{-1}$, $n_5 = 1600\ \text{min}^{-1}$.

Anmerkung: Die Drehzahlreihe mit $\varphi = 2$ heißt Reihe R 20/6. Sie ist eine aus der Reihe R 20 abgeleitete Drehzahlreihe.

Ü 228. Schreiben Sie die Drehzahlreihe aus Musteraufgabe M 153., jedoch mit drei Drehzahlen unter $100\ \text{min}^{-1}$ und einer Drehzahl über $1600\ \text{min}^{-1}$ auf.

Ü 229. Begründen Sie, warum heute bei Schaltgetrieben nicht mehr arithmetisch gestuft wird. Schreiben Sie vorher eine arithmetische Reihe mit $n_{min} = 100\ \text{min}^{-1}$ und $n_{max} = 2000\ \text{min}^{-1}$ mit einer Drehzahldifferenz von jeweils $100\ \text{min}^{-1}$ auf.

V 248. Bestimmen Sie die Drehzahlen zwischen $n_{min} = 16\ \text{min}^{-1}$ und $n_{max} = 1000\ \text{min}^{-1}$ bei einem Stufensprung $\varphi = 1{,}4$ (Drehzahlreihe R 20/3).

49.4 Drehzahlen bei stufenlosen Antrieben

Die **stufenlose Drehzahlregulierung** ermöglicht das Einstellen jeder gewünschten Drehzahl innerhalb des **Drehzahlbereiches** zwischen n_{min} und n_{max}. Diese Möglichkeit besteht z. B. beim **Reibradgetriebe,** wie es schematisiert in Bild 1 dargestellt ist. Bei einem solchen ist das treibende **Reibrad** verschiebbar, und zwar von einem größten auf einen kleinsten Antriebsradius. Damit ist die Drehzahl der getriebenen Radscheibe stufenlos regelbar.

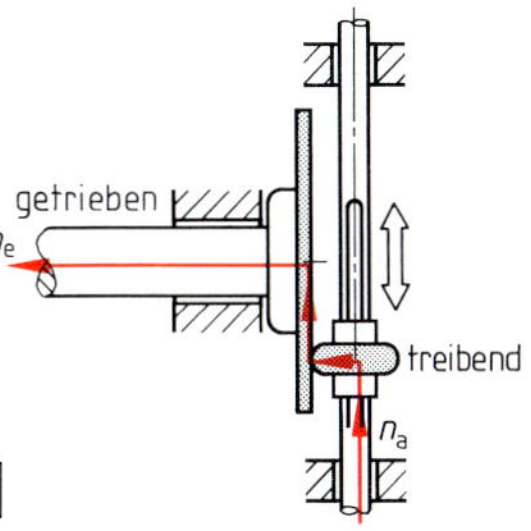

1

Eine weitere wichtige Bauform von stufenlosen Getrieben ist das **Kegelscheibengetriebe**. Bei einem solchen Getriebe – schematisiert im Bild 2 dargestellt – sind die Kegelscheibenpaare in der Mitte geteilt und über einen Hebelmechanismus axial verschiebbar. Durch dieses miteinander gekoppelte Verschieben beider Kegelscheibenpaare wird ein Keilriemen oder eine Lamellenkette gezwungen, auf einem Scheibenpaar weiter außen, auf dem anderen Scheibenpaar weiter innen, d. h. auf einem kleineren Radius zu laufen. Damit verändern sich die **wirksamen Scheibendurchmesser** und damit auch das Übersetzungsverhältnis. Stufenlose Getriebe gibt es in einer Vielzahl verschiedener Bauformen.

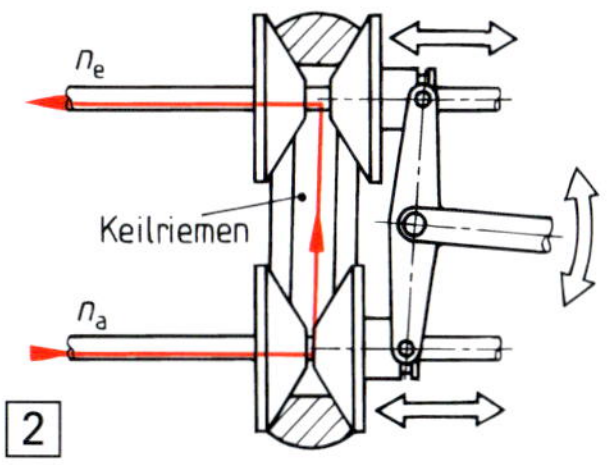

2

49.5 Getriebewirkungsgrad in Abhängigkeit von Drehmoment und Übersetzungsverhältnis

Gleichung 217–2: $P = M_d \cdot \frac{v_u}{r} = M_d \cdot \omega = M_d \cdot \frac{\pi \cdot n}{30}$. Setzt man dies in die Gleichung für die Berechnung des Wirkungsgrades ein, dann ergibt sich:

$$\eta = \frac{P_{ab}}{P_{zu}} = \frac{M_{d2} \cdot \frac{\pi \cdot n_2}{30}}{M_{d1} \cdot \frac{\pi \cdot n_1}{30}} = \frac{M_{d2} \cdot n_2}{M_{d1} \cdot n_1} = \frac{M_{d2}}{M_{d1}} \cdot \frac{1}{i}$$

. Somit erhält man für den

Getriebewirkungsgrad $\eta = \frac{1}{i} \cdot \frac{M_{d2}}{M_{d1}}$ 251–1

$i = n_a/n_e$ = Übersetzungsverhältnis des Getriebes
$M_{d1} = M_{da}$ = Antriebsdrehmoment in Nm
$M_{d2} = M_{de}$ = Abtriebsdrehmoment in Nm

Der Getriebewirkungsgrad ist umgekehrt proportional der Drehmomente in Richtung des Kraftflusses und umgekehrt proportional dem Übersetzungsverhältnis *i*.

In Abhängigkeit von *i* liegt η in der Regel zwischen den Werten 0,5 und 0,9.

M 154. Getriebeantriebsmotor: $n_1 = 2850\ \text{min}^{-1}$, $P = 15$ kW. Getriebeübersetzung $i = 4,3:1$. Abtriebsmoment des Getriebes $M_{d2} = 162$ Nm (gemessen). Zu berechnen: M_{d1} und η.

Lösung: $\boldsymbol{M_{d1}} = 9550 \cdot \frac{P}{n} = 9550 \cdot \frac{15}{2850}\ \text{Nm} = \mathbf{50{,}26\ Nm}$

$$\boldsymbol{\eta} = \frac{1}{i} \cdot \frac{M_{d2}}{M_{d1}} = \frac{1}{4{,}3} \cdot \frac{162\ \text{Nm}}{50{,}26\ \text{Nm}} = 0{,}75 = \mathbf{75\,\%}$$

Ü 230. Getriebewirkungsgrad $\eta = 0{,}65$; Übersetzung im Getriebe $i = 1:2{,}5$; Abtriebsdrehmoment $M_{d2} = 225$ Nm. Antriebsmotor ist ein Dieselmotor mit $P = 75$ kW. Welche Drehzahl n_1 muß der Motor haben?

V 249. Wie ändert sich der Getriebewirkungsgrad bei Vergrößerung von *i*?

Umwandlung von Rotation in Translation und umgekehrt

Lektion 50 Der Kurbeltrieb

50.1 Die Schubkurbel

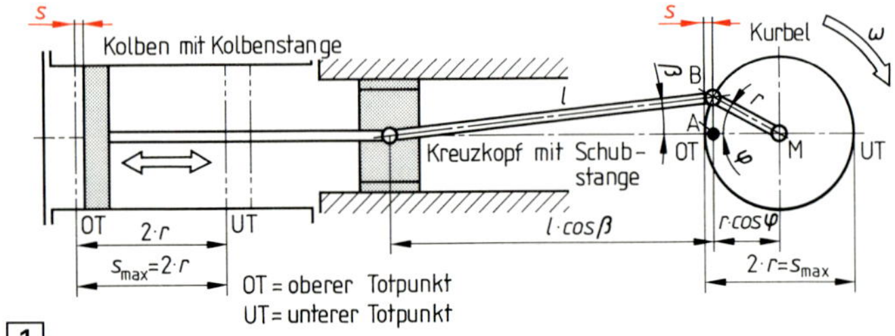

1

In allen Bereichen des Maschinenbaus sind Bewegungsumwandlungen aus der Rotation in die Translation erforderlich. Auch umgekehrt kann es nötig sein, aus einer Translationsbewegung eine Rotationsbewegung zu erzeugen. In der Regel wird eine solche Bewegungsumwandlung mit Hilfe einer **Schubkurbel** (Bild 1) realisiert. Im folgenden sind einige Beispiele für die Verwendung der Schubkurbel in der Technik aufgezählt.

Umwandlung von Rotation in Translation ⟶ Kolbenverdichter (Kompressoren), Exzenterpressen, Kolbenpumpen

Umwandlung von Translation in Rotation ⟶ Hubkolbenmotor, Kolbendampfmaschine

Aus Bild 1 sind alle für die **Berechnung der Schubkurbel** wichtigen Größen zu entnehmen:
l = Länge der **Schubstange,** die auch als **Pleuelstange** bezeichnet wird.
r = **Kurbelradius**; s = **Kolbenweg;** den maximalen Kolbenweg bezeichnet man als **Hub**.
φ = **Drehwinkel** der Kurbel.

50.1.1 Der Kolbenweg *s*

Der **Kolbenweg** verändert sich in Abhängigkeit von der Kolbenstellung bezüglich der **Totpunkte.** In Bild 1 ist z. B. ein kleiner Weg *s* vom **oberen Totpunkt** OT zum **unteren Totpunkt** UT zurückgelegt. Aus den weiteren Bezeichnungen in Bild 1 ergibt sich trigonometrisch:

$$s = l + r - l \cdot \cos\beta - r \cdot \cos\varphi$$

$$s = r \cdot (1 - \cos\varphi) + l \cdot (1 - \cos\beta) \quad ①$$

In Gleichung ① kommen zwei unbekannte Größen vor, nämlich der **Schubstangenwinkel** β und der **Kurbelwinkel** (Drehwinkel) φ. Wird β durch φ ersetzt, dann ergibt sich gemäß Bild 1: Strecke $\overline{AB} = \sin\beta \cdot l = \sin\varphi \cdot r \longrightarrow \sin\beta = \sin\varphi \cdot \frac{r}{l}$. Wendet man weiter das Additionstheorem $\cos\beta = \sqrt{1 - \sin^2\beta}$ an, dann ergibt sich hieraus $\cos\beta = \sqrt{1 - \left(\frac{r}{l}\right)^2 \cdot \sin^2\varphi}$.

Setzt man nun diesen Ausdruck für $\cos\beta$ in Gleichung ① ein, so erhält man für den Kolbenweg

$$s = r \cdot (1 - \cos\varphi) + l \cdot \left[1 - \sqrt{1 - \left(\frac{r}{l}\right)^2 \cdot \sin^2\varphi}\right].$$

Da bei gleichförmiger Drehbewegung, diese wird vorausgesetzt, nach Gleichung 220–5 bzw. 223–1 der Drehwinkel $\boldsymbol{\varphi = \omega \cdot t}$ ist, erhält man schließlich für den zurückgelegten

Kolbenweg

$$s = r \cdot (1 - \cos\omega \cdot t) + l \cdot \left[1 - \sqrt{1 - \left(\frac{r}{l}\right)^2 \cdot \sin^2\omega \cdot t}\right] \quad \text{252–1}$$

s, r, l	ω	t	$\omega \cdot t$
m	1/s	s	rad

50.1.1.1 Näherungsgleichung für den Kolbenweg *s*

Gleichung 252–1 kann als verhältnismäßig aufwendig hinsichtlich ihrer Handhabung bezeichnet werden. In solchen Fällen wird in der technischen Praxis immer überlegt, ob man solch umfangreiche mathematische Zusammenhänge dadurch vereinfachen kann, dass man eventuell vernachlässigbare Sachverhalte aus der Gleichung herausnimmt. Dies muss allerdings auch immer unter dem Gesichtspunkt geschehen, dass die bei der vorgenommenen Idealisierung auftretenden Ungenauigkeiten vernachlässigbar klein sind. Eine solche Vorgehensweise bietet sich bei der Gleichung 252–1 für die Berechnung des Kolbenweges an.

Dabei wird von dem Wert $\frac{r}{l}$ ausgegangen, der als **Stangenverhältnis** bezeichnet wird. Dieser Wert ist normalerweise bei ausgeführten Maschinen nicht größer als $\frac{1}{5} = 0{,}2$. Unter dieser Voraussetzung ist auch der Wert $\left(\frac{\boldsymbol{r}}{\boldsymbol{l}}\right)^2 \cdot \sin^2 \boldsymbol{\omega} \cdot \boldsymbol{t}$ aus Gleichung 252–1 ein sehr kleiner Wert, nämlich höchstens **0,04.** Dieser kann vernachlässigt werden. In diesem Fall und bei Anwendung einer weiteren trigonometrischen Beziehung erhält man schließlich die

Näherungsgleichung für den Kolbenweg $$s = r \cdot \left[1 - \cos \omega t + \frac{r}{4 \cdot l} \cdot (1 - \cos 2\,\omega t)\right]$$ 253–1 in m

50.1.2 Die Kolbengeschwindigkeit *v*

Mit Hilfe der Differentialrechnung erhält man aus Gleichung 253–1 die

Näherungsgleichung für die Kolbengeschwindigkeit $$v = r \cdot \omega \cdot \left(\sin \omega t + \frac{r}{2 \cdot l} \cdot \sin 2\,\omega t\right)$$ 253–2 in $\frac{\text{m}}{\text{s}}$

50.1.3 Die Kolbenbeschleunigung *a*

Ebenfalls mit Hilfe der Differentialrechnung erhält man aus Gleichung 253–2 die

Näherungsgleichung für die Kolbenbeschleunigung $$a = r \cdot \omega^2 \cdot \left(\cos \omega t + \frac{r}{l} \cdot \cos 2\,\omega t\right)$$ 253–3 in $\frac{\text{m}}{\text{s}^2}$

50.2 Die Kurbelschleife

Bei der **Kubelschleife** (Bild 1) wird über einen im Schlitz C geführten Kulissenstein die Rotationsbewegung vom Kurbelzapfen direkt auf die Kolbenstange übertragen. Mit der Kurbelschleife lassen sich in einer bestimmten Anordnung unterschiedlich große Vor- und Rücklaufgeschwindigkeiten erzielen. Diese Anordnung ist die Verbindung einer Kurbelschleife mit einem Hebelsystem und wird dann als **Kurbelschwinge** bezeichnet. Eine solche wird in Übungsaufgabe Ü 233., Seite 254 behandelt. Mit den Bezeichnungen des Bildes 1 ergibt sich

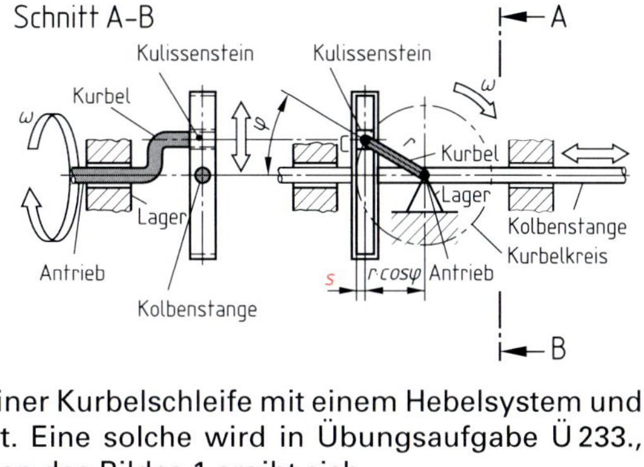

1

$$s = r - r \cdot \cos \varphi$$

$s = r \cdot (1 - \cos \varphi)$. Mit $\boldsymbol{\varphi} = \boldsymbol{\omega} \cdot \boldsymbol{t}$ erhält man für den

Kolbenstangenweg $$s = r \cdot (1 - \cos \omega t)$$ 253–4 in m

Wendet man nun wieder die Differentialrechnung an, erhält man die Gleichungen für

Kolbenstangengeschwindigkeit $$v = r \cdot \omega \cdot \sin \omega t$$ 253–5 in $\frac{\text{m}}{\text{s}}$ und

Kolbenstangenbeschleunigung $$a = r \cdot \omega^2 \cdot \cos \omega t$$ 253–6 in $\frac{\text{m}}{\text{s}^2}$.

Als Vorteil der Kurbelschleife gegenüber der Schubkurbel ist zu nennen, dass die Kurbelschleife nur Teile mit reiner Translationsbewegung (Kolbenstange) und reiner Rotationsbewegung (Kurbel) aufweist. Die Pleuelstange entfällt, und dadurch baut die Kurbelschleife auch kürzer als die Schubkurbel. Nachteilig ist, dass die übertragbaren Kräfte bzw. Momente bei der Kurbelschleife wesentlich kleiner sind als bei der Schubkurbel.

Ü 231. Eine Schubkurbel läuft mit $n = 300\ \text{min}^{-1}$. Gemäß Bild 1, Seite 252 ist $r = 0{,}6$ m und $l = 3$ m. Berechnen Sie für $\varphi = 40°$

a) den Weg s des Kolbens nach Gleichung 252–1 und nach der Näherungsgleichung 253–1,
b) die Geschwindigkeit v des Kolbens,
c) die Beschleunigung a des Kolbens,
d) die Zeit für das Durchlaufen des Winkels $\varphi = 40°$.

Ü 232. Bei einer Kurbelschleife gemäß Bild 1, Seite 253 ist $r = 0{,}25$ m und $n = 60\ \text{min}^{-1}$. Berechnen Sie für den Winkel $\varphi = 40°$

a) den Kolbenstangenweg s,
b) die Kolbenstangengeschwindigkeit v,
c) die Kolbenstangenbeschleunigung a.

Ü 233. Bild 1 zeigt die schematisierte Darstellung des Antriebes einer Waagerechtstoßmaschine, einem **Shaping**. Es ist zu erkennen, dass die Kurbelschleife mit einem Schwinghebel verbunden ist. Eine solche Kombination von Kurbelschleife und Schwinghebel heißt **Kurbelschwinge.** Der Kurbelhebel hat dabei eine verstellbare Länge l. Mit dieser Längenverstellung ist die Größe des Hubes für den Werkzeugschlitten einstellbar, und mit Hilfe der Kurbelschwinge lassen sich ein langsamerer Vorlauf und ein schnellerer Rücklauf realisieren.

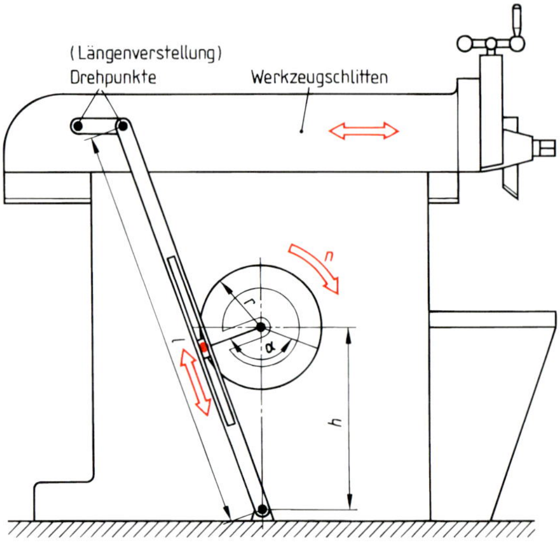

1

a) Begründen Sie den Vorteil der unterschiedlichen Vor- und Rücklaufgeschwindigkeit bei der spanenden Bearbeitung auf einer solchen Waagerechtstoßmaschine.
b) Drücken Sie mit Hilfe des Winkels α das Verhältnis von Vorlaufzeit zur Rücklaufzeit aus.

V 250. Bei der in Übungsaufgabe Ü 233. abgebildeten Waagerechtstoßmaschine (Shaping) ist $r = 150$ mm, $h = 500$ mm und $l = 900$ mm. Wie groß ist bei $n = 45\ \text{min}^{-1}$ die größte Geschwindigkeit des Werkzeugschlittens? Wie verhalten sich Vor- und Rücklaufgeschwindigkeit zueinander?

Festigkeitslehre

Grundlagen der Festigkeitslehre

Lektion 51 **Aufgabe der Festigkeitslehre**

51.1 Die drei Hauptaufgaben der Festigkeitslehre

In Lektion 1 wurde die Einordnung der Festigkeitslehre in die Technische Mechanik vorgenommen. Während die Statik bei der Ermittlung von Kräften und Momenten den absolut starren Körper voraussetzt, befasst sich die Festigkeitslehre damit, wie sich das Bauteil unter dem Einfluss der wirkenden Kräfte und Momente verhält. Die dabei auftretenden Verformungen dürfen die **Funktionsfähigkeit** der beanspruchten Bauteile nicht beeinflussen. Dies bedeutet, dass die **Tragfähigkeit** mit Hilfe der Berechnungsgleichungen der Festigkeitslehre sicher nachgewiesen werden muss.

Die Festigkeitslehre untersucht das Verhalten fester Körper unter dem Einfluss von äußeren Kräften und Momenten.

51.1.1 Ermittlung der Bauteilabmessungen

Durch die Funktion eines Bauteiles ist seine geometrische Form qualitativ vorgegeben. Hat man sich entsprechend dem Verwendungszweck des Bauteiles dann für einen bestimmten Werkstoff entschieden und ist die Art der äußeren Belastung bekannt, so kann man mit den Berechnungsgleichungen der Festigkeitslehre die Abmessungen des Bauteiles ermitteln. Dies geschieht dann nach dem folgenden Schema:

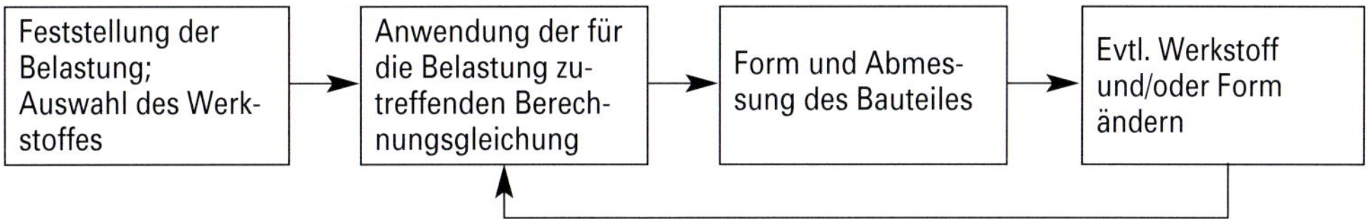

Die Festlegung der Bauteilabmessungen wird als **Dimensionieren** bezeichnet.

51.1.2 Ermittlung der übertragbaren Kräfte und Momente

Eine weitere sehr häufige Aufgabenstellung der Festigkeitslehre besteht darin, dass für ein vorhandenes Bauteil, z. B. eine Schraube oder eine Kurbelwelle, ermittelt werden muss, wie groß die wirkenden Kräfte und Momente höchstens sein dürfen. Dabei werden die durch die **Werkstoffprüfung** ermittelten spezifischen Werkstoffkennwerte zugrunde gelegt. Insbesondere dürfen bestimmte **Spannungswerte** (Lektion 58) nicht überschritten werden; man spricht bei einer solchen Aufgabenstellung auch vom **Festigkeitsnachweis** oder vom **Spannungsnachweis**.

Die von einem Bauteil aufnehmbaren Kräfte und Momente hängen von den Bauteilabmessungen, der Form und vom Werkstoff des Bauteiles ab.

51.1.3 Werkstoffwahl

Die Aufgabe kann sich in der Festigkeitslehre auch so stellen, dass die angreifenden Kräfte und Momente feststehen, und dass aus kostruktiven oder betrieblichen Gründen die Bauteilabmessungen, z. B. der Durchmesser einer Welle, fest vorgegeben sind. In einem solchen Fall muss für diese Gegebenheiten ein Werkstoff mit entsprechenden Werkstoffkennwerten (Festigkeit und Härte) ermittelt werden. Die Werkstoffwahl ist auch eine Frage der **Wirtschaftlichkeit.** So müssen oft der Preis oder die gerade vorhandene Lagersorte in die Betrachtungen einbezogen werden. Des Weiteren müssen oftmals Werkstoffbeanspruchungen wie **Korrosion,** hohe oder sehr tiefe **Temperaturen** oder die Belastung durch **Strahlung** berücksichtigt werden.

51.2 Der idealisierte Körper

In der Regel sind Maschinenteile mehr oder weniger kompliziert geformt. Oftmals ist es jedoch möglich, ohne dabei einen großen Fehler zu begehen, dass sich ein solches Bauteil (Bild 1) auf eine geometrisch einfachere Form (Bild 2) zurückführen lässt. Man spricht in einem solchen Fall vom **Idealisieren** oder vom **idealisierten Körper.** Ein solcher lässt sich bei Festigkeitsberechnungen wesentlich leichter behandeln.

Die beim Idealisieren entstehenden Ungenauigkeiten müssen vernachlässigbar klein bleiben.

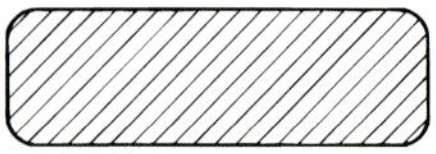
tatsächlicher Querschnitt

1

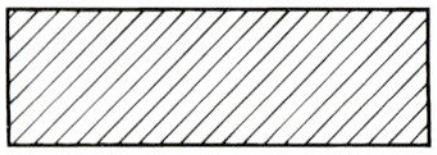
idealisierter Querschnitt

2

51.3 Gültigkeitsbereich der elementaren Festigkeitslehre

Man unterscheidet die **elementare Festigkeitslehre** von der **höheren Festigkeitslehre.** Letztere befasst sich mit dem Verhalten von kompliziert geformten Bauteilen wie z. B. gewölbten Platten oder gekrümmten Trägern, und eine Problemlösung kann i. d. R. mit den Mitteln der höheren Mathematik, insbesondere der Integralrechnung erfolgen. In den allermeisten Fällen genügen aber dem Ingenieur die Regeln der elementaren Festigkeitslehre. Diese werden in diesem Teil des Buches hergeleitet, und ihre Anwendung wird an praktischen Beispielen geübt.

Die elementare Festigkeitslehre beschäftigt sich mit Bauteilen mit einer geraden Stabachse. Diese gerade Stabachse ist gleichzeitig die Schwerachse des Bauteiles.

Unter **Festigkeit** versteht man den Widerstand eines Körpers gegen Verformung oder gegen seine Zerstörung.

Ü 234. Erklären Sie den Unterschied zwischen den Teilgebieten der Technischen Mechanik „Statik" und „Festigkeitslehre".

Ü 235. Nennen Sie die drei Hauptaufgaben der Festigkeitslehre.

Ü 236. Ein Brett mit Rechteckquerschnitt (Bild 2) wird auf Biegung beansprucht.

a) Welche unterschiedliche Beobachtung machen Sie bei wechselweiser Beanspruchung über die hohe bzw. die niedrige Kante (Seite) des Rechteckquerschnittes?

b) Versuchen Sie, anhand dieses Beispieles eine Aussage über den Einfluss der Bauteilform zu machen.

Ü 237. Was versteht man unter „Idealisieren"? Versuchen Sie, eine grundsätzliche Regel aufzustellen, die der Techniker generell beim Idealisieren einhalten muss.

Ü 238. In welche beiden Bereiche wird die Festigkeitslehre üblicherweise eingeteilt?

V 251. Warum kann die Funktionsfähigkeit eines Bauteiles trotz vorhandener Tragfähigkeit u. U. nicht gegeben sein?

V 252. In welcher Weise nimmt der verwendete Werkstoff auf die Bauteilabmessung Einfluss?

V 253. Was versteht man unter einem Spannungsnachweis, und welche weitere Bezeichnung ist hierfür noch üblich?

V 254. Nennen Sie einige Bauteile mit gerader Stabachse.

Lektion 52

Spannung und Beanspruchung

52.1 Äußere Kraft und die Beanspruchung durch innere Kräfte

Wird ein Bauteil durch **äußere Kräfte** belastet, wie z. B. durch die Zugkräfte F_1 und F_2 im Bild 1, so setzt das Werkstück diesen äußeren Kräften **innere Kräfte** entgegen. Diese inneren Kräfte beruhen auf dem Zusammenhalt der Moleküle des Werkstoffes, und sie werden als **Kohäsionskräfte** bezeichnet. Die Eigenschaft des Zusammenhalts heißt **Kohäsion.**

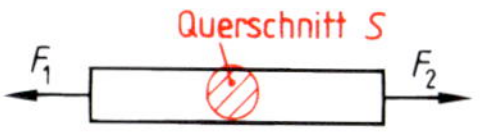

1

Kohäsionskraft → Dies ist die Kraft, die zwischen den Atomen oder Molekülen eines Körpers wirkt und dessen Zusammenhalt bewirkt. Man bezeichnet sie deshalb auch als **Zusammenhangskraft.**

Die äußeren Kräfte belasten das Bauteil. Durch die inneren Kräfte wird das Bauteil (der Werkstoff) beansprucht.

Erreichen die äußeren Kräfte die inneren Kräfte, d. h. die Kohäsionskräfte, dann wird das Bauteil zerstört, d. h., dass zum Beispiel der **Zugstab** im Bild 1 zerrissen wird. Die Zerstörung erfolgt dabei an der Stelle des schwächsten **Querschnittes** *S* (s. auch Seite 269), d. h., dass die **Festigkeit des Werkstoffes** zu klein war. Solange die Funktion eines belasteten Bauteiles gegeben ist, stehen die Belastungskräfte (äußere Kräfte) mit den Beanspruchungskräften (innere Kräfte) im Sinne der Statik im Gleichgewicht. Somit kann man sagen:

Die inneren Beanspruchungskräfte sind die Reaktionskräfte der äußeren Belastungskräfte.

52.2 Das Schneiden des Bauteils zur Ermittlung der inneren Kraft und des inneren Moments

Stellt man sich den Zugstab im Bild 1 geschnitten vor, etwa wie es im Bild 2 dargestellt ist, dann bewirkt ein solcher (gedachter) **Schnitt** das gleiche am Bauteil, wie wenn dieses unter dem Einfluss der Kraft *F* auseinandergerissen würde. In diesem Fall wäre das Bauteil nicht mehr funktionsfähig, die Festigkeit wäre nicht ausreichend gewesen. Unter dem Einfluss der Kraft *F* würden sich die Schnittflächen *S,* die auch als **Schnittufer** bezeichnet werden, auseinander bewegen. Soll aber die Funktionsfähigkeit des Bauteils gewährleistet sein, dann ergibt sich hieraus, dass sich die äußere Kraft *F* mit der inneren Reaktionskraft F_i im Gleichgewicht befindet. Dies wird im Bild 3 dargestellt. Sinngemäß gilt dies auch für das **Gleichgewicht äußerer und innerer Momente.** Aus alledem ergibt sich, dass die vom betrachteten Querschnitt zu übertragende Kräfte und Momente mit Hilfe der **Gleichgewichtsbedingungen der Statik** gefunden werden können. Somit:

2

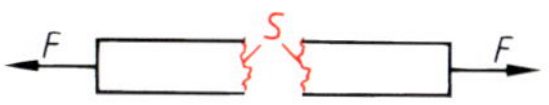

3

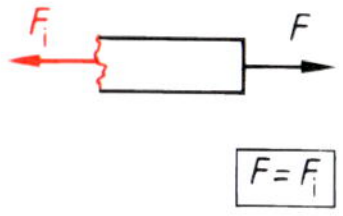

Gleichgewichtsbedingungen am Bauteil $\Sigma F_x = 0$ $\Sigma F_y = 0$ $\Sigma M = 0$

Zur Ermittlung der Bauteilbeanspruchung dient also das

Schnittverfahren
Diejenigen Kräfte und Kraftmomente, die den abgeschnitten gedachten Teilkörper im statischen Gleichgewicht halten, werden im Schnittflächenschwerpunkt mit ihren Symbolen eingezeichnet.

Diese Kräfte bzw. Momente beanspruchen das Bauteil im gedachten Bauteilschnitt und zeigen deshalb die **Art der Beanspruchung** in dieser Schnittfläche. Bild 4 zeigt ein Beispiel mit mehreren Beanspruchungsarten. Es ist zu er-

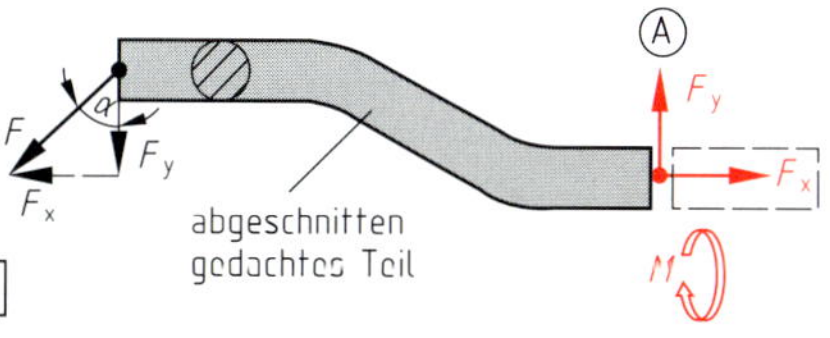

4

kennen, dass im Schnitt Ⓐ eine Beanspruchung auf Zug, Scherung und Biegung erfolgt. Man unterscheidet in diesem Fall

F_x, F_y ⟶	**innere Kräfte**	⟶ s. auch Lektion 62, Seite 312
M ⟶	**inneres Moment**	

52.3 Begriff und Ermittlung der Spannung

Da die innere Kraft F_i auf dem Zusammenhalt aller benachbarten Werkstoffteilchen beruht, kann gesagt werden, dass sich F_i aus vielen kleinen Teilkräften ΔF_i zusammensetzt. Dies ist im Bild 1 dargestellt. Danach ergibt sich für die

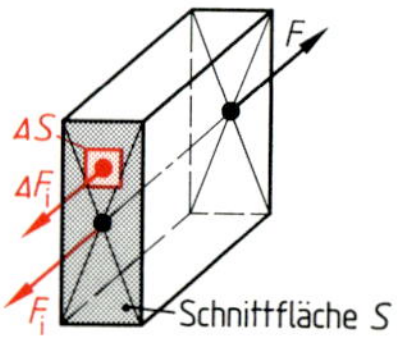

innere Kraft $F_i = \Sigma \Delta F_i$ 258–1 in N 1

Üblicherweise wird in der Festigkeitslehre die **Größe der Beanspruchung** mit Hilfe des Quotienten $\frac{\Delta F_i}{\Delta S}$ angegeben. Dieser Quotient wird als **mechanische Spannung** bzw. meist kurz als **Spannung** bezeichnet.

Die Spannung $\frac{\Delta F_i}{\Delta S}$ ist ein Maß für die Größe der Beanspruchung in der Teilfläche ΔS.

In den meisten Fällen ist es so, dass jedes Flächenteilchen ΔS den annähernd gleichen Kraftanteil ΔF_i überträgt. Dies ist annähernd der Fall in Querschnitten, die von der Krafteinleitungsstelle mindestens so weit entfernt sind, wie die größte Abmessung (z. B. Höhe oder Durchmesser) des Querschnittes. Setzt man $\boldsymbol{F_i = F}$ und $\boldsymbol{S = \Sigma \Delta S}$, dann ergibt sich als

Definition der Spannung $$\text{Spannung} = \text{Größe der Beanspruchung} = \frac{\text{äußere Kraft}}{\text{Querschnittsfläche}}$$

Als **Einheit der Spannung** ergibt sich somit in $\frac{\mathbf{N}}{\mathbf{mm^2}}$.

Bezogen auf die Querschnittsfläche S des Bauteils kann die äußere Kraft unterschiedlich gerichtet sein. Dies ist dann das Kriterium für die beiden unterschiedlichen **Spannungsarten** gemäß 52.3.1 und 52.3.2:

52.3.1 Normalspannungen

Bei der prinzipiellen Darstellung der Spannung wurde der Fall gewählt, dass ein Bauteil auf Zug beansprucht wurde. Bild 1 zeigt, dass dabei die äußere Kraft F senkrecht zum beanspruchten Querschnitt S gerichtet ist. In einem solchen Fall wird die Spannung als **Normalspannung** bezeichnet, ihr **Formelzeichen** ist der kleine griechische Buchstabe $\boldsymbol{\sigma}$ (sigma).

Bei einer Normalspannung ist die äußere Kraft senkrecht zum beanspruchten Querschnitt gerichtet.

Normalspannung $\sigma = \frac{F}{S}$

σ	F	S
$\frac{\text{N}}{\text{mm}^2}$	N	mm^2

⟶ $F \perp S$

F = äußere Kraft; S = Querschnittsfläche **(DIN 1304)**

52.3.2 Schubspannungen

Der zweite grundsätzliche Beanspruchungsfall ist dann gegeben, wenn die innere Kraft versucht, zwei zueinander benachbarte Flächenteilchen ΔS gegeneinander zu verschieben. Dies ist z. B. der Fall, wenn das Bauteil verdreht wird, oder wenn eine Abscherbeanspruchung – entsprechend Bild 2 – vorliegt. Man spricht in einem solchen Fall von einer **Schub-**

2

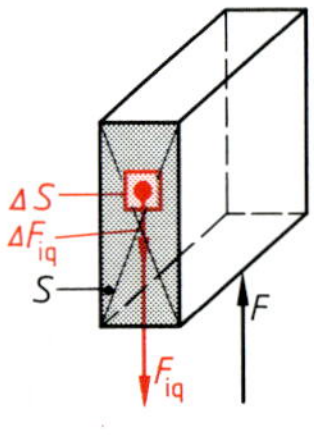

beanspruchung bzw. einer **Schubspannung.** Als **Formelzeichen** wird der kleine griechische Buchstabe τ (tau) verwendet, und die innere Kraft wird als **Querkraft** F_{iq} bezeichnet. Es ist – sieht man von der entgegengesetzten Richtung einmal ab – $F_{iq} = F$.

Bei einer Schubspannung ist die äußere Kraft parallel zum beanspruchten Querschnitt gerichtet.

Schubspannung $\tau = \frac{F}{S}$

τ	F	S
$\frac{N}{mm^2}$	N	mm^2

→ $F \parallel S$

M 155. Im Bild 4, Seite 257 ist $F = 820$ N und $\alpha = 38°$. Der Querschnitt an der Stelle Ⓐ beträgt $S = 95\ mm^2$. Wie groß ist an dieser Stelle a) die Normalspannung, b) die Schubspannung?

Lösung: a) $\sigma = \frac{F_x}{S} = \frac{F \cdot \sin 38°}{S} = \frac{820\ N \cdot 0{,}6157}{95\ mm^2} = \mathbf{5{,}31\ \frac{N}{mm^2}}$ (vorhandene Zugspannung)

b) $\tau = \frac{F_y}{S} = \frac{F \cdot \cos 38°}{S} = \frac{820\ N \cdot 0{,}788}{95\ mm^2} = \mathbf{6{,}80\ \frac{N}{mm^2}}$ (vorhandene Abscherspannung)

52.4 Elementarbeanspruchungen an stabförmigen Körpern

Man kennt insgesamt sechs **Elementarbeanspruchungen.** Einige davon sind bereits in Beispielen erläutert worden, und die nachfolgende Tabelle zeigt eine Zusammenfassung:

Art der Beanspruchung	Kraftangriff an einem stabförmigen Körper	Formänderung	mögliche Zerstörung	Bezeichnung d. Spannung verbal	Formelzeichen
1. Zug	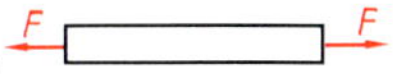 1	Verlängerung	zerreißen	Zugspannung	σ_z
2. Druck	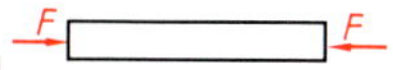 2	Verkürzung	zerquetschen	Druckspannung	σ_d
3. Knickung	 3	Ausbiegung	zerknicken	Knickspannung	σ_K
4. Biegung	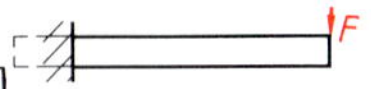 4	Durchbiegung	zerbrechen	Biegespannung	σ_b
5. Scherung (Schub)	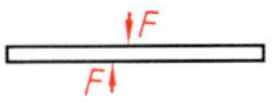 5	Schiebung (Gleitung)	abscheren	Scherspannung	τ_a
6. Verdrehung (Torsion)	 6	Drehung	abdrehen	Torsionsspannung	τ_t

Entsprechend der **Beanspruchungsart** und entsprechend der **Aufgabenstellung** (siehe 51.1 und 51.2) erhalten die Rechengrößen **zusätzliche Indizes.** Es bedeuten: zul = zulässig
erf = erforderlich
vorh = vorhanden
gew = gewählt

Beispiele:
$\sigma_{z\,zul}$ = zulässige Zugspannung
$\tau_{t\,zul}$ = zulässige Torsionsspannung
S_{erf} = erforderliche Querschnittsfläche
$\sigma_{d\,vorh}$ = vorhandene Druckspannung

z. B. →

gegeben	gesucht
S_{vorh}; F_{vorh}	σ_{vorh}
τ_{zul}; F_{vorh}	S_{erf}
σ_{zul}; S_{vorh}	F_{zul}

FESTIGKEITSLEHRE

52.5 Zusammengesetzte Beanspruchungen

Im einfachsten Fall wird ein Bauteil nur auf **eine** Art beansprucht, z. B. auf Zug oder auf Biegung. Bei vielen Maschinen- und Anlagenteilen treten aber **gleichzeitig mehrere Beanspruchungsarten** auf, so wie dies im Bild 4, Seite 257 zu ersehen ist und worauf sich ja auch Musteraufgabe M 155., Seite 259 bezogen hat. Häufige **Kombinationen von Elementarbeanspruchungen** bei Maschinen sind Biegung und Zug; Biegung und Druck; Biegung, Zug und Scherung oder auch Biegung und Torsion.

Treten in einem Bauteil mehrere Elementarbeanspruchungen gleichzeitig auf, spricht man von einer **zusammengesetzten Beanspruchung.**

Auf diesen Sachverhalt geht der Abschnitt „Zusammengesetzte Beanspruchungen" (Lektionen 75 bis 77) sehr ausführlich ein.

Ü 239. Nennen Sie Werkstoffe mit hohen Festigkeiten und leiten Sie daraus den Verwendungszweck dieser Werkstoffe ab.

Ü 240. Ein gekröpftes Blech (Bild 1) ist einseitig fest eingespannt. Auf der gegenüberliegenden Seite wirkt die Kraft F. Das Maß der Kröpfung ist mit l bezeichnet. Ermitteln Sie mit Hilfe der Schnittmethode die Beanspruchungsarten in den Querschnitten a–a und b–b.

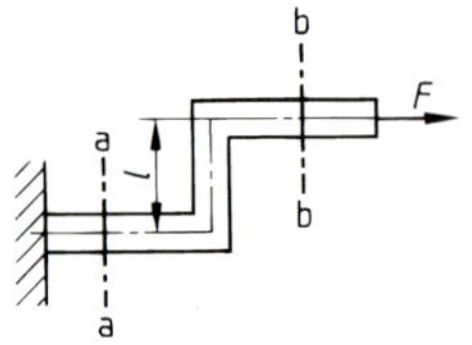

1

Ü 241. Ein Rechteckprofil mit den Querschnittsmaßen 25 mm × 50 mm überträgt eine Zugkraft $F = 3850$ N.

a) Versehen Sie alle gegebenen und gesuchten Größen mit Indizes.
b) Welche Zugspannung tritt in der Querschnittsfläche auf?

Ü 242. Bei welchen Elementarbeanspruchungen treten Normalspannungen auf?

Ü 243. Bei welchen Elementarbeanspruchungen treten Schubspannungen auf?

Ü 244. Nennen Sie eine zusammengesetzte Beanspruchung, bei der Normal- **und** Schubspannungen auftreten.

V 255. Nennen Sie Bauteile, für die a) die Zugbeanspruchung,
b) die Torsionsbeanspruchung typisch ist.

V 256. Versuchen Sie, durch Vergleich der Bauteilabmessungen den Unterschied zwischen Druck- und Knickbeanspruchung zu erläutern.

V 257. Ein auf einer Seite fest eingespannter Balken (Bild 2) wird durch die Kraft F beansprucht.

a) Ermitteln Sie mit Hilfe der Schnittmethode die Beanspruchungsarten im Querschnitt x–x.
b) Zeichnen Sie in die Querschnittsfläche die inneren Kräfte und Momente ein.

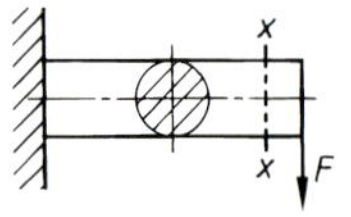

2

V 258. In Übungsaufgabe Ü 240. ist $F = 500$ N und $l = 30$ mm.
Wie groß sind die inneren Kräfte und Momente, und wie sind diese gerichtet? (Querschnitt a–a).

V 259. Ein Rundstab mit dem Durchmesser $d = 20$ mm zerreißt bei einer Spannung $\sigma_z = 400$ N/mm². Wie groß war die wirkende Kraft F?

Die einfachen statischen Beanspruchungen

Lektion 53 Beanspruchung auf Zug oder Druck

53.1 Die statische Beanspruchung

Bild 1 zeigt ein **Spannungs, Zeit-Diagramm** (σ, t-Diagramm). Daraus ist zu ersehen, dass die vorhandene Spannung als zeitlich konstante Größe anzusehen ist. Dies bedeutet, dass das Bauteil zeitlich konstant beansprucht wird, d. h., die am Bauteil wirkende Last ist konstant. In einem solchen Fall spricht man von einer **ruhenden Belastung** oder auch von einer **statischen Beanspruchung**.

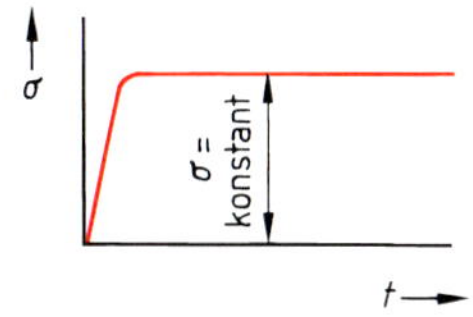

1

Bei einer zeitlich konstanten Belastung (ruhende Belastung) wird das Bauteil statisch beansprucht.

Die Betrachtungen in diesem Abschnitt der Festigkeitslehre erfolgen alle unter der Voraussetzung einer statischen Beanspruchung. Im Gegensatz hierzu kennt man die **dynamische Beanspruchung,** d. h. die Beanspruchung durch eine zeitlich nicht konstante Last. Aussagen über diesen Sachverhalt machen die Lektionen 78 bis 80.

53.2 Beanspruchung auf Zug

Bild 2 zeigt zwei Zugstäbe mit den unterschiedlichen Querschnittsflächen S_1 und S_2. Es wirkt jeweils die gleich große Zugkraft F. Aus der Definition

$$\text{Spannung } \sigma = \frac{\text{Kraft } F}{\text{Querschnittsfläche } S}$$

geht hervor, dass sich im Zugstab mit dem kleineren Querschnitt S_1 die größte Zugspannung σ_{z1} aufbaut. Setzt man eine gleichmäßige Spannungsverteilung im gesamten Querschnitt voraus, dann geht dieser Sachverhalt auch aus den beiden im Bild 2 dagestellten **Spannungsdiagrammen** hervor. Die Pfeile im Spannungsdiagramm werden auch als **Spannungspfeile** bezeichnet. Sie gestatten es, die im Bauteil auftretende Spannung mit Hilfe eines **Spannungsmaßstabes** maßstäblich darzustellen.

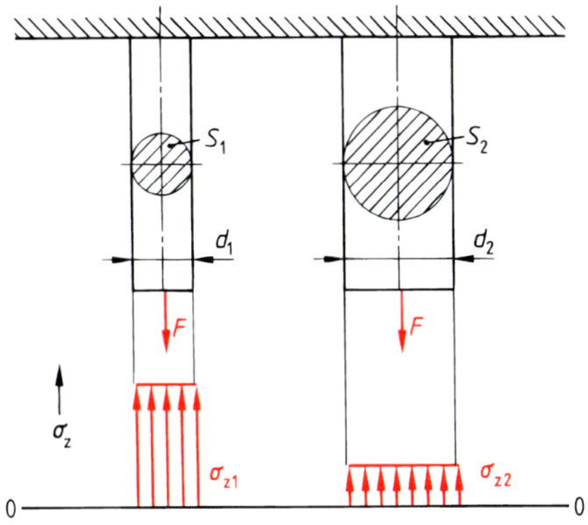

2

Treten in einem Bauteil verschieden große Querschnitte auf – Bild 3 zeigt dies in einem abgesetzten Zugstab – dann folgt aus dem bisher Gesagten, daß der kleinste Querschnitt bei der Berechnung der Bauteilabmessung, d. h. bei der Dimensionierung des Bauteiles, maßgebend ist. Oder auch:

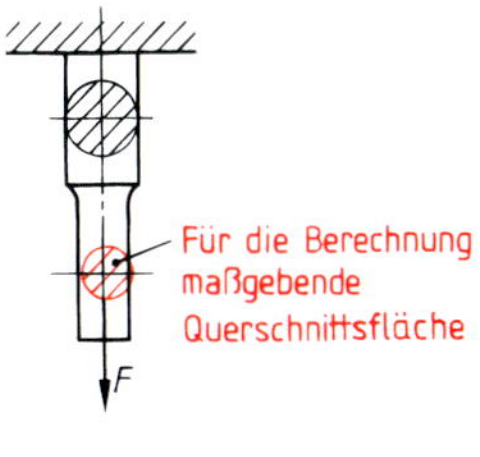

3

In der kleinsten Querschnittsfläche S_{min} tritt die größte Zugspannung $\sigma_{z\,max}$ auf.

Bild 2 zeigt auch, dass bei einer Beanspruchung auf Zug die äußere Kraft senkrecht zur Querschnittsfläche gerichtet ist. Die **Zugspannung ist** demzufolge **eine Normalspannung**.

Zugspannung $\sigma_z = \dfrac{F}{S}$

σ_z	F	S
$\frac{N}{mm^2}$	N	mm^2

262–1

F = Zugkraft
S = Querschnittsfläche

53.2.1 Begriff der zulässigen Spannung

Bei der Festlegung der Bauteilabmessungen (Dimensionierung des Bauteiles) muss eine für die Art der Belastung (z. B. statische Belastung auf Zug oder dynamische Belastung auf Biegung ...) und für den verwendeten Werkstoff (z. B. Stahl oder Aluminiumlegierung ...) vertretbare, d. h. vom Bauteil „verkraftbare" Spannung zugrunde gelegt werden. Diese wird als die **zulässige Spannung** σ_{zul} oder τ_{zul} bezeichnet und wird durch entsprechende Versuche in der **Werkstoffprüfung** ermittelt. Entsprechend der vorliegenden Elementarbeanspruchung unterscheidet man $\boldsymbol{\sigma_{z\,zul}}$, $\boldsymbol{\sigma_{d\,zul}}$, $\boldsymbol{\sigma_{K\,zul}}$, $\boldsymbol{\sigma_{b\,zul}}$, $\boldsymbol{\tau_{a\,zul}}$, $\boldsymbol{\tau_{t\,zul}}$.
In Lektion 58 wird noch ausführlich auf die zulässige Spannung, auch auf deren Ermittlung im Versuch (siehe auch **Werkstoffprüfung**) eingegangen. Vorläufig wird noch beim Lösen der Aufgaben ein solcher Werkstoffkennwert angegeben.

M 156. Ein auf Zug beanspruchter Stab nimmt eine Kraft von 100 kN auf. Welche Zugspannung tritt auf, wenn der Stabquerschnitt die Maße 10 mm × 50 mm hat?

Lösung: $\boldsymbol{\sigma_{z\,vorh}} = \dfrac{F}{S} = \dfrac{100\,000\ \text{N}}{10\ \text{mm} \cdot 50\ \text{mm}} = \dfrac{100\,000\ \text{N}}{500\ \text{mm}^2} = \mathbf{200\ \dfrac{N}{mm^2}}$

M 157. Ein Abschleppseil wird mit F = 60 kN belastet.

a) Berechnen Sie die erforderliche Querschnittsfläche, wenn $\sigma_{z\,zul} = 300\ \dfrac{\text{N}}{\text{mm}^2}$ ist.

b) Wie viele Drähte von 1,2 mm Durchmesser muß das Seil mindestens haben?

Lösung: a) $\sigma_{z\,zul} = \dfrac{F_{vorh}}{S_{erf}} \longrightarrow \boldsymbol{S_{erf}} = \dfrac{F_{vorh}}{\sigma_{z\,zul}} = \dfrac{60\,000\ \text{N}}{300\ \dfrac{\text{N}}{\text{mm}^2}} = \mathbf{200\ mm^2}$

b) $S_{erf} = i \cdot \dfrac{\pi}{4} \cdot d^2$ i = Anzahl der Drähte, d = Drahtdurchmesser

$\boldsymbol{i_{erf}} = \dfrac{4 \cdot S_{erf}}{\pi \cdot d^2} = \dfrac{4 \cdot 200\ \text{mm}^2}{\pi \cdot (1{,}2\ \text{mm})^2} = \dfrac{800\ \text{mm}^2}{4{,}524\ \text{mm}^2} = \mathbf{176{,}83}$ (rechnerisches Ergebnis)

gewählte Drahtzahl: $\boldsymbol{i_{gew}} = \mathbf{177}$ (aufgerundetes Ergebnis)

Die rechnerischen Ergebnisse müssen in der Regel auf- oder abgerundet werden. Die **„Rundungskriterien"** richten sich z. B. nach den Fertigungsverfahren, den Passmaßen oder auch nach einem zur Verfügung stehenden Normmaß eines Profilquerschnittes. Unabhängig von den beim Runden zu berücksichtigenden Gesichtspunkten gilt:

Beim Auf- oder Abrunden des rechnerischen Ergebnisses ist darauf zu achten, dass durch diese Maßnahme die zulässige Spannung nicht überschritten wird.

M 158. Bild 1 zeigt den Schnitt durch die Säulen einer hydraulischen Viersäulenpresse. Diese ist für eine maximale Pressenkraft F_{max} = 2000 kN ausgelegt, und F_{max} verteilt sich gleichmäßig auf die vier auf Zug beanspruchten Säulen. Wie groß ist der Durchmesser der Säulen bei $\sigma_{z\,zul}$ = 60 N/mm² auszuführen?

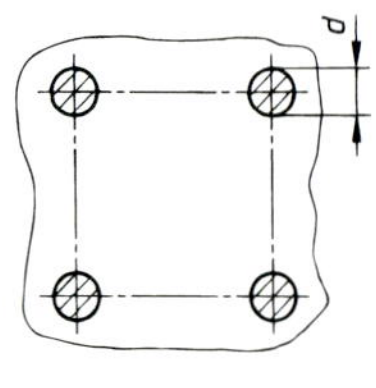

1

Lösung: Belastung pro Säule: $F_{vorh} = \dfrac{F_{max}}{4} = \dfrac{2000\ \text{kN}}{4} = 500\ \text{kN}$

$\sigma_{z\,zul} = \dfrac{F_{vorh}}{S_{erf}} \longrightarrow S_{erf} = \dfrac{500\,000\ \text{N}}{60\ \dfrac{\text{N}}{\text{mm}^2}} = 8333{,}3\ \text{mm}^2 = \dfrac{\pi}{4} \cdot d^2$

$\boldsymbol{d_{erf}} = \sqrt{\dfrac{4 \cdot 8333{,}3\ \text{mm}^2}{\pi}} = \sqrt{10610{,}33\ \text{mm}^2} = \mathbf{103{,}006\ mm}$

FESTIGKEITSLEHRE

Auch in diesem Fall ist das rechnerische Ergebnis auf ein „fertigungsgerechtes" Maß aufzurunden, z. B. $\boldsymbol{d_{gew}}$ **= 105 mm**

53.3 Beanspruchung auf Druck und gefährdeter Querschnitt

Bild 1 zeigt ein durch Druckkräfte belastetes Bauteil. Dies könnte z. B. eine Säule sein. Die vorhandene **Druckspannung** ist ebenso wie die Zugspannung eine **Normalspannung** mit $F \perp S$. Auch bei diesem Beanspruchungsfall ist bei der Berechnung der **kleinste Querschnitt des Bauteiles** zugrunde zu legen. Analog der Zugspannung errechnet sich die

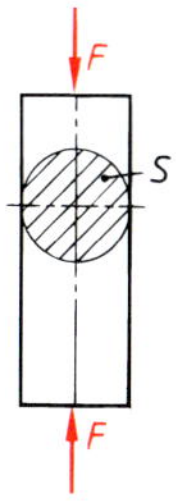

Druckspannung $\sigma_d = \frac{F}{S}$ in $\frac{N}{mm^2}$ [263–1]

F = Druckkraft in N S = Querschnittsfläche in mm² [1]

Aus dem bisher Gesagten über Zug- und Druckbeanspruchung ergibt sich, dass der kleinste Bauteilquerschnitt S_{min} der **gefährdete Querschnitt** S_{gef} ist. Allgemein gilt:

Der gefährdete Querschnitt ist der Bauteilquerschnitt, der bei Belastung am ehesten versagt, d. h. zu Bruch geht.

Es ist deshalb sehr wichtig, diesen gefährdeten Querschnitt sicher zu erkennen. Hierauf geht Punkt 53.4 näher ein.

M 159. Ein Brückenpfeiler wird mit F = 1000 kN belastet. Welche Druckspannung herrscht bei einem Durchmesser des Pfeilers von 50 cm?

Lösung: $$\boldsymbol{\sigma_{d\,vorh}} = \frac{F_{vorh}}{S_{vorh}} = \frac{F_{vorh}}{\frac{\pi}{4} \cdot d^2} = \frac{4 \cdot F_{vorh}}{\pi \cdot d^2} = \frac{4 \cdot 1\,000\,000\ \text{N}}{\pi \cdot (500\ \text{mm})^2} = \mathbf{5{,}093\ \frac{N}{mm^2}}$$

M 160. Bild 2 zeigt einen Druckstab mit dem Durchmesser d_1 = 15 mm und der Querbohrung mit dem Durchmesser d_2 = 5 mm. Für den verwendeten Werkstoff und die vorliegende Beanspruchungsart ist $\sigma_{d\,zul} = 10\ \frac{N}{mm^2}$ erlaubt.

Welche größte Kraft F_{zul} kann von diesem Druckstab übertragen werden?

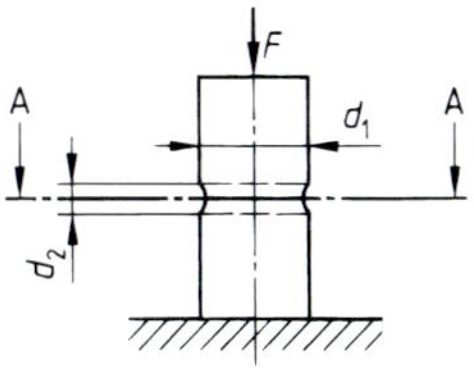

[2]

Lösung:

Bild 3 zeigt den gefährdeten (schwächsten) Querschnitt. Dieser liegt an der Stelle der Querbohrung mit dem Durchmesser d_2 = 5 mm, und die Übertragung der Kraft erfolgt durch die schraffierte Fläche (Schnitt A–A). Diese setzt sich aus zwei gleich großen Kreisabschnitten zusammen. Wird jedoch idealisiert (siehe 51.2), kann der gefährdete Querschnitt S_{gef} sehr einfach durch die Differenz von Kreis- und Rechteckfläche ($d_1 \cdot d_2$) angenähert berechnet werden:

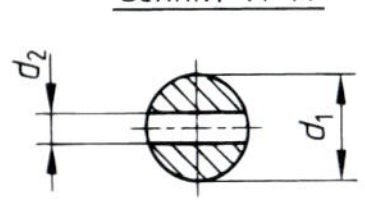

[3]

$$S_{gef} = \frac{\pi \cdot d_1^2}{4} - d_1 \cdot d_2 = \frac{\pi \cdot (15\ \text{mm})^2}{4} - 15\ \text{mm} \cdot 5\ \text{mm} = 176{,}71\ \text{mm}^2 - 75\ \text{mm}^2$$

$\boldsymbol{S_{gef}}$ **= 101,71 mm²**

Der errechnete Wert für S_{gef} ist geringfügig kleiner als in Wirklichkeit. Dadurch liegt man aber festigkeitsmäßig auf der „sicheren Seite", und die Berechnung ist einfacher als die Berechnung der beiden Kreisabschnitte (s. Ü 246., Seite 264.).

Somit:

$$\sigma_{d\,zul} = \frac{F_{zul}}{S_{gef}} \longrightarrow \boldsymbol{F_{zul}} = \sigma_{d\,zul} \cdot S_{gef} = 10\ \frac{N}{mm^2} \cdot 101{,}71\ \text{mm}^2 = \mathbf{1017{,}1\ N}$$

FESTIGKEITSLEHRE

Ü 245. Wie groß ist in Musteraufgabe M 157., Seite 262 die vorhandene Zugspannung, wenn auf $i_{gew} = 176$ abgerundet wird?

Ü 246. Rechnen Sie Musteraufgabe M 160., Seite 263 vergleichsweise mit der genauen Formel für den Kreisabschnitt (siehe Technische Formelsammlung oder Formellexikon bzw. Tabellenbuch). Zu welcher Schlussfolgerung kommen Sie beim Vergleich beider Ergebnisse?

Ü 247. Die Schubstange einer Kolbenpumpe überträgt eine Kraft $F = 10{,}8$ kN. Welche Druckspannung in $\frac{\text{N}}{\text{mm}^2}$ herrscht in ihr, wenn sie einen Querschnitt von 20 mm × 40 mm hat?

Ü 248. Eine Zugstange überträgt eine Kraft von $F = 58$ kN. Welche Maße muß der Rechteckquerschnitt der Zugstange erhalten, wenn sich Höhe h und Breite b des Rechteckes wie $\frac{h}{b} = \frac{2}{1}$ verhalten sollen und wenn $\sigma_{z\,zul} = 100\ \frac{\text{N}}{\text{mm}^2}$ ist?

53.4 Beispiele für das Erkennen des gefährdeten Querschnittes

Als Methode zum Erkennen der Beanspruchungsart dient die **Schnittmethode** (siehe 52.2). Um jedoch eine Festigkeitsberechnung durchführen zu können, ist es wichtig, außer der Beanspruchungsart den **gefährdeten Querschnitt** S_{gef} zu erkennen. Hierauf ist bereits in Punkt 53.3 hingewiesen worden und wie dort angekündigt, soll das Erkennen des gefährdeten Querschnittes an einigen Beispielen geübt werden:

53.4.1 Ketten

Mit Ketten werden Zugkräfte übertragen. Bild 1 zeigt ein Stück einer solchen Kette, und der Schnitt a–a zeigt die beiden Querschnitte eines Kettengliedes, die zusammen die Zugkraft der Kette übertragen und die zusammen den gefährdeten Querschnitt der Kette darstellen. Somit:

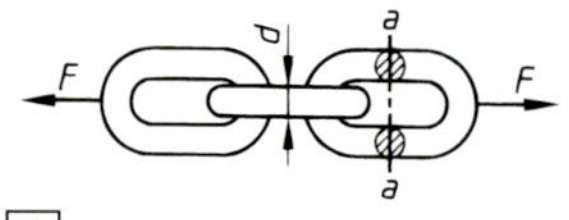

1

$$S_{gef} = 2 \cdot \frac{\pi \cdot d^2}{4}$$

gefährdeter Kettenquerschnitt $$S_{gef} = \frac{\pi \cdot d^2}{2}$$

S_{gef}	d
mm²	mm

264–1

Es ist noch anzumerken, dass die Kette ein sehr häufig verwendetes Kraftübertragungsmittel bzw. Lasthebemittel ist. Versagt sie, dann bringt dies in der Regel große Gefahren mit sich, und deshalb sind bei der **Kettenberechnung** besondere **behördliche Vorschriften** zu beachten. Insbesondere ist in diesen Vorschriften $\sigma_{z\,zul}$ relativ klein vorgeschrieben. Diese Tatsache ermöglicht es, dahingehend zu idealisieren, dass die Berechnung eines Kettengliedes **nur auf Zug** erfolgt, obwohl die Schnittmethode erkennen lässt, dass auch eine Biegebeanspruchung vorliegt.

M 161. An einer Kette hängt ein Gewicht von $F = 31$ kN. Wie groß muss der Durchmesser des Kettenrundstahles sein, wenn $\sigma_{z\,zul} = 60\ \frac{\text{N}}{\text{mm}^2}$ nicht überschritten werden darf?

Lösung: $$\sigma_{z\,zul} = \frac{F_{vorh}}{S_{erf}} \longrightarrow S_{erf} = \frac{F_{vorh}}{\sigma_{z\,zul}} = \frac{31\,000\ \text{N}}{60\ \frac{\text{N}}{\text{mm}^2}} = 516{,}67\ \text{mm}^2 = \frac{\pi \cdot d^2}{2}$$

$$\boldsymbol{d_{erf}} = \sqrt{\frac{2 \cdot S_{erf}}{\pi}} = \sqrt{\frac{2 \cdot 516{,}67\ \text{mm}^2}{\pi}} = 18{,}136\ \text{mm};\ \boldsymbol{d_{gew} = 20\ \text{mm}}$$

Anmerkung: Einschlägige **Kettennormen** sind DIN 685, DIN 765, DIN 766, DIN 5684, DIN 5688. Dort sind zulässige Zugspannungen, übertragbare Kräfte und auch Abmessungen des Kettenrundstahles zu finden.

53.4.2 Die Reißlänge

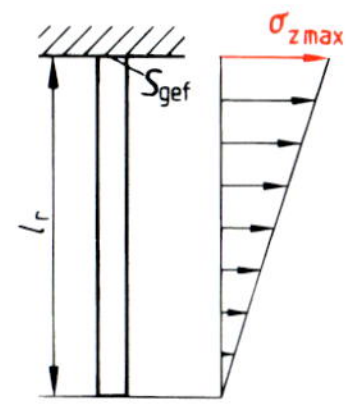

1

Bei lang herabhängenden Bauteilen, wie z. B. Stäben, Ketten oder Seilen, ist das mit zunehmender Länge zunehmende **Eigengewicht des Bauteiles** bei der Festigkeitsberechnung mit zu berücksichtigen. Die maximale Beanspruchung des Bauteiles erfolgt im Einspannquerschnitt, denn nur dort ist das gesamte Eigengewicht zu übertragen. Dies ist auch durch die Größe $\sigma_{z\,max}$ im **Spannungsdiagramm** des Bildes 1 dargestellt. Der gefährdete Querschnitt S_{gef} ist also der Einspannungsquerschnitt. Dabei wird von einem überall gleichen Querschnitt ausgegangen. Mit zunehmender Bauteillänge nimmt auch die Zugspannung im Einspannungsquerschnitt zu, und zwar so lange bis dort der Bruch eintritt.

Unter der **Reißlänge** l_r eines lang herabhängenden Bauteiles versteht man diejenige Bauteillänge, bei der das Bauteil durch die Beanspruchung der eigenen Gewichtskraft F_G an seiner Einspannstelle abreißt.

Aus diesen Überlegungen ergibt sich für die

maximale Zugspannung $\sigma_{z\,max} = \frac{F_G}{S_{gef}}$

$\sigma_{z\,max}$	F_G	S_{gef}
$\frac{N}{mm^2}$	N	mm^2

265–1

$\sigma_{z\,max}$ ist die Spannung, bei der der Stab infolge seines Eigengewichtes im Einspannquerschnitt S_{gef} abreißt. Es ist also die **Zug-Bruchspannung,** die man als die **Zugfestigkeit** (siehe Seite 292) bezeichnet. Sie hat das Formelzeichen $\boldsymbol{R_m}$. Somit:

Zugfestigkeit $R_m = \frac{F_G}{S_{gef}}$ in $\frac{N}{mm^2}$ 265–2

Aus der Dynamik ist bekannt $F_G = m \cdot g = V \cdot \rho \cdot g$.
Mit $V = l_r \cdot S_{gef}$ ergibt sich: $F_G = l_r \cdot S_{gef} \cdot \rho \cdot g$.

m = Masse in kg; F_G = Gewicht in N
g = Fallbeschleunigung in m/s^2
ρ = Dichte in kg/m^3

Somit ergibt sich die Bruchspannung: $R_m = \frac{l_r \cdot S_{gef} \cdot \rho \cdot g}{S_{gef}} = l_r \cdot \rho \cdot g$. Daraus erhält man für die

Reißlänge $l_r = \frac{R_m}{\rho \cdot g}$

l_r	R_m	ρ	g
m	$\frac{N}{m^2}$	$\frac{kg}{m^3}$	$\frac{m}{s^2}$

265–3

$1\,\frac{N}{mm^2} = 10^6\,\frac{N}{m^2}$

Eine weitere Berechnungsmöglichkeit ergibt sich aus der für Profilstäbe, Ketten, Seile etc. in Tabellen angegebenen **Metermasse** m'.

Unter der Metermasse m' versteht man die Masse für 1 Meter Länge eines Gegenstandes gleichen Querschnitts. Die Einheit ist $\frac{kg}{m}$.

Aus dieser Definition ergibt sich $\boldsymbol{F_G = m' \cdot l_r \cdot g}$. In Gleichung 265–2 eingesetzt ergibt sich für die Zugfestigkeit $R_m = \frac{m' \cdot l_r \cdot g}{S_{gef}}$. Somit ergibt sich auch für die

Reißlänge $l_r = \frac{R_m \cdot S_{gef}}{m' \cdot g}$

l_r	R_m	S_{gef}	m'	g
m	$\frac{N}{m^2}$	m^2	$\frac{kg}{m}$	$\frac{m}{s^2}$

265–4

M 162. Ein senkrecht hängender Stab von 10 mm Druchmesser hat eine Metermasse von $m' = 0{,}68$ kg/m entsprechend seiner Dichte $\rho = 8{,}66$ kg/dm³. Berechnen Sie

a) die Länge l_r, bei der der Rundstab unter dem Einfluss seines Eigengewichtes abreißt, wenn die Zugfestigkeit $R_m = 500$ N/mm² beträgt,
b) die Masse dieses senkrecht herabhängenden Stabes,
c) sein Gewicht F_G.

Lösung: a) $l_r = \dfrac{R_m}{\rho \cdot g} = \dfrac{500 \cdot 10^6 \dfrac{N}{m^2}}{8660 \dfrac{kg}{m^3} \cdot 9{,}81 \dfrac{m}{s^2}} = \mathbf{5885{,}5\ m}$. Oder auch:

$$l_r = \frac{R_m \cdot S_{gef}}{m' \cdot g} = \frac{R_m \cdot \frac{\pi}{4} \cdot d^2}{m' \cdot g} = \frac{500 \frac{N}{mm^2} \cdot \frac{\pi}{4} \cdot (10\ mm)^2}{0{,}68 \frac{kg}{m} \cdot 9{,}81 \frac{m}{s^2}} = \mathbf{5886{,}8\ m} \quad (\approx 5885{,}5\ m)$$

Die frei herabhängende Länge könnte also beinahe 6 km sein!

b) $\boldsymbol{m} = m' \cdot l_r = 0{,}68 \dfrac{kg}{m} \cdot 5886\ m = 4002{,}48\ kg \approx \mathbf{4\ t}$

c) $\boldsymbol{F_G} = m \cdot g = 4002{,}48\ kg \cdot 9{,}81 \dfrac{m}{s^2} = \mathbf{39264{,}33\ N}$

M 163. Setzen Sie den Fall, dass der Stab in Musteraufgabe M 162., Seite 265 einen Durchmesser von $d = 20$ mm hätte. Welche Konsequenz hätte dies auf die Reißlänge l_r? Formulieren Sie aus Ihren Überlegungen eine Regel.

Lösung: Da die Gewichtskraft F_G der Masse m, diese aber dem Volumen V und dieses wiederum dem Spannungsquerschnitt S_{gef} proportional ist, gilt: $\boldsymbol{F_G \sim S_{gef}}$. In Verbindung mit Gleichung 265–2 erkennt man die Regel:

Die Reißlänge l_r ist bei Stäben gleichen Querschnitts und gleicher Dichte ρ, d. h. auch gleichen Werkstoffes von der Größe ihres Querschnitts, d. h. von S_{gef} völlig unabhängig.

53.4.3 Auf Zug und Druck beanspruchte Schrauben

Schrauben können auf Zug oder Druck, lange Gewindespindeln auch auf Knickung (entsprechend Lektion 71) beansprucht werden. Passschrauben werden auf Scherung entsprechend Lektion 55 berechnet. Bei der Beanspruchung auf Zug und Druck muss natürlich auch vom **gefährdeten Querschnitt** S_{gef} ausgegangen werden. Früher wurde grundsätzlich bei allen Schrauben als gefährdeter Querschnitt der **Kernquerschnitt** S_K (Bild 1) angenommen. Dies ist der Schraubenbolzenquerschnitt mit dem kleinsten Durchmesser entsprechend der Regel in Punkt 53.2. Er heißt **Kerndurchmesser** und hat das Formelzeichen d_3. Somit:

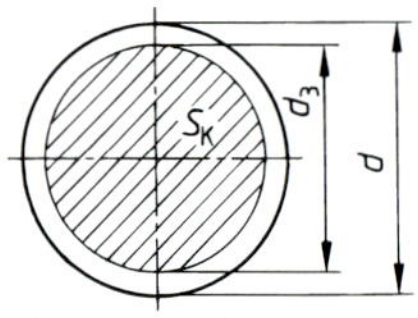

d = Nenndurchmesser
d_3 = Kerndurchmesser

1

Kernquerschnitt $S_K = S_{gef} = \dfrac{\pi}{4} \cdot d_3^2$ 266–1

Weil die Abwicklung eines Gewindeganges eine schiefe Ebene darstellt (siehe Lektion 29), ist ein Schnitt senkrecht zur Schraubenachse keine exakte Kreisfläche (siehe Bild 2, Seite 121). Beginnt man nämlich den Schnitt auf der einen Seite der Schraube im Gewindegrund, dann endet er auf der anderen Schraubenseite angenähert in der Gewindespitze. Eine solche Schnittfläche ist in Bild 2 abgebildet. Sie wird bei der Berechnung von **metrischem ISO-Spitzgewinde** nach DIN 13 (Regelgewinde und Feingewinde) als gefährdeter Querschnitt S_{gef} eingesetzt und heißt **Spannungsquerschnitt** mit dem Formelzeichen $\boldsymbol{A_S}$. Unter Berücksichtigung neuester **Festigkeitshypothesen** wird er nach der folgenden Gleichung berechnet.

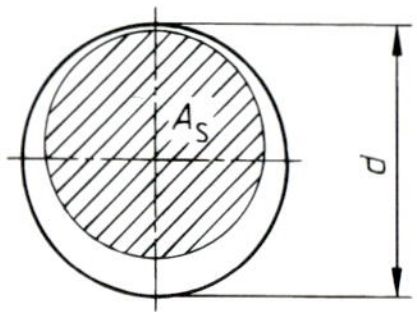

2

Spannungsquerschnitt $A_S = S_{gef} = \dfrac{\pi}{4} \cdot \left(\dfrac{d_2 + d_3}{2}\right)^2$ 266–2

A_S, S_{gef}	d_2, d_3
mm²	mm

d_2 = Flankendurchmesser (siehe Lektion 29)
d_3 = Kerndurchmesser

FESTIGKEITSLEHRE

Vergleicht man den Kern- mit dem Spannungsquerschnitt, dann stellt man fest: $A_S > S_K$

Dies bedeutet, dass man bei der Rechnung mit S_K auf der „sicheren Seite" liegt. Dies heißt: A_S liefert einen kleineren Schraubendurchmesser als S_K. Dieser ist aber nach den modernen Festigkeitshypothesen ausreichend, d. h. $\boldsymbol{A_S}$ nutzt die Werkstoffmöglichkeiten besser aus und wird deshalb heute grundsätzlich verwendet, allerdings **nur bei den metrischen Spitzgewinden nach DIN 13.** Somit ergibt sich eine wichtige Regel für den Techniker:

Bei der Festigkeitsberechnung (Zug und Druck) von metrischen ISO-Spitzgewinden (DIN 13) wird bei statischer Belastung mit dem Spannungsquerschnitt A_S, bei allen anderen Gewinden (z. B. Trapezgewinde nach DIN 103) wird mit dem Kernquerschnitt S_K gerechnet.

M 164. Eine Schraube mit metrischem ISO-Gewinde nach DIN 13 wird mit $F = 120$ kN auf Zug beansprucht. Welcher Schraubendurchmesser ist zu wählen, wenn mit einem hochfesten Schraubenstahl ($\sigma_{z\,zul} = 220$ N/mm²) gerechnet wird? Welche Spannung $\sigma_{z\,vorh}$ ergibt sich bei der gewählten Schraube (Spannungsnachweis)?

Lösung: $\sigma_{z\,zul} = \dfrac{F_{vorh}}{A_{S\,erf}} \longrightarrow \boldsymbol{A_{S\,erf}} = \dfrac{F_{vorh}}{\sigma_{z\,zul}} = \dfrac{120\,000\text{ N}}{220\,\dfrac{\text{N}}{\text{mm}^2}} = \mathbf{545{,}45\ mm^2}$

Aus der Gewindetabelle ergibt sich M30 mit $A_{S\,vorh} = 561$ mm².
Beim geforderten **Spannungsnachweis** ist der vorhandene Spannungsquerschnitt einzusetzen. Somit:

$$\boldsymbol{\sigma_{z\,vorh}} = \frac{F_{vorh}}{A_{S\,vorh}} = \frac{120\,000\text{ N}}{561\text{ mm}^2} = \mathbf{213{,}9\,\frac{N}{mm^2}} < \sigma_{z\,zul}$$

M 165. Eine auf Druck beanspruchte Last-Gewindespindel soll mit Trapezgewinde nach DIN 103 versehen werden. Die Last beträgt 62 kN, und die zulässige Druckspannung ist wegen der Knickgefahr relativ klein mit $\sigma_{d\,zul} = 26\,\dfrac{\text{N}}{\text{mm}^2}$ angesetzt. Welches Gewinde ist zu wählen?

Lösung: $\sigma_{d\,zul} = \dfrac{F_{vorh}}{S_{K\,erf}} = \dfrac{F_{vorh}}{\dfrac{\pi}{4}\cdot d_{3\,erf}^2} \longrightarrow d_{3\,erf} = \sqrt{\dfrac{4\cdot F_{vorh}}{\pi\cdot\sigma_{d\,zul}}} = \sqrt{\dfrac{4\cdot 62\,000\text{ N}}{\pi\cdot 26\,\dfrac{\text{N}}{\text{mm}^2}}}$

$\boldsymbol{d_{3\,erf}} = \mathbf{55{,}1\ mm}$

Aus der Gewindetabelle ergibt sich **Tr 70 × 10** mit $d_{3\,vorh} = 59$ mm.

Ü 249. Ein Zuganker mit kreisförmigem Querschnitt überträgt eine Zugkraft von $F = 25$ kN. Welchen Durchmesser muss er erhalten, wenn eine Spannung von $\sigma_{z\,zul} = 160$ N/mm² zugelassen wird?

Ü 250. Eine Rückhaltekette trägt einen Ausleger gemäß Bild 1. Die für den Kettenstahl (Bild 1, Seite 264) zugelassene Zugspannung ist $\sigma_{z\,zul} = 55$ N/mm².
Hebelmaße: $l_1 = 3$ m, $l_2 = 2{,}8$ m. $F = 10$ kN.
Berechnen Sie den erforderlichen Durchmesser des Kettenrundstahles, und runden Sie diesen auf volle Millimeter auf.

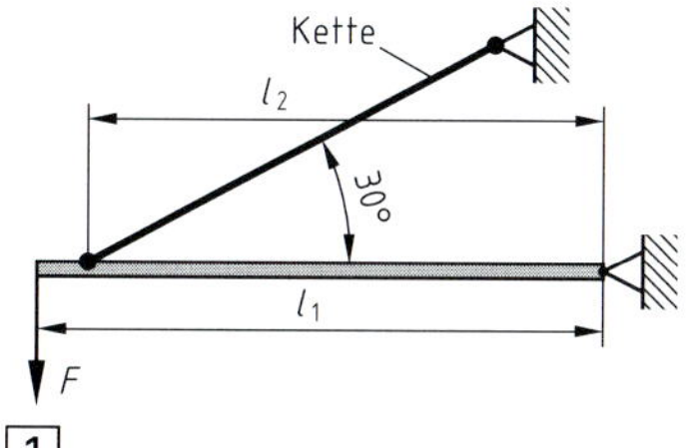

1

Ü 251. Die Spindel eines Wagenhebers soll maximal $F_{max} = 58$ kN aufnehmen. Es soll $\sigma_{d\,zul} = 72$ N/mm² nicht überschritten werden. Welches nach DIN 513 genormte Sägengewinde muss für die Spindel gewählt werden?

Ü 252. Was versteht man unter dem gefährdeten Querschnitt?

Ü 253. Wie groß ist die Reißlänge l_r bei einem Profilstahl IPB 180 mit $R_m = 550\,\dfrac{\text{N}}{\text{mm}^2}$? Wie groß sind die Metermasse m' und der gefährdete Querschnitt S_{gef} (Tabellenwerte)?

FESTIGKEITSLEHRE

Ü 254. Führen Sie den Spannungsnachweis ($\sigma_{z\,vorh} \leq \sigma_{z\,zul}$) für die Kette in M 161., Seite 264.

Ü 255. In einem schweren Hebezeug wird ein Lasthaken verwendet, der einen Schaftdurchmesser von 65 mm hat und der sich mit dem metrischen ISO-Gewinde M 64 fortsetzt. Die zu übertragende Last ist maximal 95 kN. Ermitteln Sie

a) die im Schaft auftretende Zugspannung,
b) die im Gewinde (Spannungsquerschnitt) auftretende Zugspannung.

V 260. Bild 1 zeigt den Anschluss eines Fachwerk-Doppelstabes (zwei L-Stähle) an einem Knotenblech in Vorderansicht und im Schnitt. $F = 120$ kN.
Es ist eine Nietverbindung mit einem Nietdurchmesser $d = 13$ mm. Die zulässige Zugspannung in den gleichschenkligen L-Stählen:

$$\sigma_{z\,zul} = 150\ \frac{N}{mm^2}\ .$$

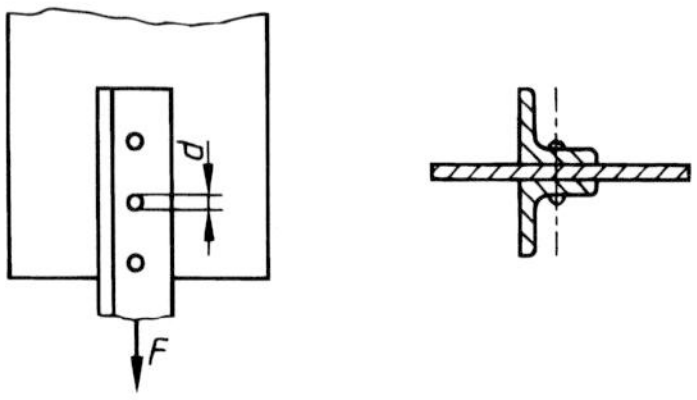

1

Welche Profilgröße ist zu nehmen? Führen Sie den Spannungsnachweis.

V 261. Im Bild 2 ist ein Kastenzugstab in seinem Querschnitt schematisch dargestellt. Er besteht aus vier gleichschenkligen L-Stählen L 80 × 8 und aus vier Flachstahlplatten 20 mm × 300 mm, die miteinander verschweißt sind. Die Zugkraft beträgt $F = 500$ kN. Wie groß ist die im Querschnitt auftretende Zugspannung $\sigma_{z\,vorh}$? (Die Schweißnähte werden nicht berücksichtigt).

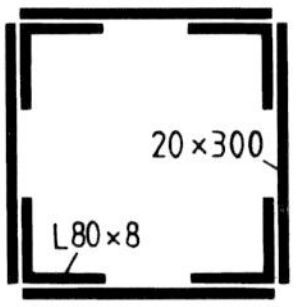

2

V 262. Ermitteln Sie für einen IPB 180 nach DIN 1025 mit Hilfe des Wertes für die Metermasse m' (aus der Stahlbautabelle) das Metergewicht F_G'.

V 263. Im Bild 3 ist ein Drehkran schematisch dargestellt. Die Ausleger-Schließe ist eine Kette.

a) Ermitteln Sie die vorhandene Kraft in der Schließe.
b) Welchen Durchmesser muss der Kettenrundstahl haben, wenn mit $\sigma_{z\,zul} = 70$ N/mm² gerechnet werden kann?

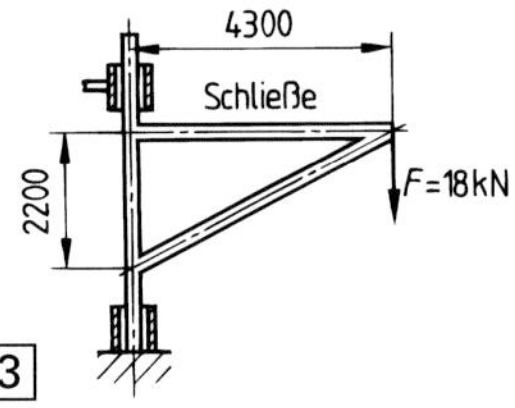

3

V 264. Bild 4 zeigt ein Augenlager. Es ist $F = 15$ kN, $\alpha = 30°$. Das Augenlager wird an der senkrechten Auflagefläche mit zwei Schrauben (metrisches ISO-Gewinde DIN 13) befestigt, und die senkrechte Kraftkomponente muss durch Reibung ($\mu_0 = 0{,}22$) übertragen werden. Welche Schraubengröße ist bei $\sigma_{z\,zul} = 90$ N/mm² für den Schraubenwerkstoff zu wählen (siehe auch Lektion 25 und 26: Reibung)?

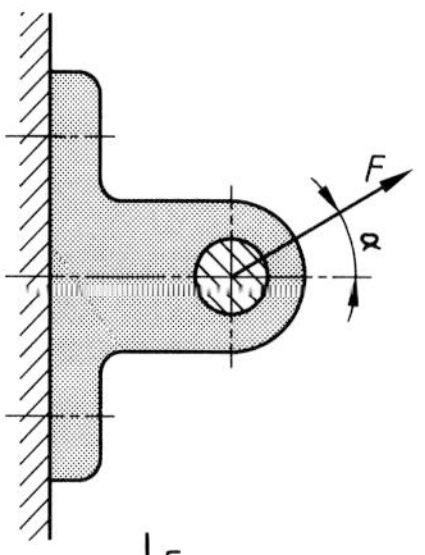

4

V 265. Eine Säule aus Stahlrohr (Bild 5) wird mit $F = 300$ kN belastet. Außendurchmesser $d_a = 180$ mm. Wie groß ist der Innendurchmesser d_i bei $\sigma_{d\,zul} = 40$ N/mm² zu wählen? Führen Sie den Spannungsnachweis ($\sigma_{d\,vorh} \leq \sigma_{d\,zul}$).

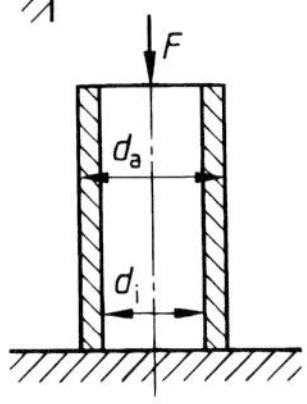

5

V 266. Ein Flachstahl 8 × 40 (Bild 6) ist mit $F = 20{,}5$ kN auf Zug belastet. Er besitzt eine Querbohrung $d = 8{,}5$ mm. Berechnen Sie $\sigma_{z\,vorh}$.

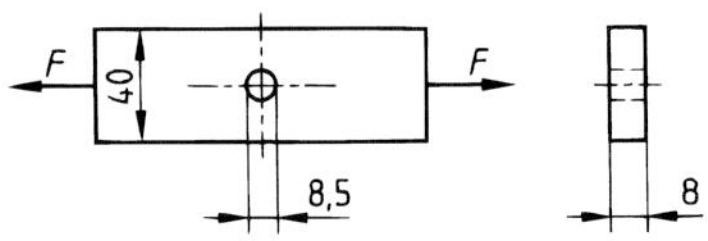

6

Lektion 54 Flächenpressung und Lochleibung

54.1 Flächenpressung an ebenen Flächen

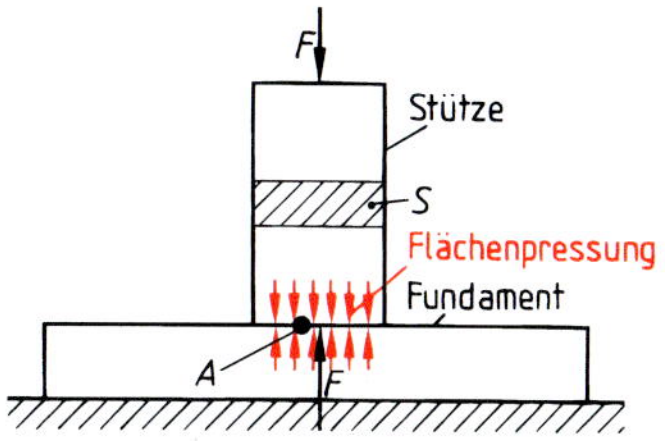

1

Eine Druckspannung kann nur **in** einem festen Bauteil, z. B. in der im Bild 1 abgebildeten Säule, und auch nur dann entstehen, wenn dieses Bauteil von beiden Seiten durch eine Kraft *F* belastet ist.
Dies bedeutet, dass aus dem Gegenlager, z. B. einem Fundament, eine entsprechende Reaktionskraft wirken muss. Diese stellt das erforderliche Kräftegleichgewicht – hier in senkrechter Richtung – her. Dadurch wird **an den sich berührenden Flächen** – hier der Stützenfläche und der Fundamentfläche – eine Spannung aufgebaut.

Die Druckspannung an den Berührungsflächen zweier Bauteile heißt **Flächenpressung** σ_p.

Sind die Berührungsflächen eben (Bild 1), dann spricht man auch von einer **ebenen Flächenpressung.** Sie errechnet sich **analog der Druckspannung.** Dabei ist nach DIN 1304 darauf zu achten, dass **Schnittflächen** den Formelbuchstaben ***S***, **Oberflächen** den Formelbuchstaben ***A*** erhalten.

Berücksichtigt man dies, dann ergibt sich als Berechnungsformel für die

Flächenpressung an ebenen Flächen

$$\sigma_p = \frac{F}{A}$$

σ_p	F	A
$\frac{N}{mm^2}$	N	mm^2

269–1

Anmerkung: Für die Flächenpressung wird auch der Formelbuchstabe *p* verwendet.

Da immer zwei – meist verschiedene – Werkstoffe in Wechselwirkung zueinander stehen, gilt:

Werden zwei Bauteile gegeneinander gedrückt, dann ist stets die kleinste zulässige Flächenpressung, d. h. die Flächenpressung des pressempfindlichsten Werkstoffes einzusetzen.

54.2 Pressung an geneigten ebenen Flächen

Als Beispiel für die **Flächenpressung an geneigten Flächen** wird die symmetrische Prismenführung einer Werkzeugmaschine gewählt. Eine solche ist im Bild 2 in Vorder- und Draufsicht dargestellt. Bild 3 zeigt den freigemachten Prismenschlitten. Die Kräfte F_1 und F_2 halten der Kraft F das Gleichgewicht. Dieser Sachverhalt wird durch das folgende Kräftedreieck (Bild 4) dargestellt. Dieses ist auch Grundlage für die folgenden Berechnungen:

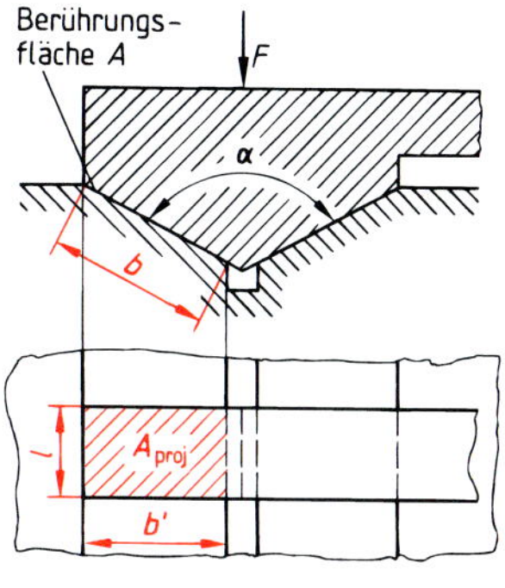

2

$$\text{Es ist } \cos\beta = \frac{\frac{F}{2}}{F_1} = \frac{\frac{F}{2}}{F_2} \rightarrow F_1 = F_2 = \frac{F}{2 \cdot \cos\beta}$$

In der Berührungsfläche A ergibt sich die Flächenpressung wie folgt:

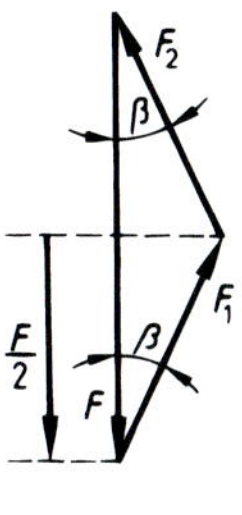

4

$$\sigma_{p\,vorh} = \frac{F_1}{A} = \frac{\frac{F}{2 \cdot \cos\beta}}{A}. \text{ Mit } A = l \cdot b:$$

$$\sigma_{p\,vorh} = \frac{\frac{F}{2 \cdot \cos\beta}}{l \cdot b}$$

$$\sigma_{p\,vorh} = \frac{F}{2 \cdot \cos\beta \cdot l \cdot b}$$

269–2

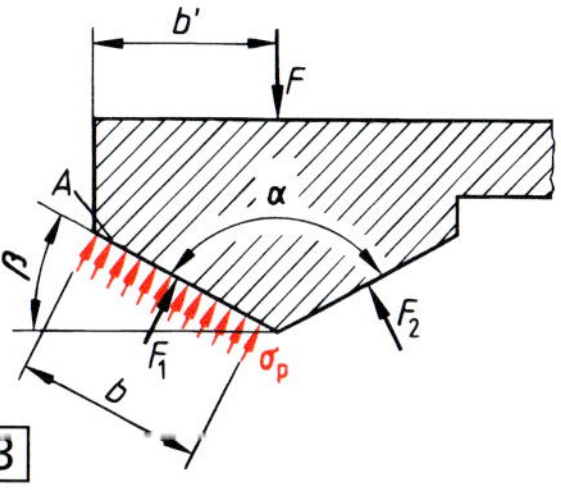

3

Wird die Berührungsfläche A senkrecht nach unten projiziert – dies zeigt Bild 2, Seite 269 –, dann erhält man für diese projizierte Fläche: $A_{proj} = l \cdot b'$, und mit $b' = b \cdot \cos \beta$ wird

$$\boldsymbol{A_{proj} = l \cdot b \cdot \cos \beta.}$$

Dies berechtigt, in die Gleichung 269–2 für $\cos \beta \cdot l \cdot b$ auch A_{proj} einzusetzen. Man erhält dann für die

Flächenpressung an einer symmetrischen Prismenführung

$$\sigma_{p\,vorh} = \frac{F}{2 \cdot A_{proj}} \qquad \boxed{270\text{–}1}$$

A_{proj} = projizierte Lauffläche **einer** Prismenseite

Es wird also die halbe Kraft $\frac{F}{2}$ durch die Hälfte der projizierten Gesamtfläche dividiert, denn in Gleichung 270–1 ist ja A_{proj} nochmals auf der anderen Prismenseite vorzufinden. Am Beispiel der symmetrischen Prismenführung wurde somit gezeigt, dass bei geneigten Flächen nur die senkrecht auf der Berührungsfläche stehende Kraftkomponente – gemäß Gleichung 269–2 – die vorhandene Flächenpressung hervorruft. Für $\sigma_{p\,vorh}$ wird aber das gleiche Ergebnis errechnet, wenn man die von außen wirkende Kraft F auf die projizierende Fläche A_{proj} bezieht. Somit ergibt sich für die

Flächenpressung an geneigten Flächen

$$\sigma_{p\,vorh} = \frac{F}{A_{proj}}$$

$\sigma_{p\,vorh}$	F	A
$\frac{N}{mm^2}$	N	mm^2

270–2

An geneigten Flächen errechnet sich die Flächenpressung, indem man die wirkende Kraft durch die zur Kraftrichtung senkrechte Projektion der geneigten Fläche dividiert.

M166. Eine Stahlplatte ($\sigma_{p\,zul\,St} = 120$ N/mm²) wird durch Krafteinwirkung gegen eine Messingplatte ($\sigma_{p\,zul\,Ms} = 90$ N/mm²) gedrückt. Was ist bei der Berechnung der Verbindung auf Flächenpressung zu beachten?

Lösung: Der kleinste Wert, d. h. $\sigma_{p\,zul\,Ms} = 90$ N/mm² ist einzusetzen.

M167. Eine Stütze (Bild 1, Seite 269) wirkt mit einer Kraft $F_S = 200$ kN auf eine Fundamentplatte. Wie groß muss die Seitenlänge der quadratischen Platte bei $\sigma_{p\,zul} = 10 \frac{N}{mm^2}$ sein?

Lösung: $\sigma_{p\,zul} = \frac{F}{A} \longrightarrow A_{erf} = \frac{F_{vorh}}{\sigma_{p\,zul}} = \frac{200\,000\ N}{10 \frac{N}{mm^2}} = 20\,000\ mm^2 = l^2$

$$l_{erf} = \sqrt{l^2} = \sqrt{20\,000\ mm^2} = \mathbf{141{,}42\ mm} \longrightarrow \boldsymbol{l_{gew}} = \mathbf{150\ mm}$$

Spannungsnachweis: $\boldsymbol{\sigma_{p\,vorh}} = \frac{F_{vorh}}{A_{vorh}} = \frac{F_{vorh}}{(l_{gew})^2} = \frac{200\,000\ N}{(150\ mm)^2} = \mathbf{8{,}89\ \frac{N}{mm^2}}$

M168. Ein Ventilsitz hat die Form eines Kegelstumpfes. Er wird – wie im Bild 1 dargestellt – mit einer Kraft $F = 850$ N in einen kegelförmigen Ring mit den angegebenen Maßen gedrückt.

a) Zeichnen Sie die senkrechte Projektion der gepressten Fläche (Bild 2).

b) Wie groß ist die Flächenpressung?

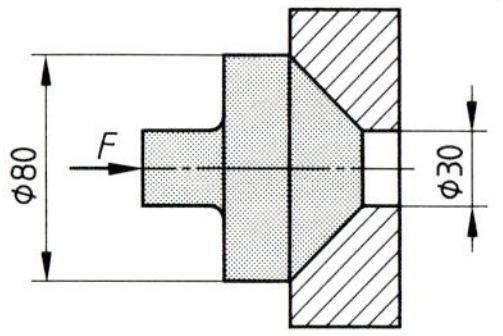

1

Lösung: a)

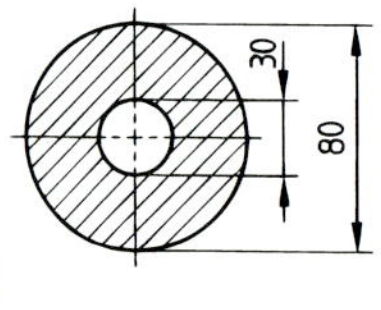

2

b) $\sigma_{p\,vorh} = \frac{F}{A_{proj}} = \frac{F}{\frac{\pi}{4} \cdot (D^2 - d^2)}$

$$\sigma_{p\,vorh} = \frac{4 \cdot 850\ N}{\pi \cdot (80^2 - 30^2)\ mm^2} = \frac{4 \cdot 850\ N}{17\,278{,}76\ mm^2}$$

$$\boldsymbol{\sigma_{p\,vorh} = 0{,}197\ \frac{N}{mm^2}}$$

54.3 Flächenpressung bei Gewinden

Bild 1 zeigt den Gewindegang eines Trapezgewindes. Es ist unschwer zu erkennen, dass die **Flächenpressung** zwischen Bolzen und Mutter eine solche **zwischen geneigten Flächen** ist. Zu beachten ist hierbei:

Die Pressung findet nur im Bereich der Flankenüberdeckung H_1 statt, **nicht** jedoch in den Bereichen des inneren und äußeren Gewindespiels.

Die Draufsicht zeigt die entsprechende senkrechte Projektion A_{proj}, und die Ausschnittsvergrößerung Z zeigt die zur Berechnung der Flächenpressung nötigen Gewindemaße. Entsprechend der Gewindenormen sind dies

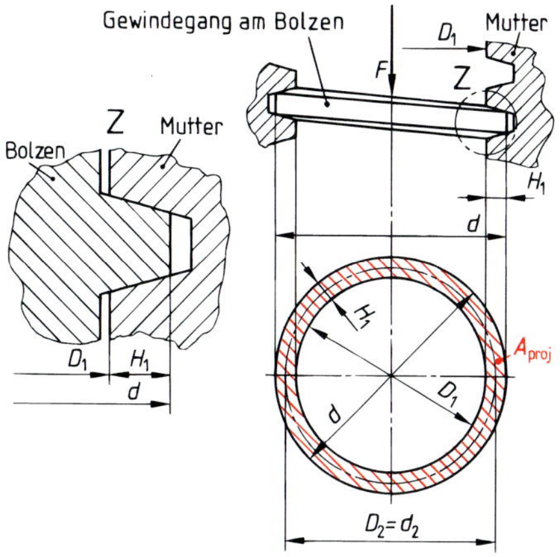

1

D_1 = Kerndurchmesser der Mutter
d = Nenn- bzw. Außendurchmesser des Gewindebolzens
H_1 = Flankenüberdeckung
d_2 = **D_2** = Flankendurchmesser

→ aus **Gewindetabelle**

Denkt man sich die senkrechte Projektion in Richtung H_1 (radial) aufgeschnitten und zu einer Rechteckfläche $d_2 \cdot \pi \cdot H_1$ gestreckt, dann ergibt sich die senkrechte Projektion eines Gewindeganges zu

$$\boldsymbol{A_{proj\,G} = \pi \cdot d_2 \cdot H_1}.$$

Bezeichnet man mit ***i*** die **Gangzahl** (Anzahl aller Gewindegänge des betreffenden Gewindes), so errechnet sich die

senkrechte Projektion aller Gewindegänge

$$A_{proj} = i \cdot \pi \cdot d_2 \cdot H_1 \qquad \text{271-1}.$$

A_{proj}	i	d_2	H_1
mm^2	1	mm	mm

Somit erhält man gemäß Gleichung 270–2 für die

vorhandene Gewindeflächenpressung

$$\sigma_{p\,vorh} = \frac{F_{vorh}}{\pi \cdot i \cdot d_2 \cdot H_1} \quad \text{in } \frac{N}{mm^2} \qquad \text{271-2}$$

Oft ist die Aufgabenstellung so gelagert, dass für eine bestimmte Schraubenverbindung die Anzahl der **erforderlichen Gewindegänge** i_{erf} berechnet werden muss. Dies setzt voraus, dass die **zulässige Flächenpressung** $\sigma_{p\,zul}$ gegeben sein muss. Sie ist – ebenso wie die zulässige Zugspannung – ein Werkstoffkennwert, der im Versuch ermittelt wird und aus entsprechenden Tabellen zu erfahren ist. Für diesen Fall ergibt sich aus 271–2:

Anzahl der erforderlichen Gewindegänge

$$i_{erf} = \frac{F_{vorh}}{\pi \cdot \sigma_{p\,zul} \cdot d_2 \cdot H_1} \qquad \text{271-3}$$

Ist die Anzahl der erforderlichen Gewindegänge berechnet, braucht nur noch mit der Steigung P des gewählten Gewindes (siehe Lektion 29) multipliziert zu werden, um die **Gewindelänge** l_G bzw. die **Mutterhöhe** m zu errechnen. Somit:

Mutterhöhe bzw. Gewindelänge

$$m_{erf} = i_{erf} \cdot P = \frac{F_{vorh} \cdot P}{\pi \cdot \sigma_{p\,zul} \cdot d_2 \cdot H_1} \qquad \text{271-4}$$

m_{erf}, P, d_2, H_1	F_{vorh}	$\sigma_{p\,zul}$
mm	N	$\frac{N}{mm^2}$

FESTIGKEITSLEHRE

Der in Gleichung 271–4 hergestellte formelmäßige Zusammenhang zwischen Anzahl der Gewindegänge *i*, Steigung *P* und Mutterhöhe *m* bzw. Gewindelänge l_G ist in Bild 1 dargestellt. Als Beispiel zeigt dieses Bild eine Sechskantmutter mit (rot) eingezeichneten Gewindegängen. Beim Festlegen der Mutterhöhe *m* bzw. der Gewindelänge l_G ist natürlich immer auch darauf zu achten, dass keine der anderen zulässigen Spannungen, z. B. $\sigma_{z\,zul}$ oder $\sigma_{d\,zul}$ in der Schraubenverbindung überschritten wird. Es gilt auch hier eine **grundsätzliche Regel der Festigkeitslehre:**

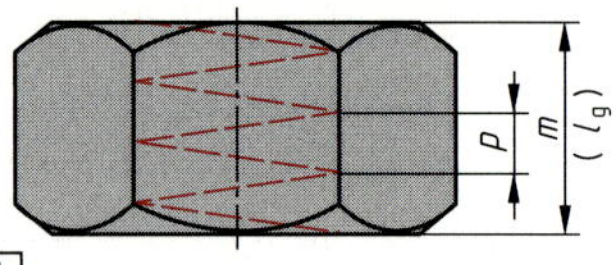

1

Treten an bzw. in einem Bauteil gleichzeitig mehrere Beanspruchungen auf, dann ist das Bauteil so zu dimensionieren, dass **keine** der zulässigen Einzelspannungen überschritten wird.

In der folgenden Musteraufgabe wird entsprechend dieser Regel verfahren:

M169. Eine Schraube mit metrischem ISO-Gewinde nach DIN 13 überträgt eine Zugkraft von $F = 100$ kN. Für den Schraubenwerkstoff ist $\sigma_{z\,zul} = 50\ \text{N/mm}^2$ (zulässige Zugspannung), und die zulässige Flächenpressung ist $\sigma_{p\,zul} = 25\ \text{N/mm}^2$. Berechnen Sie

a) die erforderliche Schraubengröße, d. h. den Nenndurchmesser (Berechnung auf Zug),

b) die Mutterhöhe (Berechnung auf Flächenpressung).

Lösung: a) $\sigma_{z\,zul} = \dfrac{F_{vorh}}{A_{S\,erf}} \longrightarrow \boldsymbol{A_{S\,erf}} = \dfrac{F_{vorh}}{\sigma_{z\,zul}} = \dfrac{100\,000\ \text{N}}{50\ \dfrac{\text{N}}{\text{mm}^2}} = \mathbf{2000\ mm^2}$

Aus Gewindetabelle: **M56** mit $A_{S\,vorh} = 2030\ \text{mm}^2$

b) Für dieses Gewinde ist: $P = 5{,}5$ mm; $d_2 = 52{,}428$ mm; $H_1 = 2{,}977$ mm

$$m_{erf} = \frac{F_{vorh} \cdot P}{\pi \cdot \sigma_{p\,zul} \cdot d_2 \cdot H_1} = \frac{100\,000\ \text{N} \cdot 5{,}5\ \text{mm}}{\pi \cdot 25\ \dfrac{\text{N}}{\text{mm}^2} \cdot 52{,}428\ \text{mm} \cdot 2{,}977\ \text{mm}}$$

$\boldsymbol{m_{erf}} = \mathbf{44{,}867\ mm}$

$\boldsymbol{m_{gew}} = \mathbf{50\ mm}$

54.4 Flächenpressung an gewölbten Flächen und Lochleibung

Bild 2 zeigt die Lagerung einer Welle in einem **Stehlager.** Die sich berührenden Flächen von Welle und Stehlager sind nicht eben. Man spricht in einem solchen Fall von der **Flächenpressung an einer gewölbten Fläche.** Im gezeigten Fall ist diese Fläche eine Zylindermantelfläche. Die Fläche kann aber auch nach anderen geometrischen Gegebenheiten gekrümmt bzw. gewölbt sein.

Unter der Vorderansicht des Bildes 2 ist die Verteilung der Flächenpressung dargestellt. Sie nimmt von einem maximalen Wert $\sigma_{p\,max}$ in der Mitte bis zum Wert Null an den Seiten ab. **Bei nicht sehr hohen Beanspruchungen,** d. h. bei Beanspruchungen, die gewährleisten, dass kaum eine Deformation eintritt, ist es üblich, mit der **mittleren Flächenpressung** σ_{pm} zu rechnen. Diese erhält man, indem die Kraft *F* durch die **senkrechte Projektion der gepressten Fläche** *A*, d. h. $\boldsymbol{A_{proj}}$ geteilt wird. Im Beispiel des Bildes 1 errechnet sich diese projizierte Fläche aus dem Produkt des Wellendurchmessers *d* und der Lagerlänge *s*. Sie ist unter der Seitenansicht als rot schraffierte Fläche dargestellt.

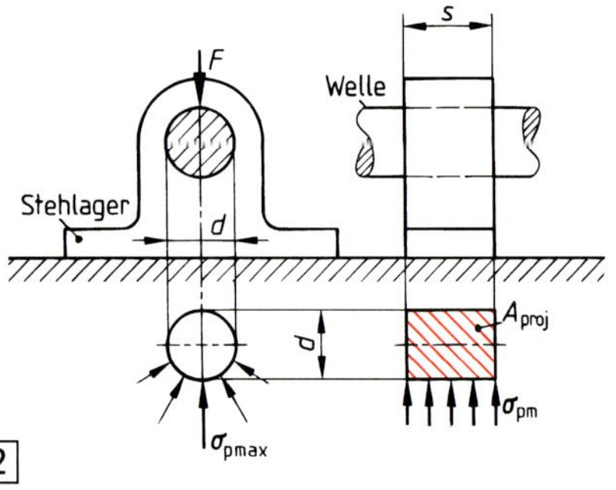

2

Einige Anwendungsfälle für σ_{pm}: Gleitlager (Bild 1), Passschraubenverbindungen, Bolzenverbindungen, Nietverbindungen.

In den genannten Fällen „trägt" die gepresste Fläche so gleichmäßig und es sind die Kraftanteile pro Flächeneinheit so klein, dass die auftretenden Verformungen keine Rolle spielen. Man kann somit sagen:

Die Berechnung auf mittlere Flächenpressung σ_{pm} ist bei gewölbten Flächen dann üblich, wenn die auftretenden Verformungen vernachlässigbar klein sind.

Mit der senkrechten Projektion A_{proj} der gepressten Fläche erhält man somit die

mittlere Flächenpressung bei gewölbten Flächen $\sigma_{pm} = \frac{F}{A_{proj}}$

σ_{pm}	F	A_{proj}
$\frac{N}{mm^2}$	N	mm^2

273–1. Und speziell:

mittlere Flächenpressung bei Zylindern $\sigma_{pm} = \frac{F}{d \cdot s}$ 273–2 ⟶ **siehe auch Anmerkung 1!**

Anmerkungen:

1. Eine Besonderheit in der Bezeichnungsweise der mittleren Flächenpressung ergibt sich bei **Passschraubenverbindungen** (genau eingepasste Schrauben, im Gegensatz dazu: Durchsteckschrauben) und bei **Nietverbindungen.** Auch dort wird die mittlere Flächenpressung nach **Gleichung 273–2** berechnet, wird aber häufig als **Lochleibung, Lochleibungsdruck** oder als **Lochleibungsspannung** bezeichnet.
2. **Bei extremer Beanspruchung,** d. h. bei Beanspruchung, die eine Berücksichtigung der dabei auftretenden Verformungen erforderlich macht, darf **nicht mit der mittleren Flächenpressung** σ_{pm} gerechnet werden. Dies ist z. B. bei der Berührung (Pressung) von Zahnflanken und auch bei der Berührung von Rollen oder Kugeln (z. B. in Kugellagern) der Fall. In diesen Fällen sind die **Hertz'schen Gleichungen** (siehe Lektion 60) zu verwenden. Bei diesen werden die auftretenden Verformungen berücksichtigt.

M170. Eine Welle mit dem Durchmesser 50 mm ist in einem Stehlager von 30 mm Breite gemäß Bild 2, Seite 272 gelagert. Die axiale Lagerkraft beträgt $F = 50$ kN. Berechnen Sie die dabei auftretende mittlere Flächenpressung.

Lösung: $\boldsymbol{\sigma_{pm}} = \frac{F}{A_{proj}} = \frac{F}{d \cdot s} = \frac{50\,000\text{ N}}{50\text{ mm} \cdot 30\text{ mm}} = \frac{50\,000\text{ N}}{1500\text{ mm}^2} = \mathbf{33{,}33\ \frac{N}{mm^2}}$

M171. In Bild 1 ist eine **Überlappungsnietung** in Vorderansicht und Draufsicht dargestellt. Die beiden zusammengenieteten Bleche sind unterschiedlich dick, nämlich $s_1 = 10$ mm und $s_2 = 5$ mm. Mit dieser Nietverbindung wird eine Kraft von $F = 4{,}3$ kN übertragen.

a) An welchem der beiden Bleche tritt die größte mittlere Flächenpressung $\sigma_{pm\,max}$ auf?
b) Wie groß ist $\sigma_{pm\,max}$?

Lösung: a) Die größte mittlere Flächenpressung tritt zwischen dem Niet und dem dünneren der beiden Bleche auf. An dieser Stelle verteilt sich die Kraft F auf eine nur halb so große Fläche wie dies zwischen Niet und dem dickeren der beiden Bleche der Fall ist.

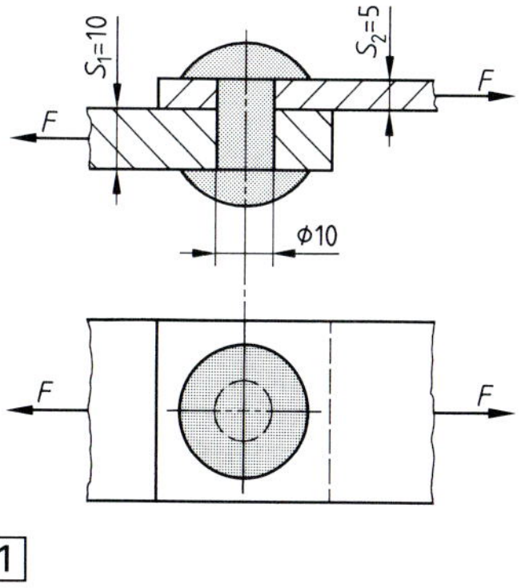

1

b) $\boldsymbol{\sigma_{pm\,max}} = \frac{F}{A_{proj}} = \frac{F}{d \cdot s_2} = \frac{4300\text{ N}}{10\text{ mm} \cdot 5\text{ mm}} = \frac{4300\text{ N}}{50\text{ mm}^2} = \mathbf{86\ \frac{N}{mm^2}}$

FESTIGKEITSLEHRE

54.5 Einflussgrößen auf die zulässige Flächenpressung

Die zulässige Flächenpressung hängt vor allem von Festigkeit und Härte des weicheren der beiden sich pressenden Bauteile ab. Auch die Oberflächenbeschaffenheit beider Bauteile und bei gleitenden Teilen (z. B. Stehlager) die Art der Schmierung und die Größe der Gleitgeschwindigkeit sind wichtige Einflussgrößen. Die Werte für $\sigma_{p\,zul}$ sind den einschlägigen DIN-Normen oder maschinentechnischen Handbüchern zu entnehmen. Im Zweifelsfalle kann auch der Werkstoffhersteller über diese Werte eine Auskunft erteilen.
Beim **Spannungsnachweis** ist darauf zu achten, dass die Bedingung $\boxed{\sigma_{p\,vorh} \leq \sigma_{p\,zul}}$ eingehalten wird.

Ü 256. Eine Säule besteht aus einem Stahlrohr mit angeschweißtem Flansch (Bild 1). Die axiale Säulenkraft ist $F = 270$ kN. Berechnen Sie für die Abmessungen $D = 200$ mm und $d = 150$ mm

a) die vorhandene Druckspannung im Säulenquerschnitt,
b) den erforderlichen Außendurchmesser D_F des Säulenfußes, wenn die zulässige Flächenpressung zwischen dem Säulenfuß und dem Fundament höchstens $\sigma_{pm\,zul} = 1{,}5\ \frac{\text{N}}{\text{mm}^2}$ betragen darf.

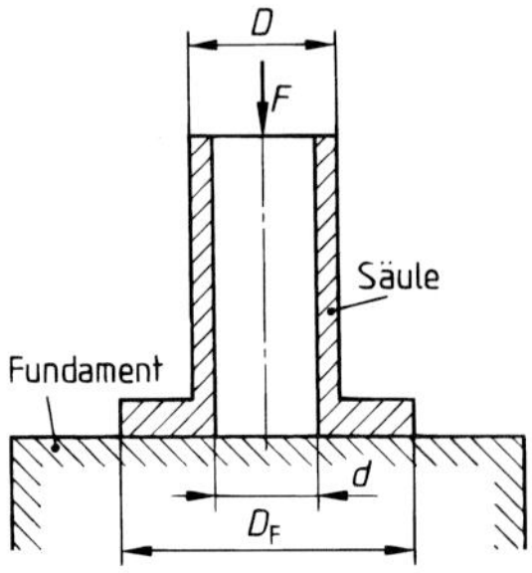

1

Ü 257. Nach welchem Grundsatz sind geneigte Flächen auf Flächenpressung zu berechnen?

Ü 258. Eine Stellspindel ist mit metrischem Feingewinde M 20 × 1,5 nach DIN 13 versehen. Beim Stellvorgang tritt eine axiale Schraubenkraft von $F = 18$ kN auf. Berechnen Sie

a) die auftretende größte Zugspannung in der Stellspindel,
b) die Höhe der verwendeten Bronze-Mutter bei $\sigma_{pm\,zul} = 7{,}5\ \frac{\text{N}}{\text{mm}^2}$.

Ü 259. Die Kugelspindel einer Exzenterpresse (Bild 2) überträgt bei 90 mm Kugeldurchmesser eine Druckkraft von $F = 250$ kN.

a) Berechnen Sie die maximale Druckspannung in der Spindel.
b) Welche Form hat A_{proj} der Kugel?
c) Berechnen Sie die vorhandene mittlere Flächenpressung zwischen Kugel und Kugelhalterung.

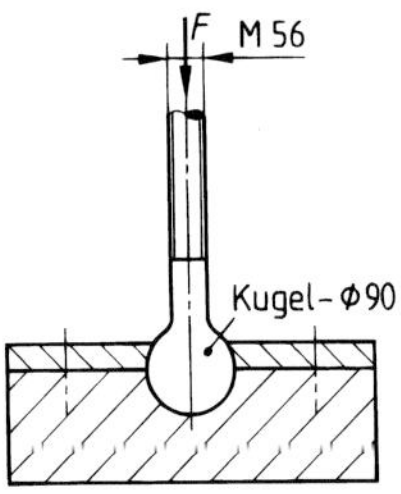

2

Ü 260. Eine einreihige Überlappungsnietung (Bild 3) überträgt eine Kraft $F = 16{,}5$ kN. Es handelt sich bei dem verwendeten Werkstoff um Kesselstahl mit $\sigma_{p\,zul} = 90\ \frac{\text{N}}{\text{mm}^2}$. Berechnen Sie die Anzahl der erforderlichen Niete, wenn beide Bleche eine Stärke von je $s = 8$ mm haben und der Nietdurchmesser $d = 10$ mm ist.

Anmerkung:
Bei Kaltnietung **und** Warmnietung dürfen die auftretenden **Reibungskräfte zwischen den Bauteilen** (den Blechen) in der Rechnung nicht berücksichtigt werden. Dies ist damit zu begründen, dass die Einflussgrößen, die die Reibungskräfte verursachen, nicht genau erfasst werden können.

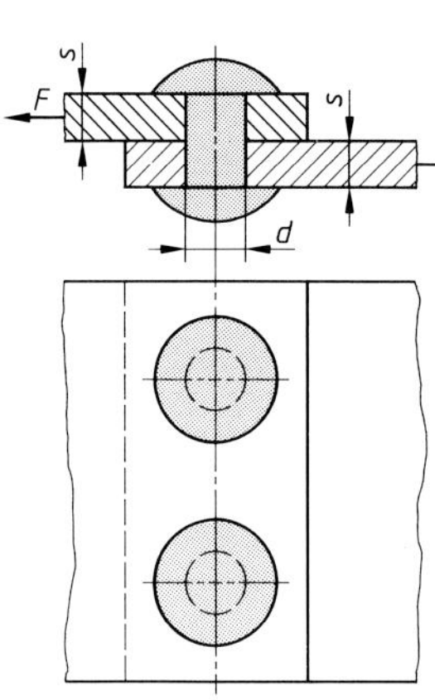

3

FESTIGKEITSLEHRE

Ü 261. Bild 2, Seite 269 zeigt eine symmetrische Prismenführung. Wie lang muss diese bei den folgenden Daten mindestens sein (Maß l)?

$$F = 30 \text{ kN},\ \alpha = 120°,\ b = 60 \text{ mm},\ \sigma_{p\,zul} = 18\ \frac{\text{N}}{\text{mm}^2}$$

V 267. Ein Träger IPB 200 liegt mit dem Flansch auf einer Stahlplatte auf. Aus den Trägerabmessungen geht hervor, daß die Breite der Auflagefläche b = 200 mm ist. An der Auflagefläche wird eine Kraft von F = 270 kN übertragen. Auf welcher Länge l muß der Träger mindestens aufliegen, wenn $\sigma_{pm\,zul} = 65\ \frac{\text{N}}{\text{mm}^2}$ nicht überschritten werden darf?

V 268. Ein Kammlager mit d_1 = 180 mm und d_2 = 150 mm überträgt eine axiale Kraft F = 280 kN (Bild 1). Es kann mit der zulässigen Flächenpressung $\sigma_{p\,zul} = 22\ \frac{\text{N}}{\text{mm}^2}$ gerechnet werden. Wieviele Kammringe sind erforderlich?

1

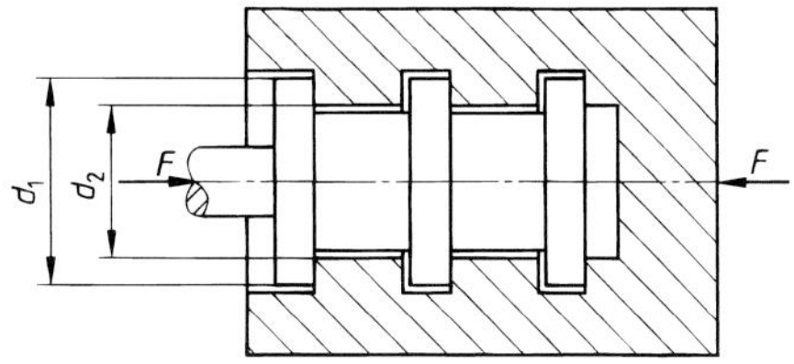

V 269. Ein Ring mit D = 75 mm und d = 37,5 mm (Bild 2) wird mit F = 6300 N auf einen konischen Dorn gedrückt. Wie groß ist die vorhandene Flächenpressung?

V 270. Der Durchmesser einer Lagerschale beträgt d = 65 mm. Wie groß muss die Länge der Lagerschale ausgeführt werden, wenn die Lagerbelastung F = 7 kN beträgt und wenn $\sigma_{p\,zul} = 25\ \frac{\text{N}}{\text{mm}^2}$ nicht überschritten werden soll?

2

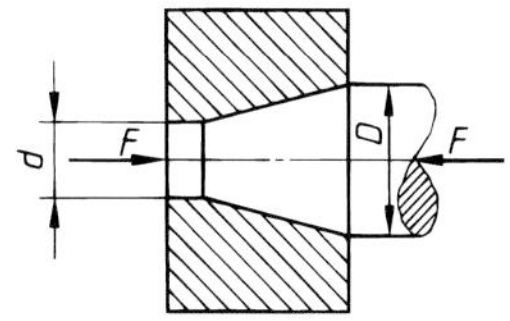

V 271. Eine unsymmetrische Prismenführung (Bild 3) wird mit F = 45 kN belastet.

a) Ermitteln Sie die Reaktionskräfte an der schrägen und der senkrechten Führungsbahn.

b) Welche Länge muss der Gleitstein bei $\sigma_{p\,zul} = 18{,}5\ \frac{\text{N}}{\text{mm}^2}$ mindestens haben?

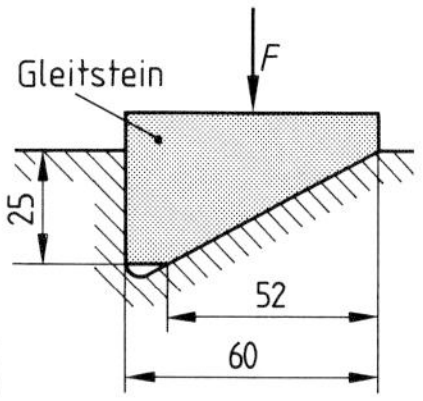

3

V 272. Die Spindel aus Ü 251., Seite 267 ist auf Flächenpressung zu berechnen. Welche Höhe muss demzufolge die Bronze-Mutter haben, wenn $\sigma_{p\,zul} = 12\ \frac{\text{N}}{\text{mm}^2}$ beträgt?

V 273. Eine Doppellaschennietung (Bild 4) überträgt eine Kraft von F = 32 kN. Es ist d = 16 mm, s = 15 mm, s_1 = 10 mm.

a) An welchen Stellen tritt in dieser Verbindung die größte Flächenpressung auf?

b) Wie groß ist die größte Flächenpressung $\sigma_{pm\,max}$?

4

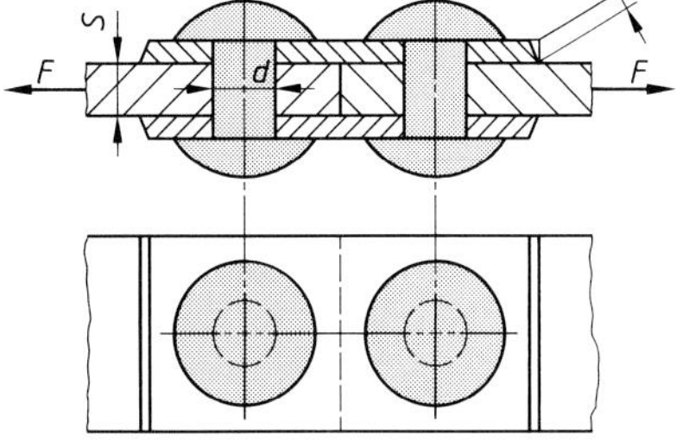

Lektion 55

Beanspruchung auf Abscherung

In Übungsaufgabe Ü 260., Seite 274 wurde eine Überlappungsnietung auf Flächenpressung berechnet. Der **Kraftfluss** von einem Blech auf das andere Blech erfolgt dabei über den Niet. Dabei versuchen die von außen auf den Niet wirkenden Belastungskräfte *F*, zwei benachbarte Querschnitte *S* gegeneinander zu verschieben, so wie dies im Bild 1 dargestellt ist. Der gefährdete Querschnitt ist also der Nietquerschnitt *S*, der im Bild 1 als Draufsicht (rote Schnittfläche) zu erkennen ist. Da die Kräfte parallel zum beanspruchten Querschnitt *S* gerichtet sind, herrscht in *S* eine **Schubspannung** τ, die als **Abscherspannung** τ_a bezeichnet wird. Die beanspruchte Fläche heißt **Scherfläche** *S*, und entsprechend der Definition für die Schubspannung (Seiten 258 und 259) ergibt sich für die

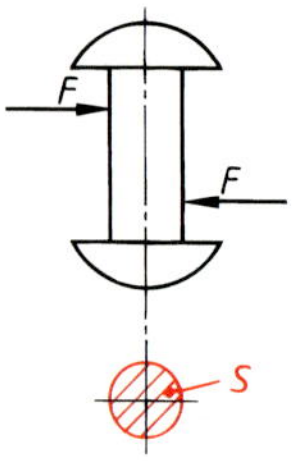

1

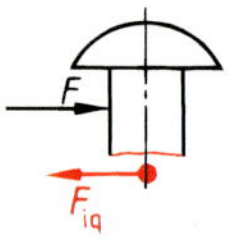

2

Abscherspannung $\tau_a = \frac{F}{S}$

τ_a	F	S
$\frac{N}{mm^2}$	N	mm^2

276–1 $F \parallel S$

Im Bild 2 ist das Gleichgewicht zwischen der äußeren Belastungskraft *F* und der den Werkstoff beanspruchenden inneren Kraft F_{iq} (siehe auch Lektion 52) dargestellt. Diese wirkt quer, d. h. parallel zum beanspruchten Querschnitt *S*.

Innere Kräfte, die parallel (quer) zum beanspruchten Querschnitt wirken, werden in der Festigkeitslehre als **Querkräfte** F_q bezeichnet.

Der Quotient aus Querkraft F_{iq} und Scherfläche *S* ergibt die Größe der Schubspannung, und da die Beträge von innerer Kraft F_{iq} und äußerer Kraft *F* gleich sind, ergibt sich hieraus die Definitionsgleichung 276–1 der Abscherspannung:

Unter der Scherspannung (Abscherspannung) τ_a versteht man den Quotienten aus äußerer Scherkraft *F* und dem beanspruchten Scherquerschnitt *S*.

Im Beispiel der Nietung darf nicht übersehen werden, dass der Niet auch auf Biegung beansprucht wird. In der Festigkeitslehre wird jedoch wie folgt verfahren:

Liegen die Wirkungslinien der Schubkräfte relativ eng beieinander, so ist die auftretende Biegespannung vernachlässigbar klein, und das Bauteil wird nur auf Scherung berechnet.

Auch bei der Berechnung auf Abscherung kommt es entscheidend auf das richtige **Erkennen des gefährdeten Querschnittes** S_{gef} an. Es gilt:

Scherquerschnitt, d. h. der gefährdete Querschnitt, ist der Bauteilquerschnitt, der im Zerstörungsfall durchtrennt wird.

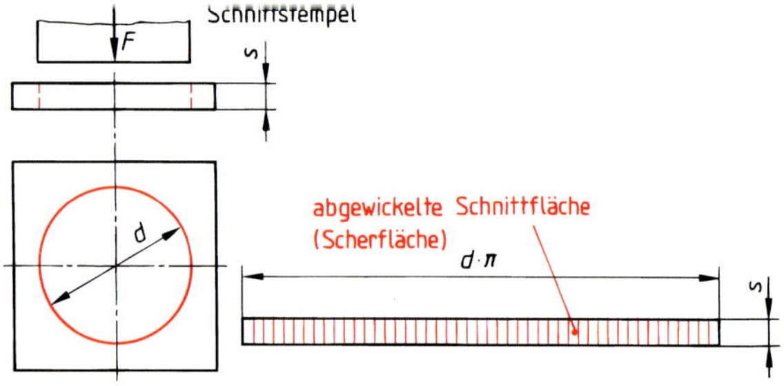

3

Diese Überlegung muss vor der Berechnung erfolgen. Während z. B. bei der Berechnung eines Nietes (Bild 1) der Nietquerschnitt einzusetzen ist, muss beim Ausstanzen einer Platine (Bild 3) die durchtrennte Zylinder-Mantelfläche $\boldsymbol{A_{gef} = \pi \cdot d \cdot s}$ in die Rechnung eingesetzt werden. Diese ist im Bild 3 als Abwicklung neben der Draufsicht dargestellt. Mit diesem Beispiel (Bild 3) wird gleichzeitig auf einen großen Anwendungsbereich für die Beanspruchung auf Abscheren hingewiesen. Dies ist die **Stanzereitechnik.** Bei derlei Aufgaben ist darauf zu achten, dass beim Ausschneiden ein „gewollter Zerstörungsfall" vorliegt. In diesem Fall wird der Werkstoff bis zur **Bruchscherfestigkeit** τ_{aB} beansprucht.

M172. Wie groß ist $\tau_{a\,vorh}$ in Musteraufgabe M171., Seite 273?

Lösung: $$\tau_{a\,vorh} = \frac{F_{vorh}}{S_{vorh}} = \frac{F_{vorh}}{\frac{\pi}{4} \cdot d^2} = \frac{4 \cdot F_{vorh}}{\pi \cdot d^2} = \frac{4 \cdot 4300\ \text{N}}{\pi \cdot (10\ \text{mm})^2} = \mathbf{54{,}75\ \frac{N}{mm^2}}$$

M173. Eine Platine mit $d = 50$ mm und $s = 3$ mm wird aus Messing-Blech mit $\tau_{aB} = 320\ \frac{\text{N}}{\text{mm}^2}$ ausgeschnitten (entsprechend Bild 3, Seite 276). Wie groß ist die für diesen Fertigungsvorgang erforderliche Schnittkraft F_S?

Lösung: $$\tau_{aB} = \frac{F_S}{S_{vorh}} \rightarrow F_S = \tau_{aB} \cdot S_{vorh} = \tau_{aB} \cdot d \cdot \pi \cdot s = 320\ \frac{\text{N}}{\text{mm}^2} \cdot 50\ \text{mm} \cdot \pi \cdot 3\ \text{mm}$$

$$F_S = 150\,796\ \text{N} \approx \mathbf{151\ kN}$$

Anmerkung: In der Praxis wird man eine Presse mit ca. 200 kN Schnittkraft für diesen Fertigungsvorgang einsetzen.

M174. Wie groß ist die Scherspannung in einem Niet der Doppellaschennietung in Vertiefungsaufgabe V273., Seite 275?

Hinweis zur Lösung: Es ist darauf zu achten, dass die Anzahl der Schnittflächen berücksichtigt wird. Diese ergibt sich aus der Anzahl der Schnittflächen pro Niet *i*, die auch als **Schnittzahl** oder **Schnittigkeit** bezeichnet wird und der **Anzahl der Niete** *n*.

Lösung: $$\tau_{a\,vorh} = \frac{F_{vorh}}{S_{vorh}} = \frac{F_{vorh}}{\frac{\pi}{4} \cdot d^2 \cdot n \cdot i} = \frac{4 \cdot F_{vorh}}{\pi \cdot d^2 \cdot n \cdot i}$$

$$\tau_{a\,vorh} = \frac{4 \cdot 32\,000\ \text{N}}{\pi \cdot (16\ \text{mm})^2 \cdot 1 \cdot 2} = \mathbf{79{,}58\ \frac{N}{mm^2}}$$

Ü262. Der Bolzendurchmesser d_{erf} eines Gelenkes (Bild 1) ist zu berechnen. Stangenkraft $F = 50$ kN, zulässige Abscherspannung: $\tau_{a\,zul} = 60\ \frac{\text{N}}{\text{mm}^2}$. Wie groß ist die Schnittzahl?

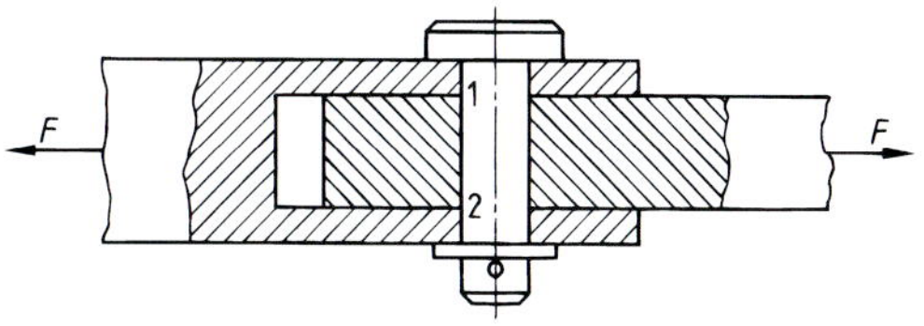

1

Ü263. Aus Bild 2 ist ersichtlich, daß eine Kraft über einen Bolzen bzw. Niet oder dergleichen versucht, den Werkstoff des Flachmaterials auszureißen. Um dies zu verhindern, darf der **Randabstand** e_1 ein bestimmtes Maß nicht unterschreiten. Deswegen gibt es diesbezügliche **behördliche Vorschriften,** die beim Berechnen von Nietverbindungen (z. B. im Druckbehälterbau und im Stahlbau) einzuhalten sind. Gemäß Bild 2 darf z. B. entsprechend dieser Vorschriften als **Seitenlänge der Scher-**

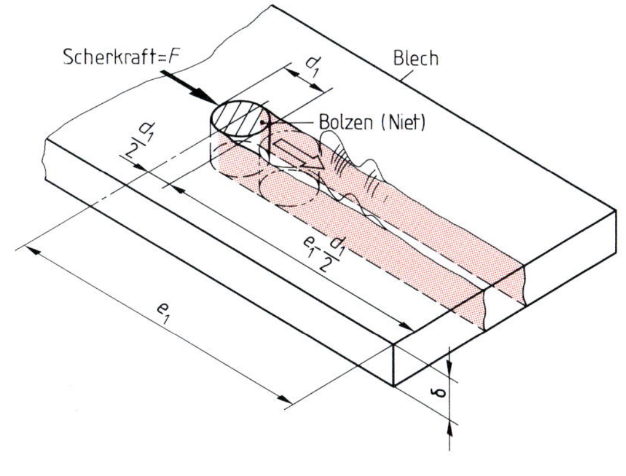

2

fläche (im Zerstörungsfall) nur mit $e_1 - \frac{d_1}{2}$ gerechnet werden. Das Maß $\frac{d_1}{2}$ geht also nicht in die Rechnung ein.
Berechnen Sie unter Beachtung dieser Regel den Randabstand e_1 für den in Bild 2, Seite 277 dargestellten Fall und für die folgenden Daten:

$\delta = 15$ mm, $d_1 = 20$ mm, $\tau_{a\,zul} = 100\,\frac{\text{N}}{\text{mm}^2}$, $F = 10\,500$ N.

Ü 264. Ein Wandarm (Bild 1) ist in vier Hakendübel mit metrischem ISO-Gewinde DIN 13 eingehängt. Als gefährdeter Scherquerschnitt S_{gef} ist der Kernquerschnitt der Schrauben einzusetzen. Welche Gewindegröße ist zu wählen, wenn die auftretende Zugspannung in den oberen Dübeln vernachlässigt wird und wenn $\tau_{a\,zul} = 50\,\frac{\text{N}}{\text{mm}^2}$ ist?

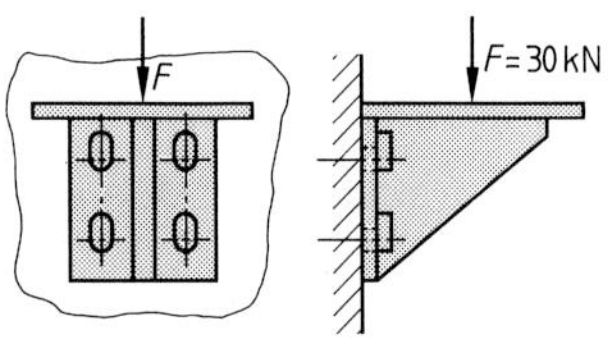

1

Ü 265. Das im Bild 2 abgebildete Stanzteil wird in einem Arbeitsgang (Innen- **und** Außenkontur) ausgeschnitten. Es wird ein 3 mm starkes Blech der Legierung CuZn 40 mit einer Bruchscherfestigkeit von 480 $\frac{\text{N}}{\text{mm}^2}$ verwendet. Welche Stanzkraft ist erforderlich?

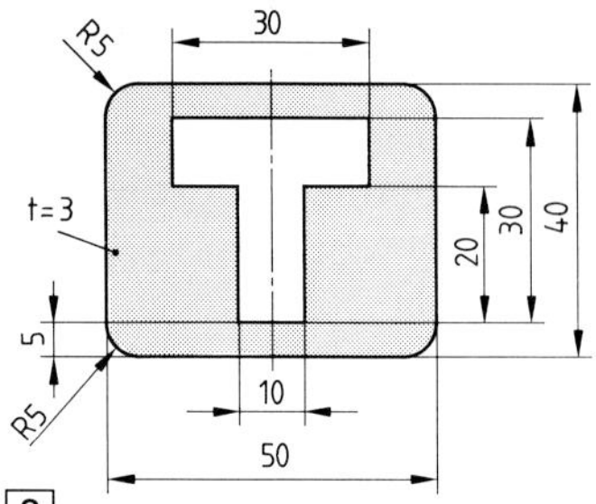

2

Ü 266. Mit einer speziellen Schere sollen Winkelstähle nach DIN 10056 bis zu einer Profilgröße 70 × 7 geschnitten werden, und zwar bei Schmiedetemperatur. In diesem Fall ist die Bruchscherfestigkeit mit $\tau_{aB} = 200\,\frac{\text{N}}{\text{mm}^2}$ anzusetzen. Berechnen Sie die erforderliche Scherkraft *F*, wenn angenommen wird, dass der gesamte Querschnitt gleichzeitig abgeschert wird.

Ü 267. Bild 3 zeigt eine als Nietverbindung ausgebildete Aufhängung. Es wird eine Kraft $F = 120$ kN übertragen, und die Abmessungen betragen $d = 19$ mm, $s_1 = 10$ mm, $s_2 = 6$ mm. Berechnen Sie

a) die im Niet auftretende Scherspannung $\tau_{a\,vorh}$,
b) den maximalen Lochleibungsdruck (mittlere Flächenpressung) $\sigma_{pm\,max}$.

Ü 268. Nennen Sie Maschinenteile, für die eine Beanspruchung auf Scherung typisch ist.

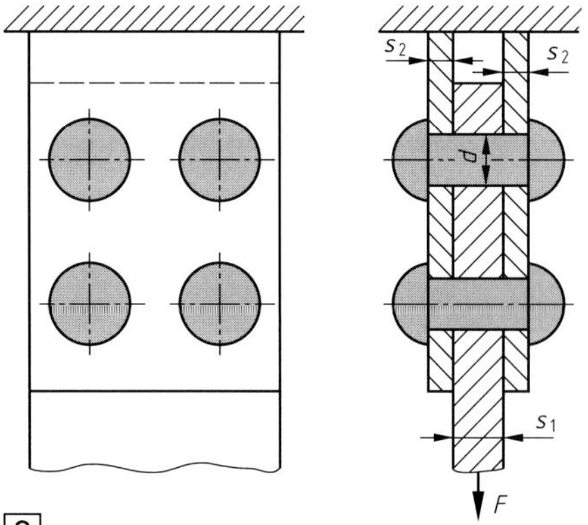

3

Ü 269. Um hochwertige Maschinenteile vor zu großen Drehmomenten zu schützen (z. B. Leitspindel einer Drehbank), werden Scherstifte gemäß Bild 4 als Sicherungselement eingebaut. Wie groß ist die Scherspannung im Scherstift des Bildes 4, wenn ein Drehmoment von $M_d = 12$ Nm bei einem Scherstiftdurchmesser $d_s = 4{,}2$ mm und einem Wellendurchmesser $d_W = 16$ mm übertragen wird?

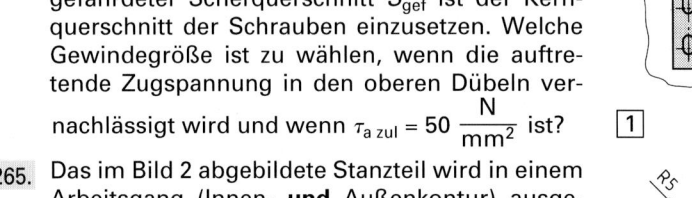

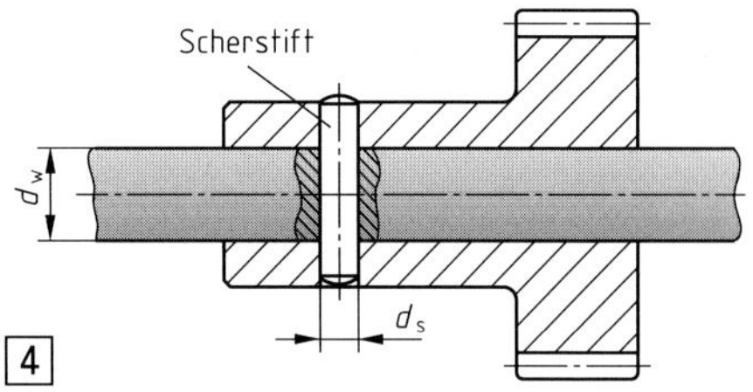

4

V 274. Ein Druckbehälter ist durch einen am Umfang angenieteten Klöpperboden (Bild 1) abgeschlossen. Bedingt durch den Innendruck wirkt am Klöpperboden die Kraft F. Wie groß darf diese Kraft maximal werden, wenn am Umfang $i = 50$ Niete mit dem Durchmesser $d = 24$ mm geschlagen sind und wenn für den Nietwerkstoff $\tau_{a\,zul} = 90\ \frac{N}{mm^2}$ anzusetzen ist?

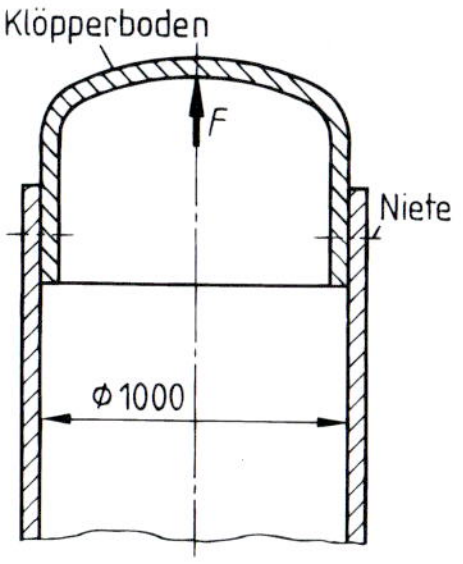

1

V 275. Bild 2 zeigt eine Steckverbindung. Mit dieser wird eine Axialkraft von $F = 80$ kN übertragen. Wie groß ist die Scherspannung im bemaßten Querstecker?

V 276. Für einen Schnittstempel ist

$\sigma_{d\,zul} = 530\ \frac{N}{mm^2}$ angegeben.

Das zu schneidende Blech hat eine Bruchscherfestigkeit von $\tau_{aB} = 430\ \frac{N}{mm^2}$, und die zu schneidende Blechdicke ist $s = 4$ mm. Es sollen kreisrunde Platinen ausgeschnitten werden. Berechnen Sie für die angegebenen Daten den größtmöglichen Durchmesser dieser Platinen (Stempeldurchmesser).

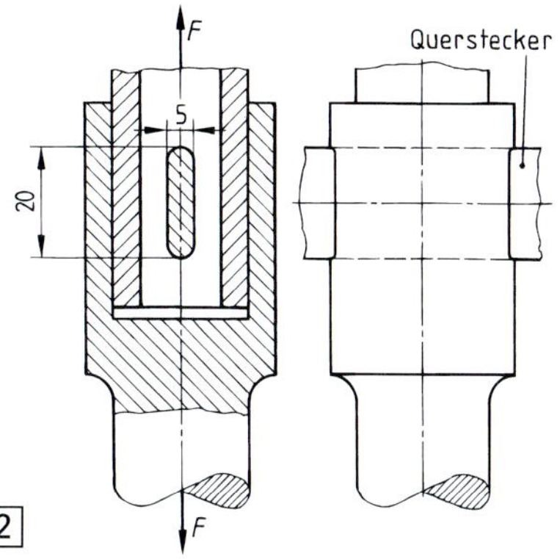

2

V 277. Die Bolzensteckverbindung (Bild 3) überträgt eine Axialkraft von $F = 300$ kN und für den Bolzen ist $\tau_{a\,zul} = 140\ \frac{N}{mm^2}$.

Wie hoch muss der Bund am Bolzen ausgeführt werden (Maß h), wenn dieser an der Stelle der Bolzenauflage auf Scherung berechnet wird?

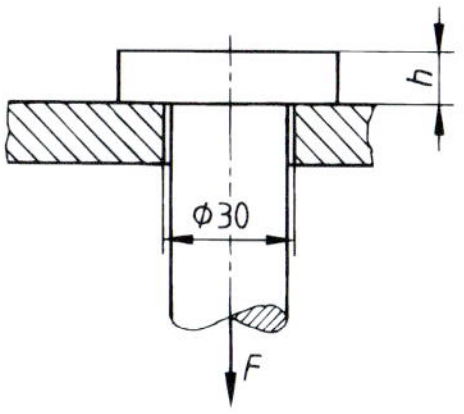

3

V 278. Beim Antrieb eines Walzwerkes erfolgt die Übertragung eines Drehmomentes $M_d = 12000$ Nm über eine Bolzenkupplung (Bild 4). Berechnen Sie den Durchmesser der 16 eingepassten Bolzen, wenn der Lochkreisdurchmesser $d_L = 600$ mm beträgt und wenn $\tau_{a\,zul} = 70\ \frac{N}{mm^2}$ ist?

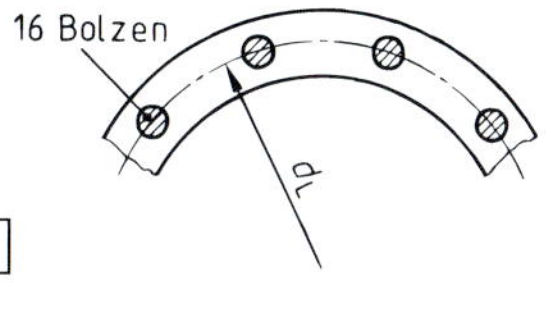

4

V 279. Eine Klebenaht (Bild 5) überträgt eine Kraft $F = 8$ kN. Das Maß b beträgt 150 mm. Wie groß muß die Länge l der Klebestelle ausgeführt werden, wenn die zulässige Schubspannung des verwendeten Klebstoffes $\tau_{a\,zul} = 35\ \frac{N}{mm^2}$ ist?

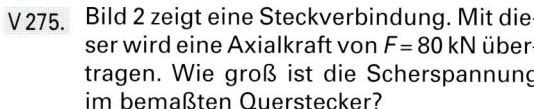

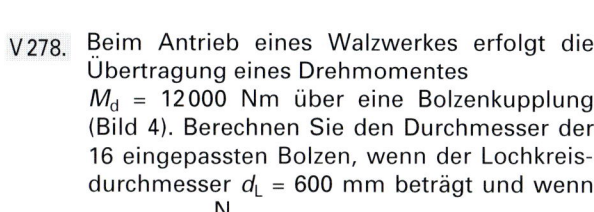

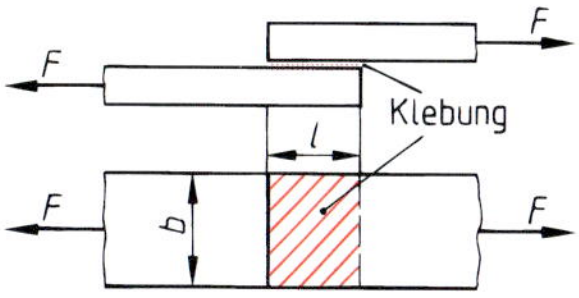

5

Verformungen infolge von Beanspruchungen

Lektion 56 Das Hooke'sche Gesetz für Zug und Druck

56.1 Die Kraft als Ursache von Verformungen

Die beiden Hauptursachen von **Körperverformungen** sind in der Einwirkung von Kräften und dem Einleiten von Wärmeenergien in einen Körper zu sehen. Letzterer Sachverhalt, d. h. die **Wärmedehnung** durch Temperaturerhöhung bzw. Temperaturabsenkung, ist Gegenstand der **Wärmelehre,** aber auch Lektion 59 geht in Verbindung mit der Berechnung von **Wärmespannungen** auf dieses Phänomen ein. Vornehmlich werden aber in diesem Buch die Verformungen eines Körpers durch auf ihn wirkende Kräfte besprochen.
Bereits in Lektion 2 wurde die **Kraft** neben der Ursache von Bewegungen als die **Ursache von Verformungen** erkannt. Auch zu Beginn der Lektion 37 wurde auf diesen Sachverhalt verwiesen, und es wurde dort ein Befassen mit diesem Problem **innerhalb der Festigkeitslehre** angekündigt. Methodische Gründe machen es erforderlich, den gesamten Themenkreis aufzuspalten, und zwar wie folgt:

Verformungen bei Zug und Druck ⟶ Lektion 56, d. h. die folgenden Seiten
Verformungen bei Scherung ⟶ Lektion 60
Verformungen bei Flächenpressung ⟶ Lektion 60
Verformungen bei Biegung ⟶ Lektion 68
Verformungen bei Torsion ⟶ Lektion 70

56.2 Arten der Formänderung eines Körpers

Bereits auf Seite 259 wurden die Elementarbeanspruchungen in einer Tabelle zusammengefasst. Sie ist nebenstehend nochmals teilweise wiedergegeben, und zwar im Hinblick auf die **Art der Formänderung.**
Diese **Verformungen durch Kräfte** beeinflussen die Funktion von Maschinen und anderen technischen Anlagen und sie sind mit den Gesetzen der Festigkeitslehre – entsprechend der oben genannten Lektionen – berechenbar.

Art der Beanspruchung	Kraftangriff an einem stabförmigen Körper	Art der Formänderung
Zug	 1	Verlängerung
Druck	 2	Verkürzung
Knickung	 3	Ausbiegung
Biegung	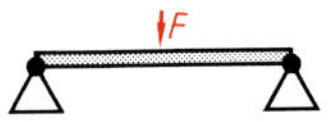 4	Durchbiegung
Scherung (Schub)	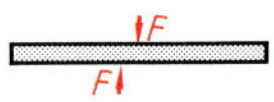 5	Verschiebung
Verdrehung (Torsion)	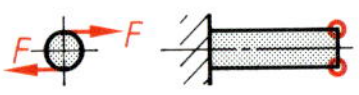 6	Verdrehung

Je nachdem, ob ein Körper (Bauteil) nach der Entlastung wieder seine ursprüngliche Form (Abmessung) annimmt oder nicht, unterscheidet man **zwei Arten von Verformungen.** Diese sind Grenzfälle, bestimmen aber weitgehend zwei Technikbereiche:

Elastische Verformung ⟶ Festigkeits- und **Elastizitätslehre,**
Plastische Verformung ⟶ **Umformtechnik** (z. B. schmieden, walzen, ...).

56.2.1 Die elastische Verformung

Bei einer **elastischen Verformung** stellt sich nach der Entlastung wieder die ursprüngliche Form des Bauteiles ein.

Bild 1 stellt diesen Sachverhalt am Beispiel einer Belastung auf Zug dar. Der Stab hat vor und nach der Belastung die gleiche Länge. Im Zusammenhang mit dieser Werkstoffeigenschaft spricht man auch vom **elastischen Körper**.
Ein solches Werkstoffverhalten zeigen z. B. die meisten Metalle und Kunststoffe bei nicht allzu hohen Beanspruchungen. Bei den meisten **Konstruktionsteilen,** z. B. bei Schrauben oder Wellen, ist dies eine unabdingbare Forderung, die durch die richtige Dimensionierung der Bauteile erfüllt wird.

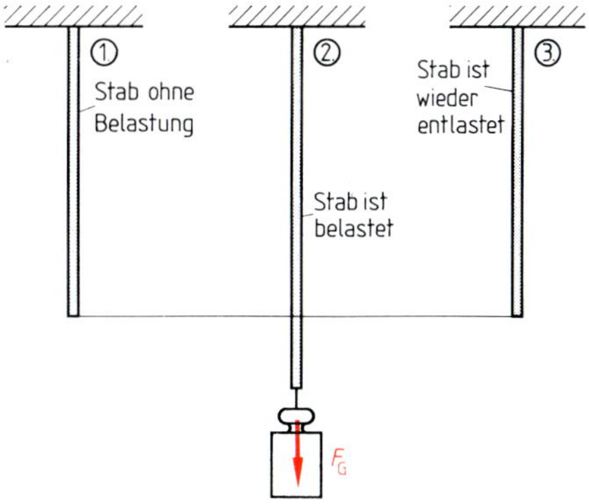

1

56.2.2 Die plastische Verformung

Bei einer **plastischen Verformung** ist nach der Entlastung eine bleibende Verformung eingetreten.

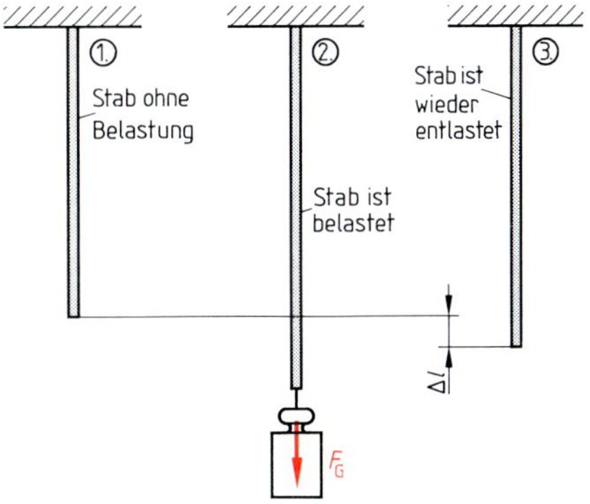

2

Dies zeigt Bild 2. Der auf Zug beanspruchte Stab wurde nach seiner Entlastung um das Maß Δl bleibend verformt. Ein solches Verhalten wird i. d. R. bei zu hohen Werkstoffbeanspruchungen – auch z. B. bei Stählen – festgestellt. Man spricht in einem solchen Fall von einem plastischen Verhalten oder auch vom **plastischen Körper.** Wie gesagt: Bei der Berechnung der Bauteilabmessungen muss dieses Verhalten ausgeschlossen werden. In der **Umformtechnik** wird dagegen dieses plastische Verhalten – z. B. beim Schmieden – vorausgesetzt.

Ü 270. Nennen Sie Beispiele aus Technik und/oder Alltag

a) für Verformungen bei Zug und/oder Druck,
b) für Verformungen bei Scherung,
c) für Verformungen bei Flächenpressung,
d) für Verformungen bei Biegung,
e) für Verformungen bei Torsion (Verdrehung).

Ü 271. In Lektion 52 wurden die verschiedenen Beanspruchungsarten erläutert, und in dieser Lektion wurde bereits jeder dieser Beanspruchungsarten eine Verformungsart zugeordnet. Beim Wirken mehrerer Elementarbeanspruchungen zur gleichen Zeit (zusammengesetzte Beanspruchung) ist es so, dass natürlich auch mehrere Verformungen gleichzeitig auftreten. Nennen Sie Beispiele aus Technik und/oder Alltag für solche **zusammengesetzten Verformungen.**

Ü 272. Nennen Sie typische Beispiele aus Technik und/oder Alltag

a) für plastische Formänderungen,
b) für elastische Formänderungen.

Ü 273. In Bild 2 ist eine **Längenänderung** Δl bei einem Zugstab dargestellt. Man nennt sie **Verlängerung.** Welche Beanspruchungsart liegt bei einer **Verkürzung** vor?

56.3 Das Gesetz von Hooke

Wird also eine bestimmte Beanspruchung, die in der Festigkeitslehre mit **Spannung** σ bezeichnet wird, nicht überschritten, dann ist ein elastisches Verhalten des Körpers sichergestellt. Bei mittelhartem Stahl liegt diese Beanspruchungsgrenze z.B. bei $\sigma_E \approx 300$ N/mm², und sie heißt **Elastizitätsgrenze** (s. Lektion 58).
Der englische Naturforscher Robert **Hooke (1635 bis 1703)** hat die folgende, nach ihm benannte Gesetzmäßigkeit formuliert:

Die elastische Verlängerung eines Körpers ist der wirkenden Kraft proportional.

Dieses Verhalten soll am Beispiel einer **Schraubenfeder** (Bild 1) verdeutlicht werden. Es ist zu erkennen:

$$\frac{F_1}{s_1} = \frac{F_2}{s_2} = \ldots = \frac{\Delta F}{\Delta s}$$

Zwischen der **Federkraft** F und dem **Federweg** s besteht also die oben erwähnte Proportionalität. Führt man einen **Proportionalitätsfaktor** c ein, der nach DIN 2097 „Zylindrische Schraubenfedern" **Federsteifigkeit** (auch **Federkonstante** oder **Federrate**) genannt wird, dann erhält man in mathematischer Form das

Gesetz von Hooke $F = c \cdot s$ [282–1]

Dabei ist: s = Federweg in mm, F = Federkraft in N.
c = Federsteifigkeit.

Daraus erhält man für die

Federsteifigkeit (Federrate) **Federkonstante** $c = \frac{F}{s}$ [282–2] in $\frac{\text{N}}{\text{mm}}$

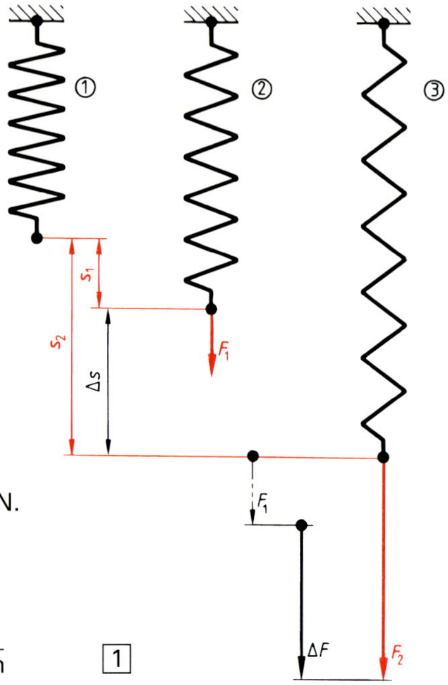

1

Die Federsteifigkeit (Federkonstante) c gibt an, welche Kraft F in N für einen Federweg s in mm erforderlich ist.

Die Federsteifigkeit gibt somit die **Charakteristik der Feder** an, d. h., dass hiermit die Möglichkeit besteht, eine Aussage über die „Weichheit" einer Feder zu machen.
Diese Charakteristik bzw. das Hooke'sche Gesetz kann in einem **Kraft, Weg-Diagramm (*F, s*-Diagramm)** gemäß Bild 2 dargestellt werden. Die Neigung α der **Federkennlinie,** die auch als **Hooke'sche Gerade** bezeichnet wird, gibt also Auskunft darüber, wie hart oder wie weich eine Feder ist. Die dargestellte Federcharakteristik ist durch ein lineares Verhalten gekennzeichnet. Der Vollständigkeit halber sei erwähnt, dass es auch **Federn mit progressivem bzw. degressivem Verhalten** gibt. Näheres hierüber lehrt das Fach **Maschinenelemente** (s. auch Lektion 40!).

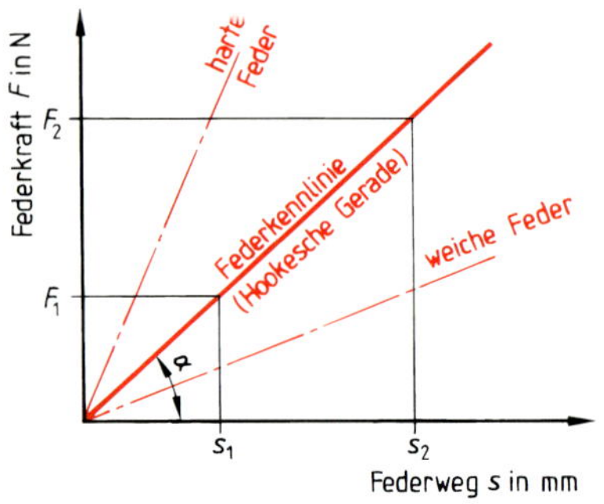

2

FESTIGKEITSLEHRE

M175. Bei einer Schraubenfeder wird festgestellt, dass sich diese bei der Wirkung einer Zugkraft 5 N von der Ausgangslänge 12 cm auf die Endlänge 14,5 cm verlängert.

a) Berechnen Sie die Federsteifigkeit (Federkonstante).
b) Stellen Sie die Federkennlinie in einem maßstäblichen Diagramm dar!
c) Welche Zugkraft wirkt in der Feder, wenn sie durch diese auf eine Länge von 16,8 cm gedehnt wird?

Lösung:

a) $$\boldsymbol{c} = \frac{\Delta F}{\Delta s} = \frac{5\text{ N}}{14{,}5\text{ cm} - 12\text{ cm}} = \frac{5\text{ N}}{2{,}5\text{ cm}} = 2\,\frac{\text{N}}{\text{cm}} = \mathbf{0{,}2\,\frac{N}{mm}}$$

b)

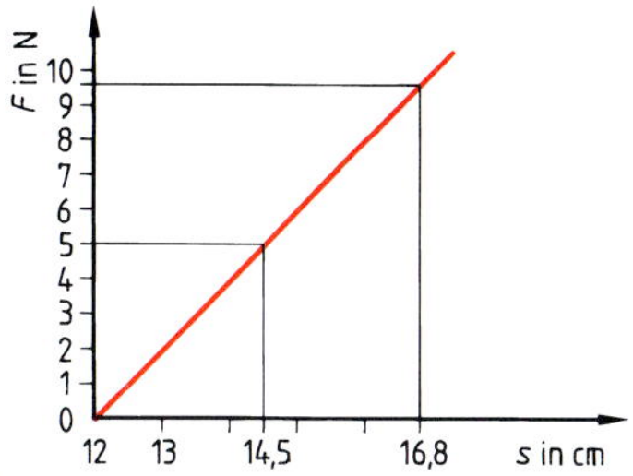

1

c) $$\Delta F = c \cdot \Delta s$$

$$\Delta F = 2\,\frac{\text{N}}{\text{cm}} \cdot (16{,}8\text{ cm} - 12\text{ cm})$$

$$\Delta F = 2\,\frac{\text{N}}{\text{cm}} \cdot 4{,}8\text{ cm}$$

$$\mathbf{\Delta F = 9{,}6\ N}$$

Diese Rechnung wird durch das *F, s*-Diagramm (Bild 1) bestätigt.

56.4 Die Messung von Kräften

56.4.1 Kraftmessung aufgrund der beschleunigenden Wirkung

Mit Hilfe des Grundgesetzes der Mechanik

$$F = m \cdot a \quad \text{in N, kN}$$

ist es möglich, Kraftmessungen vorzunehmen. Dies setzt jedoch eine definierte Masse *m* und das Messen der Beschleunigung *a* voraus. Letzteres ist wiederum mit Weg- und Zeitmessungen verbunden, so dass eine auf dem Grundgesetz der Mechanik beruhende Kraftmessung relativ aufwendig ist und deshalb kaum angewendet wird. Eine der seltenen Anwendungsbeispiele ist die Messung von Beschleunigungskräften oder Verzögerungskräften bei Transportmitteln.

Legt man einer Kraftmessung eine Bewegungsänderung zugrunde, dann heißt eine solche Messung **dynamische Kraftmessung.**

56.4.2 Kraftmessung aufgrund der verformenden Wirkung

Wegen des großen Aufwandes bei einer dynamischen Kraftmessung ist es in der Praxis üblich, Kräfte mit Hilfe der von ihnen bei Federn ausgelösten **elastischen Verformung** zu messen. Solche Kraftmesser sind in Newtoneinheiten kalibriert, und man kann mit ihnen Gewichtskräfte sowie alle anderen Kräfte an jedem beliebigen Ort messen. Solche **Federkraftmesser** werden auch als **Dynamometer** bezeichnet. Bild 2 zeigt einen solchen von außen gesehen, während Bild 3 den inneren Aufbau eines solchen Dynamometers zeigt.

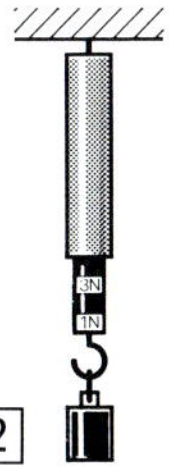

2

3

Legt man einer Kraftmessung die Verformung einer Feder zugrunde, dann heißt eine solche Messung **statische Kraftmessung.**

Der statischen Kraftmessung liegt das Hooke'sche Gesetz zugrunde.

FESTIGKEITSLEHRE

M176. Ein Körper ruft an einer Federwaage mit der Federkonstanten $c = 0{,}8\ \dfrac{\text{N}}{\text{mm}}$ eine Längenänderung $s = 45$ mm hervor. Wie groß ist

a) die Gewichtskraft des Körpers,
b) die Masse des Körpers (vergleichen Sie Punkt 37.2, Seiten 168 und 169)?

Lösung: a) $\boldsymbol{F_G} = c \cdot s = 0{,}8\ \dfrac{\text{N}}{\text{mm}} \cdot 45\ \text{mm} = \mathbf{36\ N}$

b) $\boldsymbol{m} = \dfrac{F_G}{g} = \dfrac{36\ \text{N}}{9{,}81\ \text{m/s}^2} = \dfrac{36\ \dfrac{\text{kgm}}{\text{s}^2}}{9{,}81\ \text{m/s}^2} = \mathbf{3{,}67\ kg}$

Ü274. Bei einem Versuchsfahrzeug (Bild 1) ist ein **Dynamometer** eingebaut. Die darin befindliche Meßmasse beträgt $m = 100$ g, und das Fahrzeug beschleunigt mit $a = 2{,}5\ \text{m/s}^2$.

Um wieviele mm wird eine Feder mit der Federkonstanten $c = 0{,}005$ N/mm zusammengedrückt?

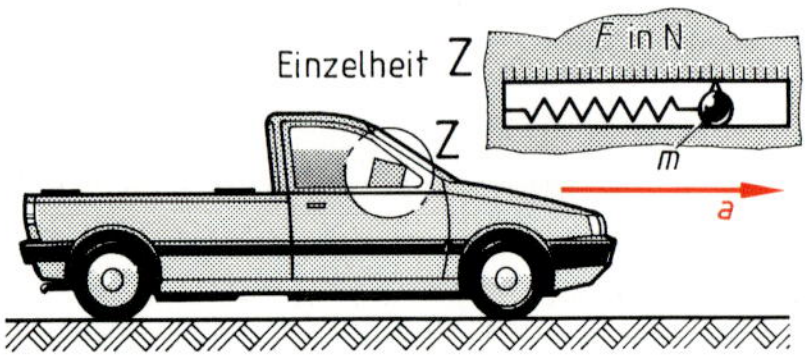

1

Ü275. Mit der gleichen Federwaage wie in Musteraufgabe M176. ($c = 0{,}8$ N/mm) wird auf dem Mond gemessen. Der Körper ruft ebenfalls eine Längenänderung der Feder von $s = 45$ mm hervor. Ermitteln Sie

a) die Gewichtskraft des Körpers (Mondbeschleunigung $g_M = 1{,}62\ \text{m/s}^2$),
b) die Masse des Körpers.

Welche Regel ergibt sich beim Vergleich mit Musteraufgabe M176. für die Messung von Massen mit Federwaagen?

56.5 Hooke'sches Gesetz und Bauteildimensionierung

56.5.1 Dehnung und Verlängerung

Es wurde bereits gesagt, dass in der **Festigkeits- und Elastizitätslehre** grundsätzlich von **elastischen Verformungen** ausgegangen werden muss (Punkt 56.2). In diesem Sinne ist auch Bild 1 zu verstehen: Bei einem auf Zug beanspruchten Bauteil tritt eine **Längenänderung** Δl ein. Aus der ursprünglichen Länge l_0 wird im belasteten Zustand die Länge l, und sofort nach Entlastung würde dieser Vorgang wieder in die umgekehrte Richtung völlig Bild 1, Seite 281 entsprechend verlaufen. Man erkennt hieraus, dass sich auch ein homogener Werkstoff – z. B. ein Stab aus Stahl – wie eine Feder verhält. Somit kann gefolgert werden:

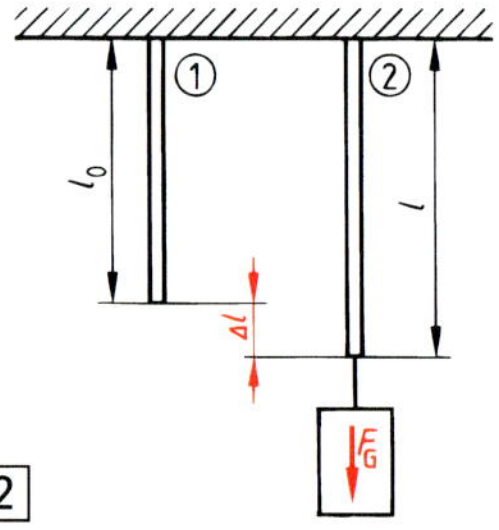

2

Das Hooke'sche Gesetz ist auch bei der elastischen Verformung von Bauteilen anwendbar.

Bild 1 zeigt: $\boldsymbol{l = l_0 + \Delta l}$, und in der Festigkeitslehre wird die auf die Ausgangslänge l_0 bezogene Verlängerung Δl als **Dehnung** ε bezeichnet. Dies bedeutet, dass zwischen den Begriffen Dehnung und Verlängerung ein ganz wesentlicher Unterschied besteht. Dies zeigt Formel 284–1:

Dehnung $\varepsilon = \dfrac{\Delta l}{l_0}$

ε	Δl	l_0
1	mm	mm

284–1 ⟶ $\Delta l = l - l_0$

Δl = Längenänderung, l_0 = Ausgangslänge, l = Endlänge

Unter der Dehnung versteht man den Quotienten aus Längenänderung und Ausgangslänge.

FESTIGKEITSLEHRE

In der Werkstoffkunde wird oftmals die **Dehnung in %** angegeben, während in der Festigkeitslehre grundsätzlich mit dem Absolutwert (Gleichung 284–1) gerechnet wird. Es ist

Dehnung in % $\varepsilon = \frac{\Delta l}{l_0} \cdot 100$ 285–1

Bei z. B. $\varepsilon = 3\,\%$ hätte sich also ein ursprünglich 100 mm langer Stab unter der Einwirkung einer Zugkraft um 3 mm verlängert bzw. ein 50 mm langer Stab um 1,5 mm usw.

56.5.2 Zusammenhang zwischen Dehnung und Spannung

Es ist $\boldsymbol{\Delta l \sim \Delta F}$ ⟶ Punkt 56.3 ⟶ Gesetz von Hooke
$\boldsymbol{\sigma \sim F}$ ⟶ Punkt 53.2 ⟶ Zugspannung
$\boldsymbol{\varepsilon \sim \Delta l}$ ⟶ Punkt 56.5.1 ⟶ Dehnung
⟶ $\varepsilon \sim \sigma$

Diese aufgezeigten Proportionalitäten lassen den Zusammenhang zwischen dem Gesetz von Hooke, der Spannung und der Dehnung erkennen. Dieser Zusammenhang wurde ebenfalls von Hooke formuliert, er ist sozusagen die Erweiterung des Hooke'schen Gesetzes für Federn auf kompakte Bauteile. Für diese lautet das **Hooke'sche Gesetz**:

Die elastische Dehnung ist der vorhandenen Spannung im Bauteil proportional.

Dehnung $\varepsilon = \alpha \cdot \sigma$

ε	α	σ
1	$\frac{mm^2}{N}$	$\frac{N}{mm^2}$

285–2

α = Proportionalitätsfaktor
σ = Spannung

Der durch Gleichung 285–2 beschriebene Zusammenhang lässt sich in einem Diagramm, dem **Spannungs, Dehnungs-Diagramm (σ, ε-Diagramm)** darstellen (Bild 1). Daraus geht hervor, dass z. B. bei einer Spannung σ = 50 N/mm² die Dehnung ε = 0,01 beträgt. Wird die Spannung verdoppelt (σ = 100 N/mm²), dann verdoppelt sich auch die Dehnung (ε = 0,02) etc.

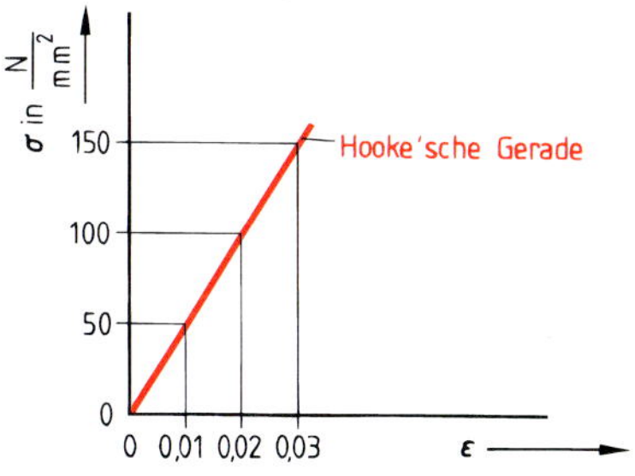

1

Erst ca. 100 Jahre nach der Formulierung dieser Gesetzmäßigkeit durch Hooke machte der englische Arzt und Naturforscher Thomas **Young** (sprich: Jang, **1773 bis 1829**) Angaben über den Proportionalitätsfaktor α, und zwar mit dem nach ihm benannten (Young'schen) **Elastizitätsmodul** *E*, kurz ***E*-Modul**:

Der Young'sche **Elastizitätsmodul *E*** ist die Spannung, die in einem Zugstab herrschen würde, wenn sich seine Länge unter dem Einfluss einer Zugkraft verdoppeln würde.

Anmerkung: Normalerweise lässt sich eine solch große Spannung in einem Bauteil nicht aufbauen. Es würde sich vorher plastisch verformen und schließlich zu Bruch gehen. Man kann sich diese hohe Spannung aber vorstellen, indem man sich die **Hooke'sche Gerade** (Bild 1) soweit verlängert denkt, dass auf der Abszisse die Dehnung ε = 100 % bzw. ε = 1 erreicht wird. Auf der Ordinaten würde dann eine Spannung erreicht, die dem *E*-Modul entspricht. Bei hochelastischem Werkstoff, z. B. bei bestimmten Gummisorten, oder auch bei speziellen Bauteilformen, z. B. bei Schraubenfedern, ist *E* eine reale Größe.

Nach Young ist $\alpha = \frac{1}{E}$ 285–3 und somit ergibt sich:

Hooke'sches Gesetz $\varepsilon = \frac{1}{E} \cdot \sigma = \frac{\sigma}{E}$

ε	E	σ
1	$\frac{N}{mm^2}$	$\frac{N}{mm^2}$

285–4

FESTIGKEITSLEHRE

Die **Werte für den *E*-Modul** werden vom Werkstoffhersteller im Versuch ermittelt. In der nachfolgenden Tabelle sind Werte für einige Werkstoffe angegeben. Sie beziehen sich auf eine **Temperatur von 20 °C**. Grundsätzlich gilt:

Der Elastizitätsmodul *E* eines Werkstoffes nimmt bei zunehmender Temperatur ab.

Werkstoff	*E*-Modul in N/mm²	Werkstoff	*E*-Modul in N/mm²
Al, rein	64 000... 70 000	Mg, rein	39 000... 40 000
Al-Legierungen	66 000... 83 000	Mg-Legierungen	42 000... 44 000
Blei	14 000... 17 000	Messing	78 000... 98 000
Bronze	107 000...113 000	Neusilber	122 000...125 000
Federstahl	205 000...215 000	Nickelin	127 000...130 000
Flussstahl	196 000...215 000	Rotguss	88 000... 90 000
Gusseisen	73 000...102 000	Stahlguss, unlegiert	196 000...210 000
Kupfer	122 000...123 000	Tombak	98 000...100 000

Bei einigen Werkstoffen ist die **σ, ε-Linie** eine gekrümmte Linie. Diesen Sachverhalt berücksichtigt das

Bach-Schüle'sche Potenzgesetz

$$\varepsilon = \frac{1}{E} \cdot \sigma^n$$

ε	E	σ	n
1	$\frac{N}{mm^2}$	$\frac{N}{mm^2}$	1

286–1

Der **Exponent *n*** wird in Versuchen ermittelt. Er kennzeichnet die Krümmung der Kennlinie im σ, ε-Diagramm. Dies zeigen die Bilder 1 bis 3:

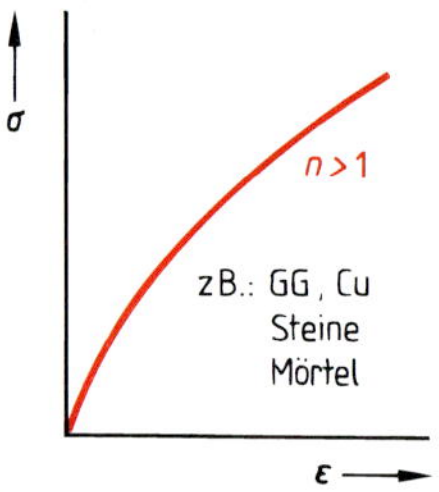

1

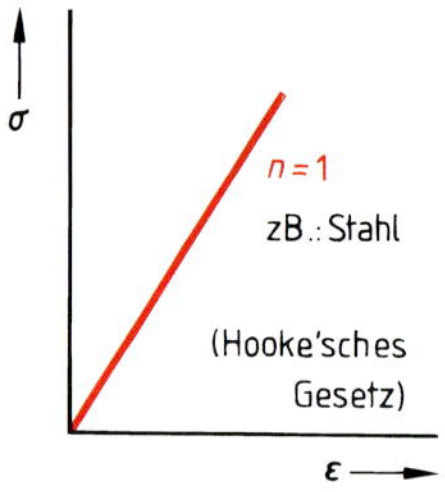

2

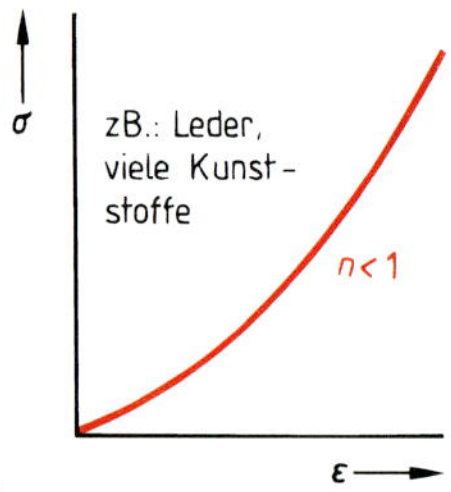

3

Im Falle einer **Druckbeanspruchung** verkürzt sich das beanspruchte Bauteil um das Maß Δl, es wird gestaucht. In diesem Zusammenhang spricht man von der **negativen Dehnung,** die auch als **Stauchung** bezeichnet wird.

M177. Ein Stahlstab von 22 cm Länge und einer Querschnittsfläche von 6 cm² zeigte bei einer Belastung von 60 kN eine Verlängerung von 0,01 cm. Berechnen Sie

a) die Zugspannung $\sigma_{z\,vorh}$,
b) die Dehnung ε,
c) den Elastizitätsmodul *E*.

Lösung: a) $\boldsymbol{\sigma_{z\,vorh}} = \frac{F}{S} = \frac{60\,000\ N}{600\ mm^2} = \mathbf{100\ \frac{N}{mm^2}}$

b) $\boldsymbol{\varepsilon} = \frac{\Delta l}{l_0} = \frac{0{,}01\ cm}{22\ cm} = \mathbf{0{,}0004545 = 0{,}04545\ \%}$

c) $\varepsilon = \frac{\sigma}{E} \longrightarrow \boldsymbol{E} = \frac{\sigma}{\varepsilon} = \frac{100\ \frac{N}{mm^2}}{0{,}0004545} = \mathbf{220\,022\ \frac{N}{mm^2}}$

M178. Ein Stahldraht mit dem Durchmesser 5 mm und einer Länge von l_0 = 1,5 m wird mit $F = 3800$ N auf Zug belastet. Der Elastizitätsmodul beträgt $E = 2{,}1 \cdot 10^5$ N/mm². Berechnen Sie

a) die vorhandene Zugspannung $\sigma_{z\,vorh}$, b) die elastische Verlängerung Δl.

Lösung: a) $\boldsymbol{\sigma_{z\,vorh}} = \frac{F}{S} = \frac{F}{\frac{\pi}{4} \cdot d^2} = \frac{4 \cdot F}{\pi \cdot d^2} = \frac{4 \cdot 3800\ \text{N}}{\pi \cdot (5\ \text{mm})^2} = \mathbf{193{,}53\ \frac{N}{mm^2}}$

b) $\varepsilon = \frac{\Delta l}{l_0} = \frac{\sigma}{E} \longrightarrow \boldsymbol{\Delta l} = l_0 \cdot \frac{\sigma}{E} = 1500\ \text{mm} \cdot \frac{193{,}53\ \frac{\text{N}}{\text{mm}^2}}{210\,000\ \frac{\text{N}}{\text{mm}^2}} = \mathbf{1{,}382\ mm}$

Ü 276. Beschreiben Sie verbal den Begriff der Dehnung.

Ü 277. Was versteht man unter dem Elastizitätsmodul eines Werkstoffes?

Ü 278. Erklären Sie verbal das Hooke'sche Gesetz. In welchem Dehnungsbereich hat es nur Gültigkeit?

Ü 279. Ein Messingdraht mit dem quadratischen Querschnitt 1,5 mm × 1,5 mm und einer Länge von 7 m verlängert sich bei Beanspruchung auf Zug um 5 mm. Wie hoch ist die Belastung in N bei einem E-Modul von $0{,}85 \cdot 10^5$ N/mm²?

Ü 280. Bild 2, Seite 286 zeigt das σ, ε-Diagramm für Stahl im Hooke'schen (elastischen) Bereich. Zeichnen Sie das σ, ε-Diagramm für die Beanspruchung auf Druck, und zwar ebenfalls für den elastischen Bereich.

Ü 281. Bild 1 zeigt die schematische Darstellung eines Riementriebes. Die Spannung des Flachriemens aus Leder mit dem Querschnitt 120 mm × 6 mm erfolgt vom spannungslosen Zustand bei einem Achsabstand $l_0 = 1{,}8$ m durch eine Verlängerung von $\Delta l = 60$ mm. Berechnen Sie für einen Scheibendurchmesser von $d = 500$ mm und bei einem E-Modul für Leder von 75 N/mm²

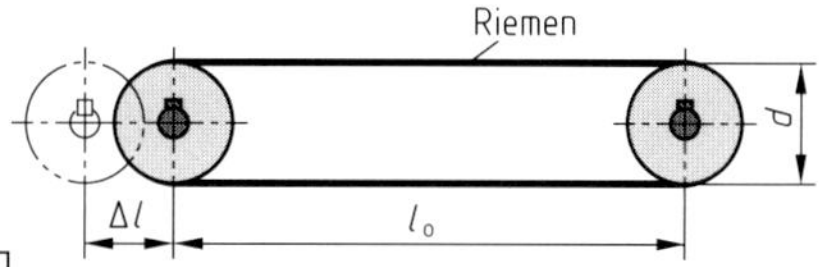

1

a) die Längenänderung Δl_R des Riemens,
b) die Dehnung des Riemens,
c) die Riemenspannkraft.

Ü 282. Bei einem Stahldraht ist $\sigma_{z\,vorh} = 150$ N/mm² und $E = 210\,000$ N/mm². Er wird um $\Delta l = 5$ cm elastisch gedehnt. Berechnen Sie die Ausgangslänge l_0.

Ü 283. Berechnen Sie für Musteraufgabe M 159., Seite 263 (Beanspruchung auf Druck) die negative Dehnung (Stauchung) und das Maß Δl (Verkürzung) bei einem Elastizitätsmodul für Grauguss von $E = 75\,000$ N/mm² und einer Ausgangslänge des Brückenpfeilers von $l_0 = 4{,}2$ m.

V 280. Ein Maschinenfuß aus E 295 (St50–2) ($E = 2{,}1 \cdot 10^5$ N/mm²) hat einen Durchmesser $d = 100$ mm und eine Höhe $h = 100$ mm. Er verkürzt sich unter der auf ihn wirkenden Last um 0,01 mm. Berechnen Sie

a) die negative Dehnung (Stauchung) in %,
b) die auf den Maschinenfuß wirkende Last in kN.

V 281. Bei einem Zugstab sind $E = 2{,}15 \cdot 10^5$ N/mm²; $\sigma_{z\,vorh} = 200$ N/mm²; $\Delta l = 2{,}5$ cm. Berechnen Sie die bei der Belastung vorhandene Länge l. Welche Belastung liegt vor, wenn der Durchmesser $d = 12$ mm beträgt?

V 282. Ein Rundstab mit dem Durchmesser $d = 5$ mm und der Länge $l = 6$ m hat sich bei

FESTIGKEITSLEHRE

Beanspruchung auf Zug um 6 mm verlängert. Wie groß ist die Belastung in N bei einem Elastizitätsmodul $E = 210\,000$ N/mm²?

V 283. Bei einem Zugversuch wird eine Zugspannung in einem Probestab von 42 N/mm² erzeugt. Die gemessene Verlängerung beträgt $\Delta l = 0{,}2$ mm, was einer Dehnung $\varepsilon = 0{,}02\,\%$ entspricht.

a) Aus welchem Werkstoff könnte der Probestab bestehen?
b) Wie groß ist seine Ausgangslänge l_0 (Länge vor dem Versuch)?

V 284. Eine Schiene aus Kupfer mit dem Querschnitt 6 mm × 12 mm und einer Länge $l = 3$ m wird mit $F = 2200$ N auf Zug beansprucht. Es ist $E = 1{,}25 \cdot 10^5$ N/mm². Berechnen Sie für die angegebenen Daten

a) Zugspannung $\sigma_{z\,vorh}$,
b) Dehnung ε,
c) elastische Verlängerung in mm.

V 285. Berechnen Sie für den Druckstab in Musteraufgabe M 160., Seite 263 die Verkürzung Δl bei $E = 215\,000$ N/mm² und $l_0 = 500$ mm. Die Querbohrung soll dabei nicht berücksichtigt werden.

V 286. Der Fachwerkträger im Bild 1 wird mit einer Kraft $F = 55$ kN belastet. Der Zugstab soll aus einem T-Stahl nach DIN EN 10210 hergestellt sein und für die zulässige Spannung $\sigma_{z\,zul} = 100$ N/mm² ausgelegt werden.

a) Welche Profilgröße ist zu wählen?
b) Um wieviel mm wird sich der Zugstab verlängern?
($E = 210\,000$ N/mm²)

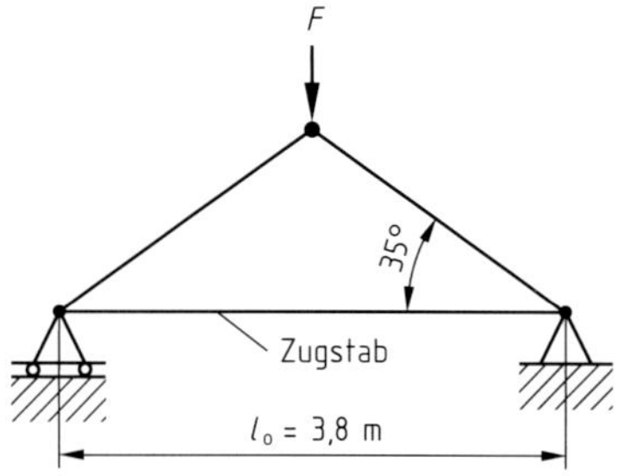

1

V 287. Für die Spindel in Übungsaufgabe Ü 251., Seite 267 ist die Verkürzung bei $E = 215\,000$ N/mm² und $l_0 = 500$ mm zu berechnen.

V 288. In der Übungsaufgabe Ü 248., Seite 264 wird ein Bauteil mit Rechteckquerschnitt auf Zug beansprucht. Wie groß ist die Verlängerung bei $E = 2{,}2 \cdot 10^5$ N/mm² und $l_0 = 5000$ mm?

V 289. Welche Gesetzmäßigkeit wird beim Vergleich der Vertiefungsaufgaben V 285., V 287. und V 288. deutlich?

V 290. Eine Gummischnur von 1 m Länge und einem Durchmesser von 2,5 mm wird durch das Gewicht einer Masse von 1,2 kg um 0,5 m verlängert. Berechnen Sie

a) die Zugspannung σ_z,
b) die elastische Dehnung ε in %,
c) den Elastizitätsmodul der verwendeten Gummisorte.

V 291. Warum ist es falsch, wenn umgangssprachlich gesagt wird: der Stab hat sich um 10 mm gedehnt?

Lektion 57

Querkontraktion

57.1 Definition der Querkontraktion

Im Gegensatz zu den gasförmigen Körpern sind flüssige und feste Körper durch Druckänderung in ihrer Dichte, d. h. in ihrem Volumen nur sehr geringfügig zu verändern. Diese Eigenschaft, das Volumen bei Druckänderung nicht zu verändern, wird als **Inkompressibilität** bezeichnet und ist bei den üblichen Konstruktionswerkstoffen – insbesondere bei den Metallen – angenähert gegeben. Man kann somit sagen:

Die Konstruktionswerkstoffe reagieren bei Zugbeanspruchung mit einer vernachlässigbaren Volumenvergrößerung und bei einer Druckbeanspruchung mit einer entsprechenden Volumenverkleinerung.

Setzt man diese angenäherte Inkompressibilität voraus, dann bedeutet dies, dass bei den durch die Wirkung von Kräften hervorgerufenen Verformungen das Volumen des beanspruchten Bauteils annähernd konstant, d. h. beinahe unveränderlich ist. Somit kann vorausgesetzt werden, dass ein Stab bei einer axialen Verlängerung seinen Querschnitt verkleinert, bzw. bei einer axialen Verkürzung seinen Querschnitt vergrößert.

Mit der Dehnung eines auf Zug beanspruchten Stabes ist zwangsläufig eine **Querkürzung,** d. h. eine Verkleinerung der Querschnittsmaße, verbunden.

In diesem Zusammenhang spricht man auch von der **Querzusammenziehung** oder von der **Querkontraktion.** Bild 1 zeigt diesen Vorgang an einem Zugstab mit kreisförmigem Querschnitt. In Analogie zur

Dehnung $$\varepsilon = \frac{\Delta l}{l_0} = \frac{l - l_0}{l_0}$$ 289–1 = 284–1

ist die Querkürzung definiert. Es ist

Querkürzung $$\varepsilon_q = \frac{\Delta d}{d_0} = \frac{d_0 - d}{d_0}$$

ε_q	d_0, d
1	mm

289–2

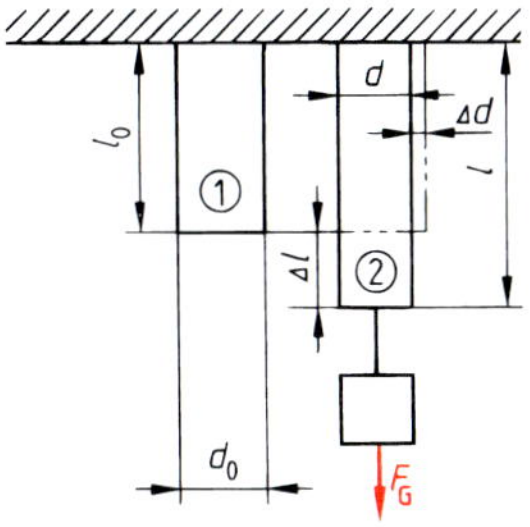

1

Für **nicht kreisförmige Querschnitte,** z. B. für einen Rechteckquerschnitt (Bild 2) gilt diese Gesetzmäßigkeit ebenfalls. Es gilt also allgemein:

Querkürzung $$\varepsilon_q = \frac{\Delta s}{s_0}$$

ε_q	Δs, s_0
1	mm

289–3

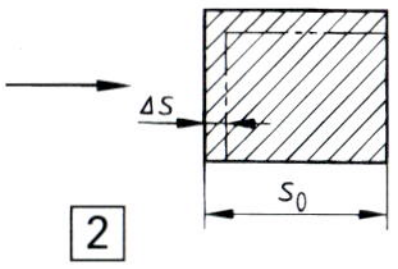

2

57.2 Zusammenhang zwischen Längs- und Querdehnung

Nach dem französischen Physiker und Mathematiker **Poisson** (sprich Poassong, **1781 bis 1840**) besteht zwischen Dehnung und der Querkürzung innerhalb des Hooke'schen (elastischen) Bereiches der folgende Zusammenhang:

Poisson'sche Zahl $$\mu = \frac{\varepsilon_q}{\varepsilon}$$

μ	ε_q, ε
1	1

289–4 ⟶ **siehe auch Lektion 70**

Die Poisson'sche Zahl wird auch als **Querzahl** bezeichnet. Für die meisten Metalle, z. B. auch Stahl, ist $\boldsymbol{\mu}$ **= 0,3.** Bei Grauguss ist μ ein Wert zwischen 0,11 und 0,25, und bei Beton beträgt $\mu = 0{,}17$.

Die Querschnittsveränderung infolge von Krafteinwirkung ist besonders bei solchen Teilen zu beachten, die eingepasst sind (Passteile).

Die Verbindung der Gleichungen 289–1 und 289–4 liefert für die

Querdehnung $$\varepsilon_q = \mu \cdot \varepsilon = \mu \cdot \frac{\Delta l}{l_0}$$ 290–1

M179. Ein zylindrischer Körper mit der Länge l_0 = 150 mm und dem Durchmesser d_0 = 10 mm wird in Längsrichtung durch eine Kraft F = 12 kN auf Zug beansprucht, und zwar im Hooke'schen Bereich. Werkstoff: Stahl mit μ = 0,3 und E = 215 000 N/mm². Zu berechnen sind

a) die vorhandene Zugspannung $\sigma_{z\,vorh}$,
b) die Verlängerung in mm,
c) die Querdehnung ε_q in %,
d) der Durchmesser d des Körpers im gezogenen Zustand.

Lösung: a) $$\boldsymbol{\sigma_{z\,vorh}} = \frac{F_{vorh}}{S_{vorh}} = \frac{F_{vorh}}{\frac{\pi}{4} \cdot d^2} = \frac{4 \cdot F_{vorh}}{\pi \cdot d^2} = \frac{4 \cdot 12\,000\ \text{N}}{\pi \cdot (10\ \text{mm})^2} = \mathbf{152{,}79\ N/mm^2}$$

b) $$\varepsilon = \frac{\Delta l}{l_0} = \frac{1}{E} \cdot \sigma \rightarrow \boldsymbol{\Delta l} = l_0 \cdot \frac{\sigma}{E} = 150\ \text{mm} \cdot \frac{152{,}79\ \text{N/mm}^2}{2{,}15 \cdot 10^5\ \text{N/mm}^2} = \mathbf{0{,}1066\ mm}$$

c) $$\boldsymbol{\varepsilon_q} = \mu \cdot \varepsilon = \mu \cdot \frac{\Delta l}{l_0} = 0{,}3 \cdot \frac{0{,}1066\ \text{mm}}{150\ \text{mm}} = 0{,}0002132 = \mathbf{0{,}02132\,\%}$$

d) $$\varepsilon_q = \frac{\Delta d}{d_0} \rightarrow \Delta d = \varepsilon_q \cdot d_0 = 0{,}0002132 \cdot 10\ \text{mm} = 0{,}002132\ \text{mm}$$

$$\boldsymbol{d} = d_0 - \Delta d = 10\ \text{mm} - 0{,}002132\ \text{mm} = \mathbf{9{,}9979\ mm}$$

Ü284. Drücken Sie die Querkürzung ε_q mit Hilfe des Hooke'schen Gesetzes aus.

Ü285. Ein Rundstahl (E = 210 000 N/mm²) mit dem Durchmesser d = 10 mm und der Ausgangslänge l_0 = 120 mm wird mit F = 5000 N auf Zug beansprucht. Berechnen Sie bei μ = 0,3 die Querkürzung in %.

V292. a) Um wie viele mm verlängert sich eine 1200 mm lange Zugstange, wenn darin eine Zugspannung von $\sigma_{z\,vorh}$ = 90 N/mm² wirksam ist bei E = 215 000 N/mm²?
b) Wie groß ist die Durchmesseränderung in mm bei d_0 = 20 mm und μ = 0,3?

V293. Berechnen Sie für den Druckstab in Musteraufgabe M160., Seite 263 die Durchmesservergrößerung im zylindrischen Teil in mm. E = 215 000 N/mm² (μ = 0,3).

V294. Eine Stahlstange mit dem Durchmesser d = 100 mm nimmt eine Zugkraft von F = 1000 kN auf. Es ist E = 210 000 N/mm². Berechnen Sie

a) die Verlängerung der Zugstange bei einer Ausgangslänge l_0 = 5 m,
b) die Durchmesseränderung der Zugstange in mm.

V295. Ein Graugusswürfel mit einer Kantenlänge von 40 mm wird mit F = 30 kN auf Druck beansprucht. Berechnen Sie

a) die Stauchung ε,
b) die Querstauchung ε_q, wenn E = 75 000 N/mm² und μ = 0,2 ist,
c) die Verlängerung der Kante im gestauchten Zustand.

Lektion 58 **Belastungsgrenzen**

58.1 Das Spannungs, Dehnungs-Diagramm

Nach dem Hooke'schen Gesetz ist die Dehnung proportional der Spannung. Es ist also – entsprechend Punkt 56.5.2 –

$$\varepsilon \sim \sigma \qquad \boxed{291–1}$$

Diese Gesetzmäßigkeit hat für viele Metalle – z. B. die Stähle – unterhalb eines für jedes Metall typischen Spannungswertes Gültigkeit. Wird jedoch dieser Spannungswert überschritten, verliert das Hooke'sche Gesetz seine Gültigkeit, d. h., dass dann zwischen der Dehnung und der Spannung keine Proportionalität mehr gegeben ist.
Diese nicht vorhandene Proportionalität liegt bei einigen Werkstoffen für alle Spannungswerte vor, und dies wird mit dem **Bach-Schüle'schen Potenzgesetz**

$$\varepsilon = \alpha \cdot \sigma^n \qquad \boxed{291–2} = \boxed{286–1}$$

zum Ausdruck gebracht. In Lektion 56 sind die diesem Sachverhalt entsprechenden **Spannungs, Dehnungs-Diagramme** (σ, ε-Diagramme) dargestellt, und zwar in den Bildern 1 bis 3 auf Seite 286. Bereits dort ist erkennbar:

Jeder Werkstoff hat sein „eigenes" Spannungs, Dehnungs-Diagramm (σ, ε-Diagramm).

Dieses wird auf einer **Zerreismaschine** im **Zugversuch nach DIN EN 10002** ermittelt. In dieser Norm heißt es sinngemäß:

Beim Zugversuch werden eine oder mehrere Festigkeits- und Verformungskenngrößen bestimmt. Dazu wird eine Zugprobe gedehnt, im allgemeinen bis zum Bruch, und die dabei erforderliche Zugkraft wird gemessen.

Die Abhängigkeit dieser Kenngrößen voneinander wird dabei in einem Diagramm, dem **σ, ε-Diagramm** automatisch aufgezeichnet. Die wichtigste Kenngröße ist dabei die

Zugfestigkeit $$R_m = \frac{F_m}{S_0}$$

R_m	F_m	S_0
$\frac{N}{mm^2}$	N	mm^2

$\boxed{291–3}$ F_m = Höchstzugkraft, S_0 = Anfangsquerschnitt

Bild 1 zeigt vier solcher σ, ε-Diagramme a, b, c und d, die werkstofftypisch sind. Da der Werkstoff während des Zugversuches kontrahiert, müsste eigentlich auch während des Versuches in jedem Zeitaugenblick die gerade wirkende Zugkraft auf den momentanen Querschnitt bezogen werden. Da dies aber die Versuchsauswertung zu sehr verkomplizieren würde, bezieht man die momentane Zugkraft F immer auf den **Anfangsquerschnitt** S_0. Diese grundsätzliche Festlegung erklärt die ab einer bestimmten Stelle im σ, ε-Diagramm mit wachsender Dehnung ε abnehmende Spannung σ. Die im Zerreißversuch ermittelte Kennlinie steigt somit immer weniger an. Beim Erreichen des Punktes B' tritt schließlich Bruch ein.

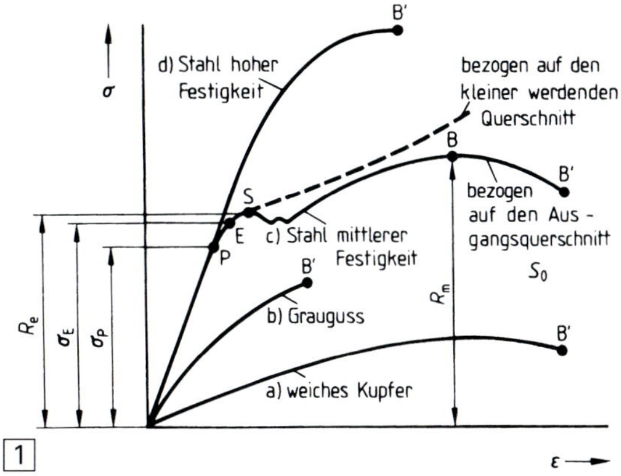

1

Im Zugversuch wird die momentane Zugkraft F auf den Ausgangsquerschnitt (Anfangsquerschnitt) S_0 bezogen.

Zur weiteren Erklärung des σ, ε-Diagramms soll ein solches für Stahl mittlerer Festigkeit, z. B. E295 (St50–2), herangezogen werden. Es wird von Kurve c) im Bild 1 dargestellt.

FESTIGKEITSLEHRE

Darin sind vier **charakteristische Punkte** zu erkennen. Beim Erreichen der diesen Punkten entsprechenden Zugspannung ändert der Werkstoff sein Verhalten, und man spricht deswegen auch von **Grenzspannungen**.

58.2 Die Grenzspannungen im σ, ε-Diagramm

charakteristischer Punkt	Werkstoffverhalten	Bezeichnung der Grenzspannung
P = Proportionalitätsgrenze	Bis zu diesem Punkt ist die Zugspannung der Dehnung proportional, d. h., dass das Hooke'sche Gesetz Gültigkeit hat.	σ_p in $\frac{N}{mm^2}$
E = Elastizitätsgrenze	Bis zu diesem Punkt verhält sich der Werkstoff elastisch. Er nimmt nach seiner Entlastung wieder die ursprüngliche Länge l_0 ein.	σ_E in $\frac{N}{mm^2}$
S = Streckgrenze	Wird bis zur Streckgrenze vom Punkt E ausgehend weiterbelastet, „streckt" sich der Werkstoff. Bei Entlastung ist eine „bleibende Dehnung" feststellbar, d. h. der Werkstoff nimmt nicht mehr seine Ausgangslänge l_0 ein, er hat sich bleibend verformt.	R_e in $\frac{N}{mm^2}$ Die frühere Bezeichnung war σ_s.
B = Zugfestigkeit	Ab dem Punkt S dehnt sich der Werkstoff zunächst ohne Belastungssteigerung sehr stark, der Werkstoff „fließt" und man spricht deshalb auch von der Fließgrenze. **Streckgrenze = Fließgrenze** Wird der Punkt B′ erreicht, bricht der Probestab.	R_m in $\frac{N}{mm^2}$ Die frühere Bezeichnung war σ_B = Bruchspannung

Für viele Werkstoffe, z. B. **hochfeste Stähle** (Bild 1, Seite 291, Kurve d) ist eine ausgeprägte Streckgrenze (Fließgrenze) im Zugversuch nicht feststellbar, da der Fließvorgang sehr gering ist. Bei einem solchen Werkstoffverhalten wird anstelle der Streckgrenze der charakteristische Punkt D (Bild 1) ermittelt.

D = 0,2%-Dehngrenze

Beim Erreichen der 0,2 %-Dehngrenze herrscht im Bauteil (beim Zugversuch im Probestab) eine Spannung, die bei anschließender Entlastung des Bauteiles eine bleibende Dehnung von 0,2 % hinterlässt. Es hat also bereits eine geringfügige plastische Verformung stattgefunden. Früher sprach man von der $\sigma_{0,2}$**-Grenze**.

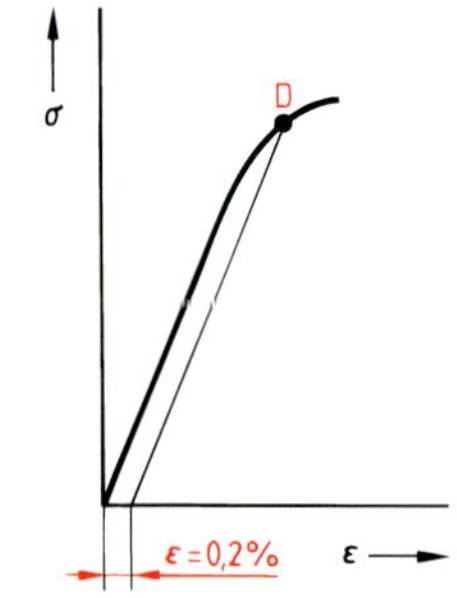

1

$R_{p\,0,2}$ in $\frac{N}{mm^2}$

58.3 Die drei verschiedenen Belastungsfälle

In Lektion 53 wurde der Begriff der **ruhenden oder statischen Beanspruchung** erörtert. Das Bauteil wird in einem solchen Beanspruchungsfall zeitlich konstant beansprucht. Sind jedoch die Beanspruchungen zeitlich unterschiedlich – und dies ist sehr häufig der Fall – spricht man von der **dynamischen Beanspruchung.** Nach Carl von **Bach** (deutscher Ingenieur von **1847 bis 1931**) unterscheidet man drei verschiedene Belastungsfälle:

58.3.1 Belastungsfall I

Der Belastungsfall I entspricht der ruhenden (statischen) Beanspruchung. Das σ, t-Diagramm (Spannungs, Zeit-Diagramm) für einen solchen Fall zeigt Bild 1 (siehe auch Seite 261):

Der **Belastungsfall I** kennzeichnet die ruhende Beanspruchung, d. h., dass die Spannung σ oder τ zeitlich konstant ist.

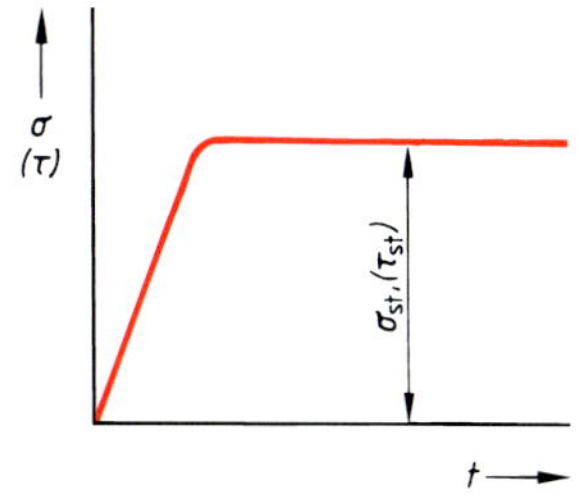

1

Diese konstante, d. h. statische Beanspruchung wird mit σ_{St} (Normalspannung) oder τ_{St} (Schubspannung) bezeichnet.

Weitaus häufiger als die statische Belastung tritt im Maschinenbau die **dynamische Belastung** auf.
Bild 2 zeigt das Schnittbild durch eine kopfgesteuerte Brennkraftmaschine (Pkw-Motor). Es sind die verschiedensten Bauteile wie Kurbelwelle, Pleuelstange, Kolben, Ventile, Nockenwelle, Steuerkette, Schwungzahnrad usw. zu erkennen. Alle diese Bauteile werden im Betrieb dynamisch belastet. Dies bedeutet, dass sie zeitlichen **Belastungsschwankungen** unterliegen, und man unterscheidet bei dynamischen Belastungen die beiden folgenden Fälle:

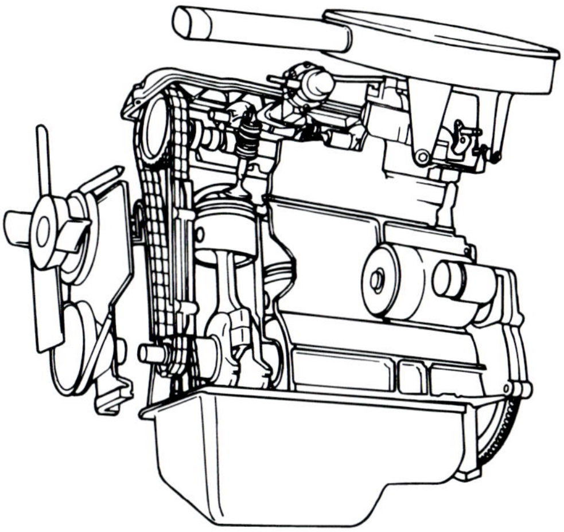

2

58.3.2 Belastungsfall II

Als Beispiel für den Belastungsfall II werden die im Bild 2 zu erkennenden Ventile verwendet. Diese werden in sehr schneller Folge belastet und entlastet. Die Druckspannung schwankt dabei ständig zwischen einem Höchstwert und dem Wert Null (Bild 4). In einem solchen Fall spricht man von einer **schwellenden Belastung.** Bild 3 zeigt das σ, t-Diagramm, wenn das Bauteil schwellend auf Zug beansprucht wird.

Im **Belastungsfall II** wechselt die Spannung zwischen dem Wert Null und einem größten positiven Wert (σ_z, τ_a, τ_t) oder einem größten negativen Wert (σ_d).

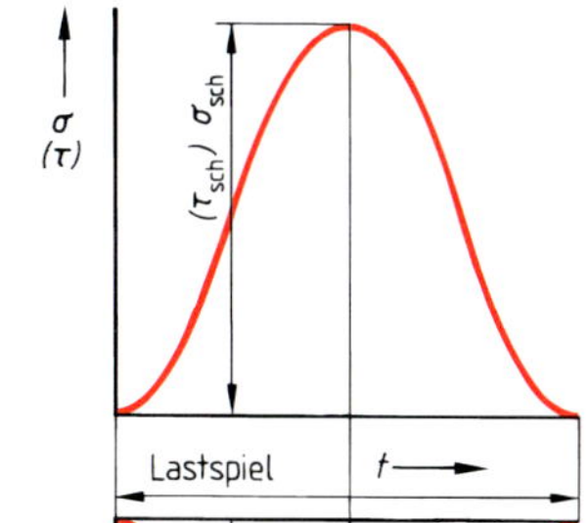

3

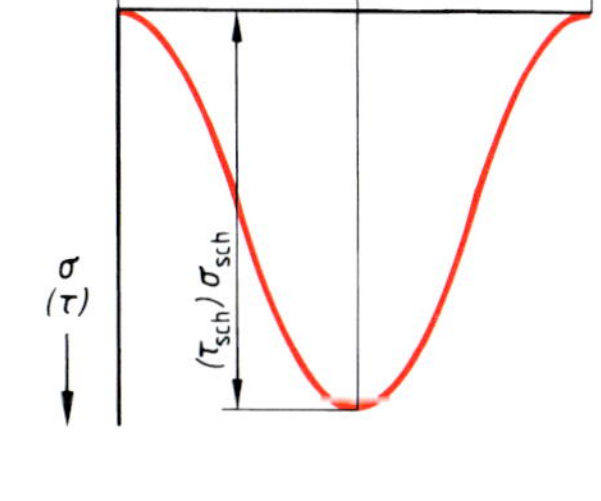

4

Der maximale Spannungswert wird mit **Schwellspannung** σ_{Sch} oder τ_{Sch} bezeichnet und das einmalige Auf- und Abklingen, d. h. eine Periode vom Spannungswert Null zum Spannungswert Null heißt **Lastspiel**.

58.3.3 Belastungsfall III

Betrachtet man in Bild 2, Seite 293 eine Pleuelstange, dann ist feststellbar, dass dieses Bauteil – ebenfalls in sehr schneller Folge – von Zug über den Spannungswert Null auf Druck beansprucht wird. Eine solche dynamische Beanspruchung heißt **wechselnde Belastung.** Dabei kann der Fall eintreten, dass der Betrag der größten Zugspannung gleich dem Betrag der größten Druckspannung ($\sigma_o = \sigma_u$ bzw. $\tau_o = \tau_u$) ist. Dies zeigt Bild 1.

Im **Belastungsfall III** wechselt die Spannung innerhalb eines Lastspieles zwischen einem größten positiven und einem gleich großen negativen Wert.

Man bezeichnet wie folgt:

σ_o, τ_o = obere Grenzspannung

σ_u, τ_u = untere Grenzspannung

Diese maximalen Spannungswerte werden als **Wechselspannung** σ_w bzw. τ_w bezeichnet.

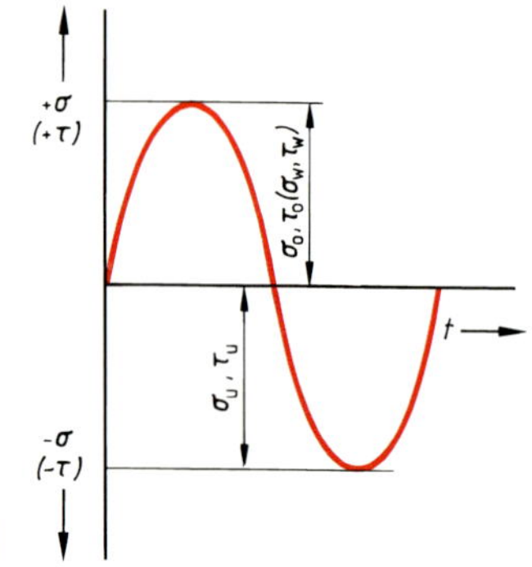

1

Der Verlauf von Schwell- und Wechselspannung (dynamische Beanspruchungen) wird im σ, t-Diagramm idealisiert als Sinuskurve (harmonische Schwingung) dargestellt. In Lektion 78 bzw. 79 wird nochmals auf die verschiedenen Belastungsfälle eingegangen.

58.4 Einfacher Sicherheitsbegriff und zulässige Spannungen

Würde man bei der Bauteildimensionierung die Grenzspannungen R_e oder R_m zugrundelegen, dann würde der Werkstoff des Bauteiles unter Betriebsbedingungen fließen, u. U. würde sogar das Bauteil zu Bruch gehen. In beiden Fällen wäre die Funktionsfähigkeit des Bauteiles nicht mehr gegeben.

Die Bauteile behalten nur unterhalb der Elastizitätsgrenze ihre volle Funktionsfähigkeit.

Beim Dimensionieren ist also grundsätzlich mit kleineren Spannungen als R_e bzw. R_m zu rechnen. Den beim Dimensionieren zugrundegelegten Spannungswert bezeichnet man als die

zulässige Spannung σ_{zul}

Die zulässige Spannung erhält man, indem man die entsprechende Grenzspannung R_m, R_e oder $R_{P0,2}$ durch die jeweilige Sicherheitszahl ν = nü dividiert.

Für den Fall der statischen Beanspruchung spricht man vom **einfachen Sicherheitsbegriff,** bei dynamischen Beanspruchungen vom **erweiterten Sicherheitsbegriff.** Dieser erweiterte Sicherheitsbegriff wird in Lektion 79 besprochen.

58.4.1 Die zulässige Spannung bei statischer Beanspruchung

Der Bezug auf eine bestimmte Grenzspannung richtet sich ausschließlich nach dem Verhalten des zu verwendenden Werkstoffs.

zulässige Spannung bei zähem Werkstoff mit ausgeprägter Fließgrenze:

$$\sigma_{zul} = \frac{R_e}{\nu} \quad \text{294–1}$$

zulässige Spannung bei zähem Werkstoff ohne ausgeprägter Fließgrenze:

$$\sigma_{zul} = \frac{R_{P0,2}}{\nu} \quad \text{294–2}$$

(294–1 und 294–2: ν zwischen 1,2 und 2,2)

zulässige Spannung bei sprödem Werkstoff:

$$\sigma_{zul} = \frac{R_m}{\nu} \quad \text{294–3}$$

— ν zwischen 2,0 und 5,0

58.4.2 Das Festlegen der Sicherheitszahl ν und Angaben über zulässige Spannungen

Mit der Wahl der Sicherheitszahl werden zahlenmäßig nicht zu erfassende Nebenumstände berücksichtigt. Wählt man diese Zahl zu klein, besteht die Gefahr des Bruches, wählt man sie zu groß, werden die Bauteilabmessungen zu groß, und damit ist eine Konstruktion unwirtschaftlich. **Wichtige Einflussgrößen für das Festlegen von ν** sind z. B.

Wichtigkeit des Bauteiles (Funktion)
Einfluss des Bauteiles auf Gesundheit und Leben
Genauigkeit der Belastungsermittlung
Genauigkeit in der Fertigung
Werkstoffzusammensetzung
→ Die Sicherheit wird hoch gewählt, wenn die Folgen eines Bauteilbruches sehr gewichtig sind.

Im Stahlbau sind die zulässigen Spannungen durch einschlägige Normen festgelegt. Im Maschinenbau wird in der Regel auf ausgeführte Konstruktionen zurückgegriffen, d. h., dass hier die Erfahrung eine sehr große Rolle spielt.

In der folgenden Tabelle sind für zwei wichtige Maschinenbauwerkstoffe **Festigkeitswerte und zulässige Spannungen in Abhängigkeit von der Beanspruchungsart und dem Belastungsfall** wiedergegeben. Verbindliche Werte sind **DIN EN 10025** zu entnehmen.

Festigkeitswert, Beanspruchungsart und Belastungsfall			EN 295 (St50-2)	EN–GJL–260 (GG–26)
Zugfestigkeit R_m in $\frac{N}{mm^2}$			500...660	260
Streckgrenze R_e in $\frac{N}{mm^2}$			280	—
Zulässige Spannung in $\frac{N}{mm^2}$			↓	↓
Zug →	$\sigma_{z\,zul}$ für	Belastungsfall I	130...210	60... 90
		Belastungsfall II	85...135	50... 70
		Belastungsfall III	60... 95	30... 50
Druck →	$\sigma_{d\,zul}$ für	Belastungsfall I	130...210	150...210
		Belastungsfall II	85...135	100...135
		Belastungsfall III	60... 95	30... 50
Biegung →	$\sigma_{b\,zul}$ für	Belastungsfall I	140...220	100...135
		Belastungsfall II	90...150	60... 90
		Belastungsfall III	65...105	35... 60
Abscheren →	$\tau_{a\,zul}$ für	Belastungsfall I	110...165	70...100
		Belastungsfall II	70...100	50... 75
		Belastungsfall III	50... 75	30... 50
Torsion →	$\tau_{t\,zul}$ für	Belastungsfall I	80...125	70...100
		Belastungsfall II	50... 85	50... 75
		Belastungsfall III	40... 60	30... 50

Aus der Tabelle ist zu ersehen, dass **Grauguss** keine hohen Zugspannungen aufnehmen kann. Dieses Verhalten erklärt sich aus der Tatsache, dass die im Grauguss eingelagerten Grafitteilchen kaum Zugkräfte, wohl aber große Druckkräfte übertragen können (Bild 1).

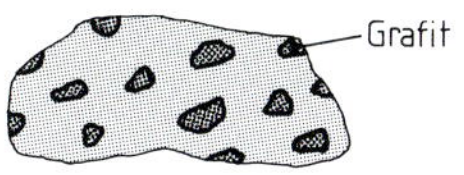

1

Bei Grauguss ist die Druckfestigkeit σ_{dB} ungefähr dreimal so groß wie die Zugfestigkeit R_m.

Dieses Verhalten ist im Bild 2, einem Spannungs, Dehnungs-Diagramm für Grauguss, zu erkennen.

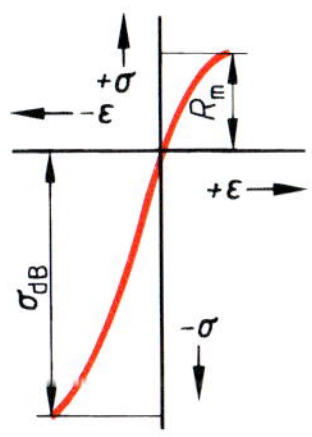

2

FESTIGKEITSLEHRE

58.4.3 Einige wichtige Zusammenhänge zwischen verschiedenen Spannungen

Als grober **Richtwert für zähe Werkstoffe** (Stähle) kann **bei Belastungsfall I** gesetzt werden: $\sigma_{z\,zul} = (0{,}4...0{,}6) \cdot R_m$

Für **Stahl und NE-Metalle** gilt: $\sigma_{d\,zul} = \sigma_{z\,zul}$

Die **Bruchscherfestigkeit** beträgt für **Stahl**: $\tau_{aB} = 0{,}85 \cdot R_m$

für **Grauguss**: $\tau_{aB} = 1{,}1 \cdot R_m$

Bezogen auf die verschiedenen Grenzspannungen bezeichnet man mit

ν_{Rm} = Sicherheit gegen das Erreichen der Bruchspannung
ν_{Re} = Sicherheit gegen das Erreichen der Streckgrenze (Fließgrenze)
$\nu_{Rp\,0,2}$ = Sicherheit gegen das Erreichen der 0,2%-Dehngrenze
ν_E = Sicherheit gegen das Erreichen der Elastizitätsgrenze
ν_p = Sicherheit gegen das Erreichen der Proportionalitätsgrenze

---

M180. Eine Zugstange mit Kreisringquerschnitt (Bild 1) hat die Abmessungen $D = 55$ mm und $d = 49$ mm. Sie hat eine ruhende Last von $F = 60$ kN zu übertragen und ist aus E335 (St 60–2) hergestellt. Es ist $R_m = 600\,\frac{\text{N}}{\text{mm}^2}$ und $R_e = 320\,\frac{\text{N}}{\text{mm}^2}$.

Berechnen Sie ν_{Rm} und ν_{Re}.

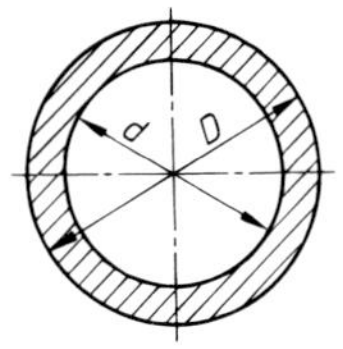

1

Lösung:

$$\sigma_{z\,vorh} = \frac{F}{S} = \frac{F}{\frac{\pi}{4}\cdot(D^2-d^2)} = \frac{60\,000\ \text{N}}{\frac{\pi}{4}\cdot(55^2-49^2)\ \text{mm}^2} = \frac{60\,000\ \text{N}}{\frac{\pi}{4}\cdot(3025-2401)\ \text{mm}^2} = \frac{60\,000\ \text{N}}{\frac{\pi}{4}\cdot 624\ \text{mm}^2}$$

$$\boldsymbol{\sigma_{z\,vorh} = 122{,}43\ \frac{\text{N}}{\text{mm}^2}}$$

Somit: $\nu_{Rm} = \frac{R_m}{\sigma_{z\,vorh}} = \frac{600\,\frac{\text{N}}{\text{mm}^2}}{122{,}43\,\frac{\text{N}}{\text{mm}^2}}$ $\qquad$ $\nu_{Re} = \frac{R_e}{\sigma_{z\,vorh}} = \frac{320\,\frac{\text{N}}{\text{mm}^2}}{122{,}43\,\frac{\text{N}}{\text{mm}^2}}$

$\boldsymbol{\nu_{Rm} = 4{,}9}$ $\qquad$ $\boldsymbol{\nu_{Re} = 2{,}61}$

Dies bedeutet, dass man die Zugstange einer 2,61fach größeren Spannung unterwerfen könnte, ehe der Werkstoff anfangen würde zu fließen.

M181. Ein geteiltes Schwungrad (Bild 2) wird durch einen Schrumpfring aus Stahl zusammengehalten. Der Außendurchmesser des Schwungrades (Auflage des Schrumpfringes) beträgt $D = 500$ mm. Der Schrumpfringinnendurchmesser beträgt vor dem Aufziehen $d = 499{,}75$ mm.

Berechnen Sie bei $E = 215\,000\,\frac{\text{N}}{\text{mm}^2}$

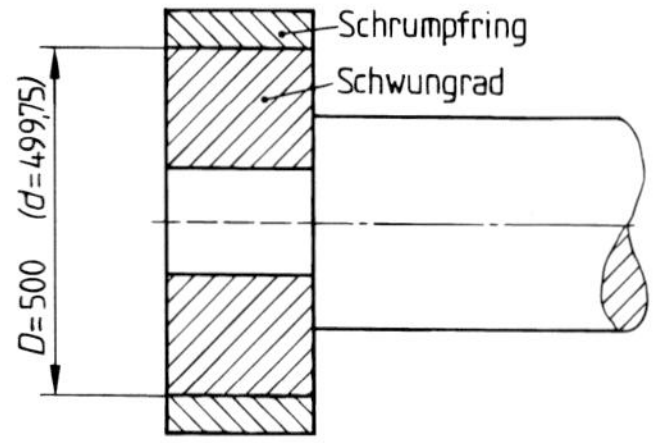

2

a) die Spannung im Schrumpfring nach dem Aufziehen auf das geteilte Schwungrad,
b) Sicherheit gegen Bruch bei $R_m = 700\,\frac{\text{N}}{\text{mm}^2}$, wenn angenommen wird, dass sich das Schwungrad vollkommen unnachgiebig (starr) verhält.

FESTIGKEITSLEHRE

Lösung:

a) $\varepsilon = \frac{1}{E} \cdot \sigma = \frac{\Delta l}{l_0} \longrightarrow \sigma = \frac{\Delta l}{l_0} \cdot E = \frac{(D-d) \cdot \pi}{d \cdot \pi} \cdot E = \frac{D-d}{d} \cdot E$

$$\sigma = \frac{\Delta d}{d_0} \cdot E$$

Erkenntnis: Bei Durchmesseraufweitungen (Aufweitungen von Ringen) gilt $\varepsilon = \frac{\Delta d}{d_0}$ Somit:

$$\sigma_{\text{z vorh}} = \frac{\Delta d}{d_0} \cdot E = \frac{500\ \text{mm} - 499{,}75\ \text{mm}}{499{,}75\ \text{mm}} \cdot 215\,000\ \frac{\text{N}}{\text{mm}^2} = \frac{0{,}25\ \text{mm}}{499{,}75\ \text{mm}} \cdot 215\,000\ \frac{\text{N}}{\text{mm}^2}$$

$\boldsymbol{\sigma_{\text{z vorh}} = 107{,}55\ \frac{\text{N}}{\text{mm}^2}}$

b) $\nu_{\text{Rm}} = \frac{R_\text{m}}{\sigma_{\text{z vorh}}} = \frac{700\ \frac{\text{N}}{\text{mm}^2}}{107{,}55\ \frac{\text{N}}{\text{mm}^2}}$

$\boldsymbol{\nu_{\text{Rm}} = 6{,}51}$

Es liegt also eine 6,51fache Sicherheit gegen Bruch vor.

Ü 286. Ein hochfester zäher Stahlstab (keine ausgeprägte Fließgrenze) von l = 800 mm Länge wird auf Zug beansprucht. Um wieviel mm hat sich der Stab bleibend verformt, wenn die 0,2%-Dehngrenze erreicht wurde?

Ü 287. Bei welchem der drei Belastungsfälle ist Ihrer Meinung nach die Bruchgefahr eines Bauteiles am größten?

Ü 288. Eine Säule aus EN–GJL–180 (GG–18) hat eine Querschnittsfläche 80 mm × 80 mm. Auf ihr ruht eine Last von F = 800 kN. Es ist $\sigma_{\text{dB}} = 480\ \frac{\text{N}}{\text{mm}^2}$. Berechnen Sie die Sicherheit gegen Bruch.

V 296. Die Strebe eines Kranauslegers ist aus Profilstahl U 120 hergestellt. Die Querschnittsfläche beträgt S = 17 cm² und die Länge ist l = 2490 mm. Es wirkt eine Druckkraft F = 60 kN auf die Strebe. Berechnen Sie ν_{dB}, wenn $\sigma_{\text{dB}} = 450\ \frac{\text{N}}{\text{mm}^2}$ ist.

Als Ergebnis werden Sie eine sehr große Sicherheitszahl erhalten. Wie erklären Sie sich dieses Ergebnis?

V 297. Ein Zuganker aus Rundstahl mit dem Durchmesser d = 80 mm wird durch eine Zugkraft F = 1120 kN beansprucht. Es sind

Proportionalitätsgrenze: $\sigma_\text{P} = 260\ \frac{\text{N}}{\text{mm}^2}$

Streckgrenze = Fließgrenze: $R_\text{e} = 340\ \frac{\text{N}}{\text{mm}^2}$

Zugfestigkeit: $R_\text{m} = 620\ \frac{\text{N}}{\text{mm}^2}$

a) Zeichnen Sie das ungefähre Aussehen des Spannungs, Dehnungs-Diagrammes bei von Ihnen frei gewählten Dehnungen.
b) Wie groß ist ν_P, ν_{Re} und ν_{Rm}?

V 298. In Musteraufgabe M 181., Seite 296 wird im Schrumpfring eine Zugspannung hervorgerufen, die aus der Aufweitung des Schrumpfringes resultiert. Versuchen Sie, eine Erklärung dafür zu finden, warum sich die beim Betrieb auf den Schrumpfring wirkenden Fliehkräfte nicht dahingehend auswirken, dass die Zugspannung im Schrumpfring noch erhöht wird.

Lektion 59

Wärmespannung und Formänderungsarbeit

59.1 Wärmespannung

59.1.1 Einfluss der Temperatur auf das Werkstoffverhalten

Bei den meisten metallischen Werkstoffen nehmen die statischen und dynamischen Festigkeitswerte bei Temperatursteigerungen – bezogen auf Raumtemperatur (20 °C) – in ihrer Grundtendenz ab. In der Regel steigt dabei die **Zähigkeit** des Werkstoffes.

Die meisten metallischen Werkstoffe besitzen bei ca. 20 °C ihre größten statischen und dynamischen Festigkeitswerte.

Die in den Tabellen angegebenen Festigkeitswerte beziehen sich immer auf Raumtemperatur, es sei denn, dass ausdrücklich eine andere Bezugstemperatur angegeben ist. Da viele Bauteile eine **Betriebstemperatur** haben, die nicht im Bereich der normalen Raumtemperatur liegt, und da ein funktioneller Zusammenhang zwischen den Festigkeitswerten bei Raumtemperatur und den **Festigkeitswerten bei Betriebstemperatur** nicht besteht, ist man darauf angewiesen, die Festigkeitswerte im Bereich der Betriebstemperatur zu ermitteln. Eine besondere Bedeutung kommt hierbei dem **Warmzugversuch** zu. Mit diesem werden die mechanischen Werkstoffeigenschaften bei erhöhten Temperaturen ermittelt, man spricht dann von der **Warmzugfestigkeit** oder von der **Warmdehngrenze.** Dabei ist darauf zu achten, dass diese Werte von der Temperatur **und** von der Versuchszeit abhängig sind.

59.1.2 Wärmedehnung metallischer Stoffe

Metallische Werkstoffe dehnen sich bei Temperaturzunahme stark aus, und sie ziehen sich bei Temperaturabnahme wieder zusammen. Dabei wird vorausgesetzt, dass solche Dehnungen – man spricht von der **Wärmedehnung** – ohne Behinderung durch andere Bauteile vonstatten gehen können. Erinnert sei hier an Brückenkonstruktionen. Hier wird die konstruktive Voraussetzung zur freien Dehnung mit einem Loslager (Lektion 4) geschaffen. Würde einem Bauteil, welches Temperaturschwankungen unterliegt, die Möglichkeit der freien Dehnung genommen, entstünden in diesem Bauteil Spannungen. Diese werden als **Wärmespannungen** bezeichnet.

Dieser Sachverhalt soll an einem stabförmigen Körper (Bild 1) erläutert werden:

a) Der Stab hat bei der Temperatur ϑ_0 (ϑ = teta) die Länge l_0,
b) Bei einer Temperaturerhöhung von ϑ_0 auf ϑ_1 um $\Delta\vartheta = \vartheta_1 - \vartheta_0$ verlängert sich der Stab von l_0 auf die Länge l_1.
c) Die Temperatur wurde ebenfalls von ϑ_0 auf ϑ_1 erhöht. Da sich der Stab nicht frei dehnen kann, entstehen im Stabquerschnitt Wärmespannungen.

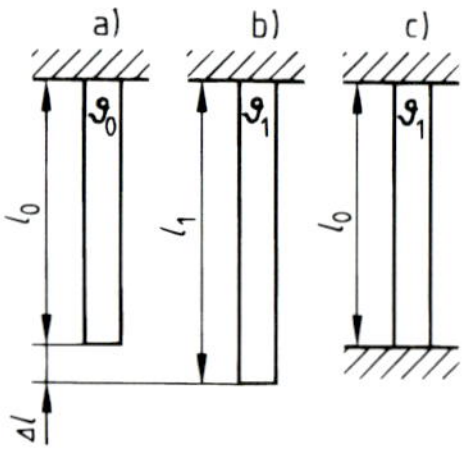

1

Man beobachtet: $\Delta l \sim \Delta\vartheta$. Diesen Zusammenhang zeigt das

Gesetz der Wärmeausdehnung (siehe Wärmelehre)

$$\Delta l = l_0 \cdot \alpha \cdot \Delta\vartheta \qquad (298\text{–}1)$$

Δl, l_0	α	$\Delta\vartheta$
mm	$\frac{\text{m}}{\text{m} \cdot \text{K}}$	K

In diesem Gesetz bedeutet:
Δl = Längenänderung infolge Temperaturänderung des Werkstoffes
l_0 = Länge des Bauteiles vor der Temperaturänderung
$\Delta\vartheta$ = Temperaturänderung in °C bzw. K (Kelvin)
α = **Wärmedehnzahl** oder linearer Ausdehnungskoeffizient (spezifischer Werkstoffwert)

Die Wärmedehnzahl gibt die Längenänderung pro Meter Ausgangslänge und pro Kelvin (K) bzw. °C Temperaturänderung an.

Die **Einheit der Wärmedehnzahl** α ist demzufolge $\frac{\text{m}}{\text{m} \cdot {}^\circ\text{C}} = \frac{\text{m}}{\text{m} \cdot \text{K}} = \frac{1}{\text{K}}$

Nebenstehende Tabelle zeigt einige **Werte, die sich auf Raumtemperatur** $\boldsymbol{\vartheta}$ **= 20 °C** beziehen. Man kann also folgern:

Die Wärmedehnzahl α ist stoffabhängig und temperaturabhängig.

Stoff	α **in** $\frac{\text{m}}{\text{m} \cdot \text{K}}$	**Stoff**	α **in** $\frac{\text{m}}{\text{m} \cdot \text{K}}$
Aluminium	0,000024	Hartmetall	0,000005
Antimon	0,000011	Kupfer	0,000017
Beton	0,000012	Magnesium	0,000026
Blei	0,000029	Messing	0,000018
Bronze	0,000018	Nickel	0,000013
reines Eisen	0,000017	Platin	0,000009
Glas	0,000009	Quecksilber	0,0000606
Gold	0,000014	Silber	0,000020
Grauguss	0,000011	Stahl	0,000012

Zurückkommend auf den Fall c) im Bild 1, Seite 298 kann festgestellt werden, dass dort die gleichen Spannungen entstehen, die entstehen würden, wenn der Stab unter dem Einfluss von Druckkräften um das Maß Δl gestaucht würde. Aus der Definition für die Dehnung ε und aus dem Hooke'schen Gesetz ergibt sich:

$$\varepsilon = \frac{\Delta l}{l_0} = \frac{\sigma}{E} \longrightarrow \boldsymbol{\sigma = E \cdot \frac{\Delta l}{l_0}} \quad ①$$

Setzt man nun entsprechend dem Gesetz der Wärmedehnung (Gleichung 298–1) für die Längenänderung $\Delta l = l_0 \cdot \alpha \cdot \Delta\vartheta$ in Gleichung ① ein, so erhält man für die Spannung

$$\sigma = E \cdot \frac{l_0 \cdot \alpha \cdot \Delta\vartheta}{l_0}$$ und damit eine Gleichung zur Berechnung der

Wärmespannung $\sigma = E \cdot \alpha \cdot \Delta\vartheta$ 299–1

σ	E	α	$\Delta\vartheta$
$\frac{\text{N}}{\text{mm}^2}$	$\frac{\text{N}}{\text{mm}^2}$	$\frac{1}{\text{K}}$	K bzw. °C

Dabei ist
E = Elastizitätsmodul
α = Wärmedehnzahl (linearer Ausdehnungskoeffizient)
$\Delta\vartheta$ = Temperaturdifferenz

Aus Gleichung 299–1 ergibt sich die folgende wichtige Erkenntnis:

Die Wärmespannung ist nur von den Stoffkonstanten E und α sowie der Temperaturdifferenz $\Delta\vartheta$, **nicht** aber von den Bauteilabmessungen abhängig.

M182. Bild 1 zeigt zwei Behälter, die mit einer Stahlrohrleitung verbunden sind. Die Montage erfolgte bei einer Temperatur von 20 °C in spannungsfreiem Zustand. Welche Spannung herrscht in der Rohrleitung bei einer Abkühlung auf $\vartheta_1 = -15\,°\text{C}$, wenn angenommen wird, dass die Behälter mit ihrem Unterbau absolut fest, d. h. unnachgiebig verbunden sind? Welche Kraft wirkt in der Leitung mit dem Außendurchmesser D = 60 mm und dem Innendurchmesser d = 50 mm, wenn für den Elastizitätsmodul E = 210 000 N/mm² angenommen werden kann?

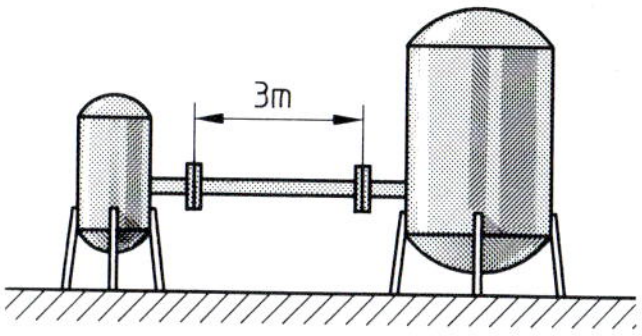

1

Lösung: Da sich die Leitung bei Temperaturabnahme zusammenziehen möchte (was aber verhindert wird), baut sich in ihr eine Zugspannung auf:

$$\boldsymbol{\sigma_{z\,vorh}} = E \cdot \alpha \cdot \Delta\vartheta = 210\,000\,\frac{\text{N}}{\text{mm}^2} \cdot 0{,}000012\,\frac{\text{m}}{\text{m} \cdot \text{K}} \cdot 35\,\text{K} = \mathbf{88{,}2\,\frac{N}{mm^2}}$$

$$\sigma_{z\,vorh} = \frac{F_{vorh}}{S_{vorh}} \longrightarrow F_{vorh} = \sigma_{z\,vorh} \cdot S_{vorh} = \sigma_{z\,vorh} \cdot \frac{\pi}{4} \cdot (D^2 - d^2)$$

$$\boldsymbol{F_{vorh}} = 88{,}2\,\frac{\text{N}}{\text{mm}^2} \cdot \frac{\pi}{4} \cdot (60^2 - 50^2)\,\text{mm}^2 = \mathbf{76\,199\,N}$$

Das Ergebnis von Musteraufgabe M182., Seite 299 zeigt, daß bereits bei einer relativ kleinen Temperaturdifferenz Spannungen entstehen können, die in den Bereich der zulässigen Spannungen (siehe Tabelle Seite 295) kommen. Auch die errechnete Kraft zeigt eine Größenordnung, die von einer Baugruppe gemäß Bild 1, Seite 299 nicht mehr aufgenommen werden kann.
Schäden können nur durch konstruktive Maßnahmen verhindert werden. Man spricht in diesem Zusammenhang von einem **Dehnungsausgleich** (z. B. Loslager).

59.2. Formänderungsarbeit

Im Punkt 40.5.2 wurde bereits die Federspannarbeit als **Formänderungsarbeit** besprochen.

Die Formänderungsarbeit stellt eine besondere Form der **mechanischen Arbeit** dar.

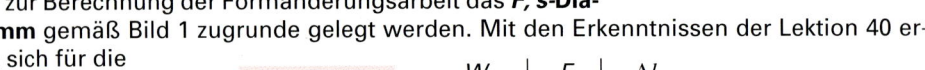

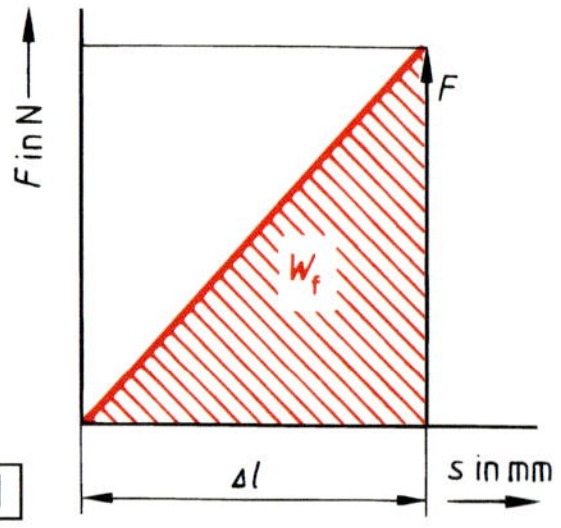

1

Da in der Festigkeits- und Elastizitätslehre in der Regel vom spannungslosen Zustand ausgehend verformt wird, kann hier zur Berechnung der Formänderungsarbeit das ***F, s*-Diagramm** gemäß Bild 1 zugrunde gelegt werden. Mit den Erkenntnissen der Lektion 40 ergibt sich für die

Formänderungsarbeit $W_f = \frac{F \cdot \Delta l}{2}$

W_f	F	Δl
Nmm	N	mm

300–1 ≙ 197–2

Setzt man **Verformung im Hooke'schen Bereich** voraus, dann ist

$$\varepsilon = \frac{\Delta l}{l_0} = \frac{\sigma}{E} \longrightarrow \mathbf{\Delta l = l_0 \cdot \frac{\sigma}{E}}.$$ Weiter ist

$$\sigma = \frac{F}{S} \longrightarrow \mathbf{F = \sigma \cdot S}.$$ Setzt man dies in Gleichung 300–1 ein,

dann ergibt sich $$\mathbf{W_f} = \frac{F \cdot \Delta l}{2} = \frac{\sigma \cdot S \cdot l_0 \cdot \sigma}{2 \cdot E} = \mathbf{\frac{\sigma^2 \cdot S \cdot l_0}{2 \cdot E}} \quad ①$$

Geht man noch bei dem verformten Körper von einem **stabförmigen Körper** aus, dann ist das Ausgangsvolumen $\mathbf{V = S \cdot l_0}$. In ① eingesetzt, ergibt sich somit auch für die

Formänderungsarbeit $W_f = \frac{\sigma^2 \cdot V}{2 \cdot E}$

W_f	σ	V	E
Nmm	$\frac{N}{mm^2}$	mm^3	$\frac{N}{mm^2}$

300–2

Dabei ist σ = Spannung im gedehnten Bauteil
V = Volumen des gedehnten Stabes gleichen Querschnittes S
E = Elastizitätsmodul

Ist die Federrate (Federkonstante) c bekannt, dann kann auch mit Hilfe von Gleichung 198–1 gerechnet werden. Es ist dann die

Formänderungsarbeit $W_f = \frac{c}{2} \cdot (\Delta l)^2$ in Nmm 300–3 ≙ 198–1

c = Federrate (Federkonstante) in $\frac{N}{mm}$

M183. Berechnen Sie die Formänderungsarbeit für den auf Zug beanspruchten Stahldraht in Musteraufgabe M178., Seite 286.

Lösung: $\mathbf{W_f} = \frac{F \cdot \Delta l}{2} = \frac{3800\ N \cdot 1{,}382\ mm}{2} = \mathbf{2625{,}8\ Nmm}$

bzw.: $W_f = \frac{\sigma^2 \cdot V}{2 \cdot E} = \frac{\sigma^2 \cdot S \cdot l_0}{2 \cdot E} = \frac{\sigma^2 \cdot d^2 \cdot \pi \cdot l_0}{4 \cdot 2 \cdot E} = \frac{(193{,}53\ N/mm^2)^2 \cdot (5\ mm)^2 \cdot \pi \cdot 1500\ mm}{4 \cdot 2 \cdot 210\,000\ N/mm^2}$

$\mathbf{W_f = 2626{,}4\ Nmm}$

Der kleine Unterschied im Ergebnis ist auf Rundungen zurückzuführen.

Ü 289. In langen Rohrleitungen werden oft **Dehnungsausgleicher (Kompensatoren)** eingebaut. Eine Bauform, die als **Lyrabogen (Omegabogen)** bezeichnet wird, zeigt Bild 1. Begründen Sie eine solche Maßnahme.

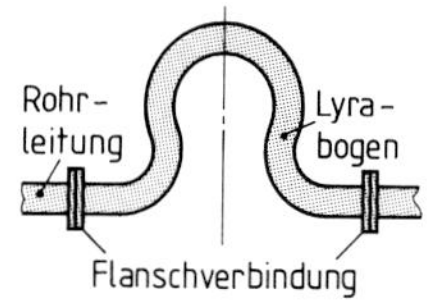

1

Ü 290. Welche Temperaturdifferenz $\Delta\vartheta$ ist für die erforderliche Durchmesseraufweitung des Schrumpfringes in Musteraufgabe M 181., Seite 296 mindestens erforderlich?

Ü 291. In einer Stange aus Stahl ($E = 210\,000$ N/mm²) wirkt eine Zugkraft $F_1 = 80$ kN. Diese wird erhöht auf $F_2 = 100$ kN. Berechnen Sie bei einem Durchmesser $d = 80$ mm

a) die beiden Zugspannungen σ_1 und σ_2,
b) die elastische Verlängerung Δl bei $l_1 = 2000$ mm,
c) die Formänderungsarbeit W_f.

Stellen Sie die Formänderungsarbeit in einem F, s-Diagramm dar.

V 299. Bild 2 zeigt die Anordnung eines Trägers IPB 120 zwischen zwei starren Lagern (Wänden). Der Träger ist fest mit diesen Lagern verbunden (Verschraubung). Bei der Montage, die in spannungsfreiem Zustand bei einer Temperatur von +30 °C erfolgte, wurde eine eventuelle Temperaturänderung nicht berücksichtigt. Welche Spannung tritt im Träger bei einem Temperaturabfall auf −15 °C auf?

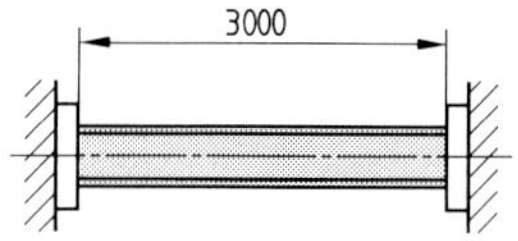

2

V 300. Beim Träger auf zwei Stützen wird eventuell auftretenden Wärmespannungen mit einem Loslager begegnet. Welche weiteren konstruktiven Möglichkeiten – aus anderen Bereichen der Technik –, die das Entstehen von Wärmespannungen verhindern, sind Ihnen bekannt?

V 301. Beim Einbau eines Lyrabogens (Bild 1) wird dieser mit $F_{max} = 300$ N um 20 mm zusammengedrückt. Welche Formänderungsarbeit musste aufgewendet werden, und wie wird der Lyrabogen in diesem Zustand beansprucht?

V 302. Für den Beanspruchungsfall in Übungsaufgabe Ü 279., Seite 287 (Messingdraht) ist die aufgewendete Formänderungsarbeit zu berechnen.

V 303. Auf einer Drehmaschine wird ein Stahlrohr ($E = 210\,000$ N/mm²) überdreht. Die Einspannung erfolgte annähernd spannungsfrei. Infolge der Reibung steigt beim Drehen die Temperatur von 20 °C auf durchschnittlich 78 °C in diesem Rohr an. Berechnen Sie

a) Δl bei einer Ausgangslänge von $l_0 = 580$ mm,
b) die auftretende Druckspannung, wenn das Werkstück fest eingespannt ist,
c) die dabei auf den Reitstock und das Arbeitsspindellager wirkende Kraft.

Es ist $D = 100$ mm und $d = 80$ mm.

Lektion 60

Verformung bei Scherung und Flächenpressung

60.1 Hooke'sches Gesetz für Scherbeanspruchung (Schub)

Bild 1 zeigt die Wirkung von Schubkräften auf zwei benachbarte Querschnitte ① und ②. Es findet eine Verformung dergestalt statt, dass die benachbarten Querschnitte gegeneinander verschoben werden, sie gleiten sozusagen gegeneinander ab. Dabei gilt als vereinbart:

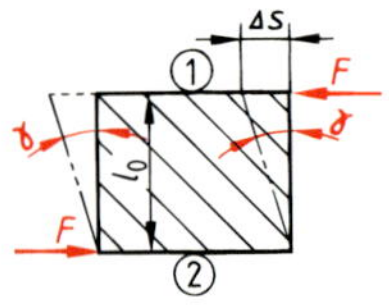

1

Der im Bogenmaß angegebene Winkel γ wird als **Gleitung** bezeichnet.

Aus Bild 1 ergibt sich $\tan \gamma = \dfrac{\Delta s}{l_0}$ 302–1

Auch hier ist es so, dass sich die **Betrachtungen stets auf** den elastischen, d. h. **Hooke'schen Bereich** beziehen. Für diesen Fall kann aber vorausgesetzt werden, dass der Winkel γ nur sehr klein ist. Nur um den Sachverhalt besser zu verdeutlichen, wird γ im Bild 1 übertrieben groß dargestellt. Für sehr kleine Winkel (siehe Trigonometrie) gilt aber, dass der Tangens dieses kleinen Winkels angenähert gleich dem Bogenmaß dieses Winkels ist. Somit – und mit Hilfe obiger Definition – ergibt sich für die

Gleitung $\gamma = \dfrac{\Delta s}{l_0}$

γ	Δs, l_0
1	mm

302–2

Δs = Verschiebung in mm
l_0 = Abstand der benachbarten Querschnitte in mm

Gleichung 302–2 zeigt eine Analogie zur Dehnung. Im Kapitel **Torsion** (Lektionen 69 und 70) wird ausführlich auf die bei der Gleitung wichtigen Rechengrößen – dies ist insbesondere der **Gleitmodul** G – eingegangen. In dieser Lektion 60 soll es zunächst genügen, mit Hilfe der **Analogie zur Dehnung** Aussagen über die **Verformung bei der Scherung** zu machen. Vergleichen Sie hierzu die folgende Gegenüberstellung von Zug und Scherung:

Zug → **Dehnung** → $\varepsilon = \dfrac{\Delta l}{l_0}$ → **Zugspannung** $\sigma_z = \varepsilon \cdot E = \dfrac{\Delta l}{l_0} \cdot E = \dfrac{F}{S}$

Scherung → **Gleitung** → $\gamma = \dfrac{\Delta s}{l_0}$ → **Scherspannung** $\tau_a = \gamma \cdot G = \dfrac{\Delta s}{l_0} \cdot G = \dfrac{F}{S}$ 302–3

In Gleichung 302–3 erscheint die bereits oben erwähnte Rechengröße **Gleitmodul** G. Wie ebenfalls bereits erwähnt, wird diese Rechengröße im Kapitel Torsion erläutert. Jetzt schon soll aber eine Aussage über den **Zusammenhang zwischen Elastizitätsmodul** E **und Gleitmodul** G gemacht werden. Dieser wird über die **Poisson'sche Zahl** μ (siehe Lektion 57) hergestellt. Für die meisten Metalle beträgt diese $\boldsymbol{\mu = 0{,}3}$. Legt man dies zugrunde, dann ergibt sich für den Gleitmodul (siehe auch Lektion 70) folgendes:

Gleitmodul $G = 0{,}385 \cdot E$ in $\dfrac{\text{N}}{\text{mm}^2}$ 302–4 **bei** $\boldsymbol{\mu = 0{,}3}$

Die folgende Tabelle zeigt ***G*-Werte** für einige wichtige Konstruktionswerkstoffe:

Werkstoff	G in N/mm²	Werkstoff	G in N/mm²
Bronze	44 000	Kupfer	41 000
Federstahl	83 000	Messing	34 000
Flußstahl	79 000	Rotguss	31 000
Grauguss	28 000…39 000	Stahlguss	81 000

Anmerkung: Nach DIN 13316 „Mechanik ideal elastischer Körper" wird der Gleitmodul auch als **Schubmodul** oder als **Gestaltmodul** bezeichnet.
In Übereinstimmung mit Gleichung 302–3 definiert diese DIN-Norm wie folgt:

Der Quotient Schubspannung τ durch die von ihr erzeugte Gleitung **(Schiebung)** γ heißt **Schubmodul** oder **Gestaltmodul** G.

Gleitmodul (Schubmodul) $G = \frac{\tau}{\gamma}$

G, τ	γ
$\frac{\text{N}}{\text{mm}^2}$	1

303–1

M184. In einem auf Scherung beanspruchten Bauteil haben die Scherkräfte einen Abstand von $l_0 = 0{,}2$ mm, und es herrscht eine Scherspannung $\tau_{\text{a vorh}} = 80\ \text{N/mm}^2$. Es ist $E = 210\,000\ \text{N/mm}^2$ (Stahl).

a) Berechnen Sie den Gleitmodul G.
b) Wie groß ist das Maß der Verschiebung Δs?

Lösung:

a) $\boldsymbol{G} = 0{,}385 \cdot E = 0{,}385 \cdot 210\,000\ \text{N/mm}^2 = \mathbf{80\,850\ N/mm^2}$

b) $\tau_{\text{a vorh}} = G \cdot \frac{\Delta s}{l_0} \longrightarrow \boldsymbol{\Delta s} = l_0 \cdot \frac{\tau_{\text{a vorh}}}{G} = 0{,}2\ \text{mm} \cdot \frac{80\ \text{N/mm}^2}{80\,850\ \text{N/mm}^2} \approx \mathbf{0{,}0002\ mm}$

60.2 Die Hertz'schen Gleichungen

Auch bei der **Pressung von Flächen** treten als Folge der Kraftwirkung Verformungen an den Bauteilen auf. Diese Verformungen sind den auftretenden Spannungen, d. h. der **Flächenpressung** (siehe Lektion 54) proportional. Die Größe der örtlich auftretenden Flächenpressung hängt aber auch von den **Berührungskriterien der Bauteile** ab, worauf bereits ausführlich in Anmerkung 2. des Punktes 54.4 (Seite 273) hingewiesen wurde. In Ergänzung zu dieser Anmerkung wird grundsätzlich festgehalten:

Bei einer punkt- oder linienförmigen Pressung zweier Bauteile sind die Verformungen und die Spannungen mit den **Hertz'schen Gleichungen** zu ermitteln.

Diese wurden von Heinrich **Hertz (1857 bis 1894),** dem berühmten deutschen Physiker, abgeleitet. Bei der Anwendung derselben wird vorausgesetzt:

a) Homogener Werkstoff.
b) Verformung im elastischen, d. h. Hooke'schen Bereich.
c) An den Berührungsflächen treten nur Normalspannungen auf.
d) Die Deformation ist gegenüber der Körperabmessung klein.

Im Folgenden sind zwei im Maschinen- und Anlagenbau sehr oft vorkommende Berührungskriterien zweier Bauteile wiedergegeben:

60.2.1 Pressung zwischen zwei Zylindern (Linienpressung)

Bild 1 zeigt die Verteilung der Flächenpressung und den Ort der größten Flächenpressung $\sigma_{\text{p max}}$. Nach Hertz ist die

größte Flächenpressung $\sigma_{\text{p max}} = 0{,}591 \cdot \sqrt{\frac{F \cdot E}{l \cdot d_1} \cdot \left(1 + \frac{d_1}{d_2}\right)}$ 303–2

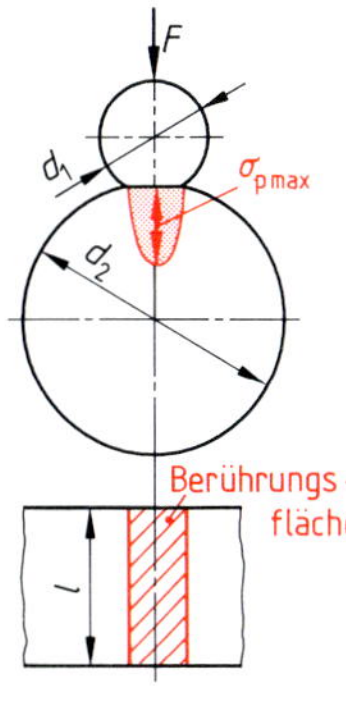

Diese erhält man in **N/mm²,** wenn wie folgt eingesetzt wird:

F = Anpresskraft in N
E = Elastizitätsmodul in N/mm²
l = Länge des Zylinders (Presslänge) in mm
d_1 = kleiner Zylinderdurchmesser in mm
d_2 = großer Zylinderdurchmesser in mm

Gleichung 303–2 findet auch bei der Ermittlung der **Flächenpressung zwischen den Zahnflanken** bei Zahnrädern Anwendung.

1

FESTIGKEITSLEHRE

60.2.2 Pressung zwischen zwei Kugeln (Punktpressung)

Bild 1 zeigt die Spannungsverteilung und den Ort der größten Flächenpressung $\sigma_{p\,max}$. Nach Hertz ist die

größte Flächenpressung $$\sigma_{p\,max} = 0{,}616 \cdot \sqrt[3]{\frac{F \cdot E^2}{d_1^2} \cdot \left(1 + \frac{d_1}{d_2}\right)^2} \qquad \boxed{304\text{–}1}$$

F = Anpresskraft in N
E = Elastizitätsmodul in N/mm²
d_1 = kleinster Kugeldurchmesser in mm
d_2 = größter Kugeldurchmesser in mm

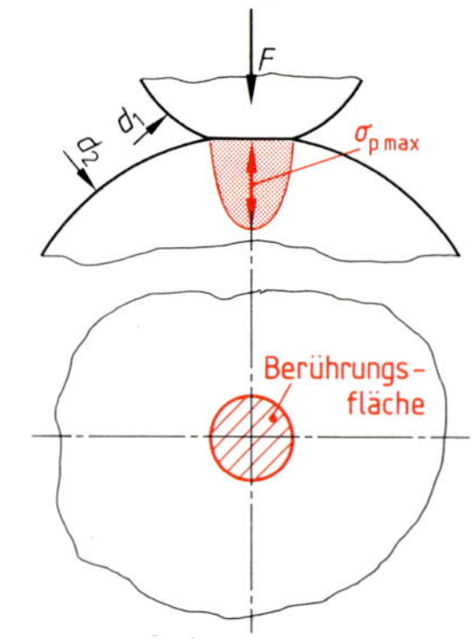

1

Die Hertz'schen Gleichungen für andere Berührungskriterien können aus technischen Handbüchern entnommen werden.

Bei **unterschiedlichen Werkstoffen** der sich pressenden Bauteile wird mit einem aus ihren beiden Elastizitätsmodulen zusammengesetzten Elastizitätsmodul gerechnet:

zusammengesetzter *E*-Modul $$E = \frac{2 \cdot E_1 \cdot E_2}{E_1 + E_2} \quad \text{in } \frac{\text{N}}{\text{mm}^2} \qquad \boxed{304\text{–}2}$$ → **Gleichung 304–2 gilt für alle Hertz'schen Gleichungen!**

M185. Bei einem Zahntrieb ist der Krümmungsradius der einen Zahnflanke r_2 = 100 mm und der Krümmungsradius der anderen Zahnflanke r_1 = 70 mm. Die Zahnbreite beträgt b = 60 mm, und es darf $\sigma_{p\,max}$ = 400 N/mm² nicht überschritten werden. Wie groß darf die Presskraft an den Zahnflanken höchstens werden? $\left(E = 2{,}1 \cdot 10^5\ \frac{\text{N}}{\text{mm}^2}\right)$

Lösung: Nach Gleichung 303–2 ist $\sigma_{p\,max}^2 = 0{,}591^2 \cdot \frac{F \cdot E}{l \cdot d_1} \cdot \left(1 + \frac{d_1}{d_2}\right)$. Umgestellt:

$$\boldsymbol{F_{max}} = \frac{\sigma_{p\,max}^2 \cdot l \cdot d_1}{0{,}591^2 \cdot E \cdot \left(1 + \frac{d_1}{d_2}\right)} = \frac{(400\ \text{N/mm}^2)^2 \cdot 60\ \text{mm} \cdot 140\ \text{mm}}{0{,}591^2 \cdot 210\,000\ \text{N/mm}^2 \cdot \left(1 + \frac{140\ \text{mm}}{200\ \text{mm}}\right)} = \mathbf{10\,778{,}44\ N}$$

Ü292. Bei der Bolzenverbindung in Übungsaufgabe Ü262., Seite 277 kann entsprechend der Passmaße der Abstand der Scherkräfte mit l_0 = 0,6 mm angenommen werden. Berechnen Sie das Maß der Verschiebung Δs. E = 210 000 N/mm²

Ü293. Zwei Zylinder, der eine aus Stahl mit E = 210 000 N/mm², der andere aus Messing mit E = 85 000 N/mm², werden durch eine Kraft F zusammengepresst. Welcher Wert für den Elastizitätsmodul ist in die Hertz'sche Gleichung einzusetzen?

V304. In einem auf Scherung beanspruchten Bauteil haben die Wirkungslinien der Scherkräfte einen Abstand l_0 = 0,5 mm. Die Scherspannung beträgt $\tau_{a\,vorh}$ = 65 N/mm², und der Elastizitätsmodul ist E = 220 000 N/mm². Es wirkt eine Scherkraft F = 30 kN. Berechnen Sie

a) das Maß der Verschiebung Δs,
b) die Gleitung γ,
c) die Größe der Scherfläche S.

V305. Eine Kugel aus Stahl (E = 210 000 N/mm²) mit dem Durchmesser d_1 = 80 mm wird mit einer Kraft F = 85 kN gegen eine Kugel aus Titan (E = 120 000 N/mm²) mit dem Durchmesser d_2 = 115 mm gedrückt. Wie groß ist die maximale Flächenpressung $\sigma_{p\,max}$?

Weitere Übungsaufgaben zu den Grundlagen der Festigkeitslehre, zu den einfachen statischen Beanspruchungen und zu den Verformungen infolge dieser Beanspruchungen:

Ü 294. Was versteht man unter einem Spannungsnachweis?

Ü 295. Was versteht man unter der Festigkeit eines Werkstoffes?

Ü 296. Welcher Unterschied besteht zwischen Normalspannungen und Schubspannungen?

Ü 297. Was versteht man unter einer zusammengesetzten Beanspruchung eines Bauteiles?

Ü 298. Der Stempel eines Schnittwerkzeuges wird mit drei Innensechskantschrauben befestigt (Bild 1). Die erforderliche Schnittkraft beträgt $F = 212$ kN. Erfahrungsgemäß beträgt die Abstreifkraft des Stempels aus dem geschnittenen Werkstoff (Rückzugskraft) $\frac{1}{8}$ bis $\frac{1}{12}$ der Schnittkraft. Diese Abstreifkraft beansprucht die Innensechskantschrauben auf Zug.

a) Welche Schraubengröße nach DIN 13 muss bei $\sigma_{z\,zul} = 140\ \frac{N}{mm^2}$ verwendet werden?

b) Welche Flächenpressung herrscht an den Gewindegängen, wenn die Einschraubtiefe $t = 1{,}3 \cdot$ Gewindedurchmesser ist?

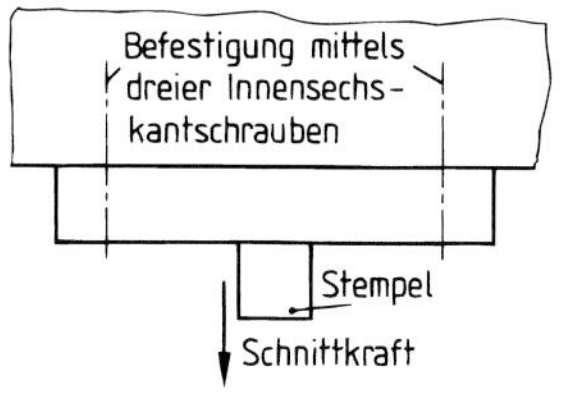

1

Ü 299. Ein Zahnrad wird entsprechend Bild 2 auf einem konischen Wellenende befestigt.

a) Die zulässige Flächenpressung zwischen Welle und Zahnrad beträgt $\sigma_{p\,zul} = 60\ \frac{N}{mm^2}$. Mit welcher größten axialen Schraubenkraft F darf angezogen werden?

b) Mit welchem metrischen ISO-Gewinde ist die Welle auszurüsten, wenn $R_m = 500\ \frac{N}{mm^2}$ und $\sigma_{z\,zul} = 0{,}2 \cdot R_m$ sind?

c) Die Mutterhöhe soll $m = 0{,}8 \cdot$ Gewindedurchmesser sein. Wie groß ist die Flächenpressung an den Gewindegängen?

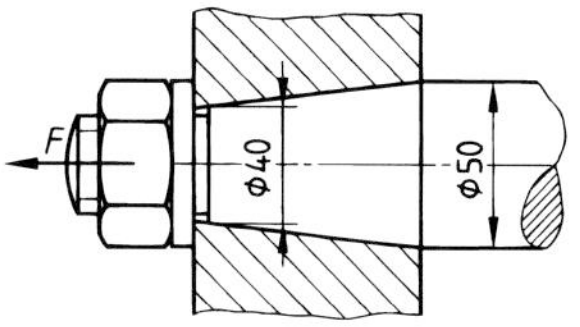

2

Ü 300. Der Lasthaken eines Kranes (Bild 3) ist für eine größte Last von $F = 320$ kN zu dimensionieren. Er ist aus hochfestem Stahl mit $R_{p\,0,2} = 600\ \frac{N}{mm^2}$ und $E = 215\,000\ \frac{N}{mm^2}$ hergestellt.

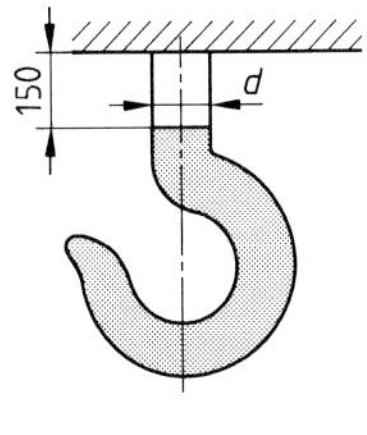

3

a) Welcher Durchmesser d ist erforderlich, wenn $\nu_{R_{p0,2}} = 3$ ist?

b) Wie groß ist die Sicherheit gegen Bruch ν_{Rm}, wenn $R_m = 900\ \frac{N}{mm^2}$ ist?

c) Wie groß sind die Dehnung in % und die Verlängerung Δl in mm des zylindrischen Teiles des Lasthakens, wenn dieser die Länge $l_0 = 150$ mm hat?

Ü 301. Ein Hallendachträger aus Stahl IPB 300 mit einem Los- und einem Festlager hat eine Stützweite $l = 8{,}5$ m. Der Träger wurde bei einer Temperatur von $\vartheta_m = 22\ °C$ spannungsfrei montiert. Bei einer späteren Umbaumaßnahme wurden die Lager und Trägerenden in Unkenntnis der Sachlage mit Beton verfüllt, so dass eine freie Längenänderung des Trägers nicht mehr möglich ist.

FESTIGKEITSLEHRE

a) Welche Spannungen entstehen im Trägerquerschnitt bei +40 °C und –20 °C?
b) Welche Kräfte (Größe und Richtung) treten dabei auf, wenn mit $E = 210\,000$ N/mm² gerechnet wird und wenn die Wärmedehnzahl $\alpha = 0{,}000012 \frac{\text{m}}{\text{m} \cdot \text{K}}$ ist?

Ü302. Eine Rohrsäule aus S 235 JRG 1 (St 37–2) mit R_m = 370 N/mm² überträgt bei einem Außendurchmesser von 500 mm und einer Länge von 7,2 m eine Last von F = 830 kN.

a) Wie groß muss der Innendurchmesser des Rohres sein, wenn $\sigma_{d\,zul}$ = 80 N/mm² ist?
b) Wie groß ist die dabei auftretende „negative" Dehnung des Rohres in %?
c) Um wie viel mm verkürzt sich das Rohr?
d) Wie groß ist die Flächenpressung zwischen der Grundplatte der Säule und einem Betonfundament, wenn die Grundplatte einen Durchmesser von 1 m hat?

Ü303. Eine Lokomotivschubstange überträgt eine Kraft F = 420 kN. Die Länge der Schubstange beträgt 1,7 m.

a) Welche Querschnittsfläche ist bei $\sigma_{d\,zul}$ = 35 N/mm² erforderlich? (E = 210 000 N/mm²)
b) $\sigma_{d\,zul}$ ist sehr niedrig angesetzt. Begründen Sie dies.
c) Um wieviel mm verkürzt sich die Schubstange infolge der Kraftwirkung?

Ü304. Bild 1 zeigt einen Lochstempel, mit dem Stahlblech von 1 mm Dicke bei τ_{aB} = 350 N/mm² gelocht wird. Berechnen Sie

a) die erforderliche Schnittkraft bei einem Stempeldurchmesser d = 2 mm,
b) die entstehende Flächenpressung zwischen dem zu lochenden Blech und dem Lochstempel,
c) die Verkürzung und die Durchmesserzunahme des zylindrischen Stempelabsatzes (l_0 = 25 mm) während der Lochung, wenn für den Stempel E = 220 000 N/mm² ist.

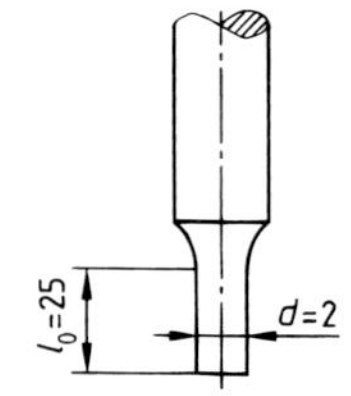

1

Ü305. Eine Lasche (Bild 2) überträgt eine Kraft F = 12 kN.

a) Berechnen Sie den Randabstand e, wenn für den Werkstoff der 5 mm dicken Lasche τ_{aB} = 200 N/mm² ist und wenn mit ν_B = 5 gerechnet wird.
b) Wie groß ist die Flächenpressung zwischen Lasche und Bolzen?

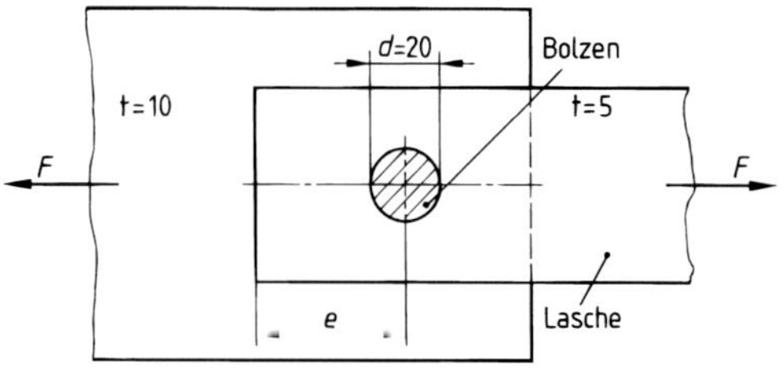

2

Ü306. Unterscheiden Sie Schwellspannung von Wechselspannung.

Ü307. Nennen Sie einige Einflussgrößen für das Festlegen der Sicherheitszahl ν.

Ü308. Berechnen Sie die Formänderungsarbeit für den zylindrischen Stempelabsatz in Übungsaufgabe Ü304.

Ü309. In welchen Beanspruchungsfällen tritt Gleitung ein? Was versteht man unter Gleitung?

Ü310. Für welche Beanspruchungsfälle gelten die Hertz'schen Gleichungen?

Biegung

Lektion 61 **Auf Biegung beanspruchte Bauteile**

61.1 Beanspruchungen, die oftmals in Verbindung mit der Biegung auftreten

Viele Bauteile sind zusammengesetzten Beanspruchungen ausgesetzt, d. h., dass auf ein solches Bauteil gleichzeitig mehrere Elementarbeanspruchungen wirken. Um diese Beanspruchungsarten zu ermitteln, bedient man sich der **Schnittmethode.** Bei den einfachen statischen Beanspruchungen wurde stets vorausgesetzt, dass im untersuchten Querschnitt nur **eine** Beanspruchungsart gegeben war, und in einem solchen Zusammenhang soll hier noch einmal auf ein bereits behandeltes Beispiel eingegangen werden. Es ist der Lasthaken (Bild 1) in Übungsaufgabe 300, Seite 305.

Wendet man – bezogen auf den Querschnitt A–A – die Schnittmethode an, so ist zu erkennen, dass das Bauteil in diesem Querschnitt sowohl auf Biegung als auch auf Zug beansprucht wird. Die Biegebeanspruchung wird also von einer Zugbeanspruchung überlagert. Demzufolge handelt es sich hier um eine **zusammengesetzte Beanspruchung** (s. Lektion 75). Allgemein kann gesagt werden, dass Biegung sehr oft in Verbindung mit anderen Elementarbeanspruchungen auftritt. Meistens überwiegt jedoch die Biegebeanspruchung, und deswegen können die anderen Elementarbeanspruchungen – ohne einen großen Fehler zu begehen – idealisierend vernachlässigt werden.

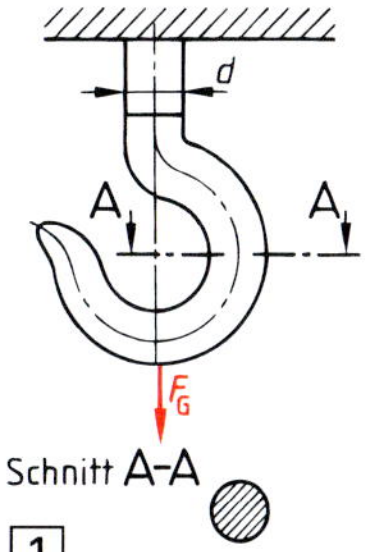

1

Überwiegt die Biegebeanspruchung, so können in vielen Fällen die übrigen Elementarbeanspruchungen in der Rechnung vernachlässigt werden.

Bild 2 zeigt, wie ein Bauteil im Querschnitt A – in Abhängigkeit vom Angriffspunkt der Kraft – entweder nur auf Biegung (reine Biegung) oder auf Biegung und gleichzeitig durch eine oder mehrere andere Beanspruchungsarten beansprucht wird:

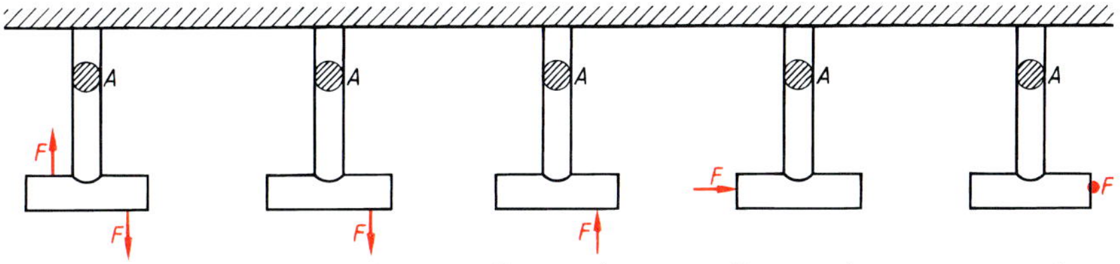

2

Hinweis: **In der Biegelehre** ist es an vielen Stellen erforderlich, den Schwerpunkt von Querschnitten zu berechnen. Deshalb wird in diesem Buch – um mit den Lektionen 16 bis 19 übereinzustimmen – auch **für Querschnittsflächen** der **Formelbuchstabe** *A* und nicht *S* verwendet. **Siehe auch Hinweis Seite 269.**

61.2 Der Träger

Im Bild 3 ist ein Biegeversuch schematisch dargestellt. In dieser Anordnung wird die Probe auf Biegung beansprucht. Die gleiche Beanspruchungsart ist z. B. bei Brücken oder auch bei Wellen und Achsen vorzufinden und man bezeichnet solche Bauteile in der Statik als **Träger.**

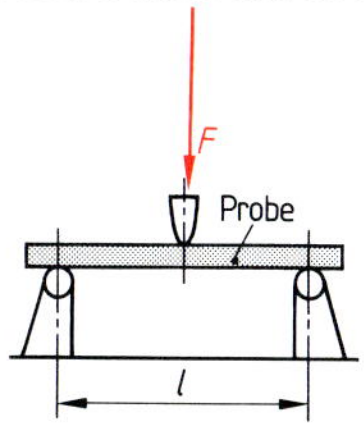

3

Ein Träger – oft auch als **Balken** bezeichnet – wird stets auf Biegung beansprucht.

FESTIGKEITSLEHRE

61.2.1 Lagerung der Träger

Bei der Beurteilung eines Trägerlagers aus der Sicht der Statik kommt es wesentlich darauf an, in welcher Richtung ein Lager Kräfte übertragen kann, und ob ein Lager imstande ist, Momente zu übertragen oder nicht. Bereits beim Freimachen der Bauteile (Lektion 4) wurden die diesbezüglichen Möglichkeiten von **Loslager** und **Festlager** besprochen. Eine weitere Art der Trägerlagerung ist die **feste Einspannung.** Bild 1 zeigt eine solche. Dies könnte ein in einer Betonwand eingegossener Träger sein. Bei Belastung durch eine Schrägkraft F erkennt man die Reaktionen in der festen Einspannung. Daraus kann man schließen:

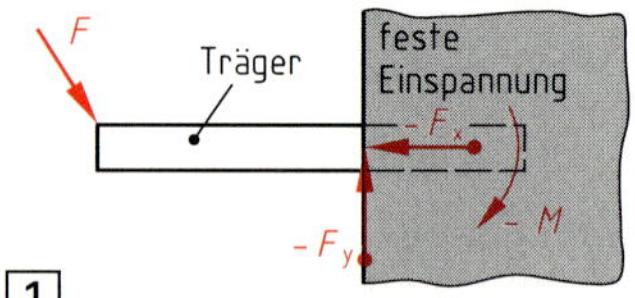

1

Eine feste Einspannung kann Kräfte in alle Richtungen **und** Momente übertragen.

Die Merkmale dieser wichtigsten Trägerlager werden nochmals tabellarisch zusammengefasst:

Art des Lagers	Loslager	Festlager	feste Einspannung
Sinnbild (Symbol)	2 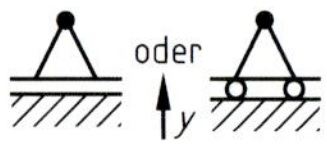	3 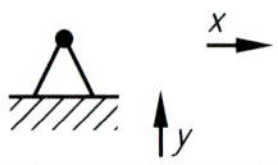	4 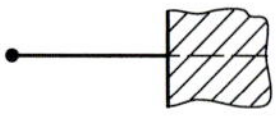
Möglichkeit der Kraftübertragung	senkrecht zum Lager	in alle Richtungen	in alle Richtungen
Möglichkeit der Momentenübertragung	nicht möglich	nicht möglich	möglich
Auflagerunbekannte	eine: F_y	zwei: F_x, F_y	drei: F_x, F_y, M

61.2.2 Trägerbezeichnungen

61.2.2.1 Trägerbezeichnungen, von der Trägerlagerung bestimmt

Freiträger (Bild 5)

Dieser ist auf einer Seite **fest eingespannt,** auf der anderen Seite nicht gelagert **(frei).**

5

Träger auf zwei Stützen (Bild 6)

Auf der einen Seite lagert ein solcher Träger auf einem **Festlager,** auf der anderen Seite auf einem **Loslager.**

6
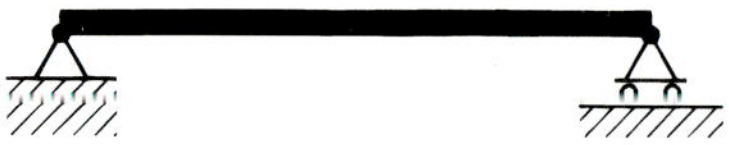

Kragträger (Bild 7)

Hierunter versteht man einen Träger auf zwei oder mehreren Stützen, der auf einer (oder auf beiden) Seiten frei über ein Auflager hinausragt (hinauskragt).

7
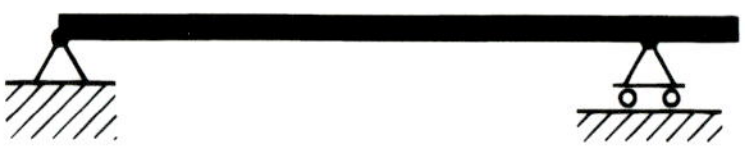

Träger mit mehr als zwei Stützen (Bild 8)

Träger mit einem Fest- und mehreren Loslagern.

8

Gelenk- oder Gerberträger (Bild 9)

Benannt nach dem deutschen Ingenieur H. **Gerber.** Dies ist ein Träger mit mehr als zwei Stützen, der durch Gelenke unterteilt ist.

9
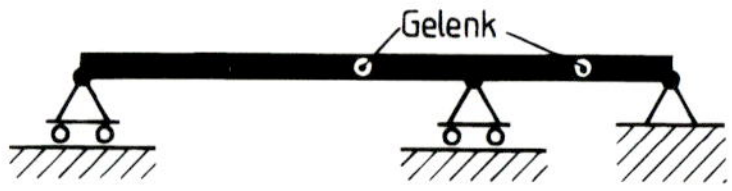

Fest eingespannter Träger (Bild 1)

Ein solcher Träger ist auf beiden Seiten fest eingespannt.

1

61.2.2.2 Trägerbezeichnungen, von der Bauart bestimmt

Entsprechend der Bauweise und der Form des Trägers unterscheidet man Vollwandträger, Doppel-T-Träger, Fachwerkträger, Stahlbetonträger, Kastenträger u. v. a. m.

61.2.3 Trägerbelastungen und Belastungssymbole

Punktlasten (Bild 2)

Diese greifen in einem Punkt an und werden auch als **Einzellasten** bezeichnet. Beispiel: Radlasten von Fahrzeugen. F_1, F_2 ... in N oder kN.

2

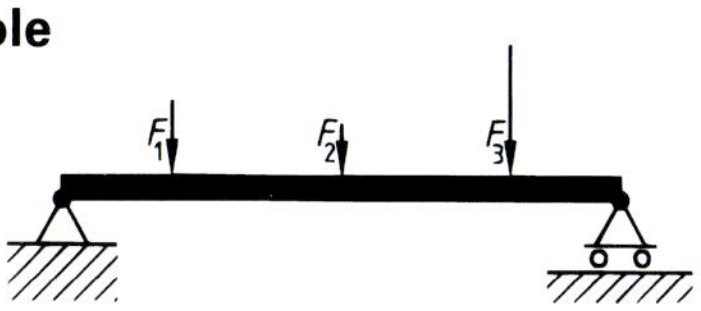

Gleichmäßig verteilte Streckenlast (Bild 3)

Beispiele: Eigengewicht eines Trägers (s. Metermasse *m'* entsprechend Lektion 53), Schneelast, Winddruck. Formelzeichen: *q*, Einheit: N/m oder kN/m.

3

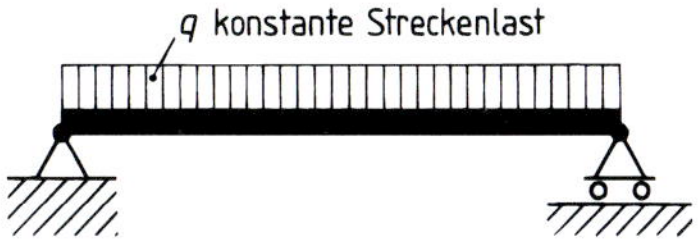

Nicht konstante Streckenlast (Bild 4)
Beispiele: Schüttungen, Böschungen.

4

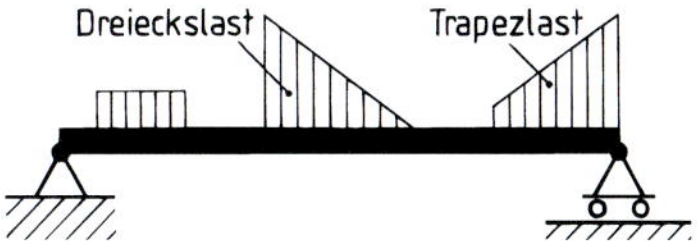

Gemischte Belastungen (Bild 5)
In der Regel wirken Einzellasten und Streckenlasten verschiedenster Art gleichzeitig. Alle möglichen Kombinationen sind denkbar, und man spricht dann auch von einer **Mischlast**.

5

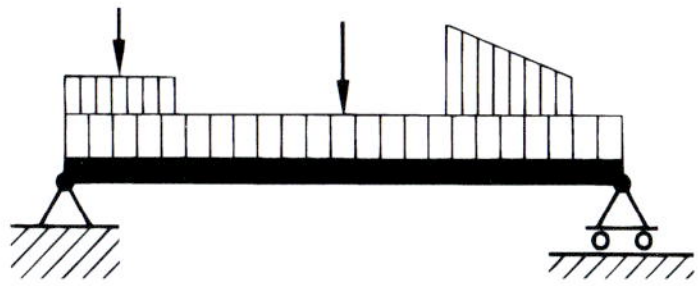

61.2.4 Der statisch bestimmte oder unbestimmte Träger

In Verbindung mit dem **Fachwerkträger** (Lektion 20) wurde das **Kriterium der statischen Bestimmtheit** bereits in die Überlegungen einbezogen. Von dort und aus der Mathematik ist bekannt, dass ein Gleichungssystem nur dann lösbar ist, wenn die Anzahl der Unbekannten mit der Anzahl der voneinander unabhängigen Lösungsgleichungen identisch ist.
Wie weiter bekannt ist, werden durch die **Belastungen** (Aktionen), d. h. die am Träger angreifenden Kräfte und Momente, die Reaktionen in den Lagern des Trägers hervorgerufen. Dies sind die **Stützkräfte** (entsprechend der Lektionen 1 und 4) sowie bei der festen Einspannung die **Stützmomente.** Sie werden zusammenfassend als **Auflagerunbekannte** bezeichnet und müssen auf rechnerischem oder zeichnerischem Weg ermittelt werden. Mann kann somit sagen:

Die Reaktionskräfte und die Reaktionsmomente in den Lagern werden als Auflagerunbekannte bezeichnet. Sie müssen bei der Trägerberechnung nach Größe und Richtung berechnet werden.

Auf diese Erforderlichkeit wurde bereits sehr deutlich beim **Freimachen der Bauteile** (Lektion 4) hingewiesen. Gelingt es nicht, alle Auflagerunbekannten zu ermitteln, dann bezeichnet man einen Träger als **statisch unbestimmt.** Ein solches Trägersystem lässt sich nur mit großem mathematischem Aufwand (Hinweis auf Seite 310) berechnen.
Umgekehrt gilt:

Ein Träger wird als **statisch bestimmt** bezeichnet, wenn alle Auflagerunbekannten ermittelt werden können.

FESTIGKEITSLEHRE

Wieviele Auflagerunbekannte ein Trägersystem beinhaltet, ergibt sich aus den Möglichkeiten der Kraft- bzw. Momentenübertragung der Trägerlagerung entsprechend der Tabelle auf Seite 308.

Als Lösungsgleichungen stehen die **Gleichgewichtsbedingungen der Statik** (Lektionen 9 und 13) zur Verfügung. Dies war auch bereits die Grundlage bei der Lösung von Fachwerksystemen.

Gleichgewichtsbedingungen der Statik

$$\Sigma F_x = 0 \quad \boxed{310\text{–}1}$$

$$\Sigma F_y = 0 \quad \boxed{310\text{–}2}$$

Lektion 9 (Seite 39)

$$\Sigma M_d = 0 \quad \boxed{310\text{–}3}$$

Lektion 13 (Seite 57)

Da also nur drei Lösungsgleichungen zur Verfügung stehen, kann gefolgert werden:

Ein Träger ist statisch bestimmt, wenn nicht mehr als drei Auflagerunbekannte vorhanden sind.

Sind z. B. fünf Auflagerunbekannte in einem Trägersystem vorhanden (bei drei Lösungsgleichungen), dann ist ein solches zweifach statisch unbestimmt.

Mit den Mitteln der elementaren Statik und Festigkeitslehre lassen sich nur statisch bestimmte Trägersysteme berechnen.

Bei statisch unbestimmten Trägersystemen – die nicht Gegenstand dieses Buches sind – wird insbesondere die **Clapeyron'sche Dreimomentengleichung,** benannt nach dem französischen Ingenieur B. P. E. **Clapeyron (1799 bis 1864),** herangezogen. Es wurden auch spezielle grafische Verfahren entwickelt.

M186. Der in Bild 1 dargestellte Träger auf zwei Stützen ist auf zwei Festlagern gelagert. Dieses Trägersystem ist auf seine statische Bestimmtheit (Unbestimmtheit) zu untersuchen.

1

Lösung: Auflagerunbekannte sind: F_{Ax}, F_{Ay}, F_{Bx}, F_{By} (jedes Festlager hat zwei Auflagerunbekannte), d. h. insgesamt vier Auflagerunbekannte. Da nur drei Lösungsgleichungen zur Verfügung stehen, ist das Trägersystem **einfach statisch unbestimmt.**

Ü311. Wievielfach statisch unbestimmt ist das in Bild 2 dargestellte Trägersystem mit zwei Loslagern und einem Festlager?

2

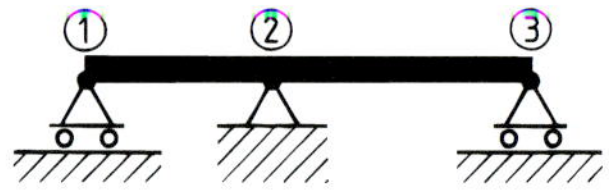

Ü312. Wievielfach statisch unbestimmt ist das Trägersystem in Bild 3?

3

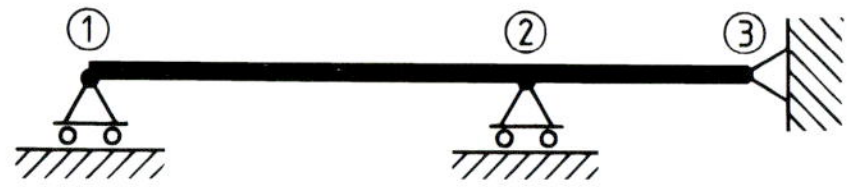

Ü313. Wievielfach statisch unbestimmt ist das Trägersystem in Bild 4?

4

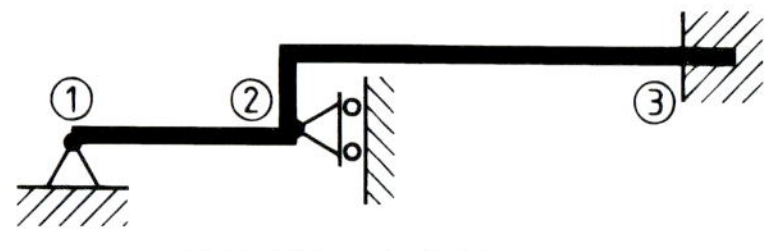

Ü314. Wievielfach statisch unbestimmt ist das Trägersystem in Bild 5?

5

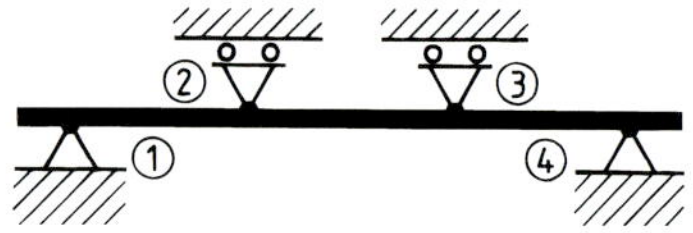

Lektion 62

Die Biegespannung

62.1 Abhängigkeit der Biegespannung vom Biegemoment

Greifen bei einem Träger in einem gewissen Abstand von seiner festen Einspannung (Bild 1) oder bei einem Träger auf zwei Stützen von seinen Auflagern Kräfte an, dann tritt eine **Durchbiegung** *f* auf. Ebenso wie Bild 1 zeigt auch Bild 2 einen Freiträger. In beiden Fällen sind die wirkende Kraft *F* und der Trägerquerschnitt *A* gleich groß. Die Trägerlängen l_1 und l_2 sind aber unterschiedlich. Vergleicht man die Durchbiegungen f_1 und f_2 miteinander, kann man feststellen, dass sich bei gleicher Kraft und gleichem Trägerquerschnitt der Träger mit der größeren Länge am meisten verformt. Aus der Statik ist das Produkt $F \cdot l$ als Moment bekannt, und man spricht in der Biegelehre vom **Biegemoment** M_b. Beim Vergleich der dargestellten Träger ergibt sich $F \cdot l_1 < F \cdot l_2$ und daraus die Erkenntnis:

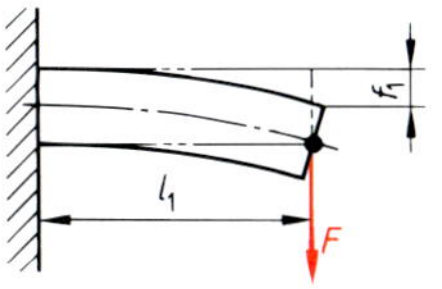

1

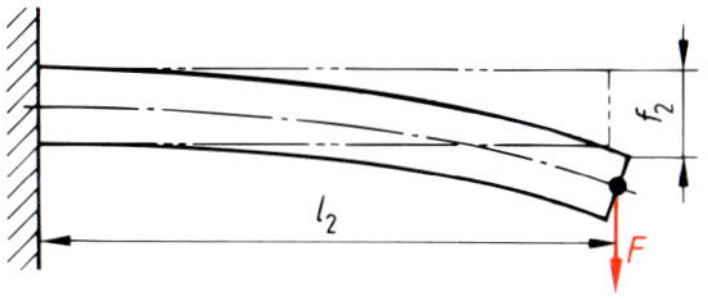

2

Die Größe der Verformung bei einem auf Biegung beanspruchten Bauteil ist von der Größe des Biegemomentes abhängig.

Biegemoment $M_b = F \cdot l$

M_b	F	l
Nmm	N	mm

311–1

Hierbei gilt wie beim statischen Moment: $F \perp l$

Bild 3 zeigt einen Freiträger mit einer schmalen und hohen Querschnittsfläche *A*. Es ist gut zu erkennen, dass sich der Träger unter dem Einfluss des Biegemomentes $F \cdot l$ an seiner Oberkante verlängert und an seiner Unterkante verkürzt hat.

Oberkante ➤ $+\Delta l$ ➤ Dehnung ➤ Zug
Unterkante ➤ $-\Delta l$ ➤ negative Dehnung ➤ Druck

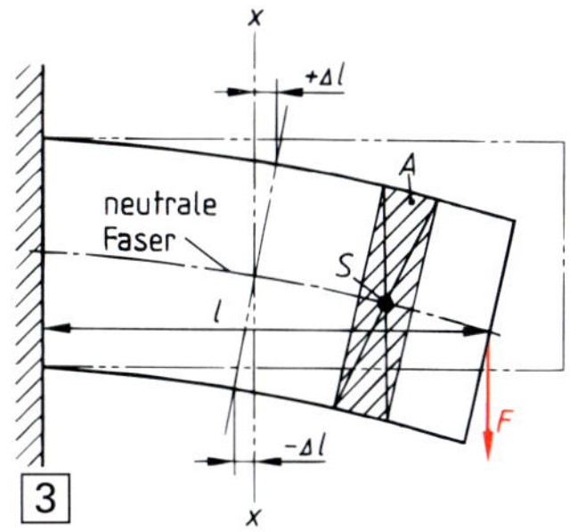

3

Bei einem auf Biegung beanspruchten Bauteil gibt es Orte im Querschnitt, in denen Zugspannungen und Orte im Querschnitt, in denen Druckspannungen auftreten.

Geht man von der Oberkante des Trägers in Bild 3 aus, dann ist zu erkennen, dass die Verformung im Querschnitt in Richtung Trägermitte immer kleiner wird. Sie ist im Schwerpunkt *S* der beanspruchten Querschnittsfläche Null, d. h. hier ist $\varepsilon = 0$. Da nach **Hooke** $\boldsymbol{\sigma = \varepsilon \cdot E}$ ist, muss an dieser Stelle auch die Spannung Null sein. Man spricht deshalb von der **spannungsneutralen Faser** oder kurz von der **neutralen Faser**. Die neutrale Faser wird auch als **Biegeachse** bezeichnet.

Am Ort der neutralen Faser ist die Biegespannung Null. Die neutrale Faser ist die Verbindungslinie der Schwerpunkte aller Trägerquerschnitte.

Legt man nun die Erkenntnisse zugrunde, dass die Verformung mit der Größe des Biegemomentes und die Spannung mit der Größe der Verformung zunimmt, dann ergibt sich hieraus eine weitere Erkenntnis:

Biegespannung $\sigma_b \sim M_b$

Die Biegespannung ist direkt proportional dem auf das Bauteil wirkenden Biegemoment.

FESTIGKEITSLEHRE

62.2 Abhängigkeit der Biegespannung von Form und Lage der Querschnittsfläche

Die Bilder 1 und 2 zeigen jeweils den gleichen Freiträger. Im Bild 1 ist der Träger mit Rechteckquerschnitt jedoch „hochkant" und im Bild 2 „flachkant" angeordnet. In beiden Fällen liegt also die gleich große Rechteckfläche als Querschnitt *A* und außerdem auch eine Belastung durch die gleiche Kraft *F* vor. Dies bedeutet, dass in beiden Fällen das wirkende Biegemoment die gleiche Größe hat. Man erkennt, dass der hochkant eingespannte Träger eine wesentlich kleinere Durchbiegung aufweist als der flachkant eingespannte. Dieser Nachweis kann auch mit einem einfachen Handversuch erbracht werden, etwa dadurch, daß man ein Lineal jeweils mit dem gleichen Biegemoment einmal hochkant und einmal flachkant beansprucht.
Wenn man nun wieder vom Verformungsgrad auf die Größe der Spannung schließt **($\sigma = \varepsilon \cdot E$)**, kommt man zu einer weiteren wichtigen Erkenntnis der Biegelehre:

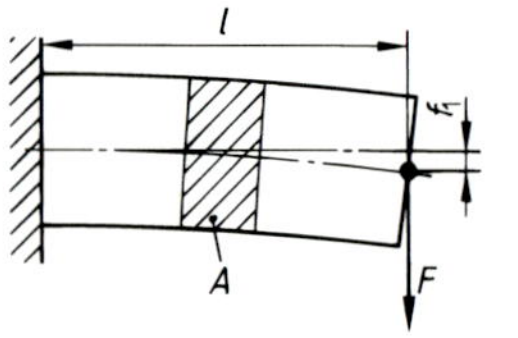

1

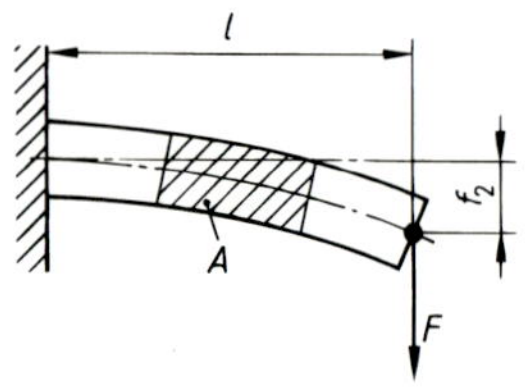

2

Die Biegespannung ist nicht nur von der Größe der Querschnittsfläche, sondern auch von deren geometrischen Form und ihrer Lage bezogen auf die neutrale Faser (Biegeachse) abhängig.

Diese Erkenntnis nutzt man beim Einsatz von Profilstäben. Dort wird nach dem Grundsatz verfahren, dass auch kleine Querschnittsflächen bei günstiger Form und günstiger Lage zur Biegeachse eine demgemäß kleine Biegespannung zulassen. Dies führt zu Werkstoffeinsparungen und dadurch zur Beeinflussung der Wirtschaftlichkeit einer Konstruktion. Die jetzt noch qualitative Erkenntnis soll mit Hilfe des Bildes 3 nochmals erläutert werden: Bei jeweils gleicher Flächengröße *A* wird bei einer Biegebeanspruchung über die Achse x–x die Verformung – bei einer Betrachtungsrichtung der Flächen von links nach rechts – größer.

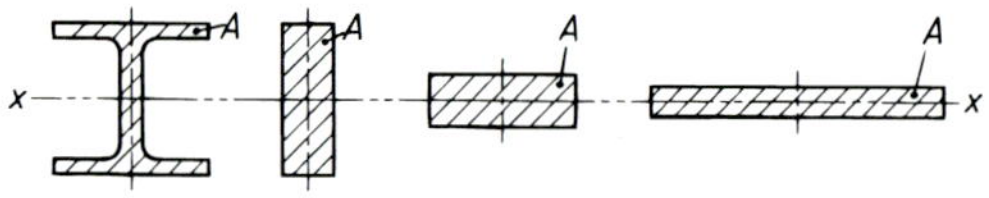

3

62.3 Innere Kräfte und innere Momente bei Biegebeanspruchung

Mit Hilfe der **Schnittmethode** ist es möglich, die Art der Beanspruchung in der geschnitten gedachten Querschnittsfläche des Bauteiles zu ermitteln. In Bild 4 wurde ein solcher Schnitt durch die rechteckige Querschnittsfläche eines hochkant angeordneten Trägers gelegt. Der Träger wird beansprucht durch F = äußere Kraft und $M_b = F \cdot l$ = äußeres Biegemoment. Die äußere Kraft wird von Querschnitt zu Querschnitt übertragen. In jeder gedachten Schnittfläche wirkt somit die innere Kraft F_i, die wir als **Querkraft** F_q (Lektion 55) bezeichnen. Damit ist die Gleichgewichtsbedingung $\boldsymbol{\Sigma F_y = 0}$, d. h. $F = -F_q$ erfüllt. Da Querkräfte Schubspannungen (Scherspannungen) erzeugen, folgt, dass beim Träger im Bild 4 in allen gedachten Querschnitten die gleiche Scherspannung herrscht. Es ist in diesem Fall

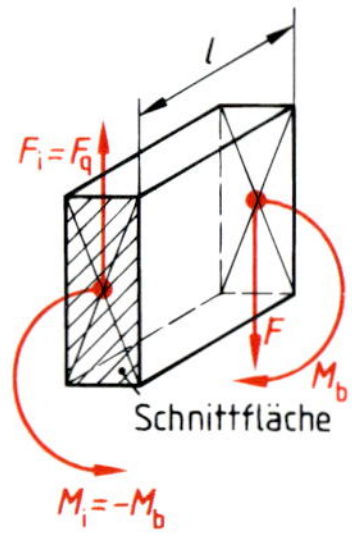

4

Scherspannung $\tau_a = \dfrac{F}{S}$

τ_a	F	S
$\dfrac{N}{mm^2}$	N	mm^2

312–1 = 276–1

FESTIGKEITSLEHRE

Es wurde bereits gesagt, dass in vielen Fällen die Biegebeanspruchung gegenüber anderen Elementarbeanspruchungen überwiegt. Meist kann deswegen die auftretende Schubspannung vernachlässigt werden.

Bild 4, Seite 312 macht auch deutlich, dass dem äußeren Moment in der gedachten Schnittfläche ein **inneres Moment** $M_i = -M_b$ entgegenwirken muss. So wird die Gleichgewichtsbedingung $\boldsymbol{\Sigma M = 0}$ erfüllt, d. h. $\Sigma M = M_i + M_b = 0$.

In jedem Querschnitt wirkt dem äußeren Biegemoment ein gleich großes inneres Biegemoment entgegen.

62.4 Vorzeichenregeln für Biegemomente und Querkräfte

62.4.1 Biegemomente

Die Vorzeichenregel für das Drehmoment wurde in der Statik in Abhängigkeit von der Drehrichtung definiert. Diese Regel lässt sich in Verbindung mit dem Biegemoment nicht anwenden. Maßgebend für das Vorzeichen des Biegemomentes ist die Lage der Zug- bzw. Druckzone des Trägers. Für horizontal angeordnete Träger ist folgende Regel bezüglich des Vorzeichens des Biegemomentes üblich:

Bild 1

Zugzone oben liegend:
M_b ist negativ (–)

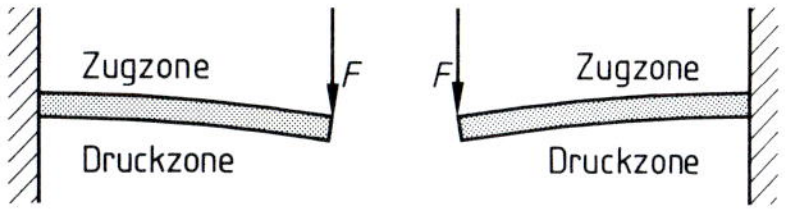

1

Bild 2

Druckzone oben liegend:
M_b ist positiv (+)

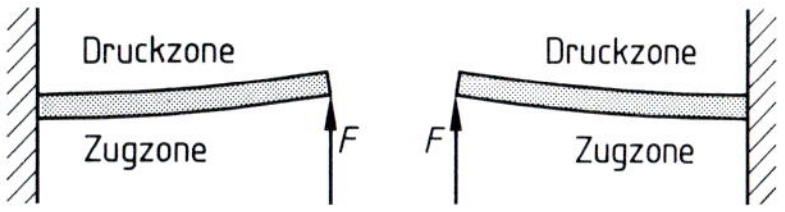

2

62.4.2 Querkräfte

Für horizontal angeordnete Träger ist folgende Regel bezüglich des Vorzeichens der Querkraft üblich:

Bild 3

Bei einem gedachten Schnitt bewegt sich der rechte Trägerteil nach unten: F_q ist positiv (+)

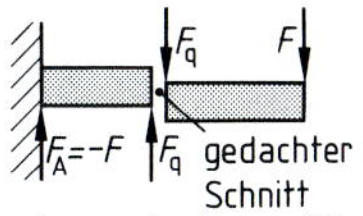

3

Bild 4

Bei einem gedachten Schnitt bewegt sich der rechte Trägerteil nach oben: F_q ist negativ (–)

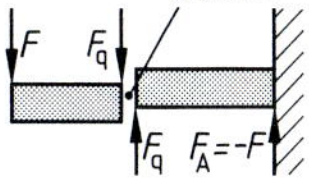

4

Ist der Träger nicht horizontal angeordnet, wird meist so verfahren, dass man die zeichnerische Darstellung des Trägers – bezogen auf den Betrachter – in eine horizontale Lage schwenkt und sodann die obigen Regeln anwendet.

62.5 Verteilung und Berechnung der Biegespannung

In Verbindung mit dem Hooke'schen Gesetz gibt Bild 3, Seite 311 Auskunft über die Verteilung der Biegespannung.

In Bild 5 ist dieser lineare Spannungsverlauf in Abhängigkeit der Entfernung von der neutralen Faser dargestellt. In der neutralen Faser ist die Spannung Null und sie steigt mit zunehmender Entfernung von der neutralen Faser linear an.

Die Biegespannung erreicht ihren Höchstwert $\sigma_{b\,max}$ im weitesten **Abstand** e **von der Biegeachse.**

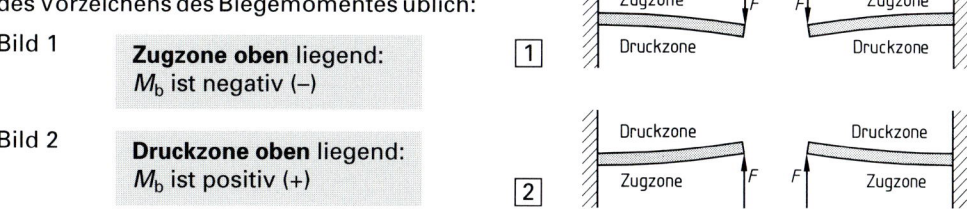

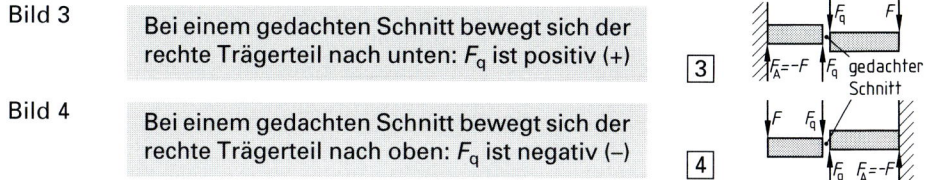

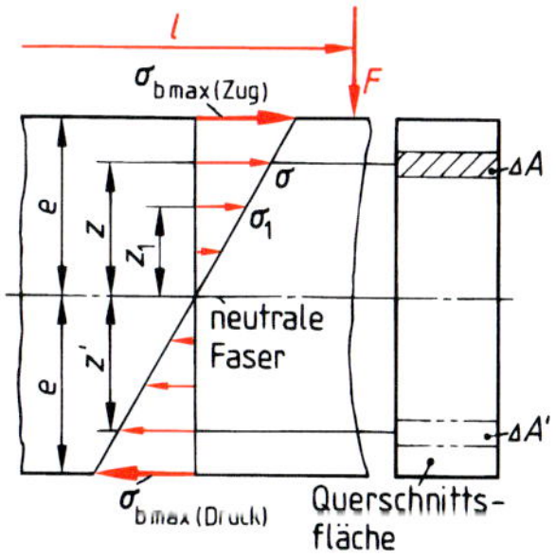

5

Spannungen im Werkstoff sind die Reaktion auf die äußeren Kräfte bzw. bei Biegung auf die äußeren Momente. Bild 5, Seite 313 zeigt, dass im beliebig gewählten Abstand z von der Biegeachse in der als sehr klein angenommenen Teilfläche ΔA die Spannung σ vorhanden ist. Dies ist eine Zugspannung und aus $\sigma = F/A$ kann gefolgert werden, dass in der Teilfläche ΔA eine kleine „Rückstellkraft" wirkt. Somit:

Rückstellkraft in der Teilfläche ΔA im Abstand z: $\boldsymbol{F_z = \sigma \cdot \Delta A}$ (innere Kraft).

Multipliziert man nun diese Rückstellkraft mit ihrem Abstand z zur Biegeachse, erhält man das

Rückstellmoment in der Teilfläche ΔA im Abstand z: $\boldsymbol{M_z = F_z \cdot z = \sigma \cdot \Delta A \cdot z}$ (inneres Moment).

Im gleichen Abstand z' von der Biegeachse, also im unteren Trägerbereich, wirkt – hervorgerufen durch die dort herrschende Druckspannung – ein Rückstellmoment in die gleiche Richtung und von der gleichen Größe. Somit:

Rückstellmoment in der Teilfläche $\Delta A'$ im Abstand z': $\boldsymbol{M_z' = \sigma \cdot \Delta A' \cdot z'}$ (inneres Moment).

Wendet man nun die Gleichgewichtsbedingung $\Sigma M = 0$ an, dann muss die Summe aller inneren Momente ΣM_i genauso groß sein wie das äußere Moment $M_b = F \cdot l$.

Gleichgewichtsbedingung $M_b = \Sigma\sigma \cdot \Delta A \cdot z$ 314–1

Aus Bild 5, Seite 313 lässt sich mit Hilfe des Strahlensatzes folgern: $\frac{\sigma}{\sigma_1} = \frac{z}{z_1} \rightarrow \sigma = \sigma_1 \cdot \frac{z}{z_1}$

Setzt man nun für σ den Wert $\sigma_1 \cdot \frac{z}{z_1}$ in die Gleichgewichtsbedingung ein, so erhält man:

$$M_b = \Sigma \frac{\sigma_1}{z_1} \cdot z \cdot \Delta A \cdot z$$

Der Wert σ_1/z_1 ist als Konstante (bestimmte Spannung an einer bestimmten Stelle) aufzufassen, die man demzufolge vor das Summenzeichen schreiben kann. Man erhält das

Biegemoment $M_b = \frac{\sigma_1}{z_1} \cdot \Sigma\Delta A \cdot z^2$ 314–2

M_b	σ_1	ΔA	z, z_1
Nmm	$\frac{N}{mm^2}$	mm^2	mm

Man bezeichnet den Ausdruck $\Sigma\Delta A \cdot z^2$ als **Flächenmoment zweiten Grades** I. Dieses wird auch als **Flächenträgheitsmoment** I (DIN 13316) oder kurz als **Trägheitsmoment** I bezeichnet. Es darf nicht mit dem Massenträgheitsmoment (Lektion 47) verwechselt werden, und es wird an dieser Stelle ausdrücklich darauf hingewiesen, dass man von einer Trägheit nur in Verbindung mit einer vorhandenen Masse m sprechen kann. Im Zusammenhang mit den Betrachtungen in der Biegelehre ist das Wort Trägheit bezüglich der Lage der Fläche nur sinngemäß zur Massenträgheit bei Rotation zu verstehen. Da man sich bei der Berechnung des Trägheitsmomentes auf eine Achse – z. B. die Biegeachse – bezieht, spricht man auch vom **axialen Trägheitsmoment** I oder dem **äquatorialen Trägheitsmoment** I.

Wird jedes Flächenteilchen ΔA einer Fläche A mit dem Quadrat seines Abstandes z zur Biegeachse multipliziert, dann erhält man durch die Summe dieser Produkte das axiale Trägheitsmoment I.

axiales Trägheitsmoment $I = \Sigma\Delta A \cdot z^2$ 314–3

I	ΔA	z	z^2
mm^4	mm^2	mm	mm^2

Somit wird $M_b = \frac{\sigma_1}{z_1} \cdot I \rightarrow \sigma_1 = M_b \cdot \frac{z_1}{I}$

Bezogen auf Bild 5, Seite 313 ergibt sich aus Gründen der geometrischen Ähnlichkeit für die

maximale Biegespannung $\sigma_{b\,max} = M_b \cdot \frac{e}{I}$ 314–4

$\sigma_{b\,max}$	M_b	e	I
$\frac{N}{mm^2}$	Nmm	mm	mm^4

FESTIGKEITSLEHRE

Das **Maß *e*** ist dabei der Abstand von der Biegeachse zur äußersten Faser des biegebeanspruchten Bauteiles. In der Festigkeitslehre ist es üblich, den **Quotienten *I*/*e*** zu einer Rechengröße zusammenzufassen. Dies ist das

Widerstandsmoment $W = \frac{I}{e}$

W	I	e
mm³	mm⁴	mm

315–1 **e = Randfaserabstand**

Entsprechend dem axialen (äquatorialen) Trägheitsmoment spricht man auch vom **axialen** oder **äquatorialen Widerstandsmoment.**

Das axiale (äquatoriale) Widerstandsmoment W errechnet sich aus dem Quotienten vom Trägheitsmoment I und dem Abstand der neutralen Faser zur äußersten Faser e.

Setzt man nun für $\boldsymbol{e/I = 1/W}$, ergibt sich die für die Berechnung der Biegespannung üblicherweise verwendete Gleichung, die

Biegehauptgleichung $\sigma_b = \frac{M_b}{W}$

σ_b	M_b	W
$\frac{N}{mm^2}$	Nmm	mm³

315–2

Trägheits- und Widerstandsmomente kann man berechnen (Lektion 63). Für die genormten Bauprofile – z. B. L-Stahl oder U-Stahl – sind die Werte für I, W und e aus den **Stahlbau-Tabellen** zu entnehmen. Diese Tabellen findet man in den entsprechenden Normblättern, Technischen Handbüchern bzw. in der auf dieses Buch abgestimmten **Formel- und Tabellensammlung Technische Mechanik**. Dabei wird stets auf eine der beiden rechtwinklig aufeinander stehenden **Biegeachsen x–x oder y–y** bezogen.

62.6 Zulässige Biegespannungen

Auch hier gilt: zulässige Spannung = $\frac{\text{Grenzspannung}}{\text{Sicherheit}}$. Für den Belastungsfall I unterscheidet man die folgenden Grenzspannungen

$\boldsymbol{\sigma_{bB}}$ **= Biegefestigkeit** (Bruchspannung) und $\boldsymbol{\sigma_{bF}}$ **= Biegefließgrenze.**

Demzufolge ist die

zulässige Biegespannung $\sigma_{b\,zul} = \frac{\sigma_{bB}}{\nu_B}$ 315–3 bzw. $\sigma_{b\,zul} = \frac{\sigma_{bF}}{\nu_F}$ 315–4

Vergleicht man die Festigkeitswerte für Zug und Biegung in der Tabelle Seite 295, dann stellt man fest, dass die Werte für Biegung höher liegen als für Zug. Dies mag zunächst überraschen, da zumindest auf einer Seite der neutralen Faser bei Biegebeanspruchung Zugspannungen entstehen. Auch beim Vergleich der zulässigen Biegespannung mit der zulässigen Druckspannung kommt man zu dem Ergebnis, dass die Werte für Biegung höher liegen als für Druck. Ausnahmen bilden spröde Werkstoffe wie z. B. Grauguss.

Bei Biegebeanspruchung liegen die Festigkeitswerte in der Regel höher als bei Zug- oder Druckbeanspruchung.

Diese Festigkeitseigenschaft von Werkstoffen biegebeanspruchter Bauteile wird durch die **Stützwirkung des Werkstoffes** hervorgerufen.

Diese ist dadurch zu erklären, dass bei biegebeanspruchten Bauteilen die Fließgrenze σ_{bF} zuerst in der äußersten Werkstoff-Faser erreicht wird. Dort fließt der Werkstoff, und die Spannung bleibt für eine gewisse Zeit konstant. Bei weiterer Verformung des Biegeträgers wird σ_{bF} in der Nachbarfaser erreicht etc. Dadurch wird die jeweils weiter außen liegende Faser gestützt.

Mit anderen Worten: Die Fließgrenze wird nicht, wie bei Zug- oder Druckbeanspruchung, über dem gesamten Querschnitt gleichzeitig erreicht, sondern in einem zeitlichen Versatz. Dabei wird stets die äußere Faser von der weiter innen liegenden Nachbarfaser gestützt.

M187. Bild 1 zeigt einen U-Stahl U 100 DIN 1026, der durch $F = 800$ N bei einer Trägerlänge $l = 1{,}2$ m auf Biegung über die Achse y–y beansprucht wird.

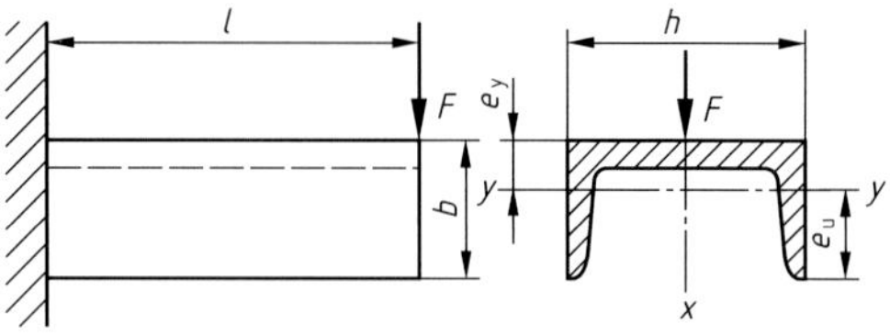

1

a) An welcher Stelle des Freiträgers tritt die maximale Biegespannung $\sigma_{b\,max}$ auf?

b) Wie groß ist $\sigma_{b\,max}$?

Lösung:

a) $\sigma_{b\,max}$ liegt im Einspannquerschnitt, da hier das maximale Biegemoment $M_b = F \cdot l$ wirkt. Weiter kann man sagen, dass $\sigma_{b\,max}$ im Einspannquerschnitt ganz unten liegen muss, da hier der Abstand von der Biegeachse e_u am größten ist.

b) Bild 2 zeigt den zu berechnenden Querschnitt mit den Bezeichnungen der DIN 1026. Darüber hinaus:
e_o = oberer Randfaserabstand,
e_u = unterer Randfaserabstand.
Die Achsen x–x und y–y sind die beiden senkrecht aufeinander stehenden Schwerachsen der Querschnittsfläche. Diese Schwerachsen entsprechen der neutralen Faser (Seite 311). Die Beanspruchung erfolgt über die Achse y–y, und aus der Stahlbautabelle (DIN 1026) werden folgende Werte abgelesen:
$h = 100$ mm; $b = 50$ mm; $e_y = 1{,}55$ cm; $I_y = 29{,}3$ cm^4; $W_y = 8{,}49$ cm^3.

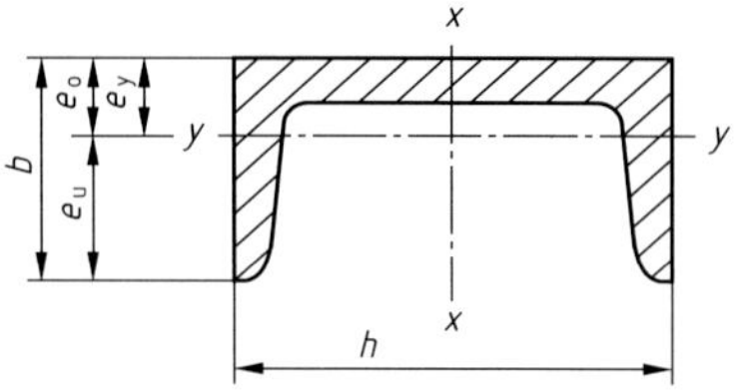

2

Anmerkung:

In der Stahlbautabelle sind I_y **und** W_y angegeben. Man hätte W_y aber auch aus I_y und dem Randfaserabstand ermitteln können. Dabei ist darauf zu achten, dass der Randfaserabstand e_u eingesetzt wird, da an der unteren Faser die maximale Biegespannung auftritt. Nach dieser Rechnung ist:

$$\boldsymbol{W_y} = \frac{I_y}{e_u} = \frac{I_y}{b - e_y} = \frac{29{,}3\ \text{cm}^4}{5\ \text{cm} - 1{,}55\ \text{cm}} = \frac{29{,}3\ \text{cm}^4}{3{,}45\ \text{cm}} = \mathbf{8{,}49\ cm^3}$$

Es ergibt sich also die folgende Regel:

In der Stahlbautabelle ist stets das Widerstandsmoment angegeben, welches zu dem größtmöglichen Spannungswert führt.

Mit der Biegehauptgleichung ergibt sich:

$$\boldsymbol{\sigma_{b\,max}} = \frac{M_b}{W_y} = \frac{F \cdot l}{W_y} = \frac{800\ \text{N} \cdot 120\ \text{cm}}{8{,}49\ \text{cm}^3} = 11307{,}42\ \frac{\text{N}}{\text{cm}^2} = \mathbf{113{,}07\ \frac{N}{mm^2}}$$

Zum Vergleich wird noch die Biegespannung im Einspannquerschnitt ganz oben berechnet:

$$\sigma_{b\,max\,o} = \frac{M_b}{W_{yo}} = \frac{M_b}{\frac{I_y}{e_o}} = \frac{M_b}{\frac{I_y}{e_y}} = \frac{M_b \cdot e_y}{I_y} = \frac{F \cdot l \cdot e_y}{I_y} = \frac{800\ \text{N} \cdot 120\ \text{cm} \cdot 1{,}55\ \text{cm}}{29{,}3\ \text{cm}^4}$$

$\boldsymbol{\sigma_{b\,max\,o}} = 5078{,}5$ N/cm^2 = **50,785 N/mm²**

Dieses Ergebnis hätte auch aus der Spannungsverteilung (Bild 3) mit Hilfe der dort zu erkennenden ähnlichen Dreiecke ermittelt werden können. Danach ist:

$$\frac{\sigma_{b\,max}}{e_u} = \frac{\sigma_{b\,max\,o}}{e_o} \qquad (e_o = e_y)$$

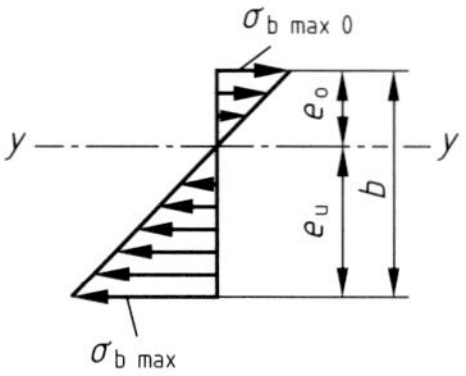

3

Somit:

$$\sigma_{\mathbf{b\,max\,o}} = \sigma_{\mathrm{b\,max}} \cdot \frac{e_o}{e_u} = 113{,}07\,\frac{\mathrm{N}}{\mathrm{mm}^2} \cdot \frac{1{,}55\ \mathrm{cm}}{3{,}45\ \mathrm{cm}} = 50{,}8\,\frac{\mathrm{N}}{\mathrm{mm}^2} \approx \mathbf{50{,}785\,\frac{N}{mm^2}}$$

Der geringfügige Unterschied zum Ergebnis, welches mit der Biegehauptgleichung ermittelt wurde, ergibt sich aus den leicht gerundeten Werten in der Stahlbautabelle. Die Aufgabe bestätigt die wichtige Regel:

Unterschiedlich große Abstände von der Biegeachse zur Randfaser (e_o und e_u) bewirken unterschiedlich große Spannungen in den Randfasern. Dem großen Randfaserabstand ist das kleinere Widerstandsmoment und damit die große Biegespannung zugeordnet.

62.7 Bedingungen für die Gültigkeit der Biegehauptgleichung

Bild 1 zeigt einen auf Biegung beanspruchten Freiträger mit Rechteckquerschnitt sowie die Querschnittsfläche eines U-Profils, welches über die Achse y–y beansprucht wird. Dabei ist es so, dass die Lastebene auch eine Symmetrieebene ist, und die Kraft ist senkrecht zur Biegeachse gerichtet. Dies sind die Hauptbedingungen dafür, dass die Biegehauptgleichung angewendet werden darf.

Im Bild 2 werden diese Bedingungen nicht erfüllt, und man spricht in solchen Fällen von einer **schiefen Biegung** (s. Lektion 64). Die Biegehauptgleichung ist nicht anwendbar!

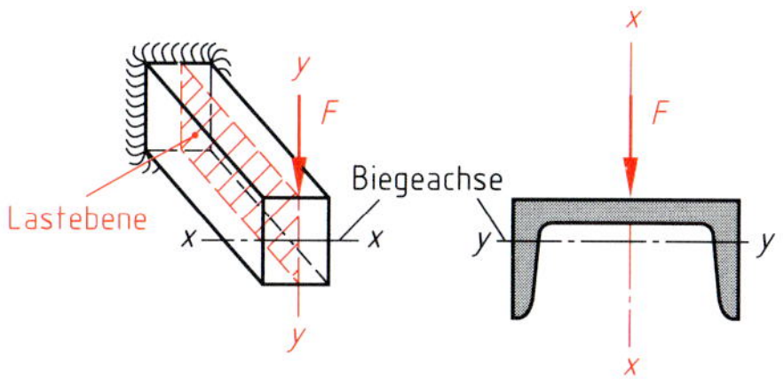

1 Lastebene ist gleichzeitig Symmetrieebene. Biegehauptgleichung ist anwendbar.

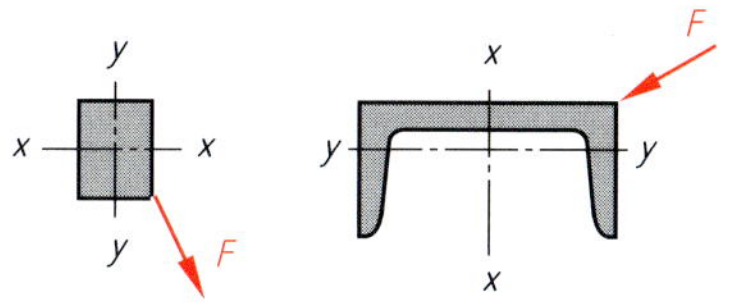

2 **Schiefe Biegung:** Lastebene entspricht nicht der Symmetrieebene und die Biegehauptgleichung ist nicht anwendbar.

Wichtige Bedingungen für die Anwendbarkeit der Biegehauptgleichung:

a) Lastebene muss Symmetrieebene sein (Ausnahmen s. Lektion 64), d. h. es darf keine schiefe Biegung gegeben sein.
b) Die Trägerachse muss gerade sein. Für **Fälle mit gekrümmter Trägerachse** existieren Ableitungen, die in technischen Handbüchern vorzufinden sind.
c) Die Beanspruchung darf nicht über den Hook'schen Bereich hinausgehen, d. h. es muss die Proportionalität $\sigma = \varepsilon \cdot E$ gegeben sein.

M188. Ein breit- und parallelflanschiger I-Träger IPB 240 nach DIN 1025 ist einseitig fest eingespannt (Freiträger). Er ragt 2,4 m aus der Wand. Im Abstand von 1,95 m von der Wand greift eine senkrecht zur Biegeachse gerichtete Kraft F = 10,5 kN an. Das Trägergewicht bleibt unberücksichtigt.

a) Zeichnen Sie den Profilquerschnitt und die Lage der Kraft bei Beanspruchung über die x-Achse und ebenso über die y-Achse, und berechnen Sie
b) ν_B bei Beanspruchung über die x-Achse,
c) ν_B bei Beanspruchung über die y-Achse bei σ_{bB} = 500 N/mm².

Lösung:

a)

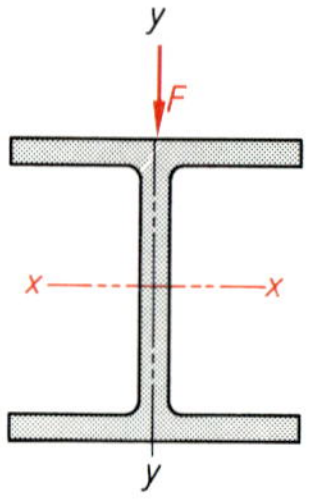

1

← Beanspruchung über die x-Achse

Beanspruchung über die y-Achse →

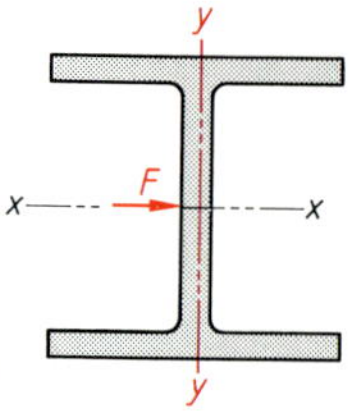

2

b) In der Stahlbautabelle sind angegeben: $W_x = 938\ \text{cm}^3$ und $I_x = 11\,260\ \text{cm}^4$

$$\boldsymbol{\sigma_{\mathbf{b\,max\,x}}} = \frac{M_b}{W_x} = \frac{F \cdot l}{W_x} = \frac{10\,500\ \text{N} \cdot 195\ \text{cm}}{938\ \text{cm}^3} = 2182{,}84\ \frac{\text{N}}{\text{cm}^2} = \mathbf{21{,}83\ \frac{N}{mm^2}}$$

$$\boldsymbol{\nu_{\mathbf{Bx}}} = \frac{\sigma_{bB}}{\sigma_{b\,max\,x}} = \frac{500\ \frac{\text{N}}{\text{mm}^2}}{21{,}83\ \frac{\text{N}}{\text{mm}^2}} = \mathbf{22{,}9}$$

c) In der Stahlbautabelle sind angegeben: $W_y = 327\ \text{cm}^3$ und $I_y = 3920\ \text{cm}^4$

$$\boldsymbol{\sigma_{\mathbf{b\,max\,y}}} = \frac{M_b}{W_y} = \frac{F \cdot l}{W_y} = \frac{10\,500\ \text{N} \cdot 195\ \text{cm}}{327\ \text{cm}^3} = 6261{,}5\ \frac{\text{N}}{\text{cm}^2} = \mathbf{62{,}615\ \frac{N}{mm^2}}$$

$$\boldsymbol{\nu_{\mathbf{By}}} = \frac{\sigma_{bB}}{\sigma_{b\,max\,y}} = \frac{500\ \frac{\text{N}}{\text{mm}^2}}{62{,}615\ \frac{\text{N}}{\text{mm}^2}} = \mathbf{7{,}99}$$

Anmerkung:

Bei der Biegung „über" die y-Achse tritt eine wesentlich höhere Maximalspannung auf. Dies lässt sich damit begründen, dass die $\Sigma \Delta A \cdot x^2$, d. h. das auf die y-Achse bezogene Trägheitsmoment wesentlich kleiner ist als die $\Sigma \Delta A \cdot y^2$. Das Trägheitsmoment ist stets dann sehr groß, wenn die tragende Querschnittsfläche so aufgeteilt ist, dass möglichst viele Flächenteile möglichst weit von der Biegeachse entfernt sind. Dies zeigen in dieser Musteraufgabe deutlich die beiden Trägheitsmomente $I_x = 11\,260\ \text{cm}^4$ und $I_y = 3920\ \text{cm}^4$.

Bei Beanspruchung auf Biegung wird stets dann die kleinstmögliche Biegespannung erreicht, wenn der Träger über die Biegeachse mit dem größten Trägheitsmoment beansprucht wird.

Diese Aussage wurde in ihrer Tendenz bereits im Abschnitt 62.2: **Abhängigkeit der Biegespannung von Form und Lage der Querschnittsflächen** gemacht.

Die Rechengröße, die Form und Lage der Querschnittsfläche erfasst, ist das Trägheitsmoment I.

Ü 315. Berechnen Sie aus den Maßen des Querschnittes und aus den Werten I_x und I_y in Musteraufgabe M 188., Seite 317 die Werte für W_x und W_y und vergleichen Sie diese Werte mit den Werten in der Stahlbautabelle.

Ü 316. Berechnen Sie die Spannungen $\sigma_{b\,max\,o}$ und $\sigma_{b\,max\,u}$ für den [-Stahl in der Musteraufgabe M 187., Seite 316, jedoch unter der Annahme, dass die Schenkel waagerecht liegend angeordnet sind. Skizzieren Sie vor Ihrer Lösung den Querschnitt mit Biegeachse und wirkender Kraft.

Ü317. Wie groß ist der Querschnitt des I-Trägers in Musteraufgabe M188., Seite 317, die Querkraft F_q und die Abscherspannung τ_a mit Berücksichtigung des Trägergewichtes?

Ü318. Ein Träger U 100 nach DIN 1026 liegt gemäß Bild 1 mit den beiden Flanschen nach oben zeigend auf zwei Stützen mit dem Abstand l = 1,6 m. Er wird mittig mit F = 8500 N belastet.

a) An welcher Stelle des Trägers liegt $M_{b\,max}$?
b) Wie groß ist $M_{b\,max}$?
c) Wie groß ist $\sigma_{b\,max\,o}$ (Trägeroberkante)?
d) Wie groß ist $\sigma_{b\,max\,u}$ (Trägerunterkante)?
e) Zeichnen Sie das Trägerprofil (Querschnitt) und die Spannungsverteilung.

1

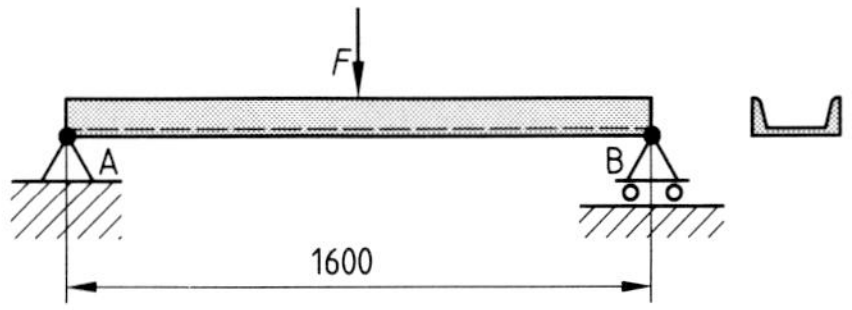

Ü319. Welche Bedingung muss eine Träger-Querschnittsfläche erfüllen, wenn die beiden Trägheitsmomente I_x und I_y gleich groß sein sollen?

Ü320. Bezogen auf die Biegeachse hat jeder Profilquerschnitt zwei Widerstandsmomente. Begründen Sie, weshalb in den Stahlbautabellen – bezogen auf jede Biegeachse – immer nur ein Widerstandsmoment angegeben ist.

Ü321. Ordnen Sie dem Begriff neutrale Faser noch zwei weitere Begriffe zu.

V306. Ein Freiträger mit der Länge l = 1 m ist aus hochstegigem T-Stahl T 100 DIN EN 10055 hergestellt. An seinem Ende ist er mit F = 1,2 kN belastet. Wie groß ist die maximale Biegespannung $\sigma_{b\,max}$ bei einer Beanspruchung über die Achse x–x?

V307. Ein schmaler I-Träger nach DIN 1025 ist als Freiträger mit l = 2,0 m über die Achse x–x auf Biegung beansprucht. Die wirkende Kraft am Trägerende beträgt F = 50 kN. Es ist σ_{bB} = 420 N/mm^2 und es wird mit ν_B = 8 gerechnet. Welche Profilgröße ist zu wählen?

V308. Führen Sie für die gewählte Profilgröße in Vertiefungsaufgabe V 307. den Spannungsnachweis.

V309. Zeichnen Sie die Spannungsverteilung für den Profilquerschnitt in Vertiefungsaufgabe V 306. In welchem Verhältnis stehen die Randfaserabstände und die beiden Maximalspannungen $\sigma_{b\,max\,o}$ und $\sigma_{b\,max\,u}$ zueinander?

V310. Wie lautet die Vorzeichenregel für das Biegemoment bei horizontal angeordnetem Träger?

V311. Wie lautet die Vorzeichenregel für die Querkraft bei horizontal angeordnetem Träger?

Normalerweise werden die Trägheitsmomente und Widerstandsmomente mit Hilfe der Integralrechnung ermittelt. Für die Rechteckfläche ist dies auch mit elementaren Mitteln möglich, so wie dies Musteraufgabe M 189., Seite 322 zeigt.
Für geometrisch einfache Querschnitte sind die Berechnungsformeln für die Trägheits- und Widerstandsmomente in technischen Handbüchern, Tabellenbüchern oder in der auf dieses Buch abgestimmten **Formel- und Tabellensammlung Technische Mechanik** angegeben. Einige dieser Berechnungsformeln sind im Abschnitt 63.4 angegeben, und die Werte für genormte Profilquerschnitte können stets den Stahlbautabellen entnommen werden.

Lektion 63

Rechnerische Ermittlung von Trägheits- und Widerstandsmomenten

63.1 Äquatoriale Trägheitsmomente
(Flächenmoment 2. Grades)

Bezogen auf die beiden Biegehauptachsen x–x und y–y (Bild 1) unterscheidet man die beiden **äquatorialen bzw. axialen Flächenträgheitsmomente** (Flächenmomente 2. Grades):

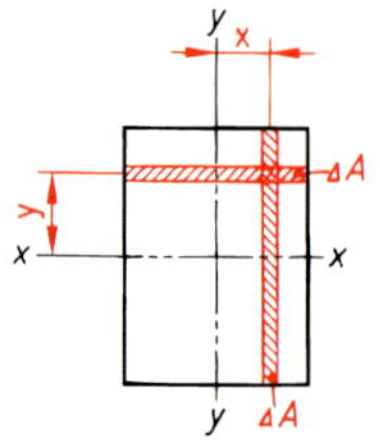

1

$I_x = \Sigma \Delta A \cdot y^2$ **320–1** und $I_y = \Sigma \Delta A \cdot x^2$ **320–2**

I_x, I_y	ΔA	x, y
mm^4, cm^4	mm^2, cm^2	mm, cm

Ein äquatoriales (axiales) Flächenträgheitsmoment ist stets auf eine Linie (Achse) bezogen.

Meistens werden die beiden auf die **Biegehauptachsen** bezogenen Trägheitsmomente I_x und I_y für einen Querschnitt angegeben, so z. B. auch in den Stahlbautabellen. Bezugsachse kann jedoch jede beliebige Linie sein.

63.2 Das polare Trägheitsmoment
(polares Flächenmoment 2. Grades)

Das polare Trägheitsmoment I_p bezieht sich stets auf einen Punkt (Pol).

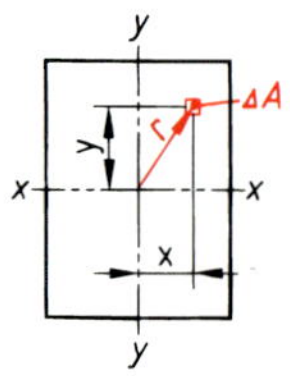

2

Dies kann jeder beliebige Punkt sein, in der Festigkeitslehre ist dies jedoch meist der Schnittpunkt der beiden Biegehauptachsen (Bild 2). Nach Definition ist

polares Trägheitsmoment $I_p = \Sigma \Delta A \cdot r^2$ **320–3**

I_p	ΔA	r
mm^4, cm^4	mm^2, cm^2	mm, cm

Mit den Bezeichnungen des Bildes 2 ist nach Pythagoras: $r^2 = x^2 + y^2$. Somit:
$I_p = \Sigma \Delta A \cdot (x^2 + y^2) = \Sigma \Delta A \cdot x^2 + \Sigma \Delta A \cdot y^2 = I_y + I_x$. Somit:

polares Trägheitsmoment $I_p = I_x + I_y$ **320–4**

I_p	I_x, I_y
mm^4, cm^4	mm^4, cm^4

Das polare Trägheitsmoment errechnet sich stets aus der Summe zweier äquatorialer Trägheitsmomente, die sich auf zwei senkrecht zueinander angeordnete Achsen beziehen.

Die Rechengröße des polaren Trägheitsmomentes wird für die Berechnung der **Torsionsspannung** (Lektion 69) benötigt.

63.3 Der Verschiebungssatz von Steiner

Bild 3 zeigt den Profilquerschnitt eines IPB-Trägers. Betrachtet man einmal nur eine der beiden Flanschquerschnitte – z. B. den oberen A_1 – kann man sagen, dass sein Trägheitsmoment infolge $I_x = \Sigma \Delta A_1 \cdot y^2$ sehr stark vom Abstand y dieser Fläche zur Biegeachse x–x abhängig ist.

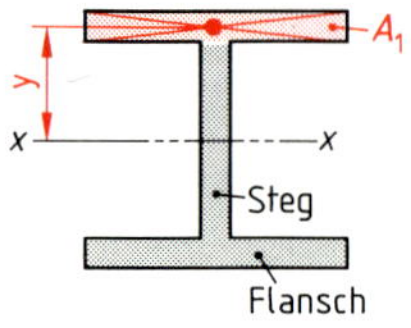

3

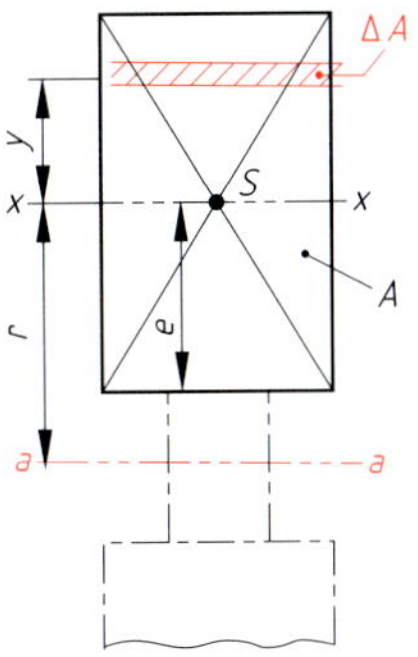

1

Diese Abhängigkeit des Trägheitsmomentes vom Abstand der Fläche zu einer Bezugsachse soll anhand einer Rechteckfläche *A* (Bild 1) erläutert werden.
Man bezeichnet das auf eine Flächen-Schwerachse bezogene Trägheitsmoment auch als **Eigenträgheitsmoment**. Bezogen auf die Schwerachse x–x beträgt dieses
$I_x = \Sigma \Delta A \cdot y^2$.
Gesucht ist das Trägheitsmoment $\boldsymbol{I_a}$ der Rechteckfläche bezogen auf die Achse a–a. Da sich das Trägheitsmoment aus der Summe aller Teilflächen ΔA, multipliziert mit ihrem quadratischen Abstand errechnet, ergibt sich mit den Bezeichnungen des Bildes 1:

$I_a = \Sigma \Delta A \cdot (y + r)^2$

$I_a = \Sigma \Delta A \cdot (y^2 + 2ry + r^2)$

$I_a = \Sigma \Delta A \cdot y^2 + \Sigma \Delta A \cdot 2ry + \Sigma \Delta A \cdot r^2$

Da *r* ein für die Fläche bekanntes Maß – also eine Konstante – ist, kann man diese Konstante *r* bzw. ihr Quadrat r^2 vor das Summenzeichen schreiben. Damit wird:

$$I_a = \underbrace{\Sigma \Delta A \cdot y^2}_{I_x} + \underbrace{2r \cdot \Sigma \Delta A y}_{\downarrow} + \underbrace{r^2 \cdot \Sigma \Delta A}_{r^2 \cdot A}$$

Null ⟶ da $\Sigma \Delta A \cdot y = 0$ ⟶

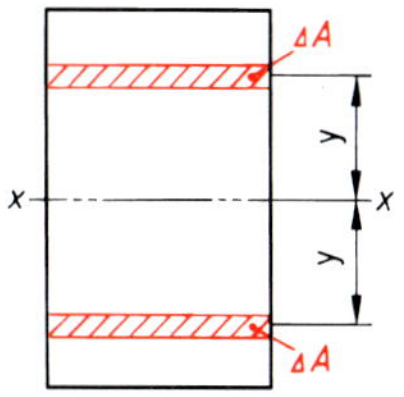

2

Bild 2 zeigt, dass das **Flächenmoment 1. Grades** bezogen auf die Achse x–x Null ist, denn die Summe aller links drehenden Flächenmomente $\Delta A \cdot y$ (statisches Moment der Fläche) ist gleich der Summe aller rechts drehenden Flächenmomente $\Delta A \cdot y$. Somit ist $\Sigma \Delta A \cdot y = 0$ und damit $2r \cdot \Sigma \Delta A \cdot y = 0$. Für das auf die Achse a–a bezogene Trägheitsmoment ergibt sich demzufolge:

Steinerscher Satz $I_a = I_x + A \cdot r^2$

I_a, I_x	A	r
mm^4, cm^4	mm^2, cm^2	mm, cm

321–1

r wird immer von der Bezugsachse bis zum Flächenschwerpunkt gemessen.

Diese wichtige Gesetzmäßigkeit zur Berechnung von Flächenträgheitsmomenten bezogen auf eine beliebige Achse a–a nennt man den **Verschiebungssatz von Steiner** (nach J. Steiner) oder kurz **Steiner'scher Satz**.

An dieser Stelle wird auf die **Analogie zur Berechnung von Massenträgheitsmomenten** mit Hilfe des Steiner'schen Satzes (Lektion 47) verwiesen.

Das auf eine beliebige Achse a–a bezogene Flächenträgheitsmoment I_a errechnet sich aus dem Eigenträgheitsmoment I_x plus der Fläche *A* multipliziert mit dem quadratischen Abstand zwischen Bezugsachse a–a und Schwerachse x–x, d. h. r^2.

Dabei ist Bedingung, dass die **Bezugsachse parallel zur Schwerachse** verläuft. Aus dem Steiner'schen Satz folgt, dass auf die Schwerachse bezogene Trägheitsmoment I_x stets das kleinste aller möglichen Trägheitsmomente ist, da für diesen Fall $r = 0$ ist und damit das **Steiner'sche Ergänzungsglied** $\boldsymbol{A \cdot r^2}$ entfällt.

M189. Ermitteln Sie mit Hilfe des Steiner'schen Verschiebungssatzes die Berechnungsformel für das Trägheitsmoment und für das Widerstandsmoment einer Rechteckfläche.

Lösung:

Als Lösungshilfe dient Bild 1 mit den allgemeinen und speziellen Bezeichnungen dieser Rechteckfläche:

h = Höhe des Rechteckes
b = Breite des Rechteckes
y = Abstand der kleinen Teilfläche ΔA zur Bezugsachse a–a
x–x = Schwerachse
$\Delta A'$ = Teilfläche von ΔA, erzeugt durch die Diagonale OM.

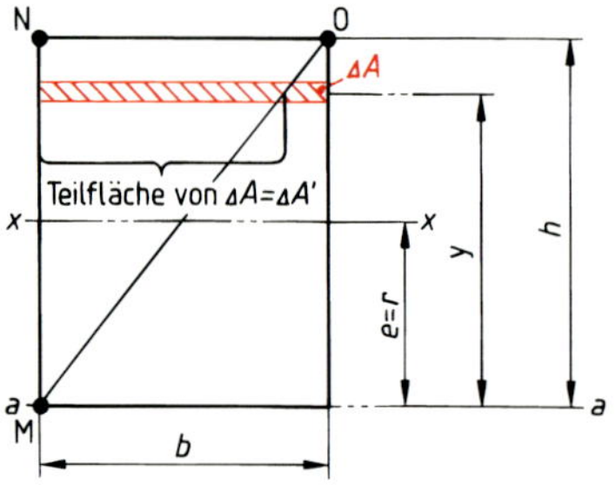

1

Definitionsgemäß ist $I_a = \Sigma \Delta A \cdot y^2$

Aus dem Strahlensatz und mit den Bezeichnungen des Bildes 1 ergibt sich:

$\frac{\Delta A'}{\Delta A} = \frac{y}{h} \longrightarrow \Delta A = \Delta A' \cdot \frac{h}{y}$. Dies in die Definitionsgleichung eingesetzt ergibt

$$I_a = \Sigma \Delta A' \cdot \frac{h}{y} \cdot y^2 = \Sigma \Delta A' \cdot h \cdot y.$$

h wird als Konstante vor das Summenzeichen geschrieben. Somit:

$$I_a = h \cdot \Sigma \Delta A' \cdot y$$

$\Sigma \Delta A' \cdot y$ ist das statische Moment der Dreiecksfläche MNO bezogen auf die Achse a–a. Diese Fläche berechnet sich aus $\frac{b \cdot h}{2}$ und der Schwerpunktabstand (siehe Statik) dieser Fläche von der Bezugsachse a–a ist 2/3 · h. Somit ist

$\Sigma \Delta A' \cdot y = \frac{b \cdot h}{2} \cdot \frac{2}{3} h = \frac{b \cdot h^2}{3}$. Daraus ergibt sich $I_a = h \cdot \frac{b \cdot h^2}{3}$

$I_a = \frac{b \cdot h^3}{3}$ ➤ Trägheitsmoment der Rechteckfläche bezogen auf die Achse a–a

Wendet man nun den Steinerschen Satz an, dann ist $I_a = I_x + A \cdot r^2$ und mit $r = \frac{h}{2}$ wird

$I_x = I_a - A \cdot r^2 = I_a - A \cdot \left(\frac{h}{2}\right)^2 = \frac{b \cdot h^3}{3} - b \cdot h \cdot \frac{h^2}{4} = \frac{b \cdot h^3}{3} - \frac{b \cdot h^3}{4} = \frac{b \cdot h^3}{12}$. Somit:

Trägheitsmoment der Rechteckfläche

$I_x = \frac{b \cdot h^3}{12}$

I_x	b	h
mm⁴, cm⁴	mm, cm	mm, cm

322–1

Dies ist das Eigenträgheitsmoment bezogen auf die Schwerachse = Biegeachse = neutrale Faser.

Mit $W_x = \frac{I_x}{e}$ ergibt sich mit $e = \frac{h}{2}$: $W_x = \frac{I_x}{\frac{h}{2}} = I_x \cdot \frac{2}{h} = \frac{b \cdot h^3}{12} \cdot \frac{2}{h}$ Somit:

Widerstandsmoment der Rechteckfläche

$W_x = \frac{b \cdot h^2}{6}$

W_x	b	h
mm³, cm³	mm, cm	mm, cm

322–2

63.4 Trägheits- und Widerstandsmomente einiger technisch wichtiger Querschnitte

63.4.1 Rechteckquerschnitt

Mit den Bezeichnungen des Bildes 1 ist:

$I_x = \frac{b \cdot h^3}{12}$ in mm⁴, cm⁴ [323–1]

$W_x = \frac{b \cdot h^2}{6}$ in mm³, cm³ [323–2]

$I_y = \frac{h \cdot b^3}{12}$ in mm⁴, cm⁴ [323–3]

$W_y = \frac{h \cdot b^2}{6}$ in mm³, cm³ [323–4]

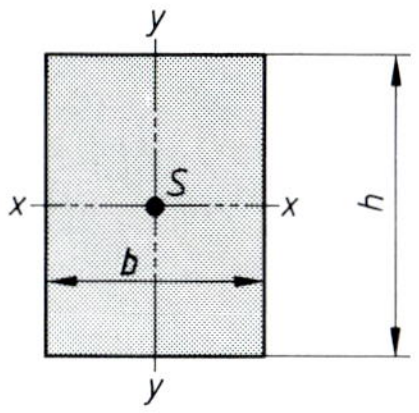

1

63.4.2 Kreisquerschnitt

Mit den Bezeichnungen des Bildes 2 ist:

$I_x = I_y = \frac{\pi \cdot d^4}{64} \approx \frac{d^4}{20}$ in mm⁴, cm⁴ [323–5]

$W_x = W_y = \frac{\pi \cdot d^3}{32} \approx \frac{d^3}{10}$ in mm³, cm³ [323–6]

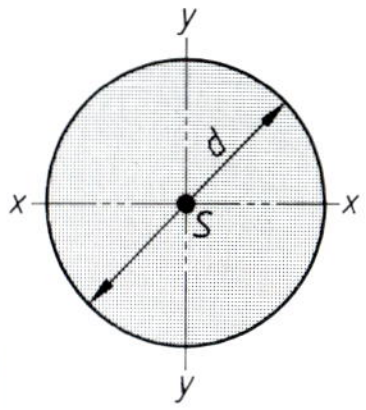

2

63.4.3 Dreieckquerschnitt

Mit den Bezeichnungen des Bildes 3 ist:

$I_x = \frac{b \cdot h^3}{36}$ in mm⁴, cm⁴ [323–7] mit $e = \frac{2}{3} \cdot h$

$W_x = \frac{b \cdot h^2}{24}$ in mm³, cm³ [323–8]

$W_y = \frac{h \cdot b^2}{24}$ [323–9]

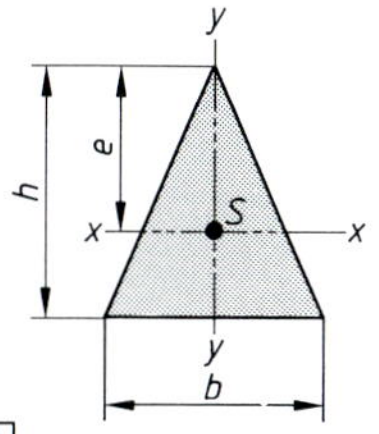

3

63.5 Trägheits- und Widerstandsmomente von zusammengesetzten Flächen

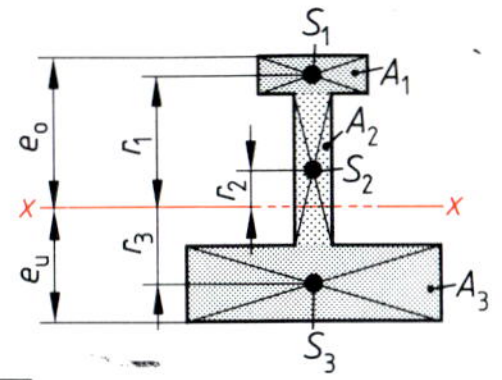

4

Bild 4 zeigt ein ungenormtes T-Profil. Schwerachse und damit Biegeachse bzw. neutrale Faser ist die Achse x–x. Bei Zerlegung der Gesamtfläche A in Teilflächen A_1, A_2 und A_3 kann jeder dieser Teilflächen – bezogen auf die Achse x–x – ein bestimmtes Trägheitsmoment I_{x1}, I_{x2} und I_{x3} zugeordnet werden. Diese Trägheitsmomente müssen mit dem Steiner'schen Satz berechnet werden, da die Schwerpunkte S_1, S_2 und S_3 die Abstände r_1, r_2 und r_3 von der Achse x–x haben.

Da alle Einzelträgheitsmomente auf die gleiche Biegeachse bezogen sind (Achse x–x), gilt:

Das Trägheitsmoment einer zusammengesetzten Fläche errechnet sich aus der Summe bzw. aus der Differenz aller Einzelträgheitsmomente.

Gesamtträgheitsmoment $I = \Sigma I_i = I_1 + I_2 + \ldots$ in mm⁴, cm⁴ [323–10]

Daraus ergeben sich die beiden
Widerstandsmomente

$W_{xo} = \frac{I}{e_o}$ in mm³, cm³ [323–11]

$W_{xu} = \frac{I}{e_u}$ in mm³, cm³ [323–12]

Die Widerstandsmomente einer zusammengesetzten Fläche werden aus dem Gesamt-Trägheitsmoment I und den Randfaserabständen – **nicht** aus der Summe einzelner Widerstandsmomente – errechnet.

M190. Bild 1 zeigt eine Kreisringfläche mit den Abmessungen $d = 65$ mm und $D = 100$ mm. Bestimmen Sie die Trägheitsmomente I_x und I_y sowie die Widerstandsmomente W_x und W_y.

Lösung:
Um das Gesamtträgheitsmoment I zu ermitteln, muss vom Trägheitsmoment der Kreisfläche mit dem Durchmesser D das Trägheitsmoment der Kreisfläche mit dem Durchmesser d abgezogen werden.

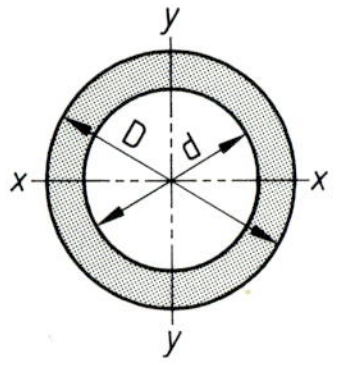

1

$$I = I_D - I_d = \frac{D^4}{20} - \frac{d^4}{20} = \frac{(100\text{ mm})^4 - (65\text{ mm})^4}{20}$$

Anmerkung:
Werden die Maße in mm eingesetzt – so wie im Maschinenbau üblich – entstehen durch das Potenzieren sehr große Zahlen. Es empfiehlt sich deshalb, die Maße in cm einzusetzen. Man erhält dann das Ergebnis des Trägheitsmomentes in cm^4, so wie es auch in den Stahlbautabellen angegeben ist. Die Einheit lässt sich dann leicht in mm^4 umwandeln.

Somit:

$$I = \frac{(10\text{ cm})^4 - (6{,}5\text{ cm})^4}{20} = \frac{10\,000\text{ cm}^4 - 1785\text{ cm}^4}{20} = \frac{8215\text{ cm}^4}{20} = 410{,}75\text{ cm}^4$$

Aus Symmetriegründen ist $\boldsymbol{I_x = I_y = 410{,}75}$ **cm⁴**

$$\boldsymbol{W_x = W_y} = \frac{I}{e} = \frac{I}{\frac{D}{2}} = \frac{2 \cdot I}{D} = \frac{2 \cdot 410{,}75\text{ cm}^4}{10\text{ cm}} = \mathbf{82{,}15\ cm^3}$$

Anmerkung:
Die Berechnungsformel für das Widerstandsmoment der Kreisringfläche wird wie folgt ermittelt:

$$\boldsymbol{W_x = W_y} = \frac{I}{e} = \frac{\frac{D^4 - d^4}{20}}{\frac{D}{2}} = \frac{D^4 - d^4}{20} \cdot \frac{2}{D} = \boldsymbol{\frac{D^4 - d^4}{10 \cdot D}}$$

M191. Ermitteln Sie mit Hilfe der Gleichung 323–9 die Berechnungsformel für das Trägheitsmoment des gleichseitigen Dreiecks bezogen auf die Achse y–y.

Lösung:

$$\boldsymbol{I_y} = W_y \cdot e = W_y \cdot \frac{b}{2} = \frac{h \cdot b^2}{24} \cdot \frac{b}{2} = \boldsymbol{\frac{h \cdot b^3}{48}}$$

M192. Um das Wievielfache vergrößert sich das Trägheitsmoment eines Rechteckprofils bei Verdreifachung seiner Höhe?

Lösung:

$$I_x = \frac{b \cdot h^3}{12} \longrightarrow \text{bei } 3 \cdot h \longrightarrow I_x = \frac{b \cdot (3\,h)^3}{12} \longrightarrow I_x = 27 \cdot \frac{b \cdot h^3}{12}$$

Bei Verdreifachung der Rechteckhöhe vergrößert sich das Trägheitsmoment um das 27fache!

M193. Bestimmen Sie die Widerstandsmomente der in den Bildern 1 und 2 dargestellten Querschnittsflächen mit den Abmessungen $b = 80$ mm und $h = 110$ mm.

a) Bezogen auf die Schwerachse (Biegeachse) x–x,
b) Bezogen auf die Flächengrundlinie a–a,

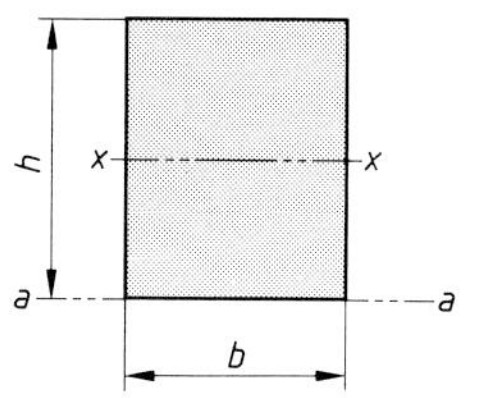

1

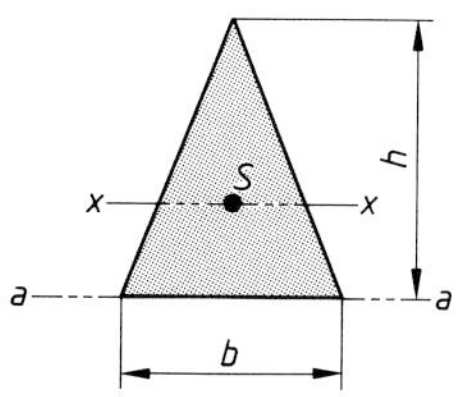

2

Lösung:

a) Rechteck: $W_x = \dfrac{b \cdot h^2}{6} = \dfrac{8\text{ cm} \cdot (11\text{ cm})^2}{6}$

$\boldsymbol{W_x = 161{,}33\ \text{cm}^3}$

a) Dreieck: $W_x = \dfrac{b \cdot h^2}{24} = \dfrac{8\text{ cm} \cdot (11\text{ cm})^2}{24}$

$\boldsymbol{W_x = 40{,}33\ \text{cm}^3}$

b) Die Berechnung erfolgt mit Hilfe des Steiner'schen Satzes $I_a = I_x + A \cdot r^2$

Rechteck:

$I_x = \dfrac{b \cdot h^3}{12} = \dfrac{8\text{ cm} \cdot (11\text{ cm})^3}{12}$

$\boldsymbol{I_x = 887{,}33\ \text{cm}^4}$

$I_a = I_x + A \cdot r^2 = 887{,}33\ \text{cm}^4 + b \cdot h \cdot \left(\dfrac{h}{2}\right)^2$

$I_a = 887{,}33\ \text{cm}^4 + \dfrac{b \cdot h^3}{4}$

$I_a = 887{,}33\ \text{cm}^4 + \dfrac{8\text{ cm} \cdot (11\text{ cm})^3}{4}$

$\boldsymbol{I_a = 3549{,}33\ \text{cm}^4}$

Dreieck:

$I_x = \dfrac{b \cdot h^3}{36} = \dfrac{8\text{ cm} \cdot (11\text{ cm})^3}{36}$

$\boldsymbol{I_x = 295{,}78\ \text{cm}^4}$

$I_a = I_x + A \cdot r^2 = 295{,}78\ \text{cm}^4 + \dfrac{b \cdot h}{2} \cdot \left(\dfrac{1}{3} h\right)^2$

$I_a = 295{,}78\ \text{cm}^4 + \dfrac{8\text{ cm} \cdot 11\text{ cm}}{2} \cdot \left(\dfrac{11\text{ cm}}{3}\right)^2$

$I_a = 295{,}78\ \text{cm}^4 + 591{,}56\ \text{cm}^4$

$\boldsymbol{I_a = 887{,}34\ \text{cm}^4}$

W_a wird dadurch ermittelt, dass I_a durch die Höhe der Fläche (Abstand der Bezugsachse a–a zur Randfaser) geteilt wird:

$W_a = \dfrac{I_a}{e} = \dfrac{I_a}{h} = \dfrac{3549{,}33\ \text{cm}^4}{11\text{ cm}}$

$\boldsymbol{W_a = 322{,}67\ \text{cm}^3}$

$W_a = \dfrac{I_a}{e} = \dfrac{I_a}{h} = \dfrac{887{,}34\ \text{cm}^4}{11\text{ cm}}$

$\boldsymbol{W_a = 80{,}67\ \text{cm}^3}$

M194. Bild 3 zeigt ein auf Biegung beanspruchtes Winkelprofil. Im Bild 4 ist der Profilquerschnitt bemaßt und vergrößert dargestellt.

Berechnen Sie

a) die Lage der horizontalen Schwerachse, d. h. das Maß y_o mit dem Momentensatz,
b) I_x, W_{xo}, W_{xu},
c) die maximale Biegespannung in N/mm² bei Beanspruchung über die Biegeachse x–x.

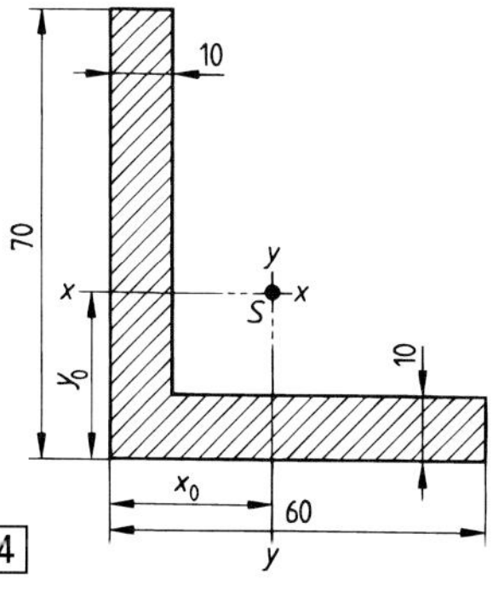

4

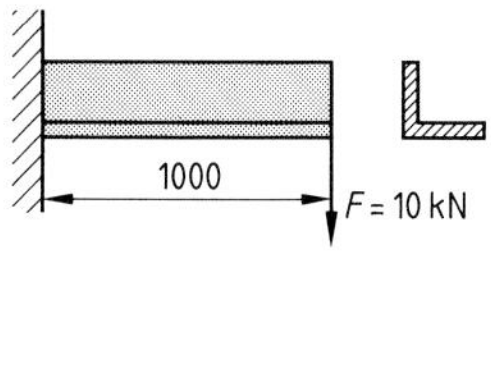

3

Lösung:

a) Nach dem Momentensatz (Flächenmomente) und der Unterteilung in die Flächen A_1 und A_2 wird mit den Bezeichnungen des Bildes 1:

$$A_1 \cdot y_1 + A_2 \cdot y_2 = (A_1 + A_2) \cdot y_o$$

$$y_o = \frac{A_1 \cdot y_1 + A_2 \cdot y_2}{A_1 + A_2} \qquad A_1 = 1\text{ cm} \cdot 7\text{ cm} = 7\text{ cm}^2 \qquad A_2 = 5\text{ cm} \cdot 1\text{ cm} = 5\text{ cm}^2$$

$$y_o = \frac{7\text{ cm}^2 \cdot 3{,}5\text{ cm} + 5\text{ cm}^2 \cdot 0{,}5\text{ cm}}{7\text{ cm}^2 + 5\text{ cm}^2} = \frac{24{,}5\text{ cm}^3 + 2{,}5\text{ cm}^3}{12\text{ cm}^2}$$

$\boldsymbol{y_o = 2{,}25}$ **cm**

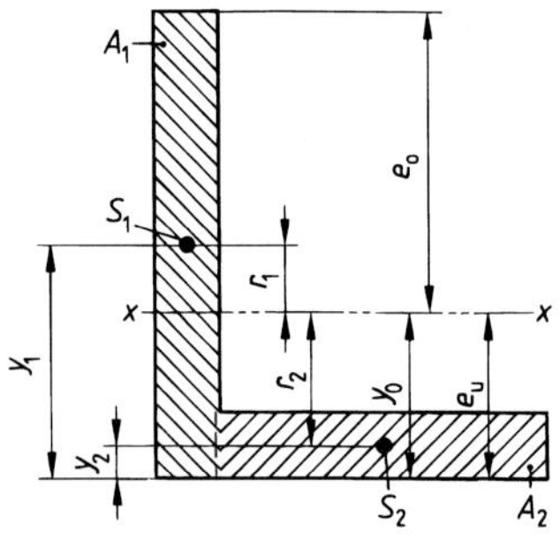

1

b) $I_x = I_{1x} + I_{2x} \qquad I_{1x} = \frac{b_1 \cdot h_1^3}{12} + b_1 \cdot h_1 \cdot r_1^2 \qquad r_1 = y_1 - y_o = 3{,}5\text{ cm} - 2{,}25\text{ cm} = 1{,}25\text{ cm}$

Die Breiten der Flächen werden parallel zur Biegeachse, die Höhen der Flächen senkrecht dazu gemessen.

$$I_{1x} = \frac{1\text{ cm} \cdot (7\text{ cm})^3}{12} + 1\text{ cm} \cdot 7\text{ cm} \cdot (1{,}25\text{ cm})^2 = 28{,}583\text{ cm}^4 + 10{,}938\text{ cm}^4$$

$\boldsymbol{I_{1x} = 39{,}521}$ **cm⁴**

$$I_{2x} = \frac{b_2 \cdot h_2^3}{12} + b_2 \cdot h_2 \cdot r_2^2 \qquad r_2 = y_o - y_2 = 2{,}25\text{ cm} - 0{,}5\text{ cm} = 1{,}75\text{ cm}$$

$$I_{2x} = \frac{5\text{ cm} \cdot (1\text{ cm})^3}{12} + 5\text{ cm} \cdot 1\text{ cm} \cdot (1{,}75\text{ cm})^2 = 0{,}417\text{ cm}^4 + 15{,}313\text{ cm}^4$$

$\boldsymbol{I_{2x} = 15{,}73}$ **cm⁴**

$I_x = 39{,}521\text{ cm}^4 + 15{,}73\text{ cm}^4$

$\boldsymbol{I_x = 55{,}251}$ **cm⁴**

Anmerkung:

Eine ungefähre **Kontrollmöglichkeit** bietet sich hier **mit Hilfe der Stahlbautabelle** an. Man erkennt die Richtigkeit der Größenordnung des Ergebnisses, indem man mit einem ähnlichen Stahlbauprofil vergleicht, z. B.: L 75 × 55 × 9 mit $I_x = 59{,}4\text{ cm}^4$

$$W_{xo} = \frac{I_x}{e_o} = \frac{55{,}251\text{ cm}^4}{7\text{ cm} - y_o} = \frac{55{,}251\text{ cm}^4}{7\text{ cm} - 2{,}25\text{ cm}} = \frac{55{,}251\text{ cm}^4}{4{,}75\text{ cm}}$$

$\boldsymbol{W_{xo} = 11{,}632}$ **cm³**

$$W_{xu} = \frac{I_x}{e_u} = \frac{I_x}{y_o} = \frac{55{,}251\text{ cm}^4}{2{,}25\text{ cm}}$$

$\boldsymbol{W_{xu} = 24{,}556}$ **cm³**

c) Zur Berechnung der größten Biegespannung ist das kleinste Widerstandsmoment, d. h. W_{xo} (größter Randfaserabstand) einzusetzen. Somit:

$$\sigma_{b\,max} = \frac{M_b}{W_{xo}} = \frac{F \cdot l}{W_{xo}} = \frac{10\,000\text{ N} \cdot 100\text{ cm}}{11{,}632\text{ cm}^3} = 85\,969{,}7\ \frac{\text{N}}{\text{cm}^2}$$

$$\boldsymbol{\sigma_{b\,max} = 859{,}697\ \frac{N}{mm^2}}$$

Anmerkung:

Schiefe Biegung (Lektion 64) ist **nicht berücksichtigt**. Vergleichen Sie hierzu Ü 332. und Ü 333., Seite 337 bzw. 338!

M 195. Ermitteln Sie die Berechnungsformeln der polaren Trägheitsmomente I_p für
a) Rechteck, b) Kreis

Lösung:

a) Rechteck: $I_p = I_x + I_y = \frac{b \cdot h^3}{12} + \frac{h \cdot b^3}{12}$

$$\boldsymbol{I_p = \frac{b \cdot h^3 + h \cdot b^3}{12}}$$

b) Kreis: $I_p = I_x + I_y = \frac{\pi \cdot d^4}{64} + \frac{\pi \cdot d^4}{64} = 2 \cdot \frac{\pi \cdot d^4}{64}$

$$\boldsymbol{I_p = \frac{\pi \cdot d^4}{32} \approx \frac{d^4}{10}}$$

Ü 322. Berechnen Sie das Trägheitsmoment I_x und das Widerstandsmoment W_x für den im Bild 1 dargestellten Blechträgerquerschnitt. Dieser Blechträger ist aus einer Flachstahlplatte 20 × 250 und vier Profilstählen L 90 × 9 zusammengeschweißt.

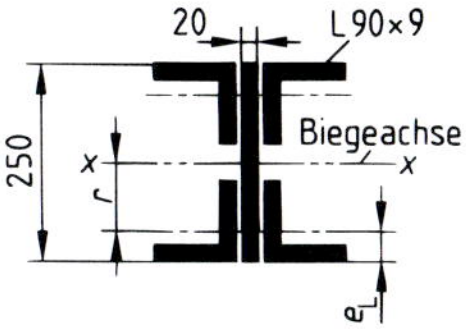

1

Ü 323. Das Gestell einer Exzenterpresse (Bild 2) wird in seinem Querschnitt A–A (Bild 3) über die Schwerachse x–x auf Biegung beansprucht. Es wirkt eine Kraft F = 300 kN in einem Abstand a = 220 mm von der Vorderkante b–b der Querschnittsfläche. Die Radien der Querschnittsfläche können bei der Berechnung idealisierend vernachlässigt werden. Berechnen Sie

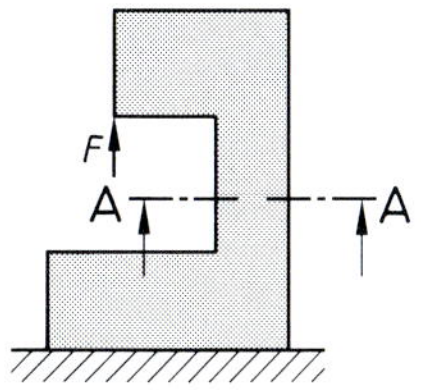

2

a) e_1 und e_2,
b) das Biegemoment M_b,
c) das Trägheitsmoment bezogen auf die Biegeachse (I_x),
d) W_1 und W_2,
e) σ_b am Pressenmaul (Kante b–b),
f) σ_b am Pressenrücken (Kante c–c),
g) die Zugspannung σ_z im Gestellquerschnitt A–A.

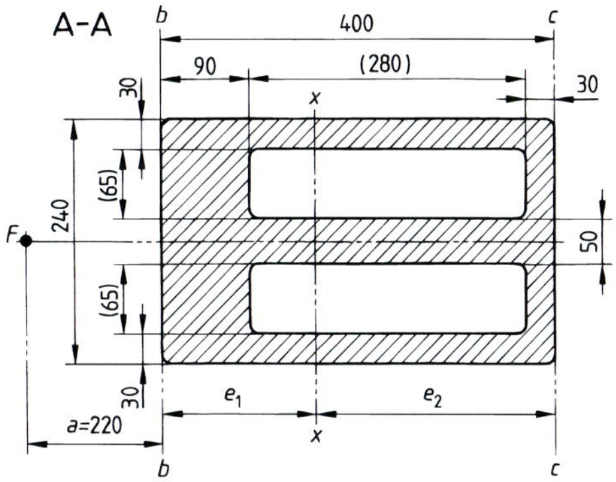

3

Im Zusammenhang mit der **Reißlänge** wurde erkannt, dass das **Eigengewicht** einer Konstruktion entscheidend auf die Dimensionierung wirken kann. Der Einfluss des Eigengewichtes ist von Fall zu Fall zu bedenken. Während er z. B. bei der Exzenterpresse in Übungsaufgabe Ü 323. so gut wie überhaupt keine Rolle spielt, ist er z. B. bei langen Freiträgern (Ü 324.) ganz wesentlich.

Ü 324. Ein Freiträger ist als IPB 500 ausgebildet. Wie lang darf dieser Träger sein
a) bei Belastung über die Achse x–x,
b) bei Belastung über die Achse y–y,
wenn σ_{bB} = 500 N/mm² ist und wenn das Eigengewicht des Freiträgers mit ν_B = 3,5facher Sicherheit getragen werden soll?
Anmerkung: Für die Lösung der Aufgabe ist eine Stahlbautabelle erforderlich und das Trägergewicht wird als Punktlast in der Trägermitte angenommen.

Ü 325. Bild 1 zeigt das Nahtbild eines angeschweißten Stahlträgers. Die Schweißnahtdicke beträgt a = 6 mm. Die Achse x–x ist Symmetrieachse und somit Biegelinie. Berechnen Sie für die Schweißnaht

a) das Trägheitsmoment (Flächenmoment 2. Grades) I_x,
b) das axiale Widerstandsmoment W_x.

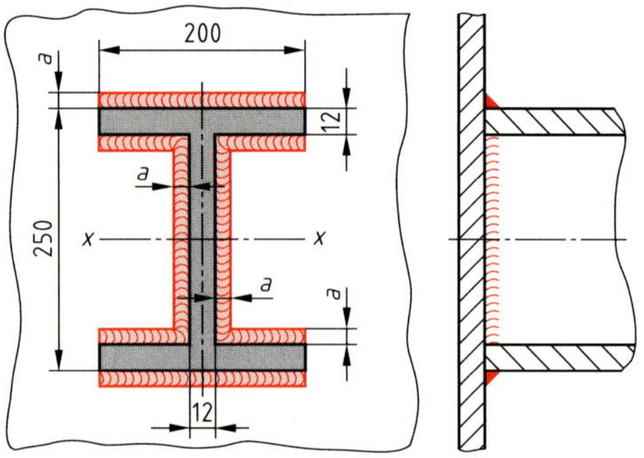

1

Ü 326. In Bild 2 ist der Querschnitt eines quadratischen Hohlprofils abgebildet und bemaßt.

Zu berechnen sind
a) das Flächenträgheitsmoment I_x,
b) das axiale Widerstandsmoment W_x.

Ü 327. Machen Sie eine Aussage darüber, wie sich bei dem in Bild 2 abgebildeten Profil die auf die y-Achse bezogenen Größen I_y und W_y zu den in Ü 326. berechneten Größen I_x und W_x verhalten.

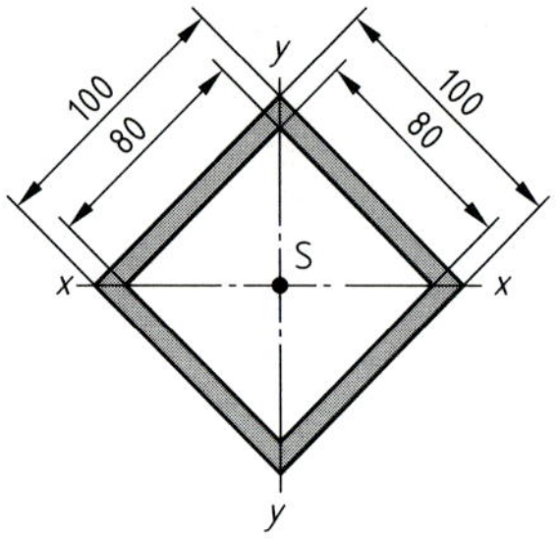

2

Ü 328. Berechnen Sie für den Säulenquerschnitt einer Tischbohrmaschine, d. h. für den in Übungsaufgabe Ü 99., Seite 76 abgebildeten Querschnitt die auf die Symmetrielinie bezogenen Größen I_x und W_x.

Ü 329. Berechnen Sie für den Profilquerschnitt in Übungsaufgabe Ü 100., Seite 77 – bezogen auf die senkrechte Mittelachse – Flächenträgheitsmoment I_y (Flächenmoment 2. Grades).

Ü 330. Eine Stütze besteht aus vier Profilstählen L 90 × 9 DIN 10 056. Diese Profile sind durch Querverbindungen starr miteinander verbunden (Fachwerkkonstruktion).
Wie groß sind in Bild 3 axiales Flächenträgheitsmoment und Widerstandsmoment

a) bezogen auf die Achse x–x,
b) bezogen auf die Achse y–y?

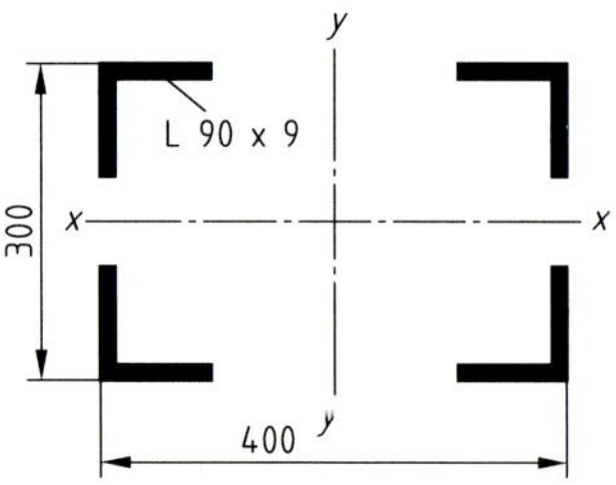

3

Ü 331. Bild 4 zeigt ein auf Biegung beanspruchtes T-Profil. Der Querschnitt ist im Bild 5 vergrößert dargestellt.

Berechnen Sie bei
l = 950 mm und
F = 625 N

a) e_0,
b) W_0 und W_u,
c) $\sigma_{b\,max}$,
d) ν_B bei einer Biegefestigkeit σ_{bB} = 420 N/mm^2.

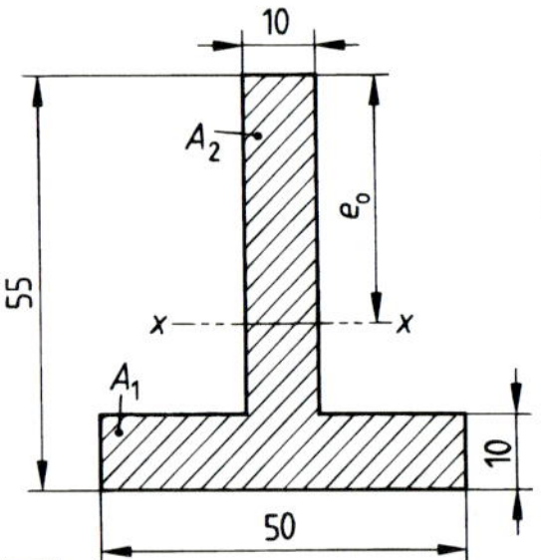

5

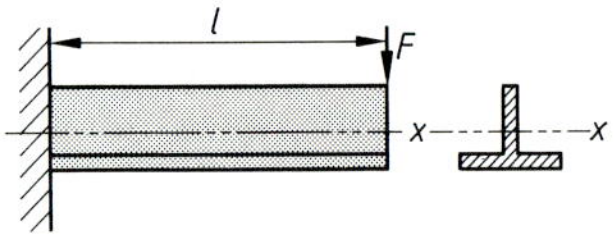

4

V 312. Die Musteraufgabe M 194., Seite 325 ist – bezogen auf die Achse y–y – durchzurechnen.

V 313. Berechnen Sie das Trägheits- und Widerstandsmoment des im Bild 1 dargestellten Trägerquerschnittes bezogen auf die Achse x–x und auf die Achse y–y.

V 314. Ein Rechteckrohr dient als Freiträger (Bild 2) und ist mit einer umlaufenden Schweißnaht von der Stärke $a = 4$ mm an einer Stahlplatte angeschweißt.

a) Wie groß ist das Widerstandsmoment der Schweißnaht?

b) Welches größte Biegemoment darf vom Freiträger auf die Schweißnaht eingeleitet werden, wenn die größte Schweißnahtspannung $\sigma_{b\,zul} = 60$ N/mm² sein darf?

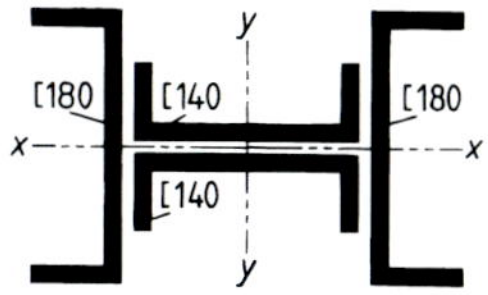

1

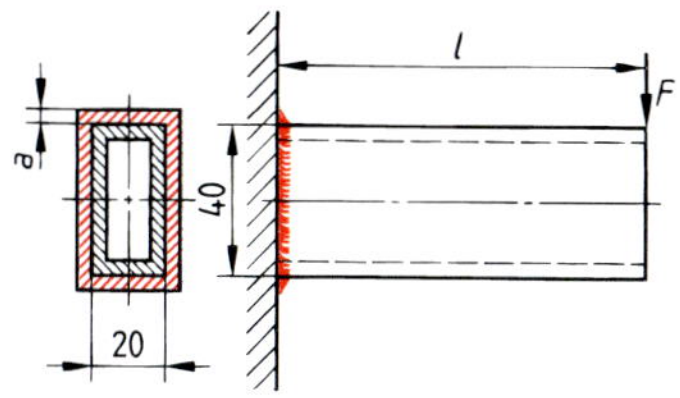

2

V 315. Um das Wievielfache wird das Widerstandsmoment erhöht, wenn zwei gegeneinander frei verschiebbare Balken a und b durch Niete unverschiebbar miteinander verbunden werden (Bild 3)?

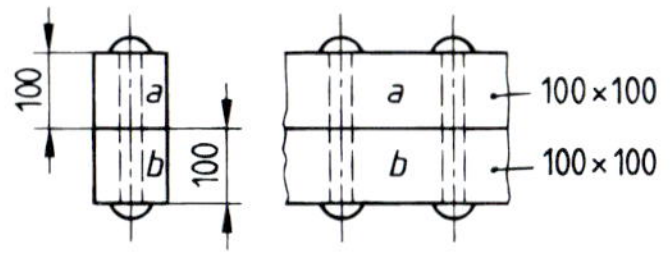

3

V 316. Der im Bild 4 dargestellte Hebel ist im Punkt A auf einem Zapfen drehbar gelagert. An der Stelle a wirkt die Kraft $F = 3{,}0$ kN und für den Hebelwerkstoff wird $\sigma_{b\,zul} = 60$ N/mm² vorgegeben.

a) Berechnen Sie die Kraft F_2.

b) Berechnen Sie bei Vernachlässigung der im Hebel wirkenden Schubspannungen die Breite b des Hebels an den Stellen ① und ②, wenn die Höhe $h = 5 \cdot b$ ist.

c) Wie groß ist die größte Biegespannung im Nabenquerschnitt, wenn die Nabe eine Länge von 100 mm hat und wenn der Wellendurchmesser 60 mm beträgt?

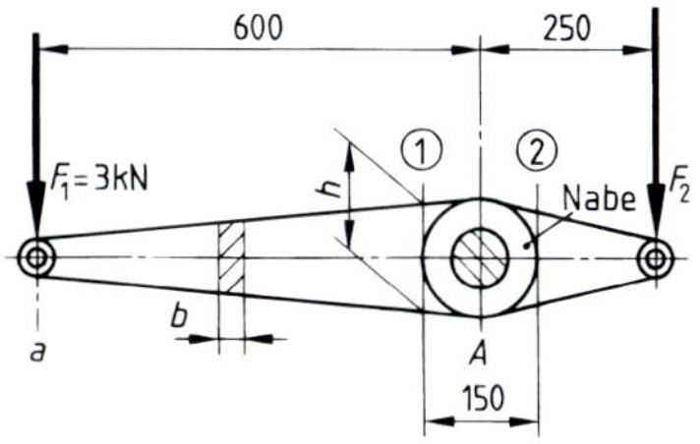

4

V 317. Berechnen Sie für den in Bild 5 dargestellten Querschnitt

a) e_x, b) I_x, c) W_{x1} und W_{x2}

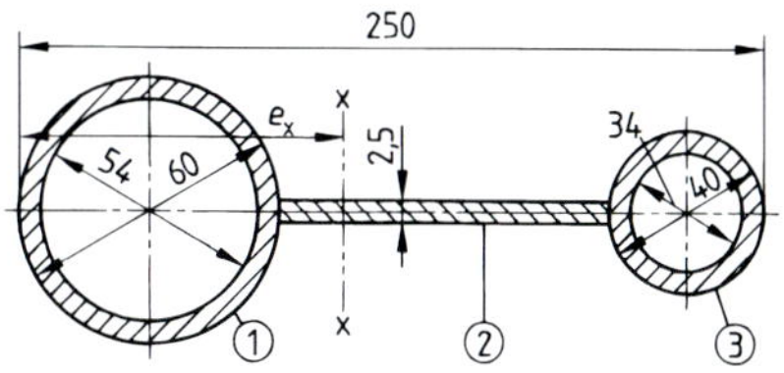

5

FESTIGKEITSLEHRE

Lektion 64

Schiefe Biegung

64.1 Hauptachsen im biegebeanspruchten Querschnitt

Im Punkt 62.7, Seite 317 wurde als wichtigste Bedingung für die Gültigkeit der Biegehauptgleichung das Zusammenfallen von Lastebene und Symmetrieebene genannt. Für diesen Fall wurde die **schiefe Biegung** ausgeschlossen. Eine Erklärung für diesen Sachverhalt soll das folgende im Bild 1 dargestellte Beispiel liefern.

Es ist dort zu erkennen, dass ein Rechteckquerschnitt über die Achse x–x auf Biegung beansprucht wird, und zwar so, dass die Lastebene gleichzeitig Symmetrieebene (Achse y–y) ist. Für die eingezeichneten Flächenelemente ΔA mit dem jeweils gleichen Abstand von der Achse y–y, nämlich $+x$ und $-x$, ergibt sich

$$\boldsymbol{x \cdot y \cdot \Delta A + (-x \cdot y \cdot \Delta A) = 0} \quad ①$$

Denkt man sich die gesamte Rechteckfläche in solche Flächenelemente unterteilt, dann erfüllen immer zwei solcher Flächenelemente – z. B. $\Delta A'$ – die Bedingung ①. Vorausgesetzt wird dabei, dass sie gleichen Abstand zur Symmetrieachse y–y haben. Für die gesamte symmetrische Fläche gilt somit

$$\boldsymbol{\Sigma x \cdot y \cdot \Delta A = 0} \quad ②$$

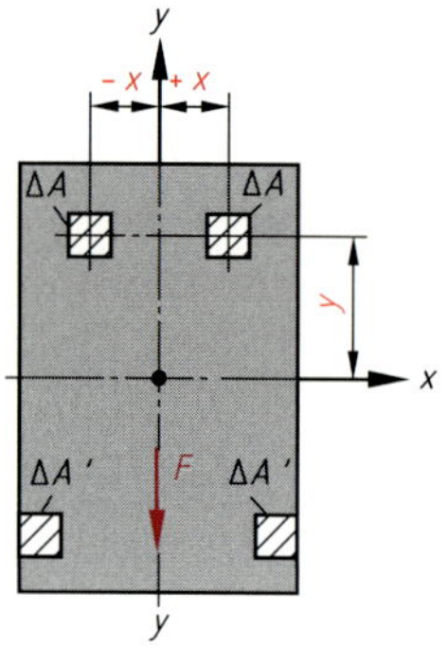

1

Diese Summe wird in der Festigkeitslehre als **Flächenzentrifugalmoment,** manchmal auch als **Fliehmoment** oder **Devitationsmoment** bezeichnet. Formelzeichen hierfür ist I_{xy}. Führt man die gleiche Betrachtung bezogen auf die x-Achse aus, dann kommt man zu demselben Ergebnis. Somit gilt:

Bezogen auf die Symmetrieachsen einer symmetrischen Fläche ist das Flächenzentrifugalmoment Null.

In der Festigkeitslehre ist festgelegt:

Achsen, für die das Flächenzentrifugalmoment $I_{xy} = 0$ ist, heißen **Hauptachsen.**

Hauptachsendefinition $I_{xy} = \Sigma x \cdot y \cdot \Delta A = 0$ 330–1

Die Hauptachsen, die stets rechtwinklig aufeinander stehen, werden mit I und II bezeichnet, und die auf sie bezogenen Flächenträgheitsmomente heißen entsprechend I_{I} und I_{II}. Man nennt sie **Hauptträgheitsmomente.**

Die Hauptträgheitsmomente stellen das maximale und das minimale Flächenträgheitsmoment dar, welches sich mit einem ganz bestimmten Querschnitt erzielen lässt.

Hauptachse I ⟶ in Bild 1: x–x ⟶ liefert I_{max} ⟶ in Bild 1: I_x
Hauptachse II ⟶ in Bild 1: y–y ⟶ liefert I_{min} ⟶ in Bild 1: I_y

Bild 1 lässt erkennen: Symmetrieachsen sind gleichzeitig Hauptachsen.

Es gibt aber auch unsymmetrische Querschnitte, bei denen die beiden Schwerachsen die Bedingung $\boldsymbol{I_{xy} = 0}$ erfüllen, so z. B. der U-Stahl nach DIN 1026 im Bild 2 bzw. in der Übungsaufgabe Ü316., Seite 318. In einem solchen Fall sind also die Schwerachsen gleichzeitig auch die Hauptachsen.

Allerdings gibt es auch unsymmetrische Biegequerschnitte, bei denen – bezogen auf die Schwerachsen $I_{xy} \neq 0$ ist. So z. B. bei L-Stählen.

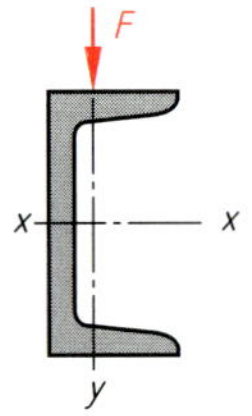

2

FESTIGKEITSLEHRE

Einen solchen L-Stahl nach DIN EN 10056 zeigt Bild 1. Es lässt sich leicht erkennen, dass $\boldsymbol{I_{xy} = \Sigma x \cdot y \cdot \Delta A \neq 0}$ ist. Dies hat zur Folge, dass sich der biegebeanspruchte Querschnitt verwindet, was in Bild 2 übertrieben dargestellt ist. In diesem Fall liegt eine **schiefe Biegung** vor. Da $I_{xy} \neq 0$ ist, gilt für den dargestellten Fall, dass die Schwerachse nicht mit der Hauptachse identisch ist. Allgemein gilt:

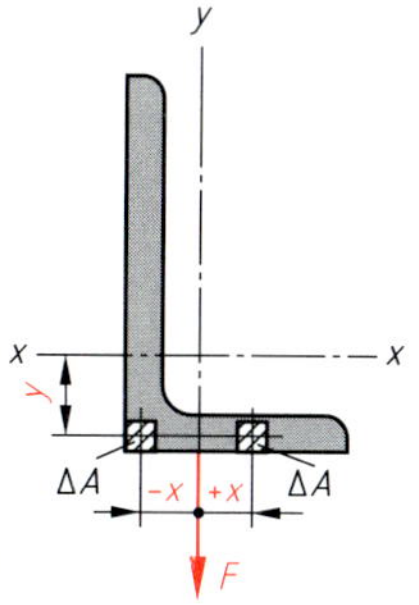

1

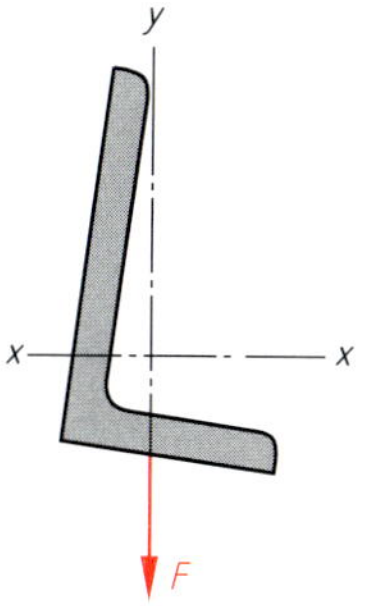

2

Eine schiefe Biegung liegt dann vor, wenn die Lastebene (s. Seite 317) den biegebeanspruchten Querschnitt nicht in einer Hauptachse oder parallel dazu schneidet.

Wie gezeigt, ist dies nicht bei allen, aber bei sehr vielen unsymmetrischen Querschnitten der Fall.

64.1.1 Ermittlung der Hauptachsen und der Hauptträgheitsmomente

64.1.1.1 Rechnerische Ermittlung

Bild 3 zeigt einen ungleichschenkligen L-Stahl nach DIN EN 10056. Der gezeichnete Querschnitt hat – wie oben erläutert – ein von Null ungleiches Flächenzentrifugalmoment. Dies bedeutet, dass die Schwerachsen x–x und y–y nicht die Hauptachsen sind.

Wie bereits angedeutet, gibt es aber auch für jeden unsymmetrischen Querschnitt Hauptachsen. Diese stehen grundsätzlich senkrecht aufeinander, und sie müssen sich im Schwerpunkt S schneiden, da hier – gemäß den Überlegungen in Lektion 62 – die Biegespannung Null ist. Somit:

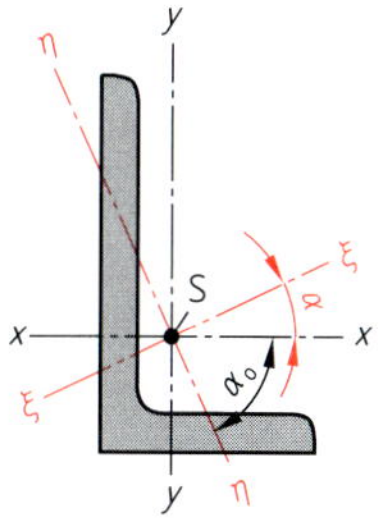

3

Die Hauptachsen schneiden einander rechtwinklig im Schwerpunkt des Querschnitts.

Diesen Sachverhalt zeigt Bild 3, und in den Stahlbaunormen ist festgelegt, dass die Hauptachsen mit $\xi - \xi$ (xi) bzw. $\eta - \eta$ (eta) bezeichnet werden. Für Profilstähle, bei denen die Schwerachsen x–x und y–y nicht die Hauptachsen sind, gilt demgemäß:

Hauptachse I ⟶ Achse $\xi - \xi$ ⟶ I_{max} des Profilquerschnittes ⟶ $\boldsymbol{I_{max} = I_\xi}$
Hauptachse II ⟶ Achse $\eta - \eta$ ⟶ I_{min} des Profilquerschnittes ⟶ $\boldsymbol{I_{min} = I_\eta}$

Der im Bild 3 eingezeichnete Winkel α heißt **Hauptachsenwinkel** und α_0 ergänzt diesen zu 90°. Der Winkel α_0 lässt sich mit Hilfe einer Extremwertbestimmung (Infinitesimalrechnung) ermitteln. Führt man diese Extremwertbestimmung durch, so erhält man

$$\tan 2\,\alpha_0 = \frac{2 \cdot I_{xy}}{I_y - I_x} \qquad \boxed{331\text{–}1}$$

I_{xy} = Flächenzentrifugalmoment in cm^4
I_x, I_y = Flächenträgheitsmomente in cm^4

Mit $\alpha + \alpha_0 = 90°$ (s. Bild 3) erhält man schließlich für den

Hauptachsenwinkel $\alpha = 90° - \alpha_0$ $\boxed{331\text{–}2}$

FESTIGKEITSLEHRE

Bei der Handhabung von Gleichung 331–1 ergibt sich die Erforderlichkeit der **Bestimmung des Flächenzentrifugalmomentes I_{xy}**. Dabei unterscheidet man

genormte unsymmetrische Profile ⟶ I_{xy} gemäß Profiltabelle (meist angegeben),
beliebige unsymmetrische Profile ⟶ I_{xy} mit Hilfe der Integralrechnung oder Zerlegen in Teilflächen und Anwendung von Gleichung 330–1 ➤ siehe Musteraufgabe M 197.

M196. Für ein Z-Profil Z 100 nach DIN 1027 ergibt sich aus der Stahlbautabelle $I_x = 222\ \text{cm}^4$, $I_y = 72{,}5\ \text{cm}^4$, $I_{xy} = 97{,}2\ \text{cm}^4$. Berechnen Sie den Hauptachsenwinkel α.

Lösung: $\alpha = 90° - \alpha_0$

$$\tan 2\,\alpha_0 = \frac{2 \cdot I_{xy}}{I_y - I_x} = \frac{2 \cdot 97{,}2\ \text{cm}^4}{72{,}5\ \text{cm}^4 - 222\ \text{cm}^4} = \frac{194{,}4\ \text{cm}^4}{-149{,}5\ \text{cm}^4}$$

$$\tan 2\,\alpha_0 = -1{,}3 \longrightarrow 2\,\alpha_0 = 127{,}58° \longrightarrow \boldsymbol{\alpha_0 = 63{,}79°}$$

$$\boldsymbol{\alpha} = 90° - 63{,}79° = \mathbf{26{,}21°}$$

M197. Bild 1 zeigt den Querschnitt des Z-Profils von Musteraufgabe M196. idealisiert, d. h. ohne Radien, abgebildet. Berechnen Sie mit Hilfe von Gleichung 330–1 das Flächenzentrifugalmoment I_{xy} und vergleichen Sie mit dem Tabellenwert.

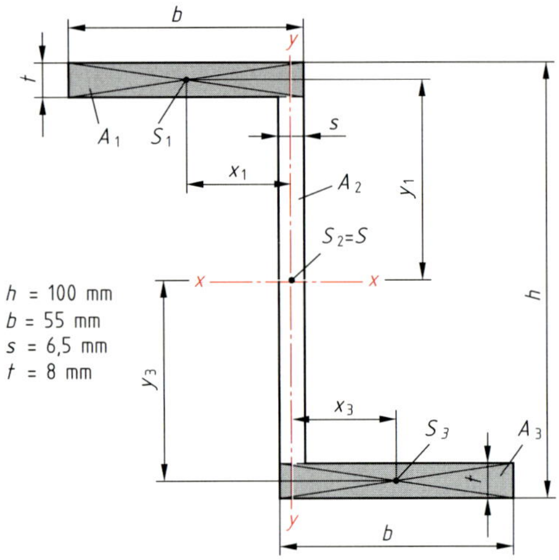

1

Lösung:
Die Gesamtfläche ist in Bild 1 in die drei Einzelflächen A_1, A_2 und A_3 aufgeteilt. Da der Schwerpunkt von A_2 mit dem Gesamtschwerpunkt S identisch ist, spielt – wegen $x_2 = 0$ und $y_2 = 0$ – die Fläche A_2 keine Rolle bei der Berechnung von I_{xy}. Somit erhält man mit 330–1:

$$I_{xy} = \Sigma\, x \cdot y \cdot \Delta A = x_1 \cdot y_1 \cdot A_1 + x_3 \cdot y_3 \cdot A_3; \quad A_1 = A_3 = b \cdot t = 55\ \text{mm} \cdot 8\ \text{mm} = 440\ \text{mm}^2$$

$$I_{xy} = 2 \cdot (24{,}25\ \text{mm} \cdot 46\ \text{mm} \cdot 440\ \text{mm}^2) \qquad x_1 = x_3 = \frac{b}{2} - \frac{s}{2} = \frac{55\ \text{mm} - 6{,}5\ \text{mm}}{2} = 24{,}25\ \text{mm}$$

$$\boldsymbol{I_{xy}} = 981\,640\ \text{mm}^4 = \mathbf{98{,}164\ cm^4} \qquad y_1 = y_3 = \frac{h}{2} - \frac{t}{2} = \frac{100\ \text{mm} - 8\ \text{mm}}{2} = 46\ \text{mm}$$

Dieser Wert entspricht ziemlich exakt dem Tabellenwert von 97,2 cm⁴.

Die Ermittlung der Hauptträgheitsmomente erfolgt – ebenso wie die Ermittlung des Hauptachsenwinkels – mit Hilfe einer Extremwertbestimmung. Damit erhält man für die beiden Hauptträgheitsmomente I_ξ und I_η:

maximales Hauptträgheitsmoment

$$I_\xi = \frac{1}{2} \cdot (I_x + I_y) - \frac{1}{2} \cdot (I_x - I_y) \cdot \cos 2\,\alpha_0 + I_{xy} \cdot \sin 2\,\alpha_0 \qquad \text{332–1}$$

minimales Hauptträgheitsmoment

$$I_\eta = \frac{1}{2} \cdot (I_x + I_y) + \frac{1}{2} \cdot (I_x - I_y) \cdot \cos 2\,\alpha_0 - I_{xy} \cdot \sin 2\,\alpha_0 \qquad \text{332–2}$$

FESTIGKEITSLEHRE

M198. Ermitteln Sie I_ξ und I_η für das Profil in Musteraufgabe M196., Seite 332 und vergleichen Sie die errechneten Werte mit den Werten in der Stahlbautabelle.

Lösung: $\sin 2\,\alpha_0 = \sin 127{,}58° = 0{,}7925$; $\cos 2\,\alpha_0 = \cos 127{,}58° = -0{,}6099$

$$I_\xi = \frac{1}{2} \cdot (I_x + I_y) - \frac{1}{2} \cdot (I_x - I_y) \cdot \cos 2\,\alpha_0 + I_{xy} \cdot \sin 2\,\alpha_0$$

$$\boldsymbol{I_\xi} = \left[\frac{1}{2} \cdot (222 + 72{,}5) - \frac{1}{2} \cdot (222 - 72{,}5) \cdot (-0{,}6099) + 97{,}2 \cdot 0{,}7925\right] \text{cm}^4 = \mathbf{270{,}27\ cm^4}$$

$$I_\eta = \frac{1}{2} \cdot (I_x + I_y) + \frac{1}{2} \cdot (I_x - I_y) \cdot \cos 2\,\alpha_0 - I_{xy} \cdot \sin 2\,\alpha_0$$

$$\boldsymbol{I_\eta} = \left[\frac{1}{2} \cdot (222 + 72{,}5) + \frac{1}{2} \cdot (222 - 72{,}5) \cdot (-0{,}6099) - 97{,}2 \cdot 0{,}7925\right] \text{cm}^4 = \mathbf{24{,}23\ cm^4}$$

Tabellenwerte: $\boldsymbol{I_\xi = 270\ \text{cm}^4}$; $\boldsymbol{I_\eta = 24{,}6\ \text{cm}^4}$

64.1.1.2 Zeichnerische Ermittlung der Hauptträgheitsmomente

Die Gleichungen 331–1, 332–1 und 332–2 lassen sich mit dem **Mohr'schen Trägheitskreis,** benannt nach dem deutschen Ingenieur und Graphostatiker Christian Otto **Mohr (1835 bis 1918)** grafisch darstellen. Das Verfahren soll mit den Werten der Musteraufgaben M196. und M197., Seite 332 erklärt werden. Vergleichen Sie hierzu Bild 1 und die daneben stehenden **Lösungsschritte zum Mohrschen Trägheitskreis:**

1. Vom Ursprungspunkt A ausgehend wird das x, y-Achsensystem gezeichnet.
2. Mit einem günstigen Maßstab für die Trägheitsmomente und das Flächenzentrifugalmoment (hier 1 cm ≙ 40 cm⁴) wird I_x vom Punkt A ausgehend nach oben aufgetragen. Endpunkt ist B.
3. Von B ausgehend wird mit gleichem Maßstab I_y nach oben aufgetragen. Endpunkt ist C. Gemäß 63.2 ist

$$I_x + I_y = I_p \qquad \boxed{333\text{–}1}$$

4. Strecke $\overline{AC}$ wird halbiert. Man erhält den Punkt M. Um diesen wird ein Kreis mit dem Radius $\overline{MA} = \overline{MC}$ gezeichnet. Es ist der **Mohr'sche Trägheitskreis.**
5. Vom Punkt B ausgehend wird das Flächenzentrifugalmoment I_{xy} horizontal aufgetragen. Endpunkt ist D.

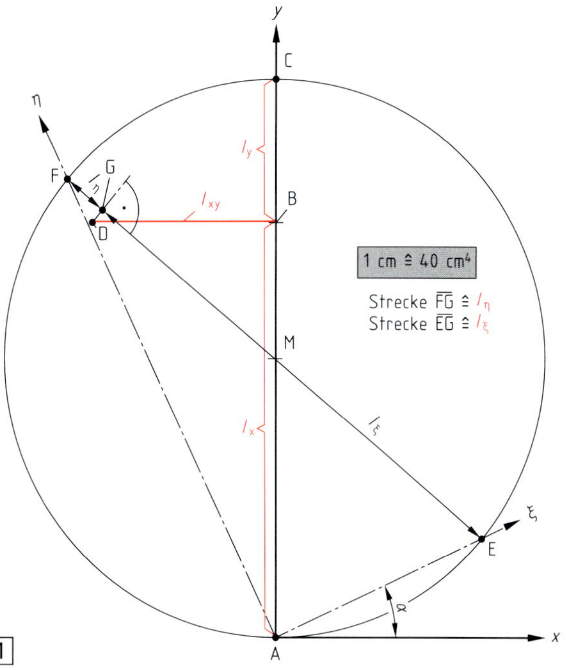

1

6. Ausgehend vom Ursprungspunkt A wird das um α gedrehte η, ξ-Achsenkreuz eingezeichnet. Mit dem Kreis ergibt dies die Schnittpunkte E und F.
7. E und F werden miteinander verbunden. Diese Linie geht durch den Mittelpunkt M.
8. Vom Punkt D das Lot auf die Strecke $\overline{EF}$ fällen. Dies ergibt den Punkt G, der die Strecke $\overline{EF}$ in die Hauptträgheitsmomente I_η und I_ξ unterteilt. Es ist wegen $\overline{AC} = \overline{EF}$ (Durchmesser):

$$I_\eta + I_\xi = I_p \qquad \boxed{333\text{–}2}$$

FESTIGKEITSLEHRE

In Ergänzung zum Punkt 63.2 ergibt sich die folgende Gesetzmäßigkeit:

Das polare Trägheitsmoment ergibt sich sowohl aus der Summe der auf die beiden Schwerachsen bezogenen Flächenträgheitsmomente $I_x + I_y$ als auch aus der Summe der beiden auf die Hauptachsen bezogenen Flächenträgheitsmomente $I_\xi + I_\eta$.

polares Trägheitsmoment $I_p = I_x + I_y = I_\xi + I_\eta$ 334–1

Aus Gleichung 334–1 ergibt sich die weitere Erkenntnis:

Die Summe der auf die Schwerachsen bezogenen Flächenmomente 2. Grades (Flächenträgheitsmomente) ist gleich der Summe der auf die Hauptachsen bezogenen Flächenmomente 2. Grades.

M199. Berechnen Sie mit den Daten der Musteraufgaben M196., Seite 332 und M198., Seite 333 das polare Trägheitsmoment für einen Profilstahl Z 100 DIN 1027.

Lösung: $\boldsymbol{I_p} = I_x + I_y = 222\ \text{cm}^4 + 72{,}5\ \text{cm}^4 = \boldsymbol{294{,}5\ \text{cm}^4}$ oder:
$\boldsymbol{I_p} = I_\xi + I_\eta = 270\ \text{cm}^4 + 24{,}6\ \text{cm}^4 = \boldsymbol{294{,}6\ \text{cm}^4} \approx 294{,}5\ \text{cm}^4$

64.2 Ermittlung der Biegespannung

64.2.1 Lastebene liegt in einer der Hauptachsen → einachsige Biegung

Bild 1 zeigt den in der Überschrift beschriebenen Fall am Beispiel eines ungleichschenkligen L-Stahl nach DIN EN 10056. Es ist zu erkennen, dass die Lastebene in einer Hauptachse, der Achse $\eta - \eta$, liegt.
Somit wird über die Achse $\xi - \xi$ auf Biegung beansprucht. Der dargestellte Fall zeigt eine sogenannte **einachsige Biegung,** die auch in den Lektionen 62 und 63 gegeben war. Somit kann nun eine eindeutige Aussage getroffen werden:

Die **Anwendbarkeit der Biegehauptgleichung** ist an das Vorhandensein einer **einachsigen Biegung** gebunden.

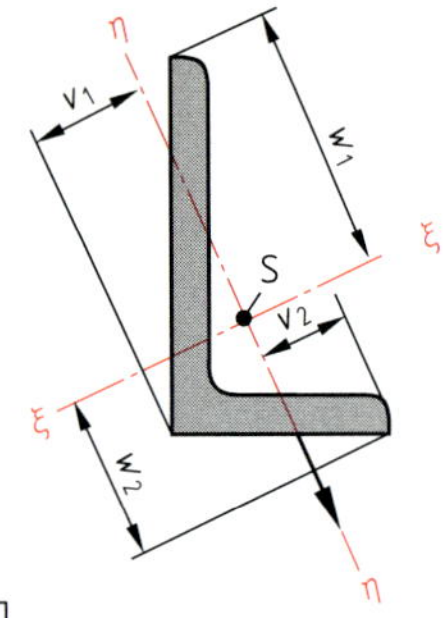

1

Somit gelten für den in der Überschrift beschriebenen Fall die Gesetze der Lektionen 62 und 63 und damit ergibt sich die

Biegespannung $\sigma_b = \dfrac{M_b}{W}$ 334–2 = 315–2 in $\dfrac{\text{N}}{\text{mm}^2}$

Auch hier ergeben sich die Widerstandsmomente, indem das auf die Hauptachse bezogene Trägheitsmoment durch die entsprechenden Randabstände dividiert wird. Mit Bild 1:

Widerstandsmoment $W_{\xi 1} = \dfrac{I_\xi}{w_1}$ $W_{\xi 2} = \dfrac{I_\xi}{w_2}$ 334–3 in cm^3

$W_{\eta 1} = \dfrac{I_\eta}{v_1}$ $W_{\eta 2} = \dfrac{I_\eta}{v_2}$ 334–4 in cm^3

In den Stahlbautabellen sind die Trägheitsmomente I_ξ und I_η sowie die Abstände zur äußersten Randfaser w_1, w_2, v_1 und v_2 angegeben. Auch hier gilt:

Maximale Biegespannung herrscht am größten Randfaserabstand.

FESTIGKEITSLEHRE

M200. Berechnen Sie die maximale Biegespannung $\sigma_{b\,max}$ im Querschnitt eines ungleichschenkligen L-Stahl L 100 × 50 × 8 bei einer Beanspruchung entsprechend Bild 1, Seite 334 und wenn das Biegemoment M_b = 800 Nm beträgt.

Lösung: $\sigma_{b\,max} = \frac{M_b}{W_{min}}$ $W_{min} = \frac{I_\xi}{w_1}$ Tabellenwerte: I_ξ = 123 cm⁴; w_1 = 6,48 cm

$$\boldsymbol{W_{min}} = \frac{123\ \text{cm}^4}{6{,}48\ \text{cm}} = \mathbf{18{,}98\ cm^3}$$

$$\boldsymbol{\sigma_{b\,max}} = \frac{800\ \text{Nm}}{18{,}98\ \text{cm}^3} = \frac{800\,000\ \text{Nmm}}{18\,980\ \text{mm}^3} = \mathbf{42{,}15\ \frac{N}{mm^2}}$$

64.2.2 Die Biegespannung bei zweiachsiger Biegung

Man spricht von einer **zweiachsigen Biegung** oder von der **schiefen Biegung,** wenn die Lastebene den Querschnitt nicht in einer Hauptachse bzw. parallel dazu schneidet.
Will man in einem solchen Fall die Biegespannung ermitteln, dann muss man die **äußere Kraft parallel zu den Hauptachsen zerlegen.** Da die Hauptachsen bei symmetrischen Querschnitten die Schwerachsen und bei unsymmetrischen Querschnitten in der Regel nicht die Schwerachsen sind, wird in den nachfolgenden Betrachtungen zwischen diesen beiden Fällen unterschieden.

64.2.2.1 Biegespannungen in symmetrischen Querschnitten

Bild 1 zeigt die Zerlegung der unter dem Winkel α zur Hauptachse y–y wirkenden äußeren Kraft F in ihre Horizontalkomponente F_x und ihre Vertikalkomponente F_y. Es ist leicht zu erkennen, dass F_x den Träger über die Achse y–y und F_y den Träger über die Achse x–x auf Biegung beansprucht.
In diesem speziellen Fall erzeugt F_x in den Punkten 1 und 4 eine Druckspannung und in den Punkten 2 und 3 eine Zugspannung.
F_y hingegen erzeugt in den Punkten 1 und 2 eine Zugspannung und in den Punkten 3 und 4 eine Druckspannung. Würde F z. B. schräg von unten wirken, dann wären die Verhältnisse völlig anders gelagert. Hieraus ist zu erkennen:

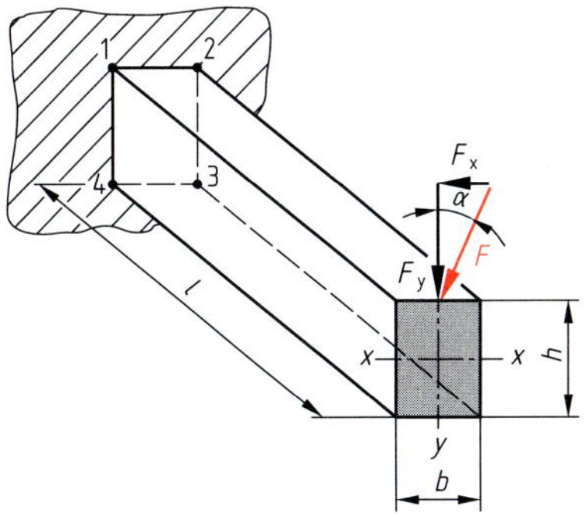

1

Für die Ermittlung der tatsächlichen Biegespannung in einem bestimmten Punkt des biegebeanspruchten Querschnittes gibt es bei schiefer Biegung keine allgemeingültige Gleichung. Man kann aber die durch die Kraftkomponenten in jedem Punkt hervorgerufenen Biegespannungen (Zug oder Druck), d. h. + oder –, berechnen.

Grundsätzlich muss demzufolge so vorgegangen werden, dass man die durch die Kraftkomponenten erzeugten Biegespannungen in einem bestimmten Punkt berechnet und **unter Berücksichtigung des Vorzeichens** durch Addition zusammenfasst:

Biegespannung $\sigma_b = \sigma_{b\,x} + \sigma_{b\,y} = \frac{M_{bx}}{W_x} + \frac{M_{by}}{W_y}$ 335–1

σ	M	W
$\frac{N}{mm^2}$	Nmm	mm³

σ_b ist somit eine **zusammengesetzte Spannung** (s. auch Lektion 75), und zwar ist σ_b zusammengesetzt aus Spannungen, die sozusagen über zwei verschiedene Achsen erzeugt werden. Diesen Spannungszustand bezeichnet man als einen **zweiachsigen Spannungszustand.** Auch hierüber werden Sie in Lektion 75 noch mehr erfahren.

M201. Im Bild 1, Seite 335 soll sein: $F = 400$ N, $\alpha = 20°$, $l = 500$ mm, $b = 40$ mm, $h = 60$ mm. Berechnen Sie die zusammengesetzten Biegespannungen in den Punkten 1, 2, 3 und 4 des Einspannquerschnittes.

Lösung: $F_x = F \cdot \sin\alpha = 400\ \text{N} \cdot \sin 20° = 400\ \text{N} \cdot 0{,}342 = \mathbf{136{,}8\ N}$

$F_y = F \cdot \cos\alpha = 400\ \text{N} \cdot \cos 20° = 400\ \text{N} \cdot 0{,}9397 = \mathbf{375{,}9\ N}$

$M_{bx} = F_y \cdot l = 375{,}9\ \text{N} \cdot 500\ \text{mm} = \mathbf{187\,950\ Nmm}$

$M_{by} = F_x \cdot l = 136{,}8\ \text{N} \cdot 500\ \text{mm} = \mathbf{68\,400\ Nmm}$

$$W_x = \frac{b \cdot h^2}{6} = \frac{40\ \text{mm} \cdot (60\ \text{mm})^2}{6} = \mathbf{24\,000\ mm^3}$$

$$W_y = \frac{h \cdot b^2}{6} = \frac{60\ \text{mm} \cdot (40\ \text{mm})^2}{6} = \mathbf{16\,000\ mm^3}$$

Punkt 1: $$\sigma_{b1} = \frac{M_{bx}}{W_x} + \frac{M_{by}}{W_y} = \frac{187\,950\ \text{Nmm}}{24\,000\ \text{mm}^3} + \frac{68\,400\ \text{Nmm}}{16\,000\ \text{mm}^3} = \mathbf{3{,}555\ \frac{N}{mm^2}}$$

Punkt 2: $$\sigma_{b2} = \frac{M_{bx}}{W_x} + \frac{M_{by}}{W_y} = \frac{187\,950\ \text{Nmm}}{24\,000\ \text{mm}^3} + \frac{68\,400\ \text{Nmm}}{16\,000\ \text{mm}^3} = \mathbf{12{,}105\ \frac{N}{mm^2}}$$

Punkt 3: $$\sigma_{b3} = -\frac{M_{bx}}{W_x} + \frac{M_{by}}{W_y} = -\frac{187\,950\ \text{Nmm}}{24\,000\ \text{mm}^3} + \frac{68\,400\ \text{Nmm}}{16\,000\ \text{mm}^3} = \mathbf{-3{,}555\ \frac{N}{mm^2}}$$

Punkt 4: $$\sigma_{b4} = -\frac{M_{bx}}{W_x} - \frac{M_{by}}{W_y} = -\frac{187\,950\ \text{Nmm}}{24\,000\ \text{mm}^3} - \frac{68\,400\ \text{Nmm}}{16\,000\ \text{mm}^3} = \mathbf{-12{,}105\ \frac{N}{mm^2}}$$

⊕: Zugspannung, ⊖: Druckspannung infolge Biegung

64.2.2.2 Biegespannungen in unsymmetrischen Querschnitten

Wird der in Bild 1, Seite 334 und in Musteraufgabe M200., Seite 335 berechnete L-Stahl nicht über eine Hauptachse, sondern über eine Schwerachse auf Biegung beansprucht, so liegt eine zweiachsige, d. h. schiefe Biegung, dieses unsymmetrischen Querschnittes vor. Bild 1 zeigt einen solchen Fall bei einer Beanspruchung über die Achse x–x.

Hier ist ebenso zu verfahren, wie bei der schiefen Biegung symmetrischer Querschnitte, d. h. die äußere Kraft F ist in ihre Hauptachsenkomponenten F_ξ und F_η zu zerlegen. Dies zeigt Bild 2. Nun ist entsprechend Gleichung 335–1 zu verfahren, wobei x durch ξ und y durch η zu ersetzen sind. Die zusammengesetzte Biegebeanspruchung erhält man bei **Berücksichtigung der Vorzeichen** wie folgt:

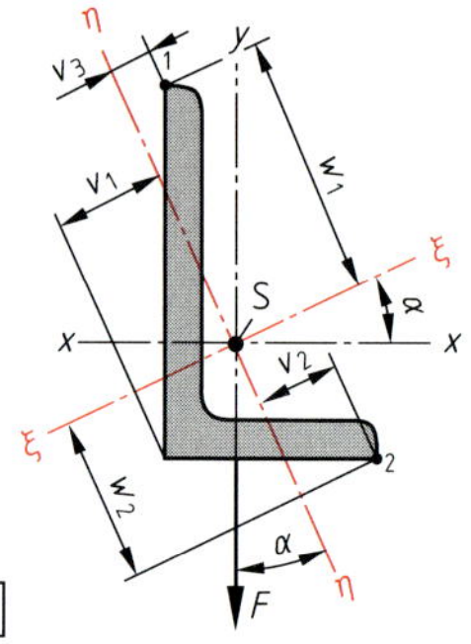

1

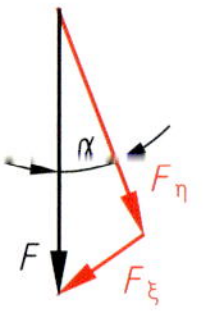

2

Biegespannung: $$\sigma_b = \sigma_{b\xi} + \sigma_{b\eta} = \frac{M_{b\xi}}{W_\xi} + \frac{M_{b\eta}}{W_\eta} \qquad \text{336–1}$$

M202. Der in Musteraufgabe M200., Seite 335 in der Hauptsache beanspruchte Profilquerschnitt L 100 × 50 × 8 (Bild 1, Seite 334) wird mit dem gleichen Biegemoment $M_b = 800$ Nm in der Schwerachse y–y beansprucht (Bild 1). Die Biegung erfolgt somit über die Achse x–x. Berechnen Sie

a) die zusammengesetzten Biegespannungen in den Punkten 1 und 2,
b) die prozentuale Vergrößerung der maximalen Biegespannung gegenüber der in Musteraufgabe M200., Seite 335 berechneten maximalen Biegespannung σ_{bmax}.

Lösung: a) Bild 3 zeigt die Zerlegung des äußeren Momentes M_b in die auf die Hauptachsen bezogenen Momentenkomponenten $M_{b\xi}$ und $M_{b\eta}$. Rechnerisch ergibt sich hierfür:

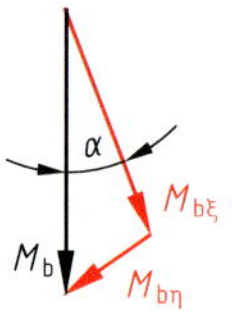

3

FESTIGKEITSLEHRE

$M_{b\xi} = M_b \cdot \cos\alpha$ **Tabellenwert:** $\tan\alpha = 0{,}258 \longrightarrow \boldsymbol{\alpha = 14{,}5°}$

$\boldsymbol{M_{b\xi}} = 800\ \text{Nm} \cdot \cos 14{,}5° = 800\ \text{Nm} \cdot 0{,}968 = \mathbf{774{,}4\ Nm}$

$\boldsymbol{M_{b\eta}} = M_b \cdot \sin\alpha = 800\ \text{Nm} \cdot \sin 14{,}5° = 800\ \text{Nm} \cdot 0{,}25 = \mathbf{200\ Nm}$

Punkt 1: $\sigma_{b1} = \dfrac{M_{b\xi}}{W_{\xi 1}} + \dfrac{M_{b\eta}}{W_{\eta 1}}$

Achtung: Bei der Berechnung der Widerstandsmomente entsprechende Randabstände einsetzen! Nach Tabelle:

$$\boldsymbol{W_{\xi 1}} = \frac{I_\xi}{w_1} = \frac{123\ \text{cm}^4}{6{,}48\ \text{cm}} = \mathbf{18{,}98\ cm^3}$$

$$\boldsymbol{W_{\eta 1}} = \frac{I_\eta}{v_3} = \frac{12{,}6\ \text{cm}^4}{1{,}18\ \text{cm}} = \mathbf{10{,}68\ cm^3}$$

$$\sigma_{b1} = \frac{77\,440\ \text{Ncm}}{18{,}98\ \text{cm}^3} + \frac{20\,000\ \text{Ncm}}{10{,}68\ \text{cm}^3} = 4080\ \frac{\text{N}}{\text{cm}^2} + 1872{,}7\ \frac{\text{N}}{\text{cm}^2} = 5952{,}7\ \frac{\text{N}}{\text{cm}^2}$$

$$\boldsymbol{\sigma_{b1} = 59{,}53\ \frac{N}{mm^2}}\ \text{(Zug)}$$

Punkt 2: $\sigma_{b2} = -\dfrac{M_{b\xi}}{W_{\xi 2}} + \dfrac{M_{b\eta}}{W_{\eta 2}}$

$$\boldsymbol{W_{\xi 2}} = \frac{I_\xi}{w_2} = \frac{123\ \text{cm}^4}{4{,}44\ \text{cm}} = \mathbf{27{,}7\ cm^3}$$

$$\boldsymbol{W_{\eta 2}} = \frac{I_\eta}{v_2} = \frac{12{,}6\ \text{cm}^4}{2{,}95\ \text{cm}} = \mathbf{4{,}27\ cm^3}$$

$$\sigma_{b2} = -\frac{77\,440\ \text{Ncm}}{27{,}7\ \text{cm}^3} + \frac{20\,000\ \text{Ncm}}{4{,}27\ \text{cm}^3} = -2795{,}7\ \frac{\text{N}}{\text{cm}^2} + 4683{,}8\ \frac{\text{N}}{\text{cm}^2} = 1888{,}2\ \frac{\text{N}}{\text{cm}^2}$$

$$\boldsymbol{\sigma_{b2} = 18{,}88\ \frac{N}{mm^2}}\ \text{(Zug)}$$

b) Beim Vergleich von M200., Seite 335 und M202. ergibt sich ein Verhältnis der maximalen Biegespannungen zu

$$\frac{\sigma_{b1}}{\sigma_{b\,max}} = \frac{59{,}53\ \text{N/mm}^2}{42{,}15\ \text{N/mm}^2} = 1{,}41.$$

Dies heißt Steigerung der Biegespannung um 41 % bei der schiefen Biegung!

Aus dieser Betrachtung resultiert die folgende Erkenntnis:

Die Biegebeanspruchung sollte möglichst über die Hauptachse mit größtem Trägheitsmoment erfolgen.

Zur **Berechnung der Biegespannung von nicht genormten unsymmetrischen Profilen** ist es erforderlich, die auf die Hauptachsen bezogenen Flächenträgheitsmomente I_{I} und I_{II} zu berechnen. Hierzu wird neben den auf die Schwerachsen bezogenen Flächenträgheitsmomenten I_x und I_y das Flächenzentrifugalmoment I_{xy} benötigt. Dies zeigt die folgende Übungsaufgabe:

Ü 332. In Musteraufgabe M194., Seite 325 ist der Einfluss der schiefen Biegung unberücksichtigt geblieben. Dies soll jetzt nachgeholt werden. Zu berechnen sind bei der Annahme, dass die Kraft in der Achse y–y wirkt

a) das Flächenzentrifugalmoment I_{xy},
b) der Hauptachsenwinkel α,
c) die Hauptträgheitsmomente I_{I} und I_{II},
d) die Widerstandsmomente auf die Hauptachse I bezogen,
e) die maximale auf die Hauptachse I bezogene Biegespannung, wenn das Biegemoment (d. h. auch die Kraft) in der Hauptachse II wirkt.

Ü 333. In Übungsaufgabe Ü 332. wirkt das Biegemoment in der Hauptachse II.

Anders war der Fall in Musteraufgabe M 194., Seite 325 gelagert. Dies ist nochmals in Bild 1 dargestellt, die Kraft F wirkt in der Schwerachse y–y. Ermitteln Sie für diesen Fall die tatsächliche Biegespannung im Punkt 1 (schiefe Biegung), und zwar mit den Daten von Musteraufgabe M 194., Seite 325 und Übungsaufgabe Ü 332., Seite 337.

Ü 334. Vergleichen Sie die maximale Biegespannung $\sigma_{b\,I\max}$ in Übungsaufgabe Ü 332., Seite 337 mit der im Punkt 1 ermittelten Biegespannung in Übungsaufgabe Ü 333.

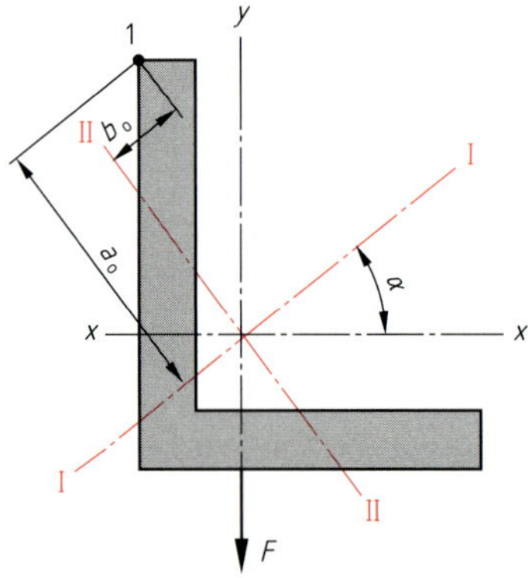

1

V 318. Die Bilder 2 und 3 zeigen jeweils den gleichen auf Biegung beanspruchten L-Stahl nach DIN EN 10056.
In beiden Fällen ist auch die Kraft F gleich groß. Vergleichen Sie die dargestellten Fälle.

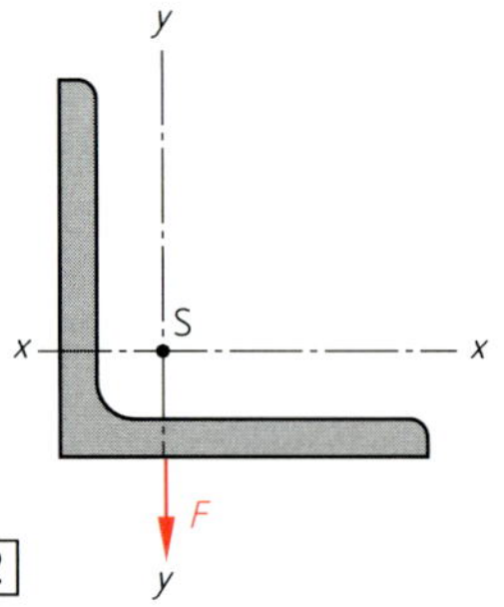

2

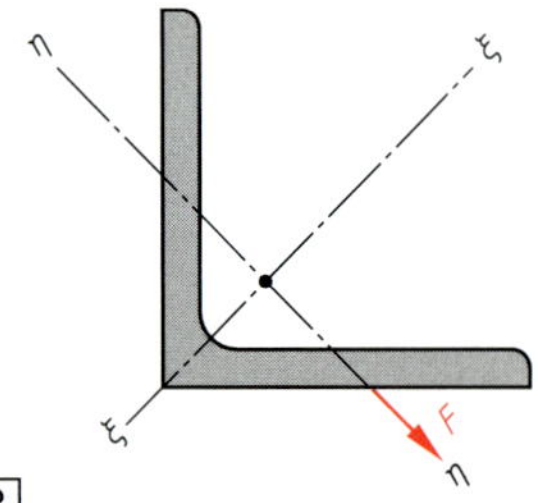

3

V 319. Bild 4 zeigt den Schnitt durch einen geschweißten Trägerquerschnitt. Begründen Sie, warum die Biegebeanspruchung über die Achse y–y günstiger ist. Definieren Sie daraus eine Konstruktionsregel.

V 320. Ermitteln Sie aus einer Stahlbautabelle für einen gleichschenkligen L-Stahl 50 × 5 nach DIN EN 10056

a) die Summe der Trägheitsmomente I_x und I_y,
b) die Summe der Trägheitsmomente I_ξ und I_η.

Wie groß ist das polare Trägheitsmoment I_p?

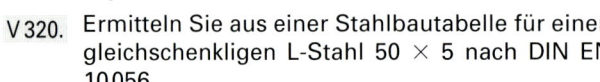

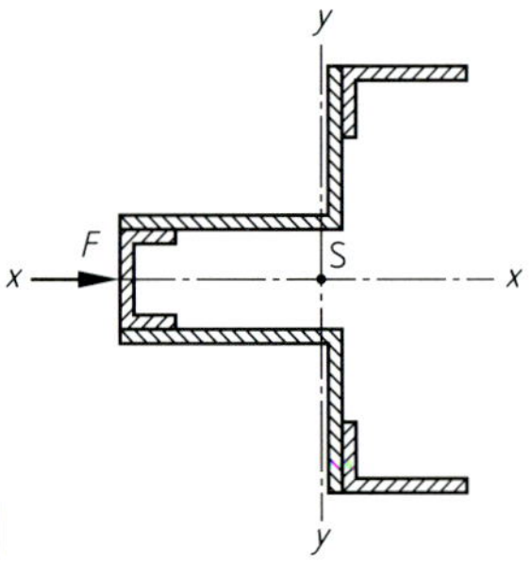

4

Lektion 65

Biegemomenten- und Querkraftverlauf beim Freiträger

65.1 Freiträger mit Einzellasten

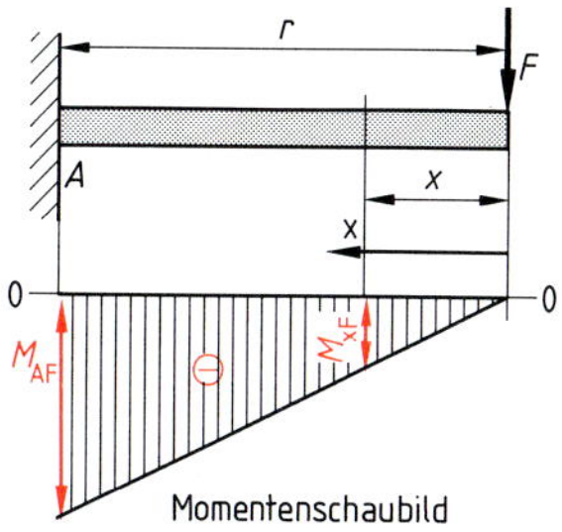

1

Bild 1 zeigt einen Freiträger mit einer Einzellast am Trägerende. Unter diesen Freiträger ist das **Biegemomentenschaubild** gezeichnet. Meist spricht man kurz vom **Momentenschaubild** oder von der **Momentenfläche.** Diese wird grundsätzlich mit einer senkrechten Schraffur angelegt und enthält das **Vorzeichen des Biegemomentes.** Im dargestellten Fall ist es negativ, da die Zugzone im Träger oben liegt (Lektion 62).

Die Momentenfläche wird i. d. R. maßstäblich gezeichnet, d. h., dass ein **Momentenmaßstab MM** gewählt werden muss. Will man z. B. das Biegemoment an der Stelle *x* berechnen, nimmt man an, dass an dieser Stelle der Träger fest eingespannt ist. Diese Annahme ist zulässig, da ja zwei benachbarte Querschnittsflächen fest miteinander verbunden sind. Da die Länge *x* des Hebelarms vom Angriffspunkt der Kraft *F* bis zur Einspannstelle A vom Wert 0 auf den Wert *r* wächst, nimmt das Biegemoment **linear** vom Wert Null am Angriffspunkt der Kraft *F* auf einen Höchstwert an der Einspannstelle A zu. Es ist:

Biegemoment an der Stelle *x* hervorgerufen durch *F*:

$M_{xF} = F \cdot x$ in Nmm, Ncm, Nm 339–1

Biegemoment an der Stelle *A* hervorgerufen durch *F*:

$M_{AF} = F \cdot r$ in Nmm, Ncm, Nm 339–2

Die Darstellung des Momentes im Momentenschaubild erfolgt üblicherweise mit einem Doppelpfeil.

Beim Formelzeichen für ein Biegemoment gibt der erste Index den Ort bzw. die Stelle an, an der das Biegemoment auftritt. Die folgenden Indizes geben die Kraft bzw. die Kräfte an, die das Biegemoment verursachen.

Beispiel:

M_{AF} → Das Moment wird durch die Kraft *F* verursacht

↓

Das Moment tritt an der Stelle A auf.

Das Biegemoment ändert sich entlang eines Trägers. Die grafische Darstellung dieses Momentenverlaufes erfolgt mit einem maßstäblichen Momentenschaubild.

Nach der Biegehauptgleichung entsteht die maximale Biegespannung $\sigma_{b\,max}$ an der Stelle des größten Biegemomentes. Setzt man einen konstanten Querschnitt voraus, liegt an dieser Stelle auch der **gefährdete Querschnitt**.

Maximales Biegemoment

$M_{b\,max} = M_{AF} = F \cdot l$ in Nmm, Ncm, Nm 339–3

Beim Freiträger mit einer Einzellast tritt das maximale Biegemoment an der Einspannstelle des Trägers auf.

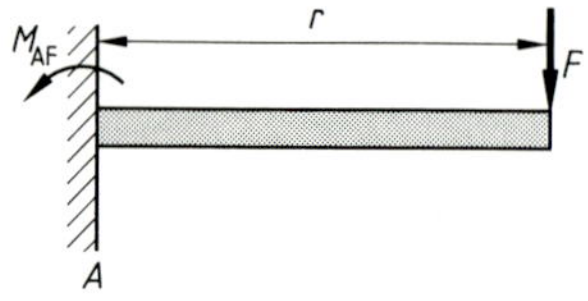

1

Aus Bild 1 geht hervor, dass die Gleichgewichtsbedingung $\Sigma M = 0$ erfüllt ist. Es ist

$$\overset{\curvearrowleft}{M_{AF}} + \overset{\curvearrowright}{F \cdot r} = 0$$

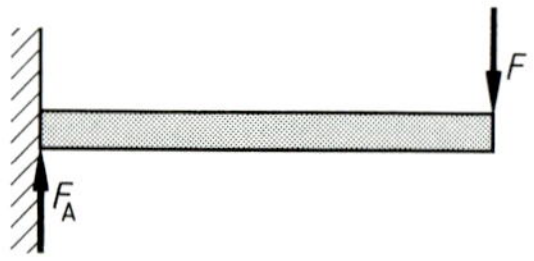

2

Da keine Horizontalkräfte auftreten, ist $\Sigma F_x = 0$. Dass $\Sigma F_y = 0$ ist, wird mit Bild 2 zum Ausdruck gebracht. In der Einspannung entsteht eine Reaktionskraft mit der Größe von F. Diese ist F entgegengerichtet und es gilt

$$\Sigma F_y = F\downarrow + F_A\uparrow = 0$$

Aus Lektion 62 ist bekannt, dass die äußere Kraft F von Querschnitt zu Querschnitt übertragen wird. In jeder gedachten Schnittfläche des Trägers wirkt somit eine innere Kraft F_i, die man als **Querkraft** F_q bezeichnet. Es ist $\boldsymbol{F_q = -F}$.

Beim Freiträger mit einer Einzellast am Trägerende ist die Querkraft F_q über die gesamte Trägerlänge konstant.

3

Dies wird im maßstäblichen **Querkraftschaubild** (KM) dargestellt (Bild 3). Beim Zeichnen des F_q-Schaubildes beginnt man an einer Trägerseite dergestalt, dass die Kraft – von der Nullinie ausgehend – in ihrer Größe (KM) und Richtung gezeichnet wird, z. B.: $\downarrow F$. Dann werden alle Kräfte entlang dem Träger an ihrem Angriffspunkt, in ihrer Richtung und in ihrer Größe gezeichnet, z. B. $\uparrow F_A$.

Da $\Sigma F_y = 0$ ist, muss die im F_q-Schaubild zuletzt gezeichnete Kraft mit ihrem Endpunkt die Nullinie wieder berühren.

Ebenso wie das Momentenschaubild wird auch das Querkraftschaubild mit einer senkrechten Schraffur belegt, und man zeichnet auch das Vorzeichen der Querkraft ein. Dieses ist im betrachteten Fall positiv, da sich der Träger bei einem gedachten Schnitt auf der rechten Seite nach unten bewegen würde (s. Lektion 62).
In der Regel werden die Situationsskizze, also die Trägeranordnung, sowie das F_q- und M-Schaubild untereinander gezeichnet. Berechnungen und Bemerkungen schreibt man neben die Schaubilder. Dies erhöht die Übersichtlichkeit und wird in den folgenden Musteraufgaben gezeigt werden.

M203. Bild 4 zeigt einen auf der rechten Seite eingespannten Freiträger. Es sind das F_q- und das M-Schaubild zu zeichnen.

Lösung:
Aus $\Sigma F_y = 0$ folgt: $F + F_A = 0 \rightarrow$ $\boldsymbol{F_A = -F = -18\ \text{kN}}$
$\boldsymbol{F_{qx} = -F = -18\ \text{kN}}$

Querkraftschaubild KM: 1 cm ≙ 30 kN (Bild 5)

Die Querkraft ist im gesamten Trägerbereich negativ, da sich der Träger bei jedem gedachten Schritt – z. B. an der Stelle x – auf der rechten Seite nach oben bewegt. M_b ist negativ, da die Zugzone oben liegt.

$M_{AF} = M_{b\,max} = -F \cdot r = -18\ \text{kN} \cdot 2{,}3\ \text{m}$
$\boldsymbol{M_{b\,max} = -41{,}4\ \text{kNm}}$

Momentenschaubild MM: 1 cm ≙ 25 kNm (Bild 6)

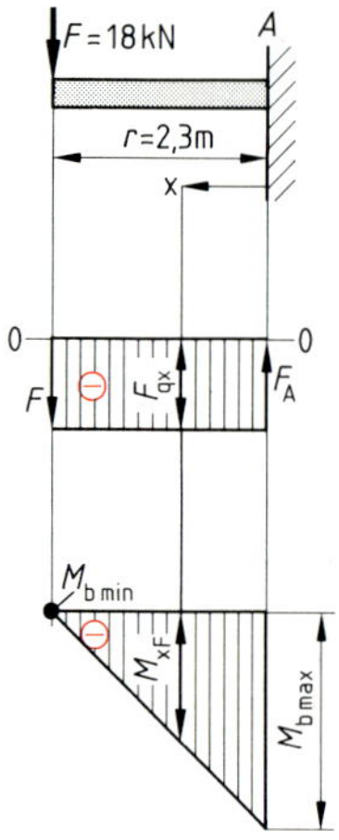

4
5
6

Da Querkraft- und Momentenschaubild maßstäblich gezeichnet werden, lassen sich F_{qx} und M_{bx} an jeder Stelle x des Trägers aus diesen Schaubildern herausmessen.

M204. Im Bild 1 ist ein auf der linken Seite eingespannter Freiträger abgebildet. Es wirken zwei Einzellasten an verschiedenen Trägerstellen, wobei eine dieser Kräfte schräg wirkt. Gesucht ist

a) F_q-Schaubild (KM: 1 cm $\triangleq$ 5,7 kN)

b) $M_{b\,max}$

c) M_{xF1}

d) M-Schaubild (MM: 1 cm $\triangleq$ 28 000 Nm)

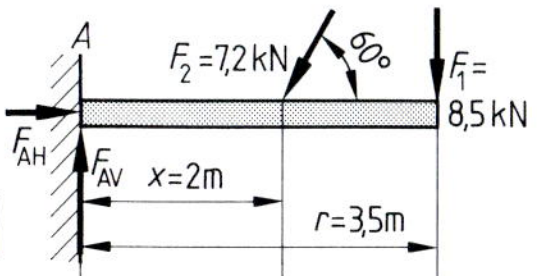

1

Lösung:

a) Von F_2 beeinflusst nur die Vertikalkomponente F_{2V} das Querkraft- und Momentenschaubild. Die Horizontalkomponente F_{2H} wird von der Einspannung als Normalkraft F_{AH} aufgenommen. Vom Angriffspunkt der Kraft F_1 bis zum Angriffspunkt der Kraft F_2 wirkt nur die Querkraft $F_q = -F_1$. Vom Angriffspunkt der Kraft F_2 bis zur Einspannstelle wirkt die Querkraft $F_q = -(F_1 + F_{2V})$.

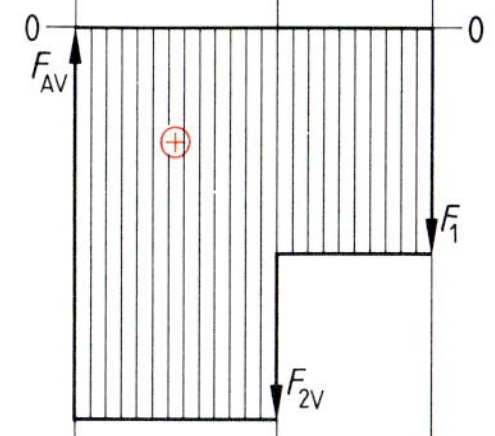

2

$\mathbf{F_{2V}} = F_2 \cdot \sin 60° = 7{,}2\text{ kN} \cdot 0{,}866 = \mathbf{6{,}2352\text{ kN}}$

Aus $\Sigma F_y = 0$: $-F_{AV} = F_1 + F_{2V} = 8{,}5\text{ kN} + 6{,}2352\text{ kN}$

$-F_{AV} = 14{,}7352\text{ kN}$

Aus $\Sigma F_x = 0$: $F_{AH} = -F_{2H} = -F_2 \cdot \cos 60° = -7{,}2\text{ kN} \cdot 0{,}5$

$F_{AH} = -3{,}6\text{ kN}$

b) $M_{b\,max} = M_{AF_1F_2} = -(F_{2V} \cdot x + F_1 \cdot r)$

$M_{b\,max} = -(F_2 \cdot \sin 60° \cdot x + F_1 \cdot r)$

$M_{b\,max} = -(7200\text{ N} \cdot 0{,}866 \cdot 2\text{ m} + 8500\text{ N} \cdot 3{,}5\text{ m})$

$M_{b\,max} = -(12\,470{,}4\text{ Nm} + 29\,750\text{ Nm})$

$\mathbf{M_{b\,max} = -42\,220{,}4\text{ Nm}}$

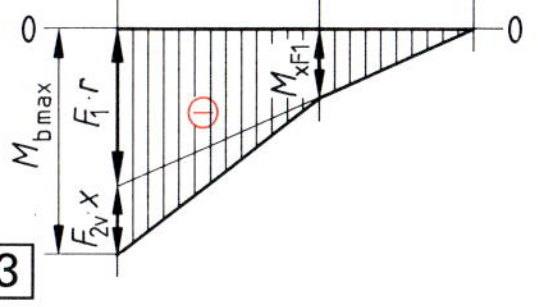

3

c) Man denke sich den Träger bei x eingespannt. Dann folgt:

$M_{xF_1} = -F_1 \cdot (r - x) = -8500\text{ N} \cdot (3{,}5\text{ m} - 2{,}0\text{ m}) = -8500\text{ N} \cdot 1{,}5\text{ m}$

$\mathbf{M_{xF_1} = -12\,750\text{ Nm}}$

d) Das Gesamtmomentenschaubild (Bild 3) kann man sich aus zwei Einzelmomentenschaubildern mit den Maximalmomenten $F_1 \cdot r$ und $F_{2V} \cdot x$ zusammengesetzt denken. Rechnerisch geht dies aus dem Lösungspunkt b) hervor.

Bei mehr als einer gleichzeitigen Trägerbelastung kann für jede wirkende Kraft ein Querkraft- und ein Momentenschaubild gezeichnet werden. Diese Einzelschaubilder können durch **Superposition,** d. h. durch Überlagerung, zu einem Gesamtschaubild zusammengesetzt werden.

Dieses Verfahren wird in den Bildern 4, 5 und 6 am Beispiel der Musteraufgabe M204. gezeigt.

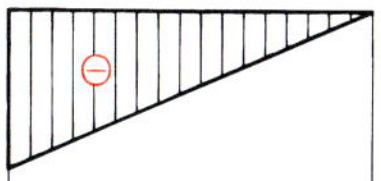

4

Bild 4:
Einzelmomentenschaubild mit $M_{b\,max1} = -F_1 \cdot r$

5

Bild 5:
Einzelmomentenschaubild mit $M_{b\,max2} = -F_{2V} \cdot x$

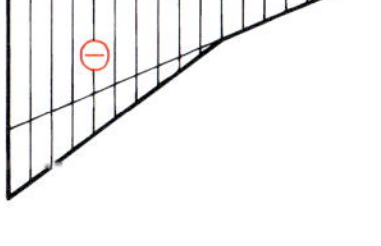

6

Bild 6:
Durch Superposition (Überlagerung durch zeichnerische Addition) aus den Einzelmomentenschaubildern zusammengesetztes Gesamtmomentenschaubild.

FESTIGKEITSLEHRE

M205. Die Kräfte des im Bild 1 dargestellten Trägersystems betragen $F_B = 50$ kN, $F_C = 60$ kN, $F_D = 20$ kN. Zeichnen Sie

a) das Querkraftschaubild,
b) alle Einzelmomentenschaubilder,
c) das Gesamtmomentenschaubild.
d) An welchen Trägerstellen ist das Biegemoment Null?

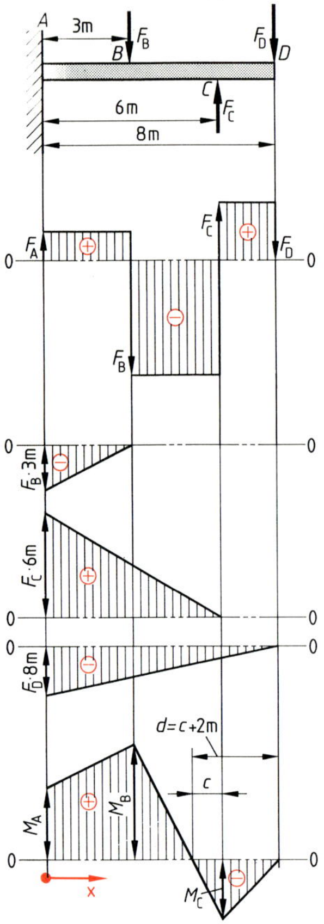

Lösung:

a) Aus $\Sigma F_y = 0$: $F_A + F_B - F_C + F_D = 0$
$F_A = F_C - F_B - F_D = 60\text{ kN} - 50\text{ kN} - 20\text{ kN}$
$\boldsymbol{F_A = -10\text{ kN}}$ (↑)

Querkraftschaubild (Bild 2) KM: 1 cm ≙ 30 kN

b) $M_{AF_B} = -F_B \cdot 3\text{ m} = -50\text{ kN} \cdot 3\text{ m} = -150\text{ kNm}$
$M_{AF_C} = +F_C \cdot 6\text{ m} = 60\text{ kN} \cdot 6\text{ m} = 360\text{ kNm}$
$M_{AF_D} = -F_D \cdot 8\text{ m} = -20\text{ kN} \cdot 8\text{ m} = -160\text{ kNm}$

Einzelmomentenschaubilder (Bilder 3, 4, 5)
MM: 1 cm ≙ 300 kNm

c) **Gesamtmomentenschaubild** (Bild 6)
MM: 1 cm ≙ 60 kNm

Anmerkung:
Gegenüber dem Momentenmaßstab für die Einzelmomentenschaubilder wurde beim Gesamtmomentenschaubild ein größerer Maßstab gewählt. Dies wurde aus Gründen einer genaueren Darstellung erforderlich.

Bild 6 ist durch die zeichnerische Addition der Biegemomente an den Stellen A, B, C und D entstanden (Superposition). Die Werte der Biegemomente an diesen Stellen können auch rechnerisch ermittelt werden:

$M_A = -F_B \cdot 3\text{ m} + F_C \cdot 6\text{ m} - F_D \cdot 8\text{ m} = -50\text{ kN} \cdot 3\text{ m} + 60\text{ kN} \cdot 6\text{ m} - 20\text{ kN} \cdot 8\text{ m}$
$M_A = -150\text{ kNm} + 360\text{ kNm} - 160\text{ kNm}$
$\boldsymbol{M_A = +50\text{ kNm}}$

$M_B = F_C \cdot 3\text{ m} - F_D \cdot 5\text{ m} = 60\text{ kN} \cdot 3\text{ m} - 20\text{ kN} \cdot 5\text{ m} = 180\text{ kNm} - 100\text{ kNm}$
$\boldsymbol{M_B = 80\text{ kNm}}$

$M_C = -F_D \cdot 2\text{ m} = -20\text{ kN} \cdot 2\text{ m}$
$\boldsymbol{M_C = -40\text{ kNm}}$

$\boldsymbol{M_D = 0}$

Mit diesen rechnerisch ermittelten Werten kann das Momentenschaubild – entsprechend Bild 6 – gezeichnet werden. Daraus ist zu erkennen:

Wird ein Träger durch Einzelkräfte belastet, dann steigt bzw. fällt das Biegemoment linear in den Bereichen zwischen den Angriffspunkten der Kräfte.

d) **Momenten-Nullstellen** ergeben sich aus dem Gesamtmomentenschaubild bei $\boldsymbol{x = 5\text{ m}, x = 8\text{ m}}$.

FESTIGKEITSLEHRE

Rechnerischer Nachweis für die Momenten-Nullstelle bei $x = 5$ m mit Hilfe der Bezeichnungen im Bild 6, Seite 342 und $\Sigma M = 0$:

$$-F_D \cdot (c + 2\text{ m}) + F_c \cdot c = 0$$

$$-F_D \cdot c - F_D \cdot 2\text{ m} + F_c \cdot c = 0 \longrightarrow c \cdot (F_C - F_D) - F_D \cdot 2\text{ m} = 0. \text{ Somit:}$$

$$\boldsymbol{c} = \frac{F_D \cdot 2\text{ m}}{F_C - F_D} = 2\text{ m} \cdot \frac{20\text{ kN}}{60\text{ kN} - 20\text{ kN}} = 2\text{ m} \cdot \frac{20\text{ kN}}{40\text{ kN}} = \mathbf{1\ m}$$

$$\boldsymbol{x} = 8\text{ m} - d = 8\text{ m} - (c + 2\text{ m}) = 8\text{ m} - (1\text{ m} + 2\text{ m}) = 8\text{ m} - 3\text{ m} = \mathbf{5\ m}$$

Beim Vergleich von Querkraft- und Momentenschaubild kann festgestellt werden:

An den Stellen eines Vorzeichenwechsels im F_q-Schaubild treten im M-Schaubild maximale Momente auf.

Anmerkung: Diese allgemeingültige Regel kann mit Hilfe der höheren Mathematik nachgewiesen werden.

Ü 335. An dem im Bild 1 dargestellten Freiträger greifen die Kräfte F_B = 100 N und F_C = 80 N an, F_C unter dem Winkel α = 30°. Zeichnen Sie

a) Querkraftschaubild,
b) die Einzelmomentenschaubilder erzeugt aus F_B und F_C,
c) Gesamtmomentenschaubild.

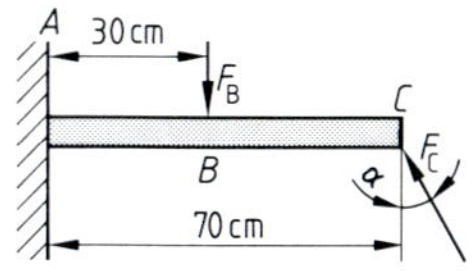

1

V 321. Für den im Bild 2 dargestellten Freiträger ist das Moment an der Einspannstelle zu berechnen. Außerdem ist das Querkraft- und Momentenschaubild zu zeichnen. Das Trägergewicht soll vernachlässigt werden.

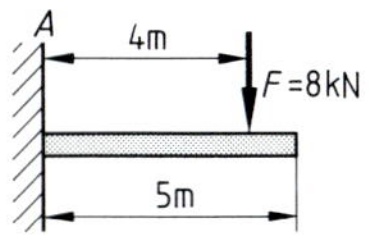

2

V 322. Zeichnen Sie für den im Bild 3 dargestellten Träger bei Vernachlässigung des Eigengewichtes Querkraft- und Momentenschaubild.
Welche Axialkraft wirkt im Träger, und welche Spannung wird dadurch erzeugt?

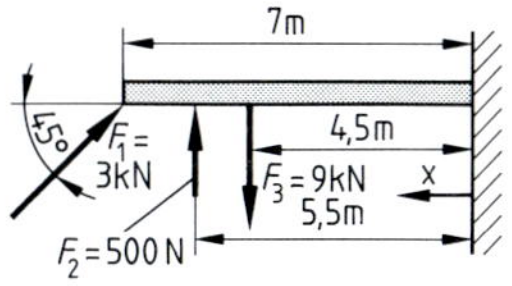

3

65.2 Freiträger mit gleichmäßig verteilter Streckenlast

Übungsaufgabe Ü324., Seite 327 zeigt, dass bei Trägern das **Eigengewicht** eine mitentscheidende Rolle spielen kann, wenn es um die Dimensionierung des Trägers geht. Wenn man einmal annimmt, dass der Trägerquerschnitt über die gesamte Trägerlänge konstant ist, und dass es sich um einen homogenen Werkstoff handelt, kann man das Eigengewicht des Trägers als eine gleichmäßig verteilte Streckenlast ansehen. Auch **Schneelasten** oder **Winddrücke** können als gleichmäßig verteilte Belastung angenommen werden (Seite 309).

Bei einer gleichmäßig verteilten Streckenlast sind gleiche Trägerabschnitte mit gleichen Lastanteilen belastet.

Daraus ergibt sich die **Einheit der Streckenlast** q: $\frac{\text{N}}{\text{m}}, \frac{\text{kN}}{\text{m}}$

Man kann also auch sagen, dass die Streckenlast q die auf einen Meter bezogene Last ist. Daraus ergibt sich die durch die Streckenlast q hervorgerufene

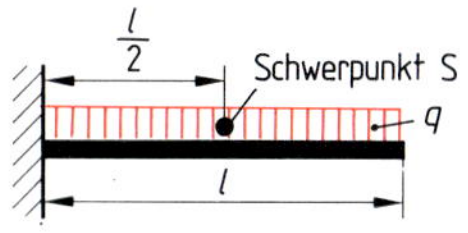

4

		F_S	q	l	
Trägerlast	$F_S = q \cdot l$	N	$\frac{\text{N}}{\text{m}}$	m	343–1

FESTIGKEITSLEHRE

Bild 4, Seite 343 zeigt einen Freiträger mit Streckenlast. Dieser ist auf der linken Seite eingespannt. Das maximale Biegemoment tritt an der Einspannstelle auf. Um die Biegespannung berechnen zu können, muss $M_{b\,max}$ bekannt sein. Eine Möglichkeit, diese zu berechnen, besteht darin, die Last F_S in viele, z. B. fünf, Einzellasten zu zerlegen (Bild 1). Dann ergibt sich

$$M_{b\,max} = F_{S_1} \cdot l_1 + F_{S_2} \cdot l_2 + F_{S_3} \cdot l_3 + \ldots$$

Nach dem Momentensatz ist aber $\Sigma F_{Si} \cdot l = F_S \cdot \frac{l}{2}$.
Somit:

$$M_{b\,max} = F_S \cdot \frac{l}{2} = q \cdot l \cdot \frac{l}{2}$$

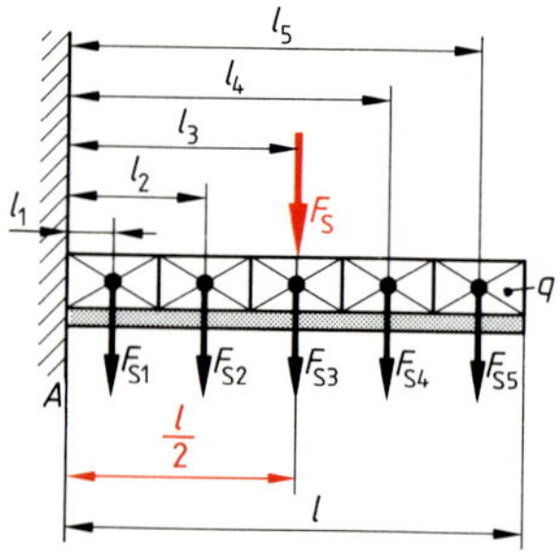

1

Da die Zugzone im Träger oben liegt, ergibt sich

Maximales Biegemoment $$M_{b\,max} = -\frac{q \cdot l^2}{2}$$ 344–1

$M_{b\,max}$	q	l
Nm	$\frac{N}{m}$	m

Um das Biegemoment bei einer Belastung durch eine Streckenlast zu berechnen, lässt man die Trägerlast F_S im Schwerpunkt derselben angreifen und multipliziert sie mit der Entfernung des Schwerpunktes von der Einspannstelle.

Bei der Berechnung des Biegemomentes an der Stelle x wird so verfahren, als wäre der Träger bei x fest eingespannt (Bild 2). Somit ergibt sich

$$M_{bx} = -F_{Sx} \cdot \frac{x}{2} = -q \cdot x \cdot \frac{x}{2}$$

$$M_{bx} = -\frac{q \cdot x^2}{2}$$ 344–2

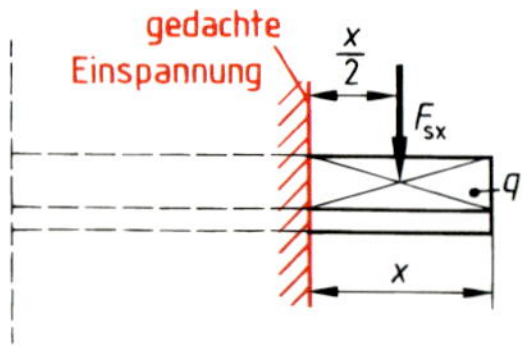

2

M206. Ein Freiträger ist auf der rechten Seite fest eingespannt (Bild 3). Er hat eine Länge $l = 6$ m und er ist mit einer gleichmäßig verteilten Streckenlast $q = 800$ N/m belastet.

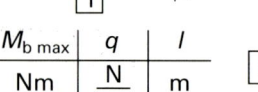

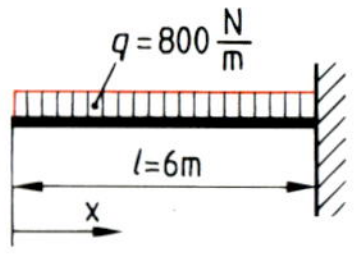

3

Berechnen Sie

a) M_b für $x_1 = l$, d. h. $M_{b\,max}$, b) M_b für $x_2 = \frac{3}{4}\,l$, c) M_b für $x_3 = \frac{l}{2}$,
d) M_b für $x_4 = \frac{l}{4}$, e) M_b für $x_5 = 0$

Zeichnen Sie
f) Momentenschaubild, g) Querkraftschaubild

Lösung:

a) $\mathbf{M_{b\,max}} = M_{bx_1} = -\frac{q \cdot l^2}{2} = -\frac{800\ \text{N/m} \cdot (6\ \text{m})^2}{2} = \mathbf{-14\,400\ Nm}$

b) $\mathbf{M_{bx_2}} = -\frac{q \cdot x^2}{2} = -\frac{800\ \text{N/m} \cdot (4{,}5\ \text{m})^2}{2} = \mathbf{-8100\ Nm}$

c) $\mathbf{M_{bx_3}} = -\frac{q \cdot x^2}{2} = -\frac{800\ \text{N/m} \cdot (3\ \text{m})^2}{2} = \mathbf{-3600\ Nm}$

d) $\mathbf{M_{bx_4}} = -\frac{q \cdot x^2}{2} = -\frac{800\ \text{N/m} \cdot (1{,}5\ \text{m})^2}{2} = \mathbf{-900\ Nm}$

e) $\mathbf{M_{bx_5} = 0}$ (der Hebelarm $x = 0$, d. h. $x^2 = 0$, d. h. $M_{bx} = 0$)

f) Aus der Gleichung $M_{bx} = -\frac{q \cdot x^2}{2}$ folgt, dass die Größe des Biegemomentes mit dem Quadrat des Hebelarmes zunimmt.

> Das Momentenschaubild bei einer gleichmäßig verteilten Streckenlast ist eine Parabel.

Bild 1 zeigt das **Momentenschaubild.** Mit Hilfe des Momentenmaßstabes **MM: 1 cm ≙ 5500 Nm** sind die errechneten Werte von der Null-Linie ausgehend gezeichnet. Die Endpunkte wurden mit einem Kurvenlineal zu einer Parabel verbunden.

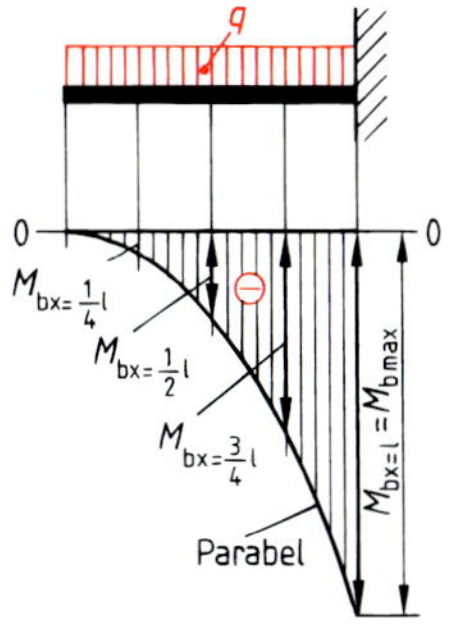

1

g) **Querkraftschaubild**
Um den Querkraftverlauf zu verdeutlichen, wird die Querkraft an den Stellen $x_1 = l$ und $x_2 = \frac{l}{2}$ berechnet. Des weiteren an der Stelle $x_3 = 0$.

$$F_{qx_1} = -q \cdot l = -800 \text{ N/m} \cdot 6 \text{ m} = \mathbf{-4800\ N}$$

$$F_{qx_2} = -q \cdot \frac{l}{2} = -800 \text{ N/m} \cdot 3 \text{ m} = \mathbf{-2400\ N}$$

$\mathbf{F_{qx_3} = 0}$ (Hebelarm $x = 0$)

Diese Werte sind im Bild 2 mit Hilfe des Kräftemaßstabes **KM: 1 cm ≙ 3000 N** von der Null-Linie ausgehend gezeichnet. Es ist zu erkennen:

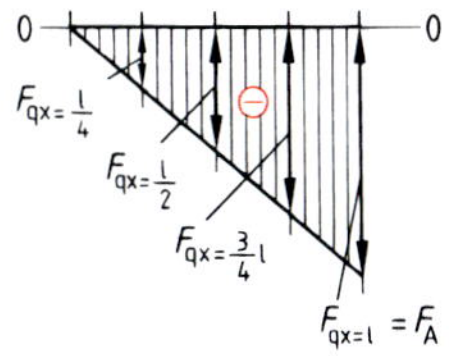

2

> Bei Streckenlast steigt die Querkraft F_q mit wachsendem x linear an.

Konstruktion der Momentenlinie bei vorhandenem $M_{b\,max}$:
Bild 3 zeigt eine **Parabelkonstruktion,** mit Hilfe derer es möglich ist, bei errechnetem $M_{b\,max}$ den Verlauf der Momentenlinie zeichnerisch zu ermitteln. Durch diese konstruktive Maßnahme erübrigt es sich, mehrere Zwischenwerte für das Biegemoment (wie in M 206.) zu berechnen.

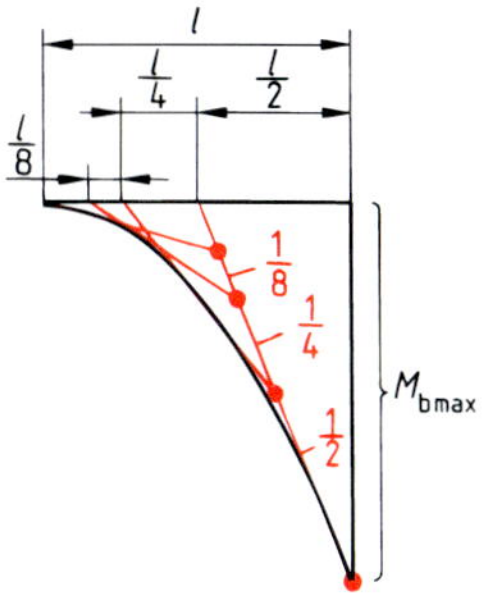

3

65.3 Freiträger mit gemischter Belastung

Man spricht von einer gemischten Belastung, wenn ein Trägersystem durch eine oder mehrere Einzellasten **und** durch eine oder mehrere Streckenlasten beansprucht wird (Seite 309). Der einfachste Fall liegt bei einem Freiträger vor, mit einer gleichmäßig verteilten Streckenlast und einer Einzellast am Trägerende (Musteraufgabe M 207.).

M 207. Für den in Bild 4 dargestellten Freiträger ist gesucht:

a) M_{AFF_S}, b) die beiden Einzelquerkraftschaubilder,
c) das Gesamtquerkraftschaubild,
d) die beiden Einzelmomentenschaubilder,
e) das Gesamtmomentenschaubild,
f) $M_{b\,max}$.

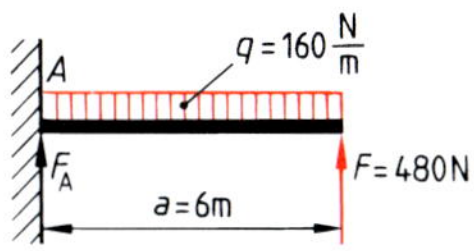

4

Lösung:

a) $$M_{AFF_S} = F \cdot a - \frac{q \cdot a^2}{2} = 480 \text{ N} \cdot 6 \text{ m} - \frac{160 \text{ N/m} \cdot (6 \text{ m})^2}{2} = 2880 \text{ Nm} - 2880 \text{ Nm}$$

$\mathbf{M_{AFF_S} = 0}$

Das Gesamtmoment an der Einspannstelle ist Null!

b) **KM:** 1 cm ≙ 600 N

Bild 2: Einzelquerkraftschaubild durch die Kraft F hervorgerufen

$\boldsymbol{F_{AF} = -F = -480\ N}$

Bild 3. Einzelquerkraftschaubild durch die Streckenlast q hervorgerufen

$F_{AF_S} = -q \cdot a = -160\ N/m \cdot 6\ m$

$\boldsymbol{F_{AF_S} = -960\ N}$

c) Bild 4. Gesamtquerkraftschaubild. Durch Superposition der beiden Einzelquerkraftschaubilder entstanden.

d) **MM:** 1 cm ≙ 3000 Nm

Bild 5: Einzelmomentenschaubild durch die Kraft F hervorgerufen

$M_{AF} = F \cdot a = 480\ N \cdot 6\ m$

$\boldsymbol{M_{AF} = 2880\ Nm}$

Bild 6: Einzelmomentenschaubild durch die Streckenlast q hervorgerufen

$$M_{AF_S} = -\frac{q \cdot a^2}{2} = -\frac{160\ N/m \cdot (6\ m)^2}{2}$$

$\boldsymbol{M_{AF_S} = -2880\ Nm}$

e) Bild 7: Gesamtmomentenschaubild. Durch die Superposition der Einzelmomentenschaubilder entstanden. Punkt a), d. h. $M_{AF_S} = 0$ wird bestätigt. Des Weiteren wird die allgemeingültige Regel bestätigt, daß das maximale Moment an der Stelle auftritt, an der die Querkraft ihr Vorzeichen wechselt. In diesem Fall bei $\frac{a}{2}$.

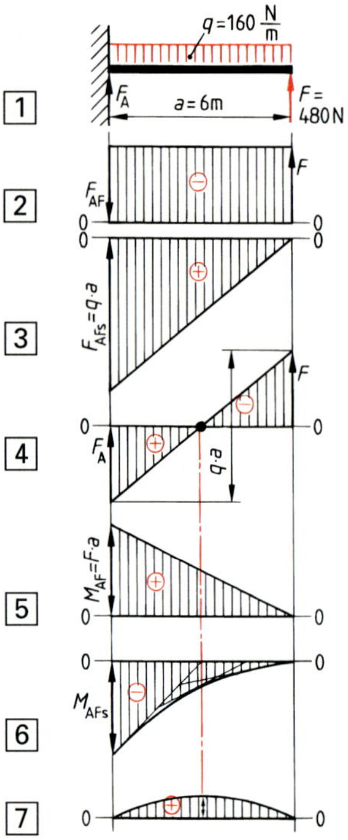

f) Um das maximale Biegemoment zu berechnen, denkt man sich den Träger bei $\frac{a}{2}$ fest eingespannt (Bild 8). Dann ergibt sich:

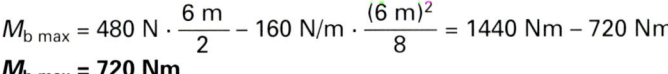

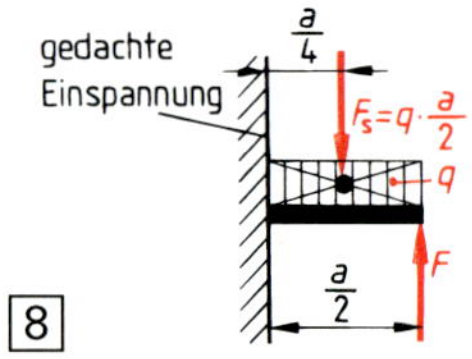

$$M_{b\,max} = F \cdot \frac{a}{2} - q \cdot \frac{a}{2} \cdot \frac{a}{4} = F \cdot \frac{a}{2} - q \cdot \frac{a^2}{8}$$

$$M_{b\,max} = 480\ N \cdot \frac{6\ m}{2} - 160\ N/m \cdot \frac{(6\ m)^2}{8} = 1440\ Nm - 720\ Nm$$

$\boldsymbol{M_{b\,max} = 720\ Nm}$

Anmerkung:
Mit Hilfe des Verfahrens der Superposition kann durch das Zusammensetzen der Einzelquerkraftschaubilder bzw. Einzelmomentenschaubilder stets das Gesamtquerkraftschaubild bzw. das Gesamtmomentenschaubild gezeichnet werden (Musteraufgabe M 207.). Mit einiger Übung ist es aber in vielen Fällen möglich, auf die Einzelschaubilder zu verzichten und sofort die Gesamtschaubilder zu zeichnen (siehe M 208.).

M 208. Für den in Bild 1, Seite 347 dargestellten Freiträger sind gesucht:

a) die vertikale Lagerkraft F_A,
b) das Querkraftschaubild,
c) M_b an der Stelle F_1: M_{bF_1}, M_b an der Stelle F_2: M_{bF_2}, M_b an der Stelle A: M_{bA},
d) das Momentenschaubild.

FESTIGKEITSLEHRE

Lösung:

a) Aus $\Sigma F_y = 0$ folgt:
$F_1 + q \cdot l = F_2 + F_A$
$F_A = F_1 + q \cdot l - F_2 = 300\ \text{N} + 400\ \text{N/m} \cdot 8\ \text{m} - 300\text{N}$
$\boldsymbol{F_A = 3200\ \text{N}}\ (\uparrow)$

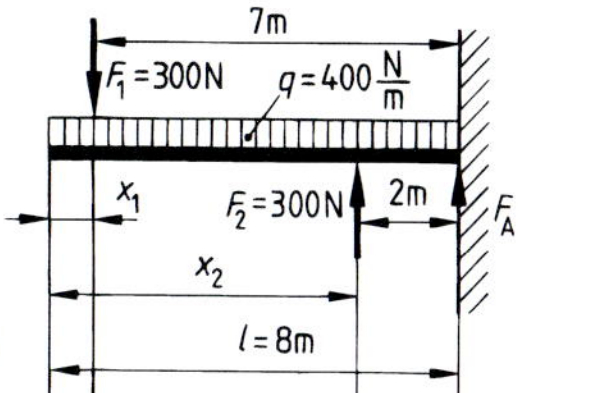

1

b) **Querkraftschaubild** (Bild 2) KM: 1 cm ≙ 1500 N
Vom freien Trägerende aus beginnend werden alle Belastungen, d. h. auch die Streckenlast und die Lagerreaktion F_A, an die Linie 0–0 angetragen.

c) $M_{bF_1} = -\dfrac{q \cdot x_1^2}{2} = -\dfrac{400\ \text{N/m} \cdot (1\ \text{m})^2}{2}$

$\boldsymbol{M_{bF_1} = -200\ \text{Nm}}$

$M_{bF_2} = -\dfrac{q \cdot x_2^2}{2} - F_1 \cdot (x_2 - x_1)$

$M_{bF_2} = -\dfrac{400\ \text{N/m} \cdot (6\ \text{m})^2}{2} - 300\ \text{N} \cdot 5\ \text{m}$

$M_{bF_2} = -7200\ \text{Nm} - 1500\ \text{Nm}$

$\boldsymbol{M_{bF_2} = -8700\ \text{Nm}}$

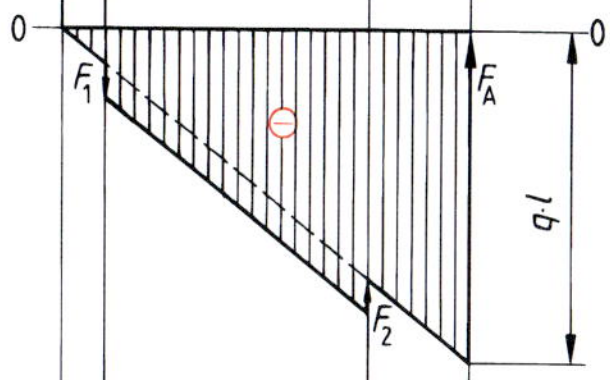

2

$M_{bA} = -\dfrac{q \cdot l^2}{2} - F_1 \cdot (l - x_1) + F_2 \cdot (l - x_2)$

$M_{bA} = -\dfrac{400\ \text{N/m} \cdot (8\ \text{m})^2}{2} - 300\ \text{N} \cdot 7\text{m} + 300\ \text{N} \cdot 2\ \text{m}$

$M_{bA} = -12800\ \text{Nm} - 2100\ \text{Nm} + 600\ \text{Nm}$

$\boldsymbol{M_{bA} = -14300\ \text{Nm}}$

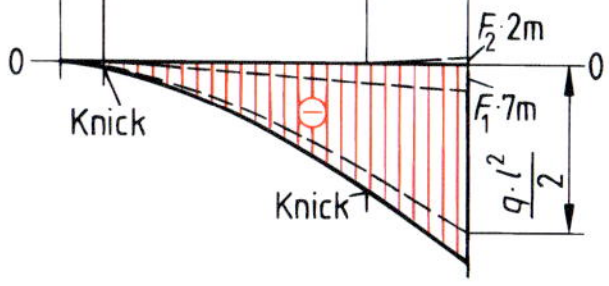

3

d) **Momentenschaubild** (Bild 3) MM: 1 cm ≙ 12500 Nm. Mit Hilfe der im Punkt c) errechneten Werte wird das Gesamtmomentenschaubild gezeichnet. Im Bild 3 sind außerdem die Einzelmomentenschaubilder gestrichelt eingezeichnet.

Ü 336. Wie lauten die Vorzeichenregeln
a) für Querkräfte,
b) für Biegemomente?

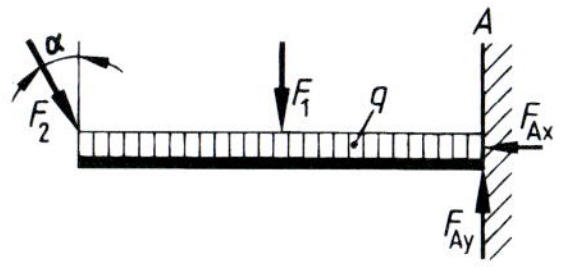

Ü 337. Ein auf der rechten Seite eingespannter Freiträger (Bild 4) hat eine Länge l = 8 m. Der Träger ist wie folgt belastet:
q = 800 N/m; Punktlast in der Trägermitte F_1 = 1500 N;
Punktlast am Trägerende F_2 = 2000 N, α = 30°.

4

a) Ermitteln Sie die Auflagereaktionen F_{Axy} und F_{Axx} zeichnerisch und rechnerisch.
b) Zeichnen Sie das Querkraftschaubild.
c) Zeichnen Sie das Momentenschaubild.

V 323. Auf einem linksseitig eingespannten Freiträger mit der Länge l = 4,5 m ruht eine gleichmäßig verteilte Streckenlast q = 600 N/m.
a) Wie groß ist die Gesamtlast F_S?
b) Wie groß ist das maximale Biegemoment?
c) Zeichnen Sie das Momentenschaubild.

V 324. Zeichnen Sie für den in Bild 5 abgebildeten Freiträger das Querkraftschaubild und ermitteln Sie $M_{b\,max}$ durch Superposition der Einzelmomentenschaubilder. Wo hat das Biegemoment den Wert Null?

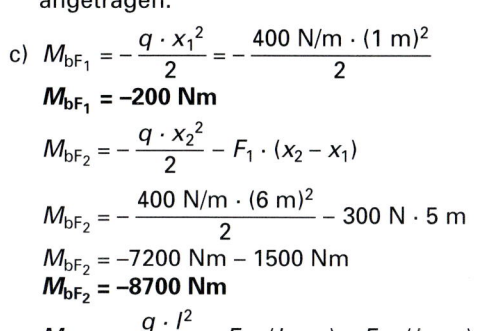

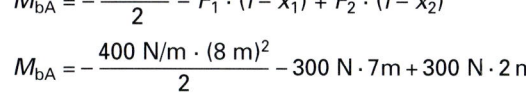

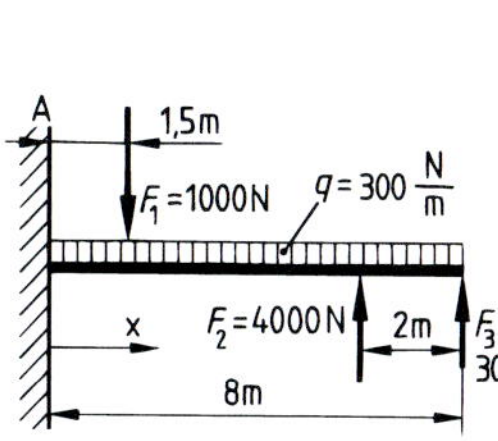

5

Lektion 66

Biegemomenten- und Querkraftverlauf beim Träger auf zwei Stützen

66.1 Stützträger mit Einzellasten

Ebenso wie beim Freiträger ist es auch beim Stützträger für die Ermittlung der Querkraft- und Momentenschaubilder erforderlich, die Lagerreaktionen mit einzubeziehen. Diese werden für den Stützträger rechnerisch oder zeichnerisch nach den Regeln der Lektion 15 ermittelt.

M209. Für den Träger auf zwei Stützen (Bild 1) sind gesucht

a) die Auflagerkräfte (rechnerisch),
b) das Querkraftschaubild,
c) das Momentenschaubild.

Lösung:

a) $\Sigma M_{(B)} = 0$ liefert: $F_A \cdot l = F \cdot b \longrightarrow F_A = F \cdot \frac{b}{l}$

$$F_A = 900\ \text{N} \cdot \frac{4\ \text{m}}{6\ \text{m}}$$

$$\mathbf{F_A = 600\ N}$$

$\Sigma F_y = 0$ liefert: $F_A + F_B = F \longrightarrow F_B = F - F_A$

$$F_B = 900\ \text{N} - 600\ \text{N}$$

$$\mathbf{F_B = 300\ N}$$

Probe mit $\Sigma M_{(A)} = 0$: $F_B \cdot l = F \cdot a$

$$300\ \text{N} \cdot 6\ \text{m} = 900\ \text{N} \cdot 2\ \text{m}$$

$$\mathbf{1800\ Nm = 1800\ Nm}$$

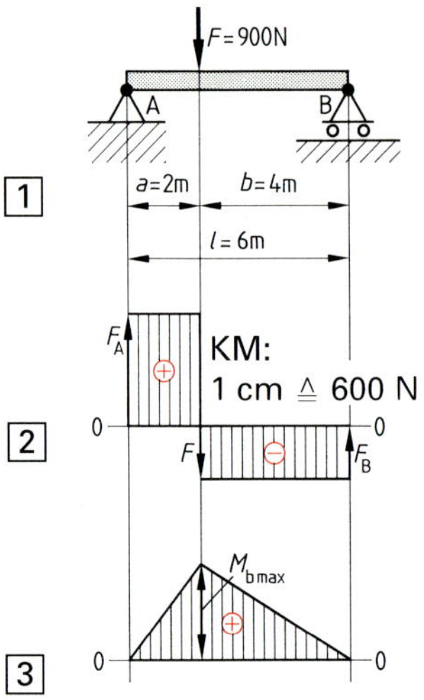

MM: 1 cm ≙ 1300 Nm

b) Beim Zeichnen des Querkraftschaubildes (Bild 2) geht man ebenso vor wie beim Freiträger. Alle Kräfte werden vom Punkt A oder B beginnend, von einer Nullinie ausgehend maßstäblich in der Reihenfolge wie sie am Träger wirken, aufgetragen. Dabei ist die Vorzeichenregel für Querkräfte zu beachten.

c) Beim Zeichnen des Momentenschaubildes (Bild 3) ist zu beachten, dass das maximale Biegemoment stets da liegt, wo die Querkraft ihr Vorzeichen wechselt. Denkt man sich den Träger an dieser Stelle – also am Angriffspunkt der Kraft F – fest eingespannt, so erkennt man:

Maximales Biegemoment $M_{b\,max} = F_A \cdot a$ oder $M_{b\,max} = F_B \cdot b$

$M_{b\,max} = 600\ \text{N} \cdot 2\ \text{m}$ $\quad$ $M_{b\,max} = 300\ \text{N} \cdot 4\ \text{m}$

$\mathbf{M_{b\,max} = 1200\ Nm}$ $\quad$ $\mathbf{M_{b\,max} = 1200\ Nm}$

Aus den bisherigen Überlegungen – insbesondere daraus, dass man sich den Träger im Angriffspunkt der Kraft F fest eingespannt denkt – erkennt man, dass der Stützträger links und rechts von F unter dem Einfluss der Lagerreaktionen F_A und F_B wie ein Freiträger behandelt werden kann.

Die Berechnung des Biegemomentes erfolgt mit den Daten (Kräfte und Hebelarme) rechts **oder** links der gedachten Einspannstelle.

M210. Am Stützträger (Bild 1) wirken die Kräfte F_1 = 600 N, F_2 = 900 N, F_3 = 600 N. Gesucht:

a) F_A und F_B zeichnerisch; (Schlusslinienverfahren).

b) die Biegemomente an den Stellen der Kräfte F_1, F_2, F_3;

c) Querkraftschaubild;

d) Momentenschaubild.

Das Eigengewicht wird vernachlässigt.

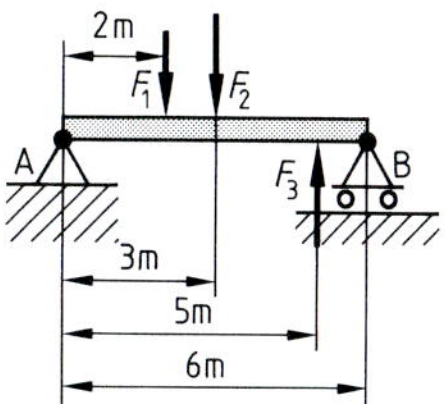

1

Lösung:

a) zeichnerische Lösung: (Bild 2)
Mit Hilfe des KM ergibt sich
$\boldsymbol{F_A = 750\ N}$ $\boldsymbol{F_B = 150\ N}$

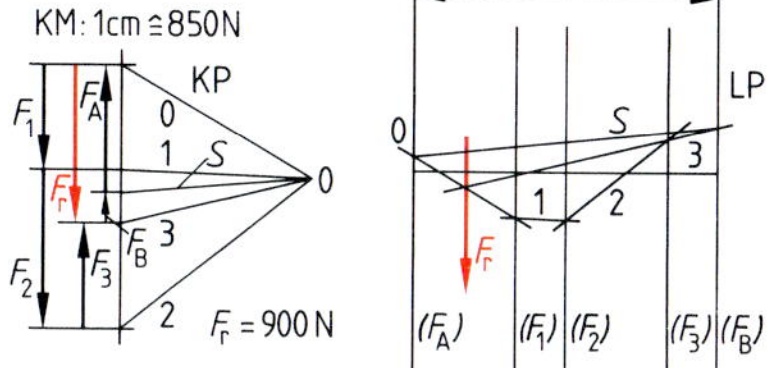

2

b) $\boldsymbol{M_{F_1}} = F_A \cdot 2\ m = 750\ N \cdot 2\ m = \mathbf{1500\ Nm}$
$M_{F_2} = F_A \cdot 3\ m - F_1 \cdot 1\ m$
$\boldsymbol{M_{F_2}} = 750\ N \cdot 3\ m - 600\ N \cdot 1\ m = \mathbf{1650\ Nm}$
$\boldsymbol{M_{F_3}} = F_B \cdot 1\ m = 150\ N \cdot 1\ m = \mathbf{150\ Nm}$

c) **Querkraftschaubild** (Bild 3)
KM: 1 cm ≙ 550 N

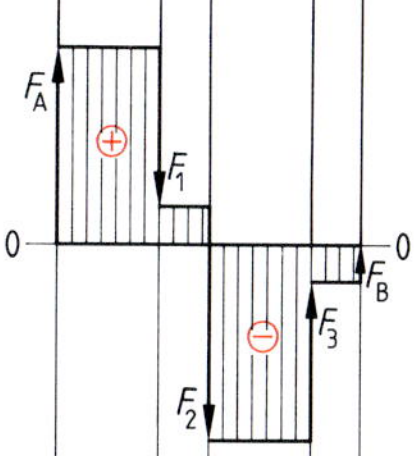

3

d) **Momentenschaubild** (Bild 4)
MM: 1 cm ≙ 1400 Nm

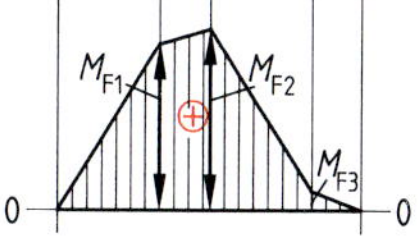

4

Ü338. Am Stützträger in Bild 5 wirken die Einzellasten F_1 = 120 N, F_2 = 400 N, F_3 = 80 N. Gesucht:

a) Auflagerkräfte (rechnerisch),

b) M_{F_1}, M_{F_2} und M_{F_3} in Ncm,

c) das Querkraftschaubild,

d) das Momentenschaubild.

Das Eigengewicht wird vernachlässigt.

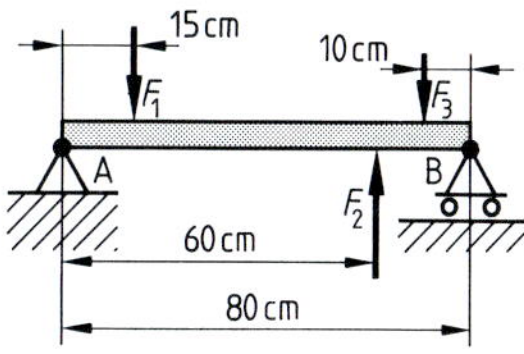

5

V325. Bild 6 zeigt einen Stützträger, an dem zwei Einzellasten wirken. Die Kraft F_2 greift unter einem Winkel von 40° bezogen auf die Senkrechte an.

a) Berechnen Sie die Auflagerreaktionen,

b) Zeichnen Sie das Querkraftschaubild,

c) Zeichnen Sie das Momentenschaubild.

Das Eigengewicht wird vernachlässigt.

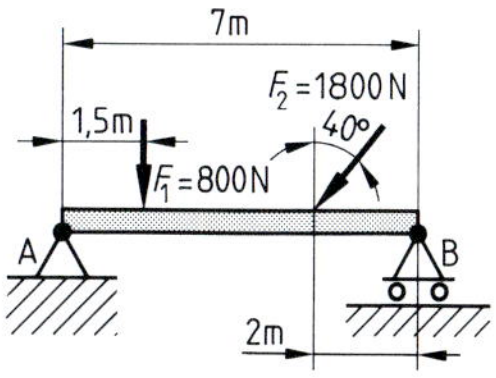

6

66.2 Träger auf zwei Stützen mit vielen gleich großen Einzellasten

Bei der Berechnung des Biegemomentes eines mit einer Streckenlast belasteten Freiträgers wurde so verfahren, dass die Streckenlast in viele gleich große Einzellasten aufgeteilt wurde. Analog dazu wird nun bei der Herleitung der Berechnungsgleichungen für den mit einer Streckenlast belasteten Stützträger ebenfalls von einem solchen Träger ausgegangen, der mit vielen gleich großen Einzellasten belastet ist (Bild 7 und Musteraufgabe M211.).

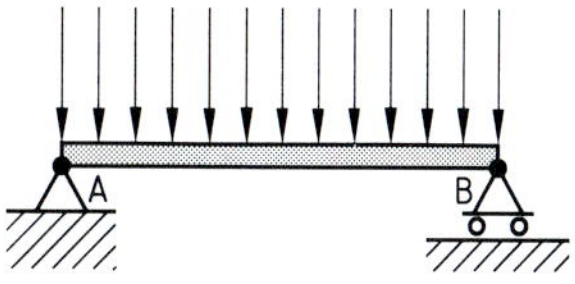

7

M211. Der Stützträger in Bild 1 ist mit den Einzellasten $F_1 = F_2 = F_3 = F_4 = F_5 = F_6 = F_7 = 10$ N belastet.
Gesucht sind:

a) F_A und F_B
b) Querkraftschaubild
c) Momentenschaubild

1 2 3

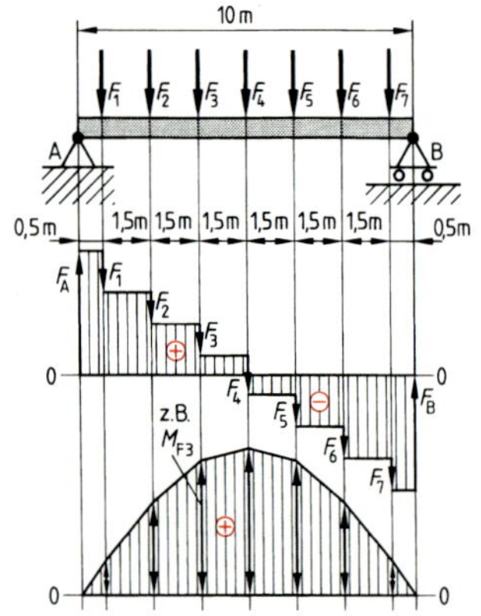

Lösung:

a) Aus Symmetriegründen ist $F_A = F_B = \frac{\Sigma F}{2} = \frac{70\,\text{N}}{2}$

$$\boldsymbol{F_A = F_B = 35\ \text{N}}$$

b) **Querkraftschaubild** (Bild 2) KM: 1 cm ≙ 30 N

c) **Momentenschaubild** (Bild 3)
MM: 1 cm ≙ 60 Nm
Für das Zeichnen des Momentenschaubildes werden die Momente an den Stellen, an denen die Kräfte angreifen berechnet. Es ist:

$\boldsymbol{M_{F_1}} = F_A \cdot 0{,}5\ \text{m} = 35\ \text{N} \cdot 0{,}5\ \text{m} = \mathbf{17{,}5\ Nm} = \boldsymbol{M_{F_7}}$

$\boldsymbol{M_{F_2}} = F_A \cdot 2\ \text{m} - F_1 \cdot 1{,}5\ \text{m} = 35\ \text{N} \cdot 2\ \text{m} - 10\ \text{N} \cdot 1{,}5\ \text{m} = 70\ \text{Nm} - 15\ \text{Nm} = \mathbf{55\ Nm} = \boldsymbol{M_{F_6}}$

$M_{F_3} = F_A \cdot 3{,}5\ \text{m} - F_1 \cdot 3\ \text{m} - F_2 \cdot 1{,}5\ \text{m} = 35\ \text{N} \cdot 3{,}5\ \text{m} - 10\ \text{N} \cdot 3\ \text{m} - 10\ \text{N} \cdot 1{,}5\ \text{m}$
$\boldsymbol{M_{F_3}} = \mathbf{77{,}5\ Nm} = \boldsymbol{M_{F_5}}$

$M_{F_4} = F_A \cdot 5\ \text{m} - F_1 \cdot 4{,}5\ \text{m} - F_2 \cdot 3\ \text{m} - F_3 \cdot 1{,}5\ \text{m}$
$\boldsymbol{M_{F_4}} = 35\ \text{N} \cdot 5\ \text{m} - 10\ \text{N} \cdot 4{,}5\ \text{m} - 10\ \text{N} \cdot 3\ \text{m} - 10\ \text{N} \cdot 1{,}5\ \text{m} = \mathbf{85\ Nm}$

66.3 Träger auf zwei Stützen mit gleichmäßig verteilter Streckenlast

Denkt man sich die Streckenlast in viele gleich große Einzellasten zerlegt (Bild 4), entspricht das sich ergebende Querkraft- und Momentenschaubild in grober Annäherung den Bildern 2 und 3. Wendet man die bereits bekannten Berechnungsverfahren an, dann ergibt sich für

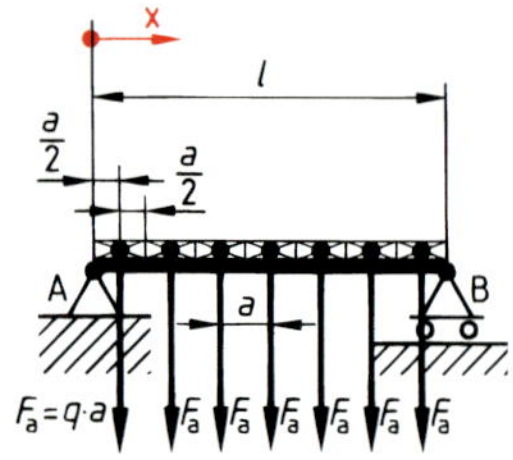

4

Trägerlast $F_S = q \cdot l$ 350–1

F_S	q	l
N	$\frac{\text{N}}{\text{m}}$	m

Lagerreaktionen $F_A = F_B = \frac{F_S}{2} = \frac{q \cdot l}{2}$ in N 350–2

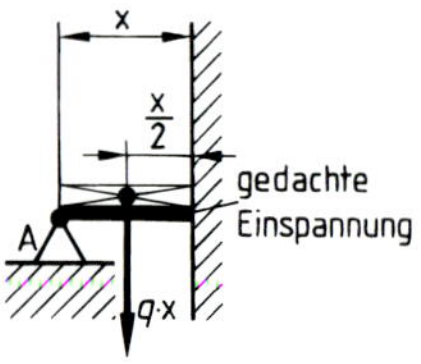

5

Zur Berechnung des Biegemomentes an der Stelle x wird nach dem bereits bekannten Grundsatz verfahren, dass man sich den Träger bei x eingespannt denkt (Bild 5). Dann ist

$M_{bx} = F_A \cdot x - q \cdot x \cdot \frac{x}{2}$ und mit $F_A = \frac{q \cdot l}{2}$ wird $M_{bx} = \frac{q \cdot l}{2} \cdot x - \frac{q \cdot x^2}{2} = \frac{q \cdot x}{2} \cdot l - \frac{q \cdot x}{2} \cdot x.$

Somit wird das

Biegemoment bei x $M_{bx} = \frac{q \cdot x}{2} \cdot (l - x)$ in Nm, Ncm, Nmm 350–3

Zur Berechnung des maximalen Biegemomentes in der Trägermitte setzt man $x = \frac{l}{2}$:

$M_{b\,max} = F_A \cdot \frac{l}{2} - q \cdot \frac{l}{2} \cdot \frac{l}{4} = \frac{q \cdot l}{2} \cdot \frac{l}{2} - \frac{q \cdot l}{2} \cdot \frac{l}{4} = \frac{q \cdot l^2}{4} - \frac{q \cdot l^2}{8}$. Somit:

Maximales Biegemoment $M_{b\,max} = \frac{q \cdot l^2}{8}$ in Nm, Ncm, Nmm 350–4

M212. Der Stützträger im Bild 1 ist mit $q = 600$ N/m belastet. Gesucht sind

a) Trägerlast F_S,
b) F_A und F_B,
c) Moment an der Stelle $x = 2{,}7$ m,
d) $M_{b\,max}$,
e) Querkraftschaubild,
f) Momentenschaubild.

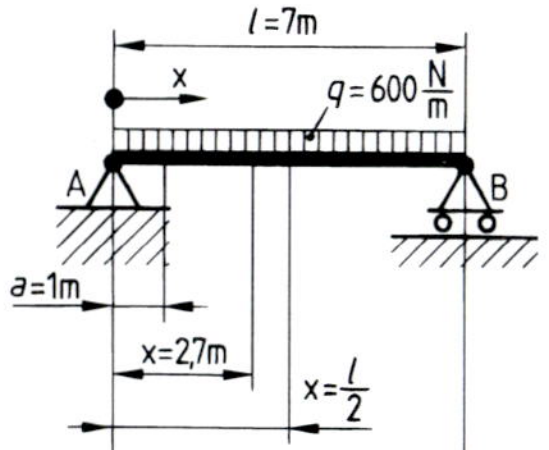

1

Lösung:

a) $F_S = q \cdot l = 600\ \text{N/m} \cdot 7\ \text{m}$
$\mathbf{F_S = 4200\ N}$

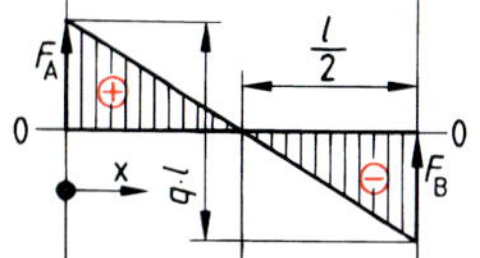

2

b) $F_A = F_B = \dfrac{q \cdot l}{2} = \dfrac{F_S}{2} = \dfrac{4200\ \text{N}}{2}$
$\mathbf{F_A = F_B = 2100\ N}$

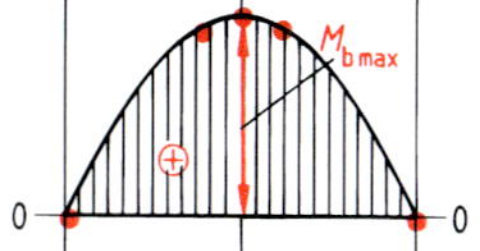

3

c) $M_{bx} = \dfrac{q \cdot x}{2} \cdot (l - x) = \dfrac{600\ \text{N/m} \cdot 2{,}7\ \text{m}}{2} \cdot (7\ \text{m} - 2{,}7\ \text{m})$
$\mathbf{M_{bx} = 3483\ Nm}$

d) $M_{b\,max} = \dfrac{q \cdot l^2}{8} = \dfrac{600\ \text{N/m} \cdot (7\ \text{m})^2}{8}$
$\mathbf{M_{b\,max} = 3675\ Nm}$

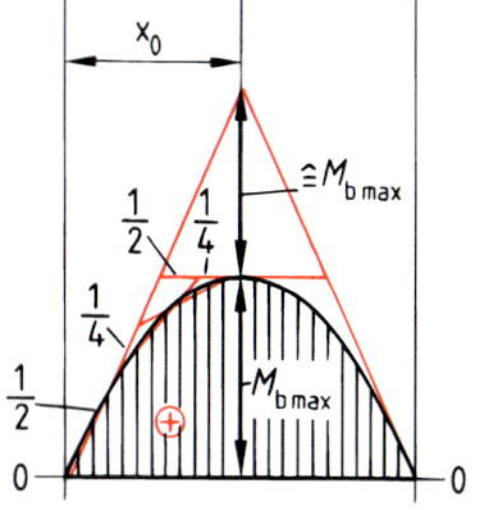

e) **Querkraftschaubild** (Bild 2)
KM: 1 cm ≙ 2750 N

f) **Momentenschaubild** (Bild 3)
MM: 1 cm ≙ 2750 Nm

4

Das Momentenschaubild wird mit den errechneten Werten aus den Punkten c) und d) gezeichnet. Außerdem ist bekannt, dass das Biegemoment in den Lagern Null ist. Des Weiteren ist aus Symmetriegründen das Moment bei $x = 4{,}3$ m ebenso groß wie bei $x = 2{,}7$ m, nämlich $M_{bx} = 3483$ Nm.
Bild 4 zeigt die Konstruktion der „Momentenparabel" mit Hilfe von $M_{b\,max}$. Durch ständige Halbierung der Geraden wird die Hüllkurve der Parabel gezeichnet. Allgemein wird die **Nullstelle von F_q mit x_0 bezeichnet**. Auch hier wird die allgemeine Regel bestätigt, dass das **maximale Moment an der Stelle $F_q = 0$** liegt, hier bei $x_0 = l/2$. Hierfür gilt:

$$\mathbf{F_q} = F_A - q \cdot \frac{l}{2} = q \cdot \frac{l}{2} - q \cdot \frac{l}{2} = \mathbf{0}$$

Ü339. Ein Stützträger mit der Länge $l = 6$ m wird durch eine gleichmäßig verteilte Streckenlast $q = 100$ N/m belastet. Gesucht sind

a) F_A und F_B,
b) $M_{b\,max}$,
c) Querkraftschaubild,
d) Momentenschaubild.

V326. Für den im Bild 5 abgebildeten Träger auf zwei Stützen sind gesucht

a) Gesamtlast F_S,
b) F_A und F_B,
c) $M_{b\,max}$,
d) M_x für $x = l/4$
e) Momentenschaubild mit Hilfe der Parabelkonstruktion nach Bild 4.

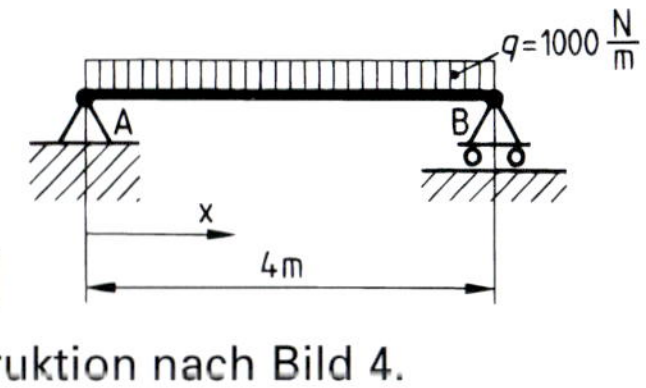

5

66.4 Träger auf zwei Stützen mit Mischbelastung

Bei einer Mischbelastung wirken Punkt- und Streckenlasten gleichzeitig auf den Träger. Der Rechenaufwand ist von der Anzahl der Lasten abhängig, es wird jedoch grundsätzlich nach den Berechnungsprinzipien verfahren, die bei den bisherigen Aufgabenlösungen angewendet wurden. Auch der Umfang in der Bezeichnungsweise wächst mit der Anzahl der Belastungen. In diesem Zusammenhang sei nochmals daran erinnert, dass der erste Index den Ort des Biegemomentes, der zweite und jeder folgende Index die Belastung bzw. die Belastungen angibt, welche das Biegemoment erzeugen.

Beispiele:

M_{FF} = Moment an der Stelle der Kraft F, hervorgerufen durch die Kraft F

$M_{①F_S}$ = Moment an der Stelle ①, hervorgerufen durch die Streckenlast F_S

$M_{AF_1F_S}$ = Moment an der Stelle A, hervorgerufen durch die Punktlast F_1 und durch die Streckenlast F_S

M213. Bild 1 zeigt einen Stützträger, der durch die Einzellast F und auf der Strecke c mit der Streckenlast q belastet ist. Gesucht sind die Gleichungen für die Berechnung von

a) F_A und F_B,
b) M_{FF},
c) $M_{F_SF_S}$,
d) $M_{①F_S}$,
e) $M_{②F_S}$.

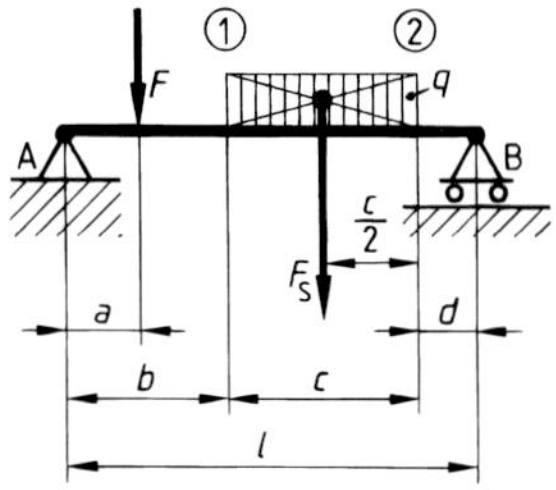

1

Lösung:

a) Aus $\Sigma M_{(B)} = 0$ folgt: $-F_A \cdot l + F \cdot (l-a) + F_S \cdot (d + \frac{c}{2}) = 0 \rightarrow \mathbf{F_A = \dfrac{F \cdot (l-a) + F_S \cdot (d+\frac{c}{2})}{l}}$

Dabei ist $F_S = q \cdot c$

Aus $\Sigma F_y = 0$ folgt: $F_A + F_B = F + F_S \rightarrow F_B = F + F_S - F_A$

$$\mathbf{F_B = F + F_S - \frac{F \cdot (l-a) + F_S \cdot (d+\frac{c}{2})}{l}}$$

b) $M_{FF} = F_{AF} \cdot a$ $\quad F_{AF}$ = Lagerreaktion in A, hervorgerufen durch F

$$\mathbf{M_{FF} = F \cdot \frac{l-a}{l} \cdot a}$$

c) $M_{F_SF_S} = F_{BF_S} \cdot (\frac{c}{2} + d) - q \cdot \frac{c}{2} \cdot \frac{c}{4}$ (denken Sie sich den Träger bei F_S eingespannt!)

$$\mathbf{M_{F_SF_S} = F_S \cdot \frac{b + \frac{c}{2}}{l} \cdot (\frac{c}{2} + d) - q \cdot \frac{c^2}{8}}$$

d) $M_{①F_S} = F_{AF_S} \cdot b$

$$\mathbf{M_{①F_S} = F_S \cdot \frac{\frac{c}{2} + d}{l} \cdot b}$$

e) $M_{②F_S} = F_{BF_S} \cdot d$

$$\mathbf{M_{②F_S} = F_S \cdot \frac{b + \frac{c}{2}}{l} \cdot d}$$

M214. Bezogen auf Bild 1 (M213.) sind Ihnen folgende Daten gegeben: F = 600 N; q = 400 N/m; l = 8 m; a = 1,5 m; b = 2,5 m; c = 4,5 m; d = 1 m.

a) Berechnen Sie mit Hilfe der in Musteraufgabe M213. ermittelten Gleichungen F_A, F_B, M_{FF}, $M_{F_SF_S}$, $M_{①F_S}$, $M_{②F_S}$

b) Zeichnen Sie mit Hilfe der errechneten Werte das Querkraftschaubild, die Einzelmomentenschaubilder, herrührend von F und q, das Gesamtmomentenschaubild.

FESTIGKEITSLEHRE

Lösung:

a) $$F_A = \frac{F \cdot (l-a) + F_S \cdot (d + \frac{c}{2})}{l} = \frac{600\ \text{N} \cdot (8\ \text{m} - 1{,}5\ \text{m}) + 400\ \text{N/m} \cdot 4{,}5\ \text{m} \cdot (1\ \text{m} + 2{,}25\ \text{m})}{8\ \text{m}}$$

$$\boldsymbol{F_A} = \frac{3900\ \text{Nm} + 5850\ \text{Nm}}{8\ \text{m}} = \mathbf{1218{,}75\ N}$$

$$F_B = F + F_S - F_A = 600\ \text{N} + 400\ \text{N/m} \cdot 4{,}5\ \text{m} - 1218{,}75\ \text{N} = 600\ \text{N} + 1800\ \text{N} - 1218{,}75\ \text{N}$$

$\boldsymbol{F_B} = \mathbf{1181{,}25\ N}$

Probe mit $\Sigma M_{(A)} = 0$: $-F \cdot a - F_S \cdot (b + \frac{c}{2}) + F_B \cdot l = 0 \rightarrow F_B = \frac{F \cdot a + F_S \cdot (b + \frac{c}{2})}{l}$

$$F_B = \frac{600\ \text{N} \cdot 1{,}5\ \text{m} + 400\ \frac{\text{N}}{\text{m}} \cdot 4{,}5\ \text{m} \cdot (2{,}5\ \text{m} + \frac{4{,}5\ \text{m}}{2})}{8\ \text{m}} = \frac{900\ \text{Nm} + 8550\ \text{Nm}}{8\ \text{m}} = \frac{9450\ \text{Nm}}{8\ \text{m}}$$

$\boldsymbol{F_B} = \mathbf{1181{,}25\ N}$

$$M_{FF} = F \cdot \frac{l-a}{l} \cdot a = 600\ \text{N} \cdot \frac{8\ \text{m} - 1{,}5\ \text{m}}{8\ \text{m}} \cdot 1{,}5\ \text{m} = 600\ \text{N} \cdot \frac{6{,}5\ \text{m}}{8\ \text{m}} \cdot 1{,}5\ \text{m}$$

$\boldsymbol{M_{FF}} = \mathbf{731{,}25\ Nm}$

$$M_{F_SF_S} = F_S \cdot \frac{b + \frac{c}{2}}{l} \cdot (\frac{c}{2} + d) - q \cdot \frac{c^2}{8} = q \cdot c \cdot \frac{b + \frac{c}{2}}{l} \cdot (\frac{c}{2} + d) - q \cdot \frac{c^2}{8}$$

$$M_{F_SF_S} = 400\ \text{N/m} \cdot 4{,}5\ \text{m} \cdot \frac{2{,}5\ \text{m} + 2{,}25\ \text{m}}{8\ \text{m}} \cdot (2{,}25\ \text{m} + 1\ \text{m}) - 400\ \text{N/m} \cdot \frac{(4{,}5\ \text{m})^2}{8}$$

$\boldsymbol{M_{F_SF_S}} = 3473{,}44\ \text{Nm} - 1012{,}5\ \text{Nm} = \mathbf{2460{,}94\ Nm}$

$$M_{①F_S} = F_S \cdot \frac{\frac{c}{2} + d}{l} \cdot b = q \cdot c \cdot \frac{\frac{c}{2} + d}{l} \cdot b = 400\ \text{N/m} \cdot 4{,}5\ \text{m} \cdot \frac{2{,}25\ \text{m} + 1\ \text{m}}{8\ \text{m}} \cdot 2{,}5\ \text{m}$$

$\boldsymbol{M_{①F_S}} = \mathbf{1828{,}125\ Nm}$

$$M_{②F_S} = F_S \cdot \frac{b + \frac{c}{2}}{l} \cdot d = q \cdot c \cdot \frac{b + \frac{c}{2}}{l} \cdot d = 400\ \text{N/m} \cdot 4{,}5\ \text{m} \cdot \frac{2{,}5\ \text{m} + 2{,}25\ \text{m}}{8\ \text{m}} \cdot 1\ \text{m}$$

$\boldsymbol{M_{②F_S}} = \mathbf{1068{,}75\ Nm}$

Bild 2: **Querkraftschaubild** KM: 1 cm ≙ 1500 N

Bild 3: **Einzelmomentenschaubild** resultierend aus F
MM: 1 cm ≙ 3000 Nm

Bild 4: **Einzelmomentenschaubild** resultierend aus F_S
MM: 1 cm ≙ 3000 Nm

Bild 5: **Gesamtmomentenschaubild**
MM: 1 cm ≙ 3000 Nm
Durch Superposition aus den beiden Einzelmomentenschaubildern entstanden.

Anmerkung: Die Richtigkeit der Lage von $M_{b\,max}$ wird dadurch bestätigt, dass $M_{b\,max}$ an der Stelle liegt, an der die Querkraft ihr Vorzeichen wechselt, also bei x_0.

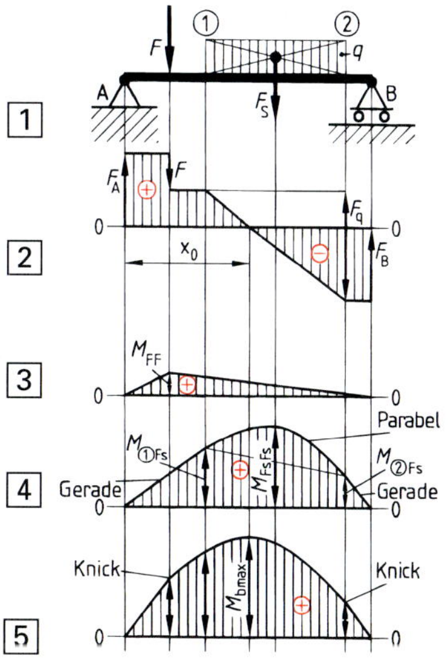

FESTIGKEITSLEHRE

Ü 340. Bild 1 zeigt einen Kragträger, der durch zwei Streckenlasten q_1 und q_2 sowie durch drei Einzellasten F_1, F_2 und F_3 belastet ist. Gesucht ist

a) F_A und F_B,
b) M_A,
c) M_B,
d) $M_{F_1F_1}$,
e) $M_{F_2F_2}$,
f) $M_{F_{S1}F_{S1}}$,
g) $M_{F_{S2}F_{S2}}$,
h) $M_{①F_{S1}}$,
i) $M_{②F_{S2}}$,
j) Querkraftschaubild,
k) alle Einzelmomentenschaubilder,
l) Gesamtmomentenschaubild.

Es ist $F_1 = 100$ N, $F_2 = 150$ N, $F_3 = 80$ N
$q_1 = 30$ N/m, $q_2 = 50$ N/m

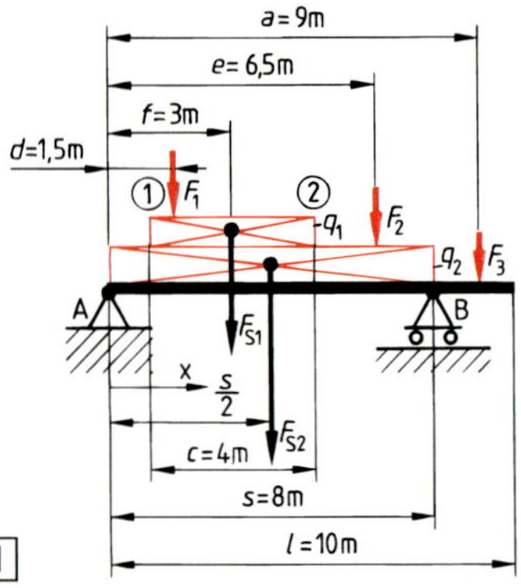

1

V 327. Der in Bild 2 dargestellte Kragträger ist mit drei Einzellasten und einer Streckenlast beansprucht. Es ist
$F_1 = 1000$ N, $F_2 = 600$ N, $F_3 = 1200$ N, $q = 500$ N/m

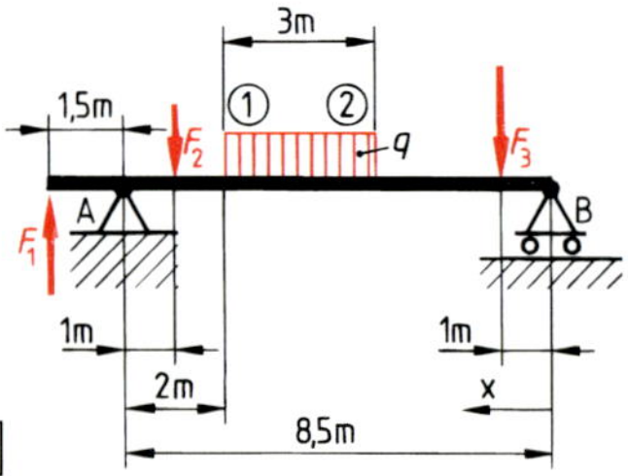

2

Gesucht ist
a) F_A und F_B,
b) M_{AF_1},
c) $M_{F_2F_2}$,
d) $M_{F_3F_3}$,
e) $M_{①F_S}$, $M_{②F_S}$, $M_{max\,F_S}$,
f) Querkraftschaubild,
g) Gesamtmomentenschaubild mit Hilfe der errechneten Momentenwerte,
h) x_o (rechnerisch).

FESTIGKEITSLEHRE

Lektion 67

Träger gleicher Biegespannung

67.1 Der Gedanke der wirtschaftlichen Konstruktion

Bild 1 zeigt einen Freiträger mit einer Einzellast am Trägerende.
An einer beliebigen Stelle *x* des Trägers tritt die Spannung

$$\sigma_{bx} = \frac{M_{bx}}{W} \text{ auf.}$$

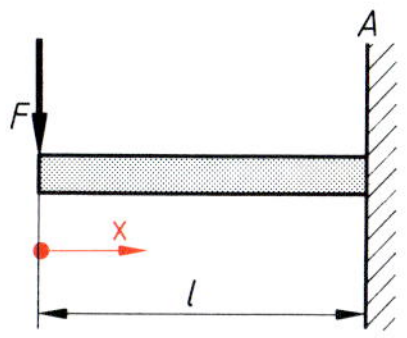

Das maximale Biegemoment und damit die maximale Biegespannung tritt an der Einspannstelle A auf. Es ist

$$\sigma_{b\,max} = \sigma_{bA} = \frac{M_{b\,max}}{W}$$

1

Unter der Voraussetzung, dass der Freiträger an jeder Stelle *x* den gleichen Querschnitt *A* hat, dass er also z. B. aus einem genormten Stahlbauprofil hergestellt ist, muss selbstverständlich die Größe des Profilquerschnittes *A* so gewählt werden, dass die zulässige Spannung $\sigma_{b\,zul}$ an keiner Stelle des Trägers überschritten wird. $\sigma_{b\,max}$ darf also $\sigma_{b\,zul}$ nicht überschreiten. Somit ist das erforderliche Widerstandsmoment nur von den Verhältnissen der Einspannstelle abhängig.

erforderliches Widerstandsmoment $$W_{erf} = \frac{M_{b\,max}}{\sigma_{b\,max}} = \frac{M_{bA}}{\sigma_{b\,zul}}$$ 355–1

Da die vorhandene Biegespannung an allen anderen Stellen des Trägers kleiner ist als an der Einspannstelle, kann man sagen, dass die Trägeranordnung im Bild 1 mit überall gleichem Trägerquerschnitt von der Werkstoffausnutzung her gesehen unwirtschaftlich ist. So gesehen ergäbe sich also der Idealfall, wenn an jeder Trägerstelle die gleiche Biegespannung, nämlich $\sigma_{b\,zul}$, auftreten würde.
Dies hätte aber zur Folge, dass an jeder Trägerstelle ein anderer Querschnitt vorhanden sein müsste, und man spricht dann von einem **Träger gleicher Biegespannung** oder vom **Träger gleicher Biegefestigkeit.** Auch die Bezeichnung **Träger gleichen Widerstandes** ist hierfür geläufig.

Bei einem Träger gleicher Biegespannung hat die Biegespannung an jeder Stelle des Trägers die gleiche Größe.

Ein solcher Träger ist von der Werkstoffausnutzung her gesehen der Idealfall. Trotzdem entscheidet man sich in den meisten Fällen für Träger mit gleichem Querschnitt (Stahlbauprofile), da diese als Massenerzeugnisse sehr preisgünstig sind. Die Frage der **Wirtschaftlichkeit** ist also immer zu berücksichtigen. Auch Gesichtspunkte wie **Gewichtsersparnis** oder **Formschönheit** können bei einer Konstruktion entscheidend sein.

67.2 Berechnung von Trägern gleicher Biegefestigkeit

Aus den Überlegungen des Abschnittes 67.1 ergibt sich, dass sich beim Träger gleicher Biegefestigkeit der Trägerquerschnitt fortlaufend verändern muss. Die Gleichung für die Ermittlung der Trägerabmessungen nennt man **Anformungsgleichung.** Bei der Ermittlung einer solchen Gleichung muss selbstverständlich die Trägerart und die Trägerbelastung einbezogen werden. In diesem Buch werden exemplarisch einige wichtige Fälle behandelt. Viele Anformungsgleichungen sind auch in den technischen Handbüchern zu finden.

67.2.1 Freiträger mit einer Einzellast am Trägerende

Die Betrachtungen sollen sich auf einen Freiträger mit Rechteckquerschnitt beschränken. In diesem speziellen Fall unterscheidet man zwei Möglichkeiten der Veränderung des Trägerquerschnittes:

67.2.1.1 Rechteckquerschnitt mit konstanter Höhe und veränderlicher Breite

In Bild 1 ist die konstante Höhe h des Freiträgers zu erkennen. An der Einspannstelle A ist

$$\sigma_{bA} = \frac{M_{bA}}{W_A} = \frac{F \cdot l}{\frac{b_A \cdot h^2}{6}}$$

Bei einem Träger gleicher Biegespannung muss aber diese Spannung an jeder Stelle des Trägers vorhanden sein. Demzufolge:

$$\sigma_{bx} = \sigma_{bA} \longrightarrow \frac{F \cdot x}{\frac{b_x \cdot h^2}{6}} = \frac{F \cdot l}{\frac{b_A \cdot h^2}{6}} \longrightarrow \frac{x}{b_x} = \frac{l}{b_A}$$

1

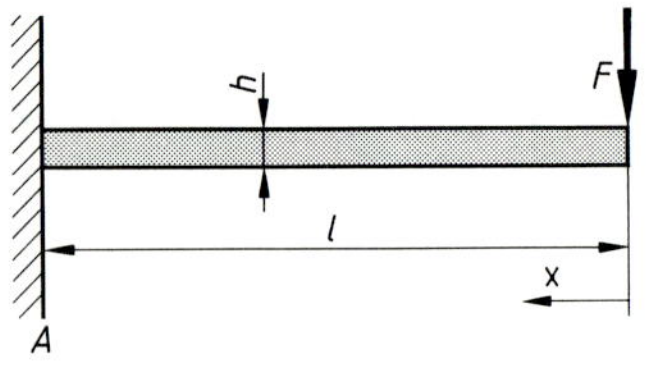

2

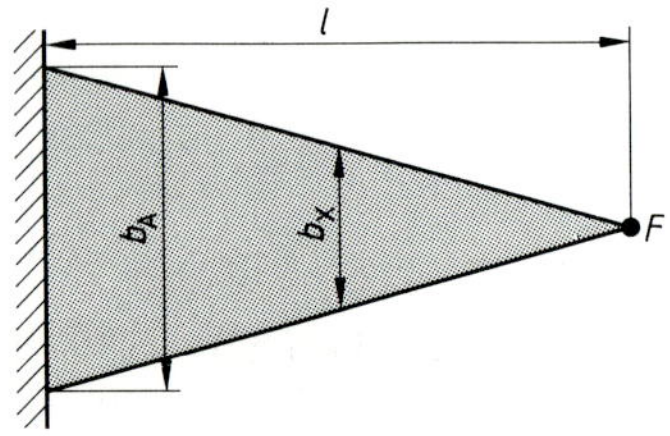

Anformungsgleichung $b_x = b_A \cdot \frac{x}{l}$ 356–1

Aus dieser Gleichung geht hervor, dass die Breite des Trägers vom Wert Null am Angriffspunkt der Kraft bis zur Breite b_A an der Einspannstelle linear zunimmt. Dies ist in der Draufsicht des Trägers (Bild 2) zu erkennen.

M215. Ein Freiträger mit konstanter Höhe und veränderlicher Breite hat eine Länge von l = 600 mm. Er ist am Ende mit einer Einzellast F = 400 N belastet und es ist $\sigma_{b\,zul}$ = 240 N/mm². Berechnen Sie die erforderliche Trägerbreite an der Einspannstelle, also b_A und die Trägerbreite in Trägermitte, also bei x = 300 mm, wenn die Höhe des Trägers mit h = 5 mm vorgegeben ist.

Lösung:

$$\sigma_{b\,zul} = \frac{M_{b\,max}}{W_A} \longrightarrow W_{A\,erf} = \frac{b_A \cdot h^2}{6} = \frac{M_{b\,max}}{\sigma_{b\,zul}} = \frac{F \cdot l}{\sigma_{b\,zul}} = \frac{400\,\text{N} \cdot 600\,\text{mm}}{240\,\frac{\text{N}}{\text{mm}^2}} = 1000\,\text{mm}^3$$

$$\frac{b_A \cdot h^2}{6} = 1000\,\text{mm}^3 \longrightarrow \mathbf{b_A} = \frac{1000\,\text{mm}^3 \cdot 6}{(5\,\text{mm})^2} = \mathbf{240\,mm}$$

$$b_x = b_A \cdot \frac{x}{l} = 240\,\text{mm} \cdot \frac{300\,\text{mm}}{600\,\text{mm}}$$

$\mathbf{b_x = 120\,mm}$

67.2.1.2 Rechteckquerschnitt mit konstanter Breite und veränderlicher Höhe

An der Einspannstelle A ist $\sigma_{b_A} = \frac{M_{b_A}}{W_A} = \frac{F \cdot l}{\frac{b \cdot h_A^2}{6}}$ (b = konst., h ist veränderlich)

Auch hier muss gelten: $\sigma_{b_x} = \sigma_{b_A} \longrightarrow \frac{F \cdot x}{\frac{b \cdot h_x^2}{6}} = \frac{F \cdot l}{\frac{b \cdot h_A^2}{6}} \longrightarrow \frac{x}{h_x^2} = \frac{l}{h_A^2} \longrightarrow h_x = \sqrt{h_A^2 \cdot \frac{x}{l}}$

Anformungsgleichung $h_x = h_A \cdot \sqrt{\frac{x}{l}}$ 356–2

3

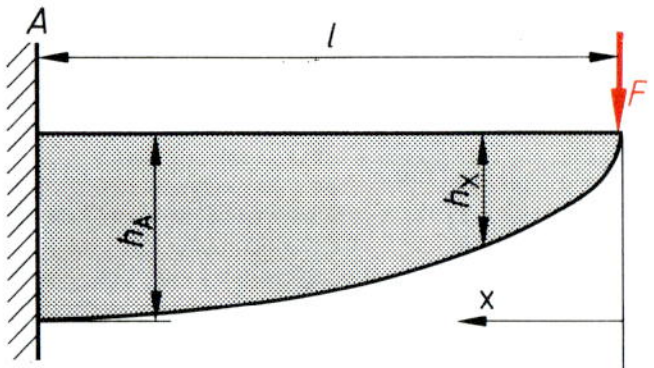

4

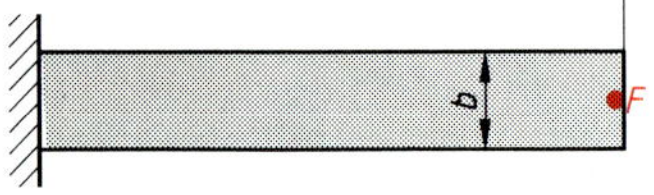

Aus dieser Gleichung ist zu ersehen, dass die Höhe des Trägers dergestalt veränderlich ist, dass die Trägerform einer quadratischen Parabel entspricht. Ein solcher Träger ist in der Vorderansicht (Bild 3) und der Draufsicht (Bild 4) dargestellt.

M216. Ermitteln Sie die Anformungsgleichung für einen Freiträger mit konstanter Streckenlast (Bild 1) unter der Voraussetzung, dass die Breite konstant und die Höhe veränderlich ist. Skizzieren Sie den Träger in Vorder- und Draufsicht.

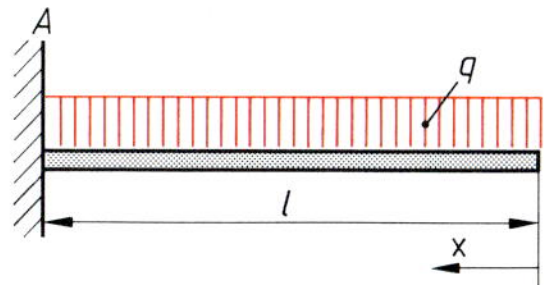

1

Lösung:

$$\sigma_{bA} = \sigma_{bx} \rightarrow \frac{\frac{q \cdot l^2}{2}}{\frac{b \cdot h_A^2}{6}} = \frac{\frac{q \cdot x^2}{2}}{\frac{b \cdot h_x^2}{6}} \rightarrow \frac{l^2}{h_A^2} = \frac{x^2}{h_x^2}$$

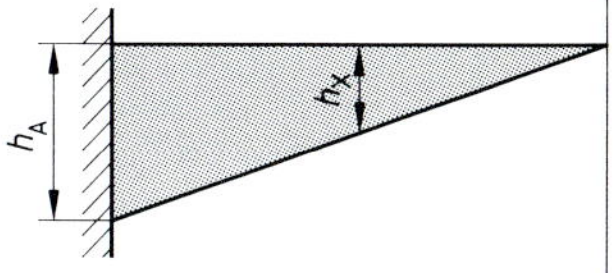

2

Anformungsgleichung: $\boldsymbol{h_x = h_A \cdot \frac{x}{l}}$

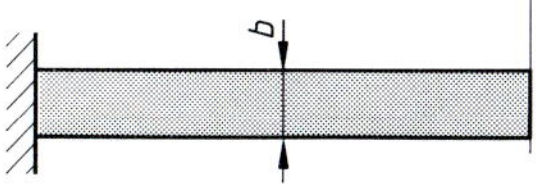

3

Die Bilder 2 und 3 zeigen die Vorder- und Draufsicht eines Freiträgers mit konstanter Streckenlast, ausgebildet als Träger gleicher Biegefestigkeit.

M217. Bild 4 zeigt eine einseitig eingespannte Blattfeder in Vorder- und Draufsicht. Sie hat eine Länge von 1000 mm und ist am Ende mit $F = 50$ kN belastet. Die Dicke des gehärteten Federstahls ist $s = 12$ mm und es ist $\sigma_{b\,zul} = 145$ N/mm^2. Die Feder ist konstruktiv als Federpaket festzulegen, und zwar mit $h_{max} = 250$ mm.

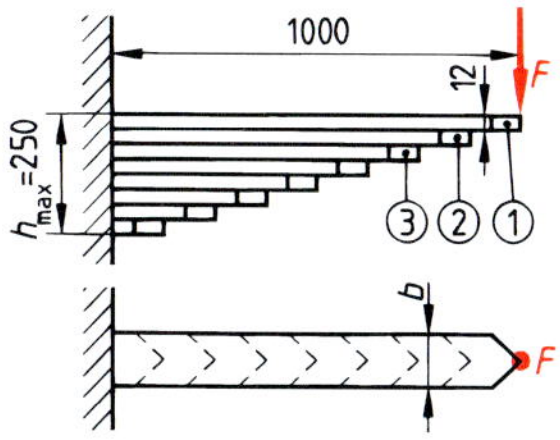

4

Lösung:
Gemäß Bild 5 denkt man sich die einzelnen Federblätter – wie mit den eingekreisten Zahlen angedeutet – zu **einer** Dreiecksfeder zusammengesetzt. Denn wäre die Feder so ausgebildet, würde es sich um einen Freiträger gleicher Biegespannung mit Punktlast am Trägerende, konstanter Höhe und veränderlicher Breite handeln. Demzufolge ist

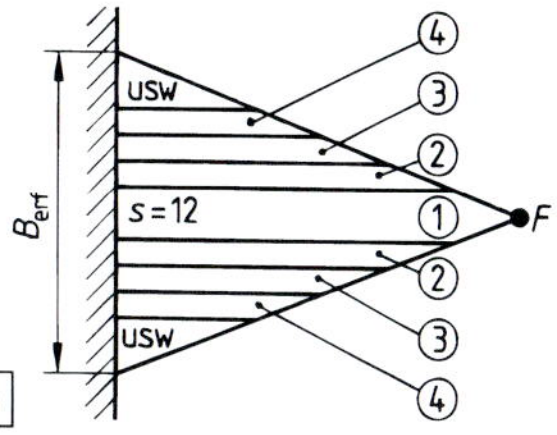

5

$$\sigma_b = \text{konst.} = \frac{M_{bA}}{W_A} = \frac{M_{bx}}{W_x} \rightarrow W_{A\,erf} = \frac{M_{bA}}{\sigma_{b\,zul}} = \frac{F \cdot l}{\sigma_{b\,zul}} = \frac{50\,000\ \text{N} \cdot 1000\ \text{mm}}{145\ \frac{\text{N}}{\text{mm}^2}} = 344\,827{,}6\ \text{mm}^3$$

$$W_{A\,erf} = 344\,827{,}6\ \text{mm}^3 = \frac{B \cdot s^2}{6} \rightarrow B_{erf} = \frac{344\,827{,}6\ \text{mm}^3 \cdot 6}{s^2} = \frac{344\,827{,}6\ \text{mm}^3 \cdot 6}{(12\ \text{mm})^2}$$

$\boldsymbol{B_{erf} = 14\,367{,}8}$ **mm**

Wäre also die Feder wie in Bild 5 ausgebildet, müsste die Breite an der Einspannstelle über 14 m sein. Diese Abmessung ist konstruktiv sinnlos und führt zu der konstruktiven Lösung des Federpaketes. Zunächst ergibt sich aus den gegebenen Daten die Anzahl der Federblätter i wie folgt:

$$i_{erf} = \frac{h_{max}}{s} = \frac{250\ \text{mm}}{12\ \text{mm}} = 20{,}83\ \text{Blatt}$$

Da die Anzahl der Federblätter ganzzahlig sein muss und h_{max} nicht über 250 mm sein darf, wird

$\boldsymbol{i_{gew} = 20}$ **Blatt**

Daraus ergibt sich schließlich die Breite des Federpaketes

$$b_{erf} = \frac{B_{erf}}{i_{gew}} = \frac{14\,367{,}8\ \text{mm}}{20} = 718{,}39\ \text{mm}$$

$\boldsymbol{b_{gew} = 720}$ **mm**

Ü 341. Ein Freiträger mit einer Länge l = 600 mm wird am Ende mit einer Einzellast von F = 60 kN belastet. Es soll $\sigma_{b\,zul}$ = 110 N/mm² betragen, der Freiträger soll als Träger gleicher Biegefestigkeit ausgebildet sein und überall einen kreisförmigen Querschnitt haben. Als Beispiel für einen solchen Träger sei eine **Radachse** angegeben. Bild 1 zeigt die Prinzipskizze.

1

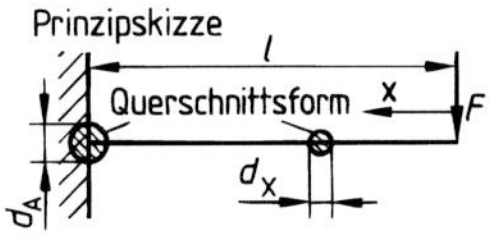

a) Ermitteln Sie die Anformungsgleichung;

b) Berechnen Sie den erforderlichen Achsdurchmesser an den Stellen $x_1 = \frac{1}{10} \cdot l$, $x_2 = \frac{1}{4} \cdot l$, $x_3 = \frac{1}{2} \cdot l$, $x_4 = \frac{3}{4} \cdot l$, $x_5 = l$;

c) Zeichnen Sie die theoretische Form der Achse M 1 : 10.

d) Wie wird man diese Achse konstruktiv ungefähr ausführen, wenn an ihrem Ende ein Laufrad aufgenommen werden soll?

V 328. Eine Fahrzeugfeder (Bild 2) wird aus Federstahl mit $\sigma_{b\,zul}$ = 420 N/mm² hergestellt. Radlast F = 8 kN, Federbreite höchstens 40 mm, i = 8 Federblätter.
Gesucht: Dicke s des Federstahls.

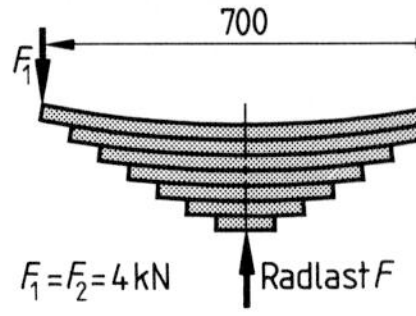

2

V 329. Eine Achse mit kreisförmigem Querschnitt hat eine Gesamtlänge von 800 mm. Sie ist an den Enden gelagert und wird in der Mitte durch die Radlast F_R = 40 kN belastet.

a) Ermitteln Sie die theoretisch günstigste Form der Achse bei $\sigma_{b\,zul}$ = 100 N/mm².

b) Wie wird man diese Achse ungefähr konstruktiv ausführen, wenn an den beiden Enden die Lager und in der Mitte ein Laufrad aufgenommen werden sollen?

Lektion 68

Verformung bei Biegebeanspruchung

68.1 Die Verformung im elastischen Bereich

Jede Beanspruchung bewirkt eine Deformation des Bauteiles, und bei allen Betrachtungen wurde von einer elastischen Deformation ausgegangen. Bei einer Biegebeanspruchung heißt die Deformation **Durchbiegung** *f*, und auch hier wird eine **Deformation im elastischen Bereich** vorausgesetzt.

[1]

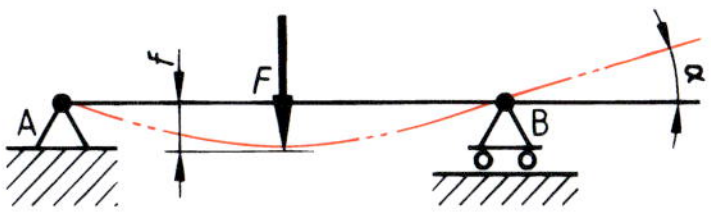

f = Durchbiegung in mm
α = Neigungswinkel der Biegelinie

Bild 1 zeigt die schematische Darstellung eines durch eine Einzellast beanspruchten Trägers auf zwei Stützen. Die **Biegelinie** ist identisch mit der neutralen Faser und wird auch – wegen der vorausgesetzten elastischen Verformung – **elastische Linie** genannt. Sie zeigt die Form der neutralen Faser im belasteten Zustand. Mit α wird der **Neigungswinkel der Biegelinie** bezeichnet.
Exakt können f und α nur mit Hilfe der Differentialrechnung ermittelt werden. Für alle in der Konstruktionspraxis häufiger vorkommenden Fälle existieren jedoch Berechnungsgleichungen für f und α. Sie sind in technischen Handbüchern und auch in der auf dieses Buch abgestimmten **Formel- und Tabellensammlung Technische Mechanik** zu finden.

Unter der Durchbiegung f versteht man den größten Abstand zwischen der gekrümmten Trägerachse im belasteten Zustand und der ungekrümmten Trägerachse im unbelasteten Zustand.

68.2 Der Krümmungsradius der Biegelinie

Bild 2 zeigt einen Freiträger im unbelasteten Zustand. Die Biegelinie ist eine Gerade. Wird der Träger durch die Kraft F belastet (Bild 3), reagiert dieser mit einer Verformung und es entsteht eine gekrümmte Biegelinie.
Wenn man nun näherungsweise annimmt, dass die Strecke $\overline{AB}$ der gekrümmten Biegelinie ein Kreisbogen ist, dann ist

ρ = **Krümmungsradius** der Biegelinie
O = Krümmungsmittelpunkt
f = Durchbiegung des Freiträgers
α = Neigungswinkel (Tangente an die Biegelinie am Ort der größten Durchbiegung).

[2]

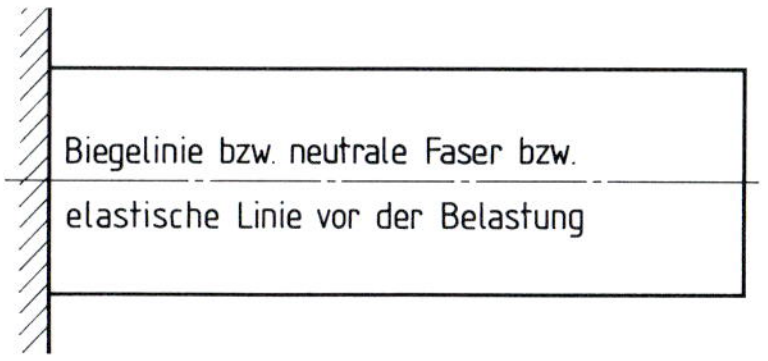

In diesem elastisch verformten Zustand hat sich die oberste Randfaser des Trägers um das Maß $\overline{EE_1}$ verlängert und die unterste Randfaser des Trägers um das Maß $\overline{FF_1}$ verkürzt..
Aus den ähnlichen Dreiecken AOB und E_1BE ergibt sich in Verbindung mit der Definition der Dehnung die Beziehung

$$\varepsilon = \frac{\Delta l}{l_0} = \frac{\overline{E_1E}}{\overline{AB}} = \frac{e}{\rho}$$

[3]

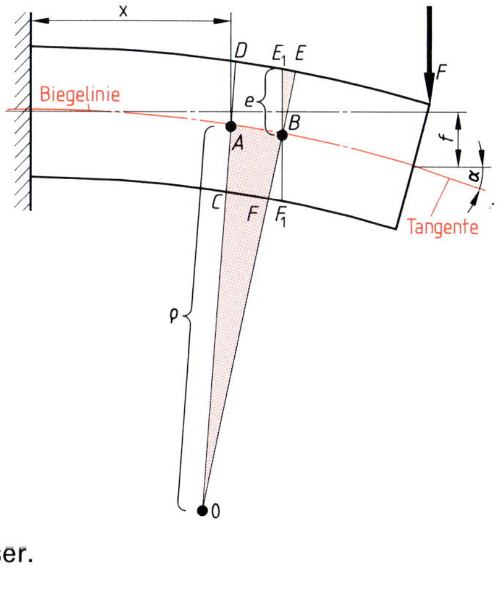

Dabei ist e der Abstand der Biegelinie zur Randfaser.

Mit $\varepsilon = \frac{\sigma}{E}$ erhält man schließlich $\frac{\sigma}{E} = \frac{e}{\rho}$ und damit den

Krümmungsradius der Biegelinie $\rho = \frac{e \cdot E}{\sigma}$

ρ	e	E, σ
mm	mm	$\frac{N}{mm^2}$

360–1

Da es sich um eine Biegespannung σ_b handelt, wird $\rho = \frac{e \cdot E}{\sigma_b} = \frac{e \cdot E}{\frac{M_b}{W}} = \frac{e \cdot E \cdot W}{M_b}$

Schließlich wird noch $e \cdot W = I$ gesetzt und man erhält so den

Krümmungsradius der Biegelinie $\rho = \frac{E \cdot I}{M_b}$

ρ	E	I	M_b
mm	$\frac{N}{mm^2}$	mm^4	Nmm

360–2

Man nennt das Produkt $\boldsymbol{E \cdot I}$ **= Biegesteifigkeit.**
Je größer die Biegesteifigkeit ist, desto größer ist der Krümmungsradius. Je größer aber der Krümmungsradius ist, desto kleiner ist die Durchbiegung. Somit ist

$$f \sim \frac{1}{\rho} \longrightarrow \quad f \sim \frac{n \cdot M_b}{i \cdot E \cdot I}$$ n, i Proportionalitätsfaktoren

Anmerkung: Nimmt man einmal an, dass ein auf Biegung beanspruchtes Bauteil aus Stahl hergestellt ist, dann ist aus $f \sim \frac{n \cdot M_b}{i \cdot E \cdot I}$ zu ersehen, dass die Durchbiegung durch die Wahl der Stahlsorte kaum beeinflusst werden kann, da sich die E-Module der Stähle nur geringfügig unterscheiden. Dies ist ein Faktum, welches oftmals übersehen wird. Wirksam kann die Durchbiegung bei einem bestimmten Biegemoment nur mit der Wahl eines entsprechend großen Trägheitsmomentes verkleinert werden.

68.3 Berechnung der Durchbiegung und des Neigungswinkels

Alle mit Hilfe der Differentialrechnung ermittelten Gleichungen für f und α haben gemeinsam, dass im Zähler stets das Biegemoment ($F \cdot l$) und im Nenner stets die Biegesteifigkeit ($E \cdot I$) vorkommen, und zwar jeweils mit einem Proportionalitätsfaktor.
Des Weiteren wird bei allen diesen Gleichungen davon ausgegangen, dass der Träger einen konstanten Querschnitt hat und dass der unbelastete Träger vollkommen gerade ist.
Im Folgenden sind einige Gleichungen für f und α wiedergegeben, weitere können technischen Handbüchern und der auf dieses Buch abgestimmten **Formel- und Tabellensammlung Technische Mechanik** entnommen werden.

68.3.1 Freiträger mit einer Einzellast am Trägerende (Bild 1)

$f = \frac{F \cdot l^3}{3 \cdot E \cdot I}$ in mm 360–3

$\alpha = \frac{F \cdot l^2}{2 \cdot E \cdot I}$ in rad 360–4

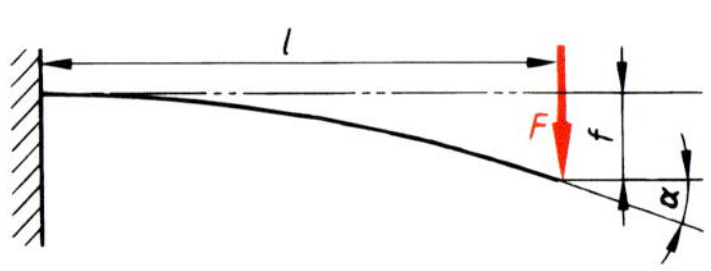

1

68.3.2 Träger auf zwei Stützen mit einer Einzellast in Trägermitte (Bild 2)

$f = \frac{F \cdot l^3}{48 \cdot E \cdot I}$ in mm 360–5

$\alpha = \frac{F \cdot l^2}{16 \cdot E \cdot I}$ in rad 360–6

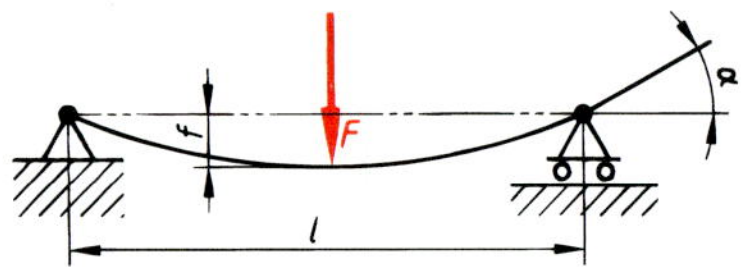

2

68.3.3 Freiträger mit Streckenlast (Bild 1)

$f = \frac{F_S \cdot l^3}{8 \cdot E \cdot I}$ in mm [361–1] $\alpha = \frac{F_S \cdot l^2}{6 \cdot E \cdot I}$ in rad [361–2]

$f_x = \frac{q \cdot l^4}{24 \cdot E \cdot I} \cdot \left[3 - 4 \cdot \frac{x}{l} + \left(\frac{x}{l}\right)^2\right]$ in mm [361–3]

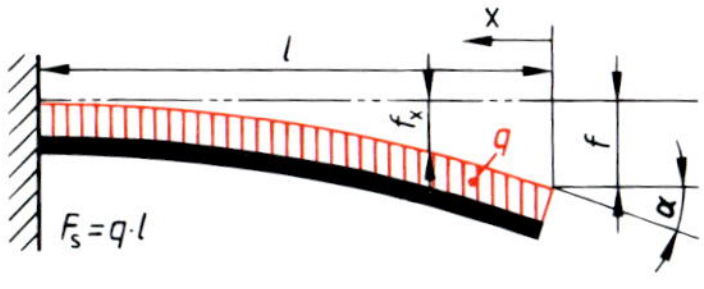

1

M218. Ein Freiträger hat eine Länge von 2,5 m. An seinem Ende wirkt eine Einzellast $F = 45$ kN. Berechnen Sie

a) die Abmessung des Trägers aus IPB-Profilstahl, wenn die Beanspruchung über die x-Achse erfolgt.

b) die Durchbiegung am Trägerende bei $\sigma_{b\,zul} = 150\ \text{N/mm}^2$ und $E = 210\,000\ \text{N/mm}^2$.

Lösung:

a) $\sigma_{b\,zul} = \frac{M_{b\,vorh}}{W_{erf}} \longrightarrow W_{erf} = \frac{M_{b\,vorh}}{\sigma_{b\,zul}} = \frac{F \cdot l}{\sigma_{b\,zul}} = \frac{45\,000\ \text{N} \cdot 2500\ \text{mm}}{150\ \frac{\text{N}}{\text{mm}^2}} = 750\,000\ \text{mm}^3$

$W_{erf} = 750\ \text{cm}^3 \longrightarrow$ gewählt: **IPB 240** mit $W_{vorh} = 938\ \text{cm}^3$

b) Beim gewählten Profil ist $I_x = 11\,260\ \text{cm}^4$. Somit:

$$f = \frac{F \cdot l^3}{3 \cdot E \cdot I} = \frac{45\,000\ \text{N} \cdot (250\ \text{cm})^3}{3 \cdot 21\,000\,000\ \frac{\text{N}}{\text{cm}^2} \cdot 11\,260\ \text{cm}^4} = 0{,}9912\ \text{cm}$$

$\boldsymbol{f = 9{,}912}$ **mm**

68.4 Resultierende Durchbiegung

68.4.1 Resultierende Durchbiegung bei einachsiger Biegung

Wird ein Träger gleichzeitig durch mehrere Lasten beansprucht, z. B. durch eine Einzellast und eine Streckenlast (Bild 2), d. h. wenn **Mischlast** vorliegt, dann wirkt sich dies natürlich auch auf die Größe der Durchbiegung aus.

Die durch Mischlast entstehende Durchbiegung heißt **Gesamtdurchbiegung** oder **resultierende Durchbiegung.**

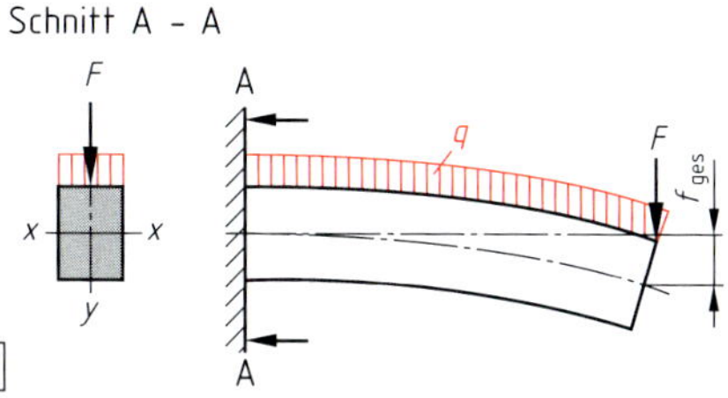

2

Unter der Voraussetzung, dass ein Träger über eine seiner Hauptachsen gebogen wird, d. h. dass **einachsige Biegung** und keine schiefe Biegung vorliegt (z. B. Bild 2), errechnet sich die Gesamtdurchbiegung $\boldsymbol{f_{ges}}$ aus der **Summe der anteiligen Einzeldurchbiegungen.** Somit:

resultierende Durchbiegung $f_{ges} = \Sigma f$ [361–4] in mm

M219. Ein Freiträger verformt sich unter dem Einfluss seines Eigengewichtes um $f_1 = 3{,}72$ mm. Eine Last am Trägerende ruft eine weitere Verformung hervor. Es ist $F = 500$ N; $l = 3{,}5$ m; $E = 210\,000\ \text{N/mm}^2$ und $I = 222\ \text{cm}^4$. Berechnen Sie

a) die durch die Einzellast hervorgerufene Durchbiegung f_2,

b) die Gesamtdurchbiegung f_{ges}.

Lösung: a) $\boldsymbol{f_2} = \frac{F \cdot l^3}{3 \cdot E \cdot I} = \frac{500\ \text{N} \cdot (350\ \text{cm})^3}{3 \cdot 21\,000\,000\ \text{N/cm}^2 \cdot 222\ \text{cm}^4} = 1{,}533\ \text{cm} =$ **15,33 mm**

FESTIGKEITSLEHRE

b) $\boldsymbol{f_{ges}} = f_1 + f_2 = 3{,}72\ \text{mm} + 15{,}33\ \text{mm} = \mathbf{19{,}05\ mm}$

68.4.2 Resultierende Durchbiegung bei schiefer Biegung

Bild 1 zeigt ein L-Profil, welches einer schiefen Biegung – entsprechend Lektion 64 – unterworfen ist. Im Bild 2 ist dargestellt, wie die Kraft F in ihre Hauptachsenkomponenten F_{I} und F_{II} zerlegt ist.
Dies lässt erkennen, dass sich das Bauteil (Träger) bei schiefer Biegung nicht in Richtung der einwirkenden Kraft F, sondern gleichzeitig in zwei Richtungen, nämlich in die Richtungen der Hauptachsenkomponenten verformt. Da die entsprechenden Durchbiegungen f_{I} und f_{II} rechtwinklig aufeinander stehen, müssen sie durch eine **geometrische Addition,** d. h. vektoriell zusammengefasst werden.
Dies ist in Bild 3 dargestellt. Somit:

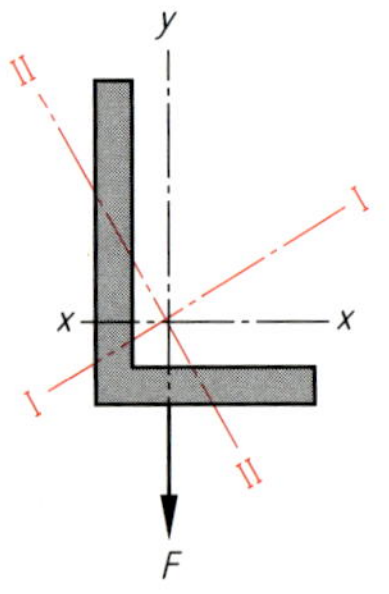

1

resultierende Durchbiegung $f_r = \sqrt{f_{\text{I}}^2 + f_{\text{II}}^2}$ 362–1

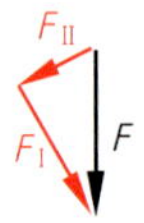

2

Richtung von f_r $\tan \alpha' = \dfrac{f_{\text{I}}}{f_{\text{II}}}$ 362–2

f_r = Gesamtdurchbiegung (resultierende Durchbiegung)
f_{I} = Durchbiegungskomponente rechtwinklig zur Hauptachse I
f_{II} = Durchbiegungskomponente rechtwinklig zur Hauptachse II

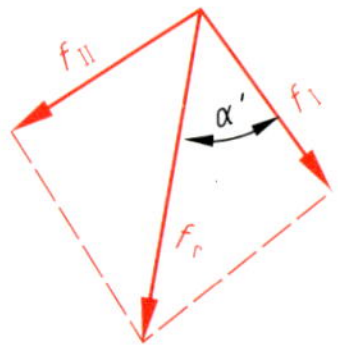

3

Bei der schiefen Biegung ergibt sich die resultierende Durchbiegung f_r durch die geometrische Addition der Durchbiegungskomponenten in Richtung der Hauptachsen.

M220. In Musteraufgabe M202., Seite 336 wurden die Biegespannungen für einen Profilstahl L 100 × 50 × 8 berechnet. Gegeben bzw. berechnet war in dieser Aufgabe:

$M_b = 800$ Nm; Hauptachsenwinkel $\alpha = 14{,}5°$; $I_\xi = 123\ \text{cm}^4$; $I_\eta = 12{,}6\ \text{cm}^4$.
$M_{b\xi} = 774{,}4$ Nm; $M_{b\eta} = 200$ Nm

Berechnen Sie für eine Trägerlänge $l = 2$ m bei $E = 210\,000\ \text{N/mm}^2$

a) die Durchbiegung f_ξ,
b) die Durchbiegung f_η,
c) die resultierende Durchbiegung f_r,
d) die Richtung von f_r (Biegerichtung) bezogen auf die Senkrechte.

Lösung: a) $f_\xi = \dfrac{F_\xi \cdot l^3}{3 \cdot E \cdot I_\xi}$ $\boldsymbol{F_\xi} = \dfrac{M_{b\xi}}{l} = \dfrac{774{,}4\ \text{Nm}}{2\ \text{m}} = \mathbf{387{,}2\ N}$

$$\boldsymbol{f_\xi} = \frac{387{,}2\ \text{N} \cdot (200\ \text{cm})^3}{3 \cdot 21\,000\,000\ \text{N/cm}^2 \cdot 123\ \text{cm}^4} = 0{,}4\ \text{cm} = \mathbf{4\ mm}$$

b) $f_\eta = \dfrac{F_\eta \cdot l^3}{3 \cdot E \cdot I_\eta}$ $\boldsymbol{F_\eta} = \dfrac{M_{b\eta}}{l} = \dfrac{200\ \text{Nm}}{2\ \text{m}} = \mathbf{100\ N}$

$$\boldsymbol{f_\eta} = \frac{100\ \text{N} \cdot (200\ \text{cm})^3}{3 \cdot 21\,000\,000\ \text{N/cm}^2 \cdot 12{,}6\ \text{cm}^4} = 1{,}008\ \text{cm} = \mathbf{10{,}08\ mm}$$

c) $\boldsymbol{f_r} = \sqrt{f_\xi^2 + f_\eta^2} = \sqrt{(4\ \text{mm})^2 + (10{,}08\ \text{mm})^2} = \sqrt{117{,}61\ \text{mm}^2} = \mathbf{10{,}84\ mm}$

d) Aus Bild 1 (unmaßstäblich) geht hervor:

$\alpha + \beta = \alpha'$

$\beta = \alpha' - \alpha \qquad \tan \alpha' = \frac{f_\eta}{f_\xi} = \frac{10{,}08 \text{ mm}}{4 \text{ mm}} = 2{,}52$

$\alpha' = 68{,}4°$

$\boldsymbol{\beta} = 68{,}4° - 14{,}5° = \mathbf{53{,}9°}$

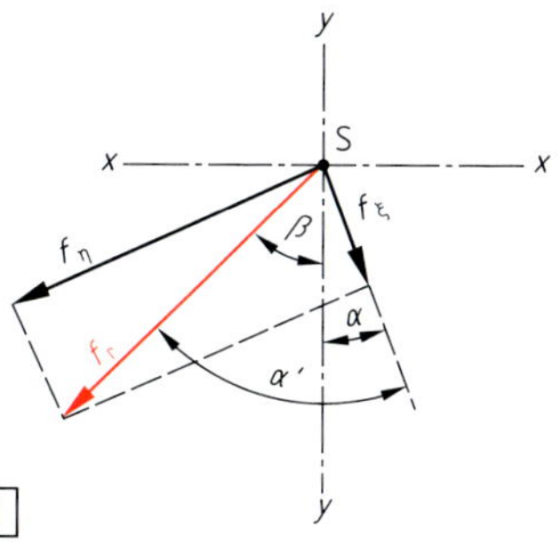

1

Ü342. Bild 2 zeigt die schematische Darstellung einer dreifach gelagerten Welle mit einem Durchmesser von 100 mm. Durch einen Montagefehler wurde das mittlere Lager 0,8 mm zu tief eingebaut. Wie groß sind die dadurch entstehenden Kräfte in den Lagern, wenn mit einem Elastizitätsmodul $E = 215\,000$ N/mm² zu rechnen ist?

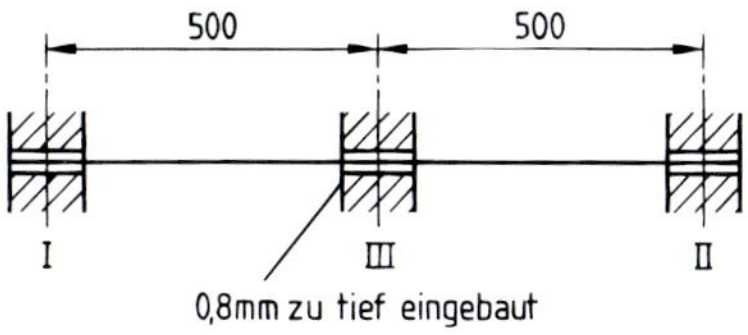

2

Ü343. Wie unterscheiden sich resultierende Durchbiegung bei einachsiger Biegung f_{ges} und resultierende Durchbiegung bei zweiachsiger Biegung f_r?

Ü344. Ein Träger auf zwei Stützen ist durch eine gleichmäßig verteilte Streckenlast belastet. Ermitteln Sie mit Hilfe eines technischen Handbuches die Gleichung

a) für die Durchbiegung in der Mitte des Trägers,
b) für den Neigungswinkel der Biegelinie am Ende (Lager) des Trägers.

Ü345. Ein Freiträger ist aus dem Profilstahl IPB 100 hergestellt. Er hat eine Länge $l = 1{,}3$ m und am freien Trägerende wirkt eine Einzellast $F = 0{,}9$ kN. Des Weiteren wird der Träger durch eine konstante Streckenlast $q = 3{,}5$ kN/m belastet. Der Elastizitätsmodul beträgt $E = 210\,000$ N/mm². Berechnen Sie am freien Trägerende bei einer Beanspruchung über die y-Achse

a) Durchbiegung infolge der Einzellast,
b) Durchbiegung infolge der Streckenlast,
c) die aus den Einzeldurchbiegungen zusammengesetzte Gesamtdurchbiegung.

Ü346. Ein gleichschenkliger L-Stahl L 70 × 7 DIN EN 10056 wird gemäß Bild 3 über die Achse x–x mit $F = 200$ N auf Biegung beansprucht. Die Konstruktion ist als Freiträger bei einer Trägerlänge $l = 1{,}2$ m ausgeführt. Ermitteln Sie mit Hilfe einer Stahlbautabelle die Durchbiegungen f_ξ, f_η, f_r sowie die Richtung von f_r.

Für den Werkstoff Stahl ist $E = 210\,000$ N/mm² zu setzen.

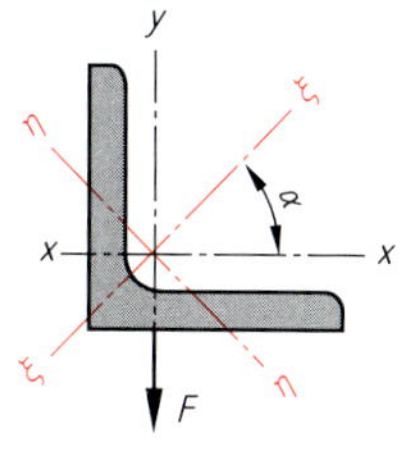

3

Ü347. Ein Träger ist durch eine Mischlast, z. B. eine Streckenlast und zwei verschieden gerichtete Einzellasten belastet. Überlegen Sie sich die Vorgehensweise zur Ermittlung der Gesamtdurchbiegung (Größe) sowie der Richtung der Gesamtdurchbiegung.

Ü348. Was versteht man unter der Biegesteifigkeit?

Ü349. Warum kann man mit der Wahl eines „besseren" Stahles f kaum beeinflussen?

V 330. Der im Bild 1 dargestellte Zapfen wird durch eine Kraft F = 17 500 N belastet. Werkstoff: E 335 (St 60–2) mit σ_{bB} = 280 N/mm². Es wird mit ν_B = 4 gerechnet und als Konstruktionsregel wird $l = 1{,}3 \cdot d$ gesetzt. Berechnen Sie bei E = 215 000 N/mm²

a) Zapfendurchmesser d und Zapfenlänge l,
b) die Durchbiegung f am Kraftangriffspunkt,
c) den Neigungswinkel α,
d) die Durchbiegung f am Zapfenende.

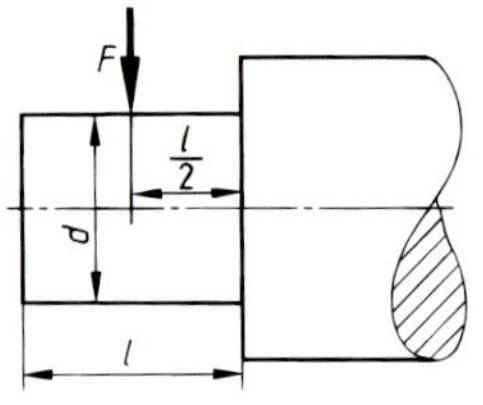

1

V 331. Ein Freiträger ist gemäß Bild 2 durch eine Dreieckslast belastet. Suchen Sie aus einem technischen Handbuch die Gleichung für

a) Durchbiegung am Trägerende,
b) Durchbiegung an einer beliebigen Stelle x des Trägers.

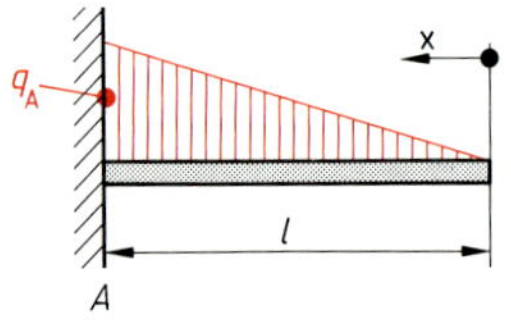

2

V 332. Ein an einer Seite eingespannter Rundstab mit d = 25 mm Durchmesser wird an seinem freien Ende, welches 1 m von der Einspannung entfernt ist, mit F = 200 N belastet. Um wie viel mm biegt sich der Stab durch, wenn er

a) aus S 235 JRG 1 (St 37–2) mit E = 210 000 N/mm²
b) aus Kupfer mit E = 125 000 N/mm² hergestellt ist?

V 333. Wie groß wären die Durchbiegungen des Stabes in Vertiefungsaufgabe V 332., wenn er beidseitig gelagert wäre (Träger auf zwei Stützen), und wenn die Belastung in der Mitte des Trägers erfolgen würde?

V 334. Bild 3 zeigt eine Schwungscheibe auf einer Welle. Die Schwungscheibe hat eine Masse m = 1400 kg. Ermitteln Sie ihr Gewicht in N, welches in der Mitte der Welle nach unten wirkt. Es ist $\sigma_{b\,zul}$ = 50 N/mm² und l = 800 mm. Berechnen Sie bei E = 210 000 N/mm²

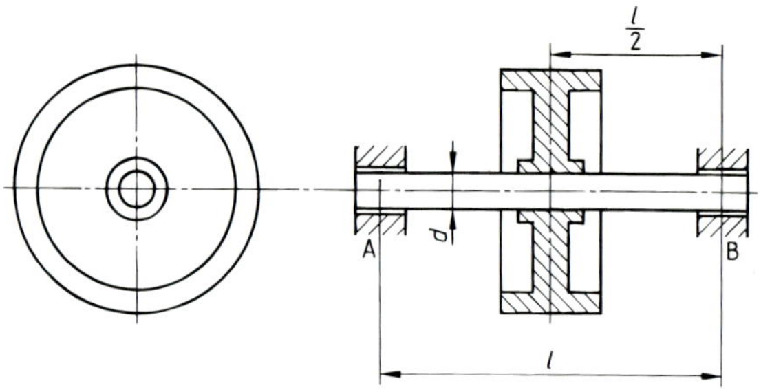

3

a) den Durchmesser d,
b) die Durchbiegung f in der Mitte der Welle.

V 335. Geben Sie einige Fälle an, bei denen es Ihrer Meinung nach besonders wichtig ist, auf Durchbiegungen zu achten.

V 336. Ein Freiträger mit quadratischem Querschnitt hat eine Länge von 500 mm. An seinem Ende wirkt eine Einzellast von F = 1000 N. Der Träger ist aus Cu mit E = 125 000 N/mm² hergestellt und die Durchbiegung am Trägerende soll maximal f = 1,2 mm sein.

a) Wie groß muss die Seitenlänge a des quadratischen Trägerquerschnittes mindestens sein?
b) Berechnen Sie für diesen Fall die vorhandene Biegespannung.

V 337. Wie wird die Gesamtdurchbiegung eines Trägers ermittelt, wenn dieser durch eine Mischlast beansprucht wird?

Torsion

Lektion 69 Torsionsspannung

69.1 Drehmoment als Ursache der Torsion

Ein Bauteil wird auf **Torsion** beansprucht, wenn auf dieses ein Drehmoment M_d wirkt. Dies ist z. B. der Fall bei Schraubendrehern, Gewindebohrern oder Wellen.
Bild 1 zeigt ein aus einer Welle herausgeschnittenes Stück mit der Länge l, und zwar einmal unbeansprucht, zum anderen **torsionsbeansprucht.** Betrachtet man einmal eine Mantellinie dieses zylindrischen Bauteils, dann stellt man fest, dass sich diese in der Art einer Schraubenlinie bei der Wirkung eines Drehmomentes verformt hat, das Bauteil ist tordiert. In diesem Zusammenhang spricht man auch von einer **Drillung, Verdrehung** oder **Verwindung.**

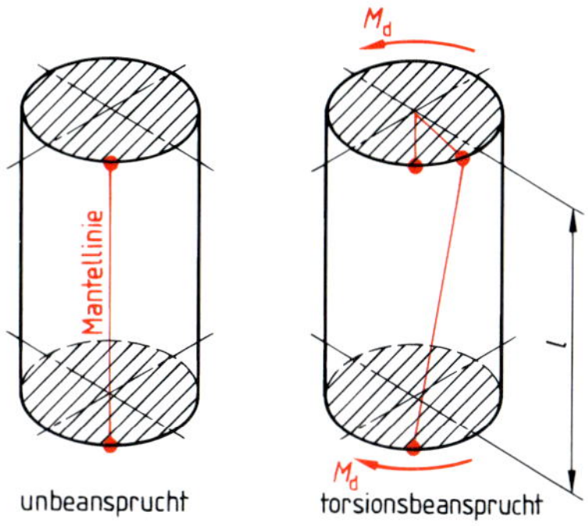

1

Im Bild 2 ist ein gedachter Schnitt durch die Welle dargestellt. Aus dieser Darstellung geht hervor, dass in der Schnittfläche dem am Wellenende wirkenden äußeren Moment M_d ein inneres Moment $M_i = -M_d$ entgegenwirken muss. Nur so ist die Gleichgewichtsbedingung $\Sigma M_d = 0$ erfüllt. Dieses innere Moment wird als **Torsionsmoment** M_t bezeichnet.

Bei Torsionsbeanspruchung wirkt in jedem Querschnitt dem äußeren Drehmoment ein gleich großes inneres Moment, das Torsionsmoment, entgegen.

Bei auf Torsion beanspruchten Bauteilen muss die Festigkeitsberechnung einen ausreichend großen Querschnitt sicherstellen, der das auftretende Drehmoment überträgt und der die Verformungen in Grenzen hält.

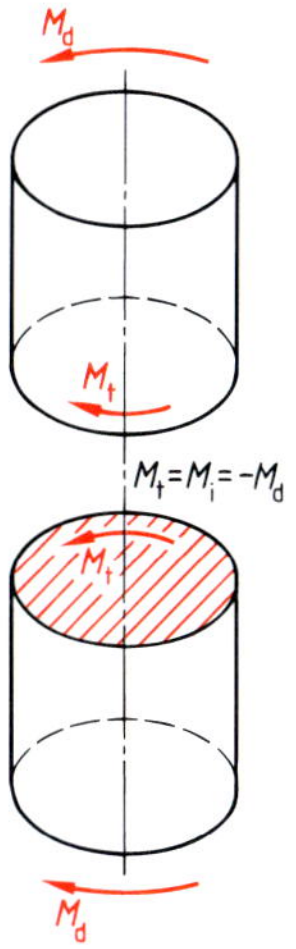

2

69.2 Ermittlung des Torsionsmomentes

Unter der Voraussetzung, dass also $M_t = M_d$ gesetzt werden kann, können für die Berechnung des Torsionsmomentes die Erkenntnisse der Lektionen 13, 44 und 45 herangezogen werden. Es ist

Torsionsmoment: $M_t = F \cdot r$ (365–1)

M_t	F	r
Nm	N	m

F = Umfangskraft
r = Radius

(Zahlenwertgleichung) $M_t = 9550 \cdot \dfrac{P}{n}$ (365–2)

M_t	P	n
Nm	kW	min^{-1}

P = Leistung
n = Drehzahl

(Größengleichung) $M_t = \dfrac{P}{\omega}$ (365–3)

M_t	P	ω
Nm	W	$\frac{rad}{s} = s^{-1}$

P = Leistung
ω = Winkelgeschwindigkeit

69.3 Berechnung der Torsionsspannung

Aus der Draufsicht des Bildes 1, Seite 365 (s. Bild 1) geht hervor, dass der Grad der Verformung vom Abstand der Wellenachse abhängt. Die Verformung ist in der Wellenachse Null und nimmt linear bis zu einem Größtwert an der äußeren Begrenzung der Welle zu.

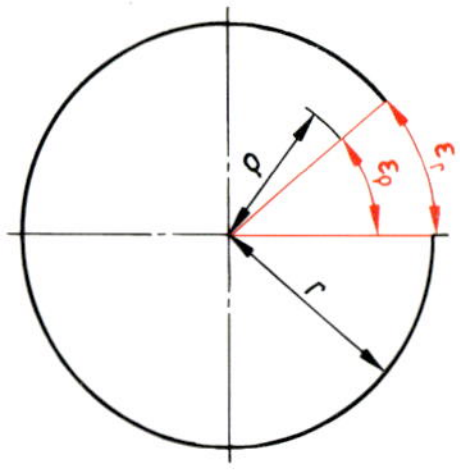

1

Bild 1 zeigt das entsprechende **Verformungsbild.** Es verhält sich $\frac{\varepsilon_r}{r} = \frac{\varepsilon_\rho}{\rho}$. Da sich nach dem Hooke'schen Gesetz die Spannungen wie die Verformungen bzw. die Dehnungen verhalten, muss im Querschnitt die Spannung ebenso verteilt sein wie die Verformung, nämlich linear. Dies zeigt die neben den Querschnitt gezeichnete **Spannungsverteilung** im Bild 2. Es verhält sich

$$\frac{\tau_t}{\tau} = \frac{r}{\rho}$$

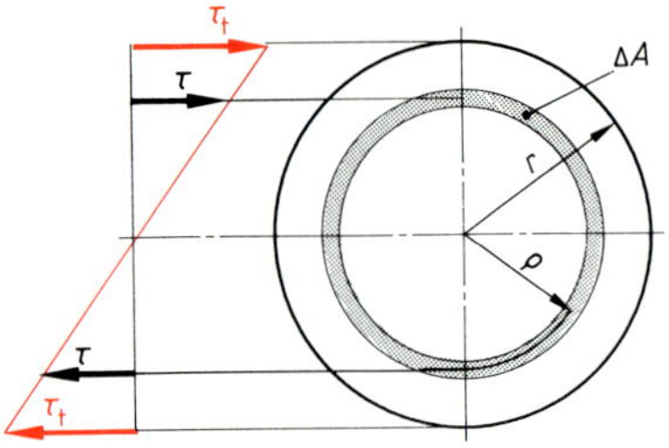

2

Da dem äußeren Drehmoment M_d ein gleich großes inneres Moment M_i, das Torsionsmoment M_t, entgegenwirkt, ergeben sich hier die gleichen Überlegungen wie bei der Biegung. Bild 2 zeigt, dass im Abstand ρ von der Drehachse in der als sehr klein angenommenen Teilfläche ΔA die **Schubspannung** τ vorhanden ist. Aus $\tau = \frac{F}{A}$ bzw. $\frac{F}{S}$ kann gefolgert werden, dass in der Teilfläche ΔA eine kleine „Rückstellkraft" wirkt. Somit ist die

Rückstellkraft in der Teilfläche ΔA im Abstand ρ: $F_\rho = \tau \cdot \Delta A$ (innere Kraft).

Multipliziert man diese Rückstellkraft mit ihrem Abstand ρ zur Drehachse, erhält man das **Rückstellmoment** in der Teilfläche ΔA im Abstand ρ: $M_\rho = \tau \cdot \Delta A \cdot \rho$ (inneres Moment).

Wendet man nun die Gleichgewichtsbedingung $\Sigma M = 0$ an, dann muss die Summe aller inneren Momente ΣM_i genauso groß sein wie das von außen auf das Bauteil wirkende Drehmoment M_d bzw. wie das Torsionsmoment M_t. Somit

Gleichgewichtsbedingung $M_t = \Sigma \tau \cdot \Delta A \cdot \rho$ 366–1

Mit $\frac{\tau_t}{\tau} = \frac{r}{\rho}$ wird $\tau = \tau_t \cdot \frac{\rho}{r}$ und somit $M_t = \Sigma \tau_t \cdot \frac{\rho}{r} \cdot \Delta A \cdot \rho = \Sigma \frac{\tau_t}{r} \cdot \Delta A \cdot \rho^2$

Der Wert $\frac{\tau_t}{r}$ ist als Konstante aufzufassen (bestimmte Spannung an einer bestimmten Stelle), die man demzufolge vor das Summenzeichen schreiben kann. Somit wird:

$$M_t = \frac{\tau_t}{r} \cdot \Sigma \Delta A \cdot \rho^2$$

Gemäß Gleichung 320–3 ist $\Sigma \Delta A \cdot \rho^2$ das **polare Trägheitsmoment** I_p. Somit erhält man für das

Torsionsmoment $M_t = \frac{\tau_t}{r} \cdot I_p$

M_t	τ_t	r	I_p
Nmm	$\frac{N}{mm^2}$	mm	mm^4

366–2

An dieser Stelle ergibt sich die Analogie zur Biegung. Es ist:

polares Widerstandsmoment $W_p = \frac{I_p}{r}$

W_p	I_p	r
mm^3	mm^4	mm

366–3 r = Wellenradius

Damit erhält man für das **Torsionsmoment** $M_t = \tau_t \cdot W_p$ [367–1] und daraus die Torsionsspannung:

Torsionshauptgleichung $\tau_t = \frac{M_t}{W_p}$

τ_t	M_t	W_p
$\frac{N}{mm^2}$	Nmm	mm^3

[367–2]

Vergleich Biegung und Torsion:

Biegung: $\sigma_b = \frac{M_b}{W} \rightarrow$ **Biegehauptgleichung**

Torsion: $\tau_t = \frac{M_t}{W_p} \rightarrow$ **Torsionshauptgleichung**

69.3.1 Polares Widerstandsmoment für den Kreisquerschnitt (Bild 1)

$$I_p = I_x + I_y = \frac{\pi \cdot d^4}{64} + \frac{\pi \cdot d^4}{64} = \frac{\pi \cdot d^4}{32}$$

$$W_p = \frac{I_p}{r} = \frac{I_p}{\frac{d}{2}} = \frac{\pi \cdot d^4 \cdot 2}{32 \cdot d}$$

$$W_p = \frac{\pi}{16} \cdot d^3 \approx \frac{d^3}{5}$$ [367–3]

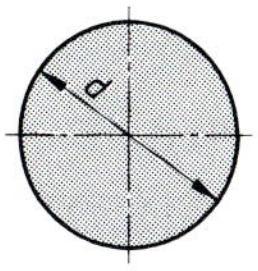

1

69.3.2 Polares Widerstandsmoment für den Kreisringquerschnitt (Bild 2)

Mit $I_p = I_x + I_y$ ergibt sich für den Kreisringquerschnitt:

$$W_p = \frac{\pi}{16} \cdot \frac{D^4 - d^4}{D} \approx \frac{D^4 - d^4}{5 \cdot D}$$ [367–4]

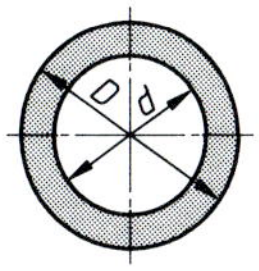

2

M221. Eine Welle wird auf Torsion beansprucht. Sie hat einen Durchmesser $d = 100$ mm und es wird ein Torsionsmoment $M_t = 10000$ Nm übertragen.

a) An welcher Stelle des Wellenquerschnittes tritt die größte Torsionsspannung auf?
b) Wie groß ist diese Torsionsspannung?

Lösung:

a) Die größte Torsionsspannung tritt stets am Ort des größten Abstandes von der Drehachse auf. Dies ist in der Mantelfläche der Welle.

b) $\tau_{t\,vorh} = \frac{M_{t\,vorh}}{W_{p\,vorh}}$ $\qquad W_{p\,vorh} \approx \frac{d^3}{5} = \frac{(10\text{ cm})^3}{5} = 200\text{ cm}^3$

$$\tau_{t\,vorh} = \frac{1000000\text{ Ncm}}{200\text{ cm}^3} = 5000\,\frac{N}{cm^2} \longrightarrow \boldsymbol{\tau_{t\,vorh} = 50\,\frac{N}{mm^2}}$$

M222. Eine Welle überträgt bei $n = 105\text{ min}^{-1}$ eine Leistung von $P = 64$ kW. Die Welle ist als Hohlwelle ausgeführt mit $D = 100$ mm und $d = 80$ mm. Berechnen Sie

a) das polare Widerstandsmoment der Hohlwelle,
b) die größte Verdrehspannung,
c) die Sicherheit ν_B bei $\tau_{tB} = 280\text{ N/mm}^2$.

Zeichnen Sie

d) die Spannungsverteilung.

Berechnen Sie

e) die Torsionsspannung am Innendurchmesser mit Hilfe des Strahlensatzes und den Bezeichnungen aus Ihrer Zeichnung der Spannungsverteilung im Punkt d).

Lösung:

a) $W_p \approx \frac{D^4 - d^4}{5 \cdot D} = \frac{(10\,cm)^4 - (8\,cm)^4}{5 \cdot 10\,cm} = \frac{10\,000\,cm^4 - 4096\,cm^4}{50\,cm} = \frac{5904\,cm^4}{50\,cm}$

$\mathbf{W_p = 118{,}08\ cm^3}$

b) $\tau_{t\,vorh} = \frac{M_{t\,vorh}}{W_{p\,vorh}}$ $\qquad M_{t\,vorh} = 9550 \cdot \frac{P}{n} = 9550 \cdot \frac{64}{105}\,Nm$

$\tau_{t\,vorh} = \frac{582\,095\,Ncm}{118{,}08\,cm^3}$ $\qquad \mathbf{M_{t\,vorh} = 5820{,}95\ Nm}$

$\tau_{t\,vorh} = 4929{,}67\,\frac{N}{cm^2} = \mathbf{49{,}3\,\frac{N}{mm^2}}$

c) $\nu_B = \frac{\tau_{tB}}{\tau_{t\,vorh}} = \frac{280\,\frac{N}{mm^2}}{49{,}3\,\frac{N}{mm^2}}$

$\mathbf{\nu_B = 5{,}68}$

d)

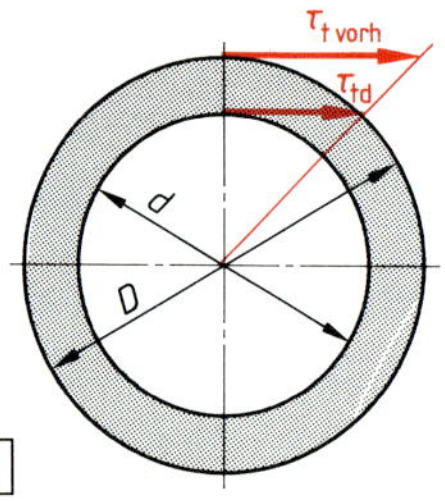

1

e) $\frac{\tau_{t\,vorh}}{\tau_{td}} = \frac{\frac{D}{2}}{\frac{d}{2}} = \frac{D}{d}$

$\tau_{td} = \tau_{t\,vorh} \cdot \frac{d}{D} = 49{,}3\,\frac{N}{mm^2} \cdot \frac{80\,mm}{100\,mm}$

$\mathbf{\tau_{td} = 39{,}44\,\frac{N}{mm^2}}$

M223. Triebwerkswellen werden i. d. R. außer auf Torsion noch auf Biegung beansprucht. In der Praxis geht man jedoch oft so vor, dass man die Biegebeanspruchung vernachlässigt, dafür aber mit einer relativ kleinen zulässigen Torsionsspannung rechnet. Für einfache, d. h. unlegierte Wellenstähle setzt man für diese überschlägige Rechnung $\tau_{t\,zul} = 12\ N/mm^2$. Ermitteln Sie für diese Bedingung eine Berechnungsformel für den Wellendurchmesser d in Abhängigkeit von Leistung P und Drehzahl n.

Lösung:

M_t in Nm ➝ τ_t in $\frac{N}{m^2}$
W_p in m^3
d in m

$$\tau_t = \frac{M_t}{W_p} \rightarrow M_t = \tau_t \cdot W_p = \tau_t \cdot \frac{\pi}{16} \cdot d^3 = 9550 \cdot \frac{P}{n}$$

$$\text{Somit } d^3 = 9550 \cdot \frac{P}{n} \cdot \frac{16}{\pi} \cdot \frac{1}{\tau_{t\,zul}} = 9550 \cdot \frac{P}{n} \cdot \frac{16}{\pi} \cdot \frac{1}{12\,000\,000\,\frac{N}{m^2}}$$

$$d = \sqrt[3]{0{,}00405 \cdot \frac{P}{n}} \quad \text{in m}$$

$$d = 1000 \cdot \sqrt[3]{0{,}00405 \cdot \frac{P}{n}} \quad \text{in mm} \longrightarrow d = 1000 \cdot \sqrt[3]{0{,}00405} \cdot \sqrt[3]{\frac{P}{n}}$$

$$d = 1000 \cdot 0{,}1594 \cdot \sqrt[3]{\frac{P}{n}}$$

$$\mathbf{d = 159{,}4 \cdot \sqrt[3]{\frac{P}{n}}}$$

d	P	n	$\tau_{t\,zul}$
mm	kW	min^{-1}	$12\,\frac{N}{mm^2}$

368–1

Anmerkung: Da bei der ermittelten Gleichung auf die Verformung der Welle überhaupt keine Rücksicht genommen wird – dieses Problem wird in Lektion 70 aufgegriffen –, sondern für die Durchmesserermittlung außer Leistung und Drehzahl nur die zulässige Spannung herangezogen wird, spricht man im Zusammenhang mit Gleichung 368–1 auch vom **Festigkeitsdurchmesser**.

FESTIGKEITSLEHRE

M224. Eine Triebwerkswelle überträgt bei einer Drehzahl von $n = 110\ \text{min}^{-1}$ eine Leistung $P = 17$ kW. Es ist $\tau_{t\,zul} = 12\ \text{N/mm}^2$, d. h. es ist die Torsionsspannung zugelassen, die der Gleichung 368–1 zugrunde liegt.

a) Ermitteln Sie den erforderlichen Wellendurchmesser über die Torsionshauptgleichung.
b) Ermitteln Sie den erforderlichen Wellendurchmesser über Gleichung 368–1.
c) Führen Sie den Spannungsnachweis.

Lösung:

a) $\tau_t = \frac{M_t}{W_p} \rightarrow W_{perf} = \frac{M_{t\,vorh}}{\tau_{t\,zul}}$ $\quad \boldsymbol{M_{t\,vorh}} = 9550 \cdot \frac{P}{n} = 9550 \cdot \frac{17}{110}\ \text{Nm} = \mathbf{1475{,}91\ Nm}$

$$W_{perf} = \frac{1\,475\,910\ \text{Nmm}}{12\ \frac{\text{N}}{\text{mm}^2}} = 122\,992{,}5\ \text{mm}^3 = \frac{d^3}{5}$$

$$d_{erf} = \sqrt[3]{5 \cdot 122\,992{,}5\ \text{mm}^3} = \sqrt[3]{614\,962{,}5\ \text{mm}^3}$$

$$\boldsymbol{d_{erf} = 85{,}03\ \text{mm}}$$

b) $d_{erf} = 159{,}4 \cdot \sqrt[3]{\frac{P}{n}} = 159{,}4 \cdot \sqrt[3]{\frac{17\ \text{kW}}{110\ \text{min}^{-1}}} = 159{,}4 \cdot \sqrt[3]{0{,}15455} = 159{,}4 \cdot 0{,}5365\ \text{mm}$

$\boldsymbol{d_{erf} = 85{,}52\ \text{mm}}$ $\quad \boldsymbol{d_{gew} = 85\ \text{mm}}$

c) $\tau_{t\,vorh} = \frac{M_{t\,vorh}}{W_{p\,vorh}}$ $\quad \boldsymbol{W_{p\,vorh}} = \frac{d^3}{5} = \frac{(8{,}5\ \text{cm})^3}{5} = \frac{614{,}125\ \text{cm}^3}{5} = \mathbf{122{,}825\ cm^3}$

$\tau_{t\,vorh} = \frac{147\,591\ \text{Ncm}}{122{,}825\ \text{cm}^3} = 1202\ \frac{\text{N}}{\text{cm}^2}$ $\quad \boldsymbol{\tau_{t\,vorh} = 12\ \frac{N}{mm^2}}$

Ü350. Die Hohlwelle aus Musteraufgabe M222., Seite 367 soll aus Platzgründen in der Konstruktion einen kleineren Durchmesser erhalten. Sie wird deswegen durch eine Vollwelle ersetzt. Dabei soll die maximale Spannung in der Welle nicht größer werden als dies in M222., Seite 367 der Fall war. Berechnen Sie den Wellendurchmesser und vergleichen Sie die Metergewichte (Metermassen) von Hohlwelle und Vollwelle. Welchen Schluss ziehen Sie aus diesem Vergleich?

Ü351. Berechnen Sie die Wellendurchmesser d_1, d_2, d_3 eines Walzwerkgetriebes. Die auf die Welle 1 vom Motor übertragene Leistung beträgt bei $n_1 = 965\ \text{min}^{-1}$: $P_1 = 1280$ kW. Das Übersetzungsverhältnis von Welle 1 auf Welle 2 beträgt $i_1 = 4{,}5 : 1$ bei einem Wirkungsgrad $\eta_1 = 0{,}8$. Das Übersetzungsverhältnis von Welle 2 auf Welle 3 beträgt $i_2 = 1 : 2$ bei einem Wirkungsgrad von $\eta_2 = 0{,}85$. Für die drei Wellen wird die zulässige Torsionsspannung mit $\tau_{t\,zul} = 30\ \text{N/mm}^2$ angenommen.

V338. Bild 1 zeigt die schematisierte Darstellung einer Winde. Auf die Kurbel wird eine Handkraft von insgesamt 500 N übertragen und das eingeleitete Drehmoment wird vom Zahnrad 1 auf das Zahnrad 2 übertragen.

Berechnen Sie bei $\tau_{t\,zul} = 25\ \text{N/mm}^2$

a) den Durchmesser der Kurbelwelle d_1,
b) den Durchmesser der Trommelwelle d_2.

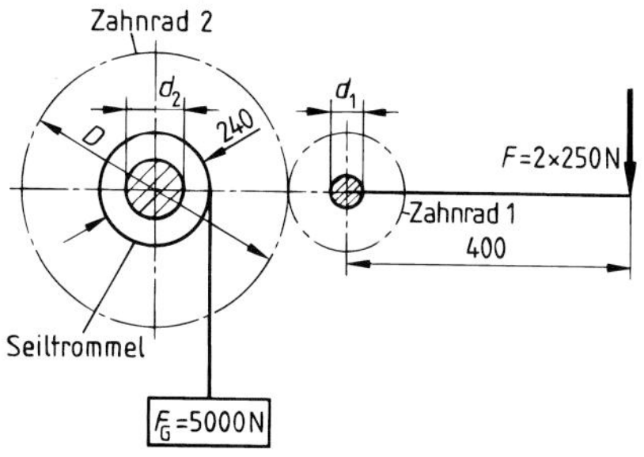

1

FESTIGKEITSLEHRE

V 339. Versuchen Sie, eine Aussage darüber zu machen, wie sich die Durchmesser von Getriebewellen zueinander verhalten, wenn diese nur auf Torsion berechnet werden, die Wirkungsgrade nicht berücksichtigt und nur Übersetzungen ins Schnelle realisiert werden.

V 340. Eine Welle überträgt bei $n = 160\ \text{min}^{-1}$ eine Leistung $P = 105$ kW. Die Welle ist als Hohlwelle ausgebildet und hat die Abmessungen $D = 80$ mm und $d = 70$ mm. Berechnen Sie die in der Welle auftretende größte Verdrehspannung $\tau_{t\,vorh}$.

V 341. Bild 1 zeigt einen zweiarmigen Schrauben-Steckschlüssel. Er ist für ein maximales Anzugsmoment (s. Lektion 29) von $M_d = M_t = 300$ Nm ausgelegt. Als zulässige Torsionsspannung wird bei dem verwendeten Stahl (s. auch Tabelle Seite 295) $\tau_{t\,zul} = 100\ \text{N/mm}^2$ zugrunde gelegt. Berechnen Sie

a) das Hebelmaß r bei einer Handkraft $F = 350$ N,
b) den erforderlichen Schaftdurchmesser d.

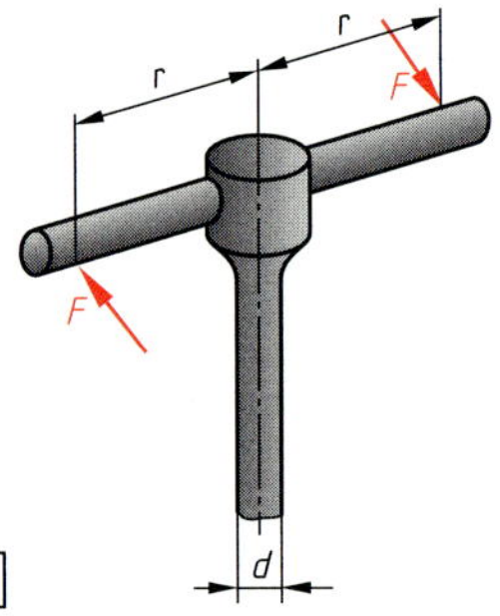

1

V 342. Was versteht man unter dem Festigkeitsdurchmesser?

V 343. Das geschweißte Zahnrad im Bild 2 überträgt ein Drehmoment $M_d = M_t = 12\,000$ Nm. Die Schweißung erfolgte zweiseitig und die Schweißnahtstärke beträgt $a = 6$ mm.

a) Berechnen Sie die auftretende Torsionsspannung in der Schweißnaht.

Anmerkung:
Für den Außendurchmesser der Schweißnaht ist zu setzen $d_a = d_i + 2 \cdot a$

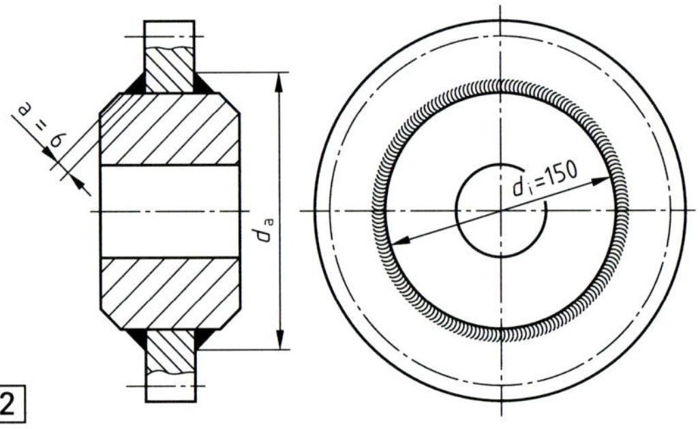

2

b) Wie groß ist die Scherspannung τ_a am Nabendurchmesser $d_i = 150$ mm in der Schweißnaht?
Vergleichen Sie die errechneten Spannungen $\tau_{t\,vorh}$ (Punkt a) und $\tau_{a\,vorh}$.

V 344. Eine Welle überträgt ein Torsionsmoment von $M_d = M_t = 50\,000$ Nm. Sie ist als Hohlwelle ausgebildet und ihr Außendurchmesser beträgt $d_a = 250$ mm. Wie groß muss der Innendurchmesser sein, wenn das Drehmoment bei $\tau_{tB} = 650\ \text{N/mm}^2$ und bei einer fünffachen Sicherheit, d. h. $\nu_B = 5$, übertragen werden soll?

FESTIGKEITSLEHRE

Lektion 70

Verformung bei Torsion

Bild 1 zeigt einen auf einer Seite fest eingespannten Zapfen. Auf der freien Seite wirkt das Drehmoment $M_d = F_u \cdot r$. Dadurch wird die Welle auf Torsion beansprucht, und sie verformt sich dergestalt, wie es auch schon in Lektion 69 besprochen wurde und wie es aus Bild 1 ersichtlich ist. Entsprechend Lektion 60 kann γ als sehr klein angesehen werden. Dann ist der Tangens des Winkels angenähert seinem Bogenmaß.

1

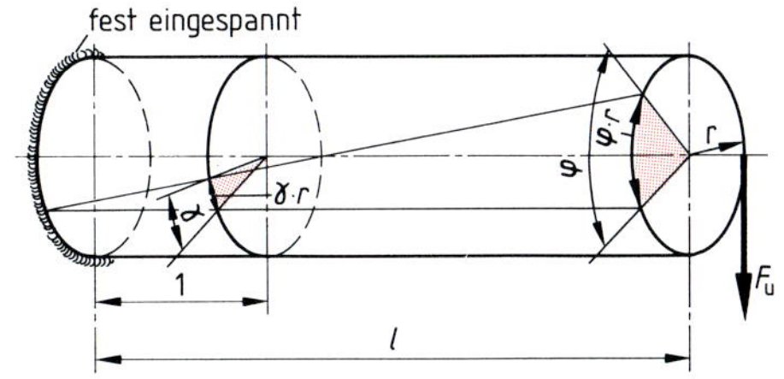

Außerdem wird der Zapfen natürlich auch auf Biegung beansprucht, denn es wirkt ja gleichfalls das Biegemoment $F_u \cdot l$. Dies soll jedoch an dieser Stelle unberücksichtigt bleiben, da es sich um eine zusammengesetzte Beanspruchung (Lektion 77) handelt.

Eine Torsionsbeanspruchung ruft eine Verdrehung des beanspruchten Bauteiles hervor.

70.1 Die Analogie zwischen Zug und Torsion

Solange es sich um eine Verformung im elastischen Bereich handelt, hat das Hooke'sche Gesetz auch bei der Torsion Gültigkeit. Aus dieser Tatsache leitet sich die Berechtigung ab, dass die sich entsprechenden Größen aus Zug – und Torsionsbeanspruchung gegenübergestellt werden können. Das erspart mit Hilfe einiger Analogieschlüsse aufwendige Beweise:

Zug	**Torsion**
vergleichen Sie Bild 2 Seite 284	vergleichen Sie Bild 1 auf dieser Seite
Verformung Δl	Verformung $\varphi \cdot r$
Ausgangslänge l_0	Wellenlänge l
Zugspannung $\sigma = \frac{F}{S}$	Torsionsspannung $\tau_t = \frac{M_t}{W_P}$
Der senkrechte Abstand zweier benachbarter Querschnitte vergrößert sich.	Zwei benachbarte Querschnitte verdrehen sich gegeneinander.
↓	↓
Dehnung $\boldsymbol{\varepsilon = \frac{\Delta l}{l_0} = \frac{1}{E} \cdot \sigma}$ 371–1	**Gleitung** $\boldsymbol{\gamma = \frac{\varphi \cdot r}{l} = \frac{1}{G} \cdot \tau_t}$ 371–2
Stoffkonstante: E = Elastizitätsmodul	Stoffkonstante: G = Gleitmodul. φ in rad. s. auch Seite 302

70.2 Der Zusammenhang zwischen dem Elastizitätsmodul *E* und dem Gleitmodul *G*

Bereits in Lektion 60 (Seite 302) wurde der Zusammenhang zwischen E und G hergestellt.

Gleitmodul für Stahl $G = 0{,}385 \cdot E$ $\frac{G,\ E}{\text{N/mm}^2}$ 371–3 = 302–4

Ausdrücklich wurde auf Seite 302 die für Stahl geltende **Poisson'sche Zahl** $\mu = 0{,}3$ zugrunde gelegt. Daraus kann geschlossen werden, dass Gleichung 371–3 keine Allgemeingültigkeit hat, dass aber G und E einen funktionellen Zusammenhang haben, der über μ hergestellt werden kann. Es ist:

G = f(E) ⟶ $$\frac{1}{G} = 2 \cdot \frac{\frac{1}{\mu} + 1}{\frac{1}{\mu}} \cdot \frac{1}{E}$$ 371–4

E = Elastizitätsmodul in N/mm²
G = Gleitmodul in N/mm²
μ = Poisson'sche Zahl

FESTIGKEITSLEHRE

Die Ableitung dieser Gleichung erfolgt über den Zusammenhang der Formänderungsarbeiten bei Zug und bei Scherung. Zu beachten ist:

Ebenso wie der Elastizitätsmodul E hat auch der Gleitmodul (Schubmodul) G nur im elastischen Bereich Gültigkeit.

M225. Für den Grauguss EN–GJL–200 (GG–20) ist E = 98000 N/mm² und μ = 0,18. Berechnen Sie den Gleitmodul für diese Graugusssorte.

Lösung: $$\frac{1}{G} = 2 \cdot \frac{\frac{1}{\mu}+1}{\frac{1}{\mu}} \cdot \frac{1}{E} = 2 \cdot \frac{\frac{1}{0{,}18}+1}{\frac{1}{0{,}18}} \cdot \frac{1}{E} = 2 \cdot \frac{5{,}56+1}{5{,}56} \cdot \frac{1}{E} = 2 \cdot 1{,}18 \cdot \frac{1}{E}$$

$$\boldsymbol{G} = \frac{E}{2 \cdot 1{,}18} = \frac{98000\ \text{N/mm}^2}{2 \cdot 1{,}18} = \mathbf{41525{,}4\ N/mm^2}$$

70.3 Die Größe des Verdrehwinkels (Torsionswinkel) φ

Im Zusammenhang mit der Verformung bei Scherung wurde auf Seite 302 die **Gleitung** γ bereits definiert. Im Zusammenhang mit der Torsion erfolgte die Definition der Gleitung mit Gleichung 371–2. Danach ist

$$\gamma = \frac{\varphi \cdot r}{l} = \frac{1}{G} \cdot \tau_t. \quad \text{Mit } \tau_t = \frac{M_t}{W_p} \text{ wird:}$$

$$\frac{\varphi \cdot r}{l} = \frac{1}{G} \cdot \frac{M_t}{W_p}. \quad \text{Somit:}$$

$$\varphi = \frac{1}{G} \cdot l \cdot \frac{M_t}{W_p \cdot r}. \quad \text{Mit } I_p = W_p \cdot r \text{ erhält man für den}$$

Verdrehwinkel
(im Bogenmaß)

$$\varphi = \frac{M_t \cdot l}{G \cdot I_p}$$

φ	M_t	l	G	I_p
rad	Nmm	mm	$\frac{\text{N}}{\text{mm}^2}$	mm⁴

372–1

In Winkelgraden wird $\varphi = \frac{M_t \cdot l}{G \cdot I_p} \cdot \frac{360°}{2 \cdot \pi}$. Somit:

Verdrehwinkel
(im Gradmaß)

$$\varphi = \frac{M_t \cdot l \cdot 180°}{G \cdot I_p \cdot \pi}$$

φ	M_t	l	G	I_p
°	Nmm	mm	$\frac{\text{N}}{\text{mm}^2}$	mm⁴

372–2

Anmerkung: Der **zulässige Verdrehwinkel** φ_{zul} darf in der Regel im **allgemeinen Maschinenbau** ¼ Grad pro Meter nicht überschreiten. Dies wird durch die Wahl eines entsprechend großen polaren Trägheitsmomentes I_p erreicht.
Zu beachten ist allerdings:

Die zulässige Torsionsspannung $\tau_{t\,zul}$ darf bei Einhaltung von φ_{zul} nicht überschritten werden.

M226. Ein ungleichschenkliger L-Stahl L 100 × 50 × 6 wird bei einer Länge l = 2,4 m mit M_t = 500 Nm auf Torsion beansprucht. Zu berechnen sind bei G = 81000 N/mm²

a) das polare Trägheitsmoment I_p,
b) der Verdrehwinkel (Torsionswinkel) φ in Grad.

Lösung: a) $\boldsymbol{I_p} = I_x + I_y$ = 89,7 cm⁴ + 15,3 cm⁴ = **105 cm⁴**

b) $$\varphi = \frac{M_t \cdot l \cdot 180°}{G \cdot I_p \cdot \pi} = \frac{50000\ \text{Ncm} \cdot 240\ \text{cm} \cdot 180°}{8100000\ \text{N/cm}^2 \cdot 105\ \text{cm}^4 \cdot \pi} = \mathbf{0{,}8084°}$$

Dies entspricht 0,337 Grad/Meter.

FESTIGKEITSLEHRE

M 227. Eine Welle von 2,4 m Länge überträgt bei einer Drehzahl $n = 125\ \text{min}^{-1}$ und einer Antriebsleistung $P = 18{,}4$ kW bei einem Durchmesser $d = 95$ mm das Drehmoment. Berechnen Sie bei $E = 210000\ \text{N/mm}^2$

a) $\tau_{t\,vorh}$,

b) den Verdrehwinkel φ_{vorh} in Grad und in Grad/m

Lösung:

a) $\tau_{t\,vorh} = \dfrac{M_{t\,vorh}}{W_{p\,vorh}}$

$$M_{t\,vorh} = 9550 \cdot \frac{P}{n} = 9550 \cdot \frac{18{,}4}{125}$$

$$\boldsymbol{M_{t\,vorh} = 1405{,}76\ \text{Nm}}$$

$$W_{p\,vorh} = \frac{d^3}{5} = \frac{(9{,}5\ \text{cm})^3}{5}$$

$$\boldsymbol{W_{p\,vorh} = 171{,}475\ \text{cm}^3}$$

$$\tau_{t\,vorh} = \frac{140576\ \text{Ncm}}{171{,}475\ \text{cm}^3} = 819{,}8\ \frac{\text{N}}{\text{cm}^2}$$

$$\boldsymbol{\tau_{t\,vorh} = 8{,}198\ \frac{N}{mm^2}}$$

b) $\varphi = \dfrac{M_t \cdot l \cdot 180^\circ}{G \cdot I_p \cdot \pi}$

$$G = 0{,}385 \cdot E = 0{,}385 \cdot 210000\ \frac{\text{N}}{\text{mm}^2} = 80850\ \frac{\text{N}}{\text{mm}^2}$$

$$G = 8085000\ \frac{\text{N}}{\text{cm}^2}$$

$$M_t = 140576\ \text{Ncm}$$

$$l = 240\ \text{cm}$$

$$I_p = W_p \cdot \frac{d}{2} = 171{,}475\ \text{cm}^3 \cdot \frac{9{,}5\ \text{cm}}{2} = 814{,}5\ \text{cm}^4$$

$$\varphi = \frac{140576\ \text{Ncm} \cdot 240\ \text{cm} \cdot 180^\circ}{8085000\ \frac{\text{N}}{\text{cm}^2} \cdot 814{,}5\ \text{cm}^4 \cdot \pi} = \boldsymbol{0{,}294^\circ}$$

$$\varphi = \frac{0{,}294^\circ}{2{,}4\ \text{m}}$$

$$\boldsymbol{\varphi = 0{,}1225^\circ/\text{m}}$$

M 228. Im Maschinenbau wird i. d. R. ein Verdrehwinkel $\varphi = {}^1/_4$ Grad pro Meter Wellenlänge zugelassen. Ermitteln Sie eine Berechnungsformel für den Wellendurchmesser d in Abhängigkeit von übertragener Leistung P und Drehzahl n für diese Bedingung. $\varphi_{zul} = 0{,}25$ Grad/Meter bei $E = 210\,000\ \text{N/mm}^2$ (Stahl).

Lösung:

$\varphi = \dfrac{M_t \cdot l \cdot 180^\circ}{G \cdot I_p \cdot \pi}$

$$M_t = 955000 \cdot \frac{P}{n}\ \text{in Ncm}$$

$$I_p = W_p \cdot \frac{d}{2} = \frac{\pi}{16} \cdot d^3 \cdot \frac{d}{2} = \frac{\pi}{32} \cdot d^4\ \text{in cm}^4$$

$$l = 1\ \text{m} = 100\ \text{cm}$$

$$\varphi = 0{,}25^\circ$$

$$G = 0{,}385 \cdot E = 8085000\ \frac{\text{N}}{\text{cm}^2}$$

$$0{,}25^\circ = \frac{955000 \cdot \frac{P}{n}\ \text{Ncm} \cdot 100\ \text{cm} \cdot 180^\circ}{8085000\ \frac{\text{N}}{\text{cm}^2} \cdot \frac{\pi}{32} \cdot d^4 \cdot \pi}$$

$$d^4 = \frac{P}{n} \cdot \frac{955000\ \text{Ncm} \cdot 100\ \text{cm} \cdot 180^\circ \cdot 32}{8085000\ \frac{\text{N}}{\text{cm}^2} \cdot \pi^2 \cdot 0{,}25^\circ} \longrightarrow d = \sqrt[4]{\frac{P}{n} \cdot 27576} = 12{,}89 \cdot \sqrt[4]{\frac{P}{n}}\ \text{in cm}$$

$$\boldsymbol{d = 128{,}9 \cdot \sqrt[4]{\frac{P}{n}}}$$

d	P	n	φ
mm	kW	min^{-1}	0,25°/m

373–1

FESTIGKEITSLEHRE

Anmerkung: Da bei der ermittelten Gleichung auf die zulässige Torsionsspannung $\tau_{t\,zul}$ überhaupt keine Rücksicht genommen wird, sondern für die Durchmesserermittlung außer P und n nur der zulässige Verdrehwinkel φ_{zul} herangezogen wird, spricht man im Zusammenhang mit Gleichung 373–1 auch vom **Formänderungsdurchmesser.**

Wichtiger Grundsatz:

Bei Berechnungen auf Torsion muss sowohl der Festigkeitsdurchmesser (Gleichung 368–1) als auch der Formänderungsdurchmesser ermittelt werden. Der größere der beiden errechneten Durchmesser ist für die Dimensionierung maßgebend.

Ü352. Von welchen Größen ist der Verdrehwinkel φ abhängig?

Ü353. Eine Schiffsantriebswelle überträgt bei einer Drehzahl $n = 120\ \text{min}^{-1}$ eine Leistung $P = 632$ kW.

a) Wie groß ist der Innendurchmesser d der Hohlwelle bei einem Außendurchmesser $D = 300$ mm auszuführen, wenn $\tau_{t\,zul} = 20\ \text{N/mm}^2$ nicht überschritten werden darf?

b) Wie groß ist der Verdrehwinkel φ der 17 m langen Welle, wenn mit $E = 220\,000\ \text{N/mm}^2$ gerechnet wird?

V345. Berechnen Sie mit den Werten der Musteraufgabe M227., Seite 373 (die errechnete Torsionsspannung und der Verdrehwinkel dürfen nicht überschritten werden) eine Hohlwelle mit dem Außendurchmesser $D = 100$ mm.

V346. Bei einer 14 m langen Welle aus Stahl soll der Verdrehwinkel $\varphi = 3{,}5°$ nicht überschritten werden. Es ist $\tau_{t\,zul} = 60\ \text{N/mm}^2$.

a) Welchen Durchmesser d muss die Vollwelle haben?

b) Welche Leistung kann die Welle bei einer Drehzahl von $n = 800\ \text{min}^{-1}$ übertragen?

V347. Mit einem Drehmomentenschlüssel wird über einen Torsionsstab aus Stahl ein Drehmoment $M_t = 100$ Nm übertragen. Der Verdrehwinkel beträgt dabei $\varphi = 8°$. $G = 80\,850\ \text{N/mm}^2$.

a) Welchen Durchmesser muss der Torsionsstab bei $\tau_{t\,zul} = 250\ \text{N/mm}^2$ haben?

b) Wie lang muss der Torsionsstab für den angegebenen Verdrehwinkel ausgeführt werden?

Beanspruchung auf Knickung

Lektion 71 Knickfestigkeit

71.1 Unterscheidung von Druckbeanspruchung und Knickbeanspruchung

Nimmt man einmal an, dass die beiden im Bild 1 dargestellten Stäbe ① und ② aus dem gleichen Werkstoff jeweils den gleichen Querschnitt *S* haben und durch die gleiche Last *F* belastet sind, dann zeigt die Erfahrung, dass die Gefahr eines seitlichen Ausweichens beim Stab ② sehr groß ist. Dies ist durch die gestrichelte Linie angedeutet. Beim Stab ① hingegen ist diese Gefahr so gut wie überhaupt nicht gegeben.

1

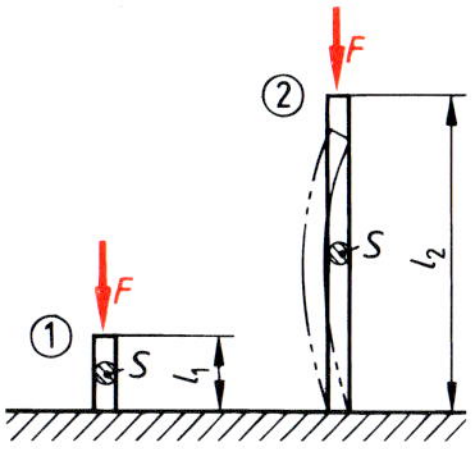

Das seitliche Ausweichen eines auf Druck beanspruchten Stabes wird als **Knickung** bezeichnet.

Aus dem Vergleich der Stäbe ① und ② wird ersichtlich, dass die Gefahr einer Knickung stets dann gegeben ist, wenn die Länge *l* des Stabes bezogen auf den Stabquerschnitt *S* sehr groß ist. Man spricht dann von einem schlanken Stab. Die Gefahr einer Knickung wächst also mit der **Schlankheit des Bauteiles**.

Knickung kann bereits dann eintreten, wenn die zulässige Druckspannung $\sigma_{d\ zul}$ noch nicht erreicht ist.

71.2 Der Schlankheitsgrad und die Einspannungsfälle

Bei der Entwicklung einer Knicktheorie muss die Schlankheit des zu berechnenden Stabes berücksichtigt werden. Man könnte z. B. die Schlankheit als das Verhältnis der Stablänge geteilt durch den Stabquerschnitt, also $\frac{l}{S}$ definieren. Die Knickanfälligkeit eines Stabes hängt aber auch vom **Einspannkriterium** des Stabes ab. Nach Leonhard **Euler (1707 bis 1783)** unterscheidet man vier verschiedene Einspannkriterien. Diese werden als **Einspannungsfälle** bezeichnet. Sie sind im Bild 2 dargestellt. Man unterscheidet:

2

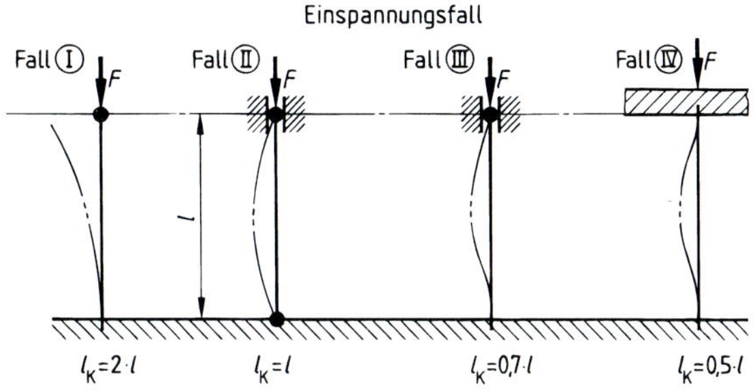

Einspannungsfall I: Stab ist auf einer Seite fest eingespannt. ➛ $l_K = 2 \cdot l$

Einspannungsfall II: Stab ist auf beiden Seiten gelenkig gelagert. ➛ $l_K = l$

Einspannungsfall III: Stab ist auf einer Seite fest eingespannt, auf der anderen Seite gelenkig gelagert. ➛ $l_K = 0{,}7 \cdot l$

Einspannungsfall IV: Stab ist auf beiden Seiten fest eingespannt. ➛ $l_K = 0{,}5 \cdot l$

Dabei ist *l* die Stablänge und man bezeichnet l_K als **freie Knicklänge**.

FESTIGKEITSLEHRE

Ist der Stabquerschnitt kreis- oder kreisringförmig bzw. quadratisch, dann kann aus Symmetriegründen nicht vorausgesagt werden, nach welcher Seite der beanspruchte Stab ausknickt. Anders ist dies z. B. bei einem rechteckigen Stabquerschnitt.
Einen solchen zeigt Bild 1 in Vorderansicht und Draufsicht. Man erkennt:

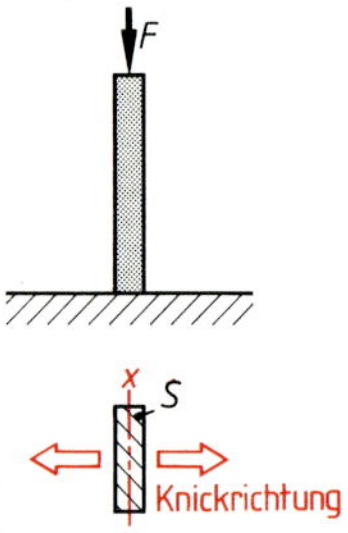

1

Die Knickrichtung verläuft senkrecht zur Hauptachse (s. Lektion 64) mit dem kleinsten Flächenträgheitsmoment I_{min}.

Man bezeichnet als **Bezugsradius** oder **Trägheitsradius** $i = \sqrt{\dfrac{I}{S}}$

i	I	S
mm	mm^4	mm^2

376–1

Als **Maß für die Schlankheit** eines Stabes dient der **Schlankheitsgrad** λ. Dieser ist das Verhältnis der freien Knicklänge l_K geteilt durch den kleinsten Bezugsradius (Trägheitsradius) i_{min}. Somit:

Schlankheitsgrad $\lambda = \dfrac{l_K}{i_{min}}$

λ	l_K	i_{min}
1	mm	mm

376–2

i_{min} = kleinster Bezugsradius

$i_{min} = \sqrt{I_{min}/S}$

Der Schlankheitsgrad λ ist umso größer, je größer die freie Knicklänge l_K und umso kleiner der Bezugsradius i_{min} ist. Die **Knickfestigkeit** ist aber bei einem großen l_K-Wert und bei einem kleinen i_{min}-Wert klein. Daraus folgt.

Je größer der Schlankheitsgrad λ eines Bauteiles ist, desto kleiner ist seine Knickfestigkeit.

Anmerkung: Im Gegensatz zu allen anderen Beanspruchungsarten wird bei der Beanspruchung auf Knickung als Index für die Beanspruchungsart ein Großbuchstabe verwendet: K

M 229. Für den Einspannungsfall I ist für einen 4 m langen Stab mit dem Profilquerschnitt I80 DIN 1025 der Schlankheitsgrad λ zu berechnen.

Lösung:

$$\lambda = \frac{l_K}{i_{min}} = \frac{2 \cdot l}{i_{min}} \qquad \boldsymbol{i_{min}} = \sqrt{\frac{I_{min}}{S}} = \sqrt{\frac{I_y}{S}} = \sqrt{\frac{6{,}29\ \text{cm}^4}{7{,}57\ \text{cm}^2}} = \sqrt{0{,}831\ \text{cm}^2} = \mathbf{0{,}912\ cm}$$

$$\boldsymbol{\lambda} = \frac{2 \cdot 400\ \text{cm}}{0{,}912\ \text{cm}} = \mathbf{877{,}19}$$

Anmerkung: Für Profilstähle ist i_{min} auch in den Stahlbautabellen angegeben.

M 230. Ermitteln Sie für die Querschnitte a) Kreis, b) Kreisring, c) Rechteck, d) Quadrat einfache Gleichungen für den Trägheitsradius i_{min}, indem Sie für Fläche S und Trägheitsmoment I die entsprechenden Formeln einsetzen.

Lösung:

a) 2 

$$\boldsymbol{i_{min}} = \sqrt{\frac{I_{min}}{S}} = \sqrt{\frac{\dfrac{\pi \cdot d^4}{64}}{\dfrac{\pi \cdot d^2}{4}}} = \sqrt{\frac{d^2}{16}} = \mathbf{\frac{d}{4}}$$

b) 3 

$$\boldsymbol{i_{min}} = \sqrt{\frac{I_{min}}{S}} = \sqrt{\frac{\dfrac{\pi}{64} \cdot (D^4 - d^4)}{\dfrac{\pi}{4} \cdot (D^2 - d^2)}} = \sqrt{\frac{4 \cdot (D^4 - d^4)}{64 \cdot (D^2 - d^2)}} = \mathbf{\frac{1}{4}} \cdot \sqrt{\mathbf{\frac{D^4 - d^4}{D^2 - d^2}}}$$

c) 4 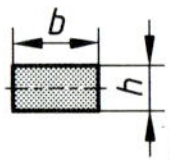

$$\boldsymbol{i_{min}} = \sqrt{\frac{I_{min}}{S}} = \sqrt{\frac{\dfrac{b \cdot h^3}{12}}{b \cdot h}} = \sqrt{\frac{h^2}{12}} = \mathbf{\frac{h}{3{,}464}} \qquad (b > h)$$

d) 5 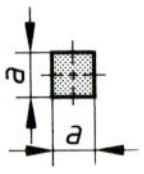

aus Ableitung c) ergibt sich: $\boldsymbol{i_{min} = \frac{a}{3{,}464}}$

Lektion 72

Knickspannung bei elastischer Knickung → Eulerknickung

72.1 Definition der Knickspannung

Unter der **Knickspannung** σ_K versteht man die Spannung, bei deren Erreichen der Stab ausknickt. In diesem Augenblick wirkt in der Stabachse die **Knickkraft** F_K. Es ist:

Knickspannung $\sigma_K = \frac{F_K}{S}$

σ_K	F_K	S
$\frac{N}{mm^2}$	N	mm^2

377–1

S = Stabquerschnitt
F_K = Knickkraft; das ist die Kraft, unter deren Wirkung der Stab knickt.

Aus der Definition der Knickspannung ergibt sich, dass F_K und damit σ_K im Bauteil nicht erreicht werden dürfen, da dieses sonst knicken würde. Es muss also eine bestimmte Sicherheit gegen Knicken eingehalten werden. Diese ergibt sich aus der allgemeinen Sicherheitsdefinition (s. 295):

Knicksicherheit $\nu_K = \frac{\sigma_K}{\sigma_{d\,vorh}}$

ν_K	σ_K	$\sigma_{d\,vorh}$
1	$\frac{N}{mm^2}$	$\frac{N}{mm^2}$

377–2

$\sigma_{d\,vorh}$ = vorhandene Druckspannung

Da $\sigma_K = \frac{F_K}{S}$ ist, ergibt sich mit $\sigma_{d\,vorh} = \frac{F}{S}$ für die

Knicksicherheit $\nu_K = \frac{F_K}{F}$

ν_K	F_K	F
1	N	N

377–3

F = Druckkraft

Im allgemeinen Maschinenbau wird mit $\nu_K = 3{,}0\ldots15$ gerechnet. Die Annahmen richten sich auch hier nach dem zu erwartenden Risiko (siehe auch Seite 295).
Mit $\nu_K > 1$ ergibt sich, dass F_K immer größer als F und σ_K immer größer als $\sigma_{d\,vorh}$ ist. Aus Gleichung 377–1 ergibt sich:

Zur Ermittlung der Knickspannung muss stets zuerst die Knickkraft berechnet werden.

72.2 Ermittlung der Knickkraft bei elastischer Knickung

Unter einer **elastischen Knickung** versteht man eine Knickung im elastischen Bereich. In diesem hat das Hooke'sche Gesetz Gültigkeit, d. h., dass der Stab nach seiner Entlastung wieder die ursprüngliche Form einnimmt. Mit der elastischen Knickung hat sich als erster der Schweizer Mathematiker Leonhard **Euler (1707 bis 1783)** beschäftigt. Er hat Berechnungsgleichungen entwickelt, die noch heute in vollem Umfang angewendet werden. Man bezeichnet die elastische Knickung deshalb auch als **Eulerknickung.**

Elastische Knickung tritt nur bei Stäben mit großer Schlankheit, d. h. bei großem Schlankheitsgrad λ auf. Dabei ist λ = 100 oder größer.

Nach Euler gilt für die

Knickkraft bei elastischer Knickung $F_K = \frac{\pi^2 \cdot E \cdot I_{min}}{l_K^2}$ in N 377–4

Aus der Definition für die Knickspannung und der Euler-Formel 377–4 für die Knickkraft ergibt sich für die

Knickspannung bei elastischer Knickung $\sigma_K = \frac{\pi^2 \cdot E \cdot I_{min}}{l_K^2 \cdot S}$ in $\frac{N}{mm^2}$ 377–5

Mit $i_{min} = \sqrt{\frac{I_{min}}{S}}$ ist $i^2_{min} = \frac{I_{min}}{S}$ und damit $\sigma_K = \frac{\pi^2 \cdot E \cdot i^2}{l_K^2}$.

FESTIGKEITSLEHRE

Mit $\lambda = \frac{l_K}{i_{min}}$ ist $\lambda^2 = \frac{l_K^2}{i^2_{min}}$. Damit wird schließlich die

Knickspannung bei elastischer Knickung $\sigma_K = \frac{\pi^2 \cdot E}{\lambda^2}$ in $\frac{N}{mm^2}$ 378–1

Aus Gleichung 377–4: $F_K = \frac{\pi^2 \cdot E \cdot I_{min}}{l_K^2}$ ergibt sich $I_{min\ erf} = \frac{F_K \cdot l_K^2}{\pi^2 \cdot E}$. Mit $\nu_K = \frac{F_K}{F}$ ist $F_K = \nu_K \cdot F$ und damit erhält man eine

Dimensionierungsformel bei elastischer Knickung $I_{min\ erf} = \frac{\nu_K \cdot F \cdot l_K^2}{\pi^2 \cdot E}$ in mm^4 378–2

Dabei ist ***F*** die tatsächlich vorhandene **Druckkraft.**

M231. Ein Rundstahl mit einer Länge von 2,0 m wird mit $F = 7000$ N auf Knickung beansprucht. Werkstoff: E295 (St50–2), $\nu_K = 12$. Bestimmen Sie den erforderlichen Durchmesser d für

a) Einspannungsfall I,
b) Einspannungsfall IV, wenn mit $E = 210000$ N/mm² zu rechnen ist.

Lösung:

a) Einspannungsfall I: $l_K = 2 \cdot l = 2 \cdot 200$ cm $= 400$ cm

$$I_{min\ erf} = \frac{\nu_K \cdot F \cdot l_K^2}{\pi^2 \cdot E} = \frac{12 \cdot 7000\ N \cdot (400\ cm)^2}{\pi^2 \cdot 21000000\ \frac{N}{cm^2}} = 64{,}85\ cm^4 = \frac{d^4}{20}$$

$$d_{erf} = \sqrt[4]{20 \cdot I_{min\ erf}} = \sqrt[4]{20 \cdot 64{,}85\ cm^4} = \sqrt[4]{1297\ cm^4} = 6{,}001\ cm$$

$\boldsymbol{d_{gew} = 60}$ **mm**

b) Einspannungsfall IV: $l_K = 0{,}5 \cdot l = 0{,}5 \cdot 200$ cm $= 100$ cm

$$I_{min\ erf} = \frac{\nu_K \cdot F \cdot l_K^2}{\pi^2 \cdot E} = \frac{12 \cdot 7000\ N \cdot (100\ cm)^2}{\pi^2 \cdot 21000000\ \frac{N}{cm^2}} = 4{,}05\ cm^4 = \frac{d^4}{20}$$

$$d_{erf} = \sqrt[4]{20 \cdot I_{min\ erf}} = \sqrt[4]{20 \cdot 4{,}05\ cm^4} = \sqrt[4]{81\ cm^4} = 3\ cm$$

$\boldsymbol{d_{gew} = 30}$ **mm**

Anmerkung: Der Einspannungsfall IV ermöglicht gegenüber dem Einspannungsfall I bei Rundstäben eine Reduzierung des Stabdurchmessers auf die Hälfte. Damit reduziert sich der Werkstoffaufwand auf ein Viertel.

Beachten Sie:
Übungsaufgaben und Vertiefungsaufgaben zu den Lektionen 71 und 72 befinden sich im Anschluss an Lektion 73.

Lektion 73

Unelastische Knickung → Tetmajer-Knickung

73.1 Der Grenzschlankheitsgrad

Bei der unelastischen Knickung tritt eine Werkstoffbeanspruchung auf, die oberhalb der Proportionalitätsgrenze für Druck σ_{dP} liegt. Knickung tritt also erst dann ein, wenn schon plastische Verformungen eingetreten sind. Solch hohe Belastungen sind in Ausnahmefällen zulässig, jedoch mit der Einschränkung, dass die Fließgrenze σ_F nicht überschritten wird.
Wenn aber Knickung erst dann eintritt, wenn σ_{dP} überschritten wird, muß es sich um ein Bauteil handeln, welches kurz und gedrungen ist, d. h. um ein Bauteil mit relativ kleinem Schlankheitsgrad λ.

Bei der unelastischen Knickung liegt die Knickspannung über der Proportionalitätsgrenze für Druck.

Da bei elastischer Knickung große Schlankheitsgrade, bei unelastischer Knickung kleine Schlankheitsgrade gegeben sein müssen, ergibt sich daraus, dass es einen Schlankheitsgrad geben muss, der sowohl der elastischen als auch der plastischen Knickung zugerechnet werden kann. Das ist der **Grenzschlankheitsgrad** λ_g. In diesem Fall muss $\sigma_K = \sigma_{dP}$ sein.

Da σ_{dP} vom Werkstoff abhängig ist, hängt auch der Grenzschlankheitsgrad λ_g vom Werkstoff ab.

M232. Berechnen Sie den Grenzschlankheitsgrad für den Werkstoff E 295 (St 50–2) mit $\sigma_{dP} = 262\ \text{N/mm}^2$.

Lösung: $\sigma_K = \sigma_{dP} \longrightarrow \dfrac{\pi^2 \cdot E}{\lambda_g^{\,2}} = \sigma_{dP}$

$$\lambda_g = \sqrt{\frac{\pi^2 \cdot E}{\sigma_{dP}}} = \pi \cdot \sqrt{\frac{E}{\sigma_{dP}}} = \pi \cdot \sqrt{\frac{210\,000\ \frac{\text{N}}{\text{mm}^2}}{262\ \frac{\text{N}}{\text{mm}^2}}} = \pi \cdot \sqrt{801{,}53} = \pi \cdot 28{,}31$$

$\boldsymbol{\lambda_g = 89}$

73.2 Die Knickspannung bei unelastischer Knickung

Für die Berechnung der **Knickspannung** σ_K bei unelastischer Knickung – diese wird auch als **plastische Knickung** bezeichnet – hat Ludwig von **Tetmajer (1850 bis 1905,** Professor in Wien und Zürich) empirische Formeln aufgestellt, die man als **Tetmajer-Formeln** bezeichnet. Deshalb wird die unelastische Knickung auch **Tetmajer-Knickung** genannt. Für einige wichtige Konstruktionswerkstoffe sind diese Formeln in der folgenden Tabelle zusammengestellt:

Werkstoff	*E*-Modul in N/mm²	Grenz-Schlankheitsgrad λ_g	**Tetmajerformel** für σ_K in N/mm²
Grauguss	100 000	80	$\sigma_K = 776 - 12 \cdot \lambda + 0{,}053 \cdot \lambda^2$
S 235 JRG 1 (St 37–2)	210 000	105	$\sigma_K = 310 - 1{,}14 \cdot \lambda$
E 295 (St 50–2) und E 235 (St 60–2)	210 000	89	$\sigma_K = 335 - 0{,}62 \cdot \lambda$
Nickelstahl (bis 5% Ni)	210 000	86	$\sigma_K = 470 - 2{,}3 \cdot \lambda$
Nadelholz	10 000	100	$\sigma_K = 29{,}3 - 0{,}194 \cdot \lambda$

FESTIGKEITSLEHRE

Bild 1 zeigt die **Abhängigkeit der Knickspannung σ_K vom Schlankheitsgrad λ**, und zwar gemeinsam gültig für die Stähle E295 (St50–2) und E335 (St60–2). Der Grenzschlankheitsgrad λ_g trennt die Darstellung in die Bereiche der plastischen und der elastischen Knickung. Der plastische Bereich ist oben durch eine Gerade, die **Tetmajer-Gerade,** und der elastische Bereich ist oben durch eine Hyperbel, die **Euler-Hyperbel,** begrenzt.

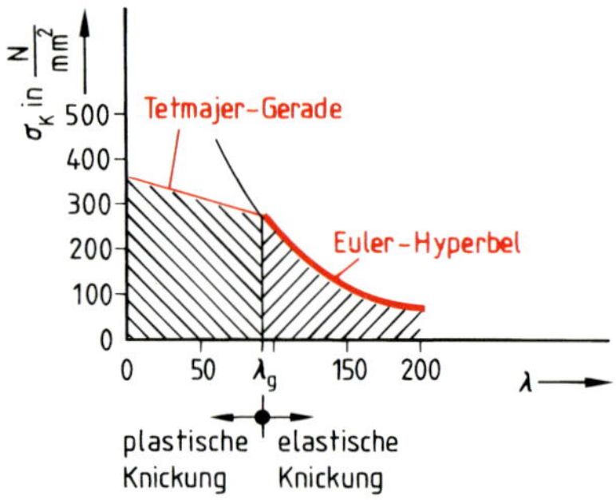

1

Anders als bei allen anderen Beanspruchungsarten ist es bei der Knickung so, dass zwei verschiedene Lösungsansätze (Euler oder Tetmajer) infrage kommen können. Bei der Lösung von Knickungsaufgaben verfährt man deshalb nach dem folgenden

Rechenschema bei einer Bauteilbeanspruchung auf Knickung

a) $I_{min\ erf}$ mit der Euler-Formel 378–2 berechnen und aus dem errechneten Wert eine erste Dimensionierung vornehmen.
b) Kleinsten Trägheitsradius i_{min} und Schlankheitsgrad λ berechnen.
c) wenn $\lambda < \lambda_g$ dann σ_K nach Tetmajer berechnen;
wenn $\lambda \geq \lambda_g$ dann σ_K nach Euler berechnen.
d) Knicksicherheit $\nu_{K\ vorh} = \dfrac{\sigma_K}{\sigma_{d\ vorh}}$ ermitteln.
e) Ist $\nu_{K\ vorh} < \nu_{Kerf}$ muss **durch Schätzung** eine Querschnittsvergrößerung vorgenommen werden.
f) Wurde eine Querschnittsvergrößerung vorgenommen, ist ab der λ-Berechnung (Punkt b) erneut nachzurechnen.
g) Querschnittsvergrößerungen sind so lange vorzunehmen, bis die erforderliche Knicksicherheit ν_{Kerf} erreicht ist.

Wichtiger Hinweis:
Sehr oft werden Profilstähle auf Knickung beansprucht. Handelt es sich dabei um unsymmetrische Stabquerschnitte – z. B. um einen ungleichschenkligen L-Stahl (Bild 2) – ist das kleinste Trägheitsmoment (gemäß Lektion 64) nicht unbedingt an eine der beiden Schwerachsen x–x oder y–y gebunden. So ist z. B. bei einem ungleichschenkligen L-Stahl (Bild 2) in der Stahlbautabelle das **kleinste Trägheitsmoment des Profilstahles** für die Hauptachse η–η angegeben. Dieses ist in die Rechnung einzusetzen.
In den Profiltabellen sind auch stets die Trägheitsradien i angegeben.

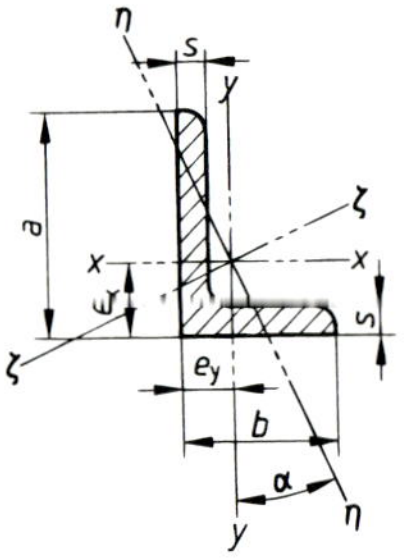

2

M233. Eine Stütze mit dem Profilquerschnitt eines ungleichschenkligen L-Stahles nach DIN EN 10056 hat eine Länge von 80 cm und wird gemäß Einspannungsfall III belastet. Die im Stab wirkende Kraft ist F = 10 kN. Als Werkstoff wird S235 JRG1 (St37–2) verwendet und es ist ν_K = 15 zu setzen. Bestimmen Sie die erforderliche Profilgröße.

Lösung:

Nach Euler ist $I_{min\ erf} = \dfrac{\nu_K \cdot F \cdot l_K^2}{\pi^2 \cdot E}$ $\qquad l_K = 0{,}7 \cdot l = 0{,}7 \cdot 80\ \text{cm} = \mathbf{56\ cm}$

FESTIGKEITSLEHRE

$$I_{\text{min erf}} = \frac{15 \cdot 10000\,\text{N} \cdot (560\,\text{mm})^2}{\pi^2 \cdot 210000\,\frac{\text{N}}{\text{mm}^2}} = 22697{,}3\,\text{mm}^4 = 2{,}27\,\text{cm}^4$$

gewählt aus der Stahlbautabelle: **L 50 × 40 × 5** mit $I_\eta = 3{,}02\,\text{cm}^4$ und $S = 4{,}27\,\text{cm}^2$

Berechnung von λ und σ_K:

$$\lambda = \frac{l_K}{i_{\text{min}}} \qquad i_{\text{min}} = \sqrt{\frac{I_{\text{min}}}{S}} = \sqrt{\frac{3{,}02\,\text{cm}^4}{4{,}27\,\text{cm}^2}} = \sqrt{0{,}707\,\text{cm}^2} = 0{,}841\,\text{cm}$$

$$\boldsymbol{\lambda} = \frac{56\,\text{cm}}{0{,}841\,\text{cm}} = \mathbf{66{,}6}$$

Für S 235 JRG 1 (St 37–2) ist $\lambda_g = 105$, d. h. $\lambda < \lambda_g$ ➤ Berechnung nach Tetmajer. Für S 235 JRG 1 (St 37–2) ist:

$$\sigma_K = 310 - 1{,}14 \cdot \lambda = 310 - 1{,}14 \cdot 66{,}6 = 310 - 75{,}924$$

$$\boldsymbol{\sigma_K = 234{,}076\,\frac{N}{mm^2}}$$

Berechnung von ν_K:

$$\nu_K = \frac{\sigma_K}{\sigma_{\text{d vorh}}} = \frac{\sigma_K}{\frac{F}{S}} = \frac{\sigma_K \cdot S}{F} = \frac{234{,}076\,\frac{\text{N}}{\text{mm}^2} \cdot 427\,\text{mm}^2}{10000\,\text{N}}$$

$$\boldsymbol{\nu_K = 9{,}99 < 15}$$

Da die erforderliche Knicksicherheit $\nu_{\text{K erf}} = 15$ unterschritten wird, muss der Querschnitt vergrößert werden. Dies kann nur durch Schätzung mit anschließender Überprüfung erfolgen. Geschätzt: **L 65 × 50 × 5** mit $I_\eta = 6{,}21\,\text{cm}^4$ und $S = 5{,}54\,\text{cm}^2$.

Anmerkung: Wie gesagt, ist in den Stahlbautabellen auch i_{min} angegeben. Für das geschätzte Profil ist $i_{\text{min}} = 1{,}06\,\text{cm}$. Somit:

$$\boldsymbol{\lambda} = \frac{l_K}{i_{\text{min}}} = \frac{56\,\text{cm}}{1{,}06\,\text{cm}} = \mathbf{52{,}83}$$

$$\sigma_K = 310 - 1{,}14 \cdot \lambda = 310 - 1{,}14 \cdot 52{,}83 = 310 - 60{,}23 = \mathbf{249{,}77\,\frac{N}{mm^2}}$$

$$\nu_K = \frac{\sigma_K}{\sigma_{\text{d vorh}}} = \frac{\sigma_K \cdot S}{F} = \frac{249{,}77\,\frac{\text{N}}{\text{mm}^2} \cdot 554\,\text{mm}^2}{10000\,\text{N}}$$

$$\boldsymbol{\nu_K = 13{,}84 < 15}$$

Da die Knicksicherheit noch immer zu klein ist, muss der Profilquerschnitt nochmals vergrößert werden.
Geschätzt: **L 70 × 50 × 6** mit $I_\eta = 7{,}94\,\text{cm}^4$, $S = 6{,}88\,\text{cm}^2$, $i_{\text{min}} = 1{,}07\,\text{cm}$

$$\boldsymbol{\lambda} = \frac{l_K}{i_{\text{min}}} = \frac{56\,\text{cm}}{1{,}07\,\text{cm}} = \mathbf{52{,}34}$$

$$\sigma_K = 310 - 1{,}14 \cdot \lambda = 310 - 1{,}14 \cdot 52{,}34 = 310 - 59{,}67 = \mathbf{250{,}33\,\frac{N}{mm^2}}$$

$$\nu_K = \frac{\sigma_K}{\sigma_{\text{d vorh}}} = \frac{\sigma_K \cdot S}{F} = \frac{250{,}33\,\frac{\text{N}}{\text{mm}^2} \cdot 688\,\text{mm}^2}{10000\,\text{N}}$$

$$\boldsymbol{\nu_K = 17{,}2 > 15}$$

Der gewählte Querschnitt **L 70 × 50 × 6** reicht aus, da $\nu_{\text{K vorh}} > \nu_{\text{K erf}}$ ist.

Anmerkung: Wird beim Schätzen des Querschnittes eine zu große Sicherheit erzielt, so ist u. U. aus Wirtschaftlichkeitsgründen eine Profilverkleinerung vorzunehmen.

Ü 354. Eine Schubstange aus E 335 (St 60–2) mit kreisförmigem Querschnitt und einer Länge $l = 1600$ mm überträgt eine Schubkraft $F = 90$ kN. Sie ist an ihren beiden Enden gelenkig gelagert. Berechnen Sie bei $\nu_{K\,erf} = 5$ und $E = 210\,000$ N/mm²

a) $I_{min\,erf}$, b) d_{erf}, c) i_{min}, d) λ, e) σ_K, f) $\nu_{K\,vorh}$

Ü 355. Eine Stütze mit dem im Bild 1 gezeichneten Querschnitt und einer Länge $l = 2$ m wird mit $F = 300$ kN belastet. Berechnen Sie für die beidseitig fest eingespannte Stütze aus Nickelstahl mit 5% Ni

a) $I_{min\,vorh}$, b) i_{min}, c) λ, d) σ_K, e) $\nu_{K\,vorh}$

Ü 356. Eine Stütze aus dem gleichen Werkstoff und dem gleichen Querschnitt (Bild 1) wie in Übungsaufgabe Ü 355., aber mit einer Länge $l = 6$ m ist auf Knickung zu berechnen. Es muss dabei $\nu_{K\,erf} = 6$ eingehalten werden.

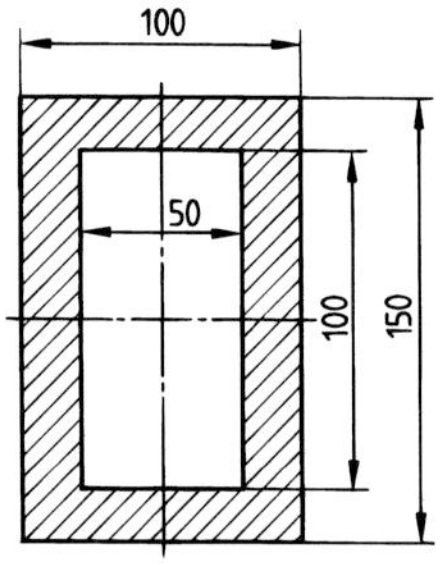

1

V 348. Welcher Unterschied besteht zwischen der elastischen Knickung (Euler) und der unelastischen, d. h. plastischen Knickung (Tetmajer)?

V 349. Wie wird der Schlankheitsgrad berechnet? Erklären Sie die Berechnungsgrößen. Erklären Sie, warum stets mit i_{min} gerechnet werden muss.

V 350. Ein Stahlstab mit quadratischem Querschnitt und einer Länge $l = 1200$ mm soll entsprechend Einspannungsfall II eine Druckkraft $F = 15$ kN übertragen. Werkstoff: E 335 (St 60–2) mit $E = 210\,000$ N/mm².

a) Berechnen Sie die Querschnittsmaße bei $\nu_K = 25$.

b) Welche Druckspannung tritt im gewählten Querschnitt auf?

V 351. Eine Graugusssäule soll bei kreisförmigem Querschnitt und einer Höhe von 2 m eine Druckkraft von $F = 400$ kN aufnehmen. Die Sicherheit gegen Knickung soll $\nu_K = 4$ sein, und es liegt der Einspannungsfall I vor. Berechnen Sie den erforderlichen Durchmesser d der Säule.

FESTIGKEITSLEHRE

Lektion 74

Knickstäbe im Stahlbau

74.1 Normenwerk

Im Brücken-, Kran- und Hochbau **(Stahlbau)** dürfen Druckstäbe nicht nach Euler oder Tetmajer berechnet werden. In diesem Technikbereich werden schon immer behördlich vorgeschriebene **Berechnungsverfahren bei Knickbeanspruchung von Stäben und Stabwerken von Stahlbauten** angewendet. Früher war hierin die DIN 4114 **„Omega-Verfahren"** (ω-Verfahren) das bestimmende Regelwerk. In der heute zur Anwendung kommenden Norm

DIN 18800 **„Stahlbauten"**

ist zwar die Gültigkeit von DIN 4114 noch ausdrücklich neben der DIN 18800 gestattet, und zwar bis zum Erscheinen einer EN-Norm, in der Berechnungsarbeit wird jedoch heute beinahe ausschließlich die DIN 18800 angewendet. Es gilt:

Die Berechnung auf Knickung von Stäben und Stabwerken von Stahlbauten wird entsprechend der Regeln der DIN 18800, Teil 2 „STAHLBAUTEN, Stabilitätsfälle, Knicken von Stäben und Stabwerken" vorgenommen.

74.2 Besonderheiten bei der Verwendung von Formelzeichen und Nebenzeichen

Im Gegensatz zu den üblicherweise in der Festigkeitslehre verwendeten Formelzeichen (geregelt z. B. in der Europanorm DIN EN 10002) weicht die DIN 18800 in wenigen Fällen von diesen Formelzeichen ab. Die Handhabung der Formelzeichen erfolgt jedoch im gleichen Sinne wie sonst üblich. Insbesondere sind zu nennen

Nebenzeichen	
Index k	charakteristischer Wert einer Größe
Index d	Bemessungswert einer Größe
Index R, d	Beanspruchbarkeit
Index S, d	Beanspruchung
Index w	Schweißen
Index b	Schrauben, Niete, Bolzen
vers	vorangestelltes Nebenzeichen zur Kennzeichnung eines Versuchswertes

Querschnittsfläche	A	in mm^2	⟶ üblicherweise S in mm^2
Zugfestigket	f_u	in $\frac{N}{mm^2}$	⟶ üblicherweise R_m in $\frac{N}{mm^2}$
Streckgrenze	f_y	in $\frac{N}{mm^2}$	⟶ üblicherweise R_e in $\frac{N}{mm^2}$

Die **Nebenzeichen** – entsprechend obiger Tabelle – sind zu verwenden, wenn die Gefahr von Verwechselungen besteht. So heißt z. B. $f_{y,d}$ = Bemessungswert der Streckgrenze.

74.3 Arten der Knickung gemäß DIN 18800

Bild 1 zeigt die in DIN 18800 definierten Koordinaten, **Verschiebungs- und Schnittgrößen.** Es gilt:

Beim Versagen infolge Knicken treten Verschiebungen *v, w* oder Verdrehungen ϑ um die Stabachse auf, oder diese Verformungen kommen gleichzeitig vor (s. Bild 1).

Entsprechend dieser Verformungen unterscheidet man das **Biegeknicken** vom **Biegedrillknicken.**

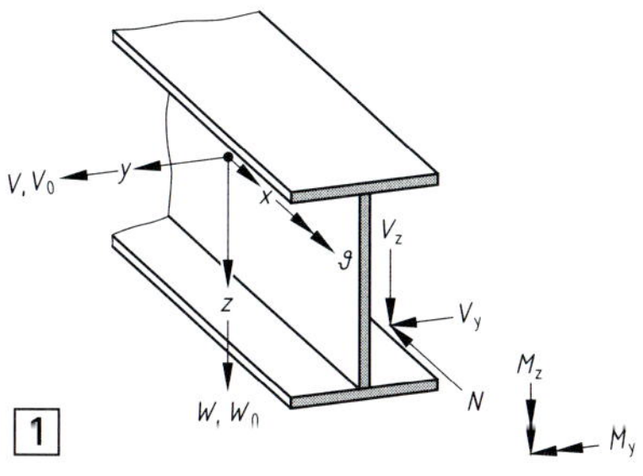

1

FESTIGKEITSLEHRE

Beim **Biegeknicken** treten nur Verschiebungen *v* oder *w* oder beide auf, oder die Verdrehungen ϑ um die Stabachse dürfen vernachlässigt werden.
Beim **Biegedrillknicken** treten Verschiebungen in Richtung *v* und *w* und gleichzeitig Verdrehungen ϑ um die Stabachse auf. Die Verdrehungen müssen berücksichtigt werden.

74.4 Tragsicherheitsnachweis mit dem Kappa-Verfahren ($\varkappa$-Verfahren)

Es würde zu weit führen, die gesamte Knicktheorie im Stahlbau in diesem Buch zu behandeln. Aus diesem Grund erfolgt eine Beschränkung auf das **Biegeknicken.** Hierbei wird der Tragsicherheitsnachweis mit folgender Bedingung geführt:

$$\frac{N}{\varkappa \cdot N_{pl,d}} \leq 1$$

$\varkappa$: **Abminderungsfaktor,** N: Normalkraft (s. Bild 1, Seite 383)
$N_{pl,d}$: Normalkraft im vollplastischen Zustand

Diese Größen sind gemäß DIN 18800 Teil 2 zu ermitteln. Sie sind werkstoffabhängig sowie auch abhängig von Profilform und Profilgröße. Der Abminderungsfaktor $\varkappa$ hängt vom **bezogenen Schlankheitsgrad** $\bar{\lambda}_K$ ab.

$$\bar{\lambda}_K = \frac{\lambda_K}{\lambda_a} \qquad \lambda_K = \frac{s_K}{i} \qquad \lambda_a = \pi \cdot \sqrt{\frac{E}{f_{y,k}}}$$

→ **Größen entsprechend Lektionen 71 bis 73**

$\bar{\lambda}_K \leq 0{,}2$ → $\varkappa = 1$

$\bar{\lambda}_K > 0{,}2$ → $\varkappa = \dfrac{1}{k + \sqrt{k^2 - \bar{\lambda}_K^2}}$ → $k = 0{,}5 \cdot \left[1 + \alpha(\bar{\lambda}_K - 0{,}2) + \bar{\lambda}_K^2\right]$

α: Parameter gemäß Tabelle 5 in DIN 18800–2

$\bar{\lambda}_K > 3{,}0$ → $\varkappa = \dfrac{1}{\bar{\lambda}_K(\bar{\lambda}_K + \alpha)}$

Knickspannungslinie	a	b	c	d
α	0,21	0,34	0,49	0,76

M 234. Es ist $E = 2\,100\,000$ N/mm², $f_{y,k} = 210$ N/mm², $s_K = 230$ cm, $i = 1{,}55$ cm. Zu berechnen ist $\bar{\lambda}_K$.

Lösung:

$$\bar{\lambda}_K = \frac{\lambda_K}{\lambda_a} = \frac{\frac{s_K}{i}}{\pi \cdot \sqrt{\frac{E}{f_{y,k}}}} = \frac{s_K}{i \cdot \pi \cdot \sqrt{\frac{E}{f_{y,k}}}} = \frac{230 \text{ cm}}{1{,}55 \text{ cm} \cdot \pi \cdot \sqrt{\frac{2\,100\,000 \text{ N/mm}^2}{210 \text{ N/mm}^2}}}$$

$$\bar{\boldsymbol{\lambda}}_K = \frac{230 \text{ cm}}{486{,}95 \text{ cm}} = \mathbf{0{,}472}$$

M 235. Berechnen Sie den Abminderungsfaktor $\varkappa$ für die Daten von M 234. für die Knickspannungslinie c.

Lösung: $0{,}2 < \lambda_K < 3{,}0$. Somit:

$$\varkappa = \frac{1}{k + \sqrt{k^2 - \bar{\lambda}_K^2}} \qquad k = 0{,}5 \cdot \left[1 + \alpha(\bar{\lambda}_K - 0{,}2) + \bar{\lambda}_K^2\right]$$

$$\mathbf{k} = 0{,}5 \cdot \left[1 + 0{,}45 \cdot (0{,}472 - 0{,}2) + 0{,}472^2\right] = \mathbf{0{,}6726}$$

$$\boldsymbol{\varkappa} = \frac{1}{0{,}6726 + \sqrt{0{,}6726^2 - 0{,}472^2}} = \mathbf{0{,}8682}$$

Ü 357. Unterscheiden Sie die Indizes *k* und *d* gemäß DIN 18800.

Ü 358. Eine Stütze wird auf Biegeknickung beansprucht. Es ist $N = 8500$ N und $N_{pl,d} = 12\,180$ N. Genügt die Stütze gemäß $\varkappa$ in M 235.?

V 352. Welche Kriterien liegen beim Biegedrillknicken vor?

V 353. Es ist $\bar{\lambda}_K = 4{,}12$ und gemäß DIN 18800 liegt die Knickspannungslinie b vor. Berechnen Sie den Abminderungsfaktor $\varkappa$.

Mehrere gleichzeitige Beanspruchungen

Lektion 75

Beanspruchung auf Biegung und Zug oder Druck

Es kommt sehr oft vor, dass Bauteile gleichzeitig durch zwei oder mehr Elementarbeanspruchungen belastet werden. Die im Maschinenbau am häufigsten auftretenden Fälle sind:

a) Biegung und Zug
b) Biegung und Druck
c) Zug und Schub
d) Druck und Schub
e) Biegung und Schub
f) Biegung und Torsion

→ Wird ein Bauteil gleichzeitig durch mehrere Elementarbeanspruchungen belastet, dann liegt eine **zusammengesetzte Beanspruchung** vor.

Aus den Punkten a) bis f) geht hervor, dass sich sowohl mehrere Normalspannungen als auch Normal- und Schubspannungen überlagern können. Bei der Überlagerung von Spannungen in einer Richtung spricht man von einem **einachsigen Spannungszustand.** Dies ist z. B. bei der Überlagerung von Biegung und Zug der Fall.

Überlagern sich dagegen zwei Spannungen, deren Richtungen senkrecht aufeinander stehen, dann nennt man dies einen **zweiachsigen Spannungszustand.** Ein solcher ist z. B. bei der Überlagerung von Biegung und Schub oder Biegung und Torsion gegeben. Auch die in Lektion 64 behandelte schiefe Biegung (zweiachsige Biegung) stellt einen zweiachsigen Spannungszustand dar. Ein **dreiachsiger oder räumlicher Spannungszustand** ist gegeben, wenn sich Spannungen überlagern, die in drei Ebenen auftreten, welche senkrecht zueinander gerichtet sind. In diesem Buch werden nur ein- und zweiachsige Spannungszustände **(ebene Spannungszustände)** besprochen.

Ein einachsiger Spannungszustand stellt sich z. B. bei der Belastung des Gestelles einer Exzenterpresse (Übungsaufgabe Ü323., Seite 327) ein. Eine solche Exzenterpresse ist im Bild 1 in der Seitenansicht dargestellt. Bild 2 zeigt den vergrößert gezeichneten Querschnitt A-A mit der neutralen Faser x-x und dem Angriffspunkt der Kraft *F*. Unter diesem Querschnitt A-A sind die **Spannungsschaubilder,** hervorgerufen durch die Biegebeanspruchung und die Zugbeanspruchung, dargestellt. Darin ist

σ_{bz} = Biegespannung (Zug) am Pressenmaul.
σ_{bd} = Biegespannung (Druck) am Pressenrücken.
σ_z = über den gesamten Querschnitt gleichmäßig verteilte Zugspannung.

Bild 3 zeigt das nach dem Überlagerungsprinzip (Superposition) aus den Einzelspannungsschaubildern des Bildes 2 entstandene **Gesamtspannungsschaubild** mit den resultierenden Randfaserspannungen $\sigma_{res\,z}$ und $\sigma_{res\,d}$.

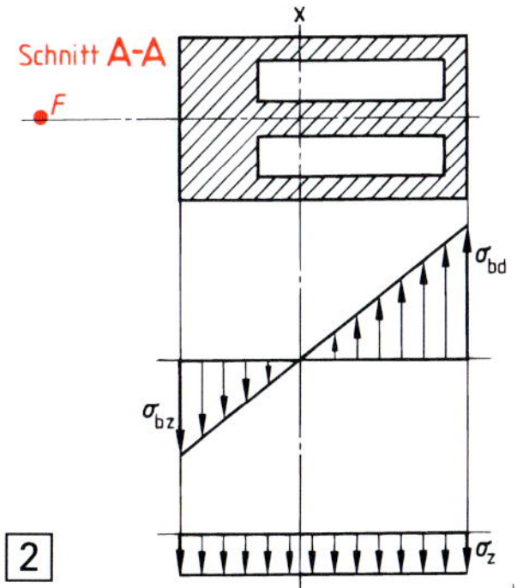

2

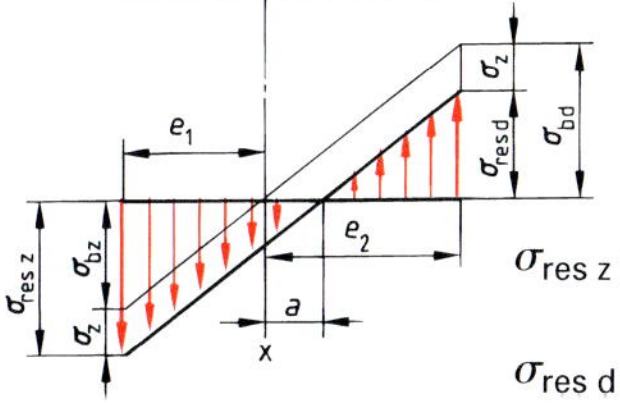

3

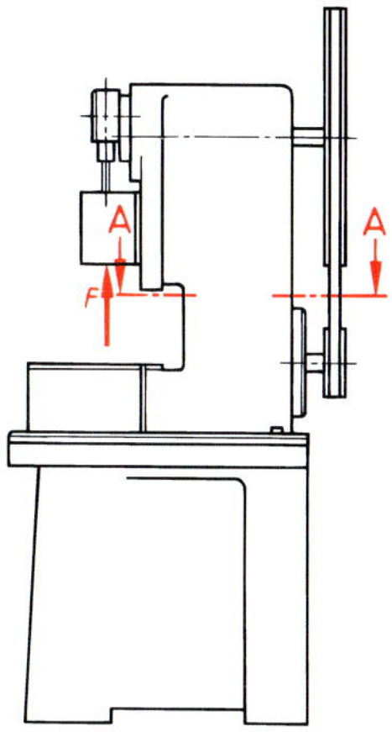

1

$\sigma_{res\,z}$ = resultierende Zugspannung
$\sigma_{res\,d}$ = resultierende Druckspannung

Treten in der Querschnittsfläche eines Bauteiles mehrere Normalspannungen auf, dann können diese durch Addition zu einer resultierenden Spannung zusammengefasst werden.

Bei der Beanspruchung auf Biegung und Zug oder Biegung und Druck können die folgenden Fälle auftreten:

Biegung und Zug (Bild 1)

Stelle ①: $$\sigma_{resz} = \sigma_{bz} + \sigma_z = \frac{M_b}{W} + \frac{F_z}{S}$$ 386–1

Stelle ②: $$\sigma_{resd} = \sigma_{bd} - \sigma_z = \frac{M_b}{W} - \frac{F_z}{S}$$ 386–2

1

Biegung und Druck (Bild 2)

Stelle ①: $$\sigma_{resz} = \sigma_{bz} - \sigma_d = \frac{M_b}{W} - \frac{F_d}{S}$$ 386–3

Stelle ②: $$\sigma_{resd} = \sigma_{bd} + \sigma_d = \frac{M_b}{W} + \frac{F_d}{S}$$ 386–4

2

Unabhängig davon, in welchem Verhältnis die Einzelspannungen zueinander stehen, muss die folgende Bedingung erfüllt sein für die

größte Randfaserspannung $$\sigma_{res\,max} \leq \sigma_{zul} \quad \text{in } \frac{\text{N}}{\text{mm}^2}$$ 386–5

σ_{zul} = zulässige Spannung der überwiegenden Beanspruchungsart.

Beispiel: Im Bild 3, Seite 385 ist $\sigma_{res\,max} = \sigma_{resz}$ und $\sigma_{zul} = \sigma_{b\,zul}$. Somit muss in diesem Fall gelten: $\sigma_{resz} \leq \sigma_{b\,zul}$

Aus dem Gesamtspannungsschaubild (Bild 3, Seite 385) ist zu ersehen:

Bei einer zusammengesetzten Beanspruchung aus Biegung und Zug oder Biegung und Druck verschiebt sich die neutrale Faser aus dem Schwerpunkt der Querschnittsfläche des Bauteils.

Diese **Verschiebung der neutralen Faser** *a* kann unter Zuhilfenahme des Strahlensatzes und der Bezeichnungen im Bild 3, Seite 385 wie folgt berechnet werden:

$$\frac{e_1 + a}{\sigma_{res\,z}} = \frac{e_1}{\sigma_{bz}} \rightarrow \frac{e_1}{\sigma_{resz}} + \frac{a}{\sigma_{resz}} = \frac{e_1}{\sigma_{bz}}$$ Somit erhält man für die

Verschiebung der neutralen Faser $$a = \left(\frac{e_1}{\sigma_{bz}} - \frac{e_1}{\sigma_{resz}}\right) \cdot \sigma_{resz} \quad \text{in mm}$$ 386–6

Eine andere Beziehung für die Verschiebung der neutralen Faser – ebenfalls mit Hilfe des Strahlensatzes ermittelt – ergibt sich wie folgt:

$$\frac{a}{\sigma_z} = \frac{e_2}{\sigma_{bd}} \rightarrow a = e_2 \cdot \frac{\sigma_z}{\sigma_{bd}}.$$ Mit $\sigma_z = \frac{F}{S}$ und $\sigma_{bd} = \frac{M_b}{W} = \frac{M_b \cdot e_2}{I}$ wird

$$a = e_2 \cdot \frac{\frac{F}{S}}{\frac{M_b \cdot e_2}{I}} = e_2 \cdot \frac{F}{S} \cdot \frac{I}{M_b \cdot e_2}$$

Somit erhält man für die

Verschiebung der neutralen Faser $a = \frac{F \cdot I}{M_b \cdot S}$

a	F	I	M_b	S
mm	N	mm^4	Nmm	mm^2

387–1

dabei ist:
F = wirkende Zug- oder Druckkraft
I = Trägheitsmoment des Querschnittes
M_b = wirkendes Biegemoment
S = Querschnittsfläche

M 236. Bild 1 zeigt ein Bauteil, welches aus einem an seinem Ende abgerundeten Flachstahl mit dem Querschnitt 100 mm × 200 mm und einem zylindrischen Bolzen mit dem Durchmesser d = 100 mm zusammengesetzt ist. Am Bolzen wirkt die Kraft F = 50 kN.

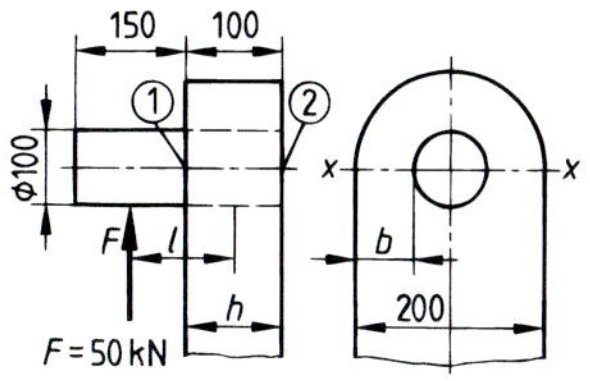

1

a) Zeichnen Sie den gefährdeten Querschnitt x-x im Bauteil, und bezogen auf diesen Querschnitt, den Ort des Kraftangriffes.

b) Berechnen Sie für den gefährdeten Querschnitt x-x die beiden resultierenden Randfaserspannungen (Stellen ① und ②).

c) Ermitteln Sie die beiden Einzelspannungsschaubilder und das Gesamtspannungsschaubild.

d) Ermitteln Sie die Größe der Verschiebung der neutralen Faser a.

Lösung:

a)

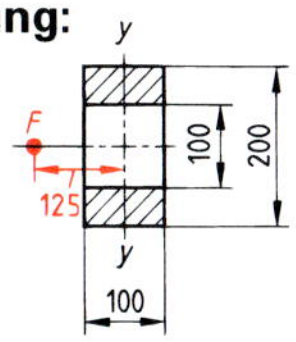

2

Der gefährdete Querschnitt besteht aus den beiden im Bild 2 dargestellten Rechteckflächen. Die Biegebeanspruchung erfolgt über die Biegeachse y-y. Die Kraft F wirkt 125 mm von dieser Biegeachse entfernt.

b) Es werden zunächst die Einzelspannungen an den Randfasern berechnet:

$$\sigma_z = \frac{F}{S} = \frac{50000\ \text{N}}{(200\ \text{mm} - 100\ \text{mm}) \cdot 100\ \text{mm}} = \frac{50000\ \text{N}}{10000\ \text{mm}^2} = \mathbf{5\ \frac{N}{mm^2}}$$

$$\sigma_{bz} = \sigma_{bd} = \frac{M_b}{W} = \frac{F \cdot l}{W}; \quad W_{vorh} = 2 \cdot \frac{b \cdot h^2}{6} = 2 \cdot \frac{50\ \text{mm} \cdot (100\ \text{mm})^2}{6} = 166667\ \text{mm}^3$$

$$\sigma_{bz} = \frac{50000\ \text{N} \cdot (75\ \text{mm} + 50\ \text{mm})}{166667\ \text{mm}^3} = \frac{50000\ \text{N} \cdot 125\ \text{mm}}{166667\ \text{mm}^3} = \sigma_{bd}$$

$$\boldsymbol{\sigma_{bz} = 37{,}5\ \frac{N}{mm^2} = \sigma_{bd}}$$

Somit ergeben sich die resultierenden Randfaserspannungen:

$$\sigma_{res\,①} = \sigma_{bz} + \sigma_z = 37{,}5\ \frac{\text{N}}{\text{mm}^2} + 5\ \frac{\text{N}}{\text{mm}^2} = \mathbf{42{,}5\ \frac{N}{mm^2}}$$

$$\sigma_{res\,②} = \sigma_{bd} - \sigma_z = 37{,}5\ \frac{\text{N}}{\text{mm}^2} - 5\ \frac{\text{N}}{\text{mm}^2} = \mathbf{32{,}5\ \frac{N}{mm^2}}$$

c) **Spannungsschaubilder:**

1 mm $\triangleq$ 1 $\frac{\text{N}}{\text{mm}^2}$

3

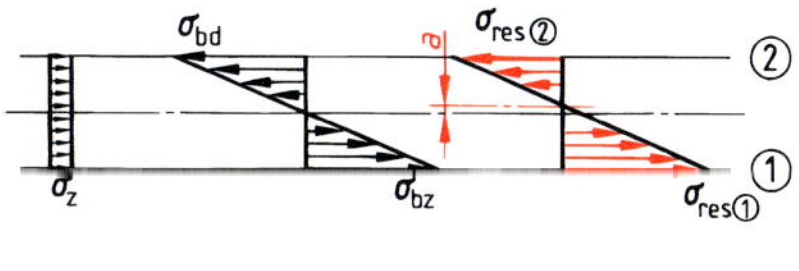

d) Hier ist $e_1 = e_2 = \frac{h}{2} = 50$ mm. Somit:

$$a = \left(\frac{e}{\sigma_{bz}} - \frac{e}{\sigma_{resz}}\right) \cdot \sigma_{resz} = \left(\frac{50\ \text{mm}}{37{,}5\ \frac{\text{N}}{\text{mm}^2}} - \frac{50\ \text{mm}}{42{,}5\ \frac{\text{N}}{\text{mm}^2}}\right) \cdot 42{,}5\ \frac{\text{N}}{\text{mm}^2}$$

$$a = 0{,}157\ \frac{\text{mm}^3}{\text{N}} \cdot 42{,}5\ \frac{\text{N}}{\text{mm}^2}$$

$\boldsymbol{a = 6{,}67}$ **mm** a kann auch wie folgt ermittelt werden:

$$a = \frac{F \cdot I}{M_b \cdot S} = \frac{F \cdot W \cdot e}{M_b \cdot S} = \frac{50\,000\ \text{N} \cdot 166\,667\ \text{mm}^3 \cdot 50\ \text{mm}}{50\,000\ \text{N} \cdot 125\ \text{mm} \cdot 10\,000\ \text{mm}^2}$$

$\boldsymbol{a = 6{,}67}$ **mm**

Ü 359. Bild 1 zeigt einen schematisch dargestellten Wandschwenkkran. Berechnen Sie den Durchmesser d des unteren Lagerzapfens im gefährdeten Querschnitt x-x. Das Gewicht des Drehkrans beträgt $F_G = 10$ kN und er ist für eine Last $F = 30$ kN ausgelegt. Als zulässige Spannung darf $\sigma_{res\ max} = 80$ N/mm² nicht überschritten werden.

Konstruktionsregel: $a = 1{,}5 \cdot$ Zapfendurchmesser
$a = 1{,}5 \cdot d$

Scherung ist zu vernachlässigen.

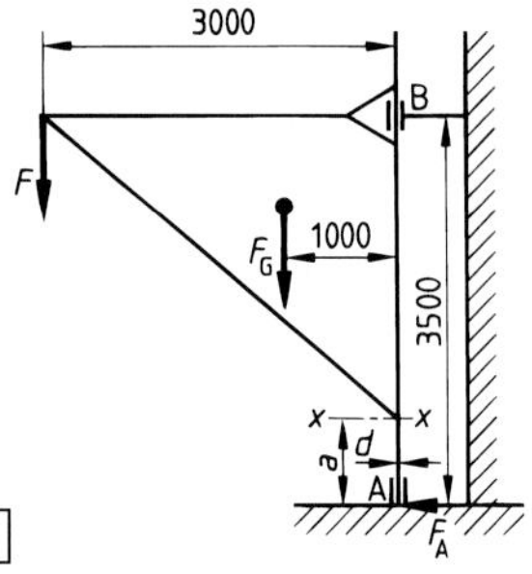

1

Ü 360. Berechnen Sie für den gefährdeten Querschnitt A-A des im Bild 2 dargestellten Kraftübertragungselementes

a) das Biegemoment,
b) die Biegespannung,
c) die Zugspannung,
d) die größte resultierende Randfaserspannung.

Zeichnen Sie die Einzelspannungsschaubilder und das Gesamtspannungsschaubild.

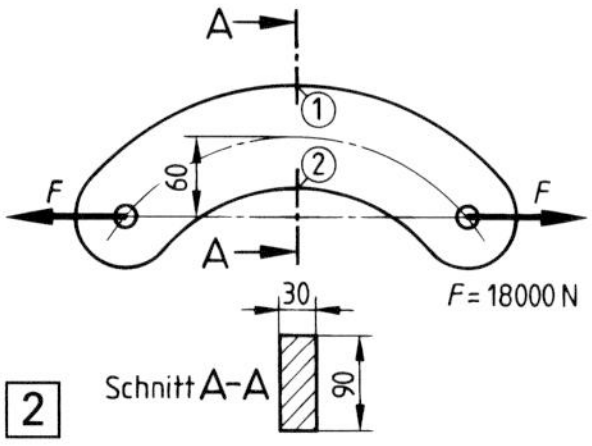

2

V 354. Ermitteln Sie für Übungsaufgabe Ü 323., Seite 327 (Querschnitt des Gestelles einer Exzenterpresse) das Maß der Verschiebung der neutralen Faser a.

V 355. Berechnen Sie den im Bild 3 dargestellten Freiträger auf Biegung und Zug. Schätzen Sie zunächst einen Profilquerschnitt und führen Sie anschließend den Spannungsnachweis. Unter Umständen ist eine mehrmalige Schätzung vorzunehmen.

3

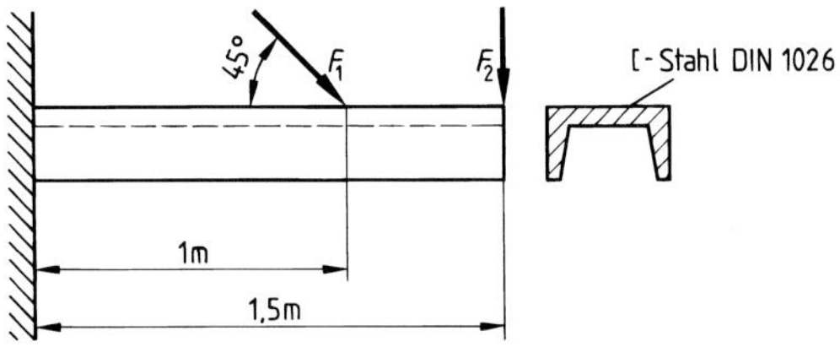

Es ist $F_1 = 12$ kN
$F_2 = 5$ kN
$\sigma_{b\,zul} = \sigma_{z\,zul} = 160$ N/mm²

FESTIGKEITSLEHRE

Lektion 76

Beanspruchung auf Zug und Schub, Druck und Schub, Biegung und Schub

Bei der Überlagerung von Normalspannungen (Lektion 75) wird die resultierende Spannung durch die algebraische Addition der Einzelspannungen ermittelt. Ein weiterer **einachsiger Spannungszustand** ist dann gegeben, wenn in der gleichen Ebene Schubspannungen τ_a und Torsionsspannungen τ_t auftreten. Auch in diesem Fall führt die algebraische Addition der Einzelspannungen zur resultierenden Spannung.

Treten gleichzeitig Schubspannungen und Torsionsspannungen in einem Querschnitt auf, dann errechnet sich die resultierende Spannung mit Hilfe der algebraischen Addition der Einzelspannungen.

Schubspannungen bzw. Torsionsspannungen werden auch als **Tangentialspannungen** (Oberbegriff) bezeichnet.

Ein **zweiachsiger Spannungszustand** ist dann gegeben, wenn in beliebiger Kombination gleichzeitig Normal- und Tangentialspannungen auftreten. Die im Maschinenbau häufig auftretenden Fälle sind auf Seite 385 unter den Punkten c) bis f) aufgezählt. Immer ist es so, dass Normal- und Tangentialspannungen senkrecht aufeinander stehen. Dies zeigt Bild 1.
Daraus ist auch ersichtlich, dass wegen der verschiedenen Spannungsrichtungen eine algebraische Addition **nicht** zur resultierenden Spannung führt.
Durch Versuche wurde nachgewiesen, dass sich die Schubspannungen stärker auf die Bauteilbeanspruchung auswirken als die Normalspannungen. Damit ist begründet, dass die **resultierende Spannung auch nicht durch geometrische Addition** ermittelt werden kann, wie dies zunächst Bild 1 vermuten lässt.

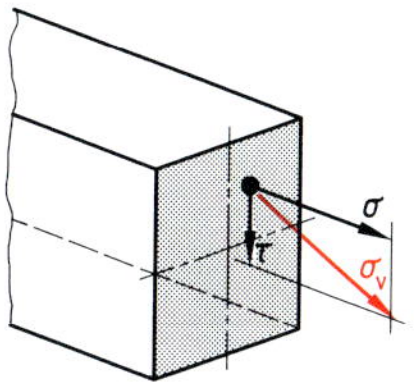

1

Um aber trotzdem eine Aussage darüber zu haben, wann das Bauteil bei gleichzeitigem Wirken von Normal- und Tangentialspannungen zu Bruch geht, wurden verschiedene **Festigkeitshypothesen** entwickelt. Dabei wird stets der zweiachsige Spannungszustand auf einen einachsigen Spannungszustand reduziert. Mit anderen Worten: Man ermittelt aus σ und τ mit einem in der angewendeten Festigkeitshypothese festgelegten Verfahren eine sog. **Vergleichsspannung** σ_V. Diese darf jedoch nicht größer sein als die zulässige Normalspannung σ_{zul}.

Vergleichsspannung $\sigma_V = f(\sigma, \tau) \leq \sigma_{zul}$ 389–1

Treten Normal- und Tangentialspannungen auf, so ermittelt man aus σ und τ eine Vergleichsspannung σ_V.

Der Name Vergleichsspannung ist so zu erklären, dass diese, mit der zulässigen Normalspannung σ_{zul} verglichen, höchstens gleich σ_{zul} sein darf.
Treten **neben Biegung und Schub noch Zug- oder Druckspannungen** auf, dann errechnet sich die

Vergleichsspannung $\sigma_V = \sqrt{\sigma^2_{res\,max} + \tau_m^2} \leq \sigma_{zul}$ 389–2

Diese Formel ist nicht allgemein gültig, sondern Ergebnis einer nur einzigen Versagenshypothese.

Dabei ist: $\sigma_{res\,max}$ = größte Normalspannung aus Biegung und Zug bzw. aus Biegung und Druck (Lektion 75)
σ_{zul} = größte einzelne zulässige Normalspannung
$\tau_m = \frac{F}{S}$ = mittlere Schubspannung (Bild 2)

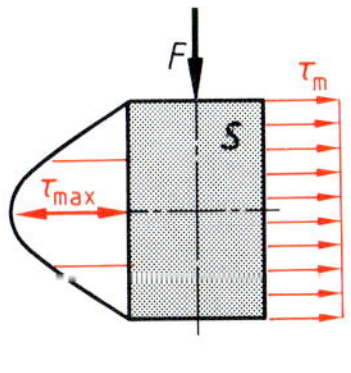

2

Der Begriff der **mittleren Schubspannung** erscheint erstmals an dieser Stelle. Zur Erklärung wird Bild 2 (Seite 389) herangezogen. Dort ist eine Rechteckfläche S abgebildet, die durch die Kraft F auf Schub beansprucht wird. Bisher wurde bei der Berechnung von Schubspannungen davon ausgegangen, dass sich diese gleichmäßig über die gesamte Fläche verteilen. In Wirklichkeit liegt jedoch eine parabolische Spannungsverteilung vor und es ist $\tau_{max} = \frac{3}{2} \cdot \tau_m = \frac{3}{2} \cdot \frac{F}{S}$

Bei anderen Querschnitten – z. B. dem Kreis – gilt Ähnliches.

Bei der Berechnung der Vergleichsspannung σ_V wird für die Schubspannung ein Mittelwert τ_m in die Rechnung eingesetzt.

M237. Für den Freiträger in Musteraufgabe M204., Seite 341 wird ein Träger IPB 200, DIN 1025, Blatt 2 mit $\sigma_{b\,zul} = \sigma_{d\,zul} = 140\ \text{N/mm}^2$ zugrunde gelegt. Ermitteln Sie die Vergleichsspannung σ_V bei Beanspruchung über die Achse x–x und vergleichen Sie mit σ_{zul}.

Lösung:

$$\sigma_V = \sqrt{\sigma^2_{res\,max} + \tau_m^2}$$

$$\sigma_V = \sqrt{(\sigma_{b\,vorh} + \sigma_{d\,vorh})^2 + \tau_m^2}$$

$$\sigma_{res\,max} = \sigma_{bd} + \sigma_d = \frac{M_b}{W} + \frac{F_x}{S}$$

$$\sigma_{res\,max} = \frac{F_1 \cdot r + F_{2y} \cdot x + F_G \cdot \frac{r}{2}}{W} + \frac{F_2 \cdot \cos 60^\circ}{S}$$

Mit $W = 570\ \text{cm}^3$, $S = 7810\ \text{mm}^2$ und

und $m' = 61{,}3\ \frac{\text{kg}}{\text{m}}$ wird

$$\boldsymbol{\sigma_{res\,max} = 80{,}54\ \frac{N}{mm^2}}$$

$$\tau_m = \frac{F_y}{S} = \frac{F_G + F_1 + F_2 \cdot \sin 60^\circ}{S}$$

$$\tau_m = \frac{m' \cdot g \cdot r + F_1 + F_2 \cdot \sin 60^\circ}{S}$$

$$\boldsymbol{\tau_m = 2{,}16\ \frac{N}{mm^2}}$$

$$\sigma_V = \sqrt{\left(80{,}54\ \frac{\text{N}}{\text{mm}^2}\right)^2 + \left(2{,}16\ \frac{\text{N}}{\text{mm}^2}\right)^2}$$

$$\boldsymbol{\sigma_V = 80{,}57\ \frac{N}{mm^2}} \approx \sigma_{b\,vorh} < \sigma_{b\,zul}$$

Das Ergebnis dieser Musteraufgabe zeigt die Richtigkeit der in der Biegelehre aufgestellten Behauptung: Die Schubbeanspruchung fällt bei einem Träger in den meisten Fällen nicht ins Gewicht.

Ü361. Bestimmen Sie für den Freiträger in Musteraufgabe M208., Seite 346 unter Berücksichtigung von Biegespannung und Schubspannung die Profilgröße eines IPB, DIN 1025, Blatt 2 bei $\sigma_{b\,zul} = 140\ \text{N/mm}^2$

V356. Bild 1 zeigt einen gekröpften Freiträger. Welche Spannungsarten treten im Einspannquerschnitt x-x auf? Geben Sie die Formel für die Berechnung der Vergleichsspannung σ_V an.

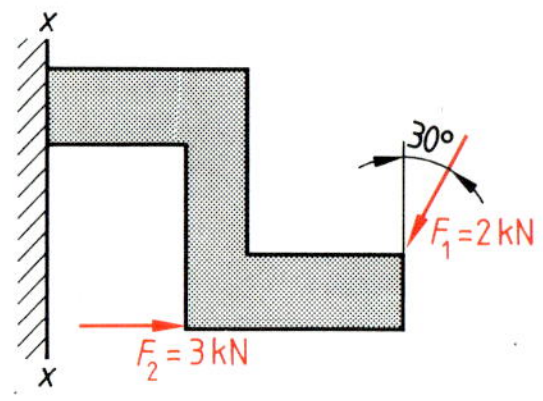

1

Lektion 77 Beanspruchung auf Biegung und Torsion

Eine im Maschinenbau sehr häufig vorkommende zusammengesetzte Beanspruchung ist die gleichzeitige Beanspruchung durch Biegung und Torsion. Die Exzenterwelle im Bild 1 ist einer solchen Beanspruchung ausgesetzt. Durch die Übertragung des Drehmomentes (Torsionsmoment) M_t wird die Welle auf Torsion, durch das Gewicht des Schwungrades F_G sowie die Zugkräfte der Treibriemen F_R wird die Welle auf Biegung beansprucht. Ebenso wie in Lektion 76 gilt: Treten Normal- und Tangentialspannungen auf, so ermittelt man aus σ und τ eine **Vergleichsspannung** σ_V. Es gilt also

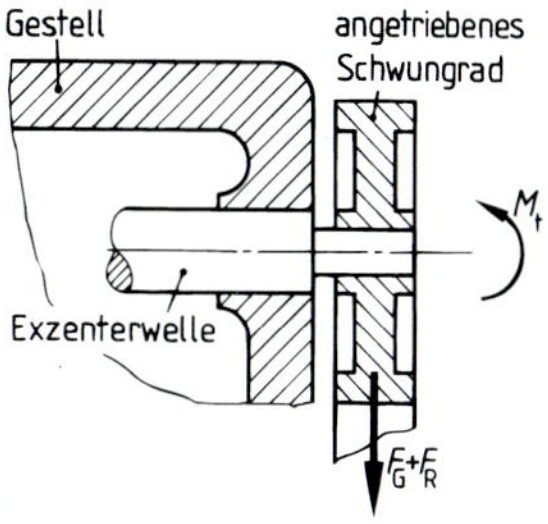

1

Vergleichsspannung $\sigma_V = f(\sigma, \tau) \leq \sigma_{zul}$ 391–1 = 389–1

In Lektion 76 wurde bereits erwähnt, dass für die Errechnung der Vergleichsspannung σ_V aus σ und τ verschiedene **Festigkeitshypothesen** entwickelt wurden. Aus vielen Versuchen geht hervor, dass die **Hypothese der größten Gestaltänderungsarbeit** den wirklichen Verhältnissen am nächsten kommt. Diese wird meist bei Biegung und Torsion angewendet. Sie liefert die Vergleichsspannung, die oft auch als **ideelle Spannung** bezeichnet wird:

Vergleichsspannung $\sigma_V = \sqrt{\sigma_b^2 + 3 \cdot (\alpha_o \cdot \tau_t)^2} \leq \sigma_{b\,zul}$ 391–2

dabei ist
σ_V = Vergleichsspannung
σ_b = vorhandene Biegespannung
τ_t = vorhandene Torsionsspannung
$\sigma_{b\,zul}$ = zulässige Biegespannung
→ in $\frac{\text{N}}{\text{mm}^2}$

α_o = Anstrengungsverhältnis $\alpha_o = \frac{\sigma_{b\,zul}}{\sqrt{3} \cdot \tau_{t\,zul}}$ 391–3

Das Anstrengungsverhältnis berücksichtigt das Verhältnis der zulässigen Spannungen σ und τ.

Tritt Biegung und Torsion auf, dann werden die Bauteilabmessungen über eine Gleichung ermittelt, die der Biegehauptgleichung in ihrem Aufbau entspricht. Danach ist

Erforderliches Widerstandsmoment $W_{erf} = \frac{M_V}{\sigma_{b\,zul}}$

W_{erf}	M_V	$\sigma_{b\,zul}$
mm^3	Nmm	$\frac{\text{N}}{\text{mm}^2}$

391–4

Man bezeichnet M_V als das **Vergleichsmoment**. Da bei Wellen beinahe ausschließlich Kreis- oder Kreisringquerschnitte vorliegen, kann man setzen:

$\sigma_b = \frac{M_b}{W}$ und $\tau_t = \frac{M_t}{W_p}$ und im speziellen Fall mit $W_p = W_x + W_y = 2 \cdot W$ ist $\tau_t = \frac{M_t}{2 \cdot W}$. Setzt man diese Beziehungen in die Gleichung für σ_V ein, so ergibt sich für das

Vergleichsmoment für Kreis- und Kreisringquerschnitt $M_V = \sqrt{M_b^2 + 0{,}75 \cdot (\alpha_o \cdot M_t)^2}$ 391–5

M238. Der Zapfen einer Exzenterwelle (Bild 1) überträgt ein Drehmoment $M_t = 5250$ Nm. Gleichzeitig nimmt der gefährdete Querschnitt ein Biegemoment $M_b = 12\,000$ Nm auf. Die Welle ist aus dem Werkstoff C45 hergestellt. Für diesen ist $\sigma_{b\,zul} = 220\ \text{N/mm}^2$ und $\tau_{t\,zul} = 140\ \text{N/mm}^2$.
Der Durchmesser des gefährdeten Querschnittes ist zu ermitteln.

Lösung:
Da es sich um einen Kreisquerschnitt handelt, wird wie folgt gerechnet:

$$M_V = \sqrt{M_b^2 + 0{,}75 \cdot (\alpha_o \cdot M_t)^2} \qquad \alpha_o = \frac{\sigma_{b\,zul}}{1{,}73 \cdot \tau_{t\,zul}} = \frac{220\ \text{N/mm}^2}{1{,}73 \cdot 140\ \text{N/mm}^2} = 0{,}91$$

$$M_V = \sqrt{(12\,000\ \text{Nm})^2 + 0{,}75 \cdot (0{,}91 \cdot 5250\ \text{Nm})^2} = \sqrt{161\,118\,379\ \text{N}^2\text{m}^2}$$

$$\boldsymbol{M_V = 12\,693\ \text{Nm}}$$

$$\sigma_{b\,zul} = \frac{M_V}{W} \rightarrow W_{erf} = \frac{M_V}{\sigma_{b\,zul}} = \frac{12\,693\,000\ \text{Nmm}}{220\ \text{N/mm}^2} = 57\,695{,}5\ \text{mm}^3 = \frac{d^3}{10} \quad \text{Somit:}$$

$$d_{erf} = \sqrt[3]{10 \cdot 57\,695{,}5\ \text{mm}^3}$$

$$d_{erf} = \sqrt[3]{576\,955\ \text{mm}^3} = 83{,}2\ \text{mm}$$

$$\boldsymbol{d_{gew} = 85\ \text{mm}}$$

M239. Ermitteln Sie mit den jeweils kleinsten und den jeweils größten Werten der Tabelle auf Seite 295 das Anstrengungsverhältnis für S355 G2 (St52-2)

a) Belastungsfall I
b) Belastungsfall II
c) Belastungsfall III

Lösung:

a) $\alpha_o = \dfrac{\sigma_{b\,zul}}{1{,}73 \cdot \tau_{zul}} = \dfrac{140\ \frac{\text{N}}{\text{mm}^2}}{1{,}73 \cdot 80\ \frac{\text{N}}{\text{mm}^2}}$ $\qquad \alpha_o = \dfrac{\sigma_{b\,zul}}{1{,}73 \cdot \tau_{zul}} = \dfrac{220\ \frac{\text{N}}{\text{mm}^2}}{1{,}73 \cdot 125\ \frac{\text{N}}{\text{mm}^2}}$

$\boldsymbol{\alpha_o = 1{,}01}$ $\qquad \boldsymbol{\alpha_o = 1{,}01}$

b) $\alpha_o = \dfrac{\sigma_{b\,zul}}{1{,}73 \cdot \tau_{zul}} = \dfrac{90\ \frac{\text{N}}{\text{mm}^2}}{1{,}73 \cdot 50\ \frac{\text{N}}{\text{mm}^2}}$ $\qquad \alpha_o = \dfrac{\sigma_{b\,zul}}{1{,}73 \cdot \tau_{zul}} = \dfrac{150\ \frac{\text{N}}{\text{mm}^2}}{1{,}73 \cdot 85\ \frac{\text{N}}{\text{mm}^2}}$

$\boldsymbol{\alpha_o = 1{,}04}$ $\qquad \boldsymbol{\alpha_o = 1{,}02}$

c) $\alpha_o = \dfrac{\sigma_{b\,zul}}{1{,}73 \cdot \tau_{zul}} = \dfrac{65\ \frac{\text{N}}{\text{mm}^2}}{1{,}73 \cdot 40\ \frac{\text{N}}{\text{mm}^2}}$ $\qquad \alpha_o = \dfrac{\sigma_{b\,zul}}{1{,}73 \cdot \tau_{zul}} = \dfrac{105\ \frac{\text{N}}{\text{mm}^2}}{1{,}73 \cdot 60\ \frac{\text{N}}{\text{mm}^2}}$

$\boldsymbol{\alpha_o = 0{,}94}$ $\qquad \boldsymbol{\alpha_o = 1{,}01}$

M240. Eine Getriebewelle aus E295 (St50–2) wird wechselnd beansprucht. Sie überträgt mit einer Drehzahl von $n = 710\ \text{min}^{-1}$ eine Leistung $P = 4$ kW. Es ist $\sigma_{b\,zul} = 70\ \text{N/mm}^2$ und $\tau_{t\,zul} = 50\ \text{N/mm}^2$.

a) Ermitteln Sie überschlägig den Durchmesser der Welle mit Hilfe der Torsionshauptgleichung.
b) Ermitteln Sie den Durchmesser mit Hilfe des Vergleichmomentes, wenn außer dem Torsionsmoment M_t noch ein Biegemoment $M_b = 60$ Nm wirksam ist.

Lösung:

a) $\tau_t = \dfrac{M_t}{W_p} \rightarrow W_{p\,erf} = \dfrac{M_t}{\tau_{t\,zul}} \qquad M_{t\,vorh} = 9550 \cdot \dfrac{P}{n} = 9550 \cdot \dfrac{4}{710}\ \text{Nm} = 53{,}8\ \text{Nm}$

$$W_{p\,erf} = \frac{53\,800\ \text{Nmm}}{50\ \frac{\text{N}}{\text{mm}^2}} = 1076\ \text{mm}^3 = \frac{d^3}{5}$$

$$d = \sqrt[3]{5 \cdot 1076\ \text{mm}^3} = \sqrt[3]{5380\ \text{mm}^3} = 17{,}53\ \text{mm} \rightarrow \boldsymbol{d_{gew} = 18\ \text{mm}}$$

FESTIGKEITSLEHRE

b) $W_{erf} = \frac{M_V}{\sigma_{b\,zul}}$; $M_V = \sqrt{M_b^2 + 0{,}75 \cdot (\alpha_o \cdot M_t)^2}$; $\alpha_o = \frac{\sigma_{b\,zul}}{1{,}73 \cdot \tau_{zul}} = \frac{70\,\frac{N}{mm^2}}{1{,}73 \cdot 50\,\frac{N}{mm^2}}$

$\alpha_o = 0{,}81$

$$M_V = \sqrt{(60\text{ Nm})^2 + 0{,}75 \cdot (0{,}81 \cdot 53{,}8\text{ Nm})^2}$$

$$M_V = \sqrt{3600\text{ N}^2\text{m}^2 + 0{,}75 \cdot 1899\text{ N}^2\text{m}^2}$$

$$M_V = \sqrt{3600\text{ N}^2\text{m}^2 + 1424{,}25\text{ N}^2\text{m}^2} = \sqrt{5024{,}25\text{ N}^2\text{m}^2} = 70{,}88\text{ Nm}$$

$$\mathbf{M_V = 70880\ Nmm}$$

$$W_{erf} = \frac{70\,880\text{ Nmm}}{70\text{ N/mm}^2} = 1012{,}57\text{ mm}^3 = \frac{d^3}{10}$$

$$d = \sqrt[3]{10 \cdot 1012{,}57\text{ mm}^3} = \sqrt[3]{10125{,}7\text{ mm}^3} = 21{,}63\text{ mm};\ \mathbf{d_{gew} = 22\ mm}$$

Ü 362. Bild 1 zeigt einen Kurbelzapfen. Die Kurbelkraft beträgt $F = 10{,}5$ kN.
Berechnen Sie bei $\sigma_{b\,zul} = 70$ N/mm² und $\tau_{t\,zul} = 50$ N/mm²

a) das Biegemoment bezogen auf den Querschnitt x-x (Lagermitte)
b) das Torsionsmoment,
c) das Vergleichsmoment,
d) den Wellendurchmesser d.

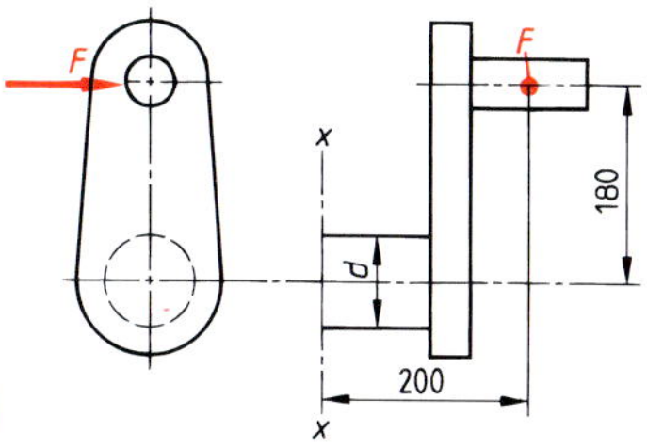

1

Ü 363. Der Antrieb einer Maschine erfolgt über eine Riemenscheibe (Bild 2) mit dem Gewicht $F_G = 900$ N. Die unter einem Winkel von 45° nach schräg oben gerichteten Riemenspannkräfte betragen:
$F_1 = 1200$ N
$F_2 = 2400$ N

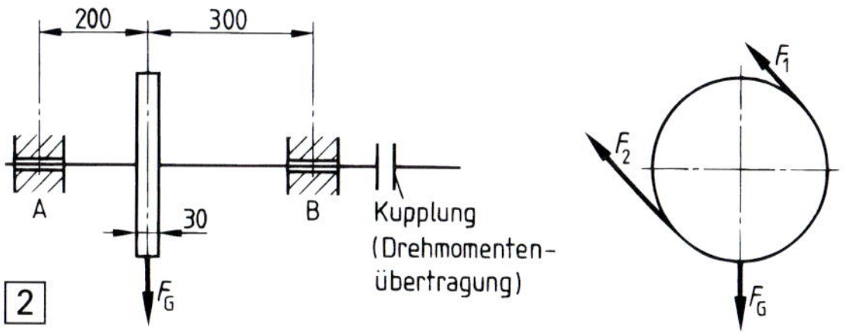

2

Die Riemenscheibe überträgt eine Leistung $P = 17{,}65$ kW bei einer Drehzahl $n = 240$ min⁻¹.
Werkstoff E335 (St60–2) mit $\sigma_{b\,zul} = 60$ N/mm² und $\tau_{t\,zul} = 80$ N/mm².
Bestimmen Sie den erforderlichen Wellendurchmesser links und rechts von der Riemenscheibe.

V 357. Der Kettenraddurchmesser eines Flaschenzuges (Bild 3) beträgt $D = 350$ mm und am Umfang des Kettenrades wirkt eine Kraft $F = 550$ N. Bestimmen Sie den Durchmesser d der Welle durch Berechnung auf Biegung und Torsion.

Werkstoff E295 (St50–2) mit $\sigma_{b\,zul} = 67{,}5$ N/mm² und $\tau_{t\,zul} = 45$ N/mm². Das Gewicht von Kette und Kettenrad beträgt $F_G = 50$ N.

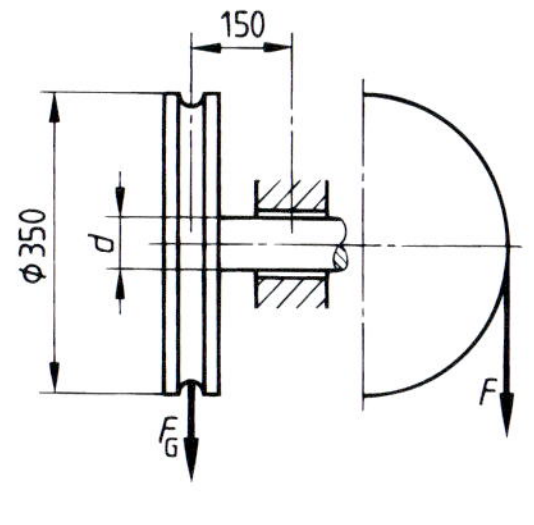

3

V 358. Warum dürfen Normal- und Tangentialspannungen nicht geometrisch addiert werden?

FESTIGKEITSLEHRE

V 359. Eine Welle überträgt ein Drehmoment M_t = 800 Nm. Gleichzeitig wirkt ein Biegemoment M_b = 700 Nm. Die Welle ist aus C45 hergestellt mit $\sigma_{b\,zul}$ = 180 N/mm^2 und $\tau_{t\,zul}$ = 110 N/mm^2.
Berechnen Sie den erforderlichen Wellendurchmesser im gefährdeten Querschnitt.

V 360. Berechnen Sie das Anstrengungsverhältnis für S355 G2 (St52–2) (Tabelle Seite 295), und zwar mit den dort angegebenen kleinsten Werten, wenn der Werkstoff wechselnd auf Biegung und schwellend auf Torsion beansprucht wird.

V 361. Eine Vollwelle mit dem Durchmesser d = 210 mm überträgt ein Biegemoment M_b = 42000 Nm und ein Torsionsmoment M_t = 14800 Nm. Es ist $\sigma_{b\,zul}$ = 70 N/mm^2 und $\tau_{t\,zul}$ = 45 N/mm^2. Berechnen Sie

a) die Biegespannung σ_b,
b) die Torsionsspannung τ_t,
c) das Anstrengungsverhältnis α_o,
d) die Vergleichsspannung σ_V.

Prüfen Sie, ob die errechnete Vergleichsspannung zulässig ist.

V 362. Eine Welle (Bild 1) ist in den Lagern A und B gelagert. Die Maße betragen l = 600 mm, l_2 = 400 mm, l_1 = 100 mm und die Kräfte F_1 = 5600 N, F_2 = 3000 N. Die zu übertragende Leistung beträgt P = 10 kW bei einer Drehzahl n = 500 min^{-1}. Die zulässigen Spannungen betragen $\sigma_{b\,zul}$ = 70 N/mm^2 und $\tau_{t\,zul}$ = 55 N/mm^2. Berechnen Sie

a) die Lagerreaktionen F_A und F_B,
b) das größte Biegemoment,
c) das Torsionsmoment,
d) das Vergleichsmoment,
e) den erforderlichen Wellendurchmesser.

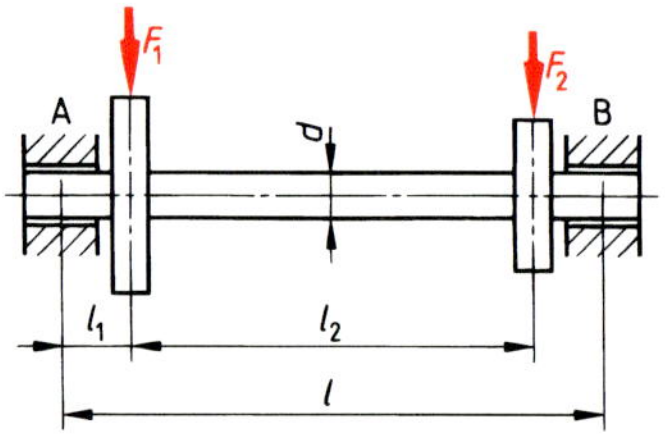

1

Dynamische Beanspruchungen

Lektion 78

Dauerstandfestigkeit, Schwellfestigkeit, Wechselfestigkeit

Aus Lektion 58 ist bekannt, dass die Größe der zulässigen Spannung vom **Belastungsfall** abhängig ist. Dort wurde zwischen der **statischen Beanspruchung** (Belastungsfall I) und der **dynamischen Beanspruchung** (Belastungsfälle II und III) unterschieden. Unabhängig davon, welcher Belastungsfall vorliegt, ist es bei der Bauteildimensionierung unbedingt notwendig, einen Spannungswert zu kennen, den der Werkstoff dauernd, d. h. ohne zu Bruch zu gehen, ertragen kann. Man spricht dann von der **Dauerfestigkeit.**

Unter Dauerfestigkeit versteht man diejenige Spannung, die ein Bauteil gerade noch, ohne zu versagen, dauernd ertragen kann.

Diese Dauerfestigkeit hängt vom Belastungsfall ab und sie hat, entsprechend dem Belastungsfall, die folgenden Bezeichnungen:

78.1 Dauerstandfestigkeit

Liegt der **Belastungsfall I** (ruhende Beanspruchung) vor, dann wird die Dauerfestigkeit an einem Probestab im statischen Festigkeitsversuch – etwa dem Zugversuch nach DIN EN 10002 – ermittelt. Im Zugversuch entspricht sie der Streckgrenze R_e. Man spricht dann von der **Dauerstandfestigkeit** σ_{St} bzw. τ_{St} (Bild 1).

Dauerstandfestigkeit ist die Spannung, die ein Probestab im Belastungsfall I gerade noch, ohne zu versagen, dauernd ertragen kann.

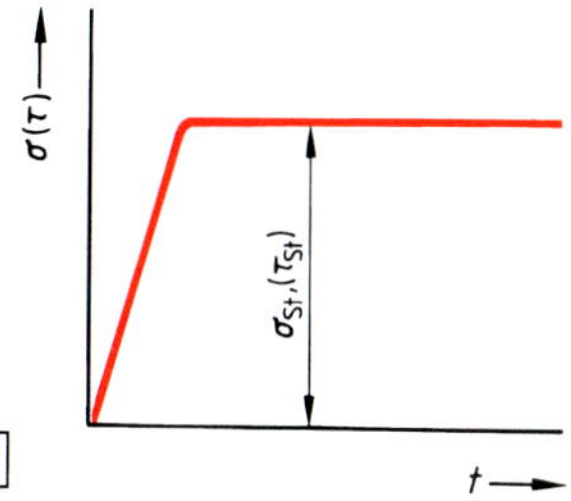

1

78.2 Schwellfestigkeit

Liegt der **Belastungsfall II** (schwellende Beanspruchung) vor, dann wird die Dauerfestigkeit im Dauerschwingversuch nach DIN 50100 ermittelt. Dieser Versuch wird auch kurz als **Dauerversuch** bezeichnet. Man spricht dann von der **Schwellfestigkeit** σ_{Sch} bzw. τ_{Sch} (Bild 2).

Schwellfestigkeit ist die Spannung, die ein Probestab im Belastungsfall II gerade noch, ohne zu versagen, dauernd ertragen kann.

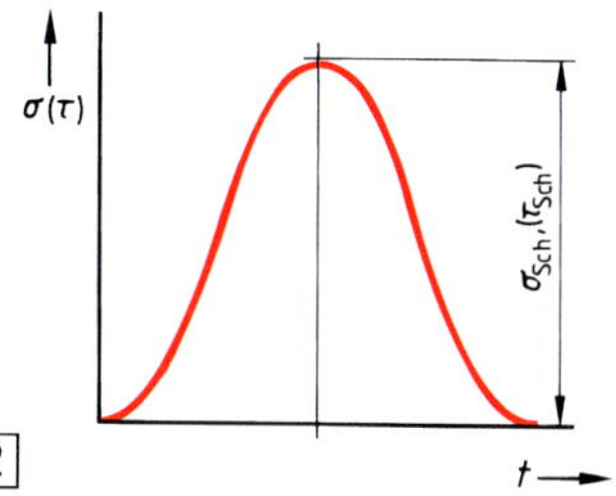

2

78.3 Wechselfestigkeit

Liegt der **Belastungsfall III** (wechselnde Beanspruchung) vor, dann wird die Dauerfestigkeit ebenfalls im Dauerversuch nach DIN 50100 ermittelt. Sie heißt in diesem Fall **Wechselfestigkeit** σ_W bzw. τ_W (Bild 3).

Wechselfestigkeit ist die Spannung, die ein Probestab im Belastungsfall III gerade noch, ohne zu versagen, dauernd ertragen kann.

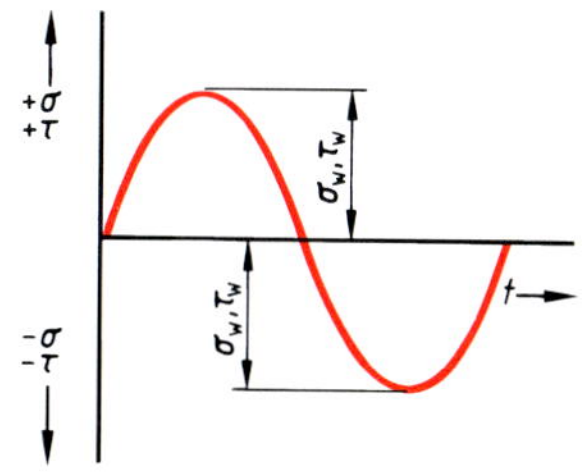

3

In diesem Zusammenhang wird noch erwähnt, dass **alle Belastungsfälle (I, II, III) bei jeder Beanspruchungsart** (Zug, Druck, Biegung oder Torsion) auftreten können. Die Dauerfestigkeit wird dem **Dauerfestigkeitsschaubild** (Lektion 79) entnommen.

Wird ein Bauteil dynamisch beansprucht, liegt meistens weder Belastungsfall II noch Belastungsfall III vor. Dieser Fall wird als **allgemeine dynamische Belastung** bezeichnet. Einen solchen zeigt Bild 1. Die Spannung wechselt dabei von einem positiven Höchstwert zu einem **nicht** gleich großen positiven oder negativen Wert. Für diesen allgemeinen Fall ist die Dauerfestigkeit wie folgt definiert:

1

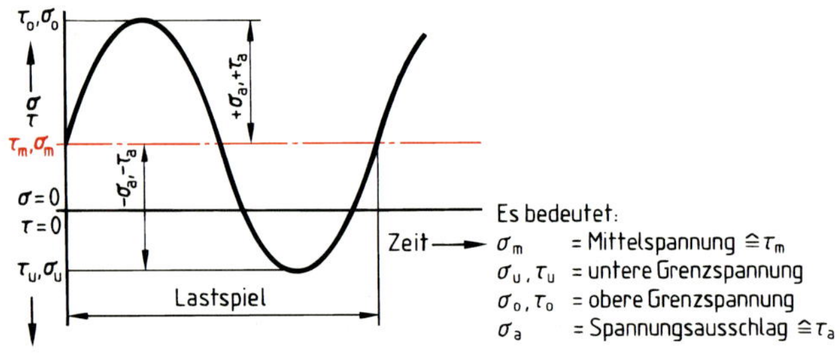

Dauerfestigkeit σ_D (τ_D) entspricht dem um eine Mittelspannung σ_m (τ_m) schwingenden größten Spannungsausschlag σ_a (τ_a), den eine Probe unendlich oft, ohne zu versagen, aushält.

Gemäß Bild 1 versteht man unter

Mittelspannung	$\sigma_m = \dfrac{\sigma_o + \sigma_u}{2}$	396–1	$\tau_m = \dfrac{\tau_o + \tau_u}{2}$	396–2
Spannungsausschlag	$\sigma_a = \pm\dfrac{\sigma_o - \sigma_u}{2}$	396–3	$\tau_a = \pm\dfrac{\tau_o - \tau_u}{2}$	396–4

Entsprechend der obigen verbalen Definition für die Dauerfestigkeit gilt allgemein:

Dauerfestigkeit	$\sigma_D = \sigma_m \pm \sigma_a$	396–5	$\tau_D = \tau_m \pm \tau_a$	396–6

M241. Es sind $\sigma_o = 210\ \text{N/mm}^2$ (Zugspannung) und $\sigma_u = -40\ \text{N/mm}^2$ (Druckspannung). Berechnen Sie

a) die Mittelspannung σ_m,
b) den Spannungsausschlag σ_a.

Prüfen Sie diese Ergebnisse durch eine Proberechnung.

Lösung:

a) $$\sigma_m = \frac{\sigma_o + \sigma_u}{2} = \frac{210\ \dfrac{\text{N}}{\text{mm}^2} + \left(-40\ \dfrac{\text{N}}{\text{mm}^2}\right)}{2} = \frac{170\ \dfrac{\text{N}}{\text{mm}^2}}{2}$$

$$\boldsymbol{\sigma_m = 85\ \frac{N}{mm^2}}$$

b) $$\sigma_a = \pm\frac{\sigma_o - \sigma_u}{2} = \pm\frac{210\ \dfrac{\text{N}}{\text{mm}^2} - \left(-40\ \dfrac{\text{N}}{\text{mm}^2}\right)}{2} = \pm\frac{250\ \dfrac{\text{N}}{\text{mm}^2}}{2}$$

$$\boldsymbol{\sigma_a = \pm 125\ \frac{N}{mm^2}}$$

Probe: $\sigma_o = \sigma_m + \sigma_a = 85\ \dfrac{\text{N}}{\text{mm}^2} + 125\ \dfrac{\text{N}}{\text{mm}^2}$ $\qquad$ $\sigma_u = \sigma_m - \sigma_a = 85\ \dfrac{\text{N}}{\text{mm}^2} - 125\ \dfrac{\text{N}}{\text{mm}^2}$

$\sigma_o = 210\ \dfrac{\text{N}}{\text{mm}^2}$ $\qquad$ $\sigma_u = -40\ \dfrac{\text{N}}{\text{mm}^2}$

Lektion 79 Ermittlung der Dauerfestigkeit

79.1 Gewalt- und Dauerbruch

Wird ein Bauteil infolge einer **statischen Beanspruchung,** d. h. durch eine konstant wirkende Last, zerstört, dann spricht man von einem **Gewaltbruch**. Die Oberfläche eines solchen Bruches (Bild 1) ist dadurch gekennzeichnet, dass in ihrer gesamten Ausdehnung das **Gefüge** des Werkstoffes zu erkennen ist. Sie stellt sich dem Betrachter – je nach Gefügeart – als insgesamt mehr oder weniger rau dar, d. h. es liegt ein gleichmäßiges Bruchaussehen der gesamten Bruchfläche vor.

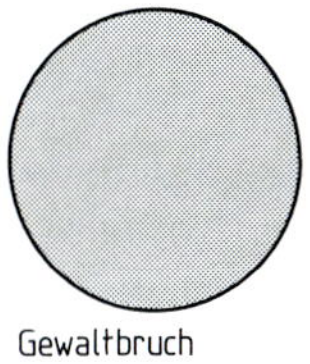

1

Wird dagegen ein Bauteil infolge einer **dynamischen Beanspruchung** (schwellend oder wechselnd) zerstört, dann spricht man von einem Dauerschwingbruch oder kurz vom **Dauerbruch.** Die Bruchfläche eines solchen Dauerbruches hat ein anderes Aussehen als die eines Gewaltbruches. Die Zerstörung geht dabei immer von einem Riss, der zunächst sehr klein sein kann, aus (Bild 2). Ist ein solcher Riss, der oftmals von einer kurzzeitigen örtlichen Überbeanspruchung oder von einer unsachgemäßen Bearbeitung herrührt, erst einmal vorhanden, dann pflanzt sich der Bruch von hier aus zunächst langsam und dann immer schneller fort (Bild 3). Durch die dynamische (schwingende) Belastung reiben dabei die bereits durchgetrennten Bruchflächen aufeinander. Sie sehen deshalb bei einer späteren Betrachtung glatt und hell aus (Polierwirkung). Ist der Querschnitt bis zu einem gewissen Grad zerstört, tritt endgültig der Bruch ein. Die Restbruchfläche hat das raue Aussehen des Gewaltbruches (Bild 4).

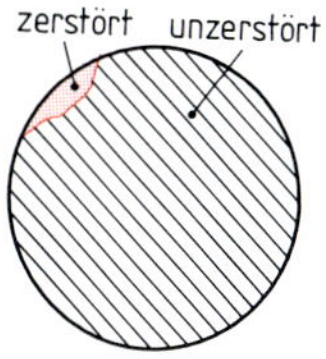

2

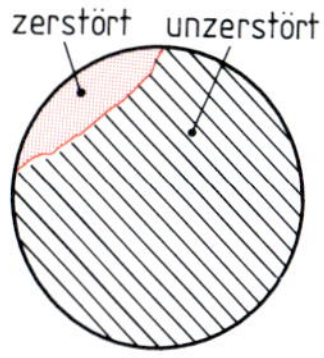

3

Die Dauerbruchfläche besteht zum Teil aus einer glatten Schwingbruchfläche und zum Teil aus einer rauen Gewaltbruchfläche.

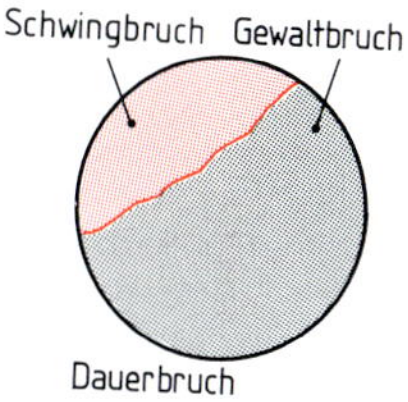

4

Bemerkenswert ist noch, dass der durch eine dynamische Beanspruchung ausgelöste Dauerbruch oft schon bei Spannungsspitzen auftritt, die weit unterhalb der Fließgrenze des Werkstoffes liegen. Aus diesem Grund kann der Zugversuch nicht zu einer Aussage über das Werkstoffverhalten bei schwellender oder wechselnder Beanspruchung herangezogen werden. Der Zugversuch gibt nur bei einer statischen Werkstoffbeanspruchung eine zuverlässige Auskunft.

79.2 Die Ermittlung von Schwell- und Wechselfestigkeit

Aus Lektion 78 ist bereits bekannt, dass die Ermittlung der Dauerstandfestigkeit (statische Beanspruchung) im statischen Festigkeitsversuch und die Ermittlung von Schwell- und Wechselfestigkeit im **Dauerversuch** nach DIN 50100 erfolgen. Dabei werden glatte oder auch gekerbte Proben durch verschieden hohe Schwingungszahlen, dies sind Lastwechsel (Lektion 58) pro Zeiteinheit, und durch verschieden hohe Spannungsausschläge (Lektion 78) auf Zug, Druck, Biegung, Torsion oder auch zusammengesetzt beansprucht. Sinngemäß spricht man dann z. B. vom Biegeschwingversuch oder vom Torsionsschwingversuch.

Versuchsdurchführung:

Man wählt zunächst bei einer bestimmten Mittelspannung σ_m einen großen Spannungsausschlag σ_a. Bereits nach einigen Lastwechseln tritt Bruch ein, und zwar bei der Spannung $\sigma_{01} = \sigma_m + \sigma_a$. Im zweiten Versuch ermittelt man bei einem kleineren σ_{02} bzw. bei

Schub τ_{o2} die Anzahl der vom Werkstoff bis zum Bruch „vertragenen" Lastspiele. Es folgen nun viele weitere Versuche mit immer kleineren σ_o- bzw. τ_o-Werten bei Feststellung der „vertragenen" Lastspiele. Trägt man die so ermittelten maximalen Spannungen σ bzw. τ über der Anzahl der jeweils von der Probe bis zum Bruch aufgenommenen Lastwechsel auf, so erhält man das **Wöhler-Diagramm** (Bild 1). Dieses wird nach dem deutschen Ingenieur August **Wöhler (1819 bis 1914)** bezeichnet. Dieses Wöhler-Diagramm ist für jeden Werkstoff verschieden, ebenso wie z. B. das σ, ε-Diagramm. Bild 1 zeigt das Wöhler-Diagramm für Stahl einer bestimmten Sorte.

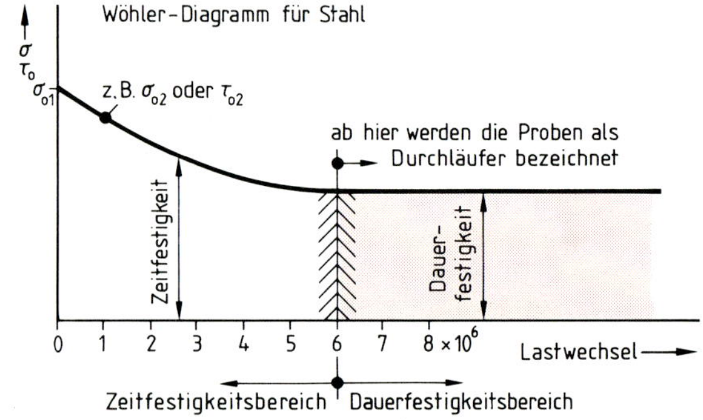

1

Durch sehr viele Dauerversuche wurde die Erkenntnis gewonnen, dass bei Stahl eine 6- bis 10-Millionen-mal ertragene höchste Spannung σ_o auch bei sehr viel höheren Lastwechselzahlen nicht mehr zum Bruch führt. Die Diagrammlinie im Wöhler-Diagramm ist ab dieser Grenzlastwechselzahl eine Horizontale. Der Werkstoff ist also in der Lage, alle folgenden Lastwechsel dauernd zu ertragen. Man befindet sich im **Dauerfestigkeitsbereich.** Führt eine höchste Spannung σ_o schon unterhalb dieser Grenzlastwechselzahl zum Bruch (z. B. bei 2-Millionen Lastwechsel), spricht man von der **Zeitfestigkeit.** Der entsprechende Bereich im Wöhler-Diagramm heißt **Zeitfestigkeitsbereich.** Die Definition der Dauerfestigkeit lautet also (siehe auch Lektion 78):

Dauerfestigkeit σ_D entspricht dem um eine Mittelspannung σ_m schwingenden größten Spannungsausschlag σ_a, dem eine Probe unendlich oft, ohne zu versagen, standhält.

Anmerkung: Bei anderen Werkstoffen als Stahl (z. B. Leichtmetall) ist oftmals nicht sicher zwischen dem Zeit- und Dauerfestigkeitsbereich zu trennen. Um eine einigermaßen gesicherte Aussage über die Dauerfestigkeit zu erhalten, muss man in solchen Fällen Versuche mit wesentlich höheren Lastspielzahlen – z. B. 100-Millionen – durchführen.

79.3 Die Konstruktion des Dauerfestigkeitsschaubildes

Die mit den verschiedenen Mittelspannungen σ_m und den verschiedenen Spannungsausschlägen σ_a ermittelten Dauerfestigkeitswerte σ_D werden für das Zeichen des Dauerfestigkeitsschaubildes (Bild 2) benötigt.

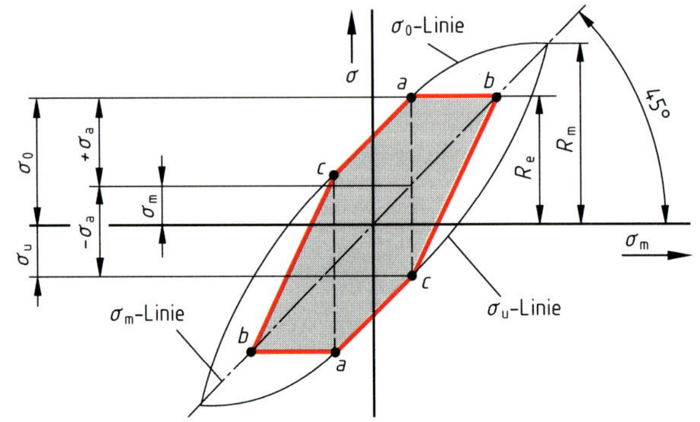

2

Konstruktionsbeschreibung: Bild 2, Seite 398, zeigt, dass über der Mittelspannung σ_m, deren verschiedene Werte eine unter 45° durch den Ursprung verlaufende Gerade bilden, die Werte der Oberspannungen σ_o und der Unterspannungen σ_u der Dauerfestigkeit aufgetragen werden.

Es entsteht dabei das Schaubild (dünne schwarze Vollinie). Da oberhalb der Fließgrenze R_e unzulässig hohe Verformungen auftreten, schneidet man das **Dauerfestigkeitsschaubild nach Smith** (Smith-Diagramm) oberhalb bzw. unterhalb der Linie a–b ab. Mit Rücksicht auf die Mittelspannung σ_m wird als weitere Begrenzung die Gerade b–c gezeichnet. Damit ergibt sich das idealisierte Dauerfestigkeitsschaubild nach Smith (Bild 2, Seite 398: rote Linie).

Im Bild 1 ist nochmals ein solches Dauerfestigkeitsschaubild dargestellt. Dort sind die Stellen des Belastungsfalles I ($\sigma_m = R_e$, $\sigma_a = 0$), des Belastungsfalles II ($\sigma_u = 0$) und des Belastungsfalles III ($\sigma_m = 0$, $\sigma_a = \sigma_W$) eingezeichnet. Zwischen den Belastungsfällen I und II liegt der **Schwellbereich** und zwischen den Belastungsfällen II und III liegt der **Wechselbereich.**

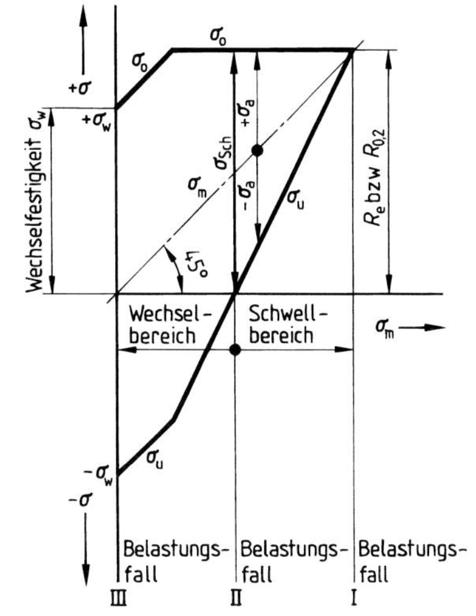

1

Dauerfestigkeitsschaubilder werden für Zug, Druck, Torsion und Biegung jeweils für einen bestimmten Werkstoff im Dauerschwingversuch ermittelt.

M242. Bild 2 zeigt im gleichen Achsenkreuz **Dauerfestigkeitsschaubilder für Torsionsbeanspruchung,** und zwar für die Stähle

a) 42CrMo4
b) 34Cr4
c) 16MnCr5
d) C45
e) C45E (Ck45)
f) E335 (St60–2)
g) S235 JRG1 (St37–2)

Es bedeutet:
τ_{tF} = Torsionsfließgrenze
τ_{tm} = Torsionsmittelspannung
τ_{tD} = Torsionsdauerfestigkeit

Ermitteln Sie für den Werkstoff C45

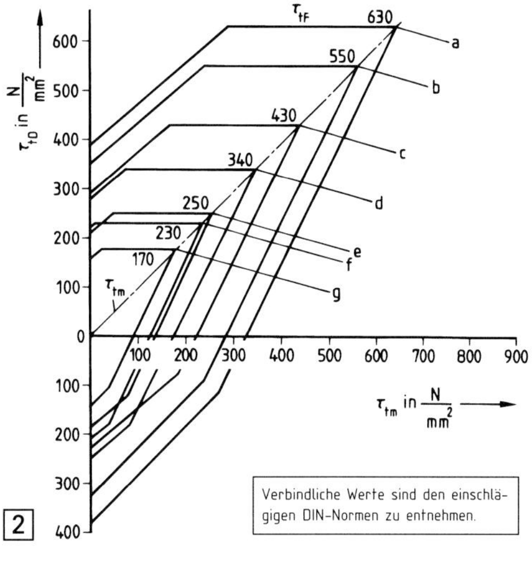

2

α) τ_{tF}
β) τ_a = Spannungsausschlag für den Belastungsfall II
γ) τ_W = Wechselfestigkeit

Lösung:
Aus dem Diagramm ergibt sich

α) $\boldsymbol{\tau_{tF} = 340\ \frac{N}{mm^2}} = \tau_{tD}$ für Belastungsfall I

β) τ_a für Belastungsfall II – $\boldsymbol{160\ \frac{N}{mm^2}}$ γ) $\boldsymbol{\tau_W = 260\ \frac{N}{mm^2}}$

M243. Eine auf Torsion beanspruchte Welle ist aus dem Werkstoff 42CrMo4 (Bild 2, Seite 399, Schaubild a) hergestellt. Sie hat einen Durchmesser von 60 mm. Das Torsionsmoment schwankt zwischen einem Oberwert M_{to} = 7000 Nm und einem Unterwert M_{tu} = 3000 Nm.

Wie groß ist die Dauerfestigkeit?

Lösung:

$$\tau_{to} = \frac{M_{to}}{W_p} = \frac{7\,000\,000\ \text{Nmm}}{43\,200\ \text{mm}^3} \qquad W_p = \frac{d^3}{5} = \frac{(60\ \text{mm})^3}{5}$$

$$\boldsymbol{\tau_{to} = 162\ \frac{N}{mm^2}} \qquad \boldsymbol{W_p = 43\,200\ mm^3}$$

$$\tau_{tu} = \frac{M_{tu}}{W_p} = \frac{3\,000\,000\ \text{Nmm}}{43\,200\ \text{mm}^3} = \mathbf{69{,}4\ \frac{N}{mm^2}}$$

Aus diesen Grenzspannungen τ_{to} und τ_{tu} errechnet sich die Mittelspannung:

$$\tau_{tm} = \frac{\tau_{to} + \tau_{tu}}{2} = \frac{162\ \frac{\text{N}}{\text{mm}^2} + 69{,}4\ \frac{\text{N}}{\text{mm}^2}}{2} = \frac{231{,}4\ \frac{\text{N}}{\text{mm}^2}}{2} = \mathbf{115{,}7\ \frac{N}{mm^2}}$$

Das Dauerfestigkeitsschaubild (Bild 2, Seite 399) liefert für $\tau_{tm} = 115{,}7\ \frac{\text{N}}{\text{mm}^2}$:

$\tau_{ta} = 360\ \frac{\text{N}}{\text{mm}^2}$. Somit:

$$\tau_D = \tau_{tm} \pm \tau_{ta} = 115{,}7\ \frac{\text{N}}{\text{mm}^2} \pm 360\ \frac{\text{N}}{\text{mm}^2} \rightarrow \tau_{Do} = 115{,}7\ \frac{\text{N}}{\text{mm}^2} + 360\ \frac{\text{N}}{\text{mm}^2} = \mathbf{475{,}7\ \frac{N}{mm^2}}$$

79.4 Zulässige Spannungen, erweiterter Sicherheitsbegriff

Die dem Werkstoff maximal zumutbaren Spannungen σ_D werden aus dem entsprechenden Smith-Diagramm entnommen. Sie betragen für

Belastungsfall I : $\sigma_D = \sigma_{St} = R_e$

Belastungsfall II : $\sigma_D = \sigma_{Sch}$

Belastungsfall III : $\sigma_D = \sigma_W$

Bei allgemeiner dynamischer Belastung: $\sigma_D = \sigma_m \pm \sigma_a$

Die Dauerfestigkeiten sind also Grenzspannungen, die nicht überschritten werden dürfen. Deshalb wird auch hier mit einer Sicherheit ν_D gegen das Erreichen der Dauerfestigkeit gerechnet.

Es ist die

$$\text{Sicherheit gegen das Erreichen der Dauerfestigkeit } \nu_D = \frac{\text{Dauerfestigkeit } \sigma_D}{\text{größte vorhandene Spannung } \sigma_{vorh}}$$

Man spricht im Zusammenhang mit der Berücksichtigung der Dauerfestigkeit vom **erweiterten Sicherheitsbegriff.**

Sicherheit gegen das Erreichen der Dauerfestigkeit $$\nu_D = \frac{\sigma_D}{\sigma_{vorh\ max}}$$ 400–1

M244. Ermitteln Sie mit Hilfe des Torsions-Dauerfestigkeitsschaubildes (Bild 2, Seite 399) für den Werkstoff 42CrMo4 die Sicherheit gegen das Erreichen der Dauerfestigkeit, wenn Belastungsfall II gegeben ist und wenn die maximal vorhandene Spannung $\tau_{vorh\ max}$ = 400 N/mm² ist.

Lösung: $$\nu_{D\,Sch} = \frac{\tau_{D\,Sch}}{\tau_{vorh\ max}} = \frac{630\ \frac{\text{N}}{\text{mm}^2}}{400\ \frac{\text{N}}{\text{mm}^2}} = \mathbf{1{,}575}$$

FESTIGKEITSLEHRE

Ü 364. Ermitteln Sie mit Hilfe des Torsions-Dauerfestigkeitsschaubildes (Bild 2, Seite 399) für den Werkstoff 34Cr4 den zulässigen Spannungsausschlag τ_a bei einer Mittelspannung $\tau_m = 400\ N/mm^2$.

V 363. Welcher Spannungsausschlag τ_a ist für den Werkstoff C45 zulässig für

a) $\tau_m = 50\ N/mm^2$, b) $\tau_m = 200\ N/mm^2$

nach Torsions-Dauerfestigkeitsschaubild Seite 399, Bild 2?

V 364. Ein Bauteil ist aus dem Werkstoff C45 gefertigt. Es ist $\tau_m = 0$ und $\tau_{vorh\ max} = 150\ N/mm^2$. Wie groß ist ν_{DW}

nach Torsions-Dauerfestigkeitsschaubild Seite 399, Bild 2?

Lektion 80 Gestaltfestigkeit

80.1 Dauerfestigkeit und Bauteilgröße

Im Dauerschwingversuch nach DIN 50100 werden meist zylindrische Stäbe verwendet. Diese sind poliert und haben einen Durchmesser zwischen 7 mm und 15 mm. Vergrößert man den Probendurchmesser – ändert man also die **Gestalt des Bauteiles** – stellt man fest, dass die Dauerfestigkeitswerte kleiner werden. Bei einem Stabdurchmesser von 100 mm geht die Dauerfestigkeit gegenüber einem Stab von 10 mm Durchmesser auf ungefähr die Hälfte zurück. Da sich also die Festigkeit eines Bauteiles mit der Gestalt des Bauteiles ändert, spricht man in diesem Zusammenhang auch von der **Gestaltfestigkeit.**

Unter der Gestaltfestigkeit versteht man die Dauerfestigkeit eines Bauteiles bezogen auf seine spezielle Gestalt.

80.2 Dauerfestigkeit und Bauteiloberfläche

Wird der Dauerschwingversuch nicht mit polierten Probestäben, sondern mit Probestäben einer minderen Oberflächengüte – z. B. mit geschlichteter Oberfläche – durchgeführt, stellt man ebenfalls eine Abnahme der Dauerfestigkeit fest. So ist z. B. bei einem gewalzten Probestab eine Abnahme der Dauerfestigkeit um ca. 50 % feststellbar.

Die Gestaltfestigkeit eines Bauteiles hängt von der Größe des Bauteiles und von der Oberflächengüte des Bauteiles ab.

80.3 Dauerfestigkeit und Bauteilform

Ein weiterer wichtiger Einfluss auf die Dauerfestigkeit geht von der Bauteilform aus. Alle Unstetigkeiten der Werkstückform, dies sind Wellenabsätze, Rippen, Versteifungen, Nuten, Rillen, Schlitze, Gewinde etc. setzen die Dauerfestigkeit, d. h. die Gestaltfestigkeit herab. Die Berechnung von Dauerfestigkeitswerten wird in den genannten Fällen äußerst aufwendig, oder ist überhaupt nicht durchführbar. In solchen Fällen ist man auf eine **experimentelle Spannungsanalyse** (Lektion 81) angewiesen.

Die Gestaltfestigkeit eines Bauteiles wird durch plötzliche Querschnittsveränderungen (Unstetigkeiten der Form) herabgesetzt.

80.3.1 Die Kerbwirkung

Das Phänomen der Herabsetzung der Bauteilfestigkeit durch plötzliche Querschnittsveränderungen wird als **Kerbwirkung** bezeichnet und ist darauf zurückzuführen, dass in der Nähe einer Kerbe größere Spannungen auftreten als im übrigen Bauteilquerschnitt. Diese Spannungsvergrößerung in der Nähe der Kerbe kann mit einer Verdichtung der **Kraftlinien** in diesem Bereich erklärt werden (Bild 1).

Die ungefähre **Spannungsverteilung bei Kerben** zeigt Bild 2. Dabei ist:

$$\sigma_{max} = \text{maximale Spannung im Kerbengrund}$$

$$\sigma_n = \frac{F}{S} = \textbf{Nennspannung}$$

Hierbei ist ***S*** der **Restquerschnitt,** d. h. der durch die Kerbe geschwächte Querschnitt.

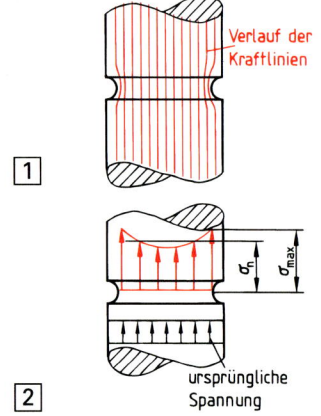

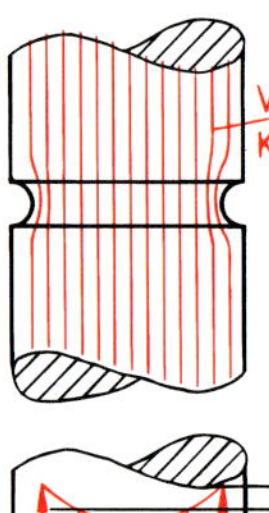

1

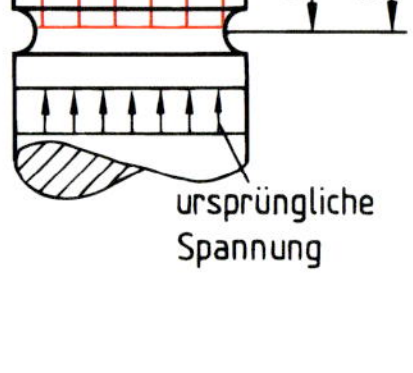

2

80.3.2 Berechnung der Kerbwirkung

Die wichtigste Einflussgröße bei der Berechnung der Kerbwirkung ist die Kerbenform. Bild 1 zeigt zwei unterschiedlich gekerbte Probestäbe. Diese sind als Grenzfälle zu bezeichnen und sie sind mit den Zahlen

$\alpha_K = 1$ für gute Ausrundungen und
$\alpha_K = 6$ für extrem scharfkantige Kerben gekennzeichnet.

1

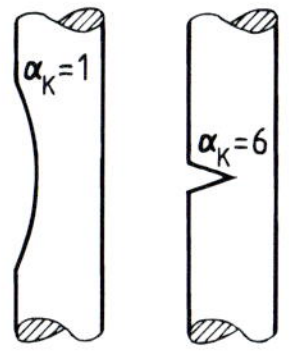

Dabei heißt α_K = Kerbformzahl

Einige weitere Kerbformzahlen:

Einstich für Seegerring : $\alpha_K = 1{,}4 \ldots 1{,}6$
Passfedernut DIN 6885 mit Auslauf: $\alpha_K = 1{,}3 \ldots 1{,}5$
Schrumpfsitz mit Nabe : $\alpha_K = 1{,}8 \ldots 2{,}5$

Des Weiteren ist zu berücksichtigen, dass die Kerbwirkung auch sehr stark vom Werkstoff abhängig ist. In diesem Zusammenhang soll die Wirkung einer mit einem Glasschneider in eine Glasscheibe eingeritzte Kerbe als Beispiel herangezogen werden. Es gilt die Regel, dass hochfeste bzw. auch spröde Werkstoffe wesentlich kerbempfindlicher sind als Werkstoffe, die durch plastische Kleinstverformungen im Kerbengrund die Spannungsspitzen reduzieren können. Dieser Werkstoffeinfluss wird berücksichtigt durch

η_K = Kerbempfindlichkeitszahl

Einige Kerbempfindlichkeitszahlen:

Werkstoff	S 235 JRG 1 (St 37–2)	S 355 G2 (St 52–2)	E 295 (St 50–2)	E 335 (St 60–2)	Federstahl	GG
η_K	0,2	0,3	0,4	0,6	1,0	0,0...

Kerbformzahl α_K und Kerbempfindlichkeitszahl η_K werden zusammengefasst in der

Kerbwirkungszahl $\beta_K = 1 + (\alpha_K - 1) \cdot \eta_K$ 403–1

Mit Hilfe dieser Kerbwirkungszahl β_K errechnet sich die

maximale Spannung im Kerbengrund $\sigma_{max} = \beta_K \cdot \sigma_n$ 403–2

$\tau_{max} = \beta_K \cdot \tau_n$ 403–3

Dabei sind σ_n und τ_n jeweils die Nennspannung und es ergeben sich für die

maximale Normalspannung im Kerbengrund $\sigma_{max} = \sigma_n \cdot [1 + (\alpha_K - 1) \cdot \eta_K]$ in $\frac{N}{mm^2}$ 403–4

maximale Tangentialspannung im Kerbengrund $\tau_{max} = \tau_n \cdot [1 + (\alpha_K - 1) \cdot \eta_K]$ in $\frac{N}{mm^2}$ 403–5

Bei Berücksichtigung der Kerbwirkung ergibt sich nach der Gleichung 400–1 die

Sicherheit gegen das Erreichen der Dauerfestigkeit $\nu_D = \frac{\sigma_D}{\sigma_{max}}$ 403–6

M245. Ein Stahlanker aus E295 (St50–2) wird im Belastungsfall III mit einer wechselnden Kraft von $F = 50$ kN auf Zug bzw. Druck beansprucht. Für die Gewinderillen des Ankers ist $\alpha_K = 5{,}5$ zu setzen. Berechnen Sie bei $\nu_D = 1{,}7$ den erforderlichen Gewindedurchmesser, wenn $\sigma_W = 240$ N/mm² beträgt.

Lösung:

$$\nu_D = \frac{\sigma_W}{\sigma_{max}} = 1{,}7 \longrightarrow \sigma_{max} = \frac{\sigma_W}{\nu_D} = \frac{240\,\frac{N}{mm^2}}{1{,}7} = 141{,}18\,\frac{N}{mm^2}$$

$$\sigma_{max} = 141{,}18\,\frac{N}{mm^2} = \sigma_n \cdot \left[1 + (\alpha_K - 1) \cdot \eta_K\right]$$

$\alpha_K = 5{,}5$; $\eta_K = 0{,}4$ (Tabelle Seite 403)

$$\sigma_n = \frac{\sigma_{max}}{1 + (\alpha_K - 1) \cdot \eta_K} = \frac{141{,}18\,\frac{N}{mm^2}}{1 + (5{,}5 - 1) \cdot 0{,}4} = \frac{141{,}18\,\frac{N}{mm^2}}{2{,}8}$$

$$\sigma_n = 50{,}42\,\frac{N}{mm^2} = \frac{F}{S}$$

$$S_{erf} = \frac{F_{vorh}}{\sigma_n} = \frac{50\,000\ N}{50{,}42\ N/mm^2} = 991{,}67\ mm^2$$ (Spannungsquerschnitt)

Aus der Gewindetabelle ergibt sich **M42**

80.4 Gestaltfestigkeit in Abhängigkeit von Bauteilgröße, Bauteilform und Bauteiloberfläche

Um eine wirklich gesicherte Aussage über die Gestaltfestigkeit σ_G bzw. τ_G machen zu können, müssen **alle** Einflussgrößen berücksichtigt werden, d. h.

Einfluss der Bauteilgröße
und Einfluss der Bauteiloberfläche
und Einfluss der Bauteilform (Kerbwirkung).

Einfluss der Bauteilgröße: Mit zunehmender Bauteilgröße geht die Gestaltfestigkeit zurück. Dies wird berücksichtigt durch den

Größeneinflussparameter b_2

Diese Zahl wird in Versuchen ermittelt und kann entsprechenden Schaubildern oder Tabellen entnommen werden (s. **Formel- und Tabellensammlung Technische Mechanik**). Insbesondere bei Biegung und Torsion spielt der Größeneinfluss eine Rolle. Bei Zug und Druck dagegen bleibt der Größeneinfluss unberücksichtigt. Es ist dann $b_2 = 1$.

Einfluss der Bauteiloberfläche: Mit abnehmender Oberflächenqualität geht die Gestaltfestigkeit zurück. Dies wird berücksichtigt durch den

Oberflächeneinflussparameter b_1

Diese Zahl wird in Abhängigkeit von der **Rautiefe** R_t und der Zugfestigkeit R_m des verwendeten Werkstoffes ermittelt.

Sie kann ebenfalls aus Schaubildern bzw. Tabellen entnommen werden (s. auch auf dieses Buch abgestimmte **Formel- und Tabellensammlung Technische Mechanik**). Sind alle Einflussparameter bekannt, können die Gestaltfestigkeit σ_G bzw. τ_G als Funktion derselben ermittelt werden:

$$\sigma_G, \tau_G = f\,(b_1, b_2, \beta_K)$$

FESTIGKEITSLEHRE

Es gilt für die

Gestalt-festigkeit $\sigma_G = \frac{\sigma_D \cdot b_1 \cdot b_2}{\beta_K}$ in $\frac{N}{mm^2}$ [405–1] $\tau_G = \frac{\tau_D \cdot b_1 \cdot b_2}{\beta_K}$ in $\frac{N}{mm^2}$ [405–2]

dabei sind σ_D bzw. τ_D : Dauerfestigkeit in N/mm^2
b_1 : Oberflächeneinflussparameter
b_2 : Größeneinflussparameter
β_K : Kerbwirkungszahl

Daraus ergibt sich die

Sicherheit gegen das Erreichen der Gestaltfestigkeit $\nu_G = \frac{\sigma_G}{\sigma_{zul}}$ [405–3] bzw. $\nu_G = \frac{\tau_G}{\tau_{zul}}$ [405–4]

M246. Der Durchmesser der auf Torsion beanspruchten Welle in Musteraufgabe M243. auf Seite 400 verkleinert sich an einer Stelle von $D = 60$ mm auf $d = 55$ mm. Entsprechend diesem Durchmesserunterschied und dem gewählten Übergangsradius ergibt sich der Erfahrungswert (siehe Technische Handbücher) für die Kerbformzahl $\alpha_K = 1{,}75$. Für den Werkstoff 42CrMo4 ist für die Kerbempfindlichkeit $\eta_K = 0{,}75$ zu setzen. Der Größeneinflussparameter ist bei einem Durchmesser von 55 mm mit $b_2 = 0{,}8$ und der Oberflächeneinflussparameter bei der gegebenen Festigkeit R_m und der gegebenen Rautiefe mit $b_1 = 0{,}9$ zu setzen. Berechnen Sie $\tau_{t\,zul}$ bei einer Sicherheit gegen das Erreichen der Gestaltfestigkeit von $\nu_G = 1{,}7$.

Lösung:

$$\tau_{t\,zul} = \frac{\tau_G}{\nu_G} \qquad \tau_G = \frac{\tau_D \cdot b_1 \cdot b_2}{\beta_K}$$

$b_1 = 0{,}9$
$b_2 = 0{,}8$
$\tau_D = 475{,}7\,\frac{N}{mm^2}$

$\beta_K = 1 + (\alpha_K - 1) \cdot \eta_K = 1 + (1{,}75 - 1) \cdot 0{,}75$
$\beta_K = 1{,}56$

$$\tau_G = \frac{475{,}7\,\frac{N}{mm^2} \cdot 0{,}9 \cdot 0{,}8}{1{,}56} = \mathbf{219{,}5\,\frac{N}{mm^2}}$$

$$\tau_{t\,zul} = \frac{219{,}5\,\frac{N}{mm^2}}{1{,}7} = \mathbf{129{,}12\,\frac{N}{mm^2}}$$

Anmerkung: Die Gestaltfestigkeit τ_G des realen Bauteiles ist noch nicht einmal halb so groß wie die Dauerfestigkeit τ_D des Probestabes.
Die zulässige Spannung $\tau_{t\,zul}$ ist nur ungefähr ein Fünftel des Wertes der Torsionsfließgrenze (vgl. Schaubild im Bild 2, Seite 399).

Ü365. Nennen Sie die drei verschiedenen Belastungsfälle und beschreiben Sie diese.

Ü366. Es sind: $\sigma_o = +320\ N/mm^2$ und $\sigma_u = +10\ N/mm^2$.

a) Welche dynamische Belastungsart liegt vor?
b) Berechnen Sie die Mittelspannung σ_m und den Spannungsausschlag σ_a.

Ü367. An der Stelle der Durchmesservergrößerung eines abgesetzten Zugstabes aus St60 ist $\sigma_n = 100\ N/mm^2$; $\alpha_K = 1{,}5$; $\eta_K = 0{,}6$.

Berechnen Sie ν_D für den Belastungsfall III bei $\sigma_W = 280\ N/mm^2$.

FESTIGKEITSLEHRE

V 365. Beurteilen Sie bezüglich der Gestaltfestigkeit einer dynamisch belasteten Welle den Einfluss

a) eines großen Wellendurchmessers,
b) einer rauhen Wellenoberfläche.

V 366. Wie unterscheidet sich das Bruchaussehen von Gewalt- und Dauerbrüchen?

V 367. Wie unterscheiden sich Zeitfestigkeit und Dauerfestigkeit?

V 368. Welche Grenzspannungen werden aus dem Dauerfestigkeitsschaubild für die drei verschiedenen Belastungsfälle entnommen?

V 369. Bild 1 zeigt das Dauerfestigkeitsschaubild für den Werkstoff E 335 (St 60–2) bei Biegebeanspruchung.

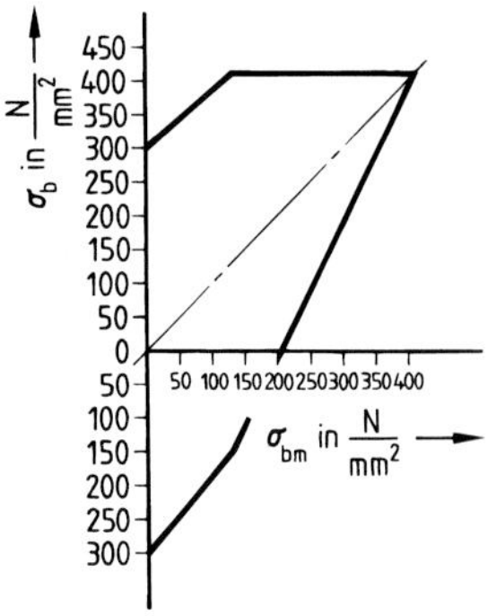

1

Eine auf Biegung beanspruchte Welle aus diesem Werkstoff hat den Durchmesser 60 mm und im gefährdeten Querschnitt wurde ein Einstich für den Sitz eines Seegerringes vorgenommen. Das auftretende Biegemoment schwankt zwischen 150 Nm und 250 Nm.

a) Wie groß ist die Mittelspannung σ_{bm}, wenn bis auf einen Durchmesser von 56 mm eingestochen wurde?
b) Wie groß ist der Spannungsausschlag σ_a?
c) Wie groß ist die Dauerfestigkeit σ_D?
d) Wie groß ist β_K, wenn $\alpha_K = 1{,}5$ und $\eta_K = 0{,}6$ ist?
e) Wie groß ist die Gestaltfestigkeit σ_G, wenn der Größeneinflussparameter $b_2 = 0{,}75$ und wenn der Oberflächeneinflussparameter $b_1 = 0{,}92$ aus den entsprechenden Schaubildern bzw. Tabellen für diese Einflussgrößen ermittelt wurde?
f) Wie groß ist $\sigma_{b\,zul}$, wenn mit einer Sicherheit gegen das Erreichen der Gestaltfestigkeit von $\nu_G = 1{,}5$ zu rechnen ist?

V 370. Welche unterschiedlichen Festigkeitsbereiche beinhaltet das Wöhler-Diagramm?

V 371. In welchen Grenzen schwankt die Kerbformzahl?

V 372. Von welcher Eigenschaft des Bauteiles hängt die Kerbempfindlichkeitszahl ab?

V 373. In welchem Belastungsfall kann die Kerbwirkung praktisch vernachlässigt werden?

Lektion 81

Experimentelle Spannungsanalyse

81.1 Messung von Spannungen am fertigen Bauteil

Im Zusammenhang mit den Festigkeitsberechnungen bei einer zusammengesetzten Beanspruchung (Lektionen 75 bis 77) wurde erwähnt, dass bei dem Vorhandensein eines mehrachsigen Spannungszustandes verschiedene Festigkeitshypothesen zur Berechnung einer Vergleichsspannung dienen.

In Lektion 77 wurde für die Berechnung dieser Vergleichsspannung die **Hypothese der größten Gestaltänderungsarbeit** angewendet. Für den praktischen Fall gibt es etwa zehn verschiedene Festigkeitshypothesen, die je nach Kombination der Elementarbeanspruchungen bevorzugt angewendet werden. Wendet man für den gleichen Beanspruchungsfall, z. B. Biegung und Torsion, verschiedene Festigkeitshypothesen an, so führen diese zu unterschiedlich großen Vergleichsspannungen. Dieser Unterschied ist zwar geringfügig, er beweist aber, daß der wirkliche Spannungszustand mit den Festigkeitshypothesen nicht eindeutig erfasst werden kann.

Auch bei den Überlegungen zur Gestaltfestigkeit (Lektion 80) kam zum Ausdruck, dass bei einem realen Bauteil verschiedene Einflussparameter (β_K, b_1, b_2) für die Ermittlung der Bauteilfestigkeit berücksichtigt werden müssen. Auch in diesen Annahmen liegen Unsicherheiten verborgen. In diesem Zusammenhang braucht man nur einmal an das konkrete Beispiel der Nut für einen Seegerring zu denken. Es ist hier α_K = 1,4 **bis** 1,6. Sicherheitshalber setzt man bei den Berechnungen zur Gestaltfestigkeit meist die ungünstigeren Einflussparameter ein, dies führt aber zu Bauteilabmessungen, die u. U. größer sind als sie sein müssten.

Ein eindeutiger rechnerischer Festigkeitsnachweis ist nur bei Bauteilen mit geometrisch einfacher Form bei eindeutig definierten Spannungszuständen möglich.

In vielen Fällen ist es erforderlich, die Bauteilabmessungen so klein und damit das Bauteil so leicht wie möglich zu halten. Dies trifft z. B. für den Flugzeugbau zu, und man kann sagen, dass die Berechnungsmethoden der Festigkeits- und Elastizitätslehre oftmals nicht zu optimalen Ergebnissen führen. Wenn man sich also nicht auf eine ungünstige Näherungslösung verlassen will, ist man auf ein Experiment angewiesen, und man spricht dann von der **experimentellen Spannungsanalyse.**

In der Praxis geht man oft den Weg, dass man die Bauteile **bei Betriebsbedingungen einem Dauerversuch** unterwirft. So ist es möglich, die Bauteilabmessungen systematisch zu verkleinern, und zwar so lange, bis die unbedingt erforderlichen Bauteilabmessungen erreicht sind.

81.2 Spannungsanalyse mittels Dehnungsmessstreifen

Bei den bisherigen Betrachtungen der Festigkeitslehre wurde des Öfteren festgestellt, dass die größten Spannungswerte in den Randfasern des Bauteiles auftreten. Man denke in diesem Zusammenhang an die Beanspruchungsarten Biegung und Torsion. Eine Möglichkeit, die Spannung im Bereich der Randfasern – also an der Bauteiloberfläche – zu messen, bietet der **Dehnungsmessstreifen,** kurz **DMS** genannt. Die Anordnung eines solchen ist im Bild 1 bei einem auf Biegung beanspruchten Freiträger zu erkennen. Beim DMS wird als Messelement ein elektrischer Widerstands-

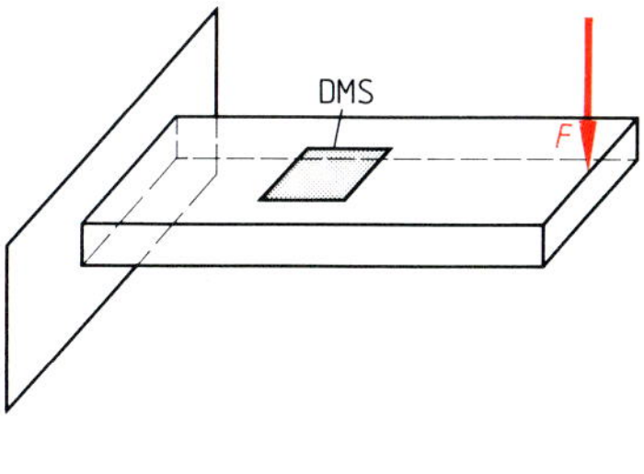

1

draht (Bild 1) benutzt. Dieser wird auf einer elektrisch isolierenden Papier- oder Kunststoffschicht, die sich elastisch verformen kann, aufgekittet. Klebt man den DMS auf das zu untersuchende Bauteil (Bild 1, Seite 407), so verformt sich dieser bei einer Bauteilbeanspruchung ebenso wie das Bauteil selbst. Dabei ändert sich der elektrische Widerstand des Messelementes um den Betrag ΔR und es besteht der folgende Zusammenhang:

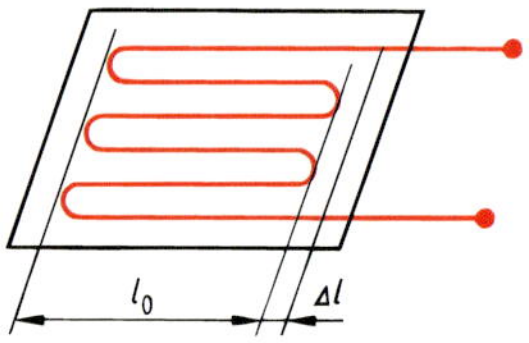

1

$$\frac{\Delta R}{R_o} = K \cdot \frac{\Delta l}{l_o} = K \cdot \varepsilon \qquad \text{408–1}$$

ΔR = Änderung des el. Widerstandes
R_o = el. Ausgangswiderstand
Δl = Längenänderung
l_o = Ausgangslänge
ε = Dehnung

K = Proportionalitätsfaktor = Maß für die Empfindlichkeit des DMS.

Nach dem Hooke'schen Gesetz $\varepsilon = \frac{\sigma}{E}$ wird $\frac{\Delta R}{R_o} = K \cdot \frac{\sigma}{E}$ und somit die gemessene

Bauteilspannung $$\sigma = \frac{E}{K} \cdot \frac{\Delta R}{R_o} \qquad \text{408–2}$$

σ	E	K	ΔR, R_o
$\frac{N}{mm^2}$	$\frac{N}{mm^2}$	1	Ω

M247. Ein Dehnungsmessstreifen hat einen elektrischen Widerstand von $R_o = 120\ \Omega$. Bei der experimentellen Ermittlung einer Zugspannung ergibt sich eine elektrische Widerstandsänderung $\Delta R = 0{,}25\ \Omega$. Der Zugstab ist aus P255 G2 TH (St42–2) mit $E = 210\,000$ N/mm² hergestellt und die Empfindlichkeitsziffer des DMS ist $K = 2{,}0$. Wie groß ist die Spannung im auf Zug beanspruchten Bauteil?

Lösung:

$$\sigma_{z\,vorh} = \frac{E}{K} \cdot \frac{\Delta R}{R_o} = \frac{210\,000\,\frac{N}{mm^2} \cdot 0{,}15\ \Omega}{2{,}0 \cdot 120\ \Omega} = \mathbf{131{,}25\ \frac{N}{mm^2}}$$

81.3 Spannungsanalyse mittels Spannungsoptik

Dieses Verfahren der experimentellen Spannungsanalyse ist ein **Modellverfahren.** Dies bedeutet, dass die Ermittlung der Spannungsverteilung nicht an einem Bauteil, sondern an einem Modell desselben vorgenommen wird. Ein solches Modellverfahren ist besonders dann vorteilhaft, wenn das eigentliche Bauteil wegen seiner Größe für einen Versuch nicht infrage kommt. Dabei sind die Gesetze der **Ähnlichkeitsmechanik,** die **Modellgesetze** zu beachten. Diese ermöglichen es, die am Modell gewonnenen Versuchsergebnisse auf das wirkliche Bauteil, dieses nennt man dann die **Hauptausführung,** zu übertragen.

Der für die Modelle verwendete Werkstoff muss durchsichtig sein, und er muss die Eigenschaft haben, dass er bei der Änderung seiner inneren Spannungen seine optische Eigenschaft, d. h. die Brechzahl ändert. Dies ist z. B. bei Plexiglas der Fall.

2

Unterwirft man ein solches Modell einer oder mehreren Beanspruchungen, dann sind die Spannungen in allen Modellpunkten denen im wirklichen Bauteil ähnlich. Das Modell verformt sich dabei ebenfalls wie das wirkliche Bauteil elastisch, und man spricht deswegen auch von der **Elastooptik.**

Mit Hilfe von **polarisiertem Licht** kann man die Spannungen im Modell sichtbar machen, d. h., dass die Dichte und Farbe der sichtbar gemachten Linien, der **Isochromaten,** unmittelbare Rückschlüsse auf die vorhandenen Spannungen im Modell und damit im Bauteil zulässt. Bild 2 zeigt die Isochromaten eines als Träger auf zwei Stützen ausgebildeten Modells mit einer gleichmäßig verteilten Streckenlast.

Ein spannungsoptisches Bild zeigt mit den Isochromaten einen vollständigen Überblick über die Spannungsverteilung.

Spannungsoptische Untersuchungen können auch für die Aufstellung von empirischen Berechnungsformeln herangezogen werden.
Die folgenden Abbildungen zeigen einige Isochromatenbilder:

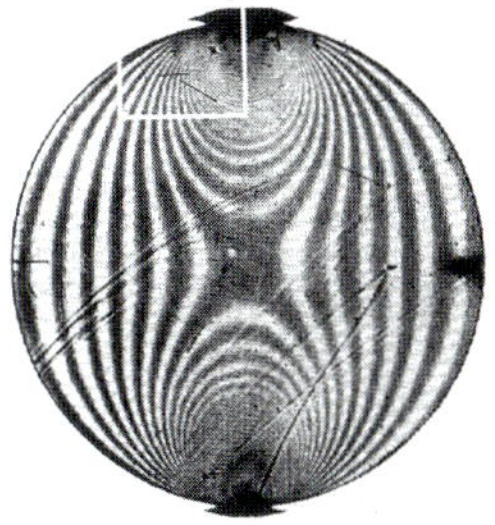

[1] beidseitig gedrückte Kreisscheibe

[2] belastete Tellerfeder

[3] belasteter Nockenhebel

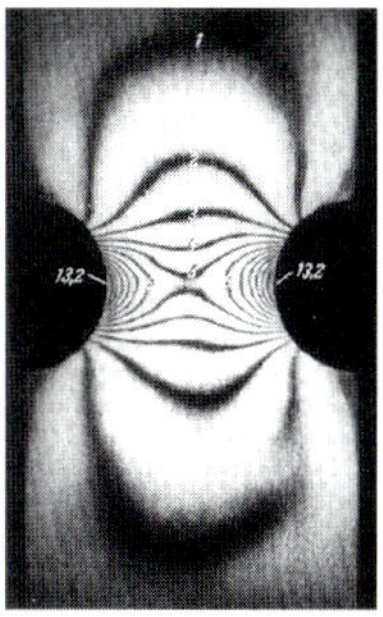

[4] belasteter Zugstab mit Kerben

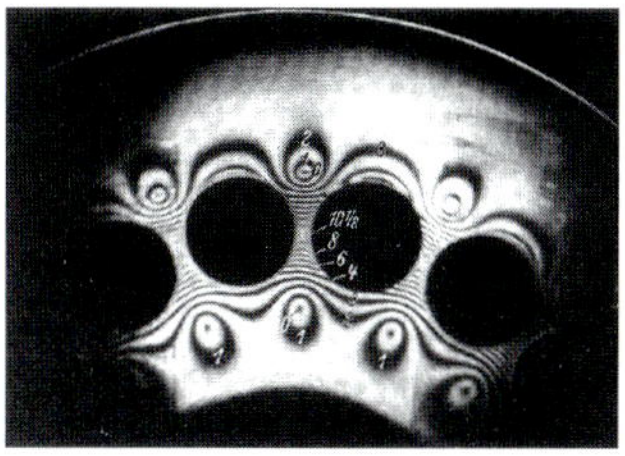

[5] rotierende Scheibe mit Bohrungen. Die Isochromaten entstehen durch Belastung infolge der Zentrifugalkraft.

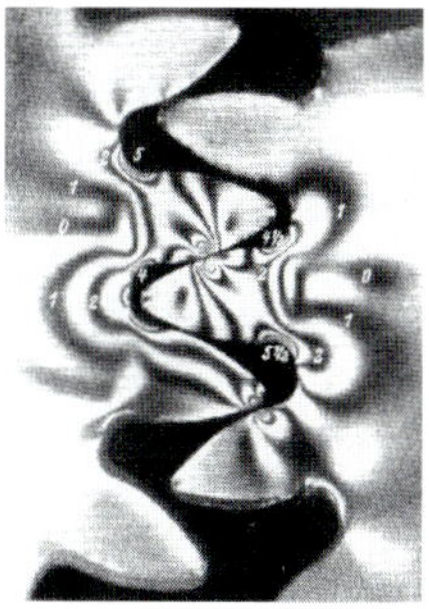

[6] Zahnräder im Eingriff der Zähne

81.4 Spannungsanalyse mittels Finite-Elemente-Methode

Wenn man sich mit den Problemen der **Gestaltfestigkeit** auseinandersetzt, dann erkennt man, dass man mit den Methoden der elementaren Festigkeitslehre nicht mehr in der Lage ist, Aussagen über die tatsächlichen Spannungen im Bauteil zu machen. Man greift auf verschiedene Festigkeitshypothesen zurück, die es gestatten, das Bauteil an einer bestimmten Stelle zu dimensionieren. Dies geschieht z. B. für den Einstich einer Nut in eine Welle oder für die Stelle, an der sich der Durchmesser einer Welle verändert.
Ist aber ein Bauteil sehr kompliziert geformt, dann stößt man auch mit den Regeln zur Berechnung der Gestaltfestigkeit sehr schnell an Grenzen. Dass dies so ist, zeigen die Bilder von **spannungsoptischen Untersuchungen** solcher Bauteile. Die Spannungsverhältnisse verändern sich manchmal in Abständen von Bruchteilen von Millimetern. Dies kann aber nur bedeuten, dass die Berechnung der Gestaltfestigkeit für sehr dicht beieinanderliegende Bauteilquerschnitte erfolgen muss.
Wegen dieses großen Aufwandes greift man bei solch schwierigen Problemen neben den spannungsoptischen Untersuchungen, bei denen man den Spannungszustand gewissermaßen sehen kann, heute mehr und mehr auf die **Finite-Elemente-Methode,** kurz **FEM** genannt, zurück. Dies ist ein numerisches Verfahren, bei dem unter dem Einsatz von Computern die Spannungen an Bauteilen, die mit herkömmlichen Rechenmethoden nicht mehr optimal dimensioniert werden können, ermittelt werden.

Deswegen bezeichnet man diese Methode als **numerische Spannungsberechnung**. Das Bauteil wird dabei in eine Anzahl endlicher (finiter) Teilstücke (Elemente) zerlegt, für die man die Gültigkeit der Gesetze der Festigkeitslehre voraussetzen kann. Man unterscheidet z. B.

Zug-Stabelement ⟶ $\sigma_z = \dfrac{F}{S}$

Druck-Stabelement ⟶ $\sigma_d = \dfrac{F}{S}$

Balkenelement ⟶ $\sigma_b = \dfrac{M_b}{W}$

Torsionsstabelement ⟶ $\tau_t = \dfrac{M_t}{W_p}$

} ⟶ Hooke'sches Gesetz $\sigma = \varepsilon \cdot E$

Bild 1 zeigt die Stelle eines Gabelschlüssels, die in ein Zug-Stabelement und in ein Druck-Stabelement zerlegt worden ist. Diese Elemente sind wie bei einem Fachwerk durch Knotenpunkte miteinander verknüpft. Durch diese Verknüpfung entstehen Gleichungssysteme mit sehr vielen Unbekannten (lineare Gleichungen hoher Ordnung). Diese lassen sich nur noch mit Hilfe leistungsfähiger Rechner **(EDVA)** lösen. Dadurch erhält man verbindliche Aussagen über die tatsächlichen Spannungsverhältnisse.

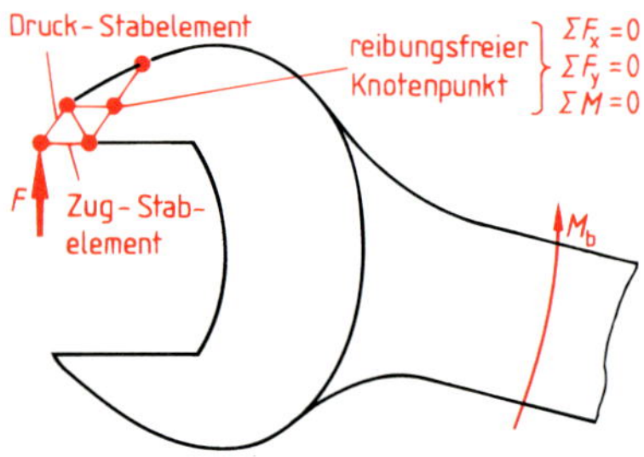

1

Ablauf einer numerischen Bauteildimensionierung:

Bei der Finite-Elemente-Methode zerlegt man das Bauteil in eine große Anzahl von einfachen Grundelementen, die durch die Grundgleichungen der Mechanik miteinander verknüpft sind.

↓

Dadurch erhält man lineare Gleichungssysteme mit einem sehr hohen Ordnungsgrad.

↓

Durch die Lösung der Gleichungssysteme mit Hilfe von EDV-Anlagen erhält man die präzise Spannungsverteilung im Bauteil.

↓

Optimale Bauteilabmessungen

Lösungsgänge zu den Übungsaufgaben

Statik

Ü1. Mechanik der festen Körper.

Ü2. Statik, Kinetik, Kinematik, Dynamik, Festigkeitslehre.

Ü3. Es wird ein ruhender und starrer Körper (weder Bewegung noch Deformation) vorausgesetzt.

Ü4. Während in der Kinematik nur die geometrischen Bewegungsverhältnisse (Bewegungsbahnen) von Interesse sind, berücksichtigt die Kinetik auch die Kräfte, die einen bestimmten Bewegungsablauf verursachen.

Ü5. Kinematische, kinetische und dynamische Sachverhalte werden meist unter dem Oberbegriff Dynamik zusammengefasst. Der Grund hierfür ist darin zu suchen, dass beim Lösen von technischen Aufgaben, die sich mit Bewegungsvorgängen befassen, die Bewegungsverhältnisse **und** die Kräfte, die die Bewegungen verursachen, von Interesse sind.

Ü6. Die Ergebnisse der statischen Berechnung – z. B. die Stützkräfte – sind die Ausgangsdaten für die sich an die statische Berechnung anschließende Festigkeitsberechnung.

Ü7. Die statische Berechnung ermittelt die Stützkräfte, die Festigkeitsberechnung die zum Ertragen der Belastungskräfte und der Stützkräfte erforderlichen Bauteilabmessungen.

Ü8. Dimensionieren heißt Ermittlung der erforderlichen Bauteilabmessungen.

Ü9. Rechnerische (analytische) Berechnungsverfahren. Vorteil: große Genauigkeit. Zeichnerische (grafische) Berechnungsverfahren. Vorteil: große Übersichtlichkeit.

Ü10. Wird das Ergebnis rechnerisch und zeichnerisch ermittelt, dann übernimmt eines der beiden Verfahren die **Kontrollfunktion,** d. h., dass bei gleichem Ergebnis die Richtigkeit des Rechenwertes gesichert ist.

Ü11.

Belastungskraft	Stützkraft
Gewicht eines Baukörpers	rückwirkende Fundamentkräfte
Last auf einer Brücke	rückwirkende Lagerkräfte
aufgehängte Last	rückwirkende Kraft des Lasthakens
Körpergewicht auf Stuhl	vom Stuhl rückwirkende Kraft
Gewicht einer Aufzugskabine	Zugkraft des Halteseils

Ü12. Unter einem **statischen System** versteht man ein Körpersystem, bestehend aus Belastungselementen und Stützelementen, welches sich im Kräftegleichgewicht zwischen Belastungskräften und Stützkräften befindet.

Ü13. $\mathbf{1\,N} = 1\,\text{kg} \cdot 1\,\frac{\text{m}}{\text{s}^2} = \mathbf{1\,\frac{kgm}{s^2}}$

Ü14. $F_G = m \cdot g = 3{,}5 \cdot 1000\,\text{kg} \cdot 9{,}81\,\frac{\text{m}}{\text{s}^2} = 34\,335\,\frac{\text{kgm}}{\text{s}^2} = \mathbf{34\,335\,N}$

Ü15. Es handelt sich jeweils um ein Kraftmoment (statisches Moment), jedoch mit jeweils unterschiedlicher Wirkung auf den Körper, bedingt durch seine unterschiedliche „Reaktionsmöglichkeit":

M_d → **Drehmoment** → Körper hat einen Drehpunkt.
M_b → **Biegemoment** → Körper wird auf Biegung beansprucht.
M_t → **Torsionsmoment** → Körper wird auf Torsion (Verdrehung) beansprucht.

Ü16. Unter bestimmten Voraussetzungen wird ein Körper durch Kräfte verformt und/oder beschleunigt.

Ü17.

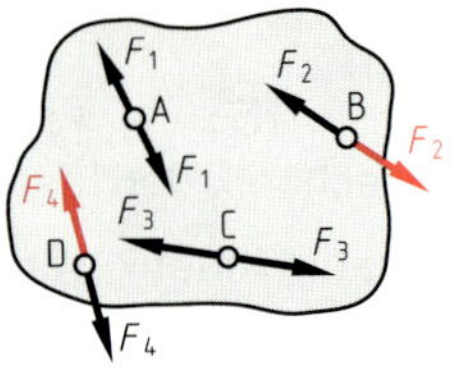

1

Ü18. Der Längsverschiebungssatz besagt, dass eine Kraft auf ihrer Wirkungslinie beliebig verschoben werden kann, ohne dass sich die Wirkung der Kraft auf den Körper verändert. Bild 2 zeigt die Anwendung des Längsverschiebungssatzes für die Kraft F_4 im Bild 3, Seite 12.

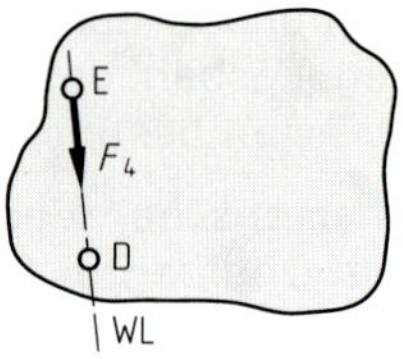

2

Ü19.

KM: 1 cm ≙ 12,5 kN

3

Ü20. Unter einem Kraftmoment versteht man das Produkt einer Kraft mit ihrem kürzesten Abstand, d. h. senkrechtem Abstand, zu einem bestimmten Wirkpunkt, z. B. einem Drehpunkt. Dieser kürzeste Abstand heißt **Wirkabstand** oder **Hebelarm der Kraft**.

Ü21.

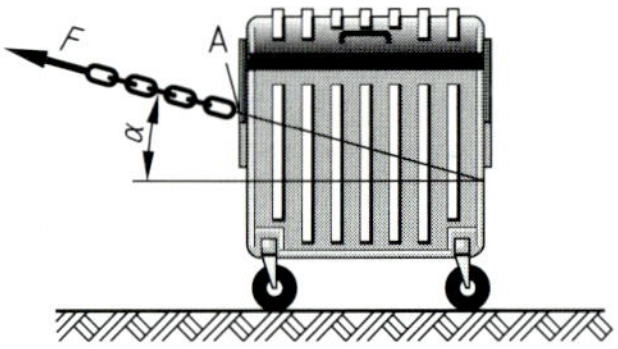

4

Ü22. Ein Vektor ist eine gerichtete physikalische Größe mit den Merkmalen Größe (Betrag), Richtung und Angriffspunkt. Da die Kraft ein Vektor ist, sind dies auch die Merkmale einer Kraft

Ü23. Kette, Seil, Bowdenzug, Stütze, Fundament, Kolbenbolzen, Schraube.

Ü24. KM: 1 cm ≙ 12 daN heißt: Ein Zentimeter Kraftpfeillänge entsprechen 12 daN.

Ü25.

KM: 1 cm ≙ 3 kN

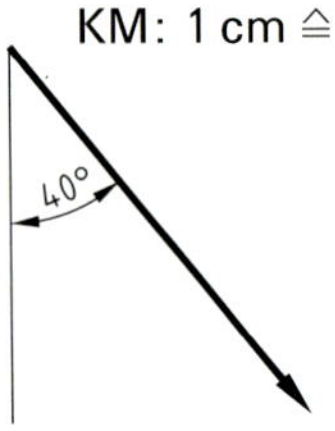

5

Ü26.

KM: 1 cm ≙ 1000 N

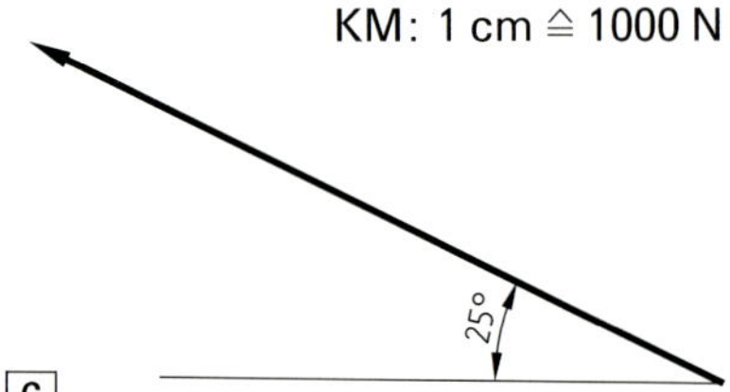

6

Ü 27. Die Lage eines Körpers kann durch gerade Verschiebungen (Translation) und durch Drehungen (Rotation) verändert werden. Dabei können Einzelbewegungen zeitlich hintereinander oder auch gleichzeitig ablaufen. Vorausgesetzt wird bei jeder Lageänderung ein dieser entsprechender Freiheitsgrad.

Ü 28. Zwei Freiheitsgrade: längs und quer zum Drehmaschinenbett.

Ü 29. Eine Bewegung kann sich aus maximal sechs Einzelbewegungen zusammensetzen, und zwar aus drei Translationsbewegungen und aus drei Rotationsbewegungen. Es liegen demzufolge im Maximalfall sechs Freiheitsgrade vor.

Ü 30. a) Beim Freimachen nimmt man gedanklich die das freizumachende Bauteil berührenden Nachbarbauteile weg und bringt an diesen Berührungsstellen diejenigen Kräfte an, die von den weggenommenen gedachten Bauteilen als Reaktionskräfte auf das freigemachte Bauteil wirken.

b) Nur beim freigemachten Bauteil wird deutlich, welche Kräfte angreifen, d. h. die Belastungskräfte (Aktionskräfte) und die Stützkräfte (Reaktionskräfte).

Ü 31. Zugseil, Druckfeder, getragene Tasche, Abstützen an einer Wand, Schlag auf einen Nagel, Entkorken einer Flasche etc.

Ü 32.

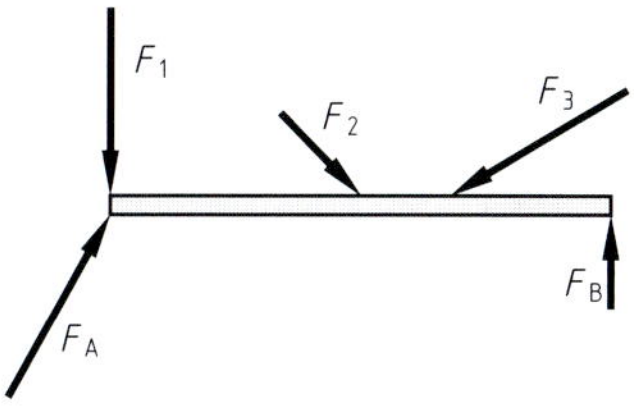

1

Ü 33.

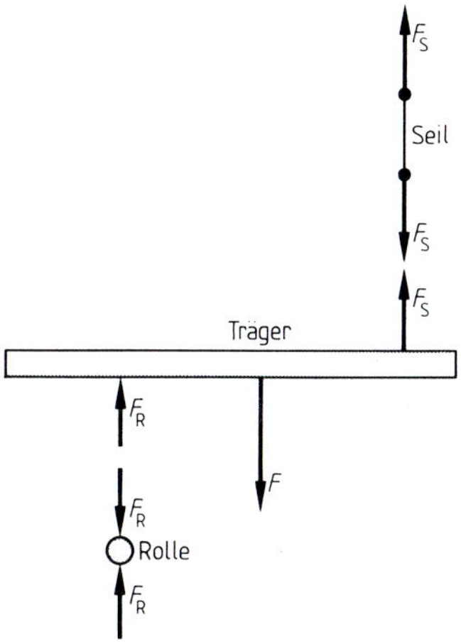

2

Ü 34.

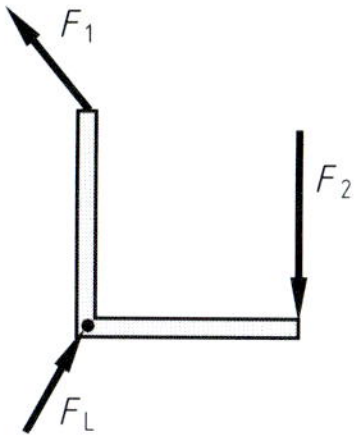

3

Ü 35.

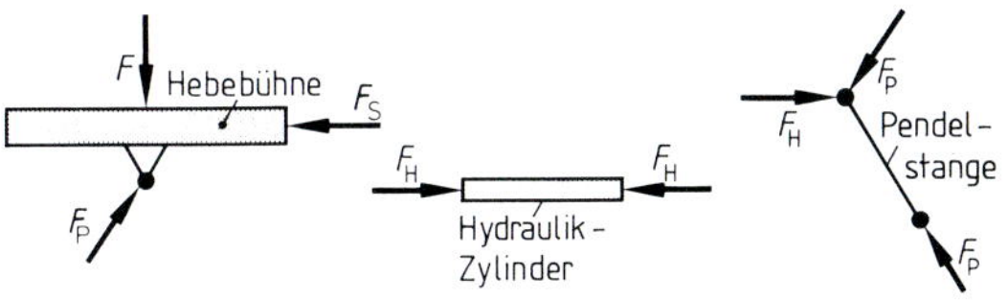

4

Ü 36.

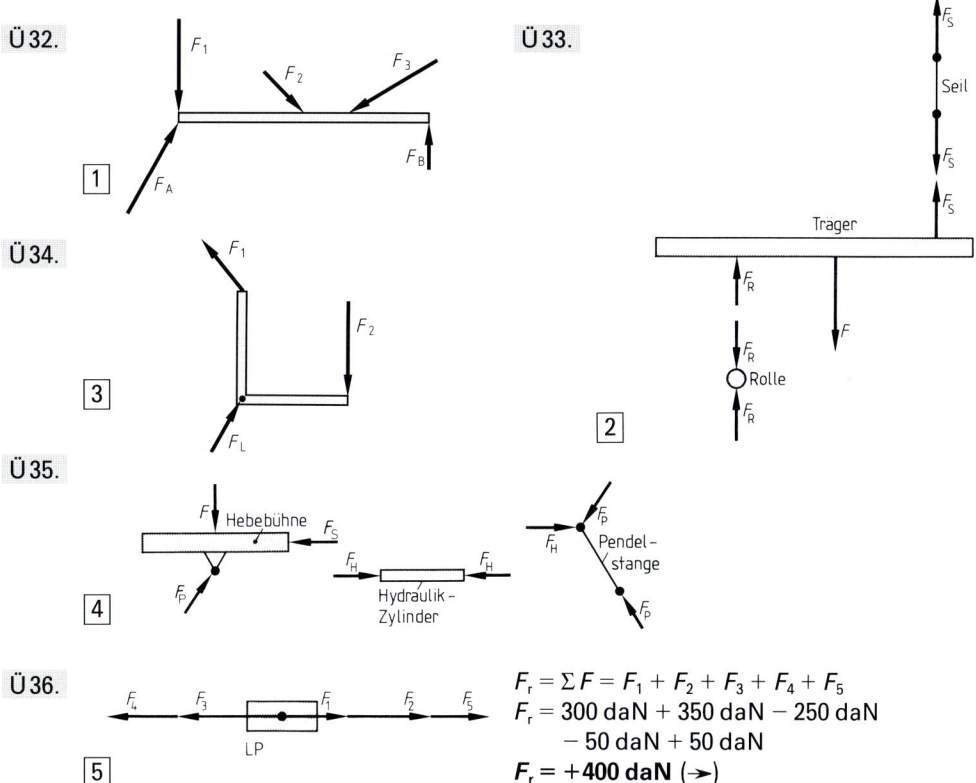

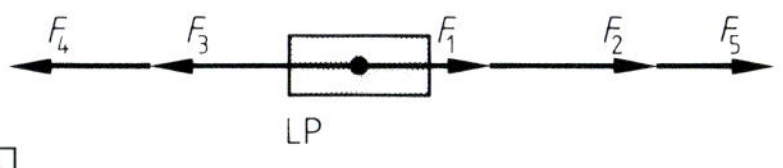

5

$F_r = \Sigma F = F_1 + F_2 + F_3 + F_4 + F_5$

$F_r = 300\,\text{daN} + 350\,\text{daN} - 250\,\text{daN} - 50\,\text{daN} + 50\,\text{daN}$

$\mathbf{F_r = +400\,daN}$ (→)

Ü 37. a) Resultierende = resultierende Kraft = Ersatzkraft = Gesamtkraft = vektorielle Summe aller Einzelkräfte.

b) LP: unmaßstäblich, KP: maßstäblich.

Ü38. Die Resultierende hat die gleiche Wirkung auf einen Körper wie alle auf den Körper wirkenden Einzelkräfte.

Ü39.

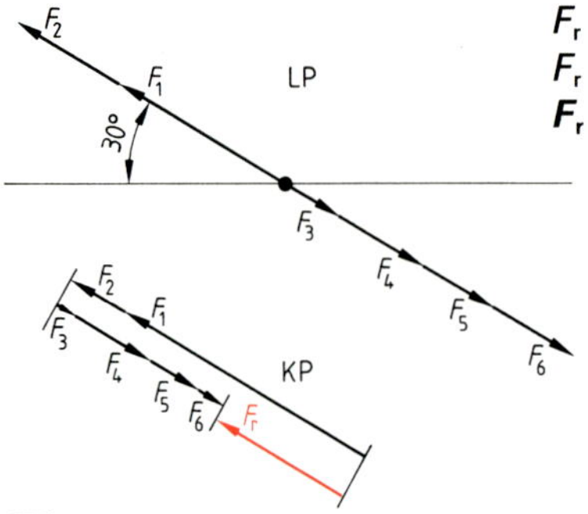

1 KM: 1 cm ≙ 200 N

$F_r = \Sigma F = F_1 + F_2 + F_3 + F_4 + F_5 + F_6$

$F_r = -500\ \text{N} - 100\ \text{N} + 50\ \text{N} + 150\ \text{N} + 100\ \text{N} + 50\ \text{N}$

$\mathbf{F_r = -250\ N}$ (↖)

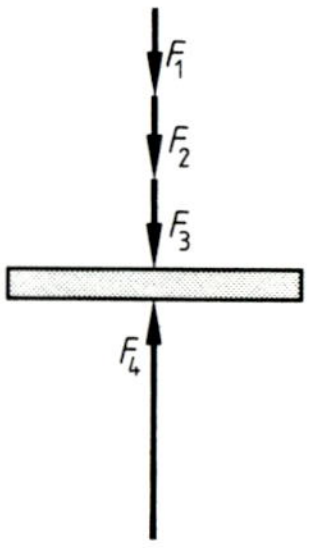

2

Ü40. a) siehe Bild 2

b) $F_H = F_r = F_1 + F_2 + F_3$

$F_H = 19{,}5\ \text{kN} + 16{,}5\ \text{kN} + 5\ \text{kN}$

$\mathbf{F_H = 41\ kN}$ (↓)

c) Es kann nur dann Kräftegleichgewicht gegeben sein, wenn den senkrecht nach unten wirkenden Kräften eine insgesamt gleich große Kraft F_4 entgegenwirkt.

Aktion = Reaktion heißt hier $F_4 = -F_r = -F_H$.

Ü41. KM: 1 cm ≙ 80 kN

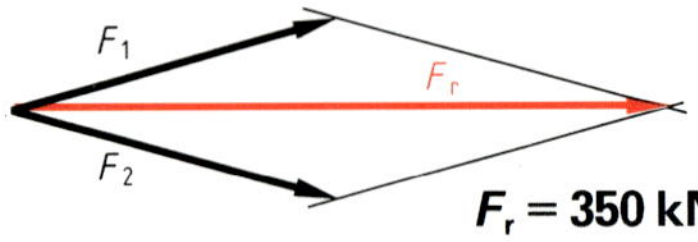

3 $\mathbf{F_r = 350\ kN}$

Ü42. KM: 1 cm ≙ 80 kN

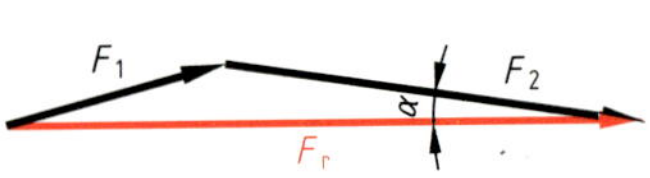

4 $\mathbf{F_2 \approx 230\ kN}$ $\quad \alpha \approx \mathbf{8°}$

Ü43. a) $F_r = \sqrt{F_1^2 + F_2^2} = \sqrt{(70\ \text{daN})^2 + (8\ \text{daN})^2} = \sqrt{4\,900\ \text{daN}^2 + 64\ \text{daN}^2} = \sqrt{4\,964\ \text{daN}^2}$

$\mathbf{F_r = 70{,}456\ daN}$

b)

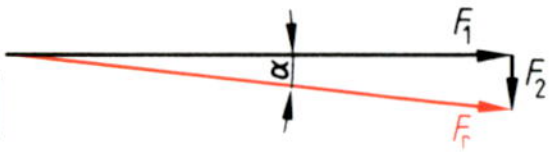

5

$$\tan\alpha = \frac{F_2}{F_1} = \frac{8\ \text{daN}}{70\ \text{daN}} = 0{,}114\,29 \longrightarrow \alpha = \mathbf{6{,}52°}$$

$$\sin\alpha = \frac{F_2}{F_r} \longrightarrow F_r = \frac{F_2}{\sin\alpha} = \frac{F_2}{\sin 6{,}52°} = \frac{8\ \text{daN}}{0{,}113\,55} = \mathbf{70{,}454\ daN}$$

Ü44. Kräfterechteck und Kräftequadrat sind spezielle Fälle eines Kräfteparallelogramms.

Kräfterechteck: verschieden große und rechtwinklig zueinander in einem Punkt angreifende Kräfte (Bild 6).

Kräftequadrat: gleich große und rechtwinklig zueinander in einem Punkt angreifende Kräfte (Bild 7).

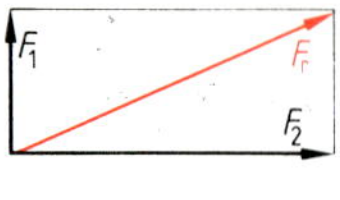

6

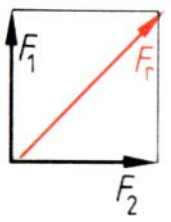

7

Ü45.

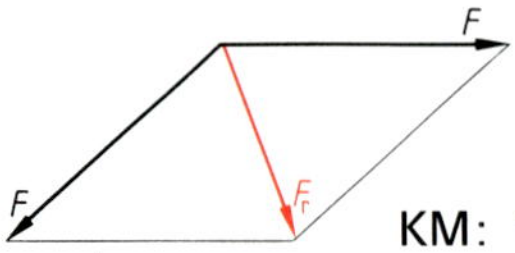

KM: 1 cm ≙ 400 N

8 $\mathbf{F_r = 560\ N}$

Die erforderliche Spannkraft F_S muss F_r entgegengerichtet und ebenso groß wie F_r sein. Somit:

$\mathbf{F_S = -F_r = -560\ N}$ (↖)

Ü46. a) Richtungen der beiden Seitenkräfte (Kraftkomponenten) sind bekannt.
b) Eine der beiden Seitenkräfte ist nach Größe und Richtung bekannt.

Ü47.

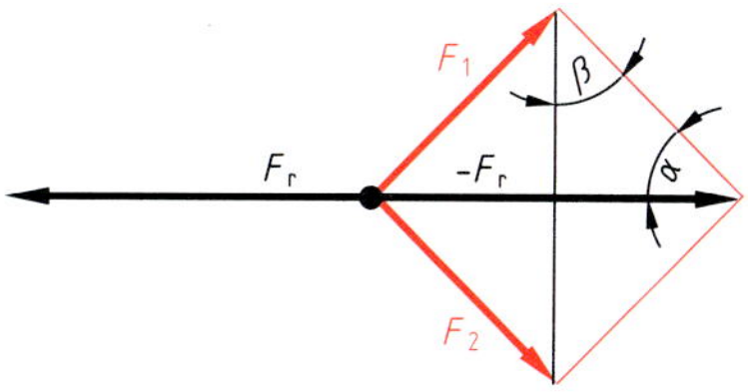

1

Ü48. Aus der zeichnerischen Lösung von Ü47. ergibt sich:

$$\sin\beta = \frac{\frac{F_r}{2}}{F_2}$$

$$F_2 = F_1 = \frac{F_r}{2\cdot\sin\beta} = \frac{F_r}{2\cdot\sin 9^\circ}$$

$$F_1 = F_2 = \frac{1000\ N}{2\cdot 0{,}1564}$$

$$\boldsymbol{F_1 = F_2 = 3196{,}93\ N}$$

Ü49. **Bewegungsanfang:**

KM: 1 cm ≙ 20 kN

2

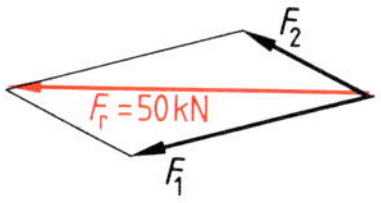

$\boldsymbol{F_1 = 33\ kN}$ $\boldsymbol{F_2 = 20\ kN}$

Bewegungsende:

KM: 1 cm ≙ 20 kN

3

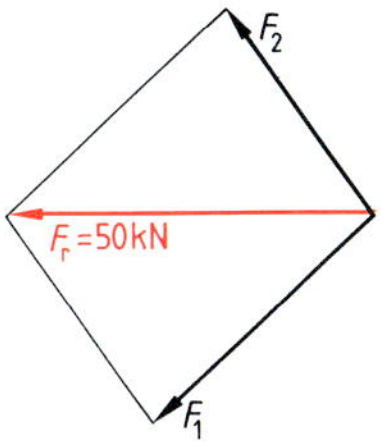

$\boldsymbol{F_1 = 41\ kN}$

$\boldsymbol{F_2 = 34\ kN}$

Ü50.

4

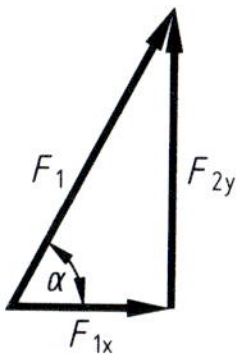

$F_{1x} = F_{2x} = F_1\cdot\cos\alpha = 3196{,}93\ N\cdot\cos 81^\circ = 3196{,}93\ N\cdot 0{,}156\,43$

$\boldsymbol{F_{1x} = F_{2x} = 500{,}1\ N}$

$F_{1y} = -F_{2y} = F_1\cdot\sin\alpha = 3196{,}93\ N\cdot\sin 81^\circ = 3196{,}93\ N\cdot 0{,}987\,69$

$\boldsymbol{F_{1y} = -F_{2y} = 3157{,}58\ N}$

Ü51. a)

KM: 1 cm ≙ 200 N

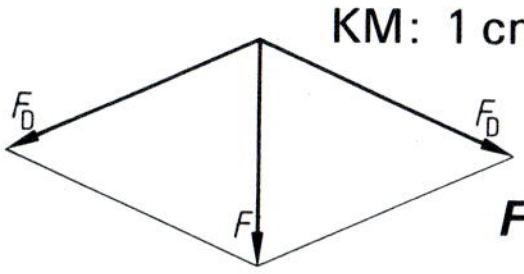

$\boldsymbol{F_D = 380\ N}$

5

b)

KM: 1 cm ≙ 200 N

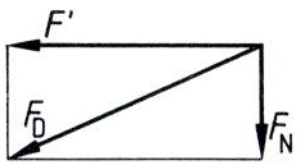

$\boldsymbol{F' = 370\ N}$

6

Ü52. **Zeichnerische Lösung:**

KM: 1 cm ≙ 500 N

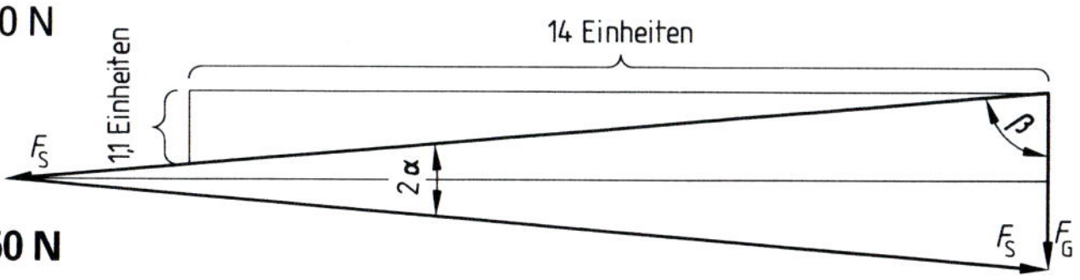

7 $\boldsymbol{F_S = 4250\ N}$

Rechnerische Lösung: Nach dem Sinussatz ist:

$$\frac{\sin 2\alpha}{F_G} = \frac{\sin\beta}{F_S}$$

$$F_S = F_G\cdot\frac{\sin\beta}{\sin 2\alpha} = 680\ N\cdot\frac{0{,}996\,92}{0{,}156\,19} = \boldsymbol{4340{,}3\ N}$$

$$\tan\alpha = \frac{1{,}1\ m}{14\ m} = 0{,}078\,57$$

$\alpha = 4{,}493^\circ$

$2\alpha = 8{,}986^\circ \longrightarrow \boldsymbol{\sin 2\alpha = 0{,}156\,19}$

$\beta = 90^\circ - \alpha = 90^\circ - 4{,}493^\circ = 85{,}507^\circ$

$\boldsymbol{\sin\beta = 0{,}996\,92}$

In Übungsaufgabe Ü52. zeigt sich wegen des relativ kleinen Neigungswinkels der Seile eine ziemliche Ungenauigkeit der zeichnerischen Lösung und der Vorteil der rechnerischen Lösung.

Ü53. An beiden Seilenden wirkt die Kraft $F_G = m \cdot g = 100\,\text{kg} \cdot 9{,}81\,\frac{\text{m}}{\text{s}^2} = 981\,\text{N}$. Bild 1 zeigt die Ermittlung der Resultierenden aus diesen beiden Seilkräften.

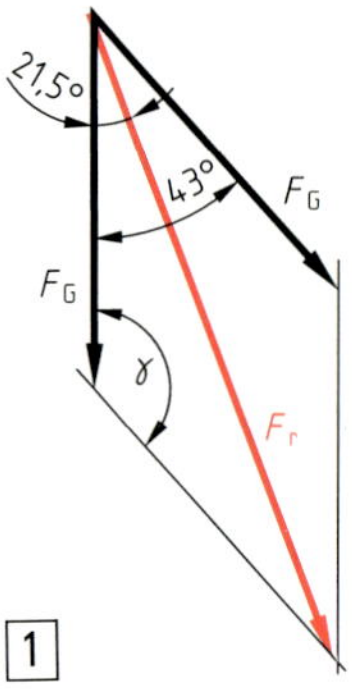

1

Der Sinussatz liefert:

$$\frac{\sin 21{,}5°}{F_G} = \frac{\sin \gamma}{F_r} \qquad \gamma = 180° - 2 \cdot 21{,}5° = 180° - 43°$$
$$\gamma = 137°$$

$$F_r = F_G \cdot \frac{\sin \gamma}{\sin 21{,}5°} = 981\,\text{N} \cdot \frac{\sin 137°}{\sin 21{,}5°} = 981\,\text{N} \cdot \frac{0{,}682}{0{,}3665}$$

$\mathbf{F_r = 1825{,}49\,N}$

Diese Kraft geht durch den Mittelpunkt der Seilrolle und kann demzufolge in die Kräfte F_a und F_b zerlegt werden. Bild 2 zeigt das unmaßstäbliche Kräftedreieck.

$$\varepsilon = 180° - 2 \cdot \alpha \qquad \tan \alpha = \frac{800\,\text{mm}}{1200\,\text{mm}} = 0{,}66\bar{6}$$
$$\alpha = 33{,}69°$$

$$\varepsilon = 180° - 2 \cdot 33{,}69° = 180° - 67{,}38° = \mathbf{112{,}62°}$$
$$\beta = \alpha - 21{,}5° = 33{,}69° - 21{,}5° = \mathbf{12{,}19°}$$
$$\varkappa = 180° - \varepsilon - \beta = 180° - 112{,}62° - 12{,}19° = \mathbf{55{,}19°}$$

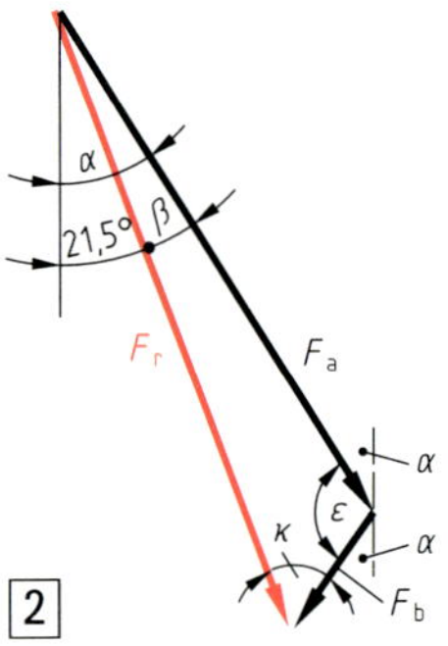

2

Der Sinussatz liefert:

$$\frac{\sin \beta}{F_b} = \frac{\sin \varepsilon}{F_r} \longrightarrow F_b = F_r \cdot \frac{\sin \beta}{\sin \varepsilon} = 1825{,}49\,\text{N} \cdot \frac{\sin 12{,}19°}{\sin 112{,}62°}$$

$$\mathbf{F_b} = 1825{,}49\,\text{N} \cdot \frac{0{,}2111}{0{,}9223} = \mathbf{418\,N}$$

$$\frac{\sin \varkappa}{F_a} = \frac{\sin \varepsilon}{F_r} \longrightarrow F_a = F_r \cdot \frac{\sin \varkappa}{\sin \varepsilon} = 1825{,}49\,\text{N} \cdot \frac{\sin 55{,}19°}{\sin 112{,}62°}$$

$$\mathbf{F_a} = 1825{,}49\,\text{N} \cdot \frac{0{,}8210}{0{,}9223} = \mathbf{1625\,N}$$

Kontrollrechnung erfolgt mit dem Cosinussatz: $\cos \varepsilon = \cos 112{,}66°$
$\cos \varepsilon = -0{,}3853$

$$F_r^2 = F_a^2 + F_b^2 - 2 \cdot F_a \cdot F_b \cdot \cos \varepsilon$$
$$(1825{,}49\,\text{N})^2 = (1625\,\text{N})^2 + (418\,\text{N})^2 - 2 \cdot 1625\,\text{N} \cdot 418\,\text{N} \cdot (-0{,}3846)$$
$$\mathbf{3\,332\,417\,N^2 \approx 3\,338\,113\,N^2}$$

Ü54. Kontrolle mit Pythagoras: $F^2 = F_x^2 + F_y^2$

Ü55. **Zeichnerische Lösung:**

KM: 1 cm ≙ 1 kN

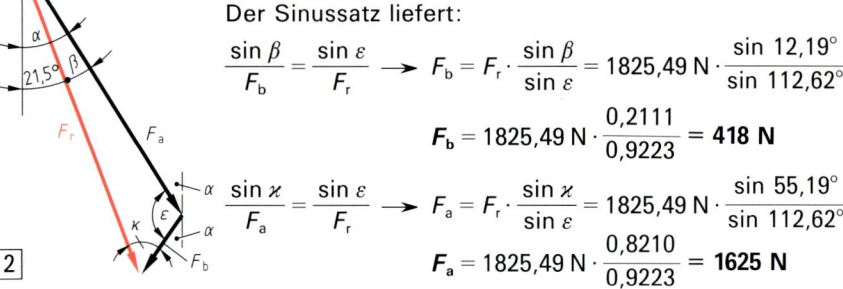

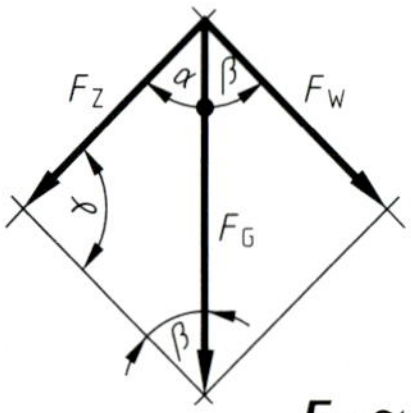

3

$\mathbf{F_W \approx 1{,}75\,kN}$

$\mathbf{F_Z \approx 1{,}85\,kN}$

Rechnerische Lösung:

Es ist zu beachten, dass F_W in radialer Richtung (von Mittelpunkt zu Mittelpunkt) verläuft. Es ist $\alpha = \mathbf{45°}$

$$\tan \beta = \frac{a_2}{a_1} = \frac{220\,\text{mm}}{200\,\text{mm}} = 1{,}1 \longrightarrow \beta = \mathbf{47{,}73°}$$

$$\gamma = 180° - \alpha - \beta = \mathbf{87{,}27°}$$

Der Sinussatz liefert:

$$\frac{F_G}{\sin \gamma} = \frac{F_Z}{\sin \beta} \quad \text{bzw.} \quad \frac{F_G}{\sin \gamma} = \frac{F_W}{\sin \alpha}$$

Damit erhält man für

$$\boldsymbol{F_W} = F_G \cdot \frac{\sin\alpha}{\sin\gamma} = 2{,}5\ \text{kN} \cdot \frac{\sin 45°}{\sin 87{,}67°} = 2{,}5\ \text{kN} \cdot \frac{0{,}7071}{0{,}9992} = 1{,}7692\ \text{kN} = \mathbf{1769{,}2\ N}$$

$$\boldsymbol{F_Z} = F_G \cdot \frac{\sin\beta}{\sin\gamma} = 2{,}5\ \text{kN} \cdot \frac{\sin 47{,}73°}{\sin 87{,}67°} = 2{,}5\ \text{kN} \cdot \frac{0{,}74}{0{,}9992} = 1{,}8397\ \text{kN} = \mathbf{1851{,}5\ N}$$

Ü56.

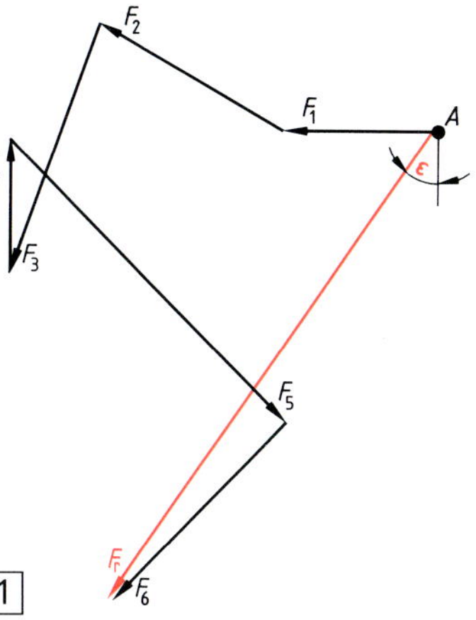

1

KM: 1 cm ≙ 2000 N $\boldsymbol{F_r} = \mathbf{10\,500\ N}$

$\boldsymbol{\varepsilon} = \mathbf{35°}$

Ü57. $\boldsymbol{n - 1} = 6 - 1 = \mathbf{5}$

Ü58. Die Kräfte F_1 und F_4 sowie F_3 und F_6 heben sich in ihrer Wirkung gegenseitig auf. Die erforderliche Abspannkraft ist der aus F_2 und F_5 ermittelten Resultierenden F_r (Bild 2) entgegengerichtet.

$\boldsymbol{F_r} = \mathbf{3200\ N}$

KM: 1 cm ≙ 1000 N

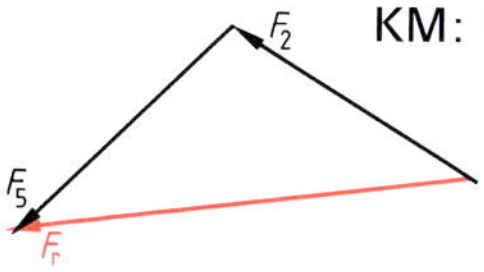

2

Ü59.

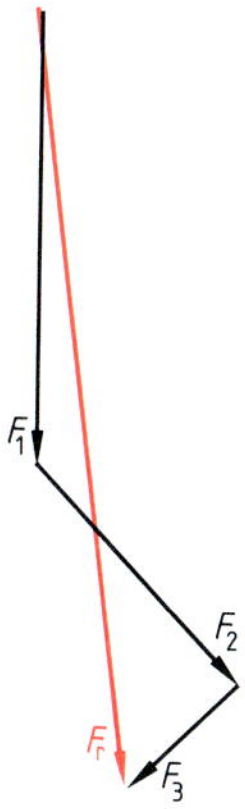

3

KM: 1 cm ≙ 5 kN

$\boldsymbol{F_r} = \mathbf{26\ kN}$

Ü60. KM: 1 cm ≙ 400 N

$\boldsymbol{F_r} = \mathbf{1670\ N}$

$\boldsymbol{\varepsilon} = \mathbf{15{,}5°}$

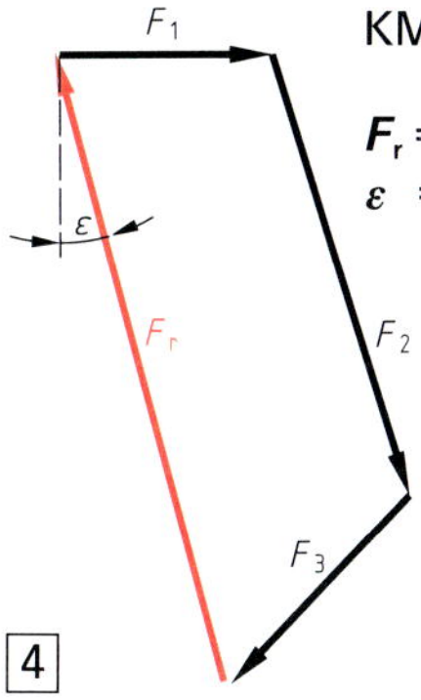

4

Es muss eine Kraft $\boldsymbol{F_4} = -\boldsymbol{F_r} = \mathbf{-1670\ N}$ wirken.

Ü61.

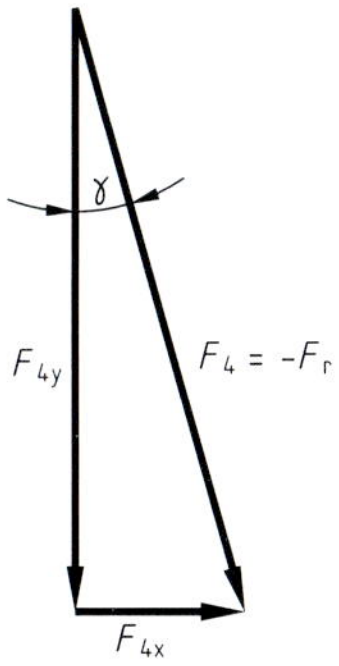

5

$F_{4x} = F_4 \cdot \sin\gamma$

$F_{4x} = 1670\ \text{N} \cdot \sin 15{,}5°$

$F_{4x} = 1670\ \text{N} \cdot 0{,}2672$

$\boldsymbol{F_{4x}} = \mathbf{446{,}2\ N}$ (→)

$F_{4y} = F_4 \cdot \cos\gamma$

$F_{4y} = 1670\ \text{N} \cdot \cos 15{,}5°$

$F_{4y} = 1670\ \text{N} \cdot 0{,}964$

$\boldsymbol{F_{4y}} = \mathbf{1609{,}9\ N}$ (↓)

Ü62. Kräftegleichgewicht herrscht bei $\Sigma F_x = 0$ **und** $\Sigma F_y = 0$.

Ü63. KM: 1 cm ≙ 200 N

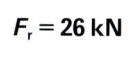

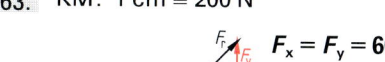

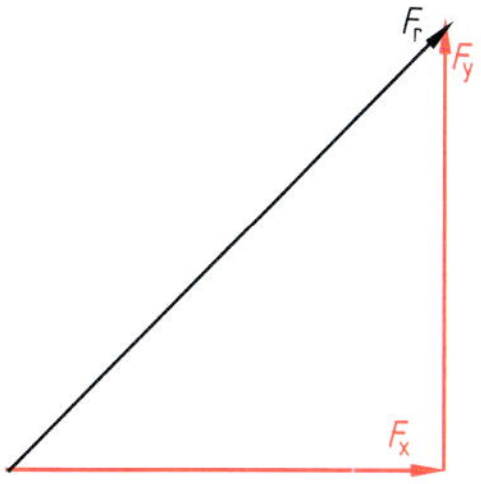

6

$\boldsymbol{F_x} = \boldsymbol{F_y} = \mathbf{605\ N}$

Rechnerische Lösung: nächste Seite

nach dem Lehrsatz des Pythagoras:

$F_r = \sqrt{F_x^2 + F_y^2}$

mit $F_x = F_y$ wird $F_r = \sqrt{2 \cdot F_x^2}$. Somit:

$$\boldsymbol{F_x} = \boldsymbol{F_y} = \sqrt{\frac{F_r^2}{2}} = \sqrt{\frac{(850\ \mathrm{N})^2}{2}} = \mathbf{601{,}04\ N}$$

mit der Sinus-Funktion:

$$\sin 45° = \frac{F_x}{F_r} = 0{,}7071$$

$F_x = F_y = 0{,}7071 \cdot F_r = 0{,}7071 \cdot 850\ \mathrm{N}$

$\boldsymbol{F_x = F_y = 601{,}04\ \mathrm{N}}$

Ü 64. $\Sigma F_x = F_1 \cdot \cos 15° + F_3 \cdot \cos 40° - F_2 = 80\ \mathrm{N} \cdot 0{,}9659 + 120\ \mathrm{N} \cdot 0{,}766 - 200\ \mathrm{N}$

$\Sigma \boldsymbol{F_x} = 77{,}272\ \mathrm{N} + 91{,}92\ \mathrm{N} - 200\ \mathrm{N} = \mathbf{-30{,}808\ N}$ (→)

$\Sigma F_y = F_1 \cdot \sin 15° - F_3 \cdot \sin 40° = 80\ \mathrm{N} \cdot 0{,}2588 - 120\ \mathrm{N} \cdot 0{,}6428 = 20{,}704\ \mathrm{N} - 77{,}136\ \mathrm{N}$

$\Sigma \boldsymbol{F_y} = \mathbf{-56{,}432\ N}$ (↓)

Durch die folgenden Kräfte wird im Punkt A Gleichgewicht hergestellt:

$\boldsymbol{F_{xG} = -\Sigma F_x = 30{,}808\ \mathrm{N}}$ (←) $\boldsymbol{F_{yG} = -\Sigma F_y = 56{,}432\ \mathrm{N}}$ (↑)

Ü 65. a) Kräftegleichgewicht herrscht im Punkt A, wenn F_1 der Kraft F_4, und F_2 der Kraft F_3 entgegengerichtet ist. Im Sonderfall: F_1 und F_2 in gleicher Richtung und genau entgegengerichtet von F_3 und F_4.

b) KM: 1 cm ≙ 10 N

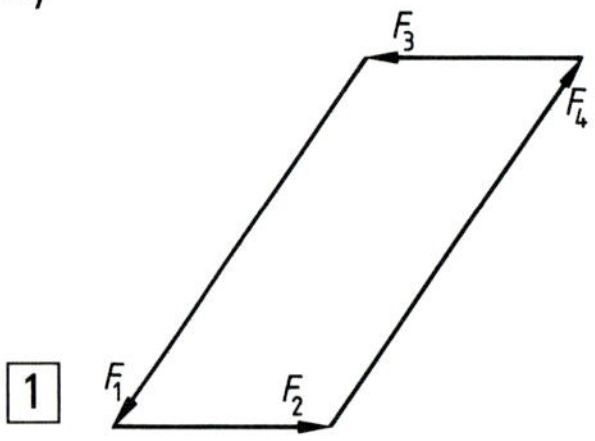

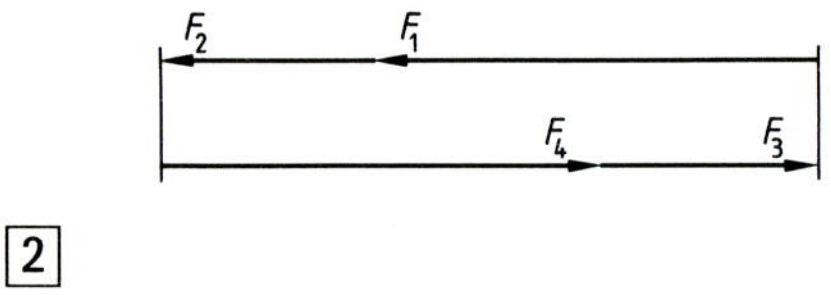

c) $\boldsymbol{F_r = 0}$, d. h. die Kraftecke haben eine umlaufende Pfeilrichtung.

Ü 66. $\Sigma F_x = F_2 \cdot \cos 45° - F_3 \cdot \cos 60° + F_5 \cdot \cos 60° = 700\ \mathrm{N} \cdot 0{,}707 - 950\ \mathrm{N} \cdot 0{,}5 + 550\ \mathrm{N} \cdot 0{,}5$

$\Sigma F_x = 494{,}9\ \mathrm{N} - 475\ \mathrm{N} + 275\ \mathrm{N}$

$\Sigma \boldsymbol{F_x} = \mathbf{294{,}9\ N}$ (→)

Kräftegleichgewicht wird hergestellt mit $\boldsymbol{F_{xA} = -\Sigma F_x = -294{,}9\ \mathrm{N}}$ (←)

Ü 67. Bei $\Sigma F_y = 0$ müssen zwangsläufig in beiden Lagern nach oben gerichtete Reaktionskräfte auftreten.

Ü 68. $F_r = \sqrt{(\Sigma F_x)^2 + (\Sigma F_y)^2}$

$\Sigma F_x = F_2 \cdot \cos 30° + F_1 + F_6 \cdot \cos 45° + F_3 \cdot \sin 20° - F_5 \cdot \cos 45°$

$\Sigma F_x = 4000\ \mathrm{N} \cdot 0{,}866 + 3000\ \mathrm{N} + 4500\ \mathrm{N} \cdot 0{,}707 + 5000\ \mathrm{N} \cdot 0{,}324 - 7500\ \mathrm{N} \cdot 0{,}707$

$\Sigma F_x = 3464\ \mathrm{N} + 3000\ \mathrm{N} + 3181{,}5\ \mathrm{N} + 1710\ \mathrm{N} - 5302{,}5\ \mathrm{N}$

$\Sigma \boldsymbol{F_x} = \mathbf{6053\ N}$ (←)

$\Sigma F_y = F_4 + F_2 \cdot \sin 30° - F_6 \cdot \sin 45° - F_3 \cdot \cos 20° - F_5 \cdot \sin 45°$

$\Sigma F_y = 2500\ \mathrm{N} + 4000\ \mathrm{N} \cdot 0{,}5 - 4500\ \mathrm{N} \cdot 0{,}707 - 5000\ \mathrm{N} \cdot 0{,}9397 - 7500\ \mathrm{N} \cdot 0{,}707$

$\Sigma F_y = 2500\ \mathrm{N} + 2000\ \mathrm{N} - 3181{,}5\ \mathrm{N} - 4698{,}5\ \mathrm{N} - 5302{,}5\ \mathrm{N}$

$\Sigma \boldsymbol{F_y} = \mathbf{-8682{,}5\ N}$ (↓)

$F_r = \sqrt{(6053\ \mathrm{N})^2 + (-8652{,}5\ \mathrm{N})^2} = \sqrt{36\,638\,809\ \mathrm{N}^2 + 75\,385\,806\ \mathrm{N}^2} = \sqrt{112\,024\,615\ \mathrm{N}^2}$

$\boldsymbol{F_r} = \mathbf{10\,584{,}15\ N}$

$$\tan \varepsilon = \frac{\Sigma F_x}{\Sigma F_y} = \frac{6053\ \mathrm{N}}{8682{,}5\ \mathrm{N}} = 0{,}697\,15 \longrightarrow \boldsymbol{\varepsilon = 34{,}89°}$$

Ü69. Die Reihenfolge der Aneinanderreihung der Kräfte ist beliebig. Somit ergeben sich u. a. die beiden folgenden Lösungsmöglichkeiten:

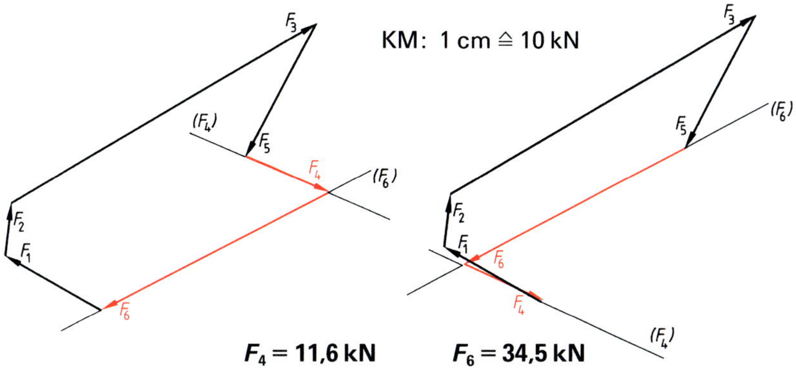

1 $F_4 = 11{,}6$ kN $F_6 = 34{,}5$ kN

Ü70. $\Sigma F_x = 0$ liefert: $-F_{1x} + F_{2x} + F_{3x} - F_{5x} + F_{4x} - F_{6x} = 0$. Somit:

$$-F_1 \cdot \cos\alpha + F_2 \cdot \sin\beta + F_3 \cdot \cos\gamma + F_4 \cdot \cos\delta - F_5 \cdot \sin\varepsilon - F_6 \cdot \cos\eta = 0.$$

$$\text{I.} \quad F_4 = \frac{F_1 \cdot \cos\alpha - F_2 \cdot \sin\beta - F_3 \cdot \cos\gamma + F_5 \cdot \sin\varepsilon + F_6 \cdot \cos\eta}{\cos\delta}$$

$\Sigma F_y = 0$ liefert: $F_{1y} + F_{2y} + F_{3y} - F_{5y} - F_{4y} - F_{6y} = 0$. Somit:

$$F_1 \cdot \sin\alpha + F_2 \cdot \cos\beta + F_3 \cdot \sin\gamma - F_5 \cdot \cos\varepsilon - F_4 \cdot \sin\delta - F_6 \cdot \sin\eta = 0.$$

$$\text{II.} \quad F_4 = \frac{F_1 \cdot \sin\alpha + F_2 \cdot \cos\beta + F_3 \cdot \sin\gamma - F_5 \cdot \cos\varepsilon - F_6 \cdot \sin\eta}{\sin\delta}$$

I. und II. gleichgesetzt ergibt:

$$\frac{F_1 \cdot \cos\alpha - F_2 \cdot \sin\beta - F_3 \cdot \cos\gamma + F_5 \cdot \sin\varepsilon + F_6 \cdot \cos\eta}{\cos\delta} = \frac{F_1 \cdot \sin\alpha + F_2 \cdot \cos\beta + F_3 \cdot \sin\gamma - F_5 \cdot \cos\varepsilon - F_6 \cdot \sin\eta}{\sin\delta}$$

Stellt man nach F_6 um und setzt alle gegebenen Werte ein, dann erhält man für $\boldsymbol{F_6 = 34{,}55}$ **N**. Nun wird noch F_6 in Gleichung I. eingesetzt. Man erhält dann für $\boldsymbol{F_4 = 11{,}81}$ **N**. Die Probe mit Gleichung II. liefert das gleiche Ergebnis.

Ü71.

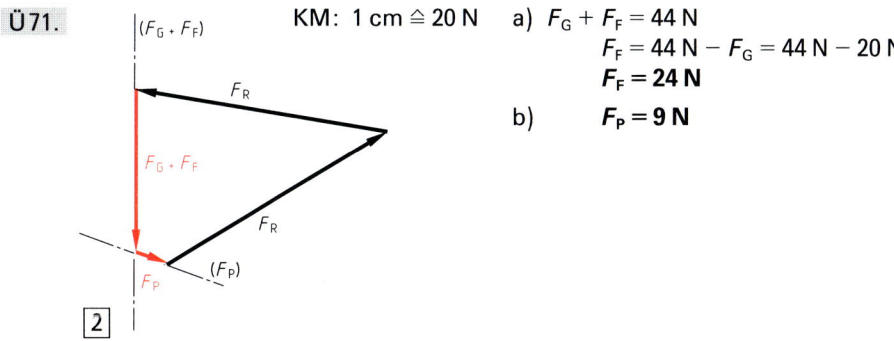

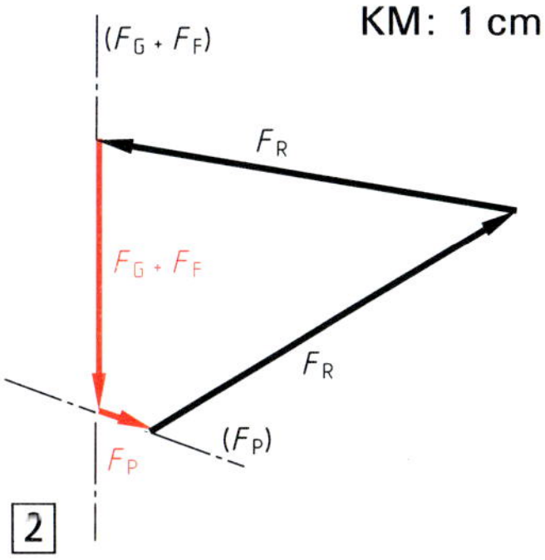

2

KM: 1 cm ≙ 20 N

a) $F_G + F_F = 44$ N

$F_F = 44\text{ N} - F_G = 44\text{ N} - 20\text{ N}$

$\boldsymbol{F_F = 24}$ **N**

b) $\boldsymbol{F_P = 9}$ **N**

Ü72.

KM: 1 cm ≙ 40 kN

$F_r = 162$ **kN**

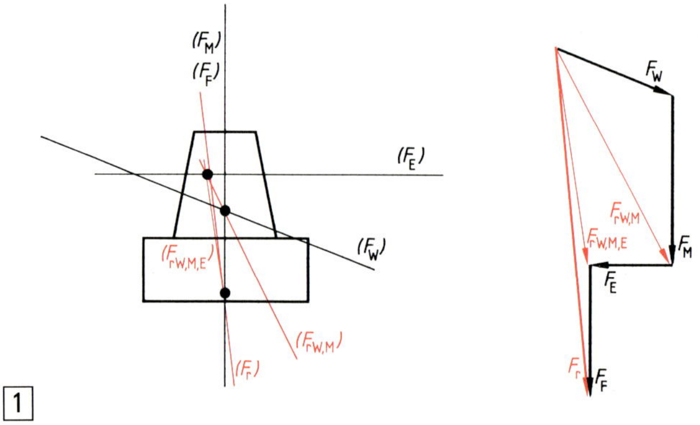

1

Ü73.

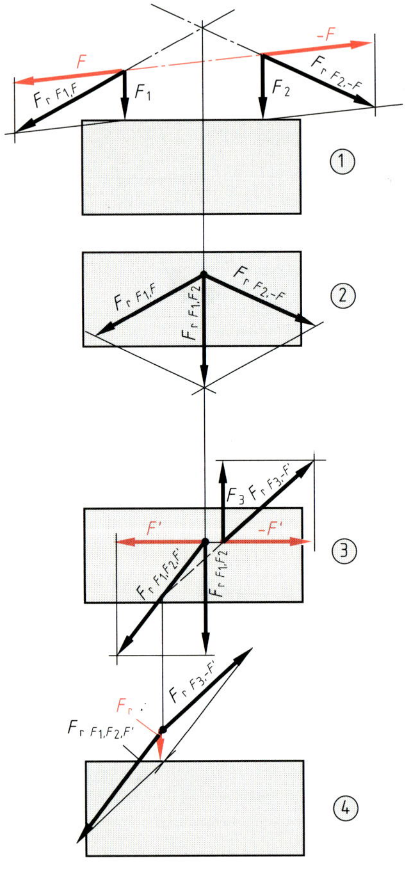

2

Ü74. a)

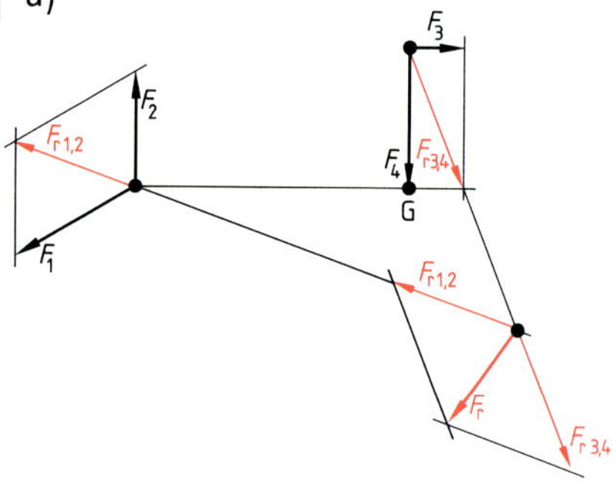

KM: 1 cm ≙ 400 N

$F_r = 420$ **N**

3

b) **siehe nächste Seite**

Anmerkung zu a) und b):
Die beiden Lösungen zeigen, dass die Wirkungslinie von F_r den Hebel nicht berührt. Man kann sich leicht vorstellen, dass sich der Hebel unter der Wirkung von F_r im Uhrzeigersinn um den Punkt G dreht. Diese Wirkung haben demzufolge auch die vier Einzelkräfte F_1, F_2, F_3 und F_4, da die Resultierende die gleiche Wirkung wie die Einzelkräfte hat.

Ü 74. b)

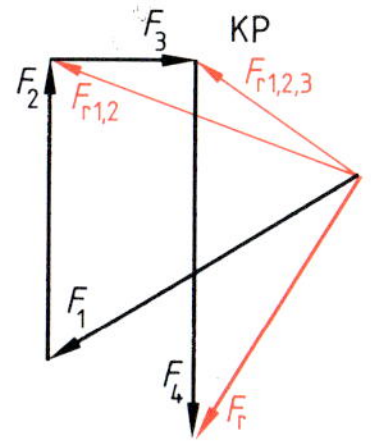

KM: 1 cm ≙ 200 N

$\boldsymbol{F_r = 420\ N}$

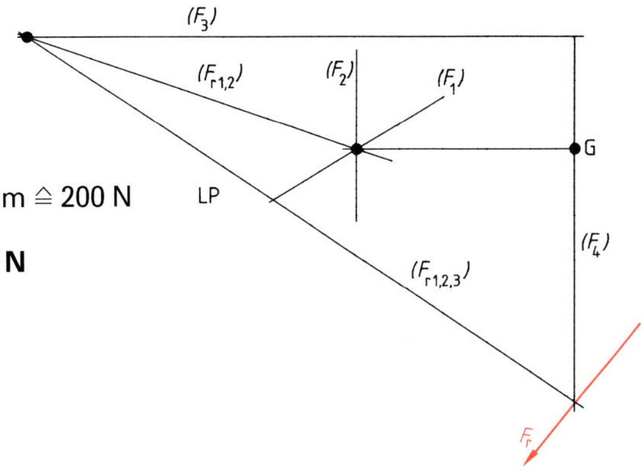

1

Ü 75.

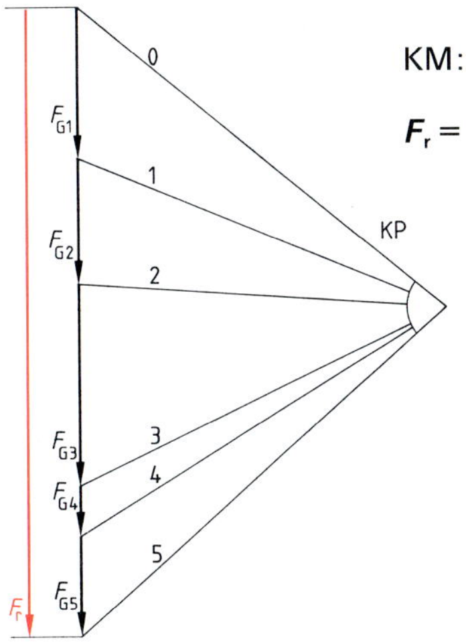

KM: 1 cm ≙ 2 kN

$\boldsymbol{F_r = 12{,}5\ kN}$

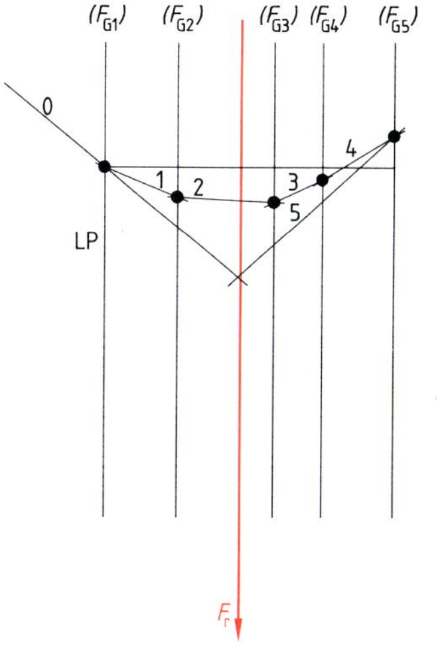

2

Hinweis: Da im KP nur die Größe und Richtung von F_r, nicht aber die Lage von F_r ermittelt wird, zeichnet man im KP wegen der besseren Übersichtlichkeit F_r von den Einzelkräften etwas abgesetzt (parallel dazu und nicht deckungsgleich).

Ü 76. **Anwendung des Erweiterungssatzes:**
Man zeichnet an die Kraft F_1 die Kraft F_3 und an die Kraft F_2 die Kraft F_4. F_3 und F_4 sind dabei gleich groß, aber entgegengesetzt gerichtet. Somit haben diese beiden Kräfte keine Wirkung auf das Kräftesystem, sie neutralisieren sich.
Nun setzt man F_1 mit F_3 zu $F_{r1,3}$ und F_2 mit F_4 zu $F_{r2,4}$ zusammen. Aus $F_{r1,3}$ und $F_{r2,4}$ wird die Resultierende F_r gebildet.

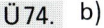

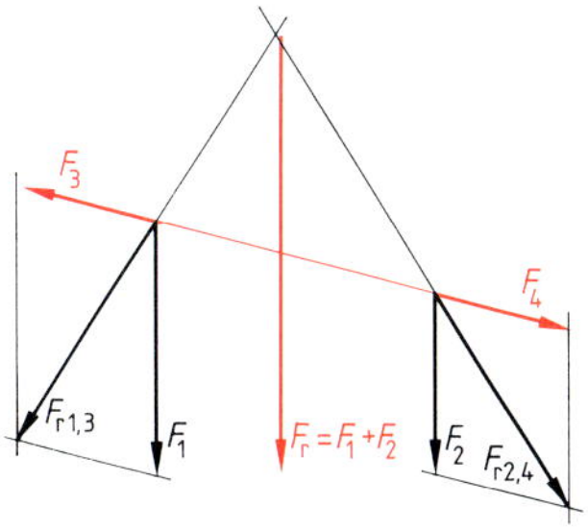

3

Ü77. KM: 1 cm ≙ 400 kN

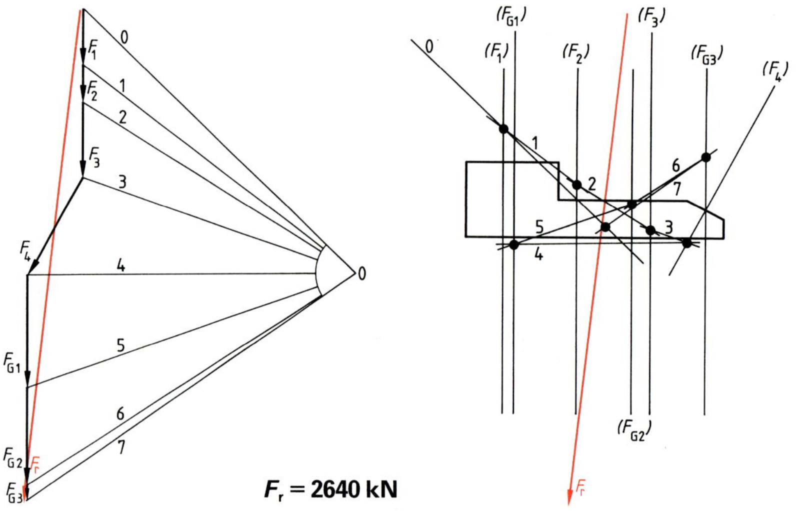

$F_r = 2640$ kN

1

Man sieht, dass die Reihenfolge der Kräfte F_1, F_2, F_3, F_4, F_{G1}, F_{G2}, F_{G3} im KP den Linienzug im LP (Seileck) sehr unübersichtlich macht. Deshalb gilt die folgende **Regel:**

Um im LP einen relativ einfachen Linienzug (Seileck) zu erhalten, trägt man zweckmäßigerweise die Kräfte im KP so an, wie sie im LP in ihrer Reihenfolge von einer zur anderen Seite (z. B. von links nach rechts) angetroffen werden.

Dies zeigt die folgende Lösung (Bild 2) mit der Reihenfolge der Kräfte im KP, so wie sie im LP von links nach rechts angetroffen werden, d.h. F_1, F_{G1}, F_2, F_{G2}, F_3, ...

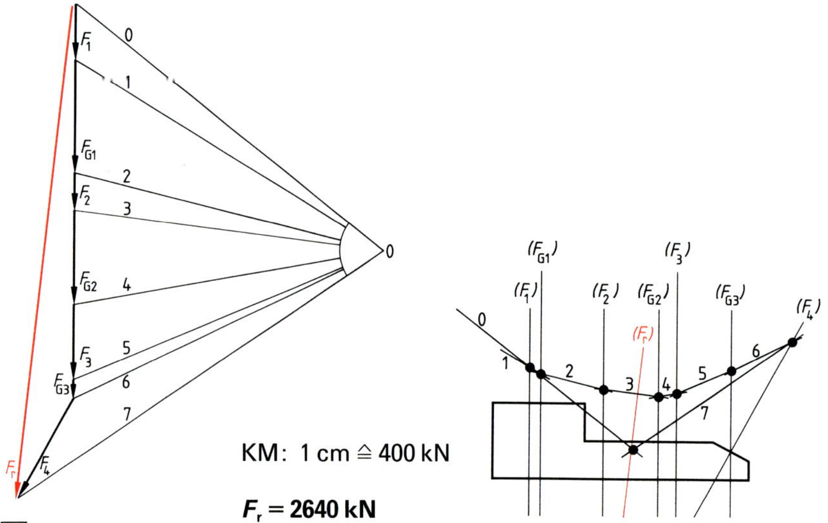

KM: 1 cm ≙ 400 kN

$F_r = 2640$ kN

2.

Ü78. Bei der Berechnung eines statischen Momentes, d. h. auch eines Drehmomentes, ist die auf den Hebelarm bezogene senkrechte Kraftkomponente einzusetzen.

Ü79. $-F_2 \cdot x + F_1 \cdot 28\ \text{cm} = 0 \longrightarrow \boldsymbol{x} = \dfrac{F_1}{F_2} \cdot 28\ \text{cm} = \dfrac{284\ \text{N}}{105\ \text{N}} \cdot 28\ \text{cm} = \mathbf{75{,}73\ cm}$

Ü80. a) $\Sigma M_d = 0 \longrightarrow F_3 \cdot 200\ \text{mm} - F_1 \cdot 150\ \text{mm} - F_2 \cdot 250\ \text{mm} = 0$

$$F_3 = \frac{F_1 \cdot 150\ \text{mm} + F_2 \cdot 250\ \text{mm}}{200\ \text{mm}} = \frac{78\ \text{N} \cdot 150\ \text{mm} + 200\ \text{N} \cdot 250\ \text{mm}}{200\ \text{mm}} = \frac{61\,700\ \text{Nmm}}{200\ \text{mm}}$$

$\boldsymbol{F_3} = \mathbf{308{,}5\ N}$ (+ , d. h. nach oben gerichtet: ↑)

b) $\Sigma F_y = 0 \longrightarrow F_1 + F_3 - F_2 + F_{Dy} = 0$ (Lösungsansatz)

$\boldsymbol{F_{Dy}} = -F_1 - F_3 + F_2 = -78\ \text{N} - 308{,}5\ \text{N} + 200\ \text{N} = \mathbf{-186{,}5\ N}$ (↓) (vertikale Reaktionskraft)

$\boldsymbol{F_{Dx}} = \mathbf{0}$ (da keine Horizontalkomponenten auftreten)

Anmerkung: Im Lösungsansatz zur Berechnung von F_{Dy} wurden alle nach oben wirkenden Kräfte und auch F_{Dy} mit + angenommen. Da das Ergebnis negativ ist, war diese Annahme für F_{Dy} falsch, d. h.: F_{Dy} wirkt nach unten (↓).

Ü81. a) $F_{1x} \cdot 300\ \text{mm} = F_2 \cdot 350\ \text{mm}$ Mit $F_{1x} = F_1 \cdot \cos 45°$ wird

$F_1 \cdot \cos 45° \cdot 300\ \text{mm} = F_2 \cdot 350\ \text{mm}$

$$\boldsymbol{F_1} = F_2 \cdot \frac{350\ \text{mm}}{\cos 45° \cdot 300\ \text{mm}} = 500\ \text{N} \cdot \frac{350\ \text{mm}}{0{,}707 \cdot 300\ \text{mm}} = \mathbf{825{,}08\ N}$$

b) Nach dem Parallelverschiebungssatz muss ein zusätzliches Moment der Größe $F \cdot a$ wirken. Somit: $\boldsymbol{M} = F_2 \cdot a = 500\ \text{N} \cdot 80\ \text{mm} = \mathbf{40\,000\ Nmm}$

Probe: $F_1 \cdot \cos 45° \cdot 300\ \text{mm} = F_2 \cdot 270\ \text{mm} + 40\,000\ \text{Nmm}$

$825{,}08\ \text{N} \cdot 0{,}707 \cdot 300\ \text{mm} = 500\ \text{N} \cdot 270\ \text{mm} + 40\,000\ \text{Nmm}$

$\mathbf{175\,000\ Nmm = 175\,000\ Nmm}$

Ü82. $F_1 \cdot \cos 45° \cdot 60\ \text{cm} - F_3 \cdot 60\ \text{cm} + F_2 \cdot \sin 60° \cdot 25\ \text{cm} = 0$

$$F_1 = \frac{F_3 \cdot 60\ \text{cm} - F_2 \cdot \sin 60° \cdot 25\ \text{cm}}{\cos 45° \cdot 60\ \text{cm}} = \frac{180\ \text{kN} \cdot 60\ \text{cm} - 200\ \text{kN} \cdot 0{,}866 \cdot 25\ \text{cm}}{0{,}707 \cdot 60\ \text{cm}}$$

$\boldsymbol{F_1} = \mathbf{152{,}52\ kN}$

Ü83. Linksdrehsinn ⟶ entgegen dem Uhrzeigersinn ⟶ M_d ist positiv

Rechtsdrehsinn ⟶ im Uhrzeigersinn ⟶ M_d ist negativ

Ü84. $M_{dr} = F_1 \cdot \cos 45° \cdot 60\ \text{cm} - F_3 \cdot 60\ \text{cm} + F_2 \cdot \sin 60° \cdot 25\ \text{cm}$

$M_{dr} = 415\ \text{kN} \cdot 0{,}707 \cdot 60\ \text{cm} - 180\ \text{kN} \cdot 60\ \text{cm} + 200\ \text{kN} \cdot 0{,}866 \cdot 25\ \text{cm}$

$\boldsymbol{M_{dr}} = 17\,604{,}3\ \text{kNcm} - 10\,800\ \text{kNcm} + 4330\ \text{kNcm} = \mathbf{11\,134{,}3\ kNcm}$

Ü85. a) $-F_r \cdot r = F_1 \cdot 25\ \text{cm} + F_2 \cdot 10\ \text{cm} - F_3 \cdot 40\ \text{cm}$ $\qquad F_r = F_1 + F_2 + F_3 = 3 \cdot 100\ \text{N}$

$$r = \frac{-F_1 \cdot 25\ \text{cm} - F_2 \cdot 10\ \text{cm} + F_3 \cdot 40\ \text{cm}}{F_r}$$

$\boldsymbol{F_r} = \mathbf{300\ N}$ (↓)

$$r = \frac{-100\ \text{N} \cdot 25\ \text{cm} - 100\ \text{N} \cdot 10\ \text{cm} + 100\ \text{N} \cdot 40\ \text{cm}}{300\ \text{N}} = \frac{500\ \text{Ncm}}{300\ \text{N}}$$

$\boldsymbol{r} = \mathbf{1{,}667\ cm}$

Da für r ein positives Ergebnis errechnet wird, war die obige Annahme, dass F_r rechts vom Drehpunkt wirkt, richtig.

b) $F_1 \cdot 25\ \text{cm} + F_2 \cdot 10\ \text{cm} = F_3 \cdot 40\ \text{cm}$

$$F_3 = \frac{F_1 \cdot 25\ \text{cm} + F_2 \cdot 10\ \text{cm}}{40\ \text{cm}} = \frac{100\ \text{N} \cdot 25\ \text{cm} + 100\ \text{N} \cdot 10\ \text{cm}}{40\ \text{cm}} = \frac{3500\ \text{Ncm}}{40\ \text{cm}}$$

$\boldsymbol{F_3} = \mathbf{87{,}5\ N}$

Ü 86.

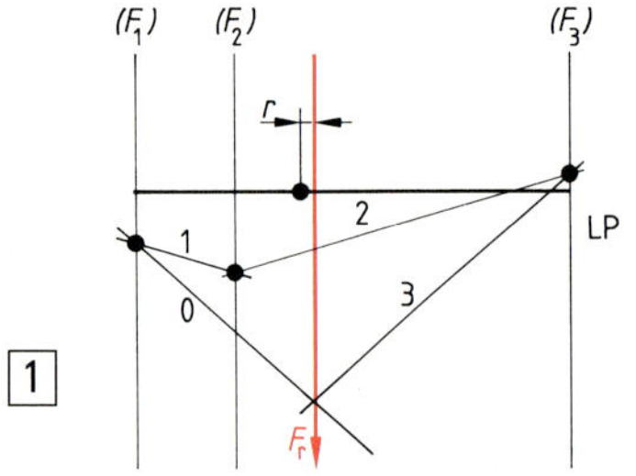

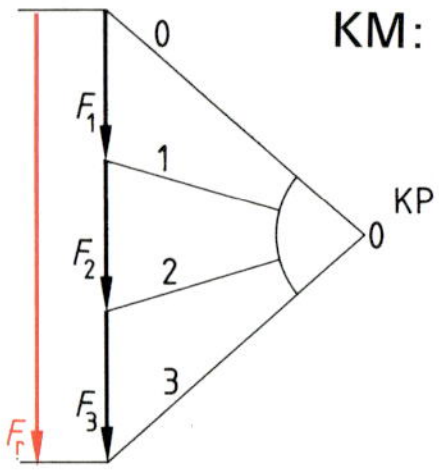

KM: 1 cm ≙ 100 N

$\boldsymbol{F_r = 300\ N}$

Ü 87. $F_{ry} \cdot r = F_y \cdot 7\ m + F_{G1} \cdot 1\ m - F_{G2} \cdot 3{,}5\ m$

$F_{ry} \cdot r = F \cdot \sin 60° \cdot 7\ m + F_{G1} \cdot 1\ m - F_{G2} \cdot 3{,}5\ m$

$F_{ry} \cdot r = 40\ kN \cdot 0{,}866 \cdot 7\ m + 20\ kN \cdot 1\ m - 45\ kN \cdot 3{,}5\ m$

$F_{ry} \cdot r = 242{,}48\ kNm + 20\ kNm - 157{,}5\ kNm$

$\boldsymbol{F_{ry} \cdot r = 104{,}98\ kNm}$ (↶)

$r = \dfrac{104{,}98\ kNm}{F_{ry}}$

$F_{ry} = F_y - F_{G1} - F_{G2} = F \cdot \sin 60° - F_{G1} - F_{G2}$

$\boldsymbol{F_{ry}} = 40\ kN \cdot 0{,}866 - 20\ kN - 45\ kN = \boldsymbol{-30{,}36\ kN}$ (↓)

$\boldsymbol{r} = \dfrac{104{,}98\ kNm}{30{,}36\ kN} = |-3{,}46\ m| = \boldsymbol{3{,}46\ m}$ (Abstand des Schnittpunktes von F_r mit dem Hebel zum Drehpunkt)

Ü 88. a) $\boldsymbol{F_r} = F_1 - F_2 + F_3 = 700\ N - 900\ N + 1200\ N = \boldsymbol{1000\ N}$ (↓)

b) Der Drehpunkt wird in der Mitte des Lagers A angenommen. Momentensatz:

$-F_r \cdot r = -F_1 \cdot r_1 + F_2 \cdot (r_1 + r_2) - F_3 \cdot (r_1 + r_2 + r_3)$

$r = \dfrac{F_1 \cdot r_1 - F_2 \cdot (r_1 + r_2) + F_3 \cdot (r_1 + r_2 + r_3)}{F_r}$

$r = \dfrac{700\ N \cdot 200\ mm - 900\ N \cdot 800\ mm + 1200\ N \cdot 1050\ mm}{1000\ N}$

$\boldsymbol{r} = \dfrac{140\,000\ Nmm - 720\,000\ Nmm + 1\,260\,000\ Nmm}{1000\ N} = \dfrac{680\,000\ Nmm}{1000\ N} = \boldsymbol{680\ mm}$

Ü 89. $\Sigma \boldsymbol{M_{d(B)} = 0}$: $-F_A \cdot l + F_1 \cdot (l - l_1) + F_2 \cdot (l - l_2) = 0$

$F_A = \dfrac{F_1 \cdot (l - l_1) + F_2 \cdot (l - l_2)}{l} = \dfrac{16\ kN \cdot (5\ m - 1\ m) + 22\ kN \cdot (5\ m - 4\ m)}{5\ m}$

$F_A = \dfrac{16\ kN \cdot 4\ m + 22\ kN \cdot 1\ m}{5\ m} = \dfrac{64\ kNm + 22kNm}{5\ m} = \dfrac{86kNm}{5\ m}$

$\boldsymbol{F_A = 17{,}2\ kN}$

$\Sigma \boldsymbol{M_{d(A)} = 0}$: $F_B \cdot l - F_1 \cdot l_1 - F_2 \cdot l_2 = 0$

$F_B = \dfrac{F_1 \cdot l_1 + F_2 \cdot l_2}{l} = \dfrac{16\ kN \cdot 1\ m + 22\ kN \cdot 4\ m}{5\ m} = \dfrac{16\ kNm + 88\ kNm}{5\ m}$

$\boldsymbol{F_B = 20{,}8\ N}$

$\Sigma \boldsymbol{F_y = 0}$ dient der Probe: $F_1 + F_2 = F_A + F_B$

$16\ kN + 22\ kN = 17{,}2\ kN + 20{,}8\ kN$

$\boldsymbol{38\ kN = 38\ kN}$

Ü 90. a) $\Sigma \boldsymbol{M_{d(B)} = 0}$: $-F_A \cdot 6\ m + F_1 \cdot 4\ m + F_2 \cdot 3\ m - F_3 \cdot 1\ m = 0$

$F_A = \dfrac{F_1 \cdot 4\ m + F_2 \cdot 3\ m - F_3 \cdot 1\ m}{6\ m}$

$F_A = \dfrac{60\ N \cdot 4\ m + 90\ N \cdot 3\ m - 60\ N \cdot 1\ m}{6\ m}$

$\boldsymbol{F_A} = \dfrac{240\ Nm + 270\ Nm - 60\ Nm}{6\ m} = \dfrac{450\ Nm}{6\ m} = \boldsymbol{75\ N}$

$\Sigma \boldsymbol{F_y = 0}$: $F_A + F_B + F_3 = F_1 + F_2 \longrightarrow F_B = F_1 + F_2 - F_A - F_3$

$\boldsymbol{F_B} = 60\ N + 90\ N - 75\ N - 60\ N = \boldsymbol{15\ N}$

$\Sigma \boldsymbol{M}_{\mathbf{d(A)}} = \mathbf{0}$ dient der Probe: $F_B \cdot 6\,\text{m} + F_3 \cdot 5\,\text{m} - F_2 \cdot 3\,\text{m} - F_1 \cdot 2\,\text{m} = 0$

$$F_B = \frac{F_1 \cdot 2\,\text{m} + F_2 \cdot 3\,\text{m} - F_3 \cdot 5\,\text{m}}{6\,\text{m}} = \frac{60\,\text{N} \cdot 2\,\text{m} + 90\,\text{N} \cdot 3\,\text{m} - 60\,\text{N} \cdot 5\,\text{m}}{6\,\text{m}}$$

$$\boldsymbol{F}_{\mathbf{B}} = \frac{120\,\text{Nm} + 270\,\text{Nm} - 300\,\text{Nm}}{6\,\text{m}} = \frac{90\,\text{Nm}}{6\,\text{m}} = \mathbf{15\,N}$$

b) KM: 1 cm ≙ 60 N

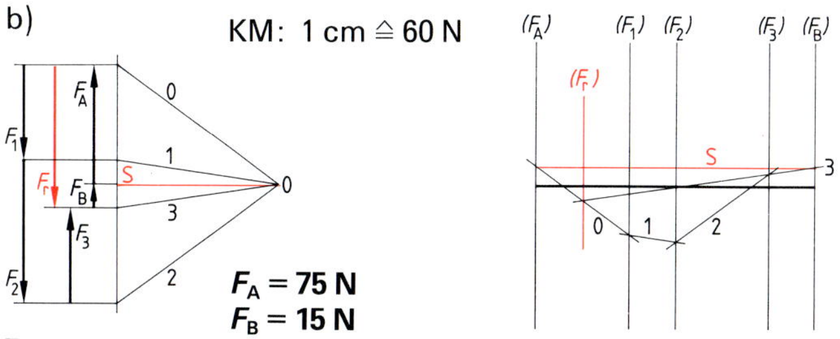

$\boldsymbol{F}_{\mathbf{A}} = \mathbf{75\,N}$
$\boldsymbol{F}_{\mathbf{B}} = \mathbf{15\,N}$

1

Ü91. a)

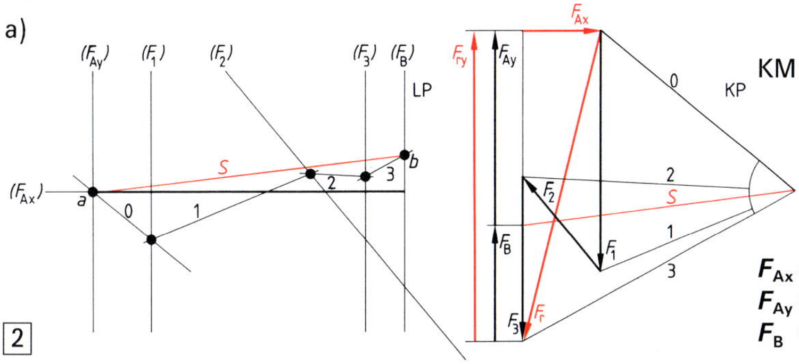

KM: 1 cm ≙ 40 N

$\boldsymbol{F}_{\mathbf{Ax}} = \mathbf{40\,N}$
$\boldsymbol{F}_{\mathbf{Ay}} = \mathbf{96\,N}$
$\boldsymbol{F}_{\mathbf{B}} = \mathbf{58\,N}$

2

b) $\Sigma \boldsymbol{F}_{\mathbf{x}} = \mathbf{0}$: $\boldsymbol{F}_{\mathbf{Ax}} = -F_2 \cdot \sin 40° = -60\,\text{N} \cdot 0{,}643 = \mathbf{-38{,}58\,N}$ (→)

$\Sigma \boldsymbol{M}_{\mathbf{d(A)}} = \mathbf{0}$: $-F_1 \cdot 15\,\text{cm} + F_2 \cdot \cos 40° \cdot 60\,\text{cm} - F_3 \cdot 70\,\text{cm} + F_B \cdot 80\,\text{cm} = 0$

$$F_B = \frac{F_1 \cdot 15\,\text{cm} - F_2 \cdot \cos 40° \cdot 60\,\text{cm} + F_3 \cdot 70\,\text{cm}}{80\,\text{cm}}$$

$$F_B = \frac{120\,\text{N} \cdot 15\,\text{cm} - 60\,\text{N} \cdot 0{,}766 \cdot 60\,\text{cm} + 80\,\text{N} \cdot 70\,\text{cm}}{80\,\text{cm}}$$

$$F_B = \frac{1800\,\text{Ncm} - 2757{,}6\,\text{Ncm} + 5600\,\text{Ncm}}{80\,\text{cm}}$$

$$\boldsymbol{F}_{\mathbf{B}} = \frac{4642{,}4\,\text{Ncm}}{80\,\text{cm}} = \mathbf{58{,}03\,N}$$

$\Sigma \boldsymbol{F}_{\mathbf{y}} = \mathbf{0}$: $F_{Ay} + F_B + F_2 \cdot \cos 40° = F_1 + F_3$

$F_{Ay} = F_1 + F_3 - F_B - F_2 \cdot \cos 40°$

$\boldsymbol{F}_{\mathbf{Ay}} = 120\,\text{N} + 80\,\text{N} - 58{,}03\,\text{N} - 60\,\text{N} \cdot 0{,}766 = \mathbf{96{,}01\,N}$

Da die zeichnerische und die rechnerische Lösung praktisch identisch sind, erübrigt sich die Probe mit $\Sigma M_{d(B)} = 0$.

Ü92. Die vorgenommene Rechnung kann durch eine Kontrollrechnung überprüft werden.

Ü93. $\Sigma \boldsymbol{M}_{\mathbf{d(A)}} = \mathbf{0}$: $F_B \cdot l - F_1 \cdot l_1 - F_2 \cdot l_2 - F_3 \cdot l_3 = 0$

$$F_B = \frac{F_1 \cdot l_1 + F_2 \cdot l_2 + F_3 \cdot l_3}{l} = \frac{5\,\text{kN} \cdot 1{,}2\,\text{m} + 2\,\text{kN} \cdot 2{,}6\,\text{m} + 4\,\text{kN} \cdot 4{,}6\,\text{m}}{6\,\text{m}}$$

$$\boldsymbol{F}_{\mathbf{B}} = \frac{6\,\text{kNm} + 5{,}2\,\text{kNm} + 18{,}4\,\text{kNm}}{6\,\text{m}} = \frac{29{,}6\,\text{kNm}}{6\,\text{m}} = \mathbf{4{,}933\,kN}$$

$\Sigma \boldsymbol{M}_{\mathbf{d(B)}} = \mathbf{0}$: $-F_A \cdot l + F_1 \cdot (l - l_1) + F_2 \cdot (l - l_2) + F_3 \cdot (l - l_3) = 0$

$$F_A = \frac{F_1 \cdot (l - l_1) + F_2 \cdot (l - l_2) + F_3 \cdot (l - l_3)}{l} = \frac{5\,\text{kN} \cdot 4{,}8\,\text{m} + 2\,\text{kN} \cdot 3{,}4\,\text{m} + 4\,\text{kN} \cdot 1{,}4\,\text{m}}{6\,\text{m}}$$

$$\boldsymbol{F_A} = \frac{24\,\text{kNm} + 6{,}8\,\text{kNm} + 5{,}6\,\text{kNm}}{6\,\text{m}} = \frac{36{,}4\,\text{kNm}}{6\,\text{m}} = \mathbf{6{,}067\,kN}$$

Probe mit $\Sigma \boldsymbol{F_y} = \mathbf{0}$: $F_A + F_B = F_1 + F_2 + F_3$

$$6{,}067\,\text{kN} + 4{,}933\,\text{kN} = 5\,\text{kN} + 2\,\text{kN} + 4\,\text{kN}$$

$$\mathbf{11\,kN = 11\,kN}$$

$$\boldsymbol{F_{Ax}} = F_A \cdot \cos 70° = 6{,}067\,\text{kN} \cdot 0{,}342 = \mathbf{2{,}0749\,kN}$$

$$\boldsymbol{F_{Ay}} = F_A \cdot \sin 70° = 6{,}067\,\text{kN} \cdot 0{,}9397 = \mathbf{5{,}7012\,kN}$$

Ü 94.

$$x_l \cdot l_{ges} = x_1 \cdot l_1 + 2 \cdot x_2 \cdot l_2 + 2 \cdot x_3 \cdot l_3 + x_4 \cdot l_4$$

$$x_l = \frac{x_1 \cdot l_1 + 2 \cdot x_2 \cdot l_2 + 2 \cdot x_3 \cdot l_3 + x_4 \cdot l_4}{l_{ges}}$$

$$l_{ges} = l_1 + 2 \cdot l_2 + 2 \cdot l_3 + l_4$$

$$l_{ges} = 47{,}124\,\text{mm} + 2 \cdot 25\,\text{mm} + 2 \cdot 50{,}8\,\text{mm} + 12\,\text{mm}$$

$$\boldsymbol{l_{ges}} = \mathbf{210{,}724\,mm}$$

$$\boldsymbol{l_1} = \frac{d \cdot \pi}{2} = \frac{2 \cdot r \cdot \pi}{2} = r \cdot \pi = \mathbf{47{,}124\,mm}$$

$$\boldsymbol{l_2} = \mathbf{25\,mm}; \quad \boldsymbol{l_4} = \mathbf{12\,mm}$$

$$\boldsymbol{l_3} = \sqrt{(50\,\text{mm})^2 + (9\,\text{mm})^2} = \mathbf{50{,}8\,mm}$$

$$\boldsymbol{x_1} = r - \frac{2 \cdot r}{\pi} = \mathbf{5{,}451\,mm}$$

$$\boldsymbol{x_2} = \mathbf{27{,}5\,mm}; \quad \boldsymbol{x_3} = \mathbf{65\,mm}; \quad \boldsymbol{x_4} = \mathbf{90\,mm}$$

$$x_l = \frac{5{,}451\,\text{mm} \cdot 47{,}124\,\text{mm} + 2 \cdot 27{,}5\,\text{mm} \cdot 25\,\text{mm} + 2 \cdot 65\,\text{mm} \cdot 50{,}8\,\text{mm} + 90\,\text{mm} \cdot 12\,\text{mm}}{210{,}724\,\text{mm}}$$

$$\boldsymbol{x_l} = \frac{256{,}873\,\text{mm}^2 + 1375\,\text{mm}^2 + 6604\,\text{mm}^2 + 1080\,\text{mm}^2}{210{,}724\,\text{mm}} = \mathbf{44{,}21\,mm}$$

Ü 95.

$$x \cdot A_{ges} = x_1 \cdot A_1 + x_2 \cdot A_2 + 2 \cdot x_3 \cdot A_3 + x_4 \cdot A_4$$

$$x = \frac{x_1 \cdot A_1 + x_2 \cdot A_2 + 2 \cdot x_3 \cdot A_3 + x_4 \cdot A_4}{A_1 + A_2 + 2 \cdot A_3 + A_4}$$

Die Fläche wurde gemäß Bild 1 zerlegt. Beim rechtwinkligen Dreieck liegt der Schwerpunkt auf einem Drittel der Dreickshöhe. Es ist:

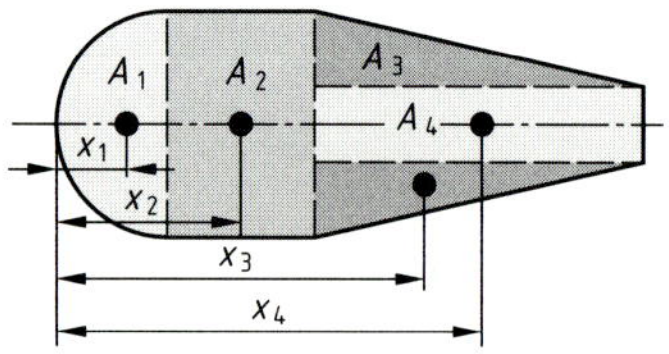

1

$$A_1 = \frac{1}{2} \cdot \frac{\pi}{4} \cdot d^2 = \frac{\pi}{8} \cdot (30\,\text{mm})^2$$

$$\boldsymbol{A_1} = \mathbf{353{,}429\,mm^2}$$

$$\boldsymbol{A_2} = 25\,\text{mm} \cdot 30\,\text{mm} = \mathbf{750\,mm^2}$$

$$\boldsymbol{A_3} = \frac{50\,\text{mm} \cdot 9\,\text{mm}}{2} = \mathbf{225\,mm^2}$$

$$\boldsymbol{A_4} = 50\,\text{mm} \cdot 12\,\text{mm} = \mathbf{600\,mm^2}$$

$$\boldsymbol{x_1} = r - 0{,}424 \cdot r = \mathbf{8{,}64\,mm}$$

$$\boldsymbol{x_2} = 15\,\text{mm} + 12{,}5\,\text{mm} = \mathbf{27{,}5\,mm}$$

$$x_3 = 15\,\text{mm} + 25\,\text{mm} + \frac{50\,\text{mm}}{3}$$

$$\boldsymbol{x_3} = \mathbf{56{,}667\,mm}$$

$$\boldsymbol{x_4} = 15\,\text{mm} + 25\,\text{mm} + 25\,\text{mm} = \mathbf{65\,mm}$$

$$x = \frac{8{,}64\,\text{mm} \cdot 353{,}429\,\text{mm}^2 + 27{,}5\,\text{mm} \cdot 750\,\text{mm}^2 + 2 \cdot 56{,}667\,\text{mm} \cdot 225\,\text{mm}^2 + 65\,\text{mm} \cdot 600\,\text{mm}^2}{353{,}429\,\text{mm}^2 + 750\,\text{mm}^2 + 2 \cdot 225\,\text{mm}^2 + 600\,\text{mm}^2}$$

$$x = \frac{3053{,}63\,\text{mm}^3 + 20\,625\,\text{mm}^3 + 25\,500{,}15\,\text{mm}^3 + 39\,000\,\text{mm}^3}{353{,}429\,\text{mm}^2 + 750\,\text{mm}^2 + 450\,\text{mm}^2 + 600\,\text{mm}^2} = \frac{88\,178{,}78\,\text{mm}^3}{2153{,}429\,\text{mm}^2}$$

$$\boldsymbol{x} = \mathbf{40{,}95\,mm}$$

Ü 96.

a) Bild 2 zeigt die weiteren Unterteilungsmöglichkeiten.

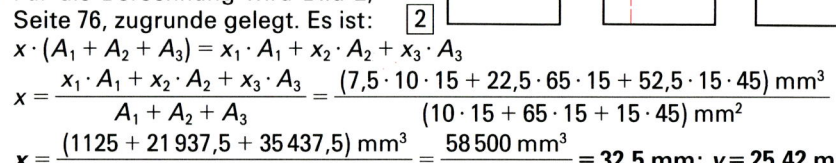

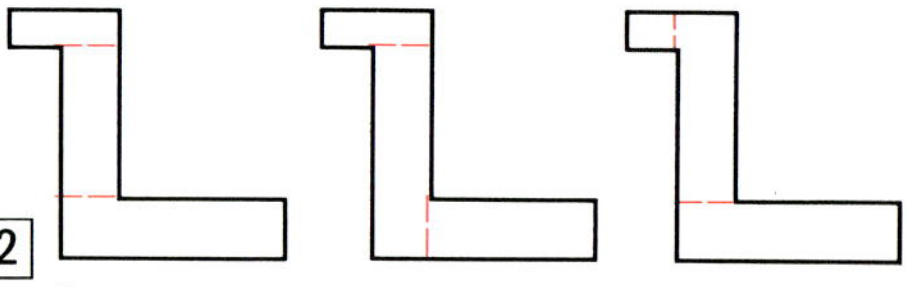

2

b) Für die Berechnung wird Bild 2, Seite 76, zugrunde gelegt. Es ist:

$$x \cdot (A_1 + A_2 + A_3) = x_1 \cdot A_1 + x_2 \cdot A_2 + x_3 \cdot A_3$$

$$x = \frac{x_1 \cdot A_1 + x_2 \cdot A_2 + x_3 \cdot A_3}{A_1 + A_2 + A_3} = \frac{(7{,}5 \cdot 10 \cdot 15 + 22{,}5 \cdot 65 \cdot 15 + 52{,}5 \cdot 15 \cdot 45)\,\text{mm}^3}{(10 \cdot 15 + 65 \cdot 15 + 15 \cdot 45)\,\text{mm}^2}$$

$$\boldsymbol{x} = \frac{(1125 + 21\,937{,}5 + 35\,437{,}5)\,\text{mm}^3}{(150 + 975 + 675)\,\text{mm}^2} = \frac{58\,500\,\text{mm}^3}{1800\,\text{mm}^2} = \mathbf{32{,}5\,mm};\ \boldsymbol{y} = \mathbf{25{,}42\,mm}$$

Ü97. $x \cdot (A_1 + A_2) = x_1 \cdot A_1 + x_2 \cdot A_2$

$$A_1 = \frac{30\text{ mm} \cdot 45\text{ mm}}{2} = 675\text{ mm}^2$$

$$A_2 = \frac{\pi \cdot 45^2}{2 \cdot 4}\text{ mm}^2 = 795{,}22\text{ mm}^2$$

$$x = \frac{x_1 \cdot A_1 + x_2 \cdot A_2}{A_1 + A_2}$$

$$x = \frac{15\text{ mm} \cdot 675\text{ mm}^2 + 22{,}5\text{ mm} \cdot 795{,}22\text{ mm}^2}{675\text{ mm}^2 + 795{,}22\text{ mm}^2}$$

$$\boldsymbol{x} = \frac{10\,125\text{ mm}^3 + 17\,892{,}45\text{ mm}^3}{1470{,}22\text{ mm}^2} = \frac{28\,017{,}45\text{ mm}^3}{1470{,}22\text{ mm}^2} \mathbf{= 19{,}06\ mm}$$

$$y \cdot (A_1 + A_2) = y_1 \cdot A_1 + y_2 \cdot A_2$$

$$y = \frac{y_1 \cdot A_1 + y_2 \cdot A_2}{A_1 + A_2} = \frac{20\text{ mm} \cdot 675\text{ mm}^2 + (30 + 22{,}5 \cdot 0{,}424)\text{ mm} \cdot 795{,}22\text{ mm}^2}{675\text{ mm}^2 + 795{,}22\text{ mm}^2}$$

$$\boldsymbol{y} = \frac{13\,500\text{ mm}^3 + 31\,443\text{ mm}^3}{1470{,}22\text{ mm}^2} = \frac{44\,943\text{ mm}^3}{1470{,}22\text{ mm}^2} \mathbf{= 30{,}57\ mm}$$

Ü98. $x \cdot (l_1 + l_2 + l_3) = x_1 \cdot l_1 + x_2 \cdot l_2 + x_3 \cdot l_3$

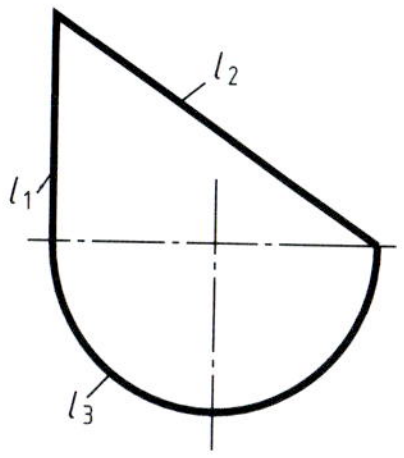

1

$$l_1 = 30\text{ mm}$$

$$l_2 = \sqrt{(30\text{ mm})^2 + (45\text{ mm})^2} = \sqrt{2925\text{ mm}^2} = 54{,}08\text{ mm}$$

$$l_3 = 45\text{ mm} \cdot \frac{\pi}{2} = 70{,}69\text{ mm}$$

$x_1 = 0$; $x_2 = 22{,}5$ mm; $x_3 = 22{,}5$ mm

$$x = \frac{x_1 \cdot l_1 + x_2 \cdot l_2 + x_3 \cdot l_3}{l_1 + l_2 + l_3}$$

$$\boldsymbol{x} = \frac{0 \cdot 30\text{ mm} + 22{,}5\text{ mm} \cdot 54{,}08\text{ mm} + 22{,}5\text{ mm} \cdot 70{,}69\text{ mm}}{30\text{ mm} + 54{,}08\text{ mm} + 70{,}69\text{ mm}} \mathbf{= 18{,}14\ mm}$$

$y \cdot (l_1 + l_2 + l_3) = y_1 \cdot l_1 + y_2 \cdot l_2 + y_3 \cdot l_3$ $y_1 = 15$ mm; $y_2 = 15$ mm

$$y = \frac{y_1 \cdot l_1 + y_2 \cdot l_2 + y_3 \cdot l_3}{l_1 + l_2 + l_3}$$

$$y_3 = 30\text{ mm} + \frac{2 \cdot 22{,}5\text{ mm}}{\pi} = 44{,}32\text{ mm}$$

$\left(\text{gemäß Ü94.:}\quad x = \frac{2 \cdot r}{\pi}\right)$

$$y = \frac{15\text{ mm} \cdot 30\text{ mm} + 15\text{ mm} \cdot 54{,}08\text{ mm} + 44{,}32\text{ mm} \cdot 70{,}69\text{ mm}}{30\text{ mm} + 54{,}08\text{ mm} + 70{,}69\text{ mm}}$$

$$\boldsymbol{y} = \frac{450\text{ mm}^2 + 811{,}2\text{ mm}^2 + 3132{,}98\text{ mm}^2}{154{,}77\text{ mm}} = \frac{4394{,}18\text{ mm}^2}{154{,}77\text{ mm}} \mathbf{= 28{,}39\ mm}$$

Ü99. Der Schwerpunkt liegt auf der Mittelachse. Es braucht also nur der x-Wert berechnet zu werden:

$$x \cdot (A_1 + 2 \cdot A_2 + A_3) = x_1 \cdot A_1 + 2 \cdot x_2 \cdot A_2 + x_3 \cdot A_3$$

$A_1 = 100\text{ mm} \cdot 250\text{ mm} = 25\,000\text{ mm}^2$

$A_2 = 350\text{ mm} \cdot 50\text{ mm} = 17\,500\text{ mm}^2$

$A_3 = 250\text{ mm} \cdot 50\text{ mm} = 12\,500\text{ mm}^2$

$$x = \frac{x_1 \cdot A_1 + 2 \cdot x_2 \cdot A_2 + x_3 \cdot A_3}{A_1 + 2 \cdot A_2 + A_3}$$

$$x = \frac{50\text{ mm} \cdot 25\,000\text{ mm}^2 + 2 \cdot 275\text{ mm} \cdot 17\,500\text{ mm}^2 + 475\text{ mm} \cdot 12\,500\text{ mm}^2}{25\,000\text{ mm}^2 + 2 \cdot 17\,500\text{ mm}^2 + 12\,500\text{ mm}^2}$$

$$x = \frac{1\,250\,000\text{ mm}^3 + 9\,625\,000\text{ mm}^3 + 5\,937\,500\text{ mm}^3}{72\,500\text{ mm}^2} = \frac{16\,812\,500\text{ mm}^3}{72\,500\text{ mm}^2}$$

$\boldsymbol{x}$ **= 231,9 mm** (von der linken Kante der Fläche gemessen)

Ü100. Bild 2 zeigt den Profilträgerquerschnitt mit den entsprechenden Maßen aus der Stahlbautabelle. Wegen Achssymmetrie wird die Schwerpunktlage nur in y-Richtung berechnet. Es ist:

$$y_1 \cdot A_1 + y_2 \cdot A_2 = y \cdot (A_1 + 2 \cdot A_2)$$

2

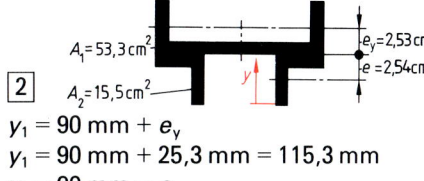

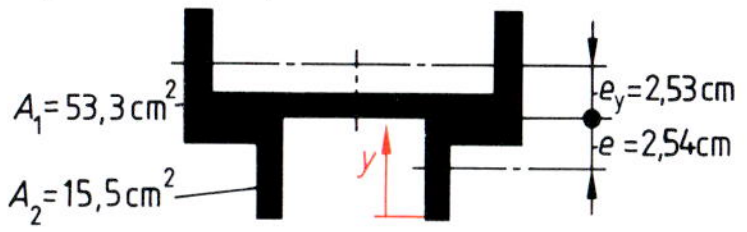

$y_1 = 90\text{ mm} + e_y$

$y_1 = 90\text{ mm} + 25{,}3\text{ mm} = 115{,}3\text{ mm}$

$y_2 = 90\text{ mm} - e$

$y_2 = 90\text{ mm} - 25{,}4\text{ mm} = 64{,}6\text{ mm}$

$$y = \frac{y_1 \cdot A_1 + 2 \cdot y_2 \cdot A_2}{A_1 + 2 \cdot A_2} = \frac{115{,}3\ \text{mm} \cdot 5330\ \text{mm}^2 + 2 \cdot 64{,}6\ \text{mm} \cdot 1550\ \text{mm}^2}{5330\ \text{mm}^2 + 2 \cdot 1550\ \text{mm}^2}$$

$$\boldsymbol{y} = \frac{614\,549\ \text{mm}^3 + 200\,260\ \text{mm}^3}{8\,430\ \text{mm}^2} = \frac{814\,809\ \text{mm}^3}{8\,430\ \text{mm}^2} = \mathbf{96{,}66\ mm}$$

Ü101. Der Schwerpunkt liegt auf der Mittelachse des abgesetzten Zylinders. Lediglich die x-Koordinate ist zu berechnen. Die Einzelschwerpunkte liegen jeweils im Raummittelpunkt der beiden Zylinder. Es ist demzufolge:

$$x \cdot (V_1 + V_2) = x_1 \cdot V_1 + x_2 \cdot V_2 \qquad x_1 = 25\ \text{mm}; \quad x_2 = 62{,}5\ \text{mm}$$

$$V_1 = \frac{\pi \cdot 30^2}{4}\ \text{mm}^2 \cdot 50\ \text{mm} = 35\,342{,}92\ \text{mm}^3$$

$$V_2 = \frac{\pi \cdot 20^2}{4}\ \text{mm}^2 \cdot 25\ \text{mm} = 7853{,}98\ \text{mm}^3$$

$$x = \frac{x_1 \cdot V_1 + x_2 \cdot V_2}{V_1 + V_2} = \frac{25\ \text{mm} \cdot 35\,342{,}92\ \text{mm}^3 + 62{,}5\ \text{mm} \cdot 7853{,}98\ \text{mm}^3}{35\,342{,}92\ \text{mm}^3 + 7853{,}98\ \text{mm}^3}$$

$$\boldsymbol{x} = \frac{883\,573\ \text{mm}^4 + 490\,873{,}75\ \text{mm}^4}{43\,196{,}9\ \text{mm}^3} = \frac{1\,374\,446{,}75\ \text{mm}^4}{43\,196{,}9\ \text{mm}^3} = \mathbf{31{,}82\ mm}$$

Ü102. Wegen der unterschiedlichen Dichten darf nun nicht mehr mit den Volumina, sondern es muss mit den tatsächlichen Gewichten gerechnet werden. Es ist:

$$x = \frac{x_1 \cdot F_{G1} + x_2 \cdot F_{G2}}{F_{G1} + F_{G2}} \qquad \boldsymbol{F_{G1}} = V_1 \cdot \varrho_1 \cdot g = \frac{35\,342{,}92}{10^9}\ \text{m}^3 \cdot 7850\ \frac{\text{kg}}{\text{m}^3} \cdot 9{,}81\ \frac{\text{m}}{\text{s}^2} = \mathbf{2{,}722\ N}$$

$$\boldsymbol{F_{G2}} = V_2 \cdot \varrho_2 \cdot g = \frac{7\,853{,}98}{10^9}\ \text{m}^3 \cdot 2700\ \frac{\text{kg}}{\text{m}^3} \cdot 9{,}81\ \frac{\text{m}}{\text{s}^2} = \mathbf{0{,}208\ N}$$

$$x = \frac{25\ \text{mm} \cdot 2{,}722\ \text{N} + 62{,}5\ \text{mm} \cdot 0{,}208\ \text{N}}{2{,}722\ \text{N} + 0{,}208\ \text{N}} = \frac{68{,}05\ \text{Nmm} + 13\ \text{Nmm}}{2{,}93\ \text{N}} = \frac{81{,}05\ \text{Nmm}}{2{,}93\ \text{N}}$$

$$\boldsymbol{x} = \mathbf{27{,}66\ mm}$$

Ü103.

$$x \cdot (l_1 + l_2 + l_3) = x_1 \cdot l_1 + x_2 \cdot l_2 + x_3 \cdot l_3 \qquad l_1 = 3\ \text{m}, \quad l_2 = 5\ \text{m}, \quad l_3 = 2\ \text{m}$$

$$x = \frac{x_1 \cdot l_1 + x_2 \cdot l_2 + x_3 \cdot l_3}{l_1 + l_2 + l_3} \qquad x_1 = \frac{l_1}{2 \cdot \sqrt{2}} = \frac{3\ \text{m}}{2 \cdot \sqrt{2}} = 1{,}06\ \text{m}; \quad x_2 = 0$$

$$x_3 = \frac{l_3}{2 \cdot \sqrt{2}} = \frac{2\ \text{m}}{2 \cdot \sqrt{2}} = 0{,}707\ \text{m}$$

$$x = \frac{1{,}06\ \text{m} \cdot 3\ \text{m} + 0 \cdot 5\ \text{m} + 0{,}707\ \text{m} \cdot 2\ \text{m}}{3\ \text{m} + 5\ \text{m} + 2\ \text{m}}$$

$$\boldsymbol{x} = \frac{3{,}18\ \text{m}^2 + 0 + 1{,}414\ \text{m}^2}{10\ \text{m}} = \frac{4{,}594\ \text{m}^2}{10\ \text{m}} = \mathbf{0{,}46\ m}$$

$$y \cdot (l_1 + l_2 + l_3) = y_1 \cdot l_1 + y_2 \cdot l_2 - y_3 \cdot l_3$$

$$y = \frac{y_1 \cdot l_1 + y_2 \cdot l_2 - y_3 \cdot l_3}{l_1 + l_2 + l_3} \qquad y_1 = \frac{1}{2} \cdot l_2 + \frac{1}{2} \cdot \frac{l_1}{\sqrt{2}} = \frac{1}{2} \cdot 5\ \text{m} + \frac{1}{2} \cdot \frac{3\ \text{m}}{\sqrt{2}}$$

$$y = \frac{3{,}56\ \text{m} \cdot 3\ \text{m} + 0 \cdot 5\ \text{m} - 3{,}207\ \text{m} \cdot 2\ \text{m}}{10\ \text{m}} \qquad \boldsymbol{y_1} = \mathbf{3{,}56\ m} \qquad \boldsymbol{y_2} = \mathbf{0}$$

$$y = \frac{10{,}68\ \text{m}^2 + 0 - 6{,}414\ \text{m}^2}{10\ \text{m}} = \frac{4{,}266\ \text{m}^2}{10\ \text{m}} \qquad y_3 = \frac{1}{2} \cdot l_2 + \frac{1}{2} \cdot \frac{l_3}{\sqrt{2}} = \frac{1}{2} \cdot 5\ \text{m} + \frac{1}{2} \cdot \frac{2\ \text{m}}{\sqrt{2}}$$

$$\boldsymbol{y} = \mathbf{0{,}427\ m} \qquad \boldsymbol{y_3} = \mathbf{3{,}207\ m}$$

Vergleicht man mit den zeichnerisch ermittelten Ergebnissen in Musteraufgabe M42., Seite 79, dann wird nochmals sehr deutlich die eingeschränkte Möglichkeit hinsichtlich der Genauigkeit bei zeichnerischen Lösungen sichtbar.

Ü 104.

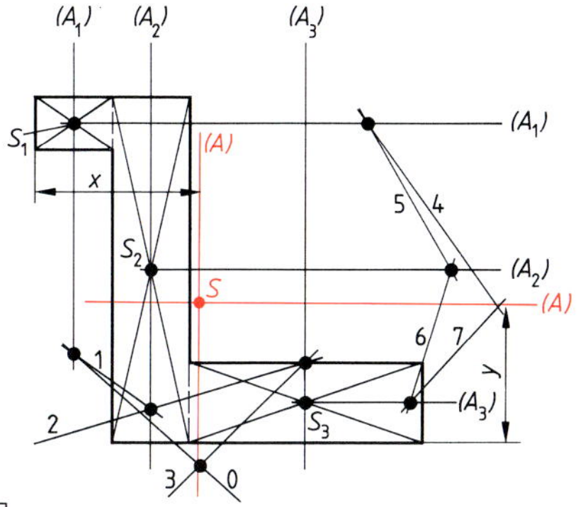

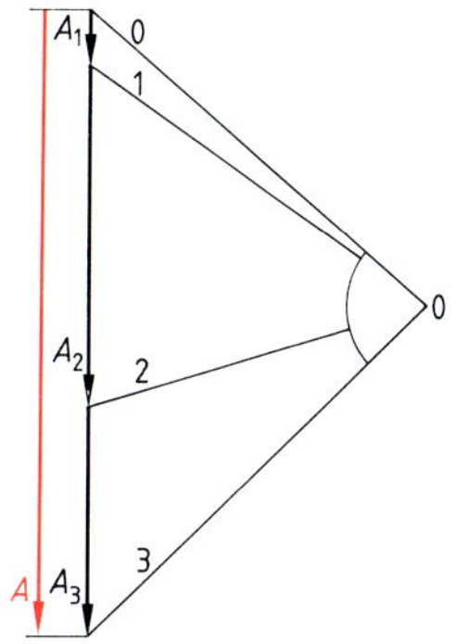

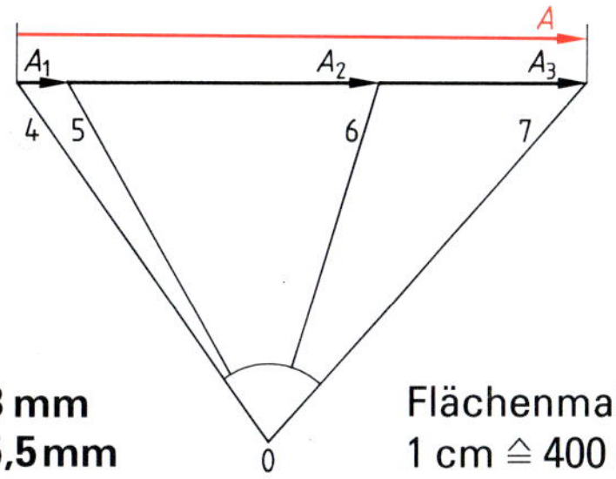

1

$A_1 = 15\,\text{mm} \cdot 10\,\text{mm} = 150\,\text{mm}^2$

$A_2 = 65\,\text{mm} \cdot 15\,\text{mm} = 975\,\text{mm}^2$

$A_3 = 45\,\text{mm} \cdot 15\,\text{mm} = 675\,\text{mm}^2$

$\boldsymbol{x = 33\,\text{mm}}$

$\boldsymbol{y = 25{,}5\,\text{mm}}$

Flächenmaßstab
1 cm ≙ 400 mm²

Ü 105.

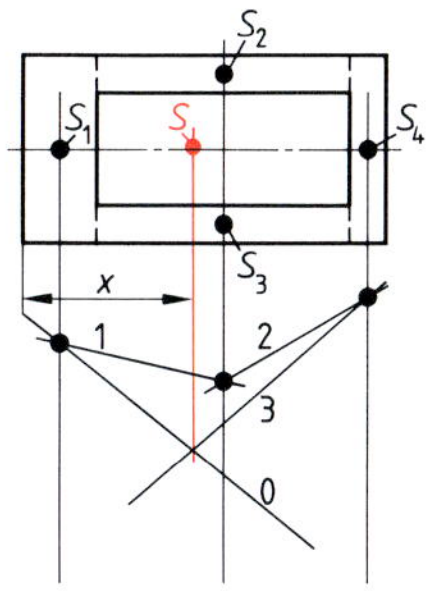

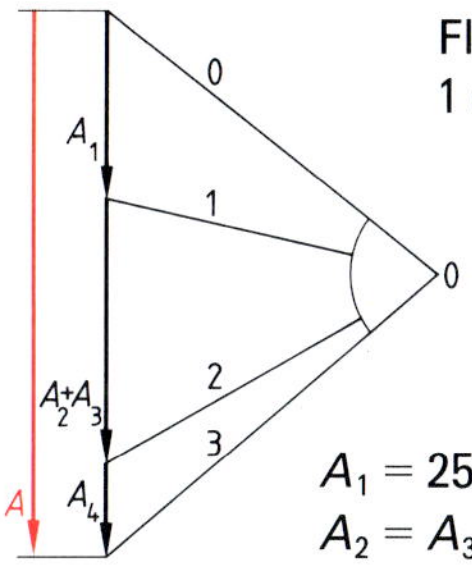

2

Flächenmaßstab
1 cm ≙ 20 000 mm²

$A_1 = 250\,\text{mm} \cdot 100\,\text{mm} = 25\,000\,\text{mm}^2$

$A_2 = A_3 = 350\,\text{mm} \cdot 50\,\text{mm} = 17\,500\,\text{mm}^2$

$A_4 = 250\,\text{mm} \cdot 50\,\text{mm} = 12\,500\,\text{mm}^2$

$\boldsymbol{x = 230\,\text{mm}}$

Ü 106. a)

$$\nu_K = \frac{M_S}{M_K}$$

$$\nu_K = \frac{144\,\text{dm}^4}{21\,\text{dm}^4}$$

$$\boldsymbol{\nu_K = 6{,}857}$$

Da es sich um einen homogenen Körper (ϱ überall gleich) handelt, kann mit den Volumina gerechnet werden:

$M_S = V_S \cdot r_1 = (6 \cdot 3 \cdot 4)\,\text{dm}^3 \cdot 2\,\text{dm} = 72\,\text{dm}^3 \cdot 2\,\text{dm} = 144\,\text{dm}^4$

$M_K = V_K \cdot r_2 = [(6 - 2{,}5) \cdot 3 \cdot 2]\,\text{dm}^3 \cdot 1\,\text{dm} = 21\,\text{dm}^3 \cdot 1\,\text{dm} = 21\,\text{dm}^4$

b) $M_S = M_K \longrightarrow$ Momentengleichgewicht $\longrightarrow F_{GS} \cdot r_1 = F_{GK} \cdot r_2 + F_3 \cdot r_3$

$$F = \frac{F_{GS} \cdot r_1 - F_{GK} \cdot r_2}{r_3} = \frac{V_S \cdot \varrho \cdot g \cdot r_1 - V_K \cdot \varrho \cdot g \cdot r_2}{r_3} = \frac{\varrho \cdot g \cdot (V_S \cdot r_1 - V_K \cdot r_2)}{r_3}$$

$$F = \frac{7850\,\frac{\text{kg}}{\text{m}^3} \cdot 9{,}81\,\frac{\text{m}}{\text{s}^2} \cdot (144\,\text{dm}^4 - 21\,\text{dm}^4)}{2\,\text{dm}} = \frac{7850\,\frac{\text{kg}}{\text{m}^3} \cdot 9{,}81\,\frac{\text{m}}{\text{s}^2} \cdot 0{,}0123\,\text{m}^4}{0{,}2\,\text{m}}$$

$$\boldsymbol{F} - 4736{,}0228\,\frac{\text{kgm}}{\text{s}^2} \;\boldsymbol{= 4736{,}0228\,\text{N}}$$

Ü107. $M_K = F_G \cdot r$ $\qquad r = \dfrac{150\text{ mm} - 100\text{ mm}}{2} = \dfrac{50\text{ mm}}{2} = 25\text{ mm} = 2{,}5\text{ cm}$

$M_K = 20\text{ N} \cdot 2{,}5\text{ cm}$

$\boldsymbol{M_K = 50\text{ Ncm}}$

Ü108. a) $\boldsymbol{\nu_K < 1}$ b) $\boldsymbol{\nu_K = 1}$ c) $\boldsymbol{\nu_K > 1}$

Ü109. $\nu_K = \dfrac{M_S}{M_K}$

Würde der Kran kippen, dann würde er dies um den Punkt A tun. Folglich ist:

$M_K = -F_{G3} \cdot 1\text{ m} - F \cdot 3\text{ m} = -10{,}5\text{ kN} \cdot 1\text{ m} - 60\text{ kN} \cdot 3\text{ m}$

$M_K = -10{,}5\text{ kNm} - 180\text{ kNm}$

$\boldsymbol{M_K = -190{,}5\text{ kNm}}$

Da es nur auf die Größe des Momentes ankommt, wird es mit seinem absoluten Betrag, also positiv, in die Rechnung eingesetzt.

$M_S = F_{G1} \cdot 2\text{ m} + F_{G2} \cdot 1{,}3\text{ m} = 145\text{ kN} \cdot 2\text{ m} + 45\text{ kN} \cdot 1{,}3\text{ m}$

$M_S = 290\text{ kNm} + 58{,}8\text{ kNm}$

$\boldsymbol{M_S = 348{,}5\text{ kNm}}$

$\nu_K = \dfrac{348{,}5\text{ kNm}}{190{,}5\text{ kNm}}$

$\boldsymbol{\nu_K = 1{,}829}$

Ü110. Die Kippsicherheit ν_K wird kleiner, wenn der Kran auf einem geneigten Untergrund fährt, und zwar in der Weise, dass sich der Ausleger senkt.

Ü111. $F_H = F_G \cdot \sin\alpha$; $\quad F_N = F_G \cdot \cos\alpha$. Nach Bild 1 ergibt sich Momentengleichgewicht:

$F_Z \cdot l_2 = F_N \cdot l_1 - F_H \cdot l_3$

$F_Z \cdot l_2 = F_G \cdot \cos\alpha \cdot l_1 - F_G \cdot \sin\alpha \cdot l_3$

$F_Z \cdot l_2 = F_G \cdot \cos\alpha \cdot l_1 - F_G \cdot \sqrt{1 - \cos^2\alpha} \cdot l_3.$

Beide Seiten werden nun quadriert, und es ergibt sich eine gemischt quadratische Gleichung mit den Ergebnissen

$\boldsymbol{\alpha_1 = 41°21'22''}$; $\quad \alpha_2 = 120°56'14''$ (entfällt)

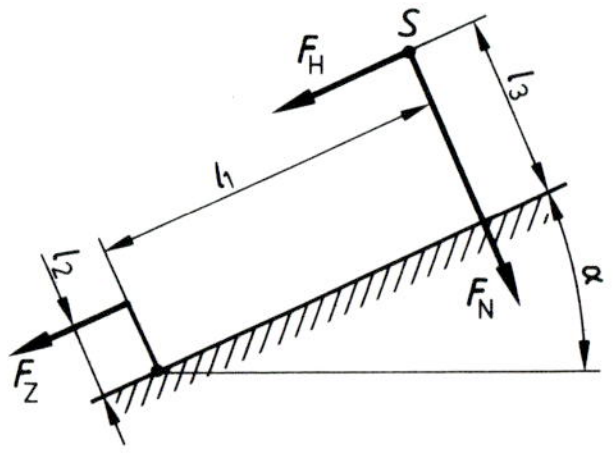

1

Ü112. a) $A = l \cdot \pi \cdot d_1$

$\boldsymbol{l} = \sqrt{h^2 + \left(\dfrac{D - d}{2}\right)^2} \boldsymbol{= 121{,}655\text{ cm}}$

$\boldsymbol{d_1} = \dfrac{D + d}{2} = \dfrac{100\text{ cm} + 60\text{ cm}}{2} = \dfrac{160\text{ cm}}{2} \boldsymbol{= 80\text{ cm}}$

$\boldsymbol{A} = 121{,}655\text{ cm} \cdot \pi \cdot 80\text{ cm} = 30\,575{,}2\text{ cm}^2 \boldsymbol{= 3{,}057\,52\text{ m}^2}$

geometrische Formel: $A = \dfrac{\pi \cdot l}{2} \cdot (D + d) = \dfrac{\pi \cdot 121{,}655\text{ cm}}{2} \cdot (100\text{ cm} + 60\text{ cm})$

$\boldsymbol{A = 30\,575{,}2\text{ cm}^2}$

b) $V = A \cdot \pi \cdot d_1$

$A = \dfrac{1}{2} \cdot \dfrac{D + d}{2} \cdot h = \dfrac{1}{2} \cdot \dfrac{100\text{ cm} + 60\text{ cm}}{2} \cdot 120\text{ cm}$

$\boldsymbol{A} = \dfrac{1}{2} \cdot 80\text{ cm} \cdot 120\text{ cm} \boldsymbol{= 4800\text{ cm}^2}$ (halbe Trapezfläche)

$A \cdot x = A_1 \cdot x_1 + A_2 \cdot x_2$, $\quad$ dabei ist $x = \dfrac{d_1}{2}$

$\boldsymbol{A_1} = \dfrac{d}{2} \cdot h = \dfrac{60\text{ cm}}{2} \cdot 120\text{ cm} \boldsymbol{= 3600\text{ cm}^2}$; $\quad \boldsymbol{x_1} = \dfrac{d}{4} \boldsymbol{= 15\text{ cm}}$

$\boldsymbol{A_2} = \dfrac{D - d}{2} \cdot \dfrac{h}{2} = \dfrac{100\text{ cm} - 60\text{ cm}}{2} \cdot \dfrac{120\text{ cm}}{2} \boldsymbol{= 1200\text{ cm}^2}$

$x_2 = \dfrac{d}{2} + \dfrac{1}{3} \cdot \dfrac{D - d}{2} = 30\text{ cm} + \dfrac{1}{3} \cdot \dfrac{100\text{ cm} - 60\text{ cm}}{2}$

$\boldsymbol{x_2 = 36{,}67\text{ cm}}$

$x = \dfrac{A_1 \cdot x_1 + A_2 \cdot x_2}{A} = \dfrac{3600\text{ cm}^2 \cdot 15\text{ cm} + 1200\text{ cm}^2 \cdot 36{,}67\text{ cm}}{4800\text{ cm}^2}$

$x = 20{,}418\text{ cm} \longrightarrow \boldsymbol{d_1} = 2 \cdot x = 2 \cdot 20{,}418\text{ cm} \boldsymbol{= 40{,}836\text{ cm}}$

$\boldsymbol{V} = 4800\ \text{cm}^2 \cdot \pi \cdot 40{,}836\ \text{cm} = 615\,792{,}4\ \text{cm}^3 \approx \mathbf{0{,}6158\ m^3}$

geometrische Formel: $V = \dfrac{\pi \cdot h}{12} \cdot (D^2 + D \cdot d + d^2)$

$$V = \frac{\pi \cdot 120\ \text{cm}}{12} \cdot [(100\ \text{cm})^2 + 100\ \text{cm} \cdot 60\ \text{cm} + (60\ \text{cm})^2]$$

$$\boldsymbol{V} = 615\,752{,}2\ \text{cm}^3 \approx \mathbf{0{,}6158\ m^3}$$

Ü113. Die Rotationsachse darf die den Rotationskörper erzeugende Fläche nicht schneiden.

Ü114. $V = A \cdot \pi \cdot d_1; \quad A \cdot x = A_1 \cdot x_1 + A_2 \cdot x_2$ dabei ist $x = \dfrac{d_1}{2}$

$$\boldsymbol{A_1} = \frac{d - d_i}{2} \cdot h = 10\ \text{mm} \cdot 90\ \text{mm} = \mathbf{900\ mm^2}; \quad \boldsymbol{x_1} = \mathbf{65\ mm}$$

$$\boldsymbol{A_2} = \frac{D - d}{2} \cdot (h - h_1) = 30\ \text{mm} \cdot 20\ \text{mm} = \mathbf{600\ mm^2}; \quad \boldsymbol{x_2} = \mathbf{85\ mm}$$

$$\boldsymbol{A} = A_1 + A_2 = 900\ \text{mm}^2 + 600\ \text{mm}^2 = \mathbf{1500\ mm^2}$$

$$x = \frac{A_1 \cdot x_1 + A_2 \cdot x_2}{A} = \frac{900\ \text{mm}^2 \cdot 65\ \text{mm} + 600\ \text{mm}^2 \cdot 85\ \text{mm}}{1500\ \text{mm}^2}$$

$$x = 73\ \text{mm} \longrightarrow \boldsymbol{d_1} = 2 \cdot 73\ \text{mm} = \mathbf{146\ mm}$$

$\boldsymbol{V} = 1500\ \text{mm}^2 \cdot \pi \cdot 146\ \text{mm} = 688\,009\ \text{mm}^3 \approx \mathbf{688\ cm^3}$

Ü115. a) $A = l \cdot \pi \cdot d_1 \qquad l = l_1 + l_2 = 1000\ \text{mm} + \sqrt{(2000\ \text{mm} - 1000\ \text{mm})^2 + (250\ \text{mm})^2}$

$$\boldsymbol{l} = 1000\ \text{mm} + 1030{,}78\ \text{mm} = \mathbf{2030{,}78\ mm}$$

$l \cdot x = l_1 \cdot x_1 + l_2 \cdot x_2$ dabei ist $x = \dfrac{d_1}{2}$; $x_1 = 300\ \text{mm}$, $x_2 = 425\ \text{mm}$

$$x = \frac{l_1 \cdot x_1 + l_2 \cdot x_2}{l}$$

$$\boldsymbol{x} = \frac{1000\ \text{mm} \cdot 300\ \text{mm} + 1030{,}78\ \text{mm} \cdot 425\ \text{mm}}{2030{,}78\ \text{mm}} = \mathbf{363{,}45\ mm}$$

$$\boldsymbol{d_1} = 2 \cdot x = 2 \cdot 363{,}45\ \text{mm} = \mathbf{726{,}9\ mm}$$

$\boldsymbol{A} = 2030{,}78\ \text{mm} \cdot \pi \cdot 726{,}9\ \text{mm} = 4\,637\,537{,}3\ \text{mm}^2 \approx \mathbf{4{,}64\ m^2}$

b) $\boldsymbol{m} = V \cdot \varrho = A \cdot s \cdot \varrho = 4{,}64\ \text{m}^2 \cdot 0{,}002\ \text{m} \cdot 7850\ \dfrac{\text{kg}}{\text{m}^3} = \mathbf{72{,}85\ kg}$

Ü116. $V = A \cdot \pi \cdot d_1 \qquad A \cdot x = A_1 \cdot x_1 + A_2 \cdot x_2$ dabei ist $x = \dfrac{d_1}{2}$

$$\boldsymbol{A_1} = 300\ \text{mm} \cdot 1000\ \text{mm} = \mathbf{300\,000\ mm^2}; \quad \boldsymbol{x_1} = \mathbf{150\ mm}$$

$$\boldsymbol{A_2} = \frac{550\ \text{mm} + 300\ \text{mm}}{2} \cdot 1000\ \text{mm} = \mathbf{425\,000\ mm^2}.$$

$\boldsymbol{x_2} = \mathbf{218{,}63\ mm}$ (separat berechneter Abstand des Trapezschwerpunktes von der Rotationsachse)

$x = \dfrac{A_1 \cdot x_1 + A_2 \cdot x_2}{A} \qquad \boldsymbol{A} = A_1 + A_2 = \mathbf{725\,000\ mm^2}$

$$x = \frac{300\,000\ \text{mm}^2 \cdot 150\ \text{mm} + 425\,000\ \text{mm}^2 \cdot 218{,}63\ \text{mm}}{725\,000\ \text{mm}^2}$$

$$\boldsymbol{x} = \mathbf{190{,}23\ mm}$$

$$\boldsymbol{d_1} = 2 \cdot x = 2 \cdot 190{,}23\ \text{mm} = \mathbf{380{,}46\ mm}$$

$\boldsymbol{V} = 725\,000\ \text{mm}^2 \cdot \pi \cdot 380{,}46\ \text{mm} = 866\,556\,500\ \text{mm}^3 \approx \mathbf{0{,}867\ m^3}$

Ü117. **Ideales Fachwerk:** Stabschwerachsen schneiden sich genau im Knotenpunkt; alle äußeren Kräfte werden anteilmäßig auf die Knotenpunkte verteilt; Knotenpunkte werden als reibungsfreie Gelenke aufgefasst; Stäbe werden ausschließlich auf Zug oder Druck beansprucht.

Ü118. $s = 2k - 3$ s = Anzahl der Stäbe; k = Anzahl der Knotenpunkte

Ü119. a) $F_B \cdot 4\,\text{m} = F_G \cdot 6\,\text{m} \longrightarrow \boldsymbol{F_B} = F_G \cdot \frac{6\,\text{m}}{4\,\text{m}} = 12\,\text{kN} \cdot \frac{6\,\text{m}}{4\,\text{m}} = \mathbf{18\,kN}$ (←)

$\left.\begin{array}{l}\boldsymbol{F_{Ay}} = -F_G = \mathbf{12\,kN}\ (\uparrow) \\ \boldsymbol{F_{Ax}} = -F_B = \mathbf{18\,kN}\ (\rightarrow)\end{array}\right\} \longrightarrow \begin{array}{l} F_A = \sqrt{F_{Ax}^2 + F_{Ay}^2} = \sqrt{(18\,\text{kN})^2 + (12\,\text{kN})^2} \\ \boldsymbol{F_A} = \sqrt{468\,\text{kN}^2} = \mathbf{21{,}63\,kN}\ (\nearrow)\end{array}$

b) KM: 1 cm ≙ 10 kN

Krafteck I (F_G ist bekannt)

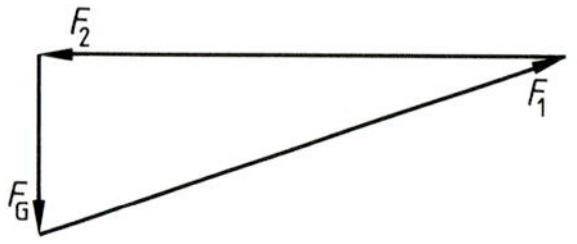

1

$\boldsymbol{F_1} = \mathbf{+38\,kN}$ $\boldsymbol{F_2} = \mathbf{-36{,}25\,kN}$

Krafteck II (F_1 ist bekannt)

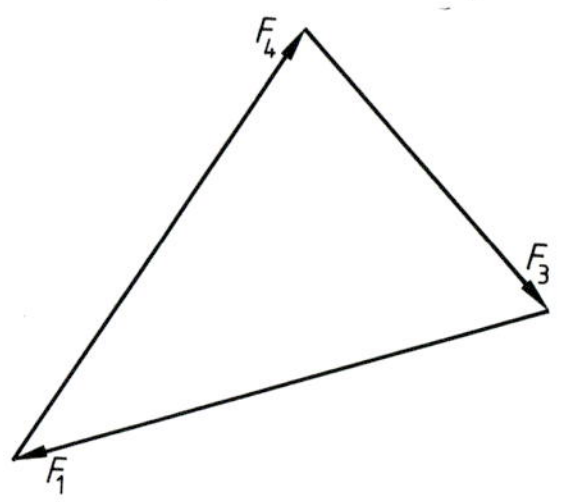

2

$\boldsymbol{F_3} = \mathbf{+25\,kN}$ $\boldsymbol{F_4} = \mathbf{+35\,kN}$

Krafteck III (F_B, F_3, F_2 bekannt)

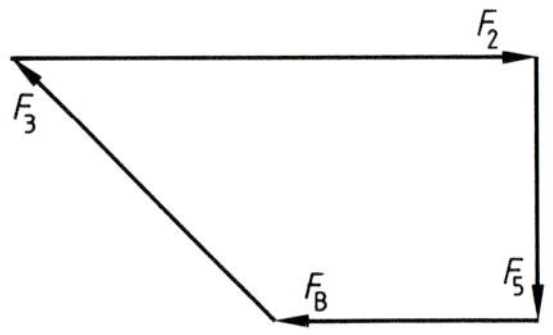

3

$\boldsymbol{F_5} = \mathbf{+17{,}5\,kN}$

Krafteck IV ⟶ Probe (F_4 und F_5 bekannt)

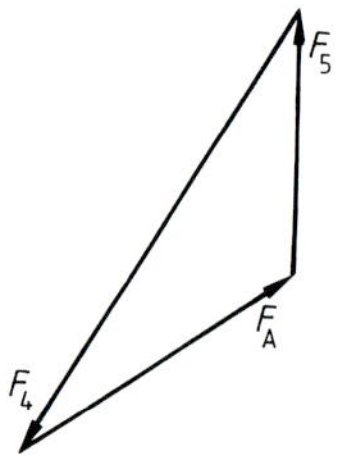

4

$\boldsymbol{F_A} = \mathbf{+22\,kN}$ (entsprechend Rechnung)

Ü120. a) **Nullstab**: Stab ohne Kraftanteil b) **Zugstab**: + **Druckstab**: −

Ü121.

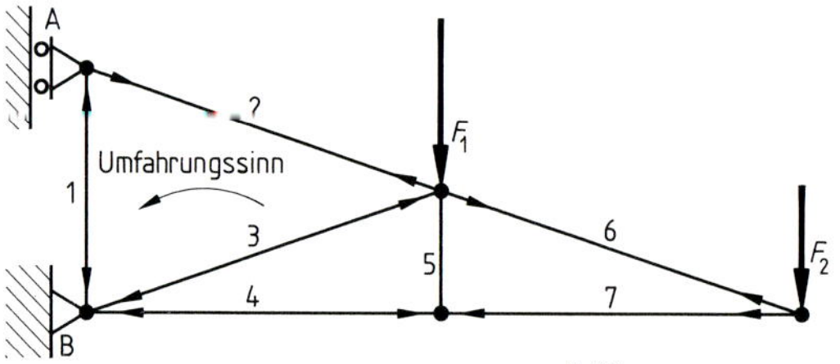

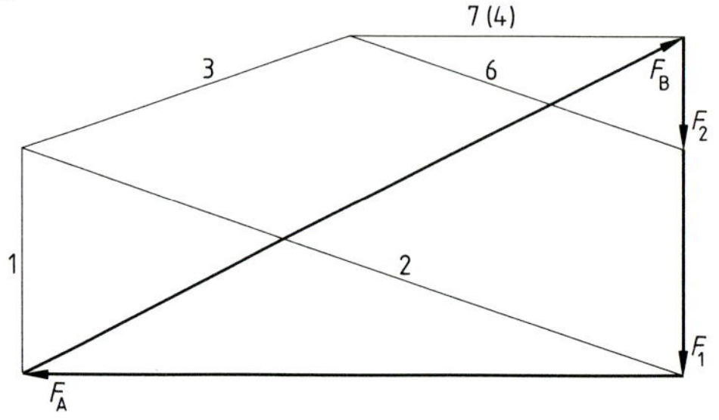

5

$F_A \cdot 0{,}4\,\text{m} = F_1 \cdot 0{,}6\,\text{m} + F_2 \cdot 1{,}2\,\text{m}$

$\boldsymbol{F_A} = \mathbf{120\,kN}$

Stab	Stabkraft in kN
1	−40,0
2	+127,0
3	−64,0
4	−59,0
5	Nullstab
6	+62.0
7	−59,0

KM: 1 cm ≙ 20 kN

Ü 122. Dass die Fachwerkstäbe in der Regel bei einem Fachwerk alle gleichen Stabquerschnitt haben, ist auf fertigungstechnische Gründe zurückzuführen. Auch die Ästhetik spielt eine Rolle, und auch wirtschaftliche Gründe finden Eingang in die Überlegungen.

Ü 123.

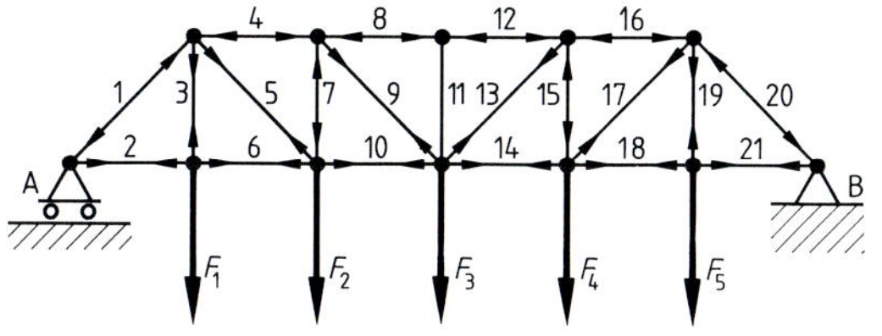

KM: 1 cm ≙ 20 kN

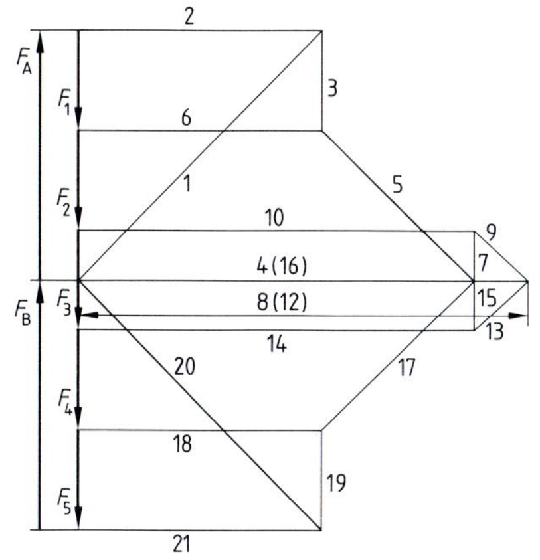

1

Umfahrungssinn

$$F_A = F_B = \frac{\Sigma F}{2} = \frac{5 \cdot 20\,\text{kN}}{2} = \mathbf{50\,kN}$$

Stab	Stabkraft in kN
1	−71
2	+50
3	+20
4	−80
5	+42,5
6	+50
7	−10
8	−92
9	+14,1
10	+80
11	Nullstab
12	−92
13	+14,1
14	+80
15	−10
16	−80
17	+42,5
18	+50
19	+20
20	−71
21	+50

Ü 124. Aus Platzgründen ⟶ Lösung auf der nächsten Seite!

Ü 125. Es stehen nur drei Lösungsgleichungen $\Sigma F_x = 0$, $\Sigma F_y = 0$, $\Sigma M_d = 0$ zur Verfügung.

Ü 126. Zweckmäßigerweise wird der Trägerteil gewählt, an dem die wenigsten Kräfte angreifen. Dadurch wird der Rechenaufwand minimiert.

Ü 127. Schnitt durch die Stäbe O_1, D_1, U_1. Von diesen drei Fachwerkstäben kann nur der Stab D_1 vertikale Kräfte aufnehmen. Im Falle des Gleichgewichts muss gelten:

$$F = -F_{Dy} = F_{D1} \cdot \sin 45° \longrightarrow \boldsymbol{F_{D1}} = \frac{F}{\sin 45°} = \frac{80\,\text{kN}}{0{,}7071} = \mathbf{113{,}14\,kN}\ (\nearrow)$$

Ü 128. $F_A \cdot 8\,\text{m} = F \cdot 6\,\text{m}$

$$F_A = \frac{F \cdot 6\,\text{m}}{8\,\text{m}} = \frac{15\,\text{kN} \cdot 6\,\text{m}}{8\,\text{m}}$$

$\boldsymbol{F_A = 11{,}25\,kN}$

Schnitt durch die Stäbe O, D, U:

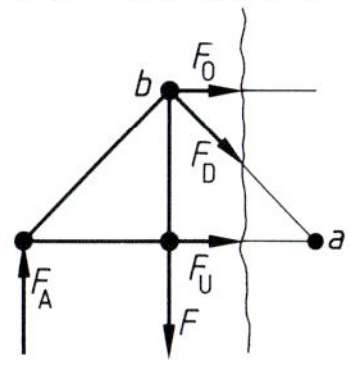

2

Ü 129. Bei der Wahl eines günstigen Systemdrehpunktes ist darauf zu achten, dass die WL der nicht zu berechnenden Stabkräfte durch diesen Drehpunkt gehen.

Ü 124.

Ermittlung von *x* mittels Seileckverfahren:

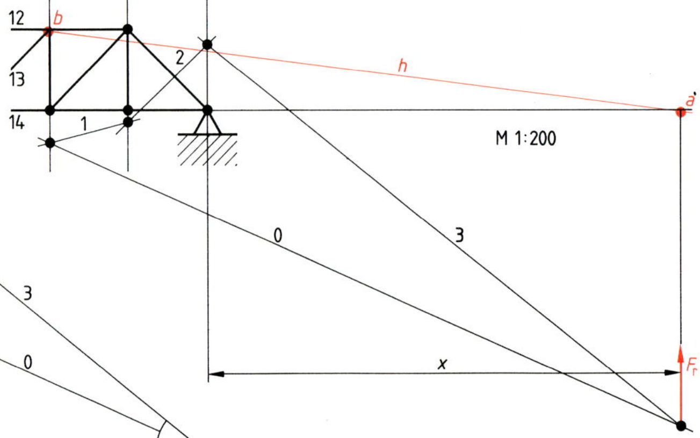

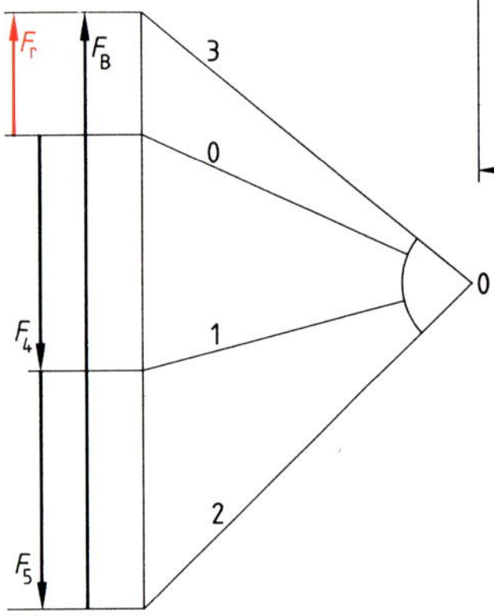

KM: 1 cm ≙ 10 kN

rechnerische Ermittlung von *x*:

$$F_r \cdot x = F_4 \cdot 4\,\text{m} + F_5 \cdot 2\,\text{m}$$

$$x = \frac{F_4 \cdot 4\,\text{m} + F_5 \cdot 2\,\text{m}}{F_r}$$

$$x = \frac{20\,\text{kN} \cdot 4\,\text{m} + 20\,\text{kN} \cdot 2\,\text{m}}{10\,\text{kN}}$$

$$\boldsymbol{x} = \frac{120\,\text{kNm}}{10\,\text{kN}} = \mathbf{12\,m}$$

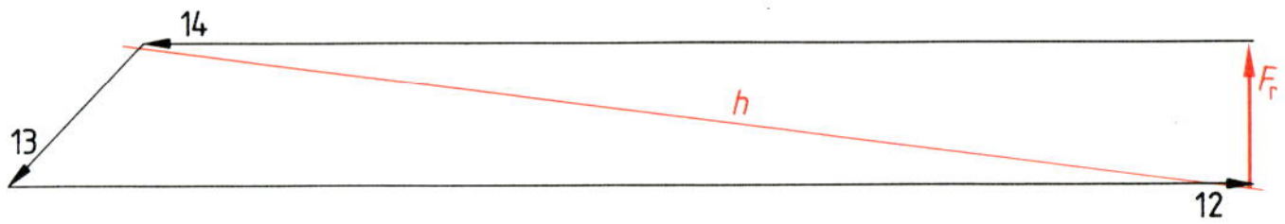

1

Stabkraft 12 = −90 kN (Druck)
Stabkraft 13 = 14,1 kN (Zug)
Stabkraft 14 = 80 kN (Zug)
→ entsprechend Cremonaplan Ü 123.

Ü 125. bis Ü 129. Aus Platzgründen → Lösungen auf der Vorseite

Ü 130. **Stabkraft F_{O2}:** (Bild 2)
Drehpunkt ist der Schnittpunkt von D_1 und U_1:

$$-F_A \cdot 4\,\text{m} + F_1 \cdot 4\,\text{m} + F_2 \cdot 1{,}5\,\text{m} - F_{O2} \cdot a = 0$$

$a = 1{,}85\,\text{m}$ (rechtwinklig zu O_2 ausgemessen)

$$F_{O2} = \frac{F_1 \cdot 4\,\text{m} + F_2 \cdot 1{,}5\,\text{m} - F_A \cdot 4\,\text{m}}{a}$$

$$F_{O2} = \frac{10\,\text{kN} \cdot 4\,\text{m} + 10\,\text{kN} \cdot 1{,}5\,\text{m} - 25\,\text{kN} \cdot 4\,\text{m}}{1{,}85\,\text{m}} = -\frac{45\,\text{kNm}}{1{,}85\,\text{m}}$$

$\mathbf{F_{O2} = -24{,}32\,kN}$ (Druckstab)

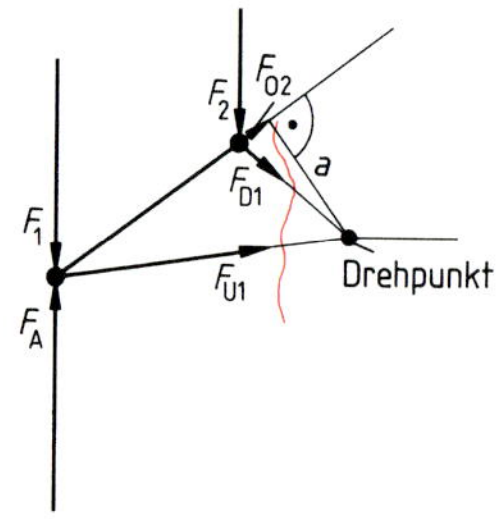

2

Stabkraft F_{D1}: (Bild 1)

$$-F_2 \cdot 2{,}5\,\text{m} - F_{D1} \cdot b = 0 \qquad (b = 3{,}0\,\text{m})$$

$$F_{D1} = -\frac{F_2 \cdot 2{,}5\,\text{m}}{b} = -\frac{10\,\text{kN} \cdot 2{,}5\,\text{m}}{3{,}0\,\text{m}}$$

$\boldsymbol{F_{D1} = -8{,}33\,\text{kN}}$ (Druckstab)

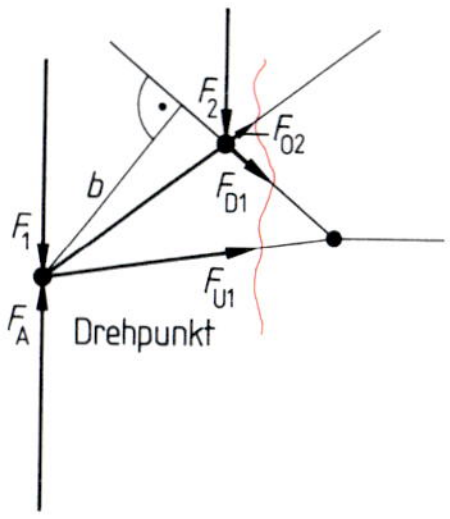

1

Stabkraft F_{U1}: (Bild 2)

$$-F_A \cdot 2{,}5\,\text{m} + F_1 \cdot 2{,}5\,\text{m} + F_{U1} \cdot c = 0$$

$$(c = 1{,}4\,\text{m})$$

$$F_{U1} = \frac{F_A \cdot 2{,}5\,\text{m} - F_1 \cdot 2{,}5\,\text{m}}{c}$$

$$F_{U1} = \frac{25\,\text{kN} \cdot 2{,}5\,\text{m} - 10\,\text{kN} \cdot 2{,}5\,\text{m}}{1{,}4\,\text{m}} = \frac{37{,}5\,\text{kNm}}{1{,}4\,\text{m}}$$

$\boldsymbol{F_{U1} = 26{,}79\,\text{kN}}$ (Zugstab)

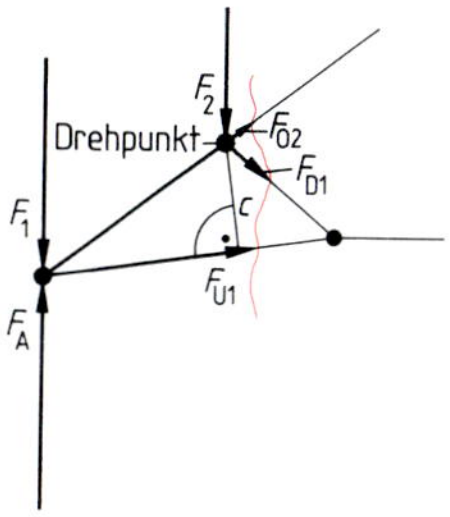

2

Ü 131. Zum Lösen des Mikroformschlusses ist eine größere Kraft erforderlich als bei der anschließenden Weiterbewegung der gleitenden Teile. Dies ist damit zu begründen, dass im gleitenden Zustand die Verhakung des Mikroformschlusses aufgehoben wird, wodurch eine kleinere Fortbewegungskraft erforderlich ist.

Ü 132. Die Horizontalkomponente von F_V muss mindestens so groß sein wie die Haftreibungskraft, d. h.:

$$F_{Vx} = F_V \cdot \cos 20° = \mu_0 \cdot (F_N + F_{Vy})$$

$$F_V \cdot \cos 20° = \mu_0 \cdot F_N + \mu_0 \cdot F_V \cdot \sin 20°$$

$$F_V \cdot (\cos 20° - \mu_0 \cdot \sin 20°) = \mu_0 \cdot F_N$$

$$F_V = \frac{\mu_0 \cdot F_N}{\cos 20° - \mu_0 \cdot \sin 20°} = \frac{0{,}1 \cdot 200\,\text{N}}{0{,}9397 - 0{,}1 \cdot 0{,}342} = \frac{20\,\text{N}}{0{,}9055} = \mathbf{22{,}09\,N}$$

Bei Gleitung wird

$$F_V = \frac{\mu \cdot F_N}{\cos 20° - \mu \cdot \sin 20°} = \frac{0{,}03 \cdot 200\,\text{N}}{0{,}9397 - 0{,}03 \cdot 0{,}342} = \frac{6\,\text{N}}{0{,}92944} = \mathbf{6{,}46\,N}$$

Ü 133. $F_{R0} = \mu_0 \cdot F_S = 5 \cdot F$

$$F_S = \frac{5 \cdot F}{\mu_0} = \frac{5 \cdot 12{,}5\,\text{kN}}{0{,}45} = \mathbf{138{,}89\,kN}$$

Ü 134. Es muss die Bedingung $\mu = \tan \varrho$ erfüllt sein. Somit $\mu = 1:20 = 0{,}05$.

Ü 135. a) $\mu = \tan \varrho = \tan 15{,}5° = \mathbf{0{,}2773}$

b) $F = F_G \cdot (\sin \alpha + \mu \cdot \cos \alpha)$ (Gleichung 109-1)

$F = 1500\,\text{N} \cdot (\sin 30° + 0{,}2773 \cdot \cos 30°) = 1500\,\text{N} \cdot (0{,}5 + 0{,}2773 \cdot 0{,}866)$

$\boldsymbol{F = 1110{,}2\,\text{N}}$

c) $F = F_G \cdot \tan(\alpha + \varrho)$ (Gleichung 111-4)

$F = 1500\,\text{N} \cdot \tan(30° + 15{,}5°) = 1500\,\text{N} \cdot \tan 45{,}5° = 1500\,\text{N} \cdot 1{,}0176$

$\boldsymbol{F = 1526{,}4\,\text{N}}$

Ü 136. Gemäß Bild 1 ergibt sich aus $\Sigma F_x = 0$:

$F \cdot \cos\beta - F_H - F_{R0} = 0$.

Mit $F_H = F_G \cdot \sin\alpha$ und

$F_{R0} = \mu \cdot F_N$ sowie

$F_N = F_G \cdot \cos\alpha + F \cdot \sin\beta$

erhält man:

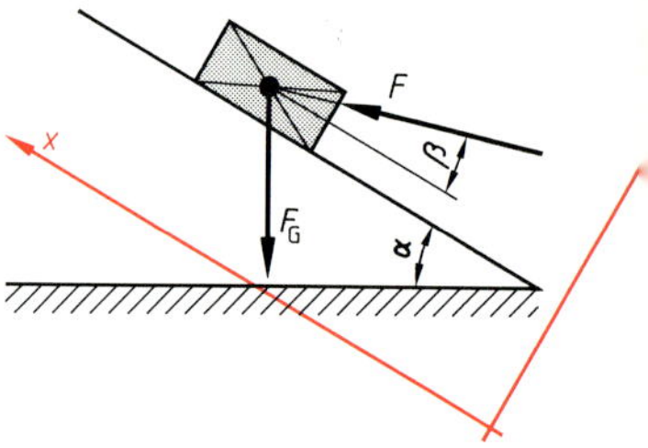

1

$$F \cdot \cos\beta - F_G \cdot \sin\alpha - \mu_0 \cdot (F_G \cdot \cos\alpha + F \cdot \sin\beta) = 0$$

$$F \cdot \cos\beta - F_G \cdot \sin\alpha - \mu_0 \cdot F_G \cdot \cos\alpha - \mu_0 \cdot F \cdot \sin\beta = 0$$

$F \cdot \cos\beta - \mu_0 \cdot F \cdot \sin\beta = F_G \cdot \sin\alpha + \mu_0 \cdot F_G \cdot \cos\alpha$. Nach F umgestellt:

$$\boldsymbol{F} = F_G \cdot \frac{\sin\alpha + \mu_0 \cdot \cos\alpha}{\cos\beta - \mu_0 \cdot \sin\beta} = 900\ \text{N} \cdot \frac{\sin 35° + 0{,}11 \cdot \cos 35°}{\cos 15° - 0{,}11 \cdot \sin 15°} = \mathbf{637{,}22\ N}$$

$\mu_0 = \tan\varrho_0 = 0{,}11 \longrightarrow \boldsymbol{\varrho_0 = 6{,}28°}$

KM: 1 cm ≙ 200 N

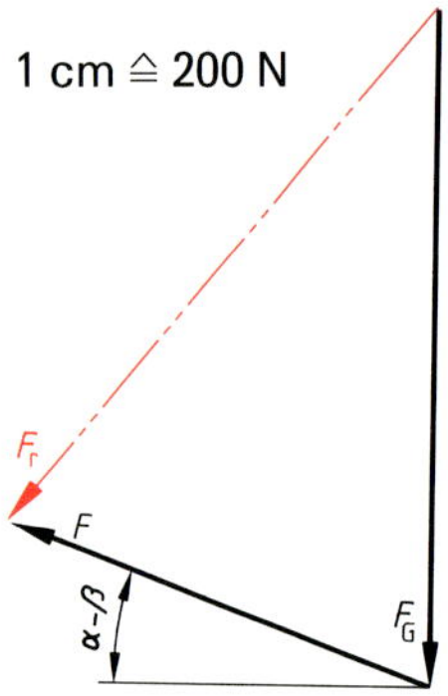

2

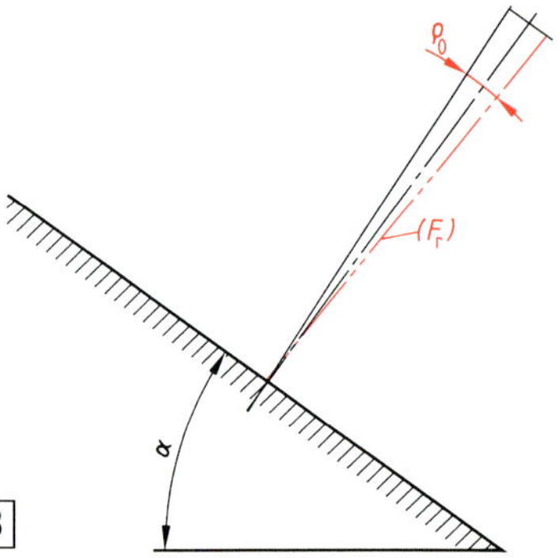

3

Die Bilder 2 und 3 zeigen, dass die Neigung von F_r (Resultierende aus F_G und F) mit der Neigung der Mantellinie des Haftreibungskegels identisch ist.

Ü 137. a) Bild 4 zeigt das Kräftedreieck. Dieses ist **gleichseitig**. Demzufolge ist $\boldsymbol{F_K = F = -F_G = 25\ kN}$

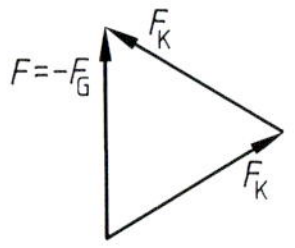

4

b) Die Summe aller Momente bezogen auf den Gelenkpunkt der Zange ist Null, d. h.:

$$F_K \cdot 700\ \text{mm} - F_N \cdot 150\ \text{mm} + F_{R0} \cdot 75\ \text{mm} = 0 \qquad F_{R0} = \mu_0 \cdot F_N = \frac{F_G}{2}$$

$$F_K \cdot 700\ \text{mm} - F_N \cdot 150\ \text{mm} + \frac{F_G}{2} \cdot 75\ \text{mm} = 0 \longrightarrow F_G \cdot 700\ \text{mm} + \frac{F_G}{2} \cdot 75\ \text{mm} = F_N \cdot 150\ \text{mm}$$

$$F_N = F_G \cdot \left(700\ \text{mm} + \frac{75\ \text{mm}}{2}\right) = F_N \cdot 150\ \text{mm} \longrightarrow F_N = F_G \cdot \frac{737{,}5\ \text{mm}}{150\ \text{mm}}$$

$$\boldsymbol{F_N} = 25\ \text{kN} \cdot 4{,}92 = \mathbf{123\ kN}$$

c) $\boldsymbol{F_{R0\,max}} = \mu_0 \cdot F_N = 0{,}5 \cdot 123\ \text{kN} = \mathbf{61{,}5\ kN}$

d) Die Reibungskräfte ermöglichen einen absolut sicheren Transport.

Ü 138. $\boldsymbol{l < 2 \cdot \mu_0 \cdot r}$: Zylinderführung (Säulenführung) klemmt. Erforderlich z. B. bei Schraubzwingen bzw. auch bei Steigeisen für das Erklettern von Holzmasten.

$\boldsymbol{l > 2 \cdot \mu_0 \cdot r}$: Zylinderführung (Säulenführung) klemmt nicht. Erforderlich, wenn ein sicheres Gleiten unerlässlich ist, z. B. bei Hebebühnen oder Pressen oder dem Tisch einer Ständerbohrmaschine.

Ü139. $\boldsymbol{F_R} = F \cdot \frac{\mu}{\sin\alpha} = 7500\,\text{N} \cdot \frac{0{,}06}{\sin 57{,}5°} = 7500\,\text{N} \cdot \frac{0{,}06}{0{,}8434} = \mathbf{533{,}55\,N}$

Ü140. $\boldsymbol{M_{dRr}} = F_{Rr} \cdot r = \mu \cdot F_{Nr} \cdot r = 0{,}003 \cdot 4900\,\text{N} \cdot 0{,}03\,\text{m} = \mathbf{0{,}441\,Nm}$

Ü141. $\boldsymbol{M_{dRa}} = F_{Ra} \cdot r_m = \mu \cdot F_{Na} \cdot r_m = \mu \cdot F_{Na} \cdot \frac{r}{2} = 0{,}5 \cdot 40\,\text{kN} \cdot \frac{0{,}05\,\text{m}}{2} = 0{,}5\,\text{kNm} = \mathbf{500\,Nm}$

Ü142. $M_{RG} = F \cdot \frac{d_2}{2} \cdot \tan(\alpha + \varrho')$ $\qquad d_2 = 19{,}35\,\text{mm}$

$$\tan\alpha = \frac{P}{\pi \cdot d_2} = \frac{1{,}0\,\text{mm}}{\pi \cdot 19{,}35\,\text{mm}} = 0{,}01645 \longrightarrow \alpha = \mathbf{0{,}945°}$$

$$\tan\varrho' = \mu' = \frac{\mu}{\cos\frac{\beta}{2}} = \frac{0{,}08}{\cos 30°} = \frac{0{,}08}{0{,}866} = 0{,}0924 \longrightarrow \varrho' = \mathbf{5{,}28°}$$

$$M_{RG} = 5000\,\text{N} \cdot \frac{0{,}01935\,\text{m}}{2} \cdot \tan(0{,}945° + 5{,}28°) = 48{,}375\,\text{Nm} \cdot \tan 6{,}225°$$

$$\boldsymbol{M_{RG}} = 48{,}375\,\text{Nm} \cdot 0{,}1091 = \mathbf{5{,}28\,Nm}$$

Ü143. a) $A_K = \frac{\pi \cdot d_3^2}{4} \longrightarrow d_{3\,\text{erf}} = \sqrt{\frac{4 \cdot A_K}{\pi}} = \sqrt{\frac{4 \cdot 80\,\text{cm}^2}{\pi}} = 10{,}093\,\text{cm} = 100{,}93\,\text{mm}$

aus Gewindetabelle gewählt **Tr 120 × 14** mit Kerndurchmesser $d_3 = 104\,\text{mm}$

b) Selbsthemmung liegt vor bei $\varrho' > \alpha$

$$\tan\alpha = \frac{P}{\pi \cdot d_2} = \frac{14\,\text{mm}}{\pi \cdot 113\,\text{mm}} = 0{,}0394 \longrightarrow \alpha = \mathbf{2{,}26°}$$

$$\mu' = \frac{\mu}{\cos\frac{\beta}{2}} = \frac{0{,}08}{\cos 15°} = \frac{0{,}08}{0{,}9659} = 0{,}0828 \longrightarrow \varrho' = \mathbf{4{,}74°}$$

$\varrho' > \alpha \longrightarrow$ **Selbsthemmung**

$\alpha - \varrho' = 2{,}26° - 4{,}74°$

$\alpha - \varrho' = -2{,}48°$

c) $M_{RG} = F \cdot \frac{d_2}{2} \cdot \tan(\alpha - \varrho')$

$$M_{RG} = 800\,\text{kN} \cdot \frac{0{,}113\,\text{m}}{2} \cdot \tan(-2{,}48°) = 800\,\text{kN} \cdot \frac{0{,}113\,\text{m}}{2} \cdot (-0{,}0433)$$

$$\boldsymbol{M_{RG}} = -1{,}957\,\text{kNm} = \mathbf{-1957\,Nm}$$

Ü144. **Gewindereibung:** Reibung zwischen Mutter- und Bolzengewinde.
Auflagereibung: Reibung zwischen Mutter bzw. Schraubenkopf und deren Auflage (Bauelement).

Ü145. Bei gegebener axialer Schraubenkraft kann das Auflagereibungsmoment durch Verringerung der Reibungszahl μ und/oder Verkleinerung des bei der Reibung wirksamen Radius r_a verkleinert werden (z. B. durch die Wahl einer Innensechskantschraube statt einer normalen Maschinenschraube).

Ü146. In diesem Fall entspricht F_2 = Ankerkraft und $F_1 = F_G$. Somit:

$$F_1 = F_2 \cdot e^{\mu\alpha} \longrightarrow e^{\mu\alpha} = \frac{F_1}{F_2} = \frac{15\,800\,\text{N}}{100\,\text{N}} = 158$$

Mit dem Rechner ergibt sich bei e = 2,718 der Wert $\mu \cdot \alpha = 5{,}063$. Somit:

$$\alpha = \frac{5{,}063}{\mu}\,\text{rad} = \frac{5{,}063}{0{,}45}\,\text{rad} = 11{,}251\,\text{rad} \longrightarrow n = \frac{\alpha}{2 \cdot \pi} = \frac{11{,}251\,\text{rad}}{2 \cdot \pi\,\text{rad}}$$

$\boldsymbol{n} = \mathbf{1{,}791}$ **Windungen**

Ü147. a) $F \cdot l = F_2 \cdot d \longrightarrow \boldsymbol{F_2} = \frac{F \cdot l}{d} = \frac{200\,\text{N} \cdot 600\,\text{mm}}{250\,\text{mm}} = \mathbf{480\,N}$

b) $F_R = F_2 \cdot (e^{\mu\alpha} - 1) = 480\,\text{N} \cdot (2{,}718^{0{,}3 \cdot \pi} - 1) = 480\,\text{N} \cdot (2{,}566 - 1) = 480\,\text{N} \cdot 1{,}566$

$\boldsymbol{F_R} = \mathbf{751{,}68\,N}$

c) $\boldsymbol{M_R} = F_R \cdot \frac{d}{2} = 751{,}68\,\text{N} \cdot \frac{0{,}25\,\text{m}}{2} = \mathbf{93{,}96\,Nm}$

Ü 148. Das Bremsmoment einer einfachen Bandbremse hängt von der Betätigungskraft F, vom Scheibendurchmesser d, vom Hebelverhältnis $\frac{a}{b}$, von der Reibungszahl μ und vom Umschlingungswinkel α ab.

Ü 149. $l_1 = \mu \cdot l_2 \longrightarrow \boldsymbol{l_2} = \frac{l_1}{\mu} = \frac{300\,\text{mm}}{0{,}3} = \mathbf{1000\,mm}$

Ü 150. $M_{Br} = 2 \cdot \mu \cdot F_H \cdot \frac{a}{b} \cdot c = 2 \cdot \mu \cdot F_H \cdot \frac{a}{b} \cdot \frac{d}{2} \qquad c = \frac{d}{2}$

$$\boldsymbol{d} = \frac{M_{Br} \cdot 2 \cdot b}{2 \cdot \mu \cdot F_H \cdot a} = \frac{M_{Br} \cdot b}{\mu \cdot F_H \cdot a} = \frac{40\,\text{Nm} \cdot 0{,}17\,\text{m}}{0{,}3 \cdot 200\,\text{N} \cdot 0{,}32\,\text{m}} = 0{,}354\,\text{m} = \mathbf{354\,mm}$$

Ü 151. Gemäß M 75., Seite 132, ist

$\alpha = 270° = 1{,}5 \cdot \pi\,\text{rad}$

$\mathbf{e}^{\mu\alpha} = \text{e}^{0{,}35 \cdot 1{,}5 \cdot \pi} = 2{,}718^{1{,}65} = \mathbf{5{,}206}$

$$M_{Br} = F \cdot a \cdot \frac{d}{2} \cdot \frac{\text{e}^{\mu\alpha} - 1}{\text{e}^{\mu\alpha} \cdot b + c}$$

$$M_{Br} = 150\,\text{N} \cdot 0{,}6\,\text{m} \cdot \frac{0{,}5\,\text{m}}{2} \cdot \frac{5{,}206 - 1}{5{,}206 \cdot 0{,}05\,\text{m} + 0{,}1\,\text{m}} = 150\,\text{N} \cdot 0{,}6\,\text{m} \cdot 0{,}25\,\text{m} \cdot \frac{4{,}206}{0{,}3603\,\text{m}}$$

$\boldsymbol{M_{Br}} = \mathbf{262{,}66\,Nm}$

Ü 152. $F_{RR} = \frac{f}{r} \cdot F_N \qquad F_{RR} = F_H = F_G \cdot \sin\alpha; \quad F_N = F_G \cdot \cos\alpha$

$$F_G \cdot \sin\alpha = \frac{f}{r} \cdot F_G \cdot \cos\alpha \longrightarrow f = r \cdot \frac{F_G \cdot \sin\alpha}{F_G \cdot \cos\alpha}$$

$$f = r \cdot \frac{\sin\alpha}{\cos\alpha} = r \cdot \tan\alpha = 5\,\text{mm} \cdot \tan 0{,}6°$$

$$\boldsymbol{f} = 5\,\text{mm} \cdot 0{,}010\,47 = 0{,}052\,35\,\text{mm} = \mathbf{0{,}005\,235\,cm}$$

Ü 153. $\boldsymbol{F_{RR}} = \frac{f}{r} \cdot F_N = \frac{0{,}001\,\text{cm}}{1{,}25\,\text{cm}} \cdot 4{,}3\,\text{kN} = 0{,}003\,44\,\text{kN} = \mathbf{3{,}44\,N}$

Ü 154. a) $\boldsymbol{F_F} = \mu_F \cdot F_N = \mu_F \cdot F_G = 0{,}03 \cdot 490{,}5\,\text{kN} = \mathbf{14{,}715\,kN}$

b) $\boldsymbol{M_A} = F_F \cdot r = 14{,}715\,\text{kN} \cdot \frac{0{,}98\,\text{m}}{2} = \mathbf{7{,}21\,kNm}$

Dynamik

Ü 155. Der Bewegungsvorgang wird optisch anschaulich gemacht, d. h. die Bewegungsgesetze werden dadurch leichter verständlich. Zur Herleitung der Bewegungsgesetze kann oftmals auf einfache geometrische Elemente zurückgegriffen werden.

Ü 156. Im v, t-Diagramm stellt sich der Weg als Fläche unter der Geschwindigkeitslinie dar.

Ü 157. $v = \frac{s}{t} \longrightarrow t = \frac{s}{v} = \frac{100\,\text{m}}{1{,}5\,\frac{\text{m}}{\text{s}}}$

$\boldsymbol{t} = \mathbf{66{,}67\,s}$

Ü 158. $v = \frac{2 \cdot s}{t} \longrightarrow s = \frac{v \cdot t}{2} = \frac{300\,000\,\frac{\text{km}}{\text{s}} \cdot 2{,}56\,\text{s}}{2}$

$\boldsymbol{s} = \mathbf{384\,000\,km}$

Ü 159. a) $v = \frac{s}{t}$

$$\boldsymbol{t_1} = \frac{s}{v_1} = \frac{6200\,\text{km}}{900\,\frac{\text{km}}{\text{h}}} = \mathbf{6{,}89\,h}$$

$$\boldsymbol{t_2} = \frac{s}{v_2} = \frac{6200\,\text{km}}{1100\,\frac{\text{km}}{\text{h}}} = \mathbf{5{,}64\,h}$$

b) Bis zum Treffpunkt sind beide Flugzeuge die gleichen Zeiten t_{Tr} unterwegs. Deshalb ist

$t_{Tr} = \frac{s_1}{v_1} = \frac{s_2}{v_2}$ (Gleichung I)

Des Weiteren ist

$s_1 + s_2 = 6200\,\text{km}$. Somit:

$s_1 = 6200\,\text{km} - s_2$

(Gleichung II)

II in I eingesetzt:

$$\frac{6200\,\text{km} - s_2}{900\,\frac{\text{km}}{\text{h}}} = \frac{s_2}{1100\,\frac{\text{km}}{\text{h}}}$$

Daraus ergibt sich für

$\boldsymbol{s_2} = \mathbf{3410\,km}$; $\boldsymbol{s_1} = \mathbf{2790\,km}$

c)

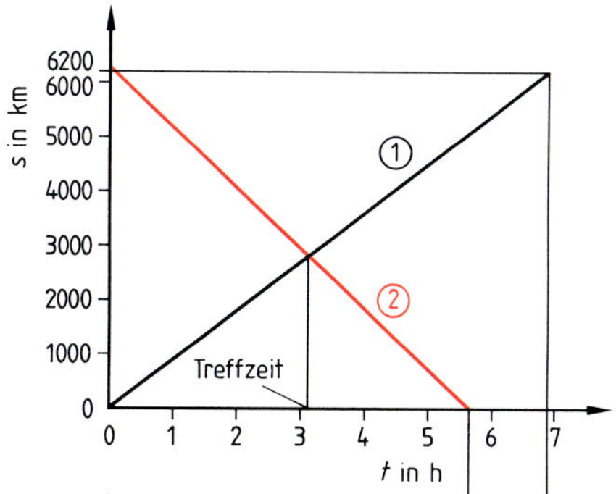

1

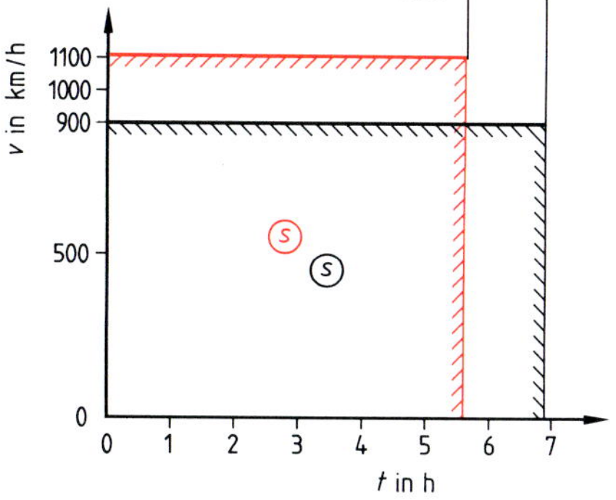

2

Ü 160. $a = \frac{\Delta v}{\Delta t}$ $\qquad \Delta v = 100\,\frac{\text{km}}{\text{h}} = \frac{100}{3{,}6}\,\frac{\text{m}}{\text{s}} = 27{,}77\,\frac{\text{m}}{\text{s}}$

$$\boldsymbol{a} = \frac{27{,}77\,\frac{\text{m}}{\text{s}}}{11{,}5\,\text{s}} = \mathbf{2{,}415\,\frac{m}{s^2}}$$

Ü 161. a) $s = \frac{a}{2} \cdot t^2 \longrightarrow \boldsymbol{t} = \sqrt{\frac{2 \cdot s}{a}} = \sqrt{\frac{2 \cdot 2{,}6\,\text{m}}{1{,}8\,\frac{\text{m}}{\text{s}^2}}} = \sqrt{2{,}89\,\text{s}^2} = \mathbf{1{,}7\,s}$

b) $\boldsymbol{v_t} = a \cdot t = 1{,}8\,\frac{\text{m}}{\text{s}^2} \cdot 1{,}7\,\text{s} = \mathbf{3{,}06\,\frac{m}{s}}$

Ü 162. Weg nach 5 s: $\boldsymbol{s_5} = \frac{a}{2} \cdot t^2 = \frac{1{,}5}{2}\,\frac{\text{m}}{\text{s}^2} \cdot (5\,\text{s})^2 = \mathbf{18{,}75\,m}$

Weg nach 10 s: $\boldsymbol{s_{10}} = \frac{a}{2} \cdot t^2 = \frac{1{,}5}{2}\,\frac{\text{m}}{\text{s}^2} \cdot (10\,\text{s})^2 = \mathbf{75\,m}$

} doppelte Zeit ergibt vierfachen Weg!

$\boldsymbol{v_t} = a \cdot t = 1{,}5\,\frac{\text{m}}{\text{s}^2} \cdot 10\,\text{s} = 15\,\frac{\text{m}}{\text{s}} = 15 \cdot 3{,}6\,\frac{\text{km}}{\text{h}} = \mathbf{54\,\frac{km}{h}}$

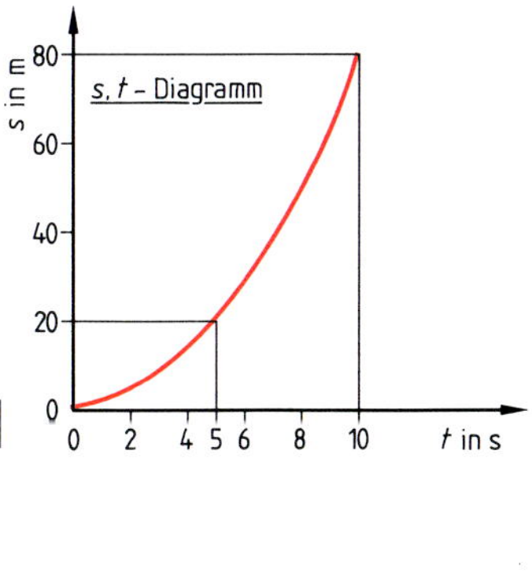

3

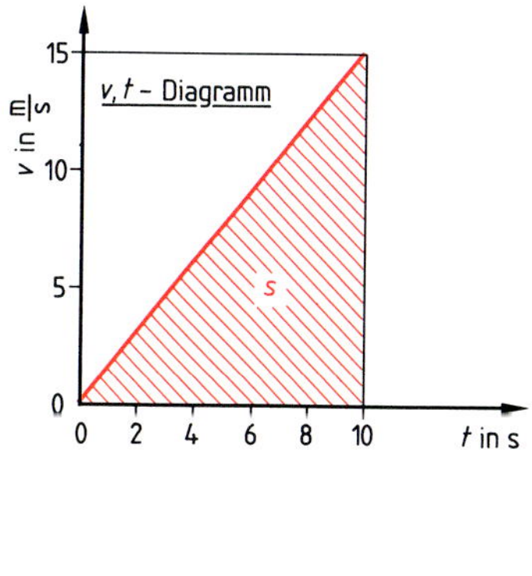

4

Ü 163. Aus $v_0 = \sqrt{2 \cdot a \cdot s}$ ergibt sich (siehe auch Tabelle 34.6.1):

$$s = \frac{v_0^2}{2 \cdot a} \rightarrow \mathbf{s_{100}} = \frac{\left(\frac{100}{3{,}6}\,\frac{\text{m}}{\text{s}}\right)^2}{2 \cdot 1{,}5\,\frac{\text{m}}{\text{s}^2}} = \mathbf{257{,}2\ m}; \qquad \mathbf{s_{50}} = \frac{\left(\frac{50}{3{,}6}\,\frac{\text{m}}{\text{s}}\right)^2}{2 \cdot 1{,}5\,\frac{\text{m}}{\text{s}^2}} = \mathbf{64{,}3\ m}$$

Feststellung: **Der Bremsweg wächst mit dem Quadrat der Geschwindigkeit.**

Bei doppelter Geschwindigkeit ist also der Bremsweg um das Vierfache, bei dreifacher Geschwindigkeit um das Neunfache usw. angewachsen!

Ü 164.

$$v_t = \sqrt{2 \cdot g \cdot h} \rightarrow \mathbf{h} = \frac{v_t^2}{2 \cdot g} = \frac{\left(\frac{100}{3{,}6}\,\frac{m}{s}\right)^2}{2 \cdot 9{,}81\,\frac{m}{s^2}} = \mathbf{39{,}3\ m}$$

Feststellung: Der frontale Aufschlag bei einer Fahrgeschwindigkeit von 100 km/h entspricht dem Aufschlag beim freien Fall aus einer Höhe von ca. 40 m!

Ü 165.

a) $$a = \frac{\Delta v}{\Delta t} \rightarrow \mathbf{t} = \frac{\Delta v}{a} = \frac{\frac{36}{3{,}6}\,\frac{\text{m}}{\text{s}}}{1{,}85\,\frac{\text{m}}{\text{s}^2}} = \mathbf{5{,}4\ s}$$

b) $$\mathbf{s_1} = \frac{v_t}{2} \cdot t = \frac{10}{2}\,\frac{\text{m}}{\text{s}} \cdot 5{,}4\ \text{s} = \mathbf{27\ m}$$

c) $$\mathbf{s_2} = v \cdot t = 10\,\frac{\text{m}}{\text{s}} \cdot 10\ \text{s} = \mathbf{100\ m}$$

d) $$\mathbf{s_3} = \frac{v_0^2}{2 \cdot a} = \frac{\left(10\,\frac{\text{m}}{\text{s}}\right)^2}{2 \cdot 3{,}2\,\frac{\text{m}}{\text{s}^2}} = \mathbf{15{,}625\ m} \quad (\text{Bremsweg } s_{Br})$$

e) Zur Darstellung des *s, t*-Diagrammes wird noch der Weg nach z. B. 3 s Beschleunigung und nach 2 s Verzögerung berechnet. Außerdem wird die Bremszeit berechnet.
Also:

Weg nach 3 s Beschleunigung: $$\mathbf{s} = \frac{a}{2} \cdot t^2 = \frac{1{,}85}{2}\,\frac{\text{m}}{\text{s}^2} \cdot (3\ \text{s})^2 = \mathbf{8{,}325\ m}$$

Weg nach 2 s Verzögerung: (Zeit bisher 17,4 s) $$\mathbf{s} = \frac{a}{2} \cdot t^2 = \frac{3{,}2}{2}\,\frac{\text{m}}{\text{s}^2} \cdot (2\ \text{s})^2 = \mathbf{6{,}4\ m}$$ Dies ist der noch zurückzulegende Weg (siehe auch M 92.)

f)

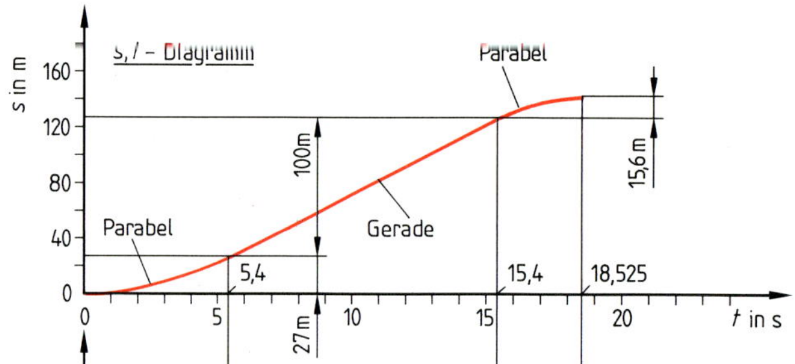

1

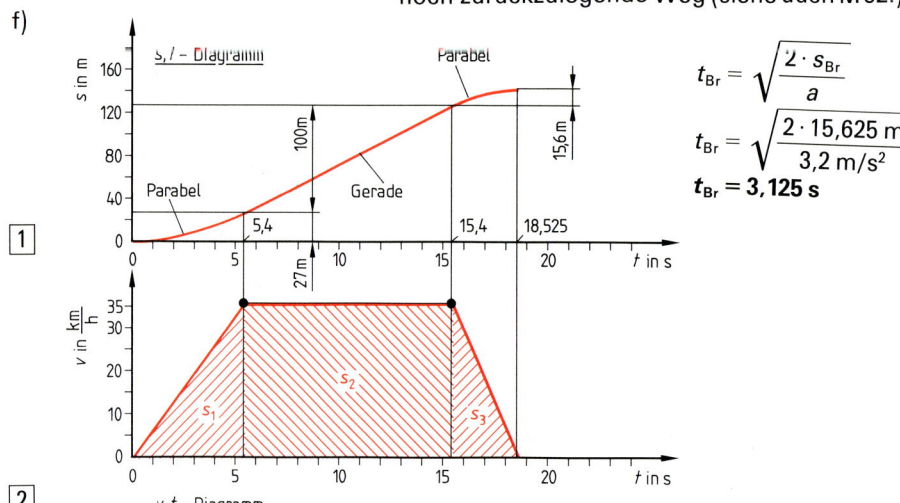

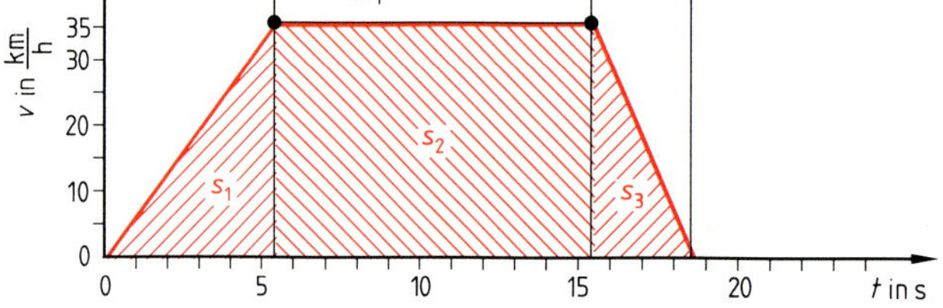

2 *v, t* – Diagramm

$$t_{Br} = \sqrt{\frac{2 \cdot s_{Br}}{a}}$$

$$t_{Br} = \sqrt{\frac{2 \cdot 15{,}625\ \text{m}}{3{,}2\ \text{m/s}^2}}$$

$$\mathbf{t_{Br} = 3{,}125\ s}$$

Ü166. Aus Tabelle 34.6.2: $s = \dfrac{v_t^2 - v_0^2}{2 \cdot a} \longrightarrow v_t = \sqrt{v_0^2 + 2 \cdot a \cdot s}\,; \quad v_0 = 45\,\dfrac{\text{km}}{\text{h}} = 12{,}5\,\dfrac{\text{m}}{\text{s}}$

Somit $v_t = \sqrt{\left(12{,}5\,\dfrac{\text{m}}{\text{s}}\right)^2 + 2 \cdot 0{,}3\,\dfrac{\text{m}}{\text{s}^2} \cdot 200\,\text{m}} = \sqrt{156{,}25\,\dfrac{\text{m}^2}{\text{s}^2} + 120\,\dfrac{\text{m}^2}{\text{s}^2}}$

$$v_t = \sqrt{276{,}25\,\frac{\text{m}^2}{\text{s}^2}}$$

$$\boldsymbol{v_t} = 16{,}621\,\frac{\text{m}}{\text{s}} = 16{,}621 \cdot 3{,}6\,\frac{\text{km}}{\text{h}} = \mathbf{59{,}84\,\frac{km}{h}}$$

$$\boldsymbol{t} = \frac{v_t - v_0}{a} = \frac{16{,}621\,\frac{\text{m}}{\text{s}} - 12{,}5\,\frac{\text{m}}{\text{s}}}{0{,}3\,\frac{\text{m}}{\text{s}^2}} = \frac{4{,}121\,\frac{\text{m}}{\text{s}}}{0{,}3\,\frac{\text{m}}{\text{s}^2}} = \mathbf{13{,}737\,s}$$

Ü167. Führungsgeschwindigkeit: Geschwindigkeit in Richtung von s_l,
Relativgeschwindigkeit: Geschwindigkeit in Richtung von s_q,
Absolutgeschwindigkeit: tatsächliche Geschwindigkeit des Drehmeißels (resultierende Geschwindigkeit)

Ü168. **Zeichnerische (grafische) Lösung:**

a) GM: 1 cm ≙ 40 mm/min

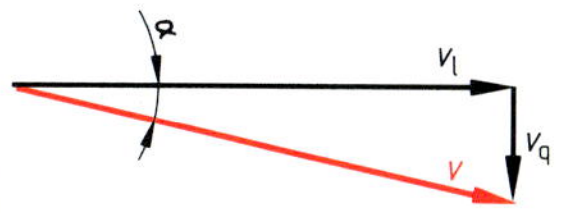

1

gemessen: $\boldsymbol{v} = \mathbf{140\,\frac{mm}{min}}$

b) gemessen: $\boldsymbol{\alpha} = \mathbf{12°}$

Rechnerische (analytische) Lösung:

a) $v = \sqrt{v_l^2 + v_q^2}$

$$v = \sqrt{\left(135\,\frac{\text{mm}}{\text{min}}\right)^2 + \left(30\,\frac{\text{mm}}{\text{min}}\right)^2}$$

$$\boldsymbol{v} = \mathbf{138{,}29\,\frac{mm}{min}}$$

b) $\tan\alpha = \dfrac{v_q}{v_l} = \dfrac{30\,\frac{\text{mm}}{\text{min}}}{135\,\frac{\text{mm}}{\text{min}}} = 0{,}2\overline{2}$

$$\boldsymbol{\alpha} = \mathbf{12°\,32'}$$

Ü169. a) Führungsgeschwindigkeit: Geschwindigkeit, die durch die Erddrehung bedingt ist.
Relativgeschwindigkeit: Flugzeuggeschwindigkeit, bezogen auf die Erdoberfläche.

b)

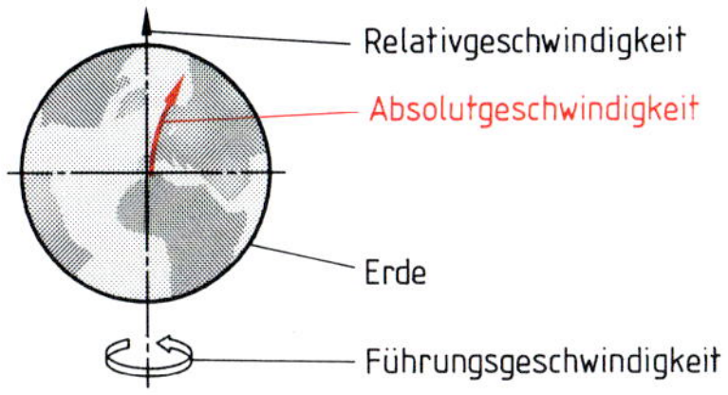

2

Ü170. Führungsgeschwindigkeit: Geschwindigkeit in Richtung s_x,
Relativgeschwindigkeit: Geschwindigkeit in Richtung s_y,
Absolutgeschwindigkeit: tatsächliche Geschwindigkeit des Punktes 1.

Ü171. Egal, ob die Einzelbewegungen (Bewegungskomponenten) zeitlich voneinander unabhängig oder gleichzeitig ablaufen, der Körper kommt immer an denselben Ort.

Ü172. Die Absolutgeschwindigkeit erhält man aus der vektoriellen Addition der Einzelgeschwindigkeiten.

Anmerkung: Die vektorielle Addition kann auch als **geometrische Addition** bezeichnet werden.

Ü 173. $v = \sqrt{v_E^2 + v_W^2}$

$$v = \sqrt{\left(600\,\frac{\text{km}}{\text{h}}\right)^2 + \left(80\,\frac{\text{km}}{\text{h}}\right)^2}$$

$$\boldsymbol{v = 605{,}31\,\frac{\textbf{km}}{\textbf{h}}}$$

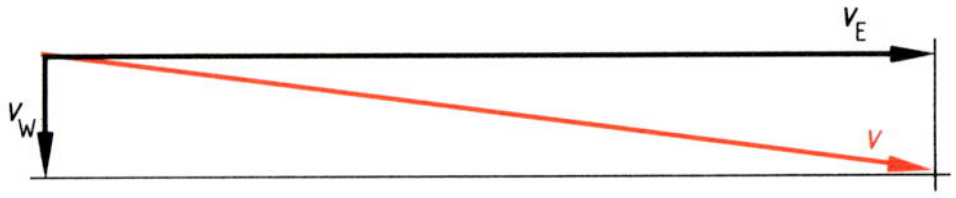

Ü 174. a) $\boldsymbol{v_x} = v_a \cdot \cos\alpha = 40\,\frac{\text{m}}{\text{s}} \cdot \cos 30° = 40\,\frac{\text{m}}{\text{s}} \cdot 0{,}866 = \boldsymbol{34{,}64\,\frac{m}{s}}$ (→)

$$v_y = v_a \cdot \sin\alpha - g \cdot t = 40\,\frac{\text{m}}{\text{s}} \cdot \sin 30° - g \cdot t = 40\,\frac{m}{s} \cdot 0{,}5 - 9{,}81\,\frac{m}{s^2} \cdot 3\,s$$

$$\boldsymbol{v_y = -9{,}43\,\frac{m}{s}}\ (\downarrow)$$

$$\boldsymbol{v} = \sqrt{v_x^2 + v_y^2} = \sqrt{\left(34{,}64\,\frac{\text{m}}{\text{s}}\right)^2 + \left(-9{,}43\,\frac{\text{m}}{\text{s}}\right)^2} = \boldsymbol{35{,}9\,\frac{m}{s}}\ (\searrow)$$: starke Abwärtsbewegung

b) $\boldsymbol{v_x} = v_a \cdot \cos\alpha = 40\,\frac{\text{m}}{\text{s}} \cdot \cos 45° = 40\,\frac{m}{s} \cdot 0{,}707 = \boldsymbol{28{,}28\,\frac{m}{s}}$ (→)

$$v_y = v_a \cdot \sin\alpha - g \cdot t = 40\,\frac{\text{m}}{\text{s}} \cdot \sin 45° - g \cdot t = 40\,\frac{\text{m}}{s} \cdot 0{,}707 - 9{,}81\,\frac{\text{m}}{s^2} \cdot 3\,\text{s}$$

$$\boldsymbol{v_y = -1{,}15\,\frac{m}{s}}\ (\downarrow)$$

$$\boldsymbol{v} = \sqrt{v_x^2 + v_y^2} = \sqrt{\left(28{,}28\,\frac{\text{m}}{\text{s}}\right)^2 + \left(-1{,}15\,\frac{\text{m}}{\text{s}}\right)^2} = \boldsymbol{28{,}3\,\frac{m}{s}}\ (\searrow)$$: leichte Abwärtsbewegung

Ü 175. a) Geradlinige, gleichförmige Bewegung nach unten **und** geradlinige, gleichmäßig beschleunigte Bewegung nach unten (freier Fall).

b) Horizontale, geradlinige, gleichförmige Bewegung **und** senkrecht nach unten gerichtete gleichmäßig beschleunigte Bewegung (freier Fall).

c) Schräg nach oben oder nach unten gerichtete geradlinige gleichförmige Bewegung **und** gleichmäßig beschleunigte Bewegung nach unten (freier Fall).

Ü 176. Nach Gleichung 165-1 ist

$$s_y = \frac{g}{2} \cdot \frac{s_x^2}{v_a^2} \longrightarrow \boldsymbol{s_x} = \sqrt{\frac{2 \cdot s_y \cdot v_a^2}{g}} = \sqrt{\frac{2 \cdot 45\,\text{m} \cdot \left(\frac{80}{3{,}6}\,\frac{\text{m}}{\text{s}}\right)^2}{9{,}81\,\frac{\text{m}}{\text{s}^2}}} = \boldsymbol{67{,}31\,m}$$

Anmerkung: Der Luftwiderstand ist nicht berücksichtigt.

Ü 177. Durch die Trägheit des Siebgutes wird dieses daran gehindert, die hin- und hergehende Bewegung des Siebes mitzumachen. Stets dann, wenn sich das Siebgut (z. B. Sand) auf die Bewegung des Siebes eingestellt hat (Reibungskräfte zwischen Sieb und Siebgut), erfolgt eine Bewegungsumkehr des Siebes. Durch die Trägheit des Siebgutes erfolgt also zwischen Sieb und Siebgut eine hin- und hergehende Bewegung.

Anmerkung: Um den Siebeffekt möglichst groß zu machen, ist es wichtig, die Bewegungsumkehr in dem Augenblick vorzunehmen, in dem das Siebgut die Bewegung des Siebes gerade angenommen hat.

Ü 178. a) $F_u = F_G - F$

$F_u = m \cdot g - m \cdot a = m \cdot (g - a)$

$F_u = 250\,\text{kg} \cdot (9{,}81 - 2{,}5)\,\text{m/s}^2$

$\boldsymbol{F_u = 1827{,}5\,N}$

b) $F_o = F_G + F$

$F_o = m \cdot g + m \cdot a = m \cdot (g + a)$

$F_o = 250\,\text{kg} \cdot (9{,}81 + 2{,}5)\,\text{m/s}^2$

$\boldsymbol{F_o = 3077{,}5\,N}$

Ü 179.

a) $\boldsymbol{F} = m \cdot a = m \cdot \dfrac{\Delta v}{\Delta t} = 500\ \text{kg} \cdot \dfrac{\dfrac{300}{60}\ \dfrac{\text{m}}{\text{s}}}{2\ \text{s}} = 1250\ \dfrac{\text{kgm}}{\text{s}^2} = \mathbf{1250\ N}$

b) $\boldsymbol{F_G} = m \cdot g = 500\ \text{kg} \cdot 9{,}81\ \dfrac{\text{m}}{\text{s}^2} = 4905\ \dfrac{\text{kgm}}{\text{s}^2} = \mathbf{4905\ N}$

c) $\tan \alpha = \dfrac{F}{F_G} = \dfrac{1250\ \text{N}}{4905\ \text{N}} = 0{,}25484 \longrightarrow \boldsymbol{\alpha = 14{,}3°}$

d) $F_r = \sqrt{F^2 + F_G^2} = \sqrt{(1250\ \text{N})^2 + (4905\ \text{N})^2} = \sqrt{1\,562\,500\ \text{N}^2 + 24\,059\,025\ \text{N}^2}$

$\boldsymbol{F_r} = \sqrt{25\,621\,525\ \text{N}^2} = \mathbf{5061{,}77\ N}$

Ü 180.

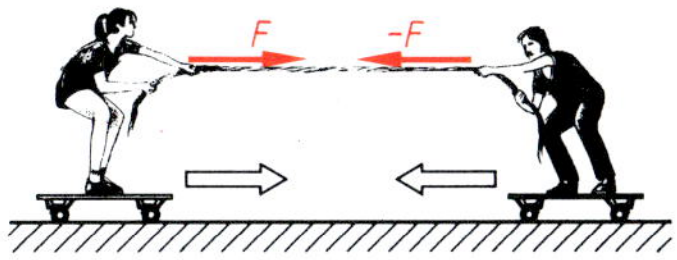

1 Muskelkräfte (Seilzug)

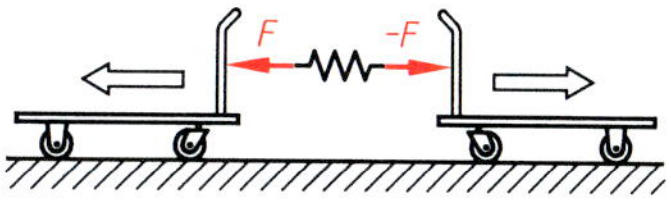

2 Federkräfte (Druckfeder)

3 Reibungskräfte (Läufer)

4 Rückstoßkräfte (Kugelstoß)

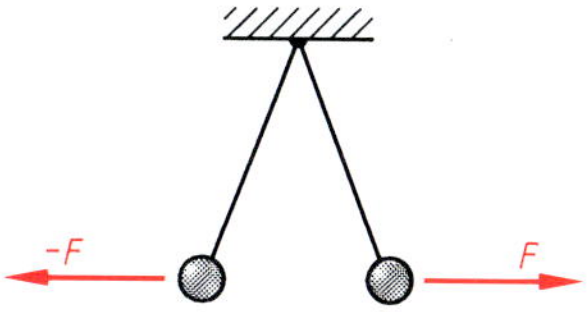

5 elektrische Kräfte

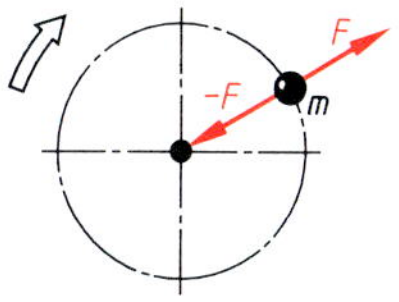

6 Fliehkräfte

Ü 181. $F = m \cdot a + F_G = m \cdot a + m \cdot g = m \cdot (3g + g) = m \cdot 4g = 280\ \text{kg} \cdot 4 \cdot 9{,}81\ \dfrac{\text{m}}{\text{s}^2}$

$\boldsymbol{F} = \mathbf{10\,987{,}2\ N}$

Ü 182. Den Lageplan zeigt Bild 7, und die Gleichgewichtsbedingung nach d'Alembert lautet:
$\boldsymbol{F = m \cdot a + F_G + F_W}$

Ü 183. $F = m \cdot a + \mu_F \cdot F_N; \quad F_N = F_G = 14\,715\ \text{N}$

$F = \dfrac{F_G}{g} \cdot a + \mu_F \cdot F_G$

$F = \dfrac{14\,715\ \text{kgm/s}^2}{9{,}81\ \text{m/s}^2} \cdot 0{,}5\ \dfrac{\text{m}}{\text{s}^2} + 0{,}25 \cdot 14\,715\ \text{N}$

$\boldsymbol{F} = \mathbf{4428{,}75\ N}$

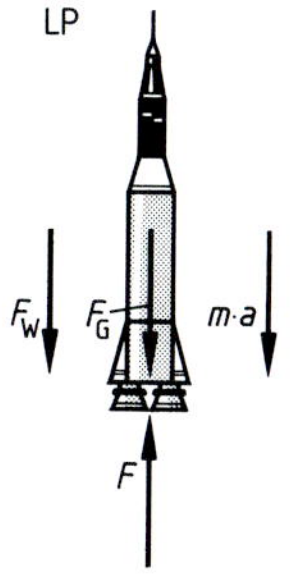

7

Ü 184. $F_H = m \cdot a + F_R$

LP

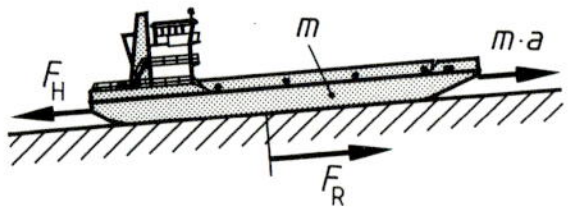

[1]

$$a = \frac{F_H - F_R}{m} = \frac{F_G \cdot \sin\alpha - \mu \cdot F_N}{m}$$

$$a = \frac{F_G \cdot \sin\alpha - \mu \cdot F_G \cdot \cos\alpha}{m}$$

$$a = \frac{F_G \cdot (\sin\alpha - \mu \cdot \cos\alpha)}{m}$$

$$a = \frac{m \cdot g \cdot (\sin\alpha - \mu \cdot \cos\alpha)}{m}$$

$\tan\alpha = 0{,}1 \longrightarrow \alpha = 5{,}72°$
$\sin\alpha = 0{,}0997; \quad \cos\alpha = 0{,}995$

$$a = g \cdot (\sin\alpha - \mu \cdot \cos\alpha)$$

$$\boldsymbol{a} = 9{,}81\,\frac{\text{m}}{\text{s}^2} \cdot (0{,}0997 - 0{,}04 \cdot 0{,}995) = \mathbf{0{,}588\,\frac{m}{s^2}}$$

Erkenntnis: Die Beschleunigung ist von der Masse unabhängig!

Ü 185. $F + F_H = m \cdot a + F_R + F_W; \quad \boldsymbol{F_W} = 10\,\frac{\text{N}}{\text{dm}^2} \cdot 300\,\text{dm}^2 = \mathbf{3000\,N}; \quad \sin\alpha \approx 0{,}05$
$\cos\alpha \approx 1{,}0$

$$F = m \cdot a + F_R + F_W - F_H = m \cdot \frac{\Delta v}{\Delta t} + \mu_F \cdot m \cdot g \cdot \cos\alpha + F_W - m \cdot g \cdot \sin\alpha$$

$$F = 900\,\text{kg} \cdot \frac{\frac{20}{3{,}6}\,\frac{\text{m}}{\text{s}}}{25\,\text{s}} + 0{,}01 \cdot 900\,\text{kg} \cdot 9{,}81\,\frac{\text{m}}{\text{s}^2} \cdot 1{,}0 + 3000\,\text{N} - 900\,\text{kg} \cdot 9{,}81\,\frac{\text{m}}{\text{s}^2} \cdot 0{,}05$$

$$F = 200\,\text{N} + 88{,}29\,\text{N} + 3000\,\text{N} - 441{,}45\,\text{N}$$

$$\boldsymbol{F} = \mathbf{2846{,}84\,N}$$

Ü 186. a)

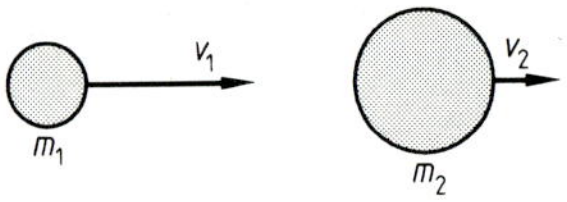

[2]

b)

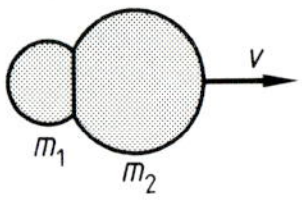

[3]

c)

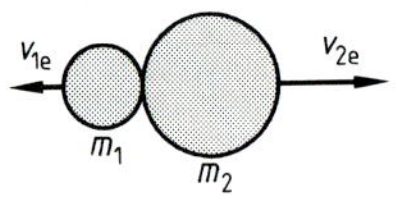

[4]

d)

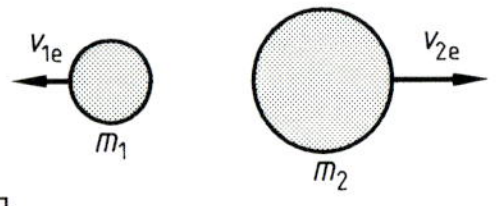

[5]

Ü 187. $V = 0{,}3\,\text{m}^3/\text{s} \mathrel{\hat{=}} \dot{m} = 300\,\text{kg/s}$. Nach dem Antriebssatz ist

$$F \cdot t = m \cdot \Delta v \longrightarrow F = \frac{m \cdot \Delta v}{t} = \frac{m \cdot v}{t} = \frac{300\,\text{kg} \cdot 15\,\frac{\text{m}}{\text{s}}}{1\,\text{s}} = 4500\,\frac{\text{kgm}}{\text{s}^2}$$

$$\boldsymbol{F} = \mathbf{4500\,N}$$

Ü 188.

a) $\boldsymbol{v_1} = \sqrt{2 \cdot g \cdot h} = \sqrt{2 \cdot 9{,}81\,\frac{\text{m}}{\text{s}^2} \cdot 1{,}5\,\text{m}} = \sqrt{29{,}43\,\frac{\text{m}^2}{\text{s}^2}} = \mathbf{5{,}425\,\frac{m}{s}}$

b) $v = \dfrac{m_1 \cdot v_1 + m_2 \cdot v_2}{m_1 + m_2}$ und mit $v_2 = 0$:

$$v = \frac{m_1 \cdot v_1}{m_1 + m_2} = \frac{1800\,\text{kg} \cdot 5{,}425\,\frac{\text{m}}{\text{s}}}{1800\,\text{kg} + 20\,000\,\text{kg}} = \frac{1800\,\text{kg} \cdot 5{,}425\,\text{m/s}}{21\,800\,\text{kg}}$$

$$\boldsymbol{v} = \mathbf{0{,}448\,\frac{m}{s}}$$

Ü189. a) Es wird eine gleichmäßig beschleunigte Bewegung von $v_0 = 0$ auf $v_t = 680\,\frac{\text{m}}{\text{s}}$ angenommen. Somit ist:

$$s = \frac{v_t \cdot t}{2} \longrightarrow t = \frac{2 \cdot s}{v_t} = \frac{2 \cdot 8{,}3\,\text{m}}{680\,\frac{\text{m}}{\text{s}}}$$

$$\boldsymbol{t = 0{,}0244\,\text{s}}$$

b) $$F \cdot t = m \cdot \Delta v \longrightarrow F = \frac{m \cdot \Delta v}{t} = \frac{m \cdot v_t}{t} = \frac{42\,\text{kg} \cdot 680\,\frac{\text{m}}{\text{s}}}{0{,}0244\,\text{s}} = 1\,170\,491{,}8\,\text{N}$$

$$\boldsymbol{F = 1170{,}5\,\text{kN}}$$

Ü190. a)

	Impuls der Person	**Impuls des Bootes**	**Gesamtimpuls des Systems Boot/Person**
Ruhezustand →	$p_1 = m_1 \cdot 0 = 0$	$p_2 = m_2 \cdot 0 = 0$	$p = p_1 + p_2 = 0$
Bewegungszustand →	$p_1 = m_1 \cdot v_1$	$p_2 = m_2 \cdot v_2$	$p = p_1 + p_2 = m_1 \cdot v_1 + m_2 \cdot v_2$

b) $I = F \cdot t = \Delta p = m_1 \cdot v_1 + m_2 \cdot v_2 = 0$ (da in einem abgeschlossenen System der Gesamtimpuls konstant ist und dieser ursprünglich ja Null war). Somit:

$$m_1 \cdot v_1 = -m_2 \cdot v_2$$

$$\boldsymbol{v_2 = -v_1 \cdot \frac{m_1}{m_2}}$$ (das Minuszeichen besagt: v_2 ist v_1 entgegengerichtet)

c) $$\boldsymbol{v_2} = -v_1 \cdot \frac{m_1}{m_2} = -2\,\frac{\text{m}}{\text{s}} \cdot \frac{75\,\text{kg}}{500\,\text{kg}} = \boldsymbol{-0{,}3\,\frac{\text{m}}{\text{s}}}$$ (das Boot bewegt sich rückwärts)

Ü191. a) $\boldsymbol{F_y} = F_H \cdot \sin\alpha = 450\,\text{N} \cdot \sin 30° = 450\,\text{N} \cdot 0{,}5 = \boldsymbol{225\,\text{N}}$

b) Nur die Arbeitskomponente von F_H (Kraft in Wegrichtung) erzeugt mechanische Arbeit. Demzufolge ist:

$W = F_H \cdot \cos\alpha \cdot s = 450\,\text{N} \cdot \cos 30° \cdot 1000\,\text{m} = 450\,\text{N} \cdot 0{,}866 \cdot 1000\,\text{m}$

$\boldsymbol{W = 389\,700\,\text{Nm}}$

Ü192. Nm, Ws, J und dezimale Vielfache wie z. B. kNm, kWh, kJ.

Ü193. Was – mit Hilfe einer Maschine – an Kraft weniger aufgewendet werden muss, ist im gleichen Verhältnis mehr an Weg zurückzulegen.

Ü194. Die Summe der Energien am Anfang eines technischen Vorganges ist gleich der Summe der Energien am Ende des technischen Vorganges und der während des technischen Vorganges zu- oder abgeführten Energien.

Ü195. Die potentielle Energie wird – da ohne Reibung gerechnet wird – vollkommen in kinetische Energie umgewandelt. Demzufolge:

$$m \cdot g \cdot h = \frac{1}{2} \cdot m \cdot v^2 \longrightarrow g \cdot h = \frac{v^2}{2} \longrightarrow v = \sqrt{2 \cdot g \cdot h} = \sqrt{2 \cdot 9{,}81\,\text{m/s}^2 \cdot 18\,\text{m}}$$

$$\boldsymbol{v = 18{,}79\,\frac{\text{m}}{\text{s}}}$$

Ü196. Der Rechengang von Ü195. beruht auf dem Gedanken der Energieerhaltung. In Wirklichkeit muss von der potentiellen Energie die Reibungsarbeit abgezogen werden. Die Energiebilanz sieht dann wie folgt aus:

$$\boldsymbol{W_{kin} = W_{pot} - W_R}$$

Ü 197. $W_{kin} = \frac{m}{2} \cdot v^2 = m \cdot g \cdot h + F \cdot s$

$$v = \sqrt{\frac{2}{m} \cdot (m \cdot g \cdot h + F \cdot s)} = \sqrt{\frac{2}{5\,\text{kg}} \cdot \left(5\,\text{kg} \cdot 9{,}81\,\frac{\text{m}}{\text{s}^2} \cdot 18\,\text{m} + 100\,\frac{\text{kgm}}{\text{s}^2} \cdot 105\,\text{m}\right)}$$

$$\boldsymbol{v = 67{,}48\,\frac{m}{s}}$$

Ü 198. $W_{pot} = m \cdot g \cdot h = 80\,000\,\text{m}^3 \cdot 1000\,\frac{\text{kg}}{\text{m}^3} \cdot 9{,}81\,\frac{\text{m}}{\text{s}^2} \cdot 360\,\text{m}$

$$\boldsymbol{W_{pot} = 282\,528\,000\,000\,\text{Nm} = 282\,528\,000\,000\,\text{J}}$$

$$W_{pot} = 282\,528\,000\,000\,\text{Ws} = \frac{282\,528\,000\,000}{1000 \cdot 3600}\,\text{kWh} = \boldsymbol{78\,480\,\text{kWh}}$$

Ü 199. $\boldsymbol{1\,\text{PS}} = 75\,\frac{\text{kpm}}{\text{s}} = 75 \cdot 9{,}81\,\frac{\text{Nm}}{\text{s}} = 735{,}75\,\frac{\text{Ws}}{\text{s}} = 735{,}75\,\text{W} \approx \boldsymbol{736\,\text{W}}$ (≙ 200-4)

Ü 200. $P = \frac{W}{t} = \frac{F_G \cdot h}{t} = \frac{m \cdot g \cdot h}{t}$

$$\dot{V} = 0{,}3\,\frac{\text{m}^3}{\text{s}} \mathrel{\hat{=}} \dot{m} = 300\,\frac{\text{kg}}{\text{s}} \longrightarrow m = 300\,\text{kg}; \quad t = 1\,\text{s}$$

$$\boldsymbol{P} = \frac{300\,\text{kg} \cdot 9{,}81\,\frac{\text{m}}{\text{s}^2} \cdot 5{,}5\,\text{m}}{1\,\text{s}} = 16\,186{,}5\,\frac{\text{Nm}}{\text{s}} = 16\,186{,}5\,\text{W} = \boldsymbol{16{,}19\,\text{kW}}$$

Ü 201. $\boldsymbol{P} = F \cdot v = 50\,\text{N} \cdot \frac{120}{3{,}6}\,\frac{\text{m}}{\text{s}} = 1666{,}7\,\frac{\text{Nm}}{\text{s}} = \boldsymbol{1{,}67\,\text{kW}}$

Ü 202. a) $W_h = F_G \cdot h = (m_1 + m_2) \cdot g \cdot h = (12\,000\,\text{kg} + 35\,000\,\text{kg}) \cdot 9{,}81\,\frac{\text{m}}{\text{s}^2} \cdot 8\,\text{m}$

$\boldsymbol{W_h = 3\,688\,560\,\text{Nm}}$

Probe: Gemäß Bild 1 wird die **goldene Regel der Mechanik** angewendet. Danach ist:

$W_H = F_H \cdot s$

$W_H = m \cdot g \cdot \sin\alpha \cdot s$

$\tan\alpha = 0{,}15 \longrightarrow \boldsymbol{\alpha = 8{,}531°}$

$\sin\alpha = \frac{h}{s}$

$s = \frac{h}{\sin\alpha} = \frac{8\,\text{m}}{\sin 8{,}531°} = \frac{8\,\text{m}}{0{,}148\,34}$

$\boldsymbol{s = 53{,}9287\,\text{m}}$

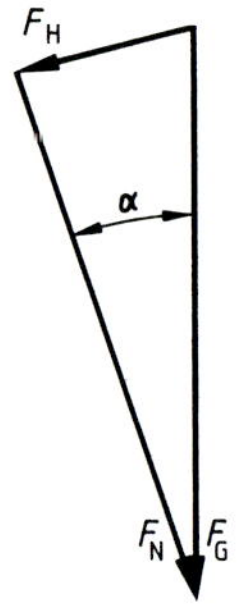

1

$W_H = 47\,000\,\text{kg} \cdot 9{,}81\,\frac{\text{m}}{\text{s}^2} \cdot 0{,}148\,3\overline{4} \cdot 53{,}9287\,\text{m}$

$\boldsymbol{W_H = 3\,688\,559{,}6\,\text{Nm} \approx 3\,688\,560\,\text{Nm}}$

b) $W_R = \mu_F \cdot F_N \cdot s = \mu_F \cdot F_G \cdot \cos\alpha \cdot s = \mu_F \cdot m \cdot g \cdot \cos\alpha \cdot s$

$\cos\alpha = \cos 8{,}531° = 0{,}988\,94$

$\boldsymbol{W_R} = 0{,}01 \cdot 47\,000\,\text{kg} \cdot 9{,}81\,\frac{\text{m}}{\text{s}^2} \cdot 0{,}988\,94 \cdot 53{,}9287\,\text{m} = \boldsymbol{245\,899\,\text{Nm}}$

c) $\boldsymbol{W} = W_H + W_R = 3\,688\,560\,\text{Nm} + 245\,899\,\text{Nm} = \boldsymbol{3\,934\,459\,\text{Nm}}$

Ü 203. a) Gemäß Bild 1 ist

$F = F_H - F_R$ (beschleunigende Kraft)

$F = F_G \cdot \sin\alpha - \mu_F \cdot F_G \cdot \cos\alpha$

$F = m \cdot g \cdot (\sin\alpha - \mu_F \cdot \cos\alpha)$

$\tan\alpha = 0{,}1 \longrightarrow \alpha = 5{,}71°$

$\sin\alpha = \sin 5{,}71° = 0{,}1$

$\cos\alpha = \cos 5{,}71° = 0{,}995$

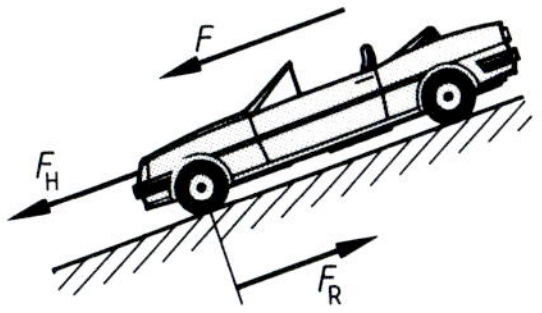

1

$\boldsymbol{F} = 600\,\text{kg} \cdot 9{,}81\,\frac{\text{m}}{\text{s}^2} \cdot (0{,}1 - 0{,}01 \cdot 0{,}995) = \mathbf{530{,}03\,N}$

Beschleunigungsarbeit: $\boldsymbol{W_a} = F \cdot s = 530{,}03\,\text{N} \cdot 50\,\text{m} = \mathbf{26\,501{,}5\,Nm}$

$W_a \mathrel{\hat{=}} W_{kin}$ am Ende der Gefällstrecke $\longrightarrow W_{kin} = 26\,501{,}5\,\text{Nm} = \frac{m}{2} \cdot v^2$

$$\boldsymbol{v} = \sqrt{\frac{2 \cdot 26\,501{,}5\,\text{Nm}}{600\,\text{kg}}} = \mathbf{9{,}399\,m/s}$$

b) $W_R = \mu_F \cdot F_N \cdot s$ $\qquad F_N = F_G$, da horizontale Strecke

$W_R = W_a$ (totale Energieumwandlung durch Reibung bis zum Stillstand)

$$W_a = W_R = \mu_F \cdot F_G \cdot s \longrightarrow s = \frac{W_a}{\mu_F \cdot F_G} = \frac{W_a}{\mu_F \cdot m \cdot g}$$

$$\boldsymbol{s} = \frac{26\,501{,}5\,\text{Nm}}{0{,}01 \cdot 600\,\text{kg} \cdot 9{,}81\,\frac{\text{m}}{\text{s}^2}} = \mathbf{450{,}25\,m}$$

Ü 204.

Reibung der Handflächen aufeinander Reibung in Bremseinrichtungen Luftreibung an Flugkörpern Reibung bei der mechanischen Fertigung Flüssigkeitsreibung in Rohrleitungen Reibung in Lagern, z. B. Gleit- oder Kugellagern	Geschwindigkeitsverkleinerungen, d. h., die Abnahme der Geschwindigkeitsenergie führt gleichzeitig zu einer Erhöhung der Wärmeenergie und dadurch meist zur Temperaturerhöhung.

Ü 205.

Pfeifgeräusche beim Bremsen Quietschen von Reifen Strömungsgeräusche in Rohrleitungen Pfeifgeräusche bei der mech. Fertigung Sirenengeheul Strömungsgeräusche von Flugkörpern	kinetische Energie wird in Schwingungsenergie umgewandelt.

Ü 206.

$$\eta = \frac{P_n}{P_a} \qquad P_n = \frac{W_{pot}}{t} = \frac{m \cdot g \cdot h}{t} = \frac{2500\,\text{kg} \cdot 9{,}81\,\frac{\text{m}}{\text{s}^2} \cdot 30\,\text{m}}{60\,\text{s}} = 12\,262{,}5\,\text{W}$$

$$\eta = \frac{12{,}2625\,\text{kW}}{22\,\text{kW}} = \mathbf{0{,}5574 = 55{,}74\,\%}$$

Ü 207. a) $P_h = \frac{F_G \cdot h}{t} = \frac{m \cdot g \cdot h}{t}$

Gemäß Bild 2 ist:

$\tan\alpha = 0{,}12 \longrightarrow \alpha = 6{,}85°$

$\sin\alpha = \frac{h}{s} \longrightarrow h = s \cdot \sin\alpha$ $\quad$ 2

$$\boldsymbol{h} = 4500\text{ m}\cdot\sin 6{,}85° = 4500\text{ m}\cdot 0{,}119\,27 = \mathbf{536{,}715\ m}$$

$$\boldsymbol{P_h} = \frac{18\,000\text{ kg}\cdot 9{,}81\,\frac{\text{m}}{\text{s}^2}\cdot 536{,}715\text{ m}}{11{,}2\cdot 60\text{ s}} = 141\,031{,}45\text{ W} = \mathbf{141{,}03\ kW}$$

b) $$P_R = \frac{F_R\cdot s}{t} = \frac{\mu_F\cdot F_N\cdot s}{t} = \frac{\mu_F\cdot F_G\cdot\cos\alpha\cdot s}{t} = \frac{\mu_F\cdot m\cdot g\cdot\cos\alpha\cdot s}{t}$$

$$\boldsymbol{P_R} = \frac{0{,}015\cdot 18\,000\text{ kg}\cdot 9{,}81\,\frac{\text{m}}{\text{s}^2}\cdot 0{,}9929\cdot 4500\text{ m}}{11{,}2\cdot 60\text{ s}} = 17\,610{,}9\text{ W} = \mathbf{17{,}61\ kW}$$

c) $\boldsymbol{P_{ges}} = P_h + P_R = 141{,}03\text{ kW} + 17{,}61\text{ kW} = \mathbf{158{,}64\ kW}$

Ü 208. $\eta = 0{,}68 = \dfrac{P_n}{P_a}$ $\qquad P_n = F\cdot v = (F_H + F_R)\cdot v = (m\cdot g\cdot\sin\alpha + \mu_F\cdot m\cdot g\cdot\cos\alpha)\cdot v$

$P_n = m\cdot g\cdot v\cdot(\sin\alpha + \mu_F\cdot\cos\alpha)$ $\qquad \tan\alpha = 0{,}125 \longrightarrow \alpha = 7{,}13°$

$\cos\alpha = \cos 7{,}13° = 0{,}9923$ $\qquad \sin\alpha = \sin 7{,}13° = 0{,}1241$

$$P_n = 1400\text{ kg}\cdot 9{,}81\,\frac{\text{m}}{\text{s}^2}\cdot\frac{65}{3{,}6}\,\frac{\text{m}}{\text{s}}\cdot(0{,}1241 + 0{,}025\cdot 0{,}9923)$$

$\boldsymbol{P_n} = 36\,925{,}34\text{ W} = \mathbf{36{,}925\ kW}$

$$\boldsymbol{P_a} = \frac{P_n}{\eta} = \frac{36{,}925\text{ kW}}{0{,}68} = \mathbf{54{,}3\ kW}$$ (erforderliche Motorleistung)

Ü 209. $\eta = 1 - \dfrac{4\cdot\mu\cdot\delta}{d}$. Eine Verschiebung ist bei $\eta = 0$ nicht mehr möglich. Somit:

$$0 = 1 - \frac{4\cdot\mu\cdot\delta}{d} \longrightarrow \frac{4\cdot\mu\cdot\delta}{d} = 1 \longrightarrow \boldsymbol{\frac{\delta}{d} = \frac{1}{4\cdot\mu}}$$

Ü 210.

$$\frac{\eta_{H\ \text{Flachgewinde}}}{\eta_{H\ \text{Trapezgewinde}}} = \frac{\dfrac{\tan\alpha}{\tan(\alpha+\varrho)}}{\dfrac{\tan\alpha}{\tan(\alpha+\varrho')}} = \frac{\tan\alpha}{\tan(\alpha+\varrho)}\cdot\frac{\tan(\alpha+\varrho')}{\tan\alpha} = \frac{\tan(\alpha+\varrho')}{\tan(\alpha+\varrho)}$$

$$\boldsymbol{\eta_{H\ \text{Trapezgewinde}} = \eta_{H\ \text{Flachgewinde}}\cdot\frac{\tan(\alpha+\varrho)}{\tan(\alpha+\varrho')}}$$

Ü 211. $\eta = 1 - \mu\cdot\dfrac{F_{N1} + F_{N2}}{F_1}$. Mit den Bezeichnungen des Bildes 1:

$$\frac{F}{\sin 105°} = \frac{F_{N1}}{\sin 45°} \longrightarrow F_{N1} = F\cdot\frac{\sin 45°}{\sin 105°} = 16\text{ kN}\cdot\frac{0{,}707}{0{,}9659}$$

$\boldsymbol{F_{N1} = 11{,}71\ kN}$

$$\frac{F}{\sin 105°} = \frac{F_{N2}}{\sin 30°} \longrightarrow F_{N2} = F\cdot\frac{\sin 30°}{\sin 105°} = 16\text{ kN}\cdot\frac{0{,}5}{0{,}9659}$$

$\boldsymbol{F_{N2} = 8{,}28\ kN}$

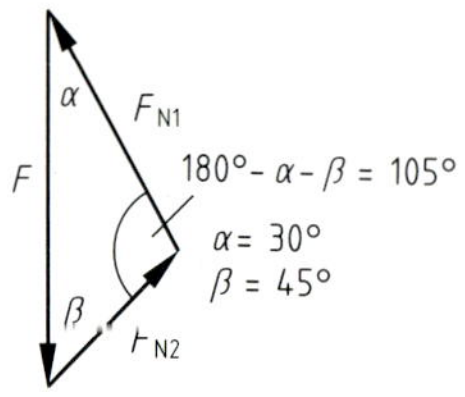

1

$$\eta = 1 - 0{,}12\cdot\frac{11{,}71\text{ kN} + 8{,}28\text{ kN}}{20\text{ kN}} = 1 - 0{,}12\cdot\frac{19{,}99\text{ kN}}{20\text{ kN}} = 1 - 0{,}12 = 0{,}88 = \mathbf{88\ \%}$$

Ü 212. $\eta = \dfrac{P_n}{P_a}$ $\qquad \boldsymbol{P_n} = F\cdot v = 2500\text{ N}\cdot\dfrac{2{,}3}{60}\,\dfrac{\text{m}}{\text{s}} = 95{,}83\,\dfrac{\text{Nm}}{\text{s}} = \mathbf{95{,}83\ W}$

$$\boldsymbol{P_a} = \frac{P_n}{\eta} = \frac{95{,}83\text{ W}}{0{,}48} = \mathbf{199{,}65\ W}$$

Ü 213. a) In die Zahlenwertgleichung $P = \dfrac{M\cdot n}{9550}$ setzt man für $M = F\cdot l$ ein. Somit:

$$\boldsymbol{P = \frac{F_G\cdot l\cdot n}{9550}}$$

P	F_G	l	n
kW	N	m	min^{-1}

b) $$\boldsymbol{P} = \frac{F_G\cdot l\cdot n}{9550} = \frac{40\text{ N}\cdot 0{,}75\text{ m}\cdot 250\text{ min}^{-1}}{9550} = 0{,}785\text{ kW} = \mathbf{785\ W}$$

Ü214. $\boldsymbol{P} = \frac{M \cdot n}{9550} = \frac{20 \cdot 1460}{9550}\,\text{kW} = \mathbf{3{,}06\,kW}$

Ü215. a) $\omega = \alpha \cdot t = 2{,}2\,\frac{\text{rad}}{\text{s}^2} \cdot 15\,\text{s} = 33\,\text{s}^{-1}$

$$\omega = \frac{\pi \cdot n}{30} \longrightarrow \boldsymbol{n} = \frac{\omega \cdot 30}{\pi} = \frac{33 \cdot 30}{\pi}\,\text{min}^{-1} = \mathbf{315{,}13\,min^{-1}}$$

b) $\varphi = 10 \cdot 2\,\pi\,\text{rad} = \frac{\alpha}{2} \cdot t^2$ (Gleichung 223-2)

$$\boldsymbol{t} = \sqrt{\frac{2 \cdot 10 \cdot 2\,\pi\,\text{rad}}{\alpha}} = \sqrt{\frac{2 \cdot 10 \cdot 2\,\pi\,\text{rad}}{2{,}2\,\frac{\text{rad}}{\text{s}^2}}} = \mathbf{7{,}56\,s}$$

$\varphi = \frac{\omega_t \cdot t}{2}$ (Gleichung 223-2)

$$\boldsymbol{\omega_t} = \frac{2 \cdot \varphi}{t} = \frac{2 \cdot 10 \cdot 2\,\pi\,\text{rad}}{7{,}56\,\text{s}} = \mathbf{16{,}62\,s^{-1}}$$

Ü216. a) $\alpha = \frac{a_t}{r}$ (Gleichung 222-1) und mit $a_t = a$:

$$\boldsymbol{\alpha} = \frac{a}{r} = \frac{1{,}5\,\text{m/s}^2}{0{,}325\,\text{m}} = \mathbf{4{,}615\,\frac{rad}{s^2}}$$

b) $\alpha = \frac{\Delta\omega}{\Delta t} \longrightarrow \boldsymbol{\Delta\omega} = \alpha \cdot \Delta t = 4{,}615\,\frac{\text{rad}}{\text{s}^2} \cdot 20\,\text{s} = \mathbf{92{,}3\,s^{-1}}$

c) $\boldsymbol{v_u} = \omega \cdot r = 92{,}3\,\text{s}^{-1} \cdot 0{,}325\,\text{m} = \mathbf{30\,\frac{m}{s}}$

Ebenso wie $a_t = a$ ist auch $v_u = v$ (da kein Schlupf zwischen Rad und Fahrbahn vorliegt). Somit ist

$$\boldsymbol{v} = 30\,\frac{\text{m}}{\text{s}} = 30 \cdot 3{,}6\,\frac{\text{km}}{\text{h}} = \mathbf{108\,\frac{km}{h}}$$

Ü217. a) $v_u = \frac{s}{t} = \frac{d \cdot \pi}{t}$ $\boldsymbol{t} = 23\,\text{h}\;56\,\text{min}\;4{,}1\,\text{s} = \mathbf{86\,164{,}1\,s}$

$$\boldsymbol{v_u} = \frac{12\,756\,800\,\text{m} \cdot \pi}{86\,164{,}1\,\text{s}} = \mathbf{465{,}12\,\frac{m}{s}}$$

b) $\boldsymbol{F_z} = m \cdot \frac{v_u^2}{r} = 80\,\text{kg} \cdot \frac{\left(465{,}12\,\frac{\text{m}}{\text{s}}\right)^2}{\frac{12\,756\,800\,\text{m}}{2}} = \mathbf{2{,}713\,N}$

Ü218. $\boldsymbol{F_z} = m \cdot r \cdot \omega^2 = m \cdot r \cdot \left(\frac{\pi \cdot n}{30}\right)^2 = 10\,\text{kg} \cdot 1\,\text{m} \cdot \left(\frac{100 \cdot \pi}{30}\,\frac{1}{\text{s}}\right)^2 = \mathbf{1096{,}6\,N}$

Außer der Fliehkraft wirkt in jeder Lage des Körpers noch das Gewicht der Körpermasse m nach unten. Aus dieser Überlagerung ergibt sich für die **Punkte 2 und 4:**

$F_{r2} = F_Z - F_G = F_Z - m \cdot g$

$F_{r2} = 1096{,}6\,\text{N} - 10\,\text{kg} \cdot 9{,}81\,\frac{\text{m}}{\text{s}^2}$

$\boldsymbol{F_{r2}} = \mathbf{998{,}5\,N}$

$F_{r4} = F_Z + F_G = 1096{,}6\,\text{N} + 98{,}1\,\text{N}$

$\boldsymbol{F_{r4}} = \mathbf{1194{,}7\,N}$

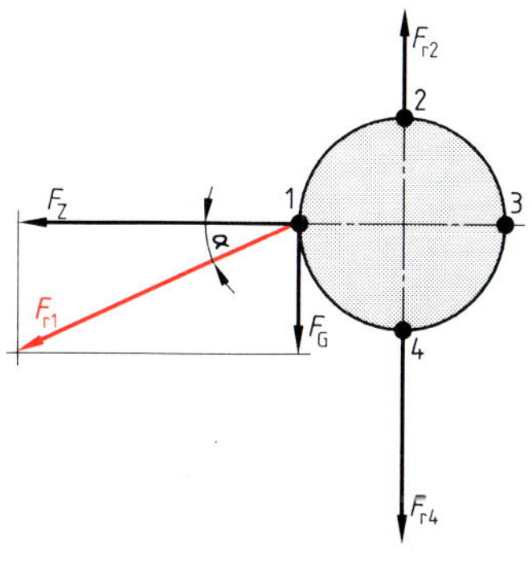

1

Für die **Punkte 1 und 3** ergibt sich:

$$\boldsymbol{F_{r1/3}} = \sqrt{F_Z^2 + F_G^2} = \sqrt{(1096{,}6\ \text{N})^2 + (98{,}1\ \text{N})^2} = \sqrt{1\,212\,155{,}17\ \text{N}^2} = \mathbf{1100{,}98\ N}$$

$$\tan\alpha = \frac{F_G}{F_Z} = \frac{98{,}1\ \text{N}}{1096{,}6\ \text{N}} = 0{,}089\,46 \longrightarrow \boldsymbol{\alpha = 5{,}11°}$$

Ü219. a) $F_Z = m \cdot r \cdot \omega^2$ $\qquad r = 1\ \text{m} + 0{,}1\ \text{m} = 1{,}1\ \text{m}$

$$\omega = \frac{\pi \cdot n}{30} = \frac{\pi \cdot 60}{30}\,\frac{1}{s} = 6{,}283\frac{1}{s}$$

$$\boldsymbol{F_Z} = 50\ \text{kg} \cdot 1{,}1\ \text{m} \cdot (6{,}283\ \text{s}^{-1})^2 = \mathbf{2171{,}18\ N}$$

b) $$\omega = \alpha \cdot t \longrightarrow \alpha = \frac{\omega}{t} = \frac{6{,}283\,\frac{1}{\text{s}}}{3\ \text{s}} = 2{,}094\,\frac{1}{\text{s}^2} = \mathbf{2{,}094\,\frac{rad}{s^2}}$$

Ü220. a) $$F_c = m \cdot a_c = m \cdot 2 \cdot \omega \cdot v = m \cdot 2 \cdot \frac{\pi \cdot n}{30} \cdot v = 5\ \text{kg} \cdot 2 \cdot \frac{\pi \cdot 150}{30}\,\frac{1}{\text{s}} \cdot 12\,\frac{\text{m}}{\text{s}}$$

$\boldsymbol{F_c = 1884{,}96\ N}$

b) $$F_Z = m \cdot r \cdot \omega^2 = m \cdot r \cdot \left(\frac{\pi \cdot n}{30}\right)^2 = 5\ \text{kg} \cdot 1\ \text{m} \cdot \left(\frac{\pi \cdot 150}{30}\,\frac{1}{\text{s}}\right)^2$$

$\boldsymbol{F_Z = 1233{,}7\ N}$

c) F_c und F_Z stehen rechtwinklig aufeinander. Somit:

$$F_r = \sqrt{F_c^2 + F_Z^2} = \sqrt{(1884{,}96\ \text{N})^2 + (1233{,}7\ \text{N})^2} = \sqrt{5\,075\,089{,}892\ \text{N}^2}$$

$\boldsymbol{F_r = 2252{,}796\ N}$

Ü221. Bild 1 zeigt die im Aufgabentext vorgeschlagene Unterteilung. Die Teilmassen m_1, m_2, m_3 verhalten sich dabei wie die Teilflächen A_1, A_2, A_3. Es ist

$$A_1 = \left(\frac{2}{6}r\right)^2 \cdot \pi = \frac{1}{9}r^2 \cdot \pi$$

$$A_2 = \left(\frac{4}{6}r\right)^2 \cdot \pi - \left(\frac{2}{6}r\right)^2 \cdot \pi = \frac{1}{3}r^2 \cdot \pi$$

$$A_3 = \left(\frac{6}{6}r\right)^2 \cdot \pi - \left(\frac{4}{6}r\right)^2 \cdot \pi = \frac{5}{9}r^2 \cdot \pi$$

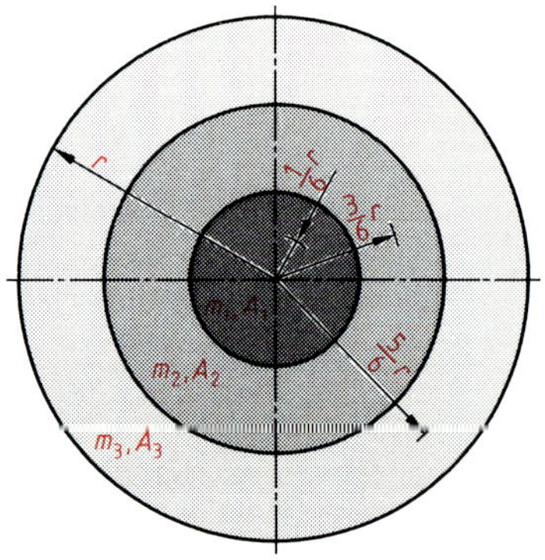

1

Es verhält sich somit:

$$m_1 : m_2 : m_3 = A_1 : A_2 : A_3 = \frac{1}{9} : \frac{1}{3} : \frac{5}{9} \longrightarrow \left.\begin{array}{l} m_1 = 1/9 \cdot m \\ m_2 = 1/3 \cdot m \\ m_3 = 5/9 \cdot m \end{array}\right\} \longrightarrow m_1 + m_2 + m_3 = m$$

$$J = \Sigma m \cdot r^2 = m_1 \cdot \left(\frac{1}{6}r\right)^2 + m_2 \cdot \left(\frac{3}{6}r\right)^2 + m_3 \cdot \left(\frac{5}{6}r\right)^2$$

$$J = \frac{1}{9}m \cdot \left(\frac{1}{6}r\right)^2 + \frac{1}{3}m \cdot \left(\frac{3}{6}r\right)^2 + \frac{5}{9}m \cdot \left(\frac{5}{6}r\right)^2$$

$$J = \frac{1}{324}m \cdot r^2 + \frac{9}{108}m \cdot r^2 + \frac{125}{324}m \cdot r^2$$

$$\boldsymbol{J} = \frac{153}{324}m \cdot r^2 = 0{,}4722\,m \cdot r^2 \approx \mathbf{\frac{m}{2} \cdot r^2}$$

Ü 222. a) Um das zusammengesetzte Trägheitsmoment J zu erhalten, müssen die Trägheitsmomente des Kranzes J_1, des Mittelsteges J_2 und der Nabe J_3 zusammengefasst werden zu

$\boldsymbol{J = J_1 + J_2 + J_3}$

Alle genannten Schwungradteile sind Hohlzylinder mit relativ großem Durchmesserunterschied. Dafür lautet die Berechnungsformel des Trägheitsmomentes (235-4):

$J = \frac{1}{2} \cdot m \cdot (R^2 + r^2)$

D = großer Durchmesser = $2 \cdot R$
d = kleiner Durchmesser = $2 \cdot r$ ⟶ in m
b = Hohlzylinderlänge

ϱ = Dichte = $7250 \frac{\text{kg}}{\text{m}^3}$

Mit diesen Daten und mit $m = V \cdot \varrho = \frac{\pi}{4} \cdot (D^2 - d^2) \cdot b \cdot \varrho$ ergibt sich für

$$J = \frac{1}{2} \cdot \frac{\pi}{4} \cdot (D^2 - d^2) \cdot b \cdot \varrho \cdot (R^2 + r^2) = \frac{0{,}785 \cdot 7250}{2} \cdot (D^2 - d^2) \cdot b \cdot (R^2 + r^2)$$

$\boldsymbol{J \approx 2846 \cdot (D^2 - d^2) \cdot b \cdot (R^2 + r^2)}$ in kgm² (Zahlenwertgleichung)

Für die einzelnen Trägheitsmomente ergibt sich somit

$\boldsymbol{J_1} = 2846 \cdot (1^2 - 0{,}7^2) \cdot 0{,}1 \cdot (0{,}5^2 + 0{,}35^2)\ \text{kgm}^2 = \mathbf{54{,}1\ kgm^2}$

$\boldsymbol{J_2} = 2846 \cdot (0{,}7^2 - 0{,}3^2) \cdot 0{,}025 \cdot (0{,}35^2 + 0{,}15^2)\ \text{kgm}^2 = \mathbf{4{,}13\ kgm^2}$

$\boldsymbol{J_3} = 2846 \cdot (0{,}3^2 - 0{,}065^2) \cdot 0{,}08 \cdot (0{,}15^2 + 0{,}0325^2)\ \text{kgm}^2 = \mathbf{0{,}46\ kgm^2}$

$\boldsymbol{J} = \Sigma J_i = \mathbf{58{,}69\ kgm^2}$

b) $W_{\text{rot}_0} = J \cdot \frac{\omega_0^2}{2}$; $\omega_0 = \frac{\pi \cdot n_0}{30} = \frac{\pi \cdot 110}{30}\ \text{s}^{-1} = 11{,}52\ \text{s}^{-1}$ ⟶ $\omega_0^2 = 132{,}71\ \text{s}^{-2}$

$\boldsymbol{W_{\text{rot}_0}} = 58{,}69\ \text{kgm}^2 \cdot \frac{132{,}71\ \text{s}^{-2}}{2} = \mathbf{3894{,}37\ Nm}$

c) Wenn vom Schwungrad die Nutzarbeit $W_n = 1200$ Nm abgegeben wird, hat dieses bei der Drehzahl n_1 die Energie

$W_{\text{rot}_1} = W_{\text{rot}_0} - W_n = 3894{,}37\ \text{Nm} - 1200\ \text{Nm} = 2694{,}37\ \text{Nm} = J \cdot \frac{\omega_1^2}{2}$. Somit:

$$\omega_1 = \frac{\pi \cdot n_1}{30} = \sqrt{\frac{2 \cdot W_{\text{rot}_1}}{J}} = \sqrt{\frac{2 \cdot 2694{,}37\ \text{Nm}}{58{,}69\ \text{kgm}^2}} = \sqrt{91{,}83\ \text{s}^{-2}} = 9{,}58\ \text{s}^{-1}$$

$\boldsymbol{n_1} = 9{,}58\ \text{s}^{-1} \cdot \frac{30}{\pi} = \mathbf{91{,}48\ min^{-1}}$

d) Bild 1 zeigt das ω, t-Diagramm.
Danach ist

$\varphi = \frac{\omega_0 + \omega_1}{2} \cdot t$. Somit:

$t = \frac{2 \cdot \varphi}{\omega_0 + \omega_1} = \frac{2 \cdot 1{,}5 \cdot \pi}{11{,}52 + 9{,}58}$ in s

$\boldsymbol{t} = \mathbf{0{,}447\ s}$

e) $\alpha = \frac{\Delta\omega}{\Delta t} = \frac{(11{,}52 - 9{,}58)\ \text{s}^{-1}}{0{,}447\ \text{s}}$

$\boldsymbol{\alpha} = \mathbf{4{,}34\ s^{-2}}$

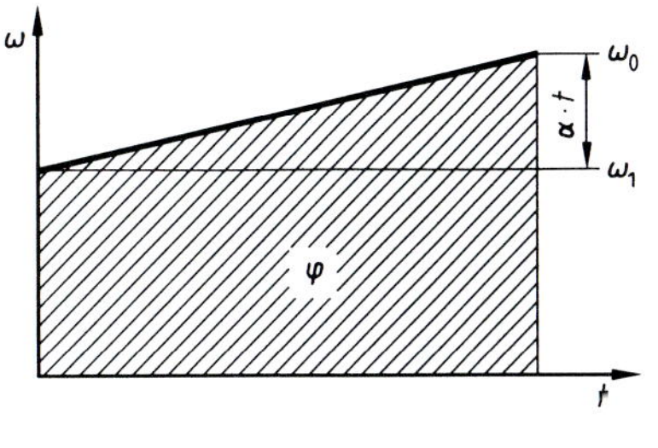

1

f) Dem Schwungrad muss in $t = 0{,}447\ s$ die abgegebene Nutzarbeit $W_n = 1200\ \text{Nm}$ zugeführt werden. Somit:

$$\boldsymbol{P}_{\text{erf}} = \frac{W_n}{t} = \frac{1200\ \text{Nm}}{0{,}447\ \text{s}} = 2684{,}6\ \text{W} = \mathbf{2{,}6846\ kW}$$

Anmerkung: In der Praxis wird man einen Motor mit etwa der Leistung $\boldsymbol{P}_{\text{gew}} = \mathbf{3\ kW}$ wählen.

g) $$\boldsymbol{m}_{\text{red}} = \frac{J}{(r')^2} = \frac{58{,}69\ \text{kgm}^2}{(0{,}5\ \text{m})^2} = \mathbf{234{,}76\ kg}$$

h) $i = \sqrt{\dfrac{J}{m}}$ Setzt man alle Maße in dm ein, erhält man für die Masse:

$$m = \varrho \cdot V$$

$$m = 7{,}25\,\frac{\text{kg}}{\text{dm}^3} \cdot \left[\frac{\pi}{4} \cdot (10^2 - 7^2) \cdot 1 + \frac{\pi}{4} \cdot (7^2 - 3^2) \cdot 0{,}25 + \frac{\pi}{4} \cdot (3^2 - 0{,}65^2) \cdot 0{,}8\right] \text{dm}^3$$

$$\boldsymbol{m} = 7{,}25\,\frac{\text{kg}}{\text{dm}^3} \cdot 53{,}299\ \text{dm}^3 = \mathbf{386{,}42\ kg}$$

$$i = \sqrt{\frac{58{,}69\ \text{kgm}^2}{386{,}42\ \text{kg}}} = 0{,}39\ \text{m}$$

$\boldsymbol{i} = \mathbf{39\ cm}$

i) Das Schwungrad sitzt auf einer Welle mit dem Lagerdurchmesser 150 mm und führt nun eine gleichmäßig verzögerte Drehbewegung aus. Nach dem dynamischen Grundgesetz der Drehbewegung ist $\boldsymbol{M} = \boldsymbol{J} \cdot \alpha$

Als verzögerndes Moment wird das Reibmoment $\boldsymbol{M}_{\mathbf{R}} = \mu \cdot \boldsymbol{F}_{\mathbf{G}} \cdot \boldsymbol{r}$ eingesetzt.

Setzt man nun Momentengleichgewicht voraus, wird $\boldsymbol{M} = \boldsymbol{M}_{\mathbf{R}}$

Somit: $\mu \cdot F_G \cdot r = J \cdot \alpha \longrightarrow \alpha = \dfrac{\mu \cdot F_G \cdot r}{J} = \dfrac{\mu \cdot m \cdot g \cdot r}{J}$;

$r = 75\ \text{mm} = 0{,}075\ \text{m}$

$$\alpha = \frac{0{,}05 \cdot 386{,}42\ \text{kg} \cdot 9{,}81\,\frac{\text{m}}{\text{s}^2} \cdot 0{,}075\ \text{m}}{58{,}69\ \text{kgm}^2}$$

$$\alpha = \mathbf{0{,}2422\,\frac{rad}{s^2}}$$

Mit $\Delta\omega = \alpha \cdot t$ wird $t = \dfrac{\Delta\omega}{\alpha} = \dfrac{\omega_0}{\alpha} = \dfrac{11{,}52\ \text{s}^{-1}}{0{,}2422\ \text{s}^{-2}}$

$\boldsymbol{t} = \mathbf{47{,}564\ s}$

Ü223. **„In Kraftrichtung"**: von der Seite des Antriebs durch das Getriebe zur Seite des Abtriebs, d.h. von n_a in Richtung n_e.

Ü224. a) $i = \dfrac{d_2}{d_1} \longrightarrow \boldsymbol{d}_2 = i \cdot d_1 = \dfrac{2{,}8}{1} \cdot 320\ \text{mm} = \mathbf{896\ mm}$

b) $v_u = \dfrac{d_2 \cdot \pi \cdot n_2}{1000 \cdot 60} \longrightarrow \boldsymbol{n}_2 = \dfrac{v_u \cdot 1000 \cdot 60}{\pi \cdot d_2} = \dfrac{4{,}8 \cdot 1000 \cdot 60}{\pi \cdot 896}\ \text{min}^{-1} = \mathbf{102{,}31\ min^{-1}}$

c) $\omega_1 = \frac{\pi \cdot n_1}{30}$ $\quad i = \frac{n_1}{n_2} \longrightarrow \boldsymbol{n_1} = i \cdot n_2 = 2{,}8 \cdot 102{,}31\ \text{min}^{-1} = \mathbf{286{,}47\ min^{-1}}$

$\omega_1 = \frac{\pi \cdot 286{,}47}{30}\ \text{s}^{-1} = \mathbf{30\ \frac{rad}{s}}$ $\quad$ **Probe:** $\boldsymbol{v_u} = \omega_1 \cdot r_1 = 30\ \frac{\text{rad}}{\text{s}} \cdot 0{,}16\ \text{m} = \mathbf{4{,}8\ \frac{m}{s}}$

Ü 225. **Schlupf:** Das durch unzureichende Reibung bedingte Zurückbleiben eines Getriebegliedes gegenüber einem mit ihm verbundenen anderen Getriebeglied.

Ü 226. $i_{ges} = \frac{n_a}{n_e} \longrightarrow \boldsymbol{n_e} = \frac{n_a}{i_{ges}} = \frac{1120\ \text{min}^{-1}}{6} = \mathbf{186{,}67\ min^{-1}}$

$i_{ges} = \frac{d_2 \cdot d_4}{d_1 \cdot d_3} \longrightarrow \boldsymbol{d_4} = i_{ges} \cdot \frac{d_1 \cdot d_3}{d_2} = 6 \cdot \frac{112\ \text{mm} \cdot 125\ \text{mm}}{560\ \text{mm}} = \mathbf{150\ mm}$

Probe: $n_a \cdot d_1 \cdot d_3 = n_e \cdot d_2 \cdot d_4$

$1120 \cdot 112 \cdot 125 = 186{,}67 \cdot 560 \cdot 150$

$\mathbf{15\,680\,000 \approx 15\,680\,280}$

Ü 227. $\boldsymbol{i_{ges}} = \frac{n_a}{n_e} = \frac{630\ \text{min}^{-1}}{280\ \text{min}^{-1}} = \mathbf{2{,}25 : 1}$ $\quad i_{ges} = \frac{z_2 \cdot z_4}{z_1 \cdot z_3} \longrightarrow z_4 = i_{ges} \cdot \frac{z_1 \cdot z_3}{z_2}$

$\boldsymbol{z_4} = 2{,}25 \cdot \frac{36 \cdot 48}{54} = \mathbf{72}$

$\boldsymbol{i_1} = \frac{z_2}{z_1} = \frac{54}{36} = \mathbf{1{,}5 : 1}$

$\boldsymbol{i_2} = \frac{z_4}{z_3} = \frac{72}{48} = \mathbf{1{,}5 : 1}$

$\longrightarrow$ **Probe:** $\boldsymbol{i_{ges}} = i_1 \cdot i_2 = 1{,}5 \cdot 1{,}5 = \mathbf{2{,}25}$

Ü 228. 12,5; 25; 50; 100; 200; 400; 800; 1600; 3200.

Ü 229. 100; 200; 300; 400; 500; 600; 700; 800; 900; 1000; 1100; 1200; 1300; 1400; 1500; 1600; 1700; 1800; 1900; 2000.
Getriebe in einem Drehzahlbereich zwischen 100 min^{-1} und 2000 min^{-1} kommen häufig vor. Eine arithmetische Stufung würde wegen der großen Anzahl der Drehzahlen sehr aufwendig und damit unwirtschaftlich sein.

Ü 230. $\eta = \frac{1}{i} \cdot \frac{M_{d2}}{M_{d1}} \longrightarrow M_{d1} = M_{d2} \cdot \frac{1}{i} \cdot \frac{1}{\eta} = 225\ \text{Nm} \cdot \frac{1}{\frac{1}{2{,}5}} \cdot \frac{1}{0{,}65} = 865{,}38\ \text{Nm} = 9550 \cdot \frac{P}{n}$

Somit: $\boldsymbol{n_1} = \frac{9550 \cdot P}{M_{d1}} = \frac{9550 \cdot 75}{865{,}83}\ \text{min}^{-1} = \mathbf{827{,}67\ min^{-1}}$

Ü 231.
a) $s = r \cdot (1 - \cos\varphi) + l \cdot \left[1 - \sqrt{1 - \left(\frac{r}{l}\right)^2 \cdot \sin^2\varphi}\right]$ $\quad \cos\varphi = \cos 40° = 0{,}766$; $\sin\varphi = \sin 40° = 0{,}643$

$s = 0{,}6\ \text{m} \cdot (1 - 0{,}766) + 3\ \text{m} \cdot \left[1 - \sqrt{1 - \left(\frac{0{,}6\ \text{m}}{3\ \text{m}}\right)^2 \cdot 0{,}643^2}\right]$

$s = 0{,}6\ \text{m} \cdot 0{,}234 + 3\ \text{m} \cdot \left(1 - \sqrt{1 - 0{,}04 \cdot 0{,}413}\right)$

$\boldsymbol{s} = 0{,}1404\ \text{m} + 3\ \text{m} \cdot 0{,}0083 = 0{,}1404\ \text{m} + 0{,}0249\ \text{m} = \mathbf{0{,}1653\ m}$

Näherungsgleichung:

$s = r \cdot \left[1 - \cos\varphi + \frac{r}{4 \cdot l} \cdot (1 - \cos 2\varphi)\right]$ $\quad \cos 2\varphi = \cos 80° = 0{,}173\,65$

$s = 0{,}6\ \text{m} \cdot \left[1 - 0{,}766 + \frac{0{,}6\ \text{m}}{4 \cdot 3\ \text{m}} \cdot (1 - 0{,}173\,65)\right] = 0{,}6\ \text{m} \cdot (0{,}234 + 0{,}041\,32)$

$\mathbf{s = 0{,}1652\ m}$

b) $v = r \cdot \omega \cdot \left(\sin\varphi + \frac{r}{2 \cdot l} \cdot \sin 2\varphi\right)$ $\quad \omega = \frac{\pi \cdot n}{30} = \frac{\pi \cdot 300}{30}\ \text{s}^{-1} = 31{,}4\ \text{s}^{-1}$;

$\sin 2\varphi = \sin 80°$

$\sin 2\varphi = 0{,}985$

$$\boldsymbol{v} = 0{,}6\ \text{m} \cdot 31{,}4\ \text{s}^{-1} \cdot \left(0{,}643 + \frac{0{,}6\ \text{m}}{2 \cdot 3\ \text{m}} \cdot 0{,}985\right) = \mathbf{13{,}97\ \frac{m}{s}}$$

c) $a = r \cdot \omega^2 \cdot \left(\cos\varphi + \frac{r}{l} \cdot \cos 2\varphi\right) = 0{,}6\ \text{m} \cdot (31{,}4\ \text{s}^{-1})^2 \cdot \left(0{,}766 + \frac{0{,}6\ \text{m}}{3\ \text{m}} \cdot 0{,}1736\right)$

$$\boldsymbol{a} = 0{,}6\ \text{m} \cdot 985{,}96\ \text{s}^{-2} \cdot 0{,}800\,72 = \mathbf{473{,}69\ \frac{m}{s^2}}$$

d) $\varphi = \omega \cdot t \longrightarrow t = \frac{\varphi}{\omega}$ $\qquad \varphi = 40° = \frac{\pi \cdot 40}{180}\ \text{rad} = 0{,}698\ \text{rad}$

$$\boldsymbol{t} = \frac{0{,}698}{31{,}4\ \text{s}^{-1}} = \mathbf{0{,}022\ s}$$

Ü 232. a) $s = r \cdot (1 - \cos\varphi)$ $\qquad \cos\varphi = \cos 40° = 0{,}766$

$\boldsymbol{s} = 0{,}25\ \text{m} \cdot (1 - 0{,}766) = 0{,}25\ \text{m} \cdot 0{,}234 = \mathbf{0{,}0585\ m}$

b) $v = r \cdot \omega \cdot \sin\varphi$; $\qquad \sin\varphi = \sin 40° = 0{,}643$; $\qquad \omega = \frac{\pi \cdot n}{30} = \frac{\pi \cdot 60}{30}\ \text{s}^{-1} = 6{,}283\ \text{s}^{-1}$

$$\boldsymbol{v} = 0{,}25\ \text{m} \cdot 6{,}283\ \text{s}^{-1} \cdot 0{,}643 = \mathbf{1{,}01\ \frac{m}{s}}$$

c) $\boldsymbol{a} = r \cdot \omega^2 \cdot \cos\varphi = 0{,}25\ \text{m} \cdot (6{,}283\ \text{s}^{-1})^2 \cdot 0{,}766 = \mathbf{7{,}56\ \frac{m}{s^2}}$

Ü 233. a) Bezogen auf die Vorlaufgeschwindigkeit (Arbeitshub) ist die Rücklaufgeschwindigkeit des Werkzeuges groß. Dadurch ist es möglich, die Gesamtarbeitszeit zu verkürzen, d. h. wirtschaftlicher zu fertigen.

b) Es verhält sich bei n = konst.: $\frac{t_{\text{vor}}}{t_{\text{rück}}} = \frac{360° - \alpha}{\alpha} \longrightarrow \boldsymbol{t}_{\textbf{rück}} = \boldsymbol{t}_{\textbf{vor}} \cdot \frac{\alpha}{360° - \alpha}$

Da $\frac{\alpha}{360° - \alpha}$ stets eine Zahl, die kleiner als 1 ist, wird die Antwort auf Frage a) bestätigt, d. h.: $\boldsymbol{t}_{\textbf{rück}} < \boldsymbol{t}_{\textbf{vor}}$

Festigkeitslehre

Ü 234. **Statik** ⟶ Ermittlung der im Bauteil wirkenden Kräfte und Momente, die durch die Belastung des Bauteils hervorgerufen werden.

Festigkeitslehre ⟶ Ermittlung der Bauteilabmessungen bzw. der Deformationen am Bauteil mit hilfe der bei der statischen Berechnung ermittelten Kräfte und Momente.

Ü 235. Dimensionieren neuer Bauteile; Ermittlung der übertragbaren Kräfte und Momente bei bereits vorhandenen Bauteilen; Auswahl des Werkstoffes, der bei vorgegebenen Bauteilabmessungen die vorhandenen Kräfte und Momente sicher überträgt.

Ü 236. a) Obwohl sich der Bauteilquerschnitt nicht verändert, treten durch die unterschiedliche Lage des Brettes unterschiedlich große Beanspruchungen auf.

b) Nicht nur die Größe des Bauteilquerschnittes, sondern auch die Lage desselben und somit auch seine Form gehen in die Betrachtungen der Festigkeitslehre ein.

Ü 237. Idealisieren ist eine Vereinfachung des tatsächlichen Sachverhaltes mit dem Ziel, die Handhabbarkeit dieses Sachverhaltes zu vereinfachen. Dabei hat der Techniker unbedingt zu beachten, dass die beim Idealisieren auftretenden Ungenauigkeiten in vertretbaren Grenzen bleiben.

Ü 238. Die Festigkeitslehre wird in die elementare und höhere Festigkeitslehre unterteilt.

Ü 239.

Werkstoff hoher Festigkeit	Beispiele der Verwendung
Stahl, Al-Legierungen	Träger, Gewindespindel, Druckkessel, Zahnrad, Fachwerkstab, Triebwerksteile
Kunststoffe	Druckschlauch, Zahnrad, Schiffskörper

Ü 240. Querschnitt a–a: Biegung und Zug; Querschnitt b–b: Biegung und Zug.

Ü 241. a) S_{vorh}; F_{vorh}; $\sigma_{z\ vorh}$ b) $\boldsymbol{\sigma_{z\ vorh}} = \dfrac{F_{vorh}}{S_{vorh}} = \dfrac{3850\ \text{N}}{25\ \text{mm} \cdot 50\ \text{mm}} = \mathbf{3{,}08\ \dfrac{N}{mm^2}}$

Ü 242. Normalspannungen treten auf bei Zug, Druck, Knickung und Biegung (Erklärung für Biegung erfolgt in Lektion 62).

Ü 243. Schubspannungen treten bei Scherung und Torsion auf.

Ü 244. Zug und Torsion, Zug und Scherung, Biegung und Scherung, Biegung und Torsion.

Ü 245. $\boldsymbol{\sigma_{z\ vorh}} = \dfrac{F_{vorh}}{S_{vorh}} = \dfrac{F_{vorh}}{i \cdot \dfrac{\pi}{4} \cdot d^2} = \dfrac{60\,000\ \text{N}}{176 \cdot \dfrac{\pi}{4} \cdot (1{,}2\ \text{mm})^2} = \mathbf{301{,}43\ \dfrac{N}{mm^2}} > \sigma_{z\ zul} \longrightarrow$ unzulässig!

Ü 246. Die genaue Querschnittsfläche wird durch die Summe der beiden gleich großen Kreisabschnitte (Bild 1) gebildet. Mit Hilfe der in Formelsammlungen angegebenen Formel für den Kreisabschnitt ergibt sich

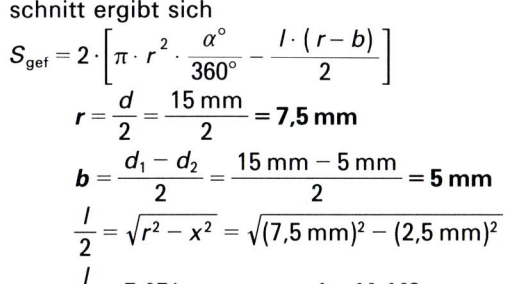

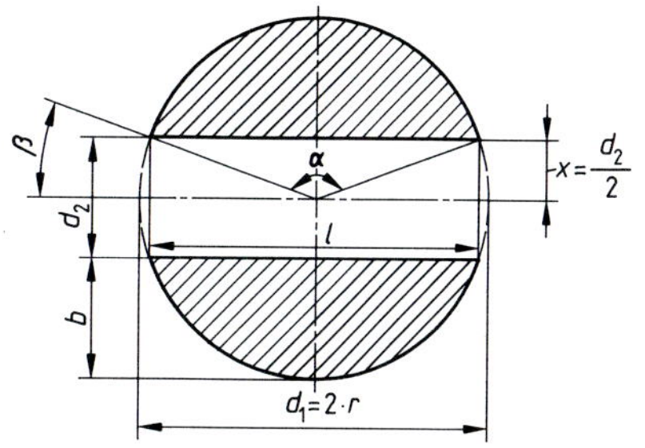

1

$$S_{gef} = 2 \cdot \left[\pi \cdot r^2 \cdot \frac{\alpha^\circ}{360^\circ} - \frac{l \cdot (r - b)}{2}\right]$$

$$\boldsymbol{r} = \frac{d}{2} = \frac{15\ \text{mm}}{2} = \mathbf{7{,}5\ mm}$$

$$\boldsymbol{b} = \frac{d_1 - d_2}{2} = \frac{15\ \text{mm} - 5\ \text{mm}}{2} = \mathbf{5\ mm}$$

$$\frac{l}{2} = \sqrt{r^2 - x^2} = \sqrt{(7{,}5\ \text{mm})^2 - (2{,}5\ \text{mm})^2}$$

$$\frac{l}{2} = 7{,}071\ \text{mm} \longrightarrow \boldsymbol{l = 14{,}142\ mm}$$

$$\tan\frac{\alpha}{2} = \frac{\frac{l}{2}}{x} = \frac{l}{2 \cdot x} = \frac{14{,}142\ \text{mm}}{2 \cdot 2{,}5\ \text{mm}} = 2{,}8284 \longrightarrow \frac{\alpha}{2} = 70{,}53^\circ \longrightarrow \boldsymbol{\alpha = 141{,}06^\circ}$$

$$\boldsymbol{S_{gef}} = 2 \cdot \left[\pi \cdot (7{,}5\ \text{mm})^2 \cdot \frac{141{,}06^\circ}{360^\circ} - \frac{14{,}142\ \text{mm} \cdot (7{,}5\ \text{mm} - 5\ \text{mm})}{2}\right] = \mathbf{103{,}126\ mm^2}$$

In M 160., Seite 263, ergab sich für $S_{gef} = 101{,}71\ \text{mm}^2$. Gegenüber der genauen Formel ergibt sich ein Fehler von ca. 1,4 %. Dieser Fehler ist vernachlässigbar klein. Der Rechenaufwand mit der genauen Formel ist – auch wegen der ohnehin einzubeziehenden Sicherheitszahl (Lektion 58) – also nicht lohnend.

Ü 247. $\boldsymbol{\sigma_{d\ vorh}} = \dfrac{F}{S} = \dfrac{10\,800\ \text{N}}{20\ \text{mm} \cdot 40\ \text{mm}} = \dfrac{10\,800\ \text{N}}{800\ \text{mm}^2} = \mathbf{13{,}5\ \dfrac{N}{mm^2}}$

Ü 248. $\sigma_z = \dfrac{F}{S} \longrightarrow S_{erf} = \dfrac{F_{vorh}}{\sigma_{z\ zul}} = \dfrac{58\,000\ \text{N}}{100\ \text{N/mm}^2} = 580\ \text{mm}^2 = h \cdot b$

Da $\dfrac{h}{b} = \dfrac{2}{1}$, ist $h = 2 \cdot b$. Somit: $580\ \text{mm}^2 = 2 \cdot b \cdot b = 2b^2 \longrightarrow \boldsymbol{b_{erf} = 17{,}03\ mm}$

$\boldsymbol{b_{gew} = 18\ mm}$ $\boldsymbol{h_{gew}} = 2 \cdot 18\ \text{mm} = \mathbf{36\ mm}$

Spannungsnachweis:

$$\boldsymbol{\sigma_{z\ vorh}} = \frac{F_{vorh}}{S_{vorh}} = \frac{58\,000\ \text{N}}{18\ \text{mm} \cdot 36\ \text{mm}} = \frac{58\,000\ \text{N}}{648\ \text{mm}^2} = \mathbf{89{,}5\ \frac{N}{mm^2}} < \sigma_{z\ zul}$$

Ü 249. $\sigma_{z\ zul} = \dfrac{F_{vorh}}{S_{erf}} \longrightarrow S_{erf} = \dfrac{\pi}{4} \cdot d^2 = \dfrac{F_{vorh}}{\sigma_{z\ zul}}$

$$\boldsymbol{d_{erf}} = \sqrt{\frac{4 \cdot F_{vorh}}{\pi \cdot \sigma_{z\ zul}}} = \sqrt{\frac{4 \cdot 25\,000\ \text{N}}{\pi \cdot 160\ \dfrac{\text{N}}{\text{mm}^2}}} = \sqrt{198{,}94\ \text{mm}^2} = \mathbf{14{,}1\ mm}$$

$\boldsymbol{d_{gew} = 15\ mm}$

Ü 250. $F \cdot l_1 = F_{Ky} \cdot l_2 \longrightarrow F_{Ky} = F \cdot \frac{l_1}{l_2} = F_K \cdot \sin 30°$

$$\boldsymbol{F_K} = F \cdot \frac{l_1}{l_2 \cdot \sin 30°} = 10\,000\ \text{N} \cdot \frac{3\ \text{m}}{2{,}8\ \text{m} \cdot 0{,}5} = \mathbf{21\,428{,}6\ N}$$

$$\sigma_{z\,zul} = \frac{F_K}{S_{gef}} = \frac{F_K}{\frac{\pi \cdot d^2}{2}} = \frac{2 \cdot F_K}{\pi \cdot d^2} \longrightarrow \boldsymbol{d_{erf}} = \sqrt{\frac{2 \cdot F_K}{\pi \cdot \sigma_{z\,zul}}} = \mathbf{15{,}75\ mm}$$

$$\boldsymbol{d_{gew}} = \mathbf{16\ mm}$$

Ü 251. $\sigma_{d\,zul} = \frac{F_{vorh}}{S_{erf}} \longrightarrow S_{erf} = \frac{F_{vorh}}{\sigma_{d\,zul}} = \frac{58\,000\ \text{N}}{72\,\frac{\text{N}}{\text{mm}^2}} = 805{,}56\ \text{mm}^2 = A_K = \frac{\pi}{4} \cdot d_3^2$

$$\boldsymbol{d_{3\,erf}} = \sqrt{\frac{805{,}56\ \text{mm}^2 \cdot 4}{\pi}} = \mathbf{32{,}03\ mm}$$

Aus der Tabelle für metrische ISO-Sägegewinde nach DIN 513 ergibt sich **S 48×8** mit $d_3 = 34{,}116$ mm.

Ü 252. Im allgemeinen versteht man unter dem gefährdeten Querschnitt S_{gef} den schwächsten Querschnitt. Noch allgemeingültiger: S_{gef} ist der Querschnitt, an dem Bruch zu erwarten ist.

Ü 253. $l_r = \frac{R_m \cdot S_{gef}}{m' \cdot g}$;

Aus Tabelle: $S_{gef} = 6530\ \text{mm}^2$, $m' = 51{,}2\,\frac{\text{kg}}{\text{m}}$

$$\boldsymbol{l_r} = \frac{550 \cdot 10^6\,\frac{\text{N}}{\text{m}^2} \cdot 0{,}006\,53\ \text{m}^2}{51{,}2\,\frac{\text{kg}}{\text{m}} \cdot 9{,}81\,\frac{\text{m}}{\text{s}^2}} = \mathbf{7150{,}5\ m}$$

Ü 254. $$\boldsymbol{\sigma_{z\,vorh}} = \frac{F_{vorh}}{S_{vorh}} = \frac{F_{vorh}}{2 \cdot \frac{\pi}{4} \cdot d^2} = \frac{31\,000\ \text{N} \cdot 2}{\pi \cdot (20\ \text{mm})^2} = \mathbf{49{,}34\,\frac{N}{mm^2}} < \sigma_{z\,zul}$$

Ü 255. a) $$\boldsymbol{\sigma_{z\,vorh}} = \frac{F_{vorh}}{S_{vorh}} = \frac{F_{vorh}}{\frac{\pi}{4} \cdot d_{vorh}^2} = \frac{4 \cdot F_{vorh}}{\pi \cdot d_{vorh}^2} = \frac{4 \cdot 95\,000\ \text{N}}{\pi \cdot (65\ \text{mm})^2} = \mathbf{28{,}63\,\frac{N}{mm^2}}$$

b) $$\boldsymbol{\sigma_{z\,vorh}} = \frac{F_{vorh}}{A_{S\,vorh}} = \frac{95\,000\ \text{N}}{2676\ \text{mm}^2} = \mathbf{35{,}50\,\frac{N}{mm^2}}$$

Ü 256. a) $$\boldsymbol{\sigma_{d\,vorh}} = \frac{F_{vorh}}{S_{vorh}} = \frac{F}{\frac{\pi}{4} \cdot (D^2 - d^2)} = \frac{270\,000\ \text{N}}{\frac{\pi}{4} \cdot (200^2 - 150^2)\ \text{mm}^2} = \mathbf{19{,}64\,\frac{N}{mm^2}}$$

b) $\sigma_{p\,zul} = \frac{F}{A} = 1{,}5\,\frac{\text{N}}{\text{mm}^2} \longrightarrow A_{erf} = \frac{\pi}{4} \cdot (D_F^2 - d^2) = \frac{F_{vorh}}{\sigma_{p\,zul}}$; $\quad D_F^2 = \frac{F_{vorh}}{\sigma_{p\,zul}} \cdot \frac{4}{\pi} + d^2$

$$D_{F\,erf} = \sqrt{\frac{F_{vorh}}{\sigma_{p\,zul}} \cdot \frac{4}{\pi} + d^2} = \sqrt{\frac{270\,000\ \text{N}}{1{,}5\,\frac{\text{N}}{\text{mm}^2}} \cdot \frac{4}{\pi} + (150\ \text{mm})^2} = \sqrt{251\,683{,}12\ \text{mm}^2}$$

$$\boldsymbol{D_{F\,erf}} = \mathbf{501{,}68\ mm} \longrightarrow \boldsymbol{D_{gew}} = \mathbf{510\ mm}$$

Ü 257. Bei der Berechnung der Flächenpressung an geneigten Flächen ist als Flächengröße die in Kraftrichtung senkrechte Projektion der tatsächlichen Fläche einzusetzen.

Ü 258. a) $\sigma_{z\,vorh} = \frac{F}{A_S}$; $\quad \boldsymbol{A_S} = \frac{\pi}{4} \cdot \left(\frac{d_2 + d_3}{2}\right)^2 = \frac{\pi}{4} \cdot \left(\frac{19{,}026 + 18{,}16}{2}\right)^2 \text{mm}^2 = \mathbf{271{,}5\ mm^2}$

$$\boldsymbol{\sigma_{z\,vorh}} = \frac{18\,000\ \text{N}}{271{,}5\ \text{mm}^2} = \mathbf{66{,}3\,\frac{N}{mm^2}}$$

b) $$m_{erf} = \frac{F_{vorh} \cdot P}{\sigma_{p\,zul} \cdot d_2 \cdot \pi \cdot H_1} = \frac{18\,000\ \text{N} \cdot 1{,}5\ \text{mm}}{7{,}5\,\frac{\text{N}}{\text{mm}^2} \cdot 19{,}026\ \text{mm} \cdot \pi \cdot 0{,}812\ \text{mm}} = 74{,}14\ \text{mm}$$

$$\boldsymbol{m_{gew}} = \mathbf{75\ mm}$$

Anmerkung: Die Flankenüberdeckung H_1 hat die gleiche Größe wie bei M10., da dort die Steigung ebenfalls 1,5 mm beträgt.

Ü259. a) $\sigma_{d\,vorh} = \frac{F}{A_S} = \frac{250\,000\text{ N}}{2030\text{ mm}^2} = \mathbf{123{,}15\,\frac{N}{mm^2}}$ b) $\mathbf{A_{proj} = \frac{\pi}{4} \cdot d^2}$

c) $\sigma_{pm} = \frac{F}{A_{proj}} = \frac{F}{\frac{\pi}{4} \cdot d^2} = \frac{4 \cdot F}{\pi \cdot d^2} = \frac{4 \cdot 250\,000\text{ N}}{\pi \cdot (90\text{ mm})^2} = \mathbf{39{,}3\,\frac{N}{mm^2}}$

Ü260. $\sigma_{p\,zul} = \frac{F_{vorh}}{A_{erf}} \longrightarrow A_{erf} = \frac{F_{vorh}}{\sigma_{p\,zul}} = \frac{16\,500\text{ N}}{90\text{ N/mm}^2} = 183{,}33\text{ mm}^2 = n \cdot d \cdot s$

$n_{erf} = \frac{A_{erf}}{d \cdot s} = \frac{183{,}33\text{ mm}^2}{10\text{ mm} \cdot 8\text{ mm}} = 2{,}29 \longrightarrow \mathbf{n_{gew} = 3}$

Ü261. $\sigma_{p\,zul} = \frac{F_{vorh}}{A_{erf}} = \frac{F_{vorh}}{2 \cdot \cos\beta \cdot l_{erf} \cdot b_{vorh}}$ $\alpha = 120° \longrightarrow \beta = 30°$; $\cos 30° = 0{,}866$

$\mathbf{l_{erf}} = \frac{F_{vorh}}{2 \cdot \cos\beta \cdot \sigma_{p\,zul} \cdot b_{vorh}} = \frac{30\,000\text{ N}}{2 \cdot 0{,}866 \cdot 18\,\frac{N}{mm^2} \cdot 60\text{ mm}} = \mathbf{16{,}04\text{ mm}}$

Ü262. $\tau_{a\,zul} = \frac{F_{vorh}}{S_{erf}} \longrightarrow S_{erf} = \frac{F_{vorh}}{\tau_{a\,zul}} = \frac{50\,000\text{ N}}{60\text{ N/mm}^2} = 833{,}33\text{ mm}^2 = 2 \cdot \frac{\pi}{4} \cdot d^2$

$d_{erf} = \sqrt{\frac{4 \cdot 833{,}33\text{ mm}^2}{2 \cdot \pi}} = \sqrt{530{,}51\text{ mm}^2} = 23{,}03\text{ mm} \longrightarrow \mathbf{d_{gew} = 25\text{ mm}}$

Die Schnittzahl ist $n = 2$

Ü263. $\tau_{a\,zul} = \frac{F_{vorh}}{S_{erf}} \longrightarrow S_{erf} = \frac{F_{vorh}}{\tau_{a\,zul}} = \frac{10\,500\text{ N}}{100\text{ N/mm}^2} = 105\text{ mm}^2 = 2 \cdot \left[\delta \cdot \left(e_1 - \frac{d_1}{2}\right)\right]$

$e_{1\,erf} = \frac{S_{erf}}{2 \cdot \delta} + \frac{d_1}{2} = \frac{105\text{ mm}^2}{2 \cdot 15\text{ mm}} + \frac{20\text{ mm}}{2} = 3{,}5\text{ mm} + 10\text{ mm} = 13{,}5\text{ mm}$

$\mathbf{e_{1\,gew} = 15\text{ mm}}$

Ü264. $\tau_{a\,zul} = \frac{F_{vorh}}{S_{erf}} \longrightarrow S_{erf} = 4 \cdot A_{Kern} = \frac{F_{vorh}}{\tau_{a\,zul}} = \frac{30\,000\text{ N}}{50\text{ N/mm}^2} = 600\text{ mm}^2$

$A_{Kern} = \frac{S_{erf}}{4} = \frac{600\text{ mm}^2}{4} = 150\text{ mm}^2 \longrightarrow d_{Kern\,erf} = 13{,}82\text{ mm} = d_3$

gewählt **M 18** mit $d_3 = 14{,}933\text{ mm} > d_{Kern\,erf}$

Ü265. $\tau_{aB} = \frac{F_B}{S_{vorh}}$ S_{vorh} = Gesamtumfang · Blechdicke

$\mathbf{S_{vorh} = 874{,}25\text{ mm}^2}$

$F_B = \tau_{aB} \cdot S_{vorh}$

$F_B = 480\,\frac{N}{mm^2} \cdot 874{,}25\text{ mm}^2 = 419\,640\text{ N} \longrightarrow \mathbf{F_B \approx 420\text{ kN}}$

Anmerkung: In der Praxis rechnet man für die erforderliche Pressenkraft $F_{erf} = 1{,}2 \cdot F_B$. In diesem speziellen Fall muss also mindestens eine Presse verwendet werden, die für eine Stanzkraft von 500 kN ausgelegt ist.

Ü266. $\tau_{aB} = \frac{F}{S} \longrightarrow \mathbf{F_{erf}} = \tau_{aB} \cdot S_{vorh} = 200\,\frac{N}{mm^2} \cdot 940\text{ mm}^2 = 188\,000\text{ N} = \mathbf{188\text{ kN}}$

Ü267. a) $\tau_{a\,vorh} = \frac{F_{vorh}}{S_{vorh}} = \frac{F_{vorh}}{n \cdot i \cdot \frac{\pi}{4} \cdot d^2} = \frac{4 \cdot F_{vorh}}{n \cdot i \cdot \pi \cdot d^2}$ n = Nietanzahl = 4
i = Schnittzahl = 2

$$\tau_{a\,vorh} = \frac{4 \cdot 120\,000\ \text{N}}{4 \cdot 2 \cdot \pi \cdot (19\ \text{mm})^2} = \mathbf{52{,}9\ \frac{N}{mm^2}}$$

b) $$\sigma_{p\,max} = \frac{F_{vorh}}{A_{min}} = \frac{F_{vorh}}{n \cdot d \cdot s_{min}} = \frac{F_{vorh}}{4 \cdot d \cdot s_1} = \frac{120\,000\ \text{N}}{4 \cdot 19\ \text{mm} \cdot 10\ \text{mm}} = \mathbf{157{,}89\ \frac{N}{mm^2}}$$

Ü 268. Passschrauben, Scherstifte, Vielkeilwellen, Splinte, Seegerringe ...

Ü 269. $$\tau_{a\,vorh} = \frac{F_u}{S_{vorh}} \qquad M_d = 2 \cdot F_u \cdot \frac{d_w}{2} = F_u \cdot d_w \longrightarrow \boldsymbol{F_u} = \frac{M_d}{d_w} = \frac{12{,}0\ \text{Nm}}{0{,}016\ \text{m}} = \mathbf{750{,}0\ N}$$

$$\boldsymbol{S_{vorh}} = \frac{\pi}{4} \cdot d_s^2 = \frac{\pi}{4} \cdot (4{,}2\ \text{mm})^2 = \mathbf{13{,}85\ mm^2}$$

$$\tau_{a\,vorh} = \frac{750{,}0\ \text{N}}{13{,}85\ \text{mm}^2} = \mathbf{54{,}15\ \frac{N}{mm^2}}$$

Ü 270. a) Abschleppseil, Zugfeder, Expander, Druckfeder, Pleuelstange ...
b) Scherstift, Passfeder, Riegel, Niet, Passschraube, Querstecker ...
c) Fundamente, Gleitlager, Ventilsitze, Pufferflächen, Schraubenkopfauflage ...
d) Träger, Wellen, Achsen, Federn, Türklinke, Sprungbrett ...
e) Wellen, Torsionsfedern, Schraubendreher, Drehmomentenschlüssel, Schrauben ...

Ü 271. Wellen: Biegung und Torsion
Träger: Biegung und Schub
Schrauben: Zug und Flächenpressung
Schraubzwinge: Biegung und Zug

Ü 272. a) Umformtechnik: biegen, walzen, drücken, schmieden.
Fensterkitt, Fußstapfen, Knautschzone, überbeanspruchte Bauteile ...
b) Federn, Expander, nicht überbeanspruchte Bauteile wie Wellen, Federn ...

Ü 273. Verkürzung bei Druckbeanspruchung. Die relative Verkürzung heißt negative Dehnung oder Stauchung.

Ü 274. $$\boldsymbol{F} = m \cdot a = 0{,}1\ \text{kg} \cdot 2{,}5\ \frac{\text{m}}{\text{s}^2} = 0{,}25\ \frac{\text{kgm}}{\text{s}^2} = \mathbf{0{,}25\ N}$$

$$c = \frac{F}{s} \longrightarrow \boldsymbol{s} = \frac{F}{c} = \frac{0{,}25\ \text{N}}{0{,}005\ \text{N/mm}} = \mathbf{50\ mm}$$

Ü 275. a) $\boldsymbol{F_G} = c \cdot s = 0{,}8\ \frac{\text{N}}{\text{mm}} \cdot 45\ \text{mm} = \mathbf{36\ N}$

b) $$\boldsymbol{m} = \frac{F_G}{g} = \frac{36\ \text{N}}{1{,}62\ \frac{\text{m}}{\text{s}^2}} = \frac{36\ \frac{\text{kgm}}{\text{s}^2}}{1{,}62\ \frac{\text{m}}{\text{s}^2}} = \mathbf{22{,}2\overline{2}\ kg}$$

Regel: Um mit einer Federwaage Massen bestimmen zu können, muss für den Messort die Fallbeschleunigung bekannt sein.

Ü 276. Unter Dehnung versteht man denjenigen Zahlenwert ohne Einheit, den man erhält, wenn man die ursprüngliche Länge eines Bauteils von der Länge des Bauteils bei Belastung abzieht, also die Längendifferenz bildet, und diesen Zahlenwert durch die ursprüngliche Länge des Bauteils dividiert.
Multipliziert man diesen Zahlenwert mit 100, dann erhält man den Wert der Dehnung in Prozent.

Ü 277. Der Elastizitätsmodul eines Werkstoffes ist diejenige Spannung in N/mm², die im Bauteil herrschen würde, wenn es unter dem Einfluss einer Zugkraft seine Länge verdoppelt hätte. ($\varepsilon = 100\,\%$).
Der E-Modul wird im Zugversuch ermittelt und ist vom Werkstoffhersteller verbindlich zu erfahren. Durchschnittswerte findet man in Tabellenwerken.

Ü 278. $\varepsilon = \frac{1}{E} \cdot \sigma \longrightarrow$ Die Spannung ist der elastischen Dehnung proportional. Das Hooke'sche Gesetz hat nur im elastischen Bereich Gültigkeit.

Ü 279. $\varepsilon = \frac{\Delta l}{l_0} = \frac{1}{E} \cdot \sigma = \frac{1}{E} \cdot \frac{F}{S} \longrightarrow F = \frac{\Delta l}{l_0} \cdot E \cdot S = \frac{5\ \text{mm}}{7000\ \text{mm}} \cdot 85\,000\ \frac{\text{N}}{\text{mm}^2} \cdot (1{,}5\ \text{mm})^2$

$\boldsymbol{F = 136{,}61\ \text{N}}$

Ü 280. Bei einer Zugbeanspruchung erfährt der Werkstoff eine bestimmte Dehnung. Wird derselbe Werkstoff auf Druck beansprucht, baut sich eine entgegengesetzte Spannung – die Druckspannung – auf. Diese bewirkt eine Bauteilverkürzung, und es stellt sich – gemäß Bild 1 – eine negative Dehnung, die auch als Stauchung bezeichnet wird, ein.

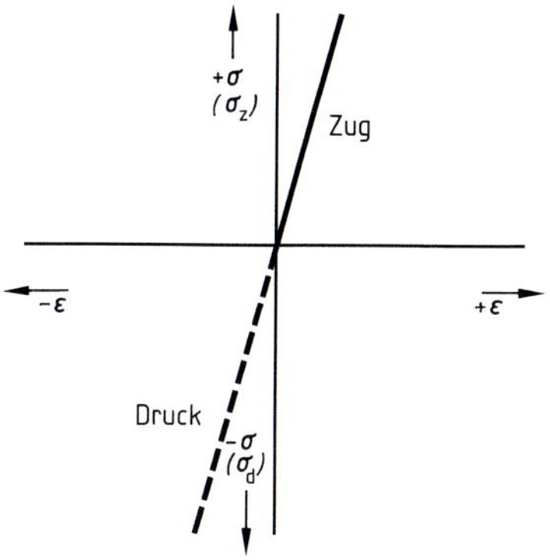

Ü 281. a) $\Delta l_R = 2 \cdot \Delta l = 2 \cdot 60\ \text{mm} = \mathbf{120\ mm}$

b) $\varepsilon = \frac{\Delta l_R}{l_{0R}} = \frac{\Delta l_R}{2 \cdot l_0 + d \cdot \pi}$

$\varepsilon = \frac{120\ \text{mm}}{2 \cdot 1800\ \text{mm} + 500\ \text{mm} \cdot \pi}$

$\boldsymbol{\varepsilon} = \frac{120\ \text{mm}}{3600\ \text{mm} + 1570{,}796\ \text{mm}} = \frac{120\ \text{mm}}{5170{,}796\ \text{mm}} = 0{,}0232 = \mathbf{2{,}32\,\%}$

c) $\varepsilon = \frac{1}{E} \cdot \sigma = \frac{1}{E} \cdot \frac{F}{S} \longrightarrow F = \varepsilon \cdot E \cdot S = 0{,}0232 \cdot 75\ \frac{\text{N}}{\text{mm}^2} \cdot 120\ \text{mm} \cdot 6\ \text{mm}$

$\boldsymbol{F = 1252{,}8\ \text{N}}$

Ü 282. $\frac{\sigma_{z\ \text{vorh}}}{E} = \frac{\Delta l}{l_0} \longrightarrow l_0 = \Delta l \cdot \frac{E}{\sigma_{z\ \text{vorh}}} = 5\ \text{cm} \cdot \frac{210\,000\ \text{N/mm}^2}{150\ \text{N/mm}^2} = 7000\ \text{cm} = \mathbf{70\ m}$

Ü 283. $-\varepsilon = \frac{\sigma}{E} = \frac{\Delta l}{l_0} \longrightarrow \Delta l = -\varepsilon \cdot l_0 = -\frac{\sigma}{E} \cdot l_0 = -\frac{5{,}093\ \text{N/mm}^2}{75\,000\ \text{N/mm}^2} \cdot 4200\ \text{mm}$

$\boldsymbol{\Delta l = -0{,}2852\ \text{mm}}$ (Verkürzung) $\boldsymbol{\varepsilon = 0{,}00679\,\%}$

Ü 284. $\varepsilon = \frac{1}{E} \cdot \sigma = \frac{\varepsilon_q}{\mu} \longrightarrow \boldsymbol{\varepsilon_q = \mu \cdot \frac{\sigma}{E}}$

Ü 285. $\varepsilon_q = \mu \cdot \frac{\sigma}{E} \cdot 100 = \mu \cdot \frac{F}{S \cdot E} \cdot 100 = \mu \cdot \frac{4 \cdot F}{\pi \cdot d^2 \cdot E} \cdot 100$

$\boldsymbol{\varepsilon_q} = 0{,}3 \cdot \frac{4 \cdot 5000\ \text{N}}{\pi \cdot (10\ \text{mm})^2 \cdot 210\,000\ \text{N/mm}^2} \cdot 100 = \mathbf{0{,}009\,09\,\%}$

Ü 286. $\varepsilon = 0{,}2\,\% = 0{,}002 = \frac{\Delta l}{l_0} \longrightarrow \Delta l_{max} = 0{,}002 \cdot l_0 = 0{,}002 \cdot 800\ \text{mm} = \mathbf{1{,}6\ mm}$

Ü 287. Die Bruchgefahr ist im Belastungsfall III am größten. Hier wechselt die Spannung ständig von einem positiven Höchstwert in einen gleich großen negativen Wert.

Ü 288. $\nu_{dB} = \frac{\sigma_{dB}}{\sigma_{d\ \text{vorh}}}$ $\sigma_{d\ \text{vorh}} = \frac{F_{vorh}}{S_{vorh}} = \frac{800\,000\ \text{N}}{80\ \text{mm} \cdot 80\ \text{mm}} = 125\ \frac{\text{N}}{\text{mm}^2}$

$\boldsymbol{\nu_{dB}} = \frac{480\ \text{N/mm}^2}{125\ \text{N/mm}^2} = \mathbf{3{,}84}$

Ü 289. Das abgebildete Konstruktionselement ist durch seine spezielle Form in der Lage, sich elastisch zu verformen. Dadurch ist es möglich, Längenänderungen – z. B. durch Temperaturdifferenzen hervorgerufen – auszugleichen.

Ü 290. $\Delta d = d_0 \cdot \alpha \cdot \Delta\vartheta \longrightarrow \Delta\vartheta = \dfrac{\Delta d}{d_0 \cdot \alpha} = \dfrac{0{,}25\ \text{mm}}{499{,}75\ \text{mm} \cdot 0{,}000012 \dfrac{\text{m}}{\text{m} \cdot \text{K}}}$

$$\boldsymbol{\Delta\vartheta = 41{,}69\ \text{K} = 41{,}69\ °\text{C}}$$

Anmerkung: Mit der errechneten Temperaturdifferenz würden sich beim Schrumpfen Komplikationen ergeben. In der Praxis ist eine Temperaturdifferenz erforderlich, die den Ring auf mindestens 501 mm aufweitet.

Ü 291. a) $\sigma_{z1} = \dfrac{F_1}{S} = \dfrac{80\,000\ \text{N}}{\dfrac{\pi \cdot 80^2}{4}\ \text{mm}^2} = \mathbf{15{,}92 \dfrac{N}{mm^2}}$; $\sigma_{z2} = \dfrac{F_2}{S} = \dfrac{100\,000\ \text{N}}{\dfrac{\pi \cdot 80^2}{4}\ \text{mm}^2} = \mathbf{19{,}89 \dfrac{N}{mm^2}}$

b) $\varepsilon = \dfrac{\Delta_l}{l_0} = \dfrac{1}{E} \cdot \Delta\sigma \qquad \Delta\sigma = \sigma_{z2} - \sigma_{z1} = 19{,}89 \dfrac{\text{N}}{\text{mm}^2} - 15{,}92 \dfrac{\text{N}}{\text{mm}^2} = 3{,}97 \dfrac{\text{N}}{\text{mm}^2}$

$$\Delta l = l_0 \cdot \frac{\Delta\sigma}{E} = 2000\ \text{mm} \cdot \frac{3{,}97\ \text{N/mm}^2}{210\,000\ \text{N/mm}^2} = \mathbf{0{,}038\ mm}$$

c) Gemäß Bild 1 ist

$W_f = F_{mittel} \cdot \Delta l = 90\,000\ \text{N} \cdot 0{,}038\ \text{mm} = 3420\ \text{Nmm}$

$\boldsymbol{W_f = 3{,}42\ \text{Nm}}$

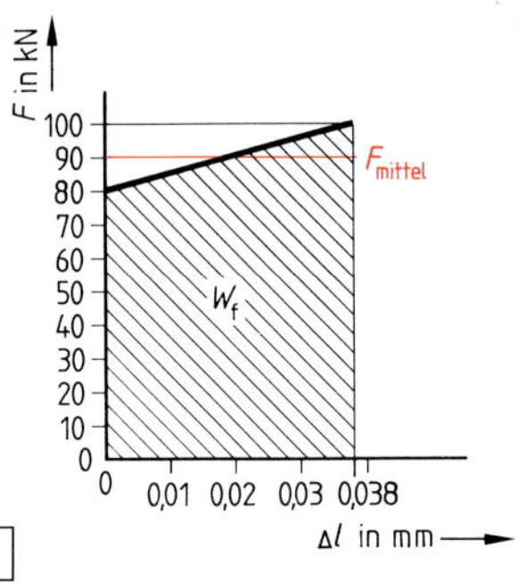

1

Ü 292. $\tau_{a\,vorh} = G \cdot \dfrac{\Delta s}{l_0} = \dfrac{F}{S}$

$$\Delta s = \frac{l_0 \cdot F}{G \cdot S} = \frac{0{,}6\ \text{mm} \cdot 50\,000\ \text{N}}{0{,}385 \cdot 210\,000\ \text{N/mm}^2 \cdot 2 \cdot \dfrac{\pi \cdot 25^2}{4}\ \text{mm}^2}$$

$\boldsymbol{\Delta s = 0{,}00038\ \text{mm}}$

Ü 293. $E = \dfrac{2 \cdot E_1 \cdot E_2}{E_1 + E_2} = \dfrac{2 \cdot 210\,000\ \text{N/mm}^2 \cdot 85\,000\ \text{N/mm}^2}{210\,000\ \text{N/mm}^2 + 85\,000\ \text{N/mm}^2} = \dfrac{2 \cdot 210\,000 \cdot 85\,000\ \text{N}^2/\text{mm}^4}{295\,000\ \text{N/mm}^2}$

$\boldsymbol{E = 121\,016{,}95\ \text{N/mm}^2}$

Ü 294. Beim Spannungsnachweis wird die im Bauteil vorhandene Spannung ermittelt, und diese wird mit der zulässigen Spannung verglichen. Es muss $\sigma_{vorh} \leqq \sigma_{zul}$ bzw. $\tau_{vorh} \leqq \tau_{zul}$ sein.

Ü 295. Unter der Festigkeit eines Werkstoffes versteht man den Widerstand, den der Werkstoff seiner Verformung bzw. seiner Zerstörung entgegensetzt.

Ü 296. Bei Normalspannungen wirken die Kräfte senkrecht zur beanspruchten Fläche. Bei Schubspannungen wirken die Kräfte parallel zur beanspruchten Fläche.

Ü 297. Wirken zwei oder mehr Elementarbeanspruchungen auf ein Bauteil, dann spricht man von einer zusammengesetzten Beanspruchung.

Ü 298. a) Die Schrauben müssen eine maximale Rückzugskraft $F_{R\,max} = 1/8 \cdot F$ übertragen, jede der drei Schrauben davon 1/3. Somit Kraft pro Schraube:

$F_{R\,max\,1} = \dfrac{F}{8 \cdot 3} = \dfrac{212\,000\ \text{N}}{24} = 8833{,}33\ \text{N}$. Somit ergibt sich

$\sigma_{z\,zul} = \dfrac{F_{R\,max\,1}}{A_{S\,erf}} \longrightarrow A_{S\,erf} = \dfrac{F_{R\,max\,1}}{\sigma_{z\,zul}} = \dfrac{8833{,}33\ \text{N}}{140\ \text{N/mm}^2} = 63{,}09\ \text{mm}^2$

gewählt: **M 12** mit $A_{S\,vorh} = 84{,}3\ \text{mm}^2$

b) $\sigma_{p\,vorh} = \dfrac{F_{R\,max\,1}}{A_{proj}} = \dfrac{F_{R\,max\,1}}{i \cdot d_2 \cdot \pi \cdot H_1} = \dfrac{F_{R\,max\,1}}{\dfrac{t}{P} \cdot d_2 \cdot \pi \cdot H_1} = \dfrac{F_{R\,max\,1} \cdot P}{1{,}3 \cdot d \cdot d_2 \cdot \pi \cdot H_1}$

$$\sigma_{p\,vorh} = \frac{8833{,}33\ \text{N} \cdot 1{,}75\ \text{mm}}{1{,}3 \cdot 12\ \text{mm} \cdot 10{,}863\ \text{mm} \cdot \pi \cdot 0{,}947\ \text{mm}} = \mathbf{30{,}66 \frac{N}{mm^2}}$$

Ü 299. a) $\sigma_{p\,zul} = \dfrac{F}{A_{proj}} \longrightarrow F_{zul} = \sigma_{p\,zul} \cdot A_{proj} = \sigma_{p\,zul} \cdot \dfrac{\pi}{4} \cdot (D^2 - d^2)$

$$\boldsymbol{F_{zul}} = 60\,\frac{\text{N}}{\text{mm}^2} \cdot \frac{\pi}{4} \cdot (50^2 - 40^2)\,\text{mm}^2 = \mathbf{42\,411{,}5\,N}$$

b) $\sigma_{z\,zul} = \dfrac{F_{zul}}{A_S} \longrightarrow A_{S\,erf} = \dfrac{F_{zul}}{\sigma_{z\,zul}} = \dfrac{F_{zul}}{0{,}2 \cdot R_m} = \dfrac{42\,411{,}5\,\text{N}}{0{,}2 \cdot 500\,\text{N/mm}^2} = 424{,}1\,\text{mm}^2$

gewählt **M 27** mit $A_{S\,vorh} = 459\,\text{mm}^2$

c) $\sigma_{p\,vorh} = \dfrac{F_{vorh}}{i \cdot d_2 \cdot \pi \cdot H_1} = \dfrac{F_{vorh}}{\dfrac{m}{P} \cdot d_2 \cdot \pi \cdot H_1}$

$$\boldsymbol{\sigma_{p\,vorh}} = \frac{P \cdot F_{vorh}}{m \cdot d_2 \cdot \pi \cdot H_1} = \frac{3\,\text{mm} \cdot 42\,411{,}5\,\text{N}}{0{,}8 \cdot 27\,\text{mm} \cdot 25{,}051\,\text{mm} \cdot \pi \cdot 1{,}624} = \mathbf{46{,}1\,\frac{N}{mm^2}}$$

Anmerkung: $\sigma_{p\,vorh}$ entspricht in der Größenordnung $\sigma_{p\,zul}$ zwischen Welle und Zahnrad, d. h., dass die Aufgabe – von der Flächenpressung her gesehen – optimal gelöst ist.

Ü 300. a) $\sigma_{z\,zul} = \dfrac{F}{S} = \dfrac{R_{p\,0,2}}{\nu_{R_{p\,0,2}}} \longrightarrow S_{erf} = \dfrac{\pi \cdot d^2}{4} = \dfrac{F \cdot \nu_{R_{p\,0,2}}}{R_{p\,0,2}}$

$$d_{erf} = \sqrt{\frac{F \cdot \nu_{R_{p\,0,2}} \cdot 4}{\pi \cdot R_{p\,0,2}}} = \sqrt{\frac{320\,000\,\text{N} \cdot 3 \cdot 4}{\pi \cdot 600\,\text{N/mm}^2}} = 45{,}14\,\text{mm} \longrightarrow \boldsymbol{d_{gew}} = \mathbf{50\,mm}$$

b) $\boldsymbol{\nu_{R_m}} = \dfrac{R_m}{\sigma_{z\,vorh}} = \dfrac{R_m}{\dfrac{F_{vorh}}{S_{vorh}}} = \dfrac{R_m \cdot S_{vorh}}{F_{vorh}} = \dfrac{R_m \cdot d^2 \cdot \pi}{F_{vorh} \cdot 4} = \dfrac{900\,\text{N/mm}^2 \cdot (50\,\text{mm})^2 \cdot \pi}{320\,000\,\text{N} \cdot 4} = \mathbf{5{,}52}$

c) $\varepsilon_{\%} = \dfrac{1}{E} \cdot \sigma_{vorh} \cdot 100 \qquad \sigma_{z\,vorh} = \dfrac{F_{vorh}}{S_{vorh}} = \dfrac{F_{vorh} \cdot 4}{\pi \cdot d^2} = \dfrac{320\,000\,\text{N} \cdot 4}{\pi \cdot (50\,\text{mm})^2} = 163\,\dfrac{\text{N}}{\text{mm}^2}$

$$\boldsymbol{\varepsilon_{\%}} = \frac{1}{215\,000\,\text{N/mm}^2} \cdot 163\,\text{N/mm}^2 \cdot 100 = \mathbf{0{,}0758\,\%}$$

$$\varepsilon = \frac{\Delta l}{l_0} \longrightarrow \boldsymbol{\Delta l} = l_0 \cdot \varepsilon = 150\,\text{mm} \cdot 0{,}000\,758 = \mathbf{0{,}114\,mm}$$

Ü 301. a) $\boldsymbol{\sigma_1} = E \cdot \alpha \cdot \Delta\vartheta_1 = 210\,000\,\text{N/mm}^2 \cdot 0{,}000\,012\,\dfrac{\text{m}}{\text{m} \cdot \text{K}} \cdot 18\,\text{K} = \mathbf{45{,}36\,\dfrac{N}{mm^2}}$ (Druck)

$\boldsymbol{\sigma_2} = E \cdot \alpha \cdot \Delta\vartheta_2 = 210\,000\,\text{N/mm}^2 \cdot 0{,}000\,012\,\dfrac{\text{m}}{\text{m} \cdot \text{K}} \cdot 42\,\text{K} = \mathbf{105{,}84\,\dfrac{N}{mm^2}}$ (Zug)

b) $\boldsymbol{F_1} = \sigma_1 \cdot S = 45{,}36\,\text{N/mm}^2 \cdot 14\,900\,\text{mm}^2 = 675\,864\,\text{N} = \mathbf{675{,}8\,kN}$ (Druckkraft)

$\boldsymbol{F_2} = \sigma_2 \cdot S = 105{,}84\,\text{N/mm}^2 \cdot 14\,900\,\text{mm}^2 = 1\,577\,016\,\text{N} = \mathbf{1577\,kN}$ (Zugkraft)

Ü 302. a) $\sigma_{d\,zul} = \dfrac{F_{vorh}}{S_{erf}} \longrightarrow S_{erf} = \dfrac{F_{vorh}}{\sigma_{d\,zul}} = \dfrac{830\,000\,\text{N}}{80\,\text{N/mm}^2} = 10\,375\,\text{mm}^2 = \dfrac{\pi}{4} \cdot (D^2 - d^2)$

$$D^2 - d^2 = 10\,375\,\text{mm}^2 \cdot \frac{4}{\pi} \longrightarrow d_{erf} = \sqrt{D^2 - 10\,375\,\text{mm}^2 \cdot \frac{4}{\pi}}$$

$$\boldsymbol{d_{erf}} = \sqrt{(500\,\text{mm})^2 - 13\,209{,}86\,\text{mm}^2} = \mathbf{486{,}61\,mm}$$

Anmerkung: Bei der Festlegung von d_{gew} ist darauf zu achten, dass abgerundet wird, da andernfalls $\sigma_{d\,zul}$ überschritten würde.

$$\boldsymbol{d_{gew}} = \mathbf{485\,mm}$$

b) $\varepsilon = \dfrac{1}{E} \cdot \sigma = \dfrac{1}{E} \cdot \dfrac{F}{S} = \dfrac{1}{E} \cdot \dfrac{F}{\dfrac{\pi}{4} \cdot (D^2 - d^2)}$

$$\varepsilon = \frac{1}{210\,000\ \text{N/mm}^2} \cdot \frac{830\,000\ \text{N} \cdot 4}{\pi \cdot [(500\ \text{mm})^2 - (485\ \text{mm})^2]} = \mathbf{0{,}000\,340\,6 = 0{,}034\,06\,\%}$$

c) $\varepsilon = \frac{\Delta l}{l_0} = 0{,}000\,340\,6 \longrightarrow \boldsymbol{\Delta l} = l_0 \cdot \varepsilon = 7200\ \text{mm} \cdot 0{,}000\,340\,6 = \mathbf{2{,}452\ mm}$

d) $\boldsymbol{\sigma_{\text{p vorh}}} = \frac{F_{\text{vorh}}}{A_{\text{vorh}}} = \frac{830\,000\ \text{N}}{\frac{\pi}{4} \cdot (1000\ \text{mm})^2} = \frac{830\,000\ \text{N} \cdot 4}{\pi \cdot (1000\ \text{mm})^2} = \mathbf{1{,}057\ \frac{N}{mm^2}}$

Ü 303. a) $\sigma_{\text{d zul}} = \frac{F_{\text{vorh}}}{S_{\text{erf}}} \longrightarrow \boldsymbol{S_{\text{erf}}} = \frac{F_{\text{vorh}}}{\sigma_{\text{d zul}}} = \frac{420\,000\ \text{N}}{35\ \text{N/mm}^2} = 12\,000\ \text{mm}^2 = \mathbf{120\ cm^2}$

b) $\sigma_{\text{d zul}}$ wurde hier wegen der zu erwartenden Knickgefahr extrem niedrig gewählt. **Anmerkung:** Knickung ⟶ Lektionen 71 bis 74

c) $\varepsilon = \frac{1}{E} \cdot \sigma = \frac{\Delta l}{l_0} \longrightarrow \boldsymbol{\Delta l} = l_0 \cdot \frac{\sigma}{E} = 1700\ \text{mm} \cdot \frac{35\ \text{N/mm}^2}{210\,000\ \text{N/mm}^2} = \mathbf{0{,}283\ mm}$

Ü 304. a) $\tau_{\text{aB}} = \frac{F_{\text{B}}}{S_{\text{vorh}}}$ $\quad S_{\text{vorh}}$ = Mantelfläche des ausgestanzten Zylinders

$S_{\text{vorh}} = \pi \cdot d \cdot s = \pi \cdot 2\ \text{mm} \cdot 1\ \text{mm} = 6{,}283\ \text{mm}^2$

$\boldsymbol{F_{\text{B}}} = \tau_{\text{aB}} \cdot S_{\text{vorh}} = 350\ \text{N/mm}^2 \cdot 6{,}283\ \text{mm}^2 = \mathbf{2199{,}05\ N}$

b) $\sigma_{\text{p vorh}} = \frac{F_{\text{B}}}{A_{\text{vorh}}}$ $\quad A_{\text{vorh}}$ = Berührungsfläche zwischen Stempel und Blech

$A_{\text{vorh}} = \frac{\pi}{4} \cdot d^2 = \frac{\pi}{4} \cdot (2\ \text{mm})^2 = 3{,}1415\ \text{mm}^2$

$\boldsymbol{\sigma_{\text{p vorh}}} = \frac{2199{,}05\ \text{N}}{3{,}1415\ \text{mm}^2} = \mathbf{700\ N/mm^2} \triangleq$ Druckspannung $\sigma_{\text{d vorh}}$ im Stempel!

c) $\varepsilon = \frac{\Delta l}{l_0} = \frac{1}{E} \cdot \sigma \longrightarrow \boldsymbol{\Delta l} = l_0 \cdot \frac{\sigma}{E} = 25\ \text{mm} \cdot \frac{700\ \text{N/mm}^2}{220\,000\ \text{N/mm}^2} = \mathbf{0{,}0795\ mm}$

$\mu = \frac{\varepsilon_{\text{q}}}{\varepsilon} \longrightarrow \varepsilon_{\text{q}} = \mu \cdot \varepsilon = 0{,}3 \cdot \varepsilon = 0{,}3 \cdot \frac{\sigma}{E} = \frac{\Delta d}{d_0}$

$\boldsymbol{\Delta d} = d_0 \cdot 0{,}3 \cdot \frac{\sigma}{E} = 2\ \text{mm} \cdot 0{,}3 \cdot \frac{700\ \text{N/mm}^2}{220\,000\ \text{N/mm}^2} = 0{,}001\,91\ \text{mm} \approx \mathbf{2\mu m}$

Ü 305. a) Wie in Lektion 55 erläutert, wird sicherheitshalber (entsprechend behördlicher Vorschrift) die Seitenlänge der beiden beanspruchten Flächen mit dem Maß $(e - d/2)$ eingesetzt:

$\tau_{\text{a zul}} = \frac{\tau_{\text{aB}}}{\nu_{\text{B}}} = \frac{200\ \text{N/mm}^2}{5} = 40\ \text{N/mm}^2 = \frac{F_{\text{vorh}}}{S_{\text{erf}}}$

$S_{\text{erf}} = \frac{F_{\text{vorh}}}{\tau_{\text{a zul}}} = \frac{12\,000\ \text{N}}{40\ \text{N/mm}^2} = 300\ \text{mm}^2 = 2 \cdot s \cdot \left(e - \frac{d}{2}\right)$

$e - \frac{d}{2} = \frac{300\ \text{mm}^2}{2 \cdot s} \longrightarrow e_{\text{erf}} = \frac{300\ \text{mm}^2}{2 \cdot s} + \frac{d}{2} = \frac{300\ \text{mm}^2}{2 \cdot 5\ \text{mm}} + \frac{20\ \text{mm}}{2}$

$\boldsymbol{e_{\text{erf}}} = \mathbf{40\ mm}$

b) $\boldsymbol{\sigma_{\text{p vorh}}} = \frac{F_{\text{vorh}}}{A_{\text{proj}}} = \frac{F_{\text{vorh}}}{d \cdot s} = \frac{12\,000\ \text{N}}{20\ \text{mm} \cdot 5\ \text{mm}} = \frac{12\,000\ \text{N}}{100\ \text{mm}^2} = \mathbf{120\ \frac{N}{mm^2}}$

Ü 306. Der maximale Spannungswert im Belastungsfall II heißt Schwellspannung. Der maximale Spannungswert im Belastungsfall III heißt Wechselspannung.

Ü 307. Mögliche Genauigkeit in der Fertigung, Wichtigkeit der Bauteilfunktion, Angaben über die Werkstoffzusammensetzung, Art der Beanspruchung.

Ü 308. $\boldsymbol{W_{\text{f}}} = \frac{F \cdot \Delta l}{2} = \frac{2199{,}05\ \text{N} \cdot 0{,}0795\ \text{mm}}{2} = \mathbf{87{,}41\ Nmm}$

Ü 309. Gleitung tritt bei Scher- und Torsionsbeanspruchung ein. Man versteht darunter das Maß der Querschnittsverschiebung bezogen auf die Bauteilabmessung.

Ü310. Die Hertz'schen Gleichungen werden bei einer punkt- oder linienförmigen Pressung der Bauteile angewendet.

Ü311. Lager 1: eine Auflagerunbekannte
Lager 2: zwei Auflagerunbekannte
Lager 3: eine Auflagerunbekannte
⟶ vier Auflagerunbekannte, d. h. **1fach statisch unbestimmt**

Ü312. Lager 1: eine Auflagerunbekannte
Lager 2: eine Auflagerunbekannte
Lager 3: zwei Auflagerunbekannte
⟶ vier Auflagerunbekannte, d. h. **1fach statisch unbestimmt**

Ü313. Lager 1: zwei Auflagerunbekannte
Lager 2: eine Auflagerunbekannte
Lager 3: drei Auflagerunbekannte
⟶ sechs Auflagerunbekannte, d. h. **3fach statisch unbestimmt**

Ü314. Lager 1: zwei Auflagerunbekannte
Lager 2: eine Auflagerunbekannte
Lager 3: eine Auflagerunbekannte
Lager 4: zwei Auflagerunbekannte
⟶ sechs Auflagerunbekannte, d. h. **3fach statisch unbestimmt**

Ü315.
$$\boldsymbol{W}_x = \frac{I_x}{e_x} = \frac{I_x}{h/2} = \frac{2 \cdot I_x}{h} = \frac{2 \cdot 11\,260\ \text{cm}^4}{24\ \text{cm}} = \mathbf{938{,}33\ cm^3} \qquad \textbf{Tabellenwert: 938 cm}^3$$
$$\boldsymbol{W}_y = \frac{I_y}{e_y} = \frac{I_y}{b/2} = \frac{2 \cdot I_y}{b} = \frac{2 \cdot 3\,920\ \text{cm}^4}{24\ \text{cm}} = \mathbf{326{,}67\ cm^3} \qquad \textbf{Tabellenwert: 327 cm}^3$$

Ü316.
$$\sigma_{\text{b max0}} = \sigma_{\text{b max u}} = \frac{M_b}{W_x} = \frac{F \cdot l}{W_x} = \frac{800\ \text{N} \cdot 120\ \text{cm}}{41{,}2\ \text{cm}^3} = 2330\ \frac{\text{N}}{\text{cm}^2} = \mathbf{23{,}3\ \frac{N}{mm^2}}$$

Anmerkung: Obwohl die Lastebene keine Symmetrieebene ist, kann die Biegehauptgleichung angewendet werden. Auf diesen Sonderfall geht Lektion 64 ein.

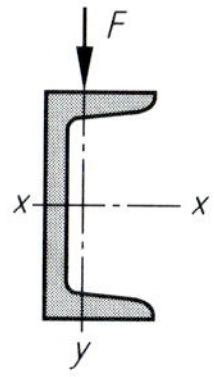

1

Ü317.
$$F_q = F_G + F = m' \cdot g \cdot l + F = 83{,}2\ \frac{\text{kg}}{\text{m}} \cdot 9{,}81\ \frac{\text{m}}{\text{s}^2} \cdot 2{,}4\ \text{m} + 10\,500\ \text{N}$$
$$\boldsymbol{F}_q = \mathbf{12\,458{,}68\ N}$$
$$\tau_{\text{a vorh}} = \frac{F_q}{S} = \frac{12\,458{,}68\ \text{N}}{10\,600\ \text{mm}^2} = \mathbf{1{,}175\ \frac{N}{mm^2}}$$

Ü318. a) Das maximale Biegemoment liegt in der Trägermitte, d. h. am Angriffspunkt der Kraft.

b) $M_{\text{b max}} = F_A \cdot \frac{l}{2}$ (Man denke sich den Träger bei F eingespannt)

$$\boldsymbol{M}_{\text{b max}} = \frac{F}{2} \cdot \frac{l}{2} = \frac{F \cdot l}{4} = \frac{8500\ \text{N} \cdot 1600\ \text{mm}}{4} = \mathbf{3\,400\,000\ Nmm}$$

Anmerkung: Auf diesen Sachverhalt wird in Lektion 66 nochmals näher eingegangen.

c) $$\sigma_{\text{b max0}} = \frac{M_{\text{b max}}}{e_0} = \frac{M_{\text{b max}} \cdot l_0}{I_y} = \frac{M_{\text{b max}} \cdot (b - e_y)}{I_y} = \frac{340\,000\ \text{Ncm} \cdot (5\ \text{cm} - 1{,}55\ \text{cm})}{29{,}3\ \text{cm}^4}$$
$$\sigma_{\text{b max0}} = 40\,034{,}13\ \frac{\text{N}}{\text{cm}^2} = \mathbf{400{,}34\ \frac{N}{mm^2}}$$

d) $$\sigma_{\text{b max u}} = \frac{M_{\text{b max}}}{W_u} = \frac{M_{\text{b max}} \cdot e_y}{I_y}$$
$$\sigma_{\text{b max u}} = \frac{340\,000\ \text{Ncm} \cdot 1{,}55\ \text{cm}}{29{,}3\ \text{cm}^4} = \mathbf{179{,}86\ \frac{N}{mm^2}}$$

e)

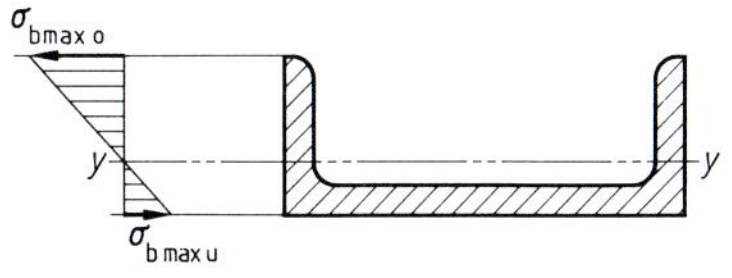

2

Ü 319. Bei $I_x = I_y$ müsen die Symmetrieverhältnisse der x-Achse die gleichen sein wie die der y-Achse. Dies ist z. B. beim Kreis, dem Kreisring oder dem Quadrat der Fall.

Ü 320. In den Stahlbautabellen wird nur das Widerstandsmoment angegeben, welches – bezogen auf die entsprechende Biegeachse – in der Rechnung die größte Biegespannung liefert. Dies ist das jeweils kleinste der beiden auf die Biegeachse bezogene Widerstandsmoment.

Ü 321. Neutrale Faser = Biegeachse = Schwerachse

Ü 322. $I_x = I_{Steg} + 4 \cdot (I_L + A_L \cdot r^2)$ Aus der Tabelle $I_L = 116\ \text{cm}^4$; $e_L = 2{,}54\ \text{cm}$; $A_L = 15{,}5\ \text{cm}^2$

damit $r = 12{,}5\ \text{cm} - 2{,}54\ \text{cm} = 9{,}96\ \text{cm}$

$$I_x = \frac{b \cdot h^3}{12} + 4 \cdot (I_L + A_L \cdot r^2) = \frac{2\ \text{cm} \cdot (25\ \text{cm})^3}{12} + 4 \cdot [116\ \text{cm}^4 + 15{,}5\ \text{cm}^2 \cdot (9{,}96\ \text{cm})^2]$$

$$I_x = 2604{,}17\ \text{cm}^4 + 6614{,}5\ \text{cm}^4$$

$$\mathbf{I_x = 9218{,}67\ cm^4}$$

$$\mathbf{W_x} = \frac{I_x}{e} = \frac{I_x \cdot 2}{h} = \frac{9218{,}67\ \text{cm}^4 \cdot 2}{25\ \text{cm}} = \mathbf{737{,}49\ cm^3}$$

Ü 323. a) Zur Berechnung wurde der Querschnitt vereinfacht, d.h. ohne Radien dargestellt (idealisiert) und in die Teilflächen A_1, $2 \cdot A_2$, A_3 und A_4 aufgeteilt. Um bei der Berechnung der Flächen kleine Zahlen zu erhalten, wird zweckmäßig mit der Maßeinheit cm gerechnet.

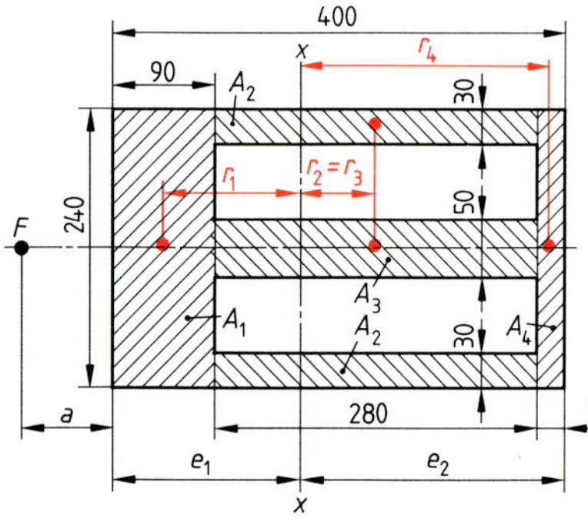

1

Flächen:
$A_1 = 9\ \text{cm} \cdot 24\ \text{cm} = 216\ \text{cm}^2$
$A_2 = 3\ \text{cm} \cdot 28\ \text{cm} = 84\ \text{cm}^2$
$A_3 = 5\ \text{cm} \cdot 28\ \text{cm} = 140\ \text{cm}^2$
$A_4 = 3\ \text{cm} \cdot 24\ \text{cm} = 72\ \text{cm}^2$

⟶ $A_{ges} = A_1 + 2 \cdot A_2 + A_3 + A_4$
$A_{ges} = 216\ \text{cm}^2 + 2 \cdot 84\ \text{cm}^2 + 140\ \text{cm}^2 + 72\ \text{cm}^2$
$\mathbf{A_{ges} = 596\ cm^2}$

Als Bezugskante dient die linke Flächenkante. Damit ist:

$$A_1 \cdot 4{,}5\ \text{cm} + 2 \cdot A_2 \cdot 23\ \text{cm} + A_3 \cdot 23\ \text{cm} + A_4 \cdot 38{,}5\ \text{cm} = A_{ges} \cdot e_1$$

$$e_1 = \frac{A_1 \cdot 4{,}5\ \text{cm} + 2 \cdot A_2 \cdot 23\ \text{cm} + A_3 \cdot 23\ \text{cm} + A_4 \cdot 38{,}5\ \text{cm}}{A_{ges}}$$

$$e_1 = \frac{216\ \text{cm}^2 \cdot 4{,}5\ \text{cm} + 2 \cdot 84\ \text{cm}^2 \cdot 23\ \text{cm} + 140\ \text{cm}^2 \cdot 23\ \text{cm} + 72\ \text{cm}^2 \cdot 38{,}5\ \text{cm}}{596\ \text{cm}^2}$$

$$e_1 = \frac{972\ \text{cm}^3 + 3864\ \text{cm}^3 + 3220\ \text{cm}^3 + 2772\ \text{cm}^3}{596\ \text{cm}^2} = \frac{10\,828\ \text{cm}^3}{596\ \text{cm}^2} = 18{,}17\ \text{cm}$$

$$\mathbf{e_1 = 181{,}7\ mm}$$

$$e_2 = 400\ \text{mm} - e_1 = 400\ \text{mm} - 181{,}7\ \text{mm}$$

$$\mathbf{e_2 = 218{,}3\ mm}$$

b) $M_b = F \cdot (a + e_1) = 300\,000\text{ N} \cdot (22\text{ cm} + 18{,}17\text{ cm}) = 300\,000\text{ N} \cdot 40{,}17\text{ cm}$
$\boldsymbol{M_b = 12\,051\,000\text{ Ncm}}$

c) $I = I_{A_1} + A_1 \cdot r_1^2 + 2 \cdot (I_{A_2} + A_2 \cdot r_2^2) + I_{A_3} + A_3 \cdot r_3^2 + I_{A_4} + A_4 \cdot r_4^2$

Alle Maße werden in cm eingesetzt, z. B.: $r_1 = e_1 - 4{,}5\text{ cm} = 13{,}67\text{ cm}$

$$I = \frac{24 \cdot 9^3}{12} + 24 \cdot 9 \cdot 13{,}67^2 + 2 \cdot \left(\frac{3 \cdot 28^3}{12} + 3 \cdot 28 \cdot 4{,}83^2\right)$$
$$+ \frac{5 \cdot 28^3}{12} + 5 \cdot 28 \cdot 4{,}83^2 + \frac{24 \cdot 3^3}{12} + 24 \cdot 3 \cdot 20{,}33^2$$

$$I = 1458\text{ cm}^4 + 40\,363{,}7\text{ cm}^4 + 2 \cdot (5488\text{ cm}^4 + 1959{,}6\text{ cm}^4)$$
$$+ 9146{,}7\text{ cm}^4 + 3266\text{ cm}^4 + 54\text{ cm}^4 + 29\,758{,}2\text{ cm}^4$$

$\boldsymbol{I = 98\,941{,}8\text{ cm}^4}$

d) $W_1 = \frac{I}{e_1} = \frac{98\,941{,}8\text{ cm}^4}{18{,}17\text{ cm}}$; $\boldsymbol{W_1 = 5445{,}34\text{ cm}^3}$

$W_2 = \frac{I}{e_2} = \frac{98\,941{,}8\text{ cm}^4}{21{,}83\text{ cm}}$; $\boldsymbol{W_2 = 4532{,}38\text{ cm}^3}$

e) σ_b am Pressenmaul: $\sigma_{b\text{ vorh}} = \frac{M_b}{W_1} = \frac{12\,051\,000\text{ Ncm}}{5445{,}34\text{ cm}^3} = 2213\frac{\text{N}}{\text{cm}^2}$

$\boldsymbol{\sigma_{b\text{ vorh}} = 22{,}13\frac{\text{N}}{\text{mm}^2}}$ (Zug)

f) σ_b am Pressenrücken: $\sigma_{b\text{ vorh}} = \frac{M_b}{W_2} = \frac{12\,051\,000\text{ Ncm}}{4532{,}38\text{ cm}^3} = 2658{,}9\frac{\text{N}}{\text{cm}^2}$

$\boldsymbol{\sigma_{b\text{ vorh}} = 26{,}589\frac{\text{N}}{\text{mm}^2}}$ (Druck)

g) $\sigma_{z\text{ vorh}} = \frac{F}{A_{ges}} = \frac{300\,000\text{ N}}{596\text{ cm}^2} = 503{,}36\frac{\text{N}}{\text{cm}^2}$; $\boldsymbol{\sigma_{z\text{ vorh}} = 5{,}03\frac{\text{N}}{\text{mm}^2}}$

Anmerkung: Die Berechnung der „Gesamtspannung" aus σ_b und σ_z bzw. aus σ_b und σ_d erfolgt in Lektion 75 „Beanspruchung auf Biegung und Zug oder Druck".

Ü 324. a) Es handelt sich um einen Freiträger, bei dem das Eigengewicht als gleichmäßig verteilte Streckenlast angenommen wird. Dass diese als Punktlast in der Trägermitte angreift, ergibt sich in Lektion 65. Dies voraussetzend wird:

$$\sigma_{b\text{ zul}} = \frac{\sigma_{bB}}{\nu_B} = \frac{M_{b\text{ vorh}}}{W_x} = \frac{m' \cdot g \cdot l \cdot \frac{l}{2}}{W_x} = \frac{m' \cdot g \cdot l^2}{2 \cdot W_x}$$ Somit:

$$l_{max} = \sqrt{\frac{\sigma_{bB} \cdot 2 \cdot W_x}{\nu_B \cdot m' \cdot g}} = \sqrt{\frac{50\,000\frac{\text{N}}{\text{cm}^2} \cdot 2 \cdot 4290\text{ cm}^3}{3{,}5 \cdot 187\frac{\text{kg}}{\text{m}} \cdot 9{,}81\frac{\text{m}}{\text{s}^2}}}$$

$l_{max} = \sqrt{66\,815{,}717\text{ m} \cdot \text{cm}} = \sqrt{6\,681\,571{,}7\text{ cm}^2}$

$\boldsymbol{l_{max} = 2584{,}9\text{ cm} = 25{,}849\text{ m}}$

b) $$l_{max} = \sqrt{\frac{\sigma_{bB} \cdot 2 \cdot W_y}{\nu_B \cdot m' \cdot g}} = \sqrt{\frac{50\,000\frac{\text{N}}{\text{cm}^2} \cdot 2 \cdot 842\text{ cm}^3}{3{,}5 \cdot 187\frac{\text{kg}}{\text{m}} \cdot 9{,}81\frac{\text{m}}{\text{s}^2}}} = \sqrt{13\,113{,}95\text{ m} \cdot \text{cm}}$$

$l_{max} = \sqrt{1\,311\,395\text{ cm} \cdot \text{cm}}$

$\boldsymbol{l_{max} = 1145{,}2\text{ cm} = 11{,}452\text{ m}}$

Ü 325. a) $I_x = 2 \cdot I_1 + 4 \cdot I_2 + 2 \cdot I_3$

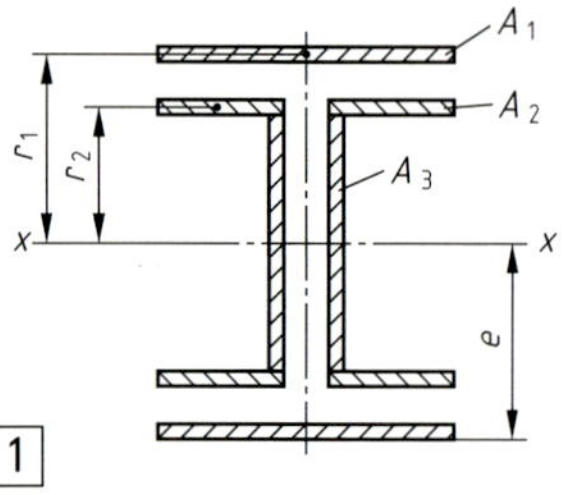

1

$$I_1 = \frac{b_1 \cdot h_1^3}{12} + b_1 \cdot h_1 \cdot r_1^2$$

$$I_1 = \frac{20\,\text{cm} \cdot (0{,}6\,\text{cm})^3}{12} + 20\,\text{cm} \cdot 0{,}6\,\text{cm} \cdot (12{,}8\,\text{cm})^2$$

$$I_1 = 0{,}36\,\text{cm}^4 + 1966{,}08\,\text{cm}^4 = \mathbf{1966{,}44\,cm^4}$$

$$I_2 = \frac{b_2 \cdot h_2^3}{12} + b_2 \cdot h_2 \cdot r_2^2$$

$$I_2 = \frac{9{,}4\,\text{cm} \cdot (0{,}6\,\text{cm})^3}{12} + 9{,}4\,\text{cm} \cdot 0{,}6\,\text{cm} \cdot (11\,\text{cm})^2 = 0{,}1692\,\text{cm}^4 + 682{,}44\,\text{cm}^4$$

$$I_2 = \mathbf{682{,}6092\,cm^4}$$

$$I_3 = \frac{b_3 \cdot h_3^3}{12} = \frac{0{,}6\,\text{cm} \cdot (21{,}4\,\text{cm})^3}{12} = \mathbf{490{,}0172\,cm^4} \qquad (r_3 = 0)$$

$$I_x = 2 \cdot 1966{,}44\,\text{cm}^4 + 4 \cdot 682{,}6092\,\text{cm}^4 + 2 \cdot 490{,}0172\,\text{cm}^4$$

$$I_x = 3932{,}88\,\text{cm}^4 + 2730{,}4368\,\text{cm}^4 + 980{,}0344\,\text{cm}^4 = \mathbf{7643{,}3512\,cm^4}$$

b) $$W_x = \frac{I_x}{e} = \frac{7643{,}3512\,\text{cm}^4}{13{,}1\,\text{cm}} = \mathbf{583{,}46\,cm^3}$$

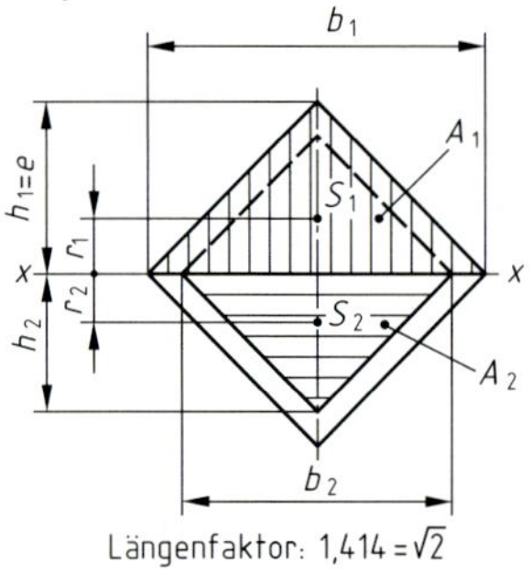

2

Ü 326. a) Die Berechnung erfolgt mit Hilfe der Gleichung 323-7 und dem Steiner'schen Satz. Es ist:

$$I_x = 2 \cdot I_1 - 2 \cdot I_2 = 2 \cdot (I_1 - I_2)$$

$$I_1 = \frac{b_1 \cdot h_1^3}{36} + \frac{b_1 \cdot h_1}{2} \cdot r^2$$

$$I_1 = \frac{14{,}14\,\text{cm} \cdot (7{,}072\,\text{cm})^3}{36} + \frac{14{,}14\,\text{cm} \cdot 7{,}072\,\text{cm}}{2} \cdot (2{,}36\,\text{cm})^2$$

$$I_1 = 138{,}923\,\text{cm}^4 + 278{,}47\,\text{cm}^4 = \mathbf{417{,}393\,cm^4}$$

$$I_2 = \frac{b_2 \cdot h_2^3}{36} + \frac{b_2 \cdot h_2}{2} \cdot r_2^2$$

$$I_2 = \frac{11{,}31\,\text{cm} \cdot (5{,}656\,\text{cm})^3}{36} + \frac{11{,}31\,\text{cm} \cdot 5{,}656\,\text{cm}}{2} \cdot (1{,}885\,\text{cm})^2$$

$$I_2 = 56{,}84\,\text{cm}^4 + 113{,}65\,\text{cm}^4 = \mathbf{170{,}49\,cm^4}$$

$$I_x = 2 \cdot (417{,}393\,\text{cm}^4 - 170{,}49\,\text{cm}^4) = 2 \cdot 246{,}903\,\text{cm}^4 = \mathbf{493{,}806\,cm^4}$$

b) $$W_x = \frac{I_x}{e} = \frac{493{,}806\,\text{cm}^4}{7{,}072\,\text{cm}} = \mathbf{69{,}83\,cm^3}$$

Ü 327. Aus Symmetriegründen ist $I_x = I_y$ und $W_x = W_y$

Ü 328. $I_x = 2 \cdot I_1 + I_2 + I_3$

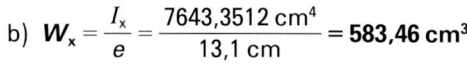

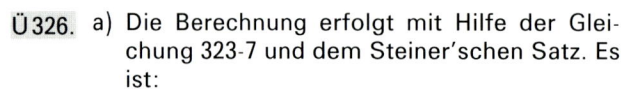

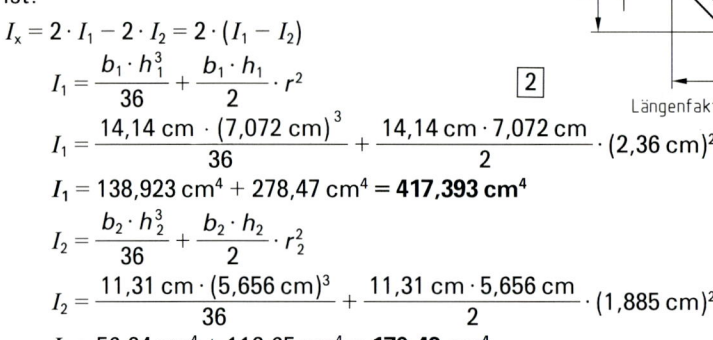

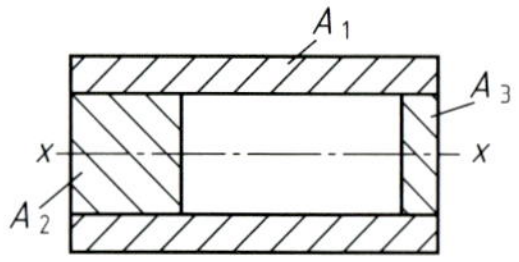

3

$$I_1 = \frac{b_1 \cdot h_1^3}{12} + b_1 \cdot h_1 \cdot r_1^2$$

$$I_1 = \frac{50\,\text{cm} \cdot (5\,\text{cm})^3}{12} + 50\,\text{cm} \cdot 5\,\text{cm} \cdot (10\,\text{cm})^2$$

$$I_1 = 520{,}83\,\text{cm}^4 + 25\,000\,\text{cm}^4 = \mathbf{25\,520{,}83\,cm^4}$$

$$I_2 = \frac{b_2 \cdot h_2^3}{12} = \frac{10\,\text{cm} \cdot (15\,\text{cm})^3}{12} = \mathbf{2812{,}5\,cm^4}$$

$$I_3 = \frac{b_3 \cdot h_3^3}{12} = \frac{5\,\text{cm} \cdot (15\,\text{cm})^3}{12} = \mathbf{1406{,}25\,cm^4}$$

$$I_x = 2 \cdot 25\,520{,}83\,\text{cm}^4 + 2812{,}5\,\text{cm}^4 + 1406{,}25\,\text{cm}^4$$

$$\mathbf{I_x = 55\,260{,}41\,cm^4;\ W_x = 4420{,}83\,cm^3}$$

Ü 329. $I_y = I_1 + 2 \cdot I_2$

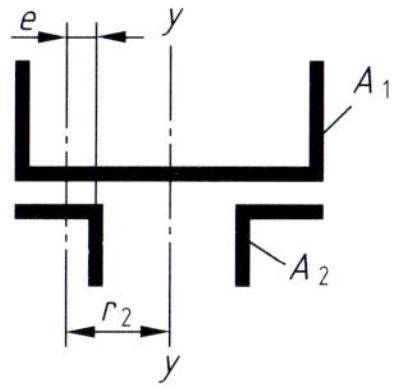

$\boldsymbol{I_1 = I_{x1} = 6280\ cm^4}$ (Stahlbautabelle)

$I_2 = I_{x2} + A_2 \cdot r_2^2$

$I_2 = 116\ cm^4 + 15{,}5\ cm^2 \cdot (7{,}54\ cm)^2$

$I_2 = 116\ cm^4 + 881{,}2\ cm^4 = \mathbf{997{,}2\ cm^4}$ 1

$I_y = 6280\ cm^4 + 2 \cdot 997{,}2\ cm^4 = 6280\ cm^4 + 1994{,}4\ cm^4 = \mathbf{8274{,}4\ cm^4}$

Ü 330. a) $I_x = 4 \cdot (I_{x\,eigen} + A \cdot r_y^2)$ $\qquad I_{x\,eigen} = I_{y\,eigen} = 116\ cm^4$

$I_x = 4 \cdot [116\ cm^4 + 15{,}5\ cm^2 \cdot (12{,}46\ cm)^2]$ $\qquad r_y = 150\ mm - e$

$I_x = 4 \cdot [116\ cm^4 + 2406{,}4\ cm^4]$ $\qquad r_y = 15\ cm - 2{,}54\ cm = 12{,}46\ cm$

$I_x = 4 \cdot 2522{,}4\ cm^4 = \mathbf{10\,089{,}6\ cm^4}$

$$\boldsymbol{W_x} = \frac{I_x}{e_y} = \frac{10\,089{,}6\ cm^4}{15\ cm} = \mathbf{672{,}64\ cm^3}$$

b) $I_y = 4 \cdot (I_{y\,eigen} + A \cdot r_x^2)$ $\qquad I_{y\,eigen} = 116\ cm^4; \quad A = 15{,}5\ cm^2$

$I_y = 4 \cdot [116\ cm^4 + 15{,}5\ cm^2 \cdot (17{,}46\ cm)^2]$ $\qquad r_x = 200\ mm - e$

$I_y = 4 \cdot [116\ cm^4 + 4725{,}2\ cm^4]$ $\qquad r_x = 20\ cm - 2{,}54\ cm = 17{,}46\ cm$

$I_y = 4 \cdot 4841{,}2\ cm^4 = \mathbf{19\,364{,}8\ cm^4}$

$$\boldsymbol{W_y} = \frac{I_y}{e_x} = \frac{19\,364{,}8\ cm^4}{20\ cm} = \mathbf{968{,}24\ cm^3}$$

Ü 331. a) Als Bezugskante dient die obere Kante. Somit:

$A_1 \cdot 5\ cm + A_2 \cdot 2{,}25\ cm = (A_1 + A_2) \cdot e_o$

$$e_o = \frac{A_1 \cdot 5\ cm + A_2 \cdot 2{,}25\ cm}{A_1 + A_2} = \frac{5\ cm \cdot 1\ cm \cdot 5\ cm + 4{,}5\ cm \cdot 1\ cm \cdot 2{,}25\ cm}{5\ cm \cdot 1\ cm + 4{,}5\ cm \cdot 1\ cm}$$

$e_o = 3{,}697\ cm$

$\boldsymbol{e_o = 36{,}97\ mm}$

b) $I = I_1 + I_2 = I_{1\,eigen} + A_1 \cdot r_1^2 + I_{2\,eigen} + A_2 \cdot r_2^2$

$$I = \frac{b_1 \cdot h_1^3}{12} + b_1 \cdot h_1 \cdot r_1^2 + \frac{b_2 \cdot h_2^3}{12} + b_2 \cdot h_2 \cdot r_2^2.$$ Maße in cm ergibt:

$$I = \frac{5 \cdot 1^3}{12} + 5 \cdot 1 \cdot 1{,}303^2 + \frac{1 \cdot 4{,}5^3}{12} + 1 \cdot 4{,}5 \cdot 1{,}447^2$$

$I = 0{,}417\ cm^4 + 8{,}489\ cm^4 + 7{,}594\ cm^4 + 9{,}422\ cm^4$

$\boldsymbol{I = 25{,}922\ cm^4}$

$$W_o = \frac{I}{e_o} = \frac{25{,}922\ cm^4}{3{,}697\ cm}; \quad \boldsymbol{W_o = 7{,}012\ cm^3}$$

$$W_u = \frac{I}{e_u} = \frac{I}{h - e_o} = \frac{25{,}922\ cm^4}{5{,}5\ cm - 3{,}697\ cm} = \frac{25{,}922\ cm^4}{1{,}803\ cm}$$

$\boldsymbol{W_u = 14{,}377\ cm^3}$

c) $$\sigma_{b\,max} = \frac{M_b}{W_o} = \frac{F \cdot l}{W_o} = \frac{625\ N \cdot 95\ cm}{7{,}012\ cm^3} = 8467{,}63\ \frac{N}{cm^2}$$

$$\boldsymbol{\sigma_{b\,max} = 84{,}68\ \frac{N}{mm^2}}$$

d) $$\nu_D = \frac{\sigma_{bB}}{\sigma_{b\,max}} = \frac{420\ N/mm^2}{84{,}68\ N/mm^2}; \quad \boldsymbol{\nu_D = 4{,}96}$$

Ü 332. a) In Musteraufgabe M 194., Seite 325, wurde bereits berechnet:
$y_0 = 2{,}25$ cm; $I_x = 55{,}251$ cm^4; $A_1 = 7$ cm^2;
$A_2 = 5$ cm^2; $M_b = 1\,000\,000$ Ncm;
Zur Berechnung von I_{xy} ist es erforderlich noch die Größe I_y zu berechnen. Somit:

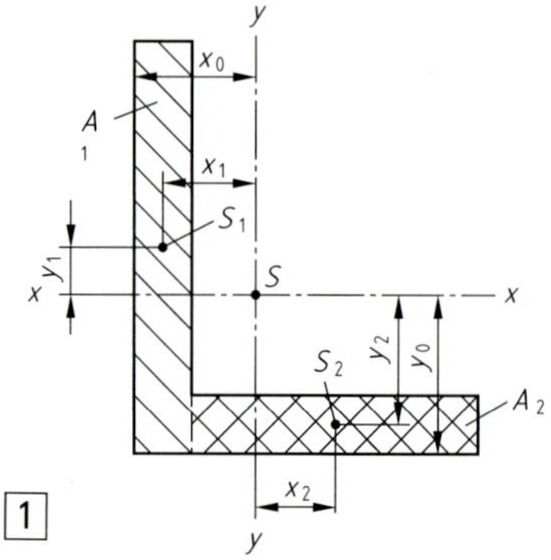

$$x_0 = \frac{A_1 \cdot x_1 + A_2 \cdot x_2}{A_1 + A_2}$$

$\mathbf{x_0 = 1{,}75}$ **cm**

$I_y = I_{y1} + I_{y2}$

$$I_{y1} = \frac{h_1 \cdot b_1^3}{12} + h_1 \cdot b_1 \cdot r_{1y}^2$$

$$I_{y1} = \frac{7\,\text{cm} \cdot (1\,\text{cm})^3}{12} + 7\,\text{cm} \cdot 1\,\text{cm} \cdot (1{,}25\,\text{cm})^2 = 0{,}583\,\text{cm}^4 + 10{,}938\,\text{cm}^4$$

$I_{y1} = 11{,}521$ cm^4

$$I_{y2} = \frac{h_2 \cdot b_2^3}{12} + h_2 \cdot b_2 \cdot r_{2y}^2 = \frac{1\,\text{cm} \cdot (5\,\text{cm})^3}{12} + 1\,\text{cm} \cdot 5\,\text{cm} \cdot (1{,}75\,\text{cm})^2$$

$I_{y2} = 25{,}73$ cm^4

$\boldsymbol{I_y} = 11{,}521\,\text{cm}^4 + 25{,}73\,\text{cm}^4 = \mathbf{37{,}251\,cm^4}$

Da das Flächenzentrifugalmoment von A_1 und A_2 jeweils Null ist (Rechteckfläche), ergibt sich für

$I_{xy} = A_1 \cdot x_1 \cdot y_1 + A_2 \cdot x_2 \cdot y_2 = 7\,\text{cm}^2 \cdot 1{,}25\,\text{cm} \cdot 1{,}25\,\text{cm} + 5\,\text{cm}^2 \cdot 1{,}75\,\text{cm} \cdot 1{,}75\,\text{cm}$

$\boldsymbol{I_{xy}} = 10{,}938\,\text{cm}^4 + 15{,}313\,\text{cm}^4 = \mathbf{26{,}251\,cm^4}$

b) $\alpha = 90° - \alpha_o$ $\quad \tan 2\alpha_o = \dfrac{2 \cdot I_{xy}}{I_y - I_x} = \dfrac{2 \cdot 26{,}251\,\text{cm}^4}{37{,}251\,\text{cm}^4 - 55{,}251\,\text{cm}^4} = \dfrac{52{,}502\,\text{cm}^4}{-18\,\text{cm}^4}$

$\tan 2\alpha_o = -2{,}917 \longrightarrow 2\alpha_o = 108{,}9° \longrightarrow \alpha_o = 54{,}45°$

$\boldsymbol{\alpha} = 90° - 54{,}45° = \mathbf{35{,}55°}$

c) $I_I = \dfrac{1}{2} \cdot (I_x + I_y) - \dfrac{1}{2} \cdot (I_x - I_y) \cdot \cos 2\alpha_o + I_{xy} \cdot \sin 2\alpha_o$

$\cos 2\alpha_o = \cos 108{,}9° = -0{,}324; \qquad \sin 2\alpha_o = \sin 108{,}9° = 0{,}946$

$$I_I = \left[\frac{1}{2} \cdot (55{,}251 + 37{,}251) - \frac{1}{2} \cdot (55{,}251 - 37{,}251) \cdot (-0{,}324) + 26{,}251 \cdot 0{,}946\right] \text{cm}^4$$

$\boldsymbol{I_I = 74\,\text{cm}^4}$

$$I_{II} = \frac{1}{2} \cdot (I_x + I_y) + \frac{1}{2} \cdot (I_x - I_y) \cdot \cos 2\alpha_o - I_{xy} \cdot \sin 2\alpha_o$$

$$I_{II} = \left[\frac{1}{2} \cdot (55{,}251 + 37{,}251) + \frac{1}{2} \cdot (55{,}251 - 37{,}251) \cdot (-0{,}324) - 26{,}251 \cdot 0{,}946\right] \text{cm}^4$$

$\boldsymbol{I_{II} = 18{,}502\,\text{cm}^4}$

Probe: $I_x + I_y = I_I + I_{II}$

92,502 cm^4 = 92,502 cm^4

d) $W_{Io} = \dfrac{I_I}{a_o}$ $\qquad a_o = 4{,}85$ cm (aus Bild 2 gemessen)

$\boldsymbol{W_{Io}} = \dfrac{74\,\text{cm}^4}{4{,}85\,\text{cm}} = \mathbf{15{,}26\,cm^3}$

$W_{Iu} = \dfrac{I_I}{a_u}$ $\qquad a_u = 4{,}3$ cm (aus Bild 2 gemessen)

$\boldsymbol{W_{Iu}} = \dfrac{74\,\text{cm}^4}{4{,}3\,\text{cm}} = \mathbf{17{,}21\,cm^3}$

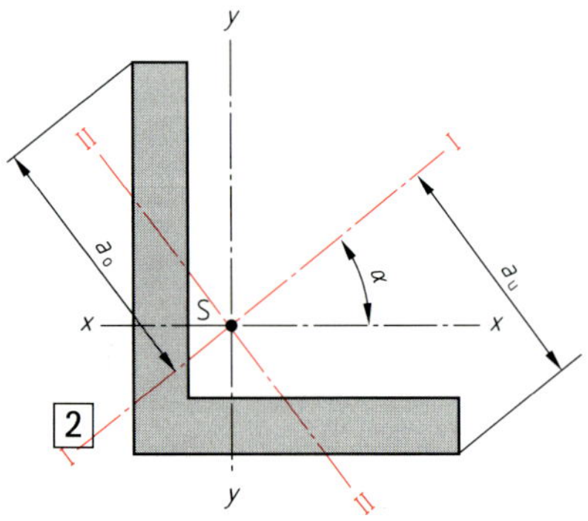

e) $\sigma_{b\,I\,max} = \dfrac{M_b}{W_{I\,min}} = \dfrac{M_b}{W_{I0}} = \dfrac{1\,000\,000\ \text{Ncm}}{15{,}26\ \text{cm}^3} = 65\,531\ \dfrac{\text{N}}{\text{cm}^2} = \mathbf{655{,}31\ \dfrac{N}{mm^2}}$

Ü333. $\sigma_{b1} = \dfrac{M_{bI}}{W_{I1}} + \dfrac{M_{bII}}{W_{II1}}$ Momentenkomponenten nach Bild 1:

$M_{bI} = M_b \cdot \cos\alpha = 1\,000\,000\ \text{Ncm} \cdot \cos 35{,}55°$

$\boldsymbol{M_{bI}} = 1\,000\,000\ \text{Ncm} \cdot 0{,}814 = \mathbf{814\,000\ Ncm}$

$M_{bII} = M_b \cdot \sin\alpha = 1\,000\,000\ \text{Ncm} \cdot \sin 35{,}55°$

$\boldsymbol{M_{bII}} = 1\,000\,000\ \text{Ncm} \cdot 0{,}581 = \mathbf{581\,000\ Ncm}$

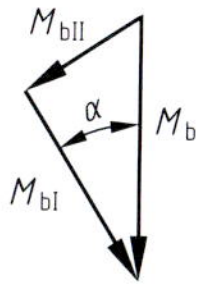

1

$W_{I1} = \dfrac{I_I}{a_0} = \dfrac{74\ \text{cm}^4}{4{,}85\ \text{cm}} = \mathbf{15{,}26\ cm^3}$ (a_o ausgemessen)

$\boldsymbol{W_{II1}} = \dfrac{I_{II}}{b_o} = \dfrac{18{,}502\ \text{cm}^4}{1{,}4\ \text{cm}} = \mathbf{13{,}22\ cm^3}$

$\sigma_{b1} = \dfrac{814\,000\ \text{Ncm}}{15{,}26\ \text{cm}^3} + \dfrac{581\,000\ \text{Ncm}}{13{,}22\ \text{cm}^3} = 53\,342\ \dfrac{\text{N}}{\text{cm}^2} + 43\,949\ \dfrac{\text{N}}{\text{cm}^2} = 97\,291\ \dfrac{\text{N}}{\text{cm}^2}$

$\boldsymbol{\sigma_{b1}} = \mathbf{972{,}9\ \dfrac{N}{mm^2}}$

Ü334. Der Vergleich erfolgt, indem das Verhältnis beider Spannungen gebildet wird:

$\dfrac{\sigma_{b1}}{\sigma_{b\,I\,max}} = \dfrac{972{,}9\ \text{N/mm}^2}{655{,}31\ \text{N/mm}^2} = 1{,}485$

Wirkt das Biegemoment in der Schwerachse anstatt in der Hauptachse, dann vergrößert sich die Biegespannung (in diesem Fall) um beinahe 50 %!

Ü335. a) Aus $\Sigma F_y = 0$: $F_{Ay} + F_B - F_{Cy} = 0$

$F_{Ay} = F_{Cy} - F_B = F_C \cdot \cos\alpha - F_B$

$F_{Ay} = F_C \cdot \cos 30° - F_B = 80\ \text{N} \cdot 0{,}866 - 100\ \text{N}$

$\boldsymbol{F_{Ay} = -30{,}72\ N}$ (↑)

Querkraftschaubild: Bild 2

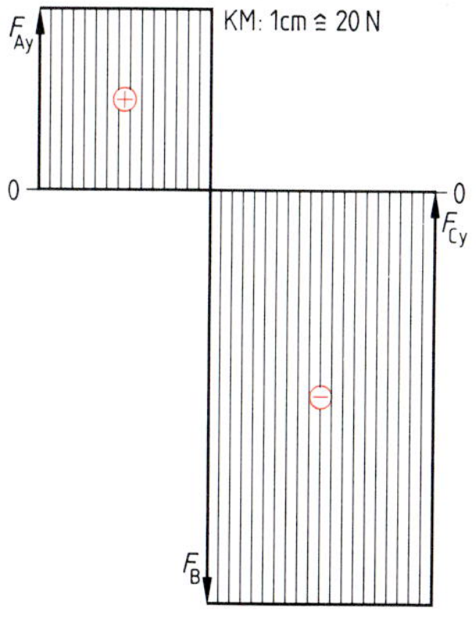

2

b) $M_{A\,F_B} = -F_B \cdot 30\ \text{cm} = -100\ \text{N} \cdot 30\ \text{cm}$

$\boldsymbol{M_{A\,F_B} = -3000\ \text{Ncm}}$

$M_{A\,F_C} = F_{Cy} \cdot 70\ \text{cm} = F_C \cdot \cos 30° \cdot 70\ \text{cm}$

$M_{A\,F_C} = 80\ \text{N} \cdot 0{,}866 \cdot 70\ \text{cm}$

$\boldsymbol{M_{A\,F_C} = 4849{,}6\ \text{Ncm}}$

Einzelmomentenschaubilder:
Bilder 1 und 2

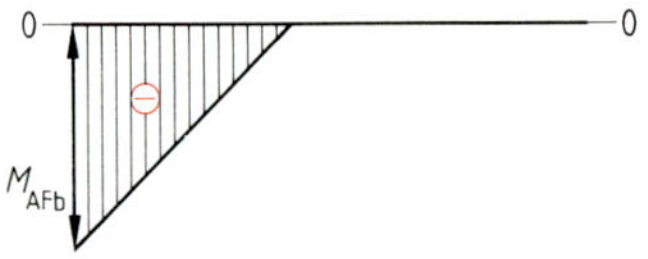

1

MM: 1 cm ≙ 2000 Ncm

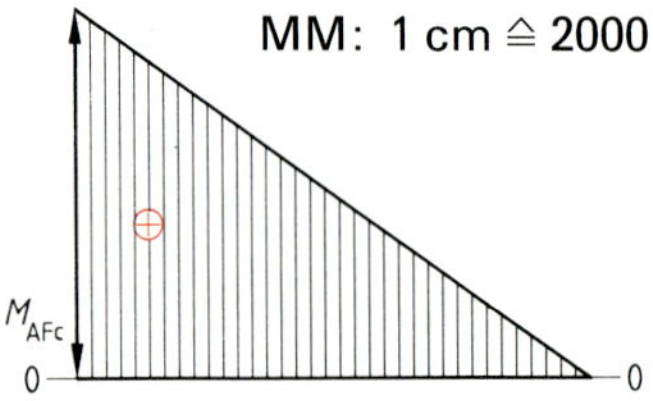

2

c) Durch Superposition der Einzelmomentenschaubilder ergibt sich im Bild 3 das **Gesamtmomentenschaubild.**

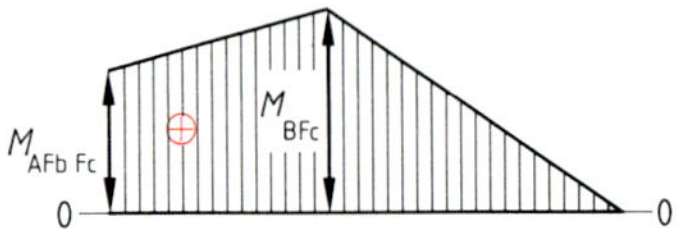

3

Ü 336. a) Wird bei einem gedachten Trägerschnitt die rechte Trägerseite unter dem Einfluss der auf sie wirkenden Kräfte nach unten bewegt, so ist die Querkraft positiv.
Wird bei einem gedachten Trägerschnitt die rechte Trägerseite unter dem Einfluss der auf sie wirkenden Kräfte nach oben bewegt, so ist die Querkraft negativ.

b) Liegt im Träger die Zugzone oben, so ist das Biegemoment negativ.
Liegt im Träger die Zugzone unten, so ist das Biegemoment positiv.

Anmerkung: Es ist durchaus denkbar, dass ein Träger senkrecht oder schräg angeordnet ist. Dann lassen sich die Regeln a) und b) nicht mehr so ohne weiteres anwenden. In einem solchen Fall wählt man eine zum Träger senkrecht gerichtete Betrachtungsrichtung (Bild 4) und kann dann die Regeln wieder anwenden.

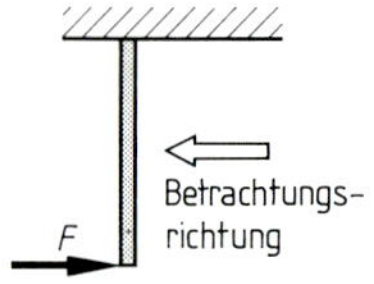

4

Ü 337. a) Zeichnerische Lösung (Bild 5):
Damit das Trägersystem im Gleichgewicht ist, muss in der Einspannung die Reaktionskraft $F_A = -F_r$ wirken. Gemäß Bild 5 ist:
Vertikalkraft $F_{A_y} = -F_{r_y}$
Horizontalkraft $F_{A_x} = -F_{r_x}$. Somit:

$\boldsymbol{F_A = -F_r = -9700\ \text{N}}$

$\boldsymbol{F_{A_x} = -F_{r_x} = -1000\ \text{N}}$ (←)

$\boldsymbol{F_{A_y} = -F_{r_y} = -9600\ \text{N}}$ (↑)

KM: 1 cm ≙ 2000 N

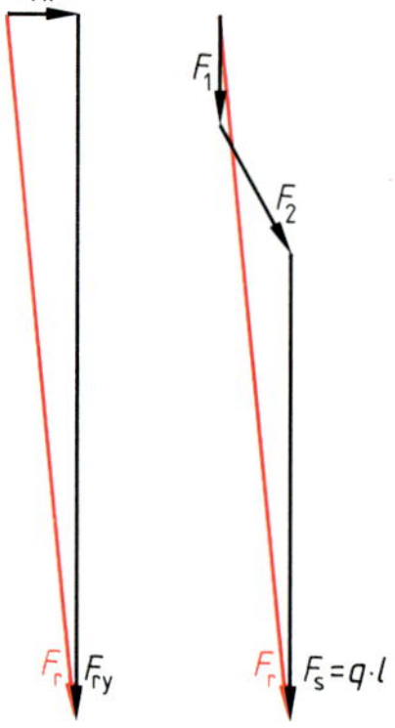

5

Rechnerische Lösung: Aus $\Sigma F_x = 0$ folgt $F_{2_x} + F_{A_x} = 0$

$\boldsymbol{F_{A_x}} = -F_{2x} = -F_2 \cdot \sin 30° = -2000\,\text{N} \cdot 0{,}5 = \boldsymbol{-1000\,\text{N}}$ (←). Aus $\Sigma F_y = 0$ folgt:

$F_{A_y} = -(F_1 + F_2 \cdot \cos 30° + q \cdot l) = -(1500\,\text{N} + 2000\,\text{N} \cdot 0{,}866 + 800\,\text{N/m} \cdot 8\,\text{m})$

$\boldsymbol{F_{A_y} = -9632\,\text{N}}$ (↑)

b) Für die Ermittlung des Querkraftschaubildes (Bild 1) ist außer F_1 und $F_s = q \cdot l$ noch F_{2_y} von Bedeutung:

$F_{2_y} = F_2 \cdot \cos 30° = 2000\,\text{N} \cdot 0{,}866$

$\boldsymbol{F_{2_y} = 1732\,\text{N}}$

c) Zunächst werden die Einzelmomente an der Einspannstelle berechnet:

$\boldsymbol{M_{A\,F2y}} = -F_{2_y} \cdot 8\,\text{m} = \boldsymbol{-13\,856\,\text{Nm}}$

$\boldsymbol{M_{A\,F1}} = -F_1 \cdot 4\,\text{m} = \boldsymbol{-6000\,\text{Nm}}$

$\boldsymbol{M_{A\,Fs}} = -\dfrac{q \cdot (8\,\text{m})^2}{2} = \boldsymbol{-25\,600\,\text{Nm}}$

$M_A = M_{A\,F2y} + M_{A\,F1} + M_A F_s = M_{max}$

$\boldsymbol{M_A = -45\,456\,\text{Nm}}$

Aus diesen Werten ergibt sich das **Gesamtmomentenschaubild** (Bild 2).

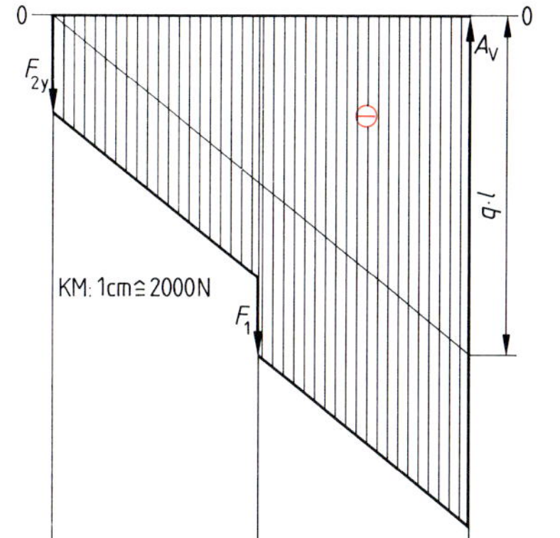

1

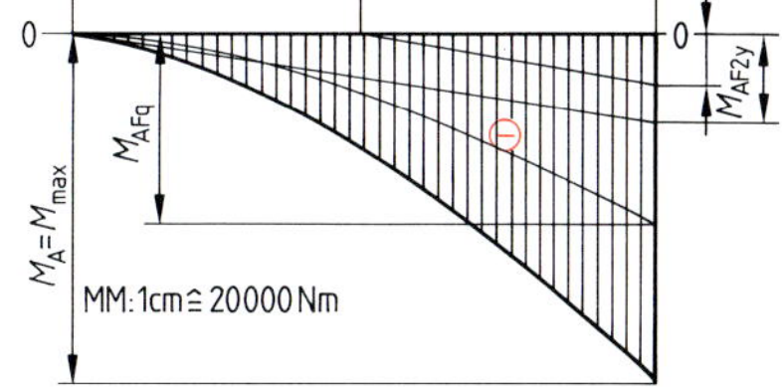

2

Ü 338. a) $\Sigma M_{(B)} = 0 = -F_A \cdot 80\,\text{cm} + F_1 \cdot 65\,\text{cm} - F_2 \cdot 20\,\text{cm} + F_3 \cdot 10\,\text{cm}$

$F_A = \dfrac{F_1 \cdot 65\,\text{cm} - F_2 \cdot 20\,\text{cm} + F_3 \cdot 10\,\text{cm}}{80\,\text{cm}}$

$F_A = \dfrac{120\,\text{N} \cdot 65\,\text{cm} - 400\,\text{N} \cdot 20\,\text{cm} + 80\,\text{N} \cdot 10\,\text{cm}}{80\,\text{cm}}$

$F_A = \dfrac{7800\,\text{Ncm} - 8000\,\text{Ncm} + 800\,\text{Ncm}}{80\,\text{cm}} = \dfrac{600\,\text{Ncm}}{80\,\text{cm}}$

$\boldsymbol{F_A = 7{,}5\,\text{N}}$ (↑)

$\Sigma M_{(A)} = 0 = F_B \cdot 80\,\text{cm} + F_2 \cdot 60\,\text{cm} - F_3 \cdot 70\,\text{cm} - F_1 \cdot 15\,\text{cm}$.

Daraus ergibt sich:

$\boldsymbol{F_B = -207{,}5\,\text{N}}$ (↓)

Probe mit $\Sigma F_y = 0$:

$F_1 + F_3 + F_B = F_A + F_2$

$120\,\text{N} + 80\,\text{N} + 207{,}5\,\text{N} = 7{,}5\,\text{N} + 400\,\text{N}$

407,5 N = 407,5 N

Alle Kräfte sind bekannt.

Bild 3 zeigt das **Querkraftschaubild** 3

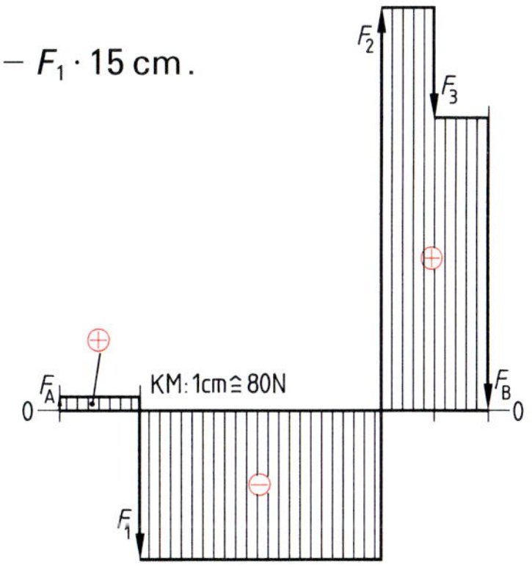

Anmerkung: F_B ist nach unten gerichtet, da der Wert von F_B nicht mit positivem Vorzeichen herauskommt, so wie dies aber im Rechnungsansatz $\Sigma M_{(A)} = 0$ angenommen wurde. Dies bedeutet, dass das Loslager B so ausgebildet sein muss, dass keine Drehung des Trägers nach oben um den Punkt A eintreten kann. Dies ist bei der Konstruktion des Lagers B zu berücksichtigen.

b) Für die Ermittlung des Momentenschaubildes (Bild 1) werden die folgenden Werte berechnet:

$\boldsymbol{M_{F_1}} = F_A \cdot 15\ \text{cm} = \mathbf{112{,}5\ Ncm}$

$\boldsymbol{M_{F_2}} = F_A \cdot 60\ \text{cm} - F_1 \cdot 45\ \text{cm} = \mathbf{-4950\ Ncm}$

$\boldsymbol{M_{F_3}} = F_B \cdot 10\ \text{cm} = \mathbf{-2075\ Ncm}$

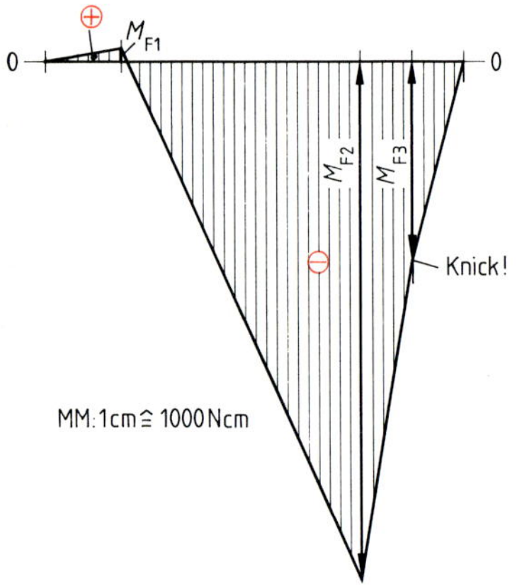

1

Ü 339. a)

$$F_A = F_B = \frac{q \cdot l}{2} = \frac{100\,\frac{\text{N}}{\text{m}} \cdot 6\ \text{m}}{2}$$

$\boldsymbol{F_A = F_B = 300\ \text{N}}$

b) $$M_{b\,max} = \frac{q \cdot l^2}{8} = \frac{100\,\frac{\text{N}}{\text{m}} \cdot (6\ \text{m})^2}{8}$$

$\boldsymbol{M_{b\,max} = 450\ \text{Nm}}$

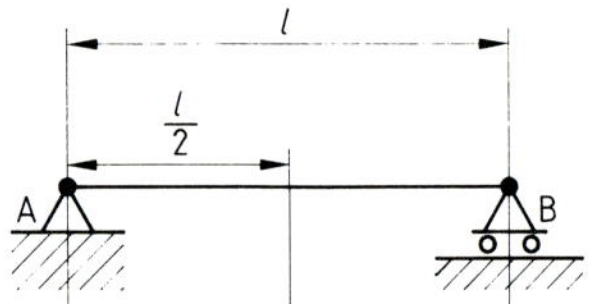

2

c) **Querkraftschaubild** (Bild 3)
KM: 1 cm ≙ 400 N

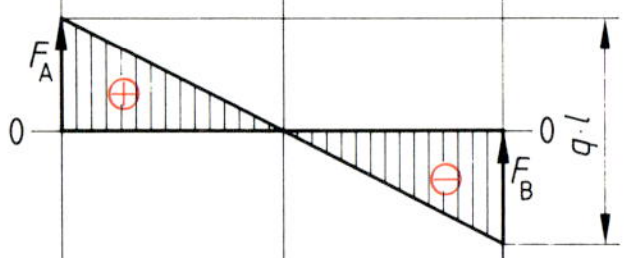

3

d) **Momentenschaubild** (Bild 4)
MM: 1 cm ≙ 200 Nm

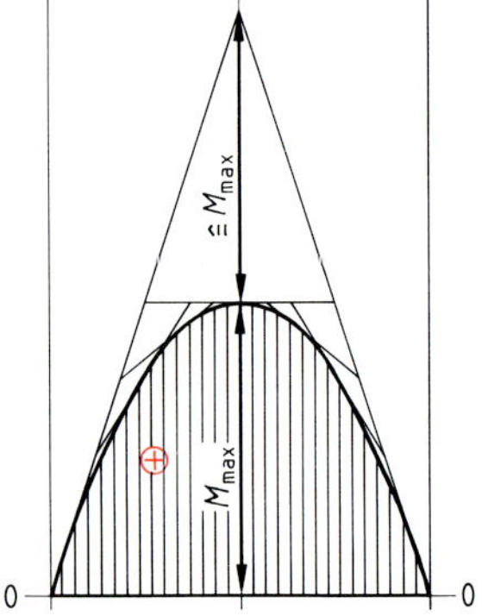

4

Ü 340. a) $\Sigma M_{(B)} = 0$:

$$F_A \cdot s + F_3 \cdot (a - s) - F_1 \cdot (s - d) - F_{S_1} \cdot (s - f) - F_{S_2} \cdot \left(s - \frac{s}{2}\right) - F_2 \cdot (s - e)$$

$$F_A = \frac{F_1 \cdot (s - d) + F_{S_1} \cdot (s - f) + F_{S_2} \cdot \frac{s}{2} + F_2 \cdot (s - e) - F_3 \cdot (a - s)}{s}$$

$F_{S_1} = q_1 \cdot c = 120\ \text{N}$

$F_{S_2} = q_2 \cdot s = 400\ \text{N}$

$$F_A = \frac{100\ \text{N} \cdot 6{,}5\ \text{m} + 120\ \text{N} \cdot 5\ \text{m} + 400\ \text{N} \cdot 4\ \text{m} + 150\ \text{N} \cdot 1{,}5\ \text{m} - 80\ \text{N} \cdot 1\ \text{m}}{8\ \text{m}}$$

$$F_A = \frac{2995\ \text{Nm}}{8\ \text{m}}$$

$$\boldsymbol{F_A = 374{,}375\ \text{N}}$$

$$\Sigma M_{(A)} = 0{:}\quad -F_1 \cdot d - F_{S_1} \cdot f - F_{S_2} \cdot \frac{s}{2} - F_2 \cdot e - F_3 \cdot a + F_B \cdot s = 0$$

$$F_B = \frac{F_1 \cdot d + F_{S_1} \cdot f + F_{S_2} \cdot \frac{s}{2} + F_2 \cdot e + F_3 \cdot a}{s}$$

$$F_B = \frac{100\ \text{N} \cdot 1{,}5\ \text{m} + 120\ \text{N} \cdot 3\ \text{m} + 400\ \text{N} \cdot 4\ \text{m} + 150\ \text{N} \cdot 6{,}5\ \text{m} + 80\ \text{N} \cdot 9\ \text{m}}{8\ \text{m}}$$

$$F_B = \frac{3805\ \text{Nm}}{8\ \text{m}}$$

$$\boldsymbol{F_B = 475{,}625\ \text{N}}$$

Probe mit $\Sigma F_y = 0$: $F_A + F_B = F_1 + F_2 + F_{S_1} + F_{S_2} + F_3$

$374{,}375\ \text{N} + 475{,}625\ \text{N} = 100\ \text{N} + 150\ \text{N} + 120\ \text{N} + 400\ \text{N} + 80\ \text{N}$

$\boldsymbol{850\ \text{N} = 850\ \text{N}}$

b) $\boldsymbol{M_A = 0}$ (kein Hebelarm)

c) $\boldsymbol{M_B} = -F_3 \cdot (a - s) = F_3 \cdot 1\ \text{m} = -80\ \text{N} \cdot 1\ \text{m} = \boldsymbol{-80\ \text{Nm}}$

d) $\boldsymbol{M_{F_1F_1}} = F_{AF_1} \cdot d = F_1 \cdot \frac{s-d}{s} \cdot d = 100\ \text{N} \cdot \frac{6{,}5\ \text{m}}{8\ \text{m}} \cdot 1{,}5\ \text{m} = \boldsymbol{121{,}875\ \text{Nm}}$

e) $\boldsymbol{M_{F_2F_2}} = F_{AF_2} \cdot e = F_2 \cdot \frac{s-e}{s} \cdot e = 150\ \text{N} \cdot \frac{1{,}5\ \text{m}}{8\ \text{m}} \cdot 6{,}5\ \text{m} = \boldsymbol{182{,}813\ \text{Nm}}$

f) $M_{F_{S1}F_{S1}} = F_{AF_{S1}} \cdot f - \frac{q_1 \cdot c}{2} \cdot \frac{c}{4} = F_{S1} \cdot \frac{s-f}{s} \cdot f - F_{S1} \cdot \frac{c}{8} = F_{S1} \cdot \left(\frac{s-f}{s} \cdot f - \frac{c}{8}\right)$

$\boldsymbol{M_{F_{S1}F_{S1}}} = 120\ \text{N} \cdot \left(\frac{5\ \text{m}}{8\ \text{m}} \cdot 3\ \text{m} - 0{,}5\ \text{m}\right) = 120\ \text{N} \cdot 1{,}375\ \text{m} = \boldsymbol{165\ \text{Nm}}$

g) $\boldsymbol{M_{F_{S2}F_{S2}}} = \frac{q_2 \cdot s^2}{8} = \frac{50\,\frac{\text{N}}{\text{m}} \cdot (8\ \text{m})^2}{8} = \boldsymbol{400\ \text{Nm}}$

h) $\boldsymbol{M_{①F_{S1}}} = F_{AF_{S1}} \cdot 1\ \text{m} = F_{S1} \cdot \frac{s-f}{s} \cdot 1\ \text{m} = 120\ \text{N} \cdot \frac{5\ \text{m}}{8\ \text{m}} \cdot 1\ \text{m} = \boldsymbol{75\ \text{Nm}}$

i) $\boldsymbol{M_{②F_{S1}}} = F_{BF_{S1}} \cdot 3\ \text{m} = F_{S1} \cdot \frac{f}{s} \cdot 3\ \text{m} = 120\ \text{N} \cdot \frac{3\ \text{m}}{8\ \text{m}} \cdot 3\ \text{m} = \boldsymbol{135\ \text{Nm}}$

j) **Querkraftschaubild**: Bild 1
KM: 1 cm ≙ 200 N

$\boldsymbol{x_o = 3{,}9\ \text{m}}$ (ausgemessen)
An der Stelle x_o muss sich bei den weiteren Betrachtungen das maximale Biegemoment ergeben.

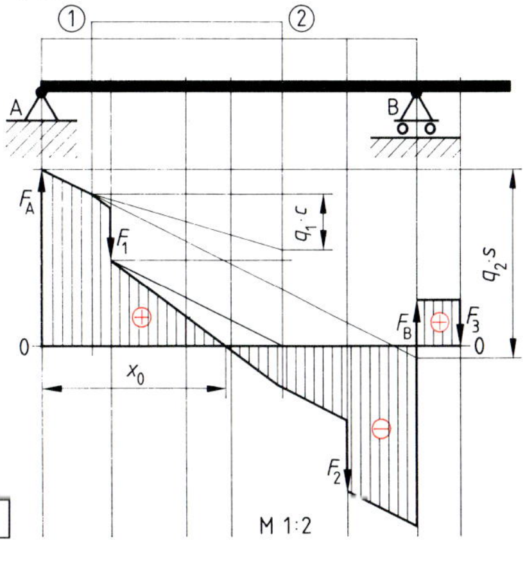

1

k) **Einzelmomentschaubilder**: Bilder 1 bis 5
Diese ergeben sich aus den in den Lösungen der Punkte b) bis i) errechneten Daten:
MM: 1 cm ≙ 200 Nm

l) **Gesamtmomentenschaubild**
Bild 6
MM: 1 cm ≙ 200 Nm
Das Gesamtmomentenschaubild ergibt sich wieder durch Superposition aller Einzelmomentenschaubilder.
Das maximale Biegemoment liegt danach bei $x_o = 3{,}9$ m. Dies stimmt mit dem Querkraftschaubild überein!

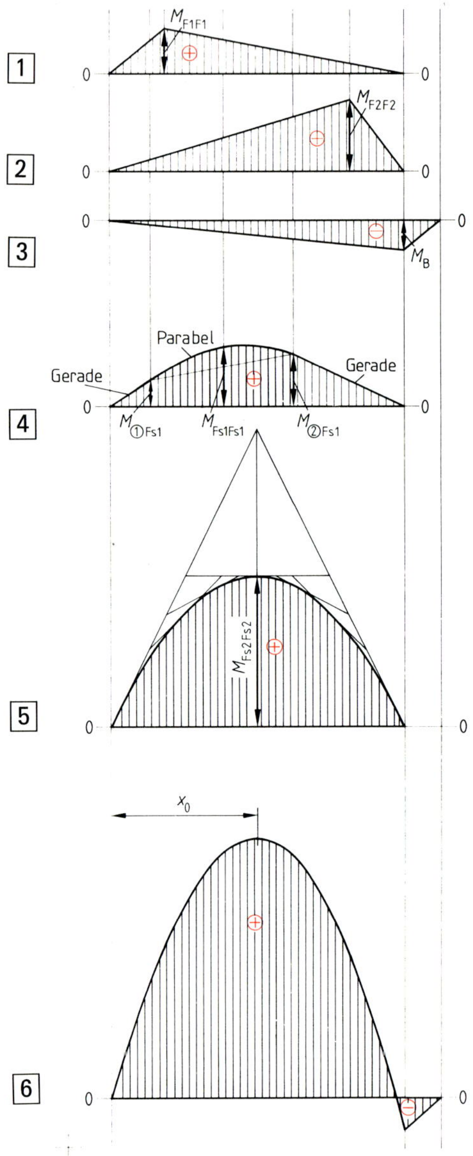

Ü 341. a) $\sigma_{bA} = \sigma_{bx} \longrightarrow \dfrac{M_{bA}}{W_A} = \dfrac{M_{bx}}{W_x} \longrightarrow \dfrac{F \cdot l}{\dfrac{\pi \cdot D_A^3}{32}} = \dfrac{F \cdot x}{\dfrac{\pi \cdot D_x^3}{32}} \longrightarrow D_x = \sqrt[3]{D_A^3 \cdot \dfrac{x}{l}}$

Somit $\boldsymbol{D_x = D_A \cdot \sqrt[3]{\dfrac{x}{l}}}$ $\longrightarrow$ Anformungsgleichung für einen Freiträger gleicher Biegefestigkeit mit überall kreisförmigem Querschnitt.

b) $\sigma_{bA} = \dfrac{M_{b\,max}}{W_A} = \dfrac{F \cdot l}{W_A} = \sigma_{b\,zul}$

$$W_{A\,erf} = \frac{F \cdot l}{\sigma_{b\,zul}} = \frac{60\,000\ \text{N} \cdot 600\ \text{mm}}{110\ \dfrac{\text{N}}{\text{mm}^2}} = 327\,273\ \text{mm}^3 = 327{,}273\ \text{cm}^3$$

Mit $W_{erf} = \frac{\pi \cdot D_A^3}{32} \approx \frac{D_A^3}{10} = 327{,}273\ cm^3$ wird $D_A = \sqrt[3]{10 \cdot 327{,}273\ cm^3} = 14{,}85\ cm$

$\boldsymbol{D_{A\,gew} = 150\ mm}$

Die weitere Rechnung erfolgt zweckmäßig in tabellarischer Form:

l in mm	x in mm	$D_x = D_A \cdot \sqrt[3]{\frac{x}{l}}$ in mm
600	$x_1 = \frac{1}{10} \cdot l = 60$	$150 \cdot \sqrt[3]{\frac{60}{600}} = 150 \cdot 0{,}464 = 69{,}6$
600	$x_2 = \frac{1}{4} \cdot l = 150$	$150 \cdot \sqrt[3]{\frac{150}{600}} = 150 \cdot 0{,}63 = 94{,}5$
600	$x_3 = \frac{1}{2} \cdot l = 300$	$150 \cdot \sqrt[3]{\frac{300}{600}} = 150 \cdot 0{,}794 = 119{,}1$
600	$x_4 = \frac{3}{4} \cdot l = 450$	$150 \cdot \sqrt[3]{\frac{450}{600}} = 150 \cdot 0{,}909 = 136{,}35$
600	$x_5 = l = 600$	$150 \cdot \sqrt[3]{\frac{600}{600}} = 150 \cdot 1{,}0 = 150$

c) Die theoretische Form der Achse (Bild 1) wird von einem kubischen Paraboloiden gebildet.

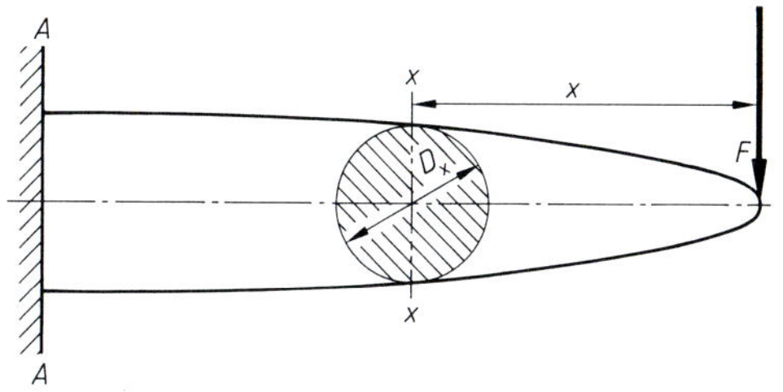

1

d) Bei der konstruktiven Ausführung (Bild 2) ist darauf zu achten, dass der Achsdurchmesser an keiner Stelle kleiner ist als der mit der Anformungsgleichung berechnete theoretische Durchmesser.

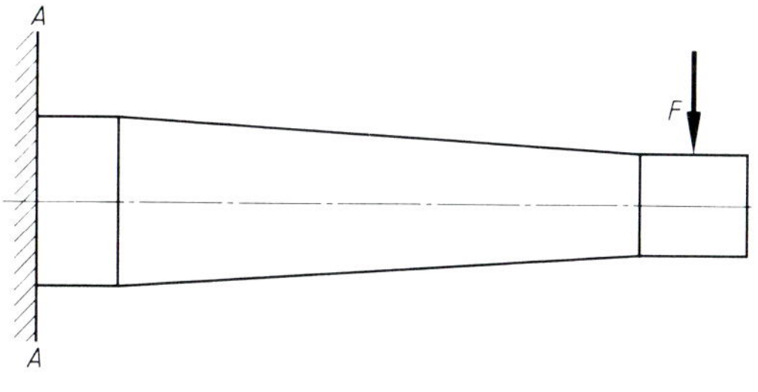

2

Ü342. Das Lager III ist 0,8mm zu tief eingebaut und erzeugt deshalb eine auf die Welle nach unten wirkende Kraft. Diese lässt sich mit Hilfe der Wellendurchbiegung $f = 0{,}8$ mm wie folgt berechnen:

$$f = \frac{F_{III} \cdot l^3}{48 \cdot E \cdot I} \qquad I = \frac{d^4}{20} = \frac{(100\ mm)^4}{20} = 5\,000\,000\ mm^4$$

$$F_{III} = \frac{f \cdot 48 \cdot E \cdot I}{l^3} = \frac{0{,}8\ mm \cdot 48 \cdot 215\,000\ \frac{N}{mm^2} \cdot 5\,000\,000\ mm^4}{(1000\ mm)^3} = \mathbf{41\,280\ N}$$

Aus Symmetriegründen ist $F_I = F_{II} = \frac{F_{III}}{2} = \frac{41\,280\ N}{2}$ $\qquad$ $\boldsymbol{F_I = F_{II} = 20\,640\ N}$

Ü 343. f_{ges} bei einachsiger Biegung: Addition der Einzeldurchbiegungen $\longrightarrow$ $\boldsymbol{f_{ges} = \Sigma f}$
f_r bei zweiachsiger Biegung (schiefer Biegung): vektorielle Addition der beiden Achsenbiegungen $\longrightarrow$ $\boldsymbol{f_r = \sqrt{f_I^2 + f_{II}^2}}$

Ü 344. a) $\boldsymbol{f_m = \frac{5}{384} \cdot \frac{q \cdot l^4}{E \cdot I}}$ b) $\boldsymbol{\alpha_A = \alpha_B = \frac{q \cdot l^3}{24 \cdot E \cdot I}}$

Ü 345. a) $f_F = \frac{F \cdot l^3}{3 \cdot E \cdot I_y} = \frac{900\,\text{N} \cdot (130\,\text{cm})^3}{3 \cdot 21\,000\,000\,\text{N/cm}^2 \cdot 167\,\text{cm}^4} = 0{,}1879\,\text{cm} = \mathbf{1{,}879\,mm}$

b) $f_{F_s} = \frac{q \cdot l^4}{8 \cdot E \cdot I_y} = \frac{35\,\text{N/cm} \cdot (130\,\text{cm})^4}{8 \cdot 21\,000\,000\,\text{N/cm}^2 \cdot 167\,\text{cm}^4} = 0{,}3563\,\text{cm} = \mathbf{3{,}563\,mm}$

c) $f_{ges} = f_F + f_{F_s} = 1{,}879\,\text{mm} + 3{,}563\,\text{mm} = \mathbf{5{,}442\,mm}$

Ü 346. Wegen $\alpha = 45°$ ist $F_\xi = F_\eta = \frac{F}{\sqrt{2}} = \frac{200\,\text{N}}{\sqrt{2}} = \frac{200\,\text{N}}{1{,}414}$

$$\boldsymbol{F_\xi = F_\eta = 141{,}44\,N}$$

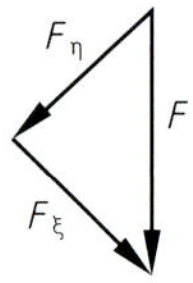

$f_\xi = \frac{F_\xi \cdot l^3}{3 \cdot E \cdot I_\xi} = \frac{141{,}44\,\text{N} \cdot (120\,\text{cm})^3}{3 \cdot 21\,000\,000\,\text{N/cm}^2 \cdot 67{,}1\,\text{cm}^4}$

1

$f_\xi = 0{,}0578\,\text{cm} = \mathbf{0{,}578\,mm}$

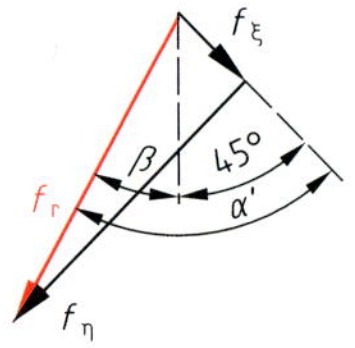

$f_\eta = \frac{F_\eta \cdot l^3}{3 \cdot E \cdot I_\eta} = \frac{141{,}44\,\text{N} \cdot (120\,\text{cm})^3}{3 \cdot 21\,000\,000\,\text{N/cm}^2 \cdot 17{,}6\,\text{cm}^4}$

$f_\eta = 0{,}22\,\text{cm} = \mathbf{2{,}2\,mm}$

$f_r = \sqrt{f_\xi^2 + f_\eta^2} = \sqrt{(0{,}578\,\text{mm})^2 + (2{,}2\,\text{mm})^2} = \mathbf{2{,}27\,mm}$

2

$\beta = \alpha' - 45°$ $\tan\alpha' = \frac{f_\eta}{f_\xi} = \frac{2{,}2\,\text{mm}}{0{,}578\,\text{mm}} = 3{,}806 \longrightarrow \alpha' = 75{,}3°$

$\beta = 75{,}3° - 45° = \mathbf{30{,}3°}$

Ü 347. Ebenso wie bei der einachsigen Biegung müssen die Einzeldurchbiegungen ermittelt werden. Allerdings hat man hier unter Einzeldurchbiegung die vektorielle Summe aus den jeweiligen Komponentendurchbiegungen zu verstehen. Da diese alle (i. d. R.) unterschiedlich gerichtet sind, erfolgt eine nochmalige vektorielle Addition aller resultierenden Durchbiegungen f_r, etwa wie in Bild 3.

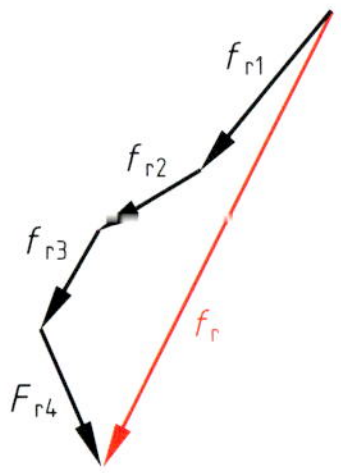

3

Ü 348. Unter der **Biegesteifigkeit** versteht man das Produkt aus Elastizitätsmodul und Flächenträgheitsmoment, d. h. $\boldsymbol{E \cdot I}$.

Ü 349. Da $f \sim E \cdot I$ ist und sich E innerhalb einer Werkstoffgruppe (z. B. Stahl) kaum unterscheidet (maximal 5%), lässt sich die Durchbiegung (bei konstantem I) kaum beeinflussen, denn die Biegesteifigkeit $E \cdot I$ wird kaum beeinflusst. Daraus folgt eine wichtige **Konstruktionsregel**

Die Durchbiegung kann wirksam (innerhalb einer Werkstoffgruppe) nur durch Veränderung des Flächenträgheitsmomentes beeinflusst werden.

Ü 350. $\tau_{t\,zul} = 49{,}3\,\frac{N}{mm^2} = \frac{M_{t\,vorh}}{W_{p\,erf}}$

$$W_{p\,erf} = \frac{M_{t\,vorh}}{\tau_{t\,zul}} = \frac{5\,820\,950\ Nmm}{49{,}3\,\frac{N}{mm^2}} = 118\,072\ mm^3 = 118{,}072\ cm^3 = \frac{d^3}{5}$$

$$d_{erf} = \sqrt[3]{5 \cdot 118{,}072\ cm^3} = \sqrt[3]{590{,}36\ cm^3} = 8{,}39\ cm$$

$\boldsymbol{d_{gew} = 84\ mm}$

Um eine Hohlwelle mit den Maßen $D = 100$ mm und $d = 80$ mm durch eine Vollwelle mit der gleichen maximalen Torsionsspannung zu ersetzen, ist also eine solche mit dem Außendurchmesser $d_a = 84$ mm erforderlich. Die Metergewichte verhalten sich wie die Querschnittsflächen:

$$\frac{\text{Hohlwelle}}{\text{Vollwelle}} = \frac{\frac{\pi}{4} \cdot (D^2 - d^2)}{\frac{\pi}{4} \cdot d_a^2} = \frac{D^2 - d^2}{d_a^2} = \frac{(10\ cm)^2 - (8\ cm)^2}{(8{,}4\ cm)^2} = \frac{100\ cm^2 - 64\ cm^2}{70{,}56\ cm^2}$$

$$\frac{\text{Hohlwelle}}{\text{Vollwelle}} = \frac{36}{70{,}56}$$

Die Vollwelle hat also beinahe das doppelte Gewicht wie die Hohlwelle. Vom Werkstoffeinsatz her gesehen ist also die Hohlwelle wesentlich wirtschaftlicher.

Ü 351. **Wellendurchmesser d_1:**

$$\boldsymbol{M_{t\,vorh}} = 955\,000 \cdot \frac{P_1}{n_1} = 955\,000 \cdot \frac{1280}{965} = \mathbf{1\,266\,735{,}7\ Ncm}$$

$$\tau_{t\,zul} = \frac{M_{t\,vorh}}{W_{p\,erf}} \longrightarrow W_{p\,erf} = \frac{M_{t\,vorh}}{\tau_{t\,zul}} = \frac{1\,266\,735{,}7\ Ncm}{3000\ N/cm^2} = 422{,}25\ cm^3 = \frac{d_1^3}{5}$$

$$d_{1\,erf} = \sqrt[3]{5 \cdot 422{,}25\ cm^3} = \sqrt[3]{2111{,}25\ cm^3} = 12{,}83\ cm$$

$\boldsymbol{d_{1\,gew} = 130\ mm}$

Wellendurchmesser d_2:

$$\boldsymbol{P_2} = P_1 \cdot \eta_1 = 1280\ kW \cdot 0{,}8 = \mathbf{1024\ kW} \qquad \boldsymbol{n_2} = \frac{n_1}{i_1} = \frac{965\ min^{-1}}{4{,}5} = \mathbf{214{,}4\ min^{-1}}$$

$$\boldsymbol{M_{t\,vorh}} = 955\,000 \cdot \frac{P_2}{n_2} = 955\,000 \cdot \frac{1024}{214{,}4} = \mathbf{4\,561\,194\ Ncm}$$

$$\tau_{t\,zul} = \frac{M_{t\,vorh}}{W_{p\,erf}} \longrightarrow W_{p\,erf} = \frac{M_{t\,vorh}}{\tau_{t\,zul}} = \frac{4\,561\,194\ Ncm}{3000\ N/cm^2} = 1520{,}4\ cm^3 = \frac{d_2^3}{5}$$

$$d_{2\,erf} = \sqrt[3]{5 \cdot 1520{,}4\ cm^3} = \sqrt[3]{7602\ cm^3} = 19{,}67\ cm$$

$\boldsymbol{d_{2\,gew} = 200\ mm}$

Wellendurchmesser d_3:

$$\boldsymbol{P_3} = P_2 \cdot \eta_2 = 1024\ kW \cdot 0{,}85 = \mathbf{870{,}4\ kW} \qquad \boldsymbol{n_3} = \frac{n_2}{i_2} = \frac{214{,}4\ min^{-1}}{0{,}5} = \mathbf{428{,}8\ min^{-1}}$$

$$\boldsymbol{M_{t\,vorh}} = 955\,000 \cdot \frac{P_3}{n_3} = 955\,000 \cdot \frac{870{,}4}{428{,}8} = \mathbf{1\,938\,507\ Ncm}$$

$$\tau_{t\,zul} = \frac{M_{t\,vorh}}{W_{p\,erf}} \longrightarrow W_{p\,erf} = \frac{M_{t\,vorh}}{\tau_{t\,zul}} = \frac{1\,938\,507\ Ncm}{3000\,\frac{N}{cm^2}} = 646{,}17\ cm^3 = \frac{d_3^3}{5}$$

$$d_{3\,erf} = \sqrt[3]{5 \cdot 646{,}17\ cm^3} = \sqrt[3]{3230{,}85\ cm^3} = 14{,}78\ cm$$

$\boldsymbol{d_{3\,gew} = 150\ mm}$

Ü 352. Der Verdrehwinkel hängt ab von der Größe des Drehmomentes, von der Drehstablänge, vom Gleitmodul und vom polaren Trägheitsmoment.

Ü 353.

a) $\tau_{t\,zul} = \dfrac{M_{t\,vorh}}{W_{P\,erf}} \longrightarrow W_{P\,erf} = \dfrac{M_{t\,vorh}}{\tau_{t\,zul}} = \dfrac{955\,000 \cdot \dfrac{P}{n}}{\tau_{t\,zul}} = \dfrac{955\,000 \cdot \dfrac{632}{120}\,\text{Ncm}}{2000\,\dfrac{\text{N}}{\text{cm}^2}}$

$W_{P\,erf} = 2514{,}8\ \text{cm}^3$

$W_{P\,erf} = \dfrac{D^4 - d^4}{5 \cdot D} = 2514{,}8\ \text{cm}^3$

$d_{erf} = \sqrt[4]{D^4 - 5 \cdot D \cdot 2514{,}8\ \text{cm}^3}$

$d_{erf} = \sqrt[4]{(30\ \text{cm})^4 - 5 \cdot 30\ \text{cm} \cdot 2514{,}8\ \text{cm}^3}$

$d_{erf} = 25{,}65\ \text{cm}$ $\qquad$ $\boldsymbol{d_{gew} = 255\ \textbf{mm}}$

b) $\varphi = \dfrac{M_t \cdot l \cdot 180°}{G \cdot I_P \cdot \pi}$ $\qquad$ $\boldsymbol{G} = 0{,}385 \cdot E = 0{,}385 \cdot 220\,000\,\dfrac{\text{N}}{\text{mm}^2} = \mathbf{84\,700\,\dfrac{N}{mm^2}}$

$I_P = W_P \cdot \dfrac{D}{2} = \dfrac{D^4 - d^4}{5 \cdot D} \cdot \dfrac{D}{2} = \dfrac{D^4 - d^4}{10}$

$\boldsymbol{I_P} = \dfrac{(30\ \text{cm})^4 - (25{,}5\ \text{cm})^4}{10} = \mathbf{38\,717{,}5\ cm^4}$

$\boldsymbol{M_t} = 955\,000 \cdot \dfrac{P}{n} = 955\,000 \cdot \dfrac{632}{120} = \mathbf{5\,029\,666{,}6\ Ncm}$

$\varphi = \dfrac{5\,029\,666{,}6\ \text{Ncm} \cdot 1700\ \text{cm} \cdot 180°}{8\,470\,000\,\dfrac{\text{N}}{\text{cm}^2} \cdot 38\,717{,}5\ \text{cm}^4 \cdot \pi}$ $\qquad$ $\boldsymbol{\varphi = 1{,}494°}$

Ü 354.

a) $I_{min\,erf} = \dfrac{\nu_K \cdot F \cdot l_K^2}{\pi^2 \cdot E} = \dfrac{5 \cdot 90\,000\ \text{N} \cdot (160\ \text{cm})^2}{\pi^2 \cdot 21\,000\,000\,\dfrac{\text{N}}{\text{cm}^2}}$ $\qquad$ $l_K = l$

$\boldsymbol{I_{min\,erf} = 55{,}59\ \textbf{cm}^4}$

b) $I_{min\,erf} = \dfrac{d^4}{20} \longrightarrow d_{erf} = \sqrt[4]{20 \cdot I_{min\,erf}} = \sqrt[4]{20 \cdot 55{,}59\ \text{cm}^4} = \sqrt[4]{1111{,}8\ \text{cm}^4} = 5{,}77\ \text{cm}$

$\boldsymbol{d_{gew} = 60\ \textbf{mm}}$

c) $i_{min} = \dfrac{d}{4} = \dfrac{60\ \text{mm}}{4}$ $\qquad$ d) $\lambda = \dfrac{l_K}{i_{min}} = \dfrac{1600\ \text{mm}}{15\ \text{mm}}$

$\boldsymbol{i_{min} = 15\ \textbf{mm}}$ $\qquad$ $\boldsymbol{\lambda = 106{,}67}$

e) Euler, da für E295 (St50-2) gilt: $\lambda_g = 89$

$\sigma_K = \dfrac{\pi^2 \cdot E}{\lambda^2} = \dfrac{\pi^2 \cdot 210\,000\,\dfrac{\text{N}}{\text{mm}^2}}{106{,}67^2}$ $\qquad$ $\boldsymbol{\sigma_K = 182{,}14\,\dfrac{\textbf{N}}{\textbf{mm}^2}}$

f) $\boldsymbol{\nu_{K\,vorh}} = \dfrac{\sigma_K}{\sigma_{d\,vorh}} = \dfrac{\sigma_K}{\dfrac{F}{S}} = \dfrac{\sigma_K \cdot S}{F} = \dfrac{182{,}14\,\dfrac{\text{N}}{\text{mm}^2} \cdot \dfrac{\pi \cdot 60^2}{4}\,\text{mm}^2}{90\,000\ \text{N}} = \mathbf{5{,}72} > \boldsymbol{\nu_{K\,erf}}$

Ü 355. a) Es handelt sich um den Einspannungsfall IV mit $l_K = 0{,}5 \cdot l$

$I_{min\,vorh} = \dfrac{b_1 \cdot h_1^3}{12} - \dfrac{b_2 \cdot h_2^3}{12} \longrightarrow$ (Beanspruchung über die im Bild 1, Seite 382, senkrecht gezeichnete Mittelachse des Querschnittes)

$\boldsymbol{I_{min\,vorh}} = \dfrac{15\ \text{cm} \cdot (10\ \text{cm})^3}{12} - \dfrac{10\ \text{cm} \cdot (5\ \text{cm})^3}{12} = \mathbf{1145{,}83\ cm^4}$

b) $i_{min} = \sqrt{\dfrac{I_{min}}{S}}$ $\qquad$ $S = 10\ \text{cm} \cdot 15\ \text{cm} - 10\ \text{cm} \cdot 5\ \text{cm} = 100\ \text{cm}^2$

$i_{min} = \sqrt{\dfrac{1145{,}83\ \text{cm}^4}{100\ \text{cm}^2}}$ $\qquad$ $\boldsymbol{i_{min} = 3{,}385\ \textbf{cm}}$

c) $\lambda = \frac{l_K}{i_{min}} = \frac{0{,}5 \cdot l}{i_{min}} = \frac{0{,}5 \cdot 200\ \text{cm}}{3{,}385\ \text{cm}}$

$\boldsymbol{\lambda = 29{,}54}$ ⟶ Tetmajer, da $\lambda_g = 86$ für 5%-Ni-Stahl ist.

d) $\sigma_K = 470 - 2{,}3 \cdot \lambda = 470 - 2{,}3 \cdot 29{,}54 = 470 - 67{,}942$

$\boldsymbol{\sigma_K = 402{,}058\ \frac{N}{mm^2}}$

e) $\nu_{K\,vorh} = \frac{\sigma_K}{\sigma_{d\,vorh}} = \frac{\sigma_K}{\frac{F}{S}} = \frac{\sigma_K \cdot S}{F} = \frac{402{,}058\ \frac{\text{N}}{\text{mm}^2} \cdot 10\,000\ \text{mm}^2}{300\,000\ \text{N}} = \mathbf{13{,}4}$

Ü 356. a) $\boldsymbol{I_{min} = 1145{,}83\ cm^4}$ (nur vom Querschnitt abhängig)

b) $\boldsymbol{i_{min} = 3{,}385\ cm}$ (nur vom Querschnitt abhängig)

c) $\lambda = \frac{l_K}{i_{min}} = \frac{0{,}5 \cdot l}{i_{min}} = \frac{0{,}5 \cdot 600\ \text{cm}}{3{,}385\ \text{cm}}$ $\boldsymbol{\lambda = 88{,}63}$ ⟶ Euler, da $\lambda_g = 86$

d) $\sigma_K = \frac{\pi^2 \cdot E}{\lambda^2} = \frac{\pi^2 \cdot 210\,000\ \frac{\text{N}}{\text{mm}^2}}{88{,}63^2} = \boldsymbol{263{,}83\ \frac{N}{mm^2}}$

e) $\nu_{K\,vorh} = \frac{\sigma_K}{\sigma_{vorh}} = \frac{\sigma_K}{\frac{F}{S}} = \frac{\sigma_K \cdot S}{F} = \frac{263{,}83\ \frac{\text{N}}{\text{mm}^2} \cdot 10\,000\ \text{mm}^2}{300\,000\ \text{N}} = \mathbf{8{,}79 > 6}$

Ü 357. **Index k** besagt, dass es sich um einen charakteristischen Wert einer Größe handelt, z. B.: $f_{u,k}$

Index d besagt, dass es sich um den Bemessungswert einer Größe handelt, z. B. $\sigma_{k,d}$

Ü 358. Tragsicherheitsnachweis gemäß DIN 18800:

$$\frac{N}{\varkappa \cdot N_{pl,d}} = \frac{8500\ \text{N}}{0{,}8682 \cdot 12\,180\ \text{N}} = \mathbf{0{,}8038 < 1{,}0}$$

Die Stütze genügt bei Biegeknickung den Anforderungen

Ü 359. $\sigma_{res\,max} = 80\ \frac{\text{N}}{\text{mm}^2} = \frac{F + F_G}{S} + \frac{M_b}{W}$

$M_b = F_A \cdot a = F_A \cdot 1{,}5 \cdot d$

$F_A \cdot 3500\ \text{mm} = F \cdot 3000\ \text{mm} + F_G \cdot 1000\ \text{mm}$

$F_A = \frac{F \cdot 3000\ \text{mm} + F_G \cdot 1000\ \text{mm}}{3500\ \text{mm}}$

$F_A = \frac{30\ \text{kN} \cdot 3000\ \text{mm} + 10\ \text{kN} \cdot 1000\ \text{mm}}{3500\ \text{mm}}$

$F_A = 28{,}57\ \text{kN}$

$\boldsymbol{M_b = 28{,}57\ kN \cdot 1{,}5 \cdot d}$ $\boldsymbol{S = \frac{\pi \cdot d^2}{4}}$

$$80\ \frac{\text{N}}{\text{mm}^2} = \frac{30\,000\ \text{N} + 10\,000\ \text{N}}{\frac{\pi \cdot d^2}{4}} + \frac{28\,570\ \text{N} \cdot 1{,}5 \cdot d}{\frac{d^3}{10}} = \frac{40\,000\ \text{N} \cdot 4}{\pi \cdot d^2} + \frac{28\,570\ \text{N} \cdot 1{,}5 \cdot 10}{d^2}$$

$$80 \frac{\text{N}}{\text{mm}^2} = \frac{1}{d^2} \cdot (50\,931{,}08\ \text{N} + 428\,550\ \text{N}) = \frac{479\,481{,}08\ \text{N}}{d^2}$$

$$d_{\text{erf}} = \sqrt{\frac{479\,481{,}08\ \text{N}}{80 \frac{\text{N}}{\text{mm}^2}}} = \sqrt{5993{,}5\ \text{mm}^2} = 77{,}42\ \text{mm} \qquad \boldsymbol{d_{\text{gew}} = 80\ \text{mm}}$$

Probe:

$$\sigma_{\text{res max vorh}} = \frac{F + F_{\text{G}}}{S} + \frac{F_{\text{A}} \cdot 1{,}5 \cdot d}{\frac{d^3}{10}} \qquad S = \frac{\pi \cdot d^2}{4} = \frac{\pi \cdot (8\ \text{cm})^2}{4} = 50{,}264\ \text{cm}^2$$

$$\sigma_{\text{res max vorh}} = \frac{30\,000\ \text{N} + 10\,000\ \text{N}}{5026{,}4\ \text{mm}^2} + \frac{28\,570\ \text{N} \cdot 1{,}5 \cdot 10}{(80\ \text{mm})^2}$$

$$\boldsymbol{\sigma_{\text{res max vorh}}} = 7{,}96 \frac{\text{N}}{\text{mm}^2} + 66{,}96 \frac{\text{N}}{\text{mm}^2} = \boldsymbol{74{,}92 \frac{\text{N}}{\text{mm}^2}} < 80 \frac{\text{N}}{\text{mm}^2}$$

Ü360. a) $\boldsymbol{M_{\text{b vorh}}} = F \cdot a = 18\,000\ \text{N} \cdot 6\ \text{cm} = \boldsymbol{108\,000\ \text{Ncm}}$

b) $\boldsymbol{\sigma_{\text{b vorh}}} = \frac{M_{\text{b}}}{W} = \frac{M_{\text{b}}}{\frac{b \cdot h^2}{6}} = \frac{6 \cdot M_{\text{b}}}{b \cdot h^2} = \frac{6 \cdot 108\,000\ \text{Ncm}}{3\ \text{cm} \cdot (9\ \text{cm})^2} = 2667 \frac{\text{N}}{\text{cm}^2} = \boldsymbol{26{,}67 \frac{\text{N}}{\text{mm}^2}}$

c) $\boldsymbol{\sigma_{\text{z vorh}}} = \frac{F}{S} = \frac{18\,000\ \text{N}}{90\ \text{mm} \cdot 30\ \text{mm}} = \frac{18\,000\ \text{N}}{2700\ \text{mm}^2} = \boldsymbol{6{,}67 \frac{\text{N}}{\text{mm}^2}}$

d) $\boldsymbol{\sigma_{\text{res z}}} = \sigma_{\text{b vorh}} + \sigma_{\text{z vorh}} = 26{,}67 \frac{\text{N}}{\text{mm}^2} + 6{,}67 \frac{\text{N}}{\text{mm}^2} = \boldsymbol{33{,}34 \frac{\text{N}}{\text{mm}^2}}$

$\boldsymbol{\sigma_{\text{res d}}} = \sigma_{\text{b vorh}} - \sigma_{\text{z vorh}} = 26{,}67 \frac{\text{N}}{\text{mm}^2} - 6{,}67 \frac{\text{N}}{\text{mm}^2} = \boldsymbol{20 \frac{\text{N}}{\text{mm}^2}}$

Spannungsschaubilder: $1\ \text{cm} \mathrel{\hat{=}} 20 \frac{\text{N}}{\text{mm}^2}$

1

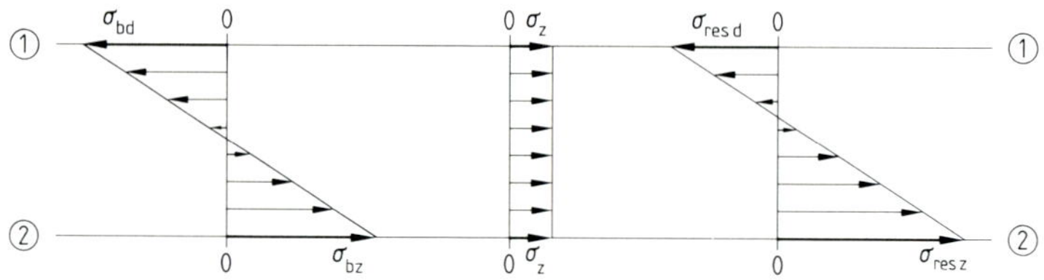

Ü361. Das maximale Biegemoment und die maximale Querkraft befinden sich an der Einspannstelle. Es muss $\sigma_{\text{V}} \leqq \sigma_{\text{b zul}}$ sein.

$\sigma_{\text{V}} = \sqrt{\sigma_{\text{b}}^2 + \tau_{\text{m}}^2}$

Es wird zunächst überschlägig eine Trägergröße mit der Biegehauptgleichung ermittelt:

$$\sigma_{\text{b zul}} = \frac{M_{\text{b}}}{W} \longrightarrow W_{\text{erf}} = \frac{M_{\text{b max}}}{\sigma_{\text{b zul}}} = \frac{1\,430\,000\ \text{Ncm}}{14\,000 \frac{\text{N}}{\text{cm}^2}} = 102{,}14\ \text{cm}^3$$

gewählt: I PB 120 mit $W = 144\ \text{cm}^3$

Nun erfolgt die Nachrechnung mit:

$$\sigma_{\text{V}} = \sqrt{\sigma_{\text{b}}^2 + \tau_{\text{m}}^2} \qquad \sigma_{\text{b vorh}} = \frac{M_{\text{b}}}{W_{\text{x}}} = \frac{1\,430\,000\ \text{Ncm}}{144\ \text{cm}^3} = 9930{,}5 \frac{\text{N}}{\text{cm}^2}$$

$$\boldsymbol{\sigma_{\text{b vorh}} = 99{,}3 \frac{\text{N}}{\text{mm}^2}}$$

$$\boldsymbol{\tau_{\text{m}}} = \frac{F}{S} = \frac{3200\ \text{N}}{3400\ \text{mm}^2} = \boldsymbol{0{,}94 \frac{\text{N}}{\text{mm}^2}}$$

$$\sigma_V = \sqrt{\left(99{,}3\,\frac{N}{mm^2}\right)^2 + \left(0{,}94\,\frac{N}{mm^2}\right)^2} = 99{,}3\ldots\,\frac{N}{mm^2} < \sigma_{b\,zul}$$

Anmerkung: An diesem Beispiel ist überdeutlich zu ersehen, wie wenig die Verhältnisse von der Scherspannung beeinflusst werden.

Ü 362. a) $M_b = F \cdot 200\,mm = 10\,500\,N \cdot 200\,mm$
$\boldsymbol{M_b = 2\,100\,000\,Nmm}$

b) $M_t = F \cdot 180\,mm = 10\,500\,N \cdot 180\,mm$
$\boldsymbol{M_t = 1\,890\,000\,Nmm}$

c) $M_V = \sqrt{M_b^2 + 0{,}75 \cdot (\alpha_o \cdot M_t)^2}$ $\qquad \alpha_o = \frac{\sigma_{b\,zul}}{1{,}73 \cdot \tau_{t\,zul}} = \frac{70\,\frac{N}{mm^2}}{1{,}73 \cdot 50\,\frac{N}{mm^2}} = 0{,}81$

$M_V = \sqrt{(2{,}1\,kNm)^2 + 0{,}75 \cdot (0{,}81 \cdot 1{,}89\,kNm)^2}$

$M_V = \sqrt{6{,}17\,(kNm)^2} = 2{,}483\,948\,kNm;$ $\quad \boldsymbol{M_V = 2\,483\,948\,Nmm}$

d) $W_{erf} = \frac{M_V}{\sigma_{b\,zul}} = \frac{2\,483\,948\,Nmm}{70\,N/mm^2} = 35\,485\,mm^3 = \frac{d^3}{10}$

$d_{erf} = \sqrt[3]{10 \cdot 35\,485\,mm^3} = \sqrt[3]{354\,850\,mm^3} = 70{,}75\,mm$

$\boldsymbol{d_{gew} = 72\,mm}$

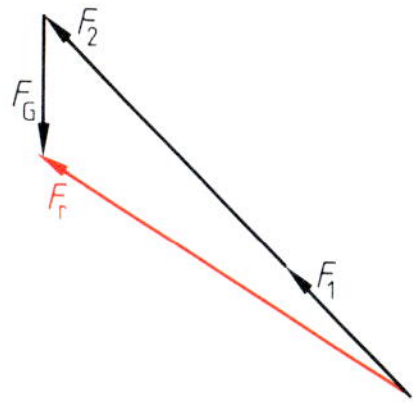

1

Ü 363. In einem Krafteck (Bild 1) wird die Resultierende F_r aus den Einzelkräften ermittelt. Mit dem
KM: 1 cm ≙ 1000 N ergibt sich $\boldsymbol{F_r = 3000\,N}$

$M_{b\,max} = F_A \cdot 20\,cm = F_R \cdot \frac{300\,mm}{500\,mm} \cdot 20\,cm$

$M_{b\,max} = 3000\,N \cdot \frac{3}{5} \cdot 20\,cm$

$\boldsymbol{M_{b\,max} = 36\,000\,Ncm}$

$M_t = 955\,000 \cdot \frac{P}{n} = 955\,000 \cdot \frac{17{,}65}{240}\,Ncm$

$\boldsymbol{M_t = 70\,232{,}3\,Ncm}$

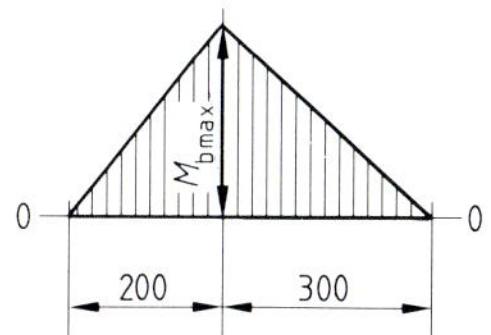

2

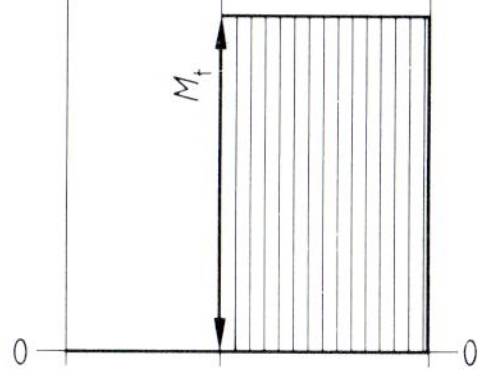

3

Bild 2 zeigt das Biegemomentenschaubild und Bild 3 das Torsionsmomentenschaubild jeweils unmaßstäblich. Demzufolge ist die Welle links der Riemenscheibe auf Biegung und rechts der Riemenscheibe auf Biegung und Torsion zu berechnen.

Wellendurchmesser links der Riemenscheibe:

$\sigma_b = \frac{M_b}{W} \longrightarrow W_{erf} = \frac{M_{b\,max}}{\sigma_{b\,zul}} = \frac{36\,000\,Ncm}{6000\,\frac{N}{cm^2}} = 6\,cm^3$

$6\,cm^3 = \frac{d^3}{10} \longrightarrow d_{erf} = \sqrt[3]{10 \cdot 6\,cm^3} = \sqrt[3]{60\,cm^3} = 3{,}915\,cm$ $\qquad \boldsymbol{d_{gew} = 40\,mm}$

Wellendurchmesser rechts der Riemenscheibe:

$M_V = \sqrt{M_b^2 + 0{,}75 \cdot (\alpha_o \cdot M_t)^2}$ $\qquad \boldsymbol{\alpha_o} = \frac{\sigma_{b\,zul}}{1{,}73 \cdot \tau_{t\,zul}} = \frac{60\,\frac{N}{mm^2}}{1{,}73 \cdot 80\,\frac{N}{mm^2}} = \boldsymbol{0{,}434}$

$M_V = \sqrt{(36\,000\,Ncm)^2 + 0{,}75 \cdot (0{,}434 \cdot 70\,232{,}3\,Ncm)^2} = 44\,640{,}9\,Ncm$

$\sigma_{b\,zul} = \frac{M_V}{W} \longrightarrow W_{erf} = \frac{M_V}{\sigma_{b\,zul}} = \frac{44\,640{,}9\,Ncm}{6000\,\frac{N}{cm^2}} = 7{,}44\,cm^3 = \frac{d^3}{10}$

$d_{erf} = \sqrt[3]{10 \cdot 7{,}44\,cm^3} = \sqrt[3]{74{,}4\,cm^3} = 4{,}2\,cm$ $\qquad \boldsymbol{d_{gew} = 45\,mm}$

Ü 364. $\tau_D = \tau_m + \tau_a \longrightarrow \tau_a = \tau_D - \tau_m = 550 \frac{N}{mm^2} - 400 \frac{N}{mm^2}$ $\quad \boldsymbol{\tau_a = 150 \frac{N}{mm^2}}$

Ü 365. **Belastungsfall I:**
Ruhende (statische) Beanspruchung. Im Bauteil herrscht eine konstante Spannung.

Belastungsfall II:
Schwellende (dynamische) Beanspruchung. Die Bauteilspannung ändert sich in regelmäßigen Abständen (Spannungsintervalle) zwischen dem Wert Null und einem höchsten positiven oder negativen Wert.

Belastungsfall III:
Wechselnde (dynamische) Beanspruchung. Die Bauteilspannung wechselt zwischen einem höchsten positiven Wert über den Wert Null in einen kleinsten negativen Wert.

Ü 366. a) Keiner der drei Belastungsfälle liegt vor, und man spricht von einer allgemeinen dynamischen Belastung oder Beanspruchung des Bauteiles.

b) $$\boldsymbol{\sigma_m} = \frac{\sigma_o + \sigma_u}{2} = \frac{320 \frac{N}{mm^2} + 10 \frac{N}{mm^2}}{2} = \frac{330 \frac{N}{mm^2}}{2} = \boldsymbol{165 \frac{N}{mm^2}}$$

$$\boldsymbol{\sigma_a} = \pm \frac{\sigma_o - \sigma_u}{2} = \pm \frac{320 \frac{N}{mm^2} - 10 \frac{N}{mm^2}}{2} = \pm \frac{310 \frac{N}{mm^2}}{2} = \boldsymbol{\pm 155 \frac{N}{mm^2}}$$

Ü 367. $$\nu_D = \frac{\sigma_D}{\sigma_{max}} = \frac{\sigma_W}{\sigma_{max}}$$

$$\nu_D = \frac{280 \frac{N}{mm^2}}{130 \frac{N}{mm^2}}$$

$$\boldsymbol{\nu_D = 2{,}154}$$

$$\sigma_{max} = \sigma_n \cdot [1 + (\alpha_K - 1) \cdot \eta_K]$$

$$\sigma_{max} = 100 \frac{N}{mm^2} \cdot [1 + (1{,}5 - 1) \cdot 0{,}6] = 100 \frac{N}{mm^2} \cdot 1{,}3$$

$$\boldsymbol{\sigma_{max} = 130 \frac{N}{mm^2}}$$

Ergebnisse der Vertiefungsaufgaben

Statik

V1. Das dynamische Grundgesetz besagt, dass sich eine Kraft F aus dem Produkt der Masse m, auf welche die Kraft wirkt und der Beschleunigung a, die dadurch der Masse zuteil wird, errechnet.
Multipliziert man – entsprechend diesem Gesetz – die Masseneinheit kg mit der Beschleunigungseinheit $\frac{m}{s^2}$, erhält man die Krafteinheit $\frac{kgm}{s^2}$. $\mathbf{1\,\frac{kgm}{s^2} = 1\,N}$.
Das dynamische Grundgesetz heißt auch 2. Newtonsches Axiom.

V2. $F_G = 3500$ kp

V3. Statisches Moment = Kraftmoment
Siehe auch Lösungen Ü15. und Ü20.

V4. Die Lage einer Kraft wirkt sich auf die Art der Bewegung bzw. Verformung des Körpers aus, auf welchen diese Kraft wirkt.

V5. Der Erweiterungssatz besagt, dass man zwei gleich große, auf derselben Wirkungslinie entgegengesetzt wirkende Kräfte aus dem Kräftesystem entfernen oder in das Kräftesystem einfügen kann, ohne damit die Wirkung auf das Kräftesystem zu beeinflussen.

V6. Kräftemaßstab (ohne diesen ist ein Kraftpfeil völlig wertlos).

V7. a) Türklinke, Schraubenschlüssel, Lenkrad, Schaltknüppel, Regulierventil, Antriebsrad etc.
b) Sprungbrett, Blattfeder, sich im Wind wiegender Baum etc.

V8. Da sich die Genauigkeit einer zeichnerischen Lösung auch auf deren Größe zurückführen lässt, ist der KM so zu wählen, dass eine möglichst große zeichnerische Lösung entsteht. Man sollte also das zur Verfügung stehende Papierformat möglichst optimal nutzen.

V9.

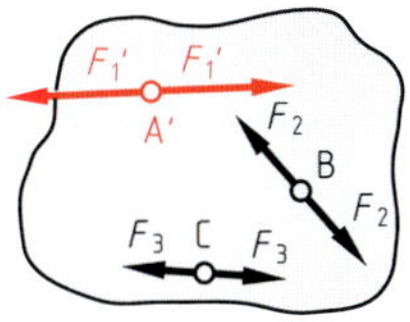

1

V11.

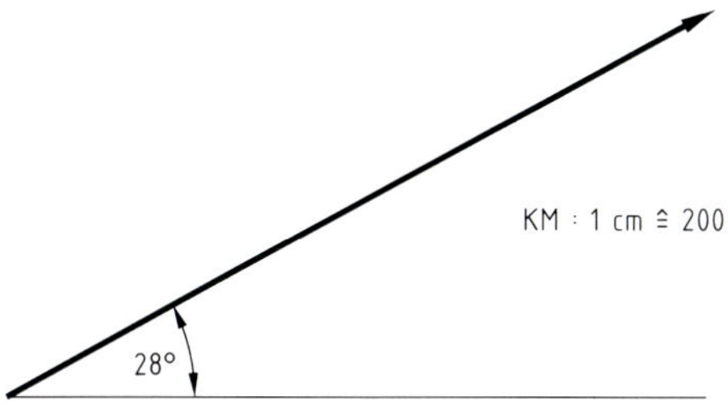

2

V12. Türklinke, Griff, Lasthaken, Kummet, Schraubenkopf, Federöse, Seilschlinge, Schubladenknopf, Passfeder etc.

V13. Nm: Krafteinheit N multipliziert mit Längeneinheit m. Beispiele: $1\,\text{N} \cdot 1\,\text{m} = 1\,\text{Nm}$; $0{,}3\,\text{N} \cdot 12{,}5\,\text{m} = 3{,}75\,\text{Nm}$

V14. a) Torsionsmoment. Es bewirkt am Körper eine Verdrehung.

b) T.

c) Drehstabfeder, Schraubenzieher (Schraubendreher), Welle, Schraubenspindel etc.

V15. a) Wechselwirkungsgesetz = drittes Newton'sches Axiom.

b) Es müssen grundsätzlich zwei Körper zusammenwirken.

V16. Beim Freimachen werden der Angriffspunkt und die Richtung der Wirkungslinie WL (meist nur ungefähr) ermittelt, nicht die Größe (Betrag) der Reaktionskraft. Die Ermittlung der genauen Richtung der Wirkungslinie und die Ermittlung der Größe der Reaktionskraft sind der weiteren rechnerischen oder zeichnerischen Lösung der Aufgabe vorbehalten.

V17. Das freizumachende Bauteil wird an den Berührungsstellen mit seinen Lagern (Verbindungsstellen mit den Nachbarteilen) freigemacht.

V18.

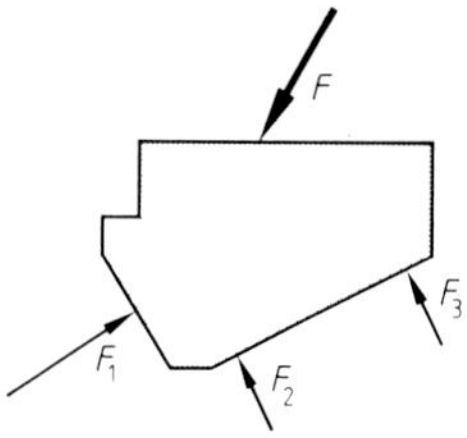

1

V19.

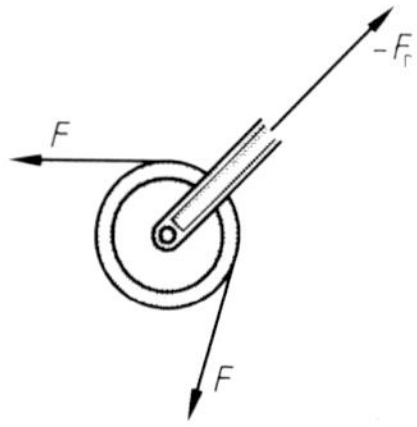

2

V20.

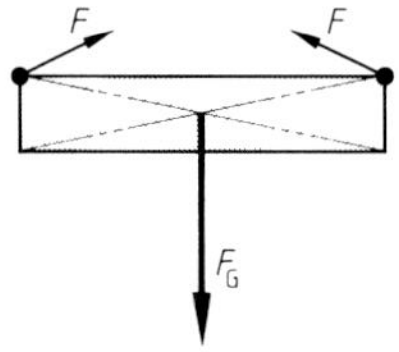

3

V21.

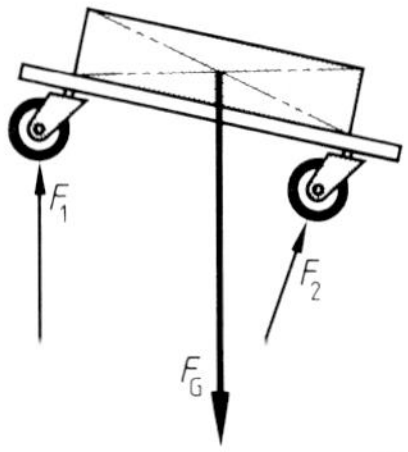

4

V22.

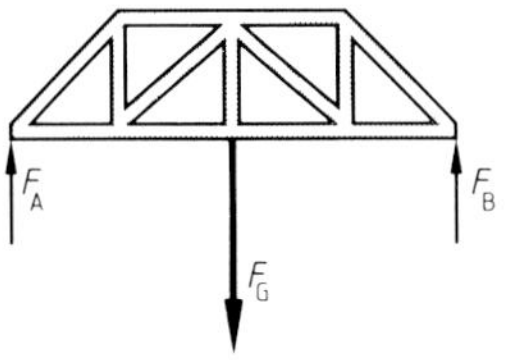

5

V23.

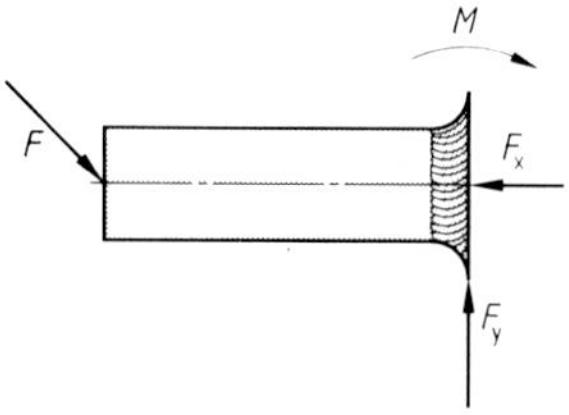

6

V24.

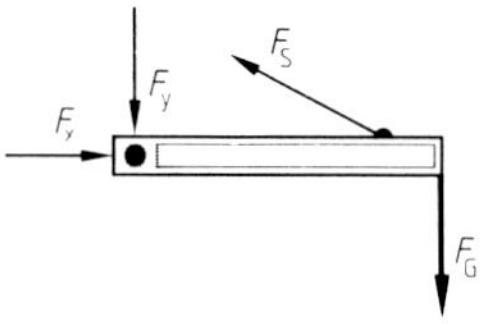

7

V25.

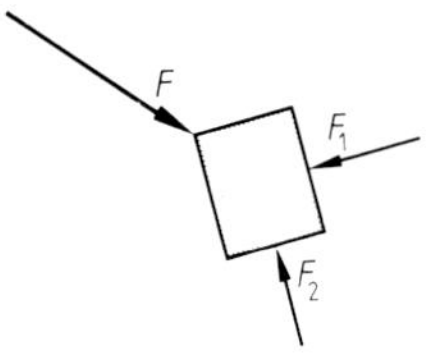

8

V26.

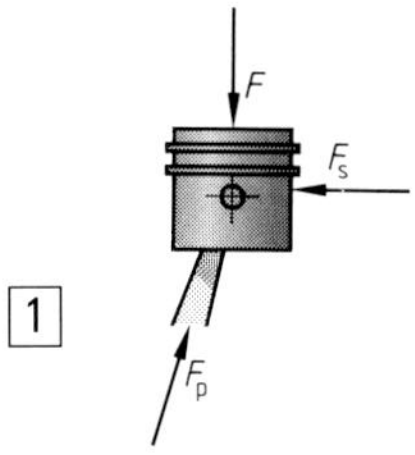

V27.

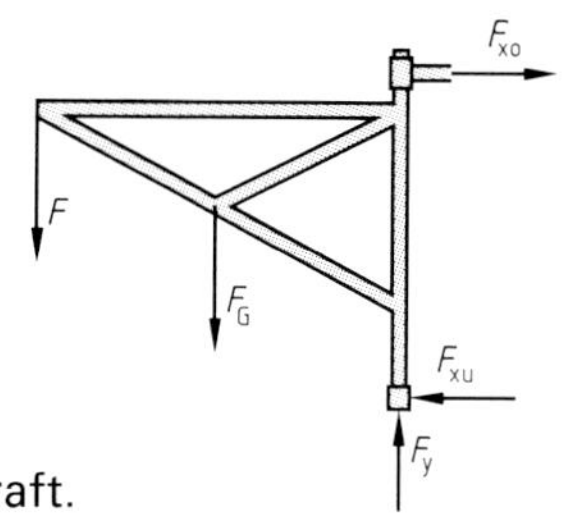

V28. a) **Belastungskraft:** Wirkung, Kraft, Aktion, Aktionskraft.
b) **Stützkraft:** Gegenwirkung, Gegenkraft, Reaktion, Reaktionskraft.

V29. Die Vorgehensweise in mehreren Schritten macht das Problem übersichtlicher und damit besser lösbar. Siehe hierzu auch Motto des Vorwortes dieses Buches, Seite III. (Grundsatz von Descartes).

V30. In der Statik wird ein ruhender Körper (Bewegungszustand Null) betrachtet, bei dem **alle** Kräfte im Gleichgewicht zueinander stehen.

V31. $F_Z = 13520$ N (↑), d. h. nach oben gerichtet.

V32. $\beta = 45°$ (zeichnerisch ermittelt)

V33. Der Kosinussatz liefert: $F_2 = 236{,}14$ kN
Der Sinussatz liefert: $\alpha = 7{,}56°$

V34. $\beta \approx 14°$ $F_r \approx 625$ N

V35. a) $F_r = 146{,}03$ N b) $\alpha = 38{,}05°$

V36. $F_r = 4{,}245$ kN

V37. Die Horizontalkomponenten unterscheiden sich nicht, die Vertikalkomponenten sind entgegengesetzt gerichtet.

V38. $F_2 = 900$ N $\beta = 93°$

V39. $F_1 = F_2 = 1174{,}9$ N

V40. a) $F_S = 3021{,}5$ kN (Zugkraft)
b) $F_M = 1835{,}3$ kN (Druckkraft)

V41. $F_1 = 64$ kN $F_2 = 76$ kN
$F_3 = 33{,}5$ kN $F_4 = 72$ kN

V42. $F_2 = F_1 \cdot \tan\alpha$

V44. $F_a = 26{,}63$ kN $F_b = 24{,}29$ kN

V43.

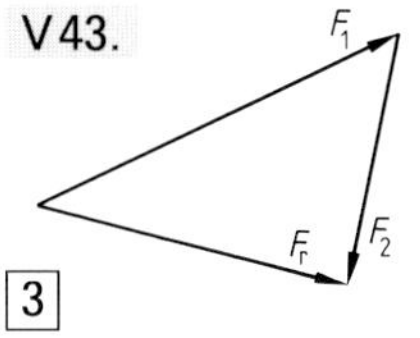

Die Resultierende verläuft vom Anfangspunkt der ersten bis zum Endpunkt der letzten Kraft.

V45. Ebene Flächen ⟶ senkrechte Reaktionskräfte.
Gewölbte Flächen ⟶ radiale Reaktionskräfte.
Kraftübertragungselemente ⟶ Reaktionskräfte in Richtung der zu übertragenden Kraft.

V46. a) $F_W = 1452{,}1$ N; b) $F_Z = 1535{,}8$ N

V47. a) $F_a = 630$ kN; $F_b = 1010$ kN
b) $F_H = 500$ kN; c) $F_G = 380$ kN

V48. a) $F_{Strahl} = 249{,}95$ N; b) $F_{Seil} = 471{,}67$ N

V49. $F_S = 1949{,}13$ N

V50. a) **Walze ①:** **Walze ②:** **Walze ③:**

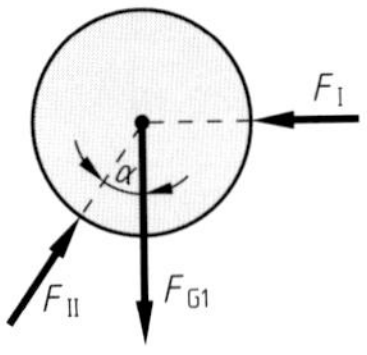

1

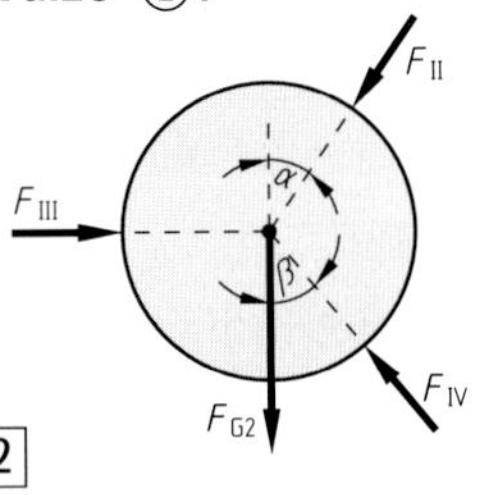

2

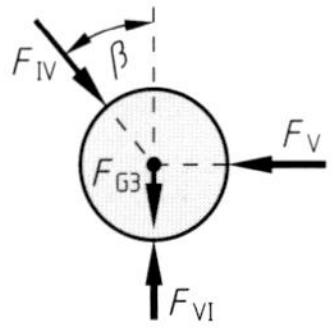

3

b) $F_I = 240$ N $F_{II} = 550$ N

V51. Ohne weitere Einschränkungen ist dies nicht möglich, denn eine Kraft kann in unendlich viele Paare von Seitenkräften zerlegt werden.

V52. Zunächst wird durch das Zusammensetzen der Seilkräfte F_r ermittelt. Anschließend wird F_r in die Stabkräfte F_a und F_b zerlegt.
$F_a = 1640$ N
$F_b = 400$ N

V53. $F_r = 280$ N

V54. $F_r = 7900$ N

V55. $F_r = 9100$ N

V56. $F_x = 19{,}41$ N $F_y = 72{,}44$ N

V57. $F_r = 279{,}75$ N
$\alpha = 24{,}42°$ (gegen die Horizontale)

V58. $F_r = 7877$ N
$\alpha = 9{,}5°$ (gegen die Vertikale)

V59. $F_r = 9128{,}3$ N
$\alpha = 5{,}2°$ (gegen die Horizontale)

V60. a) $F_{rx} = 9090{,}68$ N
$F_{ry} = 828{,}36$ N
b) Biegung durch F_{ry}
c) Druck durch F_{rx}

V61. Kräftegleichgewicht, d. h. $F_r = 0$

V62. $F_r = 56{,}733$ kN
$\alpha = 21{,}2°$ (gegen die Horizontale)
Gleichgewicht durch $-F_r$

V63. $F_r = 1668{,}05$ N
$\varepsilon = 15{,}95°$ (gegen die Vertikale)

V64. $F_r = 0{,}760$ kN (↖) $F_5 = -F_r$ $\delta = 40{,}49°$ (gegen die Horizontale)

V65. $F_2 = 1{,}414$ kN (↑) $F_4 = 26{,}866$ kN (←)

V66. $F_u = 5{,}66$ kN $F_o = 12{,}0$ kN

V67. $F_{III} = 1400$ kN $F_{IV} = 1740$ kN $F_V = 1150$ kN $F_{VI} = 1560$ kN

V68. $F_x = 217{,}41$ N (→) $F_y = 320{,}72$ N (↓)

V69. $F_r = 6{,}5$ kN $\alpha = 13°$ gegen die Vertikale nach rechts oben zeigend.
$x = 220$ mm von (F_3) entfernt durch die Wellenmitte gehend.

V70. $F_r = 37$ kN $r \approx 3{,}3$ m links vom Lager.
$\alpha = 57°$ gegen die Horizontale nach links unten geneigt.

V71. Im Gegensatz zur Kraftecklösung im zentralen Kräftesystem sind bei der Kraftecklösung im allgemeinen Kräftesystem stets Krafteck **und** LP in Verbindung zu sehen.
Nur so ist es möglich, die genaue Lage der WL zu ermitteln.

V72. $F_r = 44\,kN$ F_r geht unter einem Winkel von $\alpha \approx 3{,}5°$ gegen die Horizontale nach links unten geneigt durch einen Punkt, der ca. 700 mm über der oberen Kante und genau in senkrechter Verlängerung der rechten Kante der Planfigur liegt.

V73. $F_r = 1300\,N$ (↓) $x = 5\,m$ vom Lager A (Wirkungslinie von F_r)

V74. $F_r = 925\,N$ auf halber Höhe der linken Körperkante angreifend.
$\alpha = 36°$ gegen die Vertikale nach links unten gerichtet.

V75. $F_r = 180\,N$ auf halber Höhe der rechten Körperkante angreifend.
$\alpha = 44°$ gegen die Horizontale nach links oben gerichtet.

V76. $F_r = 162\,kN$. (F_r) geht etwa durch die Mitte der Fundament-Unterkante.
$\alpha \approx 5°$ gegen die Vertikale nach rechts unten gerichtet.

V77. $F_r = 37\,kN$ $r \approx 3{,}3\,m$ links vom Lager
$\alpha \approx 57°$ gegen die Horizontale nach links unten geneigt.

V78. Die WL der Resultierenden deckt sich ziemlich genau mit der WL von F_3, d. h.: $r \approx 3400\,mm$. Wenn dort auch der Drehzapfen hingesetzt wird, dann ist erreicht, dass dieser nicht auf Biegung beansprucht wird.

V79. Ein Kräftepaar kann, bezogen auf den Drehpunkt des Körpers, verschoben werden, ohne daß die Drehwirkung auf den Körper beeinflusst wird.

V80. $F_A = 213{,}33\,N$ (↑)
$F_B = 293{,}33\,N$ (↓)

V81. Die drehmomentenlose Kraftkomponente ist die Kraftkomponente, deren WL durch den Drehpunkt des Systems geht.

V82. $F_K = 7{,}735\,kN$

V83. $F_Z = 1277{,}91\,N$

V84. $r = 0{,}613\,m$

V85. Das Moment der Resultierenden ist gleich der Summe der Einzelmomente.

V86. $F_r = 420{,}46\,N$
$r = 14{,}626\,mm$

V87. $F_r = 350\,N$ (→)
$r = 29{,}2\,cm$ oberhalb und parallel zum Hebel.

V88. a) $F_F = 74{,}94\,N$ (↓) $\alpha = 48{,}62°$ (gegen die Waagerechte)
b) $F_r = 76{,}88\,N$ (↙) geht durch den Drehpunkt

V89. a) $F_r = 244{,}93\,kN$ (↙) b) $r = 45{,}459\,cm$ (senkrechter Abstand der WL zum Lagermittelpunkt)
c) $-F_r = -244{,}93\,kN$ (↗) (durch den Lagermittelpunkt)

V90. Biegebeanspruchung

V91. Da nur durch diesen Punkt die WL der Reaktionskraft des Festlagers geht.

V92. $F_A = 8{,}25\,kN$ (↑) $F_B = 9{,}75\,kN$ (↑)

V93. $F_{Ay} = 50{,}8\,daN$
$F_{Ax} = 115{,}74\,daN$ (→)
$F_B = 77{,}06\,daN$

V94. $F_A = 0{,}1053\,kN$ (↓) $F_B = 2{,}3947\,kN$ (↓)

V95. Ein linienförmiger Körper ist ein Körper mit konstantem Querschnitt, dessen Querausdehnung im Vergleich zu seiner Länge klein ist. So z. B. Stäbe, Seile, Stangen, Eisenbahnschienen etc.

V96. Der **Massenmittelpunkt** ist der Punkt, auf den bezogen die Summe der Kraftmomente aller Teilmassen Null ist. In ihm kann man sich demzufolge das gesamte Gewicht eines Körpers angreifend denken, und deshalb heißt er auch **Schwerpunkt**.

V97. Es darf beim Körper mit inhomogener Dichte nicht mit Volumenmomenten, sondern es muss mit Kraftmomenten gerechnet werden.

V98. $x = 1{,}168$ m $y = 0{,}409$ m

V99. $x = 1{,}0$ m $y = 0{,}467$ m

V100. $x = 498$ mm $y = 1{,}805$ mm

V101. Schwerpunkt = Schnittpunkt der Symmetrielinien.

V102. $x = 2{,}31$ m $y = 0{,}65$ m

V103. $x = 15{,}57$ mm $y = 23{,}2$ mm

V104. Der Schwerpunkt würde sich nach unten und nach links verschieben.

V105. $x = 104{,}86$ mm $y = 0$

V106. Der Schwerpunkt verschiebt sich nach rechts.

V107. $y = 127{,}89$ mm

V108. $y = 125{,}58$ mm

V109. $x = 15{,}57$ mm $y = 23{,}2$ mm

V110. $y = 96{,}66$ mm von der Unterkante aus gemessen

V111. Aus Symmetriegründen liegt der Schwerpunkt auf der vertikalen Mitte. Es ist $y = 127{,}85$ mm von der Unterkante aus gemessen.

V112. Wegen der senkrechten Achssymmetrie braucht der Schwerpunkt nur in y-Richtung ermittelt zu werden. Es ist $y = 94{,}43$ mm von der Unterkante aus gemessen.

V113. $\nu_K > 1$ Die Resultierende aller Belastungskräfte einschließlich der Gewichtskraft trifft die Standfläche des Körpers innerhalb der Kippkanten.

V114. $\nu_K < 1$

V115. $\alpha = 29° 3' 16''$

V116. $\nu_K = 2{,}857$

V117. a) $F = 750$ N b) $F = 437{,}5$ N

V118. $\nu_K = 1{,}709$

V119. $\nu_K \leqq 1$, d. h. $M_S \leqq M_K$

V120. a) $V = 1242{,}743\ \text{cm}^3$
b) $m = 1739{,}84$ g

V121. $A = 1303{,}76\ \text{mm}^2$
$l = 154{,}77$ mm
$d_1 = 268{,}14$ mm

V122. a) $V = 2{,}61\ \text{dm}^3$ b) $F_G = 185{,}63$ N

V123. $A = 1264{,}62\ \text{cm}^2$

V124.
a) $A = l \cdot \pi \cdot \dfrac{d}{2}$ mit l = Länge der Mantellinie $= \sqrt{\left(\dfrac{d}{2}\right)^2 + h^2}$; h = Höhe, d = Durchmesser
b) $V = \dfrac{d^2 \cdot \pi \cdot h}{12}$

V125. a) $V = 111\,054{,}32\ \text{cm}^3$ mit $A = 8430\ \text{mm}^2$ und $d_1 = 4193{,}32$ mm
b) $V = 39\,574{,}98\ \text{cm}^3$ mit $A = 2960\ \text{mm}^2$ und $d_1 = 4255{,}78$ mm

V126. $V = 27\,724{,}45\ \text{cm}^3$ mit $A = 2153{,}429\ \text{mm}^2$ und $d_1 = 4098{,}1$ mm

V127. Der Fachwerkträger auf zwei Stützen ist statisch bestimmt: $s = 2k - 3$
$11 = 11$

V128. **Knotenblech:** Konstruktionsteil, d. h. Bauelement zur Befestigung der an einer Stelle zusammenlaufenden Fachwerkstäbe.
Knotenpunkt: Punkt auf dem Knotenblech, durch den die Schwerachsen aller angeschlossenen Stäbe hindurchlaufen.

V129. a) Unter der Voraussetzung, dass die Belastungskräfte senkrecht von oben nach unten wirken, ergibt sich $F_A = 65$ kN (↑) und $F_B = 75$ kN (↑).

b)

Stab	Stabkraft in kN
1	−43,5
2	+78,0
3	0
4	−43,5
5	− 6,0
6	+46,5
7	+ 6,0
8	−50,0
9	0
10	−50,0
11	+90,0

V130.

Stab	Stabkraft in kN
1	+38,0
2	−36,25
3	+25,0
4	+35,0
5	+17,5

V131. a) Das Fachwerk ist statisch bestimmt.

b) $F_A = F_B = 30$ kN (Symmetrie)

c)

Stab	Stabkraft in kN
1	0
2	+30,0
3	+40,0
4	+30,0
5	0
6	0
7	−30,0
8	−40,0
9	−30,0
10	−30,0
11	+42,15
12	−10,0
13	+14,1
14	+10,0
15	−14,1
16	+30,0
17	−42,15

V132.

Stab	Stabkraft in daN
1	+ 945
2	− 900
3	0
4	+ 945
5	−1140
6	+ 50
7	+ 320
8	− 52
9	− 170
10	+ 170
11	+ 300
12	+ 170
13	− 235

V133.

Stab	1	2	3	4	5	6	7	8	9	10	11	12
Stabkraft in kN	− 4,0	+ 2,225	+ 3,0	− 2,225	− 2,0	+ 1,675	+ 1,25	− 1,675	− 0,5	+ 0,56	+ 0,25	− 0,56

V134. $F_2 = +127$ kN
$F_3 = -64{,}0$ kN
$F_4 = -59{,}0$ kN

V135. $F_4 = +\ 945$ daN
$F_5 = -1140$ daN
$F_6 = +\ 50$ daN

V136. $U_1 = +3{,}75$ kN $V = 0$
$D_1 = -5{,}3$ kN

V137. $F_2 = +126{,}5$ kN $F_3 = -63{,}52$ kN
$F_4 = -\ 60{,}145$ kN

V138. $F_{12} = -90{,}0\,\text{kN}$; $F_{13} = +14{,}1\,\text{kN}$
$F_{14} = +80{,}0\,\text{kN}$

V139. $F_U = -70\,\text{kN}$ (Druckstab)

V140. Die Reibungskraft ist grundsätzlich der Bewegung entgegengerichtet.

V141. a) Von hydrodynamischer Schmierung spricht man, wenn sich zwischen den gleitenden Flächen fester Körper eine Flüssigkeit (Schmierfilm) befindet. In diesem Fall spricht man auch von der Flüssigkeitsreibung.
b) Der Begriff **Tribologie** ist im Jahr 1966 als Bezeichnung für die wissenschaftliche Erforschung von Reibung, Schmierung und Verschleiß eingeführt worden.

V142. $F = 596{,}85\,\text{N}$

V143. $F_R = 14{,}106\,\text{N}$

V144. $M_{Br} = 62{,}31\,\text{Nm}$

V145. Liegt die Resultierende aller am Körper von außen angreifenden Kräfte (Aktionskräfte) mit ihrer Wirkungslinie im Reibungskegel, dann befindet sich der Körper im Reibungsgleichgewicht, d.h. bei ϱ_0 in Ruhe und bei ϱ in gleichförmiger Bewegung.

V146. a) $F = 1211{,}65\,\text{N}$
b) $F = 1018{,}69\,\text{N}$

V147. $F_3 = 2893{,}22\,\text{N}$

V148. $F_R = 108{,}64\,\text{N}$

V149. $\mu' = \frac{\mu}{\sin\alpha}$ Je kleiner der Öffnungswinkel einer Prismenführung ist, desto größer ist die Reibungskraft.

V150. $F_{R1} = 53{,}125\,\text{N}$
$F_{R2} = 75{,}141\,\text{N}$
$F_R = 128{,}266\,\text{N}$

V151. Bedingt durch die unterschiedlichen Reibungskräfte von Flach- und Prismenführung kann es bei einer solchen Schlittenführung zu einem „Schrägzug" und damit zu unerwünschten Verschleißerscheinungen kommen. Dem wird durch eine ausreichende Länge der Prismenführung – also konstruktiv – entgegengewirkt.

V152. $r = 500\,\text{mm}$

V153. a) $F_r = 87{,}32\,\text{kN}$ b) $F_{RrA} = 2{,}694\,\text{kN}$
c) $M_{dRr} = 544\,\text{Nm}$ $F_{RrB} = 1{,}671\,\text{kN}$

V154. $M_{dRa} = 57{,}6\,\text{Nm}$

V155. $M_{dR\,ges} = 648\,\text{Nm}$

V156. Insbesondere im Dampfturbinenbau werden solche Labyrinthlager eingesetzt. Der in die Labyrinthe aus dem Innenraum der Turbine eindringende Dampf hohen Druckes baut diesen hohen Druck durch das ständige zwangsweise Umlenken in den Labyrinthen bis etwas unter den atmosphärischen Druck ab, so dass er nicht mehr aus der Turbinenlagerung in die freie Umgebung strömen kann. Um solche Lager montieren zu können, müssen sie geteilt sein.

V157. a) $M_{RG} = 6{,}258\,\text{Nm}$
b) $M_{Ra} = 4\,\text{Nm}$

V158. $F_H = 34{,}2\,\text{N}$

V159. $F_2 = 531{,}7\,\text{N}$

V160. a) $F_2 = 133{,}761\,\text{kN}$; b) $M_R = 40{,}05\,\text{kNm}$

V161. $M_{Br} = 590{,}36\,\text{Nm}$

V162. $F = 104{,}43\,\text{N}$

V163.

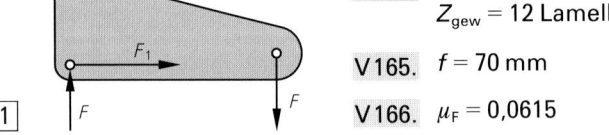

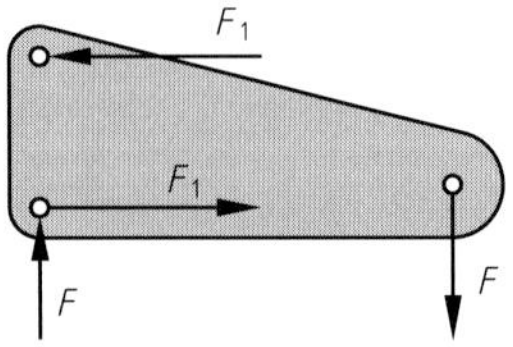

1

V164. $Z_{erf} = 11{,}3$
$Z_{gew} = 12$ Lamellen

V165. $f = 70\,\text{mm}$

V166. $\mu_F = 0{,}0615$

Dynamik

V 167. $\text{Geschwindigkeit} = \dfrac{\text{Wegstrecke}}{\text{Zeitspanne}} \longrightarrow v = \dfrac{\Delta s}{\Delta t}$

V 168. $\mathbf{1\,\frac{m}{s}} = \dfrac{1}{1000}\,\dfrac{km}{s} = \dfrac{1}{1000} \cdot 3600\,\dfrac{km}{h} = \mathbf{3{,}6\,\frac{km}{h}}$

V 169. $v = 0{,}916\,\dfrac{m}{s}$

V 170. $t = 9{,}634\,\text{min}$

V 171. $s = 1998\,\text{m}$

V 172. $v = 1198{,}8\,\dfrac{km}{h}$

V 173. $v = 46{,}3\,\dfrac{m}{min}$

V 174. a) $v = 2{,}7\,\dfrac{km}{h}$; b) $t = 2\,\text{min}$

c)

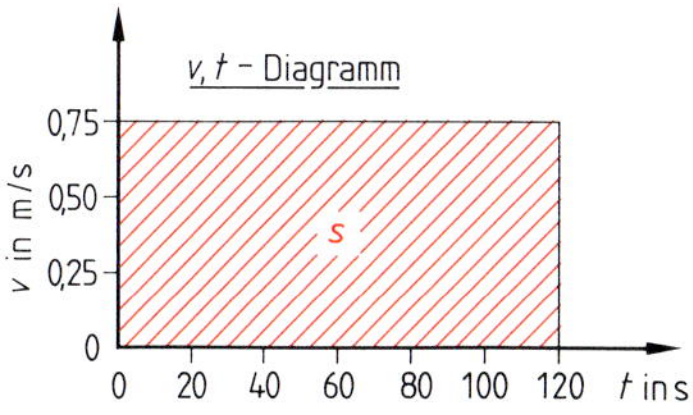

1

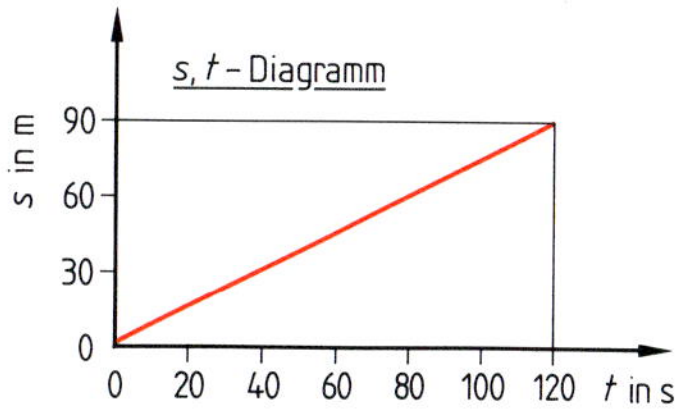

2

V 175. $a = \dfrac{\Delta v}{\Delta t}$

V 176. Die Gesetze des freien Falles gelten exakt nur im Vakuum.

V 177. a) $t = 0{,}2473\,\text{s}$; b) $v_t = 2{,}4261\,\dfrac{m}{s}$

V 178. $h = 313{,}92\,\text{m}$ bei Fall im Vakuum

V 179. Gleichmäßig verzögerte Bewegung mit $v_t = 0$

V 180. $t = 9{,}259\,\text{s}$

V 181. $t = 1{,}33\,\text{s}$

V 182. a) $t = 6{,}66\,\text{s}$; b) $s_2 = 129{,}47\,\text{m}$; d) $s = 240{,}57\,\text{m}$

c)

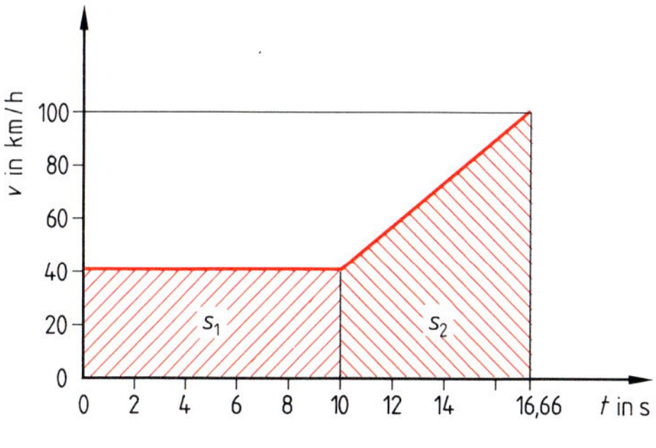

3

V 183. a) $t = 14{,}4\,\text{s}$; b) $a = 0{,}772\,\dfrac{m}{s^2}$ c) $a' = 1{,}544\,\dfrac{m}{s^2}$ d) $t = 7{,}2\,\text{s}$; e) $t = 97{,}2\,\text{s}$

f)

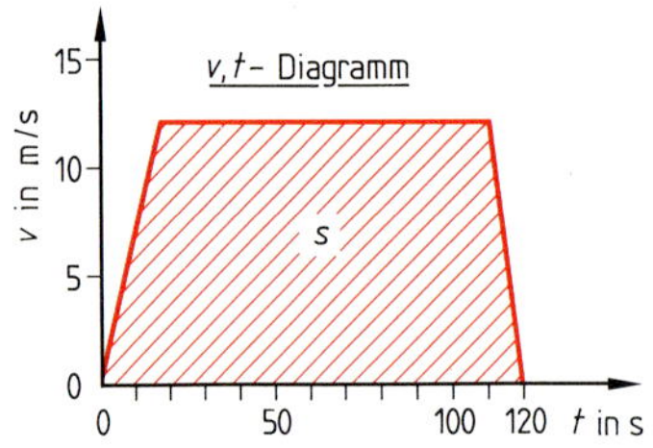

1

g)

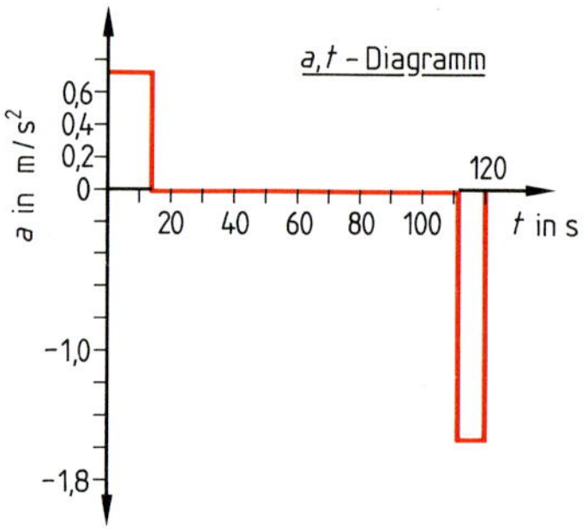

2

V 184. $v = 356{,}56$ km/h

Anmerkung: Infolge des Luftwiderstandes ist es so, dass ein frei fallender mensch etwa eine konstante Fallgeschwindigkeit von 200 km/h bis 220 km/h erreicht.

V 185. a) $t_2 = 3{,}0428$ s; b) $t_1 = 1{,}4572$ s; c) $v_0 = 14{,}295$ m/s; d) $h_0 = 45{,}414$ m

e) $v_t = 29{,}85$ m/s

V 186. a) $s = 319{,}28$ m

b) $t = 11{,}494$ s

V 187.

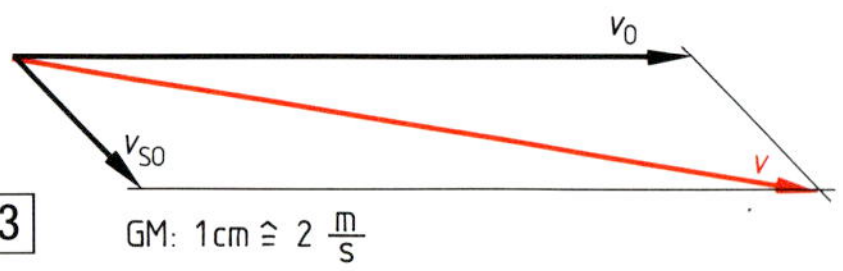

3

$$\boldsymbol{v} = 11{,}15\,\frac{\text{m}}{\text{s}} = 40{,}14\,\frac{\text{km}}{\text{h}} = \mathbf{21{,}67\ kn}$$

V 188.

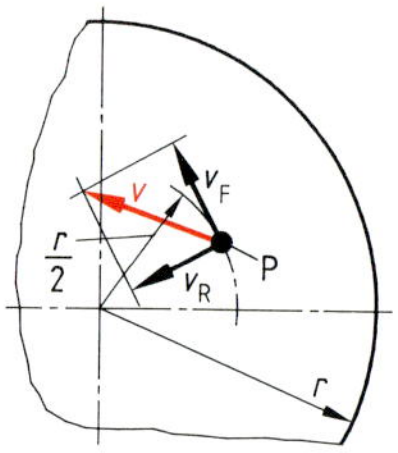

4

V 189.

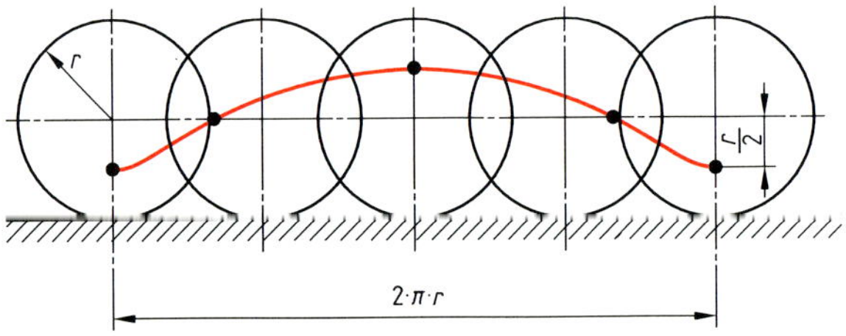

5

V 190. a)

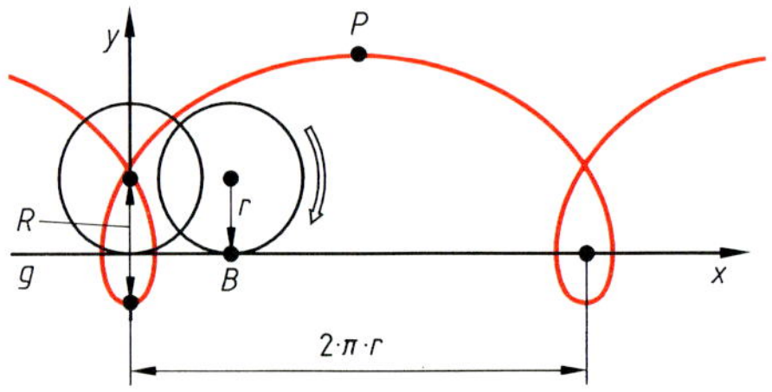

6

Es ist $R > r$, d. h., der Punkt P liegt auf dem verlängerten Kreisradius.

b) Eine Kreisevolvente beschreibt jeden Punkt einer Geraden, die ohne zu gleiten auf einem Kreis abrollt. Auf Kreisevolventen bewegen sich z. B. alle Punkte eines Fadens, den man straff gespannt von einer Kreisscheibe abrollt (Fadenkonstruktion).

V191.

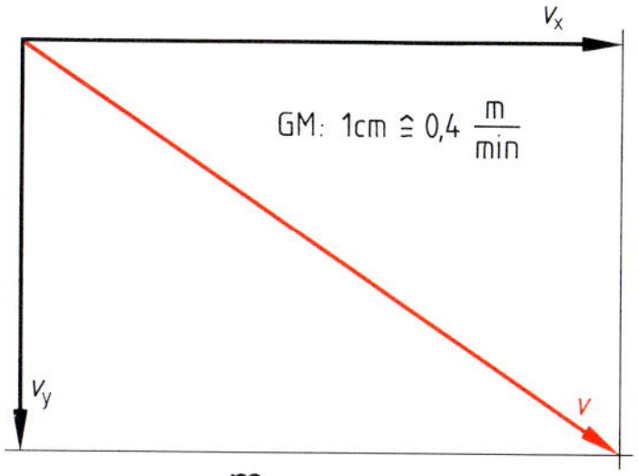

1

$v = 2{,}1633\,\frac{m}{min}$

V192. $t_h = \dfrac{v_0 \cdot \sin\alpha}{g}$

V193. a) $t_h = 2{,}039$ s
b) $t_w = 4{,}078$ s
c) $x_w = 141{,}24$ m

Beim Vergleich von a) und b) ist feststellbar, dass die Wurfzeit doppelt so lang ist wie die Steigzeit, d. h.:

Steigzeit = Fallzeit

V194. Beide Körper treffen sich.

V195. $v_x = 35{,}02\,\frac{m}{s}$

V196. Wenn keine Kräfte auf einen sich bewegenden Körper wirken, bewegt sich dieser – entsprechend dem 1. Newton'schen Axiom – geradlinig und mit konstanter Geschwindigkeit fort (gleichförmige geradlinige Bewegung). Im Weltall ist keine Luftreibung, welche die Bewegung verzögern würde, vorhanden. Demzufolge ist die gleichförmige geradlinige Bewegung ohne zusätzliche Antriebskraft aufrecht zu erhalten.

V197. $F = 8240{,}4$ N

V198. $F = 427{,}68$ N

V199. Die Beschleunigungskraft ist ebenso groß wie die Massenträgheitskraft, dieser jedoch entgegengesetzt gerichtet.

V200. $F_G = 98{,}0665$ N

V201. Die Kräfte sind gleich groß, jedoch entgegengesetzt gerichtet.

V202. Alle auf einen Körper wirkenden Kräfte in und entgegen seiner Bewegungsrichtung, einschließlich der Massenträgheitskraft, haben zusammen den Wert Null.

V203. a) $a = 0{,}8811\,\frac{m}{s^2}$ b) $s = 226{,}99$ m

V204. $t = 0{,}1419$ s $s = 35{,}5$ mm

V205. a) $F_{Br} = 240{,}19$ kN b) $\alpha = 14{,}3°$

V206. $F = 8568{,}37$ N

V207. Unter der Steigung versteht man das Verhältnis von senkrechtem Höhenunterschied h zu horizontal zurückgelegtem Weg b:

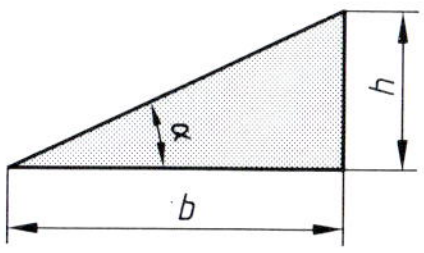

$S = \tan\alpha = \dfrac{h}{b}$

2

V208. $a = 0{,}4317$ m/s²; $t = 25{,}74$ s

V209. a) $\alpha = 26{,}39°$; b) $F_Z = 29\,943{,}7$ N; c) $F_Z = 26\,193{,}7$ N; d) $F_{Br} = 17\,405{,}9$ N
e) $F_{Br} – 17\,681{,}4$ N

V210. a)

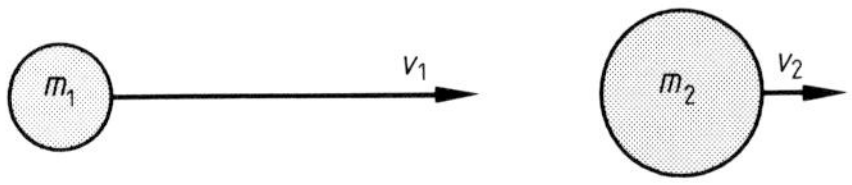

1

b)

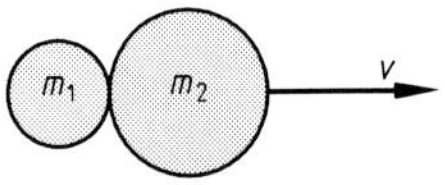

2

c)

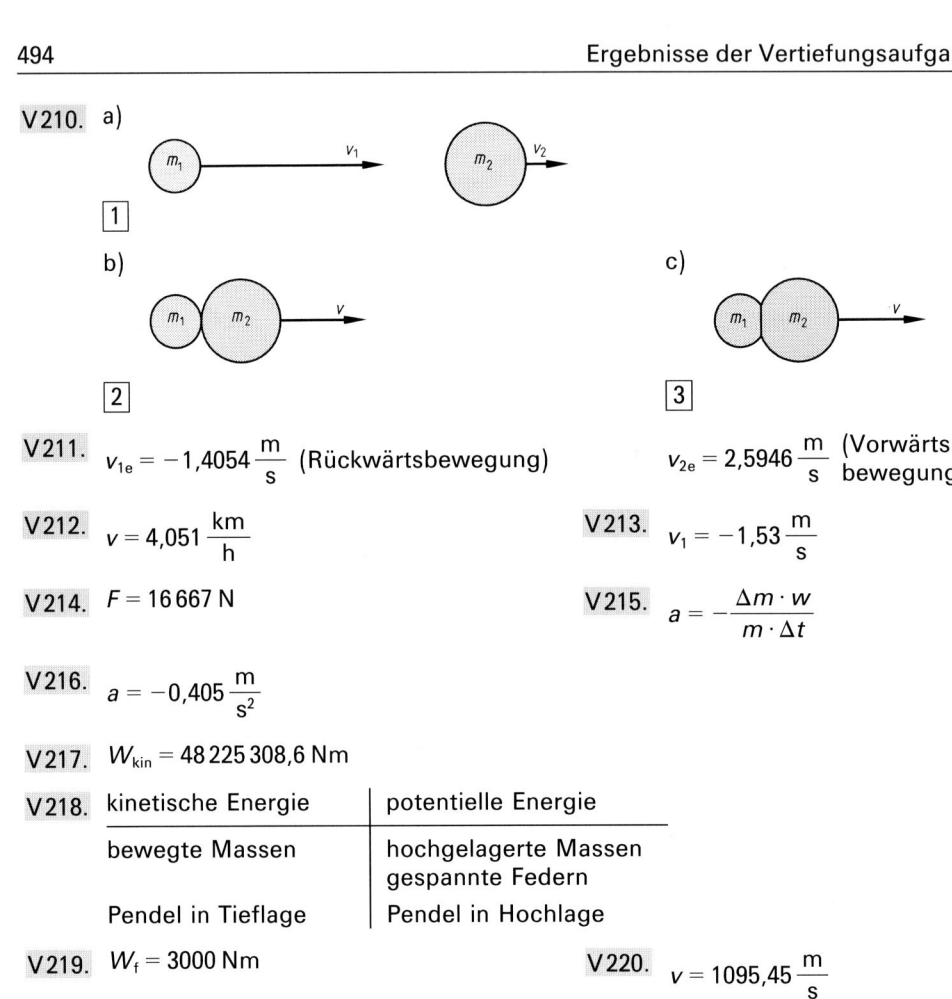

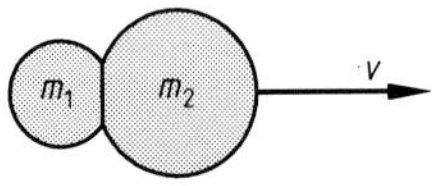

3

V211. $v_{1e} = -1{,}4054 \dfrac{\text{m}}{\text{s}}$ (Rückwärtsbewegung) $v_{2e} = 2{,}5946 \dfrac{\text{m}}{\text{s}}$ (Vorwärtsbewegung)

V212. $v = 4{,}051 \dfrac{\text{km}}{\text{h}}$

V213. $v_1 = -1{,}53 \dfrac{\text{m}}{\text{s}}$

V214. $F = 16\,667\ \text{N}$

V215. $a = -\dfrac{\Delta m \cdot w}{m \cdot \Delta t}$

V216. $a = -0{,}405 \dfrac{\text{m}}{\text{s}^2}$

V217. $W_{\text{kin}} = 48\,225\,308{,}6\ \text{Nm}$

V218.

kinetische Energie	potentielle Energie
bewegte Massen	hochgelagerte Massen gespannte Federn
Pendel in Tieflage	Pendel in Hochlage

V219. $W_f = 3000\ \text{Nm}$

V220. $v = 1095{,}45 \dfrac{\text{m}}{\text{s}}$

V221. Bei einer bestimmten Höchstgeschwindigkeit entspricht die „verbrauchte Leistung" der zur Verfügung stehenden Antriebsleistung.

V222. a) $s = 86{,}3\ \text{mm}$; b) $P_{\text{Br}} = 233{,}145\ \text{kW}$

V223. $W_R = 1\,471\,500\ \text{Nm}$

V224. a) $W_h = 420\,000\ \text{Nm}$; b) $W_R = 629\,874\ \text{Nm}$; c) $W_a = 2\,064\,679{,}1\ \text{Nm}$
d) $W_{\text{ges}} = 3\,114\,553{,}1\ \text{Nm}$

V225. a) $W_{\text{pot}} = 19\,620\ \text{Nm}$; b) $W_R = 1600\ \text{Nm}$; c) $v = 8{,}49\ \text{m/s}$

V226. a) $P_n = 3{,}8633\ \text{kW}$; b) $\eta = 77{,}26\,\%$

V227. $\eta_{\text{ges}} = 40{,}95\,\%$

V228. a) $P_a = 75\ \text{kW}$; b) $P_a = 18{,}42\ \text{kW}$

V229. $v = 2{,}4 \dfrac{\text{m}}{\text{s}}$

V230. $\eta = 89{,}42\,\%$

V231. a) $\eta_H = 45{,}68\,\%$
b) $F_u = 25{,}73\ \text{kN}$

V232. $\delta = 16{,}67\ \text{mm}$

V233. $\eta_H = 15{,}08\,\%$
$\eta_S = -460{,}8\,\%$

V234. a) $P_n = 15{,}239\ \text{kW}$ b) $\eta = 69{,}27\,\%$

V235. $n = 1432{,}5\ \text{min}^{-1}$

V236. $\omega = 10{,}996\ \text{s}^{-1}$ $v_u = 0{,}5498 \dfrac{\text{m}}{\text{s}}$

V237. a) $\alpha = 34{,}907\,\frac{\text{rad}}{\text{s}^2}$ b) $\varphi = 157{,}0815\,\text{rad}$ c) $a_t = 0{,}523\,605\,\frac{\text{m}}{\text{s}^2}$

V238. a) $v_u = 188{,}496\,\frac{\text{m}}{\text{s}}$ b) $F_z = 355{,}31\,\text{kN}$

V239. $v_u = 132{,}45\,\frac{\text{km}}{\text{h}}$

V240. $s = 31{,}2\,\text{mm}$ In der Funktion $\tan\alpha = \frac{F_z}{F_G} = \frac{m \cdot r \cdot \omega^2}{m \cdot g}$ kürzt sich die Masse m heraus.

V241. $W_{rot} = 47\,017{,}7\,\text{Nm} = 0{,}013\,\text{kWh}$

V242. $P = 1{,}18\,\text{kW}$
$W_{rot} = 2361{,}66\,\text{Nm}$

V243. a) $J = 14{,}009\,\text{kgm}^2$ b) $m_{red} = 350{,}225\,\text{kg}$ c) $F_u = 1751{,}125\,\text{N}$
d) $M = 350{,}225\,\text{Nm}$ e) $i = 0{,}163\,54\,\text{m}$

V244. a) $n_2 = 2042{,}86\,\text{min}^{-1}$ b) $i = 1{,}4:1$ c) $\omega_1 = 299{,}49\,\text{s}^{-1}$

V245. $d_1 = 120\,\text{mm}$

V246. $i_{ges} = 1:5 = 0{,}2$
$d_4 = 224\,\text{mm}$

V247. $z_1 = 200$ $n_a = 108\,\text{min}^{-1}$ $i_1 = 1:2{,}5 = 0{,}4$ $i_2 = 1:2{,}5 = 0{,}4$

V248. Der genaue Stufensprung ist $\sqrt{2}$. Damit ergeben sich jedoch bei der Berechnung der Drehzahlen ungerade Werte. Die Drehzahlreihe R 20/3 (mit auf- bzw. abgerundeten Werten) ist entsprechend DIN 323 wie folgt aufgebaut: 16; 22,4; 31,5; 45; 63; 90; 125; 180; 250; 355; 500; 710; 1000.

V249. Der Getriebewirkungsgrad verhält sich umgekehrt proportional zum Übersetzungsverhältnis. Bei Vergrößerung des Übersetzungsverhältnisses verschlechtert sich also der Getriebewirkungsgrad im gleichen Verhältnis.

V250. $t_{vor} = t_{rück} \cdot 0{,}674$ $v_{max\,rück} = 1{,}8176\,\frac{\text{m}}{\text{s}}$ $v_{max\,vor} = 0{,}9787\,\frac{\text{m}}{\text{s}}$

Festigkeitslehre

V251. Bei unzulässig großer Verformung kann die Funktionsfähigkeit eines Bauteils trotz vorhandener Tragfähigkeit nicht gegeben sein.

V252. Je höherwertiger der Werkstoff hinsichtlich seiner Festigkeit ist, desto kleiner werden die erforderlichen Bauteilabmessungen sein.

V253. **Spannungsnachweis:** rechnerischer Nachweis, dass das Bauteil genügend groß dimensioniert ist, d. h., dass es imstande ist, die angreifenden Kräfte und Momente zu übertragen. Oft spricht man auch vom Festigkeitsnachweis.

V254. Bolzen, Schrauben, Achsen, Wellen, Abschleppstange, Zugseil, Stütze, etc.

V255. a) Seile, Ketten, Befestigungsschrauben, Pendelstangen.
b) Schraubendreher, Drehstabfedern, Drehmomentenschlüssel, Wellen.

V256. Druck- und Knickbeanspruchung unterscheiden sich nur durch die Bauteilabmessungen. Knickbeanspruchung tritt in der Regel nur bei langen und schlanken Stäben auf.

V257. a) Es liegt eine Beanspruchung auf Biegung und Scherung vor. b)

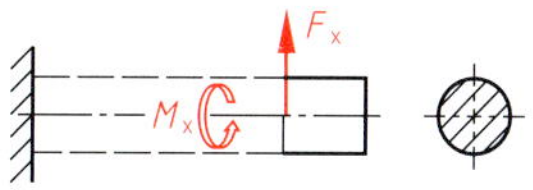

1

V258. $F_i = 500\,\text{N}$ (←) $M_i = F \cdot l = 500\,\text{N} \cdot 0{,}03\,\text{m} = 15\,\text{Nm}$ (↺)

V 259. $F_{vorh} = 125\,663{,}7$ N

V 260. gewählt L50×5 nach DIN EN 10056 mit $\sigma_{z\,vorh} = 146{,}34\,\frac{N}{mm^2}$

V 261. $\sigma_{z\,vorh} = 17{,}289\,\frac{N}{mm^2}$

V 262. $F'_G = 502{,}272\,\frac{N}{m}$

V 263. a) $F_S = 35{,}184$ kN
b) $d_{erf} = 17{,}89$ mm; $d_{gew} = 18$ mm

V 264. M18 mit $A_{S\,vorh} = 193\,mm^2$

V 265. $d_{gew} = 150$ mm mit $\sigma_{d\,vorh} = 38{,}58\,\frac{N}{mm^2} < \sigma_{d\,zul}$

V 266. $\sigma_{z\,vorh} = 81{,}35\,\frac{N}{mm^2}$

V 267. $l_{erf} = 20{,}77$ mm

V 268. $i_{erf} = 1{,}64$ $i_{gew} = 2$

V 269. $\sigma_{p\,vorh} = 1{,}9\,\frac{N}{mm^2}$

V 270. $l_{erf} = 4{,}31$ mm

V 271. a) $F_H = 21{,}6$ kN ($\rightarrow$)
$F_S = 49{,}93$ kN ($\nwarrow$)
b) $l_{erf} = 46{,}8$ mm
$l_{gew} = 47$ mm

V 272. $m_{erf} = 48{,}84$ mm $m_{gew} = 50$ mm

V 273. a) Die größte Flächenpressung tritt zwischen dem Niet und dem Blech mit der Stärke $s = 15$ mm auf.
b) $\sigma_{pm\,max} = 133{,}33\,N/mm^2$

V 274. $F_{zul} = 2035{,}752$ kN

V 275. $\tau_{a\,vorh} = 422{,}7\,\frac{N}{mm^2}$

V 276. $d_{max} = 12{,}98$ mm

V 277. $h_{erf} = 22{,}74$ mm $h_{gew} = 25$ mm

V 278. $d_{erf} = 6{,}75$ mm $d_{gew} = 10$ mm

V 279. $l_{erf} = 1{,}524$ mm $l_{gew} = 10$ mm!

V 280. a) $\varepsilon = 0{,}01\,\%$
b) $F = 164\,928{,}75$ N = 164,93 kN

V 281. $l_1 = 26{,}9$ m $F_{vorh} = 22\,619{,}47$ N

V 282. $F_{vorh} = 4123{,}34$ N

V 283. a) $E = 210\,000\,N/mm^2$ ⟶ Es könnte sich um Stahl handeln.
b) $l_0 = 1000$ mm

V 284. a) $\sigma_{z\,vorh} = 30{,}56\,N/mm^2$ b) $\varepsilon = 0{,}0244\,\%$ c) $\Delta l = 0{,}732$ mm

V 285. $\Delta l = 0{,}0233$ mm

V 286. a) T45 mit $S_{vorh} = 4{,}67\,cm^2$
b) $\Delta l = 1{,}522$ mm

V 287. In Ü 251. wurde S48×8 gewählt. $\sigma_{d\,vorh}$ ist mit A_{Kern} zu berechnen. Damit ergibt sich für $\Delta l = 0{,}1475$ mm.

V 288. $\Delta l = 2{,}03$ mm

V 289. Die Längenänderung ist l_0 und σ proportional.

V 290. a) $\sigma_z = 2{,}4\,N/mm^2$ b) $\varepsilon = 50\,\%$ c) $E = 4{,}8\,N/mm^2$

V 291. Er hat sich um 10 mm verlängert. Die Dehnung ist immer die Verlängerung auf die Ausgangslänge bezogen.

V 292. a) $\Delta l = 0{,}502$ mm b) $\Delta d = 0{,}002\,51$ mm

V 293. $\Delta d = 0{,}000\,21$ mm

V 294. a) $\Delta l = 3{,}032$ mm b) $\Delta d = 0{,}0182$ mm

V 295. a) $\varepsilon = 0{,}000\,25$ b) $\varepsilon_q = 0{,}000\,05$
c) $\Delta s = 0{,}002$ mm

V 296. $\nu_{dB} = 12{,}75$

Bedingt durch die Knickgefahr muss σ_d relativ klein angenommen werden. Dies erklärt in V296. die große Sicherheit ν_{dB}.

V297. a)

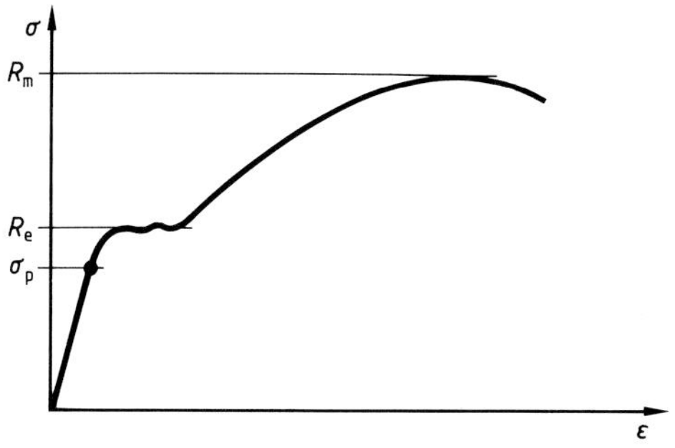

1

b) $\nu_p = 1{,}167$
$\nu_{Re} = 1{,}526$
$\nu_{Rm} = 2{,}783$

V298. Durch die im Schrumpfring in M181. vorhandene Zugspannung ergeben sich radial nach innen gerichtete Kräfte. Diese sind den Fliehkräften entgegengerichtet. Bedingt durch die Subtraktion der entgegengesetzt gerichteten auf der gleichen Wirkungslinie liegenden Kräfte, werden die Fliehkräfte durch die Spannungskräfte kompensiert.

V299. Die Werte für Stahl: $E = 210\,000\ \text{N/mm}^2$ und $\alpha = 0{,}000\,012 \dfrac{\text{m}}{\text{m}\cdot\text{K}}$ ergeben: $\sigma = 113{,}4 \dfrac{\text{N}}{\text{mm}^2}$

V300. Lyrabogen, spezielle Dehnungsausgleicher (Kompensatoren), Kammlager, Stopfbüchsen, „Sprünge" in Rohrleitungen, Dehnungsfugen, elastische Dichtungen (z. B. Silikon) etc.

V301. Es erfolgt eine Beanspruchung auf Biegung. $W_f = 3\ \text{Nm}$

V302. $W_f = 0{,}342\ \text{Nm}$

V303. a) $\Delta l = 0{,}404\ \text{mm}$
b) $\sigma_d = 146{,}28 \dfrac{\text{N}}{\text{mm}^2}$
c) $F = 413\,596{,}46\ \text{N}$

V304. a) $\Delta s = 0{,}000\,384\ \text{mm}$
b) $\gamma = 0{,}0768\,\%$
c) $S = 461{,}54\ \text{mm}^2$

V305. $\sigma_{p\,max} = 5927\ \text{N/mm}^2$
Es liegt eine deutliche Überbeanspruchung vor.

V306. $\sigma_{b\,max} = 48{,}78 \dfrac{\text{N}}{\text{mm}^2}$

V307. I 450 mit $W_x = 2040\ \text{cm}^3$

V308. $\sigma_{b\,vorh} = 49{,}02 \dfrac{\text{N}}{\text{mm}^2}$

V309.

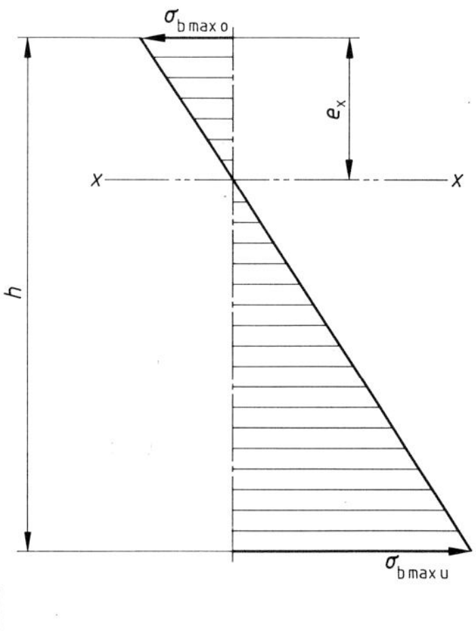

2

V310. Zugzone oben: M_b ist netativ (−)
Druckzone oben: M_b ist positiv (+)

V311. Wenn sich bei einem gedachten Schnitt durch den Träger der rechte Trägerteil nach unten bewegt (unter dem Einfluss der auf ihn wirkenden Kräfte), so ist die Querkraft F_q positiv (+).

V312. $x_0 = 1{,}75\ \text{cm}$; $I_y = 37{,}251\ \text{cm}^4$
$W_{y0} = 8{,}765\ \text{cm}^3$; $W_{yu} = 21{,}286\ \text{cm}^3$
$\sigma_{b\,max} = 1140{,}9\ \text{N/mm}^2$

V313. $I_x = 2950{,}35\ \text{cm}^4$; $W_x = 327{,}817\ \text{cm}^3$; $I_y = 5893{,}718\ \text{cm}^4$; $W_y = 420{,}98\ \text{cm}^3$

V314. a) $W = 6{,}308\ \text{cm}^3$
b) $M_{b\ max} = 378{,}48\ \text{Nm}$

V315. Das Widerstandsmoment verdoppelt sich.

V316. a) $F_2 = 7{,}2\ \text{kN}$

b) $b_{1\ erf} = 18{,}47\ \text{mm}$
$b_{1\ gew} = 20\ \text{mm}$; $h_{1\ gew} = 100\ \text{mm}$
$b_{2\ erf} = 17{,}15\ \text{mm}$
$b_{2\ gew} = 18\ \text{mm}$; $h_{2\ gew} = 90\ \text{mm}$

Anmerkung:
Bei einem Nabendurchmesser von 150 mm wird h_1 etwas größer als 100 mm und h_2 etwas größer als 90 mm ausgeführt (s. Bild 1).

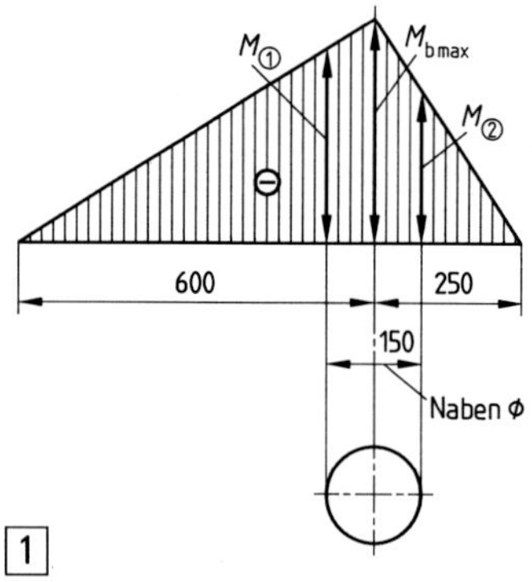

1

c) $I = 2632{,}5\ \text{cm}^4$ $W = 351\ \text{cm}^3$
Bild 2 zeigt den Schnitt durch die Nabe.

$\sigma_{b\ max\ A} = 5{,}1282\ \frac{\text{N}}{\text{mm}^2}$

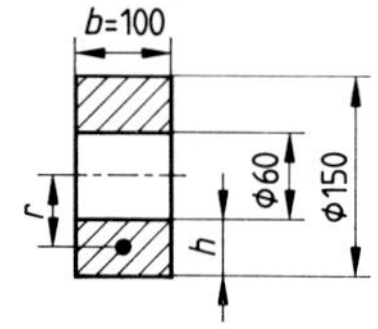

2

V317. a) $e_x = 11{,}654\ \text{cm}$; b) $I_x = 962{,}698\ \text{cm}^4$; c) $W_{x1} = 82{,}64\ \text{cm}^3$ $W_{x2} = 72{,}13\ \text{cm}^3$

V318. Bild 2, Seite 338: schiefe, d. h. zweiachsige Biegung. Dies ist wegen der größer werdenden Biegespannung gegenüber der einachsigen Biegung (Bild 3) ungünstiger. Es sollte also möglichst entsprechend Bild 3, Seite 338 belastet werden.

V319. Bei Biegung über die Achse y–y mit der Lastebene in der Achse x–x ist das Flächenzentrifugalmoment $I_{xy} = 0$, d. h. einachsige Biegung.

Konstruktionsregel: Biegebeanspruchte Teile sollten möglichst so belastet werden, dass die Lastebene in einer Hauptachse liegt. Bei Symmetrieachsen ist dies grundsätzlich der Fall.

V320.
$$\left.\begin{array}{l} I_x = 11\ \text{cm}^4 \\ I_y = 11\ \text{cm}^4 \end{array}\right\} I_x + I_y = 11\ \text{cm}^4 + 11\ \text{cm}^4 = 22\ \text{cm}^4 = I_p$$
$$\left.\begin{array}{l} I_\xi = 17{,}4\ \text{cm}^4 \\ I_\eta = 4{,}59\ \text{cm}^4 \end{array}\right\} I_\xi + I_\eta = 17{,}4\ \text{cm}^4 + 4{,}59\ \text{cm}^4 = 21{,}99\ \text{cm}^4 \approx 22\ \text{cm}^4 = I_p$$

V321. $M_{AF} = -32\ \text{Nm}$

Querkraftschaubild
KM: 1 cm ≙ 20 kN

Momentenschaubild
MM: 1 cm ≙ 40 Nm

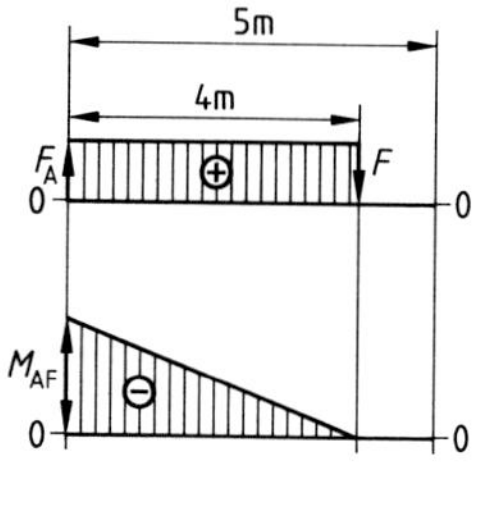

V 322. **Querkraftschaubild** ⟶
(ungefähr maßstäblich)

Momentenschaubild ⟶
(ungefähr maßstäblich)

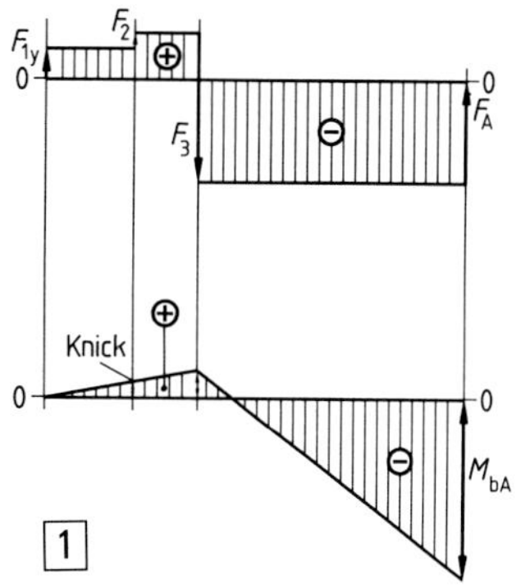

$F_{1x} = 2{,}121$ kN erzeugt eine Druckspannung im Freiträger.

1

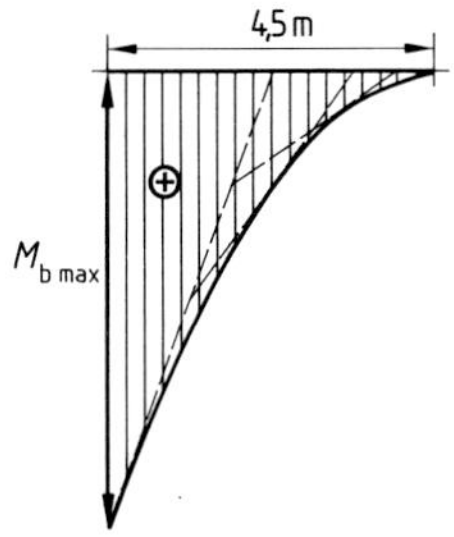

V 323. a) $F_S = 2700$ N

b) $M_{b\,max} = -6075$ Nm

c) **Momentenschaubild** ⟶
MM: 1 cm ≙ 2000 Nm

2

V 324. **Querkraftschaubild** (Bild 3)
KM: 1 cm ≙ 2000 N
$M_{b\,max} = 15\,300$ Nm $= M_{bFA}$
an der Einspannstelle
$M_b = 0$ bei F_2

3

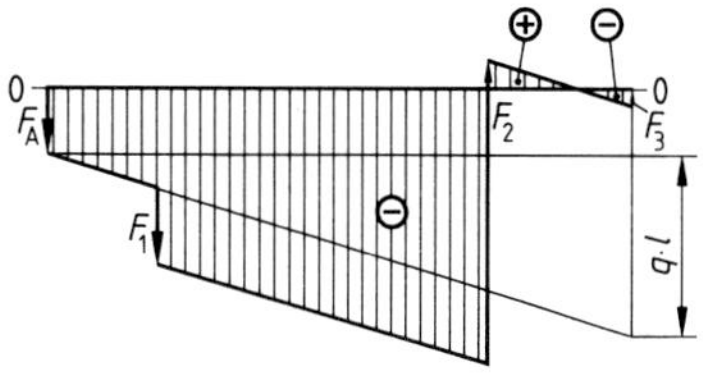

V 325. a) $F_{Ax} = 1157{,}4$ N (→)
$F_{Ay} = 1022{,}5$ N (↑)
$F_B = 1156{,}3$ N (↑)

4

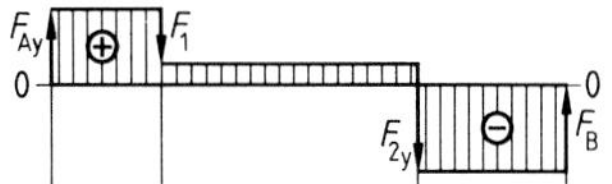

b) **Querkraftschaubild** (Bild 4)
(ungefähr maßstäblich)

5

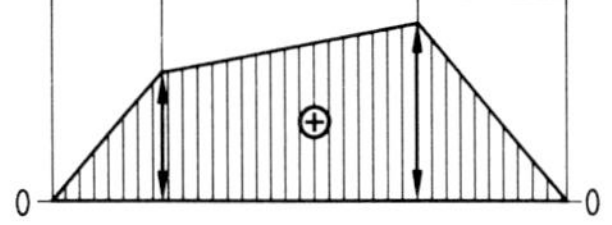

c) **Momentenschaubild** (Bild 5)
(ungefähr maßstäblich)

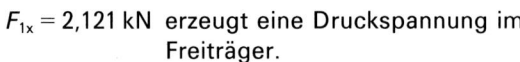

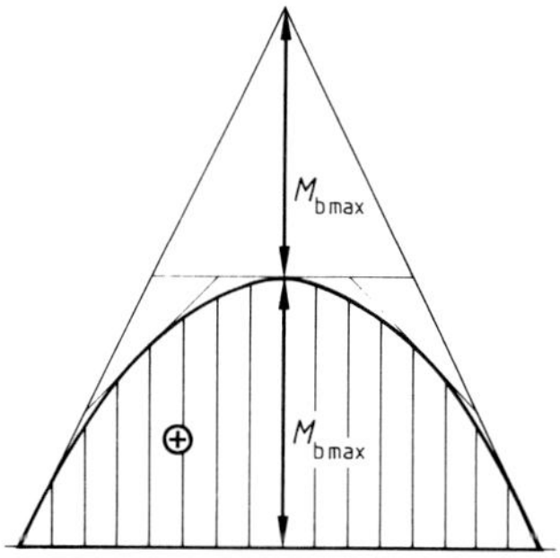

V 326. a) $F_S = 4000$ N

b) $F_A = F_B = 2000$ N

c) $M_{b\,max} = 2000$ Nm

d) $M_x = 1500$ Nm

e) **Momentenschaubild** (Bild 6)
MM: 1 cm ≙ 1000 Nm

6

V327. a) $F_A = 376{,}47$ N
$F_B = 1923{,}53$ N

b) $M_{AF_1} = 1500$ Nm

c) $M_{F_2F_2} = 529{,}41$ Nm

d) $M_{F_3F_3} = 1058{,}82$ Nm

e) $M_{①F_S} = 1764{,}71$ Nm
$M_{②F_S} = 2161{,}76$ Nm
$M_{max\,F_S} = 2947{,}62$ Nm

f) s. Bild 1

g) s. Bild 2

h) $x_0 = 4{,}947$ m

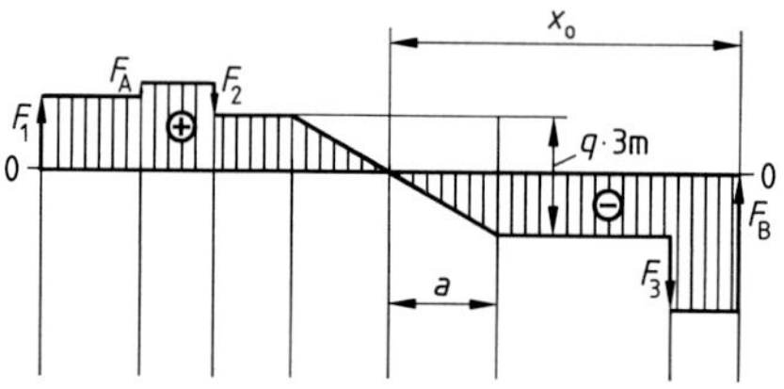

1 **Querkraftschaubild** (ungefähr maßstäblich)

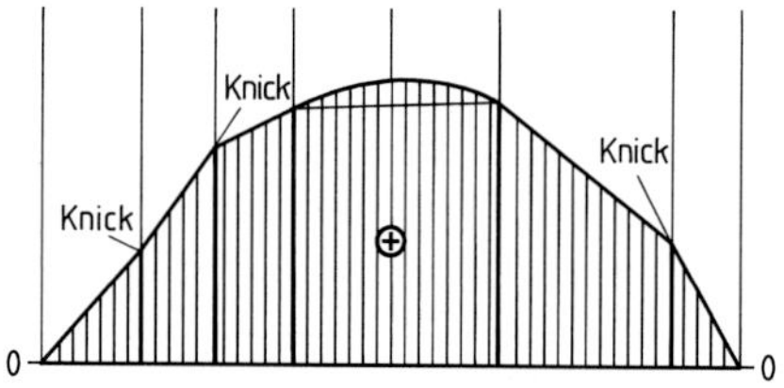

2 **Momentenschaubild** (ungefähr maßstäblich)

V328. $s_{erf} = 7{,}905$ mm $s_{gew} = 8$ mm

V329. a) $d_{max\,erf} = 92{,}8$ mm
$d_{max\,gew} = 95$ mm
Anformungsgleichung:

$$d_x = d_{max} \cdot \sqrt[3]{2 \cdot \frac{x}{l}}$$

(kubische Parabel)

ohne Maßstab

a)

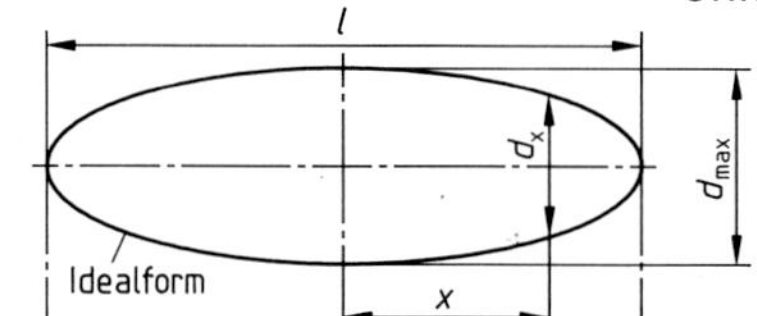

3

b)

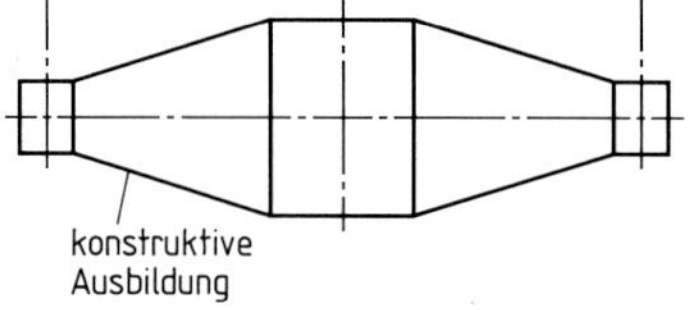

4

V330. a) $d_{erf} = 40{,}31$ mm
$d_{gew} = 42$ mm
$l_{gew} = 55$ mm

b) $f = 0{,}003\,63$ mm

c) $\alpha = 0{,}0002$ rad

d) $f_{max} = 0{,}009$ mm

V331. a) $f = \dfrac{q_A \cdot l^4}{30 \cdot E \cdot I}$

b) $f_x = \dfrac{q_A \cdot l^4}{120 \cdot E \cdot I} \cdot \left[4 - 5 \cdot \dfrac{x}{l} + \left(\dfrac{x}{l}\right)^5\right]$

V332. a) $f = 16{,}25$ mm b) $f = 27{,}31$ mm

V333. a) $f = 1{,}016$ mm; b) $f = 1{,}707$ mm

V334. a) $d_{gew} = 75$ mm b) $f = 0{,}186$ mm

V335. Hebel von Wägeeinrichtungen, Turbinenwellen (Anlaufgefahr), Messeinrichtungen, Werkzeugmaschinenbetten, Kurbelwellen, Nockenwellen etc.

V336. a) $a_{erf} = 42{,}73$ mm; $a_{gew} = 45$mm
b) $\sigma_{b\,vorh} = 32{,}92$ N/mm²

V337. Die Gesamtdurchbiegung errechnet sich aus der Summe aller Einzeldurchbiegungen (Superposition).

V338. a) $d_{1\,erf} = 34{,}22$ mm
$d_{1\,gew} = 35$ mm

b) $d_{2\,erf} = 49{,}32$ mm
$d_{2\,gew} = 50$ mm

V339. Aus $\tau_t = \frac{M_t}{W_p}$ und $M_t = 9550\frac{P}{n}$ ergibt sich $W_{p\,erf} = \frac{9550 \cdot P}{\tau_{t\,zul} \cdot n}$

Dies bedeutet, daß bei zunehmender Drehzahl der Wellendruchmesser kleiner wird.

V340. $\tau_{t\,vorh} = 147{,}9\ \text{N/mm}^2$

V341. a) $r = 0{,}429\ \text{m}$; b) $d_{erf} = 24{,}7\ \text{mm}$, $d_{gew} = 25\ \text{mm}$

V342. **Festigkeitsdurchmesser:** Dies ist der Durchmesser, der aufgrund einer zulässigen Torsionsspannung ermittelt wurde.

V343. a) $\tau_{t\,vorh} = 26{,}63\ \text{N/mm}^2$
b) $\tau_{a\,vorh} = 28{,}29\ \text{N/mm}^2$
→ Es errechneten sich beinahe identische Spannungen. Die kleine Differenz ergibt sich durch die Annahme der Lage der Schweißnahtfläche bezogen auf geringfügig unterschiedliche Durchmesser.

V344. $d_{i\,erf} = 241{,}9\ \text{mm}$ $d_{i\,gew} = 240\ \text{mm}$

V345. $d_{erf} = 61{,}45\ \text{mm}$ $d_{gew} = 60\ \text{mm}$

V346. a) Mit $E = 210\,000\ \text{N/mm}^2$ (Stahl) ergibt sich $d_{erf} = 340{,}17\ \text{mm}$ und $d_{gew} = 350\ \text{mm}$
b) $P = 43\,099\ \text{kW}$ (mit $d = 350\ \text{mm}$ gerechnet)

V347. a) $d_{erf} = 12{,}7\ \text{mm}$ $d_{gew} = 13\ \text{mm}$
b) $l = 322{,}41\ \text{mm}$

V348. Im Gegensatz zur elastischen Knickung liegt bei der plastischen Knickung eine Werkstoffbeanspruchung oberhalb der Proportionalitätsgrenze σ_{dp} vor.

V349. $\lambda = \frac{l_K}{i_{min}}$

l_K = freie Knicklänge. Diese berücksichtigt auch das Einspannungskriterium, ist also nicht mit der tatsächlichen Länge identisch.

i_{min} = kleinster Trägheitsradius $= \frac{I_{min}}{S}$

i_{min} bezieht sich also auf I_{min}, welches die „Knickrichtung" bestimmt. Das Bauteil (Stütze) knickt stets senkrecht zur Achse mit dem kleinsten Trägheitsmoment (Flächenmoment 2. Grades), d. h. über die Hauptachse II aus.

V350. a) $a_{erf} = 42{,}05\ \text{mm}$ (nach Euler)
b) $\sigma_{d\,vorh} = 8{,}48\ \text{N/mm}^2$

V351. $d_{gew} = 155\ \text{mm}$

V352. Verschiebungen in Richtung v und w, Verdrehungen ϑ.

V353. $\varkappa = 0{,}0544$

V354. $a = 41{,}3\ \text{mm}$

V355. [400 mit $\sigma_{res\,z} = 157{,}636\ \text{N/mm}^2$

V356. Im Querschnitt x–x treten Zug-, Biege- und Scherspannungen auf

$\sigma_V = \sqrt{(\sigma_b + \sigma_z)^2 + \tau_m^2} = \sqrt{\sigma_{res\,max}^2 + \tau_m^2}$

V357. $d_{erf} = 25{,}77\ \text{mm}$ $d_{gew} = 26\ \text{mm}$

V358. Durch Versuche (s. Lektion 81) wurde nachgewiesen, daß sich die Schubspannungen stärker auf die Bauteilbeanspruchungen auswirken als die Normalspannungen. Obwohl beide Spannungen senkrecht aufeinander stehen, dürfen sie aus dem genannten Grund **nicht** geometrisch addiert werden.

V359. $d_{erf} = 37{,}63\ \text{mm}$ $d_{gew} = 40\ \text{mm}$

V360. Für E295 (St50-2) ist unter den gegebenen Voraussetzungen $\alpha_0 = 0{,}751$

V361. a) $\sigma_{b\,vorh} = 45{,}35\ N/mm^2$; b) $\tau_{t\,vorh} = 7{,}99\ N/mm^2$; c) $\alpha_0 = 0{,}899$;
d) $\sigma_V = 47{,}03\ N/mm^2 < \sigma_{zul}$

V362. a) $F_A = 5167\ N$, $F_B = 3433\ N$; b) $M_{b\,max} = 516{,}7\ Nm$; c) $M_t = 191\ Nm$
d) $M_V = 530{,}85\ Nm$; e) $d_{erf} = 42{,}33\ mm$, $d_{gew} = 45\ mm$

V363. a) $\tau_a \approx 260\ N/mm^2$
b) $\tau_a \approx 140\ N/mm^2$

V364. $\nu_{DW} = 1{,}33$

V365. a) Je größer der Wellendurchmesser, desto kleiner die Gestaltfestigkeit.
b) Je rauer die Wellenoberfläche, desto kleiner die Gestaltfestigkeit.

V366. Die Oberfläche eines Gewaltbruches ist durchweg rau. Die Dauerbruchfläche besteht zum Teil aus einer rauen Gewaltbruchfläche und zum Teil aus einer glatten Schwingbruchfläche.

V367. **Zeitfestigkeit:** diese entspricht einer Spannung, der eine Probe eine begrenzte Anzahl von Lastwechseln standhält.

Dauerfestigkeit: diese entspricht dem um eine Mittelspannung schwingenden größten Spannungsausschlag, dem eine Probe unendlich oft, d. h. ohne zu versagen, standhält.

V368. Dauerstandfestigkeit, Schwellfestigkeit, Wechselfestigkeit.

V369. a) $\sigma_{bm} = 11{,}414\ N/mm^2$; b) $\sigma_{a\,vorh} = \pm 2{,}872\ N/mm^2$; c) $\sigma_D \approx 300\ N/mm^2 = \sigma_{a\,max}$
d) $\beta_K = 1{,}3$; e) $\sigma_G = 159{,}23\ N/mm^2$; f) $\sigma_{b\,zul} = 106{,}15\ N/mm^2$

V370. Zeitfestigkeit und Dauerfestigkeit

V371. α_K schwankt zwischen 1 und 6.

V372. Die Kerbempfindlichkeitszahl hängt ganz wesentlich von der Sprödigkeit des Werkstoffes ab.

V373. Die Kerbwirkung kann bei guten Ausrundungen (α_K nahe 1), bei duktilen Werkstoffen (η_K nahe 0) sowie bei statischer Belastung (Belastungsfall I) praktisch vernachlässigt werden.

Sachwortverzeichnis

V

W

X, Y, Z

Griechisches Alphabet

A	α	alpha	N	ν	ny
B	β	beta	Ξ	ξ	xi
Γ	γ	gamma	O	o	omikron
Δ	δ	delta	Π	π	pi
E	ε	epsilon	P	ϱ	rho
Z	ζ	zeta	Σ	σ	sigma
H	η	eta	T	τ	tau
Θ	ϑ	theta	Y	υ	ypsilon
I	ι	iota	Φ	φ	phi
K	$\varkappa$	kappa	X	χ	chi
Λ	λ	lambda	Ψ	ψ	psi
M	μ	my	Ω	ω	omega

Normen, Auswahl zu den Sachgebieten dieses Buches

DIN	DIN EN	DIN ISO
13	10002	5261
103	10025	
323	10055	
513	10056	
685	10210	
766	18800	
1025		
1026		
1027		
1304		
1771		
2097		
5684		
5685		
6885		
13316		
50100		

Die Umstellung der Werkstoffnormen von DIN auf DIN EN (Europa-Normen) erfolgt fortlaufend.
Bitte beachten Sie den diesbezüglichen Hinweis auf Seite II.

Werkstoffbezeichnungen

Die folgende Tabelle listet die in diesem Buch verwendeten Werkstoffbezeichnungen auf:

Neue Normung	**(Alte Normung)**
S235JRG1	St 37-2
P255G2TH	St 42-2
E295	St 50-2
S355G2	St 52-2
E335	St 60-2
EN-GJL-180	GG-18
EN-GJL-200	GG-20
EN-GJL-260	GG-26
C45	C 45
C45E	Ck 45
34Cr4	34 Cr 4
16MnCr4	16 Mn Cr 4
42CrMo4	42 Cr Mn 4

Im Text sind die Bezeichnungen nach der alten Normung in Klammern geschrieben!